Mathematik
Sekundar-
Stufe II

Analytische Geometrie und lineare Algebra

Erweiterte Ausgabe

Erarbeitet von
Prof. Dr. Josef Lauter
Dr. Rainer Draaf
Dr. Thomas Jahnke
Wilhelm Kuypers

unter Mitwirkung von
Dr. Gisela Bielig-Schulz
Hans Wuttke

Herausgegeben von
Oberstudiendirektor Wilhelm Kuypers
Professor Dr. Josef Lauter

Cornelsen

Fotonachweis:
S. 41 Stadtarchiv Aachen
S. 42 Luftbild: Foto-Hauck Mannheim; freigegeben Reg. Präs. Karlsruhe 21/3100 b CN
S. 77, 83, 153 Christoph Berten, Düsseldorf

Technische Zeichnungen: V. Kiss-Lehne, Aachen
Umschlaggestaltung: Nach Entwürfen von Peter J. Kahrl, Neustadt/Wied
Satz: Universitätsdruckerei H. Stürtz AG, Würzburg

1. Auflage ✔ Druck 10 9 8 Jahr 2000 99 98

Alle Drucke dieser Auflage können im Unterricht nebeneinander verwendet werden.

Druck: Universitätsdruckerei H. Stürtz AG, Würzburg

ISBN 3-590-12319-2

Bestellnummer 123192

gedruckt auf säurefreiem Papier, umweltschonend hergestellt aus chlorfrei gebleichten Faserstoffen

Inhaltsverzeichnis

Hinweise zum Einsatz des Buches

Die vorliegende **erweiterte Ausgabe** enthält über die Basisausgabe hinaus folgende Inhalte:

1) Matrizenverknüpfungen (§ 15);
2) affine Abbildungen (§ 16 und § 17);
3) quadratische Gleichungen in zwei Variablen, also Kegelschnitte (§ 18).

Die in der Basisausgabe vorgeschlagenen **Kurse**:

I. Grundkurse — **1) einsemestrig** — **2) zweisemestrig**

II. Leistungskurse — **1) einsemestrig** — **2) zweisemestrig**

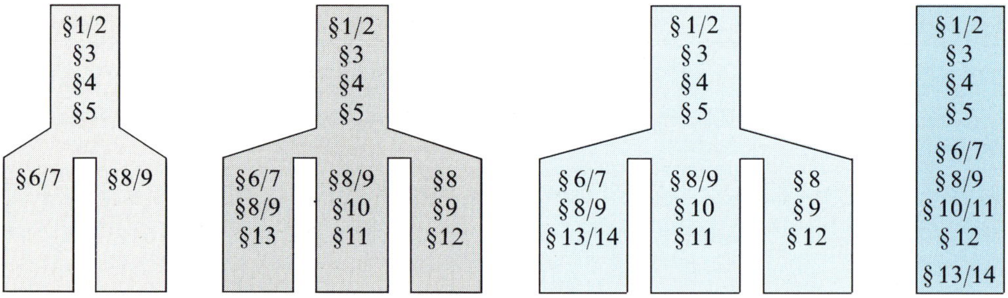

können damit auf vielfältige Weise ergänzt und erweitert werden; außerdem besteht die Möglichkeit, mit Hilfe dieser Paragraphen andere Kurse zusammenzustellen, in denen ein größeres Gewicht auf die **lineare Algebra** gelegt wird.

In den neuen Paragraphen werden die Inhalte folgender Abschnitte vorausgesetzt:

1) In § 15: § 1 bis § 4; § 6; § 7, I, II und § 8, I, II.

2) In § 16, § 17: § 1 bis § 6; § 7, I, II; § 8; § 9, I, II und wegen § 16, IV (S. 322) möglichst auch § 10, I. In § 16, I treten beiläufig einige Begriffe aus § 14 auf: Vektorraum, Untervektorraum, Basis eines Vektorraumes. Eine vollständige Behandlung von § 14 ist zum Verständnis von § 16 aber nicht erforderlich.

3) In § 18: die unter 2) angegebenen Inhalte von § 1 bis § 10; außerdem § 12; § 16, III, IV und § 17, II, III, IV.

In der erweiterten Ausgabe sind zusätzlich zu den vier in der Basisausgabe vorhandenen Abschnitten zwei weitere Abschnitte (am Ende von § 17 und von § 18) mit **„übergreifenden Aufgaben"** enthalten. Diese Aufgaben, in denen die Inhalte der vorhergehenden Abschnitte miteinander verklammert werden, dienen insbesondere der Vorbereitung auf Klausuren und auf die schriftliche Abiturprüfung.

§ 1 Vektoren

I. Was ist analytische Geometrie?

1. In der Sekundarstufe I haben wir die Geometrie mit Hilfe von **Grundbegriffen** (wie Punkt, Gerade, Kongruenz) und **Grundsätzen** (Axiomen) aufgebaut. Bei einem solchen Vorgehen spricht man von **„synthetischer Geometrie“.**
Es gibt aber noch eine andere Methode, Geometrie zu treiben, die **„analytische Geometrie“.** Die Anfangsgründe der analytischen Geometrie haben wir – ohne dass dies ausdrücklich erwähnt wurde – ebenfalls schon in der Sekundarstufe I kennengelernt. Dies wollen wir kurz erläutern.

2. Wir wissen, dass man die Punkte einer Ebene in einem Kartesischen Koordinatensystem durch Zahlenpaare erfassen kann (Bild 1.1), jedem Punkt einer Ebene wird umkehrbar eindeutig ein Paar von reellen Zahlen zugeordnet:

$$P \leftrightarrow (x|y).$$

Auch die Geraden der Ebene werden durch zwei Zahlen festgelegt, nämlich jeweils durch ihre Steigung m und durch ihren Achsenabschnitt n auf der y-Achse (Bild 1.2).

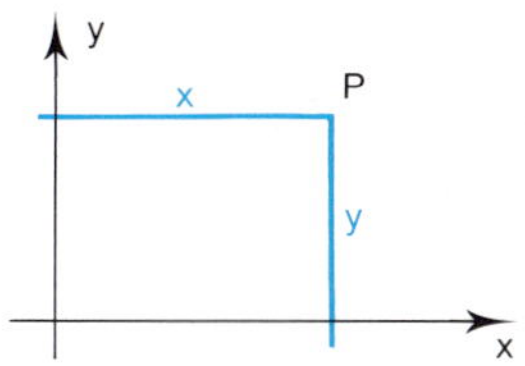

Bild 1.1

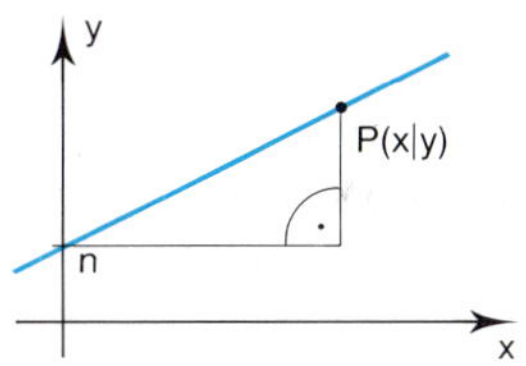

Bild 1.2

Dass ein Punkt $P(x|y)$ auf der Geraden g zum Paar $(m|n)$ liegt, wird dann erfasst dadurch, dass die Gleichung

$$y = mx + n$$

für die betreffenden Zahlen x, y, m und n erfüllt ist. Man sagt auch: Die Gleichung bringt zum Ausdruck, dass der Punkt $P(x|y)$ mit der durch m und n bestimmten Geraden g **inzident** ist.

Bemerkung: Geraden der Ebene, die parallel zur y-Achse verlaufen, werden auf die geschilderte Weise **nicht** erfasst. Auf dieses Problem gehen wir hier nicht näher ein (Aufgabe 1).

3. Dieses Beispiel zeigt bereits die Grundgedanken der analytischen Geometrie:

[1] Den **geometrischen Objekten** (z.B. Punkten, Geraden) werden **arithmetische Objekte** (also Zahlen, Zahlenpaare usw.) eineindeutig zugeordnet.

2 Den **geometrischen Beziehungen** – z.B. Inzidenz, Kongruenz, Anordnung von Punkten auf einer Geraden – werden **arithmetische Beziehungen** – z.B. Gleichheit, Größerbeziehung von Zahlen – eineindeutig zugeordnet.

3 Genau dann, wenn zwei **geometrische Objekte** in einer **geometrischen Beziehung** zueinander stehen, dann stehen die zugeordneten **arithmetischen Objekte** in der zugeordneten **arithmetischen Beziehung.**

Wir erläutern dies noch durch die folgenden **Beispiele.**

1) Eine mögliche Lagebeziehung zwischen zwei Geraden g_1 und g_2 ist die **Parallelität:** $g_1 \| g_2$.

Sind die beiden Geraden arithmetisch festgelegt durch die Zahlenpaare $(m_1|n_1)$ und $(m_2|n_2)$, so wird die Parallelität arithmetisch erfasst durch die Beziehung

$m_1 = m_2$ (Bild 1.3) (Aufgabe 2).

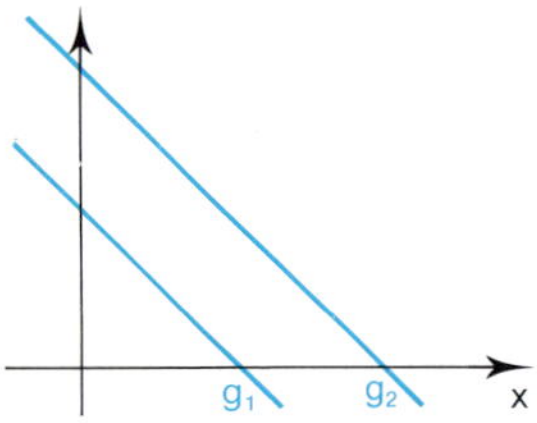

Bild 1.3

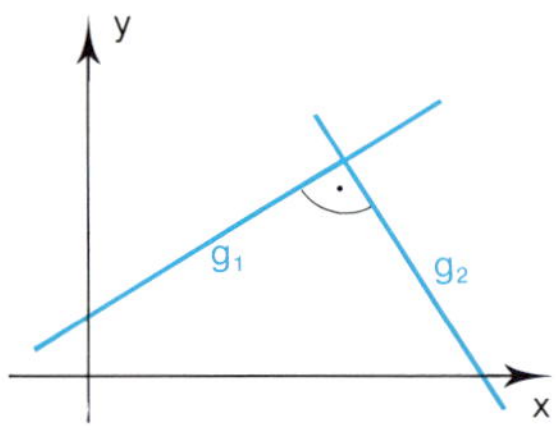

Bild 1.4

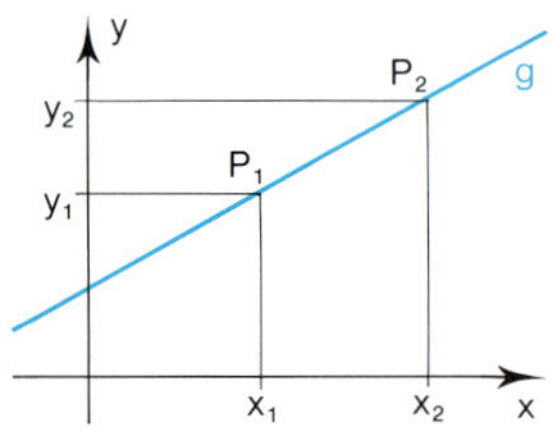

Bild 1.5

2) Eine weitere mögliche Lagebeziehung zwischen zwei Geraden g_1 und g_2 ist das **Senkrechtstehen:** $g_1 \perp g_2$.

Diese geometrische Beziehung wird arithmetisch erfasst durch die Gleichung

$$m_2 = -\frac{1}{m_1}, \quad \text{also } m_1 \cdot m_2 = -1 \quad \text{(Bild 1.4) (Aufgabe 3).}$$

3) Wenn man in Bild 1.5 die Gerade g von „links nach rechts durchläuft", dann kommt man zuerst zum Punkt P_1, dann zum Punkt P_2. Man sagt: Der Punkt P_1 liegt – beim gewählten Durchlaufsinn der Geraden – **„vor"** dem Punkt P_2. Diese geometrische Beziehung wird arithmetisch erfasst durch die Beziehung

$x_1 < x_2$.

Außerdem gilt in diesem Fall – wegen der positiven Steigung der Geraden g – auch

$y_1 < y_2$ (Aufgabe 5).

4. Wesentlich ist nun, dass man in der analytischen Geometrie eine **vollständige arithmetische Beschreibung** der Geometrie erhält.

Der Vorteil der analytischen Methode gegenüber der synthetischen besteht darin, dass man mit Zahlen **rechnen** kann. Jedes geometrische Problem lässt sich in der analytischen Geometrie – wenigstens grundsätzlich – rechnerisch behandeln. In der synthetischen Geometrie gibt es einen Kalkül von vergleichbarer Leistungsfähigkeit nicht.

5. Für viele Probleme ist der Kalkül der analytischen Geometrie besonders einfach und leistungsfähig, wenn man den Begriff des **Vektors** heranzieht. Dies hat vor allem den Vorteil, dass die Geometrie des Raumes (des „Raumes R_3“) völlig analog zur Geometrie der Ebene (des „Raumes R_2“) aufgebaut werden kann. Der Vektorbegriff gestattet es, ohne dass der Aufbau dadurch erschwert würde, sofort **räumliche Geometrie** zu treiben.
Deshalb werden wir uns im Folgenden zunächst mit dem Begriff des **Vektors** beschäftigen.

Übungen und Aufgaben

1. a) Warum werden Geraden, die parallel zur y-Achse verlaufen, durch Gleichungen der Form $y = mx + n$ nicht erfasst?
b) Ermittle eine Gleichung für die Parallele zur y-Achse, die durch den Punkt $P(2|5)$ geht!
c) Von welcher Form sind die Gleichungen, durch die **alle** Geraden der Ebene erfasst werden?

2. a) Begründe, dass die Parallelität zweier Geraden g_1 und g_2 erfasst wird durch die Bedingung $m_1 = m_2$!
b) Ermittle die Gleichung der Geraden durch den Punkt $P(-2|3)$, die parallel zur Geraden zu $y = \frac{x}{2} - 1$ verläuft!

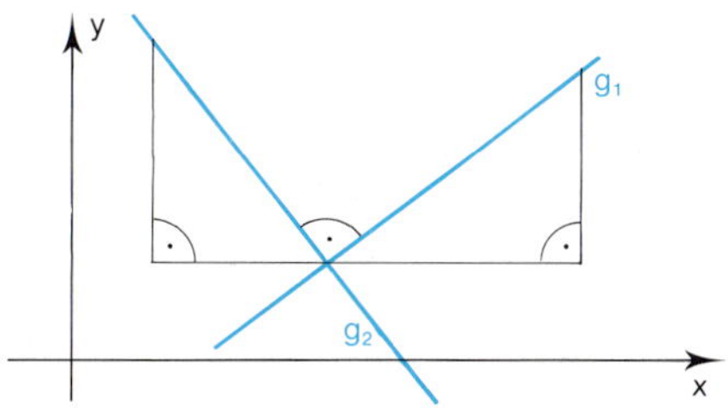

Bild 1.6

3. a) Begründe, dass das Senkrechtstehen (die Orthogonalität) zweier Geraden g_1 und g_2, die nicht zu den Koordinatenachsen parallel sind, erfasst wird durch die Bedingung $m_1 \cdot m_2 = -1$ (Bild 1.6)!
b) Warum gilt diese Bedingung nicht für Geraden, die zu den Koordinatenachsen parallel sind?
c) Ermittle die Gleichung einer Geraden durch den Punkt $P(-4|3)$, die senkrecht zur Geraden zu $y = 2x - 1$ verläuft!

4. Untersuche, wie man bei Geraden, die durch eine Gleichung in allgemeiner Form $(ax + by = c)$ gegeben sind, **a)** die Parallelität, **b)** die Orthogonalität arithmetisch erfassen kann! Drücke die Bedingungen so aus, dass sie auch auf Parallelen zur y-Achse anwendbar sind!

5. $P_1(x_1|y_1)$ und $P_2(x_2|y_2)$ seien zwei Punkte der Geraden zu $y = mx + n$. Zeige, dass gilt:
a) für $m \geq 0$: $x_1 < x_2 \Rightarrow y_1 \leq y_2$; **b)** für $m \leq 0$: $x_1 < x_2 \Rightarrow y_1 \geq y_2$!
Anleitung: Berechne die Differenz $y_1 - y_2$!

6. a) Warum lässt sich die Beziehung „P_1 liegt vor P_2“ bei Punkten auf Parallelen zur y-Achse nicht durch $x_1 < x_2$ definieren?
b) Durch welche Bedingung lässt sich die Ordnungsbeziehung erfassen bei Punkten P_1 und P_2, die auf einer Parallele zur y-Achse liegen?

II. Gerichtete Größen. Geometrische Vektoren

1. Auch heute noch sind an Flüssen zahlreiche Fähren im Einsatz, die Personen, Fahrzeuge und andere Güter von einem Ufer zum anderen befördern. Wie muss die Fähre von Bild 1.7 gesteuert werden, damit sie vom Punkt A zum Punkt B gelangt? Würde der Steuermann beim Start in A unmittelbar den Zielpunkt B ansteuern, also in Richtung des Pfeils $\overrightarrow{AB}$ fahren, so würde das Schiff unter dem Einfluss der Strömung nicht beim Punkt B ankommen; es würde vielmehr stromabwärts abgetrieben und das gegenseitige Ufer vielleicht beim Punkt C erreichen.

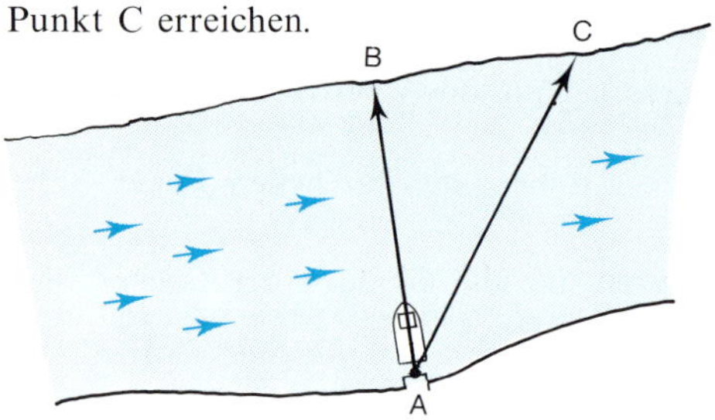

Bild 1.7

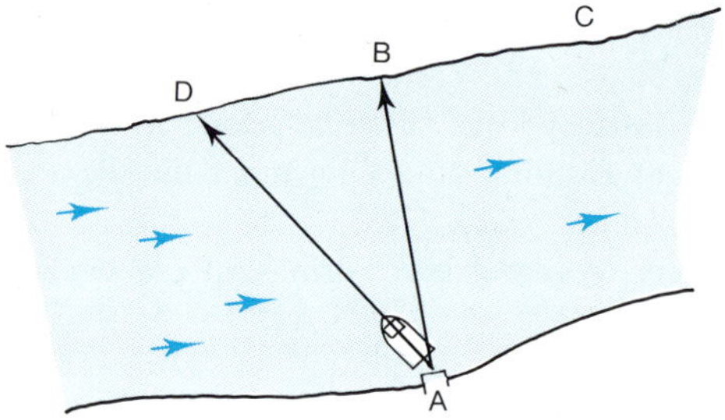

Bild 1.8

Um beim Punkt B anzukommen, muss der Fährmann vielmehr einen Punkt D links von B ansteuern (Bild 1.8); denn dann wird die Fähre unter dem Einfluss der Strömung bis zum Zielpunkt B abgetrieben.

Man kann den Sachverhalt beschreiben mit Hilfe der Geschwindigkeit der Strömung und der Eigengeschwindigkeit der Fähre. Offensichtlich kommt es dabei aber nicht nur auf den Betrag, die Größe der beiden Geschwindigkeiten, sondern wesentlich auch auf deren **Richtung** an.

In Bild 1.9 sind die **Eigengeschwindigkeit** der Fähre $\vec{v}_E$, die **Strömungsgeschwindigkeit** $\vec{v}_S$ und die sich daraus ergebende **Gesamtgeschwindigkeit** $\vec{v}$ durch Pfeile dargestellt. Dabei wird der Betrag, die Größe jeder Geschwindigkeit, durch die Länge des betreffenden Pfeils erfasst. Man schreibt:

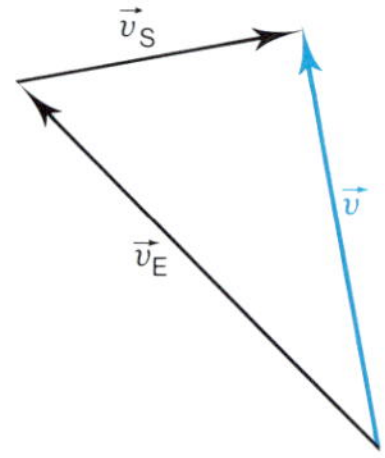

Bild 1.9

$$\vec{v}_E + \vec{v}_S = \vec{v}.$$

Geschwindigkeiten sind also **gerichtete Größen,** die man durch Pfeile darstellen kann. Unterliegt ein Körper – wie die Fähre unseres Beispiels – dem Einfluss mehrerer Geschwindigkeiten, so überlagern sich diese Geschwindigkeiten zu einer Gesamtgeschwindigkeit, die man durch Aneinanderlegen der zugehörigen Pfeile wie in Bild 1.9 ermitteln kann.

2. Ähnlich ist die Situation auch bei anderen physikalischen Größen, die durch Pfeile dargestellt werden können, z.B. bei Kräften. Aber auch im Mathematikunterricht haben wir schon mit **Pfeilen** gearbeitet. Wir haben sie benutzt

1) zur Veranschaulichung von Zahlen und

2) zur Kennzeichnung von Verschiebungen.

Unter einer **Verschiebung** versteht man eine spezielle **Abbildung,** bei der jedem Punkt A (der Ebene oder des Raumes) eindeutig ein Punkt A′ zugeordnet wird.

Beispiel:

Das Dreieck ABC von Bild 1.10 wird durch eine Verschiebung V auf das Dreieck A′B′C′ abgebildet. Diese Verschiebung V wird z.B. durch den Pfeil $\overrightarrow{AA'}$ gekennzeichnet.

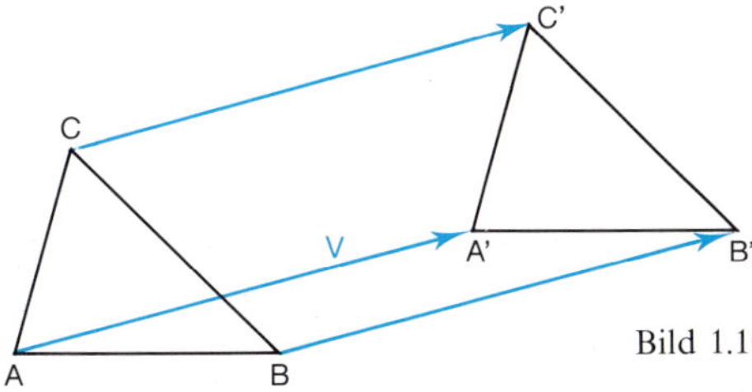

Bild 1.10

Bemerkung: Man kann einen Pfeil $\overrightarrow{AA'}$ auffassen

a) als die mit einer Orientierung, einem Richtungssinn versehene Strecke AA′ oder

b) als das (geordnete) Punktepaar (A|A′).

In beiden Fällen kommt es auf die Reihenfolge der beiden Punkte an. Der Pfeil $\overrightarrow{A'A}$ kennzeichnet die Verschiebung, durch die der Punkt A′ auf den Punkt A abgebildet wird; der Pfeil $\overrightarrow{A'A}$ kennzeichnet also eine andere Verschiebung als der Pfeil $\overrightarrow{AA'}$. Wir nennen A den **„Anfangspunkt"** und A′ die **„Spitze"** des Pfeils $\overrightarrow{AA'}$.
Man kann die Verschiebung V von Bild 1.10 aber auch kennzeichnen durch die Pfeile $\overrightarrow{BB'}$, $\overrightarrow{CC'}$ usw. Alle diese Pfeile sind **gleich lang, zueinander parallel** und **gleich orientiert;** man sagt kurz: Diese Pfeile sind **„vektorgleich".**
Beachte: Wenn Pfeile nicht zueinander parallel sind, hat es keinen Sinn, ihre Orientierung miteinander zu vergleichen!

3. Aufgrund der vorstehenden Überlegungen definieren wir:

D 1.1 **Zwei Pfeile heißen „vektorgleich" genau dann, wenn sie gleich lang, parallel und gleich orientiert sind.**

Man fasst nun alle vektorgleichen Pfeile zu einer Menge zusammen und nennt diese Menge einen **„Vektor"**, genauer einen **„geometrischen Vektor".** Wir definieren:

D 1.2 **Unter einem Vektor versteht man die Menge aller zu einem Pfeil vektorgleichen Pfeile.**

Wir bezeichnen Vektoren in der Regel durch kleine lateinische Buchstaben mit einem darüber gesetzten Pfeil:

$\vec{a}, \vec{b}, \vec{c}, \ldots;$ gelesen „Vektor a", „Vektor b" usw.

Da ein Vektor eine Menge von Pfeilen ist, können wir – genau genommen – einen Vektor nicht zeichnen. Zur Veranschaulichung von Vektoren zeichnen wir einzelne Pfeile, die zu dem betreffenden Vektoren gehören (Bild 1.11). Jeder solche Pfeil „vertritt" seinen Vektor; wir nennen ihn daher auch einen **„Vertreter"** oder **„Repräsentanten"** seines Vektors. Für die Pfeile von Bild 1.11 gilt also: $\overrightarrow{AB} \in \vec{a}$; $\overrightarrow{CD} \in \vec{a}$; $\overrightarrow{EF} \in \vec{a}$.

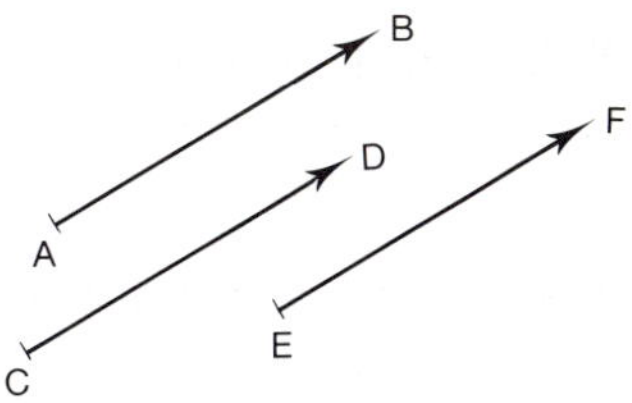

Bild 1.11

Beachte:

1) Zur Unterscheidung von Pfeilen und Vektoren bezeichnen wir **Pfeile** durch ihre Endpunkte, also z.B. mit $\overrightarrow{AB}$, $\overrightarrow{CD}$ usw., **Vektoren** dagegen mit kleinen lateinischen Buchstaben, also z.B. mit $\vec{a}$, $\vec{b}$ usw.

2) Wird in einer Zeichnung ein Vektor $\vec{a}$ durch einen seiner Repräsentanten $\overrightarrow{AB}$ dargestellt, so schreiben wir an den Pfeil das Zeichen „$\vec{a}$"; dies deutet also an, dass dieser Pfeil als Vertreter seines Vektors aufzufassen sei.

3) Wenn keine Missverständnisse zu befürchten sind, bezeichnet man gelegentlich auch den zu einem Pfeil $\overrightarrow{AB}$ gehörenden Vektor $\vec{a}$ der Einfachheit halber ebenfalls mit „$\overrightarrow{AB}$".

4. Wir fassen die Vektoren des dreidimensionalen Raumes R_3 zu einer Menge zusammen und bezeichnen diese mit **„V_3"**. Entsprechend bezeichnen wir die Menge aller Vektoren, deren Repräsentanten in einer Ebene, also im Raum R_2 liegen, mit **„V_2"** und die Menge der Vektoren, deren Repräsentanten alle auf einer Geraden liegen, mit **„V_1"**.
Wollen wir offen lassen, um welche Vektormenge es sich handelt, schreiben wir kurz **„V"**.

5. Schließlich wollen wir noch vereinbaren, dass wir die Begriffe „Länge", „Parallelität" und „Orientierung" nicht nur für Pfeile, sondern auch für die zugehörigen Vektoren verwenden wollen:

1) Unter dem **„Betrag eines Vektors"** verstehen wir die Maßzahl der Länge seiner Repräsentanten. Wir bezeichnen den Betrag eines Vektors $\vec{a}$ mit „$|\vec{a}|$", gelesen „Vektor a Betrag" oder „Betrag des Vektors a".
Beachte, dass $|\vec{a}|$ eine **Zahl,** nicht etwa eine Größe ist, die sich aus Maßzahl und Maßeinheit zusammensetzt!

2) Sind die Repräsentanten zweier Vektoren $\vec{a}$ und $\vec{b}$ zueinander **parallel** (liegen diese also in zueinander parallelen Geraden), so schreiben wir:

„$\vec{a} \parallel \vec{b}$", gelesen „Vektor a parallel Vektor b" (Bild 1.12).

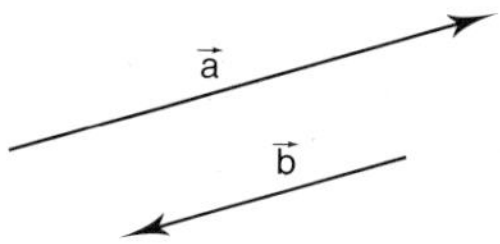

Bild 1.12

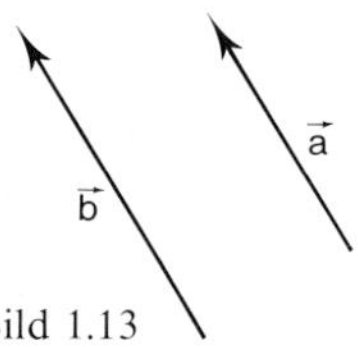

Bild 1.13

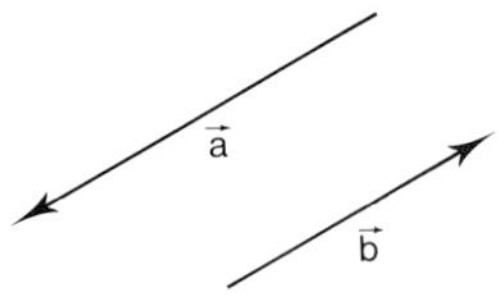

Bild 1.14

3) Sind die Repräsentanten zweier zueinander parallelen Vektoren **gleich orientiert,** so schreiben wir:

„$\vec{a} \uparrow\uparrow \vec{b}$", gelesen „Vektor a gleich orientiert mit Vektor b" (Bild 1.13);

sind sie dagegen **entgegengesetzt orientiert,** so schreiben wir:

„$\vec{a} \uparrow\downarrow \vec{b}$", gelesen „Vektor a entgegengesetzt orientiert zu Vektor b" (Bild 1.14).

Beachte: Die Schreibweisen „$\vec{a} \uparrow\uparrow \vec{b}$" und „$\vec{a} \uparrow\downarrow \vec{b}$" haben nur Sinn, wenn die Vektoren $\vec{a}$ und $\vec{b}$ zueinander **parallel** sind!

Übungen und Aufgaben

1. Benenne die Pfeile und die Vektoren, die durch die Kanten folgender Körper festgelegt sind, und entscheide, welche von Ihnen vektorgleich sind!
a) Prisma (Bild 1.15) **b)** Würfel **c)** Quader **d)** Pyramide (Bild 1.16)
e) Tetraeder (Bild 1.17) **f)** Parallelflach (Bild 1.18)

Bemerkung: Ein **Parallelflach** (oder **„Spat"**) ist ein von sechs ebenen Seitenflächen begrenzter Körper, bei dem die beiden gegenüberliegenden Seitenflächen jeweils zueinander parallel sind.

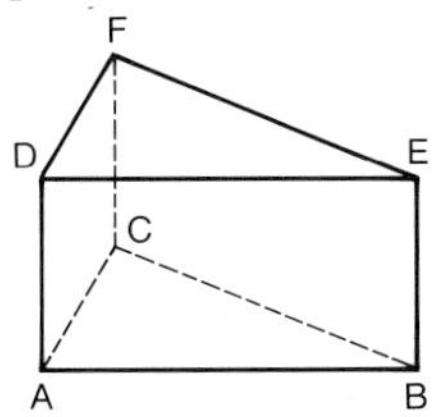

Bild 1.15

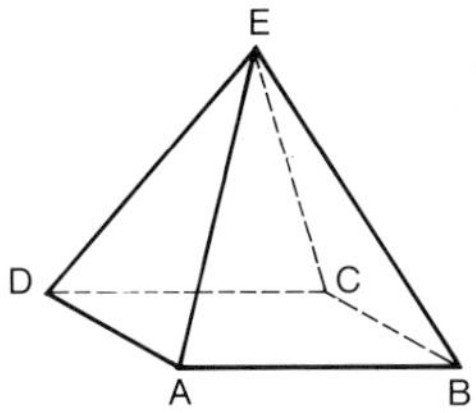

Bild 1.16

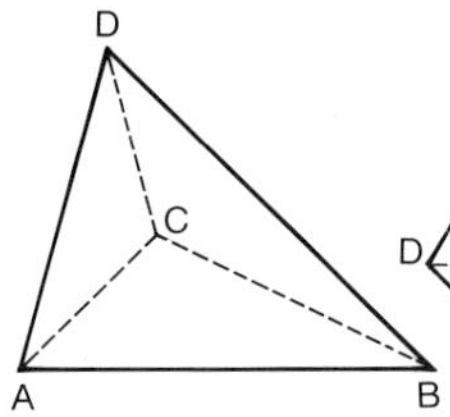

Bild 1.17

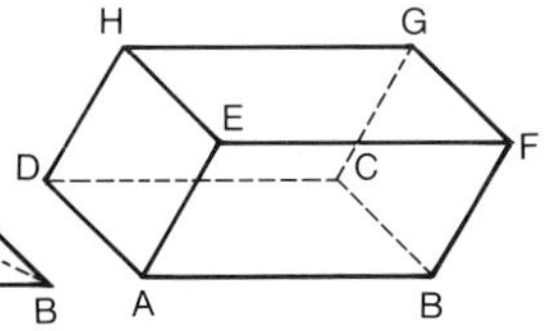

Bild 1.18

2. Durch den Pfeil $\overrightarrow{AA'}$ ist in einem Kartesischen Koordinatensystem eine Verschiebung V festgelegt (Bild 1.10 auf Seite 11). Zeichne jeweils den Bildpunkt B′ zum Punkt B!
a) $A(-1|2)$; $A'(2|0)$; $B(0|0)$ **b)** $A(1|-2)$; $A'(-1|3)$; $B(3|0)$

3. Ermittle zu den Verschiebungen von Aufgabe 2 jeweils den Originalpunkt C zum Bildpunkt C′! **a)** $C'(3|1)$ **b)** $C'(1|4)$ **c)** $C'(4|-1)$ **d)** $C'(1|3)$

4. Wo liegen die Spitzen von Pfeilen, die den gleichen Anfangspunkt A haben und übereinstimmen in **a)** Länge, **b)** Richtung, **c)** Richtung und Orientierung?

5. Mit wie vielen verschiedenen Vektoren lassen sich beim Quader erfassen
a) alle Flächendiagonalen und **b)** alle Raumdiagonalen?

6. Die Eigengeschwindigkeit $\vec{v}_E$ eines Flugzeugs und die Windgeschwindigkeit $\vec{v}_W$ setzen sich zur „Geschwindigkeit über Grund" $\vec{v}$ vektoriell zusammen. Um nicht vom Zielkurs abzukommen, steuert der Pilot das Flugzeug mit einem Vorhaltewinkel von 8°. Es gilt $|\vec{v}_E| = 180$ km/h und $|\vec{v}_W| = 36$ km/h, wobei der Wind schräg von hinten bläst.
Ermittle zeichnerisch $|\vec{v}|$ und die Größe des Winkels zwischen $\vec{v}$ und $\vec{v}_W$!

7. a) Eine Fähre überquert eine Meerenge von A nach B. Die Strömung treibt das Schiff senkrecht zur Richtung von A nach B mit der Geschwindigkeit $\vec{v}_S$ vom Betrage $|\vec{v}_S| = 5$ kn[1]) ab. Die Eigengeschwindigkeit $\vec{v}_E$ der Fähre beträgt $|\vec{v}_E| = 15$ kn. Ermittle zeichnerisch die Gesamtgeschwindigkeit $\vec{v}$ und aus der Zeichnung $|\vec{v}|$ sowie die Größe des Winkels zwischen $\vec{v}_E$ und $\vec{v}$, des sogenannten „Vorhaltewinkels"!
b) Ein zweites Schiff fährt mit einem Vorhaltewinkel von 30° über die Meerenge. Ermittle zeichnerisch $\vec{v}_E$, $\vec{v}$ und deren Beträge!

[1]) „Knoten" ist ein nautisches Geschwindigkeitsmaß: $1\,\text{kn} = 1852\,\frac{\text{m}}{\text{h}}$.

8. Ein Segelflugzeug fliegt mit einer waagerechten Eigengeschwindigkeit von 25 m/s nach SW. An einem Aufhang wird es mit 8 m/s senkrecht nach oben getragen und gleichzeitig von einem Sturmwind aus NW mit 12 m/s seitlich abgetrieben.

a) Stelle die beteiligten Geschwindigkeitsvektoren in einem Schrägbild dar!

b) Berechne die Beträge der Gesamtgeschwindigkeit und der Geschwindigkeit über Grund mit Hilfe des Lehrsatzes des Pythagoras!

III. Erfassung von Vektoren durch Zahlen

1. Schon in der 6. Klasse haben wir ebene Pfeile und Vektoren mit Hilfe von Zahlen dargestellt. Dabei haben wir ein Kartesisches Koordinatensystem zugrunde gelegt (Bild 1.19). Bisher haben wir die Koordinaten eines Punktes P allgemein mit den Variablen x und y bezeichnet. Für die folgenden Überlegungen ist es jedoch gelegentlich zweckmäßig, für die beiden Koordinaten denselben Buchstaben zu wählen wie für den Punkt selbst und diese Koordinaten durch Indizes zu unterscheiden.

Wir schreiben also gelegentlich z.B.

$$A(a_1|a_2); \quad B(b_1|b_2); \quad \text{usw.}$$

Daher bezeichnen wir die beiden Achsen bei allgemeinen Überlegungen auch als x_1-Achse und x_2-Achse. Bei Beispielen verwenden wir dagegen in der Regel die üblichen Bezeichnungen x-Achse und y-Achse.

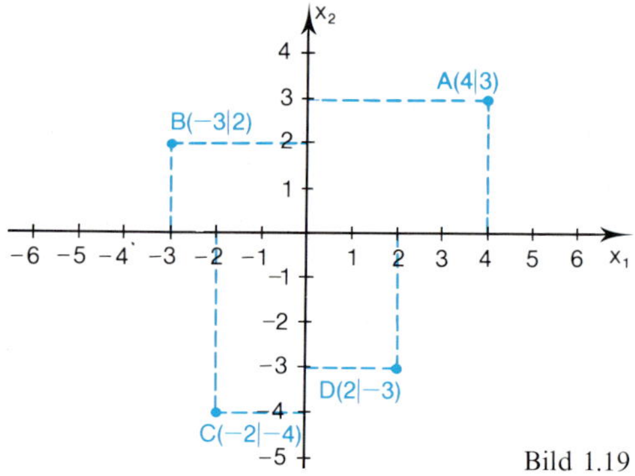

Bild 1.19

2. Im Raum besteht ein Kartesisches Koordinatensystem aus drei Zahlengeraden, die paarweise aufeinander senkrecht stehen und auf denen mit der gleichen Einheit gemessen wird. Auch hier bezeichnen wir die drei Achsen bei allgemeinen Überlegungen als x_1-, x_2- und x_3-Achse, bei einzelnen Beispielen aber meist als x-, y- und z-Achse. Es gibt zwei grundsätzlich zu unterscheidende Möglichkeiten für die Lage der Achsen zueinander. Wenn man sich Bild 1.20 so vorstellt, dass die x-Achse (x_1-Achse) „nach vorne" weist, dann bilden die drei Achsen ein sogenanntes **„Rechtssystem"**. Bild 1.21 hat man sich so vorzustellen, dass die x-Achse (x_1-Achse) „nach hinten" weist; in diesem Falle bilden die drei Achsen ein **„Linkssystem"**.

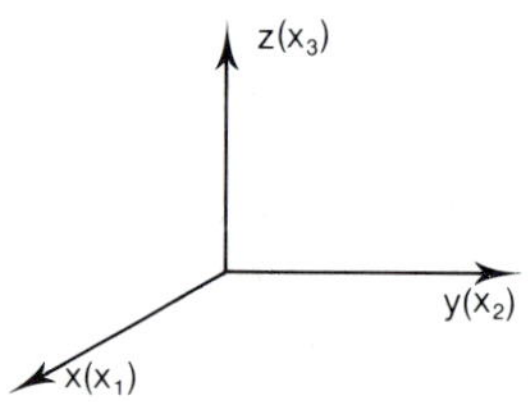

Bild 1.20

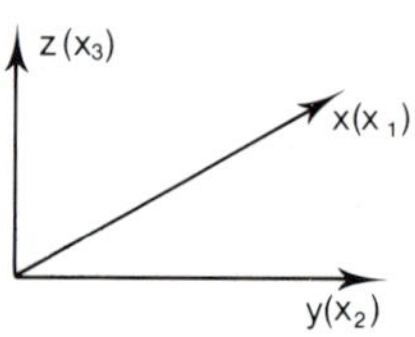

Bild 1.21

Man kann den Unterschied dieser beiden **„Orientierungen“** eines Koordinatensystems nur anschaulich, z.B. mit Hilfe der sogenannten **„Korkenzieherregel“** erklären. Denkt man sich im Nullpunkt des Koordinatensystems einen (handelsüblichen, also rechtsgewundenen) Korkenzieher angesetzt und dreht diesen über den kleineren Winkel (in diesem Fall also über den rechten Winkel) von der positiven x-Richtung zur positiven y-Richtung, so bewegt sich der Korkenzieher bei einem Rechtssystem in Richtung der positiven z-Achse (Bild 1.22). Bei einem Linkssystem würde er sich in Richtung der negativen Seite der z-Achse bewegen. Wir legen in diesem Buch stets ein **Rechtssystem** zugrunde.

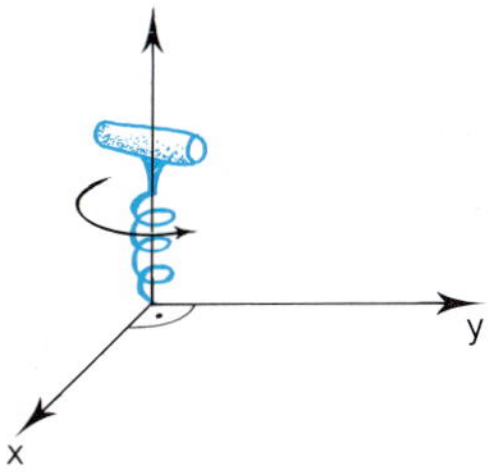

Bild 1.22

Bemerkung: Bei der ebenen Darstellung eines räumlichen Koordinatensystems ist es zweckmäßig, die positive x-Achse unter einem Winkel von 135° gegenüber der positiven y-Achse zu zeichnen. Auf kariertem Papier legt man die y- und die z-Achse auf die Gitterlinien; die x-Achse verläuft dann in Richtung der Diagonalen der Gitterquadrate. Wählt man auf der y- und der z-Achse die Seitenlänge eines Gitterquadrates als Einheit, so ist es für die x-Achse (z.B.) zweckmäßig, eine halbe Diagonalenlänge als Einheit festzulegen.
Jedem Punkt des Raumes ist dann eineindeutig ein **Tripel** reeller Zahlen, ein **Koordinatentripel** zugeordnet. Bild 1.23 zeigt dies für den Punkt A(3|5|7) und Bild 1.24 für den Punkt B(−3|3|−5). Die beiden Bilder zeigen außerdem, dass es zu den Punkten A und B jeweils einen Quader mit dem betreffenden Punkt als Eckpunkt gibt, von dem drei Kanten auf den Koordinatenachsen und drei Seitenflächen in den Koordinatenebenen liegen. Dies gilt entsprechend für jeden Punkt des Raumes, dessen Koordinaten alle von 0 verschieden sind.

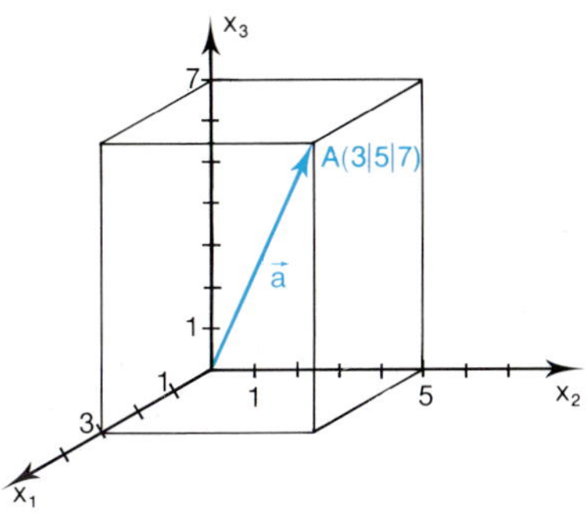

Bild 1.23

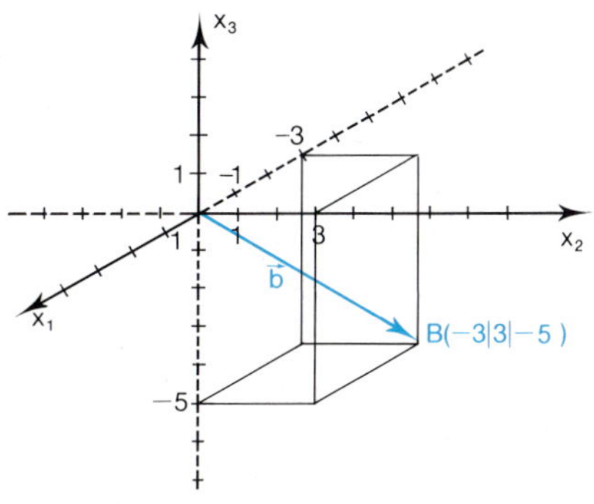

Bild 1.24

Mit Hilfe des betreffenden Quaders kann man, wenn ein Punkt gegeben ist, dessen Koordinaten bestimmen und auch umgekehrt, wenn ein Koordinatentripel gegeben ist, den zugehörigen Punkt finden. Für die Koordinaten von Raumpunkten verwenden wir in allgemeinen Überlegungen ebenfalls die Schreibweise mit Hilfe von Indizes. Wir schreiben also z.B. $A(a_1|a_2|a_3)$, $B(b_1|b_2|b_3)$ usw. Häufig benutzen wir z.B. aber auch die Schreibweise $P(x|y|z)$.

3. Die Ebene wird durch ein Kartesisches Koordinatensystem in vier Quadranten eingeteilt. Entsprechend bewirkt ein solches Koordinatensystem im Raum eine Unterteilung in **acht Oktanten** (Bild 1.25). Oberhalb der x-y-Ebene liegen die Oktanten I, II, III und IV, unterhalb der x-y-Ebene die Oktanten V, VI, VII und VIII.

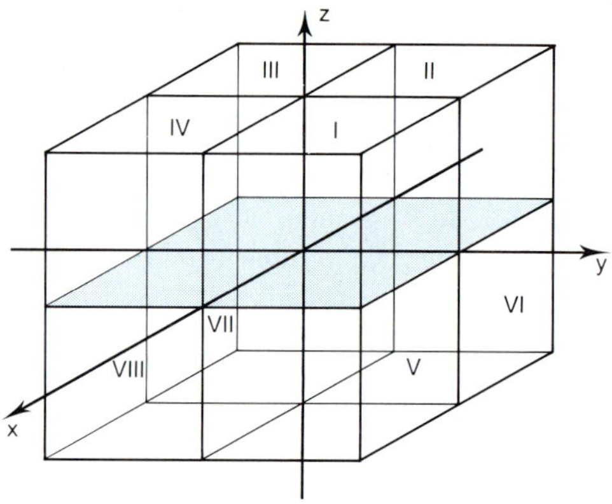

Bild 1.25

Beispiele:

P(1|4|4) liegt im I. Oktanten,
Q(−4|2|1) liegt im II. Oktanten,
R(−3|5|−2) liegt im VI. Oktanten,
S(4|−2|−3) liegt im VIII. Oktanten.

4. Um auch Vektoren durch Zahlen erfassen zu können, wählt man als Vertreter eines Vektors den Pfeil, der am Nullpunkt des Koordinatensystems angetragen ist, und ordnet dem Vektor als Koordinaten die Punktkoordinaten der Spitze dieses Pfeils zu. Man schreibt die Koordinaten eines Vektors in der Regel allerdings nicht neben-, sondern untereinander, also in Form einer „Spalte" mit runden Klammern.

Für die Vektoren von Bild 1.26 gilt demnach:

$$\vec{a}=\begin{pmatrix}4\\3\end{pmatrix};\quad \vec{b}=\begin{pmatrix}-3\\2\end{pmatrix};\quad \vec{c}=\begin{pmatrix}-2\\-4\end{pmatrix};\quad \vec{d}=\begin{pmatrix}2\\-3\end{pmatrix}.$$

Allgemein bezeichnen wir auch die Koordinaten eines Vektors mit demselben Buchstaben wie den Vektor und mit Hilfe von Indizes, also z.B.

$$\vec{a}=\begin{pmatrix}a_1\\a_2\end{pmatrix};\quad \vec{b}=\begin{pmatrix}b_1\\b_2\end{pmatrix};\quad \text{usw.}$$

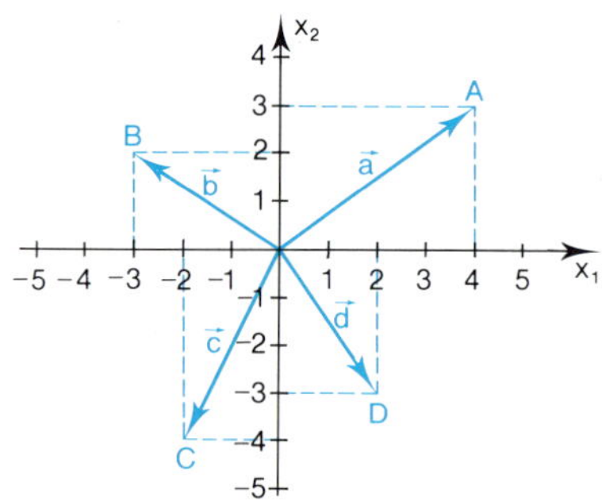

Bild 1.26

Wir nennen Vektoren mit zwei Koordinaten gelegentlich auch **„ebene Vektoren"**.
Für die Vektoren in den Bildern 1.23 und 1.24 gilt:

$$\vec{a}=\begin{pmatrix}3\\5\\7\end{pmatrix} \quad \text{und} \quad \vec{b}=\begin{pmatrix}-3\\3\\-5\end{pmatrix}.$$

Allgemein bezeichnen wir auch hier die Koordinaten mit Hilfe von Indizes, also:

$$\vec{a}=\begin{pmatrix}a_1\\a_2\\a_3\end{pmatrix};\quad \vec{b}=\begin{pmatrix}b_1\\b_2\\b_3\end{pmatrix};\quad \text{usw.}$$

Wir nennen Vektoren mit drei Koordinaten gelegentlich auch **„räumliche Vektoren"**.

5. Wählt man statt des am Nullpunkt angetragenen Pfeils $\overrightarrow{OA}$ einen anderen Pfeil $\overrightarrow{PQ}$ als Vertreter eines Vektors $\vec{a}$, so kann man die Koordinaten von $\vec{a}$ als Differenzen der Punktkoordinaten von Q und P bestimmen. Wir zeigen dies an einem einfachen ebenen

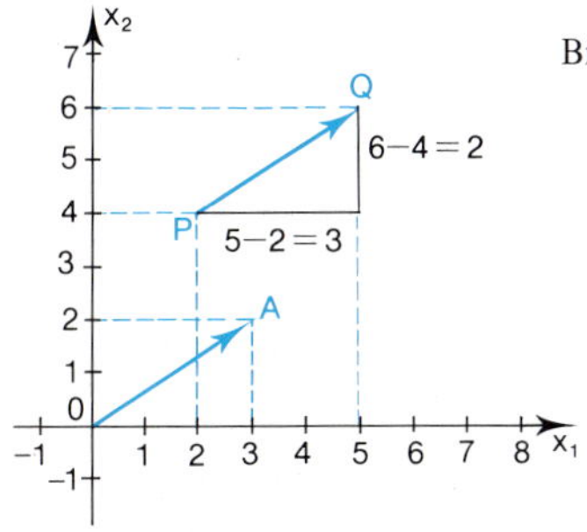

Bild 1.27

__Beispiel__ (Bild 1.27):

Die Pfeile $\overrightarrow{OA}$ und $\overrightarrow{PQ}$ sind beide Vertreter eines Vektors $\vec{a}$. Die Punkte sind: A(3|2); P(2|4) und Q(5|6). Die Punktkoordinaten von A stimmen mit den Koordinaten des Vektors $\vec{a}$ überein:

$$\vec{a}=\begin{pmatrix}3\\2\end{pmatrix}.$$

Zum gleichen Ergebnis gelangt man auch, wenn man die Differenzen der entsprechenden Koordinaten von Q und P bildet.

$$\begin{pmatrix}5-2\\6-4\end{pmatrix}=\begin{pmatrix}3\\2\end{pmatrix}=\vec{a}$$

Allgemein können wir sagen:

S 1.1 **1) Sind $P(p_1|p_2)$ und $Q(q_1|q_2)$ zwei Punkte der Ebene und ist der Pfeil $\overrightarrow{PQ}$ ein Vertreter des Vektors $\vec{a}$, so gilt:**

$$\vec{a}=\begin{pmatrix}q_1-p_1\\q_2-p_2\end{pmatrix}=\begin{pmatrix}a_1\\a_2\end{pmatrix}.$$

2) Sind $P(p_1|p_2|p_3)$ und $Q(q_1|q_2|q_3)$ zwei Punkte des Raumes und ist der Pfeil $\overrightarrow{PQ}$ ein Vertreter des Vektors $\vec{a}$, so gilt:

$$\vec{a}=\begin{pmatrix}q_1-p_1\\q_2-p_2\\q_3-p_3\end{pmatrix}=\begin{pmatrix}a_1\\a_2\\a_3\end{pmatrix}.$$

__Beispiel:__ P(−4|3|3); Q(3|−2|−5); dann ist $\vec{a}=\begin{pmatrix}3-(-4)\\-2-\ \ 3\\-5-\ \ 3\end{pmatrix}=\begin{pmatrix}7\\-5\\-8\end{pmatrix}$.

Beachte, dass die Aussage von Satz S 1.1 auch gilt, wenn P der Nullpunkt des Koordinatensystems ist!

6. Im II. Abschnitt haben wir erläutert, dass man unter dem Betrag eines Vektors $\vec{a}$ (geschrieben: $|\vec{a}|$) die Längenmaßzahl seiner Repräsentanten versteht. Bild 1.28 zeigt einen Pfeil $\overrightarrow{OA}$ als Vertreter eines ebenen Vektors $\vec{a}=\begin{pmatrix}a_1\\a_2\end{pmatrix}$.

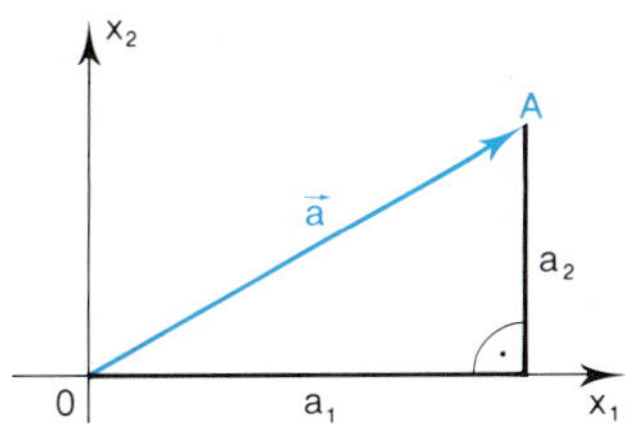

Bild 1.28

Nach dem Lehrsatz des Pythagoras gilt für die Längenmaßzahl des betreffenden Pfeils und somit für $|\vec{a}|$:

$$|\vec{a}|^2 = a_1^2 + a_2^2.$$

Daraus ergibt sich:

$$|\vec{a}| = \sqrt{a_1^2 + a_2^2}.$$

Dieses Ergebnis gilt auch, wenn einzelne Koordinaten negativ sind oder den Wert 0 haben (Aufgabe 8).

Beispiel: Für $\vec{a} = \binom{3}{4}$ gilt: $|\vec{a}| = \sqrt{3^2 + 4^2} = \sqrt{9 + 16} = \sqrt{25} = 5.$

7. Eine entsprechende Formel gilt auch für räumliche Vektoren. Bild 1.29 zeigt einen Pfeil $\overrightarrow{OA}$ als Vertreter eines Vektors $\vec{a} = \begin{pmatrix} a_1 \\ a_2 \\ a_3 \end{pmatrix}$. Für die Längenmaßzahl b der Strecke OB gilt:

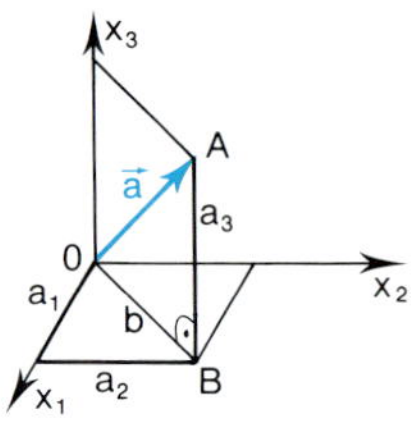

Bild 1.29

$$b^2 = a_1^2 + a_2^2.$$

Da das Dreieck OBA bei B rechtwinklig ist, ergibt sich durch nochmalige Anwendung des Lehrsatzes von Pythagoras:

$$|\vec{a}|^2 = b^2 + a_3^2 = a_1^2 + a_2^2 + a_3^2.$$

Daraus folgt:

$$|\vec{a}| = \sqrt{a_1^2 + a_2^2 + a_3^2}.$$

Beachte, dass dieses Ergebnis auch gilt, wenn einzelne Koordinaten negativ sind oder den Wert 0 haben (Aufgabe 8)!

Beispiel: Für $\vec{b} = \begin{pmatrix} -2{,}1 \\ 3{,}5 \\ 1{,}8 \end{pmatrix}$ gilt: $|\vec{b}| = \sqrt{(-2{,}1)^2 + 3{,}5^2 + 1{,}8^2} = \sqrt{19{,}90} \approx 4{,}46.$

Wir fassen zusammen:

S 1.2 Für den Betrag ebener bzw. räumlicher Vektoren gilt:

$$|\vec{a}| = \sqrt{a_1^2 + a_2^2} \quad \text{bzw.} \quad |\vec{a}| = \sqrt{a_1^2 + a_2^2 + a_3^2}.$$

8. Im Vorstehenden haben wir gesehen, dass man geometrische Vektoren durch Zahlenpaare bzw. durch Zahlentripel darstellen, erfassen kann. Zahlenpaare und Zahlentripel sind **geordnete** Mengen von 2 bzw. 3 Zahlen. Solche geordneten Zahlenmengen (auch von 4, 5 und noch mehr Zahlen) treten nicht nur in dem hier geschilderten geometrischen Zusammenhang auf; sie werden vielmehr in vielen anderen Gebieten des täglichen Lebens, z.B. im Wirtschaftsleben, zur Beschreibung von Situationen verwendet.

Beispiel:

Eine Getränkefirma liefert vier Sorten von Erfrischungsgetränken: Mineralwasser, Fruchtsaft, Orangenlimonade und Zitronenlimonade. Bei der Tagesbilanz wird jeden Abend der jeweilige Lagerbestand dadurch erfasst, dass die jeweilige Anzahl der vier Sorten spaltenweise untereinander geschrieben werden, also in Form von Zahlenquadrupeln, z. B.

1.8. $\begin{pmatrix} 23400 \\ 18750 \\ 21880 \\ 17640 \end{pmatrix}$ **2.8.** $\begin{pmatrix} 21200 \\ 16800 \\ 17900 \\ 13450 \end{pmatrix}$ **3.8.** $\begin{pmatrix} 19300 \\ 14480 \\ 15740 \\ 12710 \end{pmatrix}$ **4.8.** $\begin{pmatrix} 22900 \\ 16750 \\ 19430 \\ 16250 \end{pmatrix}$

Auch jedes solche Zahlenquadrupel nennt man einen **Vektor.**
Entsprechend können auch die tägliche Auslieferung und der Nachschub aus der Produktion durch solche Zahlenquadrupel, also durch Vektoren mit vier Koordinaten, beschrieben werden.

9. An den behandelten Beispielen haben wir gesehen, dass Vektoren auch unmittelbar als Zahlenpaare, Zahlentripel, allgemein als sogenannte „Zahlen-n-Tupel" gegeben sein können. Wir definieren:

D 1.3 Unter einem Vektor mit n Koordinaten ($n \in \mathbb{N}$) versteht man ein Zahlen-n-Tupel. Man schreibt:

$$\vec{a} = \begin{pmatrix} a_1 \\ a_2 \\ \vdots \\ a_n \end{pmatrix} \quad \text{(mit } a_1, a_2, \ldots, a_n \in \mathbb{R}\text{).}$$

Die Menge aller Vektoren mit genau n Koordinaten bezeichnen wir mit **„V_n"**.
Zur Unterscheidung von Vektoren als Pfeilmengen (Definition D 1.2) werden wir solche Zahlen-n-Tupel gelegentlich als **„arithmetische Vektoren"** und Pfeilmengen als **„geometrische Vektoren"** bezeichnen.

Übungen und Aufgaben

1. In welchen Oktanten liegen die folgenden Punkte?
A(−1|3|−2); B(−4|5|1); C(3|−1|4); D(−5|−2|−4); E(4|−2|−5); F(−1|−3|4); G(4|5|−3); H(2|5|1)

2. Spiegele die Punkte A(3|5|7) und B(−3|3|−5) (Bilder 1.23 und 1.24 von Seite 15) an den drei Koordinatenebenen und ermittle jeweils die Koordinaten der Bildpunkte!

3. Ermittle die Koordinatendarstellung des Vektors $\vec{a}$ zum Pfeil $\overrightarrow{PP'}$!
a) P(−1|3); P′(4|0) **b)** P(1|6); P′(−4|3) **c)** P(−3|6); P′(2|3)
d) P(1|−2|2); P′(4|1|−1) **e)** P(2|0|−5); P′(0|−1|2) **f)** P(−2|3|1); P′(−3|1|4)

4. Von einem Parallelogramm sind gegeben ein Eckpunkt A und die beiden Seitenvektoren $\vec{a}$ und $\vec{b}$ (Bild 1.30). Ermittle die Koordinaten der drei anderen Eckpunkte!

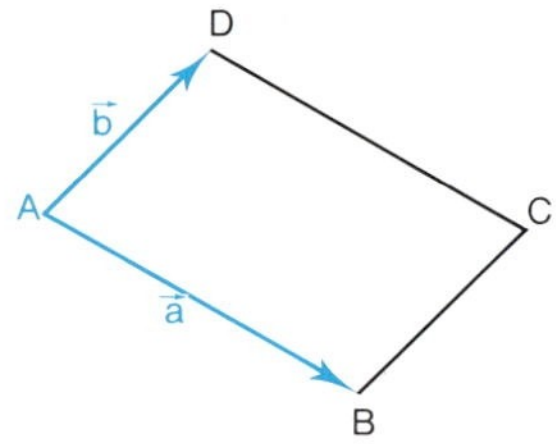

Bild 1.30

a) $A(-3|-2)$; $\vec{a}=\begin{pmatrix}7\\-2\end{pmatrix}$; $\vec{b}=\begin{pmatrix}1\\5\end{pmatrix}$

b) $A(5|3)$; $\vec{a}=\begin{pmatrix}-7\\4\end{pmatrix}$; $\vec{b}=\begin{pmatrix}-2\\-6\end{pmatrix}$

c) $A(4|-5|-2)$; $\vec{a}=\begin{pmatrix}-5\\3\\4\end{pmatrix}$; $\vec{b}=\begin{pmatrix}0\\-1\\-2\end{pmatrix}$ **d)** $A(-3|4|1)$; $\vec{a}=\begin{pmatrix}6\\-3\\4\end{pmatrix}$; $\vec{b}=\begin{pmatrix}-1\\2\\-3\end{pmatrix}$

5. Vervollständige die Punkte P, Q und R auf mehrere Weisen zu einem Parallelogramm und ermittle jeweils die Koordinaten des vierten Eckpunktes! Wie viele Fälle gibt es? Bestimme jeweils zwei Vektoren $\vec{a}$ und $\vec{b}$, die das betreffende Parallelogramm aufspannen!
a) $P(-1|-2)$; $Q(3|-4)$; $R(1|3)$ **b)** $P(1|-2|2)$; $Q(-2|1|3)$; $R(5|-4|-1)$

6. Prüfe, ob die Punkte A, B, C und D Eckpunkte eines Parallelogramms sind! Ermittle gegebenenfalls zwei Vektoren $\vec{a}$ und $\vec{b}$, die das Parallelogramm aufspannen!
a) $A(-1|-2)$; $B(3|-4)$; $C(5|2)$; $D(1|4)$
b) $A(2|-4|1)$; $B(4|2|3)$; $C(3|8|2)$; $D(1|2|0)$
c) $A(1|-5)$; $B(3|1)$; $C(2|6)$; $D(0|1)$
d) $A(-1|3|-4)$; $B(5|-1|3)$; $C(-2|3|-1)$; $D(4|-1|6)$

7. Eine Verschiebung V wird festgelegt durch einen Pfeil $\overrightarrow{PP'}$ oder durch einen Verschiebungsvektor $\vec{v}$.
a) Berechne $\vec{v}$ zu **1)** $P(-4|5|3)$; $P'(2|-4|1)$; **2)** $P(6|-3|4)$; $P'(-1|4|5)$!

b) Berechne P' zu **1)** $P(-2|6|3)$; $\vec{v}=\begin{pmatrix}5\\0\\-3\end{pmatrix}$; **2)** $P(6|1|4)$; $\vec{v}=\begin{pmatrix}-4\\-6\\7\end{pmatrix}$!

c) Berechne P zu **1)** $P'(-3|-4|5)$; $\vec{v}=\begin{pmatrix}-3\\-4\\5\end{pmatrix}$ **2)** $P'(-4|2|-1)$; $\vec{v}=\begin{pmatrix}4\\-2\\1\end{pmatrix}$!

8. Begründe, dass die Formeln $|\vec{a}|=\sqrt{a_1^2+a_2^2}$ bzw. $|\vec{a}|=\sqrt{a_1^2+a_2^2+a_3^2}$ auch gelten, wenn einzelne Koordinaten negativ sind oder den Wert 0 haben!

9. Berechne die Beträge der folgenden Vektoren!

a) $\begin{pmatrix}5\\12\end{pmatrix}$; $\begin{pmatrix}-4\\3\end{pmatrix}$; $\begin{pmatrix}-1\\2\sqrt{2}\end{pmatrix}$; $\begin{pmatrix}\sqrt{11}\\\sqrt{11}\end{pmatrix}$

b) $\begin{pmatrix}-2\\9\\6\end{pmatrix}$; $\begin{pmatrix}8\\1\\-4\end{pmatrix}$; $\begin{pmatrix}-3\\12\\-4\end{pmatrix}$; $\begin{pmatrix}0\\-24\\7\end{pmatrix}$; $\begin{pmatrix}10\\0\\-24\end{pmatrix}$; $\begin{pmatrix}1\\1\\1\end{pmatrix}$; $\begin{pmatrix}-2\\1\\3\end{pmatrix}$

§ 2 Die Addition und die Subtraktion von Vektoren

I. Die Addition von Vektoren

1. Bei den einführenden Überlegungen zum Begriff des Vektors haben wir am Beispiel einer Fähre erörtert, wie zwei Geschwindigkeiten, die auf das Schiff einwirken, die Eigengeschwindigkeit $\vec{v}_E$ und die Strömungsgeschwindigkeit $\vec{v}_S$, zur Gesamtgeschwindigkeit $\vec{v}$ zusammenzufassen sind. Ein Pfeil zu $\vec{v}_S$ ist mit seinem Anfangspunkt an die Spitze eines Pfeils zu $\vec{v}_E$ zu legen. Der Resultatpfeil zu $\vec{v}$ reicht dann vom Anfang des ersten bis zur Spitze des zweiten Pfeils (Bild 2.1). Man schreibt: $\vec{v}_E + \vec{v}_S = \vec{v}$.

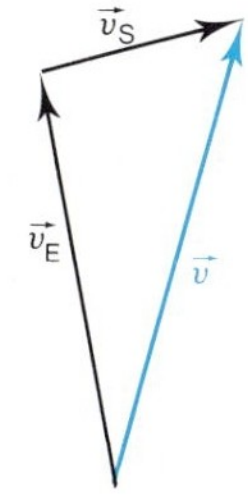

Bild 2.1

Entsprechend kann man auch verfahren, wenn zwei Kräfte $\vec{F}_1$ und $\vec{F}_2$ am gleichen Punkt angreifen.

2. In § 1, II haben wir außerdem Verschiebungen als mathematisches Beispiel für die Verwendung von Vektoren betrachtet. In Bild 2.2 ist die Hintereinanderschaltung zweier Verschiebungen V_1 und V_2 dargestellt. Ein Punkt P wird durch die Verschiebung V_1 auf den Punkt P′, P′ durch die Verschiebung V_2 auf den Punkt P″ abgebildet. Insgesamt wird also der Punkt P auf den Punkt P″ abgebildet; der Pfeil $\overrightarrow{PP''}$ kennzeichnet die resultierende Verschiebung $V = V_1 \circ V_2$ (gelesen „V_1 verkettet mit V_2“).

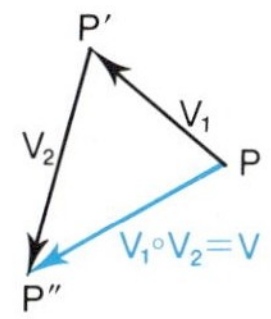

Bild 2.2

Auch hier werden zwei Pfeile in der gleichen Weise zu einem Resultatpfeil verknüpft, wie in Bild 2.1. Es liegt daher nahe, die Pfeile $\overrightarrow{PP'}$, $\overrightarrow{P'P''}$ und $\overrightarrow{PP''}$ als Repräsentanten dreier Vektoren $\vec{a}$, $\vec{b}$ und $\vec{c}$ aufzufassen und $\vec{c}$ als die Summe der beiden Vektoren $\vec{a}$ und $\vec{b}$ zu erklären.

Wir definieren:

D 2.1 **Zwei Vektoren $\vec{a}$ und $\vec{b}$ werden addiert, indem man je einen Repräsentanten von $\vec{a}$ und $\vec{b}$ so aneinander legt, dass der Anfang des zweiten Pfeils mit der Spitze des ersten Pfeils übereinstimmt. Ein Repräsentant des Summenvektors**

$$\vec{c} = \vec{a} + \vec{b}$$

reicht dann vom Anfang des ersten bis zur Spitze des zweiten Pfeils (Bild 2.3).

Bemerkungen:

1) Für die Vektoraddition müsste man eigentlich ein anderes Zeichen wählen als für die Zahlenaddition, z.B. „$\oplus$". Da Missverständnisse aber nicht zu befürchten sind, verwenden wir auch für die Vektoraddition das normale Pluszeichen.

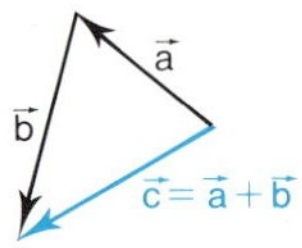

Bild 2.3

2) Da wir die Vektoraddition mit Hilfe von Repräsentanten der betreffenden Vektoren erklärt haben, könnte es sein, dass man bei Verwendung anderer Repräsentanten zu einem anderen Ergebnis käme. Dass dies nicht der Fall ist, dass das Ergebnis einer Vektoraddition also unabhängig davon ist, welche Pfeile bei der Konstruktion verwendet werden, müssten wir streng genommen geometrisch beweisen. Wir begnügen uns hier mit einem Hinweis auf Bild 2.4. Man erkennt unmittelbar, dass die beiden Dreiecke ABC und A'B'C' durch eine Verschiebung V aufeinander abgebildet werden können; daher sind die Pfeile $\overrightarrow{BA}$ und $\overrightarrow{B'A'}$ gleich lang, parallel und gleich orientiert und gehören daher zum gleichen Vektor $\vec{c}$.

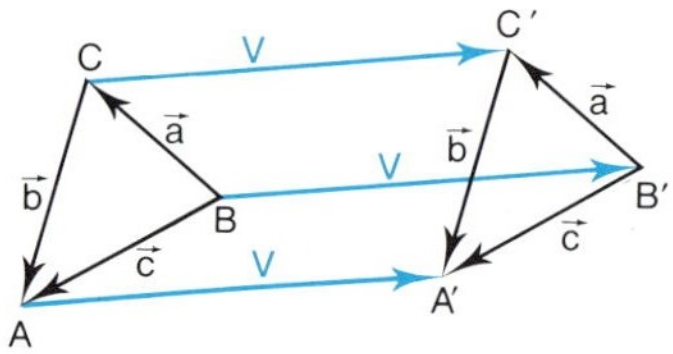

Bild 2.4

3. Wir zeigen zunächst an einem **Beispiel** zweier ebener Vektoren, wie die Vektoraddition mit den Koordinaten der Vektoren durchzuführen ist. Für die Vektoren von Bild 2.5 gilt:

$$\vec{a}=\begin{pmatrix}2\\4\end{pmatrix} \quad \text{und} \quad \vec{b}=\begin{pmatrix}5\\2\end{pmatrix}$$

und für den Summenvektor

$$\vec{c}=\vec{a}+\vec{b}=\begin{pmatrix}7\\6\end{pmatrix}.$$

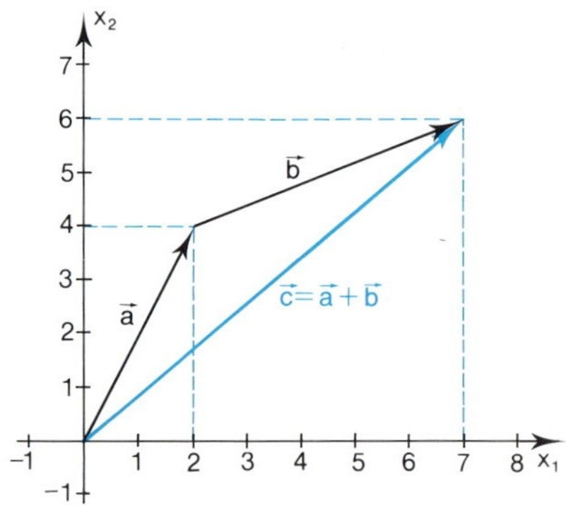

Bild 2.5

Offensichtlich ergeben sich die Koordinaten des Summenvektors durch Addition der entsprechenden Koordinaten der beiden Summanden; denn es gilt:

$$2+5=7 \quad \text{und} \quad 4+2=6.$$

Allgemein können wir für ebene bzw. für räumliche Vektoren schreiben:

$$\vec{a}+\vec{b}=\begin{pmatrix}a_1\\a_2\end{pmatrix}+\begin{pmatrix}b_1\\b_2\end{pmatrix}=\begin{pmatrix}a_1+b_1\\a_2+b_2\end{pmatrix} \quad \text{bzw.} \quad \vec{a}+\vec{b}=\begin{pmatrix}a_1\\a_2\\a_3\end{pmatrix}+\begin{pmatrix}b_1\\b_2\\b_3\end{pmatrix}=\begin{pmatrix}a_1+b_1\\a_2+b_2\\a_3+b_3\end{pmatrix}.$$

Wir können die Allgemeingültigkeit dieser Gleichung aus der Pfeildarstellung der Vektoraddition herleiten, wenn wir die drei Vektoren durch die Koordinatendifferenzen der drei Punkte $P(p_1|p_2|p_3)$; $Q(q_1|q_2|q_3)$ und $R(r_1|r_2|r_3)$ darstellen (Bild 2.6):

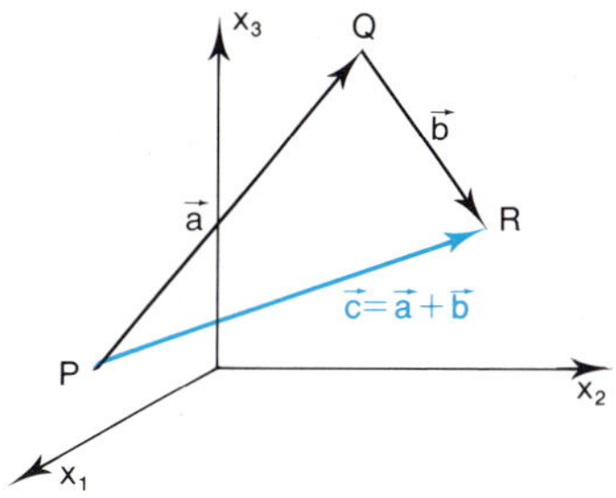

Bild 2.6

$$\vec{a}=\begin{pmatrix}a_1\\a_2\\a_3\end{pmatrix}=\begin{pmatrix}q_1-p_1\\q_2-p_2\\q_3-p_3\end{pmatrix};$$

$$\vec{b}=\begin{pmatrix}b_1\\b_2\\b_3\end{pmatrix}=\begin{pmatrix}r_1-q_1\\r_2-q_2\\r_3-q_3\end{pmatrix} \quad \text{und} \quad \vec{c}=\begin{pmatrix}c_1\\c_2\\c_3\end{pmatrix}=\begin{pmatrix}r_1-p_1\\r_2-p_2\\r_3-p_3\end{pmatrix}.$$

Wenn man die Koordinaten von $\vec{a}$ und $\vec{b}$ addiert, erhält man in der Tat die Koordinaten von $\vec{c}$; denn es gilt:

$$a_1+b_1=(q_1-p_1)+(r_1-q_1)=r_1-p_1=c_1,$$
$$a_2+b_2=(q_2-p_2)+(r_2-q_2)=r_2-p_2=c_2 \quad \text{und}$$
$$a_3+b_3=(q_3-p_3)+(r_3-q_3)=r_3-p_3=c_3.$$

Damit haben wir gezeigt:

S 2.1 **Zwei in Koordinatendarstellung gegebene räumliche Vektoren werden addiert, indem man ihre entsprechenden Koordinaten addiert:**

$$\vec{a}+\vec{b}=\begin{pmatrix}a_1\\a_2\\a_3\end{pmatrix}+\begin{pmatrix}b_1\\b_2\\b_3\end{pmatrix}=\begin{pmatrix}a_1+b_1\\a_2+b_2\\a_3+b_3\end{pmatrix}.$$

Bemerkung: Wir haben den Sachverhalt hier nur für **räumliche** Vektoren festgehalten. Wir werden auch im Folgenden Definitionen und Sätze in der Regel nur für räumliche Vektoren formulieren. Der entsprechende Sachverhalt für **ebene** Vektoren ergibt sich daraus jeweils durch Weglassen der dritten Koordinate.

Beispiel zu Satz S 2.1: $\begin{pmatrix}3\\-2\\-1\end{pmatrix}+\begin{pmatrix}-5\\7\\-2\end{pmatrix}=\begin{pmatrix}3+(-5)\\(-2)+7\\(-1)+(-2)\end{pmatrix}=\begin{pmatrix}-2\\5\\-3\end{pmatrix}$

4. Entsprechend definiert man für Vektoren mit n Koordinaten:

D 2.2

$$\vec{a}+\vec{b}=\begin{pmatrix}a_1\\a_2\\\vdots\\a_n\end{pmatrix}+\begin{pmatrix}b_1\\b_2\\\vdots\\b_n\end{pmatrix}=\begin{pmatrix}a_1+b_1\\a_2+b_2\\\vdots\\a_n+b_n\end{pmatrix}.$$

Übungen und Aufgaben

1. Durch eine Verschiebung V_1 mit dem Vektor $\vec{v}_1$ wird ein Dreieck ABC auf ein Dreieck A′B′C′, durch eine Verschiebung V_2 mit $\vec{v}_2$ das Dreieck A′B′C′ auf das Dreieck A″B″C″ abgebildet. Führe die Verschiebungen zeichnerisch durch und ermittle den Vektor $\vec{v}$ zur Verschiebung V, durch die ABC unmittelbar auf A″B″C″ abgebildet wird!

$A(0|1)$; $B(4|-1)$; $C(2|3)$; $\vec{v}_1 = \begin{pmatrix}3\\4\end{pmatrix}$; $\vec{v}_2 = \begin{pmatrix}5\\-2\end{pmatrix}$

2. Zeichne zu den in Bild 2.7 gegebenen Vektoren Repräsentanten der folgenden Summenvektoren!

a) $\vec{a}+\vec{b}$; $\vec{a}+\vec{c}$; $\vec{a}+\vec{d}$; $\vec{b}+\vec{c}$; $\vec{c}+\vec{d}$

b) $(\vec{c}+\vec{a})+\vec{d}$; $(\vec{d}+\vec{a})+\vec{b}$; $\vec{b}+(\vec{a}+\vec{c})$

c) $(\vec{d}+\vec{b})+(\vec{c}+\vec{a})$; $(\vec{b}+\vec{c})+(\vec{d}+\vec{a})$

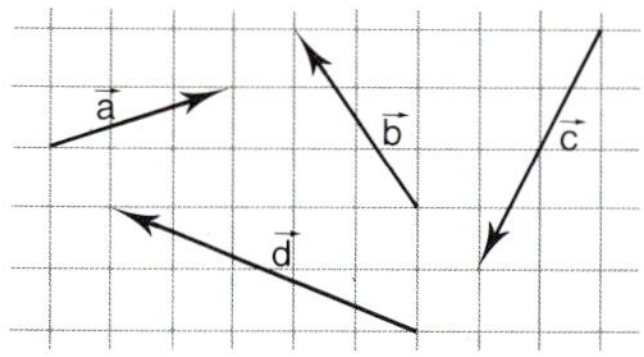

Bild 2.7

3. Ermittle die folgenden Summen rechnerisch!

a) $\begin{pmatrix}5\\4\end{pmatrix}+\begin{pmatrix}-2\\1\end{pmatrix}$ **b)** $\begin{pmatrix}-4\\1\end{pmatrix}+\begin{pmatrix}2\\-5\end{pmatrix}$ **c)** $\left[\begin{pmatrix}3\\-2\end{pmatrix}+\begin{pmatrix}-4\\5\end{pmatrix}\right]+\begin{pmatrix}1\\-3\end{pmatrix}$ **d)** $\begin{pmatrix}-2\\2\end{pmatrix}+\left[\begin{pmatrix}6\\5\end{pmatrix}+\begin{pmatrix}-4\\1\end{pmatrix}\right]$

4. Berechne die folgenden Summen!

a) $\begin{pmatrix}5\\-1\\3\end{pmatrix}+\left[\begin{pmatrix}-6\\4\\-3\end{pmatrix}+\begin{pmatrix}1\\-5\\6\end{pmatrix}\right]$ **b)** $\left[\begin{pmatrix}-2\\1\\7\end{pmatrix}+\begin{pmatrix}5\\-3\\-4\end{pmatrix}\right]+\left[\begin{pmatrix}3\\-2\\5\end{pmatrix}+\begin{pmatrix}-4\\1\\-3\end{pmatrix}\right]$

5. Drücke in Bild 2.8 die Vektoren zu den farbig gezeichneten Pfeilen durch $\vec{a}$, $\vec{b}$ und $\vec{c}$ aus!

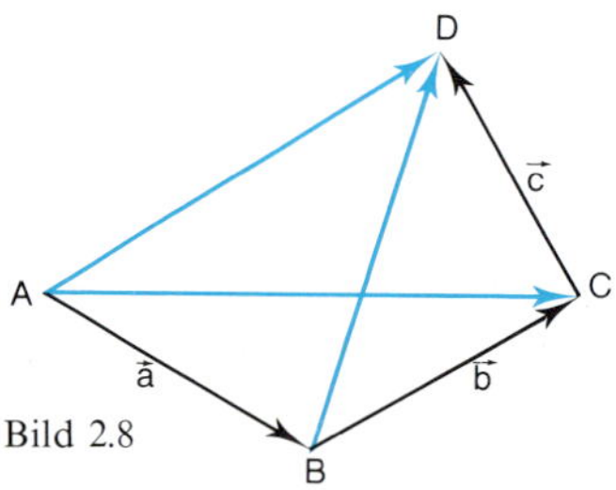

Bild 2.8

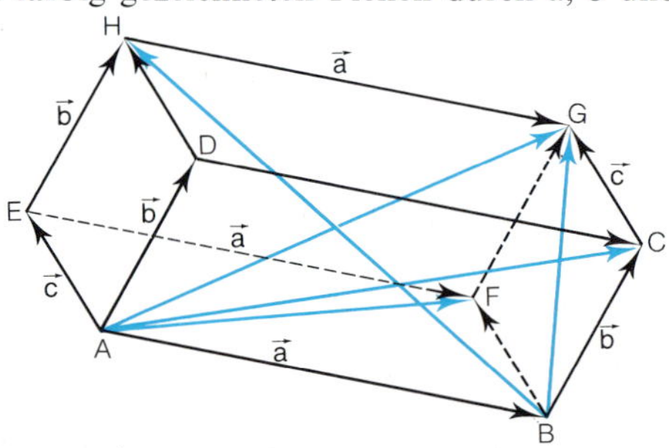

Bild 2.9

6. Ein Parallelflach wird von drei Vektoren $\vec{a}$, $\vec{b}$ und $\vec{c}$ aufgespannt (Bild 2.9). Drücke die Flächen- und die Raumdiagonalen durch $\vec{a}$, $\vec{b}$ und $\vec{c}$ aus!

II. Die Gesetze der Vektoraddition

1. Bei der Untersuchung der Frage, welchen grundlegenden Gesetzen die Vektoraddition unterliegt, können wir uns orientieren an den Gesetzen, die uns für die Addition und für die Multiplikation von (rationalen oder reellen) Zahlen bekannt sind.
Wir prüfen also, ob auch für die Vektoraddition gelten: das Kommutativgesetz K, das Assoziativgesetz A, das Neutralitätsgesetz N und das Inversitätsgesetz I.

Wir werden die Gültigkeit dieser Gesetze jeweils einerseits geometrisch an Hand von Pfeilzeichnungen bestätigen, sie andererseits aber auch aus der Koordinatendarstellung arithmetrisch beweisen. Der Einfachheit halber beschränken wir uns bei Pfeilzeichnungen auf ebene Vektoren; die arithmetischen Beweise führen wir hier dagegen jeweils mit räumlichen Vektoren. Sie können stets ohne Schwierigkeiten auf Vektoren mit beliebig vielen Koordinaten übertragen werden.

2. Wir beginnen mit dem **Kommutativgesetz K:**

S 2.2 Für alle Vektoren $\vec{a}, \vec{b} \in V$ gilt: $\vec{a}+\vec{b}=\vec{b}+\vec{a}$.

In Bild 2.10 ist die Gültigkeit des Gesetzes für ebene Vektoren zeichnerisch bestätigt.
Der arithmetische **Beweis** ist sehr einfach zu führen:

$$\vec{a}+\vec{b}=\begin{pmatrix}a_1\\a_2\\a_3\end{pmatrix}+\begin{pmatrix}b_1\\b_2\\b_3\end{pmatrix}=\begin{pmatrix}a_1+b_1\\a_2+b_2\\a_3+b_3\end{pmatrix}=\begin{pmatrix}b_1+a_1\\b_2+a_2\\b_3+a_3\end{pmatrix}=\begin{pmatrix}b_1\\b_2\\b_3\end{pmatrix}+\begin{pmatrix}a_1\\a_2\\a_3\end{pmatrix}=\vec{b}+\vec{a}, \quad \text{q.e.d.}$$

Der entscheidende Beweisschritt besteht in der Anwendung des Kommutativgesetzes für die Addition reeller Zahlen in den einzelnen Koordinaten des Summenvektors.

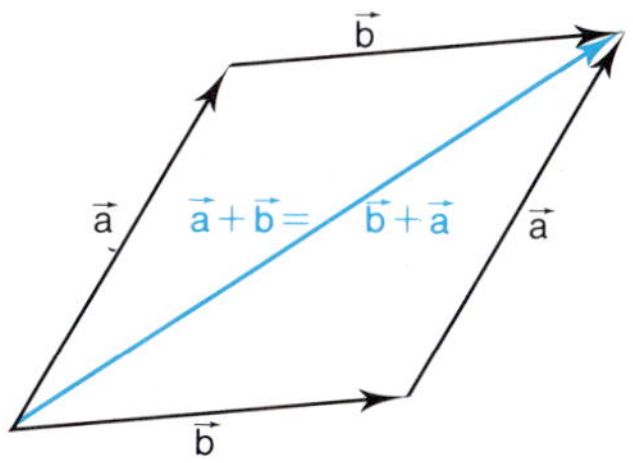

Bild 2.10

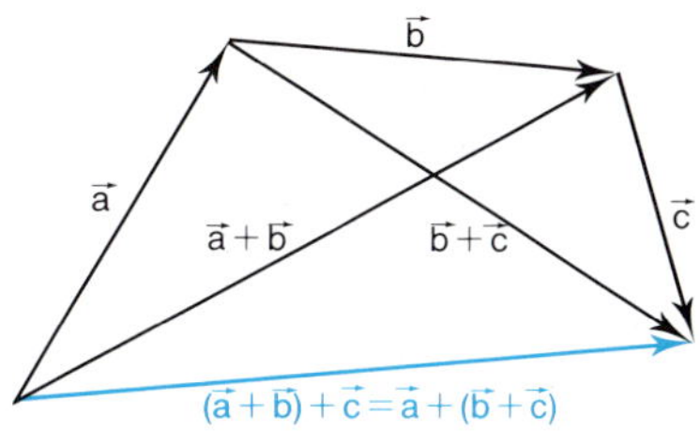

Bild 2.11

3. Das **Assoziativgesetz A** lautet:

S 2.3 Für alle Vektoren $\vec{a}, \vec{b}, \vec{c} \in V$ gilt: $(\vec{a}+\vec{b})+\vec{c}=\vec{a}+(\vec{b}+\vec{c})$.

In Bild 2.11 ist die Gültigkeit des Gesetzes durch eine Pfeilzeichnung bestätigt. Der rechnerische Beweis soll in Aufgabe 1 geführt werden.

4. Das **neutrale Element** für die Addition von Zahlen ist die Zahl 0; denn für alle $a \in \mathbb{R}$ gilt:

$$a+0=0+a=a.$$

Aus der arithmetischen Definition der Vektoraddition (D 2.2) ergibt sich unmittelbar, dass ein **neutrales Element** für die Vektoraddition an allen Stellen die Koordinate 0 haben muss. Es gilt nämlich:

$$\begin{pmatrix}a_1\\a_2\\a_3\end{pmatrix}+\begin{pmatrix}0\\0\\0\end{pmatrix}=\begin{pmatrix}a_1+0\\a_2+0\\a_3+0\end{pmatrix}=\begin{pmatrix}a_1\\a_2\\a_3\end{pmatrix}.$$ Den Vektor $\begin{pmatrix}0\\0\\0\end{pmatrix}$ nennt man den **„Nullvektor"**

(in der Menge V_3); wir bezeichnen den Nullvektor mit „$\vec{0}$".

Wir definieren:

D 2.3 Unter dem Nullvektor $\vec{0}$ versteht man den Vektor, dessen sämtliche Koordinaten 0 sind.

In der geometrischen Interpretation ist der Nullvektor als die Menge aller **„Nullpfeile“** aufzufassen; das sind die Pfeile, bei denen Anfangspunkt und Spitze übereinstimmen. Jeder Nullpfeil hat also die Längenmaßzahl 0; daher hat auch der Nullvektor den Betrag 0:

$$|\vec{0}|=0.$$

Außerdem ist es – wie wir später noch sehen werden – zweckmäßig, dem Nullvektor **jede** Richtung und **jede** Orientierung zuzuordnen.
Es gilt also das **Neutralitätsgesetz N:**

S 2.4 Für jeden Vektor $\vec{a}\in V$ gilt: $\vec{a}+\vec{0}=\vec{0}+\vec{a}=\vec{a}$.

4. Wenn wir zu irgendeiner reellen Zahl a ihre Gegenzahl $-a$ addieren, ergibt sich die Zahl 0, also das neutrale Element der Addition:

$$a+(-a)=(-a)+a=0 \qquad (\text{für alle } a\in\mathbb{R}).$$

Die Zahl $-a$ ist daher – hinsichtlich der Addition – das **„inverse Element“** zur Zahl a.
Wir wollen untersuchen, ob es auch zu jedem Vektor $\vec{a}$ hinsichtlich der Vektoraddition einen inversen Vektor $\vec{b}$ gibt. Es müsste dann gelten: $\vec{a}+\vec{b}=0$, also:

$$\begin{pmatrix}a_1\\a_2\\a_3\end{pmatrix}+\begin{pmatrix}b_1\\b_2\\b_3\end{pmatrix}=\begin{pmatrix}0\\0\\0\end{pmatrix}.\ \text{Daraus ergibt sich unmittelbar: } \vec{b}=\begin{pmatrix}-a_1\\-a_2\\-a_3\end{pmatrix}.$$

Es liegt nahe, diesen Vektor mit **„$-\vec{a}$“** zu bezeichnen und ihn den **„Gegenvektor zum Vektor $\vec{a}$“** zu nennen. Wir definieren:

D 2.4 Der Vektor $-\vec{a}=\begin{pmatrix}-a_1\\-a_2\\-a_3\end{pmatrix}$ heißt der „Gegenvektor“ zum Vektor $\vec{a}=\begin{pmatrix}a_1\\a_2\\a_3\end{pmatrix}$.

Für die Addition von Vektoren und ihren Gegenvektoren gilt dann in der Tat das **„Inversitätsgesetz“** I:

S 2.5 Für alle Vektoren $\vec{a}\in V$ gilt: $\vec{a}+(-\vec{a})=(-\vec{a})+\vec{a}=\vec{0}$.

Der – sehr einfache – Beweis soll in Aufgabe 12 geführt werden.

5. Wir haben uns noch zu fragen, wie ein Vektor $\vec{a}$ geometrisch mit seinem Gegenvektor $-\vec{a}$ zusammenhängt. In den Bildern 2.12a und b sind je zwei ebene Vektoren $\vec{a}$ und ihre Gegenvektoren $-\vec{a}$ jeweils durch ihre am Nullpunkt angetragenen Repräsentanten dargestellt.

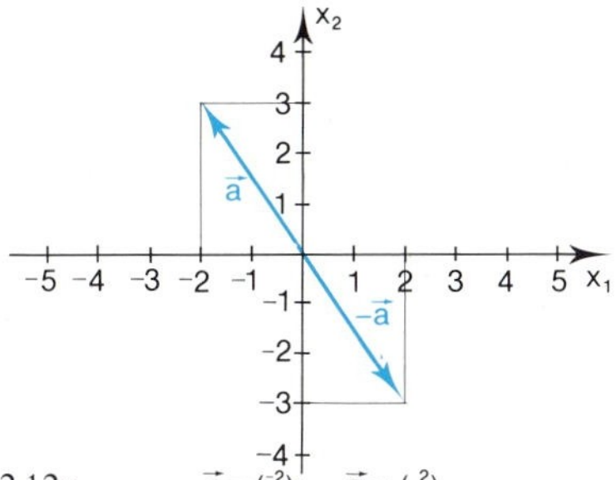

Bild 2.12a $\vec{a}=\binom{-2}{3}$; $-\vec{a}=\binom{2}{-3}$

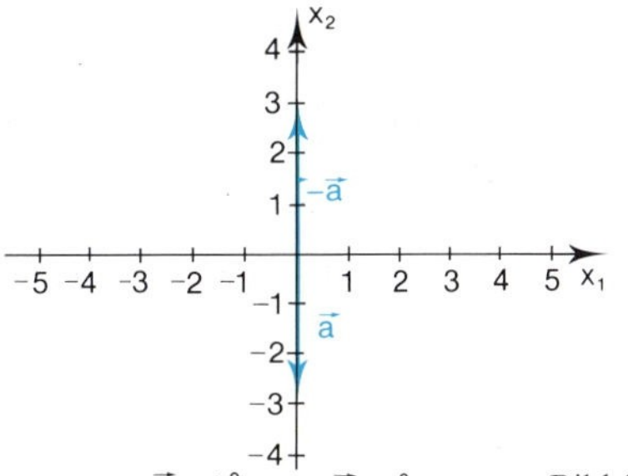

$\vec{a}=\binom{0}{-3}$ $-\vec{a}=\binom{0}{3}$ Bild 2.12b

Man erkennt, dass die Pfeile zu $\vec{a}$ und zu $-\vec{a}$ sich jeweils nur durch ihre **Orientierung** unterscheiden, dass sie aber **gleich lang** und **zueinander parallel** sind.

Man sagt: Die Pfeile zu $-\vec{a}$ sind die **„Gegenpfeile"** der Pfeile zu $\vec{a}$.

Wir können sogar feststellen: Ist ein Pfeil $\overrightarrow{AB}$ ein Vertreter des Vektors $\vec{a}$, so ist der Pfeil $\overrightarrow{BA}$ ein Vertreter des zugehörigen Gegenvektors $-\vec{a}$ (Bild 2.13). Gelegentlich schreibt man daher auch:

$$\overrightarrow{BA} = -\overrightarrow{AB}.$$

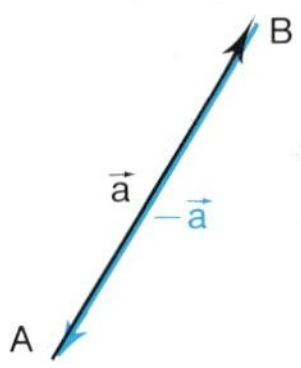

Bild 2.13

6. Die vorstehenden Überlegungen gelten nicht nur für ebene Vektoren, sondern in genau entsprechender Weise auch für räumliche Vektoren. Wir können also feststellen: Der Gegenvektor $-\vec{a}$ zu einem Vektor $\vec{a}$ besteht jeweils aus der Menge der **„Gegenpfeile"** zu den Pfeilen von $\vec{a}$, d.h., die Vertreter von $\vec{a}$ und von $-\vec{a}$ sind jeweils **gleich lang, zueinander parallel,** aber **entgegengesetzt orientiert.** Mithin gilt der Satz

S 2.6 Für jeden Vektor $\vec{a}$ und seinen Gegenvektor $-\vec{a}$ gilt:

1) $|-\vec{a}|=|\vec{a}|$; 2) $-\vec{a}\parallel\vec{a}$ und 3) $-\vec{a}\uparrow\downarrow\vec{a}$.

7. Unmittelbar einsichtig ist ferner, dass der Pfeil $\overrightarrow{AB}$ (Bild 2.13) seinerseits auch Gegenpfeil zum Pfeil $\overrightarrow{BA}$ ist, dass also auch gilt: $\overrightarrow{AB} = -\overrightarrow{BA}$.

Daher ist nicht nur $-\vec{a}$ der Gegenvektor zu $\vec{a}$, sondern auch $\vec{a}$ der Gegenvektor zu $-\vec{a}$; die Vektoren $\vec{a}$ und $-\vec{a}$ sind also wechselseitig Gegenvektoren zueinander.

Der Gegenvektor zu einem Vektor $-\vec{a}$ ist mit „$-(-\vec{a})$" zu bezeichnen; daher gilt: $-(-\vec{a})=\vec{a}$.

S 2.7 Für alle Vektoren $\vec{a}\in V$ gilt: $-(-\vec{a})=\vec{a}$.

8. Zusammenfassend können wir feststellen, dass für die Vektoraddition die Gesetze K, A, N und I gelten. Wir haben schon früher eine Reihe von Verknüpfungen kennengelernt, für die diese vier Gesetze gelten:

die Addition von ganzen, von rationalen und von reellen Zahlen;

die Multiplikation von Bruchzahlen, von rationalen und von reellen Zahlen (wobei allerdings die Zahl 0 ausgeschlossen werden muss, weil es zu dieser Zahl bezüglich der Multiplikation kein inverses Element gibt).

Man spricht in jedem dieser Fälle von einer **„kommutativen Gruppe“**. Wir können also feststellen:

S 2.8 Die Menge der Vektoren V (V_2, V_3 bzw. V_n) bildet bezüglich der Vektoraddition eine kommutative Gruppe.

Bemerkung: Von einer „Gruppe“ spricht man, wenn die Gesetze A, N und I gelten. Die Gültigkeit des Gesetzes K wird dabei nicht vorausgesetzt; das Gesetz K kann zwar in einer Gruppe gelten, muss es aber nicht.

9. Auf Seite 18 haben wir gesehen, wie man den Betrag eines durch seine Koordinaten gegebenen Vektors $\vec{a}$ erfassen kann:

$$|\vec{a}| = \sqrt{a_1^2 + a_2^2 + a_3^2}.$$

Bisher kennen wir aber noch keine Bedingung, mit der man zwei Vektoren $\vec{a}$ und $\vec{b}$, die durch ihre Koordinaten gegeben sind, überprüfen kann, ob sie die gleiche Richtung und gleiche Orientierung haben oder nicht. Eine solche Bedingung erhält man, wenn man $|\vec{a}+\vec{b}|$ mit $|\vec{a}|$ und $|\vec{b}|$ vergleicht.
Haben zwei Vektoren $\vec{a}$ und $\vec{b}$ **verschiedene** Richtungen, so bilden Vertreter von $\vec{a}$, $\vec{b}$ und $\vec{a}+\vec{b}$ ein echtes Dreieck (Bild 2.14). Da in jedem Dreieck die Summe zweier Seitenlängen größer ist als die Länge der dritten Seite, gilt:

$$|\vec{a}+\vec{b}| < |\vec{a}| + |\vec{b}|.$$

Man spricht bei dieser Beziehung von der **„Dreiecksungleichung“**.

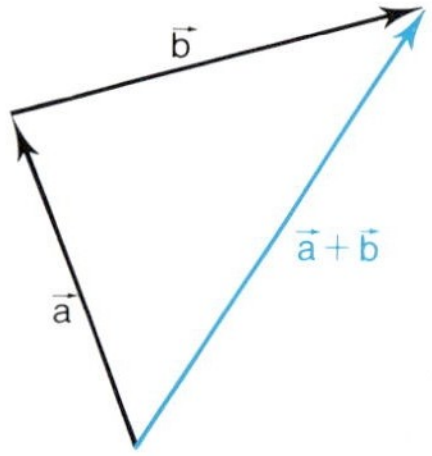

Bild 2.14

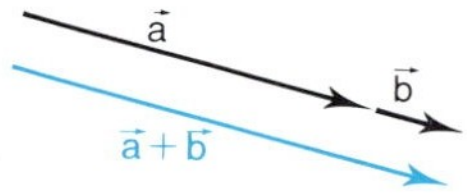

Bild 2.15

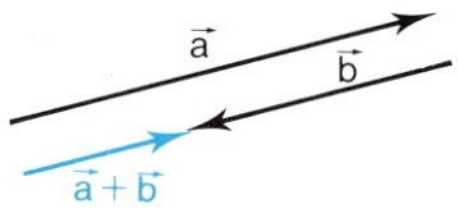

Bild 2.16a

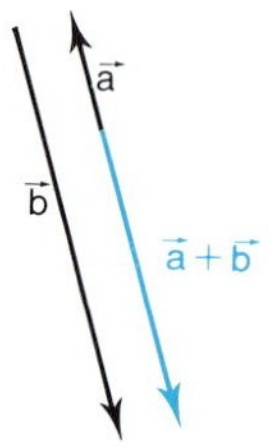

Bild 2.16b

Dagegen gilt für **parallele** und **gleich orientierte** Vektoren:

$$|\vec{a}+\vec{b}| = |\vec{a}| + |\vec{b}| \quad \text{(Bild 2.15).}$$

Sind $\vec{a}$ und $\vec{b}$ **entgegengesetzt orientiert,** so sind zwei Fälle zu unterscheiden:

a) ist $|\vec{a}| \geq |\vec{b}|$, so gilt $|\vec{a}+\vec{b}| < |\vec{a}|$ (Bild 2.16a), also erst recht $|\vec{a}+\vec{b}| < |\vec{a}| + |\vec{b}|$;

b) ist $|\vec{a}| < |\vec{b}|$, so gilt $|\vec{a}+\vec{b}| < |\vec{b}|$ (Bild 2.16b), also ebenfalls $|\vec{a}+\vec{b}| < |\vec{a}| + |\vec{b}|$.

Nur wenn $\vec{a} \uparrow\uparrow \vec{b}$ ist, gilt also: $|\vec{a}+\vec{b}| = |\vec{a}| + |\vec{b}|$. Somit haben wir insgesamt gezeigt:

S 2.9 Zwei Vektoren $\vec{a}$, $\vec{b}$ sind parallel und gleich orientiert genau dann, wenn gilt $|\vec{a}+\vec{b}| = |\vec{a}| + |\vec{b}|$:

$$\vec{a} \uparrow\uparrow \vec{b} \iff |\vec{a}+\vec{b}| = |\vec{a}| + |\vec{b}|.$$

Beachte, dass der Satz auch gilt, wenn $\vec{a}=\vec{0}$ oder $\vec{b}=\vec{0}$ ist, weil wir dem Nullvektor jede Richtung und jede Orientierung zugesprochen haben!
Eine entsprechende Bedingung für $\vec{a}\uparrow\downarrow\vec{b}$ soll in Aufgabe 10 herausgearbeitet werden.

<u>**Beispiel:**</u> $\vec{a}=\begin{pmatrix}6\\-3\\6\end{pmatrix}$; $\vec{b}=\begin{pmatrix}4\\-2\\4\end{pmatrix}$; es gilt: $\vec{a}+\vec{b}=\begin{pmatrix}10\\-5\\10\end{pmatrix}$, also $|\vec{a}+\vec{b}|=\sqrt{225}=15$ und

$|\vec{a}|=\sqrt{81}=9$; $|\vec{b}|=\sqrt{36}=6$, also $|\vec{a}+\vec{b}|=|\vec{a}|+|\vec{b}|$; demnach gilt: $\vec{a}\uparrow\uparrow\vec{b}$.

Übungen und Aufgaben

1. Beweise arithmetisch das Assoziativgesetz der Vektoraddition (Satz S 2.2)!

2. Worin ist es begründet, dass die Vektoraddition zeichnerisch auch durch eine Parallelogrammkonstruktion durchgeführt werden kann?

3. Ein Parallelflach (Spat) wird von den Vektoren $\vec{a}$, $\vec{b}$ und $\vec{c}$ aufgespannt (Bild 2.17). Begründe an Hand dieser Figur die Gültigkeit des Assoziativgesetzes für Vektoren $\vec{a}$, $\vec{b}$ und $\vec{c}$, die nicht in einer Ebene liegen!

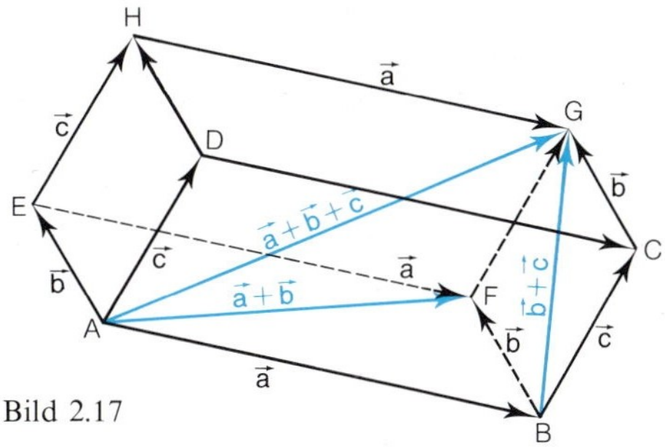

Bild 2.17

4. Beweise mit Hilfe der Gesetze K und A die Allgemeingültigkeit folgender Gleichungen!

a) $(\vec{a}+\vec{b})+\vec{c}=(\vec{c}+\vec{b})+\vec{a}$ **b)** $(\vec{a}+\vec{b})+(\vec{c}+\vec{d})=\vec{d}+[(\vec{c}+\vec{b})+\vec{a}]$

5. Beweise die Rechtsstreichungsregel: $\vec{a}+\vec{c}=\vec{b}+\vec{c} \Rightarrow \vec{a}=\vec{b}$ (für $\vec{a}, \vec{b}, \vec{c}\in V$).

6. Beweise mit Hilfe der Gesetze K, A, N und I und mit Hilfe der Rechtsstreichungsregel (Aufgabe 5) die Allgemeingültigkeit der folgenden Gleichungen!

a) $-\vec{0}=\vec{0}$ **b)** $-(\vec{a}+\vec{b})=(-\vec{a})+(-\vec{b})$ **c)** $\vec{a}+\vec{b}+(-\vec{b})=\vec{a}$

7. a) Warum bildet die Menge aller zueinander parallelen und gleich orientierten Vektoren bezüglich der Addition keine Gruppe?

b) Warum bildet die Menge aller ebenen Vektoren gleichen Betrags keine Gruppe?

8. Löse die folgenden Gleichungen nach $\vec{x}$ auf!

a) $\vec{a}+\vec{b}+\vec{x}=\vec{a}$ **b)** $\vec{a}+(-\vec{b})=\vec{x}+\vec{b}+(-\vec{a})$

c) $\vec{b}+(-\vec{x})+\vec{a}=\vec{b}-(-\vec{a})$ **d)** $(-\vec{c})+\vec{b}+\vec{x}=\vec{a}+(-\vec{b})$

9. Beweise arithmetisch, dass für alle $\vec{a}\in V$ gilt: $|-\vec{a}|=|\vec{a}|$.

10. **a)** Formuliere und beweise einen dem Satz S 2.9 entsprechenden Satz für entgegengesetzt orientierte Vektoren!
b) Untersuche mit Hilfe von Satz S 2.9 und des Satzes von a), ob die gegebenen Vektoren parallel sind und welche Orientierung sie gegebenenfalls haben! Bestätige das Ergebnis für die Beispiele 1), 2) und 3) durch eine Zeichnung!

1) $\begin{pmatrix} 6 \\ -8 \end{pmatrix}; \begin{pmatrix} 9 \\ -12 \end{pmatrix}$ **2)** $\begin{pmatrix} 3 \\ -4 \end{pmatrix}; \begin{pmatrix} 4 \\ -3 \end{pmatrix}$ **3)** $\begin{pmatrix} -2 \\ 6 \end{pmatrix}; \begin{pmatrix} 3 \\ -9 \end{pmatrix}$

4) $\begin{pmatrix} 3 \\ 2 \\ 5 \end{pmatrix}; \begin{pmatrix} 2 \\ -1 \\ 5 \end{pmatrix}$ **5)** $\begin{pmatrix} 12 \\ -4 \\ 6 \end{pmatrix}; \begin{pmatrix} 18 \\ -6 \\ 9 \end{pmatrix}$ **6)** $\begin{pmatrix} -2 \\ 1 \\ 2 \end{pmatrix}; \begin{pmatrix} 4 \\ -2 \\ -4 \end{pmatrix}$

11. Suche Beispiele für Vektoren $\vec{a}$ und $\vec{b}$ mit $\vec{a} \neq \vec{b}$ und $\vec{a}, \vec{b} \neq \vec{0}$, für die folgende Bedingung gilt!
a) $|\vec{a}+\vec{b}|=|\vec{a}|$ **b)** $|\vec{a}+\vec{b}|=|\vec{b}+\vec{b}|$ **c)** $|\vec{a}+(-\vec{b})|=|\vec{b}|$

12. Beweise das Inversitätsgesetz (Satz S 2.4) arithmetisch!

13. Fällt beim Aneinanderlegen von Pfeilen die Spitze des letzten Summanden mit dem Anfang des ersten zusammen, so spricht man von einer **„geschlossenen Vektorkette"** (Bild 2.18).
a) Wie lautet der Summenvektor einer geschlossenen Vektorkette?
b) Orientiere die Seitenvektoren eines Dreiecks (Vierecks) so, dass eine geschlossene Vektorkette entsteht!
c) Durch welchen Vektor kann man eine offene Vektorkette zu $\vec{a}+\vec{b}+\vec{c}$ schließen?

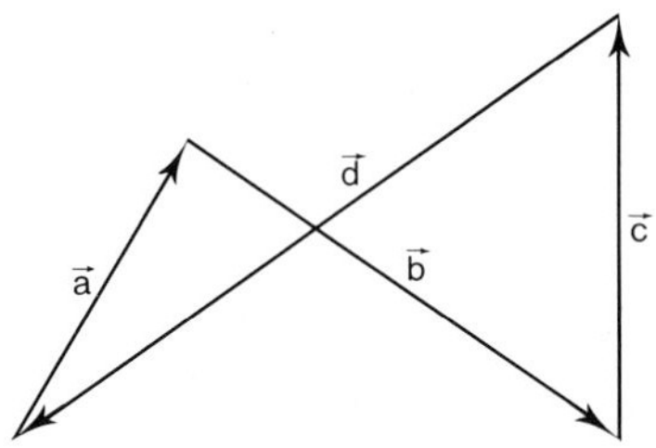

Bild 2.18

14. Müssen Vektoren des V_3, für die **a)** $\vec{a}+\vec{b}+\vec{c}=\vec{0}$, **b)** $\vec{a}+\vec{b}+\vec{c}+\vec{d}=\vec{0}$ gilt, parallel zu einer Ebene liegen?

III. Die Subtraktion von Vektoren

1. Im vorigen Abschnitt haben wir gesehen, dass für die Addition von Vektoren dieselben Gesetze gelten wie für die Addition von reellen Zahlen. Daher liegt es auf der Hand, dass auch die Umkehrung der Addition, die Subtraktion, für Vektoren genauso festgelegt werden kann wie für Zahlen, nämlich analog zu der Beziehung: $a-b=a+(-b)$. Wir definieren:

D 2.5 Für beliebige Vektoren $\vec{a}, \vec{b} \in V$ gilt: $\vec{a}-\vec{b}=\vec{a}+(-\vec{b})$.

Bemerkung: Streng genommen müssten wir für die Vektorsubtraktion ein anderes Zeichen wählen als für die Subtraktion von Zahlen. Weil auch hier Verwechslungen kaum zu befürchten sind, verzichten wir auf eine solche Unterscheidung.

2. Nach Definition D 2.5 lässt sich ein Vertreter des Differenzvektors $\vec{a}-\vec{b}$ zweier Vektoren in einfacher Weise auch zeichnerisch bestimmen. In Bild 2.19 sind Vertreter zweier Vektoren $\vec{a}$ und $-\vec{b}$ additiv aneinander gelegt. Zusätzlich ist ein Vertreter des Vektors $\vec{b}$ eingezeichnet. Man erkennt, dass die Pfeile zu $\vec{a}$ und zu $\vec{b}$ mit ihren **Spitzen** aneinander stoßen; der Vertreter des Vektors $\vec{a}-\vec{b}$ reicht vom Anfang des ersten Pfeils (zu $\vec{a}$) bis zum Anfang des zweiten Pfeils (zu $\vec{b}$).

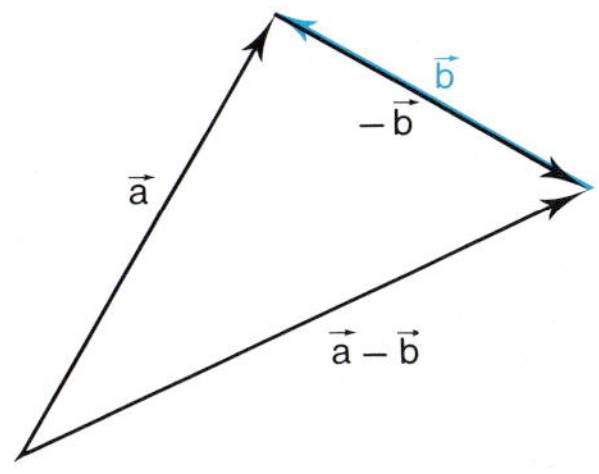

Bild 2.19

Bemerkungen:

1) Auf diese Weise haben wir schon in der 5. Klasse die Subtraktion von natürlichen Zahlen, später die Subtraktion von Bruchzahlen und von rationalen Zahlen dargestellt. Wir haben dabei von der Regel **„Spitze an Spitze"** gesprochen.

2) Man kann einen Vertreter des Differenzvektors $\vec{a}-\vec{b}$ zeichnerisch auch dadurch bestimmen, dass man zwei Vertreter der Vektoren $\vec{a}$ und $\vec{b}$ mit ihren **Anfangspunkten** aneinander legt; dann reicht ein Vertreter des Vektors $\vec{a}-\vec{b}$ von der Spitze des **zweiten** Pfeils (zu $\vec{b}$) bis zur Spitze des **ersten** Pfeils (zu $\vec{a}$) (Bild 2.20). Begründe die Richtigkeit dieser Konstruktion (Aufgabe 6)!

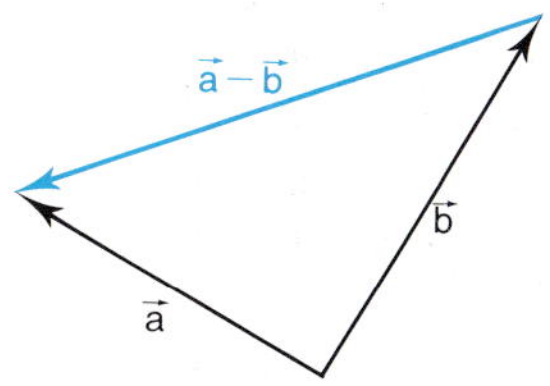

Bild 2.20

3. Wir können nun leicht zeigen, dass Vektoraddition und Vektorsubtraktion wechselseitig Umkehrungen voneinander sind.
Nach Definition D 2.5 gilt nämlich für alle $\vec{a}, \vec{b} \in V$:

1)
$$\begin{aligned}(\vec{a}-\vec{b})+\vec{b} &= [\vec{a}+(-\vec{b})]+\vec{b}\\ &= \vec{a}+[(-\vec{b})+\vec{b}]\\ &= \vec{a}+\vec{0}\\ &= \vec{a}\end{aligned}$$

2)
$$\begin{aligned}(\vec{a}+\vec{b})-\vec{b} &= (\vec{a}+\vec{b})+(-\vec{b}) && (\text{D } 2.5)\\ &= \vec{a}+[\vec{b}+(-\vec{b})] && (\text{A})\\ &= \vec{a}+\vec{0} && (\text{I})\\ &= \vec{a} && (\text{N})\end{aligned}$$

4. Es stellt sich nun noch die Frage, wie die Vektorsubtraktion mit Hilfe der Koordinaten der betreffenden Vektoren durchzuführen ist. Diese Frage ist leicht zu beantworten; für Vektoren mit drei Koordinaten erhält man nämlich:

$$\vec{a}-\vec{b}=\vec{a}+(-\vec{b})=\begin{pmatrix}a_1\\a_2\\a_3\end{pmatrix}+\begin{pmatrix}-b_1\\-b_2\\-b_3\end{pmatrix}=\begin{pmatrix}a_1+(-b_1)\\a_2+(-b_2)\\a_3+(-b_3)\end{pmatrix}=\begin{pmatrix}a_1-b_1\\a_2-b_2\\a_3-b_3\end{pmatrix}.$$

Es gilt also der Satz:

S 2.10 Für beliebige Vektoren $\vec{a}, \vec{b} \in V_3$ gilt: $\vec{a}-\vec{b}=\begin{pmatrix}a_1\\a_2\\a_3\end{pmatrix}-\begin{pmatrix}b_1\\b_2\\b_3\end{pmatrix}=\begin{pmatrix}a_1-b_1\\a_2-b_2\\a_3-b_3\end{pmatrix}$.

In Worten: Vektoren werden subtrahiert, indem man ihre entsprechenden Koordinaten subtrahiert. Der Sachverhalt gilt entsprechend für Vektoren mit beliebig vielen Koordinaten.

Bemerkung: Die so definierte Vektorsubtraktion hat auch für Vektoren mit mehr als drei Koordinaten und in Anwendungssituationen einen guten Sinn.

Beispiel:

Eine Firma erfasst den Lagerbestand von 6 Geräten und die Tagesauslieferung dieser Geräte jeweils durch Vektoren mit 6 Koordinaten. Der Lagerbestand am folgenden Tag ergibt sich dann – wenn keine Auffüllung aus der Produktion vorgenommen worden ist – durch die Berechnung des Differenzvektors.

Übungen und Aufgaben

1. Ermittle die folgenden Differenzen zeichnerisch!

a) $\begin{pmatrix}1\\4\end{pmatrix}-\begin{pmatrix}4\\1\end{pmatrix}$ **b)** $\begin{pmatrix}5\\3\end{pmatrix}-\begin{pmatrix}0\\2\end{pmatrix}$ **c)** $\left[\begin{pmatrix}-4\\2\end{pmatrix}-\begin{pmatrix}1\\-3\end{pmatrix}\right]-\begin{pmatrix}-6\\-2\end{pmatrix}$ **d)** $\begin{pmatrix}3\\-1\end{pmatrix}-\left[\begin{pmatrix}4\\-3\end{pmatrix}-\begin{pmatrix}2\\1\end{pmatrix}\right]$

2. Berechne $\vec{a}-\vec{b}$, $\vec{b}-\vec{a}$, $(\vec{a}-\vec{b})-\vec{c}$ und $\vec{b}-(\vec{c}-\vec{a})$ für folgende Vektoren!

a) $\vec{a}=\begin{pmatrix}7\\-1\\3\end{pmatrix}$; $\vec{b}=\begin{pmatrix}-4\\5\\-1\end{pmatrix}$; $\vec{c}=\begin{pmatrix}11\\-6\\-4\end{pmatrix}$ **b)** $\vec{a}=\begin{pmatrix}0\\6\\-2\end{pmatrix}$; $\vec{b}=\begin{pmatrix}-5\\3\\4\end{pmatrix}$; $\vec{c}=\begin{pmatrix}-5\\2\\-6\end{pmatrix}$

3. Zeige geometrisch mit Hilfe von Definition D 2.5, dass $\vec{a}-\vec{b}$ inverses Element zu $\vec{b}-\vec{a}$ ist!

4. Gilt das Assoziativgesetz für die Vektorsubtraktion? Begründe deine Antwort!

5. Beweise die Allgemeingültigkeit der folgenden Gleichungen aus Definition D 2.5 mit Hilfe der Gruppengesetze!

a) $\vec{a}-(-\vec{b})=\vec{a}+\vec{b}$ **b)** $(-\vec{a})-\vec{b}=-(\vec{a}+\vec{b})$ **c)** $(-\vec{a})+\vec{b}=-(\vec{a}-\vec{b})$

d) $\vec{a}+(\vec{b}-\vec{c})=(\vec{a}+\vec{b})-\vec{c}=(\vec{a}-\vec{c})+\vec{b}$ **e)** $(\vec{a}-\vec{b})-\vec{c}=\vec{a}-(\vec{b}+\vec{c})=(\vec{a}-\vec{c})-\vec{b}$

f) $\vec{a}-(\vec{b}-\vec{c})=(\vec{a}-\vec{b})+\vec{c}=(\vec{a}+\vec{c})-\vec{b}$ **g)** $-(\vec{a}-\vec{b}-\vec{c})=(-\vec{a})+\vec{b}+\vec{c}=(\vec{b}+\vec{c})-\vec{a}$

6. Zeige, dass die beiden Konstruktionsverfahren gleichwertig sind, die in den Bildern 2.19 und 2.20 (Seite 31) dargestellt sind!

7. Ein Parallelogramm werde durch zwei Vektoren $\vec{a}$ und $\vec{b}$ aufgespannt. Drücke die Diagonalenvektoren durch $\vec{a}$ und $\vec{b}$ aus!

8. Ein Tetraeder werde durch drei Vektoren $\vec{a}$, $\vec{b}$ und $\vec{c}$ aufgespannt (Bild 2.21). Drücke die Seiten der Grundfläche durch $\vec{a}$, $\vec{b}$ und $\vec{c}$ aus!

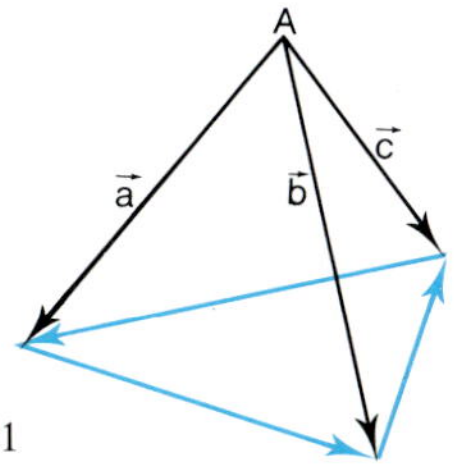

Bild 2.21

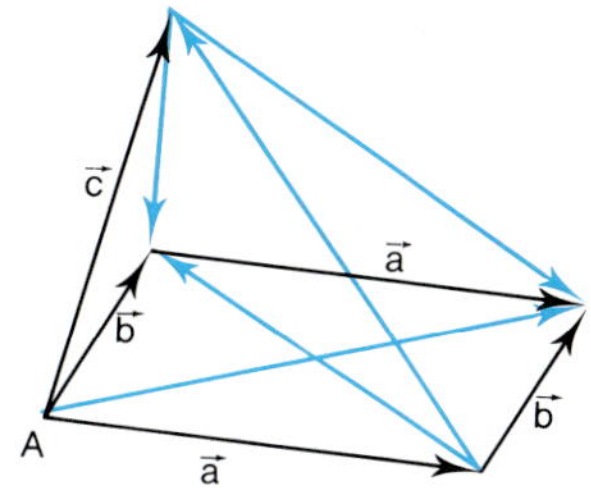

Bild 2.22

9. Die Pyramide in Bild 2.22 wird durch drei Vektoren $\vec{a}$, $\vec{b}$ und $\vec{c}$ aufgespannt. Drücke die zu den farbig eingezeichneten Pfeilen gehörenden Vektoren durch $\vec{a}$, $\vec{b}$ und $\vec{c}$ aus!

10. Ein Parallelflach werde durch drei Vektoren $\vec{a}$, $\vec{b}$ und $\vec{c}$ aufgespannt (Bild 2.17).

a) Drücke alle vier Raumdiagonalen durch $\vec{a}$, $\vec{b}$ und $\vec{c}$ aus!

b) Zeige, dass die vier Vektoren bei geeigneter Orientierung eine geschlossene Vektorenkette bilden!

c) Zeige, dass sich auch die zu je vier Flächendiagonalen gehörenden Vektoren so orientieren lassen, dass sie eine geschlossene Vektorkette bilden! (Auf wie viele Arten ist dies möglich?)

11. Berechne die Koordinaten von $\vec{x}$!

a) $\begin{pmatrix} 5 \\ -2 \end{pmatrix} + \vec{x} = \begin{pmatrix} 2 \\ 6 \end{pmatrix}$ **b)** $-\begin{pmatrix} 0 \\ 7 \end{pmatrix} = \begin{pmatrix} 5 \\ -1 \end{pmatrix} - \vec{x}$ **c)** $\vec{x} - \begin{pmatrix} 5 \\ 0 \\ -1 \end{pmatrix} = -\begin{pmatrix} 3 \\ -1 \\ 7 \end{pmatrix}$

12. Löse die folgenden Gleichungen nach $\vec{x}$ auf!

a) $\vec{a} - (\vec{x} - \vec{b}) = \vec{c} + \vec{b}$ **b)** $(-\vec{b} + \vec{x}) - \vec{a} = (\vec{c} - \vec{b}) - \vec{a}$

c) $\vec{a} + [-\vec{x} - (\vec{b} + \vec{x})] = -(\vec{a} + \vec{b} + \vec{x})$ **d)** $\vec{a} - [\vec{b} - (\vec{c} - \vec{x})] = \vec{0}$

e) $[\vec{x} - (\vec{a} + \vec{x})] - \vec{x} = (-\vec{a})$ **f)** $-(\vec{a} + \vec{x} + \vec{b}) = \vec{c} - [\vec{x} + (\vec{a} - \vec{x})]$

13. Zeige mit Hilfe der Gruppengesetze, dass jede Gleichung der Form $\vec{x} + \vec{a} = \vec{b}$ (bzw. $\vec{a} + \vec{x} = \vec{b}$) für beliebige Vektoren $\vec{a}, \vec{b} \in V$ genau eine Lösung hat!

14. Beweise den Satz: $\vec{a} \uparrow\downarrow \vec{b} \Leftrightarrow |\vec{a} - \vec{b}| = |\vec{a}| + |\vec{b}|$!
(Vergleiche Satz S 2.9!)

§ 3 Die Multiplikation eines Vektors mit einer Zahl

I. Die Definition der S-Multiplikation

1. Für natürliche Zahlen ist die Multiplikation definiert als mehrfache Addition gleicher Summanden.

Beispiel: $3 \cdot 4 = 4 + 4 + 4$

Es liegt nahe, in entsprechender Weise auch bei Vektoren eine Abkürzung für Summen einzuführen, bei denen der gleiche Vektor mehrfach als Summand auftritt.

Beispiel: $3\vec{a} = \vec{a} + \vec{a} + \vec{a}$ (Bild 3.1)

Bemerkung: Wir schreiben $3\vec{a}$ **ohne** Multiplikationspunkt, weil wir den Punkt als Zeichen für ein – später zu definierendes – Produkt von zwei Vektoren reservieren wollen.

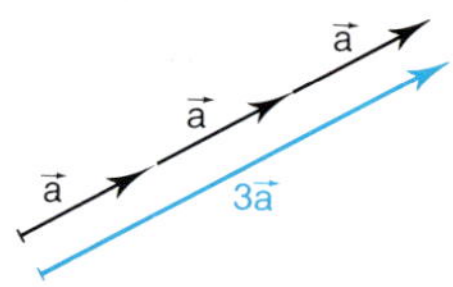

Bild 3.1

Wenn wir diese Schreibweise auf die Koordinatendarstellung übertragen, erhalten wir (für räumliche Vektoren):

$$3\vec{a} = 3\begin{pmatrix} a_1 \\ a_2 \\ a_3 \end{pmatrix} = \begin{pmatrix} a_1 \\ a_2 \\ a_3 \end{pmatrix} + \begin{pmatrix} a_1 \\ a_2 \\ a_3 \end{pmatrix} + \begin{pmatrix} a_1 \\ a_2 \\ a_3 \end{pmatrix} = \begin{pmatrix} a_1 + a_1 + a_1 \\ a_2 + a_2 + a_2 \\ a_3 + a_3 + a_3 \end{pmatrix} = \begin{pmatrix} 3a_1 \\ 3a_2 \\ 3a_3 \end{pmatrix}.$$

Entsprechend ergibt sich für eine beliebige Zahl $n \in \mathbb{N}$:

$$n\vec{a} = n\begin{pmatrix} a_1 \\ a_2 \\ a_3 \end{pmatrix} = \begin{pmatrix} na_1 \\ na_2 \\ na_3 \end{pmatrix}.$$

Man spricht gelegentlich vom „n-fachen des Vektors $\vec{a}$".

2. Die im Vorstehenden beschriebene Erklärung der Vervielfachung eines Vektors $\vec{a}$ mit Hilfe der Vektoraddition ist – genau wie bei Zahlen – in dieser einfachen Weise nur möglich, wenn der Vervielfacher n, der Multiplikator, eine natürliche Zahl ist. Die Übertragung auf beliebige reelle Zahlen als Faktoren lässt sich aber ohne Schwierigkeiten an Hand der zuletzt gewonnenen Gleichung

$$n\vec{a} = n\begin{pmatrix} a_1 \\ a_2 \\ a_3 \end{pmatrix} = \begin{pmatrix} na_1 \\ na_2 \\ na_3 \end{pmatrix}$$

vornehmen.

Es liegt daher nahe, allgemein (für Vektoren mit drei Koordinaten) zu definieren:

D 3.1 Für beliebige Vektoren $\vec{a} \in V_3$ und für beliebige reelle Zahlen r gilt:

$$r\vec{a} = r\begin{pmatrix} a_1 \\ a_2 \\ a_3 \end{pmatrix} = \begin{pmatrix} r a_1 \\ r a_2 \\ r a_3 \end{pmatrix}.$$

Wir haben es hier mit einer Verknüpfung zu tun, die andersartig ist als die uns bisher bekannten Verknüpfungen. Hier werden nämlich verschiedenartige Objekte miteinander verknüpft, und zwar **Zahlen** mit **Vektoren.** Jedem Paar $(r|\vec{a})$, welches aus einer reellen Zahl r und einem Vektor $\vec{a}$ besteht, wird in eindeutiger Weise ein Vektor zugeordnet:

$$(r|\vec{a}) \mapsto r\vec{a}.$$

Da man Zahlen innerhalb der Vektorrechnung häufig als „Skalare“[1]) bezeichnet, spricht man bei dieser Verknüpfung von der **„S-Multiplikation“.**
(Das Wort „Skalarprodukt“ wird für eine andere Verknüpfung reserviert.)

Bemerkung: Die Festsetzung von D 3.1 ist in verallgemeinerter Form auch für die Beschreibung von Anwendungssituationen sehr geeignet.

Beispiel: Wenn die Tagesproduktion eines Werkes für n Produkte durch einen Vektor $\vec{a}$ mit n Koordinaten erfasst wird, dann wird – bei gleich bleibender Tagesproduktion – die Produktion für eine 5-Tage-Woche erfasst durch den Vektor $5\vec{a}$.

3. Aus der Definition D 3.1 ergibt sich unmittelbar die Allgemeingültigkeit der Gleichungen:

1) $1\vec{a} = \vec{a}$; **2)** $(-1)\vec{a} = -\vec{a}$; **3)** $0\vec{a} = \vec{0}$; **4)** $r\vec{0} = \vec{0}$ (Aufgabe 1).

Ersetzen wir in Definition D 3.1 den Vektor $\vec{a}$ durch seinen Gegenvektor $-\vec{a}$, so erhalten wir:

$$r(-\vec{a}) = \begin{pmatrix} r\cdot(-a_1) \\ r\cdot(-a_2) \\ r\cdot(-a_3) \end{pmatrix} = \underbrace{\begin{pmatrix} -(r a_1) \\ -(r a_2) \\ -(r a_3) \end{pmatrix}}_{=\ -(r\vec{a})} = \underbrace{\begin{pmatrix} (-r)\cdot a_1 \\ (-r)\cdot a_2 \\ (-r)\cdot a_3 \end{pmatrix}}_{=\ (-r)\vec{a}.}$$

Wir halten den Sachverhalt fest im Satz:

S 3.1 Für alle $r \in \mathbb{R}$ und alle $\vec{a} \in V$ gilt: $r(-\vec{a}) = -(r\vec{a}) = (-r)\vec{a}$.

4. Unter 1) und 2) hat sich ergeben, dass $r\vec{a} = 0$ sowohl für $r = 0$ wie für $\vec{a} = 0$ gilt. Es erhebt sich die Frage, ob $r\vec{a}$ auch noch in anderen Fällen gleich dem Nullvektor sein kann. Wir vermuten natürlich, dass dies nicht der Fall ist, dass also der folgende Satz gilt:

S 3.2 $r\vec{a} = \vec{0} \Leftrightarrow r = 0 \vee \vec{a} = \vec{0}$ (für $r \in \mathbb{R}$, $\vec{a} \in V$).

Der Beweis soll in Aufgabe 2 erbracht werden.

[1]) scala (lat.), Treppe, Skala.

Übungen und Aufgaben

1. Beweise mit Hilfe von Definition D 3.1 die Allgemeingültigkeit der folgenden Gleichungen!

a) $1\vec{a}=\vec{a}$ **b)** $(-1)\vec{a}=-\vec{a}$ **c)** $0\vec{a}=\vec{0}$ **d)** $r\vec{0}=\vec{0}$ $(r\in\mathbb{R})$

2. Beweise den Satz S 3.2!

3. Ermittle zeichnerisch und rechnerisch zu den Vektoren

$\vec{a}=\begin{pmatrix}2\\1\end{pmatrix}$, $\vec{b}=\begin{pmatrix}-4\\2\end{pmatrix}$ und $\vec{c}=\begin{pmatrix}1\\-2\end{pmatrix}$ die folgenden Vielfachen!

a) $3\vec{a},\ 2\vec{b},\ (-4)\vec{c}$ **b)** $(-4)\vec{a},\ \frac{3}{2}(-\vec{b}),\ -\frac{5}{2}(-\vec{c})$

4. Bestimme den Vektor $\vec{a}$ so, dass für den angegebenen Vektor $\vec{b}$ gilt: **1)** $\vec{b}=3\vec{a}$ und **2)** $\vec{b}=-2\vec{a}$!

a) $\begin{pmatrix}12\\-24\end{pmatrix}$ **b)** $\begin{pmatrix}-6\\0\end{pmatrix}$ **c)** $\begin{pmatrix}-18\\12\end{pmatrix}$ **d)** $\begin{pmatrix}-48\\12\\-36\end{pmatrix}$ **e)** $\begin{pmatrix}\sqrt{72}\\-12\\\sqrt{108}\end{pmatrix}$

5. Prüfe, ob bei den folgenden Vektoren der eine ein Vielfaches des anderen ist, und ermittle gegebenenfalls den Faktor r!

a) $\begin{pmatrix}16\\-12\\-8\end{pmatrix}, \begin{pmatrix}-12\\9\\6\end{pmatrix}$ **b)** $\begin{pmatrix}6\\-15\\-9\end{pmatrix}, \begin{pmatrix}-10\\25\\-15\end{pmatrix}$ **c)** $\begin{pmatrix}-4\\0\\3\end{pmatrix}, \begin{pmatrix}12\\0\\-9\end{pmatrix}$

d) $\begin{pmatrix}-4\\-13\\8\end{pmatrix}, \begin{pmatrix}16\\56\\-32\end{pmatrix}$ **e)** $\begin{pmatrix}2\\\sqrt{3}\\-3\end{pmatrix}, \begin{pmatrix}\sqrt{8}\\\sqrt{6}\\-\sqrt{18}\end{pmatrix}$ **f)** $\begin{pmatrix}-\sqrt{75}\\\sqrt{6}\\\sqrt{48}\end{pmatrix}, \begin{pmatrix}5\\-\sqrt{2}\\-4\end{pmatrix}$

6. Berechne für die Vektoren $\vec{a}=\begin{pmatrix}1\\0\\-1\end{pmatrix}$, $\vec{b}=\begin{pmatrix}0\\-2\\2\end{pmatrix}$ und $\vec{c}=\begin{pmatrix}-2\\-1\\1\end{pmatrix}$ die folgenden Vektoren!

a) $5\vec{a}+3\vec{b}$ **b)** $-3\vec{a}+4\vec{c}$ **c)** $-\vec{a}+4\vec{b}-3\vec{c}$ **d)** $-4\vec{a}-(2\vec{b}-5\vec{c})$

7. Berechne mit den Vektoren von Aufgabe 6 einen Vektor $\vec{d}$ so, dass er mit den folgenden Vektorsummen eine geschlossene Vektorkette bildet!

a) $2\vec{a}+\vec{b}+3\vec{c}$ **b)** $\vec{a}-4\vec{b}+2\vec{c}$ **c)** $4\vec{a}-2\vec{b}+3\vec{c}$ **d)** $4\vec{a}+\vec{b}+2\vec{c}$

II. Die Gesetze der S-Multiplikation

1. Wir haben oben schon erörtert, dass wir es bei der S-Multiplikation mit einer Verknüpfung zu tun haben, die sich von den uns bisher bekannten Verknüpfungen dadurch unterscheidet, dass nicht gleichartige Größen miteinander verknüpft werden, sondern verschiedenartige, nämlich Zahlen und Vektoren.

Wir können daher von vornherein nicht erwarten, dass für die S-Multiplikation die gleichen Gesetze gelten wie für die Zahlenverknüpfungen (Addition und Multiplikation). Dennoch können wir uns von den seit langem bekannten Gesetzen leiten lassen, um die für die S-Multiplikation grundlegenden Gesetze zu finden.

2. Eine zur Gleichung des Kommutativgesetzes analoge Gleichung für die S-Multiplikation müsste lauten:

$$r\vec{a} = \vec{a}r.$$

Der Term „$\vec{a}r$" ist aber nicht definiert. Daher gibt es **kein** Kommutativgesetz für die S-Multiplikation.

3. Wir fragen uns nun, ob es für die S-Multiplikation ein dem **Assoziativgesetz** analoges Gesetz gibt. Ein Ausdruck der Form „$r\vec{a}$" stellt einen Vektor dar. Wir können diesen Vektor also nur mit einer weiteren Zahl s verknüpfen; wir erhalten: $s(r\vec{a})$. Wir können dann fragen, ob wir – in Analogie zum Assoziativgesetz – statt dessen auch $(s \cdot r)\vec{a}$ schreiben dürfen, ob die Gleichung

$$s(r\vec{a}) = (s \cdot r)\vec{a},$$

also für alle $r, s \in \mathbb{R}$ und alle $\vec{a} \in V$ gilt. Hierbei ist zu beachten, dass $s \cdot r$ ein **Zahlen**produkt darstellt, während in $s(r\vec{a})$ zweimal die S-Multiplikation angewendet wird. Bild 3.2 veranschaulicht ein einfaches **Beispiel**, nämlich

$$2(3\vec{a}) = (2 \cdot 3)\vec{a} = 6\vec{a}.$$

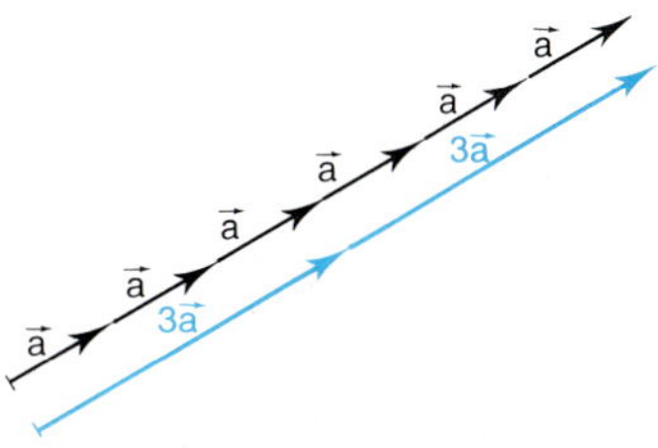

Bild 3.2

In der Tat gilt das **„Assoziativgesetz der S-Multiplikation"**:

S 3.3 Für alle $r, s \in \mathbb{R}$ und für alle Vektoren $\vec{a} \in V$ gilt: $r(s\vec{a}) = (r \cdot s)\vec{a}$.

Der Beweis soll in Aufgabe 1 a) geführt werden.

4. Wir wollen nun prüfen, ob für die S-Multiplikation und die Vektoraddition ein **Distributivgesetz** gilt. Im Distributivgesetz für Zahlen

$$a \cdot (b + c) = a \cdot b + a \cdot c$$

wird ein Zusammenhang zwischen den beiden Rechenarten der Addition und der Multiplikation ausgedrückt. Die Multiplikation ist in unserem Fall die S-Multiplikation. Für die Addition gibt es zwei Möglichkeiten: die **Zahlenaddition** und die **Vektoraddition.** Die erste Möglichkeit führt für zwei Zahlen $r, s \in \mathbb{R}$ und einen Vektor $\vec{a}$ auf die Gleichung

$$(r + s)\vec{a} = r\vec{a} + s\vec{a}.$$

Hierbei ist aber zu beachten, dass das Pluszeichen links die Zahlenaddition, rechts dagegen die Vektoraddition bezeichnet.

Die zweite Möglichkeit führt für eine Zahl $r \in \mathbb{R}$ und zwei Vektoren $\vec{a}$ und $\vec{b}$ auf die Gleichung

$$r(\vec{a}+\vec{b})=r\vec{a}+r\vec{b}.$$

Hierbei tritt auf beiden Seiten die Vektoraddition auf. Wir wollen die beiden Möglichkeiten im Folgenden untersuchen.

5. Bild 3.3 veranschaulicht die Gültigkeit der Gleichung

$$3\vec{a}+2\vec{a}=(3+2)\vec{a}=5\vec{a}.$$

Durch Verallgemeinerung erhalten wir das **„1. Distributivgesetz für die S-Multiplikation":**

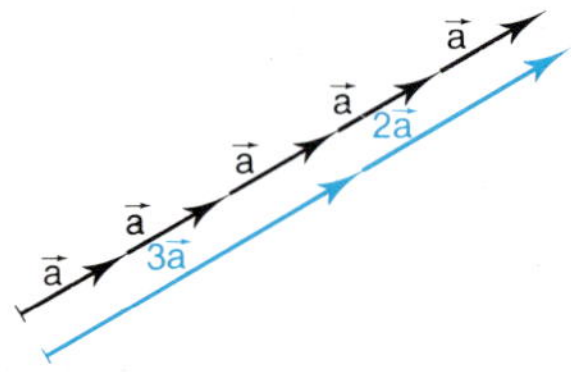

Bild 3.3

S 3.4 Für alle $r, s \in \mathbb{R}$ und für alle Vektoren $\vec{a} \in V$ gilt: $(r+s)\vec{a}=r\vec{a}+s\vec{a}$.

Der Beweis soll in Aufgabe 1b) geführt werden.

6. Die zweite Möglichkeit eines Distributivgesetzes ist in Bild 3.4 am **Beispiel**

$$3(\vec{a}+\vec{b})=3\vec{a}+3\vec{b}$$

veranschaulicht. Man erkennt, dass es sich um die Strahlensatzfigur handelt.
Durch Verallgemeinerung erhalten wir das **„2. Distributivgesetz für die S-Multiplikation":**

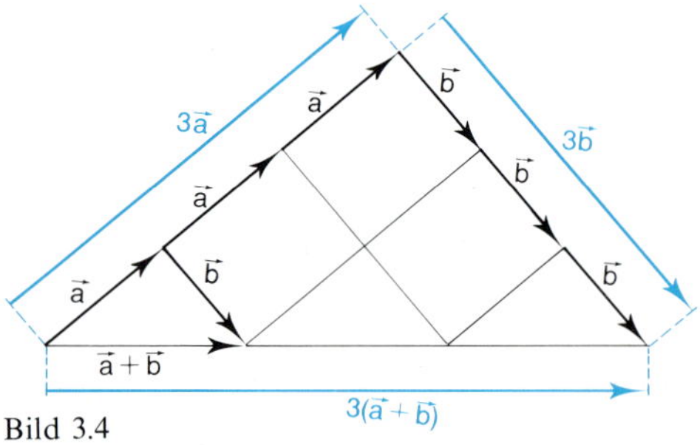

Bild 3.4

S 3.5 Für alle $r \in \mathbb{R}$ und für alle Vektoren $\vec{a}, \vec{b} \in V$ gilt: $r(\vec{a}+\vec{b})=r\vec{a}+r\vec{b}$.

Der Beweis soll in Aufgabe 1c) geführt werden.

7. Wir haben uns schließlich noch zu überlegen, wie sich die Multiplikation eines Vektors $\vec{a}$ mit einer reellen Zahl r geometrisch auswirkt, welcher Zusammenhang also hinsichtlich Betrag, Richtung und Orientierung zwischen den Vektoren $\vec{a}$ und $r\vec{a}$ besteht. Um zu einer Vorstellung über diesen Zusammenhang zu kommen, kann man sich an dem in Bild 3.1 (Seite 34) dargestellten Sonderfall $3\vec{a}$ orientieren. Man kann vermuten, dass für den **Betrag** von $r\vec{a}$ gilt:

$$|r\vec{a}|=|r|\,|\vec{a}|;$$

dass ferner $r\vec{a}$ stets **parallel** zu $\vec{a}$ ist und dass $r\vec{a}$ und $\vec{a}$ für $r>0$ **gleich orientiert,** für $r<0$ dagegen **entgegengesetzt orientiert** sind. Wir halten dies fest im Satz

S 3.6 Für jede Zahl $r \in \mathbb{R}$ und jeden Vektor $\vec{a} \in V$ gilt:

1) $|r\vec{a}|=|r|\,|\vec{a}|$; **3) a) $r\vec{a}\uparrow\uparrow\vec{a}$, wenn $r \geq 0$;**

2) $r\vec{a}\,\|\,\vec{a}$; **b) $r\vec{a}\uparrow\downarrow\vec{a}$, wenn $r<0$ ist.**

Beweis:

Zu 1): Für alle $r \in \mathbb{R}$ und für alle $\vec{a} \in V_3$ gilt:

$$|r\vec{a}| = \left|\begin{pmatrix} r a_1 \\ r a_2 \\ r a_3 \end{pmatrix}\right| = \sqrt{r^2 a_1^2 + r^2 a_2^2 + r^2 a_3^2} = \sqrt{r^2(a_1^2 + a_2^2 + a_3^2)} = \sqrt{r^2} \cdot \sqrt{a_1^2 + a_2^2 + a_3^2} = |r|\,|\vec{a}|.$$

Zu 2) und zu 3): Um den Satz S 2.9 anwenden zu können, betrachten wir $|\vec{a} + r\vec{a}|$.

a) Für jede Zahl r mit $r \geq 0$ und für jeden Vektor $\vec{a}$ gilt:

$$\begin{aligned}
|\vec{a} + r\vec{a}| &= |(1+r)\vec{a}| && \text{(nach Satz S 3.4)} \\
&= |1+r|\,|\vec{a}| && \text{(nach 1))} \\
&= (1+r)\,|\vec{a}| && \text{(wegen } r \geq 0\text{, also } 1+r>0) \\
&= |\vec{a}| + r\,|\vec{a}| && \text{(nach dem Distributivgesetz)} \\
&= |\vec{a}| + |r|\,|\vec{a}| && \text{(wegen } r \geq 0) \\
&= |\vec{a}| + |r\vec{a}| && \text{(nach 1)).}
\end{aligned}$$

Nach Satz S 2.9 bedeutet dies, dass $\vec{a}$ und $r\vec{a}$ parallel und gleich orientiert sind.

b) Für jede Zahl r mit $r < 0$ gilt $-r > 0$, also

$$(-r)\vec{a} \uparrow\uparrow \vec{a} \quad \text{(nach a)).}$$

Der Gegenvektor zu $(-r)\vec{a}$ ist der Vektor $-(-r)\vec{a} = r\vec{a}$; daher gilt nach Satz S 2.6

$$r\vec{a} \uparrow\downarrow (-r)\vec{a}$$

und somit

$$r\vec{a} \uparrow\downarrow \vec{a} \text{ und selbstverständlich auch } r\vec{a} \parallel \vec{a}.$$

Damit ist Satz S 3.6 vollständig bewiesen.

Übungen und Aufgaben

1. Beweise mit Hilfe der Koordinatendarstellung die folgenden Sätze!
a) S 3.3 **b)** S 3.4 **c)** S 3.5

2. Löse die folgenden Vektorgleichungen nach $\vec{x}$ auf!

a) $3\vec{a} - 2\vec{x} = \vec{b} - (\vec{x} - \vec{a})$

b) $5(\vec{a} + 2\vec{x}) = 3(2\vec{b} + 3\vec{x}) + \vec{a}$

c) $\frac{1}{2}(\vec{a} + 5\vec{x}) = \frac{3}{2}(2\vec{a} - \vec{x}) + 5\vec{b}$

d) $\frac{1}{2}(\vec{a} - 3\vec{x}) + \vec{x} = 3(\vec{a} - \frac{1}{3}\vec{x})$

3. Untersuche, was an den folgenden Beziehungen falsch ist!

a) $3\vec{a} + 2(\vec{b} + \vec{c}) - \frac{1}{2} = \vec{c} - \vec{b}$

b) $3(\vec{a} - \frac{1}{2}\vec{b}) - 2\vec{b} + \vec{a}\vec{b} = 7 - 3\vec{a}$

c) $x\vec{a} = \frac{1}{2}(\vec{b} - \vec{c}) \Rightarrow x = \frac{1}{2}\,\frac{\vec{b} - \vec{c}}{\vec{a}}$

d) $x(\vec{a} - \vec{b}) = -x(\vec{a} + \vec{b}) \wedge x \neq 0 \wedge \vec{a} \neq \vec{0}$

4. Ein Dreieck ist gegeben durch die drei Seitenvektoren $\vec{a}$, $\vec{b}$ und $\vec{c}$ mit $\vec{a}+\vec{b}+\vec{c}=\vec{0}$ (Bild 3.5). Drücke die folgenden Vektoren durch $\vec{a}$, $\vec{b}$ und $\vec{c}$ aus:

a) die Seitenhalbierenden („Schwerelinien") $\vec{s}_a$, $\vec{s}_b$ und $\vec{s}_c$;

b) die Mittellinien $\vec{m}_a$, $\vec{m}_b$ und $\vec{m}_c$!

c) Bilde $\vec{s}_a+\vec{s}_b+\vec{s}_c$ und $\vec{m}_a+\vec{m}_b+\vec{m}_c$ und deute die Ergebnisse!

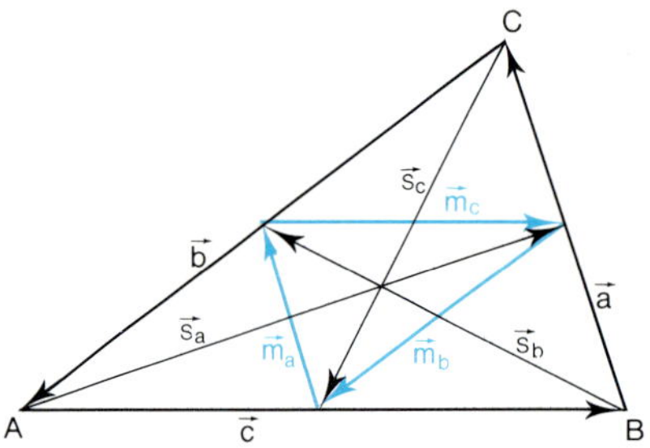

Bild 3.5

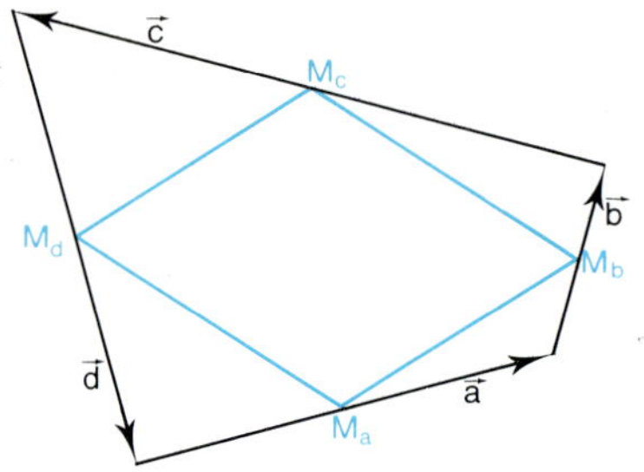

Bild 3.6

5. Gegeben sind die Vektoren

1) $\vec{a}=\begin{pmatrix}-1\\-3\end{pmatrix}$; $\vec{b}=\begin{pmatrix}3\\-5\end{pmatrix}$; $\vec{c}=\begin{pmatrix}5\\5\end{pmatrix}$ **2)** $\vec{a}=\begin{pmatrix}5\\-3\\-1\end{pmatrix}$; $\vec{b}=\begin{pmatrix}2\\5\\3\end{pmatrix}$; $\vec{c}=\begin{pmatrix}-3\\1\\-4\end{pmatrix}$

a) Bestimme den Vektor $\vec{d}$ so, dass $\vec{a}$, $\vec{b}$, $\vec{c}$ und $\vec{d}$ eine geschlossene Vektorkette bilden!

b) Ermittle für das von $\vec{a}$, $\vec{b}$, $\vec{c}$ und $\vec{d}$ bestimmte Viereck die Vektoren, die zu den Verbindungsstrecken benachbarter Seitenmittelpunkte gehören (Bild 3.6)!

c) Welche Figur bilden die Seitenmitten?

6. Zeige, dass die Seitenmittelpunkte eines beliebigen (ebenen oder nicht ebenen) Vierecks stets ein Parallelogramm bilden (Bild 3.6)!

7. Ein Tetraeder sei durch drei Vektoren $\vec{a}$, $\vec{b}$, $\vec{c}$ bestimmt, deren Vertreter von der Spitze S ausgehen. M_1, M_2 und M_3 seien die in Bild 3.7 eingezeichneten Kantenmitten. S_1 teile SM_1 im Verhältnis 2:1.

a) Drücke die Vektoren zu $\overrightarrow{M_1M_3}$ und $\overrightarrow{M_2S_1}$ durch $\vec{a}$, $\vec{b}$ und $\vec{c}$ aus!

b) Bei oberflächlicher Betrachtung des Bildes 3.7 könnte man vermuten, dass $\overrightarrow{M_1M_3}$ parallel zu $\vec{a}$ und $\overrightarrow{M_2S_1}$ parallel zu $\vec{b}-\vec{a}$ ist. Begründe, dass beide Vermutungen nicht zutreffen!

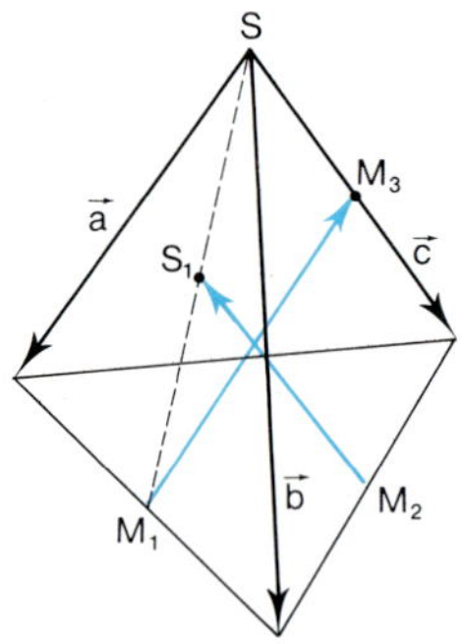

Bild 3.7

§ 4 Der Begriff der linearen Abhängigkeit

I. Linear abhängige und linear unabhängige Vektoren

1. Bild 4.1 zeigt den von Kaiser Friedrich I. gestifteten berühmten Barbarossaleuchter im Oktogon des Aachener Kaiserdoms. Man erkennt, dass zur Halterung des Leuchters in regelmäßigen Abständen acht Streben angebracht sind.

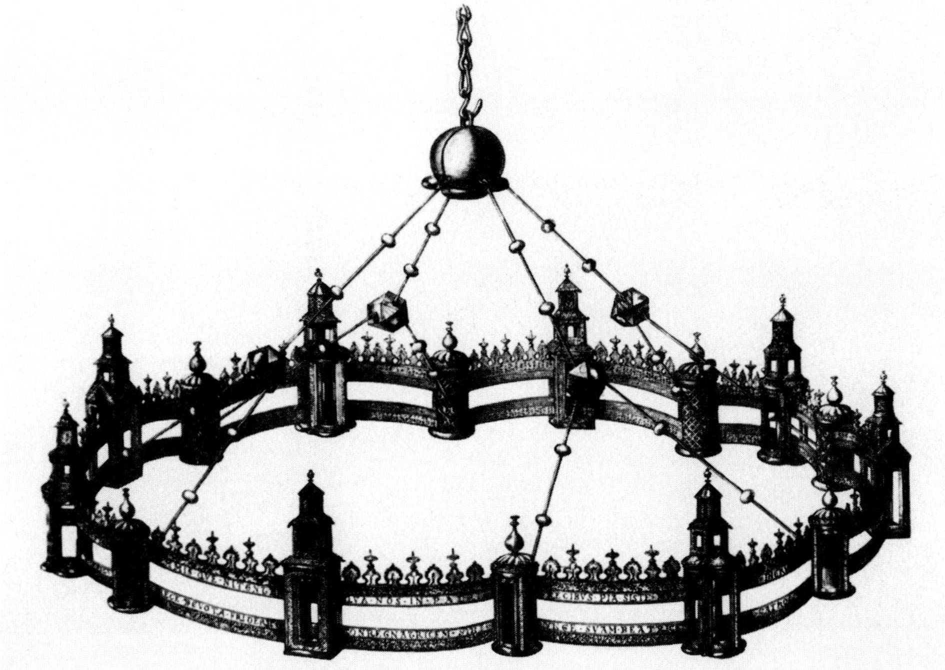

Bild 4.1

Je zwei dieser Streben werden in vier großen Metallkörpern zu einer weiteren Strebe zusammengefasst. Diese vier Streben enden in einer großen Kugel, die an einer schweren Kette befestigt ist.

Die den Leuchter haltende Kraft wird also zunächst in vier, dann in acht Teilkräfte zerlegt; umgekehrt ausgedrückt: Die den Leuchter haltende Kraft, die letztlich vom Gewölbe des Oktogons aufgebracht wird, setzt sich aus Teilkräften verschiedener Richtung zusammen.

Wir können uns die Richtung der unteren Streben durch acht Vektoren

$$\vec{a}_1, \vec{a}_2, \ldots, \vec{a}_8,$$

die Richtung der oberen Streben durch vier Vektoren

$$\vec{b}_1, \vec{b}_2, \vec{b}_3 \text{ und } \vec{b}_4$$

festgelegt denken. Bild 4.2 zeigt eine Skizze des Grundrisses des Leuchters mit den Projektionen der Vektoren $\vec{a}_i$ und $\vec{b}_k$.

Bild 4.2

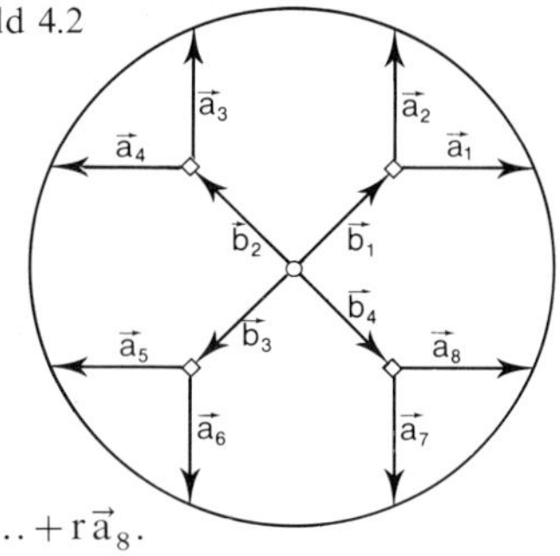

Da die Streben symmetrisch angebracht sind, nimmt jede der acht unteren Streben **betragsmäßig** den gleichen Kraftanteil auf; nur die **Richtungen** der Teilkräfte $\vec{K}_i$ sind voneinander verschieden. Für die Teilkraft, die von der i-ten Strebe aufgenommen wird, gilt: $\vec{K}_i = r\vec{a}_i$,

für die Gesamtkraft also: $\vec{K} = \vec{K}_1 + \vec{K}_2 + \ldots + \vec{K}_8 = r\vec{a}_1 + r\vec{a}_2 + \ldots + r\vec{a}_8$.

Entsprechend gilt für die Aufteilung der Gesamtkraft $\vec{K}$ auf die oberen Streben:

$$\vec{K} = s\vec{b}_1 + s\vec{b}_2 + s\vec{b}_3 + s\vec{b}_4.$$

2. Bild 4.3 zeigt die Rheinbrücke zwischen Mannheim und Ludwigshafen. Es handelt sich um eine Hängebrücke.

Bild 4.3

Die Last der Brücke wird von 48 Stahlseilen aufgenommen. Die Richtung der Stahlseile sei festgelegt durch die Vektoren $\vec{c}_1, \vec{c}_2, \ldots, \vec{c}_{48}$. Wegen der **asymmetrischen** Anbringung verteilt sich die die Brücke tragende Kraft in diesem Falle **ungleichmäßig** auf die einzelnen Stahlseile. Die einzelnen Streben nehmen einen nach **Betrag** und **Richtung** verschiedenen Kraftanteil $\vec{K}_i = k_i\vec{c}_i$ auf; insgesamt gilt also:

$$\vec{K} = \vec{K}_1 + \vec{K}_2 + \ldots + \vec{K}_{48} = k_1\vec{c}_1 + k_2\vec{c}_2 + \ldots + k_{48}\vec{c}_{48}.$$

3. Im Folgenden interessiert uns der Zusammenhang, der bei den vorstehenden Beispielen zwischen dem Kraftvektor $\vec{K}$ und den Vektoren $\vec{a}_1, \ldots, \vec{a}_8$ bzw. $\vec{b}_1, \ldots, \vec{b}_4$ bzw. $\vec{c}_1, \ldots, \vec{c}_{48}$ besteht. Man drückt diesen Zusammenhang folgendermaßen aus: Der Kraftvektor $\vec{K}$ ist aus den Vektoren $\vec{a}_1, \ldots, \vec{a}_8$ (bzw. aus $\vec{b}_1, \ldots, \vec{b}_4$ bzw. aus $\vec{c}_1, \ldots, \vec{c}_{48}$) **„linear kombiniert"** oder **„linear erzeugt"**; der Kraftvektor $\vec{K}$ ist eine **„Linearkombination"** dieser Vektoren.

Allgemein definiert man:

D 4.1 **Für n Vektoren $\vec{a}_1, \vec{a}_2, \ldots, \vec{a}_n \in V$ und n reelle Zahlen $r_1, r_2, \ldots, r_n$ heißt der Vektor $\vec{b}$ mit $\vec{b} = r_1\vec{a}_1 + r_2\vec{a}_2 + \ldots + r_n\vec{a}_n$ eine „Linearkombination der Vektoren $\vec{a}_1, \vec{a}_2, \ldots, \vec{a}_n$".**

Man sagt auch: **Der Vektor $\vec{b}$ ist „aus den Vektoren $\vec{a}_1, \vec{a}_2, \ldots, \vec{a}_n$ linear kombiniert" oder „linear erzeugt".**

Beachte: Bei dieser Definition wird nichts darüber ausgesagt, wie viele Koordinaten die Vektoren $\vec{a}_1, \vec{a}_2, \ldots, \vec{a}_n$ und $\vec{b}$ haben! Es kann sich also um ebene, um räumliche, aber z.B. auch um Vektoren mit 6 Koordinaten handeln.

4. Wir wollen den in Definition D 4.1 festgehaltenen Sachverhalt an einigen Beispielen dadurch verdeutlichen, dass wir für einige Vektoren $\vec{a}_1, \vec{a}_2, \ldots, \vec{a}_n$ beliebige Zahlen $r_1, r_2, \ldots, r_n$ auswählen, um daraus einen neuen Vektor $\vec{b}$ zu erzeugen. Bei ebenen und bei räumlichen Vektoren können wir den Sachverhalt dann überdies anschaulich deuten.

Beispiele:

1) Wir wählen die Vektoren $\vec{a}_1 = \begin{pmatrix} -1 \\ 2 \end{pmatrix}$; $\vec{a}_2 = \begin{pmatrix} 3 \\ -2 \end{pmatrix}$ und $\vec{a}_3 = \begin{pmatrix} 1 \\ 3 \end{pmatrix}$ und die Faktoren $r_1 = 3$; $r_2 = 2$ und $r_3 = -2$. Wir erhalten:

$$\vec{b} = 3\vec{a}_1 + 2\vec{a}_2 + (-2)\vec{a}_3 = 3\begin{pmatrix} -1 \\ 2 \end{pmatrix} + 2\begin{pmatrix} 3 \\ -2 \end{pmatrix} + (-2)\begin{pmatrix} 1 \\ 3 \end{pmatrix} = \begin{pmatrix} -3+6-2 \\ 6-4-6 \end{pmatrix} = \begin{pmatrix} 1 \\ -4 \end{pmatrix}.$$

Der Vektor $\vec{b}$ ist also aus den Vektoren $\vec{a}_1, \vec{a}_2$ und $\vec{a}_3$ linear erzeugt. In Bild 4.4 ist der Sachverhalt geometrisch dargestellt.

2) Wir wählen die Vektoren $\vec{a}_1 = \begin{pmatrix} -2 \\ 1 \\ 3 \end{pmatrix}$ und $\vec{a}_2 = \begin{pmatrix} 1 \\ -2 \\ 5 \end{pmatrix}$ und die Faktoren $r_1 = 2$ und $r_2 = -1$. Wir erhalten:

$$\vec{b} = 2\vec{a}_1 + (-1)\vec{a}_2 = 2\begin{pmatrix} -2 \\ 1 \\ 3 \end{pmatrix} + (-1)\begin{pmatrix} 1 \\ -2 \\ 5 \end{pmatrix} = \begin{pmatrix} -4-1 \\ 2+2 \\ 6-5 \end{pmatrix} = \begin{pmatrix} -5 \\ 4 \\ 1 \end{pmatrix}.$$

Der Vektor $\vec{b}$ ist also aus den Vektoren $\vec{a}_1$ und $\vec{a}_2$ linear erzeugt. In Bild 4.5 ist der Sachverhalt geometrisch dargestellt.

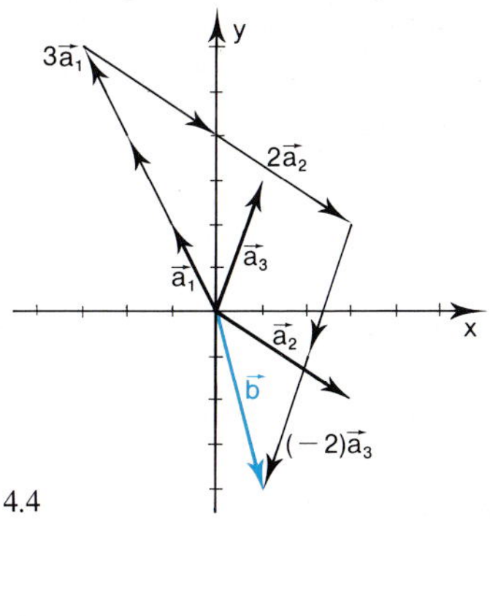

Bild 4.4

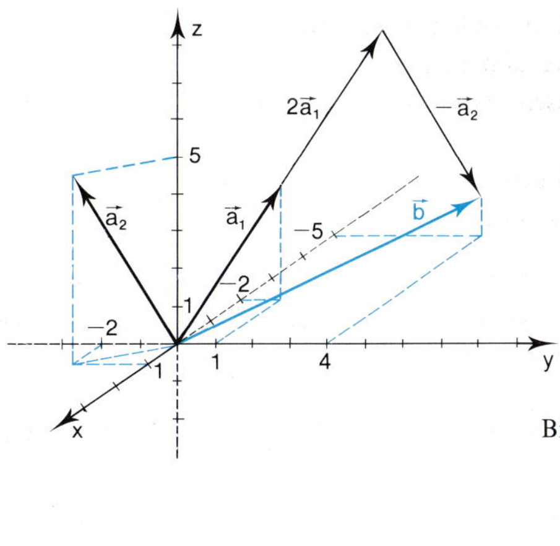

Bild 4.5

5. Die beiden vorstehenden Beispiele weisen einen wesentlichen Unterschied auf, der auf den ersten Blick gar nicht auffällt, der aber trotzdem – wie wir noch sehen werden – sehr bedeutsam ist.
Bei **Beispiel 2)** kann man den Vektor $\vec{b}$ **nur** mit den Faktoren $r_1=2$ und $r_2=-1$ linear aus $\vec{a}_1$ und $\vec{a}_2$ erzeugen, eine andere Möglichkeit gibt es nicht. Dies können wir folgendermaßen nachweisen:

$$r_1\vec{a}_1+r_2\vec{a}_2=\vec{b} \quad \text{bedeutet:} \quad r_1\begin{pmatrix}-2\\1\\3\end{pmatrix}+r_2\begin{pmatrix}1\\-2\\5\end{pmatrix}=\begin{pmatrix}-5\\4\\1\end{pmatrix},$$

also
$$\begin{aligned} & -2r_1+\ r_2=-5 \;|\cdot 2\;|\cdot 1\\ \wedge\ & \quad r_1-2r_2=\ \ 4 \;|\cdot 1\;|\cdot 2\\ \wedge\ & \ 3r_1+5r_2=\ \ 1 \end{aligned}$$

Aus den beiden ersten Gleichungen erhält man mit den angegebenen Faktoren:

$$-3r_1=-6 \wedge -3r_2=3 \Leftrightarrow r_1=2 \wedge r_2=-1.$$

Die dritte Gleichung wird von diesen Zahlen ebenfalls erfüllt:

$$3r_1+5r_2=3\cdot 2+5\cdot(-1)=6-5=1.$$

Bei **Beispiel 1)** sind die Zahlen r_1, r_2 und r_3, mit denen man den Vektor $\vec{b}$ aus den vorgegebenen Vektoren $\vec{a}_1$, $\vec{a}_2$ und $\vec{a}_3$ linear erzeugen kann, dagegen **nicht** eindeutig festgelegt. Es gibt zahlreiche weitere Möglichkeiten:

a) mit $s_1=-8$, $s_2=-3$ und $s_3=2$ erhält man:

$$(-8)\vec{a}_1+(-3)\vec{a}_2+2\vec{a}_3=(-8)\begin{pmatrix}-1\\2\end{pmatrix}+(-3)\begin{pmatrix}3\\-2\end{pmatrix}+2\begin{pmatrix}1\\3\end{pmatrix}=\begin{pmatrix}8-9+2\\-16+6+6\end{pmatrix}=\begin{pmatrix}1\\-4\end{pmatrix}=\vec{b};$$

b) mit $t_1=14$; $t_2=7$ und $t_3=-6$ erhält man:

$$14\vec{a}_1+7\vec{a}_2+(-6)\vec{a}_3=14\begin{pmatrix}-1\\2\end{pmatrix}+7\begin{pmatrix}3\\-2\end{pmatrix}+(-6)\begin{pmatrix}1\\3\end{pmatrix}=\begin{pmatrix}-14+21-6\\28-14-18\end{pmatrix}=\begin{pmatrix}1\\-4\end{pmatrix}=\vec{b};$$

c) mit $u_1=-\frac{5}{2}$; $u_2=-\frac{1}{2}$ und $u_3=0$ erhält man ebenfalls:

$$(-\tfrac{5}{2})\vec{a}_1+(-\tfrac{1}{2})\vec{a}_2+0\vec{a}_3=(-\tfrac{5}{2})\begin{pmatrix}-1\\2\end{pmatrix}+(-\tfrac{1}{2})\begin{pmatrix}3\\-2\end{pmatrix}+0\begin{pmatrix}1\\3\end{pmatrix}=\tfrac{1}{2}\begin{pmatrix}2\\-8\end{pmatrix}=\begin{pmatrix}1\\-4\end{pmatrix}=\vec{b}.$$

Es erhebt sich natürlich die Frage, wie man diese Zahlen finden kann, welche Lösungen c_1, c_2, c_3, also die Gleichung $c_1\vec{a}_1+c_2\vec{a}_2+c_3\vec{a}_3=\vec{b}$ bzw. das zugehörige Gleichungssystem hat. Wir stellen diese Frage hier – und auch bei einigen weiteren Beispielen – noch zurück; wir werden uns in §6 und in §7 ausführlich mit linearen Gleichungssystemen befassen und in diesem Zusammenhang das hier auftretende Problem wieder aufgreifen.

6. Allgemein stellen sich, wenn n Vektoren $\vec{a}_1, \vec{a}_2, \ldots, \vec{a}_n$ und dazu ein Vektor $\vec{b}$ gegeben sind, zwei Fragen:

1) Unter welchen Bedingungen ist der Vektor $\vec{b}$ aus den Vektoren $\vec{a}_1, \vec{a}_2, \ldots, \vec{a}_n$ erzeugbar, unter welchen Bedingungen hat also das Gleichungssystem

$$r_1\vec{a}_1+r_2\vec{a}_2+\ldots+r_n\vec{a}_n=\vec{b}$$

eine Lösung $(r_1|r_2\ldots|r_n)$? (Frage nach der **Existenz** einer Lösung).

2) In welchen Fällen ist die Lösung eindeutig bestimmt; wann gibt es mehrere Lösungen? (Frage nach der **Eindeutigkeit** der Lösung).
Das Ziel unserer weiteren Überlegungen wird es u.a. sein, diese Fragen abschließend zu beantworten.

7. Beim letzten Beispiel ist besonders interessant der Fall c) wegen des dabei auftretenden Faktors $u_3=0$. Dies bedeutet, dass man den Vektor $\vec{a}_3$ gar nicht benötigt, um $\vec{b}$ aus $\vec{a}_1$, $\vec{a}_2$ und $\vec{a}_3$ linear zu erzeugen.
Zeige, dass man $\vec{b}$ auch aus $\vec{a}_1$ und $\vec{a}_3$ bzw. aus $\vec{a}_2$ und $\vec{a}_3$ linear erzeugen kann, dass also je zwei der drei Vektoren $\vec{a}_1$, $\vec{a}_2$, $\vec{a}_3$ genügen, um $\vec{b}$ zu erzeugen (Aufgabe 5a)!
Wir werden noch zu erläutern haben, worin dieser Sachverhalt begründet ist (Seite 48). Ebenso haben wir noch zu erörtern, warum bei Beispiel 2) die Zahlen r_1 und r_2 eindeutig festgelegt sind.

8. Die zeichnerische Darstellung in den Bildern 4.4 und 4.5 legt die Frage nahe, ob

bei **Beispiel 1)** z.B. der Vektor $\vec{a}_1$ auch aus den Vektoren $\vec{a}_2, \vec{a}_3$ und $\vec{b}$,

bei **Beispiel 2)** z.B. der Vektor $\vec{a}_1$ auch aus den Vektoren $\vec{a}_2$ und $\vec{b}$

erzeugbar ist. Diese Fragen kann man dadurch leicht beantworten, dass man die fraglichen Gleichungen jeweils nach $\vec{a}_1$ „auflöst“:

Zu 1): Es gilt: $\vec{b}=3\vec{a}_1+2\vec{a}_2+(-2)\vec{a}_3 \Leftrightarrow 3\vec{a}_1=\vec{b}-2\vec{a}_2+2\vec{a}_3 \Leftrightarrow \vec{a}_1=\frac{1}{3}\vec{b}+(-\frac{2}{3})\vec{a}_2+\frac{2}{3}\vec{a}_3$.

Dies bedeutet, dass sich in der Tat der Vektor $\vec{a}_1$ aus den Vektoren $\vec{a}_2$, $\vec{a}_3$ und $\vec{b}$ linear erzeugen lässt.
Zeige, dass sich auch $\vec{a}_2$ aus $\vec{a}_1$, $\vec{a}_3$ und $\vec{b}$ und ebenso $\vec{a}_3$ aus $\vec{a}_1$, $\vec{a}_2$ und $\vec{b}$ linear erzeugen lässt (Aufgabe 5b)!

Zu 2): Es gilt: $\vec{b}=2\vec{a}_1+(-1)\vec{a}_2 \Leftrightarrow 2\vec{a}_1=\vec{b}+\vec{a}_2 \Leftrightarrow \vec{a}_1=\frac{1}{2}\vec{b}+\frac{1}{2}\vec{a}_2$.

Dies bedeutet, dass sich tatsächlich $\vec{a}_1$ aus $\vec{a}_2$ und $\vec{b}$ linear erzeugen lässt. Zeige, dass sich auch $\vec{a}_2$ aus $\vec{a}_1$ und $\vec{b}$ erzeugen lässt (Aufgabe 6)!

9. Die vorstehenden Überlegungen machen deutlich, dass

bei **Beispiel 1)** zwischen den Vektoren $\vec{a}_1$, $\vec{a}_2$, $\vec{a}_3$ und $\vec{b}$,

bei **Beispiel 2)** zwischen den Vektoren $\vec{a}_1$, $\vec{a}_2$ und $\vec{b}$

eine **wechselseitige Abhängigkeit** besteht, an der alle Vektoren in **gleicher Weise** beteiligt sind. Es ist daher sinnvoll, die Sonderrolle, die jeweils der Vektor $\vec{b}$ hinsichtlich der Bezeichnung spielt, dadurch aufzuheben, dass man bei Beispiel 1) $\vec{a}_4$ statt $\vec{b}$, bei Beispiel 2) $\vec{a}_3$ statt $\vec{b}$ schreibt.
Außerdem kann man auch in der Gleichung die Tatsache, dass alle beteiligten Vektoren **„dieselbe Rolle spielen“**, dadurch zum Ausdruck bringen, dass man alle Vektoren auf **eine** Seite der Gleichung bringt.

Zu 1): Mit $\vec{a}_4$ statt $\vec{b}$ gilt: $\vec{a}_4=3\vec{a}_1+2\vec{a}_2+(-2)\vec{a}_3 \Leftrightarrow \mathbf{3\vec{a}_1+2\vec{a}_2+(-2)\vec{a}_3+(-1)\vec{a}_4=\vec{0}}$.

Zu 2): Mit $\vec{a}_3$ statt $\vec{b}$ gilt: $\vec{a}_3=2\vec{a}_1+(-1)\vec{a}_2 \Leftrightarrow \mathbf{2\vec{a}_1+(-1)\vec{a}_2+(-1)\vec{a}_3=\vec{0}}$.

Allgemein hat die Gleichung, durch die die **wechselseitige Abhängigkeit** von n Vektoren $\vec{a}_1, \vec{a}_2, \ldots, \vec{a}_n$ erfasst wird, die Form:

$$\mathbf{c_1 \vec{a}_1 + c_2 \vec{a}_2 + \ldots + c_n \vec{a}_n = \vec{0} \quad \text{mit } c_1, c_2, \ldots, c_n \in \mathbb{R}.}$$

10. Bei Beispiel 1) von Seite 43 haben wir gesehen, dass die Faktoren, durch die die Abhängigkeit von Vektoren ausgedrückt wird, **nicht immer eindeutig** bestimmt sind.

Beispiel:

Für die Vektoren $\vec{a}_1 = \begin{pmatrix} -1 \\ 2 \end{pmatrix}$; $\vec{a}_2 = \begin{pmatrix} 3 \\ -2 \end{pmatrix}$; $\vec{a}_3 = \begin{pmatrix} 1 \\ 3 \end{pmatrix}$; $\vec{a}_4 = \begin{pmatrix} 1 \\ -4 \end{pmatrix}$ gilt (vergleiche Seite 45):

1) $3\vec{a}_1 + 2\vec{a}_2 - 2\vec{a}_3 - \vec{a}_4 = \vec{0}$; **2)** $8\vec{a}_1 + 3\vec{a}_2 - 2\vec{a}_3 + \vec{a}_4 = \vec{0}$;

3) $14\vec{a}_1 + 7\vec{a}_2 - 6\vec{a}_3 - \vec{a}_4 = \vec{0}$; **4)** $\frac{5}{2}\vec{a}_1 + \frac{1}{2}\vec{a}_2 + 0\vec{a}_3 + \vec{a}_4 = \vec{0}$.

Besonders interessant ist die vierte Gleichung, weil in ihr der Faktor von $\vec{a}_3$ den Wert 0 hat. Dies bedeutet, dass man die Gleichung 4) **nicht** nach $\vec{a}_3$ auflösen kann, während dies bei den Gleichungen 1), 2) und 3) durchaus möglich ist.
Die Gleichung 4) zeigt, dass in einer Gleichung der Form

$$c_1 \vec{a}_1 + c_2 \vec{a}_2 + \ldots + c_n \vec{a}_n = \vec{0},$$

die die **wechselseitige Abhängigkeit** der Vektoren $\vec{a}_1, \vec{a}_2, \ldots, \vec{a}_n$ zum Ausdruck bringt, einzelne der Zahlen c_i $(i = 1, 2, \ldots, n)$ den Wert 0 haben können. Man kann die Gleichung dann nur nach **den** Vektoren $\vec{a}_k$ auflösen, für die $c_k \neq 0$ ist.
Wenn in der Gleichung $c_1 \vec{a}_1 + c_2 \vec{a}_2 + \ldots + c_n \vec{a}_n = \vec{0}$ dagegen **alle** Zahlen c_k den Wert 0 haben: $c_1 = c_2 = \ldots = c_n = 0$, dann kann man diese Gleichung nach **keinem** der vorkommenden Vektoren $\vec{a}_k$ auflösen, also aus dieser Gleichung auch **nicht** herleiten, dass einer der Vektoren sich aus den anderen linear erzeugen lässt. Außerdem ist die Gleichung

$$0\vec{a}_1 + 0\vec{a}_2 + \ldots + 0\vec{a}_n = \vec{0}$$

allgemein gültig, also für beliebige Vektoren $\vec{a}_1, \vec{a}_2, \ldots, \vec{a}_n$ erfüllt, kann also für sich genommen auch nichts über deren Abhängigkeit aussagen.
Wenn wir also die Abhängigkeit von Vektoren $\vec{a}_1, \vec{a}_2, \ldots, \vec{a}_n$ mit Hilfe der Gleichung

$$c_1 \vec{a}_1 + c_2 \vec{a}_2 + \ldots + c_n \vec{a}_n = \vec{0}$$

definieren wollen, so müssen wir in die Definition die Bedingung aufnehmen, dass für **wenigstens eine** der Zahlen c_k gilt: $c_k \neq 0$.

Wir kommen damit zu der folgenden Definition:

D 4.2 **1) Vektoren $\vec{a}_1, \vec{a}_2, \ldots, \vec{a}_n$ heißen „linear abhängig“ genau dann, wenn es Zahlen $c_1, c_2, \ldots, c_n \in \mathbb{R}$ gibt, die nicht sämtlich gleich 0 sind und für die gilt:**

$$\mathbf{c_1 \vec{a}_1 + c_2 \vec{a}_2 + \ldots c_n \vec{a}_n = \vec{0}.}$$

2) Sind n Vektoren nicht linear abhängig, so nennt man sie „linear unabhängig“.

Bemerkungen:

1) Man erfasst die Bedingung, dass nicht alle Zahlen $c_1, c_2, \ldots, c_n$ gleich 0 sein dürfen, gelegentlich durch die Schreibweise: $(c_1|c_2|\ldots|c_n) \neq (0|0|\ldots|0)$.

2) Man spricht von „**linearer** Abhängigkeit", weil $c_1\vec{a}_1 + \ldots + c_n\vec{a}_n = \vec{0}$ eine **lineare** Gleichung bzw. ein **lineares** Gleichungssystem ist.

3) In jeder Gleichung der Form $c_1\vec{a}_1 + \ldots + c_n\vec{a}_n = \vec{0}$ wird der Nullvektor als Linearkombination der Vektoren $\vec{a}_1, \ldots, \vec{a}_n$ dargestellt.

11. Wir behandeln einige **Beispiele.**

1) $$\vec{a}_1 = \begin{pmatrix} 3 \\ -1 \\ 2 \end{pmatrix}; \quad \vec{a}_2 = \begin{pmatrix} -1 \\ 2 \\ 3 \end{pmatrix}; \quad \vec{a}_3 = \begin{pmatrix} 2 \\ 1 \\ 5 \end{pmatrix}$$

Man erkennt sofort, dass $\vec{a}_1 + \vec{a}_2 = \vec{a}_3$, also $1\vec{a}_1 + 1\vec{a}_2 + (-1)\vec{a}_3 = \vec{0}$ ist; die Vektoren $\vec{a}_1, \vec{a}_2, \vec{a}_3$ sind also linear abhängig.

2) $$\vec{a}_1 = \begin{pmatrix} 2 \\ -3 \\ 1 \\ 7 \end{pmatrix}; \quad a_2 = \begin{pmatrix} 1 \\ 2 \\ 3 \\ 4 \end{pmatrix}; \quad a_3 = \begin{pmatrix} -2 \\ -4 \\ -6 \\ -8 \end{pmatrix}$$

Man erkennt sofort, dass $\vec{a}_3 = (-2)\vec{a}_2$, also $2\vec{a}_2 + \vec{a}_3 = \vec{0}$ und somit $0\vec{a}_1 + 2\vec{a}_2 + 1\vec{a}_3 = \vec{0}$ ist; also sind auch diese Vektoren linear abhängig.

3) $$\vec{a}_1 = \begin{pmatrix} 2 \\ -1 \\ 3 \end{pmatrix}; \quad \vec{a}_2 = \begin{pmatrix} 1 \\ -2 \\ 0 \end{pmatrix}; \quad \vec{a}_3 = \begin{pmatrix} -2 \\ 0 \\ 0 \end{pmatrix}$$

Bei diesen Vektoren ist nicht sofort zu erkennen, ob es Zahlen c_1, c_2, c_3 gibt, die nicht alle den Wert 0 haben und für die gilt:

$$c_1\vec{a}_1 + c_2\vec{a}_2 + c_3\vec{a}_3 = \vec{0}, \qquad \text{also } c_1\begin{pmatrix} 2 \\ -1 \\ 3 \end{pmatrix} + c_2\begin{pmatrix} 1 \\ -2 \\ 0 \end{pmatrix} + c_3\begin{pmatrix} -2 \\ 0 \\ 0 \end{pmatrix} = \begin{pmatrix} 0 \\ 0 \\ 0 \end{pmatrix}.$$

Ausführlich geschrieben handelt es sich bei dieser Bedingung um das folgende lineare Gleichungssystem:

$$\begin{aligned} & 2c_1 + c_2 - 2c_3 = 0 \\ \wedge\ & -c_1 - 2c_2 + 0c_3 = 0 \\ \wedge\ & 3c_1 + 0c_2 + 0c_3 = 0. \end{aligned}$$

Aus der dritten Gleichung ergibt sich $c_1 = 0$. Durch Einsetzen dieser Zahl in die zweite Gleichung erhält man $c_2 = 0$ und damit schließlich aus der ersten Gleichung auch $c_3 = 0$. Die **einzige** Lösung der Gleichung

$$c_1\vec{a}_1 + c_2\vec{a}_2 + c_3\vec{a}_3 = \vec{0} \text{ ist also: } \quad c_1 = c_2 = c_3 = 0.$$

Da keine dieser Zahlen von 0 verschieden ist, sind die Vektoren $\vec{a}_1, \vec{a}_2, \vec{a}_3$ **nicht** linear abhängig, also **linear unabhängig.**

Allgemein können wir festhalten:

S 4.1 Vektoren $\vec{a}_1, \vec{a}_2, \dots, \vec{a}_n$ sind linear unabhängig genau dann, wenn die Gleichung $c_1\vec{a}_1 + c_2\vec{a}_2 + \dots + c_n\vec{a}_n = \vec{0}$ nur für $c_1 = c_2 = \dots = c_n = 0$ erfüllt ist, wenn also gilt:

$$c_1\vec{a}_1 + c_2\vec{a}_2 + \dots + c_n\vec{a}_n = \vec{0} \quad \Rightarrow \quad c_1 = c_2 = \dots = c_n = 0.$$

12. Wie oben bereits gezeigt, hat eine Gleichung der Form $c_1\vec{a}_1 + c_2\vec{a}_2 + \dots + c_n\vec{a}_n = \vec{0}$ **stets** die Lösung $c_1 = c_2 = \dots = \dots c_n = 0$. Man nennt diese Lösung daher die **„triviale Lösung"** dieser Gleichung.
Sind die betrachteten Vektoren $\vec{a}_1, \vec{a}_2, \dots, \vec{a}_n$ linear abhängig, so existiert **zusätzlich** eine Lösung $(c_1|c_2|\dots|c_n)$, in der für wenigstens eine Zahl c_k gilt: $c_k \neq 0$, also eine **„nicht triviale Lösung"** der fraglichen Gleichung. Wir können den Inhalt von Definition D 4.2 und von Satz 4.1 also auch folgendermaßen formulieren:

D 4.2 a Vektoren $\vec{a}_1, \vec{a}_2, \dots, \vec{a}_n$ heißen „linear abhängig" genau dann, wenn die Gleichung

$$c_1\vec{a}_1 + c_2\vec{a}_2 + \dots + c_n\vec{a}_n = \vec{0}$$

eine nicht triviale Lösung besitzt.

S 4.1 a Vektoren $\vec{a}_1, \vec{a}_2, \dots, \vec{a}_n$ sind linear unabhängig genau dann, wenn die Gleichung

$$c_1\vec{a}_1 + c_2\vec{a}_2 + \dots + c_n\vec{a}_n = \vec{0}$$

nur die triviale Lösung besitzt.

13. Die Zahlen $c_1, c_2, \dots, c_n$, durch die die lineare Abhängigkeit von Vektoren $\vec{a}_1, \vec{a}_2, \dots, \vec{a}_n$ ausgedrückt wird, sind in keinem Fall eindeutig bestimmt. Mit

$$c_1, c_2, \dots, c_n$$

genügen in jedem Fall z.B. auch die Zahlen

$$2c_1, 2c_2, \dots, 2c_n \quad \text{und die Zahlen} \quad -\tfrac{3}{7}c_1, -\tfrac{3}{7}c_2, \dots, -\tfrac{3}{7}c_n,$$

allgemein die Zahlen

$$kc_1, kc_2, \dots, kc_n \quad (\text{mit } k \neq 0)$$

der Bedingung. Man sagt: Die Zahlen $c_1, c_2, \dots, c_n$ sind in jedem Fall nur „bis auf einen Faktor" bestimmt. Beachte, dass dieser Faktor ungleich 0 sein muss!

__Beispiel__: Die Vektoren $a_1 = \begin{pmatrix} 1 \\ -3 \\ 2 \end{pmatrix}$; $a_2 = \begin{pmatrix} 2 \\ -1 \\ 1 \end{pmatrix}$ und $a_3 = \begin{pmatrix} 4 \\ 3 \\ -1 \end{pmatrix}$ sind linear abhängig; denn mit den Zahlen $c_1 = 2$; $c_2 = -3$ und $c_3 = 1$ gilt:

$$2\vec{a}_1 - 3\vec{a}_2 + \vec{a}_3 = 2\begin{pmatrix} 1 \\ -3 \\ 2 \end{pmatrix} - 3\begin{pmatrix} 2 \\ -1 \\ 1 \end{pmatrix} + \begin{pmatrix} 4 \\ 3 \\ -1 \end{pmatrix} = \begin{pmatrix} 2-6+4 \\ -6+3+3 \\ 4-3-1 \end{pmatrix} = \begin{pmatrix} 0 \\ 0 \\ 0 \end{pmatrix} = \vec{0}.$$

Mit $c_1' = -3c_1 = -6$; $c_2' = -3c_2 = 9$ und $c_3' = -3c_3 = -3$ gilt aber auch:

$$-6\vec{a}_1 + 9\vec{a}_2 - 3\vec{a}_3 = -6\begin{pmatrix}1\\-3\\2\end{pmatrix} + 9\begin{pmatrix}2\\-1\\1\end{pmatrix} - 3\begin{pmatrix}4\\3\\-1\end{pmatrix} = \begin{pmatrix}-6+18-12\\18-9-9\\-12+9+3\end{pmatrix} = \begin{pmatrix}0\\0\\0\end{pmatrix} = \vec{0}.$$

14. Es kann aber auch sein, dass es außer den Zahlen $c_1, c_2, \ldots, c_n$ weitere Zahlen $d_1, d_2, \ldots, d_n$ gibt, die **nicht** Vielfache der c_k sind und ebenfalls die Bedingung für die lineare Abhängigkeit der gegebenen Vektoren $\vec{a}_1, \vec{a}_2, \ldots, \vec{a}_n$ erfüllen. Wir haben dies oben bereits an Beispielen gezeigt (Seite 44). Wir behandeln ein weiteres

Beispiel: Die Vektoren $\vec{a}_1 = \begin{pmatrix}-2\\3\\-4\end{pmatrix}$, $\vec{a}_2 = \begin{pmatrix}3\\1\\-5\end{pmatrix}$; $\vec{a}_3 = \begin{pmatrix}-4\\1\\2\end{pmatrix}$ und $\vec{a}_4 = \begin{pmatrix}-2\\1\\0\end{pmatrix}$ sind linear abhängig; denn mit den Zahlen $c_1 = -2$, $c_2 = 2$, $c_3 = 1$ und $c_4 = 3$ gilt:

$$(-2)\vec{a}_1 + 2\vec{a}_2 + \vec{a}_3 + 3\vec{a}_4 = (-2)\begin{pmatrix}-2\\3\\-4\end{pmatrix} + 2\begin{pmatrix}3\\1\\-5\end{pmatrix} + \begin{pmatrix}-4\\1\\2\end{pmatrix} + 3\begin{pmatrix}-2\\1\\0\end{pmatrix} = \begin{pmatrix}0\\0\\0\end{pmatrix} = \vec{0}.$$

Mit den Zahlen $d_1 = 3$; $d_2 = -2$; $d_3 = 1$ und $d_4 = -8$ gilt aber ebenfalls:

$$3\vec{a}_1 + (-2)\vec{a}_2 + \vec{a}_3 + (-8)\vec{a}_4 = 3\begin{pmatrix}-2\\3\\-4\end{pmatrix} + (-2)\begin{pmatrix}3\\1\\-5\end{pmatrix} + \begin{pmatrix}-4\\1\\2\end{pmatrix} + (-8)\begin{pmatrix}-2\\1\\0\end{pmatrix} = \begin{pmatrix}0\\0\\0\end{pmatrix} = \vec{0}.$$

Dabei gibt es **keine Zahl** k, für die $d_i = k c_i$ $(i = 1, 2, 3, 4)$ wäre.

Offen bleiben in diesem Zusammenhang zwei Fragen:

1) Wie kann man die betreffenden Zahlen finden? Darauf werden wir in §6 eingehen.

2) Worin liegt der Grund dafür, dass die lineare Abhängigkeit dieser Vektoren durch Zahlen c_1, c_2, c_3, c_4 und durch Zahlen d_1, d_2, d_3, d_4 ausgedrückt werden kann, die nicht zueinander proportional sind? Auch dieses Problem werden wir unten klären.

Übungen und Aufgaben

1. Berechne den Vektor $\vec{b} = r_1\vec{a}_1 + r_2\vec{a}_2 + r_3\vec{a}_3$!

a) $\vec{a}_1 = \begin{pmatrix}1\\-1\end{pmatrix}$, $\vec{a}_2 = \begin{pmatrix}2\\0\end{pmatrix}$, $\vec{a}_3 = \begin{pmatrix}-1\\2\end{pmatrix}$; $r_1 = -2$, $r_2 = 1$, $r_3 = 2$

b) $\vec{a}_1 = \begin{pmatrix}-2\\1\end{pmatrix}$, $\vec{a}_2 = \begin{pmatrix}-3\\2\end{pmatrix}$, $\vec{a}_3 = \begin{pmatrix}1\\3\end{pmatrix}$; $r_1 = 3$, $r_2 = -2$, $r_3 = 2$.

2. Berechne den Vektor $\vec{b} = r_1\vec{a}_1 + r_2\vec{a}_2 + r_3\vec{a}_3 + r_4\vec{a}_4$!

$\vec{a}_1 = \begin{pmatrix}-1\\0\\2\end{pmatrix}$, $\vec{a}_2 = \begin{pmatrix}2\\-3\\1\end{pmatrix}$, $\vec{a}_3 = \begin{pmatrix}4\\0\\0\end{pmatrix}$, $\vec{a}_4 = \begin{pmatrix}-1\\-2\\1\end{pmatrix}$; $r_1 = 2$, $r_2 = -3$, $r_3 = -2$, $r_4 = 4$

3. Prüfe jeweils, ob der eine Vektor aus dem anderen linear erzeugt werden kann!

a) $\begin{pmatrix} 4\frac{1}{2} \\ -5 \end{pmatrix}, \begin{pmatrix} -\frac{3}{2} \\ \frac{5}{3} \end{pmatrix}$ **b)** $\begin{pmatrix} 8 \\ -12 \end{pmatrix}, \begin{pmatrix} -6 \\ -9 \end{pmatrix}$ **c)** $\begin{pmatrix} -5 \\ 6 \\ -2 \end{pmatrix}, \begin{pmatrix} 8 \\ -9 \\ 3 \end{pmatrix}$ **d)** $\begin{pmatrix} 4 \\ -8 \\ 16 \end{pmatrix}, \begin{pmatrix} -7 \\ 14 \\ -28 \end{pmatrix}$

4. Begründe arithmetisch, dass sich bei den folgenden Vektorpaaren keiner der beiden Vektoren aus dem anderen linear erzeugen lässt! Begründe dies bei **a)** auch an Hand einer Zeichnung!

a) $\begin{pmatrix} 1 \\ -3 \end{pmatrix}, \begin{pmatrix} 3 \\ 9 \end{pmatrix}$ **b)** $\begin{pmatrix} 2 \\ -3 \\ 5 \end{pmatrix}, \begin{pmatrix} -4 \\ 6 \\ -7 \end{pmatrix}$ **c)** $\begin{pmatrix} 2 \\ -1 \\ 0 \end{pmatrix}, \begin{pmatrix} -6 \\ 3 \\ -3 \end{pmatrix}$ **d)** $\begin{pmatrix} \sqrt{2} \\ -3 \\ 1 \end{pmatrix}, \begin{pmatrix} -2 \\ \sqrt{6} \\ -\sqrt{2} \end{pmatrix}$

5. Gegeben sind die Vektoren $\vec{a}_1 = \begin{pmatrix} -1 \\ 2 \end{pmatrix}, \vec{a}_2 = \begin{pmatrix} 3 \\ -2 \end{pmatrix}, \vec{a}_3 = \begin{pmatrix} 1 \\ 3 \end{pmatrix}$ und $\vec{b} = \begin{pmatrix} 1 \\ -4 \end{pmatrix}$ (vgl. Seite 43).

a) Zeige, dass sich $\vec{b}$ aus je zwei der Vektoren $\vec{a}_1, \vec{a}_2, \vec{a}_3$ linear erzeugen lässt!

b) Zeige, dass sich $\vec{a}_2$ aus $\vec{a}_1, \vec{a}_3$ und $\vec{b}$ und auch $\vec{a}_3$ aus $\vec{a}_1, \vec{a}_2$ und $\vec{b}$ linear erzeugen lässt!

6. Gegeben sind die Vektoren $\vec{a}_1 = \begin{pmatrix} -2 \\ 1 \\ 3 \end{pmatrix}, \vec{a}_2 = \begin{pmatrix} 1 \\ -2 \\ 5 \end{pmatrix}$ und $\vec{b} = \begin{pmatrix} -5 \\ 4 \\ 1 \end{pmatrix}$ (vgl. Seite 43). Zeige, dass $\vec{a}_2$ aus $\vec{a}_1$ und $\vec{b}$ linear erzeugt werden kann!

7. Stelle zeichnerisch und rechnerisch den Vektor $\vec{b}$ als Linearkombination der Vektoren $\vec{a}_1$ und $\vec{a}_2$ dar!

a) $\vec{b} = \begin{pmatrix} 7 \\ -5 \end{pmatrix}, \vec{a}_1 = \begin{pmatrix} 0 \\ 1 \end{pmatrix}, \vec{a}_2 = \begin{pmatrix} -1 \\ 0 \end{pmatrix}$ **b)** $\vec{b} = \begin{pmatrix} -1 \\ -9 \end{pmatrix}, \vec{a}_1 = \begin{pmatrix} 1 \\ -1 \end{pmatrix}, \vec{a}_2 = \begin{pmatrix} 1 \\ 1 \end{pmatrix}$

c) $\vec{b} = \begin{pmatrix} 1 \\ 4 \end{pmatrix}, \vec{a}_1 = \begin{pmatrix} 1 \\ -2 \end{pmatrix}, \vec{a}_2 = \begin{pmatrix} 3 \\ 0 \end{pmatrix}$ **d)** $\vec{b} = \begin{pmatrix} 13 \\ -9 \end{pmatrix}, \vec{a}_1 = \begin{pmatrix} 3 \\ 1 \end{pmatrix}, \vec{a}_2 = \begin{pmatrix} -1 \\ 3 \end{pmatrix}$

8. Zeige, dass sich $\vec{b}_1$ und $\vec{b}_2$ aus $\vec{a}_1, \vec{a}_2$ und $\vec{a}_3$ linear erzeugen lassen!

$\vec{a}_1 = \begin{pmatrix} 1 \\ 2 \\ -1 \end{pmatrix}, \vec{a}_2 = \begin{pmatrix} 1 \\ 0 \\ -1 \end{pmatrix}, \vec{a}_3 = \begin{pmatrix} -2 \\ 1 \\ 0 \end{pmatrix}; \quad \vec{b}_1 = \begin{pmatrix} -4 \\ 4 \\ 0 \end{pmatrix}, \vec{b}_2 = \begin{pmatrix} 3 \\ 7 \\ -5 \end{pmatrix}$

9. Zeige, dass sich der Vektor $\vec{b}$ auf mehrfache Weise aus den Vektoren $\vec{a}_1, \vec{a}_2$ und $\vec{a}_3$ erzeugen lässt!

a) $\vec{a}_1 = \begin{pmatrix} 1 \\ -1 \end{pmatrix}, \vec{a}_2 = \begin{pmatrix} 2 \\ 1 \end{pmatrix}, \vec{a}_3 = \begin{pmatrix} 1 \\ 0 \end{pmatrix}, \vec{b} = \begin{pmatrix} 4 \\ -1 \end{pmatrix}$

b) $\vec{a}_1 = \begin{pmatrix} 1 \\ -3 \\ 2 \end{pmatrix}, \vec{a}_2 = \begin{pmatrix} -2 \\ 1 \\ -1 \end{pmatrix}, \vec{a}_3 = \begin{pmatrix} -1 \\ -2 \\ 1 \end{pmatrix}, \vec{b} = \begin{pmatrix} 5 \\ 0 \\ 1 \end{pmatrix}$

10. Prüfe, ob sich in Aufgabe 9 der Vektor $\vec{b}$ auch aus den Vektoren $\vec{a}_1$ und $\vec{a}_2$ (oder aus $\vec{a}_1$ und $\vec{a}_3$ oder aus $\vec{a}_2$ und $\vec{a}_3$) erzeugen lässt und ob dies auf mehrfache Weise möglich ist!

11. Bringe die folgenden Vektorgleichungen auf die Form $c_1\vec{a}_1 + c_2\vec{a}_2 = \vec{0}$ und zeige dadurch, dass die Vektoren $\vec{a}_1, \vec{a}_2$ jeweils linear abhängig sind!

a) $\vec{a}_2 = -\frac{1}{4}\vec{a}_1$ **b)** $\frac{2}{3}\vec{a}_1 = -\frac{1}{2}\vec{a}_2$ **c)** $\vec{a}_1 + 2\vec{a}_2 = -\frac{1}{2}\vec{a}_1$ **d)** $\vec{a}_1 - \vec{a}_2 = \vec{a}_2$

e) $2\vec{a}_2 - 3\vec{a}_1 = \vec{a}_1 - \vec{a}_2$ **f)** $\frac{4}{7}\vec{a}_1 = 2\frac{1}{2}\vec{a}_2 - \frac{3}{7}\vec{a}_1$ **g)** $2\vec{a}_2 - 3\vec{a}_1 = 2\vec{a}_1 - 3\vec{a}_2$

12. Zeige, dass die drei Vektoren linear abhängig sind und dass sich jeder von ihnen aus den beiden anderen linear erzeugen lässt!

a) $\begin{pmatrix} 2 \\ -1 \end{pmatrix}, \begin{pmatrix} 1 \\ 2 \end{pmatrix}, \begin{pmatrix} -1 \\ 3 \end{pmatrix}$ **b)** $\begin{pmatrix} 3 \\ 2 \end{pmatrix}, \begin{pmatrix} 4 \\ -1 \end{pmatrix}, \begin{pmatrix} 2 \\ 5 \end{pmatrix}$ **c)** $\begin{pmatrix} 1 \\ 0 \end{pmatrix}, \begin{pmatrix} 0 \\ 1 \end{pmatrix}, \begin{pmatrix} -4 \\ 3 \end{pmatrix}$

13. a) Zeige, dass die vier Vektoren $\vec{a}_1 = \begin{pmatrix} 2 \\ -3 \end{pmatrix}, \vec{a}_2 = \begin{pmatrix} 1 \\ 2 \end{pmatrix}, \vec{a}_3 = \begin{pmatrix} 3 \\ -8 \end{pmatrix}, \vec{a}_4 = \begin{pmatrix} 4 \\ 1 \end{pmatrix}$ linear abhängig sind!

b) Zeige, dass bereits je drei von den vier Vektoren linear abhängig sind!

14. Zeige, dass die vier Vektoren linear abhängig, die ersten drei Vektoren jedoch linear unabhängig sind!

a) $\begin{pmatrix} 1 \\ 0 \\ 0 \end{pmatrix}, \begin{pmatrix} 0 \\ 1 \\ 0 \end{pmatrix}, \begin{pmatrix} 0 \\ 0 \\ 1 \end{pmatrix}, \begin{pmatrix} 4 \\ -3 \\ 2 \end{pmatrix}$ **b)** $\begin{pmatrix} 1 \\ 1 \\ 0 \end{pmatrix}, \begin{pmatrix} 1 \\ 0 \\ 1 \end{pmatrix}, \begin{pmatrix} 0 \\ 1 \\ 1 \end{pmatrix}, \begin{pmatrix} 2 \\ -6 \\ -4 \end{pmatrix}$

II. Sätze zum Begriff der linearen Abhängigkeit

1. Wir wollen im Folgenden einige einfache Sätze herleiten, die sich unmittelbar aus der Definition D 4.2 ergeben.

Nach den einführenden Überlegungen sind die Definition D 4.2 (bzw. D 4.2a) und der Satz S 4.1 (bzw. S 4.1a) zunächst nur auf Fälle mit $n \geq 2$ zu beziehen. Man kann sie rein formal aber auch für $n = 1$ anwenden.

Die Gleichung $c_1 \vec{a}_1 = \vec{0}$ ist für eine Zahl c_1 mit $c_1 \neq 0$ nur erfüllt, wenn $\vec{a}_1 = \vec{0}$ ist. Für $\vec{a}_1 \neq \vec{0}$ gilt nämlich: $c_1 \vec{a}_1 = \vec{0} \Rightarrow c_1 = 0$.

Somit können wir sagen:

S 4.2 **1) Ein Vektor $\vec{a}$ ist linear abhängig genau dann, wenn $\vec{a} = \vec{0}$ ist.**

2) Ein Vektor $\vec{a}$ ist linear unabhängig genau dann, wenn $\vec{a} \neq \vec{0}$ ist.

2. Wenn man von dem soeben behandelten Sonderfall eines einzelnen Vektors absieht, dann werden die Eigenschaften der linearen Abhängigkeit bzw. Unabhängigkeit (für $n \geq 2$) nicht von den **einzelnen** Vektoren $\vec{a}_k$ ausgesagt, sondern von der Gesamtheit dieser Vektoren. Daher sagt man gelegentlich auch: Die Vektoren $\vec{a}_1, \vec{a}_2, \ldots, \vec{a}_n$ sind **„voneinander linear abhängig"**.

Bemerkung: Aus dem genannten Grunde könnte es zweckmäßig erscheinen, die Eigenschaften der linearen Abhängigkeit bzw. Unabhängigkeit der **Menge** der betreffenden Vektoren, also der Menge $\{\vec{a}_1, \vec{a}_2, \ldots, \vec{a}_n\}$ zuzuschreiben. Dieses Vorgehen würde aber in bestimmten Fällen zu Schwierigkeiten führen.

<u>**Beispiel**</u>: $\vec{a}_1 = \begin{pmatrix} 3 \\ -1 \end{pmatrix}$; $\vec{a}_2 = \begin{pmatrix} 1 \\ 2 \end{pmatrix}$; $\vec{a}_3 = \begin{pmatrix} 3 \\ -1 \end{pmatrix}$

Wegen $\vec{a}_1 = \vec{a}_3$ ist $\{\vec{a}_1, \vec{a}_2, \vec{a}_3\} = \{\vec{a}_1, \vec{a}_2\}$. Wegen $\vec{a}_1 = \vec{a}_3$ sind aber die Vektoren $\vec{a}_1, \vec{a}_2, \vec{a}_3$ linear abhängig, während die Vektoren $\vec{a}_1$ und $\vec{a}_2$ linear unabhängig sind. Begründe dies (Aufgabe 1)!

3. In den einführenden Überlegungen des I. Abschnittes haben wir die Frage, ob Vektoren linear abhängig oder linear unabhängig sind, nur auf Vektoren bezogen, die sämtlich vom Nullvektor verschieden sind.

In Definition D4.2 wird der Nullvektor aber nicht ausdrücklich ausgeschlossen. Wir wollen also überlegen, wie die Frage nach linearer Abhängigkeit bzw. Unabhängigkeit zu beantworten ist, wenn unter den Vektoren der Nullvektor vorkommt, wenn also z.B. $\vec{a}_1=\vec{0}$ ist. Die Bedingung von Definition D4.2 ist dann stets erfüllt; wählt man nämlich z.B. $c_1=1$ und $c_2=c_3=\ldots=c_n=0$, so gilt:

$$1\vec{0}+0\vec{a}_2+0\vec{a}_3+\ldots+0\vec{a}_n=\vec{0}+\vec{0}+\vec{0}+\ldots+\vec{0}=\vec{0}.$$

Da $c_1 \neq 0$ ist, sind die Vektoren $\vec{a}_1=\vec{0}, \vec{a}_2, \ldots, \vec{a}_n$ nach Definition D4.2 linear abhängig. Es gilt also der Satz

S4.3 Befindet sich unter den Vektoren $\vec{a}_1, \vec{a}_2, \ldots, \vec{a}_n$ der Nullvektor $\vec{0}$, so sind diese Vektoren linear abhängig.

4. Falls n Vektoren $\vec{a}_1, \vec{a}_2, \ldots, \vec{a}_n$ linear abhängig sind, muss für wenigstens eine der Zahlen c_k gelten: $c_k \neq 0$. Daher kann man die Gleichung

$$c_1\vec{a}_1+c_2\vec{a}_2+\ldots+c_n\vec{a}_n=\vec{0}$$

nach dem zugehörigen Vektor $\vec{a}_k$ auflösen. Gilt z.B. $c_2 \neq 0$, so ergibt sich:

$$\vec{a}_2=-\frac{c_1}{c_2}\vec{a}_1-\frac{c_3}{c_2}\vec{a}_3-\ldots-\frac{c_n}{c_2}\vec{a}_n.$$

Dies bedeutet, dass **wenigstens einer** der Vektoren, in diesem Fall der Vektor $\vec{a}_2$, aus den anderen Vektoren linear erzeugbar ist.

Lässt sich umgekehrt wenigstens einer von n Vektoren $\vec{a}_1, \vec{a}_2, \ldots, \vec{a}_n$ aus den anderen linear erzeugen, dann sind die Vektoren auch linear abhängig. Gilt dies z.B. für den Vektor $\vec{a}_n$, dann gibt es Zahlen $r_1, r_2, \ldots, r_{n-1}$ mit

$$\vec{a}_n=r_1\vec{a}_1+r_2\vec{a}_2+\ldots+r_{n-1}\vec{a}_{n-1},$$

also

$$r_1\vec{a}_1+r_2\vec{a}_2+\ldots+r_{n-1}\vec{a}_{n-1}+(-1)\vec{a}_n=\vec{0}.$$

Wegen $-1 \neq 0$ sind $\vec{a}_1, \vec{a}_2, \ldots, \vec{a}_n$ also linear abhängig. Entsprechend verfährt man, wenn sich ein anderer Vektor $\vec{a}_k$ aus den übrigen linear erzeugen lässt. Damit haben wir bewiesen:

S4.4 Vektoren $\vec{a}_1, \vec{a}_2, \ldots, \vec{a}_n$ sind linear abhängig genau dann, wenn es unter ihnen wenigstens einen gibt, der sich aus den anderen linear erzeugen lässt.

5. Sind n Vektoren $\vec{a}_1, \vec{a}_2, \ldots, \vec{a}_n$ linear unabhängig und lässt man einen davon weg, z.B. den Vektor $\vec{a}_n$, so sind auch die restlichen Vektoren linear unabhängig. Für linear unabhängige Vektoren gilt nämlich nach Satz S4.1:

$$c_1\vec{a}_1+c_2\vec{a}_2+\ldots+c_n\vec{a}_n=\vec{0} \Rightarrow c_1=c_2=\ldots=c_n=0.$$

Würde die Gleichung $c_1\vec{a}_1+c_2\vec{a}_2+\ldots+c_{n-1}\vec{a}_{n-1}=\vec{0}$ von Zahlen $c_1, c_2, \ldots, c_{n-1}$ erfüllt, die nicht alle gleich 0 sind (z.B. $c_k \neq 0$), so würde mit diesen Zahlen auch gelten:

$$c_1\vec{a}_1+c_2\vec{a}_2+\ldots+c_k\vec{a}_k+\ldots+c_{n-1}\vec{a}_{n-1}+0\vec{a}_n=\vec{0};$$

die Vektoren $\vec{a}_1, \vec{a}_2, \ldots, \vec{a}_n$ wären entgegen der Voraussetzung also nicht linear unabhängig, sondern linear abhängig. Damit haben wir bewiesen:

S4.5 Lässt man bei n linear unabhängigen Vektoren $\vec{a}_1, \vec{a}_2, \ldots, \vec{a}_n$ einen Vektor weg, so sind die restlichen Vektoren ebenfalls linear unabhängig.

6. Fügt man umgekehrt zu n unabhängigen Vektoren $\vec{a}_1, \vec{a}_2, \ldots, \vec{a}_n$ einen weiteren Vektor $\vec{a}_{n+1}$ hinzu, so kann man über die Abhängigkeit bzw. Unabhängigkeit der Vektoren $\vec{a}_1, \vec{a}_2, \ldots, \vec{a}_{n+1}$ nichts aussagen. Bestätige dies an selbstgewählten Beispielen (Aufgabe 2). Sind die Vektoren $\vec{a}_1, \vec{a}_2, \ldots, \vec{a}_n$ dagegen linear abhängig, so sind nach Hinzunahme eines weiteren Vektors $\vec{a}_{n+1}$ auch die Vektoren $\vec{a}_1, \vec{a}_2, \ldots, \vec{a}_{n+1}$ voneinander abhängig. Dabei muss der hinzugefügte Vektor natürlich von „derselben Art" sein, also genau so viele Koordinaten haben wie die Vektoren $\vec{a}_1, \ldots, \vec{a}_n$. Es gilt der Satz

S4.6 Fügt man zu n linear abhängigen Vektoren $\vec{a}_1, \vec{a}_2, \ldots, \vec{a}_n$ einen Vektor $\vec{a}_{n+1}$ hinzu, so sind auch die Vektoren $\vec{a}_1, \vec{a}_2, \ldots, \vec{a}_{n+1}$ linear abhängig.

Der Beweis soll in Aufgabe 3 geführt werden.

Übungen und Aufgaben

1. Begründe, dass drei Vektoren $\vec{a}_1, \vec{a}_2, \vec{a}_3$ linear abhängig sind, wenn z.B. $\vec{a}_1 = \vec{a}_3$ ist!

2. Gegeben sind die linear unabhängigen Vektoren $\vec{a}_1 = \begin{pmatrix} 1 \\ 3 \\ -2 \end{pmatrix}$ und $\vec{a}_2 = \begin{pmatrix} 0 \\ -1 \\ 2 \end{pmatrix}$. Ermittle zwei Vektoren $\vec{a}_3$ und $\vec{a}_4$, so dass
a) $\vec{a}_1, \vec{a}_2, \vec{a}_3$ linear unabhängig; **b)** $\vec{a}_1, \vec{a}_2, \vec{a}_4$ linear abhängig sind!

3. Beweise den Satz S4.6!

4. Zeige mit Hilfe von Definition D4.2, dass wenigstens zwei Zahlen c_i, c_k $(i \neq k)$ von Null verschieden sein müssen, wenn unter den linear abhängigen Vektoren $\vec{a}_1, \vec{a}_2, \ldots, \vec{a}_n$ der Nullvektor nicht vorkommt!

5. Zeige, dass die Vektoren $\vec{a}_1, \vec{a}_2, \ldots, \vec{a}_n, \vec{b}$ linear abhängig sind, wenn gilt: $\vec{b} = r_1\vec{a}_1 + r_2\vec{a}_2 + \ldots + r_n\vec{a}_n$! Zeige ferner, dass wenigstens eine Zahl r_k von Null verschieden sein muss, wenn $\vec{b}$ nicht der Nullvektor ist!

6. Zeige, dass vier Vektoren $\vec{a}_1, \vec{a}_2, \vec{a}_3, \vec{a}_4$ linear abhängig sind, wenn schon
a) $\vec{a}_1, \vec{a}_2$; **b)** $\vec{a}_1, \vec{a}_2, \vec{a}_3$ linear abhängig sind!

7. Zeige allgemein: Wenn zwei Vektoren $\vec{a}_1$ und $\vec{a}_2$ linear abhängig sind, dann sind auch die folgenden Paare von Vektoren linear abhängig!
a) $\vec{a}_1$ und $\vec{a}_1 + \vec{a}_2$ **b)** $\vec{a}_1 - \vec{a}_2$ und $\vec{a}_2$ **c)** $\vec{a}_1 + \vec{a}_2$ und $\vec{a}_1 - \vec{a}_2$
d) $\vec{a}_1$ und $t\vec{a}_1 + \vec{a}_2$ **e)** $r\vec{a}_1 + s\vec{a}_2$ und $\vec{a}_2$ **f)** $r\vec{a}_1$ und $s\vec{a}_2$

III. Lineare Abhängigkeit bei ebenen und räumlichen Vektoren

1. Wir wollen uns im Folgenden überlegen, welche Bedeutung der Begriff der linearen Abhängigkeit für ebene und für räumliche Vektoren hat.
Wir untersuchen zunächst, welche geometrische Bedeutung es hat, wenn **zwei** ebene oder **zwei** räumliche Vektoren linear abhängig sind.

Beispiele:

1) Die beiden Vektoren $\vec{a}_1=\begin{pmatrix}6\\-8\end{pmatrix}$ und $\vec{a}_2=\begin{pmatrix}9\\-12\end{pmatrix}$ sind linear abhängig; denn es gilt z.B.:

$$3\vec{a}_1-2\vec{a}_2=3\begin{pmatrix}6\\-8\end{pmatrix}-2\begin{pmatrix}9\\-12\end{pmatrix}=\begin{pmatrix}18-18\\-24+24\end{pmatrix}=\begin{pmatrix}0\\0\end{pmatrix}=\vec{0}.$$

Man kann diese Gleichung z.B. nach $\vec{a}_2$ auflösen; es ergibt sich:

$$2\vec{a}_2=3\vec{a}_1 \iff \vec{a}_2=\tfrac{3}{2}\vec{a}_1.$$

Dies bedeutet, dass es sich um **parallele Vektoren** handelt; wegen $\frac{3}{2}>0$ sind diese Vektoren sogar gleich orientiert.

2) Die beiden Vektoren $\vec{a}_1=\begin{pmatrix}3\\-9\\6\end{pmatrix}$ und $\vec{a}_2=\begin{pmatrix}-5\\15\\-10\end{pmatrix}$ sind linear abhängig; denn es gilt z.B.:

$$5\vec{a}_1+3\vec{a}_2=5\begin{pmatrix}3\\-9\\6\end{pmatrix}+3\begin{pmatrix}-5\\15\\-10\end{pmatrix}=\begin{pmatrix}15-15\\-45+45\\30-30\end{pmatrix}=\begin{pmatrix}0\\0\\0\end{pmatrix}=\vec{0}.$$

Auch diese Gleichung kann man z.B. nach $\vec{a}_2$ auflösen; es ergibt sich:

$$3\vec{a}_2=-5\vec{a}_1 \iff \vec{a}_2=-\tfrac{5}{3}\vec{a}_1.$$

Auch dies bedeutet, dass es sich um **parallele Vektoren** handelt; wegen $-\frac{5}{3}<0$ sind diese Vektoren entgegengesetzt orientiert.

Bemerkung: Da parallele Vektoren Vertreter besitzen, die auf derselben Geraden (lat. linea recta) liegen, nennt man solche Vektoren auch **„kollinear“**. Wir werden dieses Wort im Folgenden meist verwenden.

2. Was wir an den Beispielen erkannt haben, gilt allgemein: Sind zwei ebene oder zwei räumliche Vektoren $\vec{a}_1$ und $\vec{a}_2$ linear abhängig, so sind sie kollinear (parallel). Denn für solche Vektoren gibt es nach Definition D4.1 zwei Zahlen c_1 und c_2 mit

$$c_1\vec{a}_1+c_2\vec{a}_2=\vec{0},$$

wobei wenigstens eine dieser Zahlen von 0 verschieden ist.

1) Ist $c_1 \neq 0$, so ergibt sich: $\vec{a}_1=-\dfrac{c_2}{c_1}\vec{a}_2$;

2) Ist $c_1=0$, so muss $c_2 \neq 0$ sein und es ergibt sich: $\vec{a}_2=-\dfrac{c_1}{c_2}\vec{a}_1$.

In beiden Fällen sind $\vec{a}_1$ und $\vec{a}_2$ kollinear.

Beachte: Dies gilt auch, wenn $\vec{a}_1$ oder $\vec{a}_2$ der Nullvektor ist!

3. Man kann vermuten, dass auch das Umgekehrte gilt, dass nämlich zwei parallele Vektoren stets linear abhängig sind. Dabei haben wir zu beachten, dass unter den beiden Vektoren der Nullvektor sein kann.
Sind zwei Vektoren $\vec{a}_1$ und $\vec{a}_2$ zueinander parallel und ist $\vec{a}_1 \neq \vec{0}$, so gibt es stets eine Zahl r mit

$$\vec{a}_2 = r\vec{a}_1, \qquad \text{also } r\vec{a}_1 + (-1)\vec{a}_2 = \vec{0};$$

ist $\vec{a}_2 \neq \vec{0}$, so gibt es eine Zahl s mit

$$\vec{a}_1 = s\vec{a}_2, \qquad \text{also } 1\vec{a}_1 + (-s)\vec{a}_2 = \vec{0}.$$

Für $\vec{a}_1 = \vec{a}_2 = \vec{0}$ gilt z.B. $1\vec{a}_1 + 1\vec{a}_2 = \vec{0}$.
In allen Fällen ist also die Bedingung für die lineare Abhängigkeit von Definition D4.2 erfüllt. Damit haben wir bewiesen:

S4.7 Zwei ebene oder zwei räumliche Vektoren sind linear abhängig genau dann, wenn sie parallel (kollinear) sind.

4. Als Nächstes wollen wir untersuchen, welche geometrische Bedeutung es hat, wenn **drei** (ebene oder räumliche) Vektoren linear abhängig sind. Nach Definition D4.2 gibt es dann drei Zahlen c_1, c_2, c_3 mit

$$c_1\vec{a}_1 + c_2\vec{a}_2 + c_3\vec{a}_3 = \vec{0},$$

wobei wenigstens eine der Zahlen von 0 verschieden ist. Wir erörtern hier nur den Fall, dass $c_3 \neq 0$ ist. Alle anderen Fälle sind analog zu behandeln oder können durch Umbenennung der Vektoren auf diesen Fall zurückgeführt werden.
Ist also z.B. $c_3 \neq 0$, so kann man die Gleichung nach $\vec{a}_3$ auflösen; man erhält:

$$\vec{a}_3 = -\frac{c_1}{c_3}\vec{a}_1 - \frac{c_2}{c_3}\vec{a}_2.$$

Zur Vereinfachung führen wir die folgenden Abkürzungen ein: $r_1 = -\frac{c_1}{c_3}$ und $r_2 = -\frac{c_2}{c_3}$;

dann gilt: $\vec{a}_3 = r_1\vec{a}_1 + r_2\vec{a}_2$ (mit $r_1, r_2 \in \mathbb{R}$). [1]

Hier haben wir nun die folgenden Fälle zu unterscheiden:

1) Sind bereits $\vec{a}_1$ und $\vec{a}_2$ linear abhängig, also kollinear, so ist auch $\vec{a}_3$ zu beiden Vektoren kollinear.

Beispiele:

a) $\vec{a}_1 = \begin{pmatrix} 3 \\ -1 \end{pmatrix}; \quad \vec{a}_2 = \begin{pmatrix} -6 \\ 2 \end{pmatrix}; \quad \vec{a}_3 = \begin{pmatrix} 12 \\ -4 \end{pmatrix}$

Es gilt: $2\vec{a}_1 - \vec{a}_2 - \vec{a}_3 = 2\begin{pmatrix} 3 \\ -1 \end{pmatrix} - \begin{pmatrix} -6 \\ 2 \end{pmatrix} - \begin{pmatrix} 12 \\ -4 \end{pmatrix} = \begin{pmatrix} 6+6-12 \\ -2-2+4 \end{pmatrix} = \begin{pmatrix} 0 \\ 0 \end{pmatrix} = \vec{0}$, also $\vec{a}_3 = 2\vec{a}_1 - \vec{a}_2$.
Wegen $\vec{a}_2 = -2\vec{a}_1$ sind $\vec{a}_1$ und $\vec{a}_2$ kollinear; daher ist auch $\vec{a}_3$ zu $\vec{a}_1$ und zu $\vec{a}_2$ kollinear; in der Tat gilt:

$$\vec{a}_3 = 4\vec{a}_1 \quad \text{und} \quad \vec{a}_3 = 2\vec{a}_2.$$

b) $\vec{a}_1 = \begin{pmatrix} -3 \\ 1 \\ 2 \end{pmatrix}; \quad \vec{a}_2 = \begin{pmatrix} 9 \\ -3 \\ -6 \end{pmatrix}; \quad \vec{a}_3 = \begin{pmatrix} 6 \\ -2 \\ -4 \end{pmatrix}$

Es gilt: $\vec{a}_1 + \vec{a}_2 - \vec{a}_3 = \begin{pmatrix} -3 \\ 1 \\ 2 \end{pmatrix} + \begin{pmatrix} 9 \\ -3 \\ -6 \end{pmatrix} - \begin{pmatrix} 6 \\ -2 \\ -4 \end{pmatrix} = \begin{pmatrix} -3+9-6 \\ 1-3+2 \\ 2-6+4 \end{pmatrix} = \begin{pmatrix} 0 \\ 0 \\ 0 \end{pmatrix} = \vec{0}$, also $\vec{a}_3 = \vec{a}_1 + \vec{a}_2$.

Wegen $\vec{a}_2 = -3\vec{a}_1$ sind $\vec{a}_1$ und $\vec{a}_2$ kollinear; daher ist auch $\vec{a}_3$ zu $\vec{a}_1$ und zu $\vec{a}_2$ kollinear; in der Tat gilt: $\vec{a}_3 = -2\vec{a}_1$ und $\vec{a}_3 = \frac{2}{3}\vec{a}_2$.

Wir können den Sachverhalt selbstverständlich auch allgemein beweisen.

α) Ist $\vec{a}_1 = \vec{0}$, so gilt: $1\vec{a}_1 + 0\vec{a}_3 = \vec{0}$; und nach Gleichung [1] ist $\vec{a}_3 = r_2\vec{a}_2$;
β) Ist $\vec{a}_2 = \vec{0}$, so gilt: $1\vec{a}_2 + 0\vec{a}_3 = \vec{0}$; und nach Gleichung [1] ist $\vec{a}_3 = r_1\vec{a}_1$.

Daher ist $\vec{a}_3$ in beiden Fällen sowohl mit $\vec{a}_1$ wie mit $\vec{a}_2$ kollinear.

γ) Ist dagegen $\vec{a}_1 \neq \vec{0}$ und $\vec{a}_2 \neq \vec{0}$, so gibt es eine Zahl s mit $s \neq 0$ und

$$\vec{a}_2 = s\vec{a}_1, \quad \text{also } \vec{a}_1 = \frac{1}{s}\vec{a}_2;$$

daraus ergibt sich:

$$\vec{a}_3 = r_1\vec{a}_1 + r_2\vec{a}_2 = r_1\vec{a}_1 + r_2(s\vec{a}_1) = r_1\vec{a}_1 + (r_2 s)\vec{a}_1 = (r_1 + r_2 s)\vec{a}_1$$

und

$$\vec{a}_3 = r_1\vec{a}_1 + r_2\vec{a}_2 = r_1\left(\frac{1}{s}\vec{a}_2\right) + r_2\vec{a}_2 = \frac{r_1}{s}\vec{a}_2 + r_2\vec{a}_2 = \left(\frac{r_1}{s} + r_2\right)\vec{a}_2.$$

Also ist auch in diesem Fall $\vec{a}_3$ sowohl mit $\vec{a}_1$ wie mit $\vec{a}_2$ kollinear, q.e.d.

2) Sind die Vektoren $\vec{a}_1$ und $\vec{a}_2$ linear unabhängig, also **nicht** zueinander parallel, so haben wir bei der Bedingung

$$\vec{a}_3 = r_1\vec{a}_1 + r_2\vec{a}_2$$

drei Fälle zu unterscheiden. Sind beide Zahlen r_1 und r_2 von 0 verschieden ($r_1, r_2 \neq 0$), so liegt eine Situation vor, wie sie in Bild 4.6 dargestellt ist. Die beiden anderen Fälle mit $r_2 = 0$, also $\vec{a}_3 = r_1\vec{a}_1$ und $r_1 = 0$, also $\vec{a}_3 = r_2\vec{a}_2$ sind in den Bildern 4.7 und 4.8 dargestellt.

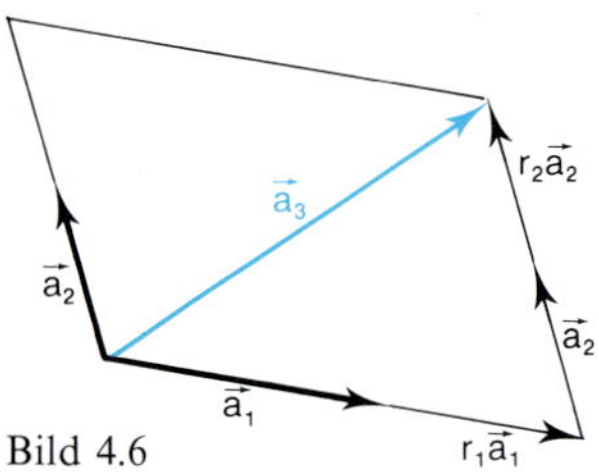

Bild 4.6

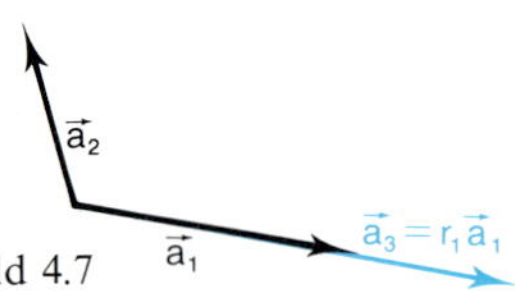

Bild 4.7

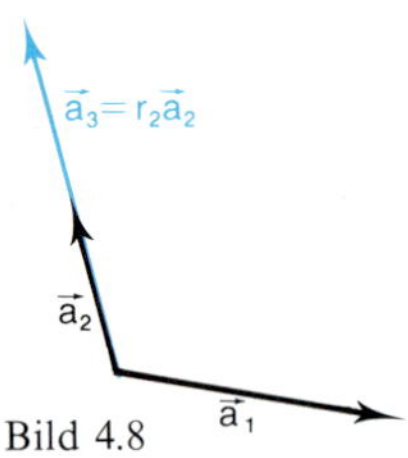

Bild 4.8

In allen diesen Fällen gibt es Vertreter der drei Vektoren $\vec{a}_1, \vec{a}_2$ und $\vec{a}_3$, die in **einer** Ebene liegen.
Dies ist für **ebene** Vektoren selbstverständlich; bei **räumlichen** Vektoren liegt dagegen ein Sonderfall vor; denn in den meisten Fällen gibt es für drei räumliche Vektoren $\vec{a}_1$, $\vec{a}_2$ und $\vec{a}_3$ keine Vertreter, die in derselben Ebene liegen.

Wir definieren:

D 4.3 Vektoren heißen „komplanar“ genau dann, wenn es Repräsentanten der Vektoren gibt, die in derselben Ebene liegen.

Bemerkungen:

1) Der Begriff der Komplanarität ist normalerweise nur auf **räumliche** Vektoren anzuwenden. Dass ebene Vektoren komplanar sind, ist selbstverständlich; denn die Vertreter ebener Vektoren liegen natürlich alle in derselben Ebene.

2) Kollineare (parallele) Vektoren sind erst recht komplanar; vergleiche die Beispiele **a)** und **b)** von Seite 55!
Das Ergebnis unserer Überlegungen halten wir für räumliche Vektoren fest im Satz:

S 4.8 Wenn drei räumliche Vektoren linear abhängig sind, dann sind sie komplanar.

5. Es ist zu vermuten, dass auch zu diesem Satz die Umkehrung gilt, dass also drei komplanare Vektoren stets auch linear abhängig sind.
Wir wollen den Beweis für diesen Sachverhalt so führen, dass er den **Sonderfall ebener Vektoren** – die ja trivialerweise komplanar sind – mit enthält. Wir beweisen also gleichzeitig, dass drei ebene Vektoren **stets** linear abhängig sind.
Wir haben wiederum zwei Fälle zu unterscheiden:

1) Sind zwei der drei Vektoren – z.B. $\vec{a}_1$ und $\vec{a}_2$ – kollinear, also linear abhängig, dann gibt es zwei Zahlen c_1, c_2 mit $(c_1|c_2) \neq (0|0)$, so dass gilt:

$$c_1\vec{a}_1 + c_2\vec{a}_2 = \vec{0},$$

also auch

$$c_1\vec{a}_1 + c_2\vec{a}_2 + 0\vec{a}_3 = \vec{0} \quad (\text{mit } c_1 \neq 0 \text{ oder } c_2 \neq 0).$$

Dies bedeutet, dass diese drei Vektoren linear abhängig sind.
Beachte, dass auch $\vec{a}_1 = \vec{0}$ oder $\vec{a}_2 = \vec{0}$ sein kann!

2) Wenn unter den drei Vektoren sich keine zwei befinden, die kollinear sind, dann haben drei Pfeile $\overrightarrow{UA_1}$, $\overrightarrow{UA_2}$ und $\overrightarrow{UA_3}$, die als Vertreter der drei Vektoren an einem Punkt U angetragen werden, paarweise verschiedene Richtungen. In Bild 4.9 sind durch die Spitze A_3 des Pfeils zu $\vec{a}_3$ Parallelen zu den beiden anderen Pfeilen eingezeichnet. Diese schneiden die Geraden $g_1(U, A_1)$ und $g_2(U, A_2)$ in zwei Punkten B_1 und B_2. Die Pfeile $\overrightarrow{UB_1}$ und $\overrightarrow{UB_2}$ sind Vertreter zweier Vektoren $\vec{b}_1$ und $\vec{b}_2$, die zu $\vec{a}_1$ bzw. $\vec{a}_2$ kollinear sind. Daher gibt es zwei Zahlen $c_1, c_2 \neq 0$ mit

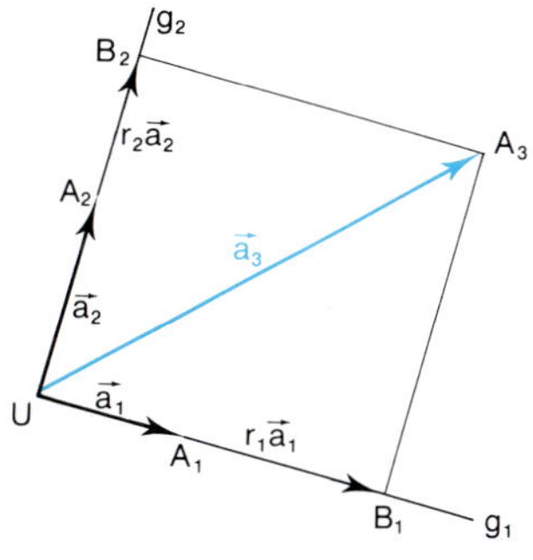

Bild 4.9

$$\vec{b}_1 = c_1\vec{a}_1 \quad \text{und} \quad \vec{b}_2 = c_2\vec{a}_2.$$

Somit gilt: $\vec{a}_3 = \vec{b}_1 + \vec{b}_2 = c_1\vec{a}_1 + c_2\vec{a}_2$, also $c_1\vec{a}_1 + c_2\vec{a}_2 + (-1)\vec{a}_3 = \vec{0}$.
Daher sind $\vec{a}_1$, $\vec{a}_2$ und $\vec{a}_3$ tatsächlich linear abhängig.
Damit haben wir zwei Sätze bewiesen, einen für ebene, einen für räumliche Vektoren, nämlich:

S 4.9 **Drei ebene Vektoren $\vec{a}_1$, $\vec{a}_2$ und $\vec{a}_3$ sind stets linear abhängig.**

S 4.10 **Drei räumliche Vektoren $\vec{a}_1$, $\vec{a}_2$ und $\vec{a}_3$ sind linear abhängig genau dann, wenn sie komplanar sind.**

Bemerkung: Wir haben den Beweis für die beiden vorstehenden Sätze durch geometrische Überlegungen geführt. Für **ebene** Vektoren (Satz S 4.9) kann man den Beweis auch arithmetisch führen. Wir werden uns in § 7 mit dieser Frage beschäftigen.

6. Aus Satz S 4.9 ergibt sich unmittelbar, dass man aus der Menge V_2 **höchstens zwei linear unabhängige Vektoren** $\vec{a}_1$ und $\vec{a}_2$ herausgreifen kann. Mit Hilfe zweier solcher Vektoren kann man jeden weiteren ebenen Vektor $\vec{a}_3$ linear erzeugen. In Bild 4.10 sind drei Beispiele dargestellt.

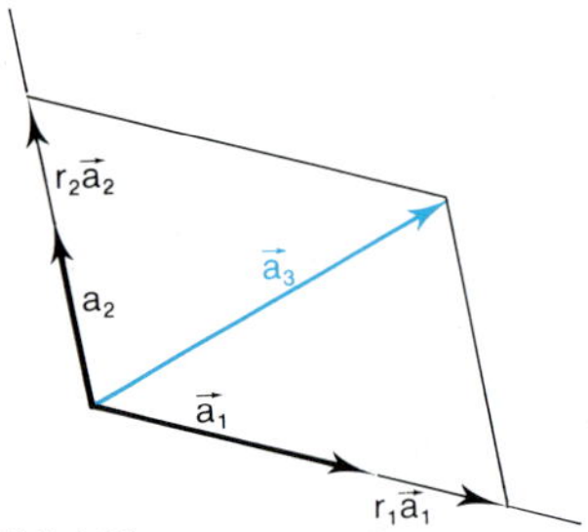

Bild 4.10 a

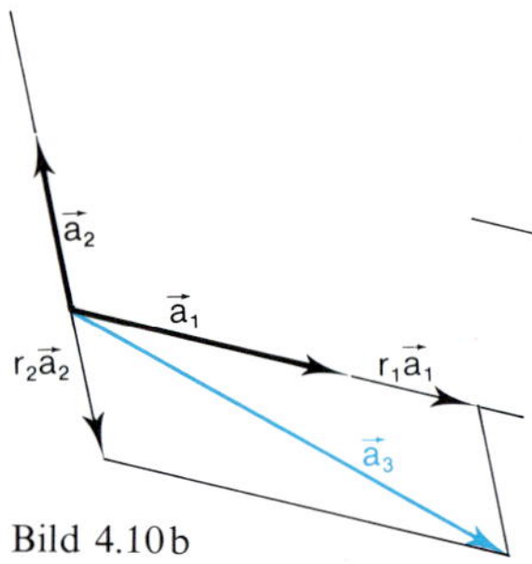

Bild 4.10 b

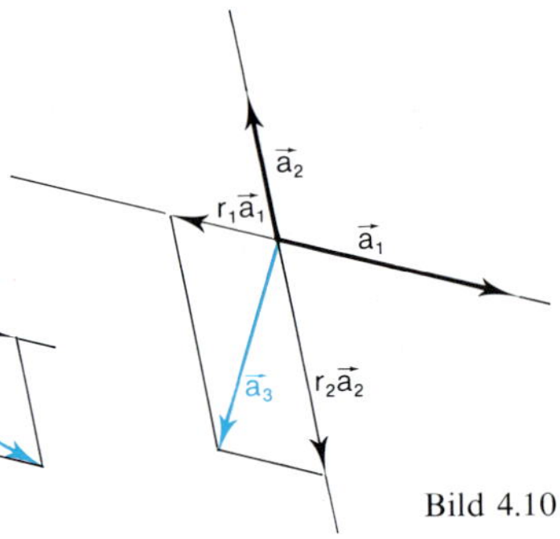

Bild 4.10 c

In allen drei Fällen gilt: $\vec{a}_3 = r_1\vec{a}_1 + r_2\vec{a}_2$; für die Zahlenfaktoren r_1, r_2 gilt in

Bild 4.10a: $r_1 > 0 \wedge r_2 > 0$; Bild 4.10b: $r_1 > 0 \wedge r_2 < 0$; Bild 4.10c: $r_1 < 0 \wedge r_2 < 0$.

Man sagt: Zwei linear unabhängige ebene Vektoren „spannen die Ebene auf"; sie bilden eine **„Basis"** der Ebene.
Der einfachste Fall einer Basis liegt vor bei den Vektoren

$$\vec{e}_1 = \begin{pmatrix} 1 \\ 0 \end{pmatrix} \quad \text{und} \quad \vec{e}_2 = \begin{pmatrix} 0 \\ 1 \end{pmatrix}.$$

Dies sind die Basisvektoren eines Koordinatensystems (Bild 4.11).
Wir haben diese Vektoren mit dem Buchstaben „e" bezeichnet, weil sie den Betrag 1 haben:

$$|\vec{e}_1| = |\vec{e}_2| = 1.$$

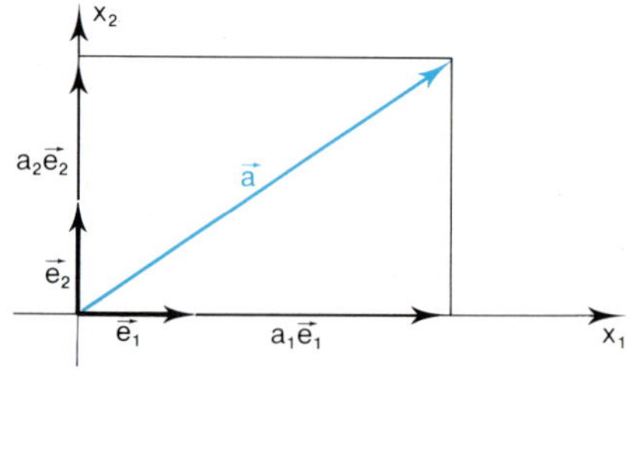

Bild 4.11

Bemerkung: Man nennt Vektoren, die den Betrag 1 haben, **„Einheitsvektoren"**.

Jeder ebene Vektor $\vec{a} = \begin{pmatrix} a_1 \\ a_2 \end{pmatrix}$ ist aus den Basisvektoren $\vec{e}_1$ und $\vec{e}_2$ erzeugbar; es gilt:

$$\vec{a} = a_1\vec{e}_1 + a_2\vec{e}_2 = a_1\begin{pmatrix} 1 \\ 0 \end{pmatrix} + a_2\begin{pmatrix} 0 \\ 1 \end{pmatrix} = \begin{pmatrix} a_1 \\ 0 \end{pmatrix} + \begin{pmatrix} 0 \\ a_2 \end{pmatrix} = \begin{pmatrix} a_1 + 0 \\ 0 + a_1 \end{pmatrix} = \begin{pmatrix} a_1 \\ a_2 \end{pmatrix} \text{ (Bild 4.11, Seite 58).}$$

7. In der gleichen Weise wird auch eine im Raum R_3 liegende Ebene ε von **zwei** linear unabhängigen räumlichen Vektoren $\vec{a}_1$ und $\vec{a}_2$ aufgespannt, falls diese Vektoren Vertreter haben, die in der betreffenden Ebene liegen; denn nach Satz S4.10 ist jeder weitere mit $\vec{a}_1$ und $\vec{a}_2$ komplanare Vektor $\vec{a}_3$ von $\vec{a}_1$ und $\vec{a}_2$ linear abhängig, also aus diesen erzeugbar.

Wählt man zwei Vertreter von $\vec{a}_1$ und $\vec{a}_2$, die von einem Punkt U der Ebene ausgehen, so gibt es zu jedem Punkt A der Ebene einen Pfeil $\overrightarrow{UA}$, dessen Vektor $\vec{a}$ als Linearkombination von $\vec{a}_1$ und $\vec{a}_2$ dargestellt werden kann:

$$\vec{a} = r_1\vec{a}_1 + r_2\vec{a}_2 \quad \text{(Bild 4.12).}$$

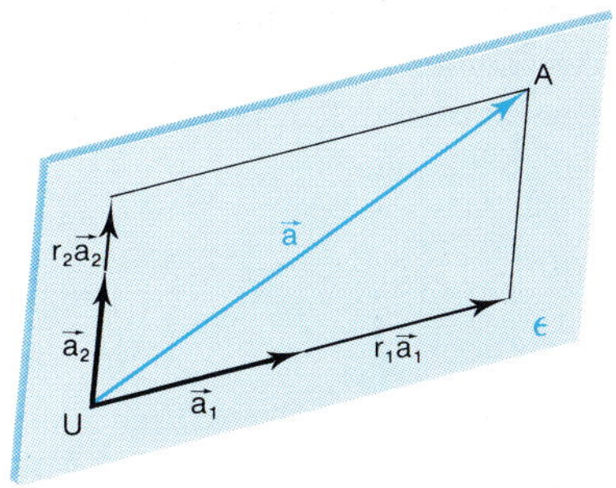

Bild 4.12

Beachte, dass jede zur Ebene ε parallele Ebene ε_1 ebenfalls von den Vektoren $\vec{a}_1$ und $\vec{a}_2$ aufgespannt wird! Wir werden in §5 darauf zu sprechen kommen, wie solche Ebenen in ihrer Darstellung zu unterscheiden sind.

8. In Satz S4.9 ist ausgesagt, dass drei ebene Vektoren stets linear abhängig sind. Man kann vermuten, dass eine analoge Aussage für vier räumliche Vektoren gilt:

S4.11 Vier räumliche Vektoren $\vec{a}_1$, $\vec{a}_2$, $\vec{a}_3$ und $\vec{a}_4$ sind stets linear abhängig.

Beweis: Wenn sich unter den vier Vektoren drei Vektoren befinden, die komplanar sind, so sind alle vier linear abhängig. Begründe dies im Einzelnen (Aufgabe 12b)!
Wir brauchen uns also nur mit dem Fall zu beschäftigen, dass unter den vier Vektoren sich kein Tripel komplanarer Vektoren befindet. Dann kann man wiederum jeden der vier Vektoren z.B. $\vec{a}_4$, durch die drei anderen linear erzeugen.

In Bild 4.13 ist der Sachverhalt dargestellt: Man trägt Vertreter aller vier Vektoren an einem Punkt U an und zeichnet durch die Spitze A_4 des Pfeils zu $\vec{a}_4$ die Parallele zu $\vec{a}_3$. Diese schneidet die von $\vec{a}_1$ und $\vec{a}_2$ „aufgespannte" Ebene in einem Punkt B. Der Pfeil $\overrightarrow{UB}$ ist Vertreter eines Vektors $\vec{b}$, der mit $\vec{a}_1$ und $\vec{a}_2$ komplanar ist, den man also aus $\vec{a}_1$ und $\vec{a}_2$ erzeugen kann:

$$\vec{b} = r_1\vec{a}_1 + r_2\vec{a}_2 \quad \text{mit } r_1, r_2 \neq 0.$$

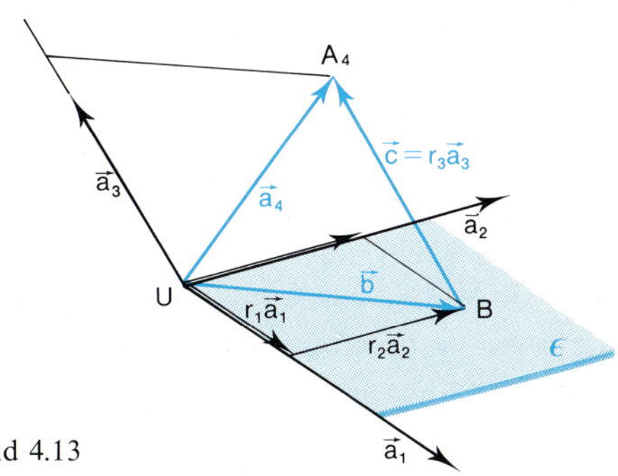

Bild 4.13

Der Pfeil $\overrightarrow{BA_4}$ ist Vertreter eines Vektors $\vec{c}$, der kollinear zu $\vec{a}_3$ ist, für den also gilt:

$$\vec{c} = r_3 \vec{a}_3 \quad \text{mit } r_3 \neq 0.$$

Insgesamt gilt also:

$$\vec{a}_4 = \vec{b} + \vec{c} = r_1 \vec{a}_1 + r_2 \vec{a}_2 + r_3 \vec{a}_3, \quad \text{q.e.d.}$$

Bemerkung: Man kann auch diesen Satz arithmetisch beweisen. Vergleiche §7, III!

9. Aus Satz S4.11 ergibt sich, dass man aus der Menge V_3 höchstens drei linear unabhängige Vektoren $\vec{a}_1$, $\vec{a}_2$, $\vec{a}_3$ herausgreifen kann; jeder weitere räumliche Vektor $\vec{a}_4$ kann dann aus $\vec{a}_1$, $\vec{a}_2$, $\vec{a}_3$ linear erzeugt werden. Man sagt: Drei linear unabhängige Vektoren **„spannen den Raum auf"**; sie bilden eine **„Basis"** des dreidimensionalen Raumes.

Der einfachste Fall einer Basis liegt vor bei den drei Einheitsvektoren

$$\vec{e}_1 = \begin{pmatrix} 1 \\ 0 \\ 0 \end{pmatrix}; \ \vec{e}_2 = \begin{pmatrix} 0 \\ 1 \\ 0 \end{pmatrix} \text{ und } \vec{e}_3 = \begin{pmatrix} 0 \\ 0 \\ 1 \end{pmatrix}.$$

Dies sind die Basisvektoren eines Koordinatensystems (Bild 4.14). Man kann jeden räumlichen Vektor $\vec{a} = \begin{pmatrix} a_1 \\ a_2 \\ a_3 \end{pmatrix}$ aus diesen Basisvektoren erzeugen; es gilt (Bild 4.14):

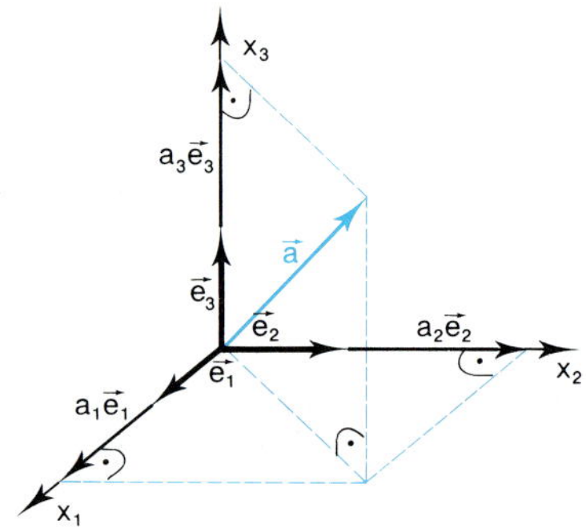

Bild 4.14

$$\vec{a} = a_1 \vec{e}_1 + a_2 \vec{e}_2 + a_3 \vec{e}_3$$

$$= a_1 \begin{pmatrix} 1 \\ 0 \\ 0 \end{pmatrix} + a_2 \begin{pmatrix} 0 \\ 1 \\ 0 \end{pmatrix} + a_3 \begin{pmatrix} 0 \\ 0 \\ 1 \end{pmatrix} = \begin{pmatrix} a_1 \\ 0 \\ 0 \end{pmatrix} + \begin{pmatrix} 0 \\ a_2 \\ 0 \end{pmatrix} + \begin{pmatrix} 0 \\ 0 \\ a_3 \end{pmatrix} = \begin{pmatrix} a_1 + 0 + 0 \\ 0 + a_2 + 0 \\ 0 + 0 + a_3 \end{pmatrix} = \begin{pmatrix} a_1 \\ a_2 \\ a_3 \end{pmatrix} = \vec{a}.$$

10. Im I. Abschnitt (Seite 48) haben wir an einem Beispiel gezeigt, dass sich ein ebener Vektor $\vec{b}$ in mehrfacher Weise aus drei ebenen Vektoren linear erzeugen lässt. Wir können jetzt erklären, worin dieser Sachverhalt begründet ist. Wir greifen das **Beispiel** von Seite 43 wieder auf:

$$\vec{a}_1 = \begin{pmatrix} -1 \\ 2 \end{pmatrix}; \ \vec{a}_2 = \begin{pmatrix} 3 \\ -2 \end{pmatrix}; \ \vec{a}_3 = \begin{pmatrix} 1 \\ 3 \end{pmatrix} \text{ und } \vec{b} = \begin{pmatrix} 1 \\ -4 \end{pmatrix}.$$

Wie oben gezeigt, gilt u.a.

1) $\vec{b} = 3\vec{a}_1 + 2\vec{a}_2 + (-2)\vec{a}_3$, **2)** $\vec{b} = -8\vec{a}_1 - 3\vec{a}_2 + 2\vec{a}_3$ und **3)** $\vec{b} = -\frac{5}{2}\vec{a}_1 - \frac{1}{2}\vec{a}_2 + 0\vec{a}_3$.

In Satz S4.5 haben wir festgestellt, dass drei ebene Vektoren $\vec{a}_1$, $\vec{a}_2$ und $\vec{a}_3$ **stets** linear abhängig sind. Da in unserem Fall alle drei Vektoren vom Nullvektor verschieden sind, lässt sich jeder der drei Vektoren aus den beiden anderen linear erzeugen, z.B. $\vec{a}_3$ aus $\vec{a}_1$ und $\vec{a}_2$. Es muss also Zahlen r_1, r_2 geben mit

$$r_1 \vec{a}_1 + r_2 \vec{a}_2 = \vec{a}_3.$$

Wir lösen das sich aus dieser Bedingung ergebende lineare Gleichungssystem

$$\begin{array}{rl|l|l} & -r_1+3r_2=1 & \cdot 2 & \cdot 2 \\ \wedge & 2r_1-2r_2=3 & \cdot 3 & \cdot 1 \end{array}$$

mit Hilfe der angegebenen Faktoren; es ergibt sich:

$$4r_1=11 \wedge 4r_2=5 \Leftrightarrow r_1=\tfrac{11}{4} \wedge r_2=\tfrac{5}{4}.$$

Tatsächlich gilt:

$$\tfrac{11}{4}\vec{a}_1+\tfrac{5}{4}\vec{a}_2=\tfrac{11}{4}\begin{pmatrix}-1\\2\end{pmatrix}+\tfrac{5}{4}\begin{pmatrix}3\\-2\end{pmatrix}=\tfrac{1}{4}\begin{pmatrix}-11+15\\22-10\end{pmatrix}=\tfrac{1}{4}\begin{pmatrix}4\\12\end{pmatrix}=\begin{pmatrix}1\\3\end{pmatrix}=\vec{a}_3.$$

Wir können also in den Gleichungen 1) und 2) $\vec{a}_3$ durch $\frac{11}{4}\vec{a}_1+\frac{5}{4}\vec{a}_2$ ersetzen. Wir erhalten:

1) $\vec{b}=3\vec{a}_1+2\vec{a}_2-2\vec{a}_3=3\vec{a}_1+2\vec{a}_2-2(\frac{11}{4}\vec{a}_1+\frac{5}{4}\vec{a}_2)=(3-\frac{11}{2})\vec{a}_1+(2-\frac{5}{2})\vec{a}_2=-\frac{5}{2}\vec{a}_1-\frac{1}{2}\vec{a}_2;$

2) $\vec{b}=-8\vec{a}_1-3\vec{a}_2+2\vec{a}_3=-8\vec{a}_1-3\vec{a}_2+2(\frac{11}{4}\vec{a}_1+\frac{5}{4}\vec{a}_2)$
$=(-8+\frac{11}{2})\vec{a}_1+(-3+\frac{5}{2})\vec{a}_2=-\frac{5}{2}\vec{a}_1-\frac{1}{2}\vec{a}_2.$

Auf diese Weise kann man aus den beiden Gleichungen 1) und 2) die Gleichung 3) herleiten. Der Grund für den in Rede stehenden Sachverhalt ist also die Tatsache, dass die drei Vektoren $\vec{a}_1$, $\vec{a}_2$ und $\vec{a}_3$, aus denen der Vektor $\vec{b}$ erzeugt wird, ihrerseits bereits linear abhängig sind.

11. Anders ist die Situation bei **Beispiel 2)** von Seite 43. Wir haben dort gezeigt, dass der Vektor $\vec{b}=\begin{pmatrix}-5\\4\\1\end{pmatrix}$ sich aus den Vektoren $\vec{a}_1=\begin{pmatrix}-2\\1\\3\end{pmatrix}$ und $\vec{a}_2=\begin{pmatrix}1\\-2\\5\end{pmatrix}$ nur auf **eine** Weise linear erzeugen lässt, dass die betreffenden Faktoren r_1 und r_2 bei diesem Beispiel also **eindeutig** bestimmt sind. Der Grund liegt darin, dass die beiden Vektoren $\vec{a}_1$ und $\vec{a}_2$ **linear unabhängig** sind. Daher kann jeder weitere räumliche Vektor $\vec{c}$ aus $\vec{a}_1$ und $\vec{a}_2$ nur auf **eine** Weise oder überhaupt nicht erzeugt werden. Man kann sich dies auf die folgende Weise allgemein klarmachen. Wir setzen voraus, dass zwei Vektoren $\vec{a}_1$ und $\vec{a}_2$ linear unabhängig sind, dass also gilt:

$$c_1\vec{a}_1+c_2\vec{a}_2=\vec{0} \Rightarrow c_1=c_2=0.$$

Gilt nun für einen Vektor $\vec{b}$

$$\vec{b}=r_1\vec{a}_1+r_2\vec{a}_2 \quad \text{und} \quad \vec{b}=s_1\vec{a}_1+s_2\vec{a}_2,$$

so erhält man durch Subtraktion der beiden Gleichungen und durch Anwendung des Distributivgesetzes:

$$(r_1-s_1)\vec{a}_1+(r_2-s_2)\vec{a}_2=\vec{0}.$$

Wegen der vorausgesetzten linearen Unabhängigkeit der Vektoren $\vec{a}_1$ und $\vec{a}_2$ folgt daraus:

$$r_1-s_1=0 \wedge r_2-s_2=0, \quad \text{also } r_1=s_1 \wedge r_2=s_2.$$

Die beiden Darstellungen des Vektors $\vec{b}$ sind also identisch; zwei verschiedene Darstellungen für $\vec{b}$ gibt es nicht.

12. Entsprechend ist die Situation auch bei Vektoren mit mehr als drei Koordinaten. Wir behandeln ein **Beispiel** für Vektoren mit vier Koordinaten. Gegeben seien die Vektoren

$$\vec{a}_1 = \begin{pmatrix} 1 \\ -2 \\ 1 \\ 3 \end{pmatrix}; \quad \vec{a}_2 = \begin{pmatrix} -1 \\ -1 \\ 2 \\ 3 \end{pmatrix} \quad \text{und} \quad \vec{a}_3 = \begin{pmatrix} -5 \\ 1 \\ 4 \\ 3 \end{pmatrix}.$$

Aus diesen Vektoren erzeugen wir einen weiteren Vektor $\vec{b}$:

$$3\vec{a}_1 - 3\vec{a}_2 + 2\vec{a}_3 = \begin{pmatrix} 3+3-10 \\ -6+3+\ 2 \\ 3-6+\ 8 \\ 9-9+\ 6 \end{pmatrix} = \begin{pmatrix} -4 \\ -1 \\ 5 \\ 6 \end{pmatrix} = \vec{b} \qquad [1].$$

Dieser Vektor $\vec{b}$ ist aus $\vec{a}_1$, $\vec{a}_2$ und $\vec{a}_3$ auch auf die folgende Weise erzeugbar:

$$-\vec{a}_1 + 3\vec{a}_2 + 0\vec{a}_3 = \vec{b} \qquad [2].$$

Der Grund für diesen Sachverhalt ist die Tatsache, dass die Vektoren $\vec{a}_1$, $\vec{a}_2$ und $\vec{a}_3$ linear abhängig sind; es gilt nämlich

$$-2\vec{a}_1 + 3\vec{a}_2 - \vec{a}_3 = \vec{0}, \qquad \text{also } \vec{a}_3 = -2\vec{a}_1 + 3\vec{a}_2.$$

Setzt man dies in die Gleichung [1] ein, so erhält man

$$\vec{b} = 3\vec{a}_1 - 3\vec{a}_2 + 2\vec{a}_3 = 3\vec{a}_1 - 3\vec{a}_2 - 4\vec{a}_1 + 6\vec{a}_2 = -\vec{a}_1 + 3\vec{a}_2, \qquad \text{also die Gleichung [2].}$$

13. Was wir an den vorstehenden Beispielen deutlich gemacht haben, lässt sich allgemein beweisen. Es gilt der Satz

S 4.12 Sind n Vektoren $\vec{a}_1, \vec{a}_2, \ldots, \vec{a}_n$ linear unabhängig, so lässt sich jeder Vektor $\vec{b}$ aus $\vec{a}_1, \vec{a}_2, \ldots, \vec{a}_n$ auf höchstens eine Weise erzeugen.

Beweis: Aus $\vec{b} = r_1\vec{a}_1 + r_2\vec{a}_2 + \ldots + r_n\vec{a}_n = s_1\vec{a}_1 + s_2\vec{a}_2 + \ldots + s_n\vec{a}_n$ ergibt sich durch Subtraktion der beiden Darstellungen:

$$(r_1 - s_1)\vec{a}_1 + (r_2 - s_2)\vec{a}_2 + \ldots + (r_n - s_n)\vec{a}_n = \vec{0}.$$

Da $\vec{a}_1, \vec{a}_2, \ldots, \vec{a}_n$ als linear unabhängig vorausgesetzt sind, folgt daraus nach Satz S 4.1:

$$r_1 - s_1 = 0 \wedge r_2 - s_2 = 0 \wedge \ldots \wedge r_n - s_n = 0,$$

also $\quad r_1 = s_1 \wedge r_2 = s_2 \wedge \ldots \wedge r_n = s_n$, q.e.d.

Beachte, dass der Satz S 4.12 **nicht** besagt, dass sich **jeder** Vektor $\vec{b}$ aus linear unabhängigen Vektoren erzeugen lässt!

Beispiel: Der Vektor $\vec{b} = \begin{pmatrix} 1 \\ 1 \\ 1 \end{pmatrix}$ ist aus den Vektoren $\vec{a}_1 = \begin{pmatrix} 1 \\ 0 \\ 0 \end{pmatrix}$ und $\vec{a}_2 = \begin{pmatrix} 0 \\ 1 \\ 0 \end{pmatrix}$ nicht erzeugbar, obwohl $\vec{a}_1$ und $\vec{a}_2$ linear unabhängig sind (Aufgabe 20).

14. Wir können nun auch erklären, warum die Erfassung der linearen Abhängigkeit der Vektoren

$$\vec{a}_1=\begin{pmatrix}-2\\3\\-4\end{pmatrix};\quad \vec{a}_2=\begin{pmatrix}3\\1\\-5\end{pmatrix};\quad \vec{a}_3=\begin{pmatrix}-4\\1\\2\end{pmatrix}\quad \text{und}\quad \vec{a}_4=\begin{pmatrix}-2\\1\\0\end{pmatrix}$$

des Beispiels von Seite 49 auf mehrfache Weise möglich ist. Der Grund liegt darin, dass bereits je drei dieser vier Vektoren linear abhängig, also komplanar sind. So gilt z.B.

$$2\vec{a}_2+5\vec{a}_3-7\vec{a}_4=2\begin{pmatrix}3\\1\\-5\end{pmatrix}+5\begin{pmatrix}-4\\1\\2\end{pmatrix}-7\begin{pmatrix}-2\\1\\0\end{pmatrix}=\begin{pmatrix}6-20+14\\2+\ 5-\ 7\\-10+10+\ 0\end{pmatrix}=\begin{pmatrix}0\\0\\0\end{pmatrix}=\vec{0}.$$

Da sich $\vec{a}_1$ nach den Rechnungen von Seite 49 aus $\vec{a}_2$, $\vec{a}_3$ und $\vec{a}_4$ erzeugen lässt, bedeutet dies, dass alle vier Vektoren komplanar sind. Schon aus zwei dieser vier Vektoren lassen sich die übrigen erzeugen. Zeige, dass sich z.B. $\vec{a}_1$ und $\vec{a}_2$ aus $\vec{a}_3$ und $\vec{a}_4$ erzeugen lassen (Aufgabe 22)!

Übungen und Aufgaben

1. Untersuche zeichnerisch und rechnerisch, ob die Vektoren $\vec{a}_1$ und $\vec{a}_2$ kollinear, also linear abhängig sind!

a) $\vec{a}_1=\begin{pmatrix}-2\\3\end{pmatrix}$, $\vec{a}_2=\begin{pmatrix}5\\-7{,}5\end{pmatrix}$ **b)** $\vec{a}_1=\begin{pmatrix}1{,}5\\-1{,}8\end{pmatrix}$, $\vec{a}_2=\begin{pmatrix}-0{,}5\\-0{,}6\end{pmatrix}$ **c)** $\vec{a}_1=\begin{pmatrix}3\\0\end{pmatrix}$, $\vec{a}_2=\begin{pmatrix}0\\-3\end{pmatrix}$

d) $\vec{a}_1=\begin{pmatrix}-8\\3{,}2\end{pmatrix}$, $\vec{a}_2=\begin{pmatrix}3\\-1{,}2\end{pmatrix}$ **e)** $\vec{a}_1=\begin{pmatrix}3\\-4\end{pmatrix}$, $\vec{a}_2=\begin{pmatrix}-2\\3\end{pmatrix}$ **f)** $\vec{a}_1=\begin{pmatrix}15\\-40\end{pmatrix}$, $\vec{a}_2=\begin{pmatrix}9\\-24\end{pmatrix}$

2. Zeige, dass die Vektoren $\vec{a}_1$, $\vec{a}_2$ und $\vec{a}_3$ paarweise kollinear sind, wenn folgende Bedingungen erfüllt sind!

a) $\vec{a}_3=\frac{1}{2}\vec{a}_1-\frac{2}{3}\vec{a}_2$ und $\vec{a}_1=\frac{1}{3}\vec{a}_2$ **b)** $\vec{a}_1=\frac{3}{4}\vec{a}_2-2\vec{a}_3$ und $3\vec{a}_2-7\vec{a}_1=\vec{0}$

3. Welchen Bedingungen müssen die Zahlen r und s genügen, wenn für zwei nicht kollineare Vektoren $\vec{a}_1$ und $\vec{a}_2$ die folgende Beziehung gilt?

a) $r\vec{a}_1=s\vec{a}_2$ **b)** $(r-1)\vec{a}_1+(s-1)\vec{a}_2=\vec{0}$ **c)** $r\vec{a}_1+s\vec{a}_2=\frac{2}{9}(\vec{a}_1-\vec{a}_2)$

4. Ist es möglich, dass zwei Vektoren nicht kollinear sind, wenn
a) einer von ihnen der Nullvektor ist, **b)** beide Nullvektoren sind? Begründung!

5. Ein Parallelogramm sei definiert als ein Viereck, dessen gegenüberliegende Seiten durch zwei Paare kollinearer Vektoren dargestellt werden können (Bild 4.15, Seite 64). $\vec{a}$ und $\vec{b}$ seien nicht kollinear.

a) Zeige vektoriell, dass die gegenüberliegenden Seiten des Parallelogramms jeweils gleich lang sind!

Anleitung: Zeige mit Hilfe des Begriffs der linearen Abhängigkeit, dass $r=s=1$ sein muss!

b) Zeige entsprechend, dass sich die Diagonalen eines Parallelogramms in ihrem Schnittpunkt S halbieren!

Anleitung: Betrachte die geschlossene Vektorkette zum Dreieck ABS!

c) Zeige entsprechend, dass sich die Diagonale DB und die Transversale AM (Bild 4.16, Seite 64) gegenseitig im Verhältnis 2:1 teilen! (M ist der Mittelpunkt der Strecke BC.)

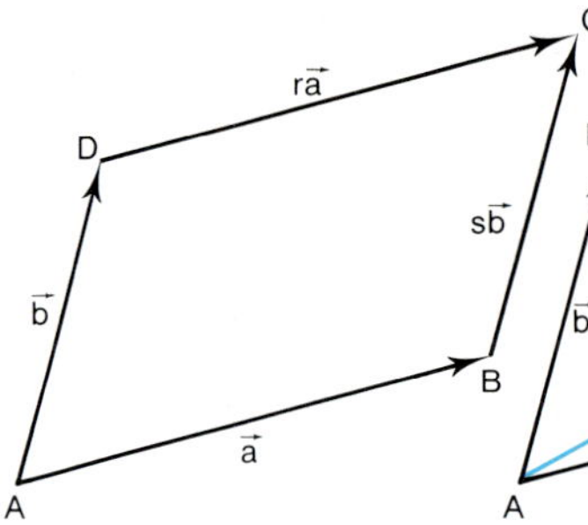

Bild 4.15

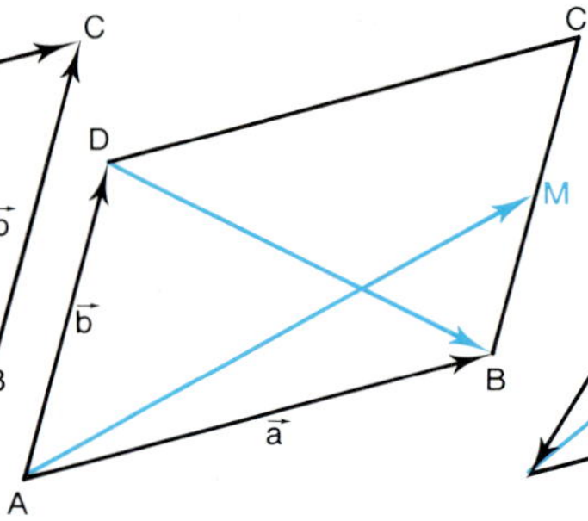

Bild 4.16

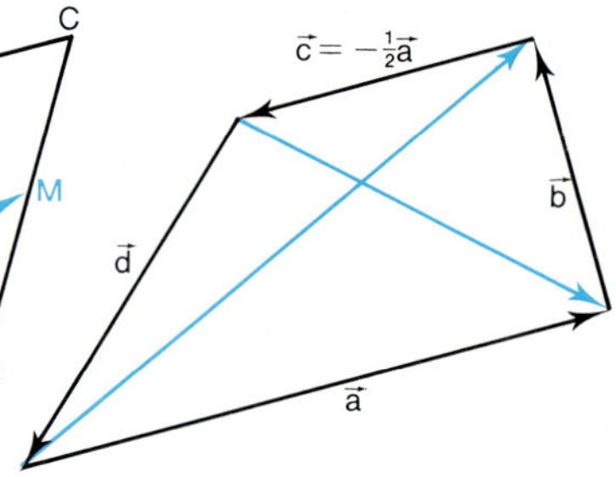

Bild 4.17

6. In einem Parallelogramm ABCD teile der Punkt T die Seite BC im Verhältnis 2:1 (allgemein m:n). Untersuche, in welchem Verhältnis AT die Diagonale DB teilt!
Hinweis: Verfahre wie in Aufgabe 5!

7. Ein Trapez sei durch Vertreter der vier Vektoren $\vec{a}$, $\vec{b}$, $\vec{c}$ und $\vec{d}$ mit $\vec{a} = -2\vec{c}$ und $\vec{a}+\vec{b}+\vec{c}+\vec{d}=\vec{0}$ gegeben (Bild 4.17). In welchem Verhältnis teilen sich die Diagonalen?

8. Beweise vektoriell, dass sich in jedem Dreieck ABC die Seitenhalbierenden zweier Seiten wechselseitig im Verhältnis 2:1 teilen und dass sich daher alle drei Seitenhalbierenden im gleichen Punkt S, dem sogenannten „Schwerpunkt", schneiden (Bild 4.18)!
Anleitung: Drücke zunächst die Vektoren $\vec{s}_a$ und $\vec{s}_b$ durch zwei Seitenvektoren des Dreiecks aus! Beachte dabei, daß $\vec{a}+\vec{b}+\vec{c}=\vec{0}$ ist!

9. Zeige vektoriell, dass das von den Seitenmittelpunkten eines Dreiecks ABC gebildete Dreieck $M_aM_bM_c$ denselben Schwerpunkt hat wie das Dreieck ABC (Bild 4.18)!

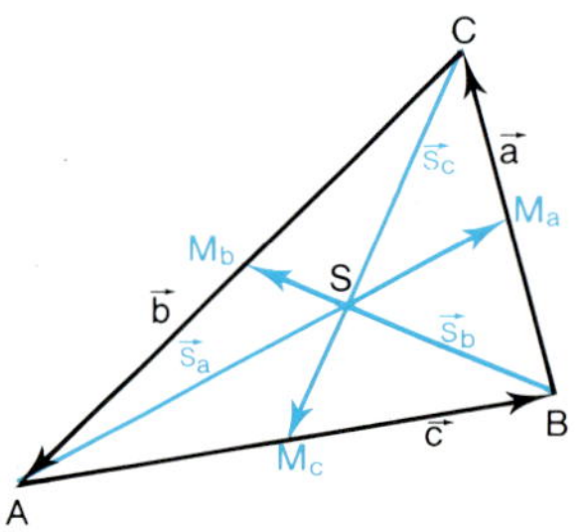

Bild 4.18

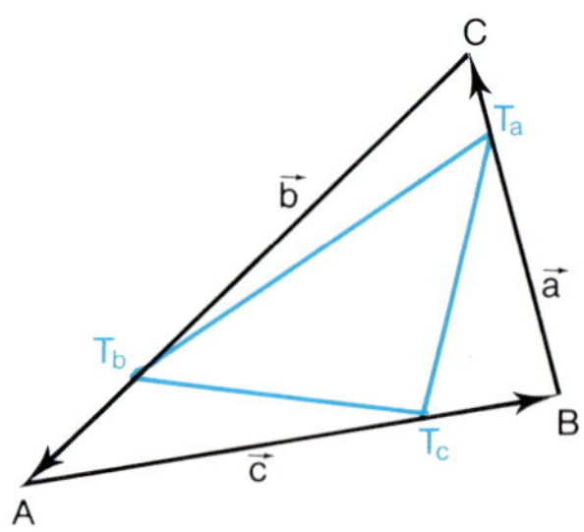

Bild 4.19

10. **a)** Die Punkte T_a, T_b und T_c teilen die Seitenvektoren eines Dreieckes ABC im Verhältnis 1:n (m:n). Zeige vektoriell, dass das Dreieck $T_aT_bT_c$ den gleichen Schwerpunkt hat wie das Dreieck ABC (Bild 4.19)!
b) Untersuche vektoriell, in welchem Verhältnis sich die Strecken AT_a, BT_b und CT_c wechselseitig teilen!

11. Kann man aus den folgenden Beziehungen erschließen, dass die Vektoren $\vec{a}_1$, $\vec{a}_2$ und $\vec{a}_3$ komplanar sind?

a) $3\vec{a}_1-5\vec{a}_2=2\vec{a}_1-\vec{a}_3$ **b)** $(\vec{a}_1+\vec{a}_2-\vec{a}_3)=\frac{1}{2}(\vec{a}_3-(\vec{a}_1-6\vec{a}_2))$

c) $4(\vec{a}_1-\vec{a}_2)+2(\vec{a}_2-\vec{a}_3)+2(\vec{a}_3+\vec{a}_2)=4\vec{a}_1$ **d)** $m\vec{a}_1+(m-n)\vec{a}_2=n\vec{a}_3, \quad m \neq 0$

12. Beweise folgende Sätze!

a) Sind unter drei Vektoren zwei kollinear, so sind die drei Vektoren komplanar.

b) Sind unter vier Vektoren drei komplanar, so sind die vier Vektoren linear abhängig.

13. Beweise, dass die drei Vektoren komplanar sind!
Behandle nur die Fälle, in denen $\vec{a}_1$ und $\vec{a}_2$ nicht kollinear sind!

a) $\vec{a}_1, \vec{a}_2, \vec{a}_1+\vec{a}_2$ **b)** $\vec{a}_1, \vec{a}_1+\vec{a}_2, \vec{a}_1-\vec{a}_2$ **c)** $\frac{1}{2}\vec{a}_1, \vec{a}_2-2\vec{a}_1, \vec{a}_1+2(\vec{a}_2-\vec{a}_1)$

14. Zeige, dass die folgenden Vektoren komplanar sind!

a) $\begin{pmatrix}1\\0\\-1\end{pmatrix}, \begin{pmatrix}-1\\1\\0\end{pmatrix}, \begin{pmatrix}-1\\3\\-2\end{pmatrix}$ **b)** $\begin{pmatrix}2\\-1\\3\end{pmatrix}, \begin{pmatrix}-3\\1\\2\end{pmatrix}, \begin{pmatrix}-1\\0,5\\-1,5\end{pmatrix}$ **c)** $\begin{pmatrix}2\\-1\\1\end{pmatrix}, \begin{pmatrix}1\\2\\-1\end{pmatrix}, \begin{pmatrix}1\\-3\\2\end{pmatrix}$

15. Bestimme zu den Vektoren in Aufgabe 14 jeweils einen vierten, der mit den gegebenen Vektoren komplanar ist!

16. Welchen Bedingungen müssen r, s und t genügen, wenn für drei nicht komplanare Vektoren $\vec{a}_1$, $\vec{a}_2$ und $\vec{a}_3$ die folgende Beziehung gilt?

a) $(r-1)\vec{a}_1+(2s-1)\vec{a}_2+(2-t)\vec{a}_3=\vec{0}$

b) $2\vec{a}_1-r\vec{a}_2+(s-1)(\vec{a}_3-\vec{a}_1)=t\vec{a}_1-\vec{a}_2$

17. Untersuche, ob die folgenden Vektoren linear abhängig oder linear unabhängig sind!

a) $\begin{pmatrix}2\\1\\0\end{pmatrix}, \begin{pmatrix}-3\\4\\0\end{pmatrix}, \begin{pmatrix}1\\-5\\2\end{pmatrix}$ **b)** $\begin{pmatrix}1\\5\\-2\end{pmatrix}, \begin{pmatrix}-3\\5\\2\end{pmatrix}, \begin{pmatrix}-2\\5\\1\end{pmatrix}$ **c)** $\begin{pmatrix}2\\-1\\1\end{pmatrix}, \begin{pmatrix}3\\0\\-2\end{pmatrix}, \begin{pmatrix}1\\-2\\4\end{pmatrix}$

d) $\begin{pmatrix}1\\0\\0\end{pmatrix}, \begin{pmatrix}1\\-1\\1\end{pmatrix}, \begin{pmatrix}0\\0\\1\end{pmatrix}$ **e)** $\begin{pmatrix}5\\0\\-3\end{pmatrix}, \begin{pmatrix}-1\\2\\0\end{pmatrix}, \begin{pmatrix}-7\\4\\6\end{pmatrix}$ **f)** $\begin{pmatrix}-2\\1\\0\end{pmatrix}, \begin{pmatrix}7\\-4\\3\end{pmatrix}, \begin{pmatrix}4\\-1\\-6\end{pmatrix}$

18. Bestimme die Koordinaten x, y, z so, dass folgende Gleichungen erfüllt sind! Was sagen die Gleichungen dann über die Vektoren aus?

a) $2\begin{pmatrix}x\\3\\1\end{pmatrix}-5\begin{pmatrix}2\\y\\4\end{pmatrix}-4\begin{pmatrix}2\\2\\z\end{pmatrix}=\vec{0}$ **b)** $3\begin{pmatrix}0\\x\\-1\end{pmatrix}+2\begin{pmatrix}1\\-2\\y\end{pmatrix}-\begin{pmatrix}z\\-1\\4\end{pmatrix}=\vec{0}$

19. Bestimme die Koordinate x so, dass die folgenden Vektoren linear abhängig sind!
Gibt es mehr als eine Lösung?

a) $\begin{pmatrix}2\\0\\-3\end{pmatrix}, \begin{pmatrix}3\\-1\\0\end{pmatrix}, \begin{pmatrix}1\\1\\x\end{pmatrix}$ **b)** $\begin{pmatrix}1\\0\\1\end{pmatrix}, \begin{pmatrix}-1\\1\\0\end{pmatrix}, \begin{pmatrix}-1\\x\\-5\end{pmatrix}$ **c)** $\begin{pmatrix}3\\-1\\0\end{pmatrix}, \begin{pmatrix}0\\3\\0\end{pmatrix}, \begin{pmatrix}x\\5\\0\end{pmatrix}$

20. Zeige, dass der Vektor $\vec{b}=\begin{pmatrix}1\\1\\1\end{pmatrix}$ nicht aus den Vektoren $\vec{a}_1=\begin{pmatrix}1\\0\\0\end{pmatrix}$ und $\vec{a}_2=\begin{pmatrix}0\\1\\0\end{pmatrix}$ erzeugbar ist!

21. Ermittle zu $\vec{a}_1$ und $\vec{a}_2$ einen dritten Vektor $\vec{a}_3$, so dass $\vec{a}_1, \vec{a}_2, \vec{a}_3$ linear unabhängig sind!

a) $\vec{a}_1=\begin{pmatrix}1\\-1\\2\end{pmatrix}$, $\vec{a}_2=\begin{pmatrix}3\\0\\1\end{pmatrix}$ **b)** $\vec{a}_1=\begin{pmatrix}1\\0\\1\end{pmatrix}$, $\vec{a}_2=\begin{pmatrix}1\\1\\0\end{pmatrix}$ **c)** $\vec{a}_1=\begin{pmatrix}3\\-2\\0\end{pmatrix}$, $\vec{a}_2=\begin{pmatrix}-1\\4\\0\end{pmatrix}$

22. Zeige, dass sich die Vektoren $\vec{a}_1=\begin{pmatrix}-2\\3\\-4\end{pmatrix}$ und $\vec{a}_2=\begin{pmatrix}3\\1\\-5\end{pmatrix}$ aus den Vektoren $\vec{a}_3=\begin{pmatrix}-4\\1\\2\end{pmatrix}$ und $\vec{a}_4=\begin{pmatrix}-2\\1\\0\end{pmatrix}$ erzeugen lassen!

23. Untersuche am Parallelflach (Bild 4.20), ob die folgenden Vektoren komplanar sind!

a) die vier Raumdiagonalen,
b) die Vektoren zu $\overrightarrow{AF}$, $\overrightarrow{AG}$, $\overrightarrow{FD}$,
c) die Vektoren zu $\overrightarrow{EG}$, $\overrightarrow{BH}$, $\overrightarrow{BG}$,
d) die Vektoren zu $\overrightarrow{EC}$, $\overrightarrow{HG}$, $\overrightarrow{DF}$,
e) die Vektoren zu $\overrightarrow{AH}$, $\overrightarrow{DG}$, $\overrightarrow{AF}$.

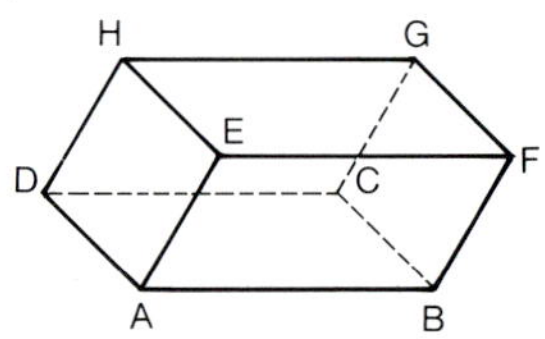

Bild 4.20

24. Untersuche vektoriell, ob die in Bild 4.21 und Bild 4.22 eingezeichneten Verbindungsstrecken benachbarter Kantenmitten am Parallelflach jeweils in einer Ebene liegen, ob sie also ebene Sechsecke bilden!
Anleitung: Drücke zunächst alle Vektoren zu den eingezeichneten Verbindungsstrecken durch die Kantenvektoren $\vec{a}$, $\vec{b}$, $\vec{c}$ aus!
Untersuche dann zunächst die Komplanarität von je drei der sechs Vektoren und achte dabei auf Paare kollinearer Vektoren!

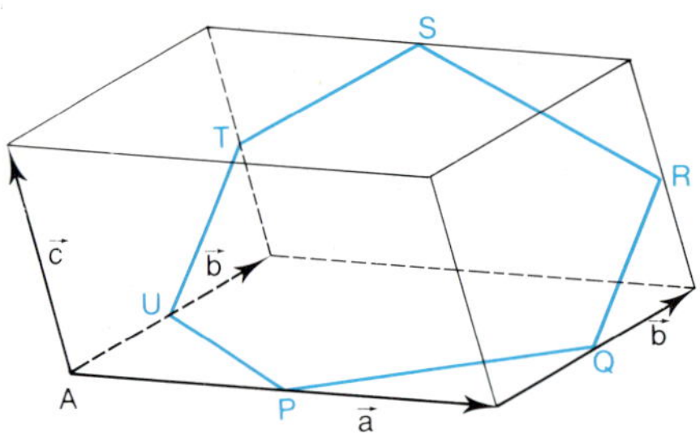

Bild 4.21

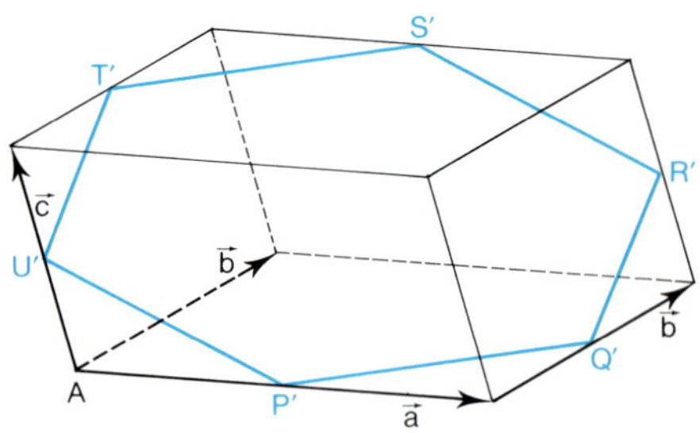

Bild 4.22

25. Stelle den dritten Vektor durch die beiden ersten zeichnerisch dar! Vergleiche Bild 4.10!

a) $\begin{pmatrix}2\\-1\end{pmatrix}, \begin{pmatrix}1\\2\end{pmatrix}, \begin{pmatrix}-1\\3\end{pmatrix}$ **b)** $\begin{pmatrix}3\\2\end{pmatrix}, \begin{pmatrix}4\\-1\end{pmatrix}, \begin{pmatrix}2\\5\end{pmatrix}$ **c)** $\begin{pmatrix}2\\0\end{pmatrix}, \begin{pmatrix}0\\2\end{pmatrix}, \begin{pmatrix}-2\\2\end{pmatrix}$

26. Bestätige den Satz S 4.11 für die folgenden Vektoren!

a) $\begin{pmatrix}0\\0\\1\end{pmatrix}, \begin{pmatrix}0\\1\\0\end{pmatrix}, \begin{pmatrix}1\\0\\0\end{pmatrix}, \begin{pmatrix}5\\-2\\-6\end{pmatrix}$ **b)** $\begin{pmatrix}3\\-3\\-1\end{pmatrix}, \begin{pmatrix}1\\-1\\0\end{pmatrix}, \begin{pmatrix}0\\2\\-1\end{pmatrix}, \begin{pmatrix}-1\\0\\1\end{pmatrix}$

c) $\begin{pmatrix}1\\-1\\2\end{pmatrix}, \begin{pmatrix}-3\\-1\\9\end{pmatrix}, \begin{pmatrix}3\\1\\-1\end{pmatrix}, \begin{pmatrix}0\\4\\1\end{pmatrix}$

27. Zeige, dass sich bei den Vektoren von Aufgabe 26 der folgende Vektor aus den drei anderen linear erzeugen lässt! **a)** der vierte **b)** der erste **c)** der zweite

28. Bestimme die Koordinaten x, y, z jeweils so, dass die vier Vektoren linear abhängig sind! Zeige ferner, dass sich einer dieser Vektoren aus den drei anderen linear erzeugen lässt!

a) $\begin{pmatrix}2\\1\\0\\-1\end{pmatrix}, \begin{pmatrix}-1\\2\\-3\\0\end{pmatrix}, \begin{pmatrix}5\\-1\\-2\\1\end{pmatrix}, \begin{pmatrix}-4\\x\\y\\z\end{pmatrix}$ **b)** $\begin{pmatrix}-1\\0\\1\\2\end{pmatrix}, \begin{pmatrix}2\\-3\\0\\-1\end{pmatrix}, \begin{pmatrix}x\\2\\-2\\-3\end{pmatrix}, \begin{pmatrix}3\\y\\0\\z\end{pmatrix}$

29. Zeige, dass die gegebenen Vektoren linear abhängig sind! Diese Beispiele bestätigen einen allgemeinen Satz (vgl. die Sätze S 4.9 und S 4.11). Wie lautet der Satz?

a) $\begin{pmatrix}0\\0\\0\\1\end{pmatrix}, \begin{pmatrix}0\\0\\1\\0\end{pmatrix}, \begin{pmatrix}0\\1\\0\\0\end{pmatrix}, \begin{pmatrix}1\\0\\0\\0\end{pmatrix}, \begin{pmatrix}4\\-7\\3\\-1\end{pmatrix}$

b) $\begin{pmatrix}-1\\2\\3\\0\end{pmatrix}, \begin{pmatrix}0\\-2\\1\\0\end{pmatrix}, \begin{pmatrix}2\\0\\0\\-1\end{pmatrix}, \begin{pmatrix}-1\\0\\-3\\0\end{pmatrix}, \begin{pmatrix}4\\0\\7\\-2\end{pmatrix}$

30. Zeige, dass die gegebenen Vektoren linear unabhängig sind!

a) $\begin{pmatrix}2\\-1\\3\end{pmatrix}, \begin{pmatrix}0\\-1\\0\end{pmatrix}, \begin{pmatrix}0\\2\\-1\end{pmatrix}$ **b)** $\begin{pmatrix}0\\-1\\2\end{pmatrix}, \begin{pmatrix}3\\0\\-1\end{pmatrix}, \begin{pmatrix}-3\\2\\0\end{pmatrix}$

c) $\begin{pmatrix}-1\\2\\0\\0\end{pmatrix}, \begin{pmatrix}2\\1\\0\\0\end{pmatrix}, \begin{pmatrix}0\\0\\1\\3\end{pmatrix}, \begin{pmatrix}0\\0\\3\\-1\end{pmatrix}$ **d)** $\begin{pmatrix}1\\2\\-3\\0\end{pmatrix}, \begin{pmatrix}-1\\1\\0\\0\end{pmatrix}, \begin{pmatrix}-1\\0\\0\\1\end{pmatrix}, \begin{pmatrix}1\\1\\1\\-1\end{pmatrix}$

31. Bilde n voneinander linear unabhängige Vektoren aus der Menge V_m!
Führe den arithmetischen Nachweis für die Richtigkeit deiner Angaben!

a) n = 2; m = 2 **b)** n = 2; m = 3 **c)** n = 3; m = 3
d) n = 2; m = 4 **e)** n = 4; m = 4 **f)** n = 5; m = 5

§ 5 Die Parameterdarstellung von Geraden und von Ebenen

I. Die Parameterdarstellung von Geraden

1. In § 1, I haben wir den Grundgedanken der analytischen Geometrie erläutert: Den **geometrischen Objekten** und den zwischen ihnen bestehenden **Beziehungen** werden **arithmetische Objekte** und **arithmetische Beziehungen** zugeordnet; genau dann, wenn die geometrischen Objekte in einer geometrischen Beziehung zueinander stehen, stehen die zugeordneten arithmetischen Objekte in der zugeordneten arithmetischen Beziehung.
Nachdem wir den Vektorbegriff mit den grundlegenden Verknüpfungen der Addition und der S-Multiplikation entwickelt haben, können wir nunmehr einen ersten Schritt zum Aufbau der analytischen Geometrie tun. Dabei erlaubt uns der Vektorbegriff, sofort räumliche Geometrie zu treiben. Der Unterschied zwischen der Ebene (man spricht auch vom „Raum R_2“) und dem dreidimensionalen Raum (dem „Raum R_3“) wird nur darin sichtbar, dass die Vektoren des R_2 zwei, die des R_3 drei Koordinaten haben.

2. Es liegt zunächst nahe, jeden **Punkt** (der Ebene R_2 oder des Raumes R_3) durch denjenigen **Vektor** zu erfassen, dessen Koordinaten mit denen des betreffenden Punktes übereinstimmen.

Beispiele:

1) Wir erfassen den Punkt P(2|3) in Bild 5.1 durch den Vektor $\vec{x}=\begin{pmatrix}2\\3\end{pmatrix}$.

2) Wir erfassen den Punkt P(3|5|7) in Bild 5.2 durch den Vektor $\vec{x}=\begin{pmatrix}3\\5\\7\end{pmatrix}$.

Man spricht in diesen Fällen jeweils von einem **„Ortsvektor“.** Wir bezeichnen Ortsvektoren mit $\vec{x}, \vec{x}_0, \vec{x}_1$ usw.
In der Regel stellen wir außerdem einen Ortsvektor $\vec{x}$ durch seinen am Nullpunkt angetragenen Repräsentanten $\overrightarrow{OP}$ dar.

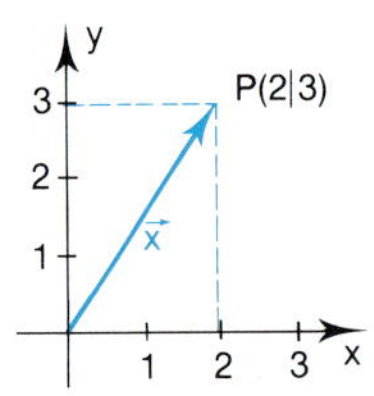

Bild 5.1

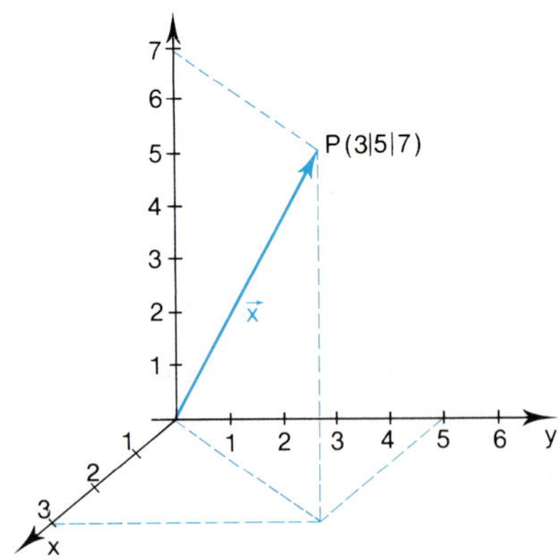

Bild 5.2

Wir definieren:

D 5.1 **Unter dem „Ortsvektor zum Punkt P" verstehen wir denjenigen Vektor $\vec{x}$, dessen Koordinaten mit den Koordinaten von P übereinstimmen. Der am Nullpunkt angetragene Pfeil $\overrightarrow{OP}$ ist also ein Repräsentant des Ortsvektors $\vec{x}$.**

3. Als Nächstes wenden wir uns dem Problem der analytischen Beschreibung von **Geraden** zu. Schon im Unterricht der Sekundarstufe I haben wir uns mit Geraden beschäftigt und dabei verschiedene Formen von Geradengleichungen kennengelernt. Diese beziehen sich aber stets auf Geraden in der x-y-Ebene. Mit Hilfe der Vektormethode können wir Geraden im Raum R_3 grundsätzlich genau so erfassen wie Geraden in der Ebene R_2; der Unterschied liegt lediglich in der Anzahl der Koordinaten der betreffenden Vektoren.

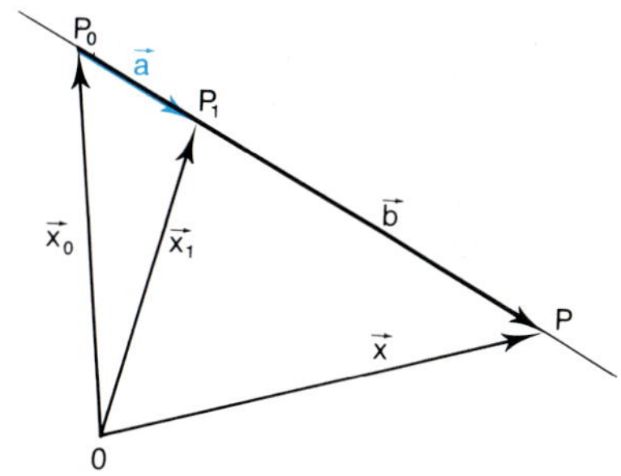

Bild 5.3

4. Die einfachste Möglichkeit, eine Gerade festzulegen, besteht darin, zwei verschiedene Punkte P_0 und P_1 vorzugeben, die auf der Geraden liegen. Wir fragen uns, wie man mit Hilfe der Ortsvektoren $\vec{x}_0$ und $\vec{x}_1$ dieser Punkte jeden anderen Punkt P der Geraden bzw. dessen Ortsvektor $\vec{x}$ erfassen kann (Bild 5.3).
Man erkennt, dass man jeden solchen Vektor $\vec{x}$ darstellen kann durch einen der beiden Ortsvektoren und durch einen Vektor, der in Richtung der Geraden liegt, also z.B. durch den Ortsvektor $\vec{x}_0$ und den Vektor $\vec{b}$ zum Pfeil $\overrightarrow{P_0P}$:

$$\vec{x}=\vec{x}_0+\vec{b}.$$

Den Vektor $\vec{b}$ kann man erfassen mit Hilfe des Vektors $\vec{a}$ zum Pfeil $\overrightarrow{P_0P_1}$, also des Vektors

$$\vec{a}=\vec{x}_1-\vec{x}_0.$$

Da dieser Vektor in Richtung der Geraden liegt, nennt man ihn einen **„Richtungsvektor"** der Geraden. (Beachte, dass $\vec{a}\neq\vec{0}$ ist wegen $\vec{x}_0\neq\vec{x}_1$!). Zur Unterscheidung wird der Vektor $\vec{x}_0$ gelegentlich als **„Stützvektor"** der Geraden bezeichnet. Da die Vektoren $\vec{a}$ und $\vec{b}$ kollinear sind, gibt es eine Zahl $t\in\mathbb{R}$ mit

$$\vec{b}=t\vec{a}.$$

Somit gilt für den Ortsvektor $\vec{x}$ zum Pfeil $\overrightarrow{OP}$:

$$\vec{x}=\vec{x}_0+t\vec{a} \quad \text{bzw.} \quad \vec{x}=\vec{x}_0+t(\vec{x}_1-\vec{x}_0) \quad (\text{mit } t\in\mathbb{R}).$$

Umgekehrt gehört zu jeder Zahl $t\in\mathbb{R}$ ein Ortsvektor $\vec{x}$, dessen zugeordneter Punkt P auf der Geraden g liegt. Man nennt jede Gleichung der Form

$\vec{x}=\vec{x}_0+t\vec{a}$	$\vec{x}=\vec{x}_0+t(\vec{x}_1-\vec{x}_0)$
„Punkt-Richtungs-Gleichung"	**„Zweipunktegleichung"**

der betreffenden Geraden.

Bemerkungen:

1) Die Hilfsvariable t nennt man den **„Parameter"** der Gleichung. Man spricht daher auch von der **„Parameterdarstellung"** einer Geraden oder von einer Geradengleichung in **„Parameterform"**.

2) Eine Gleichung der Form $\vec{x}=\vec{x}_0+t(\vec{x}_1-\vec{x}_0)$ bringt zum Ausdruck, dass jeder Punkt P zu einem Ortsvektor $\vec{x}$, der diese Gleichung erfüllt, auf der Geraden g liegt, die durch die Punkte P_0 und P_1 (zu $\vec{x}_0$ und $\vec{x}_1$) festgelegt ist. Sie bringt also die **Inzidenz** zwischen den Punkten P und der Geraden g zum Ausdruck.

3) Man nennt den zum Ortsvektor $\vec{x}$ gehörenden Punkt P gelegentlich den „laufenden Punkt" der Geraden. Wenn t alle reellen Zahlen „durchläuft", dann „durchläuft" P alle Punkte der Geraden. Wir fassen zusammen:

S 5.1 **Ist eine Gerade g durch zwei verschiedene Punkte P_0 und P_1 mit den Ortsvektoren $\vec{x}_0$ und $\vec{x}_1$ festgelegt, so gilt für die Ortsvektoren $\vec{x}$ der Punkte von g:**

$$\vec{x}=\vec{x}_0+t\vec{a} \quad \text{mit} \quad \vec{a}=\vec{x}_1-\vec{x}_0 \quad \text{und} \quad t\in\mathbb{R}.$$

5. Wir behandeln je ein **ebenes** und ein **räumliches Beispiel.**

1) Gegeben seien die Punkte P_0 und P_1 durch ihre Ortsvektoren $\vec{x}_0=\begin{pmatrix}-2\\3\end{pmatrix}$ und $\vec{x}_1=\begin{pmatrix}1\\4\end{pmatrix}$.

Dann ist $\vec{a}=\vec{x}_1-\vec{x}_0=\begin{pmatrix}1\\4\end{pmatrix}-\begin{pmatrix}-2\\3\end{pmatrix}=\begin{pmatrix}3\\1\end{pmatrix}$.

Eine Gleichung der Geraden g durch P_0 und P_1 lautet also: $\vec{x}=\begin{pmatrix}-2\\3\end{pmatrix}+t\begin{pmatrix}3\\1\end{pmatrix}$ (Bild 5.4).

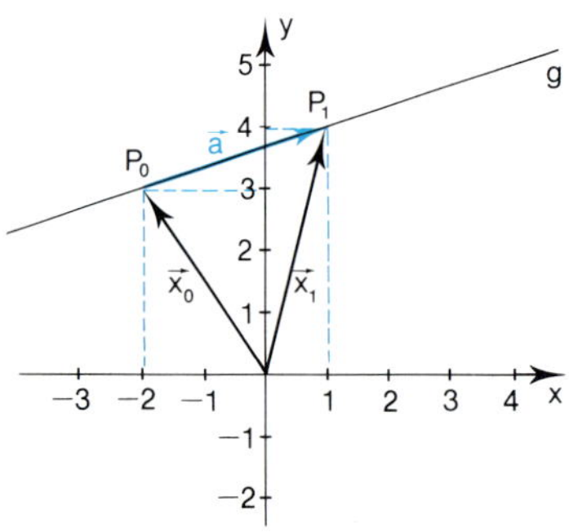

Bild 5.4

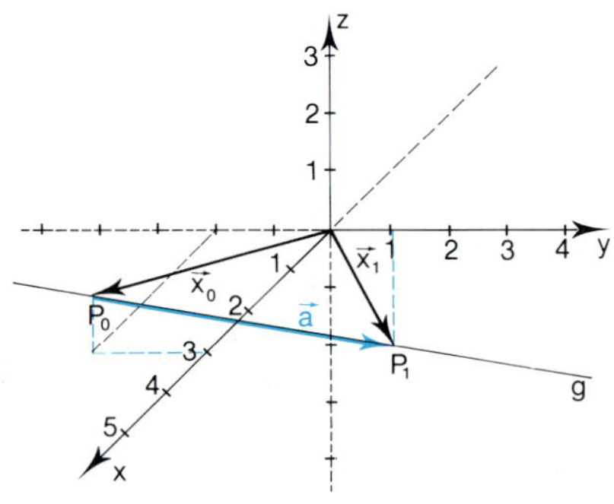

Bild 5.5

2) Gegeben seien die Punkte P_0 und P_1 durch $\vec{x}_0=\begin{pmatrix}3\\-2\\1\end{pmatrix}$ und $\vec{x}_1=\begin{pmatrix}0\\1\\-2\end{pmatrix}$.

Dann ist $\vec{a}=\vec{x}_1-\vec{x}_0=\begin{pmatrix}0\\1\\-2\end{pmatrix}-\begin{pmatrix}3\\-2\\1\end{pmatrix}=\begin{pmatrix}-3\\3\\-3\end{pmatrix}$.

Eine Gleichung der Geraden g durch P_0 und P_1 lautet also: $\vec{x}=\begin{pmatrix}3\\-2\\1\end{pmatrix}+t\begin{pmatrix}-3\\3\\-3\end{pmatrix}$ (Bild 5.5).

6. Wenn man die Lage einer Geraden im Raum R_3 beschreiben oder durch eine Zeichnung verdeutlichen will, ist es zweckmäßig, die Schnittpunkte der Geraden mit den drei Koordinatenebenen zu bestimmen. Man spricht auch von den **„Durchstoßpunkten“** der Geraden durch die drei Ebenen.

Beispiel: $\vec{x}=\begin{pmatrix}3\\4\\-1\end{pmatrix}+t\begin{pmatrix}1\\2\\-1\end{pmatrix}.$

1) Alle Punkte der x-y-Ebene (der Grundrissebene) genügen der Bedingung $z=0$. Für einen Punkt der Geraden, der in dieser Ebene liegt, muss also gelten:

$$-1+t(-1)=0, \quad \text{also } t=-1.$$

Daraus ergibt sich:

$$\vec{x}_1=\begin{pmatrix}3\\4\\-1\end{pmatrix}-\begin{pmatrix}1\\2\\-1\end{pmatrix}=\begin{pmatrix}2\\2\\0\end{pmatrix}.$$

2) Entsprechend gilt für die Punkte der y-z-Ebene (der Aufrissebene): $x=0$. Daraus ergibt sich:

$$3+t=0 \Leftrightarrow t=-3,$$

also

$$\vec{x}_2=\begin{pmatrix}3\\4\\-1\end{pmatrix}-3\begin{pmatrix}1\\2\\-1\end{pmatrix}=\begin{pmatrix}0\\-2\\2\end{pmatrix}.$$

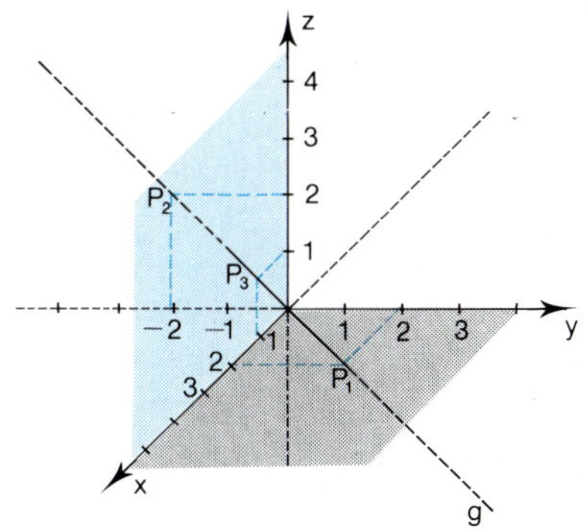

Bild 5.6

3) Schließlich gilt für die Punkte der x-z-Ebene (der Seitenrissebene): $y=0$. Daraus ergibt sich:

$$4+2t=0 \Leftrightarrow t=-2, \quad \text{also } \vec{x}_3=\begin{pmatrix}3\\4\\-1\end{pmatrix}-2\begin{pmatrix}1\\2\\-1\end{pmatrix}=\begin{pmatrix}1\\0\\1\end{pmatrix}.$$

In Bild 5.6 sind die Punkte P_1, P_2 und P_3 und die zugehörige Gerade eingetragen.

Beachte: Eine Gerade kann auch parallel zu einer Koordinatenebene verlaufen oder ganz in einer solchen Ebene liegen. Dann existiert natürlich kein Durchstoßpunkt mit dieser Ebene (Aufgabe 8).

7. Durch eine Gleichung in Parameterform ist, wenn $\vec{x}_0$ und $\vec{x}_1$ (bzw. $\vec{x}_0$ und $\vec{a}$) gegeben sind, **eindeutig** eine bestimmte Gerade g festgelegt. Umgekehrt gehört zu einer Geraden g aber **keineswegs nur eine vektorielle Parameterdarstellung;** denn schon die Punkte P_0 und P_1 können zwei beliebige Punkte der Geraden sein. Außerdem ist auch der Richtungsvektor nicht eindeutig bestimmt; denn mit $\vec{a}$ ist für jede Zahl k (mit $k \neq 0$) auch jeder Vektor $\vec{b}=k\vec{a}$ Richtungsvektor der Geraden.
Parametergleichungen für die durch P_0 und P_1 festgelegte Gerade sind also, wenn $\vec{a}=\vec{x}_1-\vec{x}_0$ ist, z.B. auch:

$$\vec{x}=\vec{x}_1+t\vec{a}; \quad \vec{x}=\vec{x}_0+t(-\vec{a}); \quad \vec{x}=\vec{x}_1+t(\tfrac{5}{7}\vec{a}) \quad \text{usw.}$$

So gilt etwa für den Richtungsvektor $\vec{a}$ des **Beispiels 2)** von Seite 70:

$$\vec{a}=\begin{pmatrix}-3\\3\\-3\end{pmatrix}=(-3)\begin{pmatrix}1\\-1\\1\end{pmatrix}.$$

Deshalb ist $\vec{a}_1=\begin{pmatrix}1\\-1\\1\end{pmatrix}$ ebenfalls ein Richtungsvektor der Geraden g. Außerdem können wir auch $\vec{x}_1$ als Stützvektor wählen. Eine andere Gleichung für diese Gerade ist also z.B.:

$$\vec{x}=\begin{pmatrix}0\\1\\-2\end{pmatrix}+t\begin{pmatrix}1\\-1\\1\end{pmatrix}.$$

8. Durch den Parameter wird der Geraden eine **Bezifferung** aufgeprägt; die Gerade wird dadurch zu einer **Zahlengeraden:** Zu jedem Punkt $P \in g$ gehört genau eine Zahl $t \in \mathbb{R}$.
In Bild 5.7 ist an einige Punkte die zugehörige Zahl herangeschrieben. Insbesondere gehören zu P_0 und P_1 die Parameterwerte $t_0=0$ und $t_1=1$. Geht man – wie unter 7. beschrieben – zu einer anderen Parametergleichung derselben Geraden über, so ändert sich dabei natürlich auch die Bezifferung der Geraden.

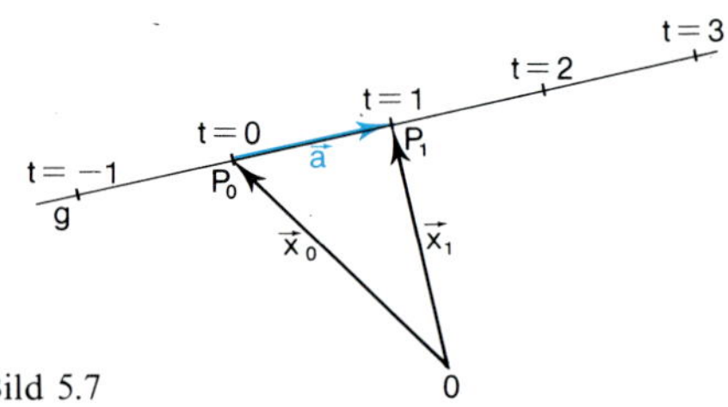

Bild 5.7

9. Wenn eine Gerade in der x-y-Ebene (man sagt auch: im Raum R_2) in Parameterform gegeben ist, dann kann man den Parameter t aus den beiden Koordinatengleichungen eliminieren:

<u>**Beispiel**</u>: $\vec{x}=\begin{pmatrix}2\\1\end{pmatrix}+t\begin{pmatrix}-2\\3\end{pmatrix}$

Es gilt also:
$$\begin{aligned} & x=2-2t \;|\cdot 3\\ \wedge\; & y=1+3t \;|\cdot 2\\ \hline \Rightarrow\; & 3x+2y=8 \end{aligned}$$

Dies ist eine Geradengleichung in allgemeiner Form, wie wir sie seit langem kennen. Durch Umformung auf die Normalform erhält man:

$$y=-\tfrac{3}{2}x+4 \qquad \text{(Bild 5.8).}$$

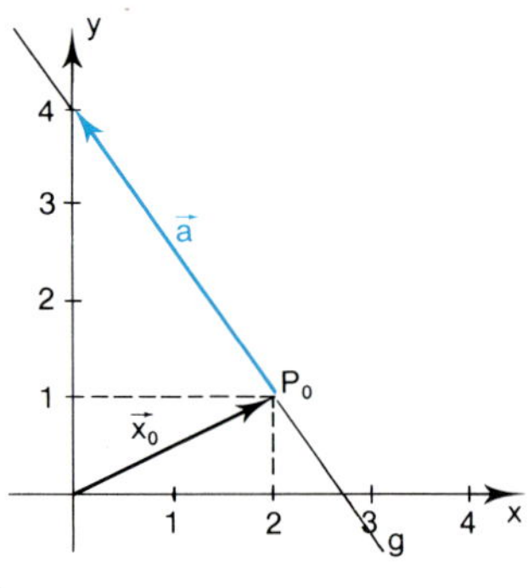

Bild 5.8

Die Gerade dieses Beispiels hat also die Steigung $-\frac{3}{2}$ und mit der y-Achse den Abschnitt 4. **Beachte,** dass bei Geraden im R_3 eine solche Umformung nicht möglich ist!

10. Umgekehrt kann man aus einer Geradengleichung in allgemeiner Form auch eine Gleichung für die betreffende Gerade in Parameterform dadurch herleiten, dass man zwei Punkte P_0 und P_1 mit ihren Ortsvektoren $\vec{x}_0$ und $\vec{x}_1$ ermittelt.

Noch schneller kommt man zum Ziel, wenn man eine der beiden Variablen als Parameter wählt.
Wir zeigen dies am gleichen

Beispiel: $3x+2y=8$.

Wir setzen z.B. $x=s$ und erhalten $y=4-\frac{3}{2}s$. Durch Zusammenfassung der beiden Gleichungen erhält man die Vektorgleichung

$$\vec{x}=\begin{pmatrix}0\\4\end{pmatrix}+s\begin{pmatrix}1\\-\frac{3}{2}\end{pmatrix}=\begin{pmatrix}0\\4\end{pmatrix}+\frac{s}{2}\begin{pmatrix}2\\-3\end{pmatrix}$$

$$=\begin{pmatrix}0\\4\end{pmatrix}+r\begin{pmatrix}2\\-3\end{pmatrix}\quad\left(\text{mit } r=\frac{s}{2}\right).$$

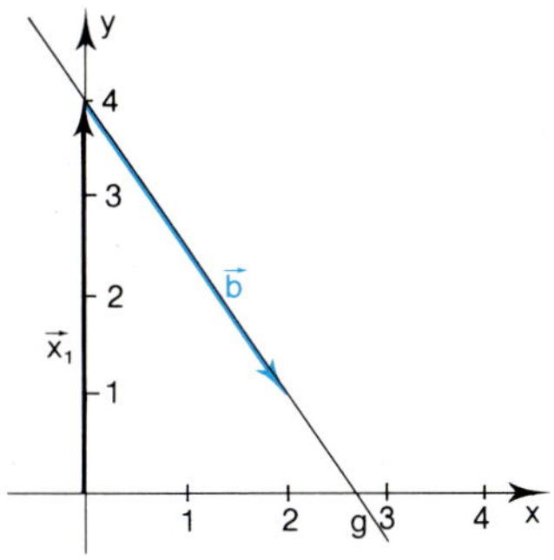

Bild 5.9

Bild 5.9 zeigt, dass es sich um dieselbe Gerade wie oben handelt. Dies lässt sich selbstverständlich auch rechnerisch nachweisen (Aufgabe 24).

11. Wenn eine Gerade im Raum R_3 durch eine Parametergleichung gegeben ist, kann man den Parameter aus je zwei der drei Gleichungen eliminieren.

Beispiel: $\vec{x}=\begin{pmatrix}2\\-1\\3\end{pmatrix}+t\begin{pmatrix}1\\1\\-2\end{pmatrix}$, also
$$\begin{array}{rl|l|l|l} x= & 2+t & \cdot 1 & \cdot 2 & \\ y= & -1+t & \cdot(-1) & & \cdot 2 \\ z= & 3-2t & & \cdot 1 & \cdot 1 \end{array}$$

Mit Hilfe der angegebenen Faktoren erhält man die drei Gleichungen

$$x-y=3;\quad 2x+z=7 \quad\text{und}\quad 2y+z=1.$$

Es handelt sich jeweils um die Gleichung einer Geraden in einer der drei Koordinatenebenen. Wir können hier nur mitteilen, dass es sich dabei um die Geraden handelt, die bei senkrechter Projektion der Raumgeraden in die jeweilige Koordinatenebene entstehen. Wir kommen auf dieses Problem in §11, I (Seite 199) zurück.

Übungen und Aufgaben

1. **a)** Ermittle zeichnerisch den Mittelpunkt M der Strecke P_1P_2 zu den Punkten $P_1(5|6)$ und $P_2(-2|3)$ und den zugehörigen Ortsvektor $\vec{x}_M$!
b) Zeige allgemein, dass für den Ortsvektor $\vec{x}_M$ zum Mittelpunkt einer Strecke P_1P_2 gilt: $\vec{x}_M=\frac{1}{2}(\vec{x}_1+\vec{x}_2)$!

2. Ermittle die Ortsvektoren der Seitenmittelpunkte des Dreiecks $P_1P_2P_3$! Bestätige das Ergebnis bei a) und b) durch eine Zeichnung!
a) $P_1(4|-2)$; $P_2(2|6)$; $P_3(-2|4)$
b) $P_1(-3|5)$; $P_2(5|-1)$; $P_3(3|5)$
c) $P_1(-2|4|6)$; $P_2(6|-2|-4)$; $P_3(2|6|4)$
d) $P_1(8|-4|5)$; $P_2(-4|6|1)$; $P_3(0|2|-3)$

3. Ein Parallelflach sei bestimmt durch den Eckpunkt A(0|0|0) und die benachbarten Eckpunkte B(6|−1|2), D(−2|5|4) und E(2|−3|6). Ermittle die Ortsvektoren aller weiteren Eckpunkte, diejenigen der sechs Schnittpunkte der Flächendiagonalen und den des Schnittpunktes der Raumdiagonalen!

4. a) Drei Ortsvektoren $\vec{x}_1, \vec{x}_2, \vec{x}_3$ bestimmen ein Dreieck $P_1 P_2 P_3$. Zeige, dass für den Ortsvektor $\vec{x}_S$ des Schwerpunktes S dieses Dreiecks gilt:

$$\vec{x}_S = \tfrac{1}{3}(\vec{x}_1 + \vec{x}_2 + \vec{x}_3) \qquad \text{(Bild 5.10)!}$$

b) Bestimme den Schwerpunkt für das Dreieck zu

$$\vec{x}_1 = \begin{pmatrix} 5 \\ -4 \\ 2 \end{pmatrix}; \quad \vec{x}_2 = \begin{pmatrix} -2 \\ 5 \\ -3 \end{pmatrix}; \quad \vec{x}_3 = \begin{pmatrix} 3 \\ 2 \\ -5 \end{pmatrix}!$$

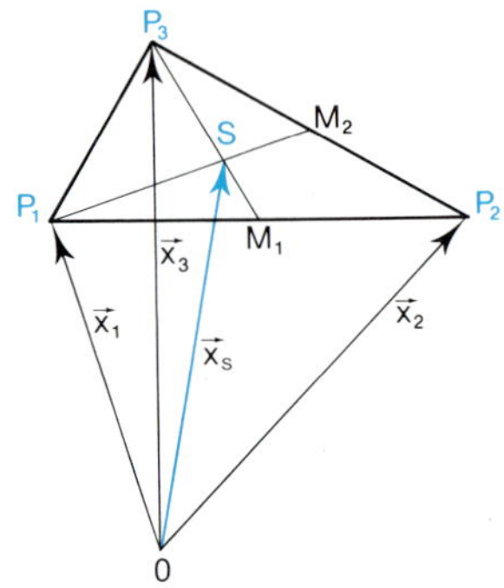

Bild 5.10

5. Bestimme den Schwerpunkt des Dreiecks ABC!

a) A(6|0|0), B(4|2|6), C(8|−8|9) **b)** A(−1|0|1), B(−3|−4|2), C(4|−5|−6)

6. Bestimme eine Parametergleichung für die Gerade durch die Punkte P_0 und P_1! Leite daraus auch die Gleichung der Geraden in Normalform her! Bestätige das Ergebnis durch eine Zeichnung!

a) $P_0(-1|2)$, $P_1(1|-2)$ **b)** $P_0(1|-2)$, $P_1(3|4)$ **c)** $P_0(-4|6)$, $P_1(1|1)$

d) $\vec{x}_0 = \begin{pmatrix} 3 \\ -4 \end{pmatrix}$, $\vec{x}_1 = \begin{pmatrix} -1 \\ 4 \end{pmatrix}$ **e)** $\vec{x}_0 = \begin{pmatrix} 0 \\ 5 \end{pmatrix}$, $\vec{x}_1 = \begin{pmatrix} -1 \\ -1 \end{pmatrix}$ **f)** $P_0(-4|0)$, $\vec{x}_1 = \begin{pmatrix} 0 \\ -2 \end{pmatrix}$

7. Ermittle eine Gleichung für die Gerade g durch die Punkte P_0 und P_1 in Parameterform! Prüfe, ob die Punkte P_2 und P_3 auf g liegen!
Ermittle die Durchstoßpunkte der Geraden mit den Koordinatenebenen!

a) $P_0(4|-1|3)$, $P_1(7|1|-2)$, $P_2(1|-3|8)$, $P_3(7|2|-2)$

b) $P_0(-2|0|1)$, $P_1(-2|-2|3)$, $P_2(-2|-4|3)$, $P_3(-2|-6|6)$

8. Ermittle eine Gleichung für die Gerade g durch die Punkte P_0 und P_1 in Parameterform! Bestimme die Durchstoßpunkte der Geraden mit den drei Koordinatenebenen! Welche besondere Lage hat die Gerade?

a) $\vec{x}_0 = \begin{pmatrix} 2 \\ -1 \\ 3 \end{pmatrix}$, $\vec{x}_1 = \begin{pmatrix} 3 \\ 1 \\ 3 \end{pmatrix}$ **b)** $\vec{x}_0 = \begin{pmatrix} 2 \\ 2 \\ -1 \end{pmatrix}$, $\vec{x}_1 = \begin{pmatrix} 1 \\ 2 \\ 3 \end{pmatrix}$ **c)** $\vec{x}_0 = \begin{pmatrix} -2 \\ 5 \\ 1 \end{pmatrix}$, $\vec{x}_1 = \begin{pmatrix} -2 \\ 4 \\ 3 \end{pmatrix}$

9. Ermittle eine Parametergleichung für die Gerade

a) g_1, die parallel zu der durch die Punkte P(7|−1|2) und Q(1|0|−2) bestimmten Geraden g_2 verläuft und durch den Punkt P(−1|1|−2) geht;

b) g_3, die durch den Nullpunkt geht und zur Geraden g_4 zu $\vec{x} = \begin{pmatrix} -3 \\ 2 \\ -4 \end{pmatrix} + t \begin{pmatrix} 2 \\ -1 \\ -4 \end{pmatrix}$ parallel verläuft;

c) g_5, die parallel zur Geraden g_2 ist und durch den Punkt T von g_4 geht, der durch $t = -2$ bestimmt ist!

10. Beschreibe jeweils die besondere Lage der gegebenen Geraden aus der Parametergleichung und bestätige deine Aussage durch eine Zeichnung!

a) $\vec{x}=\begin{pmatrix}0\\2\end{pmatrix}+t\begin{pmatrix}1\\0\end{pmatrix}$ **b)** $\vec{x}=\begin{pmatrix}-2\\2\end{pmatrix}+t\begin{pmatrix}1\\1\end{pmatrix}$ **c)** $\vec{x}=\begin{pmatrix}4\\0\end{pmatrix}+t\begin{pmatrix}-1\\1\end{pmatrix}$ **d)** $\vec{x}=t\begin{pmatrix}2\\-3\end{pmatrix}$

11. Beschreibe die besondere Lage der gegebenen Geraden!

a) $\vec{x}=\begin{pmatrix}1\\0\\0\end{pmatrix}+t\begin{pmatrix}2\\0\\0\end{pmatrix}$ **b)** $\vec{x}=\begin{pmatrix}0\\1\\0\end{pmatrix}+t\begin{pmatrix}0\\0\\-1\end{pmatrix}$ **c)** $\vec{x}=\begin{pmatrix}1\\2\\3\end{pmatrix}+t\begin{pmatrix}0\\3\\0\end{pmatrix}$ **d)** $\vec{x}=t\begin{pmatrix}1\\1\\1\end{pmatrix}$

e) $\vec{x}=\begin{pmatrix}-1\\2\\1\end{pmatrix}+t\begin{pmatrix}0\\3\\-2\end{pmatrix}$ **f)** $\vec{x}=\begin{pmatrix}2\\-1\\1\end{pmatrix}+t\begin{pmatrix}-1\\0\\4\end{pmatrix}$ **g)** $\vec{x}=\begin{pmatrix}0\\0\\1\end{pmatrix}+t\begin{pmatrix}1\\-2\\0\end{pmatrix}$ **h)** $\vec{x}=t\begin{pmatrix}1\\-1\\-1\end{pmatrix}$

12. Ermittle für die Gerade durch die Punkte $A(-1|2|3)$ und $B(3|-4|2)$ zwei verschiedene Stütz- und zwei verschiedene Richtungsvektoren! Stelle vier verschiedene Parametergleichungen für diese Gerade auf!

13. Bestimme die Koordinaten der Punkte **a)** $P(3|y|z)$, **b)** $Q(x|2{,}5|z)$, **c)** $R(x|y|-1)$ so, dass diese Punkte auf der Geraden zu $\vec{x}=\begin{pmatrix}-1\\0\\1\end{pmatrix}+t\begin{pmatrix}2\\1\\1\end{pmatrix}$ liegen!

14. Zeige, dass die beiden Gleichungen dieselbe Gerade beschreiben!

a) $\vec{x}=\begin{pmatrix}4\\-1\end{pmatrix}+t\begin{pmatrix}-3\\2\end{pmatrix}$; $\vec{x}=\begin{pmatrix}-0{,}5\\2\end{pmatrix}+s\begin{pmatrix}1{,}5\\-1\end{pmatrix}$

b) $\vec{x}=\begin{pmatrix}2\\0\\1\end{pmatrix}+t\begin{pmatrix}-1\\4\\3\end{pmatrix}$; $\vec{x}=\begin{pmatrix}5\\-12\\-8\end{pmatrix}+s\begin{pmatrix}0{,}5\\-2\\-1{,}5\end{pmatrix}$

15. Ermittle Parametergleichungen für die Geraden, die durch den Punkt $P(-1|5|2{,}5)$ gehen und parallel sind

a) zur x-Achse (y-Achse; z-Achse),

b) zu den beiden Winkelhalbierenden in der x-y-Ebene (x-z-Ebene; y-z-Ebene)!

16. a) Begründe, dass durch $\vec{x}=\vec{x}_0+t\vec{a}$ mit $t\in[-3;\,3]$ eine Strecke erfasst wird!

b) Zeichne die Punktmengen, die durch $\vec{x}=\begin{pmatrix}2\\1\end{pmatrix}+t\begin{pmatrix}-1\\1\end{pmatrix}$ und durch die folgenden Bedingungen für t gegeben sind!

1) $t\geq 2$ **2)** $-4<t<2$ **3)** $|t|\leq 2$ **4)** $|t|>1$

17. Zwei Geraden g_1 und g_2 sind gegeben durch die Gleichungen

$\vec{x}=\begin{pmatrix}5\\4\end{pmatrix}+r\begin{pmatrix}3\\1\end{pmatrix}$ und $\vec{x}=\begin{pmatrix}0\\-2\end{pmatrix}+s\begin{pmatrix}-1\\4\end{pmatrix}$.

a) Ermittle den Schnittpunkt S der beiden Geraden rechnerisch und zeichnerisch!

b) Ermittle Parameterbedingungen für die vier von S ausgehenden Halbgeraden!

18. a) Zeige, dass die beiden Geraden zu $\vec{x}=\begin{pmatrix}-1\\3\\-5\end{pmatrix}+r\begin{pmatrix}-1\\2\\-2\end{pmatrix}$ und $\vec{x}=\begin{pmatrix}-2\\3\\-1\end{pmatrix}+s\begin{pmatrix}2\\-3\\1\end{pmatrix}$ sich in einem Punkt S schneiden. Ermittle S!
b) Ermittle Parameterbedingungen für die vier von S ausgehenden Halbgeraden!

19. Ermittle zu einem Dreieck ABC Parameterbedingungen für die Seiten AB, BC und AC!
a) $A(-2|-3)$, $B(3|-1)$, $C(1|6)$ **b)** $A(2|-2)$, $B(5|6)$, $C(-2|4)$

20. Ermittle Parameterbedingungen für die Teile der Geraden g, die in verschiedenen Quadranten (Oktanten) liegen!
a) $\vec{x}=\begin{pmatrix}-3\\2\end{pmatrix}+t\begin{pmatrix}2\\1\end{pmatrix}$ **b)** $\vec{x}=\begin{pmatrix}1\\-2\\3\end{pmatrix}+t\begin{pmatrix}1\\-1\\-3\end{pmatrix}$ **c)** $\vec{x}=\begin{pmatrix}2\\-6\\4\end{pmatrix}+t\begin{pmatrix}-2\\3\\-2\end{pmatrix}$

21. Untersuche, welche Punktmengen durch die folgenden Gleichungen mit $\vec{a}, \vec{b} \neq \vec{0}$ beschrieben werden!
a) $\vec{x}=\vec{x}_0+\frac{1}{t}\vec{a}$ **b)** $\vec{x}=\frac{t}{t+1}\vec{a}$ **c)** $\vec{x}=t\vec{a}+t\vec{b}$ **d)** $\vec{x}=t\vec{a}+(1-t)\vec{b}$

22. Berechne die Mittelpunkte der Strecken AC und BD und zeige dadurch, dass das Viereck ABCD in einer Ebene liegt!
$A(-2|3|-2)$; $B(8|-4|4)$; $C(24|-17|15)$; $D(14|-10|9)$

23. Ermittle zum Viereck ABCD
1) die Mittelpunkte der Seiten AB, BC, CD und DA und
2) die Parametergleichungen der Geraden, die durch die Mittelpunkte benachbarter Seiten gehen!
Welche Form hat das von den vier Geraden eingeschlossene Viereck?
a) $A(-4|-2)$; $B(5|-6)$; $C(1|8)$; $D(5|1)$ (Zeichnung!)
b) $A(5|1|-3)$; $B(1|5|7)$; $C(-1|3|1)$; $D(-3|-5|7)$

24. a) Zeige rechnerisch, dass durch die Gleichungen $3x+2y=8$ und $\vec{x}=\begin{pmatrix}0\\4\end{pmatrix}+r\begin{pmatrix}2\\-3\end{pmatrix}$ dieselbe Gerade dargestellt wird!
b) Leite aus der Gleichung $3x+2y=8$ eine weitere Parametergleichung für die betreffende Gerade dadurch her, dass du $y=t$ setzt!

25. a) Bestimme eine Parametergleichung für die Gerade g durch die Punkte $P_0(1|-3|2)$ und $P_1(-1|-4|3)$!
b) Bestimme die Durchstoßpunkte der Geraden mit den drei Koordinatenebenen!
c) Eliminiere aus je zwei der drei Koordinatengleichungen den Parameter!
d) Zeige, dass jeder der drei Durchstoßpunkte auf genau einer der drei Geraden liegt, die durch die sich bei c) ergebenden Gleichungen festgelegt sind!
e) Zeige, dass man aus je zwei der sich bei c) ergebenden Geradengleichungen durch Elimination der gemeinsamen Variablen die dritte Gleichung herleiten kann!
f) Wie kann man den Sachverhalt von e) geometrisch deuten?

II. Die Parameterdarstellung von Ebenen

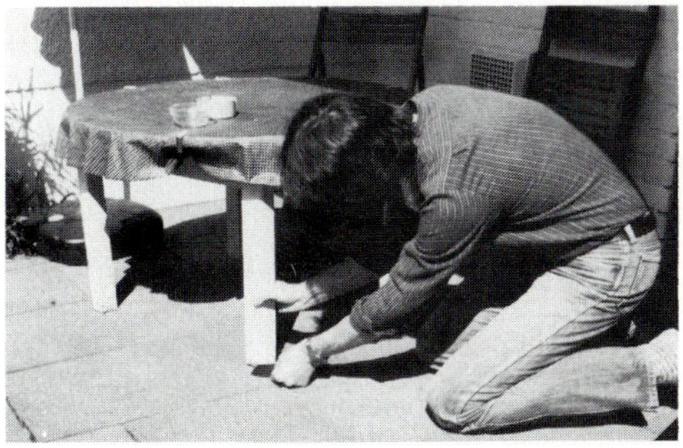

Bild 5.11

1. Bild 5.11 zeigt eine Situation, wie sie im täglichen Leben nicht selten auftritt: Durch Unterlegen eines Stückchens Pappkarton versucht der Hausherr das unangenehme Wackeln eines Tisches zu beheben.
Wie ist es zu erklären, dass vierbeinige Tische häufig wackeln, während dies bei dreibeinigen Tischen nie der Fall ist?
Der Grund hierfür liegt offensichtlich darin, dass schon drei voneinander verschiedene Punkte eine Ebene eindeutig festlegen.
Allerdings dürfen diese Punkte nicht auf derselben Geraden liegen.
Falls die Tischbeine schmal genug sind, ihre Enden also wenigstens angenähert als punktförmig angesehen werden können, dann liegen die Enden von drei Tischbeinen auf jeden Fall in einer Ebene; daher kann ein dreibeiniger Tisch nicht wackeln; auch dann nicht, wenn die Tischbeine verschieden lang sind, und auch nicht, wenn der Boden nicht eben ist.
Selbst wenn die Stempel eines vierbeinigen Tisches exakt gearbeitet sind, wenn das Ende des vierten Stempels also mit den drei anderen in derselben Ebene liegt, kann es sein, dass der Tisch wackelt. Erläutere im Einzelnen, welche Ursachen das Wackeln eines vierbeinigen Tisches haben kann (Aufgabe 1)!

2. Wenn wir also **Ebenen** in ähnlicher Weise erfassen wollen, wie wir es im I. Abschnitt für Geraden besprochen haben, dann können wir uns eine Ebene ε festgelegt denken durch drei verschiedene Punkte P_0, P_1 und P_2, die allerdings nicht alle auf derselben Geraden liegen dürfen. Man sagt auch: Die drei Punkte P_0, P_1 und P_2 dürfen **nicht „kollinear“** sein.
Wir denken uns diese drei Punkte durch ihre Ortsvektoren $\vec{x}_0$, $\vec{x}_1$ und $\vec{x}_2$ gegeben.
Man kann in diesem Fall den Ortsvektor $\vec{x}$ zu einem beliebigen Punkt P der fraglichen Ebene darstellen durch einen der Ortsvektoren als **„Stützvektor“** der Ebene und durch einen Vektor, der in der Ebene liegt, also z.B. durch den Ortsvektor $\vec{x}_0$ und den Vektor $\vec{c}$ zum Pfeil $\overrightarrow{P_0P}$:

$$\vec{x} = \vec{x}_0 + \vec{c}.$$

Nach den Überlegungen, die wir in § 4 angestellt haben, benötigt man zur Festlegung des Vektors $\vec{c}$ zwei Vektoren $\vec{a}$ und $\vec{b}$, die die Ebene **„aufspannen“**, zwei linear unabhängige Vektoren also, deren Vertreter parallel zur Ebene (oder in der Ebene) liegen. Zwei solche Vektoren kann man aus den gegebenen Ortsvektoren leicht bestimmen, nämlich z.B.

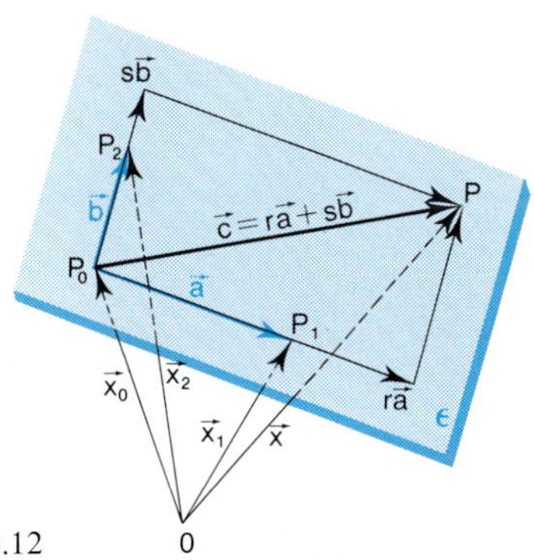

$\vec{a} = \vec{x}_1 - \vec{x}_0$ und $\vec{b} = \vec{x}_2 - \vec{x}_0$ (Bild 5.12).

Bild 5.12

Man nennt solche Vektoren gelegentlich **„Spannvektoren“** der Ebene.

Da der Vektor $\vec{c}$ mit $\vec{a}$ und $\vec{b}$ **komplanar** ist, gibt es zwei Zahlen r, s ∈ ℝ mit $\vec{c} = r\vec{a} + s\vec{b}$. Somit gilt für den Ortsvektor $\vec{x}$ zum Pfeil $\overrightarrow{OP}$:

$$\vec{x} = \vec{x}_0 + r\vec{a} + s\vec{b} \quad \text{bzw.} \quad \vec{x} = \vec{x}_0 + r(\vec{x}_1 - \vec{x}_0) + s(\vec{x}_2 - \vec{x}_0) \quad (\text{mit } r, s \in \mathbb{R}).$$

Umgekehrt gehört zu jedem Zahlenpaar $(r|s) \in \mathbb{R} \times \mathbb{R}$ ein Ortsvektor $\vec{x}$, dessen zugeordneter Punkt P in der Ebene ε liegt. Daher nennt man jede Gleichung der Form

$\boldsymbol{\vec{x} = \vec{x}_0 + r\vec{a} + s\vec{b}}$	$\boldsymbol{\vec{x} = \vec{x}_0 + r(\vec{x}_1 - \vec{x}_0) + s(\vec{x}_2 - \vec{x}_0)}$
„Punkt-Richtungs-Gleichung"	**„Dreipunktegleichung"**

der betreffenden Ebene.

Bemerkungen:

1) Die Hilfsvariablen r und s nennt man **„Parameter"** der Gleichung. Man spricht daher auch von der **„Parameterdarstellung"** einer Ebene oder von einer Ebenengleichung in **„Parameterform"**.

2) Eine Gleichung der Form $\vec{x} = \vec{x}_0 + r(\vec{x}_1 - \vec{x}_0) + s(\vec{x}_2 - \vec{x}_0)$ bringt zum Ausdruck, dass der Punkt P zu einem Ortsvektor $\vec{x}$, der die Gleichung erfüllt, in der Ebene liegt, die durch die Punkte P_0, P_1 und P_2 (zu $\vec{x}_0$, $\vec{x}_1$ und $\vec{x}_2$) festgelegt ist. Sie bringt also die **Inzidenz** zwischen den Punkten P und der Ebene ε zum Ausdruck.

3) Man nennt gelegentlich den zum Ortsvektor $\vec{x}$ gehörenden Punkt P den „laufenden Punkt" der Ebene. Wenn die Parameter r und s alle reellen Zahlen „durchlaufen", dann „durchläuft" P alle Punkte der Ebene.

Wir fassen zusammen:

S 5.2 **Ist eine Ebene ε durch drei nicht kollineare Punkte P_0, P_1 und P_2 mit den Ortsvektoren $\vec{x}_0$, $\vec{x}_1$ und $\vec{x}_2$ festgelegt, so gilt für die Ortsvektoren $\vec{x}$ der Punkte von ε:**

$$\boldsymbol{\vec{x} = \vec{x}_0 + r\vec{a} + s\vec{b} \quad \text{mit } \vec{a} = \vec{x}_1 - \vec{x}_0,\ \vec{b} = \vec{x}_2 - \vec{x}_0 \text{ und } r, s \in \mathbb{R}.}$$

3. Wir behandeln ein **Beispiel:** Gegeben seien die Punkte P_0, P_1 und P_2 durch die Ortsvektoren

$$\vec{x}_0 = \begin{pmatrix} 1 \\ -3 \\ 2 \end{pmatrix};\ \vec{x}_1 = \begin{pmatrix} -2 \\ 0 \\ 1 \end{pmatrix} \text{ und } \vec{x}_2 = \begin{pmatrix} 1 \\ 2 \\ -2 \end{pmatrix}.$$

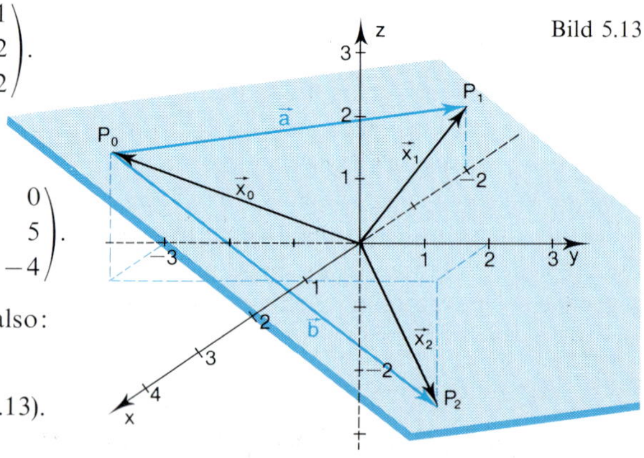

Bild 5.13

Dann ist

$$\vec{a} = \vec{x}_1 - \vec{x}_0 = \begin{pmatrix} -3 \\ 3 \\ -1 \end{pmatrix} \text{ und } \vec{b} = \vec{x}_2 - \vec{x}_0 = \begin{pmatrix} 0 \\ 5 \\ -4 \end{pmatrix}.$$

Eine Gleichung für die Ebene ε lautet also:

$$\vec{x} = \begin{pmatrix} 1 \\ -3 \\ 2 \end{pmatrix} + r\begin{pmatrix} -3 \\ 3 \\ -1 \end{pmatrix} + s\begin{pmatrix} 0 \\ 5 \\ -4 \end{pmatrix} \quad \text{(Bild 5.13).}$$

4. Durch eine Ebenengleichung in Parameterform ist, wenn $\vec{x}_0$, $\vec{x}_1$ und $\vec{x}_2$ (oder $\vec{x}_0$, $\vec{a}$ und $\vec{b}$) gegeben sind, **eindeutig** eine bestimmte Ebene ε festgelegt.
Umgekehrt gehört zu einer Ebene ε aber keineswegs nur eine vektorielle Parametergleichung; denn schon die Punkte P_0, P_1 und P_2 können weitgehend beliebig aus der Menge aller Punkte der Ebene ausgewählt werden; sie dürfen nur nicht kollinear sein. Außerdem sind auch die Spannvektoren $\vec{a}$ und $\vec{b}$ nicht eindeutig bestimmt. Jedes Paar linear unabhängiger und zu $\vec{x}_1 - \vec{x}_0$ und $\vec{x}_2 - \vec{x}_0$ komplanarer Vektoren kann ausgewählt werden, also z.B. auch die Vektoren $\vec{x}_2 - \vec{x}_1$ und $\vec{x}_0 - \vec{x}_2$ und zahlreiche weitere Paare.

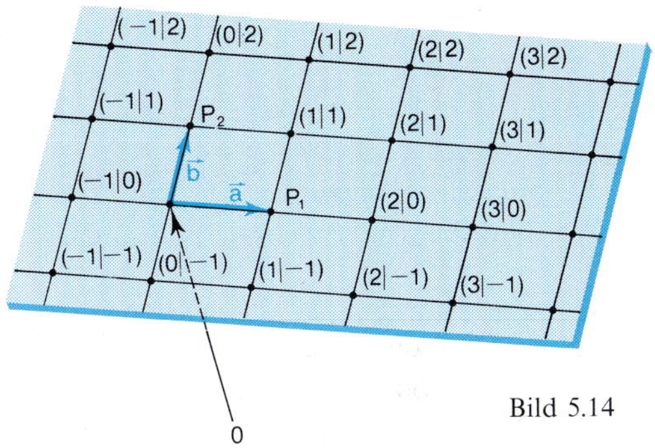

Bild 5.14

5. Durch die Spannvektoren $\vec{a}$ und $\vec{b}$ wird in der Ebene ε ein Koordinatensystem aufgespannt, welches den Punkt P_0 als Ursprung hat. Da die Vektoren $\vec{a}$ und $\vec{b}$ in der Regel weder gleich lang sind noch aufeinander senkrecht stehen, wird es sich in der Regel **nicht** um ein Kartesisches Koordinatensystem handeln. Jedem Punkt der Ebene wird ein Koordinatenpaar (r|s) zugeordnet. In Bild 5.14 sind die Zahlenpaare an einige Punkte herangeschrieben. Insbesondere gehört zum Punkt P_0 das Zahlenpaar (0|0), zum Punkt P_1 das Zahlenpaar (1|0) und zum Punkt P_2 das Zahlenpaar (0|1).

6. Ist eine Ebene durch eine Parametergleichung gegeben, so kann man die beiden Parameter aus den drei Koordinatengleichungen eliminieren.

<u>**Beispiel:**</u> $\vec{x} = \begin{pmatrix} 1 \\ 1 \\ 2 \end{pmatrix} + r \begin{pmatrix} 1 \\ 0 \\ -2 \end{pmatrix} + s \begin{pmatrix} -1 \\ 1 \\ -2 \end{pmatrix}.$

$$\left\{ \begin{array}{l} x = 1 + r - s \\ \wedge\ y = 1 \quad\;\; + s \\ \wedge\ z = 2 - 2r - 2s \end{array} \right. \begin{array}{|l} \cdot 1 \\ \cdot 1 \\ \end{array} \begin{array}{|l} \cdot 2 \\ \\ \cdot(-1) \end{array} \Rightarrow \left\{ \begin{array}{l} x + y = 2 + r \\ \wedge\ 2x - z = \quad 4r \end{array} \right. \begin{array}{|l} \cdot 4 \\ \cdot(-1) \end{array} \Rightarrow 2x + 4y + z = 8.$$

Durch diese lineare Gleichung in den drei Variablen x, y und z wird ebenfalls die betreffende Ebene dargestellt. Dies können wir dadurch nachweisen, dass wir aus dieser Gleichung

$$2x + 4y + z = 8$$

umgekehrt wieder eine Gleichung der Ebene in Parameterform herleiten. Wir setzen z.B. $x = v$ und $y = w$; dann ergibt sich: $z = 8 - 2v - 4w$. Wir fassen die drei Gleichungen

$$\begin{array}{rl} & x = v \\ & y = \quad\; w \\ \text{und} & z = 8 - 2v - 4w \end{array}$$

zu einer Vektorgleichung zusammen: $\vec{x} = \begin{pmatrix} 0 \\ 0 \\ 8 \end{pmatrix} + v \begin{pmatrix} 1 \\ 0 \\ -2 \end{pmatrix} + w \begin{pmatrix} 0 \\ 1 \\ -4 \end{pmatrix}$ [1].

Da es unzählige Gleichungen in Parameterform für dieselbe Ebene gibt, ist es keineswegs verwunderlich, dass wir bei dieser Rechnung nicht auf die Gleichung gestoßen sind, von der wir oben ausgegangen sind:

$$\vec{x}=\begin{pmatrix}1\\1\\2\end{pmatrix}+r\begin{pmatrix}1\\0\\-2\end{pmatrix}+s\begin{pmatrix}-1\\1\\-2\end{pmatrix} \quad [2].$$

Wir können aber leicht nachweisen, dass die beiden Gleichungen [1] und [2] dieselbe Ebene darstellen. Man erkennt sofort, dass der Spannvektor $\begin{pmatrix}1\\0\\-2\end{pmatrix}$ in beiden Gleichungen auftritt.
Wegen $\begin{pmatrix}-1\\1\\-2\end{pmatrix}+\begin{pmatrix}1\\0\\-2\end{pmatrix}=\begin{pmatrix}0\\1\\-4\end{pmatrix}$ sind alle drei Spannvektoren komplanar. Dies bedeutet, dass die durch die Gleichungen [1] und [2] erfassten Ebenen parallel sind.
Wir brauchen nur noch zu zeigen, dass z.B. der Punkt zum Ortsvektor $\begin{pmatrix}1\\1\\2\end{pmatrix}$ auch in der Ebene zur Gleichung [1] liegt. Wir weisen dies dadurch nach, dass wir die zugehörigen Parameterwerte v und w berechnen. Aus Gleichung [1] ergibt sich:

$$\begin{pmatrix}1\\1\\2\end{pmatrix}=\begin{pmatrix}0\\0\\8\end{pmatrix}+v\begin{pmatrix}1\\0\\-2\end{pmatrix}+w\begin{pmatrix}0\\1\\-4\end{pmatrix} \Leftrightarrow \begin{cases} v=1\\ \wedge\ w=1\\ \wedge\ 2=8-2v-4w\end{cases}$$

Die Zahlen $v=1$ und $w=1$ erfüllen auch die dritte Gleichung: $2=8-2-4$ (w).
Da der Punkt $P_0(1|1|2)$ auch in der Ebene zur Gleichung [1] liegt, sind die beiden Ebenen tatsächlich identisch.

7. Um die durch die Gleichung $2x+4y+z=8$ gegebene Ebene zeichnerisch darstellen zu können, ermitteln wir ihre Schnittpunkte mit den drei Koordinatenachsen.

Für die x-Achse gilt: $y=z=0$,
für den Schnittpunkt also $x=4$;

für die y-Achse gilt: $x=z=0$,
für den Schnittpunkt also $y=2$;

für die z-Achse gilt: $x=y=0$,
für den Schnittpunkt also $z=8$.

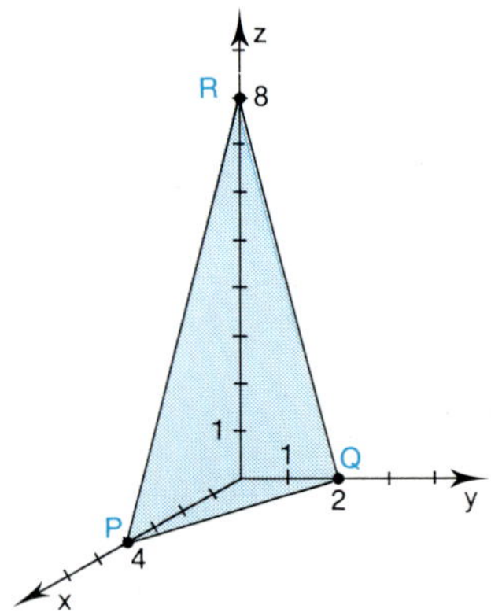

Bild 5.15

Die drei Punkte P(4|0|0), Q(0|2|0) und R(0|0|8) sind in Bild 5.15 eingetragen. Das Dreieck PQR ist der Teil der fraglichen Ebene, der im I. Oktanten liegt.

8. Die Gleichung $2x+4y+z=8$ ist von der Form

$$\mathbf{ax+by+cz=d} \quad (\text{mit } a, b, c, d \in \mathbb{R}).$$

Man spricht von einer Ebenengleichung in **„allgemeiner Form“.** Sie entspricht der Geradengleichung in allgemeiner Form: $ax+by=c$, die uns seit langem vertraut ist.
Wir werden uns mit Ebenengleichungen in allgemeiner Form in §9 ausführlich beschäftigen.

Übungen und Aufgaben

1. Ein vierbeiniger Tisch wackelt fast immer. Woran liegt das? Erläutere im Einzelnen die Gründe dafür, dass ein vierbeiniger Tisch wackelt!

2. Ermittle eine Parametergleichung für die Ebene durch die Punkte P_0, P_1 und P_2!

a) $P_0(1|1|-2)$; $P_1(3|-2|1)$; $P_2(-1|1|-2)$ **b)** $P_0(0|-1|2)$; $P_1(1|0|-3)$; $P_2(2|-1|-2)$
c) $P_0(3|1|-2)$; $P_1(-1|2|-3)$; $P_2(0|-1|1)$ **d)** $P_0(2|3|-1)$; $P_1(-1|2|1)$; $P_2(-3|-2|4)$

3. Ermittle eine Parametergleichung für die Ebene ε durch den Punkt P_0, die parallel zur Ebene ε_1 verläuft!

a) $P_0(4|-1|2)$; $\varepsilon_1\colon \vec{x}=\begin{pmatrix}-2\\0\\1\end{pmatrix}+r\begin{pmatrix}-1\\2\\0\end{pmatrix}+s\begin{pmatrix}2\\-1\\3\end{pmatrix}$

b) $P_0(-1|2|-3)$; $\varepsilon_1\colon \vec{x}=\begin{pmatrix}4\\-1\\2\end{pmatrix}+r\begin{pmatrix}2\\0\\1\end{pmatrix}+s\begin{pmatrix}-4\\2\\1\end{pmatrix}$

4. Ermittle eine Parametergleichung für die Ebene durch den Punkt $P_0(3|1|-2)$, die parallel zur x-y-Ebene (x-z-Ebene; y-z-Ebene) verläuft!

5. **a)** Ermittle eine Parametergleichung für die Ebene ε durch die Punkte $P_1(2|-3|0)$, $P_2(-3|0|2)$ und $P_3(0|2|-4)$!
b) Bestimme eine Parametergleichung für die Ebene ε_1, die durch den Punkt $P_4(3|4|-2)$ geht und parallel zur Ebene ε verläuft!

6. Welches geometrische Gebilde wird bei nicht kollinearen Vektoren $\vec{a}$ und $\vec{b}$ durch die Parametergleichung beschrieben? Welche Werte von r und s sind auszuschließen?

a) $\vec{x}=\vec{x}_0+\frac{1}{r}\vec{a}+\frac{1}{s}\vec{b}$ **b)** $\vec{x}=r^2\vec{a}+s^2\vec{b}$ **c)** $\vec{x}=\vec{x}_0+(r-s)\vec{a}+s\vec{b}$

7. Beschreibe die besondere Lage der Ebene!

a) $\vec{x}=\begin{pmatrix}1\\0\\0\end{pmatrix}+r\begin{pmatrix}0\\1\\0\end{pmatrix}+s\begin{pmatrix}0\\0\\1\end{pmatrix}$ **b)** $\vec{x}=\begin{pmatrix}4\\-2\\1\end{pmatrix}+r\begin{pmatrix}4\\0\\0\end{pmatrix}+s\begin{pmatrix}0\\0\\2\end{pmatrix}$

c) $\vec{x}=\begin{pmatrix}2\\-1\\3\end{pmatrix}+r\begin{pmatrix}-3\\0\\0\end{pmatrix}+s\begin{pmatrix}0\\2\\0\end{pmatrix}$ **d)** $\vec{x}=\begin{pmatrix}2\\2\\2\end{pmatrix}+r\begin{pmatrix}1\\1\\0\end{pmatrix}+s\begin{pmatrix}0\\0\\1\end{pmatrix}$

8. Ermittle für die Ebenen in Aufgabe 7 Gleichungen in allgemeiner Form!

9. Ermittle für die gegebene Ebene eine parameterfreie Gleichung, also eine Ebenengleichung in allgemeiner Form!

a) $\vec{x}=\begin{pmatrix}1\\-1\\2\end{pmatrix}+r\begin{pmatrix}0\\1\\-2\end{pmatrix}+s\begin{pmatrix}2\\-2\\0\end{pmatrix}$ **b)** $\vec{x}=\begin{pmatrix}0\\1\\0\end{pmatrix}+r\begin{pmatrix}1\\6\\0\end{pmatrix}+s\begin{pmatrix}0\\3\\-2\end{pmatrix}$

10. Ermittle eine Parametergleichung für die betreffende Ebene!

a) $x+y+z=3$ **b)** $x-2y+z=6$ **c)** $-3x+y-z=4$ **d)** $x+z=-5$

11. Ermittle die Durchstoßpunkte der drei Koordinatenachsen mit der Ebene ε und den Punkt P in der Ebene ε!

a) ε: $\vec{x}=\begin{pmatrix}4\\0\\1\end{pmatrix}+r\begin{pmatrix}1\\1\\4\end{pmatrix}+s\begin{pmatrix}1\\-1\\2\end{pmatrix}$; $P(1|y|-1)$

b) ε durch $P_0(2|-2|4)$; $P_1(3|-1|5)$; $P_2(1|-2|-2)$; $P(x|-1|11)$

12. Untersuche, ob die Punkte P_1, P_2, P_3, P_4 in der Ebene ε liegen!

a) ε: $\vec{x}=\begin{pmatrix}2\\6\\1\end{pmatrix}+r\begin{pmatrix}1\\3\\-5\end{pmatrix}+s\begin{pmatrix}-1\\-1\\2\end{pmatrix}$; $P_1(2|8|-2)$; $P_2(-1|1|10)$; $P_3(4|8|-6)$; $P_4(0|2|4)$

b) ε: $\vec{x}=\begin{pmatrix}2\\-3\\1\end{pmatrix}+r\begin{pmatrix}1\\-2\\1\end{pmatrix}+s\begin{pmatrix}2\\1\\-1\end{pmatrix}$; $P_1(1|-6|3)$; $P_2(2|3|1)$; $P_3(3|0|-1)$; $P_4(3|-5|2)$

13. Begründe, warum durch eine Gleichung der Form $\vec{x}=\vec{x}_0+r\vec{a}+s\vec{b}$ bei nicht kollinearen Vektoren $\vec{a}$ und $\vec{b}$ durch die Bedingung

a) $s\geq 0$ eine Halbebene;

b) $0\leq r\leq 3 \wedge 0\leq s\leq 2$ die Fläche eines Parallelogramms;

c) $0\leq r+s\leq 2 \wedge r, s\geq 0$ die Fläche eines Dreiecks beschrieben wird!

14. Welches geometrische Gebilde wird durch eine Parametergleichung der Form $\vec{x}=\vec{x}_0+r\vec{a}+s\vec{b}$ mit nicht kollinearen Vektoren $\vec{a}$ und $\vec{b}$ und durch folgende Zusatzbedingung beschrieben?

a) $r=-2 \wedge s\in\mathbb{R}$ **b)** $r\in\mathbb{R} \wedge s=3$ **c)** $r, s\in\mathbb{Z}$

d) $r\leq 1 \wedge s\in\mathbb{R}$ **e)** $r\in\mathbb{R} \wedge s>-1$ **f)** $-1\leq r\leq 1 \wedge 2\leq s\leq 5$

15. Stelle die durch die folgenden Bedingungen gegebenen Punktmengen zeichnerisch dar!

a) $\vec{x}=\begin{pmatrix}-2\\2\end{pmatrix}+r\begin{pmatrix}1\\1\end{pmatrix}+s\begin{pmatrix}3\\-1\end{pmatrix}$; $-3<r<3$ **b)** $\vec{x}=\begin{pmatrix}3\\-2\end{pmatrix}+r\begin{pmatrix}3\\1\end{pmatrix}+s\begin{pmatrix}-1\\1\end{pmatrix}$; $1\leq s\leq 5$

c) $\vec{x}=\begin{pmatrix}5\\-4\end{pmatrix}+r\begin{pmatrix}0\\1\end{pmatrix}+s\begin{pmatrix}-2\\-1\end{pmatrix}$; $2<r<7 \wedge 1<s<5$

d) $\vec{x}=\begin{pmatrix}-4\\-3\end{pmatrix}+r\begin{pmatrix}2\\1\end{pmatrix}+s\begin{pmatrix}1\\2\end{pmatrix}$; $0\leq r+s\leq 4 \wedge r, s\geq 0$

16. Ein Quader (Bild 5.16) wird durch die Vektoren $\vec{a}$, $\vec{b}$ und $\vec{c}$ aufgespannt. Ermittle Parameterbedingungen für die sechs Seitenflächen des Quaders!

$\vec{a}=\begin{pmatrix}4\\0\\0\end{pmatrix}$; $\vec{b}=\begin{pmatrix}0\\7\\0\end{pmatrix}$; $\vec{c}=\begin{pmatrix}0\\0\\3\end{pmatrix}$

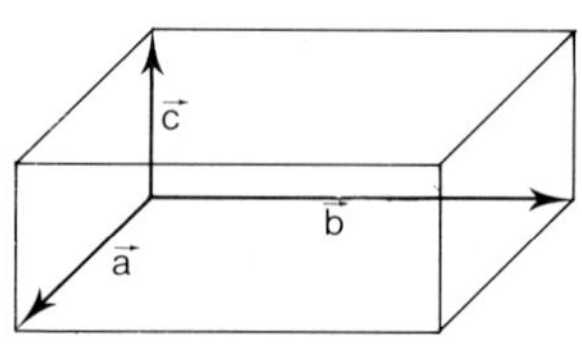

Bild 5.16

III. Lagebeziehungen zwischen Geraden und Ebenen

1. Aus Gründen der Verkehrssicherheit werden Autobahnen grundsätzlich kreuzungsfrei angelegt. Bild 5.17 zeigt eine Brücke über eine Autobahn; Landstraße und Autobahn liegen an dieser Stelle in verschiedenen Ebenen; einen Kreuzungsbereich gibt es nicht.

Bild 5.17

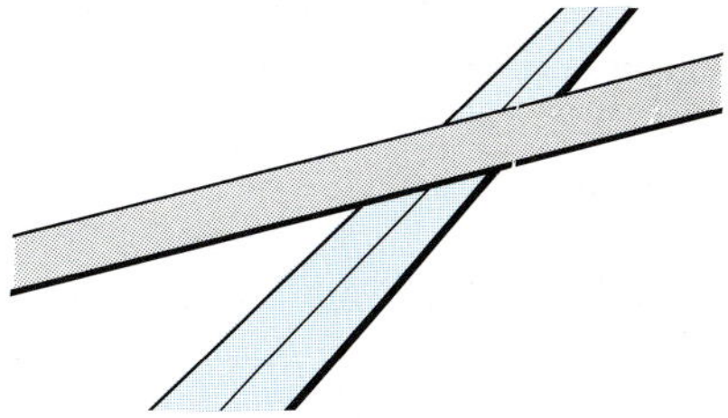

Bild 5.18

Denkt man sich die Linienführungen der Autobahn und der Landstraße von Bild 5.17 durch Geraden dargestellt (Bild 5.18), so erkennt man, dass es im Raum Geraden gibt, die sich nicht schneiden, die aber auch nicht parallel zueinander sind. Solche Geraden nennt man **„windschief“**.

Beachte: Wir sagen von zwei Geraden, dass „sie sich schneiden“, wenn sie genau einen Punkt gemeinsam haben.

Der Unterschied zwischen parallelen und windschiefen Geraden liegt darin, dass parallele Geraden stets in derselben Ebene liegen, windschiefe Geraden aber nicht. Wir definieren:

D 5.1

1) **Zwei Geraden, die sich nicht schneiden, heißen**
„parallel“ | „windschief“
genau dann, wenn es
eine | keine
Ebene gibt, in der beide Geraden liegen.

2) **Jede Gerade ist auch zu sich selbst parallel.**

Beispiel: Bild 5.19 zeigt eine Pyramide mit quadratischer Grundfläche. Bei dieser Pyramide sind die Geraden $g_1(A, B)$ und $g_2(C, D)$ zueinander parallel, während $g_1(A, B)$ und $g_3(C, S)$ windschief sind. Suche weitere Beispiele für windschiefe Geraden; betrachte z.B. die Kanten eines Zimmers (Aufgabe 2)!

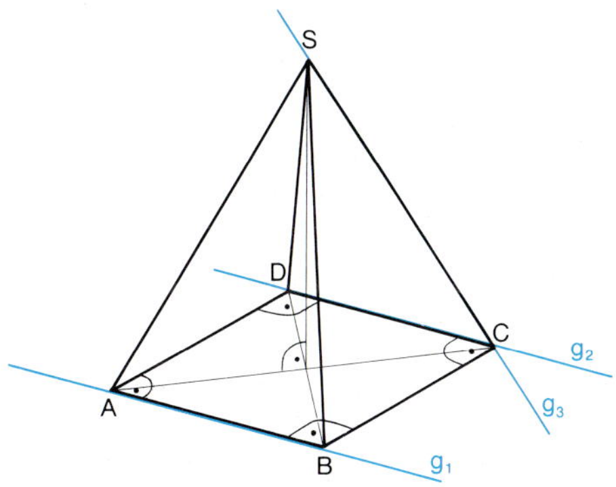

Bild 5.19

2. Wenn wir also zwei Geraden g_1 und g_2 auf ihre gegenseitige Lage zu untersuchen haben, so sind folgende Möglichkeiten zu unterscheiden:

Schnitt, Parallelität, Identität und Windschiefe.

Dabei ist die Identität ein Sonderfall der Parallelität.

Die beiden Geraden seien jeweils durch Parametergleichungen gegeben:

$$g_1\colon\ \vec{x}=\vec{x}_1+r\vec{a} \quad \text{und} \quad g_2\colon\ \vec{x}=\vec{x}_2+s\vec{b}.$$

Dann kann man an Hand der Stützvektoren $\vec{x}_1$ und $\vec{x}_2$ und der Richtungsvektoren $\vec{a}$ und $\vec{b}$ entscheiden, welcher Fall vorliegt.

Wenn die Geraden **parallel** (Bild 5.20) oder **identisch** (Bild 5.21) sind, dann haben sie die gleiche Richtung; dies erkennt man daran, dass die Richtungsvektoren $\vec{a}$ und $\vec{b}$ kollinear sind. Sind die Geraden sogar identisch, so muss auch noch $\vec{x}_2-\vec{x}_1$ zu $\vec{a}$ und $\vec{b}$ kollinear sein (Bild 5.21).

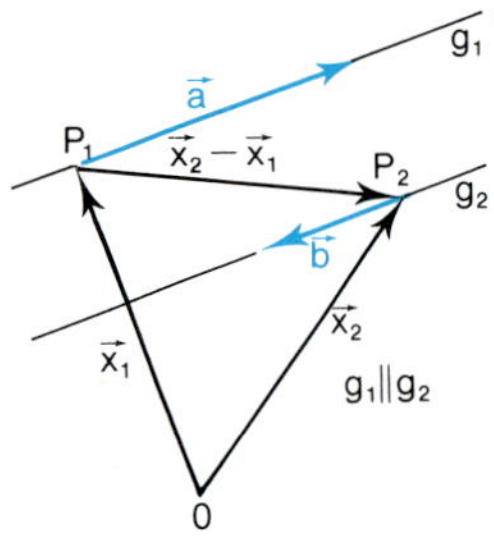

Bild 5.20

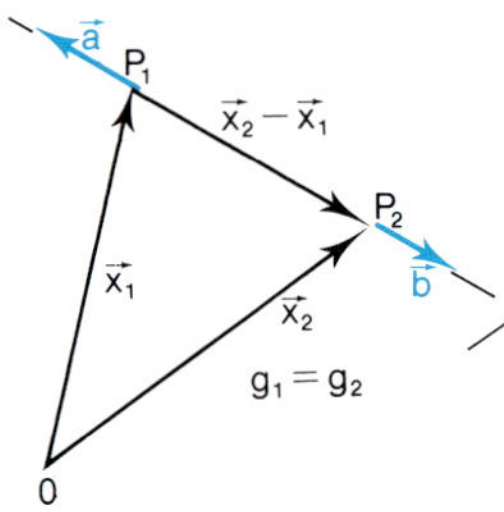

Bild 5.21

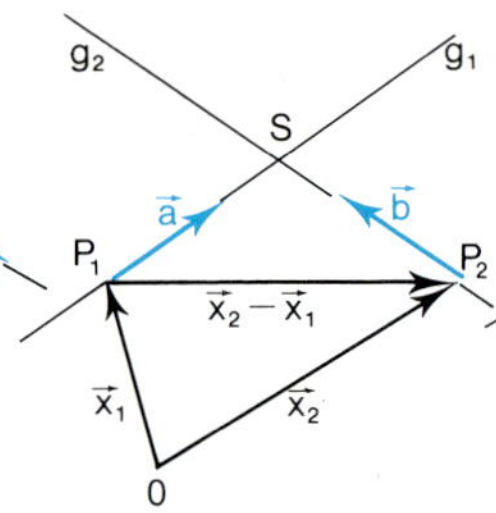

Bild 5.22

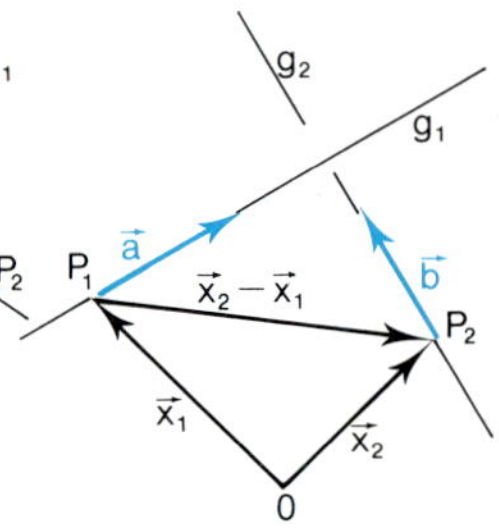

Bild 5.23

Sind $\vec{a}$ und $\vec{b}$ nicht kollinear, so schneiden sich die Geraden oder sind windschief. Im ersten Fall (Bild 5.22) müssen beide Geraden in derselben Ebene liegen, d.h., $\vec{a}$, $\vec{b}$ und $\vec{x}_2-\vec{x}_1$ müssen komplanar sein. Sind $\vec{a}, \vec{b}$ und $\vec{x}_2-\vec{x}_1$ dagegen nicht komplanar, dann sind die Geraden g_1 und g_2 windschief (Bild 5.23).

Das folgende Flussdiagramm zeigt, wie man die Untersuchung grundsätzlich durchführen kann.

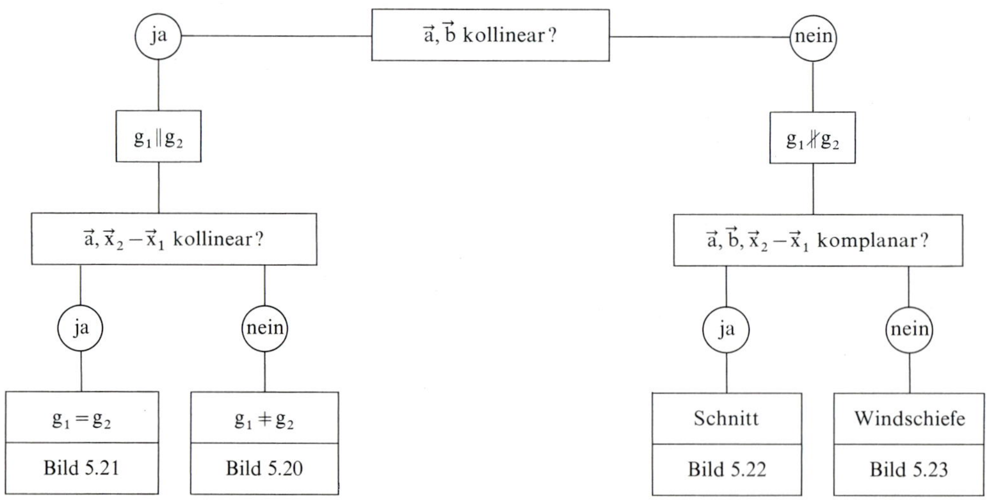

Bemerkung: Wenn $g_1 \nparallel g_2$ ist, kann man Rechenarbeit einsparen dadurch, dass man sofort versucht, einen etwaigen Schnittpunkt zu berechnen. Wir verweisen auf die folgenden Beispiele 3) und 4).

3. Wir behandeln für jeden der möglichen Fälle ein **Beispiel.**

1) $g_1\colon \vec{x}=\begin{pmatrix}-2\\1\\1\end{pmatrix}+r\begin{pmatrix}-1\\1\\3\end{pmatrix};\quad g_2\colon \vec{x}=\begin{pmatrix}1\\-3\\2\end{pmatrix}+s\begin{pmatrix}2\\-2\\-6\end{pmatrix}$

Es gilt: $\begin{pmatrix}2\\-2\\-6\end{pmatrix}=-2\begin{pmatrix}-1\\1\\3\end{pmatrix}$; also sind g_1 und g_2 parallel.

Ferner ist: $\vec{x}_2-\vec{x}_1=\begin{pmatrix}1\\-3\\2\end{pmatrix}-\begin{pmatrix}-2\\1\\1\end{pmatrix}=\begin{pmatrix}3\\-4\\1\end{pmatrix}$; dieser Vektor ist nicht kollinear zu $\begin{pmatrix}-1\\1\\3\end{pmatrix}$; also sind die beiden Geraden **parallel, aber nicht identisch.**

Bemerkung: Man könnte z.B. auch prüfen, ob $\vec{x}_1$ die Gleichung für g_2 erfüllt.

2) $g_1\colon \vec{x}=\begin{pmatrix}2\\-1\\-3\end{pmatrix}+r\begin{pmatrix}1\\-3\\2\end{pmatrix};\quad g_2\colon \vec{x}=\begin{pmatrix}4\\-7\\1\end{pmatrix}+s\begin{pmatrix}-3\\9\\-6\end{pmatrix}$

Es gilt: $\begin{pmatrix}-3\\9\\-6\end{pmatrix}=-3\begin{pmatrix}1\\-3\\2\end{pmatrix}$; also sind g_1 und g_2 parallel.

Ferner ist: $\vec{x}_2-\vec{x}_1=\begin{pmatrix}4\\-7\\1\end{pmatrix}-\begin{pmatrix}2\\-1\\-3\end{pmatrix}=\begin{pmatrix}2\\-6\\4\end{pmatrix}=2\begin{pmatrix}1\\-3\\2\end{pmatrix}$;

der Vektor $\vec{x}_2-\vec{x}_1$ ist also kollinear zum Richtungsvektor $\begin{pmatrix}1\\-3\\2\end{pmatrix}$; daher sind die beiden Geraden **identisch.**

3) $g_1\colon \vec{x}=\begin{pmatrix}1\\-2\\1\end{pmatrix}+r\begin{pmatrix}2\\1\\-3\end{pmatrix};\quad g_2\colon \vec{x}=\begin{pmatrix}-1\\-2\\2\end{pmatrix}+s\begin{pmatrix}2\\2\\-5\end{pmatrix}$

Man erkennt sofort, dass die beiden Richtungsvektoren **nicht kollinear** sind; die beiden Geraden schneiden sich also in genau einem Punkt S oder sind zueinander windschief.
Nach obigem Flussdiagramm hätten wir nun zu prüfen, ob die Vektoren $\vec{a}, \vec{b}$ und $\vec{x}_2-\vec{x}_1$ komplanar sind oder nicht. Um Rechenaufwand einzusparen, versuchen wir statt dessen sofort, einen etwaigen Schnittpunkt zu berechnen. Gibt es einen Schnittpunkt S, so muss der zugehörige Ortsvektor $\vec{x}_S$ beide Gleichungen erfüllen, d.h., es muss Werte der Parameter r und s geben mit:

$$\begin{pmatrix}1\\-2\\1\end{pmatrix}+r\begin{pmatrix}2\\1\\-3\end{pmatrix}=\begin{pmatrix}-1\\-2\\2\end{pmatrix}+s\begin{pmatrix}2\\2\\-5\end{pmatrix},$$

ausführlich geschrieben:

$$\left\{\begin{aligned}1+2r&=-1+2s\\ \wedge\ -2+\ r&=-2+2s\\ \wedge\ 1-3r&=\ 2-5s\end{aligned}\right\}\Leftrightarrow\left\{\begin{aligned}2r-2s&=-2\\ \wedge\ r-2s&=\ 0\\ \wedge\ -3r+5s&=\ 1\end{aligned}\right\}\Leftrightarrow\left\{\begin{aligned}r-\ s&=-1\\ \wedge\ r\ &=\ 2s\\ \wedge\ -3r+5s&=\ 1\end{aligned}\right\}.$$

Setzt man $r=2s$ in die erste Gleichung ein, so erhält man $s=-1$ und somit $r=-2$. Diese Zahlen erfüllen auch die dritte Gleichung $(-3)\cdot(-2)+5\cdot(-1)=6-5=1$. Das Gleichungssystem ist also **eindeutig** lösbar.
Durch Einsetzen von $r=-2$ in die Gleichung von g_1 erhält man:

$$\vec{x}_S=\begin{pmatrix}1\\-2\\1\end{pmatrix}+(-2)\begin{pmatrix}2\\1\\-3\end{pmatrix}=\begin{pmatrix}1-4\\-2-2\\1+6\end{pmatrix}=\begin{pmatrix}-3\\-4\\7\end{pmatrix}.$$

Man kann dieses Ergebnis durch Einsetzen von $s=-1$ in die Gleichung von g_2 bestätigen. Die Geraden schneiden sich also im Punkt $S(-3|-4|7)$.

4) $g_1\colon\ \vec{x}=\begin{pmatrix}2\\-1\\3\end{pmatrix}+r\begin{pmatrix}0\\-2\\1\end{pmatrix};\quad g_2\colon\ \vec{x}=\begin{pmatrix}1\\0\\-2\end{pmatrix}+s\begin{pmatrix}-1\\1\\2\end{pmatrix}$

Man erkennt wiederum sofort, dass die beiden Richtungsvektoren $\begin{pmatrix}0\\-2\\1\end{pmatrix}$ und $\begin{pmatrix}-1\\1\\2\end{pmatrix}$ **nicht kollinear** sind. Die Parameterwerte r und s eines etwaigen Schnittpunktes S müssen also der folgenden Gleichung genügen:

$$\begin{pmatrix}2\\-1\\3\end{pmatrix}+r\begin{pmatrix}0\\-2\\1\end{pmatrix}=\begin{pmatrix}1\\0\\-2\end{pmatrix}+s\begin{pmatrix}-1\\1\\2\end{pmatrix},\quad \text{ausführlich geschrieben:}$$

$$\left\{\begin{array}{rl} 2 &= 1-s\\ \wedge\ -1-2r &= s\\ \wedge\ 3+r &= -2+2s\end{array}\right\}\Leftrightarrow\left\{\begin{array}{rl} s &= -1\\ \wedge\ -2r-s &= 1\\ \wedge\ r-2s &= -5\end{array}\right\}.$$

Mit $s=-1$ ergibt sich aus der zweiten Gleichung $r=0$, aus der dritten Gleichung aber $r=-7$. Das Gleichungssystem ist also unerfüllbar. Daher gibt es keinen Schnittpunkt der beiden Geraden; es handelt sich um **windschiefe** Geraden.

4. Sind eine Ebene ε und eine Gerade g durch ihre Parameterdarstellungen

$$\vec{x}=\vec{x}_1+r\vec{a}+s\vec{b}\quad\text{bzw.}\quad\vec{x}=\vec{x}_2+t\vec{c}$$

gegeben, so kann man ihre gegenseitige Lage ebenfalls an Hand der Stützvektoren $\vec{x}_1$, $\vec{x}_2$, der Spannvektoren $\vec{a}$, $\vec{b}$ und des Richtungsvektors $\vec{c}$ untersuchen.

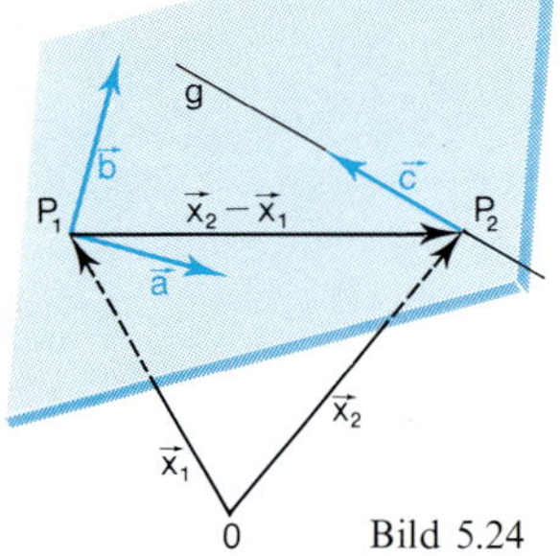

Bild 5.24

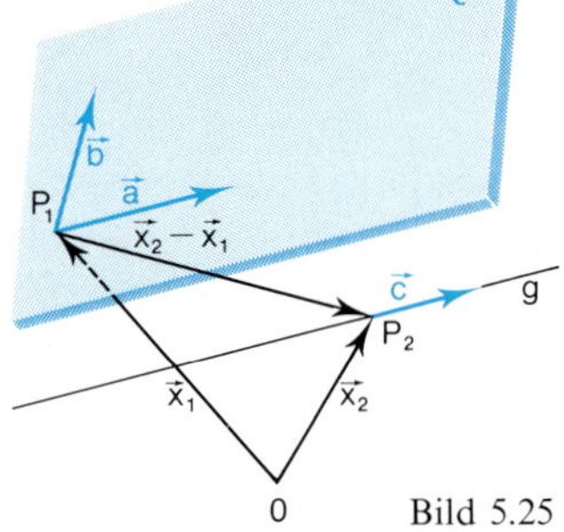

Bild 5.25

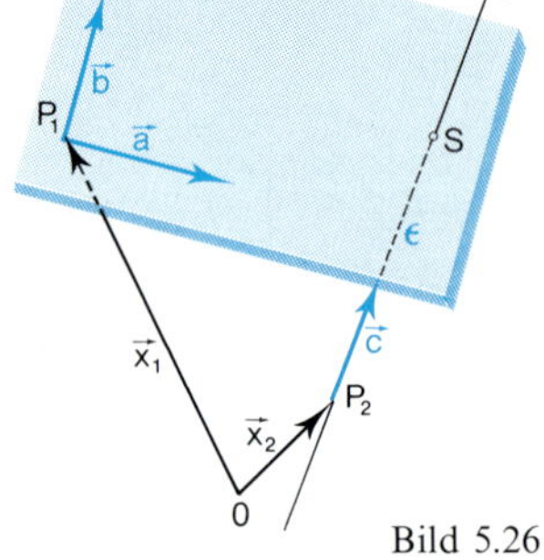

Bild 5.26

1) Sind $\vec{a}$, $\vec{b}$ und $\vec{c}$ **komplanar,** so bedeutet dies, dass die Gerade **parallel** zur Ebene verläuft.

a) Ist außerdem $\vec{x}_2 - \vec{x}_1$ **komplanar** mit $\vec{a}$, $\vec{b}$ und $\vec{c}$, so liegt die Gerade in der Ebene: $g \subset \varepsilon$ (Bild 5.24).

b) Ist $\vec{x}_2 - \vec{x}_1$ **nicht komplanar** mit $\vec{a}$, $\vec{b}$ und $\vec{c}$, so liegt die Gerade g außerhalb der Ebene ε (Bild 5.25); die Gerade ist zur Ebene parallel.

2) Sind $\vec{a}$, $\vec{b}$ und $\vec{c}$ **nicht komplanar,** so schneiden sich die Gerade und die Ebene in genau einem Punkt S (Bild 5.26).

5. Bei der konkreten Durchführung der Untersuchung geht man zweckmäßigerweise so vor, wie wir es bei Geraden mit nicht parallelen Richtungsvektoren getan haben: Man versucht die Punkte zu bestimmen, die sowohl in der Ebene wie auf der Geraden liegen. Deren Ortsvektoren müssen beiden Gleichungen genügen. Wir suchen also Parameterwerte r, s und t mit

$$\vec{x}_1 + r\vec{a} + s\vec{b} = \vec{x}_2 + t\vec{c}.$$

<u>**Beispiel:**</u> Ebene und Gerade seien gegeben durch:

$$\vec{x} = \begin{pmatrix} 2 \\ 1 \\ -3 \end{pmatrix} + r \begin{pmatrix} 1 \\ -2 \\ 1 \end{pmatrix} + s \begin{pmatrix} -2 \\ 1 \\ 2 \end{pmatrix} \quad \text{und} \quad \vec{x} = \begin{pmatrix} 1 \\ 0 \\ 0 \end{pmatrix} + t \begin{pmatrix} -1 \\ -4 \\ 7 \end{pmatrix}.$$

Die Koordinaten gemeinsamer Punkte von Ebene und Gerade müssen dem folgenden Gleichungssystem genügen. Wir bestimmen die Lösungen durch Äquivalenzumformungen mit Hilfe der angegebenen Faktoren.

$$\left\{\begin{array}{l} 2 + r - 2s = 1 - t \\ \wedge\ 1 - 2r + s = -4t \\ \wedge\ -3 + r + 2s = 7t \end{array}\right\} \Leftrightarrow \left\{\begin{array}{rl} & r - 2s + t = -1 \\ \wedge & -2r + s + 4t = -1 \\ \wedge & r + 2s - 7t = 3 \end{array}\right| \begin{array}{l} \cdot 2 \\ \cdot 1 \\ \end{array} \left| \begin{array}{l} \cdot(-1) \\ \\ \cdot 1 \end{array}\right.$$

$$\Leftrightarrow \left\{\begin{array}{rl} & r - 2s + t = -1 \\ \wedge & -3s + 6t = -3 \\ \wedge & 4s - 8t = 4 \end{array}\right| \begin{array}{l} \\ \cdot 4 \\ \cdot 3 \end{array} \Leftrightarrow \left\{\begin{array}{rl} & r - 2s + t = -1 \\ \wedge & -\ s + 2t = -1 \\ \wedge & 0 = 0 \end{array}\right\}$$

Aus der zweiten Gleichung ergibt sich $s = 1 + 2t$ und damit aus der ersten Gleichung

$$r = -1 + 2s - t = -1 + 2(1 + 2t) - t = -1 + 2 + 4t - t = 1 + 3t.$$

Durch Einsetzen dieser Bedingungen in die Ebenengleichung erhält man:

$$\vec{x} = \begin{pmatrix} 2 \\ 1 \\ -3 \end{pmatrix} + (1 + 3t) \begin{pmatrix} 1 \\ -2 \\ 1 \end{pmatrix} + (1 + 2t) \begin{pmatrix} -2 \\ 1 \\ 2 \end{pmatrix} = \begin{pmatrix} 2 + 1 + 3t - 2 - 4t \\ 1 - 2 - 6t + 1 + 2t \\ -3 + 1 + 3t + 2 + 4t \end{pmatrix} = \begin{pmatrix} 1 \\ 0 \\ 0 \end{pmatrix} + t \begin{pmatrix} -1 \\ -4 \\ 7 \end{pmatrix}.$$

Es ergibt sich also die oben angegebene Geradengleichung. Dies bedeutet, dass die Gerade g vollständig in der Ebene ε liegt (Fall 1a).
Hat das betreffende Gleichungssystem **keine Lösung,** so liegt g außerhalb der Ebene und ist zu ihr parallel (Fall 1b), hat es **genau eine Lösung,** so schneiden sich Ebene und Gerade in genau einem Punkt S (Fall 2c).
Wir kommen auf diese Fälle in §7, IV nach der Behandlung von linearen Gleichungssystemen zurück.

6. Sind schließlich zwei Ebenen ε_1 und ε_2 durch ihre Parameterdarstellungen

$$\vec{x}=\vec{x}_1+r\vec{a}_1+s\vec{b}_1 \quad \text{und} \quad \vec{x}=\vec{x}_2+t\vec{a}_2+v\vec{b}_2$$

gegeben, so kann man deren gegenseitige Lage ebenfalls an Hand der Stützvektoren $\vec{x}_1, \vec{x}_2$ und der Spannvektoren $\vec{a}_1$, $\vec{b}_1$, $\vec{a}_2$ und $\vec{b}_2$ untersuchen.
Hier können die folgenden Fälle auftreten:

1) Sind $\vec{a}_1$, $\vec{b}_1$, $\vec{a}_2$ und $\vec{b}_2$ komplanar, so bedeutet dies, dass die beiden Ebenen **parallel** zueinander sind.

a) Ist außerdem noch $\vec{x}_2-\vec{x}_1$ mit den vier Spannvektoren **komplanar,** so sind die beiden Ebenen **identisch** (Bild 5.27).

b) Ist $\vec{x}_2-\vec{x}_1$ **nicht komplanar** mit den vier Spannvektoren, so sind ε_1 und ε_2 zwei verschiedene, zueinander parallele Ebenen (Bild 5.28).

2) Sind $\vec{a}_1$, $\vec{b}_1$, $\vec{a}_2$ und $\vec{b}_2$ **nicht** komplanar, so schneiden sich die beiden Ebenen in einer Geraden (Bild 5.29).

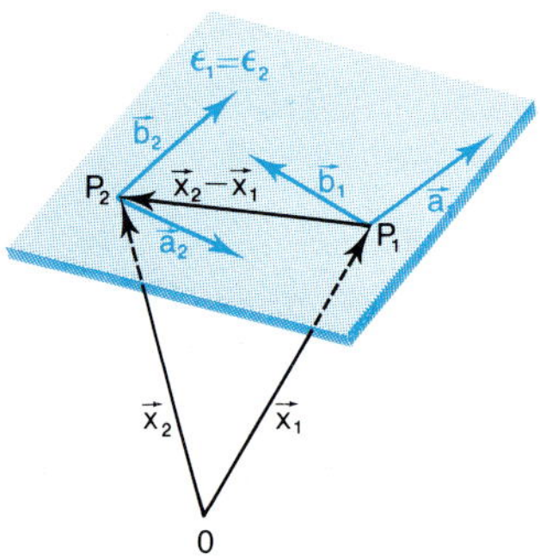

Bild 5.27

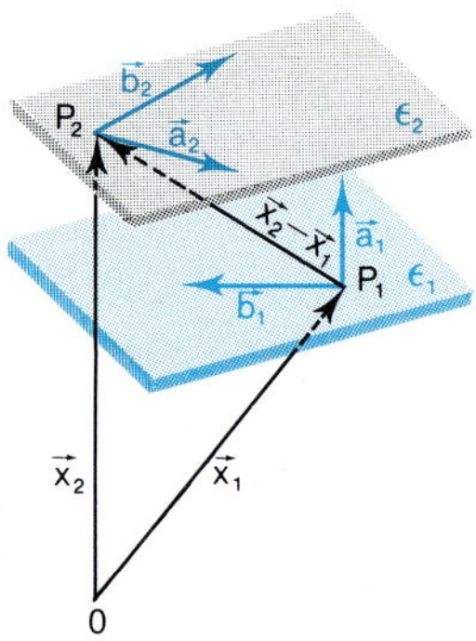

Bild 5.28

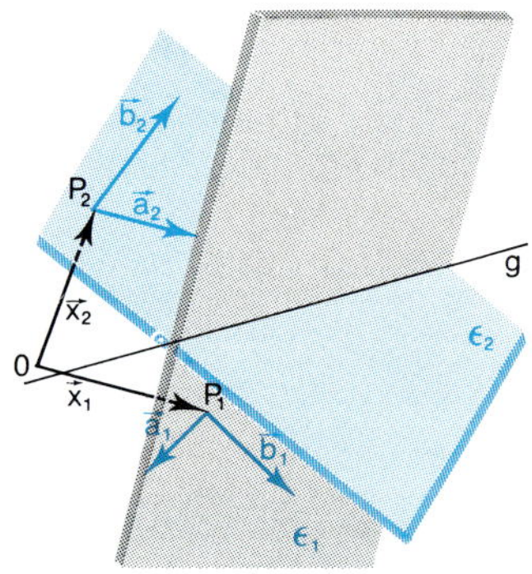

Bild 5.29

Bei der konkreten Durchführung der Untersuchung geht man zweckmäßigerweise wiederum so vor, dass man versucht die Punkte zu bestimmen, die den beiden Ebenen gemeinsam sind, die also der Gleichung

$$\vec{x}_1+r\vec{a}_1+s\vec{b}_1=\vec{x}_2+t\vec{a}_2+v\vec{b}_2$$

genügen. Wir kommen darauf in §7, IV zurück und behandeln hier nur ein **Beispiel,** bei dem der Rechenaufwand wegen der gewählten Zahlen relativ gering ist.

Beispiel: $\varepsilon_1\colon \vec{x}=\begin{pmatrix}-1\\2\\1\end{pmatrix}+r\begin{pmatrix}3\\0\\-1\end{pmatrix}+s\begin{pmatrix}0\\1\\0\end{pmatrix}$; $\quad \varepsilon_2\colon \vec{x}=\begin{pmatrix}2\\0\\-1\end{pmatrix}+t\begin{pmatrix}1\\-2\\0\end{pmatrix}+v\begin{pmatrix}0\\-1\\0\end{pmatrix}$.

Gemeinsame Punkte der beiden Ebenen müssen dem folgenden Gleichungssystem genügen:

$$\left\{\begin{array}{lllll} & -1+3r & = & 2+t & \\ \wedge & 2 & +s= & -2t-v & \\ \wedge & 1-r & =-1 & & \end{array}\right.$$

Aus der dritten Gleichung ergibt sich: $r=2$; aus der ersten Gleichung folgt dann: $t=3$ und aus der zweiten Gleichung: $s=-8-v$.

Wir setzen die Ergebnisse in die Gleichungen für ε_1 und für ε_2 ein:

$$\vec{x} = \begin{pmatrix} -1 \\ 2 \\ 1 \end{pmatrix} + 2 \begin{pmatrix} 3 \\ 0 \\ -1 \end{pmatrix} + (-8-v) \begin{pmatrix} 0 \\ 1 \\ 0 \end{pmatrix} = \begin{pmatrix} -1+6+0 \\ 2+0-8 \\ 1-2+0 \end{pmatrix} + v \begin{pmatrix} 0 \\ -1 \\ 0 \end{pmatrix} = \begin{pmatrix} 5 \\ -6 \\ -1 \end{pmatrix} + v \begin{pmatrix} 0 \\ -1 \\ 0 \end{pmatrix};$$

$$\vec{x} = \begin{pmatrix} 2 \\ 0 \\ -1 \end{pmatrix} + 3 \begin{pmatrix} 1 \\ -2 \\ 0 \end{pmatrix} + v \begin{pmatrix} 0 \\ -1 \\ 0 \end{pmatrix} = \begin{pmatrix} 2+3 \\ 0-6 \\ -1+0 \end{pmatrix} + v \begin{pmatrix} 0 \\ -1 \\ 0 \end{pmatrix} = \begin{pmatrix} 5 \\ -6 \\ -1 \end{pmatrix} + v \begin{pmatrix} 0 \\ -1 \\ 0 \end{pmatrix}.$$

Wir erhalten in den beiden Fällen dieselbe Geradengleichung. Die beiden Ebenen schneiden sich also in der durch diese Gleichung dargestellten Geraden.
Beachte: In analogen Fällen erhält man nicht immer dieselbe Gleichung; wohl aber müssen die beiden Gleichungen dieselbe Gerade darstellen.

7. Bevor wir weitere Beispiele behandeln, erscheint es zweckmäßig, dass wir uns zunächst mit linearen Gleichungssystemen näher befassen.

Übungen und Aufgaben

1. Untersuche die gegenseitige Lage der Geraden g_1 und g_2!

a) $g_1: \vec{x} = \begin{pmatrix} 1 \\ 5 \end{pmatrix} + r \begin{pmatrix} -4 \\ 6 \end{pmatrix}$ $\quad g_2: \vec{x} = \begin{pmatrix} -3 \\ 8 \end{pmatrix} + s \begin{pmatrix} 2 \\ -3 \end{pmatrix}$

b) $g_1: \vec{x} = \begin{pmatrix} -4 \\ 3 \end{pmatrix} + r \begin{pmatrix} 4 \\ -3 \end{pmatrix}$ $\quad g_2: \vec{x} = \begin{pmatrix} 3 \\ 2 \end{pmatrix} + s \begin{pmatrix} -2 \\ 1 \end{pmatrix}$

c) $g_1: \vec{x} = \begin{pmatrix} 5 \\ -1 \end{pmatrix} + r \begin{pmatrix} -3 \\ 2{,}5 \end{pmatrix}$ $\quad g_2: \vec{x} = \begin{pmatrix} 4 \\ -1 \end{pmatrix} + s \begin{pmatrix} 9 \\ -7{,}5 \end{pmatrix}$

2. a) Betrachte die Geraden, auf denen die Kanten deines Zimmers oder die Kanten in deinem Unterrichtsraum liegen!
Suche unter ihnen Paare von zueinander windschiefen Geraden!
b) Verfahre wie in Aufgabenteil **a)** mit den Kanten eines Prismas (Bild 1.15), einer Pyramide (Bild 1.16), eines Tetraeders (Bild 1.17) und eines Parallelflachs (Bild 1.18)!

3. Untersuche die gegenseitige Lage der Geraden g_1 und g_2!

a) $g_1: \vec{x} = \begin{pmatrix} 2 \\ 3 \\ 1 \end{pmatrix} + r \begin{pmatrix} 2 \\ 1 \\ 1 \end{pmatrix}$ $\quad g_2: \vec{x} = \begin{pmatrix} -2 \\ 1 \\ 0 \end{pmatrix} + s \begin{pmatrix} 1 \\ 1 \\ 0 \end{pmatrix}$

b) $g_1: \vec{x} = \begin{pmatrix} 3 \\ 0 \\ 4 \end{pmatrix} + r \begin{pmatrix} -4 \\ 2 \\ -6 \end{pmatrix}$ $\quad g_2: \vec{x} = \begin{pmatrix} -1 \\ 2 \\ -2 \end{pmatrix} + s \begin{pmatrix} 2 \\ -1 \\ 3 \end{pmatrix}$

c) $g_1: \vec{x} = \begin{pmatrix} 1 \\ 0 \\ 0 \end{pmatrix} + r \begin{pmatrix} 0 \\ 1 \\ 1 \end{pmatrix}$ $\quad g_2: \vec{x} = \begin{pmatrix} 0 \\ 1 \\ 0 \end{pmatrix} + s \begin{pmatrix} 1 \\ 1 \\ 2 \end{pmatrix}$

d) $g_1: \vec{x} = \begin{pmatrix} 1 \\ 2 \\ -2 \end{pmatrix} + r \begin{pmatrix} 0 \\ -5 \\ 3 \end{pmatrix}$ $\quad g_2: \vec{x} = \begin{pmatrix} 1 \\ -13 \\ 7 \end{pmatrix} + s \begin{pmatrix} 0 \\ 10 \\ -6 \end{pmatrix}$

e) $g_1: \vec{x} = \begin{pmatrix} 0 \\ -2 \\ 4 \end{pmatrix} + r \begin{pmatrix} 1{,}5 \\ -2 \\ 1 \end{pmatrix}$ $\quad g_2: \vec{x} = \begin{pmatrix} 5 \\ -4 \\ 1 \end{pmatrix} + s \begin{pmatrix} -4{,}5 \\ 6 \\ -3 \end{pmatrix}$

f) $g_1: \vec{x} = \begin{pmatrix} 1 \\ -1 \\ 2 \end{pmatrix} + r \begin{pmatrix} 2 \\ -3 \\ 1 \end{pmatrix}$ $\quad g_2: \vec{x} = \begin{pmatrix} 0 \\ 2 \\ -3 \end{pmatrix} + s \begin{pmatrix} 1 \\ -2 \\ -1 \end{pmatrix}$

4. Untersuche, ob eine Seite des Dreiecks ABC auf der Geraden g liegt oder parallel zu ihr ist!

A(3|3|6); B(5|0|2); C(1|4|6); g: $\vec{x}=\begin{pmatrix}3\\-2\\0\end{pmatrix}+t\begin{pmatrix}1\\-1\\-1\end{pmatrix}$.

5. Die Geraden g_1, g_2 und g_3 bestimmen ein Dreieck ABC. Ermittle Parameterbedingungen für die Seiten AB, BC und AC!

g_1: $\vec{x}=\begin{pmatrix}3\\1\end{pmatrix}+r\begin{pmatrix}3\\0\end{pmatrix}$; g_2: $\vec{x}=\begin{pmatrix}2\\5\end{pmatrix}+s\begin{pmatrix}1\\2\end{pmatrix}$; g_3: $\vec{x}=\begin{pmatrix}1\\-9\end{pmatrix}+t\begin{pmatrix}2\\10\end{pmatrix}$

6. Gegeben sind die Punkte A(2|3|5); B(0|5|10); C(3|4|6); D(5|0|2).

a) Zeige mit Hilfe der Vektoren zu $\overrightarrow{AB}$, $\overrightarrow{BC}$ und $\overrightarrow{CD}$, dass das Viereck ABCD nicht in einer Ebene liegt!

b) Zeige dies auch mit Hilfe der Geraden $g_1(A, C)$ und $g_2(B, D)$!

c) Zeige, dass die Geraden durch die Mittelpunkte benachbarter Seiten des Vierecks paarweise zueinander parallel sind!

d) Untersuche, ob die Aussage von c) für jedes nicht ebene Viereck ABCD gilt!

7. In welchen Punkten durchstößt die Gerade zu $\vec{x}=\begin{pmatrix}7\\-6\\3\end{pmatrix}+t\begin{pmatrix}-1\\2\\1\end{pmatrix}$ die drei Koordinatenebenen und die Ebene zu $z=7$?

8. Untersuche die gegenseitige Lage zwischen der Ebene ε und der Geraden g! Bestimme gegebenenfalls das Schnittgebilde!

ε: $\vec{x}=\begin{pmatrix}1\\0\\0\end{pmatrix}+r\begin{pmatrix}0\\1\\0\end{pmatrix}+s\begin{pmatrix}0\\0\\1\end{pmatrix}$ **a)** g: $\vec{x}=\begin{pmatrix}0\\-2\\0\end{pmatrix}+t\begin{pmatrix}0\\-1\\1\end{pmatrix}$ **b)** g: $\vec{x}=\begin{pmatrix}1\\-2\\1\end{pmatrix}+v\begin{pmatrix}0\\-1\\1\end{pmatrix}$

9. Untersuche die gegenseitige Lage zwischen der Ebene ε und der Geraden g! Bestimme gegebenenfalls das Schnittgebilde!

a) ε: $\vec{x}=\begin{pmatrix}2\\-1\\7\end{pmatrix}+r\begin{pmatrix}1\\-2\\1\end{pmatrix}+s\begin{pmatrix}1\\3\\-2\end{pmatrix}$ g: $\vec{x}=\begin{pmatrix}1\\-2\\1\end{pmatrix}+t\begin{pmatrix}2\\1\\-1\end{pmatrix}$

b) ε: $\vec{x}=\begin{pmatrix}3\\2\\-2\end{pmatrix}+r\begin{pmatrix}0\\0\\1\end{pmatrix}+s\begin{pmatrix}0\\-1\\0\end{pmatrix}$ g: $\vec{x}=\begin{pmatrix}2\\2\\-1\end{pmatrix}+t\begin{pmatrix}1\\-1\\0\end{pmatrix}$

c) ε: $\vec{x}=\begin{pmatrix}0\\4\\3\end{pmatrix}+r\begin{pmatrix}2\\0\\-1\end{pmatrix}+s\begin{pmatrix}-1\\3\\2\end{pmatrix}$ g: $\vec{x}=\begin{pmatrix}2\\-2\\-1\end{pmatrix}+t\begin{pmatrix}1\\3\\1\end{pmatrix}$

d) ε: $\vec{x}=\begin{pmatrix}-1\\3\\-3\end{pmatrix}+r\begin{pmatrix}1\\0\\1\end{pmatrix}+s\begin{pmatrix}2\\-1\\0\end{pmatrix}$ g: $\vec{x}=\begin{pmatrix}2\\0\\-1\end{pmatrix}+t\begin{pmatrix}0\\2\\-1\end{pmatrix}$

e) ε: $\vec{x}=\begin{pmatrix}-2\\4\\5\end{pmatrix}+r\begin{pmatrix}2\\0\\3\end{pmatrix}+s\begin{pmatrix}3\\4\\-1\end{pmatrix}$ g: $\vec{x}=\begin{pmatrix}4\\-3\\0\end{pmatrix}+t\begin{pmatrix}1\\-4\\7\end{pmatrix}$

10. Untersuche die gegenseitige Lage der Ebenen ε_1 und ε_2!

a) ε_1: $\vec{x}=\begin{pmatrix}0\\4\\-2\end{pmatrix}+r\begin{pmatrix}1\\0\\0\end{pmatrix}+s\begin{pmatrix}0\\1\\0\end{pmatrix}$; ε_2: $\vec{x}=\begin{pmatrix}5\\2\\0\end{pmatrix}+t\begin{pmatrix}1\\1\\0\end{pmatrix}+v\begin{pmatrix}-1\\1\\0\end{pmatrix}$

b) ε_1: $\vec{x}=\begin{pmatrix}5\\0\\3\end{pmatrix}+r\begin{pmatrix}0\\-1\\0\end{pmatrix}+s\begin{pmatrix}0\\1\\1\end{pmatrix}$; ε_2: $\vec{x}=\begin{pmatrix}5\\2\\4\end{pmatrix}+t\begin{pmatrix}0\\0\\1\end{pmatrix}+v\begin{pmatrix}0\\-1\\1\end{pmatrix}$

c) ε_1: $\vec{x}=\begin{pmatrix}2\\-1\\3\end{pmatrix}+r\begin{pmatrix}0\\1\\0\end{pmatrix}+s\begin{pmatrix}-1\\0\\0\end{pmatrix}$; ε_2: $\vec{x}=\begin{pmatrix}0\\-5\\3\end{pmatrix}+t\begin{pmatrix}0\\0\\1\end{pmatrix}+v\begin{pmatrix}1\\-1\\0\end{pmatrix}$

d) ε_1: $\vec{x}=\begin{pmatrix}-2\\3\\0\end{pmatrix}+r\begin{pmatrix}0\\0\\2\end{pmatrix}+s\begin{pmatrix}3\\0\\0\end{pmatrix}$; ε_2: $\vec{x}=\begin{pmatrix}-5\\3\\-7\end{pmatrix}+t\begin{pmatrix}0\\-3\\0\end{pmatrix}+v\begin{pmatrix}0\\-1\\2\end{pmatrix}$

11. Ermittle die Schnittgeraden der Ebene zu $\vec{x}=\begin{pmatrix}0\\1\\-3\end{pmatrix}+r\begin{pmatrix}2\\-1\\0\end{pmatrix}+s\begin{pmatrix}-1\\0\\3\end{pmatrix}$ mit den drei Koordinatenebenen!

IV. Übergreifende Aufgaben

1. Gegeben sind die Vektoren $\vec{a}=\begin{pmatrix}t\\0\\t\end{pmatrix}$, $\vec{b}=\begin{pmatrix}t\\t\\-t\end{pmatrix}$, $\vec{c}=\begin{pmatrix}-t\\t^2\\t\end{pmatrix}$ mit $t\in\mathbb{R}^{+0}$.

a) Untersuche, für welche Werte t die Vektoren $\vec{a}$, $\vec{b}$ und $\vec{c}$ linear unabhängig sind!

b) Bestimme t so, dass $\vec{a}$, $\vec{b}$ und $\vec{c}$ linear abhängig sind! Untersuche, ob sich dann jeder der drei Vektoren durch die beiden anderen linear erzeugen lässt!

c) Berechne $\vec{a}$, $\vec{b}$ und $\vec{c}$ für $t=1$ und zeige, wie sich aus ihnen der Vektor $\vec{d}=\begin{pmatrix}-1\\1\\3\end{pmatrix}$ linear erzeugen lässt!

d) Berechne $\vec{a}$ für $t=2$, $\vec{b}$ für $t=-3$ und $\vec{c}$ für $t=-1$ und zeige, wie sich aus diesen Vektoren $\vec{f}=\begin{pmatrix}-1\\-7\\13\end{pmatrix}$ linear erzeugen lässt!

2. Gegeben sind die Vektoren $\vec{a}=\begin{pmatrix}1\\3\\-2\end{pmatrix}$, $\vec{b}=\begin{pmatrix}1\\k^2\\-3\end{pmatrix}$, $\vec{c}=\begin{pmatrix}0\\-k\\k\end{pmatrix}$ mit $k\in\mathbb{R}^{+0}$.

a) Zeige, dass $\vec{a}$, $\vec{b}$ und $\vec{c}$ für $k=1$ linear unabhängig sind!

b) Ermittle die Werte von k, für die $\vec{a}$, $\vec{b}$ und $\vec{c}$ linear abhängig sind! Für welche $k\in\mathbb{R}^{+0}$ sind sie linear unabhängig?

c) Zeige, wie sich die Vektoren $\vec{d}$, $\vec{f}$, $\vec{d}+\vec{f}$ und $\vec{d}-\vec{f}$ aus den für $k=-1$ gebildeten Vektoren $\vec{a}$, $\vec{b}$ und $\vec{c}$ linear erzeugen lassen: $\vec{d}=\begin{pmatrix}-1\\7\\1\end{pmatrix}$, $\vec{f}=\begin{pmatrix}1\\-4\\-1\end{pmatrix}$!

3. a) Von zwei Eckpunkten eines Dreiecks ABC seien Transversalen zu den gegenüberliegenden Dreiecksseiten gezogen; sie teilen sich gegenseitig im Verhältnis 3 : 1. In welchem Verhältnis teilt jede der Transversalen jeweils die gegenüberliegende Seite?

b) Löse die Aufgabe a) allgemein für die Teilungsverhältnisse $1:n$ $(n \in \mathbb{N})$ und $m:n$ $(m, n \in \mathbb{N})$!

4. Im Parallelogramm ABCD teile der Punkt E die Seite CD im Verhältnis 2 : 1, der Punkt F die Seite AB im Verhältnis 2 : 3. Untersuche

a) wie sich die Transversalen BE und CF teilen,

b) wie sich die Transversalen AE und DF teilen,

c) wie die Transversale AE die Diagonale BD teilt,

d) wie sich die Diagonale AC und die Transversale EF teilen!

5. Die Eckpunkte eines Sechsecks seien $P_1(4|3|-4)$, $P_2(3|-7|7)$, $P_3(-2|3|-3)$, $P_4(-3|-4|4)$, $P_5(0|-1|-4)$, $P_6(-4|7|-5)$.

a) Weise nach, dass eine Kette aus den Vektoren zu $\overrightarrow{P_1P_3}$, $\overrightarrow{P_2P_4}$, $\overrightarrow{P_3P_5}$, $\overrightarrow{P_4P_6}$, $\overrightarrow{P_5P_1}$ und $\overrightarrow{P_6P_2}$ ebenfalls ein Sechseck bildet!

b) Gilt dies für beliebige gewählte Punkte P_1, P_2, P_3, P_4, P_5 und P_6 im R_3?

c) Gilt dieser Sachverhalt sogar für jedes n-Eck im R_3 $(n \in \mathbb{N})$; für welche n-Ecke gilt der Sachverhalt ggf. nicht?

6. Für die Seitenvektoren $\vec{a}$, $\vec{b}$, $\vec{c}$ und $\vec{d}$ eines Trapezes ABCD (Bild 5.30) gelte: $\vec{c} = -k\vec{a}$ (mit $k > 0$). Der Diagonalenschnittpunkt sei S.

a) Drücke $\vec{d}$ durch $\vec{a}$ und $\vec{b}$ aus!

b) Drücke den Vektor $\vec{s}$ zu $\overrightarrow{AS}$ durch $\vec{a}$ und $\vec{b}$ aus!

c) In welchem Verhältnis teilt S die Diagonalen AC und BD?

d) Was gilt im Sonderfall $k = 1$?

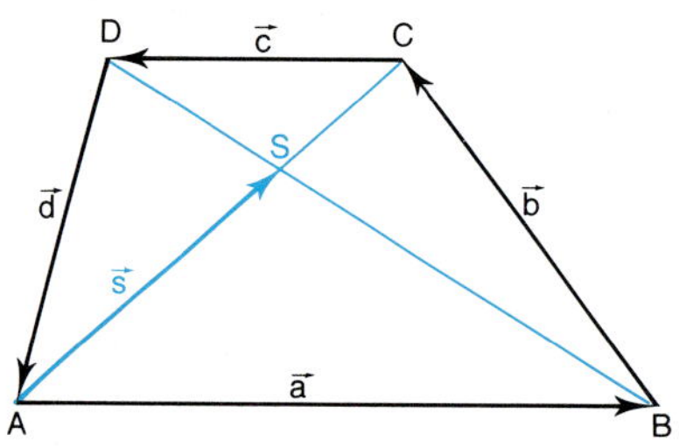

Bild 5.30

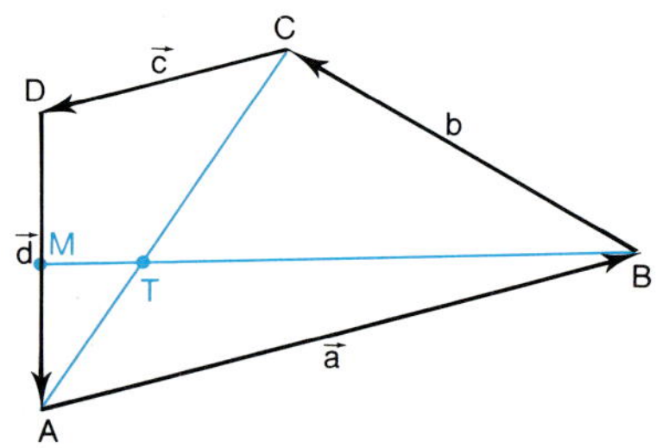

Bild 5.31

7. Für die Seitenvektoren $\vec{a}$, $\vec{b}$, $\vec{c}$ und $\vec{d}$ eines Trapezes ABCD gelte $\vec{c} = -k\vec{a}$ (mit $k > 0$). M sei der Mittelpunkt der Seite AD (Bild 5.31); die Diagonale AC schneide die Transversale BM im Punkte T.

a) In welchem Verhältnis teilt T die Diagonale AC?

b) In welchem Verhältnis teilt T die Transversale BM?

c) In welchen Verhältnissen teilen sich entsprechend die Diagonale BD und die Transversale CM?

d) Was gilt in den Sonderfällen $k = 0$ und $k = 1$?

8. **a)** Bestimme eine Gleichung der Geraden g durch den Punkt $P_1(4|0|2)$ parallel zur Geraden g_1: $\vec{x} = \begin{pmatrix} 3 \\ 1 \\ 2 \end{pmatrix} + t \begin{pmatrix} 1 \\ 4 \\ 1 \end{pmatrix}$ in Parameterform!

b) Ermittle eine Gleichung der Ebene ε, in der g_1 und der Punkt $P_2(7|1|-1)$ liegen, in Parameterform!

c) Liegt der Punkt $P_3(0|2|3)$ in der Ebene ε? Ermittle ggf. die Parameterwerte dieses Punktes!

9. **a)** Ermittle eine Parametergleichung der Ebene ε durch die drei Punkte $A(6|6|0)$, $B(0|10|0)$, $C(0|0|6)$!

b) Liegt der Punkt $D(8|0|4)$ in der Ebene ε?

c) Untersuche die gegenseitige Lage von ε und der Geraden g zu $\vec{x} = \begin{pmatrix} 1 \\ 0 \\ 1 \end{pmatrix} + t \begin{pmatrix} 0 \\ 1 \\ 0 \end{pmatrix}$!

d) Ermittle eine Parametergleichung für die Schnittgerade der Ebene ε mit der Ebene durch die Punkte A, B und D!

10. **a)** Zeige, dass die vier Punkte $A(1|5|8)$, $B(9|1|4)$, $C(5|7|2)$ und $D(-3|11|6)$ in einer Ebene ε_1 liegen!

b) Ermittle eine Parametergleichung der Ebene ε_1!

c) Ermittle den Schnittpunkt der Geraden g durch B und D mit der y-z-Ebene!

d) Ermittle das Schnittgebilde zwischen ε_1 und der x-y-Ebene!

e) Untersuche die gegenseitige Lage von ε_1 und ε_2: $\vec{x} = \begin{pmatrix} 4 \\ 1 \\ 7 \end{pmatrix} + u \begin{pmatrix} 5 \\ -3 \\ 8 \end{pmatrix} + v \begin{pmatrix} 1 \\ 0 \\ 0 \end{pmatrix}$!

11. Trifft die Gerade g zu $\vec{x} = \begin{pmatrix} 2 \\ 8 \\ 6 \end{pmatrix} + t \begin{pmatrix} 1 \\ 2 \\ 3 \end{pmatrix}$ die Fläche des Parallelogramms ABCD, das durch $A(-2|-3|-4)$ und $\vec{a} = \begin{pmatrix} 3 \\ 0 \\ 8 \end{pmatrix}$, $\vec{b} = \begin{pmatrix} 1 \\ 6 \\ 2 \end{pmatrix}$ bestimmt ist?

12. Welches Stück der Geraden durch die beiden Punkte $P(4|2|0)$ und $Q(8|8|8)$ liegt innerhalb des Tetraeders mit den Eckpunkten $A(5|9|3)$, $B(6|4{,}5|10)$, $C(3|0|4)$ und $D(10|6|5)$?

13. Untersuche, ob die drei Geraden g_1, g_2 und g_3 ein Dreieck einschließen! Berechne ggf. die drei Eckpunkte und die Seitenlängen!

a) g_1: $\vec{x} = \begin{pmatrix} 3 \\ -3 \\ 2 \end{pmatrix} + r \begin{pmatrix} 2 \\ 1 \\ -3 \end{pmatrix}$; g_2: $\vec{x} = \begin{pmatrix} 2 \\ 1 \\ -1 \end{pmatrix} + s \begin{pmatrix} 1 \\ -4 \\ 3 \end{pmatrix}$; g_3: $\vec{x} = \begin{pmatrix} 1 \\ 2 \\ -1 \end{pmatrix} + t \begin{pmatrix} 1 \\ -1 \\ 0 \end{pmatrix}$

b) g_1: $\vec{x} = \begin{pmatrix} -2 \\ -5 \\ 2 \end{pmatrix} + r \begin{pmatrix} 3 \\ 5 \\ 0 \end{pmatrix}$; g_2: $\vec{x} = \begin{pmatrix} -10 \\ -1 \\ 6 \end{pmatrix} + s \begin{pmatrix} -7 \\ -3 \\ 2 \end{pmatrix}$; g_3: $\vec{x} = \begin{pmatrix} -1 \\ 1 \\ 3 \end{pmatrix} + t \begin{pmatrix} 2 \\ -1 \\ -1 \end{pmatrix}$

14. Ein Parallelogramm werde von den Vektoren $\vec{a}$ und $\vec{b}$ aufgespannt (Bild 5.32). M_a und M_b seien Mittelpunkte der Seiten AB und BC.

a) Ermittle Parametergleichungen der Geraden $g_1(A, M_b)$, $g_2(C, M_a)$ und $g_3(B, D)$!

b) Zeige, dass die drei Geraden einen gemeinsamen Schnittpunkt S haben, und ermittle die jeweiligen Parameterwerte!

c) Welche Rolle spielt S in dem Dreieck ABC? Lassen sich die Ergebnisse von b) in diesem Zusammenhang begründen?

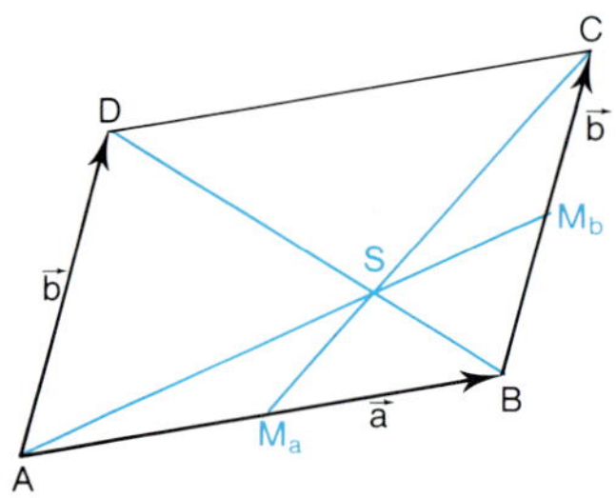

Bild 5.32

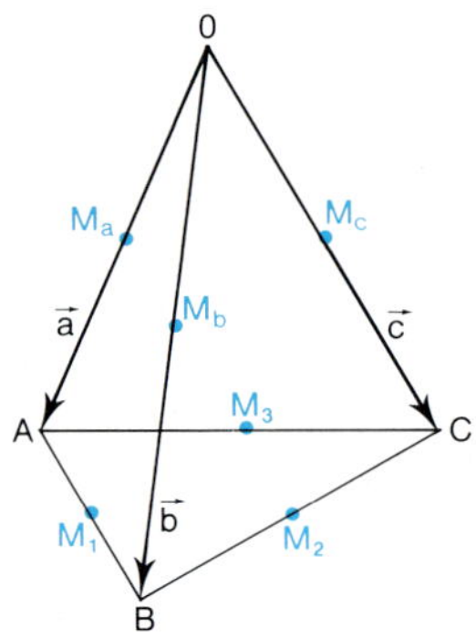

Bild 5.33

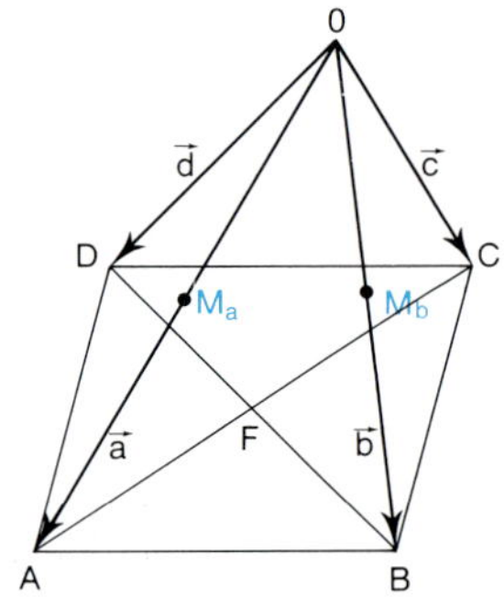

Bild 5.34

15. Ein Tetraeder werde von den Vektoren $\vec{a}$, $\vec{b}$ und $\vec{c}$ aufgespannt (Bild 5.33). Die Punkte M_a, M_b, M_c seien die Mittelpunkte der Strecken OA, OB, OC; M_1, M_2, M_3 seien die Mittelpunkte der Strecken AB, BC und CA.

a) Ermittle Gleichungen der drei Geraden $g_1(M_a, M_2)$, $g_2(M_b, M_3)$, $g_3(M_c, M_1)$!

b) Zeige, dass die Geraden g_1 und g_2 sich in einem Punkte S schneiden!

c) In welchem Verhältnis teilt S die Strecken M_aM_2 und M_bM_3?

d) Untersuche, ob S auch auf der Geraden g_3 liegt! Zeige, dass für den Vektor $\vec{s}$ zum Pfeil $\overrightarrow{OS}$ gilt: $\vec{s}=\frac{1}{4}(\vec{a}+\vec{b}+\vec{c})$!

16. Eine schiefe Pyramide werde durch die Vektoren $\vec{a}$, $\vec{b}$, $\vec{c}$ und $\vec{d}$ aufgespannt (Bild 5.34). Die Grundfläche ABCD sei ein Parallelogramm mit dem Diagonalenschnittpunkt F. Die Punkte M_a und M_b seien Mittelpunkte der Strecken OA und OB.

a) Ermittle Gleichungen der Geraden $g_1(M_a, C)$ und $g_2(M_b, D)$ in Parameterform!

b) Zeige, dass sich die Geraden g_1 und g_2 in einem Punkt S schneiden und dass für den Vektor $\vec{s}$ zu $\overrightarrow{OS}$ gilt: $\vec{s}=\frac{1}{3}(\vec{a}+\vec{c})$!

c) In welchen Verhältnissen teilt S die Strecken M_aC und M_bD?

d) Ermittle eine Gleichung der Geraden $g_3(O, F)$ und untersuche, ob der Punkt S auf der Geraden g_3 liegt!

17. Bearbeite Aufgabe 16 für den Fall, dass für die Grundfläche ABCD gilt: $\overrightarrow{CD}=-\frac{1}{2}\overrightarrow{AB}$!

§ 6 Lineare Gleichungssysteme (I)

I. Zur Einführung

1. In den bisherigen Paragraphen sind schon mehrfach Systeme linearer Gleichungen aufgetreten.

1) In §4 haben wir gesehen, dass die Frage, ob n Vektoren $\vec{a}_1, \vec{a}_2, \ldots, \vec{a}_n$ linear abhängig sind, ob also die Gleichung

$$c_1\vec{a}_1 + c_2\vec{a}_2 + \ldots + c_n\vec{a}_n = \vec{0}$$

eine nicht triviale Lösung hat, unmittelbar auf ein lineares Gleichungssystem führt. Wir können sogar sagen, dass diese Gleichung lediglich eine Kurzschreibweise für ein lineares Gleichungssystem darstellt.

2) In §5 führte die Untersuchung der Lagebeziehungen zwischen Geraden und Ebenen gleichfalls auf die Frage, ob gewisse Vektoren linear abhängig sind oder nicht, also ebenfalls auf lineare Gleichungssysteme.

2. Es gibt zahllose weitere Probleme in den verschiedensten Anwendungsgebieten der Mathematik, die nur mit Hilfe von linearen Gleichungssystemen gelöst werden können. Wir zeigen dies an dem folgenden

Beispiel:

Viele Haushaltsgeräte (Spülbecken, Spülmaschinen, Waschmaschinen usw.) sind aus V2A-Stahl (bekannt unter dem Namen „Nirosta") hergestellt. Dieser Edelstahl enthält neben Eisen 18 % Chrom und 8 % Nickel. Man kann Nirosta herstellen, indem man reinem Stahl die erforderlichen Mengen Chrom und Nickel zusetzt und diese Mischung zusammenschmilzt. Man kann aber auch verschiedene Stahllegierungen, die bereits Chrom und Nickel enthalten, zusammenschmelzen, um V2A-Stahl zu erhalten.

Aus zwei Legierungen mit

1) 14 % Chrom und 10 % Nickel und

2) 24 % Chrom und 5 % Nickel

erhält man z.B. eine Tonne Nirosta, wenn man 0,6 t der ersten und 0,4 t der zweiten Sorte zusammenschmilzt. In einer Tonne der beiden Legierungen sind nämlich 0,14 t bzw. 0,24 t Chrom enthalten. Der Chromgehalt der neuen Legierung beträgt also

$$0{,}14 \cdot 0{,}6\,\text{t} + 0{,}24 \cdot 0{,}4\,\text{t} = 0{,}084\,\text{t} + 0{,}096\,\text{t} = 0{,}18\,\text{t}.$$

Entsprechend ergibt sich für den Nickelgehalt der neuen Legierung:

$$0{,}1 \cdot 0{,}6\,\text{t} + 0{,}05 \cdot 0{,}4\,\text{t} = 0{,}06\,\text{t} + 0{,}02\,\text{t} = 0{,}08\,\text{t}.$$

Also enthält die Mischung 18 % Chrom und 8 % Nickel, ist also tatsächlich V2A-Stahl.

3. Wir fragen nun, ob man Nirosta auch aus den folgenden vier Legierungen herstellen kann und welche Mengen man ggf. von den einzelnen Sorten in die Schmelze einbringen muss.

	Legierung 1	Legierung 2	Legierung 3	Legierung 4
Gehalt an Chrom	24 %	4 %	14 %	14 %
Gehalt an Nickel	4 %	12 %	0 %	16 %

Wir bezeichnen die Anzahl der Tonnen, die man zur Herstellung von einer Tonne Nirosta von der k-ten Legierung nehmen muss, mit x_k (für k = 1, 2, 3, 4). Weil wir unsere Berechnung auf die Herstellung **einer** Tonne Nirosta beziehen, muss gelten:

$$x_1+x_2+x_3+x_4=1 \quad \text{mit } x_k \geq 0 \quad (\text{für } k=1, 2, 3, 4).$$

Dies ist eine lineare Gleichung in den vier Variablen x_1, x_2, x_3 und x_4.
Die neue Legierung muss 18% Chrom und 8% Nickel, also 0,18 t Chrom und 0,08 t Nickel enthalten; daher muss gelten:

$$0{,}24 \cdot x_1 + 0{,}04 \cdot x_2 + 0{,}14 \cdot x_3 + 0{,}14 \cdot x_4 = 0{,}18$$
$$\text{und} \quad 0{,}04 \cdot x_1 + 0{,}12 \cdot x_2 + 0 \cdot x_3 + 0{,}16 \cdot x_4 = 0{,}08.$$

Da für eine Lösung $(x_1|x_2|x_3|x_4)$ unseres Problems alle drei Gleichungen erfüllt sein müssen, sind diese drei Gleichungen **konjunktiv** (also durch „und") zu verknüpfen:

$$\begin{aligned} & x_1 + x_2 + x_3 + x_4 = 1 \\ \wedge\ & 0{,}24 \cdot x_1 + 0{,}04 \cdot x_2 + 0{,}14 \cdot x_3 + 0{,}14 \cdot x_4 = 0{,}18 \\ \wedge\ & 0{,}04 \cdot x_1 + 0{,}12 \cdot x_2 + 0 \cdot x_3 + 0{,}16 \cdot x_4 = 0{,}08. \end{aligned}$$

Dies ist ein lineares Gleichungssystem von drei Gleichungen mit vier Variablen. Allerdings ist bei diesem Beispiel überdies noch die Bedingung

$$x_k \geq 0 \quad (\text{für } k=1, 2, 3, 4)$$

zu beachten.
Wir werden die Lösung dieses Problems in § 7, II (Seite 118) bestimmen.

4. Bisher hatten wir es meist mit zwei Arten von linearen Gleichungssystemen zu tun:

1) mit Systemen aus zwei Gleichungen mit zwei Variablen und

2) mit Systemen aus drei Gleichungen mit drei Variablen.

Beispiele: **1)** $\begin{cases} 3x-2y=8 \\ \wedge\ 5x-3y=4 \end{cases}$ **2)** $\begin{cases} 3x+2y-z=6 \\ \wedge\ 2x-y+3z=9 \\ \wedge\ x+y-z=0 \end{cases}$

Diese Systeme enthalten **ebenso viele** Variable wie Gleichungen. Beim Beispiel unter 3. ist dies nicht der Fall; dieses System besteht aus drei Gleichungen mit vier Variablen. Wir werden im Folgenden auch lineare Gleichungssysteme betrachten, bei denen die Anzahl der Gleichungen (m) von der Anzahl der Variablen (n) verschieden ist.
Außerdem werden wir gelegentlich – z.B. bei allgemeinen Überlegungen – die Variablen nicht mit x, y, z, sondern mit x_1, x_2, x_3, allgemein mit $x_1, x_2, \ldots, x_n$ bezeichnen.

5. Wir definieren zunächst die grundlegenden Begriffe.

D 6.1 **Unter einer „linearen Gleichung mit n Variablen“ versteht man eine Gleichung, die durch Äquivalenzumformungen auf die Form**

$$a_1 x_1 + a_2 x_2 + \ldots + a_n x_n = r \quad (\text{mit } a_1, a_2, \ldots, a_n, r \in \mathbb{R})$$

gebracht werden kann.

Die Zahlen $a_1, a_2, \ldots, a_n$ heißen die **„Koeffizienten“**, die Zahl r heißt das **„Absolutglied“** der linearen Gleichung. (Der Name „Absolutglied‘ bedeutet natürlich **nicht,** dass die Zahl r immer positiv bzw. nicht negativ sein müsste.)

D 6.2 **Unter einem „linearen Gleichungssystem“ versteht man eine Aussageform, in der m lineare Gleichungen mit n Variablen konjunktiv miteinander verknüpft sind.**

Beispiel: Ein lineares Gleichungssystem von 3 Gleichungen mit 5 Variablen ist:

$$\left\{\begin{array}{l} 2x_1 - 7x_2 + 4x_3 + 3x_4 - x_5 = 3 \\ \wedge\ -x_1 + 2x_2 - 6x_3 + 2x_4 - 3x_5 = -8 \\ \wedge\ 5x_1 - 4x_2 + 0x_3 - 7x_4 + 6x_5 = 1 \end{array}\right.$$

Bemerkungen:

1) Allgemein schreibt man ein lineares Gleichungssystem häufig in der Form:

$$\left\{\begin{array}{l} a_{11}x_1 + a_{12}x_2 + \cdots + a_{1n}x_n = r_1 \\ \wedge\ a_{21}x_1 + a_{22}x_2 + \cdots + a_{2n}x_n = r_2 \\ \quad . \quad . \quad . \quad . \quad .\ldots . \quad . \quad . \\ \wedge\ a_{m1}x_1 + a_{m2}x_2 + \cdots + a_{mn}x_n = r_m \end{array}\right.$$

Bei den Koeffizienten a_{ik} gibt also der erste Index (i) an, in welcher Gleichung diese Zahl auftritt; der zweite Index (k) gibt an, bei welcher Variablen der Koeffizient steht.

2) Die Untersuchung von Vektoren $\vec{a}_1, \vec{a}_2, \ldots, \vec{a}_n$ auf lineare Abhängigkeit führt jeweils auf ein Gleichungssystem, bei dem für die Absolutglieder auf der rechten Seite gilt:

$$r_1 = r_2 = \ldots = r_n = 0.$$

In einem solchen Fall spricht man von einem **„homogenen Gleichungssystem“;** gilt dagegen für wenigstens eine Zahl auf der rechten Seite $r_k \neq 0$, so spricht man von einem **„inhomogenen Gleichungssystem“.**

3) Für die mit linearen Gleichungssystemen durchzuführenden Rechnungen ist es meistens recht umständlich, das Zeichen „$\wedge$“ für die konjunktive Verknüpfung der Gleichungen mitzuschleppen. Wir **vereinbaren** daher, dass wir im Folgenden das Zeichen „$\wedge$“ bei einem linearen Gleichungssystem in der Regel weglassen. Wenn also mehrere lineare Gleichungen untereinander geschrieben sind, so soll dies bedeuten, dass die Gleichungen konjunktiv zu verknüpfen sind, auch wenn das Verknüpfungszeichen „$\wedge$“ weggelassen ist. Die Zusammengehörigkeit der Gleichungen kennzeichnen wir in der Regel durch eine vor das ganze System gesetzte große geschweifte Klammer.

Übungen und Aufgaben

1. Untersuche, welche der folgenden Gleichungen lineare Gleichungen sind! Begründung!

a) $3(x-2y)+6=4x-8$ **b)** $5x(1-y)=2(x-3y+1)$

c) $(2x+1)(y-2)=(y+5)(2x-3)$ **d)** $3(x-2y)=y+2(1-3x)$

e) $(y+3)(x-y)=(x+2)(y-4)-y^2$ **f)** $(2x+1)(y-3x)=(2y-5)(x-7)$

2. Untersuche, ob es sich um ein lineares Gleichungssystem handelt! Begründung!

a) $3x-2x(1-y)=4 \wedge x-y=1+y$ **b)** $3(x-2y)-2(y+x)=2 \wedge 2(y-3x)+6(x-2y)=-5$ **c)** $x(x+1)=3+x^2 \wedge y(1-y)=1-y^2$

3. Stelle das lineare Gleichungssystem auf, durch das ermittelt werden kann, ob die folgenden Vektoren linear abhängig sind oder nicht!

a) $\begin{pmatrix}1\\-2\\-1\end{pmatrix}, \begin{pmatrix}-2\\3\\-1\end{pmatrix}, \begin{pmatrix}2\\-2\\4\end{pmatrix}$ **b)** $\begin{pmatrix}1\\0\\2\end{pmatrix}, \begin{pmatrix}0\\-2\\1\end{pmatrix}, \begin{pmatrix}3\\-1\\2\end{pmatrix}, \begin{pmatrix}1\\-4\\0\end{pmatrix}$

4. Zeige, dass die folgenden Vektoren linear unabhängig sind!

a) $\begin{pmatrix}1\\1\\0\\0\end{pmatrix}, \begin{pmatrix}1\\-1\\0\\0\end{pmatrix}, \begin{pmatrix}0\\0\\1\\1\end{pmatrix}, \begin{pmatrix}0\\0\\1\\0\end{pmatrix}$ **b)** $\begin{pmatrix}1\\0\\-1\\0\end{pmatrix}, \begin{pmatrix}0\\1\\0\\1\end{pmatrix}, \begin{pmatrix}0\\0\\1\\0\end{pmatrix}, \begin{pmatrix}0\\-1\\0\\1\end{pmatrix}$

5. Der Vektor $\vec{b}$ soll aus den Vektoren von Aufgabe 4a) und 4b) linear erzeugt werden. Ermittle die zugehörigen Faktoren r_1, r_2, r_3 und r_4!

a) $\vec{b}=\begin{pmatrix}5\\-2\\3\\-1\end{pmatrix}$ **b)** $\vec{b}=\begin{pmatrix}1{,}5\\2{,}5\\-1\\1\end{pmatrix}$ **c)** $\vec{b}=\begin{pmatrix}-2\\4\\0\\3\end{pmatrix}$ **d)** $\vec{b}=\begin{pmatrix}1\\-1\\1\\-1\end{pmatrix}$

6. Eine Malzfabrik hat Gerste aus verschiedenen Anbaugebieten verarbeitet. Auf Lager sind nun drei Malzsorten A, B und C, die sich in 3 Werten, im Eiweißanteil (%), im Viskositätsfaktor und im Farbfaktor unterscheiden (vgl. Tabelle). Beim Mischen von Sorten sind Viskositätsfaktor und Farbfaktor wie Mengenanteile zu berechnen.

Sorten / Anteile	Sorte A	Sorte B	Sorte C
Eiweiß	13	11	12
Viskosität	1,5	1,6	1,8
Farbe	6,5	2,4	5,0

Eine Brauerei bestellt die Lieferung von 10 t Malz mit einem Eiweißanteil von 12,25 %, dem Viskositätsfaktor 1,6 und dem Farbfaktor 5,1. Stelle ein Gleichungssystem auf, mit dem man entscheiden kann, ob die Malzfabrik die gewünschte Mischung herstellen kann!

7. Die Verpflegung einer Expedition soll aus Konserven so zusammengestellt werden, dass die Anteile an den drei wichtigsten Bestandteilen die folgenden sind: 15 % Eiweiß, 40 % Fett und 45 % Kohlehydrate. Das Gesamtgewicht darf nicht mehr als 400 kg im Expeditionsgepäck ausmachen. Ausgewählt werden kann aus vier Sorten Konserven (vgl. Tabelle).

Anteile \ Sorten	Sorte A	Sorte B	Sorte C	Sorte D
Eiweiß	10 %	15 %	30 %	20 %
Fett	40 %	45 %	25 %	35 %
Kohlehydrate	50 %	40 %	45 %	45 %

a) Stelle ein lineares Gleichungssystem auf, mit dem entschieden werden kann, ob die Verpflegung im gewünschten Sinne zusammengestellt werden kann!

b) Beim Einkauf stellt sich heraus, dass die Konserven der Sorte C verhältnismäßig teuer sind. Stelle ein Gleichungssystem auf für den Fall, dass Sorte C nicht berücksichtigt wird!

II. Das Gaußsche Eliminationsverfahren

1. Bisher haben wir lineare Gleichungssysteme nach dem **Einsetzungsverfahren** (bzw. nach dem Sonderfall des Gleichsetzungsverfahrens) und nach dem **Additions-** bzw. **Eliminationsverfahren** gelöst. Beide Verfahren haben wir in der Sekundarstufe I ausführlich besprochen. Wir wiederholen das Wesentliche an dem folgenden **Beispiel**:

$$\left\{\begin{aligned} x+2y-4z&=-6\\ 2x+y+3z&=5\\ -3x+y+6z&=-2 \end{aligned}\right.$$

1) Wir lösen dieses System zunächst nach dem **Einsetzungsverfahren.** Wir lösen die erste Gleichung nach x auf:

$$x=-2y+4z-6.$$

In der zweiten und in der dritten Gleichung ersetzen wir die Variable x dann durch den Term $-2y+4z-6$:

$$\left\{\begin{aligned} 2(-2y+4z-6)+y+3z&=5\\ -3(-2y+4z-6)+y+6z&=-2\end{aligned}\right\} \Leftrightarrow \left\{\begin{aligned} -3y+11z&=17\\ 7y-6z&=-20\end{aligned}\right\}.$$

Wir lösen nun die erste Gleichung des neu erhaltenen Systems nach y auf und setzen den sich ergebenden Term in die zweite Gleichung ein: $y=\frac{11}{3}z-\frac{17}{3}$.

$$7\left(\tfrac{11}{3}z-\tfrac{17}{3}\right)-6z=-20 \Leftrightarrow \tfrac{77}{3}z-\tfrac{119}{3}-\tfrac{18}{3}z=-\tfrac{60}{3} \Leftrightarrow \tfrac{59}{3}z=\tfrac{59}{3} \Leftrightarrow z=1.$$

Wir setzen nun den gefundenen Wert $z=1$ in $y=\frac{11}{3}z-\frac{17}{3}$ ein und erhalten: $y=\frac{11}{3}-\frac{17}{3}=-2$. Die gefundenen Werte für y und z setzen wir schließlich noch in die Gleichung $x=-2y+4z-6$ ein und erhalten $x=-2(-2)+4\cdot 1-6=4+4-6=2$. Es gilt also:

$$x=2 \wedge y=-2 \wedge z=1.$$

Führe die Probe am gegebenen Gleichungssystem durch (Aufgabe 1)!

Bemerkung: Man kann die Lösung als Zahlentripel angeben, also in der Form $(2|-2|1)$ oder auch als Spaltenvektor: $\vec{x}=\begin{pmatrix}2\\-2\\1\end{pmatrix}$. Die außerdem noch mögliche Schreibweise als Lösungsmenge $L=\{(2|-2|1)\}$ ist sehr aufwendig; sie liefert überdies keine zusätzliche Information; daher werden wir in der Regel auf diese Schreibweise verzichten.

2) Wir lösen nun dasselbe Gleichungssystem nach dem **Additionsverfahren.** Man spricht auch vom **„Eliminationsverfahren".** Wir eliminieren zunächst die Variable x, dann die Variable y. Wir schreiben die Faktoren, mit denen die einzelnen Gleichungen multipliziert werden, seitlich neben die Gleichungen. Nach der Multiplikation mit diesen Zahlen werden die betreffenden Gleichungen **addiert.**

$$\left\{\begin{array}{rl} x+2y-\ 4z=-6 & \Big|\cdot(-2)\ \Big|\cdot 3 \\ 2x+\ y+\ 3z=\ 5 & \Big|\cdot 1 \\ -3x+\ y+\ 6z=-2 & \qquad\quad\ \Big|\cdot 1 \end{array}\right.$$

$$\left\{\begin{array}{rl} x+2y-\ 4z=-\ 6 & \\ -3y+11z=\ 17 & \cdot 7 \\ 7y-\ 6z=-20 & \cdot 3 \end{array}\right.$$

$$\left\{\begin{array}{r} x+2y-\ 4z=-6 \\ -3y+11z=\ 17 \\ 59z=\ 59 \end{array}\right.$$

Aus der letzten Gleichung ergibt sich unmittelbar: $z=1$. Wir setzen diese Zahl in die zweite Gleichung ein und erhalten:

$$-3y+11=17 \Leftrightarrow 3y=-6 \Leftrightarrow y=-2.$$

Durch Einsetzen von $y=-2$ und $z=1$ in die erste Gleichung erhalten wir schließlich:

$$x-4-4=-6 \Leftrightarrow x=2.$$

Es ergibt sich also auf diese Weise selbstverständlich ebenfalls das Lösungstripel $(2|-2|1)$.

2. Das Einsetzungsverfahren hat – wie obiges Beispiel schon zeigt – den Nachteil, dass man meist schon am Anfang dividieren und dann mit Brüchen weiterrechnen muss. Dieser Nachteil wird beim Eliminationsverfahren weitgehend vermieden; höchstens im letzten Schritt muss dividiert werden.
Wir wollen uns daher mit diesem **Eliminationsverfahren** etwas näher befassen. Die Art der Durchführung des Verfahrens, wie wir sie im Folgenden besprechen, geht auf den großen deutschen Mathematiker Carl Friedrich Gauß (1777–1855) zurück. Man spricht daher vom **„Gaußschen Eliminationsverfahren"**, kurz vom **„Gaußverfahren".**

3. Bei unserem **Beispiel** hat sich am Ende das folgende Gleichungssystem ergeben:

$$\left\{\begin{array}{r} x+2y-\ 4z=-6 \\ -3y+11z=\ 17 \\ 59z=\ 59. \end{array}\right.$$

Man sagt: Dieses Gleichungssystem hat **„Dreiecksform“.** Diese Form ist dadurch gekennzeichnet, dass die Koeffizienten unterhalb der sogenannten **„Hauptdiagonalen“** (von links oben nach rechts unten) sämtlich den Wert 0 haben. Ausführlich geschrieben lautet das System nämlich:

$$\left\{\begin{array}{r} x+2y-\ \ 4z=-6 \\ 0x-3y+11z=\ \ 17 \\ 0x+0y+59z=\ \ 59. \end{array}\right.$$

Ein solches Gleichungssystem ist einfach zu lösen, weil man aus der letzten Gleichung den Wert für z, durch Einsetzen in die vorletzte Gleichung den Wert für y und durch Einsetzen in die erste Gleichung schließlich noch den Wert für x erhält.

4. Ziel des Eliminationsverfahrens ist es also, ein gegebenes lineares Gleichungssystem auf diese Dreiecksform zu bringen. Man erreicht dies – wie das Beispiel zeigt – in der Regel dadurch, dass man die Gleichungen zunächst mit geeigneten Zahlen multipliziert und dann addiert.
Es kann dabei zweckmäßig sein, außerdem noch Gleichungen auszutauschen.

Beispiel: $\left\{\begin{array}{r} -2x+2y+7z=0 \\ x-\ \ y-3z=1 \\ 3x+2y+2z=5. \end{array}\right.$

Der Koeffizient von x hat in der zweiten Gleichung den Wert 1; daher ist es zweckmäßig, die beiden ersten Gleichungen auszutauschen. Wir eliminieren dann x und y mit Hilfe der seitlich angegebenen Faktoren.

$$\left\{\begin{array}{r} x-\ \ y-\ \ 3z=1 \\ -2x+2y+\ \ 7z=0 \\ 3x+2y+\ \ 2z=5 \end{array}\right. \begin{array}{|l|l} \cdot 2 & \cdot(-3) \\ \cdot 1 & \\ & \cdot 1 \end{array}$$

$$\Leftrightarrow \left\{\begin{array}{r} x-\ \ y-\ \ 3z=1 \\ z=2 \\ 5y+11z=2 \end{array}\right.$$

Hier ist die Dreiecksform sofort dadurch zu erreichen, dass man die beiden letzten Gleichungen austauscht.

$$\Leftrightarrow \left\{\begin{array}{r} x-\ \ y-\ \ 2z=1 \\ 5y+11z=2 \\ z=2 \end{array}\right.$$

Daraus ergibt sich durch Einsetzen von $z=2$ in die zweite Gleichung:

$$5y=2-11z=2-22=-20 \Rightarrow y=-4$$

und durch Einsetzen von $y=-4$ und $z=2$ in die erste Gleichung:

$$x=y+3z+1=-4+6+1=3.$$

Das Lösungstripel ist also $(3\,|\,-4\,|\,2)$.

Dass es sich bei den durchgeführten Umformungen tatsächlich um **Äquivalenzumformungen** handelt, werden wir anschließend zeigen.

5. Wie man den behandelten Beispielen entnehmen kann, kommen beim Eliminationsverfahren die folgenden Einzelumformungen vor:

[1] **Vertauschen von Gleichungen;**

[2] **Multiplikation einer Gleichung mit einer von Null verschiedenen Zahl;**

[3] **Addition zweier Gleichungen.**

Wir haben zu zeigen, dass es sich hierbei stets um Äquivalenzumformungen handelt.

Zu 1): Es ist unmittelbar einsichtig, dass ein Vertauschen zweier Gleichungen in einer konjunktiven Aussageform deren Lösungsmenge nicht ändert. (Der Grund dafür ist die Gleichwertigkeit jeder Aussage $A \wedge B$ mit der entsprechenden Aussage $B \wedge A$.)

Zu 2): Dass die Multiplikation einer Gleichung mit einer von Null verschiedenen Zahl stets eine Äquivalenzumformung ist, haben wir bereits in der 8. Klasse bewiesen. Es gilt:

$$T_1 = T_2 \Leftrightarrow c\,T_1 = c\,T_2 \qquad (\text{für } c \neq 0).$$

Zu 3): Bei der dritten Umformungsart ist Vorsicht geboten; dies zeigt das folgende

Beispiel:
$$\begin{cases} 2x + y + 3z = -4 \\ 2x + 2y + z = 1 \\ x + 2y + 3z = 1. \end{cases}$$

Da es jeweils zwei Gleichungen gibt, in der die Koeffizienten von x bzw. von y bzw. von z übereinstimmen, könnte man auf den Gedanken kommen, jeweils diese Gleichungen zu addieren, nachdem man jeweils eine von ihnen mit -1 multipliziert hat. Wenn man dies durchführt, erhält man:

$$\begin{cases} 2x + y + 3z = -4 & \cdot(-1) & & \cdot(-1) \\ 2x + 2y + z = 1 & \cdot 1 & \cdot(-1) & \\ x + 2y + 3z = 1 & & \cdot 1 & \cdot 1 \end{cases}$$

$$\begin{cases} y - 2z = 5 \\ -x + 2z = 0 \\ -x + y = 5 \end{cases}$$

Wie man durch Einsetzen leicht bestätigen kann, hat das neue Gleichungssystem z.B. das Lösungstripel $(2|7|1)$. Dieses Tripel erfüllt aber nicht das gegebene Gleichungssystem. Dies gilt noch für viele weitere Tripel, z.B. für $(0|5|0)$ und für $(4|9|2)$. Lediglich das Tripel $(-2|3|-1)$ erfüllt beide Gleichungssysteme (Aufgabe 2).
Hier ist also **keine Äquivalenzumformung,** sondern nur eine **Folgerungsumformung** durchgeführt worden. Der Grund dafür liegt darin, dass wir die Gleichungen des gegebenen Systems beliebig miteinander kombiniert, dabei aber **keine Gleichung des gegebenen Systems ins neue System übernommen** haben. Allgemein gilt natürlich: $T_1 = T_2 \wedge T_3 = T_4 \Rightarrow T_1 + T_3 = T_2 + T_4$; denn, wenn die beiden Gleichungen $T_1 = T_2$ und $T_3 = T_4$ erfüllt sind, ist selbstverständlich auch die Gleichung $T_1 + T_3 = T_2 + T_4$ erfüllt.
Aus der Gleichung $T_1 + T_3 = T_2 + T_4$ kann man das System $T_1 = T_2 \wedge T_3 = T_4$ aber nur dann zurückgewinnen, wenn man eine der beiden Gleichungen ($T_1 = T_2$ oder $T_3 = T_4$) konjunktiv mit der neuen Gleichung $T_1 + T_3 = T_2 + T_4$ verknüpft.
Es gilt z.B. $T_1 + T_3 = T_2 + T_4 \wedge T_3 = T_4 \Rightarrow T_1 = T_2$.

Wir zeigen dies, indem wir von der ersten Gleichung die zweite subtrahieren:

$$\begin{array}{rl} & (T_1+T_3)-T_3=(T_2+T_4)-T_4 \\ \Rightarrow & T_1+(T_3-T_3)=T_2+(T_4-T_4) \\ \Rightarrow & T_1+0 \;=\; T_2+0 \\ \Rightarrow & T_1 \;=\; T_2, \quad \text{q.e.d.} \end{array}$$

Genauso kann man zeigen, dass gilt: $T_1+T_3=T_2+T_4 \wedge T_1=T_2 \Rightarrow T_3=T_4$ (Aufgabe 3a).

Insgesamt gilt also z.B. $\mathbf{T_1=T_2 \wedge T_3=T_4 \Leftrightarrow T_1=T_2 \wedge T_1+T_3=T_2+T_4}$.

Jeder **einzelne Umformungsschritt** stellt also mit Sicherheit eine Äquivalenzumformung dar, wenn man eine der beiden benutzten Gleichungen in das neue Gleichungssystem übernimmt. Insgesamt können wir feststellen:

S 6.1 **Bei einem linearen Gleichungssystem sind die folgenden Umformungen stets Äquivalenzumformungen:**

1) **Vertauschen von Gleichungen;**
2) **Multiplikation einer Gleichung mit einer von Null verschiedenen Zahl;**
3) **Ersetzen einer Gleichung durch die Summe aus dieser und einer anderen Gleichung.**

6. Bei der Durchführung des Gaußverfahrens geht man am besten so vor, dass man zur Elimination einer Variablen stets mit **derselben** Gleichung arbeitet und diese dann in das neue System übernimmt. In den meisten Fällen ist es zweckmäßig, bei der Elimination der ersten Variablen mit der ersten Gleichung, bei der Elimination der zweiten Variablen mit der (neuen) zweiten Gleichung zu arbeiten usw.
Dies ist jedoch nur möglich, wenn für den Koeffizienten c_{ii}, der beim jeweiligen Umformungsschritt in der Hauptdiagonale der betreffenden Zeile steht, gilt: $c_{ii} \neq 0$.
Ist $c_{ii}=0$, so muss man Gleichungen (und evtl. auch Variable) austauschen. Mit solchen Vertauschungen kann man gelegentlich auch Rechenvorteile erzielen. Wir werden auf diese Probleme in § 7, II zurückkommen.

7. Abschließend lösen wir das Gleichungssystem des letzten **Beispiels** korrekt mit dem Gaußverfahren. Wir tauschen zunächst die erste mit der dritten Gleichung aus, weil die Variable x in der dritten Gleichung den Koeffizienten 1 hat.

$$\left\{\begin{array}{rcr} x+2y+3z &=& 1 \\ 2x+2y+z &=& 1 \\ 2x+y+3z &=& -4 \end{array}\right. \quad \begin{array}{l|l} \cdot(-2) & \cdot(-2) \\ \cdot 1 & \\ & \cdot 1 \end{array}$$

$$\Leftrightarrow \left\{\begin{array}{rcr} x+2y+3z &=& 1 \\ -2y-5z &=& -1 \\ -3y-3z &=& -6 \end{array}\right. \quad \begin{array}{l} \\ \cdot 3 \\ \cdot(-2) \end{array}$$

$$\Leftrightarrow \left\{\begin{array}{rcr} x+2y+3z &=& 1 \\ 2y-5z &=& 1 \\ -9z &=& 9 \end{array}\right.$$

Daraus ergibt sich: $z=-1$; $2y=1-5z=1+5=6 \Rightarrow y=3$ und

$x=1-2y-3z=1-6+3 \Rightarrow x=-2$. Das Lösungstripel ist also $(-2|3|-1)$.

Führe die Probe am gegebenen System durch (Aufgabe 2)!

Übungen und Aufgaben

1. Bestätige, dass $(2|-2|1)$ Lösung des Gleichungssystems von Beispiel 1) (Seite 99) ist!

2. Bestätige, dass das umgeformte Gleichungssystem von Seite 102 die Lösungen $(2|7|1)$, $(0|5|0)$, $(4|9|2)$ und $(-2|3|-1)$ hat, dass aber nur das Tripel $(-2|3|-1)$ das vorgegebene **und** das umgeformte Gleichungssystem erfüllt!

3. Beweise: **a)** $T_1+T_3=T_2+T_4 \wedge T_1=T_2 \Rightarrow T_3=T_4$ und
b) $T_1+T_3=T_2+T_4 \wedge T_1=T_4 \Rightarrow T_3=T_2$!

4. Löse mit dem Gaußschen Eliminationsverfahren die linearen Gleichungssysteme!

a) $\begin{cases} 4x+3y+3z=6 \\ x+3y-z=4 \\ 4x+2y+3z=1 \end{cases}$ **b)** $\begin{cases} x+y-z=-1 \\ x+4y+2z=2 \\ -x+4y+4z=2 \end{cases}$ **c)** $\begin{cases} x-3y-4z=1 \\ 2x+y-z=2 \\ 5x-y-3z=-4 \end{cases}$

d) $\begin{cases} 3x+2y+5z=-1 \\ -x-3y+z=5 \\ 2x+y-3z=0 \end{cases}$ **e)** $\begin{cases} x+y-z=2 \\ -2x+3y-z=1 \\ 7x-3y+5z=4 \end{cases}$ **f)** $\begin{cases} 2x+5y+z=1 \\ x-3y-3z=1 \\ 3x+4y-2z=-2 \end{cases}$

5. Auf einer Kleinkunstbühne verblüfft ein Zauberkünstler seine Zuschauer beim Zahlen-Raten: Ein Zuschauer soll sich drei Zahlen denken und dann die drei Summen von je zwei der drei Zahlen laut nennen. Auf Anhieb ruft der „Zauberer" dann die gedachten Zahlen in den Raum. Hat er sie geraten?

a) Die drei Summen von je zwei Zahlen seien 6, 11 und 15. Ermittle mit dem Gaußverfahren die drei gedachten Zahlen!

b) Als der Zauberkünstler einem Freund seinen „Trick" verrät, entpuppt er sich als ein „Schnellrechner": Er addiert die drei laut genannten Summen von je zwei der gedachten Zahlen und erhält dadurch die doppelte Summe aller drei Zahlen, also $2x+2y+2z$. Diese Summe halbiert er und subtrahiert von dem Ergebnis, also von $x+y+z$ der Reihe nach die drei laut genannten Zweiersummen. Das Ergebnis ist jeweils **eine** der drei gedachten Zahlen. Rechne dieses Lösungsverfahren mit den in **a)** gegebenen Zweier-Summen durch! Könnte man das Gaußverfahren auch so anwenden?

6. Der Schnellrechner (Aufgabe 5) ändert seinen „Trick" ab: Er lässt sich wieder drei Zahlen nennen; aber diesmal soll der Zuschauer jeweils zwei der drei gedachten Zahlen addieren und die dritte subtrahieren. Untersuche, wie der „Trick" jetzt funktioniert!

a) Ermittle aus den drei genannten Zahlen 4, 6 und 10 (3, 5 und 7) die drei gedachten!

b) Ein Student will den „Zauberer" auf die Probe stellen und ruft ihm die Zahl −9, 1 und 13 zu. Klappt der „Trick" auch diesmal?

c) Untersuche, ob der Rechen-Trick immer gelingt!

7. In einer Serie von Signalfarben sind nur zwei Grundfarben, ein roter Farbton und ein gelber Farbton, mit unterschiedlichen Anteilen gemischt. In einer Fabrikhalle sollen Notausgangstüren angestrichen werden:
in einer helleren Ecke der Halle in einer Signalfarbe mit 60 % Rotanteilen und 40 % Gelbanteilen,
in einer dunkleren Ecke der Halle in einer Signalfarbe mit 30 % Rot und 70 % Gelb.
Im Materiallager finden die Arbeiter nur noch zwei Behälter mit Farbe vor; einen mit 10 % Gelb und 90 % Rot und einen zweiten mit 90 % Gelb und 10 % Rot.
Lassen sich die gewünschten Farben aus ihnen mischen?

III. Die Darstellung von linearen Gleichungssystemen durch Matrizen

1. Bei den Umformungen eines linearen Gleichungssystems nach dem Gauß-Verfahren haben wir stets nur mit dem Koeffizienten und den Absolutgliedern des Systems gearbeitet, **nicht** aber mit den Variablen. Man kann daher die bei der Durchführung dieses Verfahrens zu leistende Schreibarbeit dadurch erheblich reduzieren, dass man nur die Koeffizienten und die Absolutglieder des Systems aufschreibt, die Variablen also weglässt.

Beispiel: Das Gleichungssystem

$$\begin{cases} -x-2y+4z= & 6 \\ 2x+\ \ y+3z= & 5 \\ 3x+3y-2z= & -2 \end{cases}$$

wird vollständig erfasst durch das folgende Zahlenschema:

$$\begin{pmatrix} -1 & -2 & 4 & 6 \\ 2 & 1 & 3 & 5 \\ 3 & 3 & -2 & -2 \end{pmatrix}.$$

Ein solches rechteckiges Zahlenschema (in runde Klammern eingeschlossen) nennt man eine **„Matrix“** (Plural: „Matrizen“). Diese Matrix hat drei **Zeilen** und vier **Spalten.**
Für das Gleichungssystem ist ferner die Matrix von Bedeutung, die nur die Koeffizienten des Systems enthält, bei obigem Beispiel also die Matrix:

$$\begin{pmatrix} -1 & -2 & 4 \\ 2 & 1 & 3 \\ 3 & 3 & -2 \end{pmatrix}.$$

Diese Matrix heißt **„Koeffizientenmatrix des linearen Gleichungssystems“;** sie hat bei diesem Beispiel drei Zeilen und drei Spalten. Im Gegensatz dazu heißt die Matrix, die außer den Koeffizienten noch die Absolutglieder in der letzten Spalte enthält, die **„erweiterte Matrix des linearen Gleichungssystems“.** Wir bezeichnen die Koeffizientenmatrix in der Regel mit A, die erweiterte Matrix in der Regel mit B. Da man einer gegebenen Matrix nicht ohne Zusatzinformation ansieht, ob es sich um die Koeffizientenmatrix A oder um die erweiterte Matrix B handelt, trennen wir in der erweiterten Matrix B die letzte Spalte durch einen vertikalen Strich von den Koeffizienten ab.

2. Allgemein definiert man:

D 6.3 Zu einem linearen Gleichungssystem

$$\left\{\begin{array}{l} a_{11}x_1+a_{12}x_2+\ldots+a_{1n}x_n=r_1 \\ a_{21}x_1+a_{22}x_2+\ldots+a_{2n}x_n=r_2 \\ \ldots\ldots\ldots\ldots\ldots \\ a_{m1}x_1+a_{m2}x_2+\ldots+a_{mn}x_n=r_m \end{array}\right.$$

gehören die „Koeffizientenmatrix"

$$A=\begin{pmatrix} a_{11} & a_{12} & \cdots & a_{1n} \\ a_{21} & a_{22} & \cdots & a_{2n} \\ \vdots & \vdots & \ddots & \vdots \\ a_{m1} & a_{m2} & \cdots & a_{mn} \end{pmatrix}$$

und die erweiterte Matrix

$$B=\left(\begin{array}{cccc|c} a_{11} & a_{12} & \cdots & a_{1n} & r_1 \\ a_{21} & a_{22} & \cdots & a_{2n} & r_2 \\ \vdots & \vdots & \ddots & \vdots & \vdots \\ a_{m1} & a_{m2} & \cdots & a_{mn} & r_m \end{array}\right).$$

Bemerkungen:

1) Bei einem Koeffizienten a_{ik} gibt der **erste Index** (i) die **Zeile,** der **zweite Index** (k) die **Spalte** an, in der a_{ik} steht.

2) Bei Umformungen arbeiten wir in der Regel mit der Matrix B, weil die Matrix A ganz in B enthalten ist.

3. Wir zeigen nun, wie man ein lineares Gleichungssystem mit Hilfe der erweiterten Matrix nach dem Gaußverfahren lösen kann. Dabei benutzen wir zur Kennzeichnung der Umformungen die folgenden Zeichen:

1) $\leftrightarrows$ bedeutet: Die Zeilen, an denen die Pfeilspitzen stehen, werden ausgetauscht.

2) $|\cdot a$ bedeutet: Die betreffende Zeile wird mit a multipliziert.

3) $\begin{array}{l}\cdot a \\ \downarrow\cdot b\end{array}$ bedeutet: Die mit a multiplizierte obere Zeile wird zur mit b multiplizierten unteren Zeile addiert.

4) $\begin{array}{l}\uparrow\cdot a \\ \cdot b\end{array}$ bedeutet: Die mit b multiplizierte untere Zeile wird zur mit a multiplizierten oberen Zeile addiert.

Außerdem kennzeichnen wir den Übergang von einer Matrix zur nächsten durch einen waagerechten Pfeil (→).

<u>**Beispiel**</u>:

$$\left\{\begin{array}{l} -x-2y+4z=\ \ 6 \\ 2x+\ \ y+3z=\ \ 5 \\ 3x+3y-2z=-2 \end{array}\right.$$

$$\left(\begin{array}{ccc|c} -1 & -2 & 4 & 6 \\ 2 & 1 & 3 & 5 \\ 3 & 3 & -2 & -2 \end{array}\right) \begin{array}{l}\cdot 2 \\ \downarrow\cdot 1 \\ \end{array} \begin{array}{l}\cdot 3 \\ \\ \downarrow\cdot 1\end{array} \rightarrow \left(\begin{array}{ccc|c} -1 & -2 & 4 & 6 \\ 0 & -3 & 11 & 17 \\ 0 & -3 & 10 & 16 \end{array}\right) \begin{array}{l} \\ \cdot(-1) \\ \downarrow\cdot 1\end{array} \rightarrow \left(\begin{array}{ccc|c} -1 & -2 & 4 & 6 \\ 0 & -3 & 11 & 17 \\ 0 & 0 & -1 & -1 \end{array}\right)$$

Damit ist die Dreiecksform erreicht. Aus der letzten Zeile ergibt sich: $-z=-1$, also $z=1$. Aus der zweiten Zeile entnimmt man:

$$-3y+11z=17 \Leftrightarrow -3y=17-11=6 \Rightarrow y=-2.$$

Aus der ersten Zeile erhält man schließlich:

$$-x-2y+4z=6 \Leftrightarrow x=-2y+4z-6=4+4-6=2.$$

Das Lösungstripel ist also $(2|-2|1)$.

4. Statt bei der Dreiecksform der Matrix aufzuhören, kann man das Gaußverfahren noch weiterführen. Man kann nämlich bei diesem Beispiel die Koeffizienten oberhalb der Hauptdiagonalen der Koeffizientenmatrix auch noch zu Null machen dadurch, dass man zunächst mit den Zahlen der letzten, dann mit den Zahlen der vorletzten Zeile arbeitet. Die Zahlen, auf die es bei den einzelnen Umformungsschritten ankommt, sind in der gleichen Farbe gekennzeichnet.

$$\left(\begin{array}{ccc|c} -1 & -2 & \boxed{4} & 6 \\ 0 & -3 & 11 & 17 \\ 0 & 0 & \boxed{-1} & -1 \end{array}\right) \begin{array}{l} \uparrow\cdot 1 \\ \uparrow\cdot 1 \\ \cdot 11 \quad \cdot 4 \end{array} \rightarrow \left(\begin{array}{ccc|c} -1 & -2 & 0 & 2 \\ 0 & -3 & 0 & 6 \\ 0 & 0 & -1 & -1 \end{array}\right) \begin{array}{l} \\ |:(-3) \\ \end{array}$$

Um einfacher rechnen zu können, dividieren wir nun die Zahlen der zweiten Zeile durch -3; dann erhalten wir in der Mitte der Matrix die Zahl 1:

$$\rightarrow \left(\begin{array}{ccc|c} -1 & -2 & 0 & 2 \\ 0 & 1 & 0 & -2 \\ 0 & 0 & -1 & -1 \end{array}\right) \begin{array}{l} \uparrow\cdot 1 \\ \cdot 2 \\ \end{array} \rightarrow \left(\begin{array}{ccc|c} -1 & 0 & 0 & -2 \\ 0 & 1 & 0 & -2 \\ 0 & 0 & -1 & -1 \end{array}\right) \begin{array}{l} |\cdot(-1) \\ \\ |\cdot(-1) \end{array}$$

Zum Schluss multiplizieren wir noch die erste und die letzte Zeile mit (-1), um in der Hauptdiagonalen der Matrix A überall die Zahl 1 zu erhalten:

$$\left(\begin{array}{ccc|c} 1 & 0 & 0 & 2 \\ 0 & 1 & 0 & -2 \\ 0 & 0 & 1 & 1 \end{array}\right).$$

Dieser Matrix kann man unmittelbar die Lösung des Gleichungssystems entnehmen:

$$x=2 \wedge y=-2 \wedge z=1.$$

5. Die Koeffizientenmatrix ist bei diesem Verfahren auf die Form

$$\begin{pmatrix} 1 & 0 & 0 \\ 0 & 1 & 0 \\ 0 & 0 & 1 \end{pmatrix}$$

gebracht worden. Diese Matrix hat **„Diagonalform"**, weil nur die Hauptdiagonale (von links oben nach rechts unten) mit von Null verschiedenen Zahlen besetzt ist. In diesem Falle haben die Zahlen in der Hauptdiagonale sogar sämtlich den Wert 1; daher nennt man diese Matrix eine **„Einheitsmatrix"**; genauer handelt es sich um die Einheitsmatrix mit drei Zeilen und drei Spalten, also um die **„dreireihige Einheitsmatrix"**.

Bemerkung: Nicht jede Matrix lässt sich – wie wir unten noch sehen werden – auf diese Form bringen. Meistens sind die durchzuführenden Rechnungen auch unangenehmer als bei obigem Beispiel, weil in der Regel Bruchzahlen nicht zu vermeiden sind. Wir werden daher dieses vervollständigte Gaußverfahren nur gelegentlich anwenden.

6. Wir behandeln abschließend ein weiteres **Beispiel** für das erweiterte Gaußverfahren:

$$\begin{cases} 2x+\ y+\ z=\ 1 \\ 2x-2y-\ z=-7 \\ 4x+\ y+3z=\ 1 \end{cases}$$

$$B=\left(\begin{array}{ccc|c} 2 & 1 & 1 & 1 \\ 2 & -2 & -1 & -7 \\ 4 & 1 & 3 & 1 \end{array}\right) \begin{array}{l} \downarrow\cdot(-1) \quad \downarrow\cdot(-2) \\ \downarrow\cdot 1 \\ \qquad\quad\ \downarrow\cdot 1 \end{array} \rightarrow \left(\begin{array}{ccc|c} 2 & 1 & 1 & 1 \\ 0 & -3 & -2 & -8 \\ 0 & -1 & 1 & -1 \end{array}\right) \begin{array}{l} \\ \downarrow\cdot 1 \\ \downarrow\cdot(-3) \end{array}$$

$$\rightarrow \left(\begin{array}{ccc|c} 2 & 1 & 1 & 1 \\ 0 & -3 & -2 & -8 \\ 0 & 0 & -5 & -5 \end{array}\right) \begin{array}{l} \\ |\cdot(-1) \\ |:(-5) \end{array} \rightarrow \left(\begin{array}{ccc|c} 2 & 1 & 1 & 1 \\ 0 & 3 & 2 & 8 \\ 0 & 0 & 1 & 1 \end{array}\right) \begin{array}{l} \qquad\quad\ \uparrow\cdot 1 \\ \uparrow\cdot 1 \\ \cdot(-2) \quad \cdot(-1) \end{array}$$

$$\rightarrow \left(\begin{array}{ccc|c} 2 & 1 & 0 & 0 \\ 0 & 3 & 0 & 6 \\ 0 & 0 & 1 & 1 \end{array}\right) \begin{array}{l} \\ |:3 \\ \\ \end{array} \rightarrow \left(\begin{array}{ccc|c} 2 & 1 & 0 & 0 \\ 0 & 1 & 0 & 2 \\ 0 & 0 & 1 & 1 \end{array}\right) \begin{array}{l} \uparrow\cdot 1 \\ \cdot(-1) \\ \\ \end{array}$$

$$\rightarrow \left(\begin{array}{ccc|c} 2 & 0 & 0 & -2 \\ 0 & 1 & 0 & 2 \\ 0 & 0 & 1 & 1 \end{array}\right) \begin{array}{l} |:2 \\ \\ \\ \end{array} \rightarrow \left(\begin{array}{ccc|c} 1 & 0 & 0 & -1 \\ 0 & 1 & 0 & 2 \\ 0 & 0 & 1 & 1 \end{array}\right)$$

Dieser Matrix kann man die Lösung des Gleichungssystems unmittelbar entnehmen:

$$x=-1 \wedge y=2 \wedge z=1.$$

Das Lösungstripel ist also $(-1|2|1)$.

7. Die in diesem Abschnitt durchgeführten Beispiele sind alle von der gleichen Art: drei Gleichungen mit drei Variablen. Außerdem haben wir nur Systeme mit eindeutiger Lösung behandelt. Wir wissen aber schon seit langem, dass lineare Gleichungssysteme auch unerfüllbar sein oder unendlich viele Lösungen haben können. Mit solchen Systemen werden wir uns in §7 beschäftigen.

Übungen und Aufgaben

1. Stelle für die folgenden linearen Gleichungssysteme die Koeffizientenmatrix und die erweiterte Matrix auf! Bringe die Koeffizientenmatrix nach Möglichkeit auf die Diagonalform! Löse die Gleichungssysteme!

a) $\begin{cases} x+2y+\ z=1 \\ x+4y+3z=1 \\ 2x-2y+\ z=7 \end{cases}$ **b)** $\begin{cases} 2x+y-2z=-6 \\ y+\ z=\ 0 \\ 3x\quad -2z=\ 1 \end{cases}$ **c)** $\begin{cases} 3x+4y+2z=0 \\ x+\ y+\ z=0 \\ 4x+4y\quad =0 \end{cases}$ **d)** $\begin{cases} -x+y+z=0 \\ x-y+z=2 \\ x+y\quad =1 \end{cases}$

2. Löse das Gleichungssystem mit dem erweiterten Gaußverfahren!

a) $\begin{cases} 4x+3y-3z-8u=-10 \\ x-\ y+\ z+4u=\ 13 \\ -4x-2y+\ z+3u=-\ 3 \\ 3x-\ y-2z-7u=-\ 6 \end{cases}$ **b)** $\begin{cases} x-y+\ z-\ u=\ 0 \\ x+y-\ z-\ u=\ 6 \\ x-y-\ z+\ u=-2 \\ 2x+y-2z+3u=\ 0 \end{cases}$

3. Stelle für die im Lehrtext des II. Abschnittes behandelten linearen Gleichungssysteme jeweils die Koeffizientenmatrix und die erweiterte Matrix auf! Überführe die Koeffizientenmatrix in die Einheitsmatrix und löse so das betreffende Gleichungssystem! Vergleiche die Lösungsverfahren hinsichtlich Rechnungsumfang und Durchsichtigkeit!

4. Der Rechenkünstler erhält aus dem Publikum die folgenden drei Zahlen -1, 10, 3 als Zweiersummen (vgl. S. 104, Aufgabe 5). Ermittle die drei gedachten Zahlen mit Hilfe des erweiterten Gaußverfahrens!

5. Der Rechenkünstler (vgl. Aufgabe 4) lässt sich zu dem „Gemütlichen Abend" eines Mathematiker-Kongresses einladen, er denkt sich einen schwierigen „Trick" aus und hofft, dabei nicht durchschaut zu werden.
Von vier gedachten Zahlen sollen jeweils drei addiert und die vierte subtrahiert werden. Ein Zuschauer ruft ihm die vier Ergebnisse 2, 4, 8 und 10 zu. Ermittle die vier gedachten Zahlen!

6.

Sorten / Anteile	Legierung I	Legierung II	Legierung III
Kupfer	80 %	95 %	80 %
Zink	20 %	0 %	10 %
Zinn	0 %	5 %	10 %

Im Maschinenbau werden Federn und Membranen oft aus Kupferlegierungen hergestellt, die 90 % Kupfer, 5 % Zink und 5 % Zinn enthalten.

Kupferhütten bieten drei Legierungen mit anderen Zusammensetzungen an (vergleiche Tabelle). Untersuche, ob sich die gewünschte Legierung aus den drei angebotenen zusammenschmelzen lässt!

7.

Sorten / Anteile	Fleisch	Nudeln	Gemüse
E	10 g	10 g	40 g
F	40 g	0 g	10 g
C	30 g	70 g	30 g

Fleisch, Nudeln und Gemüse enthalten wichtige Nahrungsbestandteile wie Eiweiß (E), Fett (F) und Kohlehydrate (C) in bestimmten Anteilen (vgl. Tabelle). Die Angaben dort beziehen sich auf je 100 g Fleisch oder Nudeln oder Gemüse.

a) Für Katastrophenfälle möchte man eine Nahrung herstellen, die 140 g Eiweiß (E), 100 g Fett (F) und 400 g Kohlehydrate (C) enthält. Untersuche, ob und mit welchen Anteilen an Fleisch, Nudeln und Gemüse das möglich ist! Welches Gesamtgewicht hätte eine solche Portion?

b) Für eine bestimmte Diät soll aus Fleisch und Gemüse eine Mahlzeit hergestellt werden, die 150 g Eiweiß (E) und 100 g Fett (F) enthält. Ermittle, wie Fleisch und Gemüse an dieser Mahlzeit beteiligt sind und welchen Anteil an Kohlehydraten (C) sie hat!

§ 7 Lineare Gleichungssysteme (II)

I. Nicht eindeutig lösbare Gleichungssysteme

1. Schon in der 8. Klasse haben wir lineare Gleichungssysteme kennengelernt, die nicht eindeutig lösbar sind.

Beispiele: 1) $\begin{cases} 2x-4y=6 \\ -3x+6y=-9 \end{cases}$

Wir wenden auf die erweiterte Matrix B dieses Gleichungssystems das Gaußverfahren an:

$$B=\left(\begin{array}{cc|c} 2 & -4 & 6 \\ -3 & 6 & 9 \end{array}\right) \begin{array}{l} \downarrow\cdot 3 \\ \downarrow\cdot 2 \end{array} \rightarrow \left(\begin{array}{cc|c} 2 & -4 & 6 \\ 0 & 0 & 0 \end{array}\right) \begin{array}{l} |:2 \\ \end{array} \rightarrow \left(\begin{array}{cc|c} 1 & -2 & 3 \\ 0 & 0 & 0 \end{array}\right).$$

Es entsteht also eine Zeile, die an allen Stellen mit der Zahl 0 besetzt ist. Dieser Zeile entspricht die Gleichung

$$0\cdot x+0\cdot y=0.$$

Da diese Gleichung allgemein gültig ist, hat sie keinen Einfluss auf die Lösungsmenge. Diese wird allein durch die Gleichung bestimmt, die zur ersten Zeile gehört:

$$x-2y=3;$$

dies ist die Gleichung einer Geraden in der x-y-Ebene.
Der Grund für dieses Ergebnis ist leicht zu finden: Die beiden Gleichungen des gegebenen Systems stellen **dieselbe Gerade** dar; dies können wir durch Umformung auf die Normalform leicht nachweisen:

$$2x-4y=6 \Leftrightarrow 4y=2x-6 \Leftrightarrow y=\frac{x}{2}-\frac{3}{2} \quad \text{und}$$

$$-3x+6y=9 \Leftrightarrow 6y=3x-9 \Leftrightarrow y=\frac{x}{2}-\frac{3}{2} \quad \text{(Bild 7.1).}$$

Das Gleichungssystem ist also **erfüllbar, aber nicht eindeutig** lösbar. Die Werte einer Variablen können frei gewählt werden; dann liegt der Wert der anderen Variablen fest; z.B. erhält man für $x=3$ den Wert $y=0$, für $x=5$ den Wert $y=1$ usw. Man kann die Lösungsmenge folgendermaßen schreiben:

$$L=\{(x|y)\,|\,x-2y=3\}.$$

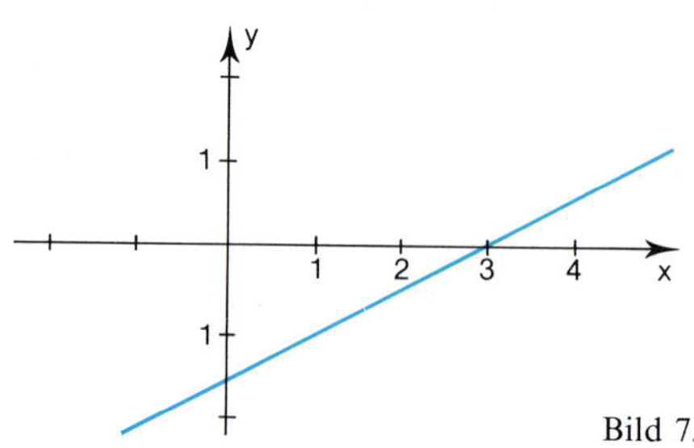

Bild 7.1

Stelle die betreffende Gerade auch durch eine Parametergleichung dar (Aufgabe 1)!

2) $\begin{cases} 2x-4y=6 \\ -3x+6y=12 \end{cases}$

Wir wenden auf die erweiterte Matrix B wiederum das Gaußverfahren an:

$$B=\left(\begin{array}{rr|r} 2 & -4 & 6 \\ -3 & 6 & 12 \end{array}\right) \begin{array}{|l} \cdot 3 \\ \cdot 2 \end{array} \rightarrow \left(\begin{array}{rr|r} 2 & -4 & 6 \\ 0 & 0 & 42 \end{array}\right).$$

Die der zweiten Zeile entsprechende Gleichung $0 \cdot x + 0 \cdot y = 42$ ist unerfüllbar; mithin ist auch das ganze Gleichungssystem unerfüllbar.

Auch in diesem Fall kann man das Ergebnis leicht geometrisch interpretieren. Wir formen die Gleichungen in die Normalform um:

$$2x-4y=6 \Leftrightarrow 4y=2x-6 \Leftrightarrow y=\frac{x}{2}-\frac{3}{2} \quad \text{und}$$

$$-3x+6y=12 \Leftrightarrow 6y=3x+12 \Leftrightarrow y=\frac{x}{2}+2 \quad \text{(Bild 7.2).}$$

Da beide Geraden die Steigung $\frac{1}{2}$, aber unterschiedliche Abschnitte mit der y-Achse haben, handelt es sich um zwei verschiedene zueinander parallele Geraden. Da diese Geraden keinen Schnittpunkt haben, ist das Gleichungssystem **unerfüllbar.**

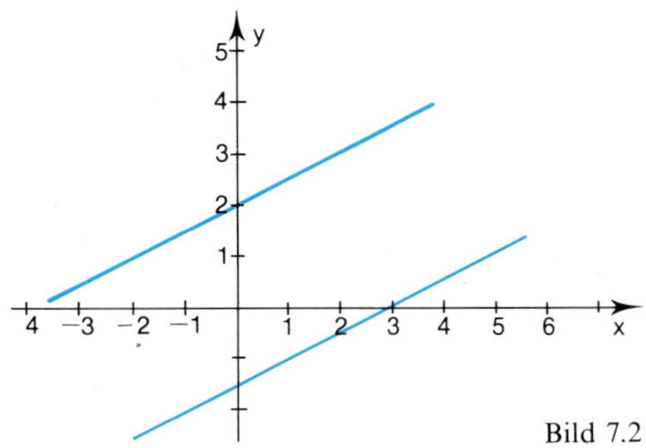

Bild 7.2

2. Wir betrachten nun Gleichungssysteme, die aus zwei linearen Gleichungen mit drei Variablen, also aus zwei Ebenengleichungen bestehen.

Beispiele: 1) $\begin{cases} 2x-y+3z=-2 \\ -4x+2y-6z=4 \end{cases}$

Wir wenden auf die zugehörige Matrix B wiederum das Gaußverfahren an:

$$B=\left(\begin{array}{rrr|r} 2 & -1 & 3 & -2 \\ -4 & 2 & -6 & 4 \end{array}\right) \begin{array}{l} \cdot 2 \\ \downarrow \cdot 1 \end{array} \rightarrow \left(\begin{array}{rrr|r} 2 & -1 & 3 & -2 \\ 0 & 0 & 0 & 0 \end{array}\right).$$

Das Ergebnis der Umformung zeigt, dass sich die zweite Gleichung aus der ersten durch Multiplikation mit dem Faktor -2 ergibt. Die beiden Gleichungen sind also äquivalent; sie stellen dieselbe Ebene dar.

Die Werte von zwei Variablen, z.B. von x und y, können frei gewählt werden; dann ist der Wert der dritten Variablen z festgelegt; z.B. gehört zu $x=y=1$ der Wert $z=-1$.

2) $\begin{cases} 2x-y+3z=-2 \\ -4x+2y-6z=5 \end{cases}$

Wir wenden auf die zugehörige Matrix B das Gaußverfahren an:

$$B=\left(\begin{array}{rrr|r} 2 & -1 & 3 & -2 \\ -4 & 2 & -6 & 5 \end{array}\right) \begin{array}{|l} \cdot 2 \\ \cdot 1 \end{array} \rightarrow \left(\begin{array}{rrr|r} 2 & -1 & 3 & -2 \\ 0 & 0 & 0 & 1 \end{array}\right).$$

Die zweite Zeile zeigt, dass das Gleichungssystem unerfüllbar ist. Die beiden Gleichungen stellen zueinander parallele Ebenen dar.

3) $\begin{cases} x-3y+z=4 \\ -2x+4y-3z=-9 \end{cases}$; $B=\left(\begin{array}{ccc|c} 1 & -3 & 1 & 4 \\ -2 & 4 & -3 & -9 \end{array}\right) \begin{array}{l} \cdot 2 \\ \cdot 1 \end{array} \rightarrow \left(\begin{array}{ccc|c} 1 & -3 & 1 & 4 \\ 0 & -2 & -1 & -1 \end{array}\right)$

Die beiden Gleichungen stellen zwei nicht parallele Ebenen dar. Die Schnittgerade der beiden Ebenen können wir in Parameterform darstellen. Setzen wir z.B. $y=t$, so ergibt sich aus der zweiten Zeile der letzten Matrix $-2t-z=-1 \Leftrightarrow z=1-2t$
und damit aus der ersten Gleichung

$$x-3t+(1-2t)=4 \Leftrightarrow x=3+5t.$$

Durch Zusammenfassung der drei Gleichungen erhält man: $\vec{x}=\begin{pmatrix}3\\0\\1\end{pmatrix}+t\begin{pmatrix}5\\1\\-2\end{pmatrix}$.

Bemerkung: Man kann die Lösungsmenge ausführlich auch in der Form

$$L=\{(x|y|z) \mid x=3+5t \wedge y=t \wedge z=1-2t \wedge t\in\mathbb{R}\}$$

oder in der Kurzform $L=\{(3+5t|t|1-2t) \mid t\in\mathbb{R}\}$ schreiben.

3. Wir betrachten nun Gleichungssysteme, die aus drei Gleichungen mit drei Variablen, also aus drei Ebenengleichungen bestehen.

Beispiele: 1) $\begin{cases} x-2y-z=-2 \\ -3x+6y+3z=6 \\ 2x-4y-2z=-4 \end{cases}$

Wir wenden wiederum das Gaußverfahren auf die erweiterte Matrix B an:

$$B=\left(\begin{array}{ccc|c} 1 & -2 & -1 & -2 \\ -3 & 6 & 3 & 6 \\ 2 & -4 & -2 & -4 \end{array}\right) \begin{array}{l} \cdot 3 \quad \cdot(-2) \\ \cdot 1 \\ \qquad \cdot 1 \end{array} \rightarrow \left(\begin{array}{ccc|c} 1 & -2 & -1 & -2 \\ 0 & 0 & 0 & 0 \\ 0 & 0 & 0 & 0 \end{array}\right).$$

Das Ergebnis zeigt, dass die zweite und die dritte Gleichung Vielfache der ersten Gleichung sind, dass die drei Gleichungen also **dieselbe** Ebene darstellen. Auch hier können die Werte von zwei Variablen frei gewählt werden; dann liegt der Wert für die dritte Variable fest.
Setzt man z.B. $x=r$ und $y=s$, dann ergibt sich $z=2+x-2y=2+r-2s$.
Die Lösungsmenge ist also darstellbar in der Form

$$L=\{(x|y|z) \mid x=r \wedge y=s \wedge z=2+r-2s \wedge r, s\in\mathbb{R}\},$$

in der Kurzform $L=\{(r|s|2+r-2s) \mid r, s\in\mathbb{R}\}$
oder durch die Parametergleichung für die Ebene: $\vec{x}=\begin{pmatrix}0\\0\\2\end{pmatrix}+r\begin{pmatrix}1\\0\\1\end{pmatrix}+s\begin{pmatrix}0\\1\\-2\end{pmatrix}$.

2) $\begin{cases} x+y+z=0 \\ 2y+z=1 \\ 3x-y+z=-2 \end{cases}$

Wir formen die zugehörige Matrix B um:

$$B=\left(\begin{array}{ccc|c} 1 & 1 & 1 & 0 \\ 0 & 2 & 1 & 1 \\ 3 & -1 & 1 & -2 \end{array}\right) \begin{array}{l} \cdot(-3) \\ \\ \cdot 1 \end{array} \rightarrow \left(\begin{array}{ccc|c} 1 & 1 & 1 & 0 \\ 0 & 2 & 1 & 1 \\ 0 & -4 & -2 & -2 \end{array}\right) \begin{array}{l} \\ \cdot 2 \\ \cdot 1 \end{array} \rightarrow \left(\begin{array}{ccc|c} 1 & 1 & 1 & 0 \\ 0 & 2 & 1 & 1 \\ 0 & 0 & 0 & 0 \end{array}\right).$$

Das Ergebnis zeigt, dass das Gleichungssystem erfüllbar, aber nicht eindeutig lösbar ist; denn die zur dritten Zeile gehörende Gleichung $0 \cdot x + 0 \cdot y + 0 \cdot z = 0$ ist allgemein gültig.
Man kann in diesem Fall eine Variable durch einen Parameter erfassen. Setzt man z.B. $y = t$, so ergibt sich aus der zweiten Zeile: $2t + z = 1 \;\Rightarrow\; z = 1 - 2t$
und damit aus der ersten Zeile: $x + t + (1 - 2t) = 0 \;\Rightarrow\; x = -1 + t$.
Die Lösungsmenge ist also darstellbar in der Form

$$L = \{(x|y|z) \mid x = -1 + t \wedge y = t \wedge z = 1 - 2t \wedge t \in \mathbb{R}\},$$

in der Kurzform $L = \{(-1 + t|t|1 - 2t) \mid t \in \mathbb{R}\}$ oder durch die Parametergleichung:

$$\vec{x} = \begin{pmatrix} -1 \\ 0 \\ 1 \end{pmatrix} + t \begin{pmatrix} 1 \\ 1 \\ -2 \end{pmatrix}.$$

Die drei Ebenen, die zu den Gleichungen des gegebenen Systems gehören, schneiden sich in der durch diese Gleichung dargestellten Geraden (Bild 7.3). Bestätige, dass die Gerade in allen drei Ebenen liegt (Aufgabe 6)!

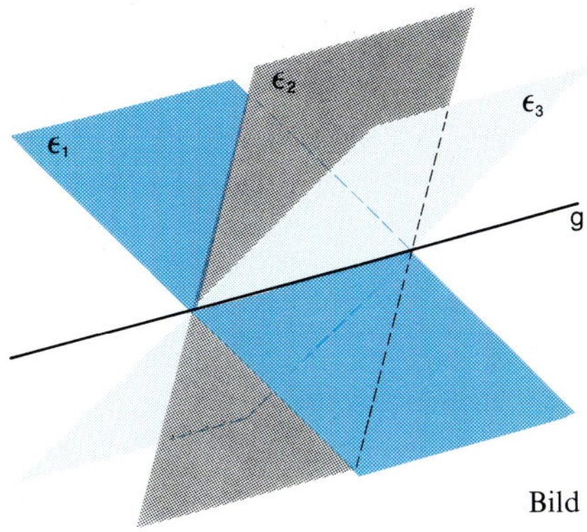

Bild 7.3

3) $\begin{cases} x + y - z = 4 \\ 4x - 2y - 2z = 3 \\ -5x + 4y + 2z = 0 \end{cases}$

Die Umformung der erweiterten Matrix B liefert:

$$B = \left(\begin{array}{rrr|r} 1 & 1 & -1 & 4 \\ 4 & -2 & -2 & 3 \\ -5 & 4 & 2 & 0 \end{array}\right) \begin{array}{l} \cdot(-4) \; \cdot 5 \\ \downarrow \cdot 1 \\ \downarrow \cdot 1 \end{array} \rightarrow \left(\begin{array}{rrr|r} 1 & 1 & -1 & 4 \\ 0 & -6 & 2 & -13 \\ 0 & 9 & -3 & 20 \end{array}\right) \begin{array}{l} \\ \cdot 3 \\ \downarrow \cdot 2 \end{array} \rightarrow \left(\begin{array}{rrr|r} 1 & 1 & -1 & 4 \\ 0 & -6 & 2 & -13 \\ 0 & 0 & 0 & 1 \end{array}\right).$$

Die letzte Zeile zeigt, dass das Gleichungssystem unerfüllbar ist. Wie dieser Fall geometrisch zu deuten ist, können wir hier nur mitteilen: Je zwei der drei Ebenen – also $(\varepsilon_1|\varepsilon_2)$, $(\varepsilon_1|\varepsilon_3)$ und $(\varepsilon_2|\varepsilon_3)$ – schneiden sich in je einer Geraden. Diese drei Geraden sind zueinander **parallel,** aber nicht identisch (Bild 7.4).
Bestätige dies dadurch, dass du die Parametergleichung für die drei Schnittgeraden ermittelst (Aufgabe 7)!

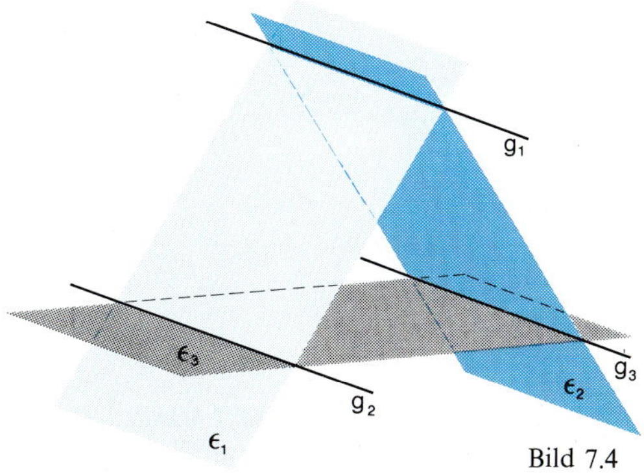

Bild 7.4

Übungen und Aufgaben

1. Die Lösungsmenge des Beispiels 1) von Seite 110 ist $L = \{(x|y) \mid x - 2y = 3\}$. Stelle die betreffende Gerade auch durch eine Parametergleichung dar!

2. Behandle die folgenden linearen Gleichungssysteme nach dem erweiterten Gaußverfahren und deute die Ergebnisse geometrisch!

a) $\begin{cases} x - 3y = 4 \\ -2x + 6y = 2 \end{cases}$ **b)** $\begin{cases} -3x + 4y = 4 \\ 1{,}5x - 2y = -2 \end{cases}$ **c)** $\begin{cases} x - 2y = 3 - x + y \\ 2x + 3y = 4 + 3x + 1{,}5y \end{cases}$

3. Untersuche, ob die folgenden linearen Gleichungssysteme erfüllbar sind, und bestimme die Lösungsmengen! Deute die Ergebnisse geometrisch!

a) $\begin{cases} -3x+4y=-10 \\ 4x-3y=11 \end{cases}$ **b)** $\begin{cases} x-y=4 \\ x+y=6 \end{cases}$ **c)** $\begin{cases} 2(x-y)-3=4y+5 \\ 2(x+2y+4)=5(x-y)-4 \end{cases}$

d) $\begin{cases} x+2y=3 \\ -2x-4y=6 \end{cases}$ **e)** $\begin{cases} 0{,}5x-y=3 \\ -1{,}5x+5y=7 \end{cases}$ **f)** $\begin{cases} 5x+y=2(1+x-y) \\ -3(2x+y)=3y-4 \end{cases}$

g) $\begin{cases} x-y+z=1 \\ 2x+y-z=2 \end{cases}$ **h)** $\begin{cases} 2x+y+z=2 \\ -x+3y-z=3 \end{cases}$ **i)** $\begin{cases} 3(x-y)+z=2(z-y-1) \\ 4(y-x)+z=2(x+y+3)-z \end{cases}$

4. Zeichne die Geraden g_1, g_2 und g_3! Untersuche an Hand der Zeichnung, ob das zugehörige Gleichungssystem erfüllbar ist oder nicht! Ermittle die Lösungsmenge!

a) g_1: $x-3y=4$, g_2: $2x+y=1$, g_3: $4x-5y=9$
b) g_1: $3x+2y=-1$, g_2: $4x+y=-2$, g_3: $6x+4y=3$
c) g_1: $x-2y=3$, g_2: $-2x+4y=-6$, g_3: $-x+2y=-3$

5. Untersuche, ob die folgenden Gleichungssysteme lösbar sind oder nicht! Ermittle die Lösungsmengen und deute sie geometrisch!

a) $\begin{cases} x-y+z=6 \\ 2x+4y-z=-3 \\ -x-2y+3z=9 \end{cases}$ **b)** $\begin{cases} 3x-y+z=1 \\ -2x+4y-z=-2 \\ x+3y=-1 \end{cases}$ **c)** $\begin{cases} 2x+3y-4z=-2 \\ -x+4y+z=-10 \\ x+y+5z=0 \end{cases}$

d) $\begin{cases} x-y+2z=9 \\ -x+2y-z=6 \\ y+z=4 \end{cases}$ **e)** $\begin{cases} 2x-y+0{,}5z=1 \\ -3x+1{,}5y-0{,}75z=-1{,}5 \\ -8x+4y-2z=-4 \end{cases}$ **f)** $\begin{cases} -x+y-z=-4 \\ 3x+y+2z=3 \\ -4x-4y+2z=6 \end{cases}$

6. Bestätige beim Beispiel 2) von Seite 112, dass die Lösungsgerade in jeder der drei Ebenen liegt, die durch die Gleichungen des Systems dargestellt werden!

7. Bestätige, dass die drei Schnittgeraden von je zwei Ebenen zu den Gleichungen von Beispiel 3 (Seite 113) alle zueinander parallel sind!

II. Klassifikation von linearen Gleichungssystemen

1. Wie bei den behandelten Beispielen kann man grundsätzlich in jedem Fall vorgehen. Wir wollen im Folgenden erläutern, welche Fälle dabei auftreten können.
Ziel der beim Gaußverfahren durchzuführenden Umformungen ist es, die erweiterte Matrix B des Gleichungssystems auf „Dreiecksform" zu bringen. Dabei benutzen wir bei jedem Schritt jeweils den in der sogenannten „Hauptdiagonalen" stehenden Koeffizienten c_{ii}, um alle darunter stehenden Zahlen zu 0 zu machen. Dies ist aber nur möglich, wenn für die betreffende Zahl gilt: $c_{ii} \neq 0$ (für $i=1, 2, \ldots, k$; $k \leq n$ und $k \leq m$). Solange in der betreffenden Zeile oder darunter überhaupt noch von 0 verschiedene Zahlen vorkommen, kann man – falls erforderlich – durch Vertauschen der Zeilen (also der Gleichungen) bzw. durch Vertauschen der Spalten (also der Variablen) stets erreichen, dass diese Bedingung erfüllt ist.

Beispiele:

1) $\begin{pmatrix} 1 & -2 & 3 & 1 \\ 2 & -4 & -1 & -2 \\ -3 & 1 & -2 & -1 \end{pmatrix} \begin{matrix} \cdot(-2) \;\; \cdot 3 \\ \downarrow \cdot 1 \\ \downarrow \cdot 1 \end{matrix} \rightarrow \begin{pmatrix} 1 & -2 & 3 & 1 \\ 0 & 0 & -7 & -4 \\ 0 & -5 & 7 & 2 \end{pmatrix} \rightarrow \begin{pmatrix} 1 & -2 & 3 & 1 \\ 0 & -5 & 7 & 2 \\ 0 & 0 & -7 & -4 \end{pmatrix}$

Bei diesem Beispiel führt also ein Vertauschen der Zeilen dazu, dass $c_{22} \neq 0$ ist.

2) $\begin{pmatrix} 1 & -3 & 2 & -1 \\ -2 & 6 & -3 & 1 \\ 3 & -9 & 4 & -2 \end{pmatrix} \begin{matrix} \cdot 2 \;\; \cdot(-3) \\ \downarrow \cdot 1 \\ \downarrow \cdot 1 \end{matrix} \rightarrow \begin{pmatrix} 1 & -3 & 2 & -1 \\ 0 & 0 & 1 & -1 \\ 0 & 0 & -2 & 1 \end{pmatrix}$

An dieser Stelle gilt $c_{22} = 0$. Da auch kein weiter unten stehender Koeffizient der zweiten Spalte von 0 verschieden ist, bringt hier nur eine Vertauschung der zweiten und der dritten Spalte an die Stelle von c_{22} eine von 0 verschiedene Zahl:

$$\begin{pmatrix} 1 & 2 & -3 & -1 \\ 0 & 1 & 0 & -1 \\ 0 & -2 & 0 & 1 \end{pmatrix}.$$

Diese Vertauschung bedeutet für das Gleichungssystem eine Vertauschung der Variablen y und z, die am Ende der Rechnung wieder rückgängig gemacht werden kann. Zur Bestimmung der Lösungsmenge ist diese Vertauschung nicht unbedingt erforderlich. Es soll nur verdeutlicht werden, dass man stets erreichen kann, dass $c_{ii} \neq 0$ ist, solange ab der i-ten Zeile noch von 0 verschiedene Zahlen in der Matrix vorkommen.

2. Im Endergebnis können – wie die Beispiele zeigen – verschiedene Fälle auftreten.

1. Fall: Das Gleichungssystem ist eindeutig lösbar.

2. Fall: Das Gleichungssystem ist erfüllbar, aber nicht eindeutig lösbar.

3. Fall: Das Gleichungssystem ist unerfüllbar.

Wir wollen allgemein beschreiben, wie die umgeformte Matrix nach Durchführung des Gaußverfahrens am Ende aussehen kann. Dabei ist **teilweise** danach zu unterscheiden, ob die Zahl der Gleichungen (m) gleich, größer oder kleiner ist als die Zahl der Variablen (n), ob also $m = n$, $m > n$ oder $m < n$ ist.

Beachte aber, dass die Unterscheidung nach diesem Gesichtspunkt **nicht in allen drei Fällen** von Bedeutung ist! Im Folgenden gilt für die Zahlen c_{ii} stets $c_{ii} \neq 0$ (für $i = 1, 2, \ldots, k$ mit $k \leq m$ und $k \leq n$). Die Sterne (∗) stehen für beliebige Zahlen.

Zum 1. Fall:

a) Für m = n:

$$\begin{pmatrix} c_{11} & * & * & \ldots & * & * \\ 0 & c_{22} & * & \ldots & * & * \\ 0 & 0 & c_{33} & \ldots & * & * \\ \vdots & \vdots & \vdots & \ddots & \vdots & \vdots \\ 0 & 0 & 0 & \ldots & c_{nn} & d_n \end{pmatrix}$$

b) Für m > n:

$$\begin{pmatrix} c_{11} & * & * & \ldots & * & * \\ 0 & c_{22} & * & \ldots & * & * \\ 0 & 0 & c_{33} & \ldots & * & * \\ \vdots & \vdots & \vdots & \ddots & \vdots & \vdots \\ 0 & 0 & 0 & \ldots & c_{nn} & d_n \\ 0 & 0 & 0 & \ldots & 0 & 0 \\ \vdots & \vdots & \vdots & \ddots & \vdots & \vdots \\ 0 & 0 & 0 & \ldots & 0 & 0 \end{pmatrix}$$

In diesem Fall ist das Gleichungssystem **eindeutig lösbar.** Die zur n-ten Zeile der umgeformten Matrix gehörende Gleichung lautet:

$$c_{nn} \cdot x_n = d_n. \quad \text{Daraus ergibt sich: } x_n = \frac{d_n}{c_{nn}}.$$

Durch „Rückwärtseinsetzen" lassen sich die Werte aller Variablen eindeutig berechnen.

Dieser 1. Fall kann **nicht** auftreten, wenn $m < n$, die Anzahl der Gleichungen also geringer ist als die Anzahl der Variablen. Es gibt dann nämlich wegen $m < n$ gar keine Zahl c_{nn}. In diesem Fall kann das Gleichungssystem **nicht eindeutig lösbar** sein; denn dazu muss die Anzahl der Gleichungen (m) mindestens gleich der Anzahl der Variablen (n) sein. Es gilt also der Satz:

S 7.1 Enthält ein lineares Gleichungssystem mehr Variable als Gleichungen, so kann es nicht eindeutig lösbar sein.

Beachte, dass ein solches Gleichungssystem sehr wohl unerfüllbar sein kann! Wenn es aber erfüllbar ist, dann sind die Lösungen nicht eindeutig bestimmt.

Zum 2. Fall:

$$\left(\begin{array}{cccccccc|c} c_{11} & * & * & \dots & * & * & \dots & * & * \\ 0 & c_{22} & * & \dots & * & * & \dots & * & * \\ 0 & 0 & c_{33} & \dots & * & * & \dots & * & * \\ \vdots & \vdots & \vdots & \ddots & \vdots & \vdots & & \vdots & \vdots \\ 0 & 0 & 0 & \dots & c_{kk} & * & \dots & * & * \\ 0 & 0 & 0 & \dots & 0 & 0 & \dots & 0 & 0 \\ \vdots & \vdots & \vdots & \ddots & \vdots & \vdots & \ddots & \vdots & \vdots \\ 0 & 0 & 0 & \dots & 0 & 0 & \dots & 0 & 0 \end{array}\right)$$

Sonderfall für $m < n$:

$$\left(\begin{array}{cccccccc|c} c_{11} & * & * & \dots & * & * & \dots & * & * \\ 0 & c_{22} & * & \dots & * & * & \dots & * & * \\ 0 & 0 & c_{33} & \dots & * & * & \dots & * & * \\ \vdots & \vdots & \vdots & \ddots & \vdots & \vdots & \ddots & \vdots & \vdots \\ 0 & 0 & 0 & \dots & c_{kk} & * & \dots & * & * \end{array}\right)$$

In diesem Fall gilt $k = m$.

Im links behandelten allgemeinen Fall enthält die umgeformte Matrix ab der $(k+1)$-ten Zeile nur noch vollständige Nullzeilen. Der rechts behandelte **Sonderfall** kann nur auftreten, wenn $m < n$ ist. Die letzte, also die m-te Zeile entspricht der k-ten Zeile; in diesem Sonderfall ist also $k = m$.

In diesem 2. Fall ist das Gleichungssystem zwar **erfüllbar,** aber **nicht eindeutig lösbar.** Meistens können die Werte für die Variablen $x_{k+1}, x_{k+2}, \dots, x_n$ frei gewählt, also durch einen Parameter erfasst werden. Die Werte für die Variablen $x_1, x_2, \dots, x_k$ sind dann wieder durch „Rückwärtseinsetzen" zu berechnen.

Zu beachten ist allerdings, dass in Sonderfällen die Werte für **einzelne** Variable auch eindeutig bestimmt sein können. Wir gehen auf dieses Problem in Beispiel **2)** unten ein.

Zum 3. Fall:

Der letzte mögliche Fall ist dadurch gekennzeichnet, dass nach der Umformung der erweiterten Matrix B eine Zeile der Form $0\ 0\ 0 \dots 0 | a$ mit $a \neq 0$ auftritt.

Die zugehörige Gleichung $0 \cdot x_1 + 0 \cdot x_2 + \dots + 0 \cdot x_n = a$ ist wegen $a \neq 0$ unerfüllbar.

Daher ist auch das Gleichungssystem in jedem solchen Fall **unerfüllbar.**

6. Zur Erläuterung der vorstehenden Ausführungen behandeln wir noch einige **Beispiele.**

1) $\left\{\begin{array}{r} x-2y+z=-1\\ -2x+y+2z=-5\\ 3x-y+2z=3\\ x-3y+8z=-9 \end{array}\right\}$; $\quad B=\left(\begin{array}{rrr|r} 1 & -2 & 1 & -1\\ -2 & 1 & 2 & -5\\ 3 & -1 & 2 & 3\\ 1 & -3 & 8 & -9 \end{array}\right)$ $\begin{array}{l}\cdot 2\ \ \cdot(-3)\ \ \cdot(-1)\\ \downarrow\cdot 1\\ \quad\ \downarrow\cdot 1\\ \qquad\quad \downarrow\cdot 1\end{array}$

$$\rightarrow\left(\begin{array}{rrr|r} 1 & -2 & 1 & -1\\ 0 & -3 & 4 & -7\\ 0 & 5 & -1 & 6\\ 0 & -1 & 7 & -8 \end{array}\right)\begin{array}{l}\leftarrow\!\urcorner\\ \\ \leftarrow\!\lrcorner\end{array}\rightarrow\left(\begin{array}{rrr|r} 1 & -2 & 1 & -1\\ 0 & -1 & 7 & -8\\ 0 & -3 & 4 & -7\\ 0 & 5 & -1 & 6 \end{array}\right)\begin{array}{l}\cdot(-3)\ \ \cdot 5\\ \downarrow\cdot 1\\ \qquad\ \downarrow\cdot 1\end{array}\rightarrow\left(\begin{array}{rrr|r} 1 & -2 & 1 & -1\\ 0 & -1 & 7 & -8\\ 0 & 0 & -17 & 17\\ 0 & 0 & 34 & -34 \end{array}\right)\begin{array}{l}\\ \cdot(-1)\\ :(-17)\\ :(-34)\end{array}$$

$$\rightarrow\left(\begin{array}{rrr|r} 1 & -2 & 1 & -1\\ 0 & 1 & -7 & 8\\ 0 & 0 & 1 & -1\\ 0 & 0 & -1 & 1 \end{array}\right)\begin{array}{l}\\ \\ \cdot 1\\ \downarrow\cdot 1\end{array}\ \begin{array}{l}\\ \uparrow\cdot 1\\ \cdot 7\\ \\ \end{array}\ \begin{array}{l}\uparrow\cdot 1\\ \\ \cdot(-1)\\ \\ \end{array}\rightarrow\left(\begin{array}{rrr|r} 1 & -2 & 0 & 0\\ 0 & 1 & 0 & 1\\ 0 & 0 & 1 & -1\\ 0 & 0 & 0 & 0 \end{array}\right)$$

Es liegt also der Fall 1b) vor. Das Gleichungssystem ist eindeutig lösbar. Man erhält: $z=-1$; $y=1$ und daraus $x=2y=2$. Das Lösungstripel ist also $(2|1|-1)$.

2) $\left\{\begin{array}{r} 2x_1+x_2+3x_3-4x_4=3\\ -3x_1+2x_2-4x_3+6x_4=3\\ 4x_1-3x_2+5x_3-8x_4=-5 \end{array}\right\}$; $\quad B=\left(\begin{array}{rrrr|r} 2 & 1 & 3 & -4 & 3\\ -3 & 2 & -4 & 6 & 3\\ 4 & -3 & 5 & -8 & -5 \end{array}\right)$ $\begin{array}{l}\cdot 3\ \ \cdot 2\\ \downarrow\cdot 2\\ \quad\ \downarrow\cdot(-1)\end{array}$

$$\rightarrow\left(\begin{array}{rrrr|r} 2 & 1 & 3 & -4 & 3\\ 0 & 7 & 1 & 0 & 15\\ 0 & 5 & 1 & 0 & 11 \end{array}\right)\begin{array}{l}\\ \cdot(-5)\\ \downarrow\cdot 7\end{array}\rightarrow\left(\begin{array}{rrrr|r} 2 & 1 & 3 & -4 & 3\\ 0 & 7 & 1 & 0 & 15\\ 0 & 0 & 2 & 0 & 2 \end{array}\right)\begin{array}{l}\\ \\ :2\end{array}\rightarrow\left(\begin{array}{rrrr|r} 2 & 1 & 3 & -4 & 3\\ 0 & 7 & 1 & 0 & 15\\ 0 & 0 & 1 & 0 & 1 \end{array}\right)$$

Es liegt der Fall 2) vor, und zwar der Sonderfall wegen $k=m=3$ und $n=4$. Das Gleichungssystem ist erfüllbar, aber nicht eindeutig lösbar.

Hinsichtlich der Darstellung der Lösungsmenge mit Hilfe eines Parameters ist bei diesem Beispiel aber Vorsicht geboten; denn durch die dritte Zeile der Endmatrix wird x_3, durch die zweite Zeile dann auch x_2 eindeutig festgelegt; es gilt:

$$x_3=1 \quad \text{und} \quad 7x_2+1=15 \Leftrightarrow 7x_2=14 \Leftrightarrow x_2=2.$$

Wir setzen $x_4=t$ und erhalten aus der ersten Zeile:

$$2x_1+2+3-4t=3 \Leftrightarrow 2x_1=-2+4t \Leftrightarrow x_1=-1+2t.$$

Die Lösungsmenge ist darstellbar in der Form

$$L=\{(x_1|x_2|x_3|x_4)\mid x_1=-1+2t \wedge x_2=2 \wedge x_3=1 \wedge x_4=t \wedge t\in\mathbb{R}\}$$

oder in der Form

$$\vec{x}=\begin{pmatrix}-1\\2\\1\\0\end{pmatrix}+t\begin{pmatrix}2\\0\\0\\1\end{pmatrix}.$$

An diesem Beispiel wird deutlich, dass man bei nicht eindeutig lösbaren Gleichungssystemen (Fall 2) nicht immer die Werte **jeder** Variablen frei wählen, also durch einen Parameter erfassen kann, dass vielmehr **einzelne** Variable (nicht alle) auch eindeutig festgelegt sein können.

3) $\left\{\begin{array}{r} x-3y+2z-2w=1 \\ -3x+2y-z+2w=-3 \\ 3x+5y-4z+2w=5 \end{array}\right\}$; $\quad B=\left(\begin{array}{rrrr|r} 1 & -3 & 2 & -2 & 1 \\ -3 & 2 & -1 & 2 & -3 \\ 3 & 5 & -4 & 2 & 5 \end{array}\right) \begin{array}{l} |\cdot 3 \quad |\cdot(-3) \\ \downarrow\cdot 1 \\ \qquad \downarrow\cdot 1 \end{array}$

$$\rightarrow\left(\begin{array}{rrrr|r} 1 & -3 & 2 & -2 & 1 \\ 0 & -7 & 5 & -4 & 0 \\ 0 & 14 & -10 & 8 & 2 \end{array}\right) \begin{array}{l} \\ |\cdot 2 \\ \downarrow\cdot 1 \end{array} \rightarrow\left(\begin{array}{rrrr|r} 1 & -3 & 2 & -2 & 1 \\ 0 & -7 & 5 & -4 & 0 \\ 0 & 0 & 0 & 0 & 2 \end{array}\right)$$

Es liegt der Fall 3) vor; das Gleichungssystem ist unerfüllbar.

7. Abschließend behandeln wir noch das Gleichungssystem, welches sich im Zusammenhang mit der Herstellung von Edelstahl (V2A) ergeben hat (S. 96).

$$B=\left(\begin{array}{llll|l} 1 & 1 & 1 & 1 & 1 \\ 0{,}24 & 0{,}04 & 0{,}14 & 0{,}14 & 0{,}18 \\ 0{,}04 & 0{,}12 & 0 & 0{,}16 & 0{,}08 \end{array}\right) \begin{array}{l} \\ |\cdot 100 \\ |\cdot 100 \end{array} \rightarrow \left(\begin{array}{rrrr|r} 1 & 1 & 1 & 1 & 1 \\ 24 & 4 & 14 & 14 & 18 \\ 4 & 12 & 0 & 16 & 8 \end{array}\right) \begin{array}{l} \\ |:2 \\ |:4 \end{array}$$

$$\rightarrow\left(\begin{array}{rrrr|r} 1 & 1 & 1 & 1 & 1 \\ 12 & 2 & 7 & 7 & 9 \\ 1 & 3 & 0 & 4 & 2 \end{array}\right) \begin{array}{l} |\cdot 12 \quad |\cdot(-1) \\ \downarrow\cdot(-1) \\ \qquad \downarrow\cdot 1 \end{array} \rightarrow \left(\begin{array}{rrrr|r} 1 & 1 & 1 & 1 & 1 \\ 0 & 10 & 5 & 5 & 3 \\ 0 & 2 & -1 & 3 & 1 \end{array}\right) \begin{array}{l} \\ \leftarrow\!\urcorner \\ \leftarrow\!\lrcorner \end{array}$$

$$\rightarrow\left(\begin{array}{rrrr|r} 1 & 1 & 1 & 1 & 1 \\ 0 & 2 & -1 & 3 & 1 \\ 0 & 10 & 5 & 5 & 3 \end{array}\right) \begin{array}{l} \\ |\cdot(-5) \\ \downarrow\cdot 1 \end{array} \rightarrow \left(\begin{array}{rrrr|r} 1 & 1 & 1 & 1 & 1 \\ 0 & 2 & -1 & 3 & 1 \\ 0 & 0 & 10 & -10 & -2 \end{array}\right) \begin{array}{l} \\ \\ |:2 \end{array} \rightarrow \left(\begin{array}{rrrr|r} 1 & 1 & 1 & 1 & 1 \\ 0 & 2 & -1 & 3 & 1 \\ 0 & 0 & 5 & -5 & -1 \end{array}\right)$$

Es liegt also der Fall 2) vor. Bei diesem Beispiel können wir die Zahlen einer Variablen frei wählen. Wir setzen $\mathbf{x_4=t}$; dann ergibt sich:

a) $5x_3-5t=-1 \Leftrightarrow 5x_3=-1+5t \Leftrightarrow \mathbf{x_3=-0{,}2+t}$;

b) $2x_2=x_3-3x_4+1=-0{,}2+t-3t+1=0{,}8-2t \Leftrightarrow \mathbf{x_2=0{,}4-t}$;

c) $x_1=-x_2-x_3-x_4+1=(-0{,}4+t)+0{,}2-t-t+1 \Leftrightarrow \mathbf{x_1=0{,}8-t}$.

Wir können die Lösung folgendermaßen vektoriell schreiben:

$$\vec{x}=\begin{pmatrix} x_1 \\ x_2 \\ x_3 \\ x_4 \end{pmatrix}=\begin{pmatrix} 0{,}8 \\ 0{,}4 \\ -0{,}2 \\ 0 \end{pmatrix}+t\begin{pmatrix} -1 \\ -1 \\ 1 \\ 1 \end{pmatrix}.$$

Zusätzlich ist bei diesem Problem noch die Bedingung $x_k \geq 0$ (für $k=1, 2, 3, 4$) zu erfüllen.

1) $x_1 \geq 0$ bedeutet: $0{,}8-t \geq 0 \Rightarrow t \leq 0{,}8$. **2)** $x_2 \geq 0$ bedeutet: $0{,}4-t \geq 0 \Rightarrow t \leq 0{,}4$.

3) $x_3 \geq 0$ bedeutet: $-0{,}2+t \geq 0 \Rightarrow t \geq 0{,}2$. **4)** $x_4 \geq 0$ bedeutet: $t \geq 0$.

Die stärkste Einschränkung nach unten lautet nach Bedingung **3)**: $0{,}2 \leq t$;
die stärkste Einschränkung nach oben lautet nach Bedingung **2)**: $t \leq 0{,}4$.
Es muss also zusätzlich gelten: $0{,}2 \leq t \leq 0{,}4$.
Nirosta erhält man also z.B., wenn man folgende Anteile der vier Legierungen zusammenschmilzt:

1) für $t=0{,}2$: $\vec{x}=\begin{pmatrix} 0{,}8-0{,}2 \\ 0{,}4-0{,}2 \\ -0{,}2+0{,}2 \\ 0\ +0{,}2 \end{pmatrix}=\begin{pmatrix} 0{,}6 \\ 0{,}2 \\ 0 \\ 0{,}2 \end{pmatrix}$; **2)** für $t=0{,}3$: $\vec{x}=\begin{pmatrix} 0{,}8-0{,}3 \\ 0{,}4-0{,}3 \\ -0{,}2+0{,}3 \\ 0\ +0{,}3 \end{pmatrix}=\begin{pmatrix} 0{,}5 \\ 0{,}1 \\ 0{,}1 \\ 0{,}3 \end{pmatrix}$.

Übungen und Aufgaben

1. Untersuche, ob die folgenden Gleichungssysteme erfüllbar sind oder nicht! Bestimme ggf. eine Parameterdarstellung der Lösungsmenge!

a) $$\begin{cases} x+y+z=3 \\ y+z+u=3 \\ x-y-z+u=0 \\ x+2y+2z+u=6 \end{cases}$$

b) $$\begin{cases} x+y+z=3 \\ y+z+u=3 \\ x-y-z+u=0 \\ x-2y+2z+u=-2 \end{cases}$$

c) $$\begin{cases} x+y+z+u=10 \\ -x+2y=3 \\ -2y+3z=5 \\ 3z-4u=-7 \end{cases}$$

d) $$\begin{cases} x-y+z-u=1 \\ 2x+y-2z+3u=10 \\ -x-2y+3z-4u=-9 \\ 3x-z+2u=11 \end{cases}$$

2. Untersuche die folgenden Gleichungssysteme auf Lösbarkeit! Ermittle die Lösungsmengen und deute sie bei a), b) und e) geometrisch!

a) $$\begin{cases} 6x-3y+2z=-6 \\ -3x+9y+4z=18 \\ 12y+8z=24 \\ 3x-6y+6z=12 \end{cases}$$

b) $$\begin{cases} x+y+2z=5 \\ -3x-4y+z=-1 \\ 2x-y-z=0 \\ x-2y-3z=2 \end{cases}$$

c) $$\begin{cases} x+y-z-u=-1 \\ x-y+z+u=3 \\ -3x+3y-3z-3u=-7 \end{cases}$$

d) $$\begin{cases} x-y+z-u=3 \\ 2x+y-z+u=9 \\ -x+3y-2z-u=0 \end{cases}$$

e) $$\begin{cases} x-y+z=4 \\ 2x+3y-z=-1 \end{cases}$$

f) $$\begin{cases} x+y=5 \\ z-u=3 \\ y+z=4 \end{cases}$$

g) $$\begin{cases} x-2y-3z+u=4 \\ 2x+y-z+2u=-2 \\ 3x-y-4z+3u=3 \end{cases}$$

h) $$\begin{cases} x-2y-2z=2 \\ x+2y+z=1 \\ 2x+3y+3z=4 \\ x+3y+z=0 \end{cases}$$

i) $$\begin{cases} -2x-y+z=-2 \\ 4x+2y-2z=6 \\ 7y-5z+4w=2 \end{cases}$$

3. Die Lösungsmengen der folgenden Gleichungssysteme sind mit Hilfe von Parametern darstellbar. Ermittle jeweils sämtliche mögliche Darstellungen, bei denen eine oder zwei Variable durch Parameter ersetzt werden!

a) $$\begin{cases} x-2y+z=1 \\ 2x-y+z=1 \\ 3x-3y+2z=2 \end{cases}$$

b) $$\begin{cases} 4(-x+2y-z)=5(x+y)+2z-3 \\ 5(x-y+2z)=2-x-3(y-2z) \\ 3(x-y+z)=1-2y+z \end{cases}$$

c) $$\begin{cases} x+2y-3z=1 \\ -2x-y+6z=4 \\ -x-5y+3z=-7 \end{cases}$$

d) $$\begin{cases} 4(x-y-z)=-2(4+y+z) \\ 2(x-y+1)=y-2 \\ 3(-x+y+z)=2(2+y+z)-x \end{cases}$$

4. Der Zauberkünstler (vergleiche Aufgabe 5, Seite 104) lässt sich von einem Zuschauer von vier gedachten Zahlen die vier Summen von je drei dieser Zahlen zurufen: 7, 8, 10 und 11. Er „rät“ unverzüglich die gedachten Zahlen.

a) Ermittle die vier gedachten Zahlen des Zuschauers!

b) Untersuche, mit welchem „Rechentrick“ der Zauberkünstler gearbeitet haben könnte!

5.

Anteile \ Legierung	Leg. I	Leg. II	Leg. III	Leg. IV
Kupfer	80 %	72 %	70 %	68 %
Blei	15 %	–	30 %	–
Zinn	4 %	–	–	32 %
Zink	1 %	28 %	–	–

Für Lager werden im Maschinenbau häufig wegen der guten Gleiteigenschaften Kupfergusslegierungen aus 75% Kupfer, 15 % Blei, 6 % Zinn und 4 % Zink verwandt. Untersuche, ob man diese Legierung aus vier anderen zusammenschmelzen könnte, deren Zusammensetzung in der nebenstehenden Tabelle angegeben ist!

6. Schrauben aus einer Kupfer-Zink-Bleilegierung enthalten 60 % Kupfer, 35 % Zink und 5 % Blei.

a) Untersuche, ob diese Legierung aus den vier in der Tabelle angegebenen Legierungen zusammengeschmolzen werden kann!

b) Untersuche, ob und unter welcher Bedingung (jeweils) beim Zusammenschmelzen auf eine der vier in der Tabelle angebotenen Legierungen verzichtet werden kann!

Anteile \ Sorten	Legierung I	Legierung II	Legierung III	Legierung IV
Kupfer	75 %	60 %	65 %	50 %
Zink	10 %	40 %	30 %	50 %
Blei	15 %	–	5 %	–

III. Zur linearen Abhängigkeit von Vektoren

1. Das Problem, n Vektoren $\vec{a}_1, \vec{a}_2, \ldots, \vec{a}_n$ auf lineare Abhängigkeit oder Unabhängigkeit zu untersuchen, führt jeweils auf ein Gleichungssystem, bei dem die Absolutglieder sämtlich den Wert 0 haben:

$$c_1\vec{a}_1 + c_2\vec{a}_2 + \ldots + c_n\vec{a}_n = \vec{0}.$$

<u>**Beispiel:**</u> $\vec{a}_1 = \begin{pmatrix} 1 \\ 2 \\ 3 \end{pmatrix}$; $\vec{a}_2 = \begin{pmatrix} -3 \\ -3 \\ 1 \end{pmatrix}$; $\vec{a}_3 = \begin{pmatrix} 2 \\ 1 \\ -3 \end{pmatrix}$

Das Gleichungssystem lautet für diesen Fall:

$$\begin{cases} c_1 - 3c_2 + 2c_3 = 0 \\ 2c_1 - 3c_2 + c_3 = 0 \\ 3c_1 + c_2 - 3c_3 = 0. \end{cases}$$

Schon in §6, I (Seite 97) haben wir bemerkt, dass man in solchen Fällen von einem **„homogenen linearen Gleichungssystem“** spricht.

Ein solches Gleichungssystem hat – wie man sofort erkennt – stets die triviale Lösung $c_1 = c_2 = \ldots = c_n = 0$, kann also nicht unerfüllbar sein.

Die Frage ist also, ob die triviale Lösung die **einzige** Lösung des Systems ist oder ob es **noch andere** Lösungen gibt.

2. Da die letzte Spalte der erweiterten Matrix B eines homogenen Gleichungssystems nur mit der Zahl 0 besetzt ist, haben die Umformungen des Gaußverfahrens auf diese Spalte keinen Einfluss. Zur Vereinfachung untersuchen wir daher bei homogenen Gleichungssystemen nur die Koeffizientenmatrix A.

Beispiele:

1) Wir formen die Matrix A des obigen Beispiels um:

$$\begin{pmatrix}1&-3&2\\2&-3&1\\3&1&-3\end{pmatrix}\begin{matrix}|\cdot(-2)&|\cdot(-3)\\ \downarrow\cdot 1&|\\ &\downarrow\cdot 1\end{matrix}\rightarrow\begin{pmatrix}1&-3&2\\0&3&-3\\0&10&-9\end{pmatrix}|:3\rightarrow\begin{pmatrix}1&-3&2\\0&1&-1\\0&10&-9\end{pmatrix}\begin{matrix}\\|\cdot(-10)\\ \downarrow\cdot 1\end{matrix}\rightarrow\begin{pmatrix}1&-3&2\\0&1&-1\\0&0&1\end{pmatrix}.$$

Es liegt Fall 1) vor; das Gleichungssystem ist eindeutig lösbar, besitzt also **nur** die triviale Lösung $c_1=c_2=c_3=0$. Die drei Vektoren $\vec{a}_1, \vec{a}_2, \vec{a}_3$ sind also linear unabhängig.

2) $$\vec{a}_1=\begin{pmatrix}1\\2\\3\end{pmatrix};\quad \vec{a}_2=\begin{pmatrix}-3\\-3\\1\end{pmatrix};\quad \vec{a}_2=\begin{pmatrix}2\\1\\-4\end{pmatrix}$$

Wir formen die Matrix A des zugehörigen homogenen Gleichungssystems um:

$$\begin{pmatrix}1&-3&2\\2&-3&1\\3&1&-4\end{pmatrix}\begin{matrix}|\cdot(-2)&|\cdot(-3)\\ \downarrow\cdot 1&|\\ &\downarrow\cdot 1\end{matrix}\rightarrow\begin{pmatrix}1&-3&2\\0&3&-3\\0&10&-10\end{pmatrix}\begin{matrix}\\|:3\\|:10\end{matrix}\rightarrow\begin{pmatrix}1&-3&2\\0&1&-1\\0&1&-1\end{pmatrix}\begin{matrix}\\|\cdot(-1)\\ \downarrow\cdot 1\end{matrix}\rightarrow\begin{pmatrix}1&-3&2\\0&1&-1\\0&0&0\end{pmatrix}.$$

Es liegt Fall 2) vor; das Gleichungssystem besitzt auch nicht triviale Lösungen. Wir setzen z.B. $c_3=t$: dann gilt:

$$c_2=c_3=t \quad\text{und}\quad c_1=3c_2-2c_3=3t-2t=t.$$

Eine nicht triviale Lösung ist also z.B. $c_1=c_2=c_3=1$. Die Vektoren $\vec{a}_1$, $\vec{a}_2$ und $\vec{a}_3$ sind also linear abhängig.

3) $$\vec{a}_1=\begin{pmatrix}1\\-2\\4\\-1\end{pmatrix};\quad \vec{a}_2=\begin{pmatrix}2\\-5\\9\\-3\end{pmatrix};\quad \vec{a}_3=\begin{pmatrix}-1\\2\\-4\\1\end{pmatrix}$$

Wir formen die zugehörige Matrix A um:

$$\begin{pmatrix}1&2&-1\\-2&-5&2\\4&9&-4\\-1&-3&1\end{pmatrix}\begin{matrix}|\cdot 2&|\cdot(-4)&|\cdot 1\\ \downarrow\cdot 1&|&|\\ &\downarrow\cdot 1&|\\ &&\downarrow\cdot 1\end{matrix}\rightarrow\begin{pmatrix}1&2&-1\\0&-1&0\\0&1&0\\0&-1&0\end{pmatrix}\begin{matrix}\\|\cdot 1&|\cdot(-1)\\ \downarrow\cdot 1&|\\ &\downarrow\cdot 1\end{matrix}\rightarrow\begin{pmatrix}1&2&-1\\0&-1&0\\0&0&0\\0&0&0\end{pmatrix}.$$

Es liegt Fall 2) vor. Dies bedeutet, dass die Vektoren $\vec{a}_1$, $\vec{a}_2$ und $\vec{a}_3$ linear abhängig sind.

Bei der Bestimmung der Lösungsmenge des Gleichungssystems müssen wir auch bei diesem Beispiel vorsichtig sein; denn durch die zweite Zeile der letzten Matrix ist **eindeutig** festgelegt: $c_2=0$. Wir setzen $c_1=t$; dann gilt auch $c_3=t$. Man kann die drei Lösungen c_1, c_2, c_3 zu einem „Lösungsvektor" zusammenfassen: $\vec{c}=\begin{pmatrix}c_1\\c_2\\c_3\end{pmatrix}=t\cdot\begin{pmatrix}1\\0\\1\end{pmatrix}$.

Die Zahl 0 an der zweiten Stelle des Lösungsvektors $\vec{c}$ zeigt, dass der Vektor $\vec{a}_2$ **keinen Beitrag** zu einer möglichen Linearkombination des Nullvektors durch die drei Vektoren $\vec{a}_1$, $\vec{a}_2$ und $\vec{a}_3$ leistet. Dies bedeutet, dass bei diesem Beispiel **nicht** etwa jeder der drei Vektoren aus den beiden anderen erzeugt werden kann. Vielmehr ist der Vektor $\vec{a}_3$ ein Vielfaches des Vektors $\vec{a}_1$ (und natürlich auch umgekehrt), während der Vektor $\vec{a}_2$ von den beiden anderen linear unabhängig ist.
Die Lösungsmenge (bzw. der Lösungsvektor) zeigt also nicht nur, **dass** zwischen den drei Vektoren $\vec{a}_1$, $\vec{a}_2$ und $\vec{a}_3$ lineare Abhängigkeit besteht; sie gibt vielmehr darüber hinaus auch Aufschluss über die **Art der Abhängigkeit** zwischen diesen Vektoren.

3. In § 4 haben wir geometrisch begründet, dass drei ebene Vektoren und dass vier räumliche Vektoren stets voneinander linear abhängig sind.
Allgemein gilt, dass n+1 Vektoren mit jeweils n Koordinaten stets linear abhängig sind. Wir können diesen Sachverhalt jetzt auch arithmetisch beweisen.

S 7.2 **n+1 Vektoren $\vec{a}_1, \vec{a}_2, \ldots, \vec{a}_n, \vec{a}_{n+1}$ mit jeweils n Koordinaten sind stets linear abhängig.**

Beweis: Wir haben zu zeigen, dass das homogene Gleichungssystem

$c_1\vec{a}_1 + c_2\vec{a}_2 + \ldots + c_n\vec{a}_n + c_{n+1}\vec{a}_{n+1} = \vec{0}$ nicht nur die triviale Lösung hat.

Es handelt sich um ein System von n Gleichungen mit n+1 Variablen.
Dieses Gleichungssystem ist wegen $n+1>n$ nach Satz S 7.1 **nicht** eindeutig lösbar. Die triviale Lösung $c_1 = c_2 = \ldots = c_n = c_{n+1} = 0$ kann also nicht die einzige Lösung des Systems sein. Daher hat das System auch nicht triviale Lösungen: die Vektoren $\vec{a}_1, \vec{a}_2, \ldots, \vec{a}_n, \vec{a}_{n+1}$ sind also auf jeden Fall linear abhängig, q.e.d.

Übungen und Aufgaben

1. Bestätige, dass die Vektoren $\vec{a}_1 = \begin{pmatrix} 3 \\ 2 \\ 8 \end{pmatrix}$, $\vec{a}_2 = \begin{pmatrix} 1 \\ 2 \\ 4 \end{pmatrix}$ und $\vec{a}_3 = \begin{pmatrix} -1 \\ -1 \\ -3 \end{pmatrix}$ linear abhängig sind

a) mit Hilfe einer speziellen Lösung des Gleichungssystems $c_1\vec{a}_1 + c_2\vec{a}_2 + c_3\vec{a}_3 = \vec{0}$;
b) durch Anwenden des Gaußverfahrens auf die zugehörige Koeffizientenmatrix A!

2. Untersuche, ob die Vektoren linear abhängig oder linear unabhängig sind! Ermittle die Lösungsmenge des zugehörigen Gleichungssystems!

a) $\begin{pmatrix} 1 \\ -3 \\ 2 \end{pmatrix}, \begin{pmatrix} -1 \\ 2 \\ 3 \end{pmatrix}, \begin{pmatrix} 0 \\ -1 \\ 5 \end{pmatrix}$

b) $\begin{pmatrix} 1 \\ 0 \\ 0 \\ 1 \end{pmatrix}, \begin{pmatrix} -1 \\ 1 \\ 0 \\ 0 \end{pmatrix}, \begin{pmatrix} 0 \\ -1 \\ 1 \\ -1 \end{pmatrix}, \begin{pmatrix} 0 \\ 0 \\ -1 \\ 0 \end{pmatrix}$

c) $\begin{pmatrix} 1 \\ 2 \\ 1 \end{pmatrix}, \begin{pmatrix} 1 \\ -1 \\ -1 \end{pmatrix}, \begin{pmatrix} 4 \\ -1 \\ -2 \end{pmatrix}$

d) $\begin{pmatrix} 1 \\ 0 \\ 1 \\ -1 \end{pmatrix}, \begin{pmatrix} -1 \\ 1 \\ 1 \\ 0 \end{pmatrix}, \begin{pmatrix} 1 \\ -1 \\ 0 \\ -1 \end{pmatrix}, \begin{pmatrix} 0 \\ 1 \\ -1 \\ 1 \end{pmatrix}$

3. Bestätige die Gültigkeit von Satz S 7.2 für die folgenden fünf Vektoren!

$$\begin{pmatrix}1\\0\\1\\1\end{pmatrix}, \begin{pmatrix}0\\2\\0\\1\end{pmatrix}, \begin{pmatrix}-1\\2\\-2\\1\end{pmatrix}, \begin{pmatrix}0\\-5\\2\\-4\end{pmatrix}, \begin{pmatrix}0\\1\\0\\0\end{pmatrix}.$$

Wende das Gaußverfahren auf die zugehörige Matrix A an und ermittle auch eine spezielle Lösung des betreffenden Gleichungssystems!

4. Untersuche die folgenden Vektoren auf lineare Abhängigkeit! Kann man eine Aussage über die **Art** der Abhängigkeit der Vektoren machen? (Vergleiche Seite 122!)

a) $\begin{pmatrix}2\\-1\\1\end{pmatrix}, \begin{pmatrix}2\\3\\5\end{pmatrix}, \begin{pmatrix}1\\1\\2\end{pmatrix}$ **b)** $\begin{pmatrix}1\\2\\1\end{pmatrix}, \begin{pmatrix}1\\-1\\-1\end{pmatrix}, \begin{pmatrix}-1\\3\\1\end{pmatrix}$ **c)** $\begin{pmatrix}1\\-1\\-3\end{pmatrix}, \begin{pmatrix}1\\-2\\-7\end{pmatrix}, \begin{pmatrix}1\\0\\1\end{pmatrix}$

d) $\begin{pmatrix}1\\2\\2\end{pmatrix}, \begin{pmatrix}2\\1\\-1\end{pmatrix}, \begin{pmatrix}-1\\1\\3\end{pmatrix}$ **e)** $\begin{pmatrix}1\\2\\0\end{pmatrix}, \begin{pmatrix}1\\-1\\2\end{pmatrix}, \begin{pmatrix}-2\\1\\0\end{pmatrix}, \begin{pmatrix}1\\0\\-3\end{pmatrix}$ **f)** $\begin{pmatrix}2\\4\\4\\2\end{pmatrix}, \begin{pmatrix}6\\3\\-3\\2\end{pmatrix}, \begin{pmatrix}-3\\3\\6\\3\end{pmatrix}$

g) $\begin{pmatrix}1\\1\\1\\-1\end{pmatrix}, \begin{pmatrix}-1\\-1\\1\\1\end{pmatrix}, \begin{pmatrix}-1\\1\\-1\\1\end{pmatrix}, \begin{pmatrix}-1\\1\\1\\1\end{pmatrix}$ **h)** $\begin{pmatrix}1\\1\\3\\-1\end{pmatrix}, \begin{pmatrix}1\\-1\\1\\5\end{pmatrix}, \begin{pmatrix}1\\1\\3\\-1\end{pmatrix}, \begin{pmatrix}1\\-1\\-1\\5\end{pmatrix}$

i) $\begin{pmatrix}1\\2\\-1\\0\end{pmatrix}, \begin{pmatrix}-2\\1\\2\\1\end{pmatrix}, \begin{pmatrix}3\\2\\-1\\4\end{pmatrix}, \begin{pmatrix}-1\\4\\0\\-1\end{pmatrix}$ **j)** $\begin{pmatrix}1\\0\\0\\4\end{pmatrix}, \begin{pmatrix}1\\-1\\0\\0\end{pmatrix}, \begin{pmatrix}1\\2\\-2\\0\end{pmatrix}, \begin{pmatrix}1\\0\\3\\-3\end{pmatrix}, \begin{pmatrix}4\\1\\1\\1\end{pmatrix}$

IV. Zur Lagebeziehung zwischen Geraden und Ebenen

1. Wir kommen nun zurück auf die Untersuchung der Lagebeziehungen zwischen Geraden und Ebenen, die wir in § 5, III unterbrochen hatten.
Zwei Geraden seien gegeben durch die Parametergleichungen

$$g_1\colon\ \vec{x}=\vec{x}_1+r\vec{a} \quad \text{und} \quad g_2\colon\ \vec{x}=\vec{x}_2+s\vec{b}.$$

Wenn die beiden Vektoren $\vec{a}$ und $\vec{b}$ nicht kollinear sind – was man meistens leicht erkennen kann –, sind die Geraden windschief oder sie schneiden sich. Um zu prüfen, ob die Geraden sich schneiden, untersuchen wir das Gleichungssystem

$$\vec{x}_1+r\vec{a}=\vec{x}_2+s\vec{b}, \quad \text{also } r\vec{a}-s\vec{b}=\vec{x}_2-\vec{x}_1.$$

Bemerkung: Wir schreiben die erweiterte Matrix B dieses Gleichungssystems kurz in der Form:

$$B=(\vec{a};\ -\vec{b}\,|\,\vec{x}_2-\vec{x}_1).$$

Beispiele:

1) $g_1: \vec{x} = \begin{pmatrix} 1 \\ 2 \\ -1 \end{pmatrix} + r \begin{pmatrix} 3 \\ -1 \\ 2 \end{pmatrix}$; $g_2: \vec{x} = \begin{pmatrix} 3 \\ -1 \\ 3 \end{pmatrix} + s \begin{pmatrix} 1 \\ 2 \\ -2 \end{pmatrix}$

Die beiden Richtungsvektoren $\begin{pmatrix} 3 \\ -1 \\ 2 \end{pmatrix}$ und $\begin{pmatrix} 1 \\ 2 \\ -2 \end{pmatrix}$ sind nicht kollinear. Wir prüfen also, ob die Geraden sich schneiden oder windschief sind. Es gilt:

$$\vec{x}_2 - \vec{x}_1 = \begin{pmatrix} 3 \\ -1 \\ 3 \end{pmatrix} - \begin{pmatrix} 1 \\ 2 \\ -1 \end{pmatrix} = \begin{pmatrix} 2 \\ -3 \\ 4 \end{pmatrix}.$$

Wir formen die Matrix $B = (\vec{a}; -\vec{b} | \vec{x}_2 - \vec{x}_1)$ des Gleichungssystems um:

$$B = \left(\begin{array}{rr|r} 3 & -1 & 2 \\ -1 & -2 & -3 \\ 2 & 2 & 4 \end{array}\right) \begin{matrix} \leftarrow \\ \leftarrow \\ \end{matrix} \rightarrow \left(\begin{array}{rr|r} -1 & -2 & -3 \\ 3 & -1 & 2 \\ 2 & 2 & 4 \end{array}\right) \begin{matrix} \cdot 3 & \cdot 2 \\ \downarrow \cdot 1 & \\ & \downarrow \cdot 1 \end{matrix} \rightarrow \left(\begin{array}{rr|r} -1 & -2 & -3 \\ 0 & -7 & -7 \\ 0 & -2 & -2 \end{array}\right) \begin{matrix} \cdot(-1) \\ :(-7) \\ :2 \end{matrix}$$

$$\rightarrow \left(\begin{array}{rr|r} 1 & 2 & 3 \\ 0 & 1 & 1 \\ 0 & -1 & -1 \end{array}\right) \begin{matrix} \uparrow \cdot 1 & \\ \cdot 1 & \cdot(-2) \\ \downarrow \cdot 1 & \end{matrix} \rightarrow \left(\begin{array}{rr|r} 1 & 0 & 1 \\ 0 & 1 & 1 \\ 0 & 0 & 0 \end{array}\right).$$

Aus den beiden ersten Zeilen der Ergebnismatrix erhält man: $r = 1 \wedge s = 1$.
Da die letzte Zeile nur mit der Zahl 0 besetzt ist, ändert sie an diesen Lösungen nichts. Der Schnittpunkt der beiden Geraden ist also gegeben durch den Ortsvektor

$$\vec{x}_S = \begin{pmatrix} 1 \\ 2 \\ -1 \end{pmatrix} + \begin{pmatrix} 3 \\ -1 \\ 2 \end{pmatrix} = \begin{pmatrix} 4 \\ 1 \\ 1 \end{pmatrix}. \quad \text{Probe: } \vec{x}_S = \begin{pmatrix} 3 \\ -1 \\ 3 \end{pmatrix} + \begin{pmatrix} 1 \\ 2 \\ -2 \end{pmatrix} = \begin{pmatrix} 4 \\ 1 \\ 1 \end{pmatrix}.$$

2) $g_1: \vec{x} = \begin{pmatrix} 1 \\ 2 \\ -1 \end{pmatrix} + r \begin{pmatrix} 3 \\ -1 \\ 2 \end{pmatrix}$; $g_2: \vec{x} = \begin{pmatrix} 0 \\ -1 \\ 2 \end{pmatrix} + s \begin{pmatrix} 1 \\ 2 \\ -1 \end{pmatrix}$.

Auch bei diesem Beispiel sind die beiden Richtungsvektoren $\begin{pmatrix} 3 \\ -1 \\ 2 \end{pmatrix}$ und $\begin{pmatrix} 1 \\ 2 \\ -1 \end{pmatrix}$ nicht kollinear. Es gilt:

$$\vec{x}_2 - \vec{x}_1 = \begin{pmatrix} 0 \\ -1 \\ 2 \end{pmatrix} - \begin{pmatrix} 1 \\ 2 \\ -1 \end{pmatrix} = \begin{pmatrix} -1 \\ -3 \\ 3 \end{pmatrix}.$$

$$B = (\vec{a}; -\vec{b} | \vec{x}_2 - \vec{x}_1) = \left(\begin{array}{rr|r} 3 & -1 & -1 \\ -1 & -2 & -3 \\ 2 & 1 & 3 \end{array}\right) \begin{matrix} \leftarrow \\ \leftarrow \\ \end{matrix} \rightarrow \left(\begin{array}{rr|r} -1 & -2 & -3 \\ 3 & -1 & -1 \\ 2 & 1 & 3 \end{array}\right) \begin{matrix} \cdot 3 & \cdot 2 \\ \downarrow \cdot 1 & \\ & \downarrow \cdot 1 \end{matrix}$$

$$\rightarrow \left(\begin{array}{rr|r} -1 & -2 & -3 \\ 0 & -7 & -10 \\ 0 & -3 & -3 \end{array}\right) \begin{matrix} \cdot(-1) \\ \leftarrow \\ :(-3) \leftarrow \end{matrix} \rightarrow \left(\begin{array}{rr|r} 1 & 2 & 3 \\ 0 & 1 & 1 \\ 0 & -7 & -10 \end{array}\right) \begin{matrix} \\ \cdot 7 \\ \downarrow \cdot 1 \end{matrix} \rightarrow \left(\begin{array}{rr|r} 1 & 2 & 3 \\ 0 & 1 & 1 \\ 0 & 0 & -3 \end{array}\right)$$

Aus der letzten Zeile ergibt sich, dass das Gleichungssystem unerfüllbar ist; die beiden Geraden g_1 und g_2 sind also windschief.

2. Eine Ebene ε und eine Gerade g seien durch ihre Parametergleichungen gegeben:

$$\varepsilon:\ \vec{x}=\vec{x}_0+r\vec{a}+s\vec{b} \quad \text{und} \quad g:\ \vec{x}=\vec{x}_1+t\vec{c}.$$

Für die Parameterwerte eines etwaigen Schnittpunkts muss gelten:

$$\vec{x}_0+r\vec{a}+s\vec{b}=\vec{x}_1+t\vec{c}; \quad \text{also } r\vec{a}+s\vec{b}-t\vec{c}=\vec{x}_1-\vec{x}_0.$$

Wir haben also die Matrix $B=(\vec{a};\vec{b};\ -\vec{c}|\vec{x}_1-\vec{x}_0)$ zu untersuchen.

Beispiele:

1) $\varepsilon:\ \vec{x}_0=\begin{pmatrix}-3\\1\\1\end{pmatrix};\ \vec{a}=\begin{pmatrix}1\\-2\\-1\end{pmatrix};\ \vec{b}=\begin{pmatrix}0\\-1\\2\end{pmatrix};\ g:\ \vec{x}_1=\begin{pmatrix}2\\-3\\2\end{pmatrix};\ \vec{c}=\begin{pmatrix}1\\-1\\3\end{pmatrix}$. Es ist $\vec{x}_1-\vec{x}_0=\begin{pmatrix}5\\-4\\1\end{pmatrix}$.

Wir formen die Matrix B um:

$$B=\left(\begin{array}{rrr|r}1&0&-1&5\\-2&-1&1&-4\\-1&2&-3&1\end{array}\right)\begin{array}{l}|\cdot 2\ \ |\cdot 1\\ \downarrow\cdot 1\\ \quad\ \ \downarrow\cdot 1\end{array}\rightarrow\left(\begin{array}{rrr|r}1&0&-1&5\\0&-1&-1&6\\0&2&-4&6\end{array}\right)\begin{array}{l}\\ \\ |:2\end{array}$$

$$\rightarrow\left(\begin{array}{rrr|r}1&0&-1&5\\0&-1&-1&6\\0&1&-2&3\end{array}\right)\begin{array}{l}\\ |\cdot 1\\ \downarrow\cdot 1\end{array}\rightarrow\left(\begin{array}{rrr|r}1&0&-1&5\\0&-1&-1&6\\0&0&-3&9\end{array}\right)\begin{array}{l}\\ \\ |:3\end{array}\rightarrow\left(\begin{array}{rrr|r}1&0&-1&5\\0&-1&-1&6\\0&0&-1&3\end{array}\right).$$

Die Umformung ergibt, dass das Gleichungssystem eindeutig lösbar ist. Dies bedeutet geometrisch, dass die Ebene und die Gerade sich in genau einem Punkt schneiden. Wir ermitteln die Parameterwerte des Schnittpunktes. Nach der dritten Zeile in der letzten Matrix gilt: $t=-3$. Durch Einsetzen in die Geradengleichung erhält man für den Ortsvektor des Schnittpunktes S:

$$\vec{x}_S=\begin{pmatrix}2\\-3\\2\end{pmatrix}-3\begin{pmatrix}1\\-1\\3\end{pmatrix}=\begin{pmatrix}2-3\\-3+3\\2-9\end{pmatrix}=\begin{pmatrix}-1\\0\\-7\end{pmatrix}.$$

An der Ebenengleichung kann man eine **Probe** durchführen. Dazu ermitteln wir die Werte für die Parameter r und s. Aus der zweiten Zeile der letzten Matrix erhält man:
$-s-t=6 \Leftrightarrow s=-6-t=-6+3=-3$ und schließlich aus der ersten Zeile dieser Matrix:
$r-t=5 \Leftrightarrow r=5+t=5-3=2$. Wir setzen diese Zahlen in die Ebenengleichung ein:

$$\vec{x}_S=\begin{pmatrix}-3\\1\\1\end{pmatrix}+2\begin{pmatrix}1\\-2\\-1\end{pmatrix}-3\begin{pmatrix}0\\-1\\2\end{pmatrix}=\begin{pmatrix}-3+2-0\\1-4+3\\1-2-6\end{pmatrix}=\begin{pmatrix}-1\\0\\-7\end{pmatrix}.$$

2) $\varepsilon:\ \vec{x}_0=\begin{pmatrix}2\\1\\-3\end{pmatrix};\ \vec{a}=\begin{pmatrix}1\\-2\\1\end{pmatrix};\ \vec{b}=\begin{pmatrix}-2\\1\\2\end{pmatrix};\quad g:\ \vec{x}_1=\begin{pmatrix}1\\2\\-3\end{pmatrix};\quad \vec{c}=\begin{pmatrix}-1\\-4\\7\end{pmatrix}$. Es ist $\vec{x}_1-\vec{x}_0=\begin{pmatrix}-1\\1\\0\end{pmatrix}$.

Wir formen wiederum die Matrix B um:

$$B=\left(\begin{array}{rrr|r}1&-2&1&-1\\-2&1&4&1\\1&2&-7&0\end{array}\right)\begin{array}{l}|\cdot 2\ \ |\cdot(-1)\\ \downarrow\cdot 1\\ \quad\ \ |\cdot 1\end{array}\rightarrow\left(\begin{array}{rrr|r}1&-2&1&-1\\0&-3&6&-1\\0&4&-8&1\end{array}\right)\begin{array}{l}\\ |\cdot 4\\ \downarrow\cdot 3\end{array}\rightarrow\left(\begin{array}{rrr|r}1&-2&1&-1\\0&-3&6&-1\\0&0&0&-1\end{array}\right).$$

Aus der letzten Zeile ergibt sich, dass das Gleichungssystem unerfüllbar ist. Dies bedeutet, dass die Gerade und die Ebene parallel zueinander sind.

3) ε: $\vec{x}_1=\begin{pmatrix}2\\1\\-3\end{pmatrix}$; $\vec{a}=\begin{pmatrix}1\\-2\\1\end{pmatrix}$; $\vec{b}=\begin{pmatrix}-2\\1\\2\end{pmatrix}$; g: $\vec{x}_0=\begin{pmatrix}1\\0\\0\end{pmatrix}$; $\vec{c}=\begin{pmatrix}-1\\-4\\7\end{pmatrix}$.

Gegenüber dem vorigen Beispiel ist nur der Vektor $\vec{x}_0$ geändert. Es ist: $\vec{x}_1-\vec{x}_0=\begin{pmatrix}1\\1\\-3\end{pmatrix}$.
Wir formen die Matrix B um:

$$B=\left(\begin{array}{rrr|r}1&-2&1&1\\-2&1&4&1\\1&2&-7&-3\end{array}\right)\begin{array}{l}\downarrow\cdot 2\ \ \downarrow\cdot(-1)\\ \cdot 1\\ \qquad\ \cdot 1\end{array}\rightarrow\left(\begin{array}{rrr|r}1&-2&1&1\\0&-3&6&3\\0&4&-8&-4\end{array}\right)\begin{array}{l}\\ |:(-3)\\ |:\ 4\end{array}$$

$$\rightarrow\left(\begin{array}{rrr|r}1&-2&1&1\\0&1&-2&-1\\0&1&-2&-1\end{array}\right)\begin{array}{l}\\ \downarrow\cdot(-1)\\ \cdot 1\end{array}\rightarrow\left(\begin{array}{rrr|r}1&-2&1&1\\0&1&-2&-1\\0&0&0&0\end{array}\right).$$

Da die letzte Zeile nur mit der Zahl 0 besetzt ist, ist das Gleichungssystem erfüllbar, aber nicht eindeutig lösbar. Die Werte einer Variablen können frei gewählt, also durch einen Parameter erfasst werden. Die Lösungsmenge stellt also eine Gerade dar. Dies bedeutet, dass die Gerade g in der Ebene ε liegt.

3. Zwei Ebenen seien gegeben durch ihre Parametergleichungen:

$$\varepsilon_1:\ \vec{x}=\vec{x}_1+r\vec{a}_1+s\vec{b}_1 \quad \text{und} \quad \varepsilon_2:\ \vec{x}=x_2+t\vec{a}_2+v\vec{b}_2.$$

Die Koordinaten der Punkte einer etwaigen Schnittgeraden müssen der folgenden Gleichung genügen:

$$\vec{x}_1+r\vec{a}_1+s\vec{b}_1=\vec{x}_2+t\vec{a}_2+v\vec{b}_2, \quad \text{also} \quad r\vec{a}_1+s\vec{b}_1-t\vec{a}_2-v\vec{b}_2=\vec{x}_2-\vec{x}_1.$$

Wir haben also die Matrix $B=(\vec{a}_1;\vec{b}_1;-\vec{a}_2;-\vec{b}_2|\vec{x}_2-\vec{x}_1)$ zu untersuchen.

Beispiele:

1) ε_1: $\vec{x}_1=\begin{pmatrix}1\\-2\\1\end{pmatrix}$; $\vec{a}_1=\begin{pmatrix}2\\-1\\1\end{pmatrix}$; $\vec{b}_1=\begin{pmatrix}1\\-2\\1\end{pmatrix}$; ε_2: $\vec{x}_2=\begin{pmatrix}2\\1\\-3\end{pmatrix}$; $\vec{a}_2=\begin{pmatrix}1\\0\\-2\end{pmatrix}$; $\vec{b}_2=\begin{pmatrix}-1\\1\\0\end{pmatrix}$.

Es ist $\vec{x}_2-\vec{x}_1=\begin{pmatrix}2\\1\\-3\end{pmatrix}-\begin{pmatrix}1\\-2\\1\end{pmatrix}=\begin{pmatrix}1\\3\\-4\end{pmatrix}$.

$$B=\left(\begin{array}{rrrr|r}2&1&-1&1&1\\-1&-2&0&-1&3\\1&1&2&0&-4\end{array}\right)\begin{array}{l}\downarrow\cdot 1\ \ \downarrow\cdot 1\\ \cdot 2\\ \qquad\ \cdot(-2)\end{array}\rightarrow\left(\begin{array}{rrrr|r}2&1&-1&1&1\\0&-3&-1&-1&7\\0&-1&-5&1&9\end{array}\right)\begin{array}{l}\\ \downarrow\cdot 1\\ \cdot(-3)\end{array}$$

$$\rightarrow\left(\begin{array}{rrrr|r}2&1&-1&1&1\\0&-3&-1&-1&7\\0&0&14&-4&-20\end{array}\right)\begin{array}{l}\\ |\cdot(-1)\\ |:2\end{array}\rightarrow\left(\begin{array}{rrrr|r}2&1&-1&1&1\\0&3&1&1&-7\\0&0&7&-2&-10\end{array}\right).$$

An der letzten Zeile erkennt man, dass das Gleichungssystem erfüllbar ist. Nach Satz S 7.1 kann es aber nicht eindeutig lösbar sein.
Aus der dritten Zeile der letzten Matrix ergibt sich für die Parameter t und v:

$$7t-2v=-10 \Leftrightarrow v=5+\tfrac{7}{2}t.$$

Wir setzen dies in die Parametergleichung der Ebene ε_2 ein:

$$\vec{x}=\begin{pmatrix}2\\1\\-3\end{pmatrix}+t\begin{pmatrix}1\\0\\-2\end{pmatrix}+(5+\tfrac{7}{2}t)\begin{pmatrix}-1\\1\\0\end{pmatrix}=\begin{pmatrix}2\\1\\-3\end{pmatrix}+\begin{pmatrix}-5\\5\\0\end{pmatrix}+t\begin{pmatrix}1-\frac{7}{2}\\0+\frac{7}{2}\\-2+0\end{pmatrix}\Rightarrow\vec{x}=\begin{pmatrix}-3\\6\\-3\end{pmatrix}+\frac{t}{2}\begin{pmatrix}-5\\7\\-4\end{pmatrix}.$$

Dies ist die Gleichung einer Geraden, der Schnittgeraden der beiden Ebenen in Parameterform.

Bemerkung: Man kann den Nenner 2 beim Parameter t auch weglassen, weil mit $\vec{a}$ stets auch $2\vec{a}$ ein Richtungsvektor der Geraden ist. Wir können also auch schreiben:

$$\vec{x}=\begin{pmatrix}-3\\6\\-3\end{pmatrix}+t\begin{pmatrix}-5\\7\\-4\end{pmatrix}.$$

Überlege, wie man eine Gleichung für die Schnittgerade aus der Gleichung für die Ebene ε_1 gewinnen kann (Aufgabe 8)!

2) $\varepsilon_1: \vec{x}_1=\begin{pmatrix}-1\\2\\2\end{pmatrix};\ \vec{a}_1=\begin{pmatrix}1\\0\\-2\end{pmatrix};\ \vec{b}_1=\begin{pmatrix}2\\-1\\3\end{pmatrix};\qquad \varepsilon_2: \vec{x}_2=\begin{pmatrix}3\\-1\\-2\end{pmatrix};\ \vec{a}_2=\begin{pmatrix}3\\-1\\1\end{pmatrix};\ \vec{b}_2=\begin{pmatrix}1\\-1\\5\end{pmatrix}$

Es ist: $\vec{x}_2-\vec{x}_1=\begin{pmatrix}3\\-1\\-2\end{pmatrix}-\begin{pmatrix}-1\\2\\2\end{pmatrix}=\begin{pmatrix}4\\-3\\-4\end{pmatrix}$. Wir formen wiederum die Matrix B um:

$$\left(\begin{array}{rrrr|r}1&2&-3&-1&4\\0&-1&1&1&-3\\-2&3&-1&-5&-4\end{array}\right)\begin{array}{l}|\cdot 2\\ \\ \downarrow\cdot 1\end{array}\rightarrow\left(\begin{array}{rrrr|r}1&2&-3&-1&4\\0&-1&1&1&-3\\0&7&-7&-7&4\end{array}\right)\begin{array}{l}\\ |\cdot 7\\ \downarrow\cdot 1\end{array}\rightarrow\left(\begin{array}{rrrr|r}1&2&-3&-1&4\\0&-1&1&1&-3\\0&0&0&0&-17\end{array}\right).$$

An der letzten Zeile erkennt man, dass das Gleichungssystem unerfüllbar ist. Dies bedeutet, dass die beiden Ebenen zueinander parallel, aber nicht identisch sind.

3) Ändern wir im letzten Beispiel nur $\vec{x}_2$ ab in

$$\vec{x}_2=\begin{pmatrix}-5\\4\\-4\end{pmatrix},\text{ so ergibt sich: }\vec{x}_2-\vec{x}_1=\begin{pmatrix}-5\\4\\-4\end{pmatrix}-\begin{pmatrix}-1\\2\\2\end{pmatrix}=\begin{pmatrix}-4\\2\\-6\end{pmatrix}.$$

Wir formen wiederum die Matrix B um:

$$\left(\begin{array}{rrrr|r}1&2&-3&-1&-4\\0&-1&1&1&2\\-2&3&-1&-5&-6\end{array}\right)\begin{array}{l}|\cdot 2\\ \\ \downarrow\cdot 1\end{array}\rightarrow\left(\begin{array}{rrrr|r}1&2&-3&-1&-4\\0&-1&1&1&2\\0&7&-7&-7&-14\end{array}\right)\begin{array}{l}\\ |\cdot 7\\ \downarrow\cdot 1\end{array}\rightarrow\left(\begin{array}{rrrr|r}1&2&-3&-1&-4\\0&-1&1&1&2\\0&0&0&0&0\end{array}\right).$$

Man erkennt, dass das Gleichungssystem erfüllbar, aber natürlich nicht eindeutig lösbar ist. Da die zweite Zeile noch drei von 0 verschiedenen Zahlen enthält, können die Werte von zwei Variablen frei gewählt, also durch einen Parameter erfasst werden. Die Lösungsmenge stellt also eine Ebene dar. Dies bedeutet, dass die beiden Ebenen ε_1 und ε_2 identisch sind.

Übungen und Aufgaben

1. Bestätige, dass von den folgenden drei Geraden g_1, g_2 und g_3 jeweils zwei zueinander parallel und zwei windschief sind und dass zwei sich schneiden! Ermittle ggf. den Schnittpunkt!

a) $g_1\colon \vec{x}=\begin{pmatrix}1\\1\\4\end{pmatrix}+r\begin{pmatrix}0\\1\\-1\end{pmatrix}$, $g_2\colon \vec{x}=\begin{pmatrix}0\\2\\1\end{pmatrix}+s\begin{pmatrix}-1\\2\\-4\end{pmatrix}$, $g_3\colon \vec{x}=\begin{pmatrix}4\\1\\-3\end{pmatrix}+t\begin{pmatrix}1\\-2\\4\end{pmatrix}$

b) $g_1\colon \vec{x}=\begin{pmatrix}4\\2\\2\end{pmatrix}+r\begin{pmatrix}1\\0\\1\end{pmatrix}$, $g_2\colon \vec{x}=\begin{pmatrix}1\\3\\-1\end{pmatrix}+s\begin{pmatrix}2\\1\\0\end{pmatrix}$, $g_3\colon \vec{x}=\begin{pmatrix}3\\3\\1\end{pmatrix}+t\begin{pmatrix}-1\\0\\-1\end{pmatrix}$

2. Ermittle die gegenseitige Lage der Geraden g_1 und g_2!

a) $g_1\colon \vec{x}=\begin{pmatrix}-1\\2\\-3\end{pmatrix}+r\begin{pmatrix}1\\0\\-1\end{pmatrix}$; $g_2\colon \vec{x}=\begin{pmatrix}3\\4\\-2\end{pmatrix}+s\begin{pmatrix}1\\2\\0\end{pmatrix}$

b) $g_1\colon \vec{x}=\begin{pmatrix}1\\-1\\2\end{pmatrix}+r\begin{pmatrix}2\\-1\\1\end{pmatrix}$; $g_2\colon \vec{x}=\begin{pmatrix}-1\\0\\1\end{pmatrix}+s\begin{pmatrix}-4\\2\\-2\end{pmatrix}$

c) $g_1\colon \vec{x}=\begin{pmatrix}1\\5\\0\end{pmatrix}+r\begin{pmatrix}1\\-2\\1\end{pmatrix}$; $g_2\colon \vec{x}=\begin{pmatrix}3\\2\\-2\end{pmatrix}+s\begin{pmatrix}-1\\1\\3\end{pmatrix}$

d) $g_1\colon \vec{x}=\begin{pmatrix}3\\-2\\0\end{pmatrix}+r\begin{pmatrix}-1\\2\\1\end{pmatrix}$; $g_2\colon \vec{x}=\begin{pmatrix}-2\\3\\1\end{pmatrix}+s\begin{pmatrix}2\\-4\\-2\end{pmatrix}$

e) $g_1\colon \vec{x}=\begin{pmatrix}1\\-1\\-4\end{pmatrix}+r\begin{pmatrix}2\\-4\\7\end{pmatrix}$; $g_2\colon \vec{x}=\begin{pmatrix}-1\\2\\0\end{pmatrix}+s\begin{pmatrix}-2\\3\\4\end{pmatrix}$

f) $g_1\colon \vec{x}=\begin{pmatrix}1\\-2\\-1\end{pmatrix}+r\begin{pmatrix}2\\3\\-1\end{pmatrix}$; $g_2\colon \vec{x}=\begin{pmatrix}1\\5\\-4\end{pmatrix}+s\begin{pmatrix}4\\-1\\1\end{pmatrix}$

3. Lassen sich für die Geraden g_1 zu $\vec{x}=\begin{pmatrix}0\\a\\-1\end{pmatrix}+r\begin{pmatrix}3\\b\\1\end{pmatrix}$ und g_2 zu $\vec{x}=\begin{pmatrix}1\\1\\2\end{pmatrix}+s\begin{pmatrix}-1\\2\\c\end{pmatrix}$ Werte für die Variablen a, b und c so bestimmen, dass

a) g_1 parallel g_2 ist, **b)** g_1 windschief zu g_2 ist, **c)** beide sich schneiden?

4. Untersuche die gegenseitige Lage der Geraden und der Ebene! Ermittle ggf. das Schnittgebilde!

a) $\vec{x}=\begin{pmatrix}1\\4\\-3\end{pmatrix}+t\begin{pmatrix}0\\1\\1\end{pmatrix}$; $\vec{x}=\begin{pmatrix}-1\\1\\-5\end{pmatrix}+r\begin{pmatrix}2\\1\\0\end{pmatrix}+s\begin{pmatrix}1\\1\\0\end{pmatrix}$

b) $\vec{x}=\begin{pmatrix}5\\-2\\3\end{pmatrix}+t\begin{pmatrix}1\\4\\1\end{pmatrix}$; $\vec{x}=\begin{pmatrix}-3\\0\\1\end{pmatrix}+r\begin{pmatrix}2\\1\\3\end{pmatrix}+s\begin{pmatrix}-1\\3\\-2\end{pmatrix}$

c) $\vec{x}=\begin{pmatrix}-1\\4\\0\end{pmatrix}+t\begin{pmatrix}-1\\-5\\2\end{pmatrix}$; $\vec{x}=\begin{pmatrix}-2\\-1\\2\end{pmatrix}+r\begin{pmatrix}2\\-1\\3\end{pmatrix}+s\begin{pmatrix}3\\4\\1\end{pmatrix}$

d) $\vec{x}=\begin{pmatrix}-1\\0\\5\end{pmatrix}+t\begin{pmatrix}3\\-1\\-1\end{pmatrix}$; $\vec{x}=\begin{pmatrix}-1\\6\\5\end{pmatrix}+r\begin{pmatrix}3\\1\\4\end{pmatrix}+s\begin{pmatrix}1\\2\\3\end{pmatrix}$

e) $\vec{x}=\begin{pmatrix}3\\2\\-1\end{pmatrix}+t\begin{pmatrix}-1\\-1\\1\end{pmatrix}$; $\vec{x}=\begin{pmatrix}2\\-1\\1\end{pmatrix}+r\begin{pmatrix}1\\2\\0\end{pmatrix}+s\begin{pmatrix}0\\-1\\-1\end{pmatrix}$

f) $\vec{x}=\begin{pmatrix}3\\0\\-2\end{pmatrix}+t\begin{pmatrix}-1\\2\\3\end{pmatrix}$; $\vec{x}=\begin{pmatrix}1\\-1\\0\end{pmatrix}+r\begin{pmatrix}0\\1\\0\end{pmatrix}+s\begin{pmatrix}1\\0\\-1\end{pmatrix}$

g) $\vec{x}=\begin{pmatrix}-2\\3\\2\end{pmatrix}+t\begin{pmatrix}3\\-1\\1\end{pmatrix}$; $\vec{x}=\begin{pmatrix}1\\2\\3\end{pmatrix}+r\begin{pmatrix}-9\\-4\\-2\end{pmatrix}+s\begin{pmatrix}6\\3\\1\end{pmatrix}$

h) $\vec{x}=\begin{pmatrix}1\\-2\\1\end{pmatrix}+t\begin{pmatrix}2\\1\\3\end{pmatrix}$; $\vec{x}=\begin{pmatrix}2\\-1\\1\end{pmatrix}+r\begin{pmatrix}1\\-2\\1\end{pmatrix}+s\begin{pmatrix}1\\3\\2\end{pmatrix}$

i) $\vec{x}=\begin{pmatrix}-2\\4\\-7\end{pmatrix}+t\begin{pmatrix}2\\-1\\3\end{pmatrix}$; $\vec{x}=\begin{pmatrix}9\\2\\8\end{pmatrix}+r\begin{pmatrix}4\\5\\3\end{pmatrix}+s\begin{pmatrix}1\\-4\\3\end{pmatrix}$

5. Untersuche, ob die durch die beiden Punkte P(6|0|2) und Q(12|0|6) bestimmte Gerade die Fläche des Dreiecks trifft, das durch die drei Eckpunkte A(8|4|12), B(6|4|10) und C(6|8|20) bestimmt ist!

6. a) Ermittle die Schnittgerade der beiden Ebenen ε_1 und ε_2!

ε_1: $\vec{x}=\begin{pmatrix}3\\2\\1\end{pmatrix}+r\begin{pmatrix}0\\1\\0\end{pmatrix}+s\begin{pmatrix}1\\0\\1\end{pmatrix}$, ε_2: $\vec{x}=\begin{pmatrix}4\\-4\\5\end{pmatrix}+t\begin{pmatrix}-3\\2\\6\end{pmatrix}+v\begin{pmatrix}1\\4\\0\end{pmatrix}$

b) Bestätige, dass die Ebenen ε_1 und ε_2 parallel sind! Prüfe, ob sie identisch sind!

ε_1: $\vec{x}=\begin{pmatrix}-3\\3\\4\end{pmatrix}+r\begin{pmatrix}2\\0\\1\end{pmatrix}+s\begin{pmatrix}3\\1\\-2\end{pmatrix}$, ε_2: $\vec{x}=\begin{pmatrix}-4\\2\\7\end{pmatrix}+t\begin{pmatrix}5\\1\\-1\end{pmatrix}+v\begin{pmatrix}1\\1\\-3\end{pmatrix}$

7. Untersuche die gegenseitige Lage der beiden Ebenen! Ermittle ggf. das Schnittgebilde!

a) $\vec{x}=\begin{pmatrix}2\\1\\3\end{pmatrix}+r\begin{pmatrix}0\\0\\1\end{pmatrix}+s\begin{pmatrix}1\\1\\0\end{pmatrix}$; $\vec{x}=\begin{pmatrix}-1\\4\\4\end{pmatrix}+t\begin{pmatrix}-1\\2\\0\end{pmatrix}+v\begin{pmatrix}1\\0\\0\end{pmatrix}$

b) $\vec{x}=\begin{pmatrix}3\\-2\\1\end{pmatrix}+r\begin{pmatrix}1\\2\\-1\end{pmatrix}+s\begin{pmatrix}0\\-1\\2\end{pmatrix}$; $\vec{x}=\begin{pmatrix}4\\-1\\2\end{pmatrix}+t\begin{pmatrix}1\\1\\1\end{pmatrix}+v\begin{pmatrix}1\\3\\-3\end{pmatrix}$

c) $\vec{x}=\begin{pmatrix}3\\0\\4\end{pmatrix}+r\begin{pmatrix}2\\0\\-3\end{pmatrix}+s\begin{pmatrix}-4\\1\\-5\end{pmatrix}$; $\vec{x}=\begin{pmatrix}-2\\2\\0\end{pmatrix}+t\begin{pmatrix}8\\-1\\-1\end{pmatrix}+v\begin{pmatrix}14\\-2\\1\end{pmatrix}$

d) $\vec{x}=\begin{pmatrix}3\\-2\\0\end{pmatrix}+r\begin{pmatrix}-3\\4\\0\end{pmatrix}+s\begin{pmatrix}0\\2\\-3\end{pmatrix}$; $\vec{x}=\begin{pmatrix}2\\-2\\7\end{pmatrix}+t\begin{pmatrix}-3\\-2\\8\end{pmatrix}+v\begin{pmatrix}-2\\8\\-6\end{pmatrix}$

e) $\vec{x}=\begin{pmatrix}4\\1\\2\end{pmatrix}+r\begin{pmatrix}2\\0\\-3\end{pmatrix}+s\begin{pmatrix}-4\\1\\-5\end{pmatrix}$; $\vec{x}=\begin{pmatrix}-2\\2\\0\end{pmatrix}+t\begin{pmatrix}-2\\1\\-8\end{pmatrix}+v\begin{pmatrix}6\\-1\\2\end{pmatrix}$

f) $\vec{x}=\begin{pmatrix}-1\\3\\1\end{pmatrix}+r\begin{pmatrix}-1\\0\\0\end{pmatrix}+s\begin{pmatrix}0\\0\\1\end{pmatrix}$; $\vec{x}=\begin{pmatrix}1\\2\\0\end{pmatrix}+t\begin{pmatrix}0\\1\\1\end{pmatrix}+v\begin{pmatrix}1\\0\\1\end{pmatrix}$

8. Ermittle bei Beispiel 1) von Seite 127 die Gleichung der Schnittgeraden aus der Gleichung für die Ebene ε_1!

§ 8 Das Skalarprodukt von Vektoren

I. Die geometrische Definition des Skalarproduktes

1. Für Vektoren haben wir bisher zwei Verknüpfungen definiert:

> **1)** die **Vektoraddition;** dabei wird jedem Paar von Vektoren ein Vektor zugeordnet; die Verknüpfung ist also von der Form $V \times V \to V$;
>
> **2)** die **S-Multiplikation;** dabei wird jedem Paar, das aus einer Zahl und einem Vektor besteht, ein Vektor zugeordnet; die Verknüpfung ist also von der Form $\mathbb{R} \times V \to V$.

Nun gibt es aber viele geometrische Fragestellungen, z.B. Abstandsaufgaben und Aufgaben zu Winkelgrößen, die wir mit den uns bisher zur Verfügung stehenden Mitteln nicht (oder nur mit verhältnismäßig großem Rechenaufwand) angehen können. Aus diesen Gründen wollen wir eine neue Verknüpfung, nämlich eine **„Multiplikation"** von Vektoren einführen, mit deren Hilfe u.a. Längen und Winkelgrößen erfasst werden können.

2. Zur Definition einer Multiplikation von Vektoren gibt es grundsätzlich zwei einfache Möglichkeiten:

1) das Ergebnis kann eine **Zahl** sein; dann ist die Verknüpfung von der Form $V \times V \to \mathbb{R}$;

2) das Ergebnis kann ein **Vektor** sein; dann ist die Verknüpfung von der Form $V \times V \to V$.

Mit der zweiten Möglichkeit werden wir uns in §10 befassen. In diesem Paragraphen beschäftigen wir uns mit der ersten Möglichkeit. Da sich als Ergebnis eine Zahl, also ein **Skalar** ergeben soll, nennt man dieses Produkt **„Skalarprodukt von Vektoren".** Wir bezeichnen dieses Produkt mit

„$\vec{a} \cdot \vec{b}$", gelesen „Vektor a mal Vektor b".[1])

3. Zur Motivation der Definition des Skalarproduktes von Vektoren greifen wir auf den physikalischen Begriff der „Arbeit" zurück. Bewegt sich ein Körper unter dem Einfluss einer konstanten Kraft $\vec{F}$ in Richtung der Kraft um ein Wegstück $\vec{s}$, so sagt man, dass die Kraft am Körper eine „Arbeit" verrichtet. Als Maß für diese Arbeit definiert man in diesem einfachsten Fall das Produkt

$$W = |\vec{F}||\vec{s}|.$$

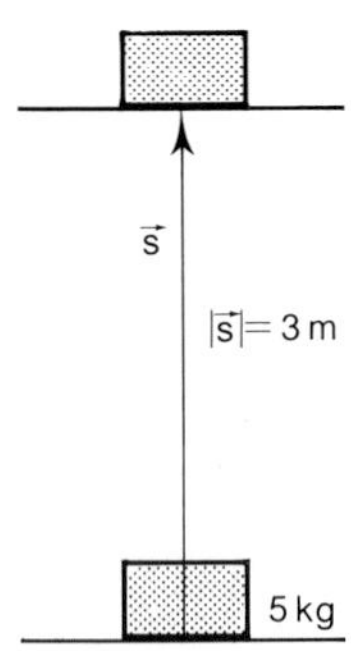

Bild 8.1

[1]) Es sind auch die Sprechweisen „Vektor a **in** Vektor b" und „Vektor a **Punkt** Vektor b" gebräuchlich.

Beispiel: Ein Körper von 5 kg Masse wird um 3 m senkrecht nach oben gehoben (Bild 8.1, S. 130). Wie groß ist die dabei zu verrichtende physikalische Arbeit, die sogenannte Hubarbeit?

Lösung: Beim Heben eines Körpers ist eine Kraft $\vec{F}$ aufzubringen, die dem Gewicht des Körpers (also der von der Erde auf den Körper ausgeübten Gravitationskraft) das Gleichgewicht hält.
Für das Gewicht eines Körpers der Masse m gilt:

$$|\vec{F}_g| = m\,g.$$

Dabei bezeichnet g die sogenannte „Erdbeschleunigung“: $g = 9{,}81\,\frac{m}{sec^2}$.
Somit gilt für die aufzubringende Hubarbeit bei unserem Beispiel:

$$W = |\vec{F}_g|\,|\vec{s}| = 5\,kg \cdot 9{,}81\,\frac{m}{sec^2} \cdot 3\,m = 147\,\frac{kg \cdot m^2}{sec^2} \approx 147\,Nm.$$

4. In vielen Fällen stimmen aber Kraft- und Wegrichtung **nicht** miteinander überein.

Beispiele:

1) Ein Kind zieht mit Hilfe einer Kordel einen Schlitten (Bild 8.2).

2) Ein Traktor zieht schräg an einem Waggon, der auf einem Gleis parallel zur Straße läuft (Bild 8.3).

3) Ein Boot wird vom Land aus durch eine Schleuse gezogen (Bild 8.4).

Bild 8.2

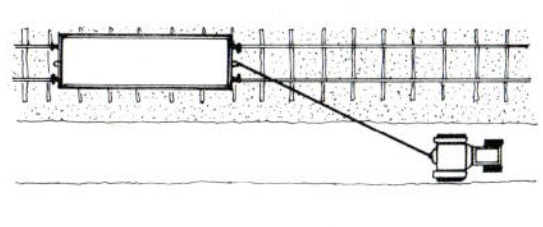

Bild 8.3

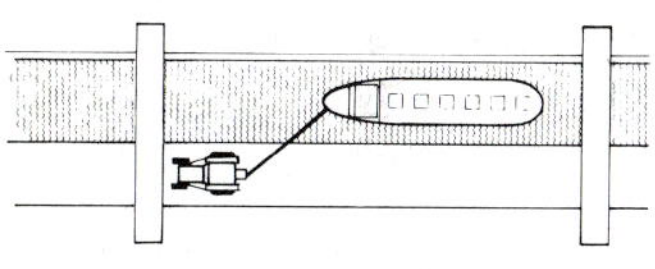

Bild 8.4

In solchen Fällen wirkt sich für die Bewegung nur der Anteil der Kraft $\vec{F}$ aus, der in der Wegrichtung, also in Richtung von $\vec{s}$ liegt; wir bezeichnen diesen Anteil mit $\vec{F}_s$ (Bild 8.5).
Schließen $\vec{F}$ und $\vec{s}$ einen Winkel der Größe α ein, so gilt in diesem Falle für die Arbeit, die die Kraft $\vec{F}$ längs des Weges $\vec{s}$ verrichtet, wegen $|\vec{F}_s| = |\vec{F}|\cos\alpha$:

$$W = |\vec{F}_s|\,|\vec{s}| = |\vec{F}|\,|\vec{s}|\cos\alpha.$$

Dieses Produkt $|\vec{F}|\,|\vec{s}|\cos\alpha$ definiert man als das Skalarprodukt von $\vec{F}$ und $\vec{s}$; man schreibt:

$$\mathbf{\vec{F} \cdot \vec{s} = |\vec{F}|\,|\vec{s}|\cos\alpha.}$$

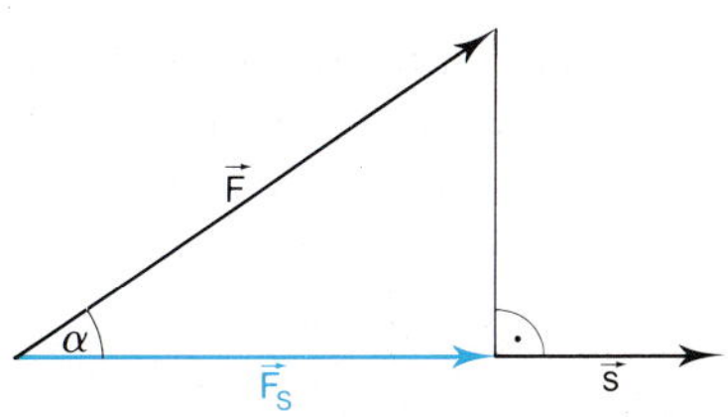

Bild 8.5

5. Wir übertragen das Produkt, das sich für den Fall der physikalischen Arbeit ergeben hat, auf beliebige Vektoren $\vec{a}$ und $\vec{b}$ und definieren:

D 8.1 **Unter dem „Skalarprodukt zweier Vektoren $\vec{a}$ und $\vec{b}$" versteht man das Produkt**

$$\vec{a} \cdot \vec{b} = |\vec{a}|\, |\vec{b}| \cos\alpha.$$

Dabei bezeichnet α die Größe des (nicht überstumpfen) Winkels, den zwei an einem Punkt angetragene Repräsentanten von $\vec{a}$ und $\vec{b}$ einschließen.

Beachte:

1) Für $\vec{a}=0 \vee \vec{b}=0$ gilt $|\vec{a}|=0 \vee |\vec{b}|=0$, also $\vec{a}\cdot\vec{b}=0$;

2) für Winkel mit $0 \leq \alpha < 90°$ gilt $\cos\alpha > 0$, also $\vec{a}\cdot\vec{b} > 0$ (für $\vec{a}, \vec{b} \neq \vec{0}$);

3) für Winkel mit $90° < \alpha \leq 180°$ gilt $\cos\alpha < 0$, also $\vec{a}\cdot\vec{b} < 0$ (für $\vec{a}, \vec{b} \neq \vec{0}$).

Wir betrachten im Folgenden die Sonderfälle für $\alpha = 0°$, $\alpha = 180°$ und $\alpha = 90°$.

6. Für $\alpha = 0°$ gilt wegen $\cos 0° = 1$: $\vec{a}\cdot\vec{b} = |\vec{a}|\,|\vec{b}|\cdot 1 = |\vec{a}|\,|\vec{b}|$.

Beispiel: $\vec{a} = \begin{pmatrix} 2 \\ 1 \\ -4 \end{pmatrix}$, $\vec{b} = \begin{pmatrix} 4 \\ 2 \\ -8 \end{pmatrix}$. Es gilt $\vec{b} = 2\vec{a}$, also $\alpha = 0°$.

Es ist $|\vec{a}| = \sqrt{4+1+16} = \sqrt{21}$ und $|\vec{b}| = \sqrt{16+4+64} = \sqrt{84} = 2\sqrt{21}$.
Also gilt: $\vec{a}\cdot\vec{b} = \sqrt{21}\cdot 2\cdot\sqrt{21} = 2\cdot 21 = 42$.
Insbesondere gilt für $\vec{b} = \vec{a}$: $\vec{a}\cdot\vec{a} = |\vec{a}|\,|\vec{a}| = |\vec{a}|^2$ und wegen $|\vec{a}|^2 = a_1{}^2 + a_2{}^2 + a_3{}^2$:

$$\vec{a}\cdot\vec{a} = a_1{}^2 + a_2{}^2 + a_3{}^2.$$

Beispiel: $\vec{a} = \begin{pmatrix} 1 \\ -3 \\ 4 \end{pmatrix}$; $\vec{a}\cdot\vec{a} = 1^2 + (-3)^2 + 4^2 = 1 + 9 + 16 = 26$.

Für die Länge eines Vektors $\vec{a}$ gilt demnach:

$$|\vec{a}| = \sqrt{\vec{a}\cdot\vec{a}} = \sqrt{a_1{}^2 + a_2{}^2 + a_3{}^2}.$$

Daraus ergibt sich ferner, dass für jeden Vektor $\vec{a} \neq \vec{0}$ gilt: $\vec{a}\cdot\vec{a} > 0$.

7. Für $\alpha = 180°$ gilt wegen $\cos 180° = -1$: $\vec{a}\cdot\vec{b} = |\vec{a}|\,|\vec{b}|(-1) = -|\vec{a}|\,|\vec{b}|$.

Beispiel: $\vec{a} = \begin{pmatrix} 3 \\ -1 \\ 2 \end{pmatrix}$ und $\vec{b} = \begin{pmatrix} -6 \\ 2 \\ -4 \end{pmatrix}$. Es gilt $\vec{b} = -2\vec{a}$, also $\alpha = 180°$.

Aus $|\vec{a}| = \sqrt{9+1+4} = \sqrt{14}$ und $|\vec{b}| = \sqrt{36+4+16} = \sqrt{56} = 2\sqrt{14}$ ergibt sich:

$$\vec{a}\cdot\vec{b} = -\sqrt{14}\cdot 2\sqrt{14} = -2\cdot 14 = -28.$$

Wir fassen die Ergebnisse von 6. und 7. zusammen im Satz

S 8.1 **1) Für zwei kollineare Vektoren $\vec{a}$ und $\vec{b}$ gilt:**

a) $\vec{a}\cdot\vec{b} = |\vec{a}|\,|\vec{b}|$, falls $\vec{a} \uparrow\uparrow \vec{b}$ und b) $\vec{a}\cdot\vec{b} = -|\vec{a}|\,|\vec{b}|$, falls $\vec{a} \uparrow\downarrow \vec{b}$ ist.

2) Für jeden Vektor $\vec{a}$ gilt: $\vec{a}\cdot\vec{a} = |\vec{a}|^2$, also $|\vec{a}| = \sqrt{\vec{a}\cdot\vec{a}}$.

3) Ferner gilt: $\vec{a} \neq \vec{0} \Rightarrow \vec{a}\cdot\vec{a} > 0$.

Bemerkung: Statt „$\vec{a} \cdot \vec{a}$“ schreibt man gelegentlich auch „$\vec{a}^2$“. Dann gilt: $\vec{\mathbf{a}}^2 = |\vec{\mathbf{a}}|^2$. Wir werden von dieser Schreibweise vor allem in §12 Gebrauch machen.

8. Für $\alpha = 90°$ gilt wegen $\cos 90° = 0$:

$$\vec{a} \cdot \vec{b} = |\vec{a}|\,|\vec{b}| \cos 90° = |\vec{a}|\,|\vec{b}| \cdot 0 = 0.$$

Das Skalarprodukt zweier Vektoren, deren Vertreter aufeinander senkrecht stehen, hat also den Wert 0.

Wir sagen der Einfachheit halber, dass auch die Vektoren selbst senkrecht, orthogonal zueinander sind.

Die Beziehung $\vec{a} \cdot \vec{b} = 0$ ist für die Orthogonalität von Vektoren $\vec{a}, \vec{b} \neq \vec{0}$ sogar kennzeichnend. Denn aus $\vec{a} \cdot \vec{b} = |\vec{a}|\,|\vec{b}| \cos \alpha = 0$ folgt, wenn $|\vec{a}| \neq 0$ und $|\vec{b}| \neq 0$ ist: $\cos \alpha = 0$; und das bedeutet, da für α nur nicht überstumpfe Winkel zugelassen sind: $\alpha = 90°$, q.e.d.

Es gilt also der Satz

S 8.2 Zwei Vektoren $\vec{a}, \vec{b} \neq \vec{0}$ sind zueinander orthogonal genau dann, wenn $\vec{a} \cdot \vec{b} = 0$ ist.

Beachte: Das Skalarprodukt zweier Vektoren $\vec{a}$ und $\vec{b}$ kann also auch dann den Wert 0 haben, wenn beide Vektoren $\vec{a}$ und $\vec{b}$ vom Nullvektor verschieden sind. Eine vergleichbare Eigenschaft gibt es für Zahlen nicht; denn für beliebige reelle Zahlen a und b gilt:

$$a \cdot b = 0 \;\Leftrightarrow\; a = 0 \vee b = 0.$$

Dagegen gilt für Vektoren der Satz

S 8.3 $\vec{\mathbf{a}} \cdot \vec{\mathbf{b}} = 0 \;\Leftrightarrow\; \vec{\mathbf{a}} = \vec{0} \vee \vec{\mathbf{b}} = \vec{0} \vee \vec{\mathbf{a}} \perp \vec{\mathbf{b}}.$

Der **Beweis** soll in Aufgabe 8a geführt werden.

9. Aus den betrachteten Sonderfällen kollinearer Vektoren können wir eine allgemeine geometrische Deutung des Skalarproduktes herleiten.

1) Schließen die beiden Vektoren einen **spitzen Winkel** ein ($0 < \alpha < 90°$), so ist $|\vec{b}| \cdot \cos \alpha$ die Länge der Projektion des Vektors $\vec{b}$ in die Richtung von $\vec{a}$ (Bild 8.6).

2) Schließen die beiden Vektoren einen **stumpfen Winkel** ein ($90° < \alpha < 180°$), so wird die Länge dieser Projektion wegen $\cos \alpha < 0$ erfasst durch $|\vec{b}|\,|\cos \alpha|$ (Bild 8.7).

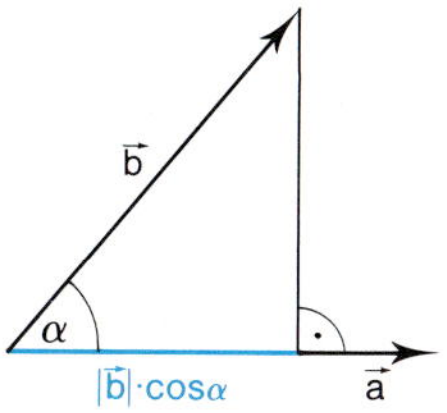

Bild 8.6

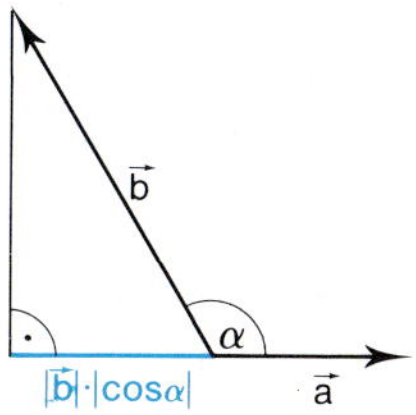

Bild 8.7

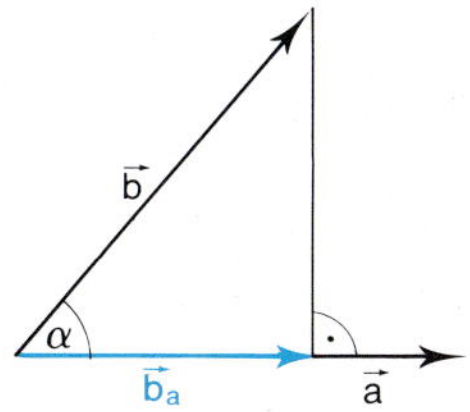

Bild 8.8

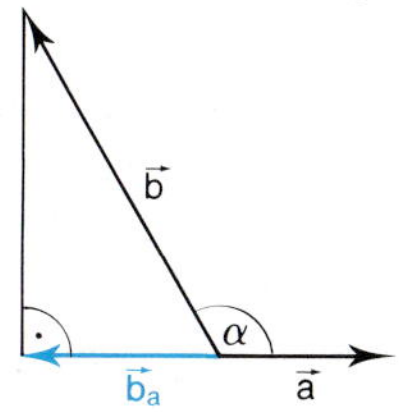

Bild 8.9

3) Auch der Sonderfall des **rechten Winkels** ($\alpha=90°$ und $\cos\alpha=0$) wird von $|\vec{b}|\,|\cos\alpha|$ richtig erfasst, weil die Projektion dann auf einen Punkt zusammenschrumpft. Unabhängig von der Größe des Winkels zwischen zwei Vektoren $\vec{a}$ und $\vec{b}$ definieren wir allgemein den Begriff des **„Projektionsvektors $\vec{b}_a$"**:

D 8.2 **Unter dem „Projektionsvektor $\vec{b}_a$" verstehen wir den Vektor, dessen Vertreter man durch senkrechte Projektion eines Vertreters von $\vec{b}$ in die Richtung eines Vertreters von $\vec{a}$ erhält.**

Wir haben dabei drei Fälle zu unterscheiden:

1) Gilt $0\leq\alpha<90°$, so ist $\vec{b}_a\uparrow\uparrow\vec{a}$ (Bild 8.8);

2) Gilt $90°<\alpha\leq180°$, so ist $\vec{b}_a\uparrow\downarrow\vec{a}$ (Bild 8.9).

3) Gilt $\alpha=90°$, so ist $\vec{b}_a=\vec{0}$.

Wir können das Skalarprodukt $\vec{a}\cdot\vec{b}$ nun auch mit Hilfe des Projektionsvektors $\vec{b}_a$ ausdrücken.
Es gilt der Satz:

S 8.4 **Für beliebige Vektoren $\vec{a}, \vec{b}$ gilt: $\vec{a}\cdot\vec{b}=\vec{a}\cdot\vec{b}_a$.**

Beweis: Wir haben zu zeigen, dass die beiden Produkte $\vec{a}\cdot\vec{b}$ und $\vec{a}\cdot\vec{b}_a$ sowohl dem Betrag wie dem Vorzeichen nach übereinstimmen.

1) In jedem Fall gilt:

$$|\vec{b}_a|=|\vec{b}|\,|\cos\alpha|, \quad \text{also:} \quad |\vec{a}\cdot\vec{b}|=|\vec{a}|\,|\vec{b}|\,|\cos\alpha|=|\vec{a}|\,|\vec{b}_a|=|\vec{a}\cdot\vec{b}_a|.$$

2) Gilt $0\leq\alpha<90°$, so ist $\cos\alpha\geq0$, also auch $\vec{a}\cdot\vec{b}\geq0$ und $\vec{a}\cdot\vec{b}_a\geq0$.
Gilt $90°\leq\alpha\leq180°$, so ist $\cos\alpha\leq0$, also auch $\vec{a}\cdot\vec{b}\leq0$ und $\vec{a}\cdot\vec{b}_a\leq0$.
In jedem Falle gilt also $\vec{a}\cdot\vec{b}=\vec{a}\cdot\vec{b}_a$, q.e.d.

10. Die Zahl $|\vec{a}\cdot\vec{b}_a|=|\vec{a}|\,|\vec{b}_a|$ kann man nun interpretieren als die Maßzahl A eines Rechteckes mit den Seitenmaßzahlen $|\vec{a}|$ und $|\vec{b}_a|$ (Bilder 8.10 und 8.11).
Der Beweis soll in Aufgabe 8b geführt werden.

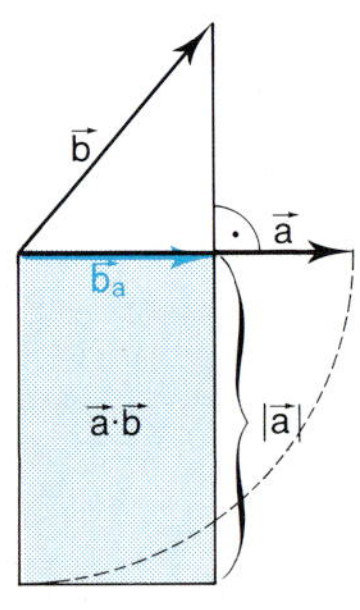

Bild 8.10

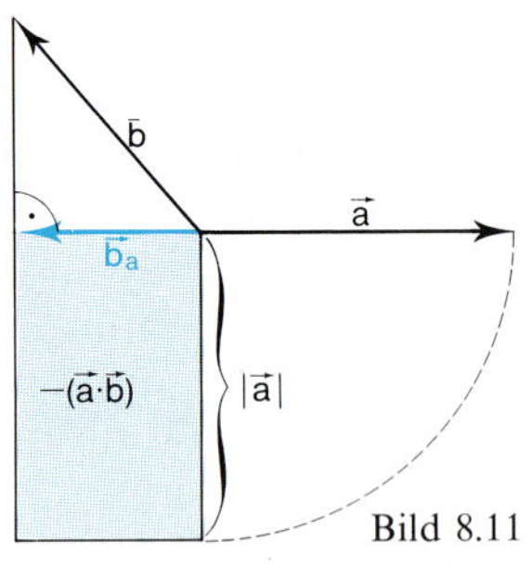

Bild 8.11

Es gilt der Satz:

S 8.5 **Für die Maßzahl A eines Rechteckes mit den Seitenmaßzahlen $|\vec{a}|$ und $|\vec{b}_a|$ gilt:**

1) $A=\vec{a}\cdot\vec{b}$, falls $0°\leq\alpha\leq90°$, und

2) $A=-(\vec{a}\cdot\vec{b})$, falls $90°<\alpha\leq180°$ ist.

Übungen und Aufgaben

1. Bei einem Skilift bilden die Richtung des Schleppseils und die Hangrichtung einen Winkel der Größe α (Bild 8.12). Der gesamte Hang, längs dem eine Skiläuferin hochgeschleppt wird, ist 850 m lang. Auf dem ersten Teil, der 550 m lang ist und auf dem $\alpha_1 = 35°$ gilt, wird am Haltebügel die Kraft $|\vec{F}_1| = 40$ N gemessen und auf dem etwas steileren oberen Hangteil von 300 m Länge unter $\alpha_2 = 30°$ die Kraft $|\vec{F}_2| = 55$ N. Welche Arbeit verrichtet der Lift an der Skiläuferin insgesamt?

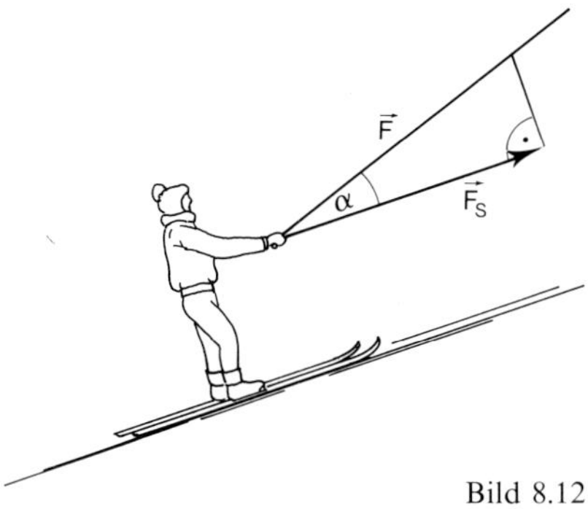

Bild 8.12

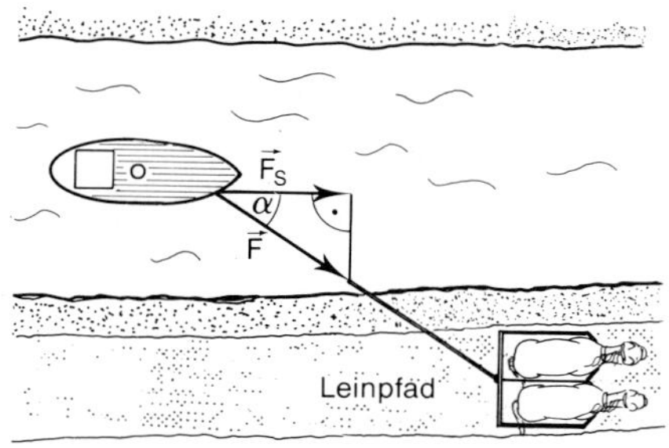

Bild 8.13

2. Bei Windflaute wurden stromaufwärts fahrende Schiffe früher oft an langen Seilen vom Ufer aus von Menschen oder von Tieren geschleppt (Bild 8.13). Bei diesem „Treideln" bringt z.B. ein Pferdegespann längs eines geradlinigen Leinpfades (Treidelpfades) von 2400 m Länge ständig eine Kraft von $|\vec{F}| = 420$ N auf. Zugrichtung am Seil und Flussrichtung bilden einen Winkel der Größe $\alpha = 22{,}5°$. Welche Arbeit wird am Schiff verrichtet?

3. In einer 650 m langen Linkskurve, in der ständig Flussrichtung und Wegrichtung parallel zueinander sind, verringert sich zwar die Größe des Winkels zwischen Zugrichtung am Seil und Flussrichtung auf $\alpha = 16°$; andererseits muss das Pferdegespann seine Zugkraft auf $|\vec{F}| = 510$ N erhöhen, weil am außen liegenden Ufer die Strömung stärker ist. Welche Arbeit wird am Schiff verrichtet? Ist sie, auf 100 m Flusslänge bezogen, in der Kurve größer als auf dem geraden Flussufer (vgl. Aufgabe 2)?

4. Eine Kraft $\vec{F}$ leiste längs eines Weges $\vec{s}$ die Arbeit W; der Winkel zwischen $\vec{F}$ und $\vec{s}$ habe die Größe α. Bestimme aus den gegebenen Stücken die fehlende Angabe!

a) $|\vec{F}| = 180$ N; $|\vec{s}| = 6$ m; $W = 540$ Nm **b)** $|\vec{F}| = 2520$ N; $\alpha = -120°$; $W = -36800$ Nm.

5. In einer rheinischen Braunkohlengrube wird die abgebaute Braunkohle aus einer Tiefe von bis zu 300 m durch Förderbänder in ein Kraftwerk transportiert. Ein geradliniges Teilstück von 1050 m Länge führt an einem Hang mit einem Steigungswinkel von $\alpha = 15°$ nach oben. Welche Arbeit wird hier an jeder Tonne (1 t) geförderter Braunkohle geleistet?

6. Berechne jeweils $|\vec{b}|$!

a) $\vec{a} \cdot \vec{b} = -24 \cdot \sqrt{2}$; $|\vec{a}| = 6$; $\alpha = 135°$ **b)** $\vec{a} \cdot \vec{b} = 120$; $|\vec{a}| = 12$; $\alpha = 60°$

7. Von zwei Vektoren $\vec{a}$ und $\vec{b}$ sind die folgenden Größen gegeben. Berechne jeweils die Größe α des Winkels zwischen $\vec{a}$ und $\vec{b}$!

a) $|\vec{a}|^2 = 36$; $|\vec{b}|^2 = 81$; $\vec{a} \cdot \vec{b} = 27$
b) $|\vec{a}| = 4{,}5$; $\vec{b} \cdot \vec{b} = 30{,}25$; $\vec{a} \cdot \vec{b} = 20$
c) $|\vec{a}|^2 = |\vec{b}|^2 = 100$; $\vec{a} \cdot \vec{b} = 50 \cdot \sqrt{2}$
d) $|\vec{a}| = 10$; $|\vec{b}| = 14{,}5$; $\vec{a} \cdot \vec{b} = -72{,}5$

8. Beweise **a)** Satz S 8.3; **b)** Satz S 8.5!

9. **a)** Beweise, dass für beliebige Vektoren $\vec{a}, \vec{b}$ gilt: $\vec{a} \cdot \vec{b} \leq |\vec{a}|\,|\vec{b}|$ **(Ungleichung von Cauchy-Schwartz)!**
b) Unter welcher Bedingung gilt $\vec{a} \cdot \vec{b} = |\vec{a}|\,|\vec{b}|$ bzw. $\vec{a} \cdot \vec{b} < |\vec{a}|\,|\vec{b}|$?

10. Beweise die Ungleichung von Cauchy-Schwartz (vgl. Aufgabe 9) mit Hilfe der Deutung des Skalarproduktes durch die Flächenmaßzahl eines Rechtecks nach Satz S 8.5!

11. Begründe (anschaulich), dass drei voneinander und von $\vec{0}$ verschiedene Vektoren $\vec{a}$, $\vec{b}$ und $\vec{c}$ linear unabhängig sind, wenn für sie gilt: $\vec{a} \cdot \vec{b} = \vec{b} \cdot \vec{c} = \vec{c} \cdot \vec{a} = 0$!

12. Beweise die folgenden beiden Sätze!
a) Zwei Vektoren $\vec{a}$ und $\vec{b}$ sind genau dann linear abhängig, wenn gilt: $|\vec{a} \cdot \vec{b}| = |\vec{a}|\,|\vec{b}|$.
b) Zwei Vektoren $\vec{a}$ und $\vec{b}$ sind genau dann linear unabhängig, wenn gilt: $|\vec{a} \cdot \vec{b}| < |\vec{a}|\,|\vec{b}|$.

II. Die Koordinatendarstellung und die Gesetze des Skalarproduktes

1. Um mit dem Skalarprodukt einfach rechnen zu können, müssen wir versuchen, es durch die Koordinaten der beiden Vektoren $\vec{a}$ und $\vec{b}$ auszudrücken. Das Problem dabei ist, wie wir den in der Definition D 8.1 vorkommenden Faktor $\cos\alpha$ durch die Koordinaten der beiden Vektoren ausdrücken können.

Wir erinnern uns daran, dass der Kosinus eines Winkels im **Kosinussatz der Trigonometrie** vorkommt. Daher liegt es nahe, diesen Satz auf das Dreieck anzuwenden, welches von zwei Vertretern der Vektoren $\vec{a}$ und $\vec{b}$ gebildet wird, die an einem Punkt angetragen sind (Bild 8.14). Die dritte Dreiecksseite kann dann erfasst werden durch den Vektor $\vec{a} - \vec{b}$.

Wir drücken die Länge dieses Vektors, also $|\vec{a} - \vec{b}|$ aus

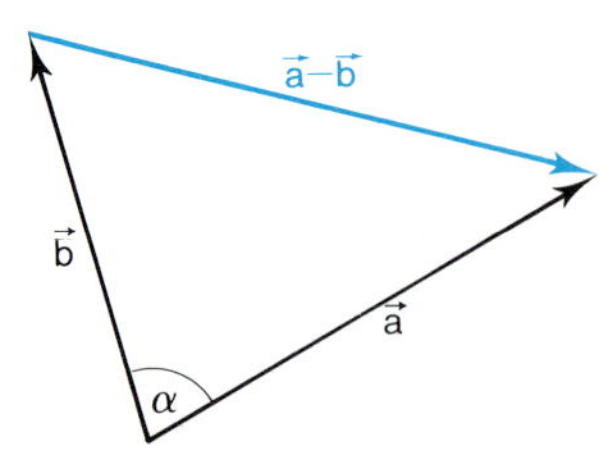

Bild 8.14

1) mit Hilfe des Kosinussatzes und

2) durch die Koordinaten von $\vec{a}$ und $\vec{b}$.

Um Quadratwurzeln zu vermeiden, berechnen wir in beiden Fällen nicht $|\vec{a}-\vec{b}|$, sondern $|\vec{a}-\vec{b}|^2$.

1) $|\vec{a}-\vec{b}|^2=|\vec{a}|^2+|\vec{b}|^2-2|\vec{a}|\,|\vec{b}|\cos\alpha=|\vec{a}|^2+|\vec{b}|^2-2\cdot\vec{a}\cdot\vec{b}.$

2) Es ist $\vec{a}-\vec{b}=\begin{pmatrix}a_1-b_1\\a_2-b_2\\a_3-b_3\end{pmatrix}$. Mithin gilt:

$$\begin{aligned}|\vec{a}-\vec{b}|^2&=(a_1-b_1)^2+(a_2-b_2)^2+(a_3-b_3)^2\\&=(a_1{}^2-2a_1b_1+b_1{}^2)+(a_2{}^2-2a_2b_2+b_2{}^2)+(a_3{}^2-2a_3b_3+b_3{}^2)\\&=(a_1{}^2+a_2{}^2+a_3{}^2)+(b_1{}^2+b_2{}^2+b_3{}^2)-2(a_1b_1+a_2b_2+a_3b_3)\\&=\quad|\vec{a}|^2\quad+\quad|\vec{b}|^2\quad-2(a_1b_1+a_2b_2+a_3b_3).\end{aligned}$$

Durch Vergleich der beiden Darstellungen von $|\vec{a}-\vec{b}|^2$ ergibt sich unmittelbar:

$$\mathbf{\vec{a}\cdot\vec{b}=a_1b_1+a_2b_2+a_3b_3}.$$

Den Fall, dass $\vec{a}$ und $\vec{b}$ **ebene** Vektoren sind, können wir erfassen durch die Bedingung $a_3=b_3=0$. Dann gilt:

$$\vec{a}\cdot\vec{b}=a_1b_1+a_2b_2.$$

Damit haben wir gefunden:

S 8.6 Für beliebige Vektoren $\vec{a}, \vec{b}\in V_3$ gilt: $\vec{a}\cdot\vec{b}=a_1b_1+a_2b_2+a_3b_3$.

Bemerkung: Als Sonderfall enthält Satz S 8.6 im Zusammenhang mit Satz S 8.1 die Gleichung:

$$|\vec{a}|=\sqrt{\vec{a}\cdot\vec{a}}=\sqrt{a_1{}^2+a_2{}^2+a_3{}^2}.$$

Diese Formel ist uns seit langem vertraut und bei der Herleitung der allgemeinen Formel von Satz S 8.6 auch benutzt worden.

Beispiele:

1) $\vec{a}=\begin{pmatrix}1\\-3\\4\end{pmatrix}$; $\vec{b}=\begin{pmatrix}-2\\-4\\1\end{pmatrix}$; $\vec{a}\cdot\vec{b}=1\cdot(-2)+(-3)\cdot(-4)+4\cdot1=14$

2) $\vec{a}=\begin{pmatrix}-3\\1\\2\end{pmatrix}$; $\vec{b}=\begin{pmatrix}2\\-4\\5\end{pmatrix}$; $\vec{a}\cdot\vec{b}=(-3)\cdot2+1\cdot(-4)+2\cdot5=0$

Das Ergebnis zeigt, dass die Vektoren des zweiten Beispiels aufeinander senkrecht stehen.

2. Zu einem **ebenen** Vektor $\vec{a}$ kann man mit Hilfe des Skalarproduktes in sehr einfacher Weise einen ebenen Vektor $\vec{b}$ bestimmen, der zu $\vec{a}$ orthogonal ist. Man braucht nur die Bedingung $a_1b_1+a_2b_2=0$ zu erfüllen.
Dies erreicht man am einfachsten dadurch, dass man

$b_1=a_2$ und $b_2=-a_1$ oder $b_1=-a_2$ und $b_2=a_1$ wählt.

Beispiele:

1) $\vec{a}=\begin{pmatrix}3\\2\end{pmatrix}$; $\vec{b}_1=\begin{pmatrix}2\\-3\end{pmatrix}$ oder $\vec{b}_2=\begin{pmatrix}-2\\3\end{pmatrix}$

2) $\vec{a}=\begin{pmatrix}2\\-7\end{pmatrix}$; $\vec{b}_1=\begin{pmatrix}7\\2\end{pmatrix}$ oder $\vec{b}_2=\begin{pmatrix}-7\\-2\end{pmatrix}$.

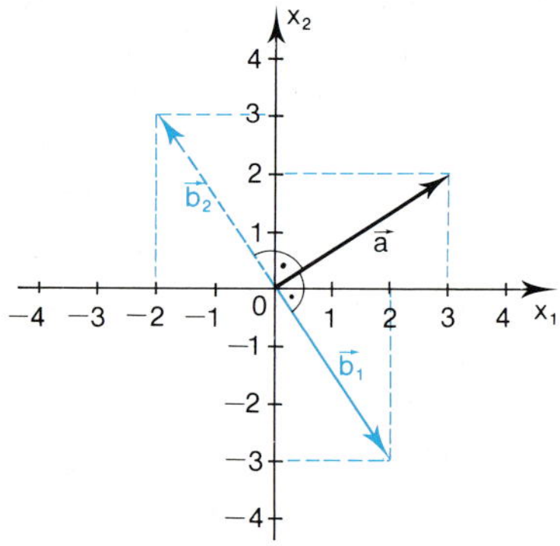

Bild 8.15

3. Mit Hilfe der Koordinatendarstellung lassen sich die für das Skalarprodukt geltenden **Gesetze** leicht beweisen. Man könnte bei der Suche nach diesen Gesetzen zunächst an die für die Zahlenverknüpfungen und für die Vektoraddition geltenden Gesetze, also an die Gruppengesetze denken und nach vergleichbaren Gesetzen für das Skalarprodukt suchen. Da das Ergebnis beim Skalarprodukt aber kein Vektor, sondern eine Zahl ist, scheiden das Assoziativgesetz, das Neutralitätsgesetz und das Inversitätsgesetz als mögliche Gesetze für das Skalarprodukt von vornherein aus. Begründe dies im Einzelnen (Aufgabe 19)!

4. Von den Gruppengesetzen gilt beim Skalarprodukt nur das **Kommutativgesetz:**

S 8.7 Für alle $\vec{a}, \vec{b} \in V$ gilt: $\vec{a} \cdot \vec{b} = \vec{b} \cdot \vec{a}$.

Den Beweis kann man sowohl mit Hilfe von Definition D 8.1 wie mit Satz S 8.6 in einfacher Weise führen (Aufgabe 20).

5. Multipliziert man zwei Vektoren $\vec{a}$ und $\vec{b}$ mit zwei Zahlen r und s, so ergibt sich für das Skalarprodukt:

$$\begin{aligned}(r\vec{a})\cdot(s\vec{b}) = \begin{pmatrix} r a_1\\ r a_2\\ r a_3\end{pmatrix} \cdot \begin{pmatrix} s b_1\\ s b_2\\ s b_3\end{pmatrix} &= (r a_1)(s b_1)+(r a_2)(s b_2)+(r a_3)(s b_3)\\ &= (rs)(a_1 b_1)+(rs)(a_2 b_2)+(rs)(a_3 b_3)\\ &= rs(a_1 b_1 + a_2 b_2 + a_3 b_3)\\ &= rs(\vec{a}\cdot\vec{b}).\end{aligned}$$

Somit haben wir bewiesen:

S 8.8 Für alle $r, s \in \mathbb{R}$ und für alle $\vec{a}, \vec{b} \in V$ gilt: $(r\vec{a}) \cdot (s\vec{b}) = rs(\vec{a} \cdot \vec{b})$.

Für den Sonderfall $s=1$ ergibt sich aus Satz S 8.8:

S 8.9 Für alle $r \in \mathbb{R}$ und alle $\vec{a}, \vec{b} \in V$ gilt: $(r\vec{a}) \cdot \vec{b} = r(\vec{a} \cdot b)$.

Man spricht bei diesem Satz gelegentlich vom **„gemischten Assoziativgesetz"**.

6. Schließlich gilt noch das **Distributivgesetz:**

S 8.10 Für alle $\vec{a}, \vec{b}, \vec{c} \in V$ gilt: $\vec{a} \cdot (\vec{b}+\vec{c}) = \vec{a} \cdot \vec{b} + \vec{a} \cdot \vec{c}$.

Der **Beweis** soll in Aufgabe 22 geführt werden.

Bemerkung: Für ebene Vektoren kann man die Gültigkeit des Distributivgesetzes auch geometrisch zeigen. In Bild 8.16 ist dies dargestellt für den Fall, dass $\vec{b}_a \uparrow\uparrow \vec{a}$ und $\vec{c}_a \uparrow\uparrow \vec{a}$ gilt. Der Zeichnung entnimmt man

$$|(\vec{b}+\vec{c})_a| = |\vec{b}_a| + |\vec{c}_a|;$$

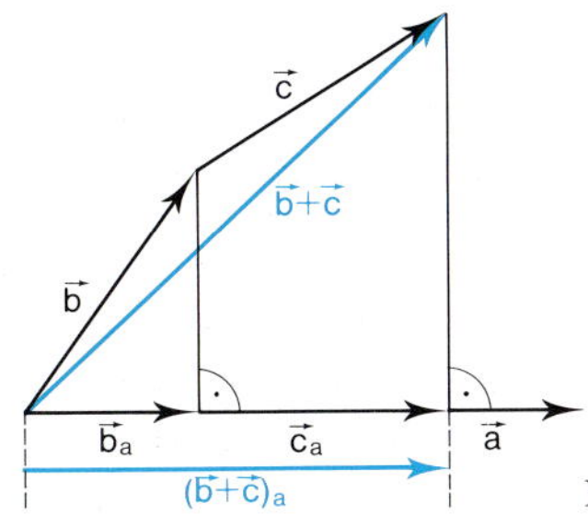

Bild 8.16

also gilt: $\vec{a} \cdot (\vec{b}+\vec{c}) = |\vec{a}|\,|(\vec{b}+\vec{c})_a|$

$$= |\vec{a}|(|\vec{b}_a| + |\vec{c}_a|) = |\vec{a}|\,|\vec{b}_a| + |\vec{a}|\,|\vec{c}_a| = \vec{a} \cdot \vec{b} + \vec{a} \cdot \vec{c}.$$

Begründe die einzelnen Beweisschritte!
Die anderen Fälle sind entsprechend zu behandeln.
Aus dem Distributivgesetz lässt sich – wie in der gewöhnlichen Zahlenalgebra – die Allgemeingültigkeit einer Reihe von weiteren Gleichungen herleiten, z.B.

$$(\vec{a}+\vec{b}) \cdot (\vec{c}+\vec{d}) = \vec{a} \cdot \vec{c} + \vec{a} \cdot \vec{d} + \vec{b} \cdot \vec{c} + \vec{b} \cdot \vec{d} \quad \text{(Aufgabe 23).}$$

7. Mit Hilfe der Koordinatendarstellung des Skalarproduktes gelingt es nun auch, die Größe eines Winkels zu berechnen, der von zwei Vektoren eingeschlossen wird. Nach Definition D 8.1 gilt für $|\vec{a}|, |\vec{b}| \neq 0$:

$$\vec{a} \cdot \vec{b} = |\vec{a}|\,|\vec{b}| \cos\alpha \;\Rightarrow\; \cos\alpha = \frac{\vec{a} \cdot \vec{b}}{|\vec{a}|\,|\vec{b}|}.$$

Beispiele:

1) $\vec{a} = \begin{pmatrix} -2 \\ 3 \\ 1 \end{pmatrix}$; $\vec{b} = \begin{pmatrix} -1 \\ 1 \\ -2 \end{pmatrix}$; $\vec{a} \cdot \vec{b} = 2+3-2 = 3$;

$$|\vec{a}| = \sqrt{4+9+1} = \sqrt{14}; \quad |\vec{b}| = \sqrt{1+1+4} = \sqrt{6}.$$

Also gilt: $\cos\alpha = \dfrac{3}{\sqrt{14} \cdot \sqrt{6}} = \dfrac{3}{2 \cdot \sqrt{7} \cdot \sqrt{3}} = \dfrac{3}{2 \cdot \sqrt{21}} \;\Rightarrow\; \alpha \approx 70{,}9°.$

2) $\vec{a} = \begin{pmatrix} 1 \\ -2 \\ -4 \end{pmatrix}$; $\vec{b} = \begin{pmatrix} -3 \\ 3 \\ -1 \end{pmatrix}$; $\vec{a} \cdot \vec{b} = -3-6+4 = -5.$

$$|\vec{a}| = \sqrt{1+4+16} = \sqrt{21}; \quad |\vec{b}| = \sqrt{9+9+1} = \sqrt{19}.$$

Also gilt: $\cos = \dfrac{-5}{\sqrt{21 \cdot 19}} \;\Rightarrow\; \alpha \approx 104{,}5°.$

8. Das Skalarprodukt lässt sich in nahe liegender Weise auf Vektoren mit beliebig vielen (n) Koordinaten übertragen:

$$\vec{a} \cdot \vec{b} = a_1 b_1 + a_2 b_2 + \ldots + a_n b_n.$$

An einem **einfachen Beispiel** wollen wir die Anwendbarkeit dieses Produktes außerhalb der Geometrie verdeutlichen.
Eine Großhandelsfirma führt eine Bestellung von n Waren aus. Die Stückzahlen der einzelnen Waren werden erfasst durch den Anzahlvektor $\vec{a}$ und die Preise für die einzelnen Waren durch den Preisvektor $\vec{p}$. Dann ist der Rechnungsbetrag R gegeben durch das Skalarprodukt

$$R = \vec{a} \cdot \vec{p} = \begin{pmatrix} a_1 \\ a_2 \\ \vdots \\ a_n \end{pmatrix} \cdot \begin{pmatrix} p_1 \\ p_2 \\ \vdots \\ p_n \end{pmatrix} = a_1 p_1 + a_2 p_2 + \ldots + a_n p_n.$$

Übungen und Aufgaben

1. Berechne das Skalarprodukt der Vektoren $\vec{a}$ und $\vec{b}$!

a) $\vec{a} = \begin{pmatrix} 4 \\ -2 \end{pmatrix}, \vec{b} = \begin{pmatrix} 2 \\ 4 \end{pmatrix}$ **b)** $\vec{a} = \begin{pmatrix} 5 \\ 0 \end{pmatrix}, \vec{b} = \begin{pmatrix} -1 \\ 17 \end{pmatrix}$ **c)** $\vec{a} = \begin{pmatrix} 3 \\ -7 \end{pmatrix}, \vec{b} = \begin{pmatrix} 8 \\ 3 \end{pmatrix}$

d) $\vec{a} = \begin{pmatrix} 2 \\ 3 \\ 4 \end{pmatrix}, \vec{b} = \begin{pmatrix} 4 \\ -1 \\ 2 \end{pmatrix}$ **e)** $\vec{a} = \begin{pmatrix} 1 \\ 0 \\ -1 \end{pmatrix}, \vec{b} = \begin{pmatrix} 3 \\ -9 \\ 0 \end{pmatrix}$ **f)** $\vec{a} = \begin{pmatrix} 4 \\ -3 \\ 7 \end{pmatrix}, \vec{b} = \begin{pmatrix} -3 \\ 7 \\ -2 \end{pmatrix}$

2. Untersuche, welche von den folgenden Vektoren paarweise aufeinander senkrecht stehen!

$\vec{a}_1 = \begin{pmatrix} 5 \\ -2 \end{pmatrix}, \vec{a}_2 = \begin{pmatrix} -2 \\ 5 \end{pmatrix}, \vec{a}_3 = \begin{pmatrix} -2 \\ -5 \end{pmatrix}, \vec{a}_4 = \begin{pmatrix} -5 \\ 2 \end{pmatrix}, \vec{a}_5 = \begin{pmatrix} 10 \\ 4 \end{pmatrix}, \vec{a}_6 = \begin{pmatrix} -4 \\ 10 \end{pmatrix}, \vec{a}_7 = \begin{pmatrix} 10 \\ -4 \end{pmatrix}.$

3. Untersuche, ob $\vec{a}$ und $\vec{b}$ zueinander orthogonal sind!

a) $\vec{a} = \begin{pmatrix} 1 \\ 6 \\ -0{,}5 \end{pmatrix}, \vec{b} = \begin{pmatrix} 1{,}5 \\ -0{,}6 \\ 2{,}5 \end{pmatrix}$ **b)** $\vec{a} = \begin{pmatrix} 0{,}5 \\ 3 \\ -9 \end{pmatrix}, \vec{b} = \begin{pmatrix} 5 \\ 0{,}1\overline{6} \\ 0{,}\overline{3} \end{pmatrix}$ **c)** $\vec{a} = \begin{pmatrix} 1 \\ 0 \\ 0 \end{pmatrix}, \vec{b} = \begin{pmatrix} 0 \\ -4 \\ 6 \end{pmatrix}$

d) $\vec{a} = \begin{pmatrix} -1{,}5 \\ 2 \\ 7 \end{pmatrix}, \vec{b} = \begin{pmatrix} 4 \\ -3 \\ 0 \end{pmatrix}$ **e)** $\vec{a} = \begin{pmatrix} 10 \\ -5 \\ 10 \end{pmatrix}, \vec{b} = \begin{pmatrix} -11 \\ -2 \\ 10 \end{pmatrix}$ **f)** $\vec{a} = \begin{pmatrix} 14 \\ -2 \\ 5 \end{pmatrix}, \vec{b} = \begin{pmatrix} 5 \\ 10 \\ -10 \end{pmatrix}$

4. Berechne die Längen der folgenden Vektoren!

$\vec{a} = \begin{pmatrix} -9 \\ -12 \\ 8 \end{pmatrix}, \vec{b} = \begin{pmatrix} 14 \\ -7 \\ 14 \end{pmatrix}, \vec{c} = \begin{pmatrix} -9 \\ 18 \\ 18 \end{pmatrix}, \vec{d} = \begin{pmatrix} -10 \\ 20 \\ 30 \end{pmatrix}, \vec{e} = \begin{pmatrix} 2 \\ -\sqrt{3} \\ 3 \end{pmatrix}, \vec{f} = \begin{pmatrix} -1{,}5 \\ 0 \\ 2 \end{pmatrix}$

5. Zeige, dass für die folgenden Vektorpaare gilt: $|\vec{a} \cdot \vec{b}| = |\vec{a}|\,|\vec{b}|$! Was folgt daraus für die Vektoren $\vec{a}$ und $\vec{b}$?

a) $\vec{a} = \begin{pmatrix} -4 \\ 1 \\ 2 \end{pmatrix}, \vec{b} = \begin{pmatrix} 8 \\ -2 \\ -4 \end{pmatrix}$ **b)** $\vec{a} = \begin{pmatrix} 4 \\ 1 \\ -3 \end{pmatrix}, \vec{b} = \begin{pmatrix} -12 \\ -3 \\ 9 \end{pmatrix}$ **c)** $\vec{a} = \begin{pmatrix} 4 \\ -2 \\ 1 \end{pmatrix}, \vec{b} = \begin{pmatrix} -6 \\ 3 \\ -1{,}5 \end{pmatrix}$

6. Bestimme die Größe des von den Vektoren $\vec{a}$ und $\vec{b}$ eingeschlossenen Winkels!

a) $\vec{a}=\begin{pmatrix}4\\3\end{pmatrix}$, $\vec{b}=\begin{pmatrix}3\\4\end{pmatrix}$ **b)** $\vec{a}=\begin{pmatrix}-2\\2\end{pmatrix}$, $\vec{b}=\begin{pmatrix}0\\3\end{pmatrix}$ **c)** $\vec{a}=\begin{pmatrix}12\\5\end{pmatrix}$, $\vec{b}=\begin{pmatrix}5\\12\end{pmatrix}$

d) $\vec{a}=\begin{pmatrix}-2\\2\\1\end{pmatrix}$, $\vec{b}=\begin{pmatrix}0\\3\\4\end{pmatrix}$ **e)** $\vec{a}=\begin{pmatrix}-1\\2\\2\end{pmatrix}$, $\vec{b}=\begin{pmatrix}12\\-4\\3\end{pmatrix}$ **f)** $\vec{a}=\begin{pmatrix}7\\-4\\3\end{pmatrix}$, $\vec{b}=\begin{pmatrix}2\\-3\\7\end{pmatrix}$

7. Zeige, dass die Vektoren $\vec{a}$, $\vec{b}$ und $\vec{c}$ einen Würfel aufspannen! Ermittle die Größen der Winkel, die von je zwei Raumdiagonalen des Würfels eingeschlossen werden!

a) $\vec{a}=\begin{pmatrix}4\\3\\0\end{pmatrix}$, $\vec{b}=\begin{pmatrix}-3\\4\\0\end{pmatrix}$, $\vec{c}=\begin{pmatrix}0\\0\\5\end{pmatrix}$ **b)** $\vec{a}=\begin{pmatrix}2\\-14\\5\end{pmatrix}$, $\vec{b}=\begin{pmatrix}11\\-2\\-10\end{pmatrix}$, $\vec{c}=\begin{pmatrix}-10\\-5\\-10\end{pmatrix}$

8. Ein Quader hat die Kantenlängen 6 cm, 6 cm und 3 cm.

a) Berechne die Größen der Winkel zwischen je zwei Raumdiagonalen!

b) Berechne die Größen der Winkel zwischen einer Raumdiagonalen und den drei Kanten des Quaders!

9. Ermittle mit Hilfe des Skalarproduktes die Länge der Projektionen des Vektors zu $\overrightarrow{AB}$ auf den Vektor zu $\overrightarrow{AC}$! Bestätige das Ergebnis durch eine Zeichnung!

a) A(0|0); B(3|4); C(5|1) **b)** A(0|0); B(−4|1); C(3|3)

c) A(−2|1); B(4|3); C(−4|5) **d)** A(2|−3); B(5|−1); C(−2|3)

10. Drei Geraden g_1, g_2 und g_3 bilden ein Dreieck ABC. Berechne die Seitenlängen und die Größen der Innenwinkel dieses Dreiecks! Probe!

a) g_1: $\vec{x}=\begin{pmatrix}-5\\-6\end{pmatrix}+r\begin{pmatrix}3\\4\end{pmatrix}$ g_2: $\vec{x}=\begin{pmatrix}-3\\5\end{pmatrix}+s\begin{pmatrix}4\\-3\end{pmatrix}$ g_3: $\vec{x}=\begin{pmatrix}5\\-1\end{pmatrix}+t\begin{pmatrix}7\\1\end{pmatrix}$

b) g_1: $\vec{x}=\begin{pmatrix}2\\1\\-4\end{pmatrix}+r\begin{pmatrix}-4\\4\\7\end{pmatrix}$ g_2: $\vec{x}=\begin{pmatrix}0\\3\\2\end{pmatrix}+s\begin{pmatrix}2\\-2\\-1\end{pmatrix}$ g_3: $\vec{x}=\begin{pmatrix}2\\1\\6\end{pmatrix}+t\begin{pmatrix}0\\0\\5\end{pmatrix}$

11. Berechne die Seitenlängen und die Größen der Innenwinkel des Dreiecks ABC! Probe!

a) A(2|−1), B(−5|0), C(−1|3) **b)** A(5|−1|−3), B(1|3|4), C(5|−1|2)

12. Berechne im Viereck ABCD die Seitenlängen und die Größen der Innenwinkel!

a) A(−1|−3), B(6|−2), C(2|1), D(3|−6)

b) A(1|2|−4), B(−3|6|3), C(1|2|1), D(5|−2|−6)

13. Welche Form hat das Viereck ABCD? Berechne die Seitenlängen und die Größen der Winkel, die der Vektor zu $\overrightarrow{AC}$ mit den beiden Seitenvektoren einschließt!

a) A(5|−1|0), B(10|−2|3), C(12|−4|−1), D(7|−3|−4)

b) A(5|2|0), B(4|6|6), C(2|10|3), D(3|6|−3)

14. Prüfe, ob die folgenden acht Punkte im Raum die Eckpunkte eines Würfels sind!

A(2|9|6), B(12|19|1), C(22|8|−1), D(12|−2|4),

E(7|11|20), F(17|21|15), G(27|10|13), H(17|0|18)

15. Berechne für einen Würfel die Größen der folgenden Winkel!

a) Winkel zwischen einer Flächendiagonalen und den anstoßenden Kanten

b) Winkel zwischen einer Raumdiagonalen und den anstoßenden Kanten

c) Winkel zwischen zwei Raumdiagonalen

d) Winkel zwischen einer Raumdiagonalen und einer anstoßenden Flächendiagonalen

e) Winkel zwischen einer Raumdiagonalen und der Verbindungsstrecke der Mitten gegenüberliegender Kanten.

16. Der Vektor $\vec{x}=\begin{pmatrix}x\\y\\z\end{pmatrix}$ soll auf den beiden Vektoren $\vec{a}=\begin{pmatrix}0\\4\\1\end{pmatrix}$ **und** $\vec{b}=\begin{pmatrix}2\\-3\\1\end{pmatrix}$ senkrecht stehen. Bestimme die Koordinaten y und z! Deute das Ergebnis geometrisch!

17. Bestimme die Vektoren $\vec{x}$ und $\vec{y}$ jeweils so, dass sie die gleiche Länge haben wie der Vektor $\vec{a}$! Wie viele Lösungen gibt es jeweils?

a) $\vec{a}=\begin{pmatrix}5\\-1\\2\end{pmatrix}$, $\vec{x}=\begin{pmatrix}x\\-4\\\sqrt{5}\end{pmatrix}$, $\vec{y}=\begin{pmatrix}\sqrt{10}\\y\\-2\end{pmatrix}$ **b)** $\vec{a}=\begin{pmatrix}-1\\3\\3\end{pmatrix}$, $\vec{x}=\begin{pmatrix}x\\-4\\\sqrt{2}\end{pmatrix}$, $\vec{y}=\begin{pmatrix}-\sqrt{6}\\-3\\z\end{pmatrix}$

18. Ermittle zum Vektor $\vec{a}$ einen Vektor $\vec{b}$, der zu $\vec{a}$ orthogonal ist und die Länge b hat!

a) $\vec{a}=\begin{pmatrix}2\\1\\2\end{pmatrix}$, $b=\sqrt{5}$ **b)** $\vec{a}=\begin{pmatrix}12\\-3\\4\end{pmatrix}$, $b=5$ **c)** $\vec{a}=\begin{pmatrix}3\\-6\\2\end{pmatrix}$, $b=3\sqrt{5}$

19. Begründe, dass für das Skalarprodukt die Gesetze A, N und I nicht gelten können!

20. Beweise das Kommutativgesetz für das Skalarprodukt (S 8.7) **a)** aus der Definition D 8.1 und **b)** aus der Koordinatendarstellung (S 8.6)!

21. Beweise geometrisch, dass für beliebige Vektoren $\vec{a}$ und $\vec{b}$ gilt: $|\vec{a}|\,|\vec{b}_a|=|\vec{b}|\,|\vec{a}_b|$ (Projektionssatz, Bild 8.17)! Leite daraus die Gültigkeit des Kommutativgesetzes für das Skalarprodukt her!

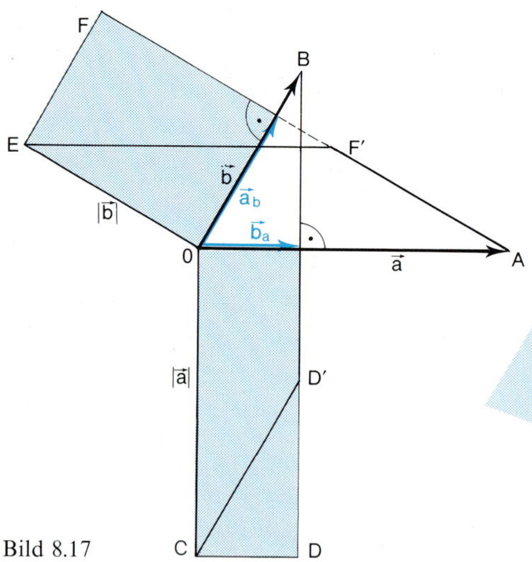

Bild 8.17

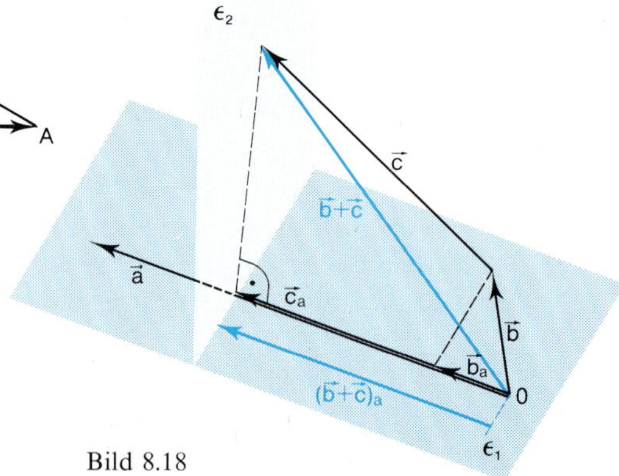

Bild 8.18

22. Beweise das Distributivgesetz für das Skalarprodukt (S 8.10)!

23. Begründe, dass beim Skalarprodukt für das Ausmultiplizieren von Summen die gleichen Formeln gelten wie in der Algebra!

24. Begründe, dass im Fall von Bild 8.18 (Seite 142) für die nicht komplanaren Vektoren $\vec{a}$, $\vec{b}$ und $\vec{c}$ gilt: $(\vec{b}+\vec{c})_a = \vec{b}_a + \vec{c}_a$! Leite daraus die Gültigkeit des Distributivgesetzes des Skalarproduktes (S 8.10) für diesen Fall her!

25. Der Versuch, das Skalarprodukt zweier Vektoren $\vec{a}$ und $\vec{b}$ durch $\vec{a} \cdot \vec{b} = |\vec{a}|\,|\vec{b}|$ zu definieren, scheitert daran, dass dann das Distributivgesetz nicht gilt. Weise dies nach! Anleitung: Benutze Vektoren mit $\vec{b}+\vec{c}=\vec{0}$!

26. **a)** Folgt aus $\vec{a} \cdot \vec{b} = |\vec{a}|^2$, dass $\vec{a} = \vec{b}$ sein muss?
b) Untersuche an Hand von Bild 8.19, ob für das Skalarprodukt die Rechtsstreichungsregel (das Regularitätsgesetz) gilt! Prüfe auch den Fall kollinearer Vektoren!

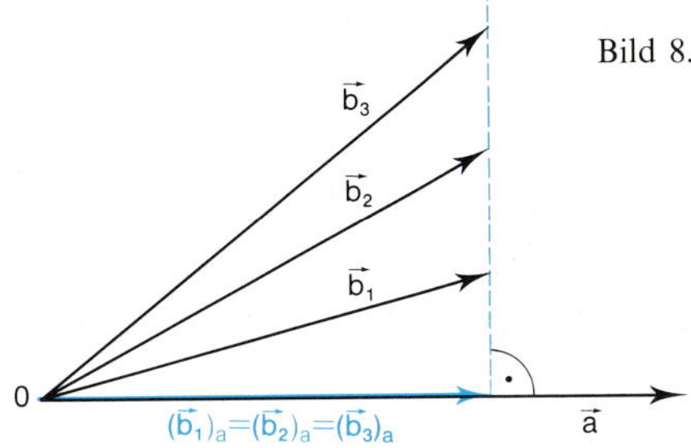

Bild 8.19

27. Ein Autohändler im Rheinland verkauft hauptsächlich die sechs Modelle eines großen Autoherstellers der Bundesrepublik. Er vergleicht Absatz und Umsatz im September 1983 mit den Zahlen des entsprechenden Vorjahresmonats.
Berechne für die beiden Septembermonate vektoriell den Gesamtumsatz!

Absatz / Modelle	September 1982		September 1983	
	Absatz	Preis	Absatz	Preis
Polo	4	11300,–	6	12000,–
Golf	15	13100,–	22	14000,–
Passat	5	16500,–	12	17000,–
Santana	1	18500,–	5	19000,–
Scirocco	1	20500,–	5	21000,–
Transporter	3	22500,–	6	23000,–

28. Ein Winzerehepaar vom Mittelrhein besuchte im November 1983 seine Kunden im Kölner Raum. Am Abend stellen sie fest, dass sie vorwiegend sieben Sorten verkauft haben. Die jeweilige Anzahl der abgesetzten Flaschen und die zugehörigen Sortenpreise weist die nachfolgende Tabelle aus. Berechne den erzielten Tagesumsatz!

Sorten / Umsatz	Lennenborn '82	Schloß Stahleck '82	Faber '82	Schloß Stahleck '79	Schloß Stahleck '78	Wolfshöhle '79	Wolfshöhle '76
Anzahl	120	480	160	30	60	80	80
Preis	4,30 DM	5,90 DM	5,20 DM	6,50 DM	6,90 DM	7,20 DM	12,00 DM

III. Einheitsvektoren

1. Wir haben ebene und räumliche Vektoren stets durch ihre Koordinaten in einem Kartesischen Koordinatensystem erfasst. Im Raum wird ein solches Koordinatensystem aufgespannt von den drei Basisvektoren

$$\vec{e}_1=\begin{pmatrix}1\\0\\0\end{pmatrix},\quad \vec{e}_2=\begin{pmatrix}0\\1\\0\end{pmatrix}\quad \text{und}\quad \vec{e}_3=\begin{pmatrix}0\\0\\1\end{pmatrix}\quad \text{(Bild 8.20).}$$

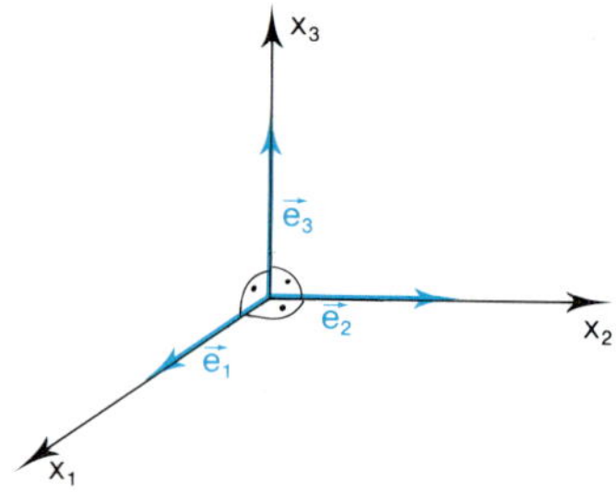

Diese Basisvektoren sind dadurch gekennzeichnet, dass sie alle die Längenmaßzahl 1 haben und paarweise aufeinander senkrecht stehen. Diese Eigenschaften kann man mit Hilfe des Skalarproduktes beschreiben. Es gilt:

$$\vec{e}_1\cdot\vec{e}_1=\vec{e}_2\cdot\vec{e}_2=\vec{e}_3\cdot\vec{e}_3=1 \quad \text{und} \quad \vec{e}_1\cdot\vec{e}_2=\vec{e}_2\cdot\vec{e}_3=\vec{e}_3\cdot\vec{e}_1=0.$$

Wir fassen diese Beziehungen zusammen im Satz:

S 8.11 Für die Basisvektoren eines Kartesischen Koordinatensystems gilt:

$$\vec{e}_i\cdot\vec{e}_k=\begin{cases}1 & \text{für } i=k\\ 0 & \text{für } i\neq k.\end{cases}$$

Die Gleichungen von Satz S 8.11 bringen zum Ausdruck, dass die Basisvektoren eines Kartesischen Koordinatensystems

1) **Einheitsvektoren** sind (man spricht daher von einer **„normierten Basis“**) und
2) paarweise zueinander **orthogonal** sind (man spricht daher sogar von einer **„orthonormierten Basis“**).

Dabei ist der Begriff des „Einheitsvektors“ folgendermaßen definiert:

D 8.3 Unter einem „Einheitsvektor $\vec{e}$“ versteht man einen Vektor mit dem Betrag 1, also mit $|\vec{e}|=1$.

2. Ein beliebiger Vektor $\vec{a}=\begin{pmatrix}a_1\\a_2\\a_3\end{pmatrix}$ ist aus den drei Basisvektoren folgendermaßen erzeugbar:

$\vec{a}=a_1\vec{e}_1+a_2\vec{e}_2+a_3\vec{e}_3$. Bestätige dies geometrisch und arithmetisch (Aufgabe 3)!
Umgekehrt kann man die Koordinaten eines Vektors $\vec{a}$ aus den Basisvektoren mit Hilfe des Skalarproduktes darstellen. Es gilt nämlich:

$$\vec{a}\cdot\vec{e}_1=\begin{pmatrix}a_1\\a_2\\a_3\end{pmatrix}\cdot\begin{pmatrix}1\\0\\0\end{pmatrix}=a_1\cdot 1+a_2\cdot 0+a_3\cdot 0=a_1$$

und entsprechend $\vec{a}\cdot\vec{e}_2=a_2$ und $\vec{a}\cdot\vec{e}_3=a_3$. Vergleiche auch Aufgabe 4b!

S 8.12 Für die Koordinaten eines Vektors $\vec{a}$ gilt: $a_1=\vec{a}\cdot\vec{e}_1$, $a_2=\vec{a}\cdot\vec{e}_2$ und $a_3=\vec{a}\cdot\vec{e}_3$.

3. Schon im Zusammenhang mit der Parameterform einer Geradengleichung haben wir die Richtung der betreffenden Geraden durch einen **„Richtungsvektor"** $\vec{a}$ festgelegt, also durch einen Vektor, der einen in der betreffenden Geraden liegenden Pfeil als Repräsentanten besitzt.

Häufig ist es zweckmäßig, als Richtungsvektor einen **Einheitsvektor** zu wählen. Aus einem beliebigen Vektor $\vec{a} \neq \vec{0}$ erhält man einen Einheitsvektor für die betreffende Richtung dadurch, dass man $\vec{a}$ mit $\frac{1}{|\vec{a}|}$ multipliziert: $\vec{e}_a = \frac{\vec{a}}{|\vec{a}|}$; denn es gilt: $|\vec{e}_a| = \left|\frac{\vec{a}}{|\vec{a}|}\right| = \frac{|\vec{a}|}{|\vec{a}|} = 1.$

Umgekehrt können wir jeden Vektor $\vec{a} \neq \vec{0}$ mit Hilfe seines Betrages und des zugehörigen Einheitsvektors ausdrücken:

$$\vec{a} = |\vec{a}|\,\vec{e}_a; \quad \text{denn es gilt: } |\vec{a}|\,\vec{e}_a = |\vec{a}|\,\frac{\vec{a}}{|\vec{a}|} = \vec{a}.$$

S 8.13 Zu jedem Vektor $\vec{a} \neq \vec{0}$ gibt es einen Einheitsvektor $\vec{e}_a$ mit $\vec{e}_a \uparrow\uparrow \vec{a}$; es gilt:

$$\vec{e}_a = \frac{\vec{a}}{|\vec{a}|} \quad \text{und} \quad \vec{a} = |\vec{a}|\,\vec{e}_a.$$

Übungen und Aufgaben

1. Untersuche arithmetisch, ob die folgenden Vektoren Einheitsvektoren sind! Prüfe dies bei a) und b) auch mit Hilfe der Zeichnung!

a) $\vec{a}_1 = \frac{1}{2}\begin{pmatrix} \sqrt{2} \\ -\sqrt{2} \end{pmatrix}$, $\vec{a}_2 = \begin{pmatrix} -0{,}5 \\ 0{,}5 \end{pmatrix}$, $\vec{a}_3 = \frac{1}{5}\begin{pmatrix} 3 \\ -4 \end{pmatrix}$, $\vec{a}_4 = \frac{1}{3}\begin{pmatrix} -1 \\ 2\sqrt{2} \end{pmatrix}$, $\vec{a}_5 = \frac{1}{6}\begin{pmatrix} -6 \\ \sqrt{13} \end{pmatrix}$

b) $\vec{b}_1 = \frac{2}{5}\begin{pmatrix} 2 \\ 1{,}5 \end{pmatrix}$, $\vec{b}_2 = \frac{1}{13}\begin{pmatrix} 5 \\ -12 \end{pmatrix}$, $\vec{b}_3 = \frac{1}{2}\begin{pmatrix} -1 \\ -1 \end{pmatrix}$, $\vec{b}_4 = \frac{1}{3}\begin{pmatrix} -\sqrt{3} \\ \sqrt{6} \end{pmatrix}$, $\vec{b}_5 = \frac{1}{5}\begin{pmatrix} -4 \\ 2 \end{pmatrix}$

c) $\vec{c}_1 = \frac{1}{3}\begin{pmatrix} -2 \\ -1 \\ -2 \end{pmatrix}$, $\vec{c}_2 = \frac{1}{13}\begin{pmatrix} 12 \\ -4 \\ 3 \end{pmatrix}$, $\vec{c}_3 = \frac{1}{17}\begin{pmatrix} -8 \\ 9 \\ 12 \end{pmatrix}$, $\vec{c}_4 = \frac{1}{7}\begin{pmatrix} -4 \\ -4 \\ 2 \end{pmatrix}$, $\vec{c}_5 = \frac{1}{15}\begin{pmatrix} 5 \\ -10 \\ 10 \end{pmatrix}$

2. Bilde zu den folgenden Vektoren je ein Paar von Einheitsvektoren gleicher Richtung!

a) $\begin{pmatrix} -9 \\ 12 \\ 8 \end{pmatrix}$, $\begin{pmatrix} -4 \\ 8 \\ 8 \end{pmatrix}$, $\begin{pmatrix} -6 \\ -6 \\ 3 \end{pmatrix}$, $\begin{pmatrix} 2 \\ -7 \\ 3 \end{pmatrix}$ **b)** $\begin{pmatrix} -7 \\ 14 \\ 14 \end{pmatrix}$, $\begin{pmatrix} -9 \\ -18 \\ 18 \end{pmatrix}$, $\begin{pmatrix} 0 \\ 0 \\ -\sqrt{7} \end{pmatrix}$, $\begin{pmatrix} 4\sqrt{2} \\ -6 \\ -4\sqrt{2} \end{pmatrix}$

3. Zeige arithmetisch und geometrisch, dass für jeden Vektor $\vec{a}$ mit $\vec{a} = \begin{pmatrix} a_1 \\ a_2 \end{pmatrix}$ bzw. $\vec{a} = \begin{pmatrix} a_1 \\ a_2 \\ a_3 \end{pmatrix}$ gilt: $\vec{a} = a_1\vec{e}_1 + a_2\vec{e}_2$ bzw. $\vec{a} = a_1\vec{e}_1 + a_2\vec{e}_2 + a_3\vec{e}_3$!

4. a) Bestätige den Satz S 8.12 für die in Aufgabe 2 gegebenen Vektoren durch Berechnen der Skalarprodukte $\vec{a}\cdot\vec{e}_1$, $\vec{a}\cdot\vec{e}_2$, $\vec{a}\cdot\vec{e}_3$!

b) Beweise den Satz S 8.12 unmittelbar aus der Definition des Skalarproduktes zweier Vektoren!

5. Die Einheitsvektoren $\vec{e}_1$ und $\vec{e}_2$ bilden eine orthonormierte Basis des V_2. Zeige, dass die folgenden Vektoren jeweils ebenfalls orthonormierte Basen des V_2 bilden!

a) $\vec{e}_3=\frac{1}{\sqrt{2}}(\vec{e}_1+\vec{e}_2)$; $\vec{e}_4=\frac{1}{\sqrt{2}}(\vec{e}_1-\vec{e}_2)$ **b)** $\vec{e}_3=\frac{1}{\sqrt{2}}(\vec{e}_2-\vec{e}_1)$; $\vec{e}_4=\frac{1}{\sqrt{2}}(-\vec{e}_1-\vec{e}_2)$

c) Bestimme die Zahl r so, dass auch $\vec{e}_3=r(\vec{e}_1+\frac{1}{2}\vec{e}_2)$ und $\vec{e}_4=r(\vec{e}_2-\frac{1}{2}\vec{e}_1)$ eine orthonormierte Basis bilden!

6. Die Einheitsvektoren $\vec{e}_1$, $\vec{e}_2$ und $\vec{e}_3$ bilden eine orthonormierte Basis des V_3. Prüfe, ob die folgenden Tripel von Vektoren ebenfalls wieder eine orthonormierte Basis des V_3 bilden!

a) $\vec{e}_4=\frac{1}{\sqrt{2}}(\vec{e}_1+\vec{e}_2)$; $\vec{e}_5=\frac{1}{\sqrt{2}}(\vec{e}_2-\vec{e}_1)$; $\vec{e}_6=\vec{e}_3$

b) $\vec{e}_4=\frac{1}{2}(\vec{e}_1+\vec{e}_2+\sqrt{2}\,\vec{e}_3)$; $\vec{e}_5=\frac{1}{\sqrt{2}}(\vec{e}_2-\vec{e}_1)$; $\vec{e}_6=\frac{1}{2}(\vec{e}_1+\vec{e}_2-\sqrt{2}\,\vec{e}_3)$

7. a) Beweise: Schließt ein Einheitsvektor $\vec{e}$ mit den drei Koordinatenachsen nicht überstumpfe Winkel der Größen α_1, α_2 und α_3 ein, so gilt: $e_1=\cos\alpha_1$, $e_2=\cos\alpha_2$ und $e_3=\cos\alpha_3$!
b) Zeige, dass für diese „Richtungswinkel" gilt: $\cos^2\alpha_1+\cos^2\alpha_2+\cos^2\alpha_3=1$!
c) Wie lautet die entsprechende Gleichung für den ebenen Fall? Drücke diese Beziehung durch **eine** Winkelgröße aus! Zeichnung!

8. Der Vektor $\vec{a}$ bilde mit den Basisvektoren $\vec{e}_1$, $\vec{e}_2$ und $\vec{e}_3$ die folgenden Produkte. Ermittle $\vec{a}$, berechne seine Länge und die Größen seiner Richtungswinkel! Vergleiche Aufgabe 7!

a) $\vec{a}\cdot\vec{e}_1=4$; $\vec{a}\cdot\vec{e}_2=12$; $\vec{a}\cdot\vec{e}_3=3$ **b)** $\vec{a}\cdot\vec{e}_1=-12$; $\vec{a}\cdot\vec{e}_2=8$; $\vec{a}\cdot\vec{e}_3=-9$
c) $\vec{a}\cdot\vec{e}_1=0$; $\vec{a}\cdot\vec{e}_2=-5$; $\vec{a}\cdot\vec{e}_3=12$ **d)** $\vec{a}\cdot\vec{e}_1=1$; $\vec{a}\cdot\vec{e}_2=-\frac{1}{3}$; $\vec{a}\cdot\vec{e}_3=\frac{1}{4}$

IV. Elementargeometrische Anwendungen des Skalarproduktes

An einigen **Beispielen** wollen wir zeigen, wie das Skalarprodukt zur Herleitung geometrischer Sätze angewendet werden kann.

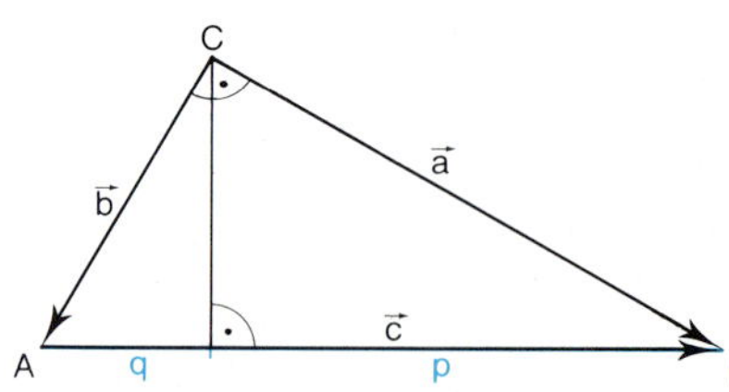

Bild 8.21

1. Wir beweisen zunächst den **Kathetensatz des Euklid.** Wir erfassen die beiden Katheten des rechtwinkligen Dreiecks durch die Vektoren $\vec{a}$ und $\vec{b}$, die Hypotenuse durch den Vektor $\vec{c}$; die beiden Hypotenusenabschnitte seien p und q (Bild 8.21).
Dann lautet die **Voraussetzung:** $\vec{a}\perp\vec{b}$.
Mit den Abkürzungen $c=|\vec{c}|$ und $a=|\vec{a}|$ lautet die **Behauptung:** $cp=a^2$.

Beweis: Nach dem Kommutativgesetz des Skalarproduktes (Satz S 8.7) gilt:

$$\vec{c} \cdot \vec{a} = \vec{a} \cdot \vec{c},$$

also nach Satz S 8.4: $\vec{c} \cdot \vec{a}_c = \vec{a} \cdot \vec{c}_a$

und somit: $|\vec{c}|\,|\vec{a}_c| = |\vec{a}|\,|\vec{c}_a|$.

Nun ist $|\vec{a}_c| = p$ und $|\vec{c}_a| = |\vec{a}| = a$. Also gilt: $c\,p = a\,a = a^2$, q.e.d.

2. Wir beweisen ferner, dass die Höhen eines Dreiecks sich in einem Punkt H schneiden (Bild 8.22).
Es sei H der Schnittpunkt der beiden Höhen AH_a und BH_b. Ferner seien $\vec{a}$, $\vec{b}$ und $\vec{c}$ die Vektoren zu den Pfeilen $\overrightarrow{HA}$, $\overrightarrow{HB}$ und $\overrightarrow{HC}$. Dann gilt für die Seitenvektoren des Dreiecks:

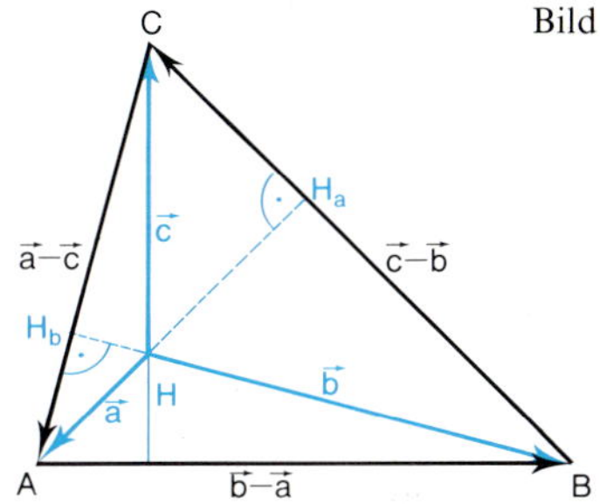

Bild 8.22

$$\overrightarrow{AB} = \vec{b} - \vec{a}; \quad \overrightarrow{BC} = \vec{c} - \vec{b} \quad \text{und} \quad \overrightarrow{CA} = \vec{a} - \vec{c}.$$

Da H der Schnittpunkt der beiden Höhen AH_a und BH_b sein soll, gilt:

1) $\vec{a} \perp \vec{c} - \vec{b}$ und **2)** $\vec{b} \perp \vec{a} - \vec{c}$.

Die **Behauptung** besagt, dass die Gerade g(C, H) auf der dritten Seite AB senkrecht steht, dass also gilt: $\vec{c} \perp \vec{b} - \vec{a}$.

Beweis: Aus **1)** folgt: $\vec{a} \cdot (\vec{c} - \vec{b}) = \vec{a} \cdot \vec{c} - \vec{a} \cdot \vec{b} = 0$;
aus **2)** folgt: $\vec{b} \cdot (\vec{a} - \vec{c}) = \vec{b} \cdot \vec{a} - \vec{b} \cdot \vec{c} = 0$.

Durch Addition der beiden Gleichungen ergibt sich:

$$\vec{a} \cdot \vec{c} - \vec{b} \cdot \vec{c} = (\vec{a} - \vec{b}) \cdot \vec{c} = 0, \quad \text{also tatsächlich } \vec{a} - \vec{b} \perp \vec{c}, \quad \text{q.e.d.}$$

3. Wir beweisen schließlich den Satz, dass die Diagonalen einer Raute aufeinander senkrecht stehen.
Eine Raute ist ein Viereck mit vier gleich langen Seiten.
Mit den Bezeichnungen von Bild 8.23 lautet daher die

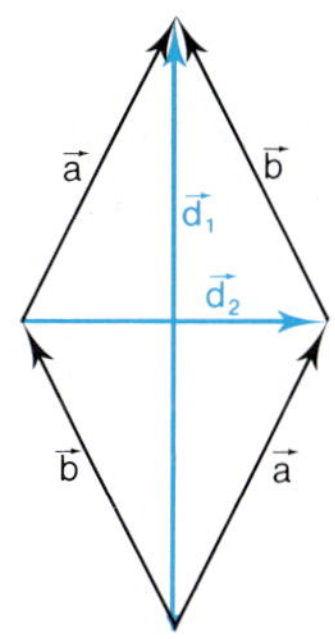

Bild 8.23

Voraussetzung: $|\vec{a}| = |\vec{b}|$ und die
Behauptung: $\vec{d}_1 \perp \vec{d}_2$, also $\vec{d}_1 \cdot \vec{d}_2 = 0$.
Beweis: Für die Diagonalen der Raute gilt:

$$\vec{d}_1 = \vec{a} + \vec{b} \quad \text{und} \quad \vec{d}_2 = \vec{a} - \vec{b}.$$

Daraus ergibt sich: $\vec{d}_1 \cdot \vec{d}_2 = (\vec{a} + \vec{b}) \cdot (\vec{a} - \vec{b}) = \vec{a} \cdot \vec{a} - \vec{b} \cdot \vec{b}$.

Wegen $|\vec{a}| = |\vec{b}|$ gilt nun $\vec{a} \cdot \vec{a} = \vec{b} \cdot \vec{b}$ und somit $\vec{d}_1 \cdot \vec{d}_2 = 0$, q.e.d.

Übungen und Aufgaben

1. a) Beweise vektoriell: Im rechtwinkligen Dreieck (Bild 8.21) gilt $cq = b^2$ (Kathetensatz des Euklid für die Stücke $\vec{c}$, $|\vec{b}_c| = q$ und $\vec{b}$)!

b) Prüfe, welcher Satz sich in Aufgabe 21 von Seite 142 ergibt für den Fall, dass das Dreieck OBA bei B rechtwinklig ist (vgl. Bild 8.17)!

2. a) Beweise den Lehrsatz des Pythagoras, indem du die Seiten eines rechtwinkligen Dreiecks durch Vektoren $\vec{a}$, $\vec{b}$ und $\vec{c}$ darstellst!

b) Formuliere die Umkehrung des Lehrsatzes von Pythagoras und beweise diesen Satz ebenfalls vektoriell!

3. Beweise vektoriell: Die Winkelhalbierenden zweier Nebenwinkel stehen aufeinander senkrecht!

Anleitung: Bilden die Vertreter zweier Vektoren $\vec{a}$ und $\vec{b}$ einen Winkel, so liegt der Vertreter von $\vec{w} = \frac{\vec{a}}{|\vec{a}|} + \frac{\vec{b}}{|\vec{b}|}$ auf der Winkelhalbierenden dieses Winkels. Begründe dies!

4. Zwei nicht kollineare Vektoren $\vec{a}$ und $\vec{b}$ spannen ein Parallelogramm auf. Zeige, dass für die beiden Diagonalenvektoren bei geeigneter Orientierung gilt:
$\vec{d}_1{}^2 + \vec{d}_2{}^2 = 2(\vec{a}^2 + \vec{b}^2)$ und $\vec{d}_1{}^2 - \vec{d}_2{}^2 = 4\vec{a} \cdot \vec{b}$!

5. a) Beweise vektoriell den Lehrsatz des Thales (Bild 8.24)!

b) Formuliere seine Umkehrung und beweise auch diesen Satz vektoriell!

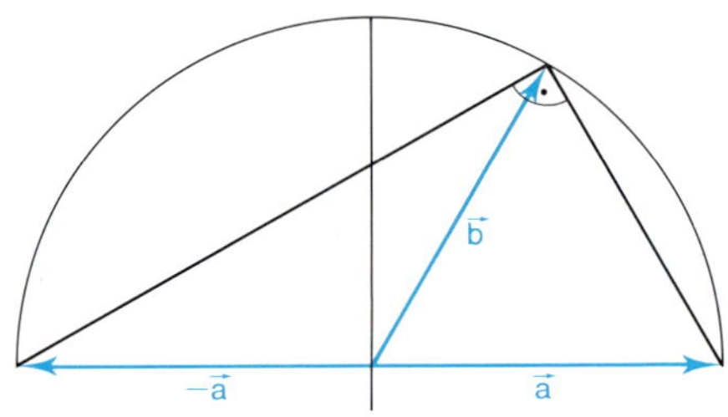

Bild 8.24

6. Beweise vektoriell: Im gleichschenkligen Dreieck ($|\vec{a}| = |\vec{b}|$) steht die Seitenhalbierende s_c senkrecht auf der Grundseite AB!

7. Beweise die folgenden Sätze vektoriell!

a) Ein Viereck, in dem sich die Diagonalen halbieren, ist ein Parallelogramm.

b) Ein Parallelogramm, in dem die Diagonalen aufeinander senkrecht stehen, ist ein Rhombus.

c) Ein Viereck, in dem die Diagonalen aufeinander senkrecht stehen und eine von der zweiten halbiert wird, ist ein Drachenviereck.

d) Zeige, dass zu den Sätzen von **a)**, **b)** und **c)** auch die Umkehrungen gültige Sätze sind!

8. Beweise die folgenden Sätze und ihre Umkehrungen!

a) Ein Parallelogramm, in dem die Diagonalen gleich lang sind, ist ein Rechteck!

b) Ein Rechteck, in dem die Diagonalen aufeinander senkrecht stehen, ist ein Quadrat!

9. Zeige vektoriell, dass in jedem regelmäßigen Tetraeder die Vektoren zu je zwei windschiefen Kanten zueinander orthogonal sind!

10. **a)** Beweise den Höhensatz des Euklid $|\vec{h}|^2 = |\vec{p}|\,|\vec{q}|$ vektoriell (Bild 8.25)!
Anleitung: Drücke $\vec{a}$ und $\vec{b}$ durch $\vec{h}$, $\vec{p}$ und $\vec{q}$ aus!
b) Zeige, dass auch die Umkehrung des Höhensatzes ein gültiger Satz ist!

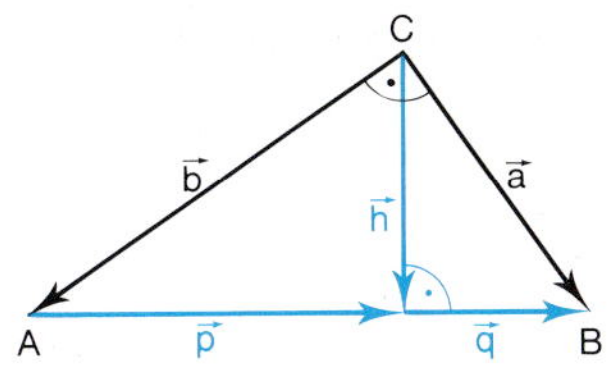

Bild 8.25

11. Beweise vektoriell: Im Quader steht jede Flächendiagonale auf zwei Kanten senkrecht!

12. Beweise vektoriell: In jedem Viereck $(\vec{a}+\vec{b}+\vec{c}+\vec{d}=\vec{0})$ gilt für die beiden Diagonalen bei geeignet gewählter Orientierung:

$$2\vec{d}_1 \cdot \vec{d}_2 = \vec{a}^2 - \vec{b}^2 + \vec{c}^2 - \vec{d}^2!$$

Beachte: Beim Beweis wird die Komplanarität der Vektoren $\vec{a}$, $\vec{b}$, $\vec{c}$ und $\vec{d}$ nicht benutzt. Daher gilt der Satz für entsprechende Stücke auch im Tetraeder. Deute ihn dort!

13. Beweise vektoriell den Kosinussatz der Trigonometrie: $c^2 = a^2 + b^2 - 2ab\cos\gamma$ (Bild 8.26)!

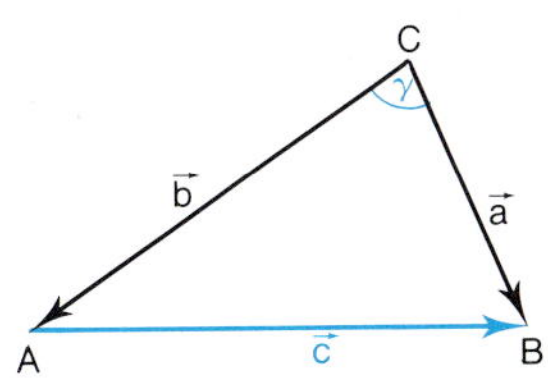

Bild 8.26

14. Zeige vektoriell, dass im Rhombus die Verbindungslinien benachbarter Seitenmitten ein Rechteck bilden! Gilt dieser Satz auch für Drachenvierecke?

15. Ein Quader werde von Vertretern dreier Vektoren $\vec{a}$, $\vec{b}$ und $\vec{c}$ aufgespannt, die zueinander paarweise orthogonal sind.
a) Stelle eine Bedingung auf dafür, dass zwei der vier Raumdiagonalen aufeinander senkrecht stehen!
b) Untersuche, ob in einem Quader alle vier Raumdiagonalen paarweise zueinander orthogonal sein können!
c) Untersuche, ob in einem Quader, in dem zwei der vier Raumdiagonalen aufeinander senkrecht stehen, ein weiteres Paar von Raumdiagonalen ebenfalls zueinander orthogonal sein muss! Bilde ein Beispiel oder ggf. ein Gegenbeispiel!

16. Bei den Beweisen zu den vorangehenden Aufgaben kommen wiederholt gleiche oder ähnliche Schlussweisen vor. Beweise zunächst formal aus den algebraischen Eigenschaften des Skalarproduktes zweier Vektoren $\vec{a} \neq \vec{0}$ und $\vec{b} \neq \vec{0}$:

$$(\vec{a}+\vec{b})\cdot(\vec{a}-\vec{b}) = 0 \Leftrightarrow |\vec{a}| = |\vec{b}|.$$

Deute diese Aussage elementargeometrisch:
a) als Satz über ein (besonderes) Rechteck und dessen Umkehrung;
b) als Satz über Rhomben und dessen Umkehrung;
c) als Satz des Thales und dessen Umkehrung!

§ 9 Anwendungen des Skalarproduktes in der analytischen Geometrie

I. Die Normalengleichungen für Geraden und für Ebenen

1. In §5 haben wir die Parametergleichungen für Geraden und für Ebenen kennen gelernt. Gleichungen dieser Form lassen sich sofort angeben, wenn

1) eine **Gerade** durch einen Punkt und einen Richtungsvektor (oder durch zwei Punkte),

2) eine **Ebene** durch einen Punkt und zwei Spannvektoren (oder durch drei nicht kollineare Punkte, d. h. durch drei Punkte, die nicht auf einer Geraden liegen)

gegeben ist. Wir wissen aber, dass

Geraden im $\mathbf{R_2}$	**Ebenen im $\mathbf{R_3}$**

auch durch parameterfreie lineare Gleichungen in zwei bzw. drei Variablen dargestellt werden können. In § 5, I (Seite 72) und in § 5, II (Seite 79) haben wir bereits gezeigt, wie man die Parameter aus Gleichungen der Form

$\vec{x}=\vec{x}_0+t\vec{a}$	$\vec{x}=\vec{x}_0+r\vec{a}+s\vec{b}$

eliminieren kann.

2. Mit Hilfe des Skalarproduktes können wir die Umformung in parameterfreie Gleichungen in wesentlich einfacherer Weise durchführen. Dies gelingt uns dadurch, dass wir die Gleichungen skalar mit einem Vektor $\vec{n}$ multiplizieren, für den

$\vec{a}\cdot\vec{n}=0$	$\vec{a}\cdot\vec{n}=0 \wedge \vec{b}\cdot\vec{n}=0$

gilt, der also

auf $\vec{a}$ und somit auf der Geraden	auf $\vec{a}$ und $\vec{b}$ und somit auf der Ebene

senkrecht steht (Bilder 9.1 und 9.2).

Man nennt einen solchen Vektor $\vec{n}$ einen **„Normalenvektor"** der Geraden (im R_2) bzw. der Ebene (im R_3).
Wir multiplizieren die Vektoren auf beiden Seiten der Parametergleichung skalar mit einem solchen Vektor $\vec{n}$:

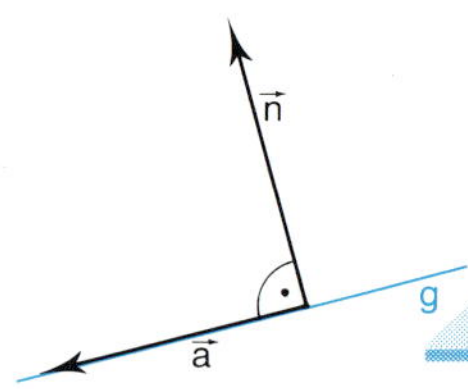

Bild 9.1

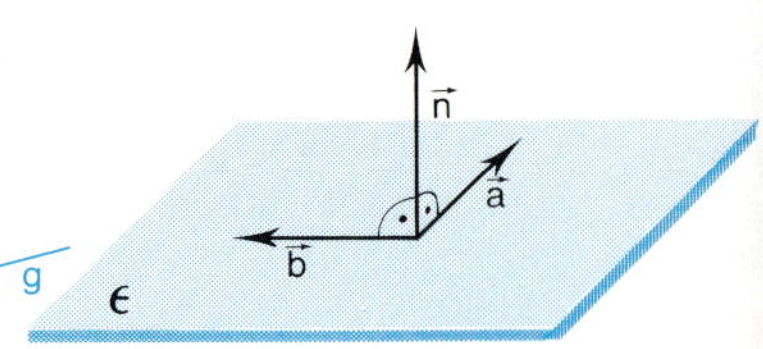

Bild 9.2

1) $\vec{x}=\vec{x}_0+t\vec{a} \Rightarrow \vec{x}\cdot\vec{n}=(\vec{x}_0+t\vec{a})\cdot\vec{n} \Rightarrow \vec{x}\cdot\vec{n}=\vec{x}_0\cdot\vec{n}+t\underbrace{\vec{a}\cdot\vec{n}}_{=0} \Rightarrow \mathbf{\vec{x}\cdot\vec{n}=\vec{x}_0\cdot\vec{n}}$;

2) $\vec{x}=\vec{x}_0+r\vec{a}+s\vec{b} \Rightarrow \vec{x}\cdot\vec{n}=(\vec{x}_0+r\vec{a}+s\vec{b})\cdot\vec{n} \Rightarrow \vec{x}\cdot\vec{n}=\vec{x}_0\cdot\vec{n}+r\underbrace{\vec{a}\cdot\vec{n}}_{=0}+s\underbrace{\vec{b}\cdot\vec{n}}_{=0} \Rightarrow \mathbf{\vec{x}\cdot\vec{n}=\vec{x}_0\cdot\vec{n}}$.

Man nennt eine Gleichung der Form $\vec{x}\cdot\vec{n}=\vec{x}_0\cdot\vec{n}$ eine **„Normalengleichung"** einer Geraden (im R_2) bzw. einer Ebene (im R_3).

3. In beiden Fällen ist aus einer Parametergleichung durch Folgerungsumformungen die parameterfreie Gleichung

$$\vec{x} \cdot \vec{n} = \vec{x}_0 \cdot \vec{n}$$

hergeleitet worden. Um sicherzustellen, daß durch diese neue Gleichung jeweils dasselbe geometrische Gebilde – also eine Gerade oder eine Ebene – erfasst wird, haben wir nachzuweisen, dass umgekehrt aus der Gleichung $\vec{x} \cdot \vec{n} = \vec{x}_0 \cdot \vec{n}$ wieder die betreffende Parametergleichung hergeleitet werden kann.
Allgemein kann man dies folgendermaßen zeigen. In beiden Fällen gilt wegen des Distributivgesetzes (Satz S 8.10):

$$\vec{x} \cdot \vec{n} = \vec{x}_0 \cdot \vec{n} \Leftrightarrow (\vec{x} - \vec{x}_0) \cdot \vec{n} = 0.$$

Zu 1): Die Ebene (der Raum R_2) wird aufgespannt von den beiden (linear unabhängigen) Vektoren $\vec{a}$ und $\vec{n}$. Jeder Vektor der Ebene lässt sich also aus diesen beiden Vektoren erzeugen, unter anderem auch jeder Vektor der Form $\vec{x} - \vec{x}_0$. Es gibt also stets zwei Zahlen $t, r \in \mathbb{R}$ mit:

$$\vec{x} - \vec{x}_0 = t\vec{a} + r\vec{n}.$$

Wir haben zu zeigen, dass $r = 0$ ist. Mit vorstehender Bedingung gilt:

$$(\vec{x} - \vec{x}_0) \cdot \vec{n} = 0 \Leftrightarrow (t\vec{a} + r\vec{n}) \cdot \vec{n} = 0 \Leftrightarrow t(\vec{a} \cdot \vec{n}) + r(\vec{n} \cdot \vec{n}) = 0.$$

Wegen $\vec{a} \cdot \vec{n} = 0$ und $\vec{n} \cdot \vec{n} \neq 0$ folgt daraus unmittelbar $r = 0$. Es gilt also:

$$(\vec{x} - \vec{x}_0) \cdot \vec{n} = 0 \Rightarrow \vec{x} - \vec{x}_0 = t\vec{a} \quad (\text{mit } t \in \mathbb{R}).$$

Zu 2): Da der Vektor $\vec{n}$ auf den beiden Spannvektoren $\vec{a}$ und $\vec{b}$ senkrecht steht, sind die Vektoren $\vec{a}$, $\vec{b}$ und $\vec{n}$ linear unabhängig, spannen also den Raum R_3 auf. Daher lässt sich jeder räumliche Vektor aus den Vektoren $\vec{a}$, $\vec{b}$ und $\vec{n}$ erzeugen, u.a. auch jeder Vektor der Form $\vec{x} - \vec{x}_0$. Es gibt also stets drei Zahlen $r, s, t \in \mathbb{R}$ mit

$$\vec{x} - \vec{x}_0 = r\vec{a} + s\vec{b} + t\vec{n}.$$

Wir haben zu zeigen, dass $t = 0$ ist. Mit vorstehender Bedingung gilt:

$$(\vec{x} - \vec{x}_0) \cdot \vec{n} = 0 \Leftrightarrow (r\vec{a} + s\vec{b} + t\vec{n}) \cdot \vec{n} = 0 \Leftrightarrow r(\vec{a} \cdot \vec{n}) + s(\vec{b} \cdot \vec{n}) + t(\vec{n} \cdot \vec{n}) = 0.$$

Wegen $\vec{a} \cdot \vec{n} = \vec{b} \cdot \vec{n} = 0$ und $\vec{n} \cdot \vec{n} \neq 0$ folgt daraus unmittelbar $t = 0$. Es gilt also:

$$(\vec{x} - \vec{x}_0) \cdot \vec{n} \Rightarrow \vec{x} - \vec{x}_0 = r\vec{a} + s\vec{b} \quad (\text{mit } r, s \in \mathbb{R}).$$

Damit haben wir in beiden Fällen aus der Gleichung $\vec{x} \cdot \vec{n} = \vec{x}_0 \cdot \vec{n}$ die Parametergleichung (für die Gerade bzw. für die Ebene) wieder hergeleitet.
Wir haben also insgesamt gezeigt, dass durch jede Gleichung der Form

$$\vec{x} \cdot \vec{n} = \vec{x}_0 \cdot \vec{n} \quad \text{bzw.} \quad (\vec{x} - \vec{x}_0) \cdot \vec{n} = 0$$

eine Gerade (im R_2) bzw. eine Ebene (im R_3) dargestellt wird.
Der Unterschied liegt nur darin, dass die Vektoren $\vec{x}$, $\vec{x}_0$ und $\vec{n}$ im Falle einer Geraden zwei, im Falle einer Ebene drei Koordinaten haben.

4. Wir behandeln zunächst zwei **Beispiele.**

1) Eine **Gerade** sei gegeben durch die Gleichung $\vec{x}=\begin{pmatrix}-2\\1\end{pmatrix}+t\begin{pmatrix}2\\3\end{pmatrix}$ (Bild 9.3).

In § 8, II (Seite 137) haben wir bereits erörtert, wie man zu einem ebenen Vektor $\vec{a}$ einen dazu senkrechten Vektor $\vec{n}$ ermitteln kann.

Zu $\vec{a}=\begin{pmatrix}2\\3\end{pmatrix}$ ist orthogonal z.B. der Vektor $\vec{n}=\begin{pmatrix}-3\\2\end{pmatrix}$. Wir multiplizieren obige Geradengleichung skalar mit diesem Vektor $\vec{n}$:

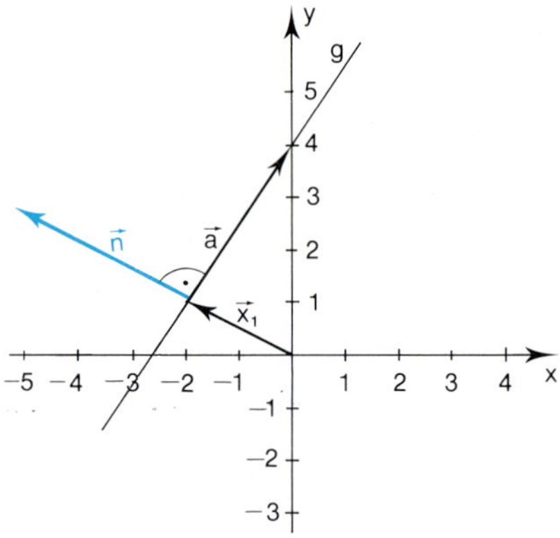

Bild 9.3

$$\vec{x}\cdot\begin{pmatrix}-3\\2\end{pmatrix}=\begin{pmatrix}-2\\1\end{pmatrix}\cdot\begin{pmatrix}-3\\2\end{pmatrix}+t\underbrace{\begin{pmatrix}2\\3\end{pmatrix}\cdot\begin{pmatrix}-3\\2\end{pmatrix}}_{=0}\Leftrightarrow -3x+2y=6+2+t\cdot 0\Leftrightarrow -3x+2y=8.$$

Dies ist eine Gleichung der Geraden g in allgemeiner Form.

2) Eine **Ebene** sei gegeben durch: $\vec{x}=\begin{pmatrix}1\\1\\1\end{pmatrix}+r\begin{pmatrix}1\\0\\-3\end{pmatrix}+s\begin{pmatrix}2\\-3\\0\end{pmatrix}$.

Ein Vektor $\vec{n}$, der auf beiden Spannvektoren senkrecht steht, muss den Bedingungen

$$\begin{pmatrix}1\\0\\-3\end{pmatrix}\cdot\vec{n}=0\wedge\begin{pmatrix}2\\-3\\0\end{pmatrix}\cdot\vec{n}=0,\text{ also dem Gleichungssystem }\begin{cases}n_1 \qquad -3n_3=0\\ \wedge\ 2n_1-3n_2 \qquad =0\end{cases}$$

genügen. Da das Gleichungssystem aus zwei Gleichungen mit drei Variablen besteht, kann es nicht eindeutig lösbar sein. Das ist auch deshalb ausgeschlossen, weil wir hinsichtlich der Länge und der Orientierung des Normalenvektors keine Festlegung getroffen haben. Wir wählen daher den Wert einer Variablen, z.B. $n_3=1$; dann ergibt sich aus der ersten Gleichung $n_1=3$ und damit aus der zweiten Gleichung $n_2=2$.

Also ist $\vec{n}=\begin{pmatrix}3\\2\\1\end{pmatrix}$ ein Normalenvektor der fraglichen Ebene.

Probe: $\begin{pmatrix}1\\0\\-3\end{pmatrix}\cdot\begin{pmatrix}3\\2\\1\end{pmatrix}=3-3=0;\quad\begin{pmatrix}2\\-3\\0\end{pmatrix}\cdot\begin{pmatrix}3\\2\\1\end{pmatrix}=6-6=0.$

Wir multiplizieren die Ebenengleichung skalar mit dem Vektor $\vec{n}$:

$$\vec{x}\cdot\begin{pmatrix}3\\2\\1\end{pmatrix}=\begin{pmatrix}1\\1\\1\end{pmatrix}\cdot\begin{pmatrix}3\\2\\1\end{pmatrix}+r\underbrace{\begin{pmatrix}1\\0\\-3\end{pmatrix}\cdot\begin{pmatrix}3\\2\\1\end{pmatrix}}_{=0}+s\underbrace{\begin{pmatrix}2\\-3\\0\end{pmatrix}\cdot\begin{pmatrix}3\\2\\1\end{pmatrix}}_{=0}\Leftrightarrow\vec{x}\cdot\begin{pmatrix}3\\2\\1\end{pmatrix}=6$$

$$\Leftrightarrow\ 3x+2y+z=6.$$

Dies ist eine Gleichung der Ebene in allgemeiner Form.

Man kann diese Ebene leicht darstellen, wenn man ihre Schnittpunkte mit den drei Koordinatenachsen kennt.

1) Für die Punkte der x-Achse gilt: $y=z=0$. Setzt man dies in die Gleichung $3x+2y+z=6$ ein, so ergibt sich $3x=6$, also $x=2$.

2) Für die Punkte der y-Achse gilt: $x=z=0$; es ergibt sich also $2y=6$, also $y=3$.

3) Für die Punkte der z-Achse gilt: $x=y=0$; es ergibt sich also $z=6$.

Bild 9.4 zeigt den Teil der Ebene, welcher im I. Oktanten liegt.

5. Wir wollen nun die **geometrische** Bedeutung von Gleichungen der Form

$$\vec{x} \cdot \vec{n} = \vec{x}_0 \cdot \vec{n}$$

noch etwas näher untersuchen.
Gemeinsam ist diesen Gleichungen und den Parametergleichungen die Erfassung der Geraden bzw. der Ebene durch Ortsvektoren. Der Unterschied besteht darin, dass die Richtung der Geraden bzw. der Ebene hier nicht durch einen Richtungsvektor bzw. zwei Spannvektoren, sondern durch einen **Normalenvektor** $\vec{n}$ festgelegt wird.
Wir wollen uns im Folgenden anschaulich klarmachen, dass tatsächlich die Lage einer Geraden im Raum R_2 und die Lage einer Ebene im Raum R_3 durch einen Punkt P_0 und durch einen Normalenvektor $\vec{n}$ eindeutig erfasst werden können.
Hinsichtlich einer Ebene kann man z.B. an einbeinige runde Tische denken, wie sie etwa in Eisdielen aufgestellt sind (Bild 9.5).

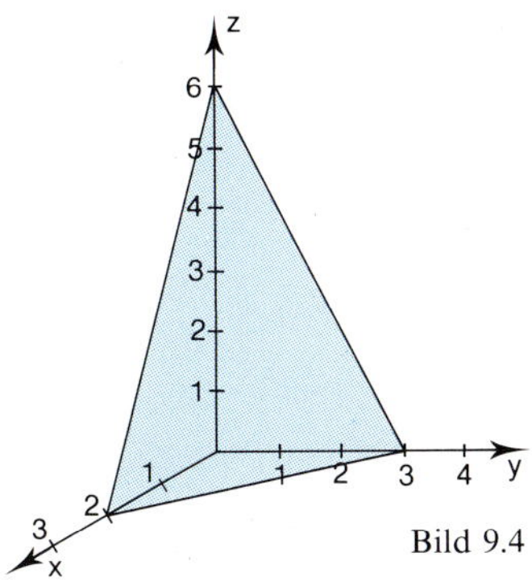

Bild 9.4

Bild 9.5

Ändert man die Lage der Geraden bzw. der Ebene bei festgehaltenem Punkt P_0, so wird auch die Richtung von $\vec{n}$ geändert (Bilder 9.6 und 9.7).

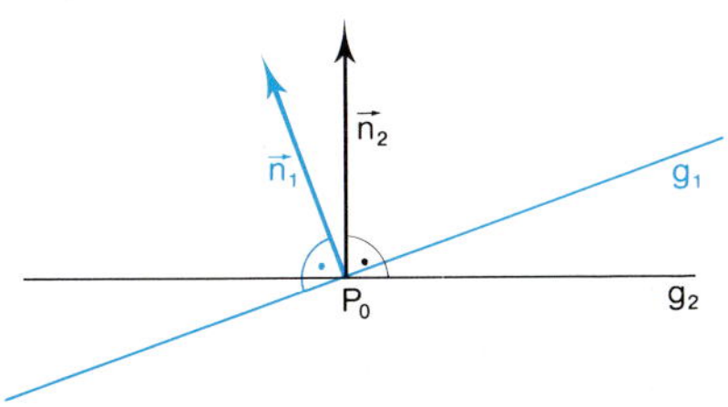

Bild 9.6

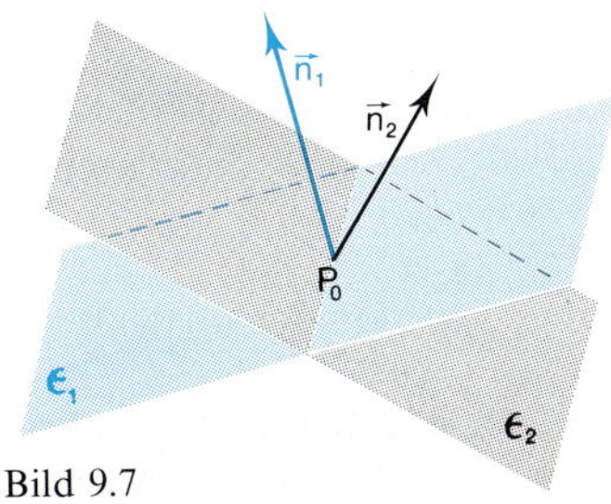

Bild 9.7

Zu jeder Geraden (im R_2) und zu jeder Ebene (im R_3) gibt es natürlich unendlich viele Normalenvektoren; diese unterscheiden sich durch ihre Länge und ihre Orientierung; sie haben aber alle dieselbe Richtung, sind also kollinear. Zu beachten ist, dass eine entsprechende Kennzeichnung für Geraden im R_3 **nicht** möglich ist; denn zu jeder Geraden im R_3 gibt es beliebig viele Normalenvektoren, die nicht kollinear, wohl aber komplanar sind (Bild 9.8). Und auch umgekehrt gibt es zu jedem Vektor $\vec{n}$ im R_3 beliebig viele Geraden, die auf $\vec{n}$ senkrecht stehen (Bild 9.9).

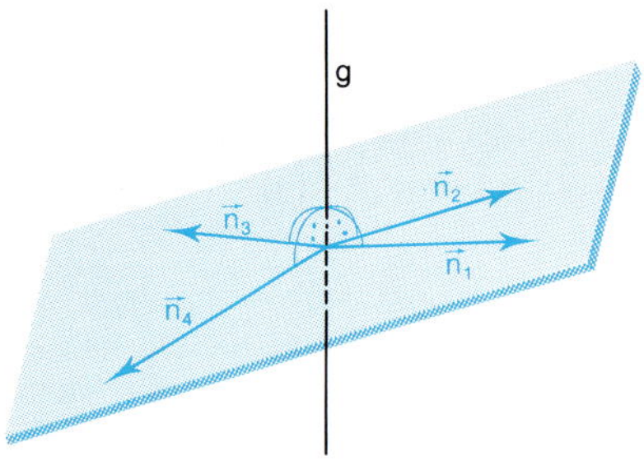

Bild 9.8

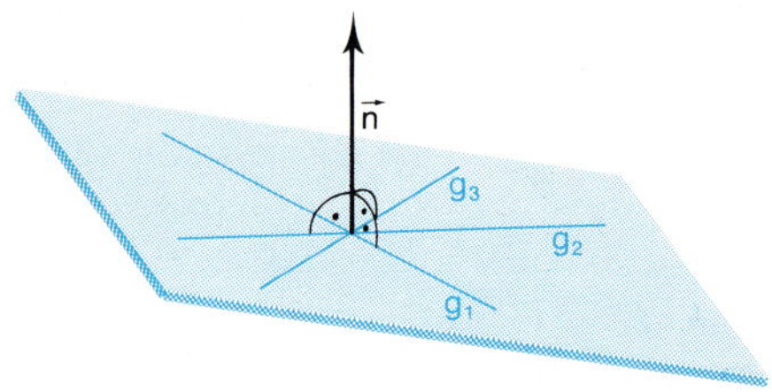

Bild 9.9

6. Wie oben bereits gezeigt, können wir die Normalengleichung $\vec{x} \cdot \vec{n} = \vec{x}_0 \cdot \vec{n}$ folgendermaßen umformen:

$$\vec{x} \cdot \vec{n} = \vec{x}_0 \cdot \vec{n} \quad \Leftrightarrow \quad \vec{x} \cdot \vec{n} - \vec{x}_0 \cdot \vec{n} = 0 \quad \Leftrightarrow \quad (\vec{x} - \vec{x}_0) \cdot \vec{n} = \vec{0}.$$

Die letzte Gleichung besagt, dass der Vektor $\vec{x} - \vec{x}_0$ und der Normalenvektor $\vec{n}$ aufeinander senkrecht stehen. Dies ist unmittelbar einsichtig, weil die Differenzvektoren $\vec{x} - \vec{x}_0$ stets in Richtung der Geraden (Bild 9.10) bzw. der Ebene (Bild 9.11) liegen.

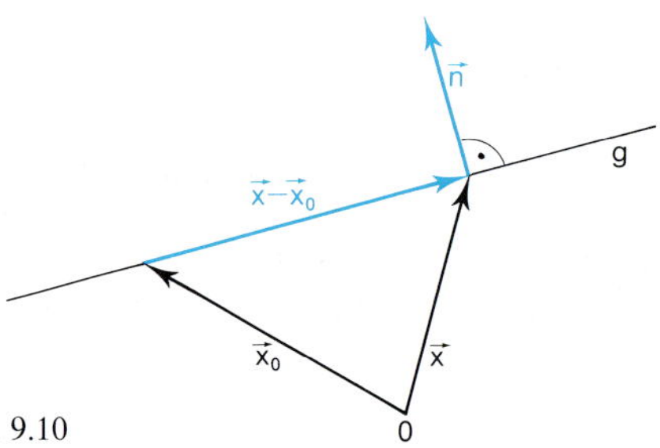

Bild 9.10

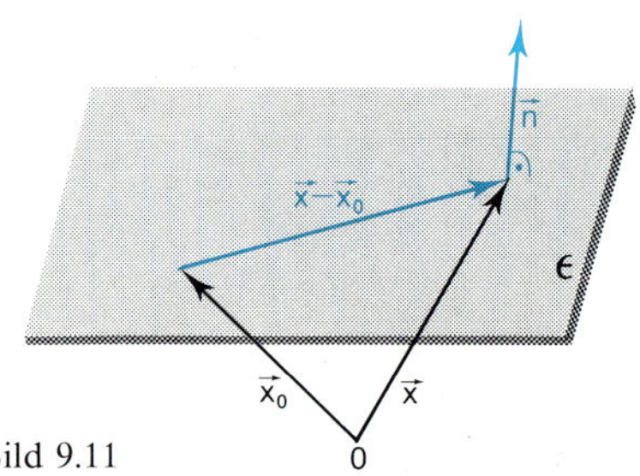

Bild 9.11

Es gilt also der Satz:

S 9.1 **Ist eine Gerade g im R_2 bzw. eine Ebene ε im R_3 durch einen Punkt P_0 mit dem Ortsvektor $\vec{x}_0$ und durch einen Normalenvektor $\vec{n}$ festgelegt, so gilt für die Ortsvektoren $\vec{x}$ aller Punkte von g bzw. ε:**

$$\vec{x} \cdot \vec{n} = \vec{x}_0 \cdot \vec{n} \quad \text{und} \quad (\vec{x} - \vec{x}_0) \cdot \vec{n} = 0.$$

Man spricht von einer **„Normalengleichung"** der Geraden bzw. der Ebene oder auch von einer Gleichung in **„Normalenform"**.

7. An den Beispielen haben wir gesehen, dass die ausmultiplizierte Normalengleichung

1) bei Geraden die Form $ax+by=c$,

2) bei Ebenen die Form $ax+by+cz=d$ hat.

Es handelt sich also um Gleichungen, die wir früher als **„allgemeine"** Geraden- bzw. Ebenengleichungen bezeichnet haben.
Wir können nunmehr eine seit langem offene Frage wenigstens teilweise beantworten, nämlich die Frage nach der geometrischen Bedeutung der Formvariablen a, b, c bzw. a, b, c, d. Fasst man

1) bei einer Geraden die Zahlen a, b zu einem Vektor $\vec{n}=\begin{pmatrix}a\\b\end{pmatrix}$,

2) bei einer Ebene die Zahlen a, b und c zu einem Vektor $\vec{n}=\begin{pmatrix}a\\b\\c\end{pmatrix}$

zusammen, so handelt es sich um einen **Normalenvektor** der Geraden bzw. der Ebene. Auf die Frage nach der geometrischen Bedeutung des Absolutglieds c bzw. d werden wir im folgenden Abschnitt eingehen.

8. Der aufgezeigte Sachverhalt gestattet zahlreiche Anwendungen. Wir erwähnen die Möglichkeit, den Abstand eines Punktes P_0 von einer Ebene ε zu bestimmen, die durch eine Gleichung in Normalenform gegeben ist (Bild 9.12). Man ermittelt mit Hilfe des Normalenvektors der Ebene diejenige Gerade g, die durch P_0 geht und auf der Ebene senkrecht steht, und bestimmt dann den Punkt P_1, in dem die Gerade g die Ebene ε schneidet. Die Entfernung der Punkte P_0 und P_1 ist der gesuchte Abstand (Aufgaben 15 bis 17).

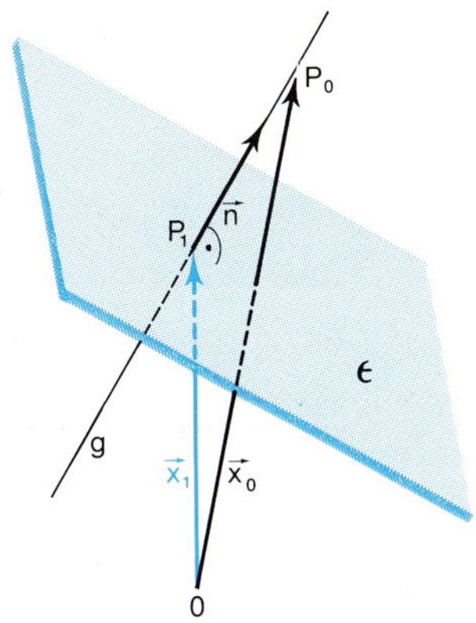

Bild 9.12

Übungen und Aufgaben

1. Bringe die Geradengleichung auf die Normalenform!

a) $\vec{x}=\begin{pmatrix}2\\-1\end{pmatrix}+t\begin{pmatrix}2\\1\end{pmatrix}$ **b)** $\vec{x}=\begin{pmatrix}7\\0\end{pmatrix}+t\begin{pmatrix}-3\\1\end{pmatrix}$ **c)** $\vec{x}=\begin{pmatrix}-1\\4\end{pmatrix}+t\begin{pmatrix}4\\0\end{pmatrix}$ **d)** $\vec{x}=t\begin{pmatrix}-1\\1\end{pmatrix}$

2. Ermittle eine Normalengleichung der durch eine Parametergleichung gegebenen Ebene ε!

a) $\vec{x}=\begin{pmatrix}5\\-1\\2\end{pmatrix}+r\begin{pmatrix}3\\0\\2\end{pmatrix}+s\begin{pmatrix}0\\3\\-1\end{pmatrix}$ **b)** $\vec{x}=\begin{pmatrix}1\\2\\-7\end{pmatrix}+r\begin{pmatrix}1\\-1\\0\end{pmatrix}+s\begin{pmatrix}-1\\0\\1\end{pmatrix}$

c) $\vec{x}=\begin{pmatrix}2\\-1\\1\end{pmatrix}+r\begin{pmatrix}1\\-1\\0\end{pmatrix}+s\begin{pmatrix}1\\1\\1\end{pmatrix}$ **d)** $\vec{x}=\begin{pmatrix}-2\\3\\5\end{pmatrix}+r\begin{pmatrix}2\\-1\\1\end{pmatrix}+s\begin{pmatrix}1\\2\\-1\end{pmatrix}$

3. Ermittle die Gleichung der Geraden g durch die Punkte A und B in Parameter- und Normalenform!

a) $A(-1|0)$, $B(0|1)$ **b)** $A(3|-2)$, $B(0|4)$ **c)** $A(2|1)$, $B(-2|5)$ **d)** $A(-2|1)$, $B(1|4)$

4. Ermittle eine Normalengleichung für diejenige Gerade g_2 durch A, die auf der Geraden g_1 senkrecht steht!

a) $A(1|1)$; $g_1\colon \vec{x}=\begin{pmatrix}2\\0\end{pmatrix}+t\begin{pmatrix}-1\\1\end{pmatrix}$ **b)** $A(5|0)$; $g_1\colon \vec{x}=\begin{pmatrix}3\\-1\end{pmatrix}+t\begin{pmatrix}2\\1\end{pmatrix}$

c) $A(2|0)$; $g_1\colon \vec{x}=\begin{pmatrix}2\\0\end{pmatrix}+t\begin{pmatrix}2\\-1\end{pmatrix}$ **d)** $A(1|3)$; $g_1\colon \vec{x}=\begin{pmatrix}3\\2\end{pmatrix}+t\begin{pmatrix}-2\\1\end{pmatrix}$

5. Welche Besonderheit weist eine Normalengleichung für eine Gerade (eine Ebene) auf, die durch den Nullpunkt geht?

6. Stelle eine Normalengleichung auf für die Gerade g, die durch den Punkt A geht und den Normalenvektor $\vec{n}$ hat!

a) $A(1|2)$; $\vec{n}=\begin{pmatrix}2\\1\end{pmatrix}$ **b)** $A(1|-3)$; $\vec{n}=\begin{pmatrix}-3\\1\end{pmatrix}$ **c)** $A(1|-1)$; $\vec{n}=\begin{pmatrix}4\\-3\end{pmatrix}$

7. Ermittle eine Gleichung für die Gerade g, die durch den Punkt A geht und auf der Ebene ε senkrecht steht!

a) $A(3|-2|-1)$; $\varepsilon\colon 2x-3y+z=7$ **b)** $A(1|-2|6)$; $\varepsilon\colon -x+y-3z=2$

8. Ermittle eine Normalengleichung der Ebene ε, die durch den Punkt A verläuft und den Normalenvektor $\vec{n}$ hat! Bestimme die Schnittpunkte der Ebene mit den Koordinatenachsen! Hat die Ebene eine besondere Lage?

a) $A(3|2|1)$; $\vec{n}=\begin{pmatrix}-1\\1\\2\end{pmatrix}$ **b)** $A(0|2|3)$; $\vec{n}=\begin{pmatrix}5\\4\\0\end{pmatrix}$ **c)** $A(-2|3|0)$; $\vec{n}=\begin{pmatrix}0\\-2\\1\end{pmatrix}$

9. Schreibe die folgenden Ebenengleichungen zunächst in allgemeiner Form, sodann in vektorieller Normalenform! Beschreibe die Lage der Ebene, z.B. mit Hilfe der Schnittpunkte mit den Koordinatenachsen! Zeichnung!

a) $z=-2x+8$ **b)** $y=4$ **c)** $y-x=4z-4$ **d)** $2y=6-(z+x)$

10. Ermittle die Normalengleichung einer Geraden, die durch den Punkt $A(2|-6)$ geht und
a) parallel zur x-Achse, **b)** senkrecht zur x-Achse,
c) senkrecht zur Winkelhalbierenden im I. Quadranten,
d) parallel zur Geraden zu $5x+2y=7$ verläuft!

11. Ermittle eine Normalengleichung der Ebene durch den Punkt $A(-4|1|3)$, die
a) parallel zur x-y-Ebene, **b)** senkrecht zur y-Achse,
c) parallel zur Ebene zu $2x-y-z=8$, **d)** parallel zur Ebene zu $y=x$,
e) senkrecht zur Geraden zu $\vec{x}=\begin{pmatrix}-4\\1\\3\end{pmatrix}+t\begin{pmatrix}-2\\3\\4\end{pmatrix}$ verläuft!

12. Ermittle die Normalengleichungen der Geraden, auf denen die Mittelsenkrechten und die Höhen des Dreiecks ABC liegen!

a) A(0|4), B(−5|1), C(1|−4) **b)** A(6|0), B(−2|−5), C(−3|−4)

13. Lege durch jeden der Eckpunkte des Dreiecks ABC zwei Geraden: die eine parallel zur gegenüberliegenden Dreiecksseite, die andere senkrecht dazu. Ermittle Normalengleichungen dieser Geraden und bestimme die Schnittpunkte mit den Koordinatenachsen!

a) A(−4|−3), B(2|−1), C(2|−5) **b)** A(−4|1), B(−2|−5), C(0|1)

14. Ein Würfel mit der Kantenlänge 4 cm hat Kanten, die parallel zu den Koordinatenachsen liegen. Ermittle Normalengleichungen der Ebenen, die durch den Eckpunkt P(4|4|4) verlaufen und jeweils auf einer der Raumdiagonalen des Würfels senkrecht stehen!

15. Ermittle den Abstand des Punktes P_0 von der Ebene ε!

a) $P_0(2|3|2)$; ε: $x-y-z=3$ **b)** $P_0(1|3|1)$; ε: $x+2y-3z=12$

16. Ermittle den Abstand der beiden Geraden g_1 und g_2! Kontrolliere durch eine Zeichnung!

a) g_1: $\vec{x}=\begin{pmatrix}5\\1\end{pmatrix}+t\begin{pmatrix}3\\4\end{pmatrix}$; g_2: $\vec{x}=\begin{pmatrix}1\\4\end{pmatrix}+r\begin{pmatrix}-3\\-4\end{pmatrix}$

b) g_1: $2x-y=-1$; g_2: $-2x+y=-9$

17. Ermittle den Abstand der beiden Ebenen ε_1 und ε_2!

a) ε_1: $12x-4y+3z=7$; ε_2: $-12x+4y-3z=19$

b) ε_1: $\vec{x}=\begin{pmatrix}1\\4\\1\end{pmatrix}+r\begin{pmatrix}1\\-1\\2\end{pmatrix}+s\begin{pmatrix}0\\2\\1\end{pmatrix}$; ε_2: $\vec{x}=\begin{pmatrix}-1\\3\\2\end{pmatrix}+r\begin{pmatrix}1\\-1\\2\end{pmatrix}+s\begin{pmatrix}0\\2\\1\end{pmatrix}$

II. Die Hessesche Normalenform von Geraden- und von Ebenengleichungen

1. Im vorigen Abschnitt haben wir im Zusammenhang mit der Normalengleichung für Geraden und für Ebenen

$$\vec{x}\cdot\vec{n}=\vec{x}_0\cdot\vec{n}$$

begründet, dass die Koeffizienten in der allgemeinen

Geradengleichung $ax+by=c$	Ebenengleichung $ax+by+cz=d$

einen Normalenvektor der Geraden bzw. der Ebene bilden:

$\vec{n}=\begin{pmatrix}a\\b\end{pmatrix}.$	$\vec{n}=\begin{pmatrix}a\\b\\c\end{pmatrix}.$

Offen geblieben ist die Frage nach der geometrischen Bedeutung des Absolutgliedes c bzw. d.

Dieser Frage wollen wir jetzt nachgehen. Wir setzen voraus, dass diese Zahlen nicht negativ sind, dass also gilt $c \geq 0$ bzw. $d \geq 0$. (Falls das Absolutglied zunächst negativ ist, multipliziert man die Gleichung mit -1.) Der Vergleich mit der Normalenform zeigt, dass

$$c = \vec{x}_0 \cdot \vec{n} = |\vec{x}_0|\,|\vec{n}| \cos\alpha \qquad \Big| \qquad d = \vec{x}_0 \cdot \vec{n} = |\vec{x}_0|\,|\vec{n}| \cos\alpha$$

ist, wenn α die Größe des Winkels zwischen $\vec{x}_0$ und $\vec{n}$ bezeichnet (Bilder 9.13 und 9.14).

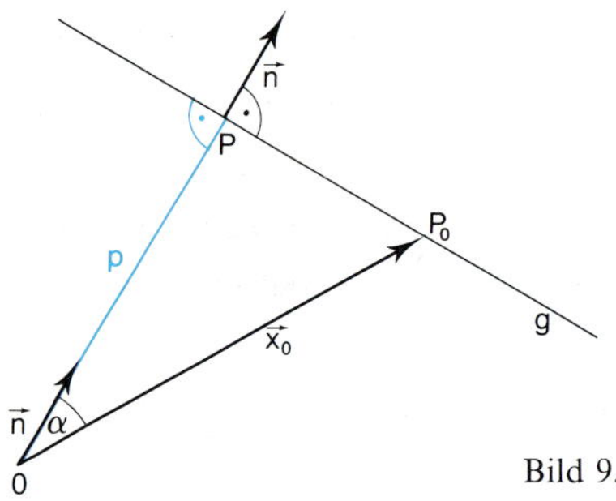

Bild 9.13

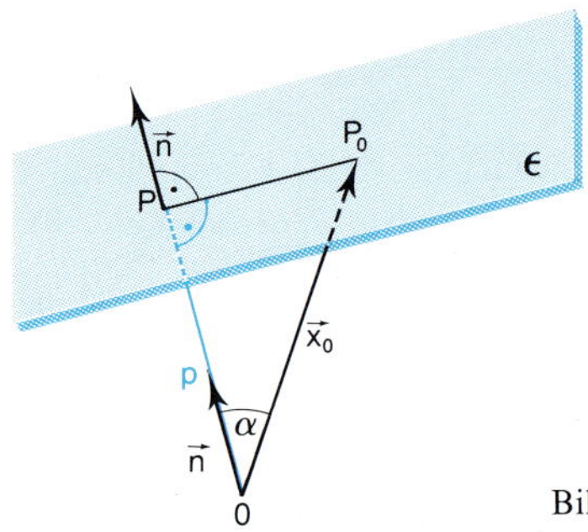

Bild 9.14

Dazu muss die Orientierung des Normalenvektors $\vec{n}$ allerdings so gewählt werden, dass $\vec{x}_0 \cdot \vec{n} \geq 0$, also $\cos\alpha \geq 0$ ist. Das ist immer dann der Fall, wenn – wie in den Bildern 9.13 und 9.14 – ein an einem Punkt der Geraden bzw. der Ebene angetragener Vertreter von $\vec{n}$ vom Nullpunkt wegweist. Aus diesem Grund haben wir oben vorausgesetzt, dass $c \geq 0$ bzw. $d \geq 0$ sein soll. (Wenn die Gerade oder die Ebene durch den Nullpunkt geht, kommt es auf die Orientierung von $\vec{n}$ nicht an, weil dann $\vec{x}_0 \cdot \vec{n} = 0$ ist.)
Im rechtwinkligen Dreieck OPP_0 (Bilder 9.13 und 9.14) hat die Länge p der Kathete OP eine einfache geometrische Bedeutung: Sie gibt den Abstand der Geraden bzw. der Ebene vom Nullpunkt an. Nun gilt:

$$\cos\alpha = \frac{p}{|\vec{x}_0|}, \qquad \text{also} \quad p = |\vec{x}_0| \cos\alpha$$

und somit

$$c = |\vec{n}|\, p. \qquad \Big| \qquad d = |\vec{n}|\, p.$$

Wählt man als Normalenvektor einen **Einheitsvektor,** also einen Vektor $\vec{n}$ mit $|\vec{n}| = 1$, dann ist

$$c = p, \qquad \Big| \qquad d = p,$$

d.h., das Absolutglied der Gleichung gibt in diesem Fall den **Abstand** der Geraden bzw. der Ebene vom Nullpunkt des Koordinatensystems an.
Wir erinnern an unsere Vereinbarung, dass wir unter dem **„Abstand“** – zur Vereinfachung der Sprechweise – nicht die Länge, sondern nur die **Maßzahl** dieser Länge verstehen.

2. In der Regel wird ein Normalenvektor $\vec{n}$ nicht als Einheitsvektor gegeben sein. Dadurch, dass man den Vektor $\vec{n}$ durch seinen Betrag $|\vec{n}|$ dividiert, erhält man einen **Normaleneinheitsvektor** gleicher Richtung und gleicher Orientierung; denn es gilt:

$$\left|\frac{\vec{n}}{|\vec{n}|}\right| = \frac{|\vec{n}|}{|\vec{n}|} = 1.$$

Wir bezeichnen den zu einem Vektor $\vec{a}$ gehörenden Einheitsvektor mit „$\vec{e}_a$".

Es ist also $\vec{e}_n = \frac{\vec{n}}{|\vec{n}|}$ der zu $\vec{n}$ gehörende **„Normaleneinheitsvektor"**.

Dividiert man also eine Normalengleichung $\vec{x} \cdot \vec{n} = \vec{x}_0 \cdot \vec{n}$ durch $|\vec{n}|$, so erhält man

$$\vec{x} \cdot \vec{e}_n = \vec{x}_0 \cdot \vec{e}_n,$$

wobei $\vec{x}_0 \cdot \vec{e}_n = p$ ist, also den Abstand der Geraden bzw. der Ebene vom Nullpunkt angibt. Man nennt diese Gleichung die **„Hessesche**[1]**) Normalenform"** (kurz: **„Hesseform"**) der Geraden- bzw. Ebenengleichung.

Wir fassen zusammen:

S 9.2 **Ist eine Gerade (im R_2) bzw. eine Ebene (im R_3) durch einen Punkt P_0 mit dem Ortsvektor $\vec{x}_0$ und durch einen Normaleneinheitsvektor $\vec{e}_n$ festgelegt, so gilt für die Ortsvektoren $\vec{x}$ aller Punkte von g bzw. ε:**

$$\vec{x} \cdot \vec{e}_n = \vec{x}_0 \cdot \vec{e}_n \quad \textbf{(Hessesche Normalenform).}$$

Ist die Orientierung von $\vec{e}_n$ so gewählt, dass $\vec{x}_0 \cdot \vec{e}_n \geq 0$ ist, so gibt $\vec{x}_0 \cdot \vec{e}_n$ den Abstand p der Geraden bzw. der Ebene vom Nullpunkt an.

Beispiele:

1) Eine Gerade g sei gegeben durch

$$\vec{x} = \begin{pmatrix} -2 \\ 1 \end{pmatrix} + t \begin{pmatrix} 4 \\ 3 \end{pmatrix} \text{ (Bild 9.15).}$$

Ein Normalenvektor der Geraden ist:

$$\vec{n} = \begin{pmatrix} 3 \\ -4 \end{pmatrix}.$$

Wegen $|\vec{n}| = \sqrt{9+16} = \sqrt{25} = 5$ lautet der zugehörige Normaleneinheitsvektor:

$$\vec{e}_n = \tfrac{1}{5} \begin{pmatrix} 3 \\ -4 \end{pmatrix}.$$

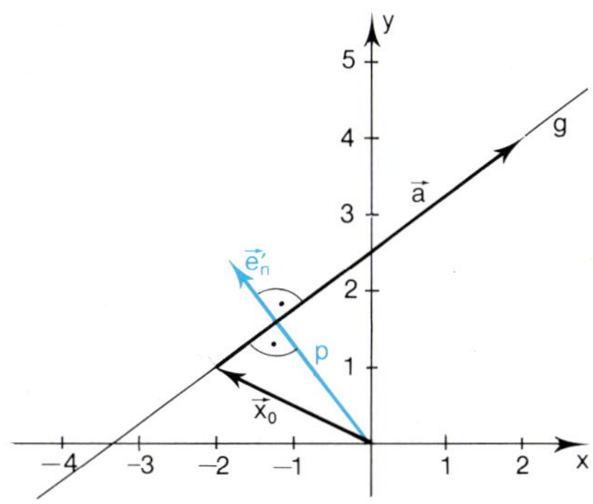

Bild 9.15

Ferner ist $\vec{x}_0 \cdot \vec{e}_n = \begin{pmatrix} -2 \\ 1 \end{pmatrix} \cdot \tfrac{1}{5} \begin{pmatrix} 3 \\ -4 \end{pmatrix} = \tfrac{1}{5}(-6-4) = -\tfrac{10}{5} = -2 < 0.$

Dieser Normaleneinheitsvektor hat also die falsche Orientierung; wir wählen statt dessen:

$$\vec{e}_n' = -\vec{e}_n = -\tfrac{1}{5} \begin{pmatrix} 3 \\ -4 \end{pmatrix} = \tfrac{1}{5} \begin{pmatrix} -3 \\ 4 \end{pmatrix}.$$

Dann gilt: $\vec{x}_0 \cdot \vec{e}_n' = \begin{pmatrix} -2 \\ 1 \end{pmatrix} \cdot \tfrac{1}{5} \begin{pmatrix} -3 \\ 4 \end{pmatrix} = \tfrac{1}{5}(6+4) = \tfrac{10}{5} = 2 > 0.$

Somit lautet die Hesseform für die Gerade g: $-\tfrac{3}{5}x + \tfrac{4}{5}y = 2.$

Der Abstand der Geraden vom Nullpunkt ist $p = 2$.

[1]) Ludwig Otto Hesse (1811 – 1874); deutscher Mathematiker, der in Königsberg, Heidelberg und München lehrte.

2) Eine Ebene ε sei gegeben durch den Punkt $P_0(1|-1|3)$ und den Normalenvektor $\vec{n}=\begin{pmatrix}2\\-1\\2\end{pmatrix}$.

Wegen $|\vec{n}|=\sqrt{4+1+4}=\sqrt{9}=3$ ist ein Normaleneinheitsvektor von ε: $\vec{e}_n=\frac{1}{3}\begin{pmatrix}2\\-1\\2\end{pmatrix}$.
Ferner gilt:

$$\vec{x}_0\cdot\vec{e}_n=\begin{pmatrix}1\\-1\\3\end{pmatrix}\cdot\frac{1}{3}\begin{pmatrix}2\\-1\\2\end{pmatrix}=\frac{1}{3}(2+1+6)=\frac{9}{3}=3>0.$$

Mithin lautet die Hesseform für die Ebene ε: $2x-y+2z=3$.
Der Abstand der Ebene vom Nullpunkt ist also $p=3$.

3. Ist eine Geraden- oder eine Ebenengleichung in allgemeiner Form gegeben, so kann man sie leicht in die Hesseform überführen. Wir behandeln ein

Beispiel:

Eine Ebene ist gegeben durch die Gleichung: $-3x+y+4z=8$.

Es ist $\vec{n}=\begin{pmatrix}-3\\1\\4\end{pmatrix}$ mit $|\vec{n}|=\sqrt{9+1+16}=\sqrt{26}$. Also ist $\vec{e}_n=\frac{1}{\sqrt{26}}\begin{pmatrix}-3\\1\\4\end{pmatrix}$. Die Hesseform lautet:

$$-\frac{3}{\sqrt{26}}x+\frac{1}{\sqrt{26}}y+\frac{4}{\sqrt{26}}z=\frac{8}{\sqrt{26}}.$$

Die Ebene hat vom Nullpunkt den Abstand $p=\frac{8}{\sqrt{26}}\approx 1{,}57$.

Übungen und Aufgaben

1. Bringe die Gleichung der Geraden g auf die Hessesche Normalenform und ermittle den Abstand der Geraden vom Nullpunkt!

a) $\begin{pmatrix}3\\4\end{pmatrix}\cdot\vec{x}=10$ **b)** $\begin{pmatrix}-4\\3\end{pmatrix}\cdot\vec{x}=25$ **c)** $\begin{pmatrix}12\\-5\end{pmatrix}\cdot\vec{x}=-19{,}5$ **d)** $\vec{x}=\begin{pmatrix}5\\-2\end{pmatrix}+t\begin{pmatrix}3\\4\end{pmatrix}$

e) $\vec{x}=\begin{pmatrix}17\\-7\end{pmatrix}+t\begin{pmatrix}-12\\5\end{pmatrix}$ **f)** $\vec{x}=\begin{pmatrix}-7\\-1\end{pmatrix}+t\begin{pmatrix}-4\\3\end{pmatrix}$ **g)** $3x-y-10=0$

2. Bringe die Gleichung der Ebene ε jeweils auf die Hessesche Normalenform und ermittle den Abstand der Ebene vom Nullpunkt!

a) $\begin{pmatrix}12\\4\\3\end{pmatrix}\cdot\vec{x}=-26$ **b)** $\begin{pmatrix}1\\-8\\-4\end{pmatrix}\cdot\vec{x}=9$ **c)** $4x-7y-4z+18=0$

d) $\vec{x}=\begin{pmatrix}2\\-1\\-3\end{pmatrix}+r\begin{pmatrix}0\\1\\0\end{pmatrix}+s\begin{pmatrix}-4\\5\\-2\end{pmatrix}$ **e)** $\vec{x}=\begin{pmatrix}0\\5\\0\end{pmatrix}+r\begin{pmatrix}4\\-2\\-3\end{pmatrix}+s\begin{pmatrix}-5\\6\\2\end{pmatrix}$

3. Ermittle die Hesseform der Ebene ε durch die Punkte A, B und C! Berechne jeweils den Abstand der Ebene vom Nullpunkt und ihre Schnittpunkte mit den Koordinatenachsen! Ermittle mit deren Hilfe eine (andere) Parametergleichung der Ebene!

a) $A(6|2|1)$, $B(10|1|0)$, $C(10|3|4)$ **b)** $A(4|1|1)$, $B(8|-3|-2)$, $C(4|0|2)$

4. Ermittle Gleichungen von drei Ebenen, die auf der Ebene zu $6x+2y+3z=18$ senkrecht stehen und vom Nullpunkt den Abstand $p=6$ haben!

5. Wie lauten die Gleichungen derjenigen beiden Geraden, die durch den Punkt $A(-2|4)$ gehen und vom Nullpunkt den Abstand $p=2$ haben? Kontrolliere das Ergebnis durch eine Zeichnung!

III. Schnitt- und Winkelaufgaben

1. Schnitt einer Geraden mit einer Ebene

Wenn eine Ebene ε durch eine Normalengleichung und eine Gerade g (im R_3) durch eine Parametergleichung gegeben sind, kann ein etwaiger Schnittpunkt durch Einsetzen der einzelnen Koordinaten der Geradengleichung in die Ebenengleichung bestimmt werden.

Beispiel:

1) Gegeben: Ebene ε durch $2x-3y+z=3$ und Gerade g durch $\vec{x}=\begin{pmatrix}-1\\2\\1\end{pmatrix}+t\begin{pmatrix}2\\-1\\-2\end{pmatrix}$.

Für die Koordinaten von $\vec{x}$ gilt also:

$$x=-1+2t,\quad y=2-t \quad \text{und} \quad z=1-2t.$$

Durch Einsetzen dieser Bedingungen in die Ebenengleichung erhält man:

$$2(-1+2t)-3(2-t)+(1-2t)=3$$
$$\Leftrightarrow\ -2+4t-6+3t+1-2t=3$$
$$\Leftrightarrow\ 5t=10 \ \Leftrightarrow\ t=2.$$

Der Schnittpunkt ist also gegeben durch: $\vec{x}_1=\begin{pmatrix}-1\\2\\1\end{pmatrix}+2\begin{pmatrix}2\\-1\\-2\end{pmatrix}=\begin{pmatrix}3\\0\\-3\end{pmatrix}$.

Bemerkungen:

a) Da für den Schnittpunkt (Durchstoßpunkt) P_1 gilt $y_1=0$, liegt er in der x-z-Ebene, in der Seitenrissebene.

b) Mit Hilfe des Skalarproduktes kann man unabhängig von der Berechnung des Schnittpunktes Aufschluss über die gegenseitige Lage von Gerade und Ebene erhalten. Für den Normalenvektor $\vec{n}$ der Ebene und den Richtungsvektor $\vec{a}$ der Gerade gilt nämlich:

$$\vec{n}\cdot\vec{a}=\begin{pmatrix}2\\-3\\1\end{pmatrix}\cdot\begin{pmatrix}2\\-1\\-2\end{pmatrix}=4+3-2=5\neq 0.$$

Daher sind Gerade und Ebene **nicht** zueinander parallel, schneiden sich also in genau einem Punkt.

2) Gegeben: Ebene ε durch $x+3y-z=4$ und Gerade g durch $\vec{x}=\begin{pmatrix}2\\1\\1\end{pmatrix}+t\begin{pmatrix}1\\-1\\-2\end{pmatrix}$.
Durch Einsetzen in die Ebenengleichung erhält man:

$$2+t+3(1-t)-(1-2t)=4$$

$$\Leftrightarrow\quad 2+t+3-3t-1+2t=4 \quad\Leftrightarrow\quad 0\cdot t+4=4.$$

Diese Gleichung ist allgemein gültig in t; jeder Parameterwert der Geraden erfüllt auch die Ebenengleichung; dies bedeutet, dass die Gerade g ganz in der Ebene ε liegt.

Bemerkung: Für den Normalenvektor $\vec{n}$ der Ebene und den Richtungsvektor $\vec{a}$ der Gerade gilt:

$$\vec{n}\cdot\vec{a}=\begin{pmatrix}1\\3\\-1\end{pmatrix}\cdot\begin{pmatrix}1\\-1\\-2\end{pmatrix}=1-3+2=0.$$

Dies bedeutet, dass $\vec{n}\perp\vec{a}$ ist, Ebene und Gerade also zueinander parallel sind.

3) Gegeben: Ebene ε durch $x+3y-z=4$ und Gerade g durch $\vec{x}=\begin{pmatrix}-3\\1\\2\end{pmatrix}+t\begin{pmatrix}1\\-1\\-2\end{pmatrix}$.
Durch Einsetzen in die Ebenengleichung erhält man:

$$(-3+t)+3(1-t)-(2-2t)=4$$

$$\Leftrightarrow\quad -3+t+3-3t-2+2t=4 \quad\Leftrightarrow\quad 0\cdot t-2=4.$$

Diese Gleichung ist unerfüllbar in t; kein Parameterwert der Geraden erfüllt auch die Ebenengleichung; dies bedeutet, dass die Gerade g parallel zur Ebene verläuft.

Bemerkung: Das Beispiel unterscheidet sich vom vorhergehenden nur durch den Ortsvektor $\vec{x}_0$ der Geraden. Es gilt also auch hier $\vec{n}\cdot\vec{a}=0$. Dies bedeutet auch in diesem Fall, dass Gerade und Ebene parallel zueinander verlaufen.

2. Schnitt zweier Ebenen

Zwei nicht parallele Ebenen ε_1 und ε_2 schneiden sich in einer Geraden g. Wie man die Parametergleichungen für g ermitteln kann, haben wir schon in §7, I (Seite 112) besprochen. Wir erläutern ein anderes Verfahren an dem folgenden

Beispiel: Gegeben: ε_1 durch $2x-y+3z=4$; ε_2 durch $x+2y-z=1$.

Die Normalenvektoren der beiden Ebenen sind

$$\vec{n}_1=\begin{pmatrix}2\\-1\\3\end{pmatrix}\quad\text{und}\quad\vec{n}_2=\begin{pmatrix}1\\2\\-1\end{pmatrix}.$$

Diese beiden Vektoren sind nicht kollinear; dies bedeutet, dass die beiden Ebenen nicht parallel sind, sich also in einer Geraden g schneiden (Bild 9.16). Da $\vec{n}_1$ auf ε_1 senkrecht steht, steht $\vec{n}_1$ auch auf der Schnittgeraden senkrecht; ebenso steht $\vec{n}_2$ auf ε_2, also auch auf der Schnittgeraden senkrecht. Für den Richtungsvektor $\vec{a}$ der Geraden muss also gelten:

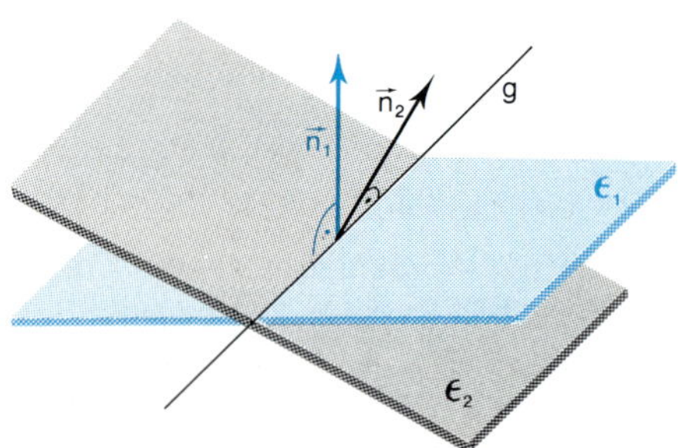

Bild 9.16

$$\vec{n}_1\cdot\vec{a}=0\wedge\vec{n}_2\cdot\vec{a}=0,\qquad\text{also } 2a_1-a_2+3a_3=0\wedge a_1+2a_2-a_3=0.$$

Dieses Gleichungssystem ist nicht eindeutig lösbar; dies ist auch deshalb nicht möglich, weil es auf die Länge des Richtungsvektors $\vec{a}$ nicht ankommt. Wir können also eine Koordinate von $\vec{a}$ frei wählen, z.B. $a_3=1$. Dann ergibt sich

$$\left\{\begin{array}{l} 2a_1 - a_2 = -3 \quad |\cdot 2 \quad |\cdot(-1) \\ \wedge\ a_1+2a_2 = 1 \quad \downarrow\cdot 1 \quad \downarrow\cdot 2 \end{array}\right\} \Leftrightarrow \left\{\begin{array}{l} 5a_1 = -5 \\ \wedge\ 5a_2 = 5 \end{array}\right\} \Leftrightarrow \left\{\begin{array}{l} a_1 = -1 \\ \wedge\ a_2 = 1 \end{array}\right\}.$$

Damit haben wir einen Richtungsvektor der Schnittgeraden von ε_1 und ε_2 gefunden: $\vec{a}=\begin{pmatrix}-1\\1\\1\end{pmatrix}$.

Beachte: In diesem Fall ist es nicht sinnvoll, z.B. $a_3=0$ zu wählen; denn dann würde sich auch $a_1=a_2=0$, also die triviale Lösung und somit insgesamt der Nullvektor ergeben, der als Richtungsvektor nicht verwendbar ist.
Um einen Punkt P_0 der Schnittgeraden zu ermitteln, wählen wir z.B. $z=0$. Dann bleibt:

$$\left\{\begin{array}{l} 2x - y = 4 \quad |\cdot 2 \quad |\cdot(-1) \\ \wedge\ x+2y=1 \quad \downarrow\cdot 1 \quad \downarrow\cdot 2 \end{array}\right\} \Leftrightarrow \left\{\begin{array}{l} 5x = 9 \\ \wedge\ 5y = -2 \end{array}\right\} \Leftrightarrow \left\{\begin{array}{l} x = \frac{9}{5} \\ \wedge\ y = -\frac{2}{5} \end{array}\right\}.$$

Somit gilt: $\vec{x}_0=\frac{1}{5}\begin{pmatrix}9\\-2\\0\end{pmatrix}$. Eine Gleichung der Geraden lautet also: $\vec{x}=\frac{1}{5}\begin{pmatrix}9\\-2\\0\end{pmatrix}+t\begin{pmatrix}-1\\1\\1\end{pmatrix}$.

Bestätige, dass sich durch Berechnung der Lösungsmenge des ursprünglichen Gleichungssystems eine Parametergleichung für dieselbe Gerade ergibt (Aufgabe 5)!

Bemerkungen:

1) Es ist nicht in jedem Fall möglich, $z=0$ zu wählen. Wenn nämlich die Schnittgerade parallel zu der durch $z=0$ dargestellten Grundrissebene verläuft – ohne in dieser Ebene zu liegen –, gibt es keinen Punkt, der auf der Schnittgeraden und in der Grundrissebene liegt.

2) Die Bestimmung des Richtungsvektors $\vec{a}$ aus den beiden Gleichungen $\vec{n}_1\cdot\vec{a}=0$ und $\vec{n}_2\cdot\vec{a}=0$ ist ziemlich umständlich. Mit Hilfe des in §10 einzuführenden Vektorproduktes werden wir dies schneller durchführen können.

3) Ein **Sonderfall** liegt vor, wenn die Schnittgerade zwischen einer Ebene ε und einer Koordinatenebene bestimmt werden soll; man spricht in diesem Fall von der **„Spurgeraden"** der Ebene ε in der Koordinatenebene.

Beispiel:

Gegeben: ε durch $4x+2y+3z=6$.
Es soll die Spurgerade dieser Ebene in der Grundrissebene, also der Ebene zu $z=0$, bestimmt werden. Durch Einsetzen dieser Bedingung in die Ebenengleichung erhält man: $4x+2y=6 \Leftrightarrow y=-2x+3$.
Dies ist die Gleichung der Spurgeraden in der Grundrissebene. Zur Darstellung der Ebene ermitteln wir noch den Durchstoßpunkt der z-Achse mit Hilfe der Bedingung $x=y=0$: $3z=6 \Leftrightarrow z=2$ (Bild 9.17).

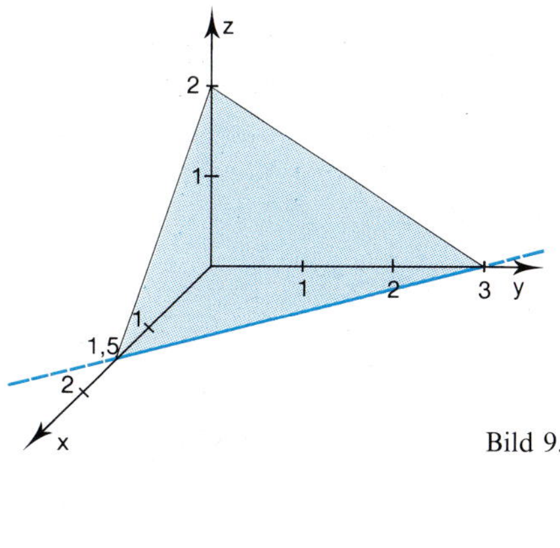

Bild 9.17

3. Winkel zwischen zwei Geraden

Wenn zwei Geraden sich schneiden, so schließen sie mehrere Winkel miteinander ein. Wir müssen also zunächst vereinbaren, was wir unter „**dem** Winkel zwischen zwei Geraden" verstehen wollen.

Am nächstliegenden ist es, unter dem „Winkel zwischen zwei Geraden g und h" den **kleinsten** Winkel zu verstehen, den zwei Halbgeraden von g und h miteinander bilden; das ist in Bild 9.18 $\sphericalangle\alpha$. Dieser Winkel ist stets ein spitzer oder höchstens ein rechter Winkel. Wir können die Größe dieses Winkels mit Hilfe des Skalarproduktes zweier Richtungsvektoren $\vec{a}$ und $\vec{b}$ der beiden Geraden berechnen.

1) Gilt $\vec{a}\cdot\vec{b}>0$, so ist der Winkel zwischen den Geraden g und h zugleich der Winkel, den die beiden Vektoren $\vec{a}$ und $\vec{b}$ einschließen (Bild 9.19). Es gilt dann:

$$\vec{a}\cdot\vec{b}=|\vec{a}|\,|\vec{b}|\cos\alpha \quad\Rightarrow\quad \cos\alpha=\frac{\vec{a}\cdot\vec{b}}{|\vec{a}|\,|\vec{b}|}.$$

2) Gilt $\vec{a}\cdot\vec{b}<0$, so schließen $\vec{a}$ und $\vec{b}$ einen stumpfen Winkel $\sphericalangle\beta$ ein (Bild 9.20). Die gesuchte Winkelgröße α erhält man dann dadurch, dass man z.B. $\vec{a}$ durch $-\vec{a}$ oder $\vec{b}$ durch $-\vec{b}$ ersetzt:

$$\cos\alpha=\frac{(-\vec{a})\cdot\vec{b}}{|-\vec{a}|\,|\vec{b}|}=-\frac{\vec{a}\cdot\vec{b}}{|\vec{a}|\,|\vec{b}|}; \quad \text{denn dann gilt } \cos\alpha>0.$$

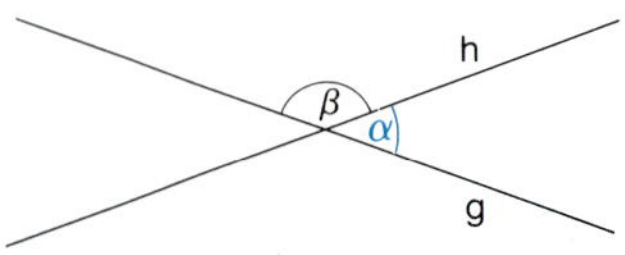

Bild 9.18

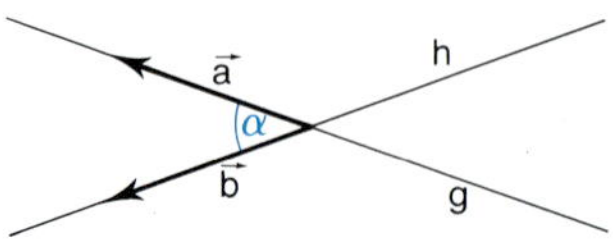

Bild 9.19

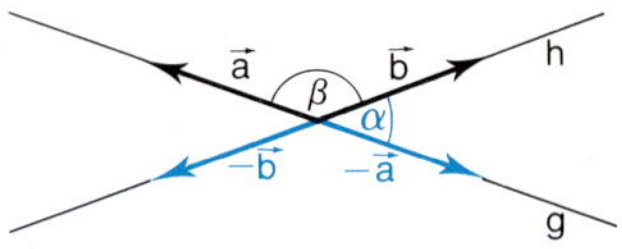

Bild 9.20

3) Gilt $\vec{a}\cdot\vec{b}=0$, so stehen die Richtungsvektoren $\vec{a}$ und $\vec{b}$ und somit auch die Geraden g und h aufeinander senkrecht.

Man kann alle drei Fälle zusammenfassen in der Formel:

$$\mathbf{\cos\alpha=\left|\frac{\vec{a}\cdot\vec{b}}{|\vec{a}|\,|\vec{b}|}\right|}.$$

Beispiel: Gegeben: g durch $\vec{x}=\begin{pmatrix}2\\2\\-3\end{pmatrix}+r\begin{pmatrix}2\\1\\-1\end{pmatrix}$; h durch $\vec{x}=\begin{pmatrix}2\\2\\-3\end{pmatrix}+s\begin{pmatrix}1\\-2\\2\end{pmatrix}$.

Da die gegebenen Ortsvektoren übereinstimmen, schneiden sich die Geraden im Punkt $P_0(2|2|-3)$.

Es gilt: $\vec{a}\cdot\vec{b}=\begin{pmatrix}2\\1\\-1\end{pmatrix}\cdot\begin{pmatrix}1\\-2\\2\end{pmatrix}=2-2-2=-2$; $|\vec{a}|=\sqrt{6}$; $|\vec{b}|=\sqrt{9}=3$;

mithin ergibt sich: $\cos\alpha=\left|\frac{-2}{3\sqrt{6}}\right|=\frac{2}{3\sqrt{6}} \quad\Rightarrow\quad \alpha\approx 74{,}2°.$

Sind zwei Geraden g_1 und g_2 (im R_2) durch Normalengleichungen gegeben, so bestimmt man die Größe des Winkels zwischen den beiden Normalenvektoren $\vec{n}_1$ und $\vec{n}_2$; denn dieser Winkel ist maßgleich mit einem der beiden nicht überstumpfen Winkel zwischen g_1 und g_2. Die möglichen Fälle (Bilder 9.21 und 9.22) werden wiederum erfasst durch die Formel

$$\mathbf{\cos\alpha = \left|\frac{\vec{n}_1 \cdot \vec{n}_2}{|\vec{n}_1|\,|\vec{n}_2|}\right|.}$$

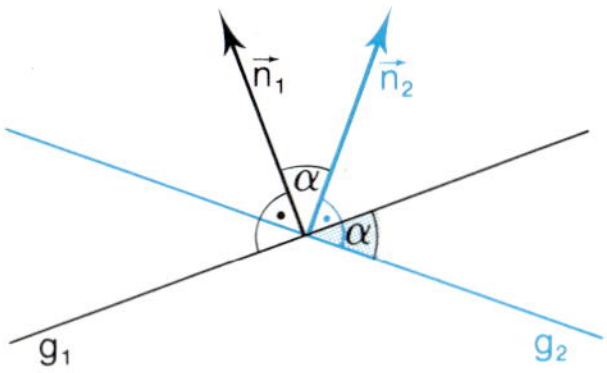

Bild 9.21

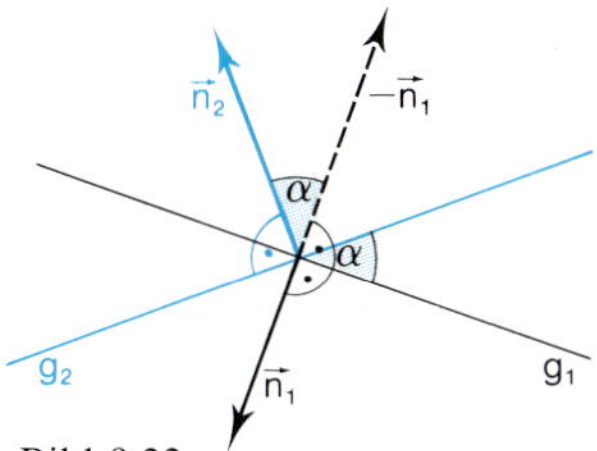

Bild 9.22

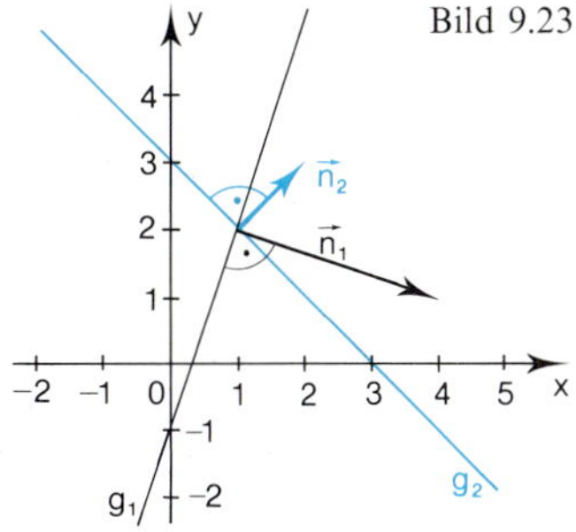

Bild 9.23

Beispiel: Gegeben: g_1 durch $3x - y = 1$; g_2 durch $x + y = 3$ (Bild 9.23)

Es gilt: $\vec{n}_1 = \begin{pmatrix} 3 \\ -1 \end{pmatrix}$; $\vec{n}_2 = \begin{pmatrix} 1 \\ 1 \end{pmatrix}$, also $\vec{n}_1 \cdot \vec{n}_2 = \begin{pmatrix} 3 \\ -1 \end{pmatrix} \cdot \begin{pmatrix} 1 \\ 1 \end{pmatrix} = 3 - 1 = 2$

und $|\vec{n}_1| = \sqrt{10}$; $|\vec{n}_2| = \sqrt{2}$. Daraus ergibt sich:

$$\cos\alpha = \left|\frac{2}{\sqrt{10}\sqrt{2}}\right| = \frac{1}{\sqrt{5}} \quad \Rightarrow \quad \alpha \approx 63{,}4°.$$

4. Winkel zwischen Geraden und Ebenen

Unter dem **„Winkel zwischen einer Geraden g und einer Ebene ε“** versteht man den $\sphericalangle\,\alpha$, den die Gerade mit ihrer senkrechten Projektion auf die Ebene einschließt (Bilder 9.24 und 9.25).

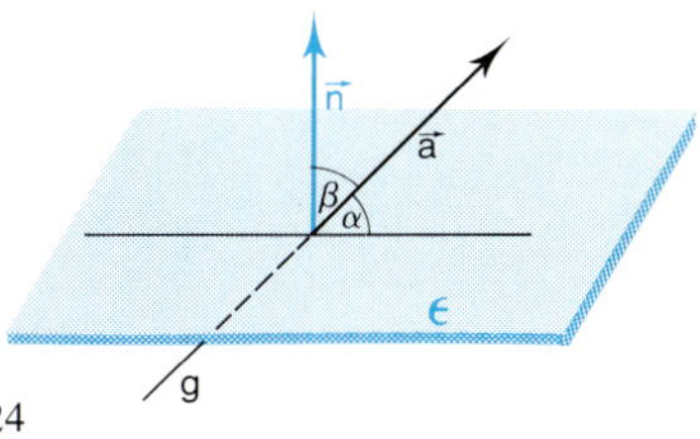

Bild 9.24

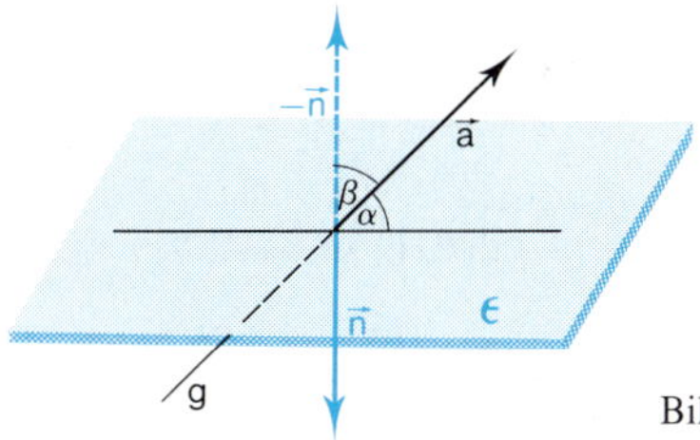

Bild 9.25

Sind die Gerade durch eine Parametergleichung $\vec{x} = \vec{x}_0 + t\vec{a}$ und die Ebene durch eine Normalengleichung $\vec{x} \cdot \vec{n} = p$ gegeben, so kann man die Größe dieses Winkels ebenfalls mit Hilfe des Skalarproduktes der Vektoren $\vec{a}$ und $\vec{n}$ bestimmen. Weisen die Vektoren $\vec{a}$ und $\vec{n}$ in denselben Halbraum von ε (Bild 9.24), so ist $\sphericalangle\,\beta$ zwischen $\vec{a}$ und $\vec{n}$ der Komplementwinkel des gesuchten Winkels $\sphericalangle\,\alpha$, in diesem Falle gilt also: $\cos\beta = \sin(90° - \beta) = \sin\alpha = \dfrac{\vec{a} \cdot \vec{n}}{|\vec{a}|\,|\vec{n}|}$.

Weisen $\vec{a}$ und $\vec{n}$ in entgegengesetzte Halbräume von ε (Bild 9.25), so kann man z.B. $\vec{n}$ durch $-\vec{n}$ ersetzen.
Beide Fälle kann man wiederum zusammenfassen in der Formel $\mathbf{\sin\alpha = \left|\dfrac{\vec{a} \cdot \vec{n}}{|\vec{a}|\,|\vec{n}|}\right|}$.

Beispiele:

1) Gegeben: ε durch $2x-3y+z=3$; g durch $\vec{x}=\begin{pmatrix}-1\\2\\1\end{pmatrix}+t\begin{pmatrix}2\\-1\\-2\end{pmatrix}$.

Die Ebene und die Gerade schneiden sich im Punkt $P_1(3|0|-3)$ (vergleiche Seite 161!).

Für $\vec{a}=\begin{pmatrix}2\\-1\\-2\end{pmatrix}$ und $\vec{n}=\begin{pmatrix}2\\-3\\1\end{pmatrix}$ gilt: $\vec{a}\cdot\vec{n}=\begin{pmatrix}2\\-1\\-2\end{pmatrix}\cdot\begin{pmatrix}2\\-3\\1\end{pmatrix}=4+3-2=5$;

$|\vec{a}|=\sqrt{9}=3$ und $|\vec{n}|=\sqrt{14}$. Daraus ergibt sich: $\sin\alpha=\frac{5}{3\sqrt{14}} \Rightarrow \alpha\approx 26{,}5°$.

2) Gesucht ist die Größe des Winkels, den die Gerade zu $\vec{x}=\begin{pmatrix}2\\-1\\3\end{pmatrix}+t\begin{pmatrix}1\\3\\-1\end{pmatrix}$ mit der x-y-Ebene (Aufrissebene) einschließt.

Ein Normalenvektor der y-z-Ebene ist: $\vec{n}=\begin{pmatrix}1\\0\\0\end{pmatrix}$. Also gilt: $\vec{a}\cdot\vec{n}=\begin{pmatrix}1\\3\\-1\end{pmatrix}\cdot\begin{pmatrix}1\\0\\0\end{pmatrix}=1$;
$|\vec{n}|=1$ und $|\vec{a}|=\sqrt{11}$. Daraus ergibt sich:

$$\sin\alpha=\frac{1}{\sqrt{11}} \Rightarrow \alpha\approx 17{,}5°.$$

5. Winkel zwischen zwei Ebenen

Wie bei Geraden wollen wir auch bei sich schneidenden Ebenen vereinbaren, dass wir unter dem **„Winkel zwischen zwei Ebenen"** stets den **kleinsten** Winkel verstehen wollen, den die Ebenen einschließen (Bild 9.26).

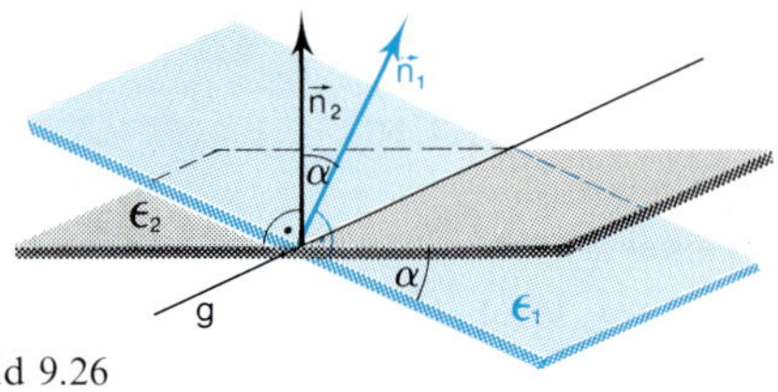

Bild 9.26

Sind die Ebenen durch Normalengleichungen gegeben, so erhält man die Größe dieses Winkels – wie bei Geraden – mit Hilfe des Skalarproduktes der beiden Normalenvektoren $\vec{n}_1$ und $\vec{n}_2$ nach der Formel

$$\boldsymbol{\cos\alpha=\left|\frac{\vec{n}_1\cdot\vec{n}_2}{|\vec{n}_1|\,|\vec{n}_2|}\right|}.$$

Beispiel: Gegeben: ε_1 durch $2x-y+3z=4$; ε_2 durch $x+2y-z=1$.

Da die Normalenvektoren $\vec{n}_1=\begin{pmatrix}2\\-1\\3\end{pmatrix}$ und $\vec{n}_2=\begin{pmatrix}1\\2\\-1\end{pmatrix}$ nicht kollinear sind, schneiden sich die Ebenen in einer Geraden.

Es gilt: $\vec{n}_1\cdot\vec{n}_2=\begin{pmatrix}2\\-1\\3\end{pmatrix}\cdot\begin{pmatrix}1\\2\\-1\end{pmatrix}=2-2-3=-3$; $|\vec{n}_1|=\sqrt{14}$ und $|\vec{n}_2|=\sqrt{6}$.

Daraus ergibt sich: $\cos\alpha=\left|\frac{-3}{\sqrt{14}\sqrt{6}}\right|=\frac{3}{2\sqrt{21}} \Rightarrow \alpha\approx 70{,}9°$.

Bemerkung: Sind die Ebenen in Parameterform gegeben, so formt man die Gleichungen in die Normalengleichungen um.

Übungen und Aufgaben

1. Untersuche, ob sich die Gerade g und die Ebene ε schneiden! Berechne gegebenenfalls die Koordinaten des Schnittpunktes S und seine Entfernung vom Nullpunkt!

a) g: $\vec{x}=\begin{pmatrix}-1\\-1\\-1\end{pmatrix}+t\begin{pmatrix}3\\-2\\1\end{pmatrix}$ ε: $2x-4y+z=16$

b) g: $\vec{x}=\begin{pmatrix}-4\\4\\0\end{pmatrix}+t\begin{pmatrix}6\\-3\\1\end{pmatrix}$ ε: $5x-y+3z=12$

c) g: $\vec{x}=\begin{pmatrix}3\\4\\5\end{pmatrix}+t\begin{pmatrix}2\\1\\-1\end{pmatrix}$ ε: $-x+y-z+4=0$

d) g: $\vec{x}=\begin{pmatrix}2\\-1\\1\end{pmatrix}+t\begin{pmatrix}2\\2\\1\end{pmatrix}$ ε: $4x-3y-2z-12=0$

e) g: $\begin{cases}A(-1|1|-2)\\B(1|2|0)\end{cases}$ ε: $-x+5y+3z=18$

f) g: $\vec{x}=\begin{pmatrix}5\\-2\\3\end{pmatrix}+t\begin{pmatrix}2\\-3\\1\end{pmatrix}$ ε: $5x+2z=19$

2. Zeige, dass Gerade g und Ebene ε aufeinander senkrecht stehen! Berechne die Koordinaten des Schnittpunktes zwischen g und ε!

a) g: $\vec{x}=\begin{pmatrix}1\\3\\-1\end{pmatrix}+t\begin{pmatrix}1\\-1\\2\end{pmatrix}$ ε: $x-y+2z=2$

b) g: $\begin{cases}A(1|2|-1)\\B(-2|6|-3)\end{cases}$ ε: $3x-4y+2z=22$

c) g: $\vec{x}=\begin{pmatrix}3\\-5\\4\end{pmatrix}+t\begin{pmatrix}-1\\5\\-3\end{pmatrix}$ ε: $x-5y+3z=-30$

3. Ermittle die Koordinaten des Schnittpunktes zwischen Gerade und Ebene und berechne die Größe des Schnittwinkels!

a) g: $\vec{x}=\begin{pmatrix}1\\5\\2\end{pmatrix}+t\begin{pmatrix}2\\-2\\1\end{pmatrix}$ ε: $6x+3y-2z=21$

b) g: $\vec{x}=\begin{pmatrix}-1\\-1\\8\end{pmatrix}+t\begin{pmatrix}-3\\-4\\12\end{pmatrix}$ ε: $8x-y+4z=-3$

c) g: $\vec{x}=\begin{pmatrix}-7\\4\\14\end{pmatrix}+t\begin{pmatrix}4\\0\\-3\end{pmatrix}$ ε: $14x+5y-2z=18$

d) g: $\vec{x}=\begin{pmatrix}5\\0\\-1\end{pmatrix}+t\begin{pmatrix}3\\-2\\1\end{pmatrix}$ ε: $5x+2y-z=14$

e) g: $\vec{x}=t\begin{pmatrix}5\\-2\\1\end{pmatrix}$ ε: $x+y+z=8$

f) g: A(−1|2|0), B(0|5|1) ε: $2x-z=8$

4. Berechne die Koordinaten der Spurpunkte der Geraden g in den drei Koordinatenebenen!

a) g: A(1|0|2), B(0|2|1)

b) g: $\vec{x}_0=\begin{pmatrix}-2\\0\\3\end{pmatrix}$; $\vec{a}=\begin{pmatrix}-6\\2\\1\end{pmatrix}$

c) g: $\vec{x}=\begin{pmatrix}5\\1\\3\end{pmatrix}+t\begin{pmatrix}5\\-2\\1\end{pmatrix}$

5. Im Lehrtext wird unter 2. eine Parametergleichung für die Schnittgerade der beiden Ebenen zu $2x-y+3z=4$ und $x+2y-z=1$ ermittelt. Zeige, dass sich durch Berechnung der Lösungsmenge des zugehörigen Gleichungssystems nach dem Gaußverfahren eine Parametergleichung für dieselbe Gerade ergibt!

6. Zeige, dass sich die Ebenen ε_1 und ε_2 schneiden!

a) ε_1: $-4x+2y+3z=-11$
ε_2: $4x+3y+2z=1$

b) ε_1: $x-2y+3z=4$
ε_2: $2x+y-z=5$

c) ε_1: $2x+y-3z=13$
ε_2: $3x+y+2z=-1$

7. Ermittle für die Ebene ε die Spurgeraden (Schnittgeraden mit den Koordinatenebenen) und die Koordinaten der Schnittpunkte mit den Koordinatenachsen! Stelle für die ermittelten Spurgeraden je eine Normalengleichung und eine Parametergleichung auf!

a) $3x-2y-4z=12$ **b)** $3x-z=3$ **c)** $y-2x=4$ **d)** $4x-3y+6z=12$

8. Die Punkte A, B und C bestimmen eine Ebene ε und die Punkte D und E eine Gerade g. Berechne den Schnittpunkt zwischen g und ε, die Spurpunkte der Geraden und die Spurgeraden der Ebene!

a) A(3|0|1), B(3|2|2), C(1|2|2), D(5|4|−1), E(5|4|4)

b) A(0|2|6), B(4|4|6), C(4|2|2), D(8|−2|10), E(8|8|10)

9. Berechne die Größe des Winkels zwischen den beiden Geraden g_1 und g_2!

a) g_1: $\vec{x}=\begin{pmatrix}2\\-1\end{pmatrix}+t\begin{pmatrix}3\\4\end{pmatrix}$ g_2: $\vec{x}=\begin{pmatrix}-5\\-2\end{pmatrix}+s\begin{pmatrix}-4\\3\end{pmatrix}$

b) g_1: $\vec{x}=\begin{pmatrix}7\\-1\end{pmatrix}+t\begin{pmatrix}4\\-3\end{pmatrix}$ g_2: $\vec{x}=\begin{pmatrix}1\\-2\end{pmatrix}+s\begin{pmatrix}-12\\5\end{pmatrix}$

c) g_1: $\vec{x}_0=\begin{pmatrix}7\\2\end{pmatrix}$, $\vec{a}=\begin{pmatrix}4\\\sqrt{5}\end{pmatrix}$ g_2: $\vec{x}=\begin{pmatrix}-3\\0\end{pmatrix}+s\begin{pmatrix}3\\-4\end{pmatrix}$

10. Berechne Schnittpunkt und Größe des Schnittwinkels der Geraden g_1 und g_2!

a) g_1: $3x-y=24$; g_2: $x-2y=3$ **b)** g_1: $12x-5y=9$; g_2: $4x+3y=17$

11. Berechne die Größen der Winkel, die die Gerade g mit den drei Koordinatenebenen einschließt!

a) g: $\vec{x}=\begin{pmatrix}2\\-1\\1\end{pmatrix}+t\begin{pmatrix}5\\-3\\1\end{pmatrix}$ **b)** g: $\vec{x}=t\begin{pmatrix}5\\-7\\3\end{pmatrix}$ **c)** g: A(1|−1|2), B(5|2|−3)

12. Ermittle von den Ebenen ε_1 und ε_2 die Spurgeraden, die Schnittgerade und die Größe ihres Schnittwinkels!

a) ε_1: $-x+y+z=4$, ε_2: $x+y+z=8$

b) ε_1: $3x-3y+z=6$, ε_2: $3x+3y+z=6$

c) ε_1: $2y+z=5$, ε_2: $4x-3z=15$

13. Berechne die Größe des von den Ebenen ε_1 und ε_2 eingeschlossenen Winkels!

a) ε_1: $\vec{x}=\begin{pmatrix}5\\-1\\0\end{pmatrix}+r\begin{pmatrix}1\\1\\1\end{pmatrix}+s\begin{pmatrix}-1\\1\\1\end{pmatrix}$

ε_2: $\vec{x}=\begin{pmatrix}3\\2\\-7\end{pmatrix}+t\begin{pmatrix}1\\0\\1\end{pmatrix}+v\begin{pmatrix}2\\0\\-1\end{pmatrix}$

b) ε_1: $\vec{x}=\begin{pmatrix}2\\-1\\1\end{pmatrix}+r\begin{pmatrix}2\\1\\-1\end{pmatrix}+s\begin{pmatrix}1\\2\\1\end{pmatrix}$

ε_2: $\vec{x}=\begin{pmatrix}4\\0\\5\end{pmatrix}+t\begin{pmatrix}-3\\1\\2\end{pmatrix}+v\begin{pmatrix}2\\-2\\1\end{pmatrix}$

c) ε_1: {A(3|2|−1), B(3|4|1), C(4|3|−1)

ε_2: {D(5|1|4), E(5|−2|3), F(6|1|5)

d) ε_1: $\vec{x}=\begin{pmatrix}2\\3\\-4\end{pmatrix}+r\begin{pmatrix}1\\1\\2\end{pmatrix}+s\begin{pmatrix}3\\0\\-1\end{pmatrix}$

ε_2: $\vec{x}=\begin{pmatrix}4\\-1\\0\end{pmatrix}+t\begin{pmatrix}3\\4\\1\end{pmatrix}+v\begin{pmatrix}2\\0\\3\end{pmatrix}$

IV. Abstandsaufgaben (Projektionsverfahren)

Am Ende des I. Abschnittes haben wir erläutert, wie man den Abstand eines Punktes P_0 von einer Ebene ε mit Hilfe der Geraden durch den Punkt P_0 bestimmen kann, die auf der Ebene senkrecht steht. Grundsätzlich ist dieses Verfahren auch bei anderen Abstandsaufgaben anwendbar. Mit Hilfe der Hesseform lassen sich viele Abstandsaufgaben aber bedeutend einfacher und schneller lösen.

Beachte, dass wir hier unter dem **„Abstand"** keine Länge, sondern eine nicht negative Zahl verstehen!

1. Abstand Punkt – Gerade im R_2 bzw. Punkt – Ebene im R_3

Gegeben seien ein Punkt P_1 durch seinen Ortsvektor $\vec{x}_1$ und eine Gerade g (bzw. eine Ebene ε) durch die Hessesche Normalenform $\vec{x} \cdot \vec{e}_n = \vec{x}_0 \cdot \vec{e}_n = p$. Die Bilder 9.27 und 9.28 zeigen (für den Fall einer Geraden), dass man den gesuchten Abstand d leicht ermitteln kann, wenn man durch den Punkt P_1 eine zu g (bzw. zu ε) parallele Gerade g_1 (bzw. Ebene ε_1) gelegt denkt.

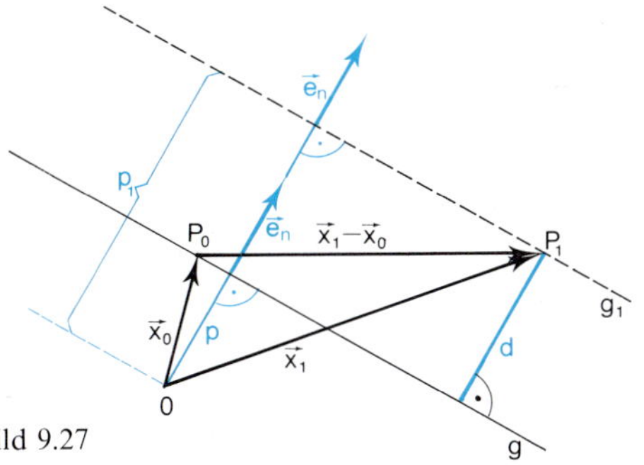

Bild 9.27

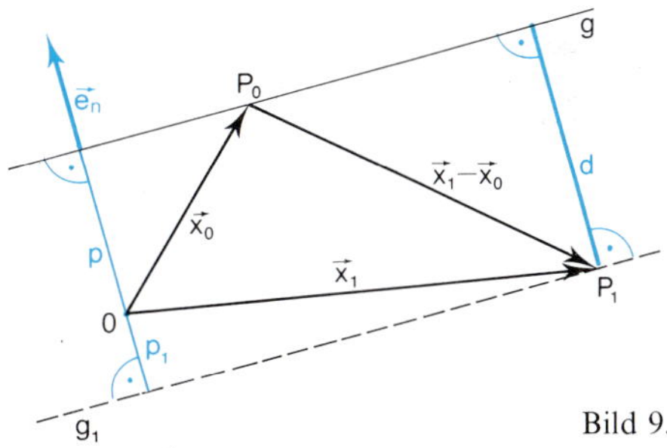

Bild 9.28

Es sind zwei Fälle zu untersuchen, je nachdem, ob der Punkt P_1 – vom Nullpunkt aus gesehen – „jenseits" oder „diesseits" der Geraden (Ebene) liegt.

1) Im Falle von Bild 9.27 gilt:

$$\vec{x}_1 \cdot \vec{e}_n = p_1 \quad \text{und} \quad p + d = p_1, \quad \text{also } d = p_1 - p = \vec{x}_1 \cdot \vec{e}_n - \vec{x}_0 \cdot \vec{e}_n = (\vec{x}_1 - \vec{x}_0) \cdot \vec{e}_n.$$

2) Im Falle von Bild 9.28 gilt:

$$\vec{x}_1 \cdot (-\vec{e}_n) = p_1 \quad \text{und} \quad d = p + p_1, \quad \text{also } d = p + p_1 = \vec{x}_0 \cdot \vec{e}_n - \vec{x}_1 \cdot \vec{e}_n = (\vec{x}_0 - \vec{x}_1) \cdot \vec{e}_n.$$

Wir fassen die beiden Fälle zusammen in der Formel:

$$\mathbf{d = |(\vec{x}_1 - \vec{x}_0) \cdot \vec{e}_n|.}$$

Die Gültigkeit dieser Formel kann man auch unmittelbar den Bildern 9.27 und 9.28 entnehmen. Man erhält den Abstand des Punktes P_0 von der Geraden g (bzw. der Ebene ε) nämlich dadurch, dass man den Verbindungsvektor $\vec{x}_1 - \vec{x}_0$ in die Normalenrichtung der Geraden (bzw. der Ebene) hineinprojiziert. Diese Projektion ist im Falle von Bild 9.27 unmittelbar gegeben durch das Skalarprodukt $(\vec{x}_1 - \vec{x}_0) \cdot \vec{e}_n$, weil $|\vec{e}_n| = 1$ ist; also gilt: $d = (\vec{x}_1 - \vec{x}_0) \cdot \vec{e}_n$.
Im Falle von Bild 9.28 hat man die Orientierung der Vektoren zu berücksichtigen; in diesem Falle gilt: $d = -(\vec{x}_1 - \vec{x}_0) \cdot \vec{e}_n$.

Beide Fälle kann man zusammenfassen in der Formel:

$$d = |(\vec{x}_1 - \vec{x}_0) \cdot \vec{e}_n|.$$

Bild 9.29 zeigt den Sachverhalt für den Abstand eines Punktes P_0 von einer Ebene ε. Wir nennen dieses Verfahren zur Bestimmung eines Abstandes das **„Projektionsverfahren"**.

Beispiele:

1) Zu berechnen ist der Abstand des Punktes P_1 zu $\vec{x}_1 = \begin{pmatrix} -3 \\ 2 \end{pmatrix}$ von der Geraden g, die durch die Vektoren $\vec{x}_0 = \begin{pmatrix} 0 \\ 3 \end{pmatrix}$ und $\vec{n} = \begin{pmatrix} 3 \\ 2 \end{pmatrix}$ gegeben ist (Bild 9.30). Es gilt: $|\vec{n}| = \sqrt{9+4} = \sqrt{13}$ und somit $\vec{e}_n = \frac{1}{\sqrt{13}} \begin{pmatrix} 3 \\ 2 \end{pmatrix}$. Ferner ist: $\vec{x}_1 - \vec{x}_0 = \begin{pmatrix} -3 \\ 2 \end{pmatrix} - \begin{pmatrix} 0 \\ 3 \end{pmatrix} = \begin{pmatrix} -3 \\ -1 \end{pmatrix}$. Also gilt:

$$d = |(\vec{x}_1 - \vec{x}_0) \cdot \vec{e}_n| = \left| \begin{pmatrix} -3 \\ -1 \end{pmatrix} \cdot \frac{1}{\sqrt{13}} \begin{pmatrix} 3 \\ 2 \end{pmatrix} \right| = \frac{1}{\sqrt{13}} |-9-2| = \frac{11}{\sqrt{13}} \approx 3{,}05.$$

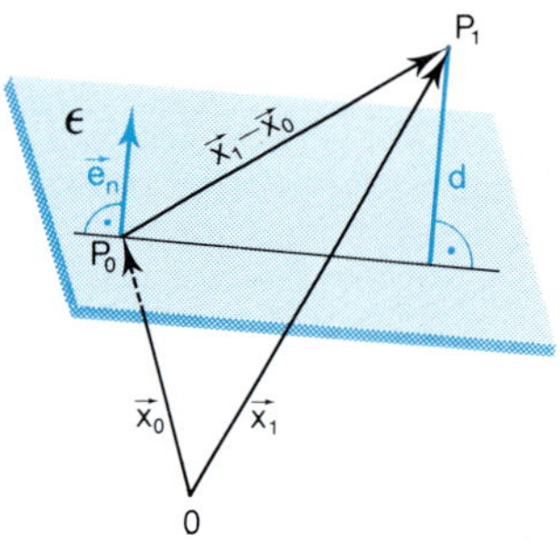

Bild 9.29

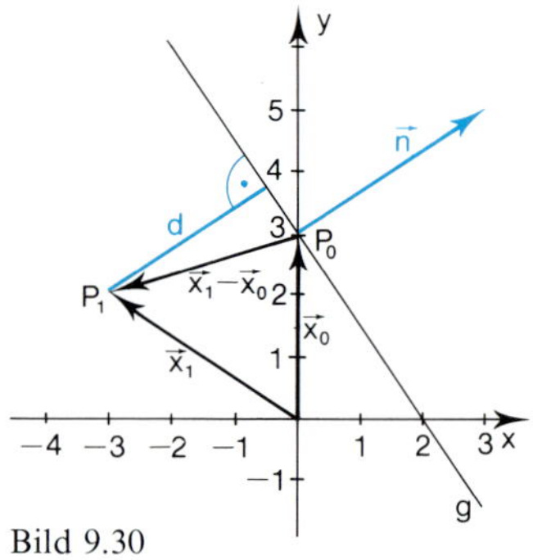

Bild 9.30

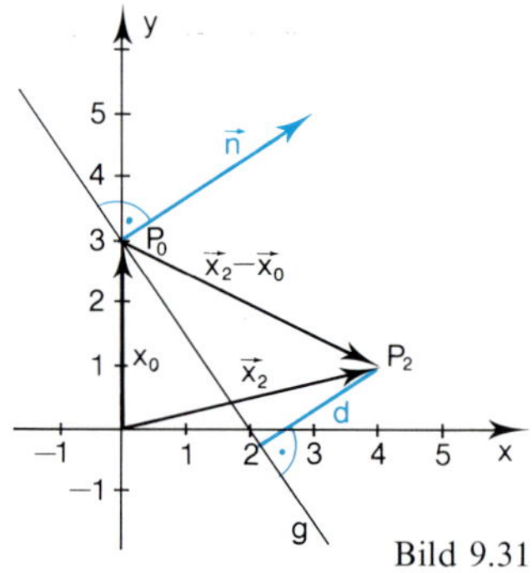

Bild 9.31

2) Wir bestimmen nun den Abstand des Punktes P_2 zu $\vec{x}_2 = \begin{pmatrix} 4 \\ 1 \end{pmatrix}$ von der gleichen Geraden wie in Beispiel 1) (Bild 9.31). Es gilt: $\vec{x}_2 - \vec{x}_0 = \begin{pmatrix} 4 \\ 1 \end{pmatrix} - \begin{pmatrix} 0 \\ 3 \end{pmatrix} = \begin{pmatrix} 4 \\ -2 \end{pmatrix}$. Somit ergibt sich:

$$d = |(\vec{x}_2 - \vec{x}_0) \cdot \vec{e}_n| = \left| \begin{pmatrix} 4 \\ -2 \end{pmatrix} \cdot \frac{1}{\sqrt{13}} \begin{pmatrix} 3 \\ 2 \end{pmatrix} \right| = \frac{1}{\sqrt{13}} |12-4| = \frac{8}{\sqrt{13}} \approx 2{,}22.$$

3) Zu berechnen ist der Abstand des Punktes P_1 zu $\vec{x}_1 = \begin{pmatrix} 3 \\ -1 \\ 2 \end{pmatrix}$ von der Ebene ε, die durch die Vektoren $\vec{x}_0 = \begin{pmatrix} 0 \\ 2 \\ 0 \end{pmatrix}$ und $\vec{n} = \begin{pmatrix} -1 \\ 2 \\ -3 \end{pmatrix}$ gegeben ist.

Es gilt $|\vec{n}| = \sqrt{1+4+9} = \sqrt{14}$ und $\vec{x}_1 - \vec{x}_0 = \begin{pmatrix} 3 \\ -1 \\ 2 \end{pmatrix} - \begin{pmatrix} 0 \\ 2 \\ 0 \end{pmatrix} = \begin{pmatrix} 3 \\ -3 \\ 2 \end{pmatrix}$. Also ist

$$d = \left| \begin{pmatrix} 3 \\ -3 \\ 2 \end{pmatrix} \cdot \frac{1}{\sqrt{14}} \begin{pmatrix} -1 \\ 2 \\ -3 \end{pmatrix} \right| = \frac{1}{\sqrt{14}} |-3-6-6| = \frac{15}{\sqrt{14}} \approx 4{,}01.$$

Bemerkung: Man kann den Abstand eines Punktes P_1 von einer Geraden g (bzw. einer Ebene ε) auch unmittelbar aus der Hesseform gewinnen, wenn man statt $\vec{x}\cdot\vec{e}_n=\vec{x}_0\cdot\vec{e}_n$ schreibt:

$$\vec{x}\cdot\vec{e}_n-\vec{x}_0\cdot\vec{e}_n=0, \qquad \text{also } \vec{x}\cdot\vec{e}_n-p=0.$$

Dabei ist die Orientierung von $\vec{e}_n$ so zu wählen, dass $p>0$ ist.
Setzt man nun in $\vec{x}$ die Koordinaten von P_1 ein, so erhält man – evtl. bis auf das Vorzeichen – bereits den gesuchten Abstand. Für die Zahl q mit

$$q=\vec{x}_1\cdot\vec{e}_n-p$$

sind drei Fälle zu unterscheiden:

1) Ist $q>0$, so liegt P_1, vom Nullpunkt aus gesehen, „jenseits" der Geraden (bzw. der Ebene) (Bild 9.27) und es gilt: $d=q$;

2) ist $q=0$, so liegt P_1 auf der Geraden (bzw. in der Ebene);

3) ist $q<0$, so liegt P_1, vom Nullpunkt aus gesehen, „diesseits" der Geraden (bzw. der Ebene) (Bild 9.28) und es gilt: $d=-q$,

in jedem Falle also $\mathbf{d=|q|=|\vec{x}_1\cdot\vec{e}_n-p|}$.

Beispiel: Gegeben: $P_1(1|-3|1)$ und ε durch $2x-5y+z=-2$.

Um die Bedingung $p>0$ zu erfüllen, ist die Gleichung mit -1 zu multiplizieren:

$$-2x+5y-z=2;$$

dann ist $\vec{n}=\begin{pmatrix}-2\\5\\-1\end{pmatrix}$, also $|\vec{n}|=\sqrt{4+25+1}=\sqrt{30}$. Die Hesseform der Ebenengleichung lautet also:

$$\frac{1}{\sqrt{30}}(-2x+5y-z-2)=0.$$

Wir setzen die Koordinaten von P_1 in die Gleichung ein und erhalten:

$$\frac{1}{\sqrt{30}}(-2\cdot1+5\cdot(-3)-1-2)=-\frac{20}{\sqrt{30}}<0; \qquad \text{also ist } d=\frac{20}{\sqrt{30}}\approx3{,}65;$$

der Punkt P_1 liegt – vom Nullpunkt aus gesehen – „diesseits" der Ebene.

2. Abstand paralleler Geraden und paralleler Ebenen

Mit dem gleichen Verfahren kann auch der Abstand zweier paralleler Geraden g_1 und g_2 (im R_2) und zweier paralleler Ebenen ε_1 und ε_2 berechnet werden. Man hat jeweils einen Verbindungsvektor zwischen beliebigen Punkten der beiden Geraden (bzw. Ebenen) in die gemeinsame Normalenrichtung der beiden Geraden (bzw. Ebenen) zu projizieren; es gilt:

$$\mathbf{d=|(\vec{x}_2-\vec{x}_1)\cdot\vec{e}_n|}.$$

Beispiel: Gegeben: ε_1 durch $2x-3y+5z=-2$; ε_2 durch $-4x+6y-10z=8$.

Für die Normalenvektoren $\vec{n}_1=\begin{pmatrix}2\\-3\\5\end{pmatrix}$ und $\vec{n}_2=\begin{pmatrix}-4\\6\\-10\end{pmatrix}$ gilt $\vec{n}_2=-2\vec{n}_1$, daher sind die Ebenen parallel.

Es ist $|\vec{n}_1| = \sqrt{4+9+25} = \sqrt{38}$; also ist $\vec{e}_{n_1} = \frac{1}{\sqrt{38}} \begin{pmatrix} 2 \\ -3 \\ 5 \end{pmatrix}$.

Ein Punkt P_1 von ε_1 ist gegeben durch $\vec{x}_1 = \begin{pmatrix} -1 \\ 0 \\ 0 \end{pmatrix}$, ein Punkt P_2 von ε_2 durch $\vec{x}_2 = \begin{pmatrix} -2 \\ 0 \\ 0 \end{pmatrix}$.

Es gilt $\vec{x}_2 - \vec{x}_1 = \begin{pmatrix} -2 \\ 0 \\ 0 \end{pmatrix} - \begin{pmatrix} -1 \\ 0 \\ 0 \end{pmatrix} = \begin{pmatrix} -1 \\ 0 \\ 0 \end{pmatrix}$ und somit

$$d = |(\vec{x}_2 - \vec{x}_1) \cdot \vec{e}_{n_1}| = \left| \begin{pmatrix} -1 \\ 0 \\ 0 \end{pmatrix} \cdot \frac{1}{\sqrt{38}} \begin{pmatrix} 2 \\ -3 \\ 5 \end{pmatrix} \right| = \left| \frac{-2}{\sqrt{38}} \right| = \frac{2}{\sqrt{38}} \approx 0{,}324.$$

3. Abstand einer Geraden von einer dazu parallelen Ebene

Beispiel: $g\colon \vec{x} = \begin{pmatrix} 3 \\ 1 \\ -1 \end{pmatrix} + t \begin{pmatrix} 1 \\ -2 \\ 1 \end{pmatrix}$; $\quad \varepsilon\colon x - y - 3z = 4$.

Wir weisen die Parallelität von Gerade und Ebene nach, indem wir zeigen, dass der Richtungsvektor $\vec{a}$ der Geraden auf dem Normalenvektor $\vec{n}$ der Ebene senkrecht steht:

$$\vec{a} \cdot \vec{n} = \begin{pmatrix} 1 \\ -2 \\ 1 \end{pmatrix} \cdot \begin{pmatrix} 1 \\ -1 \\ -3 \end{pmatrix} = 1 + 2 - 3 = 0.$$

Wir können also auch hier einen beliebigen Verbindungsvektor $\vec{x}_1 - \vec{x}_0$ zwischen Ebene und Gerade in die gemeinsame Normalenrichtung projizieren:

$$\mathbf{d = |(\vec{x}_1 - \vec{x}_0) \cdot \vec{e}_n|} \quad \text{(Bild 9.32).}$$

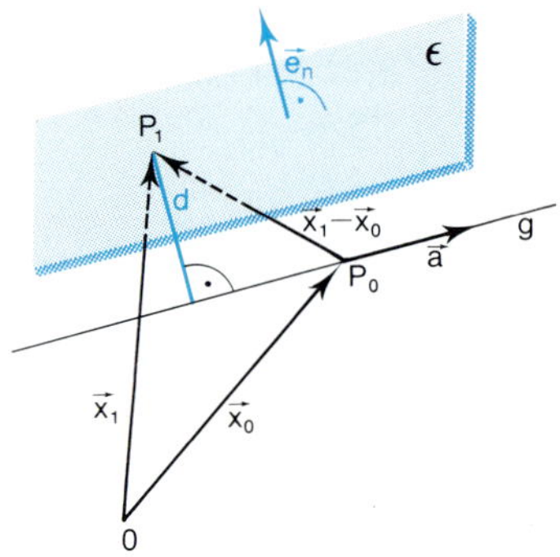

Bild 9.32

Nun ist $\vec{n} = \sqrt{1+1+9} = \sqrt{11}$, also

$$\vec{e}_n = \frac{1}{\sqrt{11}} \begin{pmatrix} 1 \\ -1 \\ -3 \end{pmatrix}.$$

Ein Punkt P_1 von ε ist gegeben durch

$$\vec{x}_1 = \begin{pmatrix} 4 \\ 0 \\ 0 \end{pmatrix}.$$

Es gilt: $\vec{x}_1 - \vec{x}_0 = \begin{pmatrix} 4 \\ 0 \\ 0 \end{pmatrix} - \begin{pmatrix} 3 \\ 1 \\ -1 \end{pmatrix} = \begin{pmatrix} 1 \\ -1 \\ 1 \end{pmatrix}$; daher ist:

$$d = |(\vec{x}_1 - \vec{x}_0) \cdot \vec{e}_n| = \left| \begin{pmatrix} 1 \\ -1 \\ 1 \end{pmatrix} \cdot \frac{1}{\sqrt{11}} \begin{pmatrix} 1 \\ -1 \\ -3 \end{pmatrix} \right| = \left| \frac{1+1-3}{\sqrt{11}} \right| = \frac{1}{\sqrt{11}} \approx 0{,}302.$$

Übungen und Aufgaben

1. Berechne jeweils die Entfernungen der folgenden Punkte voneinander!
a) $A(2|-2|1)$, $B(4|-4|2)$ **b)** $C(3|-3|-1)$, $D(4|5|3)$ **c)** $E(5|-1|0)$, $F(7|5|3)$

2. Berechne den Abstand der Punkte A, B und C von der Geraden g!
a) g: $3x-4y=20$; $A(6|-3)$, $B(9|-2)$, $C(10|0)$
b) g: $24x-7y=100$; $A(10|5)$, $B(4|8)$, $C(0|-5)$

3. Ein Punkt $P_1(x_1|y_1)$ habe von der Geraden g den Abstand d. Berechne die fehlende Koordinate von P_1!
a) $P_1(3|y_1)$; g: $3x+4y=5$; $d=4$ **b)** $P_1(x_1|8)$; g: $-6x-8y=-10$; $d=9$
c) $P_1(x_1|-6)$; g: $4x-3y=10$; $d=8$ **d)** $P_1(2|y_1)$; g: $-4x+3y=-10$; $d=2$

4. Ermittle die Längen der Höhen im Dreieck ABC mit $A(-7|6)$, $B(-2|-4)$ und $C(7|8)$!

5. Berechne den Abstand des Punktes P_1 von der Ebene ε!
a) ε: $6x+2y-3z=7$; $P_1(2|5|-2)$ **b)** ε: $2x-y+2z=9$; $P_1(9|-6|6)$
c) ε: $\vec{x}\cdot\begin{pmatrix}2\\1\\-2\end{pmatrix}=9$; $P_1(12|5|1)$ **d)** ε: $\vec{x}=\begin{pmatrix}5\\-4\\2\end{pmatrix}+r\begin{pmatrix}0\\2\\1\end{pmatrix}+s\begin{pmatrix}1\\0\\-1\end{pmatrix}$; $P_1(8|-1|5)$

6. Welchen Abstand hat der Punkt C von der Geraden durch A und B?
a) $A(7|2)$, $B(21|-5)$, $C(8|9)$ **b)** $A(2|9)$, $B(2|14)$, $C(-1|0)$

7. Die Ortsvektoren $\vec{x}_1$, $\vec{x}_2$ und $\vec{x}_3$ bestimmen ein Dreieck $P_1P_2P_3$. Berechne die Längen der Lote, die vom Schwerpunkt S des Dreiecks auf die Dreiecksseiten gefällt werden und die Längen der Höhen des Dreiecks!
a) $\vec{x}_1=\begin{pmatrix}4\\2\end{pmatrix}$, $\vec{x}_2=\begin{pmatrix}-1\\-6\end{pmatrix}$, $\vec{x}_3=\begin{pmatrix}6\\-5\end{pmatrix}$ **b)** $\vec{x}_1=\begin{pmatrix}-4\\-2\end{pmatrix}$; $\vec{x}_2=\begin{pmatrix}4\\3\end{pmatrix}$; $\vec{x}_3=\begin{pmatrix}-3\\5\end{pmatrix}$

8. Ermittle zeichnerisch diejenigen Geraden durch den Punkt A, die vom Punkt B den Abstand d haben! Stelle die Gleichungen dieser Geraden auf!
a) $A(7|6)$, $B(2|8)$; $d=5$ **b)** $A(-1|2)$, $B(4|-6)$; $d=8$

9. Zeige, dass die Geraden g_1 und g_2 parallel sind! Ermittle ihren Abstand! Bestätige das Ergebnis durch eine Zeichnung!
a) g_1: $\vec{x}=\begin{pmatrix}5\\0\end{pmatrix}+t\begin{pmatrix}-3\\4\end{pmatrix}$ **b)** g_1: $\vec{x}\cdot\begin{pmatrix}12\\5\end{pmatrix}=17$ **c)** g_1: $-2x+3y=9$
g_2: $8x+6y=25$ g_2: $\vec{x}=\begin{pmatrix}4\\-1\end{pmatrix}+t\begin{pmatrix}-5\\12\end{pmatrix}$ g_2: $\vec{x}=\begin{pmatrix}-1\\-2\end{pmatrix}+t\begin{pmatrix}3\\2\end{pmatrix}$

10. Ermittle Normalengleichungen für die Geraden, die zur Geraden g parallel sind und von ihr den Abstand d haben! Wie viele Lösungen gibt es? Bestimme auch je eine Parametergleichung für die Geraden!
a) $12x+5y=26$; $d=4$ **b)** $\vec{x}=\begin{pmatrix}4\\2\end{pmatrix}+t\begin{pmatrix}-4\\3\end{pmatrix}$; $d=5$

11. Zeige, dass die Ebenen ε_1 und ε_2 parallel sind! Ermittle ihren Abstand!

a) ε_1: $-16x-2y+8z=-23$

ε_2: $\vec{x}\cdot\begin{pmatrix}8\\1\\-4\end{pmatrix}=\begin{pmatrix}8\\1\\-4\end{pmatrix}\cdot\begin{pmatrix}2\\0\\-1\end{pmatrix}$

b) ε_1: $-2x+3y+6z=15$

ε_2: $\vec{x}=\begin{pmatrix}1\\4\\2\end{pmatrix}+r\begin{pmatrix}3\\2\\0\end{pmatrix}+s\begin{pmatrix}0\\-2\\1\end{pmatrix}$

c) ε_1: $\vec{x}=\begin{pmatrix}6\\1\\7\end{pmatrix}+r\begin{pmatrix}4\\1\\0\end{pmatrix}+s\begin{pmatrix}0\\1\\3\end{pmatrix}$

ε_2: $3x-12y+4z=8$

d) ε_1: $2x+2y-z=5$

ε_2: $x=\begin{pmatrix}4\\5\\-2\end{pmatrix}+r\begin{pmatrix}1\\-1\\0\end{pmatrix}+s\begin{pmatrix}0\\1\\2\end{pmatrix}$

12. Prüfe jeweils, ob die Gerade g zur Ebene ε parallel ist, und berechne gegebenenfalls den Abstand zwischen Gerade und Ebene!

a) g: $\vec{x}=\begin{pmatrix}5\\-3\\4\end{pmatrix}+t\begin{pmatrix}1\\0\\2\end{pmatrix}$
ε: $6x-2y-3z=10$

b) g: $\vec{x}=\begin{pmatrix}1\\-1\\3\end{pmatrix}+t\begin{pmatrix}3\\-3\\-1\end{pmatrix}$
ε: $x-7y+24z=5$

c) g: $x=\begin{pmatrix}5\\-1\\-3\end{pmatrix}+t\begin{pmatrix}1\\1\\4\end{pmatrix}$
ε: $8x-4y-z=11$

d) g: $\vec{x}=\begin{pmatrix}5\\-1\\2\end{pmatrix}+t\begin{pmatrix}2\\-1\\1\end{pmatrix}$
ε: $-x+y+z=-4$

e) g: $\vec{x}_0=\begin{pmatrix}0\\4\\-1\end{pmatrix}$, $\vec{a}=\begin{pmatrix}1\\1\\-2\end{pmatrix}$
ε: $3x-y+z=-4$

f) g: $\vec{x}=\begin{pmatrix}2\\1\\-3\end{pmatrix}+t\begin{pmatrix}2\\-2\\-1\end{pmatrix}$
ε: $3x-2y+z=1$

13. Ermittle in dem Tetraeder ABCD die Länge der von D ausgehenden Körperhöhe!

a) A(0|0|0), B(2|1|3), C(2|1|−1), D(1|6|2)

b) A(0|0|0), B(−2|4|2), C(6|4|2), D(4|2|12)

V. Abstandsaufgaben (Lotfußpunktverfahren)

Das Projektionsverfahren ist zur Berechnung von Abständen nur dann geeignet, wenn zu dem betreffenden Gebilde eine eindeutig bestimmte Normalenrichtung existiert; dies ist z.B. bei Geraden im R_3 nicht der Fall. Daher muss man bei solchen Problemen ein anderes Verfahren anwenden.

1. Abstand Punkt – Gerade im R_3

Gegeben sei ein Punkt P_1 durch den Ortsvektor $\vec{x}_1$ und eine Gerade g durch den Ortsvektor $\vec{x}_0$ und den Richtungsvektor $\vec{a}$ (Bild 9.33).

Man erhält den Abstand des Punktes P_1 von g dadurch, dass man von P_1 das Lot auf g fällt; der Abstand d ist also leicht zu ermitteln, wenn man den Fußpunkt F dieses Lotes kennt; den Ortsvektor zu diesem Lotfußpunkt bezeichnen wir mit $\vec{x}_F$.

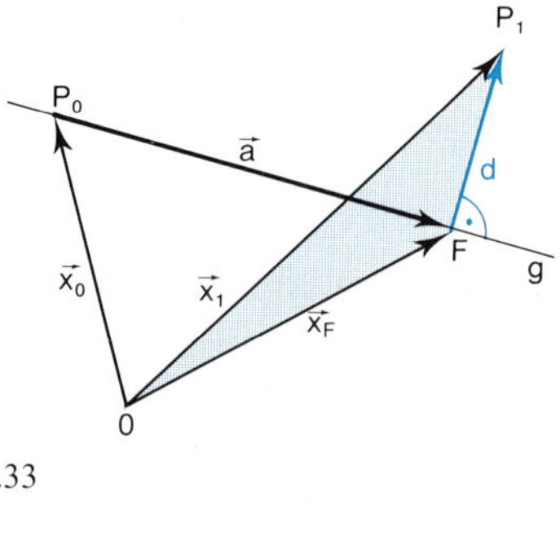

Bild 9.33

Als Bedingung für $\vec{x}_F$ können wir die Tatsache verwenden, dass der Vektor $\vec{d}=\vec{x}_1-\vec{x}_F$ auf der Geraden, also auch auf $\vec{a}$ senkrecht steht: $\vec{d}\cdot\vec{a}=0$. Für den Parameterwert t des Lotfußpunktes gilt: $\vec{x}_F=\vec{x}_0+t\vec{a}$, also $\vec{d}=(\vec{x}_1-\vec{x}_0)-t\vec{a}$ und somit:

$$\begin{aligned}\vec{d}\cdot\vec{a}=0 \quad &\Rightarrow \quad [(\vec{x}_1-\vec{x}_0)-t\vec{a}]\cdot\vec{a}=0\\ &\Rightarrow \quad (\vec{x}_1-\vec{x}_0)\cdot\vec{a}=t\vec{a}\cdot\vec{a}\\ &\Rightarrow \quad t=\frac{(\vec{x}_1-\vec{x}_0)\cdot\vec{a}}{\vec{a}\cdot\vec{a}}.\end{aligned}$$

Daraus lassen sich $\vec{x}_F$ und $\vec{d}$ und mithin auch $d=|\vec{d}|$ bestimmen.

Beispiel: Gegeben: $P_1(1|-3|-3)$ und g durch $\vec{x}_0=\begin{pmatrix}2\\1\\-3\end{pmatrix}$ und $\vec{a}=\begin{pmatrix}-1\\3\\1\end{pmatrix}$.

Es gilt: $\vec{x}_1-\vec{x}_0=\begin{pmatrix}1\\-3\\-3\end{pmatrix}-\begin{pmatrix}2\\1\\-3\end{pmatrix}=\begin{pmatrix}-1\\-4\\0\end{pmatrix}$; $(\vec{x}_1-\vec{x}_0)\cdot\vec{a}=\begin{pmatrix}-1\\-4\\0\end{pmatrix}\cdot\begin{pmatrix}-1\\3\\1\end{pmatrix}=1-12=-11$;

$\vec{a}\cdot\vec{a}=1+9+1=11$. Also ist $t_F=\frac{-11}{11}=-1$.

Der Fußpunkt ist also gegeben durch: $\vec{x}_F=\begin{pmatrix}2\\1\\-3\end{pmatrix}-1\begin{pmatrix}-1\\3\\1\end{pmatrix}=\begin{pmatrix}3\\-2\\-4\end{pmatrix}$.

Ferner ist $\vec{d}=\vec{x}_1-\vec{x}_F=\begin{pmatrix}1\\-3\\-3\end{pmatrix}-\begin{pmatrix}3\\-2\\-4\end{pmatrix}=\begin{pmatrix}-2\\-1\\1\end{pmatrix}$ und $d=|\vec{d}|=\sqrt{4+1+1}=\sqrt{6}\approx 2{,}45$.

2. Abstand paralleler Geraden im R_3

Da parallele Geraden g_1 und g_2 überall denselben Abstand haben, braucht man nur den Abstand eines Punktes auf g_1 oder auf g_2 von der anderen Geraden nach dem unter 1. beschriebenen Verfahren zu bestimmen (Bild 9.34).

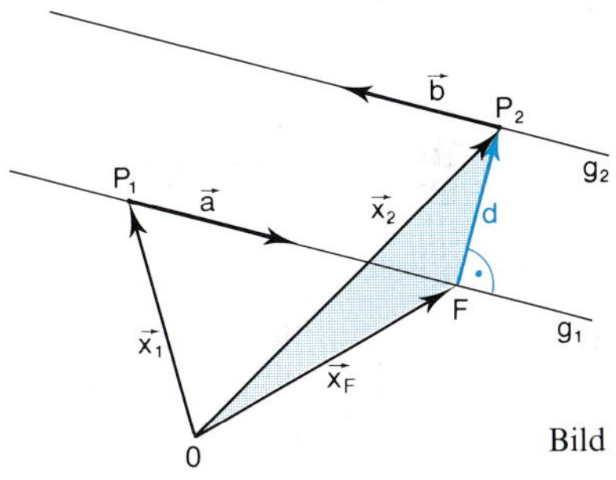

Bild 9.34

3. Abstand windschiefer Geraden

Sind zwei Geraden g und h mit nicht kollinearen Richtungsvektoren $\vec{a}$ und $\vec{b}$ gegeben, so können diese Geraden windschief sein oder sich in einem Punkte schneiden. Da bereits die kürzeste Verbindungsstrecke zwischen einem Punkt und einer Geraden auf der Geraden senkrecht steht, ist es plausibel, dass eine Strecke nur dann die kürzeste Verbindung zwischen zwei windschiefen Geraden sein kann, wenn sie auf **beiden** Geraden senkrecht steht. Es ist aber nicht von vornherein sicher, dass es **überhaupt** eine solche Verbindungsstrecke gibt, und auch nicht, ob es **nur** eine solche Strecke gibt, die auf **beiden** Geraden senkrecht steht. Wir können aber versuchen, zwei Punkte G auf g und H auf h so zu bestimmen, dass die Strecke GH auf g und auf h senkrecht steht. Es wird sich dann herausstellen, ob es eine solche Strecke gibt und ob sie eindeutig bestimmt ist.

Zwei Geraden g und h seien durch ihre Parametergleichungen gegeben:

$$\vec{x}=\vec{x}_1+r\vec{a} \quad \text{und} \quad \vec{x}=\vec{x}_2+s\vec{b} \quad \text{(Bild 9.35).}$$

Die Bedingung für den Verbindungsvektor der beiden Lotfußpunkte G und H

$$\vec{d}=\vec{x}_H-\vec{x}_G$$

lautet: $\vec{d}\cdot\vec{a}=0 \wedge \vec{d}\cdot\vec{b}=0.$

Für die Parameterwerte r und s der beiden Lotfußpunkte gilt dann:

$$\vec{x}_G=\vec{x}_1+r\vec{a} \quad \text{und} \quad \vec{x}_H=\vec{x}_2+s\vec{b}$$

und somit $\vec{d}=\vec{x}_H-\vec{x}_G=\vec{x}_2-\vec{x}_1-r\vec{a}+s\vec{b}.$

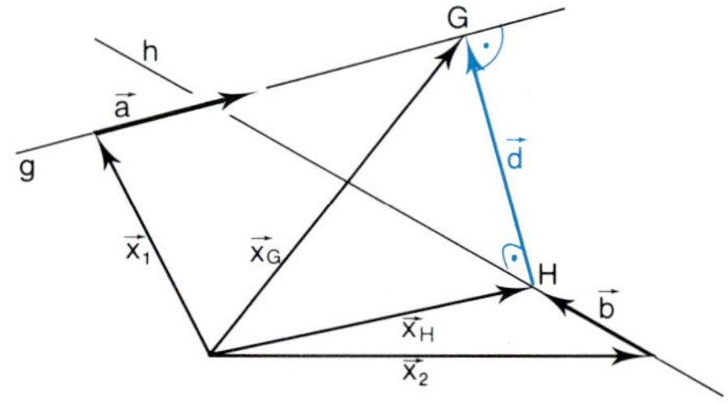

Bild 9.35

Aus $\vec{d}\cdot\vec{a}=0 \wedge \vec{d}\cdot\vec{b}=0$ ergibt sich also:

$$(\vec{x}_2-\vec{x}_1)\cdot\vec{a}-r(\vec{a}\cdot\vec{a})+s(\vec{b}\cdot\vec{a})=0$$
$$\wedge\ (\vec{x}_2-\vec{x}_1)\cdot\vec{b}-r(\vec{a}\cdot\vec{b})+s(\vec{b}\cdot\vec{b})=0.$$

Man kann zeigen, dass dieses Gleichungssystem eine eindeutige Lösung für r und für s hat, wenn $\vec{a}$ und $\vec{b}$ nicht kollinear sind. Auf einen Beweis wollen wir hier verzichten und uns mit einem **Beispiel** begnügen.

Gegeben: g durch $\vec{x}_1=\begin{pmatrix}1\\-3\\2\end{pmatrix}$; $\vec{a}=\begin{pmatrix}1\\2\\-3\end{pmatrix}$ und h durch $\vec{x}_2=\begin{pmatrix}14\\4\\3\end{pmatrix}$; $\vec{b}=\begin{pmatrix}2\\-3\\0\end{pmatrix}$.

Es gilt: $\vec{x}_2-\vec{x}_1=\begin{pmatrix}14\\4\\3\end{pmatrix}-\begin{pmatrix}1\\-3\\2\end{pmatrix}=\begin{pmatrix}13\\7\\1\end{pmatrix}$;

$(\vec{x}_2-\vec{x}_1)\cdot\vec{a}=\begin{pmatrix}13\\7\\1\end{pmatrix}\cdot\begin{pmatrix}1\\2\\-3\end{pmatrix}=13+14-3=24$; $(\vec{x}_2-\vec{x}_1)\cdot\vec{b}=\begin{pmatrix}13\\7\\1\end{pmatrix}\cdot\begin{pmatrix}2\\-3\\0\end{pmatrix}=26-21=5$;

$\vec{a}\cdot\vec{a}=1+4+9=14$; $\vec{a}\cdot\vec{b}=\begin{pmatrix}1\\2\\-3\end{pmatrix}\cdot\begin{pmatrix}2\\-3\\0\end{pmatrix}=2-6=-4$; $\vec{b}\cdot\vec{b}=4+9=13.$

Also lautet das Gleichungssystem:

$$\left\{\begin{aligned} 24-14r-\ 4s&=0\\ \wedge\ 5+\ 4r+13s&=0\end{aligned}\right\} \Leftrightarrow \left\{\begin{aligned} 7r+\ 2s&=\ 12\\ \wedge\ 4r+13s&=-5\end{aligned}\right. \begin{vmatrix}\cdot 13\\ \cdot(-2)\end{vmatrix} \begin{vmatrix}\cdot 4\\ \cdot(-7)\end{vmatrix}$$

$$\Leftrightarrow \left\{\begin{aligned} 83r\quad\quad &=166\\ \wedge\quad -83s&=\ 83\end{aligned}\right\} \Leftrightarrow \left\{\begin{aligned} r&=\ 2\\ \wedge\ s&=-1\end{aligned}\right\}$$

Die Fußpunkte sind also gegeben durch:

$$\vec{x}_G=\begin{pmatrix}1\\-3\\2\end{pmatrix}+2\begin{pmatrix}1\\2\\-3\end{pmatrix}=\begin{pmatrix}3\\1\\-4\end{pmatrix} \quad \text{und} \quad \vec{x}_H=\begin{pmatrix}14\\4\\3\end{pmatrix}-\begin{pmatrix}2\\-3\\0\end{pmatrix}=\begin{pmatrix}12\\7\\3\end{pmatrix}.$$

Somit gilt: $\vec{d}=\vec{x}_H-\vec{x}_G=\begin{pmatrix}12\\7\\3\end{pmatrix}-\begin{pmatrix}3\\1\\-4\end{pmatrix}=\begin{pmatrix}9\\6\\7\end{pmatrix}$ und $d=|\vec{d}|=\sqrt{81+36+49}=\sqrt{166}\approx 12{,}9.$

Bemerkung: Wenn man vergessen hat, die beiden Richtungsvektoren $\vec{a}$ und $\vec{b}$ auf Kollinearität zu überprüfen, und das geschilderte Verfahren auf parallele Geraden anwendet, so kann man trotzdem zum Ziel kommen.

Beispiel:

Für $\vec{x}_1=\begin{pmatrix}2\\-1\\2\end{pmatrix}$; $\vec{a}=\begin{pmatrix}1\\-2\\1\end{pmatrix}$; $\vec{x}_2=\begin{pmatrix}1\\3\\-1\end{pmatrix}$ und $\vec{b}=\begin{pmatrix}-2\\4\\-2\end{pmatrix}$ gilt: $\vec{x}_2-\vec{x}_1=\begin{pmatrix}-1\\4\\-3\end{pmatrix}$;

$(\vec{x}_2-\vec{x}_1)\cdot\vec{a}=-12$; $(\vec{x}_2-\vec{x}_1)\cdot\vec{b}=24$; $\vec{a}\cdot\vec{a}=6$; $\vec{a}\cdot\vec{b}=-12$ und $\vec{b}\cdot\vec{b}=24$.

Das Gleichungssystem lautet also:

$$\left\{\begin{array}{l} -12-6r-12s=0 \\ \wedge\ 24+12r+24s=0\end{array}\right\} \Leftrightarrow \left\{\begin{array}{l} r+2s=-2 \\ r+2s=-2\end{array}\right\}.$$

Das Gleichungssystem ist nicht eindeutig lösbar; eine mögliche Lösung ist z.B. $r=0 \wedge s=-1$. Für diese beiden Parameterwerte ergibt sich:

$$\vec{x}_G=\vec{x}_1+0\vec{a}=\begin{pmatrix}2\\-1\\2\end{pmatrix};\quad \vec{x}_H=\vec{x}_2-\vec{b}=\begin{pmatrix}1\\3\\-1\end{pmatrix}-\begin{pmatrix}-2\\4\\-2\end{pmatrix}=\begin{pmatrix}3\\-1\\1\end{pmatrix}.$$

Aus $\vec{d}=\vec{x}_H-\vec{x}_G=\begin{pmatrix}3\\-1\\1\end{pmatrix}-\begin{pmatrix}2\\-1\\2\end{pmatrix}=\begin{pmatrix}1\\0\\-1\end{pmatrix}$ ergibt sich: $d=|\vec{d}|=\sqrt{2}$.

Ermittle weitere Lösungen des obigen Gleichungssystems und zeige, dass man dann ebenfalls zum gleichen Ergebnis kommt (Aufgabe 5)!

Übungen und Aufgaben

1. Berechne den Abstand des Punktes P_1 von der Geraden g!

a) $\vec{x}_1=\begin{pmatrix}6\\-5\\0\end{pmatrix}$; g: $\vec{x}=\begin{pmatrix}1\\0\\2\end{pmatrix}+t\begin{pmatrix}1\\-1\\-4\end{pmatrix}$ **b)** $P_1(3|0|-4)$; g: $\vec{x}=\begin{pmatrix}0\\2\\-1\end{pmatrix}+t\begin{pmatrix}1\\-4\\-1\end{pmatrix}$

c) $\vec{x}_1=\begin{pmatrix}4\\-1\\12\end{pmatrix}$; g: $\vec{x}=\begin{pmatrix}1\\1\\1\end{pmatrix}+t\begin{pmatrix}-1\\2\\2\end{pmatrix}$ **d)** $P_1(5|0|-1)$; g: $\vec{x}=t\begin{pmatrix}-3\\2\\3\end{pmatrix}$

2. Gegeben ist ein Dreieck ABC. Berechne die Längen seiner Höhen!
a) $A(1|0|1)$, $B(2|0|1)$, $C(4|-1|3)$ **b)** $A(2|3|-7)$, $B(4|3|-5)$, $C(1|0|-2)$

3. Von einem Rhombus ABCD sind die Punkte A, B und C gegeben. Ermittle die Koordinaten des vierten Punktes D! Berechne die Längen seiner Diagonalen und der Lote von den Endpunkten auf die gegenüberliegenden Seiten!
a) $A(4|0|0)$, $B(0|5|1)$, $C(4|10|0)$ **b)** $A(1|0|1)$, $B(4|0|1)$, $C(3|2|2)$

4. Berechne den Abstand der Geraden g_1 und g_2!

a) $g_1\colon \vec{x}=\begin{pmatrix}4\\-1\\3\end{pmatrix}+t\begin{pmatrix}-1\\2\\1\end{pmatrix}$ $g_2\colon \vec{x}=\begin{pmatrix}3\\0\\8\end{pmatrix}+s\begin{pmatrix}3\\-6\\-3\end{pmatrix}$

b) $g_1\colon \vec{x}=\begin{pmatrix}-1\\2\\-4\end{pmatrix}+t\begin{pmatrix}2\\-2\\3\end{pmatrix}$ $g_2\colon \vec{x}=\begin{pmatrix}3\\-4\\1\end{pmatrix}+s\begin{pmatrix}1\\0\\2\end{pmatrix}$

c) $g_1\colon \vec{x}=\begin{pmatrix}1\\4\\2\end{pmatrix}+t\begin{pmatrix}1\\1\\3\end{pmatrix}$ $g_2\colon \vec{x}=s\begin{pmatrix}-1\\-1\\-3\end{pmatrix}$

d) $g_1\colon A_1(2|-1|3)$, $B_1(5|0|7)$
$g_2\colon A_2(-1|-4|0)$, $B_2(2|-3|4)$

e) $g_1\colon A_1(4|1|1)$, $B_1(3|-2|2)$
$g_2\colon A_2(0|-2|-2)$, $B_2(1|-3|-4)$

f) $g_1\colon \vec{x}=\begin{pmatrix}3\\-1\\2\end{pmatrix}+t\begin{pmatrix}-3\\4\\0\end{pmatrix}$ $g_2\colon \vec{x}=\begin{pmatrix}6\\0\\-3\end{pmatrix}+s\begin{pmatrix}1\\0\\4\end{pmatrix}$

g) $g_1\colon \vec{x}=\begin{pmatrix}0\\-2\\0\end{pmatrix}+t\begin{pmatrix}-2\\6\\5\end{pmatrix}$ $g_2\colon \vec{x}=\begin{pmatrix}0\\0\\5\end{pmatrix}+s\begin{pmatrix}1\\1\\2\end{pmatrix}$

h) $g_1\colon \vec{x}=t\begin{pmatrix}2\\4\\1\end{pmatrix}$ $g_2\colon \vec{x}=\begin{pmatrix}0\\0\\5\end{pmatrix}+s\begin{pmatrix}-1\\3\\2\end{pmatrix}$

5. Ermittle weitere Lösungen des Gleichungssystems von Seite 177 und mit Hilfe dieser Lösungen den Abstand der beiden Geraden g und h!

VI. Übergreifende Aufgaben

1. Durch die drei Punkte $A(3|2|3)$, $B(2|4|5)$, $C(0|5|3)$ sei ein Parallelogramm mit den Seiten AB und BC festgelegt.

a) Ermittle den vierten Eckpunkt D des Parallelogramms!

b) Berechne die Längen der Seiten und die Größen der Innenwinkel!

c) Ermittle den Diagonalenschnittpunkt und die Längen der Diagonalen!

d) Berechne die Flächenmaßzahl des Parallelogramms!

2. Das Dreieck ABC sei durch $A(-1|0)$, $B(4|-1)$, $C(1|5)$ gegeben.

a) Berechne den Schnittpunkt der Seitenhalbierenden!

b) Berechne den Schnittpunkt der Höhen!

c) Berechne den Schnittpunkt der Mittelsenkrechten!

d) Zeige, dass die genannten Schnittpunkte auf einer Geraden liegen, und ermittle eine Parametergleichung dieser Geraden!

3. a) Berechne im Dreieck ABC mit $A(3|0|0)$, $B(0|3|0)$ und $C(0|0|4)$ die Seitenlängen und die Größen der Innenwinkel! Welche besondere Eigenschaft hat das Dreieck?

b) Beweise vektoriell die beiden folgenden Sätze über gleichschenklige Dreiecke!

1) Die Seitenhalbierende durch C steht auf der Grundseite AB senkrecht.

2) Die beiden Basiswinkel $\sphericalangle\alpha$ und $\sphericalangle\beta$ sind gleich groß.

c) Ermittle eine Parametergleichung für die Ebene ε, in der die Punkte A, B und C aus Aufgabenteil a) liegen! Ermittle ferner von zwei Mittelsenkrechten des Dreiecks Geradengleichungen und berechne ihren Schnittpunkt!

4. a) Gegeben sind die drei Vektoren $\vec{a}=\begin{pmatrix}4\\3\\2\end{pmatrix}$, $\vec{b}=\begin{pmatrix}2\\1\\1-p\end{pmatrix}$ und $\vec{c}=\begin{pmatrix}-2\\p\\8\end{pmatrix}$. Ermittle die Werte von $p\in\mathbb{R}$, für die $\vec{a}$, $\vec{b}$ und $\vec{c}$ linear abhängig sind!

b) Zeige, dass die Vektoren $\vec{b}$ und $\vec{c}$ für alle Werte von $p\in\mathbb{R}$ linear unabhängig sind!

c) Berechne $p\in\mathbb{R}$ so, dass die beiden Vektoren $\vec{d}=\begin{pmatrix}p\\-\sqrt{2}\\1\end{pmatrix}$ und $\vec{f}=\begin{pmatrix}-1\\0\\2-p\end{pmatrix}$ orthogonal sind! Wie groß ist der Winkel zwischen $\vec{d}$ und $\vec{f}$ für $p=-1$?

d) Bestimme einen Vektor $\vec{g}$, der auf den beiden Vektoren von c) senkrecht steht, und entwickele aus $\vec{d}$, $\vec{f}$ und $\vec{g}$ eine orthonormierte Basis!

5. a) Zeige, dass die drei Vektoren $\vec{a}=\begin{pmatrix}2\\-2\\1\end{pmatrix}$, $\vec{b}=\begin{pmatrix}10\\11\\2\end{pmatrix}$ und $\vec{c}=\begin{pmatrix}-5\\2\\14\end{pmatrix}$ linear unabhängig sind! Zeige: Der Vektor $\vec{d}=\begin{pmatrix}14\\7\\4\end{pmatrix}$ läßt sich aus $\vec{a}$, $\vec{b}$ und $\vec{c}$ linear erzeugen!

b) Zeige, dass die Vektoren $\vec{a}$, $\vec{b}$ und $\vec{c}$ paarweise zueinander orthogonal sind, und entwickle aus ihnen eine orthonormierte Basis!

c) Bestimme die Werte $p, q\in\mathbb{R}$ so, dass die Vektoren $\vec{f}$ und $\vec{g}$ mit $\vec{f}=\vec{a}+p\vec{b}$ und $\vec{g}=\vec{a}+q\vec{b}$ zueinander orthogonal sind! Welche Beziehung besteht dann zwischen p und q?

d) Welche Bedingung müssen p und q erfüllen, damit die Vektoren $\vec{f}+\vec{g}$ und $\vec{f}-\vec{g}$ zueinander orthogonal sind?

6. Gegeben seien die Vektoren $\vec{a}=\begin{pmatrix}4\\-1\\0\end{pmatrix}$, $\vec{b}=\begin{pmatrix}6\\7\\-4\end{pmatrix}$ und $\vec{c}(p)=\begin{pmatrix}1\\4\\p\end{pmatrix}$, $p\in\mathbb{R}$.

a) Zeige, dass der Vektor $\vec{c}(p)$ für alle $p\in\mathbb{R}$ zu $\vec{a}$ orthogonal ist! Für welche Werte von p lässt sich $\vec{c}(p)$ aus $\vec{a}$ und $\vec{b}$ linear erzeugen?

b) V_2' sei die Menge aller Vektoren aus V_3, die orthogonal zum Vektor $\vec{a}$ sind. Zeige, dass sich jeder Vektor aus V_2' durch die Vektoren $\begin{pmatrix}1\\4\\0\end{pmatrix}$ und $\begin{pmatrix}0\\0\\1\end{pmatrix}$ linear erzeugen lässt!

c) Zeige: Die Menge aller Vektoren $\vec{x}\in V_3$, für die $|\vec{x}-\vec{a}|=|\vec{x}+\vec{a}|$ gilt, ist V_2'!

7. Für die Skalarprodukte der Vektoren $\vec{a}, \vec{b}, \vec{c}\in V_3$ gelte: $\vec{a}\cdot\vec{a}=3$, $\vec{a}\cdot\vec{b}=0$, $\vec{a}\cdot\vec{c}=2$, $\vec{b}\cdot\vec{c}=1$, und $\vec{b}\cdot\vec{b}=\vec{c}\cdot\vec{c}=2$.

a) Ermittle die Größen der Winkel zwischen je zwei der Vektoren $\vec{a}$, $\vec{b}$ und $\vec{c}$! Berechne $r, s\in\mathbb{R}$ so, dass der Vektor $\vec{d}=r\vec{a}+3\vec{b}+s\vec{c}$ sowohl zu $\vec{a}$ als auch zu $\vec{b}$ orthogonal ist! Zeige, wie $\vec{c}$ aus $\vec{a}$, $\vec{b}$ und $\vec{d}$ linear erzeugt wird!

b) Es seien $\vec{b}=\begin{pmatrix}1\\1\\0\end{pmatrix}$ und $\vec{c}=\begin{pmatrix}0\\1\\1\end{pmatrix}$.

Bestimme $\vec{a}$ so, dass alle Skalarprodukte die oben angegebenen Werte haben! Untersuche, ob $\vec{a}$, $\vec{b}$ und $\vec{c}$ linear unabhängig sind!

c) Für welche $k\in\mathbb{R}$ hat der Vektor $\vec{f}(k)=\vec{a}+2\vec{b}+k\vec{c}$ den Betrag $\sqrt{3}$? Kann $|\vec{f}(k)|$ jede positive reelle Zahl sein?

d) Für welche $k\in\mathbb{R}$ sind die Vektoren $\vec{f}(k)$ und $\vec{g}(k)=(k-1)\vec{a}+k\vec{b}+(k+2)\vec{c}$ linear abhängig?

8. Gegeben seien ein Punkt $P_1(1|-3|-3)$, eine Gerade g durch $\vec{x}_0=\begin{pmatrix}2\\1\\-3\end{pmatrix}$ und $\vec{a}=\begin{pmatrix}-1\\3\\1\end{pmatrix}$, ferner die Ebene ε_1 zu $x-3y-z=5$.

a) Bestimme die gegenseitige Lage von Gerade g und Ebene ε_1!

b) Liegt der Punkt P_1 in der Ebene ε_1? Ermittle ggf. eine Normalengleichung der Ebene ε_2, die durch P_1 geht und parallel zu ε_1 liegt!

c) Ermittle eine Gleichung der Ebene ε_3, in der die Gerade g und der Punkt P_1 liegen!

d) Bestimme die gegenseitigen Lagen der Ebene ε_3 zu den Ebenen ε_1 und ε_2!

9. a) Ermittle die gegenseitige Lage der Geraden g_1 zu $\vec{x}=\begin{pmatrix}1\\-4\\2\end{pmatrix}+t\begin{pmatrix}1\\-3\\-2\end{pmatrix}$ und der Geraden g_2 zu $\vec{x}=\begin{pmatrix}9\\0\\0\end{pmatrix}+s\begin{pmatrix}4\\2\\-1\end{pmatrix}$.

b) Ermittle den Schnittwinkel der beiden Geraden!

c) Ermittle Parametergleichung und Normalengleichung der Ebene ε, in der die Geraden g_1 und g_2 liegen!

d) Ermittle je eine Parametergleichung der in der Ebene ε gelegenen Winkelhalbierenden zu den Geraden g_1 und g_2!

10. Beweise: Sind $\vec{x}\cdot\vec{n}_1=p_1$ und $\vec{x}\cdot\vec{n}_2=p_2$ die Hesse-Gleichungen für zwei nicht parallele Geraden, so sind $\vec{x}\cdot(\vec{n}_1+\vec{n}_2)=p_1+p_2$ und $\vec{x}\cdot(\vec{n}_1-\vec{n}_2)=p_1-p_2$ die Gleichungen für die Winkelhalbierenden der beiden Geraden!

11. Die Gerade g sei durch die beiden Punkte $P(9|5|4)$ und $Q(2|1|0)$ bestimmt, die Ebene ε durch $2x-2y+z=6$.

a) Ermittle die Länge und den Lotfußpunkt des vom Nullpunkt auf die Ebene ε gefällten Lotes!

b) Ermittle Schnittpunkt und Größe des Schnittwinkels zwischen der Geraden g und der Ebene ε!

c) Ermittle die Punkte auf g, welche von ε den Abstand $d=4$ haben!

12. Das Viereck ABCD sei durch die Punkte $A(5|6|1)$, $B(-3|10|5)$, $C(1|4|7)$ und $D(9|0|3)$ gegeben.

a) Bestätige, dass die vier Punkte in einer Ebene liegen! Um welche Art Viereck handelt es sich?

b) Ermittle Gleichungen der Ebene, in der das Viereck liegt, in Parameter- und in Normalenform!

c) Ermittle den Abstand der Ebene vom Nullpunkt!

d) Ermittle die Entfernung des Diagonalenschnittpunktes im Viereck ABCD vom Nullpunkt!

e) Berechne die Entfernung dieses Diagonalenschnittpunktes vom Fußpunkt des Lotes, welches vom Nullpunkt auf die Ebene gefällt wird!

f) Ermittle eine Parametergleichung derjenigen Geraden, die durch C geht und von den Punkten A und B den gleichen Abstand hat!

13. a) Ermittle im Dreieck ABC mit A(0|2|1), B(2|4|2), C(4|5|1) eine Parametergleichung der Winkelhalbierenden von $\sphericalangle \alpha$!
b) Bringe diese Winkelhalbierende mit der gegenüberliegenden Dreiecksseite zum Schnitt!
c) Bestätige den Satz: Im Dreieck teilt eine Winkelhalbierende die Gegenseite im Verhältnis der Längen der anliegenden Seiten!

14. Gegeben seien die vier Punkte A(4|0|0), B(1|6|4), C(7|−2|−2) und D(8|−4|13).
a) Berechne den Abstand des Punktes D zu der durch A, B und C bestimmten Ebene ε!
b) Ermittle den Fußpunkt des Lotes von D auf ε!
c) Ermittle die Größe des Schnittwinkels zwischen ε und der x-y-Ebene!

15. Gegeben seien $\vec{a}=\begin{pmatrix}1\\2\\2\end{pmatrix}$, $\vec{b}=\begin{pmatrix}2\\1\\b_3\end{pmatrix}$, $\vec{c}=\begin{pmatrix}2\\c_2\\c_3\end{pmatrix}$ mit $b_3, c_2, c_3 \in \mathbb{R}$.

a) Welche Beziehung besteht zwischen b_3, c_2 und c_3, so dass die Vektoren $\vec{a}$, $\vec{b}$ und $\vec{c}$ linear abhängig sind?
b) Berechne b_3, c_2 und c_3 so, dass je zwei der Vektoren $\vec{a}$, $\vec{b}$ und $\vec{c}$ zueinander orthogonal sind!
c) Ermittle von der Ebene ε zu $\vec{x}=r\begin{pmatrix}2\\1\\-2\end{pmatrix}+s\begin{pmatrix}2\\-2\\1\end{pmatrix}$ eine Normalengleichung und berechne den Abstand des Punktes P(3|6|−3) von der Ebene ε!
d) P′ sei Spiegelpunkt von P bezüglich der Ebene ε. Ermittle die Koordinaten von P′ und die Entfernung der Punkte P′ und P!

16. a) Zeige, dass die beiden Ebenen ε_1 zu $x+z+1=0$ und ε_2 zu $x+y-z+3=0$ zueinander orthogonal sind!
b) Ermittle eine Parametergleichung der Schnittgeraden g!
c) Zeige, dass P(−2|0|1) auf dieser Schnittgeraden liegt!
d) Weise nach, dass die Gerade g in allen Ebenen der Schar $\varepsilon(t)$ zu $(t+1)x+y+(t-1)z+t+3=0$ mit $t \in \mathbb{R}$ liegt!
e) Welche Bedingung müssen zwei Parameterwerte t_1 und t_2 erfüllen, damit die Ebenen $\varepsilon(t_1)$ und $\varepsilon(t_2)$ zueinander senkrecht stehen?
f) Welche Ebenen $\varepsilon(t)$ haben vom Nullpunkt den Abstand $\sqrt{3}$?
g) Zeige, dass der Vektor $\vec{a}=\begin{pmatrix}1-t\\1-t\\2+t\end{pmatrix}$ mit $t \in \mathbb{R}$ ein Spannvektor der Ebene $\varepsilon(t)$ ist und dass der Vektor $\vec{a}$ und der Richtungsvektor der Schnittgeraden g linear unabhängig sind!
h) Die Gerade h(t) liege in der Ebene $\varepsilon(t)$, stehe senkrecht auf der Geraden g und verlaufe durch den Punkt P(−2|0|1).
Ermittle eine Parametergleichung von h(t)!
i) Es sei $Q(t)=(1-2t|-2t|4+2t)$.
Zeige, dass die Dreiecke mit den Eckpunkten P, Q(t) und Q(t+1) eine Seite besitzen, die eine von t unabhängige Länge hat! Bestimme ferner t so, dass die beiden anderen Seiten gleich lang sind!

17. Zeige, dass das durch $A(0|0)$, $B(a|0)$ und $C(\frac{1}{2}a|\frac{1}{2}a\sqrt{3})$ gegebene Dreieck gleichseitig ist! Beweise, dass für jeden Punkt im Innern dieses Dreiecks die Summe seiner Abstände von den drei Dreiecksseiten gleich der Dreieckshöhe ist! Untersuche, ob diese Aussage auch für Punkte auf den Seiten des Dreiecks und für Punkte außerhalb des Dreiecks gilt!

18. Eine Ebene ε und zwei Geradenscharen $g(\alpha)$ und $h(\alpha)$ seien gegeben durch:

$$\varepsilon\colon x+2y=3;\quad g(\alpha)\colon \vec{x}=\begin{pmatrix}1+\alpha\\2+\alpha\\1\end{pmatrix}+t\begin{pmatrix}\alpha\\1+\alpha\\1-\alpha\end{pmatrix};\quad h(\alpha)\colon \vec{x}=\begin{pmatrix}-1\\0\\1+\alpha\end{pmatrix}+s\begin{pmatrix}2\\1\\-1\end{pmatrix}\quad \text{mit } \alpha\in\mathbb{R}.$$

a) Für welchen Wert von α ist die Gerade $g(\alpha)$ parallel zu ε? Liegt diese Gerade in der Ebene ε?
b) Berechne für alle übrigen Werte $\alpha\in\mathbb{R}$ den Schnittpunkt von ε und $g(\alpha)$! Ermittle den Wert von α, für den $g(\alpha)$ orthogonal zu ε ist!
c) Zeige, dass sich die zum gleichen Wert von α gehörenden Geraden der beiden Scharen schneiden, indem du die Schnittpunkte berechnest!
d) Zeige, dass der Vektor $\begin{pmatrix}2\\\alpha-2\\\alpha+2\end{pmatrix}$ orthogonal ist zu den Richtungsvektoren von $g(\alpha)$ und $h(\alpha)$! Ermittle eine Normalengleichung der Schar von Ebenen $\varepsilon(\alpha)$, in denen die Geraden $g(\alpha)$ und $h(\alpha)$ liegen!
Für welche Zahl α verläuft $\varepsilon(\alpha)$ durch den Nullpunkt?
e) Berechne die Größe des Winkels zwischen den Ebenen ε und $\varepsilon(-2)$! Zeige, dass jeder Punkt der Ebene zu $x=1$ von ε den gleichen Abstand hat wie von $\varepsilon(-2)$!

19. Die Gerade g sei durch $\vec{x}=\begin{pmatrix}-5\\8\\2\end{pmatrix}+t\begin{pmatrix}-1\\1\\1\end{pmatrix}$ und die Ebenenschar $\varepsilon(\alpha)$ durch $2x-6y+(4-\alpha)z=-2\alpha$ mit $\alpha\in\mathbb{R}$ bestimmt.
a) Für welches α ist $\varepsilon(\alpha)$ parallel zu g? In der Schar gibt es eine Ebene, die zu keiner anderen Ebene der Schar orthogonal ist. Ermittle ihre Gleichung!
b) Die Ebene ε^* verlaufe durch $P(1|11|2)$ und parallel zu $\varepsilon(7)$. Berechne den Abstand dieser beiden Ebenen!

20. Eine Ebene ε sei durch die Punkte $P_1(0|-7|-4)$, $P_2(2|1|2)$ und $P_3(-1|-3|5)$ bestimmt. Gegeben seien außerdem $Q(1|4|-1)$ und die Gerade g zu $\vec{x}=\begin{pmatrix}4\\3\\-1\end{pmatrix}+t\begin{pmatrix}1\\0\\-1\end{pmatrix}$.
a) Ermittle eine Gleichung der Ebene ε und berechne den Abstand des Punktes Q von der Ebene!
b) Ermittle den Spiegelpunkt Q' von Q bezüglich ε!
c) Ermittle den Schnittpunkt zwischen g und ε und die Größe des Schnittwinkels!
d) Berechne die Koordinaten der Punkte auf der z-Achse, von denen aus die Strecke P_1P_2 unter einem rechten Winkel erscheint!

§ 10 Das Vektorprodukt von Vektoren

I. Die Definition des Vektorproduktes

1. In den bisherigen Überlegungen zur analytischen Geometrie haben wir schon mehrfach vor dem Problem gestanden, einen Vektor zu ermitteln, der auf zwei gegebenen Vektoren senkrecht steht.

Beispiele:

1) Wenn eine Ebene durch eine Parametergleichung der Form

$$\vec{x} = \vec{x}_0 + r\vec{a} + s\vec{b}$$

gegeben ist, ist es häufig notwendig, aus dieser Gleichung eine Normalenform der Ebenengleichung herzuleiten (vergleiche Seite 125!). Dazu benötigt man einen **Normalenvektor** $\vec{n}$ der Ebene, also einen Vektor, der auf den beiden Vektoren $\vec{a}$ und $\vec{b}$ senkrecht steht. Dieser Vektor $\vec{n}$ muss also der Bedingung

$$\vec{a} \cdot \vec{n} = 0 \wedge \vec{b} \cdot \vec{n} = 0$$

genügen.

2) Wenn die Schnittgerade zweier Ebenen ε_1 und ε_2 zu bestimmen ist, die durch ihre Normalform gegeben sind, dann muss der Richtungsvektor $\vec{a}$ der Schnittgeraden berechnet werden. Dieser Richtungsvektor steht auf den beiden Normalenvektoren $\vec{n}_1$ und $\vec{n}_2$ der beiden Ebenen senkrecht; es muss also gelten:

$$\vec{n}_1 \cdot \vec{a} = 0 \wedge \vec{n}_2 \cdot \vec{a} = 0.$$

Auf Seite 136 haben wir dieses Problem für ein Beispiel gelöst; wir wollen es nun allgemein angehen.

2. Wir suchen also einen Vektor $\vec{n}$, der auf zwei gegebenen Vektoren $\vec{a}$ und $\vec{b}$ senkrecht steht. Dabei setzen wir voraus, dass $\vec{a}$ und $\vec{b}$ nicht kollinear sind; denn andernfalls wäre die Normalenrichtung nicht eindeutig bestimmt.
Die Bedingung für einen solchen Normalenvektor $\vec{n}$ lautet:

$$\vec{a} \cdot \vec{n} = 0 \wedge \vec{b} \cdot \vec{n} = 0,$$

also

$$\begin{aligned} & a_1 n_1 + a_2 n_2 + a_3 n_3 = 0 \quad &&\Big| \cdot (-b_3) \\ \wedge\ & b_1 n_1 + b_2 n_2 + b_3 n_3 = 0 \quad &&\Big| \cdot a_3. \end{aligned}$$

Da es sich um ein homogenes lineares Gleichungssystem von zwei Gleichungen mit drei Variablen handelt, kann die Lösung nicht eindeutig sein. Dies ist auch aus geometrischen Gründen klar, weil lediglich die Richtung, nicht aber die Länge und die Orientierung des Normalenvektors $\vec{n}$ festgelegt sind.

Wir eliminieren zunächst die Variable n_3 mit Hilfe der oben angegebenen Faktoren $-b_3$ und a_3; wir erhalten die Gleichung

$$(-a_1 b_3 + a_3 b_1) n_1 + (-a_2 b_3 + a_3 b_2) n_2 = 0,$$

also $$(a_3 b_1 - a_1 b_3) n_1 = (a_2 b_3 - a_3 b_2) n_2.$$

Diese Gleichung können wir sehr einfach dadurch erfüllen, dass wir für n_1 und für n_2 – mit einem beliebigen Faktor $k \neq 0$ – setzen:

$$n_1 = k \cdot (a_2 b_3 - a_3 b_2) \quad \text{und} \quad n_2 = k \cdot (a_3 b_1 - a_1 b_3).$$

Begründe dies (Aufgabe 1a)! Zur Ermittlung des zugehörigen Wertes von n_3 setzen wir die Ausdrücke für n_1 und n_2 z.B. in die erste Gleichung des Systems ein:

$$\begin{aligned} a_3 n_3 &= -(a_1 n_1 + a_2 n_2) \\ &= -k(a_1 a_2 b_3 - a_1 a_3 b_2 + a_2 a_3 b_1 - a_1 a_2 b_3) \\ &= -k a_3(-a_1 b_2 + a_2 b_1) \\ &= k a_3(a_1 b_2 - a_2 b_1). \end{aligned}$$

Daraus ergibt sich (für $a_3 \neq 0$): $n_3 = k(a_1 b_2 - a_2 b_1)$.

Durch Einsetzen in die beiden Gleichungen des Systems kann man bestätigen, dass n_1, n_2 und n_3 in jedem Fall das Gleichungssystem erfüllen, auch wenn $a_3 = 0$ ist (Aufgabe 1b). Somit erhalten wir:

$$\vec{n} = k \begin{pmatrix} a_2 b_3 - a_3 b_2 \\ a_3 b_1 - a_1 b_3 \\ a_1 b_2 - a_2 b_1 \end{pmatrix}.$$

Die Zahl k bestimmt mit ihrem Betrag die Länge und mit ihrem Vorzeichen die Orientierung des Normalenvektors $\vec{n}$.
Für $k > 0$ bilden $\vec{a}$, $\vec{b}$ und $\vec{n}$ (in **dieser** Reihenfolge!) ein „Rechtssystem"; für $k < 0$ bilden $\vec{a}$, $\vec{b}$ und $\vec{n}$ ein „Linkssystem". Vergleiche Aufgabe 2!

3. Es liegt nun nahe, unter allen Normalenvektoren $\vec{n}$ denjenigen auszuwählen, der durch den Faktor $k = 1$ bestimmt ist. Diesen Vektor definieren wir als Ergebnisvektor einer neuen Verknüpfung von zwei Vektoren $\vec{a}$ und $\vec{b}$. Weil das Ergebnis ein **Vektor** ist, nennt man diese Verknüpfung die **„Vektormultiplikation"**; man bezeichnet dieses **Vektorprodukt** zweier Vektoren $\vec{a}$ und $\vec{b}$ mit

„$\vec{a} \times \vec{b}$", gelesen **„Vektor a Kreuz Vektor b"**.

Wir definieren:

D 10.1 Unter dem „Vektorprodukt zweier Vektoren $\vec{a}, \vec{b} \in V_3$" versteht man den Vektor

$$\vec{a} \times \vec{b} = \begin{pmatrix} a_2 b_3 - a_3 b_2 \\ a_3 b_1 - a_1 b_3 \\ a_1 b_2 - a_2 b_1 \end{pmatrix}.$$

4. Bei der Berechnung der Koordinaten des Vektorproduktes kann man nach der folgenden Merkregel verfahren. Jede Koordinate von $\vec{a} \times \vec{b}$ ist eine Differenz.

1) Beim **Minuenden** hat man jeweils die **„zyklische"** Reihenfolge der Zahlen 1, 2, 3 zu beachten:

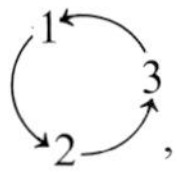

, nämlich

in der 1. Koordinate: $a_2 b_3$,

in der 2. Koordinate: $a_3 b_1$,

in der 3. Koordinate: $a_1 b_2$.

2) Im **Subtrahenden** treten die gleichen Indizes wie im Minuenden in vertauschter Reihenfolge auf, also:

in der 1. Koordinate: $a_3 b_2$,

in der 2. Koordinate: $a_1 b_3$,

in der 3. Koordinate: $a_2 b_1$.

Außer dem Zyklus (1, 2, 3) hat man sich also zu merken: **„Vertauschen und Subtrahieren".**

Beispiel: $\vec{a} = \begin{pmatrix} -2 \\ 1 \\ -3 \end{pmatrix}$; $\vec{b} = \begin{pmatrix} 3 \\ 2 \\ 4 \end{pmatrix}$; $\vec{a} \times \vec{b} = \begin{pmatrix} -2 \\ 1 \\ -3 \end{pmatrix} \times \begin{pmatrix} 3 \\ 2 \\ 4 \end{pmatrix} = \begin{pmatrix} 1 \cdot 4 - (-3) \cdot 2 \\ -3 \cdot 3 - (-2) \cdot 4 \\ -2 \cdot 2 - \ \ 1 \cdot 3 \end{pmatrix} = \begin{pmatrix} 10 \\ -1 \\ -7 \end{pmatrix}$.

5. Wir haben das Vektorprodukt – im Gegensatz zum Skalarprodukt – nicht geometrisch, sondern mit Hilfe der Koordinaten der beiden Vektoren $\vec{a}$ und $\vec{b}$ definiert. Daher haben wir uns klarzumachen, welche geometrische Bedeutung der Vektor $\vec{a} \times \vec{b}$ hat. Wir kennen bereits die Richtung und die Orientierung des Vektors $\vec{a} \times \vec{b}$: Er steht auf $\vec{a}$ und auf $\vec{b}$ senkrecht und die Vektoren $\vec{a}$, $\vec{b}$ und $\vec{a} \times \vec{b}$ bilden (in dieser Reihenfolge!) ein Rechtssystem. Wir wissen aber noch nichts über den Betrag, die Länge des Vektors $\vec{a} \times \vec{b}$.
Um Quadratwurzeln zu vermeiden, berechnen wir zunächst nicht $|\vec{a} \times \vec{b}|$, sondern $|\vec{a} \times \vec{b}|^2$.

$$\begin{aligned} |\vec{a} \times \vec{b}|^2 &= (a_2 b_3 - a_3 b_2)^2 + (a_3 b_1 - a_1 b_3)^2 + (a_1 b_2 - a_2 b_1)^2 \\ &= (a_2 b_3)^2 - 2 a_2 a_3 b_2 b_3 + (a_3 b_2)^2 \\ &\quad + (a_3 b_1)^2 - 2 a_1 a_3 b_1 b_3 + (a_1 b_3)^2 \\ &\quad + (a_1 b_2)^2 - 2 a_1 a_2 b_1 b_2 + (a_2 b_1)^2. \end{aligned}$$

Es liegt nahe, hier die „fehlenden" Quadrate $(a_1 b_1)^2$, $(a_2 b_2)^2$ und $(a_3 b_3)^2$ hinzuzuaddieren und wieder zu subtrahieren; außerdem ordnen wir die Quadrate nach den Indizes und erhalten:

$$\begin{aligned} |\vec{a} \times \vec{b}|^2 &= (a_1 b_1)^2 + (a_1 b_2)^2 + (a_1 b_3)^2 \\ &\quad + (a_2 b_1)^2 + (a_2 b_2)^2 + (a_2 b_3)^2 \\ &\quad + (a_3 b_1)^2 + (a_3 b_2)^2 + (a_3 b_3)^2 \\ &\quad - [(a_1 b_1)^2 + (a_2 b_2)^2 + (a_3 b_3)^2 + 2 a_1 a_2 b_1 b_2 + 2 a_2 a_3 b_2 b_3 + 2 a_1 a_3 b_1 b_3]. \end{aligned}$$

Bemerkung: Die folgende Umformung versteht man leichter, wenn man sie „rückwärts" durchführt, wenn man also die Produkte der folgenden Zeile wieder ausmultipliziert.

$$\begin{aligned} |\vec{a} \times \vec{b}|^2 &= \underbrace{(a_1^2 + a_2^2 + a_3^2)}_{|\vec{a}|^2} \cdot \underbrace{(b_1^2 + b_2^2 + b_3^2)}_{|\vec{b}|^2} - \underbrace{(a_1 b_1 + a_2 b_2 + a_3 b_3)^2}_{(\vec{a} \cdot \vec{b})^2} \\ &= |\vec{a}|^2 \, |\vec{b}|^2 - |\vec{a}|^2 \, |\vec{b}|^2 \cos^2 \alpha \\ &= |\vec{a}|^2 \, |\vec{b}|^2 (1 - \cos^2 \alpha) \\ &= |\vec{a}|^2 \, |\vec{b}|^2 \sin^2 \alpha = (|\vec{a}| \, |\vec{b}| \sin \alpha)^2. \end{aligned}$$

Somit haben wir erhalten:

$$|a \times b|^2 = (|\vec{a}|\,|\vec{b}| \sin\alpha)^2.$$

Von $|\vec{a} \times \vec{b}|^2$ haben wir nun auf $|\vec{a} \times \vec{b}|$ zu schließen und dabei zu berücksichtigen, dass $|\vec{a} \times \vec{b}|$ stets eine nicht negative Zahl ist.
Nun gilt für die Größe α eines Winkels zwischen zwei Vektoren $\vec{a}$ und $\vec{b}$ in jedem Fall

$$0 \leq \alpha \leq 180°,$$

also $\sin\alpha \geq 0$.
Somit muss gelten:

$$\mathbf{|\vec{a} \times \vec{b}| = |\vec{a}|\,|\vec{b}| \sin\alpha.}$$

6. Wir fassen zusammen:

S 10.1 Für beliebige Vektoren $\vec{a}, \vec{b} \in V_3$ ist $\vec{a} \times \vec{b}$ derjenige Vektor, für den gilt:

1) $|\vec{a} \times \vec{b}| = |\vec{a}|\,|\vec{b}| \sin\alpha$,

2) $\vec{a} \times \vec{b} \perp \vec{a}$ und $\vec{a} \times \vec{b} \perp \vec{b}$ und

3) $\vec{a}$, $\vec{b}$ und $\vec{a} \times \vec{b}$ bilden ein Rechtssystem.

Dabei bezeichnet α die Größe des (nicht überstumpfen) Winkels, den $\vec{a}$ und $\vec{b}$ einschließen (Bild 10.1).

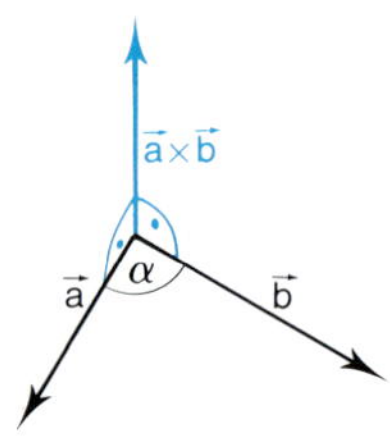

Bild 10.1

Beachte: Bei der Herleitung der Koordinatendarstellung des Vektorproduktes haben wir vorausgesetzt, dass $\vec{a}$ und $\vec{b}$ **nicht** kollinear sind. Diese Einschränkung haben wir in D 10.1 **nicht** aufgenommen.
Falls $\vec{a}$ und $\vec{b}$ kollinear sind, gilt $\alpha = 0°$ oder $\alpha = 180°$; in beiden Fällen ist $\sin\alpha = 0$; daher ist dann $|\vec{a} \times \vec{b}| = 0$ und somit $\vec{a} \times \vec{b} = \vec{0}$.
Da wir dem Nullvektor jede Richtung und jede Orientierung zugeordnet haben, behalten die Punkte 1) und 2) in Satz S 10.1 auch für den Fall kollinearer Vektoren $\vec{a}$ und $\vec{b}$ ihre Gültigkeit. Für den Sonderfall $\vec{b} = \vec{a}$ erhält man den Satz

S 10.2 Für alle $\vec{a} \in V_3$ gilt: $\vec{a} \times \vec{a} = \vec{0}$.

7. Gilt umgekehrt $\vec{a} \times \vec{b} = \vec{0}$, also $|\vec{a} \times \vec{b}| = 0$, so bedeutet dies nach Satz S 10.1:

$$|\vec{a}| = 0 \vee |\vec{b}| = 0 \vee \sin\alpha = 0, \qquad \text{also } \vec{a} = \vec{0} \vee \vec{b} = \vec{0} \vee \vec{a} \parallel \vec{b}.$$

Damit ist gezeigt:

S 10.3 Gilt für zwei Vektoren $\vec{a}, \vec{b} \neq \vec{0}$ die Beziehung $\vec{a} \times \vec{b} = \vec{0}$, so sind $\vec{a}$ und $\vec{b}$ kollinear.

8. Wir können den Betrag eines Vektorprodukts auch geometrisch deuten. Es handelt sich nämlich um die Flächenmaßzahl des von $\vec{a}$ und $\vec{b}$ aufgespannten Parallelogramms. Wir haben zwei Fälle zu unterscheiden (Bilder 10.2 und 10.3).

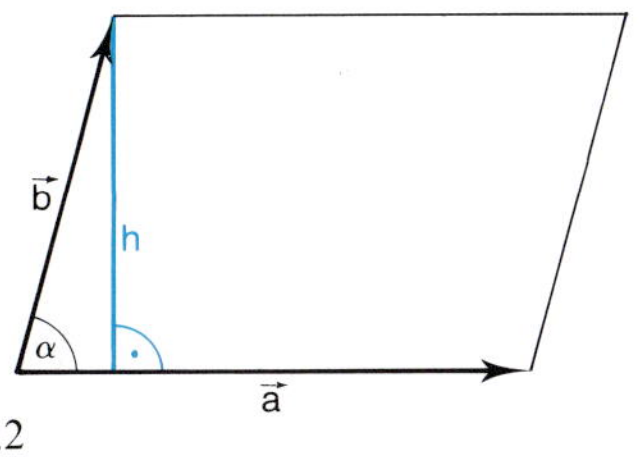

Bild 10.2

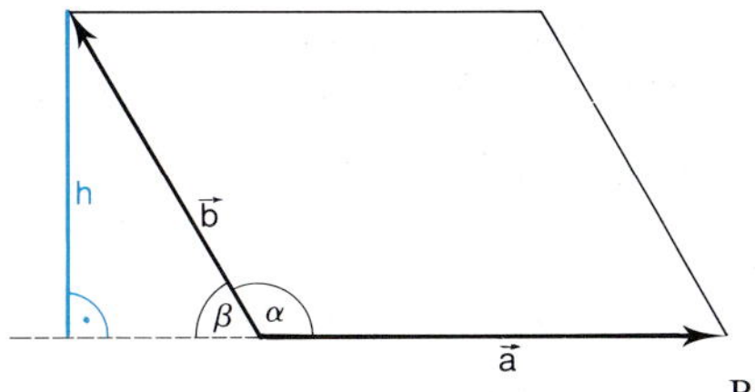

Bild 10.3

1) Gilt $0<\alpha\leq 90°$ (Bild 10.2), so gilt für die Höhe h des Parallelogramms unmittelbar:

$$h=|\vec{b}|\sin\alpha.$$

2) Gilt $90°<\alpha<180°$ (Bild 10.3), so gilt für die Höhe h des Parallelogramms:

$$h=|\vec{b}|\sin\beta=|\vec{b}|\sin(180°-\alpha)=|\vec{b}|\sin\alpha.$$

In beiden Fällen gilt also für die Flächenmaßzahl des Parallelogramms:

$$A(P)=|\vec{a}|\,h=|\vec{a}|\,|\vec{b}|\sin\alpha=|\vec{a}\times\vec{b}|.$$

Bemerkung: Ist $\alpha=0°$ oder $\alpha=180°$, so ist $|\vec{a}\times\vec{b}|=0$ und auch $A(P)=0$.

9. Mit Hilfe des Vektorproduktes kann man also den **Flächeninhalt von Parallelogrammen und von Dreiecken** bestimmen.

Beispiele:

1) Ein Parallelogramm wird aufgespannt von den Vektoren $\vec{a}=\begin{pmatrix}-3\\1\\1\end{pmatrix}$ und $\vec{b}=\begin{pmatrix}2\\-2\\1\end{pmatrix}$.

Es gilt: $\vec{a}\times\vec{b}=\begin{pmatrix}-3\\1\\1\end{pmatrix}\times\begin{pmatrix}2\\-2\\1\end{pmatrix}=\begin{pmatrix}3\\5\\4\end{pmatrix}$. Also: $A(P)=|\vec{a}\times\vec{b}|=\sqrt{9+25+16}=\sqrt{50}=5\sqrt{2}$.

2) Die Eckpunkte eines Dreiecks (Bild 10.4) sind gegeben durch die Ortsvektoren

$$\vec{x}_1=\begin{pmatrix}-2\\1\\3\end{pmatrix};\quad \vec{x}_2=\begin{pmatrix}1\\-1\\4\end{pmatrix};\quad \vec{x}_3=\begin{pmatrix}1\\2\\-1\end{pmatrix}.\ \text{(Bild 10.4).}$$

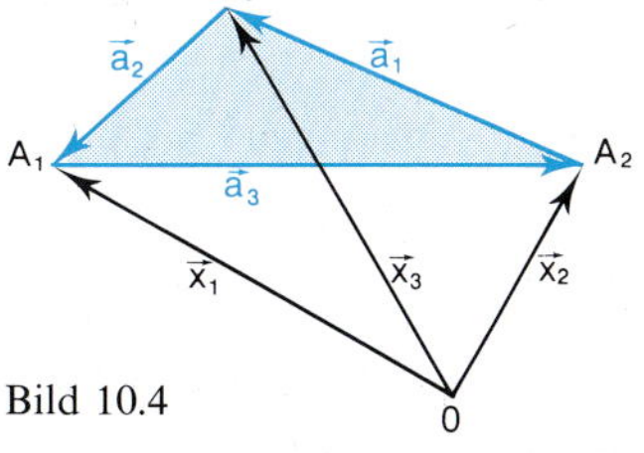

Bild 10.4

Für die drei Seitenvektoren des Dreiecks gilt dann:

$$\vec{a}_1=\vec{x}_3-\vec{x}_2=\begin{pmatrix}1\\2\\-1\end{pmatrix}-\begin{pmatrix}1\\-1\\4\end{pmatrix}=\begin{pmatrix}0\\3\\-5\end{pmatrix};$$

$$\vec{a}_2=\vec{x}_1-\vec{x}_3=\begin{pmatrix}-2\\1\\3\end{pmatrix}-\begin{pmatrix}1\\2\\-1\end{pmatrix}=\begin{pmatrix}-3\\-1\\4\end{pmatrix};\quad \vec{a}_3=\vec{x}_2-\vec{x}_1=\begin{pmatrix}1\\-1\\4\end{pmatrix}-\begin{pmatrix}-2\\1\\3\end{pmatrix}=\begin{pmatrix}3\\-2\\1\end{pmatrix}.$$

Ferner gilt: $\vec{a}_1 \times \vec{a}_2 = \begin{pmatrix} 0 \\ 3 \\ -5 \end{pmatrix} \times \begin{pmatrix} -3 \\ -1 \\ 4 \end{pmatrix} = \begin{pmatrix} 7 \\ 15 \\ 9 \end{pmatrix}$.

Somit ergibt sich: $A = \frac{1}{2}|\vec{a}_1 \times \vec{a}_2| = \frac{1}{2}\sqrt{49+225+81} = \frac{1}{2}\sqrt{355} \approx 9{,}42$.

Probe: $\vec{a}_2 \times \vec{a}_3 = \begin{pmatrix} -3 \\ -1 \\ 4 \end{pmatrix} \times \begin{pmatrix} 3 \\ -2 \\ 1 \end{pmatrix} = \begin{pmatrix} 7 \\ 15 \\ 9 \end{pmatrix}$; $\vec{a}_3 \times \vec{a}_1 = \begin{pmatrix} 3 \\ -2 \\ 1 \end{pmatrix} \times \begin{pmatrix} 0 \\ 3 \\ -5 \end{pmatrix} = \begin{pmatrix} 7 \\ 15 \\ 9 \end{pmatrix}$.

10. Auch das Vektorprodukt gestattet eine Reihe von **physikalischen** Anwendungen. Ein wichtiges Beispiel ist der Begriff des **„Drehmomentes"**.
Man nennt einen Körper, der um eine Achse drehbar ist, einen **„Hebel"**. Greift eine Kraft $\vec{F}$ an einem Hebel an, so ist die physikalische Drehwirkung dieser Kraft vom sogenannten **„Hebelarm"** h abhängig. Im einfachsten Fall (Bild 10.5) ist der Hebelarm der Abstand des Angriffspunktes der Kraft von der Achse. In diesem Fall definiert man als Drehmoment M:

$$M = h|\vec{F}|.$$

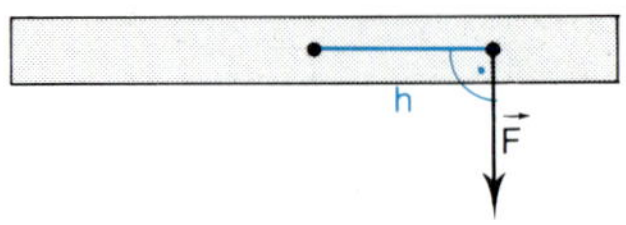

Bild 10.5

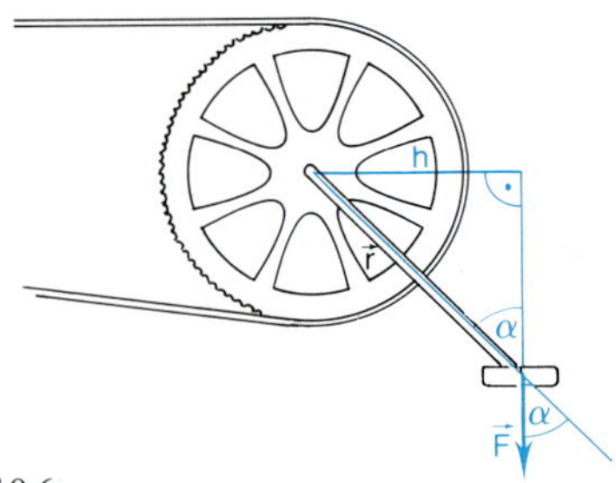

Bild 10.6

Im allgemeinen Fall (Bild 10.6) ist der Hebelarm h der Abstand der Achse vor der **Wirkungslinie** der Kraft. In diesem Fall gilt:

$$h = |\vec{r}| \sin \alpha.$$

Dabei bezeichnet $\vec{r}$ den Vektor von der Achse zum Angriffspunkt der Kraft und α die Größe des (nicht überstumpfen) Winkels zwischen $\vec{r}$ und $\vec{F}$. In diesem Falle gilt also:

$$M = |\vec{r}|\,|\vec{F}| \sin \alpha.$$

Dies ist der Betrag des Vektorproduktes $\vec{r} \times \vec{F}$: $M = |\vec{r} \times \vec{F}|$.
Man definiert daher als **vektorielles Drehmoment:**

$$\vec{M} = \vec{r} \times \vec{F}.$$

Greifen an einem Hebel mehrere Kräfte an, so erhält man das Gesamtdrehmoment durch vektorielle Addition der Drehmomente der einzelnen Kräfte.
Bemerkung: Wegen dieser physikalischen Anwendung des Vektorproduktes wird es gelegentlich auch **„Momentenprodukt"** genannt.

Übungen und Aufgaben

1. a) Bestätige und begründe, dass die Ansätze

$n_1 = k(a_2 b_3 - a_3 b_2)$ und $n_2 = k(a_3 b_1 - a_1 b_3)$

für beliebiges $k \in \mathbb{R}^{\neq 0}$ die Gleichung $(-a_1 b_3 + a_3 b_1) n_1 + (-a_2 b_3 + a_3 b_2) n_2 = 0$ erfüllen!
b) Bestätige und begründe ferner, dass die Ansätze für n_1, n_2 und $n_3 = k(a_1 b_2 - a_2 b_1)$ auch im Fall $a_3 = 0$ das Gleichungssystem auf Seite 183 unter 2. erfüllen!

2. Um zu zeigen, dass drei Vektoren $\vec{a}$, $\vec{b}$ und $\vec{a} \times \vec{b}$ stets ein Rechtssystem bilden, wenn $\vec{a} \times \vec{b} \neq \vec{0}$ ist, kann man sich die Vektoren $\vec{a}$ und $\vec{b}$ durch zwei Vektoren $\vec{c}$ und $\vec{d}$ ersetzt denken, die mit $\vec{a}$ und $\vec{b}$ im Betrag und in der Größe des eingeschlossenen Winkels übereinstimmen, wobei $\vec{c}$ in Richtung der positiven x-Achse weist und $\vec{d}$ in der x-y-Ebene liegt.
Begründe: Ist dann $d_2 > 0$ ($d_2 < 0$), so weist $\vec{c} \times \vec{d}$ in Richtung der positiven (negativen) z-Achse. Zeige, dass $\vec{c}$, $\vec{d}$ und $\vec{c} \times \vec{d}$ und mithin auch $\vec{a}$, $\vec{b}$ und $\vec{a} \times \vec{b}$ in beiden Fällen ein Rechtssystem bilden! Beachte, dass bei Anwendung der „Korkenzieherregel" (Seite 15) der Korkenzieher über dem **kleinsten** Winkel von $\vec{c}$ nach $\vec{d}$ gedreht werden muss!

3. a) Bestätige unmittelbar aus der Definition des Vektorproduktes D 10.1, dass gilt: $(\vec{a} \times \vec{b}) \perp \vec{a}$ und $(\vec{a} \times \vec{b}) \perp \vec{b}$!

a) $\vec{a} = \begin{pmatrix} 3 \\ 0 \\ 0 \end{pmatrix}$, $\vec{b} = \begin{pmatrix} 7 \\ 4 \\ -1 \end{pmatrix}$ **b)** $\vec{a} = \begin{pmatrix} 2 \\ 0 \\ -1 \end{pmatrix}$, $\vec{b} = \begin{pmatrix} -1 \\ -2 \\ 3 \end{pmatrix}$ **c)** $\vec{a} = \begin{pmatrix} 3 \\ -1 \\ 1 \end{pmatrix}$, $\vec{b} = \begin{pmatrix} -1 \\ 2 \\ 4 \end{pmatrix}$;

d) Beweise den Sachverhalt allgemein für $\vec{a}, \vec{b} \in V_3$!

4. Berechne $\vec{a} \times \vec{b}$ und $\vec{b} \times \vec{a}$!

a) $\vec{a} = \begin{pmatrix} 1 \\ 0 \\ -1 \end{pmatrix}$, $\vec{b} = \begin{pmatrix} -3 \\ 2 \\ 1 \end{pmatrix}$ **b)** $\vec{a} = \begin{pmatrix} 1 \\ 2 \\ 0 \end{pmatrix}$, $\vec{b} = \begin{pmatrix} 2 \\ -1 \\ 0 \end{pmatrix}$ **c)** $\vec{a} = \begin{pmatrix} 2 \\ -1 \\ 2 \end{pmatrix}$, $\vec{b} = \begin{pmatrix} 0 \\ 3 \\ 4 \end{pmatrix}$

d) $\vec{a} = \begin{pmatrix} 1 \\ 0 \\ 1 \end{pmatrix}$, $\vec{b} = \begin{pmatrix} 0 \\ 1 \\ 0 \end{pmatrix}$ **e)** $\vec{a} = \begin{pmatrix} 2 \\ -3 \\ 1 \end{pmatrix}$, $\vec{b} = \begin{pmatrix} 1 \\ -7 \\ 5 \end{pmatrix}$ **f)** $\vec{a} = \begin{pmatrix} 2 \\ -1 \\ 2 \end{pmatrix}$, $\vec{b} = \begin{pmatrix} 1 \\ 2 \\ 0 \end{pmatrix}$

5. Ermittle alle neun Vektorprodukte $\vec{e}_i \times \vec{e}_k$ für $i, k \in \{1, 2, 3\}$ und deute die einzelnen Ergebnisse geometrisch!

6. Ermittle mit Hilfe des Vektorprodukts die Größen der von den Vektoren $\vec{a}$ und $\vec{b}$ in Aufgabe 4 eingeschlossenen (nicht überstumpfen) Winkel! Kontrolliere die Ergebnisse mit Hilfe der Skalarprodukte $\vec{a} \cdot \vec{b}$!

7. Berechne die Flächenmaßzahl des von den Vektoren $\vec{a}$ und $\vec{b}$ aufgespannten Parallelogramms und die Größe des von ihnen eingeschlossenen nicht überstumpfen Winkels!

a) $\vec{a} = \begin{pmatrix} 4 \\ -3 \\ 2 \end{pmatrix}$, $\vec{b} = \begin{pmatrix} -3 \\ 2 \\ -5 \end{pmatrix}$ **b)** $\vec{a} = \begin{pmatrix} 3 \\ 4 \\ 0 \end{pmatrix}$, $\vec{b} = \begin{pmatrix} 12 \\ 5 \\ 0 \end{pmatrix}$ **c)** $\vec{a} = \begin{pmatrix} 2 \\ -2 \\ 1 \end{pmatrix}$, $\vec{b} = \begin{pmatrix} -2 \\ 1 \\ -2 \end{pmatrix}$

8. Für die Punkte A, B und C seien $\overrightarrow{AB}$, $\overrightarrow{BC}$ und $\overrightarrow{CA}$ Vertreter der Vektoren $\vec{c}$, $\vec{a}$ und $\vec{b}$. Berechne $\vec{a}\times\vec{b}$, $\vec{b}\times\vec{c}$ und $\vec{c}\times\vec{a}$! Deute die Ergebnisse geometrisch! Berechne ferner $|\vec{a}|$, $|\vec{b}|$, $|\vec{c}|$, die Größen der Innenwinkel sowie die Flächenmaßzahl des Dreiecks ABC!
a) $A(1|2|0)$, $B(3|-1|0)$, $C(-2|5|0)$ **b)** $A(1|2|2)$, $B(2|1|1)$, $C(1|4|-1)$

9. Ermittle einen Vektor $\vec{x}$, für den $\vec{x}\times\vec{b}=\vec{c}$ ist!
a) $\vec{b}=\begin{pmatrix}2\\1\\-2\end{pmatrix}$, $\vec{c}=\begin{pmatrix}1\\2\\2\end{pmatrix}$ **b)** $\vec{b}=\begin{pmatrix}5\\0\\-2\end{pmatrix}$, $\vec{c}=\begin{pmatrix}2\\-1\\5\end{pmatrix}$ **c)** $\vec{b}=\begin{pmatrix}-2\\3\\1\end{pmatrix}$, $\vec{c}=\begin{pmatrix}4\\3\\-1\end{pmatrix}$

10. Beweise aus der Darstellung des Vektorproduktes nach Satz S 10.1, dass für alle Vektoren $\vec{a},\vec{b}\in V_3$ gilt: $(\vec{a}\times\vec{b})^2=\vec{a}^2\vec{b}^2-(\vec{a}\cdot\vec{b})^2$!

11. Beweise unmittelbar aus der Definition des Vektorproduktes D 10.1 die folgenden Sätze!
a) Zwei Vektoren $\vec{a},\vec{b}\in V_3$ sind kollinear genau dann, wenn gilt: $\vec{a}\times\vec{b}=\vec{0}$.
b) Zwei Vektoren $\vec{a},\vec{b}\in V_3$ sind orthogonal genau dann, wenn gilt: $|\vec{a}\times\vec{b}|=|\vec{a}||\vec{b}|$.

12. Unter welchen Bedingungen gilt: **a)** $(\vec{a}\times\vec{b})\times\vec{c}=\vec{0}$; **b)** $|\vec{a}\times\vec{b}|=\vec{a}\cdot\vec{b}$?

II. Die Gesetze des Vektorproduktes

1. Aus der Definition D 10.1 lassen sich die Gesetze für das Vektorprodukt rechnerisch grundsätzlich leicht herleiten. Allerdings sind die durchzuführenden Rechnungen manchmal etwas umfangreich.
Da beim Vektorprodukt – im Gegensatz zum Skalarprodukt – jedem Paar von Vektoren $(\vec{a}|\vec{b})$ ein Vektor $\vec{c}$ zugeordnet wird, ist es sinnvoll zu fragen, ob für das Vektorprodukt die Gruppengesetze gelten.

2. Vertauscht man in $\vec{a}\times\vec{b}$ die Vektoren $\vec{a}$ und $\vec{b}$, so bilden $\vec{a}$, $\vec{b}$ und $\vec{b}\times\vec{a}$ ein Linkssystem. Daraus ergibt sich bereits, dass für das Vektorprodukt das Kommutativgesetz **nicht** gilt. Statt dessen gilt das **„Alternativgesetz“:**

S 10.4 Für alle $\vec{a},\vec{b}\in V_3$ gilt: $\vec{b}\times\vec{a}=-(\vec{a}\times\vec{b})$.

Der – sehr einfache – Beweis soll in Aufgabe 2 geführt werden.

3. Wenn für das Vektorprodukt das Assoziativgesetz gelten würde, müsste die Gleichung $(\vec{a}\times\vec{b})\times\vec{c}=\vec{a}\times(\vec{b}\times\vec{c})$ allgemein gültig sein. Dies lässt sich an einfachen Beispielen leicht widerlegen (Aufgabe 8).
Da $\vec{a}\times\vec{b}$ nach Satz S 10.1 sowohl auf $\vec{a}$ wie auf $\vec{b}$ senkrecht steht und weil – außer dem Nullvektor – kein Vektor auf sich selbst senkrecht steht, kann es beim Vektorprodukt auch kein neutrales Element geben. Es gilt also weder das Neutralitäts- noch das Inversitätsgesetz.

4. Bei der Suche nach weiteren Gesetzen lassen wir uns von den Gesetzen leiten, die wir beim Skalarprodukt kennengelernt haben.
Multipliziert man zwei Vektoren $\vec{a}$ und $\vec{b}$ mit zwei Zahlen r und s, so ergibt sich für das Vektorprodukt:

$$(r\vec{a})\times(s\vec{b})=\begin{pmatrix} ra_1 \\ ra_2 \\ ra_3 \end{pmatrix}\times\begin{pmatrix} sb_1 \\ sb_2 \\ sb_3 \end{pmatrix}=\begin{pmatrix} (ra_2)(sb_3)-(ra_3)(sb_2) \\ (ra_3)(sb_1)-(ra_1)(sb_3) \\ (ra_1)(sb_2)-(ra_2)(sb_1) \end{pmatrix}$$

$$=\begin{pmatrix} rs(a_2b_3-a_3b_2) \\ rs(a_3b_1-a_1b_3) \\ rr(a_1b_2-a_2b_1) \end{pmatrix}=rs\begin{pmatrix} a_2b_3-a_3b_2 \\ a_3b_1-a_1b_3 \\ a_1b_2-a_2b_1 \end{pmatrix}=rs(\vec{a}\times\vec{b}).$$

Es gilt also der Satz

S 10.5 Für alle r, s ∈ ℝ und für alle $\vec{a}, \vec{b} \in V_3$ gilt: $(r\vec{a})\times(s\vec{b}) = rs(\vec{a}\times\vec{b})$.

Für den Sonderfall $s=1$ ergibt sich aus Satz S 10.5:

S 10.6 Für alle r ∈ ℝ und für alle $\vec{a}, \vec{b} \in V_3$ gilt: $(r\vec{a})\times\vec{b} = r(\vec{a}\times\vec{b})$.

Man spricht bei diesem Satz gelegentlich vom **„gemischten Assoziativgesetz“.**

5. Schließlich gilt noch das **Distributivgesetz:**

S 10.7 Für alle $\vec{a}, \vec{b}, \vec{c} \in V_3$ gilt: $\vec{a}\times(\vec{b}+\vec{c}) = \vec{a}\times\vec{b}+\vec{a}\times\vec{c}$.

Der Beweis soll in Aufgabe 10 geführt werden.

Übungen und Aufgaben

1. Berechne $\vec{a}\times\vec{b}$ und $\vec{b}\times\vec{a}$!

a) $\vec{a}=\begin{pmatrix} 3 \\ -2 \\ 1 \end{pmatrix}$, $\vec{b}=\begin{pmatrix} 4 \\ 5 \\ -2 \end{pmatrix}$ **b)** $\vec{a}=\begin{pmatrix} -6 \\ 1 \\ 0 \end{pmatrix}$, $\vec{b}=\begin{pmatrix} 0 \\ -2 \\ 7 \end{pmatrix}$ **c)** $\vec{a}=\begin{pmatrix} -5 \\ 4 \\ -6 \end{pmatrix}$, $\vec{b}=\begin{pmatrix} 2{,}5 \\ -2 \\ 3 \end{pmatrix}$

2. Beweise das „Alternativgesetz“ des Vektorproduktes (S 10.4)
a) unmittelbar aus der Definition D 10.1, **b)** aus Satz 10.1 (beachte Bild 10.1)!

3. Berechne mit den Vektorpaaren aus Aufgabe 1 die Vektorprodukte $(-\vec{b})\times\vec{a}$ und $\vec{b}\times(-\vec{a})$ und vergleiche die Ergebnisse!

4. Beweise, dass für alle $\vec{a}, \vec{b}\in V_3$ gilt: $\vec{a}\times\vec{b}=(-\vec{b})\times\vec{a}=\vec{b}\times(-\vec{a})$!
Deute die Aussage des Satzes auch geometrisch nach Satz S 10.1!

5. Untersuche, unter welchen Bedingungen gilt: $\vec{a}\times\vec{b}=\vec{b}\times\vec{a}$ für $\vec{a}, \vec{b}\in V_3$!

6. Bestätige die Gültigkeit von Satz S10.5 an folgenden Beispielen!

a) $r=-2,\ s=3,\ \vec{a}=\begin{pmatrix}7\\-1\\3\end{pmatrix},\ \vec{b}=\begin{pmatrix}1\\-4\\4\end{pmatrix}$ **b)** $r=\frac{5}{2},\ s=-\frac{1}{2},\ \vec{a}=\begin{pmatrix}2\\-4\\0\end{pmatrix},\ \vec{b}=\begin{pmatrix}-1\\0\\3\end{pmatrix}$

7. Deute die Aussage von Satz 10.6 als Aussage über die Flächenmaßzahlen der von $\vec{a}$ und $\vec{b}$ bzw. von $r\vec{a}$ und $\vec{b}$ aufgespannten Parallelogramme! Beweise den Satz mit Hilfe dieses Flächenvergleiches! Beachte dabei auch den Fall $r \leq 0$!

8. a) Widerlege die Gültigkeit eines Assoziativgesetzes für das Vektorprodukt durch ein Gegenbeispiel!
b) Warum kann die Gleichung $(\vec{a}\times\vec{b})\times\vec{c}=\vec{a}\times(\vec{b}\times\vec{c})$ nicht allgemein gültig sein?

9. a) Warum gilt $(\vec{e}_1\times\vec{e}_2)\times\vec{e}_3=\vec{e}_1\times(\vec{e}_2\times\vec{e}_3)$?
b) Suche weitere Beispiele, in denen für $i, j, k\in\{1, 2, 3\}$ gilt: $(\vec{e}_i\times\vec{e}_j)\times\vec{e}_k=\vec{e}_i\times(\vec{e}_j\times\vec{e}_k)$!

10. Beweise das Distributivgesetz des Vektorprodukts (Satz S10.7)!

11. Berechne folgende Produkte mit Hilfe des Distributivgesetzes (S10.7) für die Vektoren $\vec{e}_1$, $\vec{e}_2$ und $\vec{e}_3$!
a) $\vec{e}_1\times(\vec{e}_2+\vec{e}_1)$ **b)** $\vec{e}_1\times(\vec{e}_2+\vec{e}_3)$ **c)** $2e_1\times(3\vec{e}_3-4\vec{e}_1)$ **d)** $\vec{e}_3\times(-\vec{e}_1-\vec{e}_2)$

12. a) Beweise dass für alle $\vec{a}, \vec{b}, \vec{c}\in V_3$ gilt: $(\vec{b}+\vec{c})\times\vec{a}=\vec{b}\times\vec{a}+\vec{c}\times\vec{a}$!
b) Führe den Beweis mit Hilfe der Sätze S10.4 und S10.7!

13. Beweise, dass für alle $\vec{a}, \vec{b}, \vec{c}, \vec{d}\in V_3$ gilt: $(\vec{a}+\vec{b})\times(\vec{c}+\vec{d})=\vec{a}\times\vec{c}+\vec{a}\times\vec{d}+\vec{b}\times\vec{c}+\vec{b}\times\vec{d}$!

14. Leite aus dem Distributivgesetz die Allgemeingültigkeit der folgenden Gleichungen ab!
a) $\vec{a}\times(\vec{b}-\vec{c})=\vec{a}\times\vec{b}-\vec{a}\times\vec{c}$ **b)** $(\vec{a}+\vec{b})\times(\vec{c}-\vec{d})=\vec{a}\times\vec{c}-\vec{a}\times\vec{d}+\vec{b}\times\vec{c}-\vec{b}\times\vec{d}$
c) $(\vec{a}-\vec{b})\times(\vec{c}-\vec{d})=\vec{a}\times\vec{c}-\vec{a}\times\vec{d}-\vec{b}\times\vec{c}+\vec{b}\times\vec{d}$ **d)** $\vec{a}\times(\vec{b}+\vec{c}+\vec{d})=\vec{a}\times\vec{b}+\vec{a}\times\vec{c}+\vec{a}\times\vec{d}$!

15. Wo steckt in den folgenden Gleichungen der Fehler?
a) $\vec{a}\times\vec{b}-\vec{b}\times\vec{a}=\vec{0}$ **b)** $(\vec{a}+\vec{b})\times(\vec{a}+\vec{b})=\vec{a}^2+2\vec{a}\times\vec{b}+\vec{b}^2$
c) $\vec{a}\times(\vec{b}\cdot\vec{c})=(\vec{a}\times\vec{b})\cdot(\vec{a}\times\vec{c})$ **d)** $(\vec{a}\times\vec{b})\cdot\vec{c}=(\vec{a}\times\vec{c})\cdot(\vec{b}\times\vec{c})$ **e)** $(\vec{a}-2\vec{b})\times\vec{c}=\vec{a}\times\vec{c}-\vec{c}\times2\vec{b}$
f) $\vec{a}\times\vec{b}+\vec{c}\times\vec{b}=\vec{b}\times(\vec{a}+\vec{c})$ **g)** $(\vec{a}\times\vec{b})+\vec{c}=(\vec{a}+\vec{c})\times(\vec{b}+\vec{c})$ **h)** $\vec{a}\times\vec{c}-\vec{c}\times\vec{a}=\vec{a}\times(\vec{c}-\vec{c})=\vec{0}$

16. Für die Seitenvektoren eines Dreieckes gelte: $\vec{a}+\vec{b}+\vec{c}=\vec{0}$. Multipliziere beide Seiten dieser Gleichung vektoriell mit $\vec{c}$ und leite auf diese Weise den Sinussatz her!

17. a) Zeige, dass für alle $\vec{a}, \vec{b}\in V_3$ und für alle $r\in\mathbb{R}$ gilt: $(\vec{a}+r\vec{b})\times\vec{b}=\vec{a}\times\vec{b}$!
b) Begründe mit Hilfe von a), dass für das Vektorprodukt das Regularitätsgesetz (die Rechtsstreichungsregel) $\vec{a}\times\vec{c}=\vec{b}\times\vec{c}\ \Rightarrow\ \vec{a}=\vec{b}$ nicht gilt!
c) Begründe geometrisch, dass für das Vektorprodukt das **Regularitätsgesetz** nicht gilt (Bild 10.7)!

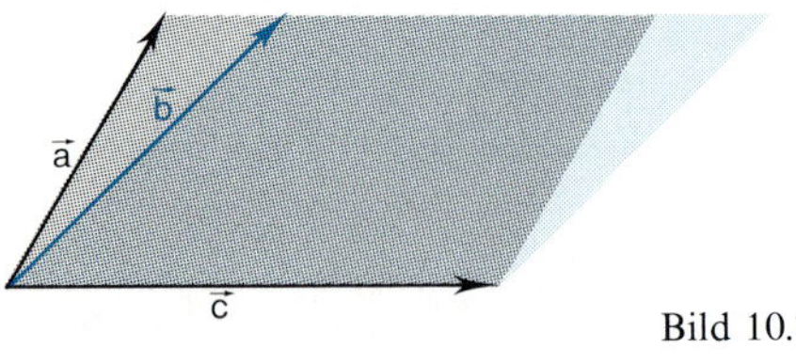

Bild 10.7

III. Das Spatprodukt

1. Mit drei Vektoren $\vec{a}$, $\vec{b}$ und $\vec{c}$ lässt sich das **„gemischte Produkt"** $(\vec{a}\times\vec{b})\cdot\vec{c}$ bilden. Wir wollen untersuchen, welche geometrische Bedeutung dieses Produkt hat. Es gilt:

$$(\vec{a}\times\vec{b})\cdot\vec{c}=|\vec{a}\times\vec{b}|\,|\vec{c}|\cos\gamma,$$

wenn γ die Größe des Winkels zwischen den Vektoren $\vec{a}\times\vec{b}$ und $\vec{c}$ bezeichnet (Bild 10.8).

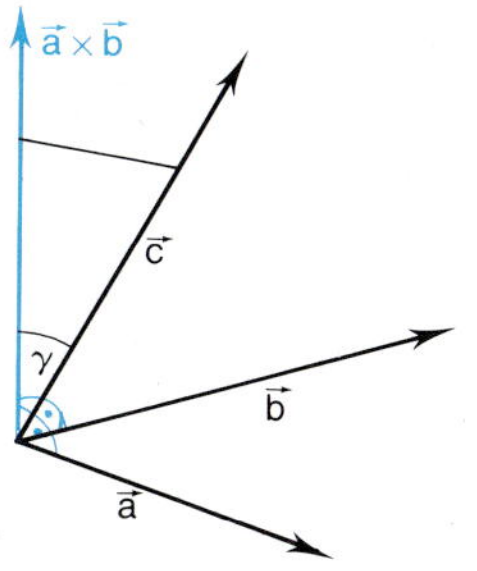

Bild 10.8

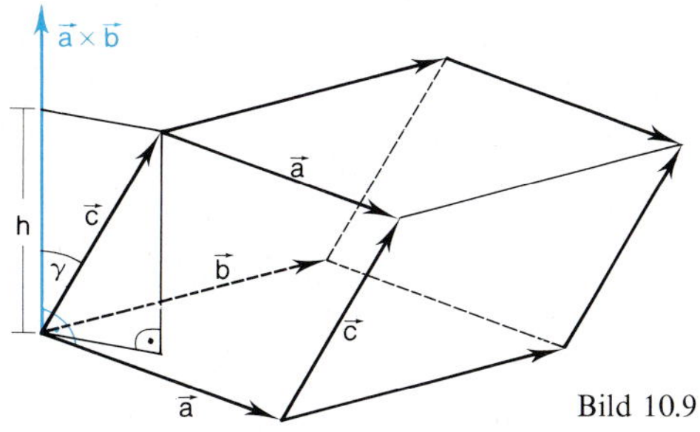

Bild 10.9

Oben haben wir bereits gezeigt (Seite 187), dass $|\vec{a}\times\vec{b}|$ die Maßzahl des Flächeninhaltes des von den Vektoren $\vec{a}$ und $\vec{b}$ aufgespannten Parallelogramms ist.
Eine Länge mit der Maßzahl $h=|\vec{c}|\cos\gamma$ erhält man, wenn man den Vektor $\vec{c}$ senkrecht in die Richtung von $\vec{a}\times\vec{b}$ hineinprojiziert. Diese Länge ist die Höhe des von den drei Vektoren aufgespannten Körpers, der von sechs paarweise zueinander parallelen ebenen Flächen in Form von Parallelogrammen begrenzt wird (Bild 10.9). Man nennt einen solchen Körper **„Parallelflach"**, „Parallelepiped" oder kurz **„Spat"**.
In Bild 10.9 bilden die drei Vektoren $\vec{a}$, $\vec{b}$ und $\vec{c}$ ein **Rechtssystem.** Darunter verstehen wir in solchen Fällen Folgendes: Wählt man drei Repräsentanten von $\vec{a}$, $\vec{b}$ und $\vec{c}$ mit gemeinsamem Anfangspunkt aus, so weist der Vertreter von $\vec{c}$ in denselben Halbraum der von $\vec{a}$ und $\vec{b}$ aufgespannten Ebene wie der Vertreter von $\vec{a}\times\vec{b}$, der am gleichen Punkt angetragen ist.
Für die Inhaltsmaßzahl des Parallelflachs gilt in diesem Fall:

$$V=A\,h=|\vec{a}\times\vec{b}|\,|\vec{c}|\cos\gamma=(\vec{a}\times\vec{b})\cdot\vec{c}.$$

Man bezeichnet dieses Produkt daher als **„Spatprodukt"**.

S 10.8 Bilden drei linear unabhängige Vektoren $\vec{a}, \vec{b}, \vec{c}\in V_3$ ein Rechtssystem, so gilt für die Inhaltsmaßzahl des von den drei Vektoren aufgespannten Spats:

$$V_{\text{Spat}}=(\vec{a}\times\vec{b})\cdot\vec{c}.$$

2. Vertauscht man im Produkt $(\vec{a}\times\vec{b})\cdot\vec{c}$ die Vektoren, so erhält man wegen $\vec{b}\times\vec{a}=-\vec{a}\times\vec{b}$:

$$(\vec{b}\times\vec{a})\cdot\vec{c}=-(\vec{a}\times\vec{b})\cdot\vec{c}.$$

Bilden $\vec{a}, \vec{b}, \vec{c}$ ein Rechtssystem, so bilden $\vec{b}, \vec{a}, \vec{c}$ ein Linkssystem; das zugehörige Spatprodukt ist dann negativ. Sind die drei Vektoren $\vec{a}$, $\vec{b}$ und $\vec{c}$ linear abhängig, also komplanar, so „klappt" das Spat „zusammen"; es gilt dann also:

$(\vec{a}\times\vec{b})\cdot\vec{c}=0.$ Begründe dies im Einzelnen (Aufgabe 2)!

Es gilt also der Satz

S 10.9 **Gilt $(\vec{a}\times\vec{b})\cdot\vec{c}>0$, so bilden $\vec{a}, \vec{b}, \vec{c}$ ein Rechtssystem;**
gilt $(\vec{a}\times\vec{b})\cdot\vec{c}=0$, so sind $\vec{a}, \vec{b}, \vec{c}$ komplanar;
gilt $(\vec{a}\times\vec{b})\cdot\vec{c}<0$, so bilden $\vec{a}, \vec{b}, \vec{c}$ ein Linkssystem.

3. Wir haben unter 1. das von $\vec{a}$ und $\vec{b}$ aufgespannte Parallelogramm als Grundfläche des Spats betrachtet. Nach dem Grundsatz: „Was dem einen recht ist, ist dem anderen billig", können wir jedes andere Parallelogramm des Spats ebenfalls als Grundfläche auffassen; wir haben nur zu beachten, dass die Vektoren bei der Vertauschung nach wie vor ein **Rechtssystem** bilden; das ist bei **zyklischer** Vertauschung von $\vec{a}, \vec{b}, \vec{c}$ der Fall:
Wenn $\vec{a}, \vec{b}, \vec{c}$ ein Rechtssystem bilden, bilden auch $\vec{b}, \vec{c}, \vec{a}$ und $\vec{c}, \vec{a}, \vec{b}$ ein Rechtssystem; dagegen bilden dann $\vec{b}, \vec{a}, \vec{c}$ und $\vec{a}, \vec{c}, \vec{b}$ und $\vec{c}, \vec{b}, \vec{a}$ jeweils ein Linkssystem.
Dies soll in Aufgabe 4 an Beispielen gezeigt werden. Mithin ergibt sich:

S 10.10 **Für alle $\vec{a}, \vec{b}, \vec{c}\in V_3$ gilt: $(\vec{a}\times\vec{b})\cdot\vec{c}=(\vec{b}\times\vec{c})\cdot\vec{a}=(\vec{c}\times\vec{a})\cdot\vec{b}$.**

Die im Spatprodukt auftretenden Vektoren $\vec{a}, \vec{b}$ und $\vec{c}$ sind also **„zyklisch vertauschbar"**.
Wendet man bei $(\vec{a}\times\vec{b})\cdot\vec{c}=(\vec{b}\times\vec{c})\cdot\vec{a}$ rechts das Kommutativgesetz des Skalarproduktes an, so ergibt sich überdies: $(\vec{a}\times\vec{b})\cdot\vec{c}=\vec{a}\cdot(\vec{b}\times\vec{c})$.
Es kommt also beim Spatprodukt nicht darauf an, welche beiden der drei Vektoren man durch das Vektorprodukt verknüpft; man kann die beiden Verknüpfungszeichen „×" und „·" austauschen, wenn man nur den Zyklus $\vec{a}, \vec{b}, \vec{c}$ beibehält. Daher hat man für das Spatprodukt eine abkürzende Schreibweise eingeführt.

D 10.2 **Für alle $\vec{a}, \vec{b}, \vec{c}\in Ve_3$ gilt: $(\vec{a}, \vec{b}, \vec{c})=_{Df}(\vec{a}\times\vec{b})\cdot\vec{c}$.**

Nach Satz S 10.10 gilt also: $(\vec{a}, \vec{b}, \vec{c})=(\vec{b}, \vec{c}, \vec{a})=(\vec{c}, \vec{a}, \vec{b})$.

4. Wir haben nun noch die **Koordinatendarstellung** des Spatproduktes zu ermitteln. Es gilt:

$$(\vec{a}, \vec{b}, \vec{c})=(\vec{a}\times\vec{b})\cdot\vec{c}=\begin{pmatrix} a_2 b_3 - a_3 b_2 \\ a_3 b_1 - a_1 b_3 \\ a_1 b_2 - a_2 b_1 \end{pmatrix}\cdot\begin{pmatrix} c_1 \\ c_2 \\ c_3 \end{pmatrix}$$
$$= a_2 b_3 c_1 - a_3 b_2 c_1 + a_3 b_1 c_2 - a_1 b_3 c_2 + a_1 b_2 c_3 - a_2 b_1 c_3.$$

Man führt für diesen Term eine abkürzende Schreibweise ein:

$$(\vec{a}, \vec{b}, \vec{c})=\begin{vmatrix} a_1 & b_1 & c_1 \\ a_2 & b_2 & c_2 \\ a_3 & b_3 & c_3 \end{vmatrix}.$$

Man nennt einen solchen Term eine **„dreireihige Determinante"**. Diese ist nach einer **Regel von Sarrus** dadurch zu berechnen, dass man die sechs „Diagonalprodukte" bildet und addiert bzw. subtrahiert. Um dies genauer zu erklären, schreiben wir die beiden ersten Spalten der Determinanten noch einmal neben die Determinante:

$$\left|\begin{array}{ccc|cc} a_1 & b_1 & c_1 & a_1 & b_1 \\ a_2 & b_2 & c_2 & a_2 & b_2 \\ a_3 & b_3 & c_3 & a_3 & b_3 \end{array}\right..$$

Die positiv zu nehmenden „Hauptdiagonalenprodukte“ (von links oben nach rechts unten) sind dann: $a_1 b_2 c_3$, $a_3 b_1 c_2$ und $a_2 b_3 c_1$;
die negativ zu nehmenden „Nebendiagonalenprodukte“ (von rechts oben nach links unten) sind dann: $a_3 b_2 c_1$, $a_1 b_3 c_2$ und $a_2 b_1 c_3$.
Es gilt also:

$$(\vec{a}, \vec{b}, \vec{c}) = a_1 b_2 c_3 + a_3 b_1 c_2 + a_2 b_3 c_1 - a_3 b_2 c_1 - a_1 b_3 c_2 - a_2 b_1 c_3.$$

Dies stimmt mit dem obigen Ergebnis überein.

Beispiel: $\vec{a} = \begin{pmatrix} 2 \\ -1 \\ 3 \end{pmatrix}$; $\vec{b} = \begin{pmatrix} 1 \\ 1 \\ -2 \end{pmatrix}$; $\vec{c} = \begin{pmatrix} -2 \\ 2 \\ 3 \end{pmatrix}$

$$(\vec{a}, \vec{b}, \vec{c}) = \left|\begin{array}{rrr|rr} 2 & 1 & -2 & 2 & 1 \\ -1 & 1 & 2 & -1 & 1 \\ 3 & -2 & 3 & 3 & -2 \end{array}\right|$$

$$= 2 \cdot 1 \cdot 3 + 1 \cdot 2 \cdot 3 + (-2) \cdot (-1) \cdot (-2) - 3 \cdot 1 \cdot (-2) - (-2) \cdot 2 \cdot 2 - 3 \cdot (-1) \cdot 1$$

$$= 6 + 6 - 4 + 6 + 8 + 3 = 25.$$

Nach einiger Übung gelingt es, den Wert der Determinante auch ohne die beiden Hilfsspalten zu ermitteln.

5. Man kann auch Vektorprodukte formal mit Hilfe einer Determinante berechnen, wenn man in die erste Spalte (oder Zeile) die Basisvektoren $\vec{e}_1, \vec{e}_2, \vec{e}_3$ hineinschreibt.

Wir wiederholen das **Beispiel** von Seite 185 für $\vec{a} = \begin{pmatrix} -2 \\ 1 \\ -3 \end{pmatrix}$ und $\vec{b} = \begin{pmatrix} 3 \\ 2 \\ 4 \end{pmatrix}$:

$$\vec{a} \times \vec{b} = \begin{vmatrix} \vec{e}_1 & -2 & 3 \\ \vec{e}_2 & 1 & 2 \\ \vec{e}_3 & -3 & 4 \end{vmatrix} = 4\vec{e}_1 - 4\vec{e}_3 - 9\vec{e}_2 - 3\vec{e}_3 + 6\vec{e}_1 + 8\vec{e}_2$$

$$= 10\vec{e}_1 - \vec{e}_2 - 7\vec{e}_3 = \begin{pmatrix} 10 \\ -1 \\ -7 \end{pmatrix}.$$

Die Erfahrung zeigt, dass die auf Seite 185 erläuterte Regel nach einiger Übung leichter und schneller gehandhabt wird als die „Determinanten“-Regel.

6. Nach Satz S 10.9 kann man mit Hilfe des Spatproduktes prüfen, ob drei Vektoren $\vec{a}$, $\vec{b}$ und $\vec{c}$ komplanar sind oder nicht.

Beispiel: $\vec{a} = \begin{pmatrix} 1 \\ -3 \\ 2 \end{pmatrix}$; $\vec{b} = \begin{pmatrix} 2 \\ -1 \\ -1 \end{pmatrix}$; $\vec{c} = \begin{pmatrix} -4 \\ -3 \\ 7 \end{pmatrix}$

$$(\vec{a}, \vec{b}, \vec{c}) = \begin{vmatrix} 1 & 2 & -4 \\ -3 & -1 & -3 \\ 2 & -1 & 7 \end{vmatrix} = -7 - 12 - 12 - 8 - 3 + 42 = 0.$$

Die drei Vektoren $\vec{a}, \vec{b}, \vec{c}$ sind also komplanar; es gilt z.B. $\vec{c} = 2\vec{a} + (-3)\vec{b}$.

Übungen und Aufgaben

1. Ermittle für die Vektoren $\vec{a}, \vec{b}, \vec{c}$ das Spatprodukt: **1)** aus der Koordinatendarstellung des Vektor- und des Skalarproduktes, **2)** mit Hilfe einer dreireihigen Determinante!

a) $\vec{a}=\begin{pmatrix}1\\2\\4\end{pmatrix}, \vec{b}=\begin{pmatrix}3\\0\\1\end{pmatrix}, \vec{c}=\begin{pmatrix}-1\\2\\3\end{pmatrix}$ **b)** $\vec{a}=\begin{pmatrix}2\\-1\\1\end{pmatrix}, \vec{b}=\begin{pmatrix}1\\2\\-3\end{pmatrix}, \vec{c}=\begin{pmatrix}0\\-2\\3\end{pmatrix}$

c) $\vec{a}=\begin{pmatrix}-1\\2\\2\end{pmatrix}, \vec{b}=\begin{pmatrix}1\\-1\\0\end{pmatrix}, \vec{c}=\begin{pmatrix}-3\\-1\\2\end{pmatrix}$ **d)** $\vec{a}=\begin{pmatrix}2\\3\\-1\end{pmatrix}, \vec{b}=\begin{pmatrix}4\\-1\\2\end{pmatrix}, \vec{c}=\begin{pmatrix}4\\-6\\8\end{pmatrix}$

2. a) Zeige, dass für linear abhängige Vektoren $\vec{a}, \vec{b}, \vec{c}$ gilt: $(\vec{a}, \vec{b}, \vec{c})=(\vec{a}\times\vec{b})\cdot\vec{c}=0$!
b) Untersuche, ob auch die Umkehrung dieses Satzes gilt!

3. Zeige, dass für die Basisvektoren $\vec{e}_1, \vec{e}_2, \vec{e}_3$ gilt:
$(\vec{e}_1, \vec{e}_2, \vec{e}_3)=(\vec{e}_2, \vec{e}_3, \vec{e}_1)=(\vec{e}_3, \vec{e}_1, \vec{e}_2)=1$ und $(\vec{e}_2, \vec{e}_1, \vec{e}_3)=(\vec{e}_1, \vec{e}_3, \vec{e}_2)=(\vec{e}_3, \vec{e}_2, \vec{e}_1)=-1$!

4. a) Zeige geometrisch und arithmetisch: Die Vektoren $\vec{a}=\begin{pmatrix}2\\1\\0\end{pmatrix}, \vec{b}=\begin{pmatrix}-2\\3\\0\end{pmatrix}$ und $\vec{c}=\begin{pmatrix}1\\3\\2\end{pmatrix}$ bilden ein Rechtssystem!
b) Zeige, dass die Vektoren $\vec{b}, \vec{c}, \vec{a}$ und $\vec{c}, \vec{a}, \vec{b}$ ebenfalls Rechtssysteme bilden!
c) Zeige, dass die Vektoren $\vec{b}, \vec{a}, \vec{c}$ und $\vec{a}, \vec{c}, \vec{b}$ und $\vec{c}, \vec{b}, \vec{a}$ Linkssysteme bilden!

5. Untersuche, unter welchen Bedingungen gilt: $(\vec{a}, \vec{b}, \vec{c})=(\vec{b}, \vec{a}, \vec{c})$!

6. Bestätige an Hand der folgenden Beispiele die beiden in Satz S10.10 aufgeführten Eigenschaften des Spatproduktes:
1) die Vektoren $\vec{a}, \vec{b}, \vec{c}$ sind im Spatprodukt zyklisch vertauschbar;
2) die Verknüpfungen „$\times$" und „$\cdot$" sind vertauschbar; das Spatprodukt ändert sich nicht.

a) $\vec{a}=\begin{pmatrix}2\\1\\0\end{pmatrix}, \vec{b}=\begin{pmatrix}3\\0\\4\end{pmatrix}, \vec{c}=\begin{pmatrix}1\\1\\1\end{pmatrix}$ **b)** $\vec{a}=\begin{pmatrix}1\\-1\\1\end{pmatrix}, \vec{b}=\begin{pmatrix}0\\1\\2\end{pmatrix}, \vec{c}=\begin{pmatrix}1\\2\\2\end{pmatrix}$

7. Prüfe, ob die Vektoren $\vec{a}$, $\vec{b}$ und $\vec{c}$ komplanar sind! Falls $\vec{a}$, $\vec{b}$ und $\vec{c}$ nicht komplanar sind, ermittle, ob sie in der gegebenen Reihenfolge ein Rechtssystem oder ein Linkssystem bilden!

a) $\vec{a}=\begin{pmatrix}7\\-1\\5\end{pmatrix}, \vec{b}=\begin{pmatrix}3\\6\\-7\end{pmatrix}, \vec{c}=\begin{pmatrix}5\\2{,}5\\-1\end{pmatrix}$ **b)** $\vec{a}=\begin{pmatrix}1\\2\\-1\end{pmatrix}, \vec{b}=\begin{pmatrix}3\\-4\\2\end{pmatrix}, \vec{c}=\begin{pmatrix}4\\-2\\1\end{pmatrix}$

c) $\vec{a}=\begin{pmatrix}6\\1\\3\end{pmatrix}, \vec{b}=\begin{pmatrix}0\\4\\-1\end{pmatrix}, \vec{c}=\begin{pmatrix}6\\5\\2\end{pmatrix}$ **d)** $\vec{a}=\begin{pmatrix}2\\-4\\0\end{pmatrix}, \vec{b}=\begin{pmatrix}-1\\3\\2\end{pmatrix}, \vec{c}=\begin{pmatrix}-1\\4\\-4\end{pmatrix}$

8. Berechne $\vec{c}=\vec{a}+\vec{b}$, $\vec{d}=\vec{a}\times\vec{b}$, $(\vec{a}, \vec{c}, \vec{d})$ und $(\vec{b}, \vec{c}, \vec{d})$!

a) $\vec{a}=\begin{pmatrix}1\\-2\\2\end{pmatrix}, \vec{b}=\begin{pmatrix}4\\0\\3\end{pmatrix}$ **b)** $\vec{a}=\begin{pmatrix}2\\-1\\1\end{pmatrix}, \vec{b}=\begin{pmatrix}6\\4\\-2\end{pmatrix}$ **c)** $\vec{a}=\begin{pmatrix}-2\\-1\\3\end{pmatrix}, \vec{b}=\begin{pmatrix}1\\3\\-1\end{pmatrix}$

9. Drei nicht komplanare Vektoren $\vec{a}, \vec{b}, \vec{c} \in V_3$ bestimmen ein dreiseitiges Prisma über dem von $\vec{a}$ und $\vec{b}$ gebildeten Dreieck. $\vec{a}$, $\vec{b}$ und $\vec{c}$ bestimmen aber auch ein Tetraeder. Zwischen dem Volumen V_P des Prismas und dem Volumen V_T des Tetraeders gilt die Beziehung: $V_T = \frac{1}{3} V_P$.

a) Zeige, dass gilt: $V_T = \frac{1}{6}(\vec{a}, \vec{b}, \vec{c}) = \frac{1}{6}[(\vec{a} \times \vec{b}) \cdot \vec{c}]$!

b) Berechne das Volumen des von $\vec{a}, \vec{b}, \vec{c}$ aufgespannten Tetraeders!

1) $\vec{a} = \begin{pmatrix} 3 \\ 0 \\ 3 \end{pmatrix}, \vec{b} = \begin{pmatrix} 0 \\ 2 \\ 0 \end{pmatrix}, \vec{c} = \begin{pmatrix} 0 \\ 0 \\ 4 \end{pmatrix}$ **2)** $\vec{a} = \begin{pmatrix} 2 \\ -1 \\ 3 \end{pmatrix}, \vec{b} = \begin{pmatrix} -3 \\ 12 \\ 0 \end{pmatrix}, \vec{c} = \begin{pmatrix} 4 \\ 10 \\ 12 \end{pmatrix}$

10. Zeige, dass für alle $\vec{a}, \vec{b}, \vec{c} \in V_3$ und für alle $r, s, t \in \mathbb{R}$ gilt: $(r\vec{a}, s\vec{b}, t\vec{c}) = (rst)(\vec{a}, \vec{b}, \vec{c})$!

11. Berechne die folgenden Determinanten und deute das Ergebnis geometrisch! Prüfe auch, ob die Spaltenvektoren in der gegebenen Reihenfolge ein Rechtssystem bilden!

a) $\begin{vmatrix} 6 & -1 & 2 \\ 5 & -1 & 3 \\ 3 & 0 & -2 \end{vmatrix}$ **b)** $\begin{vmatrix} -11 & -6 & 5 \\ 1 & 6 & 2 \\ -3 & 2 & 3 \end{vmatrix}$ **c)** $\begin{vmatrix} 1 & 1000 & 50 \\ 0 & -1 & x \\ 0 & 0 & 1 \end{vmatrix}$ **d)** $\begin{vmatrix} 3 & -5 & 4 \\ 7 & 2 & -3 \\ 4 & 3 & -7 \end{vmatrix}$ **e)** $\begin{vmatrix} a & a & -a \\ a & -a & a \\ a & -a & -a \end{vmatrix}$

12. Beweise die Allgemeingültigkeit folgender Gleichungen und deute sie geometrisch!

a) $(\vec{a} + r\vec{b}, \vec{b}, \vec{c}) = (\vec{a}, \vec{b}, \vec{c})$ (für alle $\vec{a}, \vec{b}, \vec{c} \in V_3$ und alle $r \in \mathbb{R}$)

b) $(\vec{a}, \vec{b} + s\vec{a}, \vec{c}) = (\vec{a}, \vec{b}, \vec{c})$ (für alle $\vec{a}, \vec{b}, \vec{c} \in V_3$ und alle $s \in \mathbb{R}$)

c) $(\vec{a} + r\vec{b}, (1+r)\vec{b} + \vec{a}, \vec{c}) = (\vec{a}, \vec{b}, \vec{c})$ (für alle $\vec{a}, \vec{b}, \vec{c} \in V_3$ und alle $r \in \mathbb{R}$)

13. Zeige: Sind drei Vektoren $\vec{a}, \vec{b}, \vec{c} \in V_3$ linear unabhängig, so hat das lineare Gleichungssystem $\vec{a}x + \vec{b}y + \vec{c}z = \vec{d}$ (mit $\vec{d} \in V_3$) die Lösungen:

$$x = \frac{(\vec{d}, \vec{b}, \vec{c})}{(\vec{a}, \vec{b}, \vec{c})}, \quad y = \frac{(\vec{a}, \vec{d}, \vec{c})}{(\vec{a}, \vec{b}, \vec{c})} \quad \text{und} \quad z = \frac{(\vec{a}, \vec{b}, \vec{d})}{(\vec{a}, \vec{b}, \vec{c})}.$$

Anleitung: Multipliziere beide Seiten der Gleichung mit $\vec{b} \times \vec{c}$ ($\vec{c} \times \vec{a}$; $\vec{a} \times \vec{b}$)! Stelle die Lösungen in Determinantenform dar **(Cramersche Regel)**!

14. Löse nach dem Verfahren von Aufgabe 13 die folgenden linearen Gleichungssysteme!

a)	**b)**	**c)**	**d)**
$x + y + z = 2$	$x + y + z = 1$	$x + 2y - z = 8$	$2x + y = 20$
$\wedge\ x - y - z = 2$	$\wedge\ x - y - z = 1$	$\wedge\ 2x - y + z = 3$	$\wedge\ 3y + 4z = 50$
$\wedge\ x + y - z = 4$	$\wedge\ x + y - z = 5$	$\wedge\ x + y - 2z = 7$	$\wedge\ 5x + 6z = 83$

15. Beweise mit Hilfe des Spatproduktes folgende Sätze über dreireihige Determinanten!

a) Ist eine Spalte der Nullvektor, so hat die Determinante den Wert Null.

b) Sind zwei Spaltenvektoren kollinear, so hat die Determinante den Wert Null.

c) Vertauscht man zwei Spaltenvektoren, so ändert die Determinante das Vorzeichen.

d) Wird eine Spalte mit einer Zahl multipliziert, so wird die Determinante mit dieser Zahl multipliziert.

e) Ist ein Spaltenvektor ein Summenvektor, so ist die Determinante gleich der Summe der mit den Summandenvektoren gebildeten Einzeldeterminanten.

f) Wird zu einem Spaltenvektor eine Vielfachsumme der anderen Spaltenvektoren addiert, so ändert die Determinante ihren Wert nicht (vgl. Aufgabe 12a, b und c!).

§ 11 Anwendungen des Vektorproduktes

I. Geradengleichungen in Plückerform

1. In §9, I haben wir gesehen, dass man eine Geradengleichung in Parameterform

$$\vec{x}=\vec{x}_0+t\vec{a}$$

durch skalare Multiplikation mit einem Normalenvektor $\vec{n}$ nur dann in die Normalenform

$$\vec{x}\cdot\vec{n}=\vec{x}_0\cdot\vec{n}$$

umformen kann, wenn es sich um eine Gerade im R_2 handelt.
Liegt die Gerade in R_3, so kann man den Parameter auf diese Weise nicht eliminieren, weil zu einer Raumgeraden kein eindeutig bestimmter Normalenvektor gehört.
In diesem Falle gelingt es jedoch, den Parameter t dadurch zu eliminieren, dass man die Gleichung **vektoriell** mit dem Richtungsvektor $\vec{a}$ multipliziert.

$$\vec{x}=\vec{x}_0+t\vec{a} \mid \times\vec{a}$$

$$\Rightarrow \vec{x}\times\vec{a}=\vec{x}_0\times\vec{a}+t(\vec{a}\times\vec{a}) \Rightarrow \vec{x}\times\vec{a}=\vec{x}_0\times\vec{a}, \quad \text{weil } \vec{a}\times\vec{a}=\vec{0} \text{ ist.}$$

Durch Anwendung des Distributivgesetzes ergibt sich daraus: $(\vec{x}-\vec{x}_0)\times\vec{a}=\vec{0}$.

Diese Gleichung besagt, dass die Vektoren $\vec{x}-\vec{x}_0$ und $\vec{a}$ linear abhängig, also kollinear sind (Bild 11.1), dass es also zu jedem Vektor $\vec{x}$, der der Gleichung

$$(\vec{x}-\vec{x}_0)\times\vec{a}=\vec{0}$$

genügt, (wegen $\vec{a}\neq\vec{0}$) eine Zahl $t\in\mathbb{R}$ gibt mit

$$\vec{x}-\vec{x}_0=t\vec{a}, \quad \text{also } \vec{x}=\vec{x}_0+t\vec{a}.$$

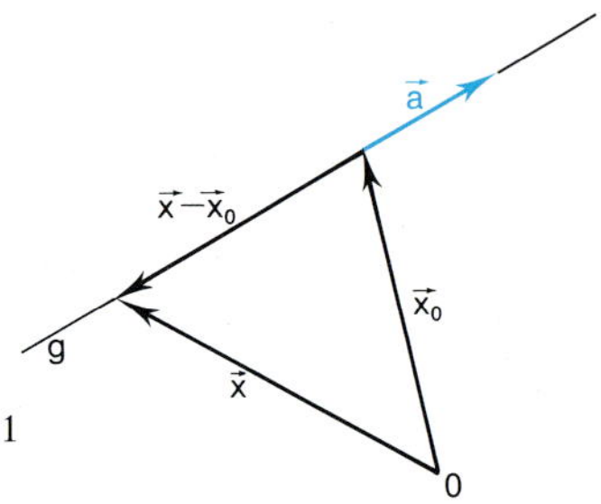

Bild 11.1

Die Gleichungen $\vec{x}=\vec{x}_0+t\vec{a}$ und $(\vec{x}-\vec{x}_0)\times\vec{a}=\vec{0}$ sind somit äquivalent, beschreiben also beide jeweils dieselbe Gerade. Man nennt die Gleichung

$$\boldsymbol{\vec{x}\times\vec{a}=\vec{x}_0\times\vec{a}} \quad \textbf{bzw.} \quad \boldsymbol{(\vec{x}-\vec{x}_0)\times\vec{a}=\vec{0}}$$ eine **„Geradengleichung in Plückerform"** [1]).

Es gilt der Satz:

S 11.1 Ist eine Gerade g durch einen Ortsvektor $\vec{x}_0$ und einen Richtungsvektor $\vec{a}$ gegeben, so gilt für die Ortsvektoren $\vec{x}$ der Punkte von g und nur für diese:

$$\boldsymbol{(\vec{x}-\vec{x}_0)\times\vec{a}=\vec{0}.}$$

[1]) Julius Plücker (1801 – 1868), deutscher Mathematiker und Physiker; er lehrte in Halle und Bonn.

2. Die Plückerform ist als Gleichung zwischen Vektoren des R_3 die Zusammenfassung von drei Zahlengleichungen. Die geometrische Bedeutung dieser Gleichungen wollen wir uns an einem **Beispiel** klarmachen.

Gegeben: $\vec{x}_0 = \begin{pmatrix} 2 \\ -1 \\ 3 \end{pmatrix}$; $\vec{a} = \begin{pmatrix} 1 \\ 1 \\ -2 \end{pmatrix}$ (vergleiche das Beispiel auf Seite 73!)

Es gilt: $\vec{x} \times \vec{a} = \begin{pmatrix} x \\ y \\ z \end{pmatrix} \times \begin{pmatrix} 1 \\ 1 \\ -2 \end{pmatrix} = \begin{pmatrix} -2y - z \\ z + 2x \\ x - y \end{pmatrix}$; $\vec{x}_0 \times \vec{a} = \begin{pmatrix} 2 \\ -1 \\ 3 \end{pmatrix} \times \begin{pmatrix} 1 \\ 1 \\ -2 \end{pmatrix} = \begin{pmatrix} -1 \\ 7 \\ 3 \end{pmatrix}$.

Die drei Gleichungen der Plückerform lauten also bei diesem Beispiel:

$$\begin{aligned} -2y - z &= -1, \\ 2x \quad + z &= 7, \\ \text{und} \quad x - y \quad &= 3. \end{aligned}$$

Bemerkung: Wir haben diese drei Gleichungen schon in §5, I (Seite 73) beim gleichen Beispiel durch Elimination des Parameters aus je zwei Gleichungen hergeleitet, aus denen die Parametergleichung $\vec{x} = \vec{x}_0 + t\vec{a}$ besteht. Dort konnten wir die geometrische Bedeutung dieser Gleichung allerdings noch nicht vollständig klären.
Jede dieser Gleichungen lässt sich in doppelter Weise deuten: als Gleichung einer **Geraden** in einer der drei Koordinatenebenen oder als Gleichung einer **Ebene.** So ist z.B. die dritte Gleichung $x - y = 3$ die Gleichung einer Geraden in der x-y-Ebene.
Schreibt man die Gleichung in der Form: $x - y - 0 \cdot z = 3$, so ist die Gleichung einer Ebene mit dem Normalenvektor $\vec{n} = \begin{pmatrix} 1 \\ -1 \\ 0 \end{pmatrix}$.

Dieser Vektor liegt in der x-y-Ebene; die Ebene steht also auf der x-y-Ebene senkrecht und schneidet diese Koordinatenebene in der Geraden zur Gleichung $x - y = 3$. Entsprechendes gilt auch von den beiden anderen Gleichungen der Plückerform. Die Raumgerade g wird also in der Plückerform

$$\vec{x} \times a = \vec{x}_0 \times \vec{a}$$

dargestellt durch drei Ebenen, die jeweils auf einer Koordinatenebene senkrecht stehen und die sich in g schneiden (Bild 11.2). Man nennt die drei Ebenen **„projizierende Ebenen"** und die durch die Projektion erzeugten Bildgeraden

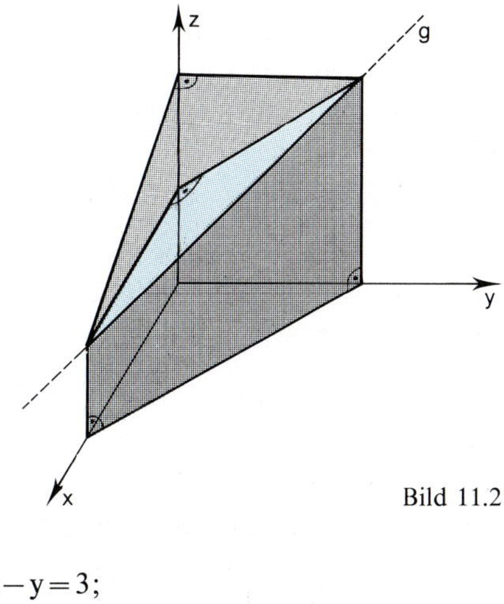

Bild 11.2

in der x-y-Ebene: **„Grundriss"**, im Beispiel: $x - y = 3$;
in der y-z-Ebene: **„Aufriss"**, im Beispiel: $-2y - z = -1$,
in der x-z-Ebene: **„Seitenriss"**, im Beispiel: $2x + z = 7$.

Die Darstellung einer Raumgeraden in der Plückerform entspricht also der Grund-, Auf- und Seitenrissdarstellung einer Geraden in der darstellenden Geometrie.

Während sich in der Regel drei Ebenen nur in einem Punkt schneiden, schneiden sich die drei projizierenden Ebenen in der betreffenden Geraden. Dies bedeutet, dass die drei Gleichungen voneinander abhängig sein müssen. In der Tat kann man durch Linearkombination von je zwei dieser Gleichungen die dritte herleiten, z. B.:

$$\begin{array}{rl} x - y \quad = 3 & | \cdot 2 \\ -2y - z = -1 & | \cdot (-1) \\ \hline 2x \quad + z = 7 & \end{array}$$

Man erhält dadurch also die dritte Gleichung. Führe den Beweis allgemein (Aufgabe 4)! Dieser Sachverhalt entspricht der aus der darstellenden Geometrie bekannten Tatsache, dass ein Gegenstand in der Regel schon durch Grund- und Aufriss allein festgelegt ist und dass man aus ihnen den Seitenriss konstruieren kann.

Übungen und Aufgaben

1. Eine Gerade g im Raum sei gegeben durch einen Ortsvektor $\vec{x}_0$ und den Richtungsvektor $\vec{a}$. Stelle die **Plückerform** der Geradengleichung auf, ermittle die Gleichungen der projizierenden Ebenen und der durch ihre Projektion erzeugten Bildgeraden (Grundriss, Aufriss und Seitenriss)! Fertige ferner eine perspektivische Zeichnung wie in Bild 11.2 an!

a) $\vec{x}_0 = \begin{pmatrix} 3 \\ -1 \\ 4 \end{pmatrix}$, $\vec{a} = \begin{pmatrix} 1 \\ -1 \\ 1 \end{pmatrix}$ **b)** $\vec{x}_0 = \begin{pmatrix} 4 \\ -4 \\ 5 \end{pmatrix}$, $\vec{a} = \begin{pmatrix} 0 \\ 2 \\ -3 \end{pmatrix}$ **c)** $\vec{x}_0 = \begin{pmatrix} -2 \\ 3 \\ 0 \end{pmatrix}$, $\vec{a} = \begin{pmatrix} 4 \\ -2 \\ -1 \end{pmatrix}$

d) $\vec{x}_0 = \begin{pmatrix} 3 \\ -2 \\ -4 \end{pmatrix}$, $\vec{a} = \begin{pmatrix} -2 \\ 3 \\ 1 \end{pmatrix}$ **e)** $\vec{x}_0 = \begin{pmatrix} -4 \\ 4 \\ 2 \end{pmatrix}$, $\vec{a} = \begin{pmatrix} 2 \\ -1 \\ -1 \end{pmatrix}$ **f)** $\vec{x}_0 = \begin{pmatrix} 1 \\ 1 \\ 1 \end{pmatrix}$, $\vec{a} = \begin{pmatrix} -5 \\ 2 \\ -3 \end{pmatrix}$

2. Eine Gerade im Raum sei durch zwei Punkte P_1 und P_2 gegeben. Ermittle die Plückerform der Geradengleichung und die Gleichungen der drei projizierenden Ebenen!

a) $P_1(4|-1|3)$, $P_2(-1|4|0)$ **b)** $P_1(0|5|3)$, $P_2(0|-4|-5)$
c) $P_1(4|-3|-4)$, $P_2(1|5|2)$ **d)** $P_1(0|5|6)$, $P_2(4|3|0)$

3. In der x-y-Ebene, in der y-z-Ebene und in der x-z-Ebene ist je eine Gerade angegeben. Untersuche, ob sie Grundriss, Aufriss und Seitenriss **einer** Geraden im Raum darstellen!

a) $x+y=4$, $y+z=0$, $x-z=4$
b) $2x-y=2$, $y+3z=1$, $2x+3z=3$
c) $2x+y=1$, $y-z=1$, $4x+2z=-2$
d) $x-4y=7$, $2y-3z=4$, $x-6z=15$

4. Zeige allgemein, dass sich aus zwei Koordinatengleichungen der Plückerform die dritte Koordinatengleichung herleiten lässt!

5. Von einer Geraden g im Raum sind zwei der drei Bildgeraden in den Koordinatenebenen gegeben. Ermittle jeweils die dritte (fehlende) Gleichung und somit die Plückerform der zugehörigen Raumgeraden g!

a) $x+2y=4$, $2y-z=2$
b) $y-4z=7$, $3x+y=3$
c) $x=3y-1$, $z=-y+4$
d) $y=-x$, $z=x$

II. Zur Normalengleichung einer Ebene

1. In §9, I haben wir aus der Parametergleichung für eine Ebene

$$\vec{x} = \vec{x}_0 + r\vec{a} + s\vec{b}$$

durch skalare Multiplikation mit einem Normalenvektor $\vec{n}$ eine Normalengleichung $\vec{x} \cdot \vec{n} = \vec{x}_0 \cdot \vec{n}$ der Ebene hergeleitet. Allerdings erforderte die Ermittlung eines Normalenvektors $\vec{n}$ aus zwei Spannvektoren $\vec{a}$ und $\vec{b}$ eine relativ aufwendige Rechnung.
Mit Hilfe des Vektorproduktes können wir nun einen Normalenvektor der betreffenden Ebene in einfacher Weise ermitteln: $\vec{n} = \vec{a} \times \vec{b}$.
Multipliziert man eine Parametergleichung auf beiden Seiten skalar mit diesem Vektor $\vec{n}$, so erhält man wegen $\vec{a} \cdot \vec{n} = 0$ und $\vec{b} \cdot \vec{n} = 0$ die Normalengleichung $\vec{x} \cdot \vec{n} = \vec{x}_0 \cdot \vec{n}$.

Beispiel: $\vec{x}_0 = \begin{pmatrix} 1 \\ -2 \\ -2 \end{pmatrix}$; $\vec{a} = \begin{pmatrix} -3 \\ 1 \\ 2 \end{pmatrix}$; $\vec{b} = \begin{pmatrix} 1 \\ -1 \\ 2 \end{pmatrix}$; $\quad \vec{a} \times \vec{b} = \begin{pmatrix} -3 \\ 1 \\ 2 \end{pmatrix} \times \begin{pmatrix} 1 \\ -1 \\ 2 \end{pmatrix} = \begin{pmatrix} 4 \\ 8 \\ 2 \end{pmatrix} = 2\begin{pmatrix} 2 \\ 4 \\ 1 \end{pmatrix}$.

Da es auf die Länge des Normalenvektors nicht ankommt, wählen wir: $\vec{n} = \begin{pmatrix} 2 \\ 4 \\ 1 \end{pmatrix}$.

Ferner ist: $\vec{x}_0 \cdot \vec{n} = \begin{pmatrix} 1 \\ -2 \\ -2 \end{pmatrix} \cdot \begin{pmatrix} 2 \\ 4 \\ 1 \end{pmatrix} = 2 - 8 - 2 = -8$.

Mithin lautet die Ebenengleichung: $\vec{x} \cdot \begin{pmatrix} 2 \\ 4 \\ 1 \end{pmatrix} = -8$ bzw. $2x + 4y + z = -8$.

2. Man kann die Normalengleichung einer Ebene in (wenigstens) drei verschiedenen Formen schreiben; jede dieser Formen gestattet eine eigene geometrische Deutung.

1) $(\vec{x} - \vec{x}_0) \cdot \vec{n} = 0$ bedeutet geometrisch, dass der Vektor $\vec{n}$ auf jedem in der Ebene gelegenen Vektor $\vec{x} - \vec{x}_0$ senkrecht steht (Bild 11.3).

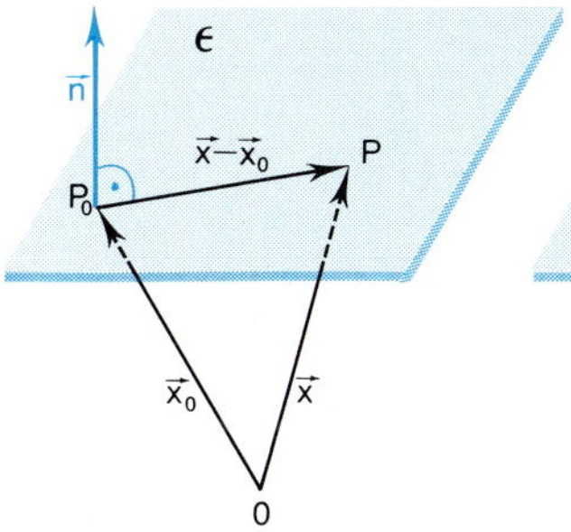

Bild 11.3

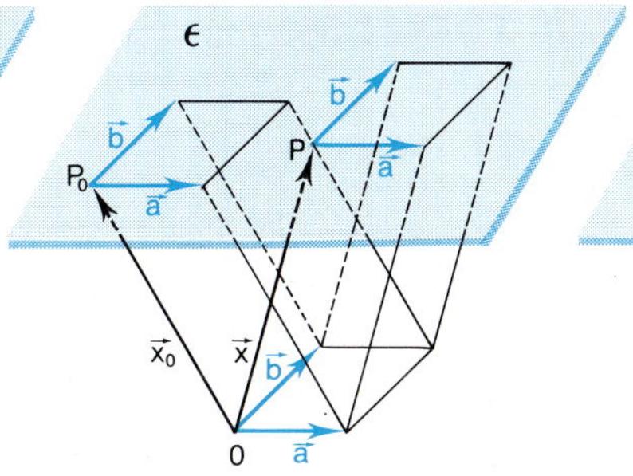

Bild 11.4

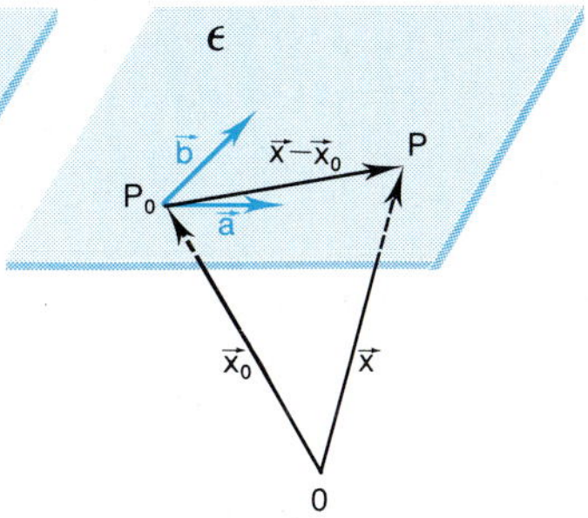

Bild 11.5

2) $\vec{x} \cdot (\vec{a} \times \vec{b}) = \vec{x}_0 \cdot (\vec{a} \times \vec{b})$, also $(\vec{x}, \vec{a}, \vec{b}) = (\vec{x}_0, \vec{a}, \vec{b})$ bedeutet geometrisch, dass die von $\vec{x}, \vec{a}, \vec{b}$ bzw. $\vec{x}_0, \vec{a}, \vec{b}$ aufgespannten Spate inhaltsgleich sind. Bild 11.4 zeigt, dass die beiden Spate durch Scherung aufeinander abgebildet werden können.

3) $(\vec{x} - \vec{x}_0) \cdot (\vec{a} \times \vec{b}) = 0$, also $(\vec{x} - \vec{x}_0, \vec{a}, \vec{b}) = 0$ bedeutet geometrisch, dass die Vektoren $\vec{x} - \vec{x}_0, \vec{a}, \vec{b}$ linear abhängig, also komplanar sind (Bild 11.5).

Die Formen unter 2) und 3) zeigen, dass man die Normalenform einer Ebenengleichung auch mit Hilfe von **Determinanten** schreiben kann. Wir erläutern dies am Beispiel von Seite 201.

Zu 2): Die Gleichung $(\vec{x}, \vec{a}, \vec{b}) = (\vec{x}_0, \vec{a}, \vec{b})$ lautet in diesem Falle:

$$\begin{vmatrix} x & -3 & 1 \\ y & 1 & -1 \\ z & 2 & 2 \end{vmatrix} = \begin{vmatrix} 1 & -3 & 1 \\ -2 & 1 & -1 \\ -2 & 2 & 2 \end{vmatrix}.$$

Durch Ausrechnen der beiden Determinanten erhält man:

$$2x + 3z + 2y - z + 2x + 6y = 2 - 6 - 4 + 2 + 2 - 12 \Leftrightarrow 2x + 4y + z = -8 \quad \text{(vgl. Seite 201!)}$$

Das gleiche Beispiel soll in Aufgabe 3 nach der Form 3) behandelt werden.

3. Ist eine Ebene ε durch drei Punkte P_1, P_2, P_3 mit dem Ortsvektoren $\vec{x}_1, \vec{x}_2, \vec{x}_3$ gegeben, so sind zwei unabhängige Spannvektoren der Ebene $\vec{a}$ und $\vec{b}$ z.B. gegeben durch $\vec{a} = \vec{x}_2 - \vec{x}_1$ und $\vec{b} = \vec{x}_3 - \vec{x}_1$. Eine Gleichung der Ebene lautet in diesem Falle also:

$$(\vec{x}, \vec{x}_2 - \vec{x}_1, \vec{x}_3 - \vec{x}_1) = (\vec{x}_1, \vec{x}_2 - \vec{x}_1, \vec{x}_3 - \vec{x}_1) \quad \text{bzw.} \quad (\vec{x} - \vec{x}_1, \vec{x}_2 - \vec{x}_1, \vec{x}_3 - \vec{x}_1) = 0.$$

Genauso schnell gelingt es, diese Gleichung mit Hilfe des Vektorproduktes zu ermitteln.

Beispiel: $\vec{x}_1 = \begin{pmatrix} 1 \\ -3 \\ 2 \end{pmatrix}$; $\vec{x}_2 = \begin{pmatrix} -2 \\ 0 \\ 1 \end{pmatrix}$; $\vec{x}_3 = \begin{pmatrix} 1 \\ 2 \\ -2 \end{pmatrix}$;

dann ist $\vec{a} = \vec{x}_2 - \vec{x}_1 = \begin{pmatrix} -3 \\ 3 \\ -1 \end{pmatrix}$ und $\vec{b} = \vec{x}_3 - \vec{x}_1 = \begin{pmatrix} 0 \\ 5 \\ -4 \end{pmatrix}$.

$$\vec{n} = \vec{a} \times \vec{b} = (\vec{x}_2 - \vec{x}_1) \times (\vec{x}_3 - \vec{x}_1) = \begin{pmatrix} -3 \\ 3 \\ -1 \end{pmatrix} \times \begin{pmatrix} 0 \\ 5 \\ -4 \end{pmatrix} = \begin{pmatrix} -7 \\ -12 \\ -15 \end{pmatrix};$$

$$\vec{x}_1 \cdot \vec{n} = \begin{pmatrix} 1 \\ -3 \\ 2 \end{pmatrix} \cdot \begin{pmatrix} -7 \\ -12 \\ -15 \end{pmatrix} = -7 + 36 - 30 = -1.$$

Probe: $\vec{x}_2 \cdot \vec{n} = \begin{pmatrix} -2 \\ 0 \\ 1 \end{pmatrix} \cdot \begin{pmatrix} -7 \\ -12 \\ -15 \end{pmatrix} = 14 - 15 = -1.$

Die Gleichung der Ebene lautet also: $-7x - 12y - 15z = -1$ bzw. $7x + 12y + 15z = 1$.

Übungen und Aufgaben

1. Eine Ebene ε sei durch einen Punkt P_0 und zwei nicht kollineare Spannvektoren $\vec{a}$ und $\vec{b}$ gegeben. Ermittle eine Normalenform der Ebenengleichung! Deute sie geometrisch auf verschiedene Weisen!

a) $P_0(1|-1|2)$, $\vec{a} = \begin{pmatrix} 1 \\ -1 \\ 2 \end{pmatrix}$, $\vec{b} = \begin{pmatrix} 3 \\ 0 \\ 2 \end{pmatrix}$ **b)** $\vec{x}_0 = \begin{pmatrix} 2 \\ -1 \\ 1 \end{pmatrix}$, $\vec{a} = \begin{pmatrix} 3 \\ -1 \\ 0 \end{pmatrix}$, $\vec{b} = \begin{pmatrix} 4 \\ 1 \\ -1 \end{pmatrix}$

c) $P_0(0|-2|3)$, $\vec{a} = \begin{pmatrix} 1 \\ 2 \\ -1 \end{pmatrix}$, $\vec{b} = \begin{pmatrix} 1 \\ -1 \\ 0 \end{pmatrix}$ **d)** $\vec{x}_0 = \begin{pmatrix} -1 \\ 2 \\ 4 \end{pmatrix}$, $\vec{a} = \begin{pmatrix} -1 \\ 0 \\ 2 \end{pmatrix}$, $\vec{b} = \begin{pmatrix} -2 \\ 3 \\ -1 \end{pmatrix}$

2. Gegeben sind drei Punkte P_1, P_2 und P_3 im Raum. Ermittle von der durch sie bestimmten Ebene ε eine Normalengleichung!

a) $P_1(1|0|0)$, $P_2(0|1|0)$, $P_3(0|0|1)$ **b)** $P_1(2|-1|4)$, $P_2(4|1|2)$, $P_3(1|5|3)$

3. Behandle das Beispiel aus 1. (Seite 201) nach der Form 3) der Normalengleichung!

4. Verwende zur Ermittlung der Normalengleichung der Ebene ε Determinanten!

a) $P_0(-2|0|3)$, $\vec{a}=\begin{pmatrix}-1\\0\\2\end{pmatrix}$, $\vec{b}=\begin{pmatrix}4\\1\\0\end{pmatrix}$ **b)** $\vec{x}_0=\begin{pmatrix}0\\1\\0\end{pmatrix}$, $\vec{a}=\begin{pmatrix}0\\2\\1\end{pmatrix}$, $\vec{b}=\begin{pmatrix}2\\-1\\0\end{pmatrix}$

5. Löse mit Hilfe von Determinanten **a)** Aufgabe 1, **b)** Aufgabe 2!

III. Lageuntersuchungen mit Hilfe des Vektorproduktes

1. In §9, III haben wir gesehen, dass man den **Abstand eines Punktes P_1 von einer Geraden g** im R_2 mit Hilfe des „Projektionsverfahrens“ nach der Formel $d=|(\vec{x}_1-\vec{x}_0)\cdot\vec{e}_n|$ ermitteln kann. Hierbei wird das **Skalarprodukt** auf einen Normaleneinheitsvektor angewendet.
In ähnlicher Weise gelingt es, den Abstand eines Punktes P_1 von einer Geraden g im R_3 zu ermitteln, wenn man als Richtungsvektor der Geraden einen Einheitsvektor wählt und das **Vektorprodukt** bildet.

2. Eine Gerade g sei gegeben durch die Parameterform $\vec{x}=\vec{x}_0+t\vec{a}$. Ein Punkt P_1 sei gegeben durch den Ortsvektor $\vec{x}_1$. Wir ersetzen zunächst die Richtungsvektoren $\vec{a}$ durch den zugehörigen Einheitsvektor $\vec{e}_a=\frac{\vec{a}}{|\vec{a}|}$. Dann gilt für den Abstand d des Punktes P_1 von g (Bild 11.6):

$$d=|\vec{x}_1-\vec{x}_0|\sin\alpha,$$

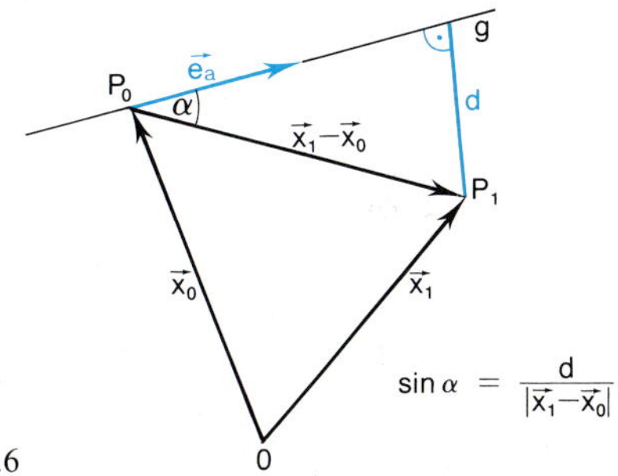

Bild 11.6

wobei α die Größe des Winkels zwischen den Vektoren $\vec{x}_1-\vec{x}_0$ und $\vec{a}$ bezeichnet. Fügt man noch den Faktor $|\vec{e}_a|=1$ hinzu, so erhält man nach der Definition des Vektorproduktes:

$$d=|\vec{x}_1-\vec{x}_0|\,|\vec{e}_a|\sin\alpha=|(\vec{x}_1-\vec{x}_0)\times\vec{e}_a|.$$

3. Die Plückergleichung einer Geraden lautet:

$$\vec{x}\times\vec{a}=\vec{x}_0\times\vec{a} \quad \text{bzw.} \quad (\vec{x}-\vec{x}_0)\times\vec{a}=\vec{0}.$$

Ersetzt man $\vec{a}$ durch den zugehörigen Einheitsvektor $\vec{e}_a=\frac{\vec{a}}{|\vec{a}|}$, so erhält man:

$$(\vec{x}-\vec{x}_0)\times\vec{e}_a=\vec{0}.$$

Setzt man in $\vec{x}$ die Koordinaten eines Punktes der Geraden ein, so ist die Gleichung erfüllt. Setzt man dagegen die Koordinaten eines Punktes P_1 ein, der nicht auf der Geraden liegt, so erhält man statt des Nullvektors einen Vektor, dessen Betrag den Abstand des Punktes von der Geraden angibt:

$$\mathbf{d = |(\vec{x}_1 - \vec{x}_0) \times \vec{e}_a|.}$$

Beispiel: Gegeben: $\vec{x}_1 = \begin{pmatrix} 1 \\ -3 \\ -3 \end{pmatrix}$; $\vec{x}_0 = \begin{pmatrix} 2 \\ 1 \\ -3 \end{pmatrix}$; $\vec{a} = \begin{pmatrix} -1 \\ 3 \\ 1 \end{pmatrix}$ (vergleiche Seite 175!).

Dann gilt: $\vec{x}_1 - \vec{x}_0 = \begin{pmatrix} -1 \\ -4 \\ 0 \end{pmatrix}$; $|\vec{a}| = \sqrt{11}$; $\vec{e}_a = \frac{1}{\sqrt{11}} \begin{pmatrix} -1 \\ 3 \\ 1 \end{pmatrix}$;

$$(\vec{x}_1 - \vec{x}_0) \times \vec{e}_a = \frac{1}{\sqrt{11}} \begin{pmatrix} -1 \\ -4 \\ 0 \end{pmatrix} \times \begin{pmatrix} -1 \\ 3 \\ 1 \end{pmatrix} = \frac{1}{\sqrt{11}} \begin{pmatrix} -4 \\ 1 \\ -7 \end{pmatrix}.$$

Also ergibt sich:

$$d = \frac{1}{\sqrt{11}} \cdot \sqrt{16+1+49} = \sqrt{\frac{66}{11}} = \sqrt{6} \approx 2{,}45.$$

4. Ein **Sonderfall** liegt vor, wenn der Abstand einer Geraden g vom **Nullpunkt** bestimmt werden soll. Wir setzen $\vec{x}_1 = \vec{0}$. Dann gilt:

$$d = |-\vec{x}_0 \times \vec{e}_a| = |\vec{x}_0 \times \vec{e}_a|.$$

Beispiel: Gegeben: $\vec{x}_0 = \begin{pmatrix} 2 \\ 1 \\ -1 \end{pmatrix}$; $\vec{a} = \begin{pmatrix} 3 \\ -1 \\ 4 \end{pmatrix}$.

Dann gilt: $|\vec{a}| = \sqrt{9+1+16} = \sqrt{26}$; $\vec{x}_0 \times \vec{e}_a = \frac{1}{\sqrt{26}} \begin{pmatrix} 2 \\ 1 \\ -1 \end{pmatrix} \times \begin{pmatrix} 3 \\ -1 \\ 4 \end{pmatrix} = \frac{1}{\sqrt{26}} \begin{pmatrix} 3 \\ -11 \\ -5 \end{pmatrix}$.

Also ergibt sich:

$$d = \frac{1}{\sqrt{26}} \sqrt{9+121+25} = \sqrt{\frac{155}{26}} \approx 2{,}44.$$

5. In §5, III (Seite 83ff.) und in §7, IV (Seite 123f.) haben wir bereits erörtert, welche **Lagebeziehungen zwei Geraden** g_1 und g_2 haben können, die durch Gleichungen der Form

$$\vec{x} = \vec{x}_1 + r\vec{a} \quad \text{und} \quad x = \vec{x}_2 + s\vec{b}$$

gegeben sind. Es kommt darauf an, ob die Vektoren $\vec{a}$ und $\vec{b}$ und gegebenenfalls auch noch der Vektor $\vec{x}_2 - \vec{x}_1$ kollinear sind oder nicht.
In den meisten Fällen kann man unmittelbar erkennen, ob die Koordinaten zweier Vektoren zueinander proportional, die Vektoren also kollinear sind oder nicht. Man kann diese Untersuchung grundsätzlich aber auch mit Hilfe des Vektorproduktes durchführen; denn $\vec{a} \times \vec{b} = \vec{0}$ bedeutet, dass $\vec{a}$ und $\vec{b}$ kollinear sind, $\vec{a} \times \vec{b} \neq \vec{0}$, dass sie nicht kollinear sind.

6. Gilt also für die Richtungsvektoren $\vec{a}$ und $\vec{b}$ zweier Geraden $\vec{a}\times\vec{b}\neq\vec{0}$, so sind die Geraden entweder windschief oder sie schneiden sich in genau einem Punkt P. Die beiden Geraden liegen dann stets in den beiden parallelen Ebenen ε_1 und ε_2, die durch die folgenden Gleichungen gegeben sind (Bild 11.7):

$$\varepsilon_1: \quad \vec{x}=\vec{x}_1+r\vec{a}+s\vec{b} \quad \text{bzw.} \quad (\vec{x}-\vec{x}_1)\cdot(\vec{a}\times\vec{b})=\vec{0};$$

$$\varepsilon_2: \quad \vec{x}=\vec{x}_2+r\vec{a}+s\vec{b} \quad \text{bzw.} \quad (\vec{x}-\vec{x}_2)\cdot(\vec{a}\times\vec{b})=\vec{0}.$$

Diese beiden Ebenen können im Sonderfall auch identisch sein.

Sind die Ebenen ε_1 und ε_2 voneinander verschieden, so ist ihr Abstand zugleich der Abstand der beiden windschiefen Geraden. Dieser Abstand kann nach dem Projektionsverfahren (vergleiche §9, III) leicht ermittelt werden. Man braucht nur den Verbindungsvektor $\vec{x}_2-\vec{x}_1$ der beiden Punkte P_1 und P_2 in die gemeinsame Normalenrichtung der beiden Ebenen zu projizieren. Es gilt also:

$$\mathbf{d}=\left|(\vec{\mathbf{x}}_2-\vec{\mathbf{x}}_1)\cdot\frac{\vec{\mathbf{a}}\times\vec{\mathbf{b}}}{|\vec{\mathbf{a}}\times\vec{\mathbf{b}}|}\right|.$$

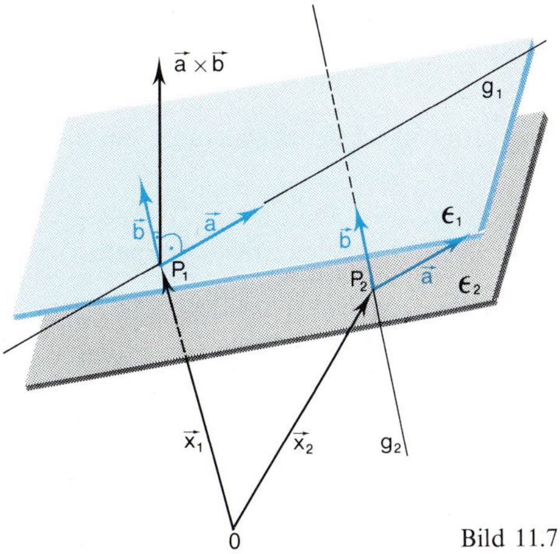

Bild 11.7

Beispiel:

Gegeben: g_1 durch $\vec{x}_1=\begin{pmatrix}1\\-3\\2\end{pmatrix}$; $\vec{a}=\begin{pmatrix}1\\2\\-3\end{pmatrix}$;

g_2 durch $\vec{x}_2=\begin{pmatrix}14\\4\\3\end{pmatrix}$; $\vec{b}=\begin{pmatrix}2\\-3\\0\end{pmatrix}$ (vergleiche Seite 176!).

Dann gilt: $\vec{x}_2-\vec{x}_1=\begin{pmatrix}13\\7\\1\end{pmatrix}$;

$$\vec{a}\times\vec{b}=\begin{pmatrix}1\\2\\-3\end{pmatrix}\times\begin{pmatrix}2\\-3\\0\end{pmatrix}=\begin{pmatrix}-9\\-6\\-7\end{pmatrix};$$

$$|\vec{a}\times\vec{b}|=\sqrt{81+36+49}=\sqrt{166}.$$

Somit ergibt sich:

$$d=\left|(\vec{x}_2-\vec{x}_1)\cdot\frac{\vec{a}\times\vec{b}}{|\vec{a}\times\vec{b}|}\right|=\left|\frac{1}{\sqrt{166}}\begin{pmatrix}13\\7\\1\end{pmatrix}\cdot\begin{pmatrix}9\\6\\7\end{pmatrix}\right|=\left|\frac{117+42+7}{\sqrt{166}}\right|=\frac{166}{\sqrt{166}}=\sqrt{166}\approx 12{,}9.$$

7. Wenn die beiden Ebenen ε_1 und ε_2 zusammenfallen, dann schneiden sich die beiden Geraden in einem Punkt P; dann ergibt sich aus der Abstandsformel: $d=0$.

8. In §5, III, in §7, IV und in §9, III haben wir ebenfalls schon untersucht, in welcher **gegenseitigen Lage eine Ebene und eine Gerade** sich befinden können. Falls die Ebene in Parameterform

$$\vec{x}=\vec{x}_0+r\vec{a}+s\vec{b}$$

gegeben ist, kann man die Untersuchung mit Hilfe des Vektorproduktes vereinfachen: man berechnet den Normalenvektor

$$\vec{n}=\vec{a}\times\vec{b}$$

und bringt die Ebenengleichung auf die Normalenform

$$\vec{x}\cdot\vec{n}=\vec{x}_0\cdot\vec{n}.$$

Man kann aber auch mit dem Spatprodukt arbeiten.

Beispiele:

1) Gegeben: ε durch: $\vec{x}_0=\begin{pmatrix}2\\1\\-3\end{pmatrix}$; $\vec{a}=\begin{pmatrix}1\\-2\\1\end{pmatrix}$; $\vec{b}=\begin{pmatrix}-2\\1\\2\end{pmatrix}$;

g durch: $\vec{x}_1=\begin{pmatrix}1\\2\\-3\end{pmatrix}$; $\vec{c}=\begin{pmatrix}-1\\-4\\7\end{pmatrix}$ (vergleiche Beispiel 2) auf Seite 125!).

Wir untersuchen die Vektoren $\vec{a}$, $\vec{b}$ und $\vec{c}$ mit Hilfe des Spatproduktes auf lineare Abhängigkeit. Wir könnten dies mit Hilfe einer dreireihigen Determinante (vergleiche Seite 194f.!) durchführen. Da wir jedoch das Vektorprodukt $\vec{a}\times\vec{b}$ unten noch benötigen, ist es in diesem Falle zweckmäßiger, die Definitionsformel des Spatproduktes, also $(\vec{a}\times\vec{b})\cdot\vec{c}$, anzuwenden. Es gilt:

$$\vec{a}\times\vec{b}=\begin{pmatrix}1\\-2\\1\end{pmatrix}\times\begin{pmatrix}-2\\1\\2\end{pmatrix}=\begin{pmatrix}-5\\-4\\-3\end{pmatrix};\quad(\vec{a}\times\vec{b})\cdot\vec{c}=\begin{pmatrix}-5\\-4\\-3\end{pmatrix}\cdot\begin{pmatrix}-1\\-4\\7\end{pmatrix}=5+16-21=0.$$

Also sind $\vec{a}$, $\vec{b}$ und $\vec{c}$ komplanar. Die Gerade verläuft also parallel zur Ebene oder liegt sogar in der Ebene. Wir bestimmen den Abstand der Geraden von der Ebene mit Hilfe des Projektionsverfahrens nach der Formel

$$d=\left|(\vec{x}_1-\vec{x}_0)\cdot\frac{\vec{a}\times\vec{b}}{|\vec{a}\times\vec{b}|}\right|.$$

Es ist $\vec{x}_1-\vec{x}_0=\begin{pmatrix}1\\2\\-3\end{pmatrix}-\begin{pmatrix}2\\1\\-3\end{pmatrix}=\begin{pmatrix}-1\\1\\0\end{pmatrix}$ und $|\vec{a}\times\vec{b}|=\sqrt{25+16+9}=\sqrt{50}=5\sqrt{2}$.

Also gilt: $d=\left|\frac{1}{5\sqrt{2}}\begin{pmatrix}-1\\1\\0\end{pmatrix}\cdot\begin{pmatrix}-5\\-4\\-3\end{pmatrix}\right|=\left|\frac{5-4}{5\sqrt{2}}\right|=\frac{1}{5\sqrt{2}}\approx 0{,}141.$

Ebene und Gerade verlaufen also parallel zueinander.

2) Gegeben ε durch: $\vec{x}_0=\begin{pmatrix}2\\1\\-3\end{pmatrix}$; $\vec{a}=\begin{pmatrix}1\\-2\\1\end{pmatrix}$; $\vec{b}=\begin{pmatrix}-2\\1\\2\end{pmatrix}$; g durch: $\vec{x}_1=\begin{pmatrix}1\\0\\0\end{pmatrix}$; $\vec{c}=\begin{pmatrix}-1\\-4\\7\end{pmatrix}$

(vergleiche Beispiel 3) auf Seite 126!).

Es ergibt sich $d=0$. Die Gerade liegt also in der Ebene ε.

3) Gegeben ε durch: $\vec{x}_0=\begin{pmatrix}-3\\1\\1\end{pmatrix}$; $\vec{a}=\begin{pmatrix}1\\-2\\-1\end{pmatrix}$; $\vec{b}=\begin{pmatrix}0\\-1\\2\end{pmatrix}$; g durch: $\vec{x}_1=\begin{pmatrix}2\\-3\\2\end{pmatrix}$; $\vec{c}=\begin{pmatrix}1\\-1\\3\end{pmatrix}$

(vergleiche Beispiel 1) auf Seite 125!).

Es ist $\vec{a}\times\vec{b}=\begin{pmatrix}1\\-2\\-1\end{pmatrix}\times\begin{pmatrix}0\\-1\\2\end{pmatrix}=\begin{pmatrix}-5\\-2\\-1\end{pmatrix}$; $(\vec{a}\times\vec{b})\cdot\vec{c}=\begin{pmatrix}-5\\-2\\-1\end{pmatrix}\cdot\begin{pmatrix}1\\-1\\3\end{pmatrix}=-6.$

Gerade und Ebene sind also nicht parallel, müssen sich also in genau einem Punkt schneiden. Zur Ermittlung dieses Punktes formen wir die Ebenengleichung auf die Normalenform $\vec{x}\cdot\vec{n}=\vec{x}_0\cdot\vec{n}$ um.

$$\vec{x}\cdot\vec{n}=\vec{x}_0\cdot(\vec{a}\times\vec{b})=\begin{pmatrix}-3\\1\\1\end{pmatrix}\cdot\begin{pmatrix}-5\\-2\\-1\end{pmatrix}=15-2-1=12.$$

Die Gleichung der Ebene lautet also $-5x-2y-z=12$ bzw. $5x+2y+z=-12$.
Wir setzen die Koordinaten der Geradengleichung

$$\vec{x}=\begin{pmatrix}2\\-3\\2\end{pmatrix}+t\begin{pmatrix}1\\-1\\3\end{pmatrix}$$

in die Normalengleichung der Ebene ein:

$$5(2+t)+2(-3-t)+(2+3t)=-12 \quad\Leftrightarrow\quad t=-3.$$

Der Schnittpunkt zwischen Geraden und Ebene ist also festgelegt durch

$$\vec{x}_s=\begin{pmatrix}2\\-3\\2\end{pmatrix}-3\begin{pmatrix}1\\-1\\3\end{pmatrix}=\begin{pmatrix}-1\\0\\-7\end{pmatrix}.$$

Probe an der Ebenengleichung: $5\cdot(-1)+2\cdot 0+(-7)=-12$.

9. Wenn zwei Ebenen ε_1 und ε_2 in Parameterform gegeben sind, ist es in den meisten Fällen zweckmäßig, mit Hilfe des Vektorproduktes zugehörige Normalenvektoren $\vec{n}_1$ und $\vec{n}_2$ zu bestimmen und die weitere Untersuchung – wie in §9 besprochen – an Hand der Normalengleichungen

$$\vec{x}\cdot\vec{n}=\vec{x}_1\cdot\vec{n}_1 \quad\text{und}\quad \vec{x}\cdot\vec{n}_2=\vec{x}_2\cdot\vec{n}_2$$

durchzuführen.
Die Ebenen sind parallel (evtl. sogar identisch) genau dann, wenn $\vec{n}_1\times\vec{n}_2=\vec{0}$ ist; sie schneiden sich in einer Geraden genau dann, wenn $\vec{n}_1\times\vec{n}_2\neq\vec{0}$ ist.

Übungen und Aufgaben

1. Ermittle jeweils den Abstand des Nullpunktes und des Punktes P_1 von der Geraden g!

a) $\vec{x}_1 = \begin{pmatrix} 3 \\ -1 \\ -1 \end{pmatrix}$; g: $\vec{x} = \begin{pmatrix} 1 \\ 1 \\ 2 \end{pmatrix} + t \begin{pmatrix} 2 \\ 2 \\ 1 \end{pmatrix}$ **b)** $\vec{x}_1 = \begin{pmatrix} 1 \\ 3 \\ -3 \end{pmatrix}$; g: $\vec{x}_0 = \begin{pmatrix} -2 \\ 1 \\ -1 \end{pmatrix}$, $\vec{x}_2 = \begin{pmatrix} -1 \\ 3 \\ 1 \end{pmatrix}$

c) $\vec{x}_1 = \begin{pmatrix} 1 \\ 0 \\ 2 \end{pmatrix}$; g: $\vec{x} = \begin{pmatrix} 3 \\ 2 \\ -2 \end{pmatrix} + t \begin{pmatrix} 0 \\ 3 \\ 2 \end{pmatrix}$ **d)** $\vec{x}_1 = \begin{pmatrix} -2 \\ 1 \\ 3 \end{pmatrix}$; g: $\vec{x}_0 = \begin{pmatrix} -4 \\ 1 \\ -1 \end{pmatrix}$, $\vec{x}_2 = \begin{pmatrix} -4 \\ 4 \\ 1 \end{pmatrix}$

2. Drei Geraden bestimmen ein Dreieck ABC. Berechne die Höhen des Dreiecks!

$\vec{x} = \begin{pmatrix} 0 \\ -1 \\ -1 \end{pmatrix} + r \begin{pmatrix} 0 \\ 1 \\ 1 \end{pmatrix}$, $\vec{x} = \begin{pmatrix} 0 \\ 1 \\ 1 \end{pmatrix} + s \begin{pmatrix} -1 \\ 0 \\ 2 \end{pmatrix}$, $\vec{x} = \begin{pmatrix} 0 \\ -1 \\ -1 \end{pmatrix} + t \begin{pmatrix} 1 \\ -1 \\ -3 \end{pmatrix}$.

3. Berechne den Abstand des Punktes P_3 von der Geraden durch P_1 und P_2!

a) $P_1(-1|-1|-1)$, $P_2(0|2|-1)$, $P_3(2|2|-1)$

b) $P_1(0|2|-3)$, $P_2(-1|6|-1)$, $P_3(3|-10|-9)$

4. Durch den Schnittpunkt der beiden Geraden g_1 und g_2 werde eine Gerade g gelegt, die senkrecht zu g_1 und zu g_2 verläuft. Berechne den Abstand des Nullpunktes und des Punktes P_1 von dieser Geraden g!

a) g_1: $\vec{x} = \begin{pmatrix} 4 \\ 3 \\ 2 \end{pmatrix} + r \begin{pmatrix} 1 \\ 0 \\ 0 \end{pmatrix}$; g_2: $\vec{x} = \begin{pmatrix} -4 \\ 3 \\ -4 \end{pmatrix} + s \begin{pmatrix} 1 \\ 0 \\ 1 \end{pmatrix}$; $P_1(5|-2|-1)$

b) g_1: $\vec{x} = \begin{pmatrix} 0 \\ 2 \\ 0 \end{pmatrix} + r \begin{pmatrix} 1 \\ -1 \\ 1 \end{pmatrix}$; g_2: $\vec{x} = \begin{pmatrix} -1 \\ 1 \\ 2 \end{pmatrix} + s \begin{pmatrix} 2 \\ 0 \\ -1 \end{pmatrix}$; $P_1(-2|0|1)$

5. Eine Gerade g im Raum sei durch ihre Bildgeraden in zwei von den drei Koordinatenebenen (Grundriss, Aufriss und Seitenriss) gegeben. Ermittle die Plückergleichung der Geraden g und berechne ihren Abstand vom Nullpunkt und vom Punkt P_1!

a) $x+y=1$, $z-x=2$; $P_1(2|-1|1)$ **b)** $x+y=0$, $2z-y=1$; $P_1(4|2|3)$

6. Untersuche die gegenseitige Lage der beiden Geraden g_1 und g_2! Berechne gegebenenfalls ihren Abstand oder ihren Schnittpunkt und die Größe ihres Schnittwinkels!

a)
g_1: $\vec{x} = \begin{pmatrix} -5 \\ 3 \\ 4 \end{pmatrix} + s \begin{pmatrix} 3 \\ -4 \\ 0 \end{pmatrix}$;
g_2: $\vec{x} = \begin{pmatrix} -5 \\ 3 \\ 1 \end{pmatrix} + t \begin{pmatrix} -6 \\ 8 \\ 0 \end{pmatrix}$

b)
g_1: $\vec{x}_1 = \begin{pmatrix} 3 \\ -1 \\ 4 \end{pmatrix}$, $\vec{a}_1 = \begin{pmatrix} 3 \\ -1 \\ 2 \end{pmatrix}$;
g_2: $\vec{x}_2 = \begin{pmatrix} -3 \\ 1 \\ 0 \end{pmatrix}$, $\vec{a}_2 = \begin{pmatrix} -4{,}5 \\ 1{,}5 \\ -3 \end{pmatrix}$

c)
g_1: $P_1(4|-2|0)$, $\vec{a}_1 = \begin{pmatrix} -1 \\ -2 \\ 1 \end{pmatrix}$;
g_2: $P_2(6|-2|0)$, $\vec{a}_2 = \begin{pmatrix} -2 \\ 3 \\ -2 \end{pmatrix}$

d) $g_1: \vec{x}=\begin{pmatrix}-2\\1\\5\end{pmatrix}+s\begin{pmatrix}2\\-2\\1\end{pmatrix}$; $g_2: \vec{x}=\begin{pmatrix}-4\\1\\3\end{pmatrix}+t\begin{pmatrix}-4\\4\\-2\end{pmatrix}$

e) $g_1: \vec{x}=\begin{pmatrix}1\\-1\\3\end{pmatrix}+s\begin{pmatrix}-1\\-2\\1\end{pmatrix}$; $g_2: \vec{x}=\begin{pmatrix}6\\-2\\0\end{pmatrix}+t\begin{pmatrix}1\\0\\1\end{pmatrix}$

f) g_1: $P_1(4|-1|-3)$, $\vec{a}_1=\begin{pmatrix}12\\3\\4\end{pmatrix}$; g_2: $P_2(1|-2|-3)$, $\vec{a}_2=\begin{pmatrix}6\\1{,}5\\2\end{pmatrix}$

g) $g_1: \vec{x}=\begin{pmatrix}1\\0\\1\end{pmatrix}+s\begin{pmatrix}3\\-1\\2\end{pmatrix}$; $g_2: \vec{x}_2=\begin{pmatrix}1\\0\\2\end{pmatrix}$, $\vec{a}_2=\begin{pmatrix}-6\\2\\1\end{pmatrix}$

h) $g_1: \vec{x}=\begin{pmatrix}2\\0\\1\end{pmatrix}+s\begin{pmatrix}-1\\-4\\3\end{pmatrix}$; $g_2: \vec{x}=\begin{pmatrix}2\\-1\\-1\end{pmatrix}+t\begin{pmatrix}-1\\0\\2\end{pmatrix}$

i) g_1: $P_1(2|3|1)$, $\vec{a}_1=\begin{pmatrix}-2\\0\\1\end{pmatrix}$; g_2: $P_2(1|-2|3)$, $\vec{a}_2=\begin{pmatrix}1\\0\\-1\end{pmatrix}$

7. Die Punkte P_1, P_2, P_3 und P_4 bestimmen ein Tetraeder. Berechne den Abstand des Punktes P_1 von der Kante P_3P_4 und die Abstände des Punktes P_2 von den Kanten P_1P_4 und P_1P_3!

a) $P_1(0|-1|1)$, $P_2(0|2|2)$, $P_3(-1|3|1)$, $P_4(1|2|4)$

b) $P_1(4|-1|1)$, $P_2(3|2|1)$, $P_3(-2|0|2)$, $P_4(1|2|8)$

8. Zeige durch Abstandsberechnung, dass sich die beiden Geraden g_1 und g_2 schneiden! Ermittle den Schnittpunkt und die Größe des Schnittwinkels!

a) $g_1: \vec{x}=\begin{pmatrix}5\\-1\\2\end{pmatrix}+r\begin{pmatrix}1\\-2\\-1\end{pmatrix}$; $g_2: \vec{x}=\begin{pmatrix}2\\-1\\1\end{pmatrix}+t\begin{pmatrix}3\\0\\1\end{pmatrix}$

b) $g_1: \vec{x}=\begin{pmatrix}2\\3\\1\end{pmatrix}$, $\vec{a}_1=\begin{pmatrix}-1\\2\\1\end{pmatrix}$; $g_2: \vec{x}_2=\begin{pmatrix}0\\1\\-1\end{pmatrix}$, $\vec{a}_2=\begin{pmatrix}1\\4\\3\end{pmatrix}$

c) $g_1: \vec{x}=\begin{pmatrix}5\\1\\2\end{pmatrix}+t\begin{pmatrix}1\\-3\\-2\end{pmatrix}$; g_2: $P(1|3|2)$, $Q(6|-2|0)$

9. Ein Parallelflach habe die Grundfläche $P_1P_2P_3P_4$ und die Deckfläche $P_5P_6P_7P_8$. Durch P_2, P_4 und durch P_5, P_7 sind zwei Flächendiagonalen, durch P_1, P_7 und durch P_2, P_8 sind zwei Raumdiagonalen festgelegt.

a) Ermittle die Punktkoordinaten der übrigen Punkte, wenn gegeben sind: $P_1(0|0|0)$, $P_2(3|0|0)$, $P_4(1|4|0)$ und $P_6(4|-1|3)$!

b) Zeige durch Abstandsberechnung, dass sich die Raumdiagonalen durch P_1, P_7 und durch P_2, P_8 schneiden, und ermittle den Schnittpunkt!

c) Berechne die Abstände zwischen den beiden genannten Flächendiagonalen und die Abstände bei den Paaren aus einer Flächendiagonalen und einer Raumdiagonalen!

d) Ermittle die Höhe des Spats über der Grundfläche! Ist dieser Wert in früheren Aufgabenteilen bereits ausgerechnet worden?

10. Löse die in 9. gestellte Aufgabe für ein Parallelflach, welches durch die folgenden vier Punkte bestimmt ist!

a) $P_1(2|0|0)$, $P_2(4|4|2)$, $P_3(0|6|2)$, $P_5(0|0|6)$

b) $P_1(1|1|1)$, $P_2(0|0|4)$, $P_6(-3|3|5)$, $P_8(3|7|0)$

11. Untersuche die gegenseitige Lage der Ebene ε und der Geraden g! Berechne den Abstand der Geraden von der Ebene oder ihren Schnittpunkt und die Größe des Schnittwinkels!

a) g: $\vec{x}=\begin{pmatrix}-2\\3\\5\end{pmatrix}+t\begin{pmatrix}-2\\2\\1\end{pmatrix}$; $\quad \varepsilon$: $\vec{x}=\begin{pmatrix}4\\-1\\5\end{pmatrix}+r\begin{pmatrix}-1\\3\\-4\end{pmatrix}+s\begin{pmatrix}1\\-1\\2\end{pmatrix}$

b) g: $\vec{x}_1=\begin{pmatrix}4\\-1\\-3\end{pmatrix}$, $\vec{c}=\begin{pmatrix}3\\0\\4\end{pmatrix}$; $\quad \varepsilon$: $\vec{x}_0=\begin{pmatrix}1\\1\\-2\end{pmatrix}$, $\vec{a}=\begin{pmatrix}3\\1\\0\end{pmatrix}$, $\vec{b}=\begin{pmatrix}12\\3\\4\end{pmatrix}$

c) g: $\vec{x}=\begin{pmatrix}1\\5\\3\end{pmatrix}+t\begin{pmatrix}-2\\-2\\1\end{pmatrix}$; $\quad \varepsilon$: $\vec{x}=\begin{pmatrix}5\\3\\-8\end{pmatrix}+r\begin{pmatrix}0\\-2\\3\end{pmatrix}+s\begin{pmatrix}4\\2\\-1\end{pmatrix}$

d) g: $\vec{x}_1=\begin{pmatrix}0\\-1\\-1\end{pmatrix}$, $\vec{c}=\begin{pmatrix}1\\1\\-3\end{pmatrix}$; $\quad \varepsilon$: $\vec{x}_0=\begin{pmatrix}1\\0\\-4\end{pmatrix}$, $\vec{a}=\begin{pmatrix}-1\\2\\-1\end{pmatrix}$, $\vec{b}=\begin{pmatrix}-2\\1\\2\end{pmatrix}$

e) g: $\vec{x}=\begin{pmatrix}2\\3\\-4\end{pmatrix}+t\begin{pmatrix}4\\-2\\3\end{pmatrix}$; $\quad \varepsilon$: $\vec{x}=\begin{pmatrix}-3\\1\\-5\end{pmatrix}+r\begin{pmatrix}1\\0\\1\end{pmatrix}+s\begin{pmatrix}2\\-2\\1\end{pmatrix}$

f) g: $\vec{x}_1=\begin{pmatrix}2\\2\\0\end{pmatrix}$, $\vec{c}=\begin{pmatrix}4\\-1\\1\end{pmatrix}$; $\quad \varepsilon$: $\vec{x}=\begin{pmatrix}-5\\4\\-2\end{pmatrix}+r\begin{pmatrix}1\\0\\2\end{pmatrix}+s\begin{pmatrix}-4\\1\\-3\end{pmatrix}$

12. Ein Parallelflach mit der Grundfläche $P_1P_2P_3P_4$ und der Deckfläche $P_5P_6P_7P_8$ ist durch die vier Punkte $P_1(0|1|0)$, $P_3(4|5|2)$, $P_5(-1|0|4)$, $P_6(4|-1|5)$ festgelegt.

a) Berechne die Höhe des Parallelflachs, also den Abstand zwischen der Grund- und der Deckfläche!

b) Berechne das Volumen des Parallelflachs mit Hilfe des Spatproduktes und der in a) ermittelten Höhe!

c) Zeige, dass die Kante P_2P_6 zu der durch die beiden Raumdiagonalen P_1P_7 und P_3P_5 bestimmten Ebene parallel verläuft! Berechne deren Abstand und benutze diesen zu einer weiteren Berechnung des Parallelflachvolumens!

13. Löse Aufgabe 12 für ein Parallelflach, das durch die vier Punkte $P_1(0|0|0)$, $P_2(4|0|0)$, $P_3(5|3|1)$ und $P_6(3|2|6)$ festgelegt ist!

14. Ein Tetraeder ist durch die Punkte $A(2|0|0)$, $B(4|6|-1)$, $C(0|4|2)$ und $D(3|2|5)$ gegeben.

a) Verbinde die Mitten der beiden Kanten AB und AD und zeige, dass die Verbindungsgerade zur Seitenfläche BCD parallel verläuft! Berechne deren Abstand und vergleiche ihn mit dem Abstand des Punktes A von der Seitenfläche BCD!

b) Berechne das Tetraedervolumen mit Hilfe des Spatproduktes und mit Hilfe der Höhe des Tetraeders über der Seitenfläche BCD!

15. Löse Aufgabe 14 für ein Tetraeder, das durch die vier Punkte $A(1|0|4)$, $B(-1|-3|-1)$, $C(3|-6|0)$ und $D(3|3|1)$ festgelegt ist!

16. Untersuche, welche gegenseitige Lage die Ebenen ε_1 und ε_2 zueinander haben! Bestimme ihren Abstand oder ihre Schnittgerade und die Größe des Schnittwinkels!

a) $\varepsilon_1\colon \vec{x}=\begin{pmatrix}1\\-1\\-2\end{pmatrix}+r\begin{pmatrix}-1\\2\\0\end{pmatrix}+s\begin{pmatrix}-2\\3\\-4\end{pmatrix}$; $\quad\varepsilon_2\colon \vec{x}=\begin{pmatrix}5\\1\\2\end{pmatrix}+t\begin{pmatrix}-3\\5\\-4\end{pmatrix}+v\begin{pmatrix}1\\-1\\4\end{pmatrix}$

b) $\varepsilon_1\colon \vec{x}_1=\begin{pmatrix}-1\\2\\-1\end{pmatrix}, \vec{a}_1=\begin{pmatrix}1\\-1\\2\end{pmatrix}, \vec{b}_1=\begin{pmatrix}1\\-2\\1\end{pmatrix}$; $\quad\varepsilon_2\colon \vec{x}_2=\begin{pmatrix}-3\\1\\2\end{pmatrix}, \vec{a}_2=\begin{pmatrix}-2\\0\\1\end{pmatrix}, \vec{b}_2=\begin{pmatrix}0\\1\\-1\end{pmatrix}$

c) $\varepsilon_1\colon \vec{x}=\begin{pmatrix}2\\-1\\2\end{pmatrix}+r\begin{pmatrix}0\\-1\\2\end{pmatrix}+s\begin{pmatrix}1\\-2\\-3\end{pmatrix}$; $\quad\varepsilon_2\colon \vec{x}=\begin{pmatrix}4\\-5\\-4\end{pmatrix}+t\begin{pmatrix}-1\\3\\1\end{pmatrix}+v\begin{pmatrix}1\\-1\\-5\end{pmatrix}$

d) $\varepsilon_1\colon \vec{x}_1=\begin{pmatrix}-1\\3\\-1\end{pmatrix}, \vec{a}_1=\begin{pmatrix}0\\2\\1\end{pmatrix}, \vec{b}_1=\begin{pmatrix}3\\2\\-2\end{pmatrix}$; $\quad\varepsilon_2\colon \vec{x}=\begin{pmatrix}4\\1\\2\end{pmatrix}+t\begin{pmatrix}3\\4\\-1\end{pmatrix}+v\begin{pmatrix}-3\\0\\3\end{pmatrix}$

e) $\varepsilon_1\colon \vec{x}=\begin{pmatrix}4\\-2\\1\end{pmatrix}+r\begin{pmatrix}1\\1\\2\end{pmatrix}+s\begin{pmatrix}1\\2\\1\end{pmatrix}$; $\quad\varepsilon_2\colon \vec{x}_2=\begin{pmatrix}-3\\-1\\2\end{pmatrix}, \vec{a}_2=\begin{pmatrix}-2\\0\\1\end{pmatrix}, \vec{b}_2=\begin{pmatrix}0\\-1\\-1\end{pmatrix}$

f) $\varepsilon_1\colon x=\begin{pmatrix}2\\-2\\1\end{pmatrix}+r\begin{pmatrix}-2\\0\\-1\end{pmatrix}+s\begin{pmatrix}3\\1\\-2\end{pmatrix}$; $\quad\varepsilon_2\colon \vec{x}=\begin{pmatrix}-4\\-4\\5\end{pmatrix}+t\begin{pmatrix}1\\1\\-3\end{pmatrix}+v\begin{pmatrix}5\\1\\-1\end{pmatrix}$

g) $\varepsilon_1\colon \vec{x}_1=\begin{pmatrix}1\\0\\2\end{pmatrix}, \vec{a}_1=\begin{pmatrix}-1\\3\\1\end{pmatrix}, \vec{b}_1=\begin{pmatrix}-2\\1\\0\end{pmatrix}$; $\quad\varepsilon_2\colon P_1(1|-1|2), P_2(2|4|-1), P_3(3|3|0)$

h) $\varepsilon_1\colon \vec{x}=\begin{pmatrix}-3\\-5\\4\end{pmatrix}+r\begin{pmatrix}1\\4\\0\end{pmatrix}+s\begin{pmatrix}1\\0\\5\end{pmatrix}$; $\quad\varepsilon_2\colon \vec{x}=\begin{pmatrix}2\\-1\\3\end{pmatrix}+t\begin{pmatrix}2\\4\\5\end{pmatrix}+v\begin{pmatrix}0\\4\\-5\end{pmatrix}$

17. a) Zeige für das von den vier Punkten $A(-2|0|0)$, $B(4|-2|2)$, $C(6|4|4)$ und $D(2|0|8)$ gebildete Tetraeder, dass jeweils die durch drei Kantenmittelpunkte verlaufende Ebene zu einer Seitenfläche parallel ist!

b) Beweise den in a) nachgewiesenen Sachverhalt als allgemein gültige Aussage für jedes von drei Vektoren $\vec{a}$, $\vec{b}$ und $\vec{c}$ aufgespannte Tetraeder!

18. Untersuche, ob die Punkte P_4, P_5 und P_6 in der Ebene liegen, die durch die Punkte P_1, P_2 und P_3 festgelegt ist! Welche Form hat ggf. das von P_1, P_2, P_3 und P_4 gebildete ebene Viereck? Berechne ggf. die Volumenmaßzahl derjenigen Pyramide, die dieses Viereck als Grundfläche und den Punkt P_5 (P_6) als Spitze hat!

	P_1	P_2	P_3	P_4	P_5	P_6
a)	$(8\|-2\|0)$	$(12\|0\|2)$	$(8\|6\|4)$	$(4\|4\|2)$	$(6\|-2\|10)$	$(10\|6\|-6)$
b)	$(5\|7\|4)$	$(3\|3\|2)$	$(3\|5\|-2)$	$(1\|7\|-4)$	$(11\|5\|-4)$	$(-5\|9\|4)$
c)	$(2\|0\|1)$	$(7\|3\|3)$	$(9\|1\|1)$	$(4\|-2\|-1)$	$(6\|10\|-5)$	$(16\|2\|1)$
d)	$(5\|-3\|0)$	$(0\|-2\|-1)$	$(5\|1\|1)$	$(10\|0\|2)$	$(5\|-7\|-1)$	$(13\|2\|0)$

19. Bestimme mit den Punkten von Aufgabe 18 jeweils eine Ebene ε_1 durch die Punkte P_1, P_2 und P_3 und eine Ebene ε_2 durch die Punkte P_4, P_5 und P_6! Untersuche jeweils die Lagebeziehung der beiden Ebenen ε_1 und ε_2 zueinander!

20. Gegeben seien die Geraden

$$g_1\colon \vec{x}=\begin{pmatrix}5\\4\\-4\end{pmatrix}+r\begin{pmatrix}-2\\0\\3\end{pmatrix};\qquad g_2\colon \vec{x}=\begin{pmatrix}8\\-1\\1\end{pmatrix}+s\begin{pmatrix}4\\1\\-3\end{pmatrix};$$

$$g_3\colon \vec{x}=\begin{pmatrix}-1\\2\\-1\end{pmatrix}+t\begin{pmatrix}2\\2\\3\end{pmatrix};\qquad g_4\colon \vec{x}=\begin{pmatrix}0\\-8\\-8\end{pmatrix}+u\begin{pmatrix}2\\3\\6\end{pmatrix}.$$

a) Untersuche, welche Geradenpaare sich schneiden und welche Paare windschief sind! Berechne den Schnittpunkt oder den Abstand!

b) Die vier Geraden bestimmen paarweise zwei Ebenen, in denen sie liegen. Ermittle den Abstand dieser beiden Ebenen!

c) Untersuche, ob die Geraden g_5 zu $\vec{x}=\begin{pmatrix}6\\-2\\1\end{pmatrix}+v\begin{pmatrix}-2\\0\\3\end{pmatrix}$ und g_6 zu $\vec{x}=\begin{pmatrix}5\\6\\2\end{pmatrix}+w\begin{pmatrix}2\\1\\0\end{pmatrix}$ ebenfalls in einer der Ebenen liegen, und ermittle ihren Abstand!

IV. Übergreifende Aufgaben

1. Ein Dreieck ABC sei durch die Punkte $A(a|0|0)$, $B(0|a|0)$ und $C(0|0|a)$ mit $a>0$ bestimmt.

a) Berechne die Koordinaten des Schwerpunktes S des Dreiecks ABC!

b) Ermittle Gleichungen der Ebene ε durch A, B und C in Parameterform und in Normalenform!

c) Ein Punkt P sei durch die Bedingungen festgelegt: $\overrightarrow{SP}\perp\varepsilon$; $|SP|=\frac{2}{3}\sqrt{3}\,a$; O und P liegen auf verschiedenen Seiten der Ebene ε. Ermittle die Koordinaten von P!

d) Ermittle eine Gleichung der Geraden g_1 durch O und P in Parameterform! Wie groß ist der Winkel, den g_1 mit der positiven x-Achse einschließt?

e) Zeige, dass die Pyramide ABCP ein regelmäßiges Tetraeder ist! Berechne das Volumen des Tetraeders!

2. Ein Tetraeder sei festgelegt durch die Punkte $P_1(0|-2|0)$, $P_2(3|1|1)$, $P_3(1|2|1)$ und $P_4(1|1|3)$.

a) Zeige, dass das Dreieck $P_2P_3P_4$ gleichschenklig ist!

b) Berechne die Größen der Innenwinkel dieses Dreiecks!

c) Ermittle eine Normalengleichung der Ebene ε, die durch die Punkte P_2, P_3 und P_4 geht!

d) Ermittle eine Gleichung für die Gerade g, die auf der Ebene ε senkrecht steht und durch den Punkt P_1 geht!

e) Berechne den Schnittpunkt F zwischen der Ebene ε und der Geraden g und ermittle die Länge $|P_1F|$!

f) Kontrolliere das Ergebnis über $|P_1F|$ mit Hilfe der Normalengleichung von ε!

3. Drei Geraden seien gegeben durch:

$$g_1\colon \vec{x}=\begin{pmatrix}6\\-4\\2\end{pmatrix}+r\begin{pmatrix}-1\\2\\1\end{pmatrix};\quad g_2\colon \vec{x}=\begin{pmatrix}1\\3\\1\end{pmatrix}+s\begin{pmatrix}1\\-2\\1\end{pmatrix};\quad g_3\colon \vec{x}=\begin{pmatrix}5\\-1\\6\end{pmatrix}+t\begin{pmatrix}1\\-1\\2\end{pmatrix}.$$

a) Welche Lage haben die Geraden g_1 und g_2 und die Geraden g_1 und g_3 zueinander? Ermittle ggf. die Schnittpunkte!
b) Berechne die Spurpunkte von g_1 in den Koordinatenebenen!
c) Zeichne die Projektion der Geraden g_1 auf die x-y-Ebene!

4. Gegeben sind die Punkte $P_1(1|0|1)$, $P_2(2|-1|3)$ und $P_3(2|0|1)$ und die Ebene ε_1 durch

$$\vec{x}=\begin{pmatrix}-1\\-2\\2\end{pmatrix}+r\begin{pmatrix}-1\\-3\\4\end{pmatrix}+s\begin{pmatrix}1\\1\\-1\end{pmatrix}.$$

a) Ermittle Gleichungen für die Ebene ε_2 durch P_1, P_2 und P_3 in Parameterform und in Normalenform!
b) Bestimme eine Parametergleichung der Schnittgeraden g der beiden Ebenen ε_1 und ε_2!
c) Ermittle die Gleichungen von Grundriss, Aufriss und Seitenriss von g!
d) Ermittle eine Normalengleichung der Ebene ε_3, die auf der Ebene ε_2 in den Punkten P_1 und P_3 senkrecht steht!
e) Bestimme die gegenseitige Lage von ε_1 und ε_3!

5. Die Ebenen ε_1 und ε_2 seien durch $x-3y+2z=-2$ und $2x-y+z=3$ bestimmt, ferner sei $P_1(-3|3|-2)$ gegeben. Ermittle:
a) eine Parametergleichung der Schnittgeraden von ε_1 und ε_2,
b) die Größe α des Schnittwinkels zwischen ε_1 und ε_2,
c) die Plückergleichung der Schnittgeraden,
d) die Abstände des Punktes P_1 von ε_1, von ε_2 und von der Schnittgeraden!

6. Gegeben sind die Punkte $P_1(-1|2|-3)$, $P_2(2|1|-3)$ und $P_3(1|-1|-3)$, ferner die Ebene ε_1 zu $2x+y-3z=4$. Ermittle:
a) eine Gleichung der Geraden g durch P_1 und P_2;
b) den Abstand des Punktes P_3 von g;
c) eine Gleichung der Ebene ε_2, die g enthält und auf der Ebene ε_1 senkrecht steht! Welche besondere Lage hat die Ebene ε_2?

7. Gegeben seien die Gerade g_1 durch $\vec{x}=\begin{pmatrix}-1\\5\\-2\end{pmatrix}+t\begin{pmatrix}1\\-1\\1\end{pmatrix}$ und die Punkte $P_1(-1|-1|2)$ und $P_2(-1|-3|1)$.
a) Ermittle eine Gleichung für die Gerade g_2 durch P_1 und P_2!
b) Berechne den Abstand der Geraden g_1 und g_2 und die zugehörigen Lotfußpunkte!
c) Bestimme eine Gleichung für die Gerade g_3, die auf den Geraden g_1 und g_2 senkrecht steht!
d) Ermittle eine Parametergleichung für die Ebene ε, die g_1 und P_1 enthält!
e) Ermittle eine Normalengleichung für die Ebene ε!
f) Berechne den Abstand des Punktes P_2 von der Ebene ε!
g) Berechne die Größe des Winkels, den ε und g_2 einschließen!

8. Gegeben sind die Punkte $P_1(1|0|-1)$, $P_2(2|-1|-3)$ und $P_3(1|1|2)$, die Ebene ε_1 durch $2x-y+z=4$ und die Gerade g zu $\vec{x}=\begin{pmatrix}1\\2\\-1\end{pmatrix}+t\begin{pmatrix}1\\-1\\-3\end{pmatrix}$.

a) Ermittle eine Normalengleichung für die Ebene ε_2 durch P_1, P_2 und P_3!

b) Untersuche die gegenseitige Lage von ε_1 und ε_2 zueinander und zur Geraden g! Bestimme jeweils den Abstand oder das Schnittgebilde und die Größe des Schnittwinkels! Ermittle ferner die Projektionen des Schnittgebildes in den drei Koordinatenebenen!

9. Gegeben sind die fünf Punkte $P_1(6|-1|-8)$, $P_2(4|-2|-5)$, $Q_1(1|1|-2)$, $Q_2(-2|1|1)$, $Q_3(2|-1|-5)$ und die Ebene ε_1 zu $x+3y+3z=4$.

a) Ermittle eine Parametergleichung der Geraden g_1 durch die Punkte P_1 und P_2!

b) Bestimme eine Gleichung der Ebene ε_2 durch die Punkte Q_1, Q_2 und Q_3 in Parameterform und in Normalenform!

c) Untersuche die gegenseitige Lage der Ebenen ε_1 und ε_2, bestimme ihren Abstand oder ihre Schnittgerade g_2 und die Größe ihres Schnittwinkels!

d) Ermittle Grundriss, Aufriss und Seitenriss der Geraden g_2 zu $\vec{x}=\begin{pmatrix}-5\\0\\3\end{pmatrix}+v\begin{pmatrix}3\\1\\-2\end{pmatrix}$!

e) Untersuche die gegenseitige Lage der Geraden g_1 und g_2, bestimme ihren Abstand oder ihren Schnittpunkt und die Größe des Schnittwinkels!

10. Gegeben seien die Punkte $P_1(-2|1|-1)$, $P_2(1|-3|-2)$, $P_3(-3|1|2)$ und $P_4(5|1|6)$, ferner die Ebene ε_1 zu $x-3y+2z=1$.

a) Ermittle eine Normalengleichung für die Ebene ε_2 durch die Punkte P_1, P_2 und P_3!

b) Vom Punkt P_4 sei das Lot auf die Ebene ε_2 gefällt. Ermittle eine Gleichung der Geraden g_1, in der dieses Lot liegt!

c) Untersuche die gegenseitige Lage von ε_2 und g_1 und berechne den Abstand des Punktes P_4 von der Ebene ε_2!

d) Zeige, dass sich die Ebenen ε_1 und ε_2 in einer Geraden schneiden, und ermittle eine Gleichung für die Schnittgerade g_2!

e) Ermittle Gleichungen für Aufriss, Grundriss und Seitenriss der Geraden g_2!

f) Zeige, dass man aus den Gleichungen für Aufriss und Seitenriss die Gleichung für den Grundriss herleiten kann!

g) Ermittle die Größe des Schnittwinkels zwischen ε_1 und ε_2!

11. Gegeben seien die Punkte $P_1(-3|2|-1)$, $P_2(-5|1|-2)$, $P_3(5|1|0)$ und $P_4(4|2|-1)$, ferner die Ebene ε_1 zu $3x-y+2z=8$.

a) Ermittle Gleichungen der Geraden g_1 durch P_1, P_2 und der Geraden g_2 durch P_3, P_4!

b) Zeige, dass g_1 und g_2 windschief sind, und berechne den Abstand der beiden Geraden mit Hilfe des 1) Projektionsverfahrens, 2) Lotfußpunktverfahrens!

c) Untersuche die gegenseitige Lage von g_1 und ε_1, berechne den Abstand oder den Schnittpunkt und die Größe des Schnittwinkels!

d) Ermittle eine Gleichung der Ebene ε_2, die die Gerade g_1 und den Punkt P_4 enthält! Welche besondere Lage hat diese Ebene ε_2?

e) Untersuche die gegenseitige Lage der Ebenen ε_1 und ε_2, berechne den Abstand oder die Schnittgerade und die Größe des Schnittwinkels!

12. Die Punkte $P_1(1|0|-1)$, $P_2(2|-1|-3)$ und $P_3(1|1|2)$ bestimmen eine Ebene ε_1, die Gleichung $2x-y+z=4$ eine Ebene ε_2.

a) Ermittle eine Normalengleichung für die Ebene ε_1!

b) Untersuche die gegenseitige Lage von ε_1 und ε_2, berechne entweder den Abstand oder die Schnittgerade und die Größe des Schnittwinkels!

13. Die Geraden g_1 und g_2 seien festgelegt durch

$$g_1\colon\ P_1(0|1|0),\ \vec{a}_1=\begin{pmatrix}0\\-1\\1\end{pmatrix};\qquad g_2\colon\ P_2(2|4|0),\ \vec{a}_2=\begin{pmatrix}-2\\0\\1\end{pmatrix}.$$

a) Zeige, dass die Geraden g_1 und g_2 windschief sind!

b) Die Ebene ε enthalte die Gerade g_1 und verlaufe parallel zu g_2. Ermittle den Abstand des Punktes $P(4|6|5)$ von der Ebene ε!

c) Ermittle den Abstand der beiden Geraden g_1 und g_2 und bestimme eine Gleichung der Geraden g, in der das gemeinsame Lot von g_1 und g_2 liegt!

d) Untersuche, ob es eine Gerade h gibt, die durch den Punkt $P(6|2|8)$ geht und die Geraden g_1 und g_2 schneidet!

14. Gegeben seien g_1 zu $\vec{x}=\begin{pmatrix}2\\9\\0\end{pmatrix}+r\begin{pmatrix}2\\-3\\6\end{pmatrix}$ und g_2 zu $\vec{x}=\begin{pmatrix}1\\-0{,}5\\9\end{pmatrix}+s\begin{pmatrix}-2\\-1\\6\end{pmatrix}$.

a) Zeige, dass die Geraden g_1 und g_2 windschief sind!

b) Bestimme für die Ebene ε_1, die g_2 enthält und parallel zu g_1 verläuft, eine Parameter- und eine Normalengleichung! Welche Schnittpunkte hat ε_1 mit den Koordinatenachsen?

c) Welchen Abstand hat die Gerade g_1 von der Ebene ε_1? Bestimme eine Gleichung der Geraden g_1', die bezüglich der Ebene ε_1 spiegelbildlich zu g_1 liegt!

d) Durch die Geraden g_1 und g_1' ist eine Ebene ε_2 bestimmt. Ermittle eine Gleichung der Schnittgeraden der Ebenen ε_1 und ε_2 und die Größe ihres Schnittwinkels!

15. Gegeben seien die Punkte $P_1(3|2|-1)$ und $P_2(7|-2|3)$, ferner die Gerade g zu $\vec{x}=\begin{pmatrix}1\\-1\\4\end{pmatrix}+t\begin{pmatrix}2\\0\\-1\end{pmatrix}$ und eine Ebene ε_1 zu $\vec{x}=\begin{pmatrix}1\\1\\4\end{pmatrix}+r\begin{pmatrix}2\\1\\5\end{pmatrix}+s\begin{pmatrix}6\\-3\\3\end{pmatrix}$.

a) Ermittle eine Gleichung der durch g und P_2 bestimmten Ebene ε_2 und eine Gleichung der Schnittgeraden g_S der Ebenen ε_1 und ε_2!

b) Bestimme eine Gleichung der Ebene ε_3, die auf der Schnittgeraden g_S senkrecht steht und durch P_1 geht!

c) In der Ebene ε_3 sei h diejenige Gerade, die parallel zu y-z-Ebene verläuft und durch den Punkt $Q(4|7|2)$ geht. Ermittle eine Gleichung von h, berechne ihren Abstand vom Nullpunkt und zeige, dass die Ebene ε_4, die den Punkt P_2 enthält und auf h senkrecht steht, auch den Punkt P_1 enthält!

d) Zeige, dass alle Ebenen der Schar $\varepsilon(k)\colon (2-k)x+8y+(4+2k)z=10+3k$ (mit $k\in\mathbb{R}$) die Schnittgerade g_S von ε_1 und ε_2 enthalten! Ermittle die Werte k_1 und k_2, für die sich die Ebenen ε_1 und ε_2 ergeben!

e) Berechne $k\in\mathbb{R}$ so, dass die Ebene $\varepsilon(k)$ auf der Ebene ε_1 senkrecht steht!

16. Gegeben sind eine Gerade g, eine Ebenenschar $\varepsilon(k)$ und eine Ebene ε_1 durch:

$$g\colon \vec{x}=\begin{pmatrix}7\\22\\0\end{pmatrix}+t\begin{pmatrix}0\\23\\6\end{pmatrix};\quad \varepsilon(k)\colon \vec{x}=\begin{pmatrix}0\\-2\\4\end{pmatrix}+r\begin{pmatrix}2\\-3\\-2\end{pmatrix}+s\begin{pmatrix}2\\k+5\\1\end{pmatrix};\quad \varepsilon_1\colon 3x-2y+6z=28.$$

a) Ermittle eine Gleichung der Ebene ε_2 durch g und den Punkt $P(4|-8|0)$!

b) Berechne den Abstand des Punktes $Q(7|-1|9)$ von der Ebene ε_1 und ermittle den Spiegelpunkt Q' von Q bezüglich der Ebene ε_1!

c) Bestimme eine Gleichung der Schnittgeraden g_S von ε_1 und ε_2! Berechne ferner die Koordinaten des Schnittpunktes der Geraden g und g_S!

d) Die Ebenen der Schar $\varepsilon(k)$ enthalten eine gemeinsame Gerade. Bestimme eine Gleichung dieser Geraden und zeige, dass sie auch in der Ebene ε_3 zu $14x-6y+23z=104$ liegt! Ist ε_3 in der Schar $\varepsilon(k)$ enthalten?

17. Drei Ebenen seien gegeben durch $\varepsilon_1\colon 3x+4y+3z=24$, $\varepsilon_2\colon x-2y+z=8$ und $\varepsilon_3\colon -12x+4y+3z=24$.

a) Untersuche die wechselseitige Lage der Ebenen zueinander!

b) Bestimme ggf. die Schnittgeraden von ε_1 und ε_2 und von ε_1 und ε_3! Kann man über die Lage dieser Schnittgeraden eine Aussage machen?

c) Untersuche die gegenseitige Lage der ermittelten Schnittgeraden!

d) Ermittle die Gleichungen der Spurgeraden der Ebene ε_1 in den Koordinatenebenen!

18. Gegeben sind zwei Ebenen ε_1, ε_2 und eine Ebenenschar $\varepsilon(k)$ mit $k\in\mathbb{R}$ durch:
$\varepsilon_1\colon -2x+y-z=-4$; $\varepsilon_2\colon x+y+2z=8$; $\varepsilon(k)\colon 2x-y+kz=4$.

a) Untersuche, für welche Werte von $k\in\mathbb{R}$ sich die Ebenen der Schar mit ε_1 und ε_2 in genau einem Punkt schneiden! Ermittle den Schnittpunkt! Welche besondere Lage hat der Punkt?

b) Untersuche den Zusammenhang zwischen $\varepsilon(k)$ und ε_1 bzw. ε_2 in den Fällen, die in a) ausgeschlossen werden! Bestimme jeweils die Schnittgebilde!

c) Ermittle die Projektionen der in b) ermittelten Geraden in den drei Koordinatenebenen!

19. Gegeben sei die Ebene ε_1 durch $x-y-z=2$.

a) Ermittle die Gleichung der Ebene ε_2, die auf ε_1 senkrecht steht und durch die Punkte $P_1(0|1|1)$ und $P_2(2|-1|1)$ geht!

b) Ermittle die Gleichung der Schnittgeraden g_1 von ε_1 und ε_2!

c) Eine Ebenenschar $\varepsilon(k)$ mit $k\in\mathbb{R}$ sei gegeben durch $(k-1)x+(k+1)y+z=k-2$. Zeige, dass g_1 in jeder Ebene der Schar liegt!

d) Welche Paare aus der Ebenenschar $\varepsilon(k)$ stehen aufeinander senkrecht?

e) Ermittle eine Gleichung für die Gerade g_2, die auf g_1 senkrecht steht und durch den Punkt $P_3(3|-2|0)$ geht!

§ 12 Kreis und Kugel

I. Die Gleichungen von Kreis und von Kugel

1. Ein Kreis ist definiert als die Menge aller Punkte einer Ebene ε, die von einem Punkt M dieser Ebene die gleiche Entfernung r haben; man nennt M den **„Mittelpunkt"** und r den **„Radius des Kreises".** Wir bezeichnen einen Kreis kurz mit „K(M; r)", gelesen „Kreis um M mit dem Radius r" (Bild 12.1).

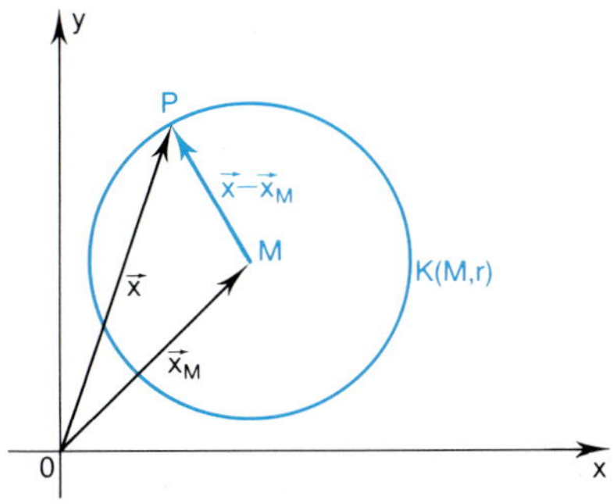

Bild 12.1

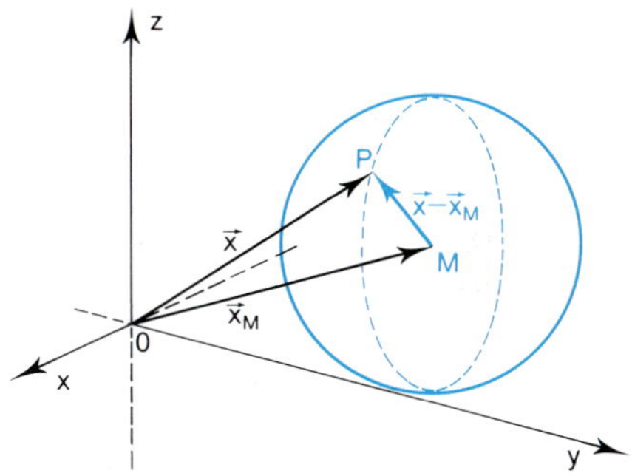

Bild 12.2

Entsprechend ist eine **Kugel** definiert als die Menge der Punkte im R_3, die von einem Punkt M die gleiche Entfernung r haben; man nennt auch hier den Punkt M den **„Mittelpunkt"** und r den **„Radius der Kugel".** Wir bezeichnen auch eine Kugel mit „K(M; r)", gelesen „Kugel um M mit dem Radius r" (Bild 12.2).

Ob mit K(M; r) ein Kreis oder eine Kugel gemeint ist, ergibt sich jeweils aus dem Zusammenhang.

Beachte: Unter einem **„Kreis"** verstehen wir also die **Kreislinie,** nicht etwa die Kreisfläche; unter einer **„Kugel"** verstehen wir eine **Fläche,** nicht etwa einen Körper; man spricht manchmal auch von der „Kugeloberfläche".

2. Für alle Punkte P, die auf einem Kreis bzw. auf einer Kugel liegen, haben die Pfeile $\overrightarrow{MP}$ die gleiche Länge r: $|\overrightarrow{MP}|=r$. Erfüllt umgekehrt ein Punkt P diese Bedingung, so liegt er auf dem Kreis bzw. auf der Kugel; es gilt also:

$$P\in K(M;r) \Leftrightarrow |\overrightarrow{MP}|=r.$$

Wie die Bilder 12.1 und 12.2 zeigen, lässt sich für jeden Punkt P auf K der Vektor zum Pfeil $\overrightarrow{MP}$ durch die Differenz $\vec{x}-\vec{x}_M$ der beiden Ortsvektoren $\vec{x}_M$ zu M und $\vec{x}$ zu P darstellen.
Es gilt also: $|\vec{x}-\vec{x}_M|=r$.
Daraus ergibt sich durch Quadrieren $|\vec{x}-\vec{x}_M|^2=r^2$ und nach Satz S8.1: $(\vec{x}-\vec{x}_M)\cdot(\vec{x}-\vec{x}_M)=r^2$.
Zur Abkürzung der Schreibweise machen wir von jetzt ab von der Vereinbarung Gebrauch, statt $\vec{a}\cdot\vec{a}$ kurz $\vec{a}^2$ zu schreiben; dann gilt für alle Punkte des Kreises bzw. der Kugel:

$$\mathbf{(\vec{x}-\vec{x}_M)^2=r^2.}$$

Für den Sonderfall, dass der Mittelpunkt des Kreises bzw. der Kugel der Nullpunkt des Koordinatensystems, also $\vec{x}_M = \vec{0}$ ist, ergibt sich daraus:

$$\vec{x}^2 = r^2.$$

Damit haben wir gezeigt:

S 12.1 Ein Punkt P mit dem Ortsvektor $\vec{x}$ liegt genau dann auf dem Kreis bzw. auf der Kugel K(M; r), wenn gilt:

$$(\vec{x} - \vec{x}_M)^2 = r^2.$$

Diese Gleichung heißt daher „Kreisgleichung" bzw. „Kugelgleichung".
Ist M der Nullpunkt des Koordinatensystems, so lautet die Gleichung:

$$\vec{x}^2 = r^2.$$

Bemerkung: Man kann die allgemeine Kreis- oder Kugelgleichung $(\vec{x} - \vec{x}_M)^2 = r^2$ auf den Sonderfall $\vec{x}^2 = \vec{r}$ dadurch zurückführen, dass man eine Verschiebung mit dem Vektor $\vec{x}_M$ durchführt. Daher nennt man $(\vec{x} - \vec{x}_M)^2 = r^2$ auch die **„Verschiebungsform"** und $\vec{x}^2 = r^2$ die **„Ursprungsform"** der Kreis- bzw. Kugelgleichung.
Beachte, dass mit einer solchen Gleichung in zwei Variablen nur Kreise erfasst werden, die in der x-y-Ebene liegen, nicht aber Kreise, die irgendwo im R_3 liegen!

3. Kreis- und Kugelgleichung unterscheiden sich in der vektoriellen Schreibweise nicht. Der Unterschied besteht nur darin, dass in einem Falle P und M Punkte einer Ebene (des R_2), im anderen Falle dagegen des Raumes (des R_3) sind. Überträgt man die Gleichungen in die Koordinatenschreibweise, so wird der Unterschied sichtbar. Diese Gleichungen lauten:

	Verschiebungsform	Ursprungsform
Kreis	$(x - x_M)^2 + (y - y_M)^2 = r^2$	$x^2 + y^2 = r^2$
Kugel	$(x - x_M)^2 + (y - y_M)^2 + (z - z_M)^2 = r^2$	$x^2 + y^2 + z^2 = r^2$

Beispiele:

1) Die Gleichung des Kreises um $M(-2|5)$ mit $r = 3$ lautet: $(x+2)^2 + (y-5)^2 = 9$.

2) Die Gleichung der Kugel um $M(4|-1|-3)$ mir $r = 6$ lautet: $(x-4)^2 + (y+1)^2 + (z+3)^2 = 36$.

4. Durch Ausmultiplizieren der Gleichungen der beiden vorstehenden Beispiele erhält man:

zu 1): $(x^2 + 4x + 4) + (y^2 - 10y + 25) = 9 \Leftrightarrow x^2 + y^2 + 4x - 10y + 20 = 0;$

zu 2): $(x^2 - 8x + 16) + (y^2 + 2y + 1) + (z^2 + 6z + 9) = 36 \Leftrightarrow x^2 + y^2 + z^2 - 8x + 2y + 6z - 10 = 0.$

Man kann diese Gleichungen auch vektoriell schreiben:

zu 1): $\vec{x}^2 + \begin{pmatrix} 4 \\ -10 \end{pmatrix} \cdot \vec{x} + 20 = 0;$ **zu 2):** $\vec{x}^2 + \begin{pmatrix} -8 \\ 2 \\ 6 \end{pmatrix} \cdot \vec{x} - 10 = 0.$

Ist umgekehrt eine Gleichung in dieser Form

$$\vec{x}^2 + \vec{p} \cdot \vec{x} + q = 0$$

gegeben, so stellt sich die Frage, ob es sich um eine Kreis- bzw. eine Kugelgleichung handelt.

Beispiel: $\vec{x}^2 + \begin{pmatrix} 4 \\ -6 \\ 0 \end{pmatrix} \cdot \vec{x} - 12 = 0$, also: $x^2 + y^2 + z^2 + 4x - 6y - 12 = 0$.

Wenn es sich hier um eine Kugelgleichung handelt, dann muss sie sich durch Äquivalenzumformungen auf die Form

$$(x - x_M)^2 + (y - y_M)^2 + (z - z_M)^2 = r^2$$

bringen lassen. Es liegt nahe, bei den einzelnen Variablen das Verfahren der quadratischen Ergänzung anzuwenden. Wir erhalten:

$$(x^2 + 4x + 4) + (y^2 - 6y + 9) + z^2 = 12 + 4 + 9 \quad \Leftrightarrow \quad (x+2)^2 + (y-3)^2 + (z-0)^2 = 25 = 5^2.$$

Dies ist also in der Tat die Gleichung einer Kugel um den Mittelpunkt $M(-2|3|0)$ mit dem Radius $r = 5$.

5. Allgemein können wir das am Beispiel durchgeführte Verfahren folgendermaßen beschreiben. Die quadratische Ergänzung zur Gleichung

$$\vec{x}^2 + \vec{p} \cdot \vec{x} = -q$$

lautet in vektorieller Form: $\left(\frac{\vec{p}}{2}\right)^2$. Man erhält:

$$\vec{x}^2 + \vec{p} \cdot \vec{x} + \left(\frac{\vec{p}}{2}\right)^2 = \left(\frac{\vec{p}}{2}\right)^2 - q \quad \Leftrightarrow \quad \left(\vec{x} + \frac{\vec{p}}{2}\right)^2 = \left(\frac{\vec{p}}{2}\right)^2 - q.$$

Diese Gleichung ist genau von der Form $(\vec{x} - \vec{x}_M)^2 = r^2$, wenn $\left(\frac{\vec{p}}{2}\right)^2 - q > 0$ ist.

In diesem Falle gilt für den Mittelpunkt M: $\vec{x}_M = -\frac{\vec{p}}{2}$

und für den Radius: $r = \sqrt{\left(\frac{\vec{p}}{2}\right)^2 - q}$.

Damit haben wir gezeigt:

S 12.2 Eine quadratische Gleichung der Form $\vec{x}^2 + \vec{p} \cdot \vec{x} + q = 0$ ist genau dann eine Kreis- bzw. Kugelgleichung, wenn $\left(\frac{\vec{p}}{2}\right)^2 - q > 0$ ist. Mittelpunkt M und Radius r sind dann bestimmt durch:

$$\vec{x}_M = -\frac{\vec{p}}{2} \quad \text{und} \quad r = \sqrt{\left(\frac{\vec{p}}{2}\right)^2 - q}.$$

Bemerkung: Gilt $\left(\frac{\vec{p}}{2}\right)^2 = q$, so „schrumpfen“ der Kreis bzw. die Kugel auf einen Punkt, den Mittelpunkt, zusammen.

Beispiele:

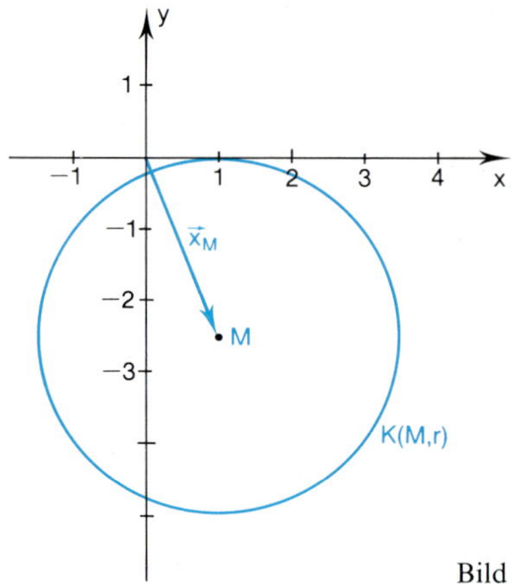

Bild 12.3

1) $\vec{x}^2 + \begin{pmatrix} 2 \\ -5 \end{pmatrix} \cdot \vec{x} + 6 = 0$

Es ist $\frac{\vec{p}}{2} = \frac{1}{2}\begin{pmatrix} 2 \\ -5 \end{pmatrix}$, also $\left(\frac{\vec{p}}{2}\right)^2 = \frac{1}{4}(4+25) = \frac{29}{4}$.

Also gilt: $\left(\frac{\vec{p}}{2}\right)^2 - q = \frac{29}{4} - \frac{24}{4} = \frac{5}{4} > 0$.

Die Gleichung stellt also einen Kreis mit $\vec{x}_M = -\frac{1}{2}\begin{pmatrix} 2 \\ -5 \end{pmatrix}$ und $r = \frac{\sqrt{5}}{2}$ dar (Bild 12.3).

2) $\vec{x}^2 + \begin{pmatrix} 4 \\ -2 \\ 6 \end{pmatrix} \cdot \vec{x} + 16 = 0.$

Es ist $\frac{\vec{p}}{2} = \begin{pmatrix} 2 \\ -1 \\ 3 \end{pmatrix}$, also $\left(\frac{\vec{p}}{2}\right)^2 = 4 + 1 + 9 = 14$. Also gilt: $\left(\frac{\vec{p}}{2}\right)^2 - q = 14 - 16 = -2 < 0$.

Also wird durch diese Gleichung **keine** Kugel dargestellt.

Übungen und Aufgaben

1. Ermittle zum Kreis K(M; r) Gleichungen nach den Sätzen S 12.1 und S 12.2!

a) M(1|2); r = 5 **b)** M(−2|3); r = 10 **c)** M(−6|−3); r = 13

Liegen A(6|2), B(4|−5), C(6|−3), D(4|−2) und E(8|3) auf, innerhalb oder außerhalb der Kreise K(M; r)?

2. Ermittle zur Kugel K(M; r) Gleichungen nach den Sätzen S 12.1 und S 12.2!

a) M(−2|1|3); r = 3 **b)** M(−2|0|3); r = 9 **c)** M(1|−4|4); r = 7

Liegen A(−1|3|1); B(2|1|−5); C(3|−1|−2); D(−3|−1|5); E(−1|2|1) und F(6|−4|2) auf, innerhalb oder außerhalb der Kugel K(M; r)?

3. Handelt es sich bei den folgenden Gleichungen um Kreis- bzw. um Kugelgleichungen?

a) $\vec{x}^2 - \begin{pmatrix} -8 \\ 6 \end{pmatrix} \cdot \vec{x} + 21 = 0$ **b)** $\vec{x}^2 - \begin{pmatrix} 8 \\ 10 \end{pmatrix} \cdot \vec{x} + 45 = 0$ **c)** $\vec{x}^2 + \begin{pmatrix} -4 \\ 6 \\ -8 \end{pmatrix} \cdot \vec{x} + 4 = 0$

d) $\left[\vec{x} + \begin{pmatrix} 4 \\ -3 \\ 2 \end{pmatrix}\right]^2 - 81 = 0$ **e)** $\vec{x}^2 - \begin{pmatrix} 2 \\ 0 \\ -4 \end{pmatrix} \cdot \vec{x} + 5 = 0$ **f)** $\vec{x}^2 - \begin{pmatrix} 0 \\ 6 \\ -8 \end{pmatrix} \cdot \vec{x} + 16 = 0$

g) $x^2 + y^2 + 8y + 20 = 0$ **h)** $x^2 + y^2 + 6x - 4y = 3$ **i)** $x^2 + y^2 + z^2 - 2x + 8y - 4z = 4$

j) $x^2 + y^2 + z^2 - 8x + 4y - 6z = -29$ **k)** $x^2 + y^2 + z^2 - 4x + 2y + 4z + 10 = 0$

4. Eine Kugel um den Nullpunkt geht durch den Punkt P. Ermittle die Kugelgleichung und untersuche, ob die Punkte $A(4|8|-1)$, $B(4|12|-3)$, $C(0|12|-5)$, $D(-2|4|-4)$ und $E(2|-6|-3)$ auf, innerhalb oder außerhalb der Kugel liegen!
a) $P(2|-6|3)$ **b)** $P(-12|3|-4)$ **c)** $P(-4|-1|8)$ **d)** $P(-4|2|4)$.

5. Gegeben ist die Kugel zu $x^2+y^2+z^2-2x+14y-4z=67$. Bestimme die fehlende Koordinate des Punktes P so, dass P auf der Kugel liegt!
a) $P(-1|2|z)$, $z>0$ **b)** $P(7|y|4)$, $y>0$ **c)** $P(x|-5|8)$, $x<0$

6. Von einer Kugel ist ein Durchmesser AB gegeben. Ermittle die Gleichung der Kugel in Koordinatenform und in Vektorform!
a) $A(10|-4|11)$, $B(-6|-6|3)$ **b)** $A(5|-4|7)$, $B(1|8|1)$

7. Bestimme Mittelpunkt und Radius des Umkreises des Dreiecks ABC!
a) $A(7|0)$, $B(-5|0)$, $C(-7|-2)$ **b)** $A(-2|-2)$, $B(4|6)$, $C(5|-1)$

8. Ermittle die Gleichung des Kreises, der durch $A(-1|-8)$ geht und die x-Achse im Punkt $B(3|0)$ berührt! Geht der Kreis durch $C(6|-1)$?

9. Ermittle Mittelpunkt und Radius eines Kreises, der
a) beide Koordinatenachsen berührt und durch $P(1|8)$ geht,
b) die x-Achse berührt und durch $A(-1|-1)$ und $B(6|-8)$ geht,
c) die y-Achse berührt und durch $A(8|5)$ und $B(1|-2)$ geht!

10. Ein Kreis geht durch die Punkte P und Q, sein Mittelpunkt hat von der x-Achse den Abstand a. Ermittle die Kreisgleichung!
a) $P(-2|0)$, $Q(6|0)$; $a=3$ **b)** $P(-2|-1)$, $Q(5|6)$; $a=2$ **c)** $P(5|6)$, $Q(9|2)$; $a=2$

11. Wie lauten die Gleichungen aller Kugeln, die eine der drei Koordinatenebenen im Nullpunkt berühren und den Radius $r=6$ haben?

12. Beschreibe durch eine Ungleichung die Mengen aller Punkte, die **1)** innerhalb und **2)** außerhalb des Kreises (der Kugel) liegen!
a) $x^2+y^2-2x+4y-1=0$ **b)** $x^2+y^2+z^2-4x+8y-2z=0$

13. Untersuche, in welchen Gebilden die Kugel die drei Koordinatenebenen schneidet!
a) $M(-6|-2|3)$, $r=7$ **b)** $x^2+y^2+z^2-4x+6y-8z=29$
c) $\left[\vec{x}-\begin{pmatrix}8\\-6\\-2\end{pmatrix}\right]^2=36$ **d)** $\vec{x}^2+\begin{pmatrix}8\\-6\\0\end{pmatrix}\cdot\vec{x}+16=0$ **e)** $\vec{x}^2+\begin{pmatrix}-4\\6\\-12\end{pmatrix}\cdot\vec{x}=0$

14. Welche Punktmengen werden durch die folgenden Aussageformen beschrieben?
a) $x^2+y^2-2x+2y-13\geq 0$ **b)** $x^2+y^2+4x+6y-12>0$
c) $x^2+y^2+z^2-2x+8y-4z\leq 4$ **d)** $x^2+y^2+z^2-4x-12y+6z+45\geq 0$
e) $x^2+y^2+z^2<144 \wedge x>0$ **f)** $x^2+y^2+z^2-81>0 \wedge x<0 \wedge y>0$

15. Kreise (Kugeln) heißen „konzentrisch“, wenn sie denselben Mittelpunkt haben. Untersuche über die vektorielle Verschiebungsform, welche Bedingungen die Zahlen a_1, a_2, b_1, b_2, c_1, c_2, d_1 und d_2 erfüllen müssen, damit die Kreise bzw. die Kugeln konzentrisch sind!

a) $x^2+y^2+a_1x+b_1y+d_1=0$
$x^2+y^2+a_2x+b_2y+d_2=0$

b) $x^2+y^2+z^2+a_1x+b_1y+c_1z+d_1=0$
$x^2+y^2+z^2+a_2x+b_2y+c_2z+d_2=0$

16. Eine Kugel hat den Radius r, sie berührt die x-y-Ebene und die x-z-Ebene und verläuft durch den Punkt P. Ermittle die Verschiebungsgleichung der Kugel! Liegt die Kugel im I. Oktanten? **a)** $r=9$, $P(6|5|2)$ **b)** $r=13$, $P(5|9|1)$

17. Zwei Punkte P_1 und P_2 im R_2 sind gegeben durch die Ortsvektoren $\vec{x}_1$ und $\vec{x}_2$.
a) Zeige, dass durch die Gleichung $(\vec{x}-\vec{x}_1)\cdot(\vec{x}-\vec{x}_2)=0$ ein Kreis beschrieben wird!
b) Drücke Mittelpunkt und Radius durch $\vec{x}_1$ und $\vec{x}_2$ aus!
c) Welcher Lehrsatz wird durch die Gleichung $(\vec{x}-\vec{x}_1)\cdot(\vec{x}-\vec{x}_2)=0$ ausgedrückt?
d) Interpretiere die Gleichung $(\vec{x}-\vec{x}_1)\cdot(\vec{x}-\vec{x}_2)=0$ für Vektoren des R_3!

II. Schnittpunkte von Geraden mit Kreisen und mit Kugeln

1. Eine Gerade kann sowohl mit einem Kreis wie mit einer Kugel zwei Punkte, einen Punkt oder gar keinen Punkt gemeinsam haben (Bilder 12.4 und 12.5). Man spricht in diesen Fällen von einer **„Sekante“**,[1] einer **„Tangente“**[2] oder einer **„Passante“**.[3]

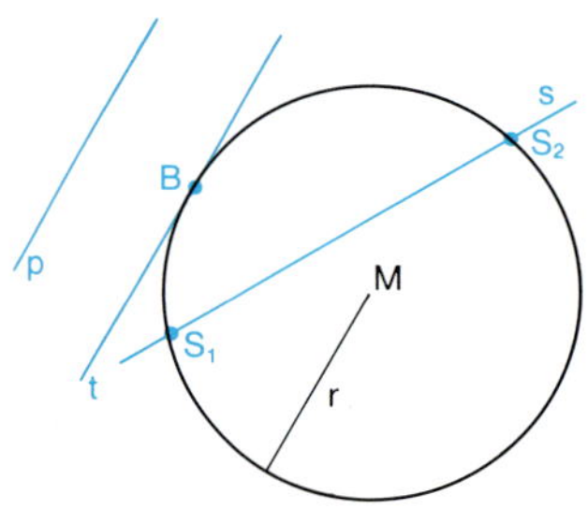

Bild 12.4

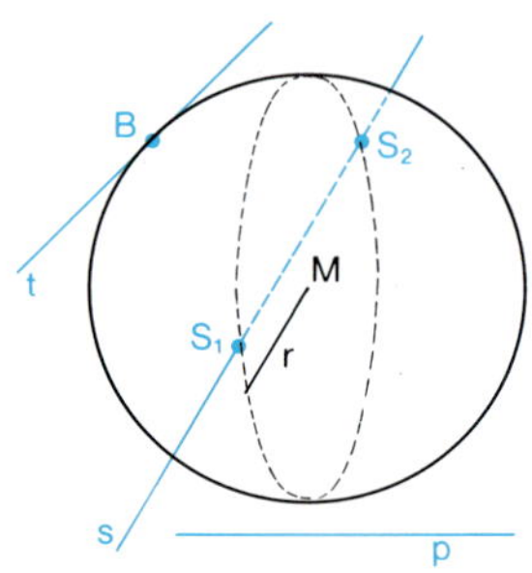

Bild 12.5

Wir wollen im Folgenden untersuchen, wie sich diese drei Fälle rechnerisch unterscheiden und wie man gegebenenfalls die gemeinsamen Punkte berechnen kann.

2. Die Gerade sei gegeben durch eine Parametergleichung der Form

$$\vec{x}=\vec{x}_0+t\vec{a}$$

und der Kreis (bzw. die Kugel) durch eine Gleichung der Form

$$(\vec{x}-\vec{x}_M)^2=r^2.$$

---

[1] secans (lat.), schneidend; [2] tangens (lat.), berührend; [3] passant (frz.), vorübergehend

Die Koordinaten der Schnittpunkte müssen beide Gleichungen erfüllen; daher muss gelten:

$$(\vec{x}_0 + t\vec{a} - \vec{x}_M)^2 = r^2 \Leftrightarrow [t\vec{a} + (\vec{x}_0 - \vec{x}_M)]^2 = r^2$$
$$\Leftrightarrow \quad \vec{a}^2 t^2 + 2(\vec{x}_0 - \vec{x}_M) \cdot \vec{a}\, t + (\vec{x}_0 - \vec{x}_M)^2 = r^2$$
$$\Leftrightarrow \quad \vec{a}^2 t^2 + 2(\vec{x}_0 - \vec{x}_M) \cdot \vec{a}\, t + (\vec{x}_0 - \vec{x}_M)^2 - r^2 = 0.$$

Dies ist eine quadratische Gleichung für den Parameter t. Je nach dem Wert der Diskriminate dieser Gleichung kann die Gleichung zwei Lösungen, eine oder keine Lösung haben. Dies entspricht den drei möglichen Fällen, dass die Gerade eine Sekante, eine Tangente oder eine Passante sein kann.

3. Wir behandeln einige **Beispiele.**

1) Gegeben: Kreis mit $\vec{x}_M = \begin{pmatrix} 0 \\ 0 \end{pmatrix}$; $r = 5$ und drei Geraden g_1, g_2 und g_3 mit

$$\vec{x}_1 = \begin{pmatrix} -1 \\ 2 \end{pmatrix},\ \vec{a}_1 = \begin{pmatrix} 1 \\ -1 \end{pmatrix}; \quad \vec{x}_2 = \begin{pmatrix} 7 \\ 1 \end{pmatrix},\ \vec{a}_2 = \begin{pmatrix} 4 \\ -3 \end{pmatrix}; \quad \vec{x}_3 = \begin{pmatrix} 4 \\ -5 \end{pmatrix},\ \vec{a}_3 = \begin{pmatrix} 1 \\ 1 \end{pmatrix}.$$

a) Mit $\vec{a}_1^2 = 2$, $\vec{x}_1^2 = 5$ und $\vec{x}_1 \cdot \vec{a}_1 = -3$ erhält man für t die Gleichung:

$$2t^2 - 6t - 20 = 0 \Leftrightarrow t^2 - 3t - 10 = 0 \Leftrightarrow t = 5 \vee t = -2.$$

Aus der Geradengleichung ergeben sich für die Schnittpunkte die Ortsvektoren $\vec{x}_4 = \begin{pmatrix} 4 \\ -3 \end{pmatrix}$ und $x_5 = \begin{pmatrix} -3 \\ 4 \end{pmatrix}$. Die Gerade g_1 ist eine **Sekante** des Kreises (Bild 12.6).

b) Mit $\vec{a}_2^2 = 25$, $\vec{x}_2^2 = 50$ und $\vec{x}_2 \cdot \vec{a}_2 = 25$ erhält man:

$$25t^2 + 50t + 25 = 0 \Leftrightarrow t^2 + 2t + 1 = 0 \Leftrightarrow t = -1.$$

Für den Schnittpunkt ergibt sich: $\vec{x}_6 = \begin{pmatrix} 3 \\ 4 \end{pmatrix}$. Die Gerade g_2 ist eine Tangente an den Kreis mit dem Berührungspunkt $P_6(3|4)$ (Bild 12.7).

c) Mit $\vec{a}_3^2 = 2$; $\vec{x}_3^2 = 41$ und $\vec{x}_3 \cdot \vec{a}_3 = -1$ erhält man: $2t^2 - 2t + 16 = 0 \Leftrightarrow t^2 - t + 8 = 0.$

Es gilt $D = \frac{1}{4} - 8 < 0$; die Gleichung hat keine Lösung; daher ist die Gerade g_3 eine Passante des Kreises (Bild 12.8).

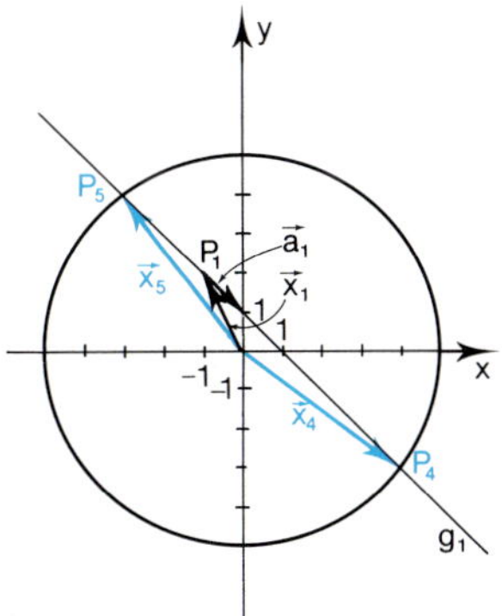

Bild 12.6

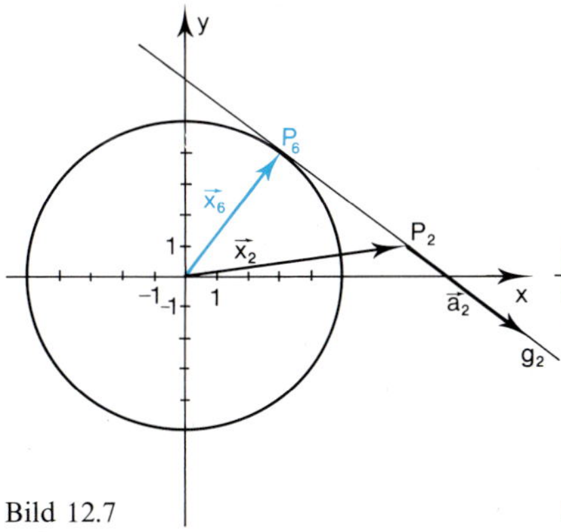

Bild 12.7

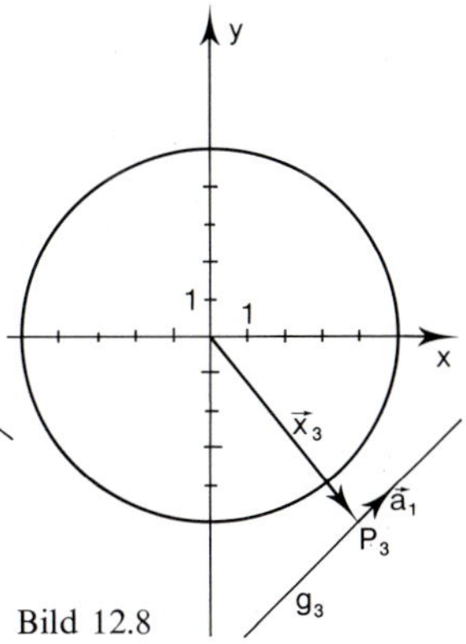

Bild 12.8

2) Gegeben: Kugel mit $\vec{x}_M = \begin{pmatrix} 3 \\ -1 \\ -2 \end{pmatrix}$, $r = 7$; Gerade mit $\vec{x}_0 = \begin{pmatrix} 1 \\ -1 \\ 2 \end{pmatrix}$, $\vec{a} = \begin{pmatrix} 4 \\ 3 \\ 2 \end{pmatrix}$.

Mit $\vec{a}^2 = 29$; $(\vec{x}_0 - \vec{x}_M)^2 = 20$ und $(\vec{x}_0 - \vec{x}_M) \cdot \vec{a} = 0$ erhält man:

$$29t^2 - 29 = 0 \Leftrightarrow t^2 = 1 \Leftrightarrow t = 1 \vee t = -1.$$

Daraus ergibt sich für die Schnittpunkte: $\vec{x}_1 = \begin{pmatrix} 5 \\ 2 \\ 4 \end{pmatrix}$ und $\vec{x}_2 = \begin{pmatrix} -3 \\ -4 \\ 0 \end{pmatrix}$; die Gerade ist eine Sekante der Kugel.

4. Wenn die Gleichung einer Geraden in der Koordinatenebene in der **Normalenform** gegeben ist, dann kann man daraus eine Parametergleichung für die Gerade ermitteln und das oben beschriebene Verfahren anwenden. Man kann aber auch mit der Normalengleichung selbst arbeiten.

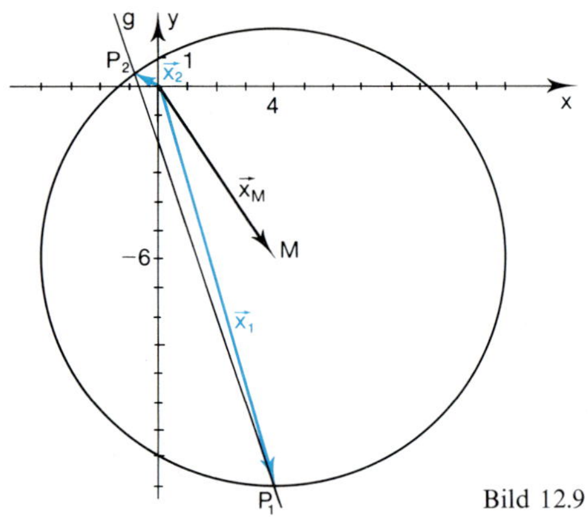

Bild 12.9

Beispiel:

Gegeben: K: $(x-4)^2 + (y+6)^2 = 64$

g: $3x + y = -2$.

Es gilt: $3x + y = -2 \Leftrightarrow y = -3x - 2$.

Durch Einsetzen in die Kreisgleichung erhält man:

$$(x-4)^2 + (-3x+4)^2 = 64 \Leftrightarrow x^2 - 3{,}2x - 3{,}2 = 0 \Leftrightarrow x = 4 \vee x = -0{,}8.$$

Aus der Geradengleichung erhält man die Ortsvektoren für die Schnittpunkte:

$$\vec{x}_1 = \begin{pmatrix} 4 \\ -14 \end{pmatrix} \text{ und } \vec{x}_2 = \begin{pmatrix} -0{,}8 \\ 0{,}4 \end{pmatrix} \quad \text{(Bild 12.9).}$$

Übungen und Aufgaben

1. Ermittle die Schnittpunkte zwischen Gerade g und Kreis K!

a) g: $\vec{x} = t\begin{pmatrix} -3 \\ 4 \end{pmatrix}$, K: $\vec{x}^2 = 25$

b) g: $\vec{x} = \begin{pmatrix} 8 \\ -2 \end{pmatrix} + t\begin{pmatrix} -3 \\ 5 \end{pmatrix}$; K: $\vec{x}^2 = 34$

c) g: $\vec{x} = \begin{pmatrix} 5 \\ 2 \end{pmatrix} + t\begin{pmatrix} 4 \\ 3 \end{pmatrix}$; K: $\left[\vec{x} - \begin{pmatrix} -2 \\ 3 \end{pmatrix}\right]^2 = 25$

d) g: $\vec{x} = \begin{pmatrix} 1 \\ 4 \end{pmatrix} + t\begin{pmatrix} -2 \\ 1 \end{pmatrix}$; K: $\vec{x}^2 + \begin{pmatrix} -2 \\ 2 \end{pmatrix} \cdot \vec{x} - 13 = 0$

e) g: $\vec{x} = \begin{pmatrix} 5 \\ -1 \end{pmatrix} + t\begin{pmatrix} 4 \\ 3 \end{pmatrix}$; K: $\vec{x}^2 - \begin{pmatrix} 4 \\ 6 \end{pmatrix} \cdot \vec{x} = 12$

f) g: $\vec{x} = \begin{pmatrix} 16 \\ -8 \end{pmatrix} + t\begin{pmatrix} 2 \\ 1 \end{pmatrix}$; K: $\vec{x}^2 + 4\begin{pmatrix} -3 \\ 4 \end{pmatrix} \cdot \vec{x} = 0$

2. Ermittle die Schnittpunkte zwischen Gerade g und Kugel K!

a) g: $\vec{x}=\begin{pmatrix}4\\-6\\8\end{pmatrix}+t\begin{pmatrix}1\\-1\\1\end{pmatrix}$; K: $\left[\vec{x}-\begin{pmatrix}-1\\8\\2\end{pmatrix}\right]^2=169$

b) g: $\vec{x}=\begin{pmatrix}1\\-1\\2\end{pmatrix}+t\begin{pmatrix}4\\3\\2\end{pmatrix}$; K: $\vec{x}^2+\begin{pmatrix}-6\\2\\4\end{pmatrix}\cdot\vec{x}=35$

3. Berechne die Schnittpunkte zwischen Kreis (Kugel) K und Geraden g!

a) K: $x^2+4x+y^2-2y-5=0$; g_1: $3x-y=5$; g_2: $x+3y+9=0$

b) K: $M(0|0|0)$, $r=11$; g durch $A(6|10|0)$ und $B(6|9|2)$

c) K: $M(-9|6|-10)$, $r=17$; g durch $A(3|0|5)$ und $B(3|-7|8)$

d) K: $x^2+y^2+z^2-6x+4y+12z+40=0$; g: durch $A(1|-6|-3)$ und $B(1|-5|-5)$

4. Durch die Schnittpunkte zwischen der Geraden g und dem Kreis (der Kugel) K wird eine Sehne bestimmt. Berechne ihre Länge und ihren Mittelpunkt!

a) g: $2x-y-5=0$; K: $x^2+y^2=25$ **b)** g: $-x+3y-5=0$; K: $x^2+y^2=5$

c) g durch $A(6|2|9)$ und $B(6|0|10)$; K: $x^2+y^2+z^2=121$

d) g durch $A(4|-5|9)$ und $B(2|1|1)$; K: $M(-2|1|3)$, $r=7$

5. Auf Seite 223 des Lehrtextes ist die Gleichung für die Schnittpunkte einer Geraden zu $\vec{x}=\vec{x}_0+t\vec{a}$ und eines Kreises K zu $(\vec{x}-\vec{x}_M)^2=r^2$ hergeleitet. Zeige, dass für den Sonderfall $\vec{x}_M=\vec{0}$ eine Tangente genau dann vorliegt, wenn gilt: $\vec{x}_0^2\vec{a}^2-(\vec{x}_0\cdot\vec{a})^2=r^2\vec{a}^2$!

6. Gegeben sind der Kreis zu $\vec{x}^2=400$ und ein Punkt $P(16|y)$ auf dem Kreis mit $y>0$. Durch P ist eine Sekante zu legen, die zu der Geraden zu $\begin{pmatrix}2\\4\end{pmatrix}\cdot\vec{x}=14$ parallel ist. Wie lautet die Gleichung der Sekanten?

7. a) Begründe, dass durch die Gleichung $\vec{x}=\begin{pmatrix}s\\-s\\0\end{pmatrix}+t\begin{pmatrix}-1\\1\\4\end{pmatrix}$ für $s\in\mathbb{R}$ eine Schar paralleler Geraden gegeben ist!

b) Für welche Werte von s sind die Geraden Sekanten, Tangenten oder Passanten an die Kugel zu $\vec{x}^2=16$? Ermittle die Gleichungen der Tangenten!

8. Gegeben ist die Kugel zu $\left[\vec{x}-\begin{pmatrix}0\\5\\0\end{pmatrix}\right]^2=9$, ferner die Geradenschar zu $\vec{x}=t\begin{pmatrix}1\\s\\0\end{pmatrix}$ mit $s\in\mathbb{R}$.

a) Für welche Werte von s sind die Geraden Sekanten, Passanten oder Tangenten?

b) Ermittle die Gleichungen der Tangenten!

9. Untersuche, welche Geraden aus der Schar zu $\vec{x}=t\begin{pmatrix}0\\s\\1\end{pmatrix}$ mit $s\in\mathbb{R}$ Sekanten, Tangenten oder Passanten an die Kugel zu $x^2+y^2+z^2-8y-6z+16=0$ sind!

10. Ermittle eine Bedingung für die Mittelpunkte aller Sehnen, die der Kreis zu $\vec{x}^2=100$ aus der Geradenschar zu $\begin{pmatrix}-3\\4\end{pmatrix}\cdot\vec{x}=s$ für $s\in\mathbb{R}$ ausschneidet!

11. a) Begründe, dass durch die Gleichung zu $\vec{n}\cdot\vec{x}=s$ für $s\in\mathbb{R}$ eine Schar von untereinander parallelen Geraden gegeben ist!

b) Für welche Werte von $s\in\mathbb{R}$ sind die Geraden g Sekanten, Tangenten oder Passanten an den Kreis K?

1) g: $\begin{pmatrix}1\\-1\end{pmatrix}\cdot\vec{x}=s$ K: $\vec{x}^2=2$

2) g: $\begin{pmatrix}2\\1\end{pmatrix}\cdot\vec{x}=s$ K: $\vec{x}^2=5$

3) g: $\begin{pmatrix}4\\-3\end{pmatrix}\cdot\vec{x}=s$ K: $\vec{x}^2=25$

12. Welche Geraden der Schar zu $\begin{pmatrix}s\\1\end{pmatrix}\cdot\vec{x}=7-s$ mit $s\in\mathbb{R}$ berühren den Kreis zu $\vec{x}^2=25$?

13. Welche Geraden der Schar zu $\vec{x}=\begin{pmatrix}0\\s\\s\end{pmatrix}+t\begin{pmatrix}-2\\1\\1\end{pmatrix}$ mit $s\in\mathbb{R}$ sind Tangenten an die Kugel zu $\vec{x}^2+\begin{pmatrix}-6\\0\\-2\end{pmatrix}\cdot\vec{x}+6=0$? Für welche Werte von s sind die Geraden Sekanten oder Passanten?

14. Gegeben sind die Kugel zu $\vec{x}^2=15$ und die Schar der Geraden zu $\vec{x}=\begin{pmatrix}s\\2\\-1\end{pmatrix}+t\begin{pmatrix}0\\1\\0\end{pmatrix}$ für $s\in\mathbb{R}$.

a) Bestimme s so, dass die Geraden Tangenten an die Kugel sind!

b) Sind die gefundenen Tangenten parallel? Welchen Abstand haben sie?

15. Ermittle eine Gleichung des Kreises, der durch die beiden Punkte $A(-2|5)$ und $B(-1|-2)$ geht und dessen Mittelpunkt auf der Geraden zu $\vec{x}=\begin{pmatrix}-1\\3\end{pmatrix}+t\begin{pmatrix}2\\1\end{pmatrix}$ liegt!

16. Beweise den Sehnen- und den Sekantensatz: Schneiden Sehnen (Sekanten), die durch den Punkt A gehen, einen Kreis in zwei Punkte P und Q, so hat das Produkt $|\overrightarrow{AP}|\cdot|\overrightarrow{AQ}|$ unabhängig von der Richtung der Sehne (Sekante) stets denselben Wert.

Anleitung: Bringe den Kreis zu $\vec{x}^2=r^2$ mit der Geraden zu $\vec{x}=\vec{x}_A+t\vec{a}$ (mit $|\vec{a}|=1$) zum Schnitt und drücke $|\overrightarrow{AP}|\cdot|\overrightarrow{AQ}|$ durch die Parameterwerte t_P und t_Q der beiden Schnittpunkte aus!

17. Untersuche, von welchen Punkten der Geraden zu $\vec{x}=\begin{pmatrix}-2\\3\\1\end{pmatrix}+t\begin{pmatrix}2\\1\\2\end{pmatrix}$ man die Strecke PQ mit $P(0|1|2)$, $Q(-4|5|0)$ unter einem rechten Winkel sieht!
Zeige, dass diese Punkte auf einer Kugel mit dem Durchmesser $|PQ|$ liegen!

III. Tangenten und Tangentialebenen

1. Eine Tangente an einen Kreis bzw. an eine Kugel ist – wie wir im vorigen Abschnitt festgestellt haben – eine Gerade, die mit dem Kreis bzw. mit der Kugel genau einen Punkt gemeinsam hat, die den Kreis bzw. die Kugel in diesem Punkt „berührt“. Mit Mitteln der Elementargeometrie lässt sich zeigen, dass jede Tangente auf dem zugehörigen Berührradius senkrecht steht.
Wir ermitteln zunächst die Gleichung einer Tangente für einen **Kreis um den Nullpunkt,** also für einen Kreis mit der Gleichung $\vec{x}^2=r^2$.

Wir bezeichnen den Berührpunkt zwischen Kreis und Tangente mit B und den zugehörigen Ortsvektor mit $\vec{x}_B$ (Bild 12.10). Den Ortsvektor zum „laufenden" Punkt P der Tangente bezeichnen wir – wie üblich – mit $\vec{x}$. Dann ist der Differenzvektor $\vec{x}-\vec{x}_B$ ein Richtungsvektor der Geraden, er ist also orthogonal zu $\vec{x}_B$; folglich gilt:

$$(\vec{x}-\vec{x}_B)\cdot\vec{x}_B=0 \quad \Leftrightarrow \quad \vec{x}\cdot\vec{x}_B=\vec{x}_B^2.$$

Da B ein Kreispunkt ist, muss er der Kreisgleichung $\vec{x}^2=r^2$ genügen, d.h., es gilt: $\vec{x}_B^2=r^2$. Wir setzen dies in die obige Gleichung ein und erhalten:

$$\mathbf{\vec{x}\cdot\vec{x}_B=r^2.}$$

Dies ist die Gleichung der Tangente an den Kreis im Punkt B, und zwar in Normalenform; der Normalenvektor ist $\vec{x}_B$.

Beispiel:

Für $\vec{x}^2=25$ und $\vec{x}_B=\begin{pmatrix}3\\-4\end{pmatrix}$ lautet die Tangentengleichung:

$$\vec{x}\cdot\begin{pmatrix}3\\-4\end{pmatrix}=25, \quad \text{also } 3x-4y=25 \quad \text{(Bild 12.11).}$$

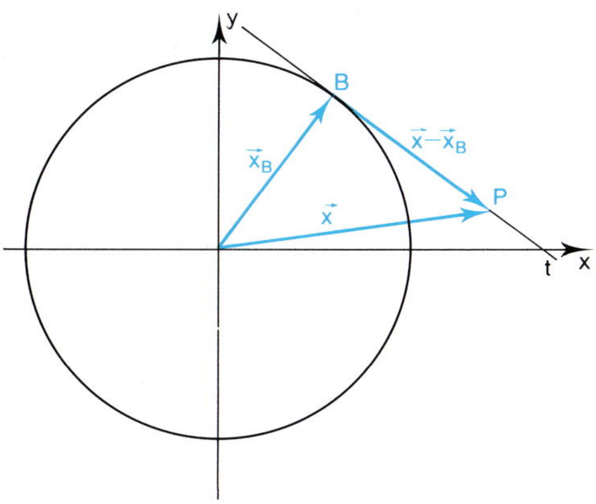

Bild 12.10

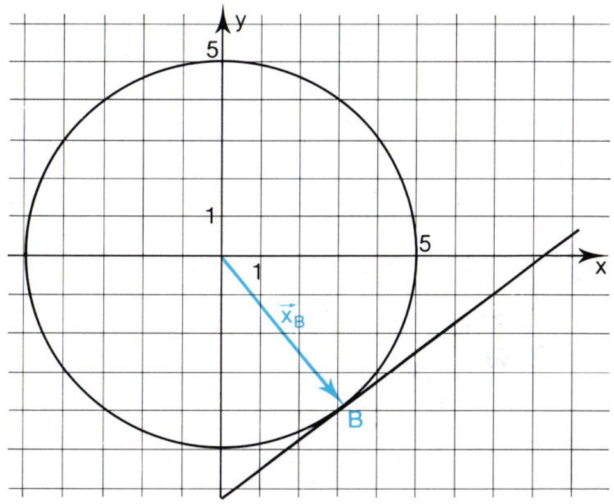

Bild 12.11

2. Für einen **Kreis mit dem Mittelpunkt M** und dem zugehörigen Ortsvektor $\vec{x}_M$ lautet die Kreisgleichung $(\vec{x}-\vec{x}_M)^2=r^2$. Man erhält die Tangentengleichung zum Punkt B mit dem Ortsvektor $\vec{x}_B$ für diesen Fall aus der Gleichung

$$\vec{x}\cdot\vec{x}_B=r^2$$

dadurch, dass man die Verschiebung um $\vec{x}_M$ bei $\vec{x}$ und bei $\vec{x}_B$ berücksichtigt, also

$$\vec{x} \text{ durch } \vec{x}-\vec{x}_M \quad \text{und} \quad \vec{x}_B \text{ durch } \vec{x}_B-\vec{x}_M$$

ersetzt:

$$\mathbf{(\vec{x}-\vec{x}_M)\cdot(\vec{x}_B-\vec{x}_M)=r^2.}$$

Man kann diese Gleichung auch folgendermaßen herleiten (Bild 12.12). Der Vektor $\vec{x}-\vec{x}_B$ ist ein Richtungsvektor der Tangente; der Vektor $\vec{x}_B-\vec{x}_M$ liegt in Richtung des Berührradius; die beiden Vektoren sind also zueinander orthogonal; es gilt also:

$$(\vec{x}-\vec{x}_B)\cdot(\vec{x}_B-\vec{x}_M)=0.$$

Da B ein Punkt des Kreises ist, gilt für seinen Ortsvektor $\vec{x}_B$ außerdem:

$$(\vec{x}_B-\vec{x}_M)^2=r^2.$$

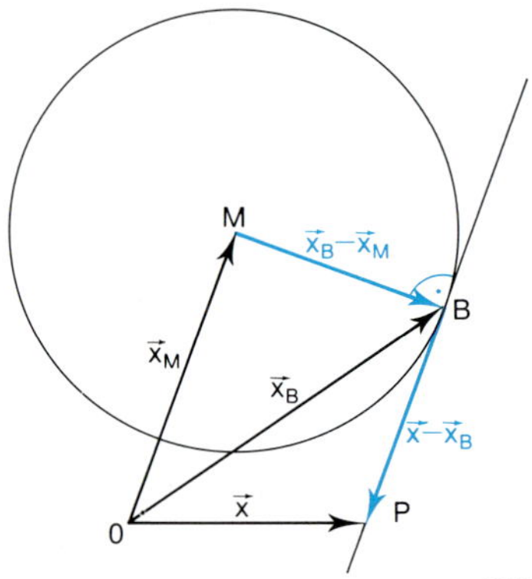

Bild 12.12

Wir addieren die beiden Gleichungen und erhalten:

$$(\vec{x}-\vec{x}_B)\cdot(\vec{x}_B-\vec{x}_M)+(\vec{x}_B-\vec{x}_M)^2=r^2$$

$$\Leftrightarrow\quad (\vec{x}-\vec{x}_B+\vec{x}_B-\vec{x}_M)\cdot(\vec{x}_B-\vec{x}_M)=r^2 \qquad \text{(Distributivgesetz)}$$

$$\Leftrightarrow\quad (\vec{x}-\vec{x}_M)\cdot(\vec{x}_B-\vec{x}_M)=r^2.$$

Wir fassen zusammen:

S 12.3 Die Gleichung der Tangente an einen Kreis K zu

$\vec{x}^2=r^2$	$(\vec{x}-\vec{x}_M)^2=r^2$

im Punkte B mit dem Ortsvektor $\vec{x}_B$ ist:

$\vec{x}\cdot\vec{x}_B=r^2.$	$(\vec{x}-\vec{x}_M)\cdot(\vec{x}_B-\vec{x}_M)=r^2.$

Beispiel:

Es sei $\vec{x}_M=\begin{pmatrix}3\\4\end{pmatrix}$; $r=10$ und $\vec{x}_B=\begin{pmatrix}9\\-4\end{pmatrix}$.

Wir bestätigen zunächst, dass der Punkt B auf dem Kreis liegt:

Die Kreisgleichung lautet in Koordinatenschreibweise:

$$(x-3)^2+(y-4)^2=100.$$

Wir setzen $\vec{x}_B=\begin{pmatrix}9\\-4\end{pmatrix}$ ein:

$$(9-3)^2+(-4-4)^2=6^2+8^2=36+64=100.$$

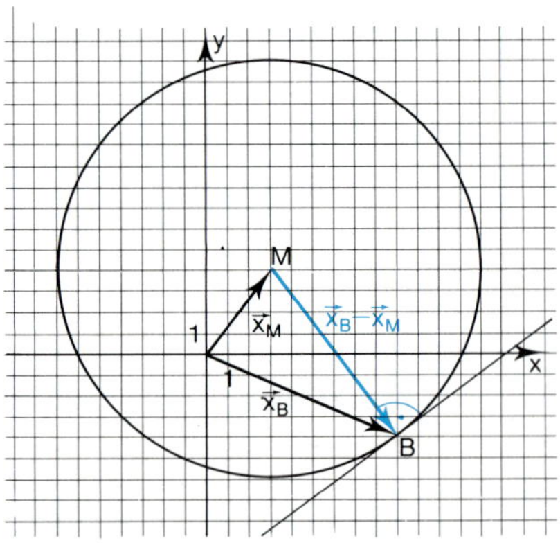

Bild 12.13

Nun ist: $\vec{x}_B-\vec{x}_M=\begin{pmatrix}9\\-4\end{pmatrix}-\begin{pmatrix}3\\4\end{pmatrix}=\begin{pmatrix}6\\-8\end{pmatrix}$. Die Tangentengleichung lautet also:

$$\left[\vec{x}-\begin{pmatrix}3\\4\end{pmatrix}\right]\cdot\begin{pmatrix}6\\-8\end{pmatrix}=100,$$

also: $(x-3)\cdot 6+(y-4)\cdot(-8)=100 \Leftrightarrow 3x-4y=43$ (Bild 12.13).

3. Wird durch eine Gleichung der Form

$$\vec{x}^2 = r^2 \quad \text{bzw.} \quad (\vec{x} - \vec{x}_M)^2 = r^2$$

eine **Kugel** dargestellt, so steht auch hier der Berührradius auf dem Richtungsvektor jeder Tangente senkrecht. Auf die gleiche Weise wie oben gelangt man also ebenfalls zu den Gleichungen

$$\vec{x} \cdot \vec{x}_B = r^2 \quad \text{bzw.}$$

$$(\vec{x} - \vec{x}_M) \cdot (\vec{x}_B - \vec{x}_M) = r^2.$$

Im Raum R_3 stellen diese Gleichungen aber keine Geraden, sondern **Ebenen** dar, und zwar in der Normalenform. Dies entspricht der Tatsache, dass es an eine Kugel in einem Punkt B unendlich viele Tangenten gibt, die alle in einer Ebene, der sogenannten **„Tangentialebene"**, liegen (Bild 12.14). Somit können wir sagen:

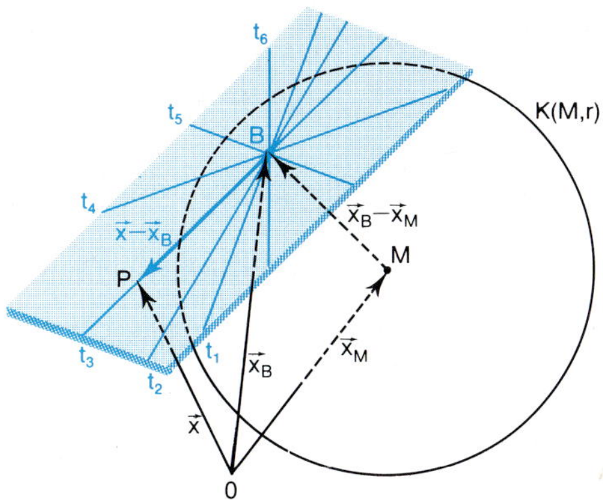

Bild 12.14

S 12.4 Die Gleichung einer Tangentialebene an eine Kugel zu

$\vec{x}^2 = r^2$	$(\vec{x} - \vec{x}_M)^2 = r^2$

im Punkte B mit dem Ortsvektor $\vec{x}_B$ ist:

$\vec{x} \cdot \vec{x}_B = r^2.$	$(\vec{x} - \vec{x}_M) \cdot (\vec{x}_B - \vec{x}_M) = r^2.$

4. Wir behandeln **zwei Beispiele.**

1) Es sei $\vec{x}^2 = 81$ und $\vec{x}_B = \begin{pmatrix} 4 \\ 7 \\ -4 \end{pmatrix}$.

Wir bestätigen zunächst, dass der Punkt B tatsächlich auf der Kugel liegt:

$$\vec{x}_B{}^2 = 16 + 49 + 16 = 81.$$

Die Gleichung der Tangentialebene im B lautet: $\vec{x} \cdot \begin{pmatrix} 4 \\ 7 \\ -4 \end{pmatrix} = 81 \Leftrightarrow 4x + 7y - 4z = 81.$

2) Es sei $\vec{x}_M = \begin{pmatrix} 2 \\ -1 \\ 3 \end{pmatrix}$; $r = 9$ und $\vec{x}_B = \begin{pmatrix} 5 \\ -7 \\ 9 \end{pmatrix}$.

Bestätige zunächst wieder, dass der Punkt B auf der Kugel liegt!

Da $\vec{x}_B - \vec{x}_M = \begin{pmatrix} 5 \\ -7 \\ 9 \end{pmatrix} - \begin{pmatrix} 2 \\ -1 \\ 3 \end{pmatrix} = \begin{pmatrix} 3 \\ -6 \\ 6 \end{pmatrix}$ ist, lautet die Gleichung der Tangentialebene:

$$\left[\vec{x} - \begin{pmatrix} 2 \\ -1 \\ 3 \end{pmatrix}\right] \cdot \begin{pmatrix} 3 \\ -6 \\ 6 \end{pmatrix} = 81, \quad \text{also} \quad \begin{pmatrix} x-2 \\ y+1 \\ z-3 \end{pmatrix} \cdot \begin{pmatrix} 3 \\ -6 \\ 6 \end{pmatrix} = 81$$

$$\Leftrightarrow \; 3(x-2) - 6(y+1) + 6(z-3) = 81 \;\Leftrightarrow\; x - 2y + 2z = 37.$$

Bemerkung: Für den Vektor $\vec{x}_B - \vec{x}_M$ gilt: $\vec{x}_B - \vec{x}_M = \begin{pmatrix} 3 \\ -6 \\ 6 \end{pmatrix} = 3\begin{pmatrix} 1 \\ -2 \\ 2 \end{pmatrix}$.

Dieser Vektor ist ein Normalenvektor der Tangentialebene; bei einem solchen Normalenvektor kommt es aber auf die Länge nicht an. Wir können also – um mit „kleineren" Zahlen rechnen zu können – statt mit dem Vektor $\begin{pmatrix} 3 \\ -6 \\ 6 \end{pmatrix}$ auch mit dem Vektor $\begin{pmatrix} 1 \\ -2 \\ 2 \end{pmatrix}$ arbeiten. Dann müssen wir allerdings auch auf der rechten Seite der Gleichung durch 3 dividieren. $81 : 3 = 27$.
Dann erhalten wir als Gleichung der Tangentialebene:

$$\left[\vec{x} - \begin{pmatrix} 2 \\ -1 \\ 3 \end{pmatrix}\right] \cdot \begin{pmatrix} 1 \\ -2 \\ 2 \end{pmatrix} = 27 \Leftrightarrow (x-2) - 2(y+1) + 2(z-3) = 27$$

$$\Leftrightarrow x - 2 - 2y - 2 + 2z - 6 = 27$$

$$\Leftrightarrow x - 2y + 2z = 27 + 10 = 37,$$

also schließlich dieselbe Gleichung wie oben.

5. Eine **Tangentialebene** an eine Kugel ist dadurch gekennzeichnet, dass sie mit der Kugel genau einen Punkt gemeinsam hat. Für die Lage einer Ebene ε zu einer Kugel K gibt es zwei weitere Möglichkeiten:

1) Die Ebene hat mit der Kugel mehr als einen Punkt gemeinsam; dann ist das Schnittgebilde ein Kreis;

2) die Ebene verläuft ganz außerhalb der Kugel.

Welcher Fall vorliegt, kann man dadurch entscheiden, dass man den Abstand d der Ebene vom Mittelpunkt der Kugel ermittelt.

Beispiel:

Gegeben sind die Kugel mit $M(-3|1|-1)$ und $r = 6$ und die drei Ebenen ε_1, ε_2 und ε_3 zu

$$x - 2y + 2z = 2; \quad x - 2y + 2z = 11 \quad \text{und} \quad x - 2y + 2z = 20.$$

Die drei Ebenen haben alle den Normalenvektor $\vec{n} = \begin{pmatrix} 1 \\ -2 \\ 2 \end{pmatrix}$ und sind daher parallel.

Mit Hilfe des in §9, IV (Seite 169) besprochenen Projektionsverfahren erhält man für die Abstände des Punktes M von den drei Ebenen ε_1, ε_2 und ε_3:

$$d_1 = 3 < r; \quad d_2 = 6 = r \quad \text{und} \quad d_3 = 9 > r \quad \text{(Aufgabe 15a).}$$

Dies bedeutet: Die Ebene ε_1 schneidet die Kugel in einem Kreis; die Ebene ε_2 ist eine Tangentialebene an die Kugel und die Ebene ε_3 verläuft ganz außerhalb der Kugel.
Den Berührpunkt $B(x_B, y_B, z_B)$ zwischen der Kugel und der Ebene ε_2 kann man nach dem folgenden Verfahren bestimmen.

Allgemein lautet die Gleichung der Tangentialebene an die gegebene Kugel im Punkt B nach Satz S 12.3:

$$(x_B+3)(x+3)+(y_B-1)(y-1)+(z_B+1)(z+1)=36.$$

Dies muss die Gleichung der Ebene ε_2, also die Gleichung

$$x-2y+2z=11$$

sein. Durch Vergleich der beiden Gleichungen muss es möglich sein, die Koordinaten von B zu bestimmen. Dazu formen wir die Ebenengleichung folgendermaßen um:

$$x+3-2(y-1)+2(z+1)=11+3+2+2=18.$$

Um nun noch auf der rechten Seite die Zahl 36 zu erhalten, multiplizieren wir die Gleichung mit 2:

$$2(x+3)-4(y-1)+4(z+1)=36.$$

Der Vergleich ergibt nun, dass $x_B+3=2 \quad \wedge \quad y_B-1=-4 \quad \wedge \quad z_B+1=4$,
also $\qquad x_B=-1 \quad \wedge \quad y_B=-3 \quad \wedge \quad z_B=3$

sein muss. Der gesuchte Berührpunkt ist also $B(-1|-3|3)$.

Bemerkung: Man kann den Punkt B auch mit Hilfe des Normalenvektors $\vec{n}$ der Ebene bestimmen; es gilt:

$$\vec{x}_B=\vec{x}_M+d_2\cdot\frac{\vec{n}}{|\vec{n}|}.$$

Für den Mittelpunkt M_1 des Schnittkreises zwischen der Kugel und der Ebene ε_1 erhält man nach der gleichen Formel:

$$\vec{x}_{M_1}=\vec{x}_M+d_1\cdot\frac{\vec{n}}{|\vec{n}|}=\begin{pmatrix}-3\\1\\-1\end{pmatrix}+3\cdot\tfrac{1}{3}\begin{pmatrix}1\\-2\\2\end{pmatrix}=\begin{pmatrix}-2\\-1\\1\end{pmatrix}.$$

Für den Radius ρ des Schnittkreises gilt nach Bild 12.15:

$$\rho=\sqrt{r^2-d_1^2}=\sqrt{36-9}=\sqrt{27}=3\sqrt{3}.$$

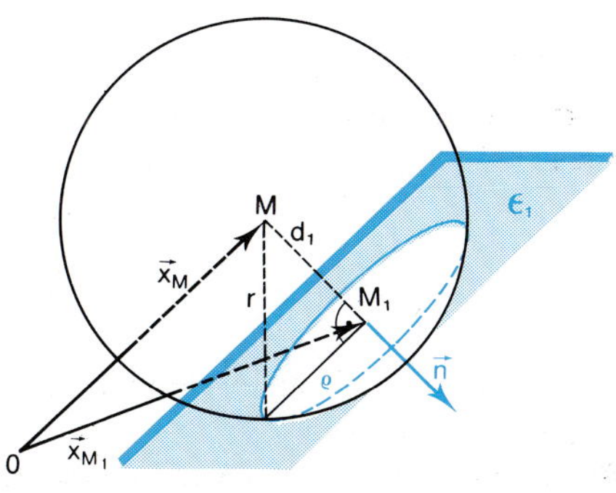

Bild 12.15

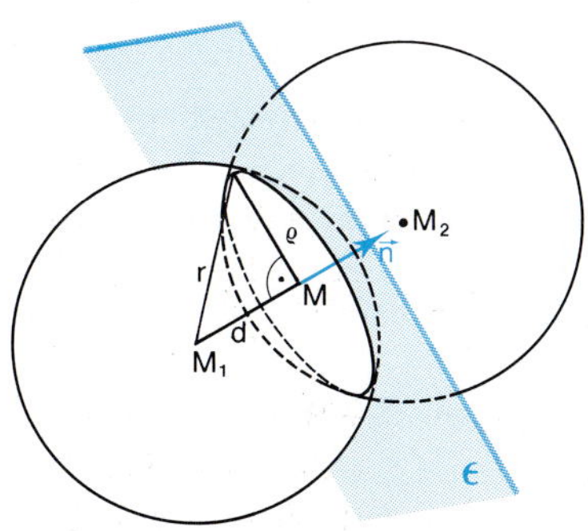

Bild 12.16

6. Auf das im Vorstehenden behandelte Problem des Schnitts einer Kugel mit einer Ebene kann man das Problem des **Schnitts zweier Kugeln** zurückführen, die sich gegenseitig durchsetzen.

Beispiel:

$$K_1:\ x^2+y^2+z^2=64; \qquad K_2:\ (x-2)^2+(y-1)^2+(z+2)^2=49$$

Wir formen die Gleichung für K_2 um:

$$x^2-4x+4+y^2-2y+1+z^2+4z+4=49 \Leftrightarrow x^2-4x+y^2-2y+z^2+4z=40.$$

Wenn man von dieser Gleichung die Gleichung für K_1 subtrahiert, erhält man:

$$-4x-2y+4z=40-64=-24 \Leftrightarrow 2x+y-2z=12.$$

Dieser Ebenengleichung müssen die Koordinaten aller Punkte genügen, die auf beiden Kugeln liegen. In dieser Ebene muss also auch der Schnittkreis der beiden Kugeln liegen (Bild 12.16). Die Hesseform der Ebenengleichung lautet:

$$\tfrac{2}{3}x+\tfrac{1}{3}y-\tfrac{2}{3}z=4;$$

die Ebene hat also vom Nullpunkt, dem Mittelpunkt der Kugel K_1, den Abstand $d=4$. Mit Hilfe des Normalenvektors $\vec{n}$ dieser Ebene kann man den Mittelpunkt des Schnittkreises ermitteln. Es gilt:

$$\vec{x}_M=d\cdot\frac{\vec{n}}{|\vec{n}|}=\frac{4}{3}\begin{pmatrix}2\\1\\-2\end{pmatrix} \quad \text{(Bild 12.16, Seite 231).}$$

Der Radius des Schnittkreises ist gegeben durch:

$$\rho=\sqrt{r^2-d^2}=\sqrt{64-16}=\sqrt{48}=4\sqrt{3}.$$

Bemerkung: Auf die entsprechende Weise kann man auch die **Schnittpunkte zweier Kreise** bestimmen, die sich gegenseitig durchsetzen (Aufgaben 21 – 24).

Übungen und Aufgaben

1. Ermittle die Gleichung der Tangente t an den Kreis K zum Berührpunkt B! Berechne die fehlende Koordinate von B!

a) K: $\vec{x}^2=36$; $B(\sqrt{11}|y)$, $y>0$ **b)** K: $M(-5|2)$, $r=13$; $B(7|y)$, $y<0$

2. Gegeben ist ein Kreis K, ferner ein Richtungsvektor $\vec{a}$ von Tangenten an diesen Kreis. Wie lauten die Gleichungen der (beiden) Tangenten? Wie liegen jeweils die Berührpunkte eines Tangentenpaares zum Kreismittelpunkt?

a) K: $\vec{x}^2=58$; $\vec{a}=\begin{pmatrix}-4\\10\end{pmatrix}$ **b)** K: $\vec{x}^2=144$; $\vec{a}=\begin{pmatrix}5\\12\end{pmatrix}$ **c)** K: $\vec{x}^2=25$; $\vec{a}=\begin{pmatrix}6\\-8\end{pmatrix}$

3. Ermittle die Gleichung der Tangentialebene τ an die Kugel K zum Berührpunkt B!

a) K: $\vec{x}^2=169$; $B(-12|y|4)$, $y>0$ **b)** $\left[\vec{x}-\begin{pmatrix}4\\-5\\2\end{pmatrix}\right]^2=289$; $B(x|-4|14)$, $x<0$

4. Gegeben sind der Mittelpunkt M eines Kreises (einer Kugel) K und ein Berührpunkt B. Ermittle die Gleichung der zugehörigen Tangente t bzw. der zugehörigen Tangentialebene τ!
a) $M(2|4)$, $B(-10|9)$ **b)** $M(-1|12)$; $B(-7|4)$
c) $M(1|-3|-2)$; $B(3|-9|-5)$ **d)** $M(9|-3|4)$; $B(1|5|8)$
e) $M(3|8|1)$; $B(2|4|-7)$ **f)** $M(2|-1|-1)$; $B(-1|1|-7)$

5. Gegeben sind eine Ebene τ und ein Punkt M. Ermittle die Gleichung derjenigen Kugel $K(M; r)$, die τ zur Tangentialebene hat!
a) τ: $-2x+y+2z=10$; $M(1|5|1)$ **b)** τ: $2x-4y+4z=40$; $M(10|2|-2)$

6. a) Bestimme die Schnittpunkte der Kugel K zu $\vec{x}^2=9$ mit der Geraden zu
$\vec{x}=\begin{pmatrix}3\\6\\0\end{pmatrix}+t\begin{pmatrix}-1\\-4\\1\end{pmatrix}$!
b) Ermittle die Gleichungen der Tangentialebene τ_1 und τ_2 in diesen Schnittpunkten an die Kugel K!
c) Ermittle die Gleichung der Schnittgeraden von τ_1 und τ_2 und die Größe des Schnittwinkels!

7. a) Zeige, dass die Gerade zu $\vec{x}=\begin{pmatrix}11\\0\\8\end{pmatrix}+t\begin{pmatrix}6\\1\\2\end{pmatrix}$ Tangente an die Kugel zu $\vec{x}^2=21$ ist!
b) Ermittle Gleichungen der Tangentialebene τ im Berührpunkt der Tangente an die Kugel in Normalen- und in Parameterform!

8. Bestimme diejenigen vier Punkte des Kreises K, die von der x-Achse den Abstand d haben! Ermittle die Gleichungen der Tangenten in diesen vier Punkten und bestimme die Schnittpunkte von je zwei der Tangenten! Zeichne den Kreis und die Tangenten!
a) K: $\vec{x}^2=8$; $d=2$ **b)** K: $\vec{x}^2=225$; $d=9$ **c)** K: $\vec{x}^2=5$; $d=1$

9. Zeige, dass eine Gerade zu $\vec{n}\cdot\vec{x}=p$ genau dann Tangente an den Kreis zu $\vec{x}^2=r^2$ ist, wenn $r^2\vec{n}^2=p^2$ gilt!
Bestätige den Sachverhalt an folgenden Beispielen!
a) $\vec{x}^2=16$; $3x-4y=20$ **b)** $\vec{x}^2=18$; $x+y=6$
c) $\vec{x}^2=20$; $2x+y=10$ **d)** $\vec{x}^2=48$; $5x-6y=50$

10. Durch den Punkt A verlaufen zwei Tangenten an den Kreis K. Ermittle ihre Gleichungen und berechne die Größe ihres Schnittwinkels! Zeichne die Figur!
a) $A(0|-6)$; K: $\vec{x}^2=18$ **b)** $A(8|3)$; K: $M(3|-2)$, $r=5$
c) $A(8|2)$; K: $\vec{x}^2=34$ **d)** $A(-5|5)$; K: $M(0|0)$, $r=\sqrt{10}$
Anleitung: 1) Lege durch A ein Geradenbüschel mit variablem Richtungsvektor $\vec{a}$, bringe die Geraden zum Schnitt mit dem Kreis und bestimme den Richtungsvektor $\vec{a}$ so, dass der Kreis berührt wird **(Diskriminantenmethode)!**
2) Die gesuchten Tangenten an den Kreis sind genau diejenigen Geraden, die durch A verlaufen und vom Kreismittelpunkt M den Abstand r haben. Verwende die Hessesche Normalengleichung, um die Tangentengleichungen zu ermitteln **(Abstandsmethode)!**

11. **a)** Ermittle die Gleichungen der Tangentialebenen an die Kugel zu $\vec{x}^2=36$ in den Berührpunkten $B(4|y|4)$;
b) Ermittle die Schnittgerade der beiden Tangentialebenen!

12. Zeige, dass die beiden Kugeln $x^2+y^2+z^2=81$ und zu $x^2+y^2+z^2+6x-4y-12z=-45$ sich berühren! Ermittle die Gleichung der gemeinsamen Tangentialebene!

13. **a)** Ermittle die beiden Schnittpunkte zwischen der Geraden g zu $\vec{x}=\begin{pmatrix}1\\2\\2\end{pmatrix}+t\begin{pmatrix}1\\-4\\-1\end{pmatrix}$ und der Kugel zu $\vec{x}^2=9$!
b) Berechne die Länge der Sehne, die die Kugel K aus der Geraden g ausschneidet!
c) Ermittle die Gleichungen der beiden Tangentialebenen τ_1 und τ_2 an die Kugel K in den Schnittpunkten von K und g!
d) Bestimme das Schnittgebilde der beiden Ebenen τ_1 und τ_2! Zeige, dass die Schnittgerade und die gegebene Gerade g zueinander orthogonal sind!
e) Berechne die Größe des Schnittwinkels der beiden Tangentialebenen!

14. Löse Aufgabe 13 für folgende Gerade g und folgende Kugel K!

a) g: $\vec{x}=\begin{pmatrix}-3\\-3\\0\end{pmatrix}+t\begin{pmatrix}-1\\1\\-4\end{pmatrix}$;
K: $\vec{x}^2=36$

b) g: $\vec{x}=\begin{pmatrix}1\\6\\-4\end{pmatrix}+t\begin{pmatrix}-1\\1\\-4\end{pmatrix}$;
K: $M(1|3|2)$, $r=3$

15. Gegeben sind die Kugel K mit $M(-3|1|-1)$ mit $r=6$ und die drei Ebenen ε_1, ε_2 und ε_3 zu:

ε_1: $x-2y+2z=2$; ε_2: $x-2y+2z=11$; ε_3: $x-2y+2z=20$ (Vergleiche Seite 230!).

a) Berechne den Abstand des Kugelmittelpunktes M von den drei Ebenen nach dem Projektionsverfahren oder mit Hilfe der Hesseform für die Ebenengleichungen!
b) Ermittle die Schnittpunkte der Ebenen ε_1 und ε_2 mit den Geraden zu $\vec{x}=\vec{x}_M+t\vec{n}$, wobei $\vec{n}$ der Normalenvektor der Ebenen ist! Um welche Punkte handelt es sich?

16. Gegeben ist die Kugel zu $\vec{x}^2=49$. Ermittle die Gleichungen der Tangentialebenen an K, welche die beiden Spannvektoren $\vec{a}=\begin{pmatrix}-1\\1\\2\end{pmatrix}$ und $\vec{b}=\begin{pmatrix}-3\\5\\2\end{pmatrix}$ haben!

Bestimme ferner die Berührpunkte B_1 und B_2 und ihre Entfernung!

17. **a)** Zeige, dass die Gerade g Tangente an die Kugel K ist! Bestimme den Berührpunkt!

g: $\vec{x}=\begin{pmatrix}1\\7\\7\end{pmatrix}+t\begin{pmatrix}1\\2\\2\end{pmatrix}$; K: $M(1|-1|6)$, $r^2=29$

b) Ermittle die Gleichung der Tangentialebene, in der g liegt!

18. Ermittle das Schnittgebilde zwischen der Kugel zu $\vec{x}^2=100$ und den folgenden Ebenen!
a) $z=5$ **b)** $x=5\cdot\sqrt{3}$ **c)** $y=-9$ **d)** $x+y=4$ **e)** $y-z=7$ **f)** $-6x+8z=100$

19. Eine Ebene ε und eine Gerade g sind gegeben durch

$$\varepsilon\colon\ \vec{x}=\begin{pmatrix}2\\5\\-1\end{pmatrix}+r\begin{pmatrix}0\\-2\\3\end{pmatrix}+s\begin{pmatrix}-2\\2\\-1\end{pmatrix};\qquad g\colon\ \vec{x}=\begin{pmatrix}0\\1\\-2\end{pmatrix}+t\begin{pmatrix}1\\1\\2\end{pmatrix}.$$

a) Ermittle die Gleichung der Kugel K um den Nullpunkt, die ε zur Tangentialebene hat! Berechne den Berührpunkt!

b) Berechne die Schnittpunkte zwischen der Geraden g und der Kugel K!

c) Bestimme Gleichungen der Tangentialebenen an die Kugel K in den Schnittpunkten von g und K!

d) Bestimme das Schnittgebilde dieser beiden Tangentialebenen!

20. Untersuche, ob sich die Kugel K und die Ebenen ε_1, ε_2 und ε_3 schneiden! Bestimme ggf. das Schnittgebilde!

a) K: $M(-4|5|-2)$, $r=6$
$\varepsilon_1\colon 2x-2y-z=-7$
$\varepsilon_2\colon 2x-2y-z=2$
$\varepsilon_3\colon 2x-2y-z=11$

b) K: $M(1|4|-1)$, $r=7$
$\varepsilon_1\colon 2x-6y+3z=-25$
$\varepsilon_2\colon 2x-6y+3z=24$
$\varepsilon_3\colon 2x-6y+3z=73$

c) K: $M(6|2|-3)$, $r=7$
ε_1, ε_2 und ε_3 seien die Koordinatenebenen

21. Wie liegen die Kreise K_1 und K_2 zueinander? Ermittle ggf. Schnittpunkte oder den kleinsten Abstand von K_1 und K_2!

a) $K_1\colon \vec{x}^2=10$
$K_2\colon M_2(5|-5)$, $r^2=20$

b) $K_1\colon \vec{x}^2=4$
$K_2\colon M_2(-4|3)$, $r=1$

c) $K_1\colon \vec{x}^2=25$
$K_2\colon M_2(-4|-3)$, $r=10$

22. Unter dem „Schnittwinkel zweier Kreise“ versteht man den kleineren Winkel, den die beiden Kreistangenten in einem Schnittpunkt bilden. Berechne die Größe des Schnittwinkels für

$K_1\colon M_1(2|-4);\ r^2=17$ und $K_2\colon M_2(-1|-1);\ r^2=17$!

23. Bestimme den Radius r_1 eines Kreises K_1, der den Kreis K_2 rechtwinklig schneidet!

a) $M_1(5|-12)$; $K_2\colon \vec{x}^2=144$ **b)** $M_1(9|3)$; $K_2\colon x^2+(y-5)^2=36$

Anleitung: Verwende, dass ein Schnittpunkt $S(x|y)$ der Kreise auf K_2 liegt und dass $\overrightarrow{M_1S}\perp\overrightarrow{M_2S}$ ist!

24. a) Welcher Kreis K_1 geht durch $P_1(1|3)$ und $P_2(1|-3)$ und berührt den Kreis K_2 mit $M_2(5|-3)$ und $r_2=2$?

b) Welcher Kreis K_1 geht durch die Schnittpunkte der beiden Kreise K_2 zu $\vec{x}^2-\begin{pmatrix}10\\8\end{pmatrix}\cdot\vec{x}=8$ und K_3 zu $\vec{x}^2-\begin{pmatrix}4\\2\end{pmatrix}\cdot\vec{x}=20$ und hat seinen Mittelpunkt auf der Geraden g zu $\begin{pmatrix}3\\-5\end{pmatrix}\cdot\vec{x}=7$?

c) Welcher Kreis berührt beide Koordinatenachsen und geht durch den Punkt P?

1) $P(4|2)$ **2)** $P(-6|3)$ **3)** $P(5|-10)$ **4)** $P(x|4)$

Achte jeweils darauf, ob die Lösung eindeutig ist!

25. Untersuche, ob sich die beiden Kugeln K_1 und K_2 schneiden!

a) K_1: $\vec{x}^2=16$
K_2: $M_2(-1|2|-2)$, $r_2=1$

b) K_1: $M_1(-3|4|2)$, $r_1=\sqrt{15}$
K_2: $M_2(-6|6|8)$, $r_2=\sqrt{15}$

c) K_1: $M_1(8|0|11)$, $r_1=9$
K_2: $M_2(6|-5|3)$, $r_2=5$

d) K_1: $M_1(3|-1|-2)$; $r_1=9$
K_2: $M_2(7|-8|2)$; $r_2=12$

26. Bestimme den Radius r_1 einer Kugel K_1 so, dass sie die Kugel K_2 berührt! Wie lautet die Gleichung der beiden Kugeln gemeinsamen Tangentialebene?
Anleitung: Benutze die Gerade g durch M_1 und M_2!

a) K_1: $M_1(0|0|0)$; K_2: $M_2(3|-2|-6)$, $r_2=14$

b) K_1: $M_1(8|2|5)$; K_2: $M_2(2|-1|3)$, $r_2=7$

27. Ermittle von dem Schnittkreis der Kugeln K_1 und K_2 eine Gleichung der Ebene, in der er liegt, und ferner Mittelpunkt und Radius!

a) K_1: $\vec{x}^2=25$
K_2: $M_2(8|0|0)$, $r_2=5$

b) K_1: $\vec{x}^2=25$
K_2: $M_2(2|-1|2)$, $r_2=\sqrt{24}$

c) K_1: $M_1(1|3|2)$, $r_1=7$
K_2: $M_2(4|-1|2)$, $r_2=\sqrt{54}$

IV. Pol und Polare. Pol und Polarebene

1. Bei den Beispielen des letzten Abschnitts haben wir jeweils durch Einsetzen in die Kreis- bzw. in die Kugelgleichung bestätigt, dass der gegebene Punkt B tatsächlich auf dem Kreis bzw. auf der Kugel liegt. Wir stellen uns die Frage: Welche geometrische Bedeutung haben die Gleichungen

$$\vec{x}\cdot\vec{x}_1=r^2 \quad \text{bzw.} \quad (\vec{x}-\vec{x}_M)\cdot(\vec{x}_1-\vec{x}_M)=r^2,$$

wenn der gegebene Punkt P_1 zum Ortsvektor x_1 **nicht** auf dem Kreis bzw. **nicht** auf der Kugel liegt?

Beispiel:

Gegeben: Kreis mit $M(0|0)$, $r=5$ und der Punkt $P_1(7|1)$.

Der Punkt P_1 liegt außerhalb des Kreises (Bild 12.17). Die Gleichung $\vec{x}\cdot\vec{x}_1=r^2$ lautet in diesem Fall:

$$\vec{x}\cdot\begin{pmatrix}7\\1\end{pmatrix}=25, \quad \text{also}$$

$$7x+y=25 \Leftrightarrow y=-7x+25.$$

Dies ist die Gleichung einer Geraden g, die den Kreis – wie Bild 12.17 zeigt – in zwei Punkten B_1 und B_2 schneidet.

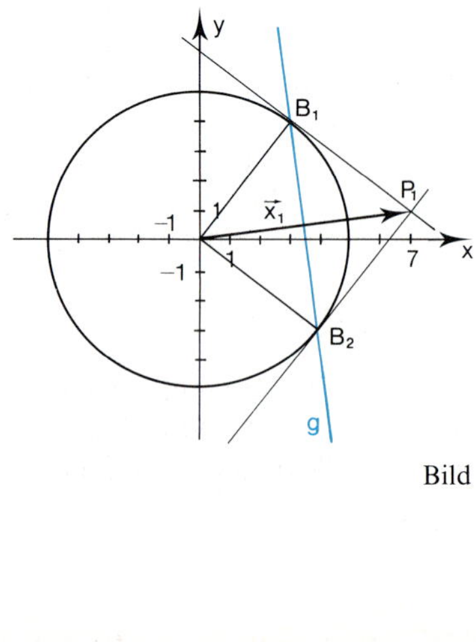

Bild 12.17

Wir ermitteln die Koordinaten dieser Punkte durch Einsetzen in die Kreisgleichung:

$$\begin{aligned} & x^2+(-7x+25)^2=25 && \Leftrightarrow x^2+49x^2-350x+625=25 \\ \Leftrightarrow\ & 50x^2-350x+600=0 && \Leftrightarrow x^2-7x+12=0 \\ \Leftrightarrow\ & (x-3)\cdot(x-4)=0 && \Leftrightarrow x=3 \vee x=4. \end{aligned}$$

Zu $x_1=3$ gehört $y_1=-3\cdot 7+25=4$; zu $x_2=4$ gehört $y_2=-4\cdot 7+25=-3$; die Schnittpunkte zwischen Kreis und Gerade sind also: $B_1(3|4)$ und $B_2(4|-3)$.

2. Da der gegebene Punkt P_1 außerhalb des Kreises liegt, kann die Gerade g keine Tangente an den Kreis sein. Dennoch hat auch diese Gerade etwas mit Tangenten an den Kreis zu tun. Wie Bild 12.17 zeigt, kann man vermuten, dass die beiden Punkte B_1 und B_2 die Berührpunkte der beiden Tangenten an den Kreis sind, die durch den Punkt P_1 gehen. Diese Vermutung wollen wir im Folgenden beweisen.

3. Es sei $P_1(x_1|y_1)$ ein Punkt außerhalb des Kreises zu $\vec{x}^2=r^2$. Durch diesen Punkt gibt es zwei Tangenten an den Kreis, und zwar mit den Berührpunkten B_1 und B_2 (Bild 12.18). Die Gleichungen dieser Tangenten sind nach Satz S 12.3:

$$\vec{x}\cdot\vec{x}_{B_1}=r^2 \quad \text{und} \quad \vec{x}\cdot\vec{x}_{B_2}=r^2.$$

Da der Punkt P_1 auf beiden Tangenten liegt, müssen für seinen Ortsvektor $\vec{x}_1$ beide Gleichungen erfüllt sein:

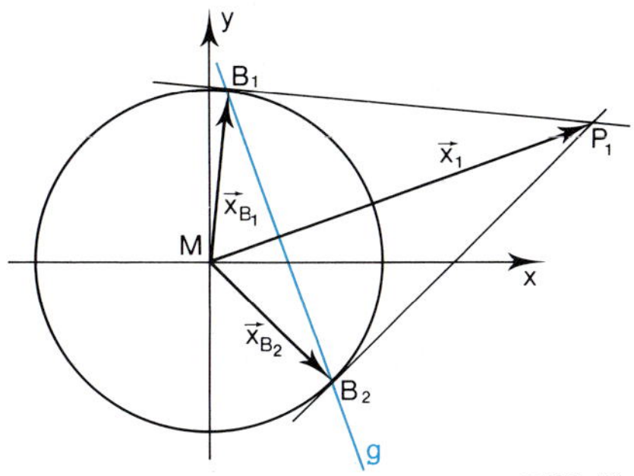

Bild 12.18

$$\vec{x}_1\cdot\vec{x}_{B_1}=r^2 \quad \text{und} \quad \vec{x}_1\cdot\vec{x}_{B_2}=r^2.$$

Wir können diese Gleichungen nun auch anders deuten; sie besagen nämlich auch, dass die beiden Punkte B_1 und B_2 auf der Geraden zu

$$\vec{x}_1\cdot\vec{x}=r^2$$

liegen. Man nennt diese Gerade die **„Polare des Pols P_1 bezüglich des Kreises K“.**

Beachte, dass die Gleichung dieselbe Form hat wie die Tangentengleichung $\vec{x}_B\cdot\vec{x}=r^2$!

4. Es ist leicht möglich, die vorstehenden Überlegungen auf einen Kreis zu übertragen, dessen Mittelpunkt M nicht der Nullpunkt ist (Aufgabe 10). Wir definieren:

D 12.1 Gegeben seien ein Punkt P_1 durch seinen Ortsvektor $\vec{x}_1$ und ein Kreis K durch eine Gleichung der Form:

$\vec{x}^2=r^2.$	$(\vec{x}-\vec{x}_M)^2=r^2.$

Dann heißt die Gerade g zu

$\vec{x}\cdot\vec{x}_1=r^2$	$(\vec{x}-\vec{x}_M)\cdot(\vec{x}_1-\vec{x}_M)=r^2$

die „Polare des Pols P_1 bezüglich des Kreises K“.

Wie wir gezeigt haben, gilt für einen Pol P_1, der außerhalb des Kreises liegt, der Satz

S 12.5 Liegt ein Pol P_1 außerhalb des Kreises K, so schneidet die zugehörige Polare g den Kreis in den Berührpunkten B_1 und B_2 der beiden Tangenten, die von P_1 aus an den Kreis gelegt werden können.

5. Entfernt sich der Pol P vom Kreis, so ist nach Bild 12.19 anschaulich klar, dass der Abstand der Polaren vom Kreismittelpunkt M kleiner wird. Nähert sich umgekehrt der Pol dem Kreis, so vergrößert sich der Abstand der Polare vom Kreismittelpunkt M. Diesen Sachverhalt wollen wir beweisen. Dazu bringen wir die Polarengleichung

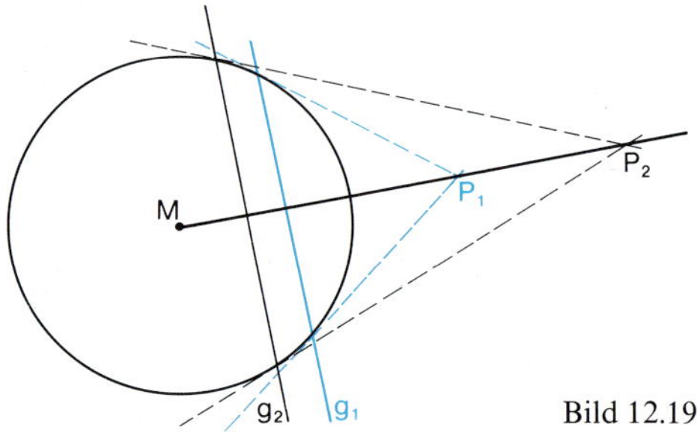

Bild 12.19

$$\vec{x}_1 \cdot \vec{x} = r^2$$

auf die Hesseform $\dfrac{\vec{x}_1}{|\vec{x}_1|} \cdot \vec{x} - \dfrac{r^2}{|\vec{x}_1|} = 0.$

Die Gleichung besagt, dass die Polare des Punktes P_1 vom Nullpunkt und somit vom Kreismittelpunkt den Abstand $d = \dfrac{r^2}{|\vec{x}_1|}$ hat.

Aus dieser Beziehung erhält man Aufschluss über die Lage von Pol und Polare zum Kreis:

1) Ist $|\vec{x}_1| > r$, so gilt $d < r$: Die Polare ist eine Sekante;

2) ist $|\vec{x}_1| = r$, so gilt $d = r$: Die Polare ist eine Tangente;

3) ist $|\vec{x}_1| < r$, so gilt $d > r$: Die Polare ist eine Passante.

Den Fall 3) haben wir bisher noch nicht erörtert; er besagt, dass zu einem Pol P_1 innerhalb des Kreises K die zugehörige Polare g außerhalb des Kreises verläuft.

Beispiel: Die Gleichung der Polaren zum Pol $P_1(1|1)$ bezüglich des Kreises zu $x^2 + y^2 = 4$ lautet: $x + y = 4$ (Bild 12.20).

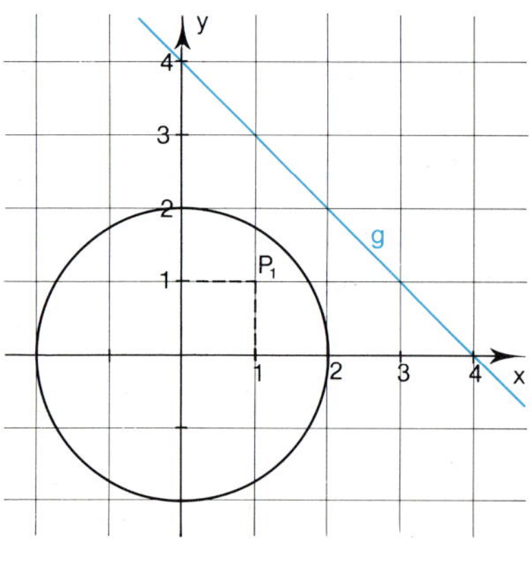

Bild 12.20

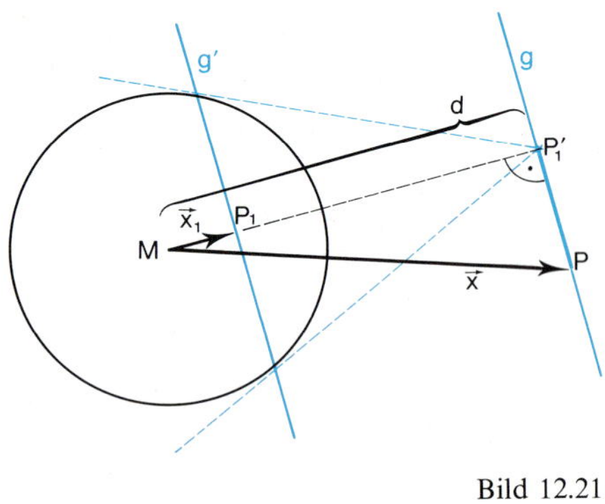

Bild 12.21

6. Ein weiterer Zusammenhang wird deutlich, wenn man durch den Pol P_1 die Parallele g' zur Polaren g des Punktes P_1 legt und dann den zu g' gehörenden Pol P_1' sucht (Bild 12.21). Dieser Zusammenhang soll in Aufgabe 6 untersucht werden.

7. Die vorstehenden Überlegungen lassen sich ohne Schwierigkeiten auf den dreidimensionalen Fall, also auf die **Kugel** übertragen. Wir definieren:

D 12.2 **Gegeben seien ein Punkt P_1 durch seinen Ortsvektor $\vec{x}_1$ und eine Kugel K durch eine Gleichung der Form**

$$\vec{x}^2 = r^2. \quad \Big| \quad (\vec{x} - \vec{x}_M)^2 = r^2.$$

Dann heißt die Ebene ε zu

$$\vec{x} \cdot \vec{x}_1 = r^2 \quad \Big| \quad (\vec{x} - \vec{x}_M) \cdot (\vec{x}_1 - \vec{x}_M) = r^2$$

die „Polarebene des Pols P_1 bezüglich der Kugel K".

Analog zu Satz S 12.5 gilt in diesem Falle der Satz

S 12.6 **Liegt ein Pol P_1 außerhalb der Kugel K, so schneidet die zugehörige Polarebene ε die Kugel in den Berührpunkten aller Tangentialebenen, die von P_1 aus an die Kugel gelegt werden können.**

Der Beweis soll in Aufgabe 16 b geführt werden.

8. Aus der Hesseform der Gleichung für die Polarebene $\frac{\vec{x}_1}{|\vec{x}_1|} \cdot \vec{x} - \frac{r^2}{|\vec{x}_1|} = 0$ kann man – wie oben – für den Abstand $d = \frac{r^2}{|\vec{x}_1|}$ der Polarebene vom Kugelmittelpunkt folgende Fälle entnehmen:

1) Ist $|\vec{x}_1| > r$, so gilt $d < r$: Die Polarebene durchdringt die Kugel;

2) ist $|\vec{x}_1| = r$, so gilt $d = r$: Die Polarebene ist eine Tangentialebene an die Kugel;

3) ist $|\vec{x}_1| < r$, so gilt $d > r$: Die Polarebene verläuft außerhalb der Kugel (Aufgaben 15 und 17).

Übungen und Aufgaben

1. Ermittle die Gleichung der Polaren des Punktes P_1 bezüglich des Kreises K! Konstruiere die gesuchte Polare auch über die beiden Tangenten durch P_1 an K und vergleiche!
a) K: $\vec{x}^2 = 4$, $P_1(2|2)$ **b)** K: $\vec{x}^2 = 25$, $P_1(5|6)$ **c)** K: $\vec{x}^2 = 18$, $P_1(-5|5)$

2. Ermittle rechnerisch und zeichnerisch die Polare g des Punktes P bezüglich des Kreises K zu $\vec{x}^2 = 100$! Beachte jeweils die Lage von P zu K und von g zu K!
a) $P(10|10)$ **b)** $P(5|5)$ **c)** $P(5\sqrt{2}|5\sqrt{2})$ **d)** $P(4|3)$

3. Bestimme zum Kreis K und zur Polaren g den zugehörigen Pol P_1!
a) K: $\vec{x}^2 = 81$, g: $4x + 3y = 27$ **b)** K: $M(0|0)$, $r = 5$, g: $4x - 3y = 25$
c) K: $\vec{x}^2 = 29$, g: $x - 12y = 29$ **d)** K: $\vec{x}^2 = 18$, g: $-x + y = 10$

4. Wie kann aus einer gegebenen Polaren g bezüglich des Kreises K der zugehörige Pol P_1 konstruiert werden? Wähle die Polare **a)** als Sekante, **b)** als Tangente und **c)** als Passante von K! Führe die Konstruktionen für Beispiele in Aufgabe 3 durch!

5. Bild 12.21 zeigt außer dem Pol P_1 und der zugehörigen Polaren g bezüglich K die Gerade g′, die parallel zu g durch P_1 verläuft, und auf g den Punkt P_1'.

a) Bestimme zum Kreis zu $\vec{x}^2=100$ und zum Punkt $P_1(-5|5)$ die Polare g, ermittle eine Gleichung von g′ und den zu g′ zugehörigen Pol P_1' bezüglich K. Weise nach, dass P_1' wie in Bild 12.21 Schnittpunkt von g und $g(O|P_1)$ ist!

b) Formuliere den in a) festgestellten Zusammenhang als allgemein gültige Aussage und beweise diese für den Fall, dass P_1 im Innern von K liegt (vgl. Bild 12.21)!

c) P_1 liege außerhalb K. Entwirf eine Konstruktionszeichnung für g, g′ und den zugehörigen Pol P_1' und begründe sie!

d) P_1 liege nun auf dem Kreis K. Wie müssen die Überlegungen in b) und c) abgewandelt werden?

6. Löse Aufgabe 5a) für folgende Beispiele!

a) K: $\vec{x}^2=4$, $P_1(1|1)$ **b)** K: $\vec{x}^2=29$, $P_1(12|1)$ **c)** K: $\vec{x}^2=18$, $P_1(\frac{9}{5}|\frac{9}{5})$

7. Gegeben sind der Kreis K zu $\vec{x}^2=10$ und der Punkt $P(-5|5)$. Gesucht sind die Tangenten, die man von P an den Kreis K konstruieren kann. Ermittle die Gleichungen der Tangenten nach mehreren Verfahren!

Anleitung:

a) Polarenmethode: Bestimme zu P die Polare und deren Schnittpunkte mit dem Kreis K!

b) Diskriminantenmethode: Lege durch P ein Geradenbüschel, bringe die Gerade mit K zum Schnitt und ermittle den Richtungsvektor $\vec{a}$ so, dass K nur berührt wird!

c) Abstandsmethode: Die Tangenten sind diejenigen Geraden durch P, die von O den Abstand $r=\sqrt{10}$ haben!

8. Löse Aufgabe 7 für den Kreis K zu $\vec{x}^2=34$ und den Punkt $P(8|2)$!

9. Übertrage die Überlegungen im Lehrtext Seite 237 zur Bestimmung der Gleichung einer Polaren g zum Pol P_1 auf einen Kreis K, dessen Mittelpunkt M nicht mehr der Nullpunkt ist! Bestätige die in Definition D 12.1 angegebene Gleichung $(\vec{x}-\vec{x}_M)\cdot(\vec{x}_1-\vec{x}_M)=r^2$ für die Polare des Pols P_1!

10. Ermittle die Gleichung der Polaren des Punktes P_1 bezüglich des Kreises K! Bestimme die Polare auch zeichnerisch!

a) K: $M(3|-4)$, $r=3\sqrt{2}$; $P_1(2|-1)$ **b)** K: $M(-3|2)$, $r=5$; $P_1(1|5)$

11. Bestimme bezüglich des Kreises K zur Polaren g den Pol P!

a) K: $M(-3|-1)$, $r^2=44$; g: $x+3y=5$

b) K: $M(2|-3)$, $r=5$; g: $3x-4y=19$

c) K: $3x^2+3y^2-6x+8y-12=0$; g: $-3x+5y+30=0$

12. Bestimme die Gleichung der Tangenten an den Kreis K, die durch den Punkt P verlaufen, nach mehreren Verfahren!

a) $M(-2|4)$, $r^2=40$, $P(8|-6)$ **b)** $M(4|-3)$, $r^2=10$, $P(-1|-8)$

c) $M(-3|1)$, $r^2=34$, $P(5|3)$ **d)** $M(2|4)$, $r=13$, $P(-10|9)$

13. **a)** Übertrage den in Aufgabe 5 festgestellten Zusammenhang zwischen der Polaren g zum Punkt P_1, der Parallelen g' zu g durch P_1 und dem zu g' gehörigen Pol P_1' auf einen Kreis mit Mittelpunkt M, der nicht mehr der Nullpunkt ist!
b) Ermittle zum Kreis K mit M(1|3) und r = 4 und zum Punkt $P_1(-1|5)$ die Polare g, bestimme die Gleichung der Parallelen g' zu g durch P_1 und ermittle den zu g' gehörigen Pol P_1'! Wo liegt P_1'?

14. Ermittle die Gleichung der Polarebene des Punktes P_1 bezüglich der Kugel K!
a) K: $\vec{x}^2 = 4$, $P(0|-6|4)$ **b)** K: $\vec{x}^2 = 100$, $P_1(2|-3|4)$
c) K: $\vec{x}^2 = 12$, $P(-2|2|2)$ **d)** K: M(3|−2|1), r = 2, $P_1(2|-1|2)$
e) K: M(−1|0|2), $r^2 = 10$, $P_1(4|-5|-8)$ **f)** K: M(−1|4|1), r = 4, $P_1(3|2|-1)$

15. Bestimme zur Kugel K und zur Polarebene ε den zugehörigen Pol P_1! Ermittle zum gefundenen Pol wieder die zugehörige Polarebene (Probe)!
a) K: $\vec{x}^2 = 144$, ε: $-x + 3y + 2z = 6$ **b)** K: $\vec{x}^2 = 36$, ε: $4x + 3y - 2z + 9 = 0$
c) K: M(−1|5|4), r = 6, ε: $2x - 3y - 2z = -7$
d) K: $x^2 + y^2 + z^2 + 4x - 2y = 5$, ε: $2x - y - z + 3 = 0$

16. **a)** Zeige, dass der Punkt $P_1(16|12|-8)$ außerhalb der Kugel K zu $\vec{x}^2 = 36$ liegt und die zugehörige Polarebene ε die Kugel K schneidet. Bestätige, dass die Schnittpunkte zwischen K und ε die Berührpunkte aller durch P_1 führenden Tangenten an die Kugel sind!
b) Beweise Satz S 12.6! Orientiere dich dazu an Bild 12.22!
Anleitung: B sei der Berührpunkt einer durch P_1 führenden Tangentialebene τ an die Kugel K. Zu zeigen ist, dass der Ortsvektor $\vec{x}_B$ von B auch die Gleichung der Polarebene ε des Punktes P_1 bezüglich K erfüllt!

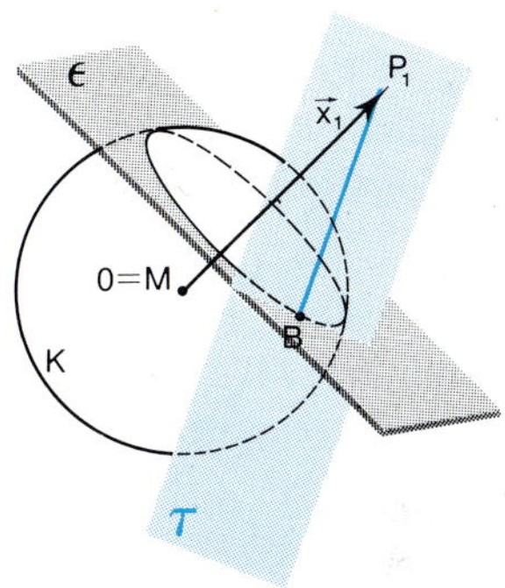

Bild 12.22

17. Gegeben ist die Ebene ε zu $-2x + y + 2z - 18 = 0$.
a) Bestimme den Abstand der Ebene ε vom Nullpunkt und den Lotfußpunkt!
b) Ermittle die Gleichung der Kugel K_1 um den Nullpunkt, die ε zur Tangentialebene hat! Welche Koordinaten hat der Berührpunkt B?
c) Bestimme den Pol P_1 von ε bezüglich der Kugel K_1 und deute das Ergebnis!
d) Ermittle die Pole von ε bezüglich der Kugel K_2 zu $\vec{x}^2 = 4$, K_3 zu $\vec{x}^2 = 9$ und K_4 zu $\vec{x}^2 = 54$!
e) Bestimme die Abstände der Pole P_2, P_3 und P_4 von der Ebene ε!

18. Zeige, dass im Dreieck PQR jeweils der Eckpunkt Pol der gegenüberliegenden Dreieckseite bezüglich des Kreises K ist! (PQR heißt ein „Polarendreieck" des Kreises).
a) P(4|2), Q(9|0), R(4|10); K: $\vec{x}^2 = 36$ **b)** P(6|4), $Q(\frac{6}{11}|\frac{24}{11})$, R(−2|6); K: $\vec{x}^2 = 12$

19. Ergänze P(4|3), Q(0|4), R(x|y) zu einem Polarendreieck des Kreises zu $\vec{x}^2=16$! Vergleiche Aufgabe 18!

20. Ermittle den Pol P der Polarebene ε zu $x+y-z+72=0$ bezüglich der Kugel K zu $\vec{x}^2=144$! Lege durch P eine Ebene ε' parallel zu ε und bestimme ihren Pol P'! Wo liegt er?

V. Übergreifende Aufgaben

1. Eine Ebene ε sei gegeben durch $\vec{x}=\begin{pmatrix}1\\0\\4\end{pmatrix}+r\begin{pmatrix}1\\-8\\2\end{pmatrix}+s\begin{pmatrix}2\\-7\\1\end{pmatrix}$.

a) Ermittle die Normalengleichung der Ebene ε!

b) Bestimme in der Geradengleichung $\vec{x}=\begin{pmatrix}-2\\6\\4\end{pmatrix}+t\begin{pmatrix}0\\-9\\k\end{pmatrix}$ den Wert für $k\in\mathbb{R}$ so, dass die zugehörige Gerade g_1 parallel zur Ebene ε verläuft!

c) Ermittle den Schnittpunkt S zwischen der Geraden g_2 zu $\vec{x}=\begin{pmatrix}2\\-1\\13\end{pmatrix}+v\begin{pmatrix}2\\1\\3\end{pmatrix}$ und der Ebene ε!

d) Wie groß ist der Winkel, den die Gerade g_2 mit der Ebene ε einschließt?

e) Eine Kugel K mit dem Mittelpunkt M(0|0|0) berührt die Ebene ε in einem Punkt B. Berechne die Koordinaten von B und den Radius von K!

2. Gegeben sind ein Punkt P(3|2|−5) und eine Gerade g durch $\vec{x}=\begin{pmatrix}2\\1\\-1\end{pmatrix}+t\begin{pmatrix}7\\1\\-3\end{pmatrix}$.

a) Ermittle eine Gleichung der Ebene ε_1, in der der Punkt P und die Gerade g_1 liegen!

b) Bestimme eine Gleichung der Ebene ε_2, die den Punkt P enthält und senkrecht zur Geraden g ist!

c) Welche Gerade der Schar zu $\vec{x}=\begin{pmatrix}2\\1\\-1\end{pmatrix}+r\begin{pmatrix}k\\1\\-3\end{pmatrix}$ mit $k\in\mathbb{R}$ ist eine Tangente an die Kugel mit M(6|4|3) und $r=\sqrt{41}$?

Anleitung: Mache dir klar, dass höchstens eine Gerade der Schar Tangente an die Kugel sein kann!

d) Bestimme den Berührpunkt zwischen Tangente und Kugel!

e) Bestätige, dass der Richtungsvektor der Tangente auf dem Berührradius senkrecht steht!

3. Die Punkte A(1|1|0), B(0|1|1) und C(1|0|1) liegen auf der Kugel K zu $\vec{x}^2=2$.

a) Beschreibe die Lage der Strecken AB, BC und CA und berechne ihre Längen!

b) Ermittle zur Ebene ε durch A, B und C eine Normalengleichung! Welchen Abstand hat ε vom Nullpunkt?

c) Ermittle die Normalengleichung der Tangentialebenen an die Kugel K, die zur Ebene ε parallel sind!

d) Berechne Mittelpunkt M und Radius r des Kreises, in dem die Ebene ε die Kugel K schneidet!

e) Zeige, dass OABC ein regelmäßiges Tetraeder ist!

f) Wie groß ist der Winkel, den die Kante OA des Tetraeders mit der Ebene ε einschließt?

4. Gegeben sind die Kugel K zu $\vec{x}^2 = 26$ und die Gerade g zu $\vec{x} = \begin{pmatrix} 3 \\ 5 \\ 8 \end{pmatrix} + t \begin{pmatrix} 1 \\ 1 \\ 2 \end{pmatrix}$.

a) Bestimme die Punkte P_1 und P_2, in denen die Gerade g die Kugel K schneidet!

b) Ermittle die Gleichung der beiden Tangentialebenen τ_1 und τ_2 in P_1 und P_2 an die Kugel K!

c) Untersuche die gegenseitige Lage von τ_1 und τ_2! Ermittle ggf. ihren Abstand oder die Gleichung der Schnittgeraden und die Größe ihres Schnittwinkels!

d) Gibt es eine Tangente t_1 in P_1 an die Kugel K mit dem Richtungsvektor $\vec{b} = \begin{pmatrix} 1 \\ 1 \\ b_3 \end{pmatrix}$? Ermittle ggf. eine Gleichung für t_1! ($P_1(-3|-1|z_1)$)

e) Berechne den Abstand des Punktes P_2 von t_1!

f) Gibt es eine Tangente t_2 in P_1 an die Kugel K mit dem Richtungsvektor $\vec{c} = \begin{pmatrix} 0 \\ -4 \\ 3 \end{pmatrix}$? (Begründung!)

g) Berechne die Spurpunkte der Tangente t_1 in den drei Koordinatenebenen!

5. Gegeben ist die Kugel K zu $\vec{x}^2 = 9$.

a) Für welche Koordinate $z > 0$ liegt der Punkt $P(2|1|z)$ auf der Kugel K?

b) Ermittle die Gleichung der Tangentialebene τ in P an die Kugel K!

c) Durch P sind drei Tangenten t_1, t_2 und t_3 an die Kugel K zu legen mit den folgenden Richtungsvektoren:

$$t_1\colon \vec{a} = \begin{pmatrix} 0 \\ 2 \\ a_3 \end{pmatrix}; \quad t_2\colon \vec{b} = \begin{pmatrix} 1 \\ b_2 \\ -2 \end{pmatrix}; \quad t_3\colon \vec{c} = \begin{pmatrix} c_1 \\ 0 \\ 1 \end{pmatrix}.$$

Ermittle die Gleichungen dieser Tangenten!

d) Bestimme die Spurpunkte S_1, S_2 und S_3 der drei Tangenten in der x-y-Ebene!

e) Zeige, dass alle drei Spurpunkte auf einer Geraden g_1 liegen! Ermittle von g_1 eine Gleichung!

f) Bestimme die Gleichung der Spurgeraden g_2 der Tangentialebene τ in der x-y-Ebene! Vergleiche die Geraden g_1 und g_2!

g) Begründe das Ergebnis von f) geometrisch!

6. Gegeben sind die Punkte $P_1(1|2|2)$ und $P_2(-2|1|2)$ und die Kugel K zu $\vec{x}^2 = 9$.

a) Zeige, dass P_1 und P_2 auf der Kugel liegen!

b) Ermittle die Gleichungen der Tangentialebenen τ_1 und τ_2 an die Kugel K in P_1 und P_2, ferner die Gleichung der Schnittgeraden g der beiden Ebenen!

c) Bestimme den Abstand des Nullpunktes von g!

d) Ermittle Gleichungen derjenigen Tangenten t_1 und t_2, die die Kugel K in P_1 bzw. in P_2 berühren und die Richtungsvektoren $\vec{a}_1 = \begin{pmatrix} -2 \\ 1 \\ 0 \end{pmatrix}$ bzw. $\vec{a}_2 = \begin{pmatrix} 1 \\ 2 \\ 0 \end{pmatrix}$ haben! Welche spezielle Lage haben diese beiden Tangenten?

e) Untersuche die gegenseitige Lage der beiden Tangenten t_1 und t_2! Bestimme ihren Abstand oder ihren Schnittpunkt und die Größe ihres Schnittwinkels!

f) Zeige, dass der Schnittpunkt der beiden Tangenten auf der Geraden g liegt!

7. Die Kugel K sei gegeben durch $\vec{x}^2=12$.

a) Zeige, dass die Punkte $P_1(2|2|2)$ und $P_2(-2|-2|2)$ auf der Kugel K liegen!

b) Ermittle Gleichungen der Tangentialebenen τ_1 und τ_2 an die Kugel K in den Punkten P_1 und P_2! Bestimme eine Gleichung der Schnittgeraden g_1 von τ_1 und τ_2!

c) Wie groß ist der Winkel zwischen den beiden Tangentialebenen τ_1 und τ_2?

d) Ermittle Gleichungen der drei Tangenten t_1, t_2 und t_3, die die Kugel K in P_1 berühren und die folgenden Richtungsvektoren haben: $\vec{t}_1=\begin{pmatrix}1\\1\\a_3\end{pmatrix}$; $\vec{t}_2=\begin{pmatrix}0\\b_2\\1\end{pmatrix}$; $\vec{t}_3=\begin{pmatrix}c_1\\0\\1\end{pmatrix}$!

e) Bestimme die Spurpunkte S_1, S_2 und S_3 der drei Tangenten mit der x-y-Ebene!

f) Zeige, dass alle drei Spurpunkte auf einer Geraden g_2 liegen! Ermittle eine Gleichung von g_2 und ihren Abstand vom Nullpunkt! Vergleiche g_1 und g_2!

8. Gegeben sind die Kugel K zu $\vec{x}^2=9$ und der Normalenvektor $\vec{n}=\begin{pmatrix}-1\\-2\\2\end{pmatrix}$ einer Ebenenschar.

a) Ermittle die Berührpunkte B_1 und B_2 von Tangentialebenen mit dem Normalenvektor $\vec{n}$!

b) Bestimme Gleichungen von zwei Ebenen ε_1 und ε_2 dieser Schar, wobei ε_1 die Kugel in B_1 berührt und ε_2 ganz außerhalb der Kugel verläuft!

c) Eine weitere Ebene ε_3 der Schar habe den Abstand 1 vom Nullpunkt. Zeige, dass diese Ebene die Kugel K in einem Kreis schneidet! Bestimme den Mittelpunkt M und den Radius r dieses Kreises!

d) Die Schnittpunkte der Kugel K mit der x-Achse, der y-Achse und der positiven z-Achse bestimmen eine regelmäßige Pyramide. Ermittle die fünf Eckpunkte dieser Pyramide!

e) Berechne das Volumen der Pyramide!

9. Eine Kugel K habe den Mittelpunkt $M(1|2|-2)$ und den Radius $r=3$. Eine Geradenschar g(k, r) sei gegeben durch $\vec{x}=\begin{pmatrix}-5\\9\\-4\end{pmatrix}+t\begin{pmatrix}r\\2(k-r)\\-k\end{pmatrix}$ mit $k, r\in\mathbb{R}$.

a) Ermittle die Schnittpunkte von K mit den Koordinatenachsen!

b) Bestimme eine Gleichung derjenigen Tangentialebene τ_1 an die Kugel K, die durch den Nullpunkt geht! Welche Koordinaten hat der Berührpunkt B_1?

c) Ermittle die Gleichung einer weiteren Tangentialebene τ_2 an die Kugel, die zu τ_1 parallel ist! Welche Koordinaten hat der Berührpunkt B_2?

d) Zeige, dass alle Geraden g(k, r) der Schar in derselben Ebene ε liegen! Ermittle eine Gleichung von ε!

e) Zeige, dass die Ebene ε ebenfalls eine Tangentialebene an die Kugel ist! Berechne den Berührpunkt B_3!

f) Bestimme die Geraden der Schar für $k=0$. Wie viele sind es? Wie liegen sie zur Kugel K?

g) Zeige, dass die Gerade aus f) Tangente an die Kugel K ist, und ermittle den Berührpunkt B_4!

10. Gegeben sind die Geradenschar g(k) zu $\vec{x}=\begin{pmatrix}9\\0\\0\end{pmatrix}+t\begin{pmatrix}1+2k\\-2\\-2k\end{pmatrix}$ mit $k\in\mathbb{R}$ und die Ebene ε_1 zu $2x+y+2z-18=0$.

a) Ermittle eine Gleichung derjenigen Kugel K, die die Ebene ε_1 berührt und den Nullpunkt zum Mittelpunkt hat! Welche Koordinaten hat der Berührpunkt B?

b) Die Gerade g_2 zu $k=2$ bestimmt mit dem Nullpunkt eine Ebene ε_2. Ermittle eine Normalengleichung von ε_2 und das Schnittgebilde von ε_1 und ε_2!

c) Zeige, dass alle Geraden g(k) in der Ebene ε_1 liegen! Bestimme k so, dass die betreffende Gerade die Kugel K berührt!

d) S_1, S_2 und S_3 seien die Schnittpunkte von ε_1 mit den Koordinatenachsen. Sie bilden mit dem Nullpunkt ein Tetraeder. Berechne seine Volumenmaßzahl und benutze diese zur Ermittlung der Flächenmaßzahl des Dreiecks $S_1S_2S_3$!

11. Gegeben seien die Kugel K zu $\left[\vec{x}-\begin{pmatrix}-2\\1\\3\end{pmatrix}\right]^2=49$ und die Geraden g_1 zu $\vec{x}=\begin{pmatrix}3\\-4\\5\end{pmatrix}+t\begin{pmatrix}1\\2\\0\end{pmatrix}$ und g_2 zu $\vec{x}=\begin{pmatrix}4\\-2\\5\end{pmatrix}+v\begin{pmatrix}-2\\3\\-4\end{pmatrix}$.

a) Berechne die Schnittpunkte S_1 und S_2 der Geraden g_2 mit der Kugel K!

b) Ermittle Gleichungen der Tangentialebene τ_1 und τ_2 an K in den Punkten S_1 und S_2! Berechne die Größe des Schnittwinkels der beiden Ebenen und den Abstand des Punktes S_2 von der Tangentialebene τ_1!

c) Zeige, dass die Gerade g_1 die Kugel K berührt, und ermittle die Koordinaten des Berührpunktes!

d) Beweise, dass alle Punkte, von denen aus zwei feste Punkte A und B unter einem rechten Winkel erscheinen, auf einer Kugel liegen. Bestimme eine Gleichung dieser Kugel für $A=S_1$ und $B=S_2$!

12. Gegeben sind zwei Geraden g_1 und g_2 und eine Geradenschar g(k):

$$g_1\colon \vec{x}=\begin{pmatrix}-1\\-1\\1\end{pmatrix}+r\begin{pmatrix}0\\-1\\2\end{pmatrix};\quad g_2\colon \vec{x}=\begin{pmatrix}-1\\-2\\3\end{pmatrix}+s\begin{pmatrix}5\\3\\4\end{pmatrix};\quad g(k)\colon \vec{x}=\begin{pmatrix}0\\-1\\6\end{pmatrix}+t\begin{pmatrix}k\\0\\1\end{pmatrix}\quad \text{mit } k\in\mathbb{R}.$$

a) Untersuche die gegenseitige Lage der Geraden g_1 und g_2 und bestimme ihren Abstand oder ihren Schnittpunkt und die Größe ihres Schnittwinkels!

b) Bestimme eine Normalengleichung der von g_1 und g_2 aufgespannten Ebene ε_1!

c) Bestimme eine Normalengleichung der Ebene ε_2, die g_1 enthält und zu ε_1 senkrecht verläuft!

d) Wie groß muss der Radius R einer Kugel um den Punkt $M(-2|0|6)$ gewählt werden, damit ε_1 eine Tangentialebene an die Kugel ist? Bestimme den Berührpunkt B!

e) Zeige, dass keine Gerade der Schar g(k) Tangente an die Kugel sein kann!

f) Zeige, dass alle Geraden der Schar g(k) in derselben Ebene ε_3 liegen! Ermittle eine Gleichung von ε_3! Welche besondere Lage hat ε_3?

13. Der Inkreis eines Dreiecks ABC sei durch $M_1(5|15)$ und $r_1=5$, ein Ankreis durch $M_2(0|0)$ und $r_2=10$ bestimmt. Bestimme die Punkte A, B und C!

Anleitung: Beachte, dass sich zwei gemeinsame Tangenten an die beiden Kreise unmittelbar bestimmen lassen!

14. Gegeben sind eine Gerade g, eine Ebene ε und eine Geradenschar g(k) mit $k \in \mathbb{R}$:

$$g: \vec{x} = \begin{pmatrix} 2 \\ -1 \\ 13 \end{pmatrix} + t \begin{pmatrix} 2 \\ 1 \\ 3 \end{pmatrix}; \quad \varepsilon: \vec{x} = \begin{pmatrix} 1 \\ 0 \\ 4 \end{pmatrix} + r \begin{pmatrix} 1 \\ -8 \\ 2 \end{pmatrix} + s \begin{pmatrix} 2 \\ -7 \\ 1 \end{pmatrix}; \quad g(k): \vec{x} = \begin{pmatrix} -2 \\ 6 \\ 4 \end{pmatrix} + v \begin{pmatrix} 0 \\ -9 \\ k \end{pmatrix}.$$

a) Ermittle die Normalengleichung der Ebene ε!

b) Untersuche die gegenseitige Lage zwischen der Ebene ε und der Geraden g; bestimme den Abstand oder den Schnittpunkt S und die Größe des Schnittwinkels!

c) Bestimme den Wert für k so, dass die betreffende Gerade der Schar parallel zu ε ist! Welche Lage hat die Gerade dann?

d) Eine Kugel K mit dem Nullpunkt als Mittelpunkt hat die Ebene ε als Tangentialebene. Bestimme den Berührpunkt und den Radius der Kugel!

15. Gegeben sind eine Ebene ε_1 und eine Geradenschar g(k) durch:

$$\varepsilon_1: 2x + y + 2z = 15; \quad g(k): \vec{x} = \begin{pmatrix} 7 \\ -1 \\ 1 \end{pmatrix} + r \begin{pmatrix} 2k+1 \\ -2 \\ -2k \end{pmatrix} \text{ mit } k \in \mathbb{R}.$$

a) Die Ebene ε_1 ist Tangentialebene an eine Kugel K um $M(-2|-1|1)$. Ermittle den Berührpunkt B und den Radius R der Kugel!

b) Die Gerade der Schar zu $k = 2$ bestimmt mit dem Punkt M eine Ebene ε_2. Ermittle eine Normalengleichung von ε_2!

c) Untersuche die gegenseitige Lage von ε_1 und ε_2; bestimme den Abstand oder die Schnittgerade und die Größe des Schnittwinkels!

d) Zeige, dass alle Geraden g(k) der Schar in derselben Ebene ε_3 liegen! Mit welcher Ebene ist ε_3 identisch?

e) Zeige, dass wenigstens eine Gerade g(k) der Schar Tangente an die Kugel K ist! Ermittle die Gleichung(en) dieser Tangente(n)!

16. Gegeben sind die Kugel K zu $\vec{x}^2 = 36$ und drei Ebenenscharen durch:

$\varepsilon_1(a)$: $2x + 2y + az = 18$; $\quad \varepsilon_2(b)$: $-x + 2y + bz = 18$; $\quad \varepsilon_3(c)$: $x - 2y + cz = 18$.

a) Für welche positiven Zahlen a, b, c sind die Ebenen Tangentialebenen der Kugel? Ermittle die zugehörigen Berührpunkte!

b) In welchem Punkt S schneiden sich die drei Tangentialebenen?

c) Ermittle die Größe der Schnittwinkel von je zwei Tangentialebenen!

d) Bestimme die Schnittgeraden von je zwei Tangentialebenen! Welche von ihnen hat eine besondere Lage?

e) Berechne die Größe der Schnittwinkel zwischen je zwei Schnittgeraden!

f) Der Punkt S bildet mit den Punkten $P(0|0|0)$, $Q(9|0|0)$ und $R(0|9|0)$ eine dreiseitige Pyramide. Berechne deren Volumenmaßzahl!

17. Gegeben seien eine Ebene ε, eine Kugelschar $K(\alpha)$ und eine Geradenschar g(k):

$$\varepsilon: 2x + y - 2z = 3; \quad K(\alpha): \left[\vec{x} - \begin{pmatrix} 2\alpha \\ \alpha+3 \\ -2\alpha \end{pmatrix}\right]^2 = 9\alpha^2 \text{ mit } \alpha \in \mathbb{R}; \quad g(k): \vec{x} = \begin{pmatrix} k \\ 2 \\ 0 \end{pmatrix} + t \begin{pmatrix} 0 \\ 1 \\ 1 \end{pmatrix} \text{ mit } k \in \mathbb{R}.$$

a) Für welche Zahl α geht eine Kugel der Schar $K(\alpha)$ durch den Nullpunkt?

b) Berechne die Zahl α, für die eine Kugel der Schar $K(\alpha)$ die x-z-Ebene berührt! In welchem Punkt B berührt die Kugel die x-z-Ebene?

c) Zeige, dass alle Kugeln der Schar $K(\alpha)$ die Ebene ε in demselben Punkt A berühren! Welche Koordinaten hat A? Bestimme die Gleichung der Geraden, auf der alle Mittelpunkte der Kugeln der Schar $K(\alpha)$ liegen!
d) Für welche Werte von k sind Geraden der Parallelenschar g(k) Tangenten an die Kugel K(1)? Bestimme die Berührpunkte und die zugehörigen Tangentialebenen!

18. Gegeben seien eine Ebenenschar $\varepsilon(k)$ durch $kx+3y=3$, die Kugel K_1 um $M(7|2|1)$ mit $r_1=5$ und die Punkte $P(5|3|-6)$; $Q(5|7|-9)$.
a) Zeige, dass alle Ebenen $\varepsilon(k)$ eine Gerade g_1 gemeinsam haben! Ermittle eine Parametergleichung von g_1!
b) Bestimme k so, dass die betreffende Ebene Tangentialebene an die Kugel K_1 ist! Ermittle den Berührpunkt B_1!
c) Eine zur Kugel K_1 konzentrische Kugel K_2 hat die Gerade g_2 durch P und Q als Tangente. Berechne den Radius von K_2 und den Berührpunkt B_2!
d) Berechne den Abstand des Punktes B_2 von der Geraden g_1!

19. Gegeben sind eine Ebene ε durch $x+y+z=4$ und eine Kugel K durch $\left[\vec{x}-\begin{pmatrix}5\\3\\5\end{pmatrix}\right]^2=36$, die Punkte $P_1(1|-1|3)$ und $P_2(2|-1|3)$.
a) Zeige, dass P_1 auf der Kugel K und P_2 in der Ebene ε liegt!
b) Die Gerade g führt durch P_1 und P_2. Berechne die Länge der Sehne, die von der Kugel K aus der Geraden g ausgeschnitten wird!
c) Zeige, dass die Ebene ε die Kugel K schneidet! Berechne die Koordinaten des Mittelpunktes M^* und den Radius r^* des Schnittkreises K^*!
d) Ermittle eine Gleichung der Tangentialebene τ_1, die die Kugel K in P_1 berührt!
e) Die zu τ_1 parallelen Ebenen, die die Kugel K schneiden, bilden eine Ebenenschar $\varepsilon(k)$. Ermittle die zulässigen Werte von $k\in\mathbb{R}$ und bestimme eine Gleichung der Schar!
f) Ermittle diejenigen Ebenen der Schar $\varepsilon(k)$, die aus der Kugel Kreise mit den Radien $r_1=2\sqrt{5}$ und $r_2=3\sqrt{3}$ ausschneiden!
g) Ermittle eine Gleichung derjenigen Kugel, die durch Spiegelung der Kugel K an der Ebene ε entsteht!

20. Gegeben sind eine Kugelschar $K(\alpha)$ und zwei Geraden g_1 und g_2:

$$K(\alpha)\colon \left[\vec{x}-\begin{pmatrix}-\alpha\\2\alpha\\0\end{pmatrix}\right]^2=\alpha^2 \text{ mit } \alpha>0; \quad g_1\colon \vec{x}=t\begin{pmatrix}4\\-3\\0\end{pmatrix}; \quad g_2\colon \vec{x}=v\begin{pmatrix}0\\1\\0\end{pmatrix}.$$

a) Zeige, dass die Mittelpunkte $M(\alpha)$ der Kugeln $K(\alpha)$ auf einer Geraden g in der x-y-Ebene liegen!
b) Zeige, dass die Geraden g_1 und g_2 Tangenten an jede Kugel $K(\alpha)$ sind! Ermittle die Berührpunkte B_1 und B_2!
c) Zeichne in der x-y-Ebene die Schnittkreise der Kugeln K(1), K(2) und K(3) mit den Geraden g_1, g_2 und den zugehörigen Berührpunkten!
d) $K(\alpha_1)$ und $K(\alpha_2)$ seien zwei sich schneidende Kugeln. Ermittle eine Gleichung ihres Schnittkreises!
e) Zeige, dass verschiedene Schnittkreise in zueinander parallelen Ebenen liegen!
f) Für alle gemeinsamen Punkte S zweier Kugeln $K(\alpha_1)$ und $K(\alpha_2)$ sei das jeweilige Dreieck mit den Punkten $M(\alpha_1)$, S und $M(\alpha_2)$ rechtwinklig. Welche Beziehung besteht zwischen α_1 und α_2?

2. Etwas anders ist die Situation bei dem folgenden

<u>**Beispiel:**</u> $\begin{cases} x+\ \ y-z=4 \\ 4x-2y-2z=3. \\ -5x+4y+2z=0 \end{cases}$

$$B=\left(\begin{array}{rrr|r} 1 & 1 & -1 & 4 \\ 4 & -2 & -2 & 3 \\ -5 & 4 & 2 & 0 \end{array}\right) \begin{matrix} \cdot(-4) & \cdot 5 \\ \downarrow\cdot 1 & \\ & \downarrow\cdot 1 \end{matrix} \rightarrow \left(\begin{array}{rrr|r} 1 & 1 & -1 & 4 \\ 0 & -6 & 2 & -13 \\ 0 & 9 & -3 & 20 \end{array}\right) \begin{matrix} \\ \cdot 3 \\ \downarrow\cdot 2 \end{matrix} \rightarrow \left(\begin{array}{rrr|r} 1 & 1 & -1 & 4 \\ 0 & -6 & 2 & -13 \\ 0 & 0 & 0 & 1 \end{array}\right) = B'$$

Wir betrachten zunächst die Zeilenvektoren der Koeffizientenmatrix A:

$$\vec{k}_1=(1;1;-1);\quad \vec{k}_2=(4;-2;-2) \text{ und } \vec{k}_3=(-5;4;2).$$

Mit diesen Vektoren sind die folgenden Umformungen durchgeführt worden:

$$\begin{aligned} \vec{k}_2' &= -4\vec{k}_1+\vec{k}_2;\quad \vec{k}_3'=5\vec{k}_1+\vec{k}_3 \quad \text{und} \\ \vec{k}_3'' &= 3\vec{k}_2'+2\vec{k}_3'=3(-4\vec{k}_1+\vec{k}_2)+2(5\vec{k}_1+\vec{k}_3) \\ &= -12\vec{k}_1+3\vec{k}_2+10\vec{k}_1+2\vec{k}_3 \\ &= (-2)\vec{k}_1+3\vec{k}_2+2\vec{k}_3. \end{aligned}$$

Dass sich dabei der Nullvektor ergibt, bestätigen wir nochmals in der üblichen Spaltenschreibweise:

$$(-2)\begin{pmatrix} 1 \\ 1 \\ -1 \end{pmatrix}+3\begin{pmatrix} 4 \\ -2 \\ -2 \end{pmatrix}+2\begin{pmatrix} -5 \\ 4 \\ 2 \end{pmatrix}=\begin{pmatrix} -2+12-10 \\ -2-\ 6+\ 8 \\ 2-\ 6+\ 4 \end{pmatrix}=\begin{pmatrix} 0 \\ 0 \\ 0 \end{pmatrix}=\vec{0}.$$

Dies bedeutet, dass die drei Zeilenvektoren von A voneinander linear abhängig sind. Da es unter diesen Vektoren aber – wie man sofort sieht – wenigstens **zwei** gibt, die linear **unabhängig** sind, z.B. die Vektoren $\vec{k}_2$ und $\vec{k}_3$, hat die **Koeffizientenmatrix A den Rang 2.**

Von entscheidender Bedeutung für unser Problem ist nun, dass man bei der Ergebnismatrix

$$B'=\left(\begin{array}{rrr|r} 1 & 1 & -1 & 4 \\ 0 & -6 & 2 & -13 \\ 0 & 0 & 0 & 1 \end{array}\right)$$

durch weitere Umformungen **nicht** erreichen kann, dass die Zahl 1 an der letzten Stelle durch eine 0 ersetzt wird, ohne dass in der dritten Zeile an anderen Stellen wieder von 0 verschiedene Zahlen erscheinen. Begründe dies (Aufgabe 2)!

Während sich also durch Umformung der Matrix A in der letzten Zeile der Nullvektor ergibt, können wir dies bei der Matrix B′ nicht erreichen. Daher sind die drei Zahlenvektoren von B′ voneinander linear unabhängig; die Matrix B′ hat den Rang 3.

Offen bleibt aber die Frage, ob man nicht vielleicht durch **andere Umformungen** der Matrix B erreichen kann, dass am Ende eine vollständige Nullzeile erscheint. Der Nachweis dafür, dass dies nicht der Fall ist, würde umfangreiche Überlegungen erfordern, auf die wir hier verzichten wollen. (Das Problem wird in §14,IV auf Seite 248f. gelöst.) Wir teilen daher hier nur mit, dass sich auf keine Weise durch nicht triviale Linearkombinationen der Zeilenvektoren von B der Nullvektor erzeugen lässt.

Bei diesem Beispiel kann man den Rang der Matrix B natürlich leicht dadurch ermitteln, dass man für deren Zeilenvektoren

$$\vec{g}_1=(1;1;-1;4);\quad \vec{g}_2=(4;-2;-2;3) \text{ und } \vec{g}_3=(-5;4;2;0)$$

das zugehörige Gleichungssystem $c_1\vec{g}_1+c_2\vec{g}_2+c_3\vec{g}_3=\vec{0}$ löst.
Es ergibt sich $c_1=c_2=c_3=0$ (Aufgabe 1d). Dies bedeutet, dass die drei Zeilenvektoren $\vec{g}_1, \vec{g}_2, \vec{g}_3$ von B linear unabhängig sind, dass die Matrix B also tatsächlich ebenfalls den Rang 3 hat.
Die Matrizen A und B haben bei diesem Beispiel also verschiedene Ränge. Man kann die Situation auch folgendermaßen beschreiben: Die Abhängigkeit, die bei den Zeilenvektoren der Koeffizientenmatrix A, die sich auf die **linken Seiten** der drei Gleichungen beziehen, vorliegt, wird von den Absolutgliedern der **rechten Seiten** der Gleichungen **nicht** „mitgemacht"; denn es gilt:

$$(-2)\cdot 4+3\cdot 3+2\cdot 0=-8+9+0=1\neq 0$$

und daher $(-2)\vec{g}_1+3\vec{g}_2+2\vec{g}_3\neq\vec{0}$.

Dies ist der tiefere Grund dafür, dass das Gleichungssystem unerfüllbar ist.
Im Gegensatz dazu stimmen beim Beispiel unter 1. die Ränge der beiden Matrizen A und B überein; daher ist dieses Gleichungssystem erfüllbar.

3. Wie die behandelten Beispiele zeigen, kommt es bei der Frage nach der Lösbarkeit eines linearen Gleichungssystems auf die Anzahl der linear unabhängigen Zeilenvektoren der beiden Matrizen A und B an. Wie wir bei den Beispielen bereits gesagt haben, nennt man diese Zahl den **„Rang"** der betreffenden Matrix. Wir definieren:

D 13.1 Unter dem „Rang einer Matrix M" versteht man die Höchstzahl der in M enthaltenen linear unabhängigen Zeilenvektoren.

Wir bezeichnen den Rang einer Matrix M mit „rgM", gelesen „Rang von M" oder kurz „Rang M".

Bemerkung: Wir müssten in Definition D 13.1 genauer vom **„Zeilenrang"** einer Matrix sprechen. Analog ist der Begriff des **„Spaltenrangs"** zu definieren. Wir werden im III. Abschnitt auf den Zusammenhang zwischen Zeilen- und Spaltenrang einer Matrix zu sprechen kommen.

4. Bei den bisherigen Beispielen haben wir den Rang einer Matrix dadurch bestimmt, dass wir die Matrix nach dem Gaußverfahren umgeformt haben. Aus der Anzahl der sich dabei ergebenden Nullzeilen haben wir auf die Anzahl der Zeilenvektoren geschlossen, die von den übrigen linear abhängig sind.
Wir behandeln ein weiteres **Beispiel:**

$$M=\begin{pmatrix} 1 & -2 & -1 & -2 \\ -3 & 6 & 3 & 6 \\ 2 & -4 & -2 & -4 \end{pmatrix} \begin{matrix} |\cdot 3 & |\cdot(-2) \\ \downarrow\cdot 1 & \\ & \downarrow\cdot 1 \end{matrix} \rightarrow \begin{pmatrix} 1 & -2 & -1 & -2 \\ 0 & 0 & 0 & 0 \\ 0 & 0 & 0 & 0 \end{pmatrix}.$$

Es ergeben sich zwei Nullzeilen; nur die erste Zeile enthält von 0 verschiedene Zahlen; daher gilt: $\text{rg}M=1$.

5. Nun kann man bei der Umformung einer Matrix nach dem Gaußverfahren aber in verschiedener Weise vorgehen. Man erhält dann in der Regel auch verschiedene Ergebnisse.

Beispiel:

Wir formen die folgende Matrix in zweifacher Weise um.

1) $$\begin{pmatrix} 1 & 2 & 3 & 1 \\ -2 & 1 & -2 & 2 \\ 2 & 3 & 1 & -2 \end{pmatrix} \begin{matrix} \cdot 2 \;\; \cdot(-2) \\ \downarrow\cdot 1 \quad\quad \\ \quad \downarrow\cdot 1 \end{matrix} \rightarrow \begin{pmatrix} 1 & 2 & 3 & 1 \\ 0 & 5 & 4 & 4 \\ 0 & -1 & -5 & -4 \end{pmatrix} \begin{matrix} \\ \leftarrow \\ \leftarrow \end{matrix} \rightarrow \begin{pmatrix} 1 & 2 & 3 & 1 \\ 0 & -1 & -5 & -4 \\ 0 & 5 & 4 & 4 \end{pmatrix} \begin{matrix} \\ \cdot 5 \\ \downarrow\cdot 1 \end{matrix}$$

$$\rightarrow \begin{pmatrix} 1 & 2 & 3 & 1 \\ 0 & -1 & -5 & -4 \\ 0 & 0 & -21 & -16 \end{pmatrix} \begin{matrix} \\ \cdot(-1) \\ \cdot(-1) \end{matrix} \rightarrow \begin{pmatrix} 1 & 2 & 3 & 1 \\ 0 & 1 & 5 & 4 \\ 0 & 0 & 21 & 16 \end{pmatrix}$$

2) $$\begin{pmatrix} 1 & 2 & 3 & 1 \\ -2 & 1 & -2 & 2 \\ 2 & 3 & 1 & -2 \end{pmatrix} \begin{matrix} \cdot 2 \quad\quad \\ \downarrow\cdot 1 \;\; \cdot 1 \\ \quad \downarrow\cdot 1 \end{matrix} \rightarrow \begin{pmatrix} 1 & 2 & 3 & 1 \\ 0 & 5 & 4 & 4 \\ 0 & 4 & -1 & 0 \end{pmatrix} \begin{matrix} \\ \cdot 4 \\ \downarrow\cdot(-5) \end{matrix} \rightarrow \begin{pmatrix} 1 & 2 & 3 & 1 \\ 0 & 5 & 4 & 4 \\ 0 & 0 & 21 & 16 \end{pmatrix}$$

Es erhebt sich also die Frage, ob sich bei verschiedenen Umformungen einer Matrix nach dem Gaußverfahren stets dieselbe Anzahl linear unabhängiger Vektoren, also derselbe Rang ergibt. Außerdem ist zu klären, ob der Rang einer Matrix bei diesen Umformungen überhaupt erhalten bleibt oder ob er sich bei diesen Umformungen ändern kann.
Auf dieses Problem sind wir schon beim Beispiel unter 2. (Seite 249 f.) aufmerksam geworden; wir haben dort durch unmittelbare Berechnung festgestellt, dass $\text{rg}B = \text{rg}B'$ ist.
Mit anderen Worten: Wir haben zu zeigen, dass die drei Arten von Umformungen, die beim Gaußverfahren angewendet werden, den Rang einer Matrix unverändert lassen, dass es sich – wie man sagt – um **„Rang erhaltende Umformungen“** handelt.
Es ist unmittelbar einsichtig, dass der **Austausch zweier Zeilen** die Maximalzahl der in einer Matrix M enthaltenen linear unabhängigen Zeilenvektoren nicht ändert; denn auf die Reihenfolge dieser Vektoren kommt es beim Problem der Abhängigkeit offensichtlich nicht an.
Für die anderen Umformungen ist der Nachweis dafür, dass sie den Rang der Matrix nicht ändern, nicht so leicht zu erbringen. Wir stellen dieses Problem vorerst zurück, wollen den Sachverhalt trotzdem aber schon festhalten in dem Satz

S 13.1 Die beim Gaußverfahren durchzuführenden Zeilenumformungen lassen den Rang einer Matrix M unverändert.

Der Beweis wird in § 14, IV (Seite 284 f.) geführt.

Übungen und Aufgaben

1. Untersuche, ob die Zeilenvektoren $\vec{g}_1$, $\vec{g}_2$ und $\vec{g}_3$ linear abhängig oder linear unabhängig sind!

a) $\vec{g}_1 = (1;\ -1;\ 3)$, $\vec{g}_2 = (-2;\ 3;\ -1)$, $\vec{g}_3 = (2;\ -1;\ -5)$
b) $\vec{g}_1 = (3;\ -2;\ 1)$, $\vec{g}_2 = (1;\ 3;\ -3)$, $\vec{g}_3 = (2;\ -5;\ 4)$
c) $\vec{g}_1 = (1;\ -1;\ 0;\ 2)$, $\vec{g}_2 = (-1;\ 2;\ 1;\ -1)$, $\vec{g}_3 = (0;\ 2;\ 2;\ 2)$
d) $\vec{g}_1 = (1;\ 1;\ -1;\ 4)$, $\vec{g}_2 = (4;\ -2;\ -2;\ 3)$, $\vec{g}_3 = (-5;\ 4;\ 2;\ 0)$ (vgl. Seite 250)

2. Begründe, warum in der Matrix $B' = \left(\begin{array}{rrr|r} 1 & 1 & -1 & 4 \\ 0 & -6 & 2 & -13 \\ 0 & 0 & 0 & 1 \end{array}\right)$ die Zahl 1 in der dritten Zeile durch weitere Umformungen **nicht** durch eine 0 ersetzt werden kann, **ohne** dass in dieser dritten Zeile an anderer Stelle wieder von 0 verschiedene Zahlen auftreten! (vgl. Seite 249)

3. Forme die folgenden Matrizen nach dem Gaußverfahren auf wenigstens zwei verschiedene Weisen um! Bestätige dadurch die Aussage von Satz S 13.1 und ermittle den Rang der jeweiligen Matrix!

a) $\begin{pmatrix} 1 & 2 & 3 & 1 \\ 3 & 3 & 0 & 4 \\ 4 & 5 & 4 & 2 \end{pmatrix}$ **b)** $\begin{pmatrix} 2 & 6 & -3 & -6 \\ 4 & -3 & 6 & 6 \\ 4 & 3 & 3 & 6 \\ 2 & 2 & 3 & 10 \end{pmatrix}$ **c)** $\begin{pmatrix} 1 & 0 & 0 & 1 \\ 1 & 1 & 0 & 0 \\ 0 & 1 & 1 & 0 \\ 0 & 0 & 1 & 1 \end{pmatrix}$

d) $\begin{pmatrix} 1 & 1 & -1 & 0 \\ 0 & 4 & 1 & 16 \\ 4 & 0 & 1 & 8 \end{pmatrix}$ **e)** $\begin{pmatrix} 1 & 1 & 1 & -2 \\ 1 & 2 & -1 & -6 \\ 2 & 4 & -2 & -12 \end{pmatrix}$ **f)** $\begin{pmatrix} \frac{1}{3} & \frac{2}{3} & -\frac{1}{3} & 2 \\ -2 & -4 & 2 & -12 \\ 1 & 2 & -1 & 6 \end{pmatrix}$

4. Ermittle die Ränge der Koeffizientenmatrix A und der zugehörigen erweiterten Matrix B!

a) $\begin{cases} x+y+z-u=3 \\ -x-y+z+u=0 \\ -x+y-z+u=0 \end{cases}$ **b)** $\begin{cases} x-y=1 \\ y-z=0 \\ z-u=-1 \end{cases}$ **c)** $\begin{cases} x+y=4 \\ u+z=1 \end{cases}$ **d)** $\begin{cases} x+y=1 \\ y+z=1 \\ z-u=2 \end{cases}$

e) $\begin{cases} x-2y+3z-u=-5 \\ 2x+y+2z+4u=-1 \\ -x+2y-z=3 \\ y+4z-u=-3 \end{cases}$ **f)** $\begin{cases} x+2y-z-u=1 \\ -x+y+2z+u=-2 \\ -x+4y+3z+u=0 \\ 2x+y-3z-2u=2 \end{cases}$ **g)** $\begin{cases} x-y+z=2 \\ y-z+u=3 \\ x+y-u=-1 \\ -x-z+u=0 \end{cases}$

h) $\begin{cases} -2x+3y-z-5u=-4 \\ x+2y-3z-u=4 \\ -y+z+u=-3 \end{cases}$ **i)** $\begin{cases} 9x-3y+4z=18 \\ 3x+3y+4z=6 \\ 3x-6y-2z=6 \\ 6x-3y+2z=12 \end{cases}$ **j)** $\begin{cases} 4x-3y+6z=6 \\ 2x+2y+3z=4 \\ 4x+3y+3z=6 \\ 2x+6y-3z=-6 \end{cases}$

II. Lösbarkeitsbedingungen für lineare Gleichungssysteme

1. Wir wenden uns nun der Frage zu, unter welchen Bedingungen ein lineares Gleichungssystem lösbar ist. Offenbar hängt die Beantwortung dieser Frage mit den Rängen der Matrizen A und B zusammen.

Da die erweiterte Matrix B eine Spalte mehr enthält als die Koeffizientenmatrix A, ist von vornherein klar, dass für die Ränge der beiden Matrizen stets gilt:

$$\operatorname{rg} A \leq \operatorname{rg} B.$$

Die weiteren Überlegungen beziehen sich auf die Matrizen A′ und B′, die sich nach vollständiger Durchführung des Gaußverfahrens aus den Matrizen A und B ergeben. Wir setzen dabei die Gültigkeit des – bisher noch nicht bewiesenen – Satzes S 13.1 voraus, nach dem

$$\operatorname{rg} A' = \operatorname{rg} A \quad \text{und} \quad \operatorname{rg} B' = \operatorname{rg} B \quad \text{ist.}$$

2. Wie die behandelten Beispiele zeigen, können die folgenden Fälle auftreten:

1) Ein lineares Gleichungssystem kann **unerfüllbar** sein. Dies ist genau dann der Fall, wenn sich bei den Umformungen eine Zeile der Form

$$0\,0 \ldots 0 \mid a \quad \text{mit } a \neq 0$$

ergibt. Die zu dieser Zeile gehörende Gleichung

$$0 \cdot x_1 + 0 \cdot x_2 + \ldots + 0 \cdot x_n = a$$

ist dann offensichtlich unerfüllbar.
Zu beachten ist, dass sich durch **keine** weitere Umformung erreichen lässt, dass die Zahl a an der letzten Stelle durch eine 0 ersetzt wird, ohne dass an wenigstens einer anderen Stelle dieser Zeile wieder eine von 0 verschiedene Zahl erscheinen würde. Dies wäre nämlich nur möglich, wenn in der betreffenden Matrix eine weitere Zeile der Form

$$0\,0 \ldots 0 \mid b \quad \text{mit } b \neq 0$$

stünde. Dann aber könnte durch Kombination dieser beiden Zeilen eine weitere vollständige Nullzeile erzeugt werden; eine der beiden Zeilen würde erhalten bleiben. Wenn also nach vollständiger Durchführung des Gaußverfahrens die r-te Zeile die Form

$$0\,0 \ldots 0 \mid a \quad \text{mit } a \neq 0$$

hat und darunter höchstens noch vollständige Nullzeilen stehen, so bedeutet dies, dass in den beiden Ergebnismatrizen A′ und B′ die $r-1$ ersten Zeilenvektoren linear unabhängig sind. Die r-te Zeile zeigt, dass in der Matrix

A′ kein	**B′ genau ein**

weiterer von den darüber stehenden linear unabhängiger Zeilenvektor hinzukommt. Dies bedeutet, dass dann

$\operatorname{rg} A' = r - 1$	$\operatorname{rg} B' = r,$

also $\operatorname{rg} A' < \operatorname{rg} B'$ und nach Satz S 13.1 auch $\operatorname{rg} A < \operatorname{rg} B$ ist.

2) Ein lineares Gleichungssystem kann also nur dann **erfüllbar** sein, wenn $\operatorname{rg} A = \operatorname{rg} B$ ist. Dabei kann die Lösungsmenge

a) genau ein Element (ein n-Tupel) enthalten oder

b) mit Hilfe von einem Parameter, zwei, drei, ... Parametern darstellbar sein.

Ist die Lösungsmenge mit Hilfe von k Parametern darstellbar, so sagen wir: Die Lösungsmenge ist **„k-dimensional“.** Bei Gleichungssystemen mit zwei oder mit drei Variablen ist eine eindimensionale Lösungsmenge geometrisch deutbar als Gerade; eine zweidimensionale Lösungsmenge ist geometrisch deutbar als Ebene.

3. Wir fragen, durch welche Bedingungen die verschiedenen Fälle charakterisiert werden können.
Den in §6, II und III behandelten Beispielen kann man entnehmen, dass sich eine **eindeutige** Lösung genau dann ergibt, wenn der Rang der beiden Matrizen A und B mit der Anzahl n der Variablen übereinstimmt, wenn also

$$\operatorname{rg} B = \operatorname{rg} A = n \quad \text{ist.}$$

§ 13 Lineare Gleichungssysteme (III)

I. Der Begriff des Rangs einer Matrix

1. In §7, I haben wir auf Seite 112 u.a. das folgende Gleichungssystem betrachtet:

$$\begin{cases} x+y+z=0 \\ 2y+z=1. \\ 3x-y+z=-2 \end{cases}$$

Die Umformung der erweiterten Matrix B ergab:

$$B=\left(\begin{array}{rrr|r} 1 & 1 & 1 & 0 \\ 0 & 2 & 1 & 1 \\ 3 & -1 & 1 & -2 \end{array}\right)\begin{array}{l}\cdot(-3)\\ \\ \downarrow\cdot 1\end{array} \rightarrow \left(\begin{array}{rrr|r} 1 & 1 & 1 & 0 \\ 0 & 2 & 1 & 1 \\ 0 & -4 & -2 & -2 \end{array}\right)\begin{array}{l} \\ \cdot 2\rightarrow \\ \downarrow\cdot 1\end{array}\left(\begin{array}{rrr|r} 1 & 1 & 1 & 0 \\ 0 & 2 & 1 & 1 \\ 0 & 0 & 0 & 0 \end{array}\right).$$

Für die Art der Lösungsmenge des Gleichungssystems ist die Tatsache kennzeichnend, dass sich bei diesen Umformungen eine vollständige Nullzeile ergibt. Um diesen Sachverhalt genauer zu ergründen, fassen wir die Zahlen jeder der drei Gleichungen als Koordinaten eines Vektors auf. Da diese Zahlen jeweils in einer Zeile der Matrix B stehen, schreiben wir diese Vektoren statt in Spaltenform in **Zeilenform:**

$$\vec{g}_1=(1;1;1;0);\quad \vec{g}_2=(0;2;1;1);\quad \vec{g}_3=(3;-1;1;-2).$$

Bei der Durchführung des Gaußverfahrens haben wir zunächst den Vektor

$$\vec{g}_3{}'=-3\vec{g}_1+\vec{g}_3$$

und dann den Vektor

$$\vec{g}_3{}''=2\vec{g}_2+\vec{g}_3{}'=2\vec{g}_2+(-3\vec{g}_1+\vec{g}_3)=-3\vec{g}_1+2\vec{g}_2+\vec{g}_3$$

gebildet. Dabei hat sich der Nullvektor ergeben:

$$\vec{g}_3{}''=-3\vec{g}_1+2\vec{g}_2+\vec{g}_3=\vec{0}.$$

Wir bestätigen dies nochmals in der üblichen Spaltenschreibweise:

$$-3\vec{g}_1+2\vec{g}_2+\vec{g}_3=-3\begin{pmatrix}1\\1\\1\\0\end{pmatrix}+2\begin{pmatrix}0\\2\\1\\1\end{pmatrix}+\begin{pmatrix}3\\-1\\1\\-2\end{pmatrix}=\begin{pmatrix}-3+0+3\\-3+4-1\\-3+2+1\\0+2-2\end{pmatrix}=\begin{pmatrix}0\\0\\0\\0\end{pmatrix}=\vec{0}.$$

Dies bedeutet, dass die drei Zeilenvektoren $\vec{g}_1$, $\vec{g}_2$, $\vec{g}_3$ voneinander **linear abhängig** sind. Man sagt daher auch: Die drei Gleichungen sind voneinander linear abhängig.
Geometrisch bedeutet dies, dass die zu den drei Gleichungen gehörenden Ebenen sich nicht in einem Punkte, sondern in einer Geraden schneiden.
Während also alle drei Vektoren $\vec{g}_1$, $\vec{g}_2$ und $\vec{g}_3$ voneinander abhängig sind, erkennt man sofort, dass es darunter wenigstens **zwei** Vektoren gibt, die **linear unabhängig** sind, z. B. die Vektoren $\vec{g}_1$ und $\vec{g}_2$; daher sagt man: Die Matrix B hat den **„Rang 2“.**

Nach den in §7, I behandelten Beispielen können wir ferner sagen:

1) Gilt $rgB = rgA = n-1$, also $n - rgA = 1$, so bedeutet dies, dass die Werte **einer** Variablen frei gewählt werden können, die Lösungsmenge also mit Hilfe **eines** Parameters erfasst werden kann; die Lösungsmenge ist dann eindimensional.

<u>**Beispiel:**</u> $\begin{cases} x + y - 2z = -1 \\ 2x - 3y + z = 3 \end{cases}$

$$B = \begin{pmatrix} 1 & 1 & -2 & | & -1 \\ 2 & -3 & 1 & | & 3 \end{pmatrix} \begin{matrix} \cdot(-2) \\ \downarrow \cdot 1 \end{matrix} \rightarrow \begin{pmatrix} 1 & 1 & -2 & | & -1 \\ 0 & -5 & 5 & | & 5 \end{pmatrix} \begin{matrix} \\ |:5 \end{matrix} \rightarrow \begin{pmatrix} 1 & 1 & -2 & | & -1 \\ 0 & -1 & 1 & | & 1 \end{pmatrix}$$

Es ist $rgA = rgB = 2$. Somit gilt: $n - rgA = 3 - 2 = 1$.

Tatsächlich können die Werte **einer** Variablen frei gewählt werden; die Lösungsmenge ist also eindimensional. Wir setzen z.B. $z = t$ und erhalten aus der zweiten Zeile der umgeformten Matrix: $-y + t = 1 \Leftrightarrow y = t - 1$

und aus der ersten Zeile: $x = -1 - y + 2z = -1 - (t-1) + 2t = -1 - t + 1 + 2t = t$.

Es ergibt sich $\begin{Bmatrix} x = & t \\ y = & -1 + t \\ z = & t \end{Bmatrix}$, anders geschrieben $\vec{x} = \begin{pmatrix} x \\ y \\ z \end{pmatrix} = \begin{pmatrix} 0 \\ -1 \\ 0 \end{pmatrix} + t \begin{pmatrix} 1 \\ 1 \\ 1 \end{pmatrix}$.

Dies ist die Gleichung einer Geraden im R_3.

2) Gilt $rgB = rgA = n-2$, also $n - rgA = 2$, so bedeutet dies, dass die Werte **zweier** Variablen frei gewählt werden können, die Lösungsmenge also mit Hilfe von **zwei** Parametern erfasst werden kann; die Lösungsmenge ist dann zweidimensional.

<u>**Beispiel:**</u> $\begin{cases} x - 2y - z = -2 \\ -3x + 6y + 3z = 6 \\ 2x - 4y - 2z = -4 \end{cases}$ Dieses Gleichungssystem haben wir bereits auf Seite 112 behandelt. Es gilt $rgA = rgB = 1$ und somit $n - rgA = 3 - 1 = 2$.

Tatsächlich können die Werte zweier Variablen frei gewählt werden; auf Seite 112 haben wir $x = r$ und $y = s$ gesetzt und eine zweidimensionale Lösungsmenge erhalten.

4. Allgemein können wir sagen: Gilt $rgA = rgB = n - k$, also $k = n - rgA$, so ist die Lösungsmenge k-dimensional. Es gilt der Satz:

S 13.2 Ein lineares Gleichungssystem mit n Variablen, der Koeffizientenmatrix A und der erweiterten Matrix B ist genau dann

1) unerfüllbar, wenn $rgA < rgB$ ist;

2) erfüllbar, wenn $rgA = rgB$ ist.

a) Ist $rgA = rgB = n$, dann hat das Gleichungssystem genau eine Lösung;

b) ist $rgA = rgB < n$ und $k = n - rgA$, dann ist die Lösungsmenge k-dimensional, also mit Hilfe von k Parametern darstellbar.

Bemerkungen:

1) Man nennt die Zahl $k = n - rgA$ auch den **„Rangabfall der Matrix A“.**

2) Wir haben die Gültigkeit von Satz S 13.2 an Hand der vorher behandelten Beispiele begründet. In einem allgemeinen Beweis hätten wir zunächst zu zeigen, dass eine Matrix sich durch Rang erhaltende Umformungen stets auf Dreiecksform bringen lässt. Wir kommen auf dieses Problem im III. Abschnitt (Seite 262ff.) zurück.

5. Wir behandeln zunächst einige weitere **Beispiele**, darunter u.a. solche, bei denen $m>n$, die Anzahl der Gleichungen also größer als die Anzahl der Variablen ist.

1)

$$\left\{\begin{array}{rl} x_1-2x_2+3x_3+x_4= & 2\\ -2x_1+x_2-x_3-3x_4= & -1\\ 3x_1+x_2-2x_3-x_4= & 3\\ 3x_1-2x_2+3x_3-2x_4= & 6\end{array}\right. \qquad B=\left(\begin{array}{rrrr|r} 1 & -2 & 3 & 1 & 2\\ -2 & 1 & -1 & -3 & -1\\ 3 & 1 & -2 & -1 & 3\\ 3 & -2 & 3 & -2 & 6\end{array}\right)\begin{array}{l}|\cdot 2\\ \downarrow\cdot 1\\ \\ \\ \end{array}\begin{array}{l}|\cdot(-3)\\ \\ \downarrow\cdot 1\\ \\ \end{array}\begin{array}{l}|\cdot(-3)\\ \\ \\ \downarrow\cdot 1\end{array}$$

$$\to\left(\begin{array}{rrrr|r} 1 & -2 & 3 & 1 & 2\\ 0 & -3 & 5 & -1 & 3\\ 0 & 7 & -11 & -4 & -3\\ 0 & 4 & -6 & -5 & 0\end{array}\right)\begin{array}{l}\\ |\cdot 7\\ \downarrow\cdot 3\\ \\ \end{array}\begin{array}{l}\\ |\cdot 4\\ \\ \downarrow\cdot 3\end{array}\to\left(\begin{array}{rrrr|r} 1 & -2 & 3 & 1 & 2\\ 0 & -3 & 5 & -1 & 3\\ 0 & 0 & 2 & -19 & 12\\ 0 & 0 & 2 & -19 & 12\end{array}\right)\begin{array}{l}\\ \\ |\cdot(-1)\\ \downarrow\cdot 1\end{array}\to\left(\begin{array}{rrrr|r} 1 & -2 & 3 & 1 & 2\\ 0 & -3 & 5 & -1 & 3\\ 0 & 0 & 2 & -19 & 12\\ 0 & 0 & 0 & 0 & 0\end{array}\right)$$

Es gilt also: $\operatorname{rg}A=\operatorname{rg}B=3$ und $n-\operatorname{rg}A=4-3=1$. Also können wir die Zahlen für eine Variable frei wählen. Wir setzen z.B. $x_4=t$. Dann ergibt sich:

für x_3: $\quad 2x_3-19t=12 \Leftrightarrow x_3=6+\frac{19}{2}t$;

für x_2: $\quad -3x_2+5\left(6+\frac{19}{2}t\right)-t=3 \Leftrightarrow -3x_2+30+\frac{95}{2}t-t=3$

$\Leftrightarrow -3x_2=-27-\frac{93}{2}t \Leftrightarrow x_2=9+\frac{31}{2}t$;

für x_1: $\quad x_1-2\left(9+\frac{31}{2}t\right)+3\left(6+\frac{19}{2}t\right)+t=2 \Leftrightarrow x_1-18-31t+18+\frac{57}{2}t+t=2$

$\Leftrightarrow x_1=30t-\frac{57}{2}t+2 \Leftrightarrow x_1=2+\frac{3}{2}t.$

Wir erhalten: $\left\{\begin{array}{l} x_1=2+\frac{3}{2}t\\ x_2=9+\frac{31}{2}t\\ x_3=6+\frac{19}{2}t\\ x_4=t\end{array}\right\}$, also $\vec{x}=\begin{pmatrix}x_1\\x_2\\x_3\\x_4\end{pmatrix}=\begin{pmatrix}2\\9\\6\\0\end{pmatrix}+\frac{t}{2}\begin{pmatrix}3\\31\\19\\2\end{pmatrix}$.

Eine geometrische Interpretation im R_2 oder im R_3 ist in diesem Falle allerdings nicht möglich.

2)

$$\left\{\begin{array}{rl} 3x+2y= & -1\\ 4x+y= & -2\\ 6x+4y= & 3\end{array}\right. \quad B=\left(\begin{array}{rr|r} 3 & 2 & -1\\ 4 & 1 & -2\\ 6 & 4 & 3\end{array}\right)\begin{array}{l}|\cdot 4\\ \downarrow\cdot(-3)\\ \\ \end{array}\begin{array}{l}|\cdot(-2)\\ \\ \downarrow\cdot 1\end{array}\to\left(\begin{array}{rr|r} 3 & 2 & -1\\ 0 & 5 & 2\\ 0 & 0 & 5\end{array}\right)$$

Es ist $\operatorname{rg}A=2$ und $\operatorname{rg}B=3$. Das Gleichungssystem ist also unerfüllbar. Stelle die Gleichungen im Koordinatensystem dar und bestätige das Ergebnis geometrisch (Aufgabe 1a)!

3)

$$\left\{\begin{array}{l} x-3y=4\\ 2x+y=1\\ 4x-5y=9\end{array}\right. \quad B=\left(\begin{array}{rr|r} 1 & -3 & 4\\ 2 & 1 & 1\\ 4 & -5 & 9\end{array}\right)\begin{array}{l}|\cdot(-2)\\ \downarrow\cdot 1\\ \\ \end{array}\begin{array}{l}|\cdot(-4)\\ \\ \downarrow\cdot 1\end{array}\to\left(\begin{array}{rr|r} 1 & -3 & 4\\ 0 & 7 & -7\\ 0 & 7 & -7\end{array}\right)\begin{array}{l}\\ |:7\\ |:7\end{array}$$

$$\to\left(\begin{array}{rr|r} 1 & -3 & 4\\ 0 & 1 & -1\\ 0 & 1 & -1\end{array}\right)\begin{array}{l}\\ |\cdot(-1)\\ \downarrow\cdot 1\end{array}\to\left(\begin{array}{rrr} 1 & -3 & 4\\ 0 & 1 & -1\\ 0 & 0 & 0\end{array}\right)$$

Es ist also $\operatorname{rg}A=\operatorname{rg}B=2$. Das System ist also eindeutig lösbar. Es gilt: $y=-1$ und $x=4+3y=4-3=1$. Das Lösungspaar ist also $(1|-1)$.
Stelle die Gleichungen im Koordinatensystem dar und bestätige das Ergebnis geometrisch (Aufgabe 1b)!

4)

$$\left\{\begin{array}{rl} x-2y= & 3\\ -2x+4y= & -6\\ -x+2y= & -3\end{array}\right. \quad B=\left(\begin{array}{rr|r} 1 & -2 & 3\\ -2 & 4 & -6\\ -1 & 2 & -3\end{array}\right)\begin{array}{l}|\cdot 2\\ \downarrow\cdot 1\\ \\ \end{array}\begin{array}{l}|\cdot 1\\ \\ \downarrow\cdot 1\end{array}\to\left(\begin{array}{rr|r} 1 & -2 & 3\\ 0 & 0 & 0\\ 0 & 0 & 0\end{array}\right)$$

Es gilt also: $\text{rg}A=\text{rg}B=1$. Ferner gilt: $n-\text{rg}A=2-1=1$. Setzen wir z.B. $y=t$, so ergibt sich: $x=3+2t$. Die vektorielle Darstellung der Lösung lautet:

$$\vec{x}=\begin{pmatrix}3\\0\end{pmatrix}+t\begin{pmatrix}2\\1\end{pmatrix};\quad \text{dies ist eine Geradengleichung in Parameterform.}$$

Stelle die Gleichungen des Systems im Koordinatensystem dar und bestätige das Ergebnis geometrisch (Aufgabe 1c)!

5)
$$\begin{cases} x-2y+z=-1\\ -2x+y+2z=-5\\ 3x-y+2z=3\\ x-3y+8z=-9\end{cases}$$

$$B=\left(\begin{array}{rrr|r} 1 & -2 & 1 & -1\\ -2 & 1 & 2 & -5\\ 3 & -1 & 2 & 3\\ 1 & -3 & 8 & -9\end{array}\right)\begin{matrix}\cdot 2 & \cdot(-3) & \cdot(-1)\\ \downarrow\cdot 1 & & \\ & \downarrow\cdot 1 & \\ & & \downarrow\cdot 1\end{matrix}\rightarrow\left(\begin{array}{rrr|r} 1 & -2 & 1 & -1\\ 0 & -3 & 4 & -7\\ 0 & 5 & -1 & 6\\ 0 & -1 & 7 & -8\end{array}\right)\begin{matrix}\\ \leftarrow\\ \\ \leftarrow\end{matrix}$$

$$\left(\begin{array}{rrr|r} 1 & -2 & 1 & -1\\ 0 & -1 & 7 & -8\\ 0 & 5 & -1 & 6\\ 0 & -3 & 4 & -7\end{array}\right)\begin{matrix}\\ \cdot 5 & \cdot(-3)\\ \downarrow\cdot 1 & \\ & \downarrow\cdot 1\end{matrix}\rightarrow\left(\begin{array}{rrr|r} 1 & -2 & 1 & -1\\ 0 & -1 & 7 & -8\\ 0 & 0 & 34 & -34\\ 0 & 0 & -17 & 17\end{array}\right)\begin{matrix}\\ \cdot(-1)\\ :34\\ :17\end{matrix}$$

$$\rightarrow\left(\begin{array}{rrr|r} 1 & -2 & 1 & -1\\ 0 & 1 & -7 & 8\\ 0 & 0 & 1 & -1\\ 0 & 0 & -1 & 1\end{array}\right)\begin{matrix} & & \uparrow\cdot 1\\ & \uparrow\cdot 1 & \\ \cdot 1 & \cdot 7 & \cdot(-1)\\ \downarrow\cdot 1 & & \end{matrix}\rightarrow\left(\begin{array}{rrr|r} 1 & -2 & 0 & 0\\ 0 & 1 & 0 & 1\\ 0 & 0 & 1 & -1\\ 0 & 0 & 0 & 0\end{array}\right)\begin{matrix}\uparrow\cdot 1\\ \cdot 2\\ \\ \\ \end{matrix}\rightarrow\left(\begin{array}{rrr|r} 1 & 0 & 0 & 2\\ 0 & 1 & 0 & 1\\ 0 & 0 & 1 & -1\\ 0 & 0 & 0 & 0\end{array}\right)$$

Es ist also $\text{rg}A=\text{rg}B=3=n$. Daher ist das System eindeutig lösbar. Es gilt: $x=2$, $y=1$ und $z=-1$. Das Lösungstripel ist $(2|1|-1)$.

6)
$$\begin{cases} x-2y+z=-1\\ -2x+3y-2z=0\\ 3x-y+2z=3\\ x-3y+z=5\end{cases}\qquad B=\left(\begin{array}{rrr|r} 1 & -2 & 1 & -1\\ -2 & 3 & -2 & 0\\ 3 & -1 & 2 & 3\\ 1 & -3 & 1 & 5\end{array}\right)\begin{matrix}\cdot 2 & \cdot(-3) & \cdot(-1)\\ \downarrow\cdot 1 & & \\ & \downarrow\cdot 1 & \\ & & \downarrow\cdot 1\end{matrix}$$

$$\rightarrow\left(\begin{array}{rrr|r} 1 & -2 & 1 & -1\\ 0 & -1 & 0 & -2\\ 0 & 5 & -1 & 6\\ 0 & -1 & 0 & 6\end{array}\right)\begin{matrix}\\ \cdot 5 & \cdot(-1)\\ \downarrow\cdot 1 & \\ & \downarrow\cdot 1\end{matrix}\rightarrow\left(\begin{array}{rrr|r} 1 & -2 & 1 & -1\\ 0 & -1 & 0 & -2\\ 0 & 0 & -1 & -4\\ 0 & 0 & 0 & 8\end{array}\right)$$

Es gilt also: $\text{rg}A=3$ und $\text{rg}B=4$. Daher ist das Gleichungssystem unerfüllbar.

Übungen und Aufgaben

1. Stelle die Gleichungen graphisch dar und bestätige dadurch die Lösung des Gleichungssystems geometrisch!

a) (vgl. Seite 255)
$$\begin{cases}3x+2y=-1\\ 4x+y=-2\\ 6x+4y=3\end{cases}$$

b) (vgl. Seite 255)
$$\begin{cases}x-3y=4\\ 2x+y=1\\ 4x-5y=9\end{cases}$$

c) (vgl. Seite 255)
$$\begin{cases}x-2y=3\\ -2x+4y=-6\\ -x+2y=-3\end{cases}$$

d)
$$\begin{cases}x-y=4\\ 2x+y=2\\ x-2y=6\end{cases}$$

2. Ermittle zum folgenden Gleichungssystem jeweils rgA und rgB und stelle fest, ob das System lösbar ist oder nicht! Bestimme die Lösungsmenge und deute sie geometrisch!

a) $\begin{cases} 3x-2y+3z=4 \\ x-y+4z=1 \\ 5x-3y+2z=3 \end{cases}$ **b)** $\begin{cases} x-y+2z=-6 \\ 2x+3z=-8 \\ 2x-2y+4z=-2 \end{cases}$ **c)** $\begin{cases} x+4y+3z=2 \\ x+y+z=2 \\ 3x+3y+z=0 \end{cases}$

d) $\begin{cases} 6x+3y-3z=-3 \\ -2x-y+z=1 \\ 4x+2y-2z=-2 \end{cases}$ **e)** $\begin{cases} 2x-2y+4z=6 \\ x-y+2z=6 \\ x+y+z=-2 \end{cases}$ **f)** $\begin{cases} 3x+y-z=2 \\ 2x+2y-z=1 \\ 8x+4y-3z=5 \end{cases}$

3. Untersuche das Gleichungssystem auf Lösbarkeit! Ermittle die Lösungsmenge!

a) $\begin{cases} x+y+z=-3 \\ y+z+u=1 \\ z+u+v=3 \end{cases}$ **b)** $\begin{cases} x-y+4z=-1 \\ 2y+2u-5v+w=4 \\ x-2y+z+2v=-3 \\ x+y+8z+u-4v=3 \end{cases}$

c) $\begin{cases} 3x+2y+2z=4 \\ 3x-5y+2z=2 \\ 3x+3y+4z=6 \\ 3x-6y-2z=6 \end{cases}$ **d)** $\begin{cases} x-5y-3z-2u-v=-11 \\ 3x+2y+z+5v=1 \\ 2x+3y-z-u+4v=-2 \end{cases}$

4. Bestimme die Lösungen der Gleichungssysteme in §13, I, Aufgabe 4 (Seite 252)!

5. Ermittle alle ganzen rationalen Funktionen 3. Grades, auf deren Graphen die Punkte $P(-1|6)$, $Q(0|3)$ und $R(1|4)$ liegen!

6. Eine ganze rationale Funktion 4. Grades habe die Nullstelle 0; außerdem liegen $P(1|1)$ und $Q(-1|-1)$ auf dem Graphen. Ermittle die Schar dieser Funktionen!

7. Werden chromgelbe Farbpigmente mit blauen gemischt, so entstehen brillante Grüntöne. Ein bestimmtes sattes Grün enthält 90 Anteile Chromgelb und 10 Anteile Blau. Um diese Farbe herzustellen, stehen drei andere Farben mit unterschiedlichen Anteilen (vgl. Tabelle!) zur Verfügung. Ermittle alle Möglichkeiten für eine Mischung aus I, II und III!

Anteile \ Sorten	I	II	III
Chromgelb	80	95	100
Blau	20	5	0

8. Der neu aufgeschwemmte Humusboden in einer rekultivierten Braunkohlengrube soll durch einen Mineraldünger verbessert werden. Auf Grund der Bodenanalysen soll ein NPK-Dünger gestreut werden mit 12 Anteilen Stickstoff (N), 15 Anteilen Phosphaten (P) und 18 Anteilen Kali (K). Gemischt werden kann er aus vier handelsüblichen NPK-Düngern. Ermittle alle Möglichkeiten!

Anteile \ Sorten	I	II	III	IV
N	10	15	15	10
P	30	10	15	15
K	0	20	15	20

9. Ein bestimmter Orange-Ton enthält 60 Anteile Chromgelb und 40 Anteile Rot. Ermittle alle Möglichkeiten, wie er aus vier anderen Farbtönen der gleichen Serie gemischt werden kann!

Anteile \ Sorten	I	II	III	IV
Chromgelb	30	80	50	90
Molybdatrot	70	20	50	10

10. Als Geschenksortimente bietet ein Weingut von der Mosel Kisten mit je 10 Flaschen Wein an. Beteiligt sind daran vier Sorten unterschiedlicher Qualität und Preislage. Kannst du aus den jeweiligen Gesamtkosten der einzelnen Sortimente die Flaschenpreise der beteiligten Weinsorten ermitteln?

Preis \ Sorten	I	II	III	IV
57 DM	5	3	2	0
64 DM	4	2	2	2
76 DM	0	2	4	4

11. Gegeben sind die linearen Gleichungssysteme:

$$S_1: \begin{cases} x+y +2u=0 \\ 2x+y+z+3u=0 \\ -y+2z+u=0 \\ x +z+u=0 \end{cases} \quad \text{und} \quad S_2: \begin{cases} x+y +2u=-k+2 \\ 2x+y+z+3u=2k \\ -y+2z+u=0 \\ x +z+u=k^2 \end{cases}$$

a) Ermittle die Lösungsmenge L_1 des Systems S_1! Welche Dimension hat sie?

b) Bestimme die Lösungsmenge L_3 für das nur aus den beiden ersten Gleichungen von S_1 bestehende Gleichungssystem S_3! Welche Dimension hat L_3?

c) Untersuche, für welche Werte von $k \in \mathbb{R}$ das inhomogene Gleichungssystem S_2 lösbar ist! Ermittle für diese Werte von k den Lösungsvektor!

12. Ermittle alle Werte von $k \in R^{+0}$, für welche die folgenden vier Vektoren $\vec{a}$, $\vec{b}$, $\vec{c}$ und $\vec{d}$ linear abhängig sind!
Bestimme ferner alle k, für die $\vec{a}$, $\vec{b}$ und $\vec{c}$ linear unabhängig sind!

$$\vec{a}=\begin{pmatrix}1\\1\\-k\\1\end{pmatrix},\quad \vec{b}=\begin{pmatrix}k\\1\\3\\0\end{pmatrix},\quad \vec{c}=\begin{pmatrix}-3\\0\\-2k\\k\end{pmatrix},\quad \vec{d}=\begin{pmatrix}0\\1\\2k\\1\end{pmatrix}$$

13. Gegeben ist das lineare Gleichungssystem

$$\vec{a}x+\vec{b}y+\vec{c}z=\vec{d} \text{ mit } \vec{a}=\begin{pmatrix}12\\7\\2k\end{pmatrix},\ \vec{b}=\begin{pmatrix}3\\1\\-2\end{pmatrix},\ \vec{c}=\begin{pmatrix}3k\\1\\6\end{pmatrix},\ \vec{d}=\begin{pmatrix}3k-9\\0\\16\end{pmatrix} \text{ und } k\in\mathbb{R}.$$

a) Für welche Werte von $k \in \mathbb{R}$ hat das Gleichungssystem genau eine Lösung?

b) Stelle den Lösungsvektor in Abhängigkeit von k dar! Für welches k wird $x=\frac{1}{3}$? Berechne für dieses k auch y und z!

c) Untersuche, für welche k das Gleichungssystem unlösbar ist!
Zeige, dass sich für dieses k der Vektor $\vec{a}$ aus den beiden Vektoren $\vec{b}$ und $\vec{c}$ linear erzeugen lässt!

d) Bestimme k so, dass das Gleichungssystem unendlich viele Lösungen hat! Stelle diese Lösungsmenge dar und deute sie geometrisch!

14. Gegeben sei eine Schar von Ebenen $\varepsilon(k)$ mit $k \in \mathbb{R}$ durch $x-2y+kz=0$.

a) Zeige, dass alle Ebenen $\varepsilon(k)$ eine Gerade g gemeinsam haben! Ermittle eine Parametergleichung von g!

b) Zu jeder Ebene $\varepsilon(k)$ der Schar gibt es eine zu ihr parallele Ebene $\varepsilon^*(k)$, die durch den Punkt $P(-1|1|-1)$ geht. Ermittle eine Normalengleichung von $\varepsilon^*(k)$! Für welches $k \in \mathbb{R}$ fällt $\varepsilon(k)$ mit $\varepsilon^*(k)$ zusammen?

c) Untersuche, ob es zu jeder Ebene $\varepsilon(k)$ eine auf ihr senkrechte Ebene $\varepsilon^*(k')$ mit $k' \in \mathbb{R}$ gibt! Ermittle k' für $k=1$, bestimme die zugehörigen Ebenengleichungen und ermittle für diese Ebenen die Spurgeraden in den drei Koordinatenebenen!

d) Gegeben ist das lineare Gleichungssystem mit $k \in \mathbb{R}$. Ermittle die Lösungsmenge $L(k)$!

$$\begin{cases} x-2y+kz & =0 \\ x-2y+(k-1)z & =0 \\ x-2y-2kz & =(k-3)(k+1) \end{cases}$$

e) Untersuche, wie sich die Lösungsmenge aus dem Ergebnis von a) durch geometrische Überlegungen bestätigen lässt!

III. Der Zeilen- und der Spaltenrang einer Matrix

1. Wie wir bereits im §7, III erörtert haben, führt die Untersuchung von n Vektoren auf lineare Abhängigkeit oder Unabhängigkeit auf ein **homogenes Gleichungssystem,** also auf ein System, bei dem für alle Absolutglieder auf der rechten Seite gilt: $r_k=0$ $(k=1, 2, \ldots, m)$. Wir haben in §7, III (Seite 120) bereits festgestellt, dass jedes solche System erfüllbar ist, weil es auf jeden Fall die triviale Lösung

$$x_1=x_2=\ldots=x_n=0$$

besitzt. Durch Anwendung von Satz S 13.2 auf diesen Sonderfall ergibt sich der Satz

S 13.3 Ein homogenes lineares Gleichungssystem mit n Variablen hat
1) nur die triviale Lösung genau dann, wenn $\mathrm{rg}A=n$ ist;
2) eine k-dimensionale Lösungsmenge genau dann, wenn $\mathrm{rg}A<n$ und $k=n-\mathrm{rg}A$ ist.

Begründe den Satz im Einzelnen (Aufgabe 2b)!

2. Als **Beispiel** untersuchen wir drei Vektoren

$$\vec{a}_1=\begin{pmatrix}1\\-2\\3\end{pmatrix};\quad \vec{a}_2=\begin{pmatrix}2\\1\\-1\end{pmatrix}\quad\text{und}\quad \vec{a}_3=\begin{pmatrix}1\\3\\1\end{pmatrix}$$

auf lineare Abhängigkeit bzw. Unabhängigkeit. Wir formen die zugehörige Koeffizientenmatrix A um:

$$A=\begin{pmatrix}1&2&1\\-2&1&3\\3&-1&1\end{pmatrix}\begin{matrix}\downarrow\cdot 2 \;\; \cdot(-3)\\ \cdot 1 \\ \qquad\downarrow\cdot 1\end{matrix}\rightarrow\begin{pmatrix}1&2&1\\0&5&5\\0&-7&-2\end{pmatrix}|:5\rightarrow\begin{pmatrix}1&2&1\\0&1&1\\0&-7&-2\end{pmatrix}\begin{matrix}\\ \downarrow\cdot 7\\ \cdot 1\end{matrix}\rightarrow\begin{pmatrix}1&2&1\\0&1&1\\0&0&5\end{pmatrix}.$$

Man erkennt, dass $\mathrm{rg}A=3$ ist. Das zugehörige Gleichungssystem hat nur die triviale Lösung: $c_1=c_2=c_3=0$. Daher sind die drei Vektoren linear unabhängig.

3. Wir können dem Ergebnis der Rechnung des vorigen Beispiels noch eine neue Erkenntnis entnehmen. Das gestellte Problem war, die drei **Spaltenvektoren** $\vec{a}_1$, $\vec{a}_2$, $\vec{a}_3$ auf lineare Abhängigkeit zu untersuchen. Zu diesem Zwecke haben wir die zugehörige Koeffizientenmatrix A gebildet und durch **Zeilenumformungen** den Rang dieser Matrix bestimmt. In Definition D 13.1 haben wir als Rang einer Matrix aber die Höchstzahl der in der Matrix vorkommenden **Zeilenvektoren** definiert. Man müsste genauer von **„Zeilenrang"** der Matrix sprechen und diesen z. B. mit „$\mathrm{rg}_Z A$" bezeichnen. Beim letzten Beispiel gilt: $\mathrm{rg}_Z A = 3$.
Dieses Ergebnis gestattet eine doppelte Interpretation: Einerseits ergeben die Umformungen, dass die **Zeilenvektoren** $\vec{g}_1 = (1; 2; 1)$; $\vec{g}_2 = (-2; 1; 3)$ und $\vec{g}_3 = (3; -1; 1)$ linear unabhängig sind; andererseits haben wir aus der Tatsache der eindeutigen Lösbarkeit des homogenen Gleichungssystems geschlossen, dass die drei **Spaltenvektoren** $\vec{a}_1$, $\vec{a}_2$ und $\vec{a}_3$ ebenfalls linear unabhängig sind, dass also – anders ausgedrückt – der **Spaltenrang** der Matrix A ebenfalls den Wert 3 hat: $\mathrm{rg}_{Sp} A = 3$.
Dazu definieren wir entsprechend zu D 13.1:

D 13.2 Unter dem „Spaltenrang einer Matrix M" versteht man die Höchstzahl der in M enthaltenen linear unabhängigen Spaltenvektoren.

Wir bezeichnen den Spaltenrang einer Matrix mit „$\mathrm{rg}_{Sp} M$", den Zeilenrang mit „$\mathrm{rg}_Z M$".

4. Im letzten Beispiel haben wir gesehen, dass der Zeilenrang und der Spaltenrang der betreffenden Matrix den gleichen Wert haben; es gilt bei diesem Beispiel:

$$\mathrm{rg}_Z A = \mathrm{rg}_{Sp} A = 3.$$

Wir behandeln ein weiteres **Beispiel:**

$$\vec{a}_1 = \begin{pmatrix} 1 \\ -1 \\ -2 \end{pmatrix}; \quad \vec{a}_2 = \begin{pmatrix} -2 \\ 3 \\ 1 \end{pmatrix}; \quad \vec{a}_3 = \begin{pmatrix} -1 \\ 3 \\ -4 \end{pmatrix}$$

$$A = \begin{pmatrix} 1 & -2 & -1 \\ -1 & 3 & 3 \\ -2 & 1 & -4 \end{pmatrix} \begin{matrix} |\cdot 1 & |\cdot 2 \\ \downarrow\cdot 1 & | \\ & \downarrow\cdot 1 \end{matrix} \rightarrow \begin{pmatrix} 1 & -2 & -1 \\ 0 & 1 & 2 \\ 0 & -3 & -6 \end{pmatrix} \begin{matrix} \\ |\cdot 3 \\ \downarrow\cdot 1 \end{matrix} \rightarrow \begin{pmatrix} 1 & -2 & -1 \\ 0 & 1 & 2 \\ 0 & 0 & 0 \end{pmatrix}$$

Es gilt $\mathrm{rg}_Z A = 2$. Das fragliche Gleichungssystem hat also eine nicht triviale Lösung; d. h., die drei Vektoren $\vec{a}_1$, $\vec{a}_2$, $\vec{a}_3$ sind linear abhängig.
Andererseits erkennt man sofort, dass es wenigstens zwei linear unabhängige Spaltenvektoren gibt, z. B. $\vec{a}_1$ und $\vec{a}_2$; daher gilt: $\mathrm{rg}_{Sp} A = 2$, also auch bei diesem Beispiel

$$\mathrm{rg}_Z A = \mathrm{rg}_{Sp} A.$$

5. Man kann vermuten, dass es sich um einen allgemeinen, also für **alle** Matrizen geltenden Sachverhalt handelt. Dies wollen wir im Folgenden mit Hilfe der Rang erhaltenden Umformungen des Gaußverfahrens beweisen.
Außer den oben besprochenen Zeilenumformungen wollen wir hierbei als weitere Umformungsart das **Vertauschen zweier Spalten** zulassen. Wir haben also zu zeigen, dass eine solche Umformung den **Zeilenrang** einer Matrix nicht ändert.

Um die Schreibweise zu vereinfachen, vertauschen wir in der gegebenen Matrix M zunächst sämtliche Zeilen mit den entsprechenden Spalten, gehen also zur sogenannten **„transponierten Matrix"** M^T über.

Beispiel:

$$\text{Für } M=\begin{pmatrix} 2 & -1 & 3 & 5 \\ -1 & 4 & -7 & -2 \\ 3 & 5 & 2 & -3 \end{pmatrix} \text{ ist } M^T=\begin{pmatrix} 2 & -1 & 3 \\ -1 & 4 & 5 \\ 3 & -7 & 2 \\ 5 & -2 & -3 \end{pmatrix}.$$

Hat M also m Zeilen und n Spalten, so hat M^T n Zeilen und m Spalten; außerdem gilt: $(M^T)^T=M$.
Dann haben wir zu zeigen, dass in jeder Matrix M^T ein **Vertauschen zweier Zeilen den Spaltenrang** nicht ändert.

Es seien $\vec{g}_1, \vec{g}_2, \ldots, \vec{g}_m$ die Zeilenvektoren von M, also die Spaltenvektoren von M^T. Wir greifen aus diesen Vektoren eine **beliebige Auswahl** heraus, z.B. die ersten k Vektoren. Dann gehört zum Problem der linearen Abhängigkeit oder Unabhängigkeit dieser Vektoren das Gleichungssystem

$$c_1\vec{g}_1+c_2\vec{g}_2+\ldots+c_k\vec{g}_k=\vec{0},$$

ausführlich geschrieben:

$$\begin{cases} c_1 g_{11}+c_2 g_{21}+\ldots+c_k g_{k1}=0 \\ c_1 g_{12}+c_2 g_{22}+\ldots+c_k g_{k2}=0 \\ \text{-----------------------} \\ c_1 g_{1n}+c_2 g_{2n}+\ldots+c_k g_{kn}=0. \end{cases}$$

Vertauscht man nun in M^T zwei Zeilen, so bedeutet dies das Vertauschen der entsprechenden Gleichungen in diesem Gleichungssystem. Dies hat offensichtlich keinen Einfluss auf die Lösungen des Systems, also auch nicht darauf, ob diese Vektoren $\vec{g}_1, \vec{g}_2, \ldots, \vec{g}_k$ linear abhängig oder linear unabhängig sind.
Die gleiche Überlegung kann man bei **jeder beliebigen Auswahl** von Zeilenvektoren von M^T anstellen. In keinem Fall ändert sich durch die Vertauschung etwas an der Abhängigkeit oder Unabhängigkeit dieser Vektoren. Dies bedeutet, dass eine **Vertauschung zweier Zeilen von M^T den Spaltenrang von M^T** und somit eine **Vertauschung zweier Spalten von M den Zeilenrang von M nicht beeinflusst.**

Es gilt also der Satz

S13.4 **1) Das Vertauschen zweier Spalten einer Matrix M lässt den Zeilenrang von M unverändert.**
2) Das Vertauschen zweier Zeilen einer Matrix M lässt den Spaltenrang von M unverändert.

Bemerkung: Da offensichtlich das Vertauschen zweier Zeilen den Zeilenrang und das Vertauschen zweier Spalten den Spaltenrang nicht beeinflusst, kann man zusammenfassend sagen:

Das Vertauschen zweier Zeilen und das Vertauschen zweier Spalten einer Matrix M lassen den Zeilen- und den Spaltenrang von M unverändert.

6. Wir wollen nun zeigen, dass bei jeder Matrix M der Zeilenrang $rg_Z M$ und der Spaltenrang $rg_{Sp} M$ übereinstimmen.
Gegeben sei eine Matrix M mit m Zeilen und n Spalten:

$$M = \begin{pmatrix} a_{11} & a_{12} & \cdots & a_{1n} \\ a_{21} & a_{22} & \cdots & a_{2n} \\ \vdots & \vdots & \ddots & \vdots \\ a_{m1} & a_{m2} & \cdots & a_{mn} \end{pmatrix}.$$

Wir formen die Matrix nach dem Gaußverfahren um; wir wollen erreichen, dass in der Hauptdiagonale, also an den Stellen, die durch die Indexpaare (1|1), (2|2), (3|3) usw. gekennzeichnet sind – soweit es möglich ist –, jeweils die Zahl 1 und **darüber und darunter** jeweils die Zahl 0 steht. Wir wenden also das **erweiterte Gaußverfahren** an, bei dem jeweils auch die weiter oben stehenden Zeilen so umgeformt werden, dass auch **über** dem betreffenden Hauptdiagonalglied am Ende jeweils nur die Zahl 0 steht.

Wenn für **alle** Elemente der Matrix gilt: $a_{ik}=0$, so gilt $rg_Z M = rg_{Sp} M = 0$. Wir setzen also für das Folgende voraus, dass für wenigstens ein Element gilt: $a_{ik} \neq 0$.

1. Schritt: Falls $a_{11}=0$ ist, bringen wir durch Vertauschen der i-ten mit der ersten Zeile und der k-ten mit der ersten Spalte das von 0 verschiedene Element a_{ik} an die Stelle (1|1); dann dividieren wir die erste Zeile durch die Zahl a_{ik}; damit erhalten wir in der neuen Matrix das Element $b_{11}=1$.
Mit Hilfe dieses Elementes können wir durch entsprechende Zeilenkombinationen alle unter b_{11} stehenden Elemente der ersten Spalte zu 0 machen. Die Matrix hat dann die Form

$$\left(\begin{array}{c|ccc} 1 & b_{12} & \cdots & b_{1n} \\ \hline 0 & b_{22} & \cdots & b_{2n} \\ \vdots & \vdots & \ddots & \vdots \\ 0 & b_{m2} & \cdots & b_{mn} \end{array}\right).$$

Wenn ab der zweiten Zeile alle Elemente dieser Matrix 0 sind, dann gilt $rg_Z M = rg_{Sp} M = 1$. Begründe dies (Aufgabe 3a)!

2. Schritt: Gilt für wenigstens ein Element b_{ik} mit $i \geq 2$: $b_{ik} \neq 0$, so bringen wir es – falls nötig – durch Vertauschen der entsprechenden Zeilen und Spalten an die Stelle (2|2) und dividieren die zweite Zeile durch b_{ik}. Dann gilt in der neuen Matrix: $c_{22}=1$. Mit Hilfe dieser Zahl können wir durch passende Zeilenkombinationen alle Elemente der zweiten Spalte (außer c_{22}) zu 0 machen. Die Matrix hat dann die Form:

$$\begin{pmatrix} 1 & 0 & c_{13} & \cdots & c_{1n} \\ 0 & 1 & c_{23} & \cdots & c_{2n} \\ 0 & 0 & c_{33} & \cdots & c_{3n} \\ \vdots & \vdots & \vdots & \ddots & \vdots \\ 0 & 0 & c_{m3} & \cdots & c_{mn} \end{pmatrix}.$$

Sind dann ab der dritten Zeile alle Elemente dieser Matrix 0, so gilt $rg_Z M = rg_{Sp} M = 2$. Begründe dies (Aufgabe 3b)!

Wir setzen dieses Verfahren fort, bis es nach r Schritten abbricht; dies ist der Fall, wenn $r=n$ oder wenn $r=m$ ist oder wenn unterhalb der r-ten Zeile alle verbleibenden Elemente den Wert 0 haben. Die letzte Matrix hat in den drei möglichen Fällen die folgende Form:

1) Für $r=n$ und $m>n$:

$$\begin{pmatrix} 1 & 0 & 0 & \dots & 0 \\ 0 & 1 & 0 & \dots & 0 \\ 0 & 0 & 1 & \dots & 0 \\ \vdots & \vdots & \vdots & \ddots & \vdots \\ 0 & 0 & 0 & \dots & 1 \\ \vdots & \vdots & \vdots & \ddots & \vdots \\ 0 & 0 & 0 & \dots & 0 \end{pmatrix} \quad \text{(die ersten r Zeilen: r Zeilen)}$$

oder, wenn $m=n$ ist:

$$\begin{pmatrix} 1 & 0 & 0 & \dots & 0 \\ 0 & 1 & 0 & \dots & 0 \\ 0 & 0 & 1 & \dots & 0 \\ \vdots & \vdots & \vdots & \ddots & \vdots \\ 0 & 0 & 0 & \dots & 1 \end{pmatrix}.$$

In diesem Fall ist offensichtlich $rg_Z M = rg_{Sp} M = r = n$.

2) Für $r=m$ und $m<n$:

$$\Big(\underbrace{\begin{matrix} 1 & 0 & 0 & \dots & 0 \\ 0 & 1 & 0 & \dots & 0 \\ 0 & 0 & 1 & \dots & 0 \\ \vdots & \vdots & \vdots & & \vdots \\ 0 & 0 & 0 & \dots & 1 \end{matrix}}_{\text{r Spalten}} \quad \underbrace{\begin{matrix} * & \dots & * \\ * & \dots & * \\ * & \dots & * \\ \vdots & & \vdots \\ * & \dots & * \end{matrix}}_{\text{n}-\text{r Spalten}}\Big)$$

Hier stehen die Sterne für beliebige Zahlen.

In diesem Fall ist $rg_Z M = r = m$, aber auch $r_{Sp} M = r$, weil jeder der restlichen Spaltenvektoren als Linearkombination der r ersten Spaltenvektoren dargestellt werden kann. Ist einer dieser Vektoren beispielsweise der Vektor

$$\vec{a} = \begin{pmatrix} a_1 \\ a_2 \\ a_3 \\ \vdots \\ a_r \end{pmatrix}, \quad \text{so gilt} \quad \begin{pmatrix} a_1 \\ a_2 \\ a_3 \\ \vdots \\ a_r \end{pmatrix} = a_1 \begin{pmatrix} 1 \\ 0 \\ 0 \\ \vdots \\ 0 \end{pmatrix} + a_2 \begin{pmatrix} 0 \\ 1 \\ 0 \\ \vdots \\ 0 \end{pmatrix} + a_3 \begin{pmatrix} 0 \\ 0 \\ 1 \\ \vdots \\ 0 \end{pmatrix} + \dots + a_r \begin{pmatrix} 0 \\ 0 \\ 0 \\ \vdots \\ 1 \end{pmatrix}.$$

3) Für $r<n$ und $r<m$:

$$\begin{matrix} \text{r Zeilen} \\ \\ \text{m}-\text{r Zeilen} \end{matrix} \Big(\underbrace{\begin{matrix} 1 & 0 & 0 & \dots & 0 \\ 0 & 1 & 0 & \dots & 0 \\ 0 & 0 & 1 & \dots & 0 \\ \vdots & \vdots & \vdots & \ddots & \vdots \\ 0 & 0 & 0 & \dots & 1 \\ 0 & 0 & 0 & \dots & 0 \\ \vdots & \vdots & \vdots & \ddots & \vdots \\ 0 & 0 & 0 & \dots & 0 \end{matrix}}_{\text{r Spalten}} \quad \underbrace{\begin{matrix} * & \dots & * \\ * & \dots & * \\ * & \dots & * \\ \vdots & \ddots & \vdots \\ * & \dots & * \\ 0 & \dots & 0 \\ \vdots & \ddots & \vdots \\ 0 & \dots & 0 \end{matrix}}_{\text{n}-\text{r Spalten}}\Big)$$

Die Sterne stehen auch hier für beliebige Zahlen.

In diesem Falle ist $rg_Z M = r$, aber auch $rg_{Sp} M = r$, weil auch hier jeder der restlichen Spaltenvektoren aus den r ersten Spaltenvektoren linear erzeugt werden kann.

In jedem der drei möglichen Fälle gilt also in der Tat: $rg_Z M = rg_{Sp} M = r$.

Damit haben wir bewiesen:

S 13.5 Bei jeder Matrix M stimmen Zeilen- und Spaltenrang überein.

7. An Hand der durchgeführten Überlegungen zur Umformung einer Matrix können wir nun auch die Gültigkeit von Satz S 13.2 über die Lösbarkeitsbedingungen von linearen Gleichungssystemen beweisen. Wir müssen allerdings die Einschränkung machen, dass wir noch nicht nachgewiesen haben, dass die Umformungen des Gaußverfahrens den Rang einer Matrix unverändert lassen. Diesen Satz (S 13.1) werden wir in §14 – und zwar ohne Rückgriff auf die hier behandelten Sätze – beweisen.
Wir denken uns die im Vorstehenden beschriebenen Umformungen bei der **Koeffizientenmatrix A** eines linearen Gleichungssystems von m Gleichungen mit n Variablen durchgeführt. Über die bei unseren Beispielen praktizierten Umformungen hinaus können dabei zusätzlich Vertauschungen von Spalten vorgenommen worden sein. Eine Vertauschung zweier Spalten in der Koeffizientenmatrix A bedeutet für das Gleichungssystem ein Vertauschen der entsprechenden Variablen, also eine Umbenennung dieser Variablen. Da man diese Umbenennung am Ende der Rechnung wieder rückgängig machen kann, ist ein Spaltentausch für das Problem der Erfüllbarkeit eines Gleichungssystems ohne Belang.
Wir denken uns ferner die mit der Matrix A durchgeführten Umformungen in der genau gleichen Weise auch bei der erweiterten Matrix B vorgenommen. Auf die hinzugefügte letzte Spalte der Absolutglieder des Gleichungssystems werden dann nur Zeilenumformungen angewendet; diese Spalte bleibt also stets an der letzten Stelle.
Ist nun $rg A < rg B$, so ergibt sich – wie wir auf Seite 253 bereits begründet haben – eine unerfüllbare Gleichung der Form

$$0 \cdot x_1 + 0 \cdot x_2 + \ldots + 0 \cdot x_n = a \quad \text{mit} \quad a \neq 0.$$

Das System ist dann ebenfalls unerfüllbar. Wir setzen also voraus, dass $rg A = rg B$ ist, und betrachten die drei oben angegebenen Fälle für das Ergebnis der Umformung der Matrix A.
In **Fall 1)** ist $rg A = n$. Die zugehörigen Gleichungen sind alle von der Form $x_k = s_k$ $(k = 1, 2, \ldots, n)$, wobei s_k das k-te Element in der letzten Spalte der Ergebnismatrix B′ bezeichnet. Das System ist also eindeutig lösbar.
In den **Fällen 2) und 3)** ist $rg A = r < n$. Man erkennt, dass man die Werte der zu den letzten $n - r$ Spalten gehörenden Variablen $x_{r+1}, x_{r+2}, \ldots, x_n$ frei wählen, also durch einen Parameter erfassen kann; die Werte für die Variablen $x_1, x_2, \ldots, x_r$ sind dann eindeutig festgelegt. Setzen wir $k = n - r$, so hat das System also eine k-dimensionale Lösungsmenge.
Damit ist Satz S 13.2 bewiesen.

Bemerkung: Wird das Gaußverfahren so vollständig durchgeführt, wie wir es bei dem vorstehenden Beweis beschrieben haben, so erhält man am Ende auch genauen Aufschluss über diejenigen Variablen, deren Werte man frei wählen kann, die man also durch einen Parameter zu erfassen hat. Man läuft dann also nicht Gefahr, eine „falsche“ Variable durch einen Parameter zu ersetzen. Insofern haben die beim obigen Beweis durchgeführten Überlegungen durchaus auch einen praktischen Nutzen für die Bestimmung der Lösungen des betreffenden Gleichungssystems.

Übungen und Aufgaben

1. Ermittle jeweils die Lösungsmenge der folgenden homogenen Gleichungssysteme!

a) $\begin{cases} x-y+2z=0 \\ x+2y+3z=0 \\ 3x+y-z=0 \\ 5x-y+4z=0 \end{cases}$ **b)** $\begin{cases} -x-3y+z=0 \\ 2x+5y-2z=0 \\ 3x+6y-3z=0 \\ -3x-8y+3z=0 \end{cases}$ **c)** $\begin{cases} x-y+z+u=0 \\ x+y-z+u=0 \\ x+y+z-u=0 \\ x+y+z+u=0 \end{cases}$

d) $\begin{cases} 2x-y+3z+u=0 \\ -x+2y-z+3u=0 \\ x+y+2z+4u=0 \\ 3x-3y+4z-2u=0 \end{cases}$ **e)** $\begin{cases} 2x-y+3z+u=0 \\ -x+2y-z+3u=0 \\ 2x+y-z+4u=0 \\ 3x-3y+4z-2u=0 \end{cases}$ **f)** $\begin{cases} x-y=0 \\ y+z=0 \\ z-u=0 \\ x+u=0 \end{cases}$

2. **a)** Bestätige die Aussage von Satz S 13.3 an Hand der Aufgaben 1!
b) Begründe die Herleitung von Satz S 13.3 im Einzelnen! (vgl. Seite 259!)

3. **a)** In einer Matrix M sei $b_{11}=1$; ferner seien von der zweiten Zeile an alle Elemente gleich Null. Begründe, dass dann $rg_Z M = rg_{Sp} M = 1$ gilt! (vgl. Seite 262!)
b) In einer Matrix M sei $c_{11}=c_{22}=1$ und $c_{21}=0$; ferner seien von der dritten Zeile an alle Elemente gleich Null. Begründe, dass dann $rg_Z M = rg_{Sp} M = 2$ gilt! (vgl. Seite 262!)

4. Bilde zu den folgenden Matrizen jeweils die transponierte Matrix und vollziehe die Beweisschritte zu Satz S 13.4 im Einzelnen nach!

a) $\begin{pmatrix} 1 & 1 & 1 & 1 & 1 \\ 1 & -1 & 1 & 1 & 1 \\ 1 & 1 & -1 & 1 & 1 \end{pmatrix}$ **b)** $\begin{pmatrix} -1 & 1 & 1 & 1 & 1 & 1 \\ 1 & 1 & 1 & -1 & 1 & 1 \\ 1 & -1 & 1 & 1 & 1 & 1 \\ 1 & 1 & 1 & 1 & -1 & 1 \end{pmatrix}$

5. Vollziehe die Beweisschritte von Satz S 13.5 an den folgenden Matrizen im Einzelnen nach!

a) $\begin{pmatrix} 0 & 1 & -1 & 0 & 1 \\ -1 & 0 & -2 & 1 & 0 \\ 1 & -1 & 0 & 2 & 0 \\ 0 & 0 & 1 & -1 & 2 \end{pmatrix}$ **b)** $\begin{pmatrix} 1 & 0 & 0 & 1 \\ 1 & 1 & 0 & 1 \\ 1 & 1 & 1 & 0 \\ 1 & 1 & 1 & 1 \\ 0 & 1 & 1 & 1 \end{pmatrix}$ **c)** $\begin{pmatrix} 1 & 0 & 1 & 2 & 1 & 2 \\ 0 & 0 & 1 & 1 & 0 & 1 \\ 0 & 1 & 1 & 2 & 1 & 1 \\ 1 & -1 & 3 & 5 & 0 & 4 \\ 0 & 1 & 0 & 0 & 1 & 0 \end{pmatrix}$

6. Die folgenden Gleichungssysteme sind mit den Matrizen von Aufgabe 5 gebildet. Ermittle die Lösungsmengen!

a) $\begin{cases} y-z+v=-1 \\ -x-2z+u=-1 \\ x-y+2u=6 \\ z-u+2v=1 \end{cases}$ **b)** $\begin{cases} x+u=0 \\ x+y+u=2 \\ x+y+z=4 \\ x+y+z+u=3 \\ y+z+u=2 \end{cases}$ **c)** $\begin{cases} x+z+2u+v+2w=-1 \\ z+u+w=-2 \\ y+z+2u+v+w=1 \\ x-y+3z+5u+4w=-8 \\ y+v=3 \end{cases}$

7. Untersuche, für welche reelle Zahl a das folgende Gleichungssystem lösbar ist, und ermittle die Lösungsmenge!

$x+y+z-u=a \wedge x+y-z-u=1 \wedge x+y+z-u=3$

8. a) Untersuche, ob es Zahlen $a, b \in \mathbb{R}$ gibt derart, dass das Gleichungssystem

$ax+4y+z=5 \wedge 2x+3y+z=b \wedge 3x+2y+z=-5$

1) unerfüllbar, **2)** eindeutig lösbar ist bzw. **3)** unendlich viele Lösungen hat!

b) Ermittle in den Fällen 2) und 3) die Lösungsmenge!

c) Untersuche die Lagebeziehung der drei Ebenen, die in den drei Fällen durch die Gleichungen dargestellt werden!

9. Ermittle die gegenseitige Lage der drei Ebenen!

a) $\varepsilon_1\colon\ x+2y-4z=-5$; $\varepsilon_2\colon\ 4x-3y+6z=2$; $\varepsilon_3\colon\ x-y+2z=1$

b) $\varepsilon_1\colon\ x-2y+3z=2$; $\varepsilon_2\colon\ x+5y+2z=-3$; $\varepsilon_3\colon\ 2x-3y-2z=19$

c) $\varepsilon_1\colon\ x+y-z=3$; $\varepsilon_2\colon\ x-y+z=1$; $\varepsilon_3\colon\ 2x+3y-3z=8$

10. Ermittle die gegenseitige Lage von Ebene ε und Gerade g!

a) $\varepsilon\colon\ 3x-2y-4z=8$, $\quad g\colon\ \vec{x}=\begin{pmatrix}4\\0\\3\end{pmatrix}+t\begin{pmatrix}2\\-3\\5\end{pmatrix}$

b) $\varepsilon\colon\ 2x-7y-5z=-4$, $\quad g\colon\ \vec{x}=\begin{pmatrix}-2\\0\\0\end{pmatrix}+t\begin{pmatrix}5\\0\\2\end{pmatrix}$

c) $\varepsilon\colon\ x-y+2z=-3$, $\quad g\colon\ \vec{x}=\begin{pmatrix}5\\1\\-2\end{pmatrix}+t\begin{pmatrix}1\\-1\\-1\end{pmatrix}$

11. Ermittle die gegenseitige Lage der Ebenen ε_1 und ε_2!

a) $\varepsilon_1\colon\ x+2y+2z=1$; $\varepsilon_2\colon\ 3y+2z=2$

b) $\varepsilon_1\colon\ x-2y+z=5$; $\varepsilon_2\colon\ x-2y+z=-1$

c) $\varepsilon_1\colon\ x+y+z=-2$; $\varepsilon_2\colon\ x+2y-z=-6$

12. Deute die folgenden Gleichungssysteme und ihre Lösungen geometrisch!

a) $\begin{cases} x-2y=1\\ x+y=4\\ 2x-y=5 \end{cases}$
b) $\begin{cases} x+y+z=2\\ 2x-y-2z=-2\\ x+4y+3z=2 \end{cases}$
c) $\begin{cases} x+y=0\\ x-2y=1\\ x-5y=3 \end{cases}$
d) $\begin{cases} x-y+z=1\\ -2x+2y-2z=-2\\ 3x-3y+3z=4 \end{cases}$

e) $\begin{cases} x-y-z=0\\ x-y+z=2\\ x-y=1 \end{cases}$
f) $\begin{cases} x+5y+3z=3\\ x+9y+5z=5\\ x+y+z=1\\ x+3y+2z=2 \end{cases}$
g) $\begin{cases} x+y=1\\ x-y=3\\ 2x+y=3\\ x-3y=5 \end{cases}$

h) $\begin{cases} x+2z=1\\ y+z=5\\ x-y+2z=0\\ y-z=4 \end{cases}$
i) $\begin{cases} x-y+z=1\\ -x-2y+4z=1\\ 3x-2z=1\\ 2x+y-3z=0 \end{cases}$
j) $\begin{cases} x-2y+3z=7\\ x+2y-5z=7\\ 3x-2y+z=21\\ -x+2y-3z=-7 \end{cases}$

13. Die Matrix B′ eines linearen Gleichungssystems habe am Ende der Umformungen die angegebene Gestalt. Wie liegen die Ebenen, die durch die Gleichungen des ursprünglichen Systems dargestellt werden? Die Sterne stehen hier für von Null verschiedene Zahlen.

a) $\left(\begin{array}{ccc|c} * & * & * & * \\ 0 & * & * & * \\ 0 & 0 & 0 & * \end{array}\right)$
b) $\left(\begin{array}{ccc|c} * & * & * & * \\ 0 & 0 & * & * \\ 0 & 0 & 0 & 0 \end{array}\right)$
c) $\left(\begin{array}{ccc|c} * & * & * & * \\ 0 & 0 & 0 & * \\ 0 & 0 & 0 & * \end{array}\right)$
d) $\left(\begin{array}{ccc|c} * & * & * & * \\ 0 & 0 & 0 & 0 \\ 0 & 0 & 0 & 0 \end{array}\right)$

14. Wie können drei Ebenen zueinander liegen, wenn für die umgeformten Matrizen des zugehörigen Gleichungssystems gilt:

a) $\operatorname{rg} A'=2$ und $\operatorname{rg} B'=3$; **b)** $\operatorname{rg} A'=\operatorname{rg} B'=2$?

§ 14 Vektorräume

I. Der Begriff des Vektorraums

1. In §2 und §3 haben wir für Vektoren zwei Verknüpfungen definiert: die Vektoraddition und die Multiplikation einer Zahl mit einem Vektor, die sogenannte S-Multiplikation. Außerdem haben wir die grundlegenden Gesetze hergeleitet, die für diese beiden Verknüpfungen gelten.
Nun gibt es außer den Pfeilklassen und den Zahlenpaaren, Zahlentripeln und Zahlen-n-tuplen noch zahlenreiche weitere mathematische Objekte, für die man Verknüpfungen dieser Art so definieren kann, dass dieselben Gesetze gelten. Wir behandeln das folgende

Beispiel:

Es sei F die Menge aller Funktionen, die über der Menge $\mathbb{R}$ definiert sind.

1) Die **Addition** zweier Funktionen $f_1, f_2 \in F$ erklären wir in nahe liegender Weise mit Hilfe der Funktionswerte $f_1(x)$ und $f_2(x)$ folgendermaßen:

$f_1 + f_2 = f$ bedeutet, dass für alle $x \in \mathbb{R}$ gilt: $f_1(x) + f_2(x) = f(x)$.

Man kann leicht zeigen, dass für diese Verknüpfung die Gesetze K, A, N und I gelten (Aufgabe 1).
Das neutrale Element in F ist die Nullfunktion n, bei der für alle $x \in \mathbb{R}$ gilt: $n(x) = 0$. Eine Funktion f hat als inverse Funktion die Funktion g zu $g(x) = -f(x)$; denn für alle $x \in \mathbb{R}$ gilt:

$$f(x) + [-f(x)] = f(x) - f(x) = 0 = n(x).$$

Wir bezeichnen diese Funktion mit „$-f$"; dann gilt $f + (-f) = n$.
Die Menge F aller Funktionen über $\mathbb{R}$ bildet also mit der Addition als Verknüpfung eine **„kommutative Gruppe".** Man sagt auch: Das Verknüpfungsgebilde $(F, +)$ ist eine kommutative Gruppe.

2) Die Multiplikation einer Funktion $f \in F$ mit einer reellen Zahl r erklären wir ebenfalls mit Hilfe der Funktionswerte $f(x)$ folgendermaßen:

$rf = g$ bedeutet, dass für alle $x \in \mathbb{R}$ gilt: $rf(x) = g(x)$.

Man kann leicht zeigen, dass für diese Verknüpfung die gleichen Gesetze gelten wie für die S-Multiplikation von Vektoren, nämlich:

[1] Für alle $r, s \in \mathbb{R}$ und alle $f \in F$ gilt: $r(sf) = (rs)f$.

[2] Für alle $r, s \in \mathbb{R}$ und alle $f \in F$ gilt: $(r+s)f = rf + sf$.

[3] Für alle $r \in \mathbb{R}$ und alle $f, g \in F$ gilt: $r(f+g) = rf + rg$.

Außerdem halten wir noch fest:

[4] Für alle $f \in F$ gilt $1f = f$.

2. Vor einer ähnlichen Situation standen wir im Mathematikunterricht der Sekundarstufe I, als wir feststellten, dass in zahlreichen Fällen die Gesetze A, N, I und häufig auch das Gesetz K gelten. Wir haben diese Erkenntnis seiner Zeit zum Anlass genommen, die Begriffe „Gruppe“ und „kommutative Gruppe“ einzuführen.

Beispiele: Die Verknüpfungsgebilde $(\mathbb{Z}; +)$; $(\mathbb{R}; +)$; $(\mathbb{Q}^{\neq 0}; \cdot)$ und $(\mathbb{R}^{\neq 0}; \cdot)$ sind kommutative Gruppen.

3. Weitere Beispiele für allgemeine Begriffe, mit denen gemeinsame Eigenschaften von Verknüpfungsgebilden erfasst werden, sind die Begriffe des **„Körpers“** und des **„kommutativen Körpers“.**
Diese Begriffe beziehen sich auf Fälle, in denen für die Elemente einer Menge M zwei Verknüpfungen, eine Addition und eine Multiplikation definiert sind, also auf „zweifache Verknüpfungsgebilde“. Wir definieren:

D 14.1 Ein zweifaches Verknüpfungsgebilde $(M; +; \cdot)$ heißt ein „kommutativer Körper“ genau dann, wenn gilt:

[1] das Gebilde $(M; +)$ ist eine kommutative Gruppe;

[2] das Gebilde $(M^{\neq 0}; \cdot)$ ist eine kommutative Gruppe;

[3] für alle a, b, c∈M gilt: $a \cdot (b+c) = a \cdot b + a \cdot c$ (Distributivgesetz).

Beispiele für kommutative Körper sind insbesondere die zweifachen Verknüpfungsgebilde $(\mathbb{Q}; +; \cdot)$ und $(\mathbb{R}; +; \cdot)$.

4. Die bei Vektoren und bei Funktionen vorliegende Situation ist insofern noch komplexer, als hierbei nicht nur zwei Verknüpfungen (die Vektorenaddition und die S-Multiplikation), sondern darüber hinaus auch zwei Mengen eine Rolle spielen: die Menge V der „Vektoren“ und die Menge $\mathbb{R}$ der reellen Zahlen. Wir definieren:

D 14.2 Eine Menge V, für deren Elemente eine Addition und eine S-Multiplikation mit reellen Zahlen definiert sind, heißt ein „Vektorraum über dem Körper der reellen Zahlen“ genau dann, wenn gilt:

[1] Das Gebilde $(V; +)$ ist eine kommutative Gruppe.

[2] S_1: Für alle r, s∈R und alle $\vec{a}$∈V gilt: $r(s\vec{a}) = (rs)\vec{a}$.
S_2: Für alle r, s∈R und alle $\vec{a}$∈V gilt: $(r+s)\vec{a} = r\vec{a} + s\vec{a}$.
S_3: Für alle r∈$\mathbb{R}$ und alle $\vec{a}, \vec{b}$∈V gilt: $r(\vec{a}+\vec{b}) = r\vec{a} + r\vec{b}$.
S_4: Für alle $\vec{a}$∈V gilt: $1\vec{a} = \vec{a}$.

Einer Erläuterung bedarf insbesondere das Gesetz S_4, weil dessen Gültigkeit selbstverständlich erscheint. Es ist aber nötig, um unerwünschte Sonderfälle auszuschließen. Man könnte sonst eine S-Multiplikation z. B. folgendermaßen definieren:

für alle r∈$\mathbb{R}$ und alle $\vec{a}$∈V gilt: $r\vec{a} = \vec{0}$.

Dann wären – wie man leicht nachprüft – die Gesetze S_1, S_2 und S_3 erfüllt. Diese – unerwünschte – Möglichkeit wird durch Aussage von S_4 ausgeschlossen.

Außerdem wird dieses Gesetz beim Beweis für den Satz $r\vec{a}=\vec{0} \Rightarrow r=0 \vee \vec{a}=\vec{0}$ benötigt:

1) Ist $r=0$, so gilt auch $r=0 \vee \vec{a}=\vec{0}$.

2) Ist $r \neq 0$, so existiert der Kehrwert $\frac{1}{r}$, und man kann schließen:

$$r\vec{a}=\vec{0} \Rightarrow \frac{1}{r}(r\vec{a})=\left(\frac{1}{r}\cdot r\right)\vec{a}=1\vec{a}=\vec{0}.$$

Um an dieser Stelle auf $\vec{a}=\vec{0}$ schließen zu können, benötigt man die Aussage S_4. Weitere Beispiele für Vektorräume sind Gegenstand der Aufgaben 2 bis 8.

4. Aus den in Definition D 14.2 aufgeführten Gesetzen kann man die Gültigkeit aller weiteren Sätze herleiten, die wir in § 2 und in § 3 bereits bewiesen haben.
Wir setzen diese Sätze daher auch im Folgenden für beliebige Vektorräume als gültig voraus. Darüber hinaus werden auch die Begriffe der **linearen Abhängigkeit** bzw. **Unabhängigkeit** in jedem Vektorraum so definiert, wie es oben in Definition D 4.2 (auf Seite 48) geschehen ist. Auch die für diese Begriffe hergeleiteten Sätze gelten in jedem Vektorraum und werden daher im Folgenden als gültig vorausgesetzt (Aufgabe 10 bis 13).

Übungen und Aufgaben

1. Zeige, dass für die im Lehrtext auf Seite 267 erklärte Addition von Funktionen die Gesetze K, A, N und I gelten!

2. Auf der Menge $C=\mathbb{R}\times\mathbb{R}$ aller reellen Zahlenpaare seien eine Addition und eine Multiplikation mit reellen Zahlen definiert:

$$(a|b)+(c|d)=(a+c|b+d) \quad \text{und} \quad r(a|b)=(ra|rb).$$

a) Zeige, dass das Gebilde $(C; +)$ eine kommutative Gruppe ist!

b) Zeige, dass die Menge C mit der angegebenen Addition und Multiplikation ein Vektorraum ist!

3. Auf der Menge $M=\left\{\begin{pmatrix}a\\b\end{pmatrix}\middle| a, b\in\mathbb{R}\right\}$ sei eine Addition und eine Multiplikation mit reellen Zahlen wie angegeben definiert. Untersuche, ob M mit diesen Verknüpfungen ein Vektorraum ist!

a) $\begin{pmatrix}a\\b\end{pmatrix}+\begin{pmatrix}c\\d\end{pmatrix}=\begin{pmatrix}a+c\\b+d\end{pmatrix}$ und $r\begin{pmatrix}a\\b\end{pmatrix}=\begin{pmatrix}ra\\b\end{pmatrix}$

b) $\begin{pmatrix}a\\b\end{pmatrix}+\begin{pmatrix}c\\d\end{pmatrix}=\begin{pmatrix}a+d\\b+c\end{pmatrix}$ und $r\begin{pmatrix}a\\b\end{pmatrix}=\begin{pmatrix}ra\\rb\end{pmatrix}$

c) $\begin{pmatrix}a\\b\end{pmatrix}+\begin{pmatrix}c\\d\end{pmatrix}=\begin{pmatrix}b+d\\a+c\end{pmatrix}$ und $r\begin{pmatrix}a\\b\end{pmatrix}=\begin{pmatrix}rb\\ra\end{pmatrix}$

d) $\begin{pmatrix}a\\b\end{pmatrix}+\begin{pmatrix}c\\d\end{pmatrix}=\begin{pmatrix}a+c+1\\b+d+1\end{pmatrix}$ und $r\begin{pmatrix}a\\b\end{pmatrix}=\begin{pmatrix}r(a+1)-1\\r(b+1)-1\end{pmatrix}$

4. Auf der Menge aller 2×2-Matrizen sei eine Addition und eine Multiplikation mit reellen Zahlen definiert durch:

$$\begin{pmatrix} a & b \\ c & d \end{pmatrix} + \begin{pmatrix} e & f \\ g & h \end{pmatrix} = \begin{pmatrix} a+e & b+f \\ c+g & d+h \end{pmatrix} \quad \text{und} \quad r\begin{pmatrix} a & b \\ c & d \end{pmatrix} = \begin{pmatrix} ra & rb \\ rc & rd \end{pmatrix}.$$

Untersuche, ob M mit diesen Verknüpfungen ein Vektorraum ist!

5. Auf der Menge P_n aller ganzrationalen Funktionen, deren Grad kleiner oder gleich n mit $n \in \mathbb{N}$ ist, sei eine Addition und eine Multiplikation mit reellen Zahlen definiert, wie es im Lehrtext unter 1. für Funktionen erläutert ist.

a) Gib drei Elemente f, g und h aus P_4 an und bestimme $f+g$, $2f-g$ und $3f+1{,}5g-5h$!

b) Zeige, dass P_n mit den angegebenen Verknüpfungen ein Vektorraum ist!

6. Auf der Menge S aller reellen Zahlenfolgen sei eine Addition und eine Multiplikation mit reellen Zahlen definiert durch:

$$\langle a_n\rangle + \langle b_n\rangle = \langle c_n\rangle \;\Leftrightarrow_{Df}\; \text{Für alle } n\in\mathbb{N} \text{ gilt: } a_n + b_n = c_n;$$

$$r\langle a_n\rangle = \langle b_n\rangle \;\Leftrightarrow_{Df}\; \text{Für alle } n\in\mathbb{N} \text{ gilt: } ra_n = b_n.$$

a) Gib drei Elemente $\langle a_n\rangle$, $\langle b_n\rangle$ und $\langle c_n\rangle$ aus F an und bestimme $\langle a_n\rangle + \langle b_n\rangle$; $\langle b_n\rangle + \langle c_n\rangle$; $\langle a_n\rangle + \langle c_n\rangle$; $3\langle a_n\rangle$; $0{,}5\langle b_n\rangle$ und $(-1)\langle c_n\rangle$!

b) Zeige, dass S mit den angegebenen Verknüpfungen ein Vektorraum ist!

c) Untersuche, ob die Menge N aller Nullfolgen (die Menge Z aller Folgen, die den Grenzwert 2 haben) mit den angegebenen Verknüpfungen ein Vektorraum ist!

7. a) Zeige, dass die Sinusfunktion sin für alle $x\in\mathbb{R}$ die Gleichung $f(x)+f''(x)=0$ erfüllt!

b) Bestimme durch Probieren zwei weitere zweimal differenzierbare Funktionen, die ebenfalls für alle $x\in\mathbb{R}$ die angegebene Gleichung erfüllen!

c) Zeige, dass die Menge aller Funktionen, die für alle $x\in\mathbb{R}$ diese Gleichung erfüllen – mit dem im Lehrtext unter 1. angegebenen Verknüpfungen –, ein Vektorraum ist!

8. Untersuche, ob man auf der Menge aller Geraden einer Ebene eine Addition und eine Multiplikation mit reellen Zahlen so definieren kann, dass man einen Vektorraum erhält!
Anleitung: Benutze, dass sich jede Gerade der Ebene durch eine Gleichung der Form $ax+by+c=0$ darstellen lässt! Sei vorsichtig!

9. Zeige, dass in jedem reellen Vektorraum die folgenden Beziehungen gelten!

a) $r\vec{0}=\vec{0}$ **b)** $0\vec{a}=\vec{0}$ **c)** $(-r)\vec{a}=-(r\vec{a})$

d) $r\vec{a}=s\vec{a} \wedge \vec{a}\neq\vec{0} \Rightarrow r=s$ **e)** $r\vec{a}=r\vec{b} \wedge r\neq 0 \Rightarrow \vec{a}=\vec{b}$

10. C sei der in Aufgabe 2 behandelte Vektorraum.

a) Untersuche, ob der Vektor $(1|-1)$ aus den Vektoren $(2|0)$ und $(1|2)$ (aus den Vektoren $(2|3)$ und $(-2|-6)$) linear erzeugbar ist!

b) Gib zwei Vektoren aus C an, die voneinander linear unabhängig sind, und zwei, die voneinander linear abhängig sind!

c) Zeige, dass in C je drei Vektoren stets linear abhängig sind!

11. Untersuche, ob im Vektorraum aller 2×2-Matrizen (vgl. Aufgabe 4!) die folgenden Vektoren linear abhängig sind!

a) $\begin{pmatrix}1 & 1\\0 & 1\end{pmatrix}; \begin{pmatrix}1 & 0\\1 & 1\end{pmatrix}$ **b)** $\begin{pmatrix}-6 & 8\\4 & -2\end{pmatrix}; \begin{pmatrix}3 & -4\\-1 & 1\end{pmatrix}$ **c)** $\begin{pmatrix}1 & 2\\3 & 4\end{pmatrix}; \begin{pmatrix}3 & 1\\4 & 2\end{pmatrix}; \begin{pmatrix}1 & 2\\3 & 3\end{pmatrix}$

d) $\begin{pmatrix}1 & 2\\3 & 4\end{pmatrix}; \begin{pmatrix}-4 & -4\\-2 & -1\end{pmatrix}; \begin{pmatrix}6 & 7\\8 & 9\end{pmatrix}$ **e)** $\begin{pmatrix}1 & 1\\0 & 0\end{pmatrix}; \begin{pmatrix}0 & 0\\1 & 1\end{pmatrix}; \begin{pmatrix}1 & 0\\1 & 0\end{pmatrix}; \begin{pmatrix}0 & 1\\0 & 1\end{pmatrix}$

12. P_n sei der Vektorraum aller ganzrationalen Funktionen, deren Grad kleiner oder gleich n ist (vgl. Aufgabe 5!).

a) Gib fünf Vektoren aus P_2 an!

b) Untersuche, ob die durch die folgenden Terme gegebenen Vektoren des P_2 voneinander linear abhängig sind!

$$f(x)=1;\quad g(x)=x+2;\quad h(x)=x^2-3;\quad j(x)=x^2-x+4$$

c) Untersuche, ob die durch die folgenden Terme gegebenen Vektoren des P_3 voneinander linear unabhängig sind!

$$f(x)=1-x;\quad g(x)=1+x;\quad h(x)=1-x^2;\quad j(x)=x^3-1$$

13. S sei der Vektorraum aller Zahlenfolgen (vgl. Aufgabe 6!).

a) Untersuche, ob die folgenden Vektoren aus S voneinander linear abhängig sind! $\langle n\rangle$, $\langle n+1\rangle$, $\langle n^2\rangle$, $\langle n^2-2n+1\rangle$

b) Ermittle drei linear unabhängige Vektoren, aus denen der Vektor $\langle n\rangle$ $\left(\text{der Vektor } \left\langle \frac{1}{n}\right\rangle\right)$ linear erzeugbar ist!

c) Ermittle drei linear unabhängige Vektoren aus S! Was kann man vermuten über die Höchstzahl von linear unabhängigen Vektoren, die man S entnehmen kann?

II. Der Begriff des Erzeugnisses von Vektoren

1. In den Paragraphen 6, 7 und 13 haben wir uns bereits mit linearen Gleichungssystemen beschäftigt. Ein solches Gleichungssystem von m Gleichungen mit n Variablen

$$\begin{cases} a_{11}x_1 + a_{12}x_2 + \ldots + a_{1n}x_n = r_1 \\ a_{21}x_1 + a_{22}x_2 + \ldots + a_{2n}x_n = r_2 \\ \vdots \qquad \vdots \qquad \vdots \qquad \vdots \qquad \vdots \\ a_{m1}x_1 + a_{m2}x_2 + \ldots + a_{mn}x_n = r_n \end{cases}$$

lässt sich als Vektorgleichung schreiben, wenn man die Zahlen a_{ik} und r_i zu Spaltenvektoren zusammenfasst:

$$\vec{a}_1 = \begin{pmatrix}a_{11}\\a_{21}\\\vdots\\a_{m1}\end{pmatrix};\quad \vec{a}_2 = \begin{pmatrix}a_{12}\\a_{22}\\\vdots\\a_{m2}\end{pmatrix};\ldots;\quad \vec{a}_n = \begin{pmatrix}a_{1n}\\a_{2n}\\\vdots\\a_{mn}\end{pmatrix}\quad \text{und}\quad \vec{r} = \begin{pmatrix}r_1\\r_2\\\vdots\\r_m\end{pmatrix}.$$

Die Vektorgleichung lautet dann: $x_1\vec{a}_1 + x_2\vec{a}_2 + \ldots + x_n\vec{a}_n = \vec{r}$.

Die Frage nach den Lösungen dieser Gleichung lässt sich folgendermaßen formulieren. Gehört der Vektor $\vec{r}$ zur Menge der Vektoren, die sich aus den Vektoren $\vec{a}_1, \vec{a}_2, \ldots, \vec{a}_n$ linear erzeugen lassen? Diese Frage gibt uns Veranlassung, dieser Menge einen Namen zu geben. Wir definieren:

D 14.3 Die Menge aller Linearkombinationen von n Vektoren $\vec{a}_1, \vec{a}_2, \ldots, \vec{a}_n$ eines Vektorraumes V heißt das „Erzeugnis" dieser Vektoren; sie wird mit „$\langle \vec{a}_1, \vec{a}_2, \ldots, \vec{a}_n \rangle$" bezeichnet. Es gilt also:

$$\langle \vec{a}_1, \vec{a}_2, \ldots, \vec{a}_n \rangle =_{Df} \{\vec{x} \mid \vec{x} = c_1\vec{a}_1 + c_2\vec{a}_2 + \ldots + c_n\vec{a}_n \wedge c_1, c_2, \ldots, c_n \in \mathbb{R}\}.$$

2. Wir behandeln einige **Beispiele:**

1) Das Erzeugnis $\langle \vec{a} \rangle$ eines ebenen oder räumlichen Vektors $\vec{a} \neq \vec{0}$ ist die Menge aller mit $\vec{a}$ kollinearen Vektoren.

2) Das Erzeugnis $\langle \vec{a}_1, \vec{a}_2 \rangle$ zweier linear **abhängiger** ebener oder räumlicher Vektoren $\vec{a}_1, \vec{a}_2$ ist ebenfalls die Menge aller mit $\vec{a}_1$ (bzw. mit $\vec{a}_2$) kollinearen Vektoren. Begründe dies (Aufgabe 2a)!

3) Das Erzeugnis $\langle \vec{a}_1, \vec{a}_2 \rangle$ zweier linear **unabhängiger** ebener oder räumlicher Vektoren $\vec{a}_1$ und $\vec{a}_2$ ist die Menge aller mit $\vec{a}_1$ und $\vec{a}_2$ komplanaren Vektoren.

4) Das Erzeugnis $\langle \vec{a}_1, \vec{a}_2, \vec{a}_3 \rangle$ dreier linear unabhängiger räumlicher Vektoren $\vec{a}_1$, $\vec{a}_2$ und $\vec{a}_3$ ist die Menge V_3 aller räumlichen Vektoren.

5) Zu bestimmen ist das Erzeugnis der Vektoren $\vec{a}_1 = \begin{pmatrix} -2 \\ 1 \\ 3 \end{pmatrix}$; $\vec{a}_2 = \begin{pmatrix} -4 \\ -1 \\ 4 \end{pmatrix}$ und $\vec{a}_3 = \begin{pmatrix} 2 \\ 5 \\ 1 \end{pmatrix}$.

Es gilt: $3\vec{a}_1 + (-2)\vec{a}_2 = 3\begin{pmatrix} -2 \\ 1 \\ 3 \end{pmatrix} - 2\begin{pmatrix} -4 \\ -1 \\ 4 \end{pmatrix} = \begin{pmatrix} -6+8 \\ 3+2 \\ 9-8 \end{pmatrix} = \begin{pmatrix} 2 \\ 5 \\ 1 \end{pmatrix} = \vec{a}_3$; die Vektoren $\vec{a}_1$, $\vec{a}_2$ und $\vec{a}_3$ sind also voneinander linear abhängig. Daher ist $\langle \vec{a}_1, \vec{a}_2, \vec{a}_3 \rangle$ die Menge aller mit $\vec{a}_1$ und $\vec{a}_2$ komplanaren Vektoren.

6) Gegeben seien die Funktionen f_0, f_1, f_2 zu $f_0(x) = 1$; $f_1(x) = x$ und $f_2(x) = x^2$. Das Erzeugnis $\langle f_0, f_1, f_2 \rangle$ ist die Menge aller Funktionen f, die durch einen Term der Form $f(x) = a_0 + a_1 x + a_2 x^2$ erfasst werden (Aufgabe 3a).

Beachte, dass zu $\langle f_0, f_1, f_2 \rangle$ auch alle linearen und alle konstanten Funktionen gehören!

7) Das Erzeugnis $\langle f_3, f_4, f_5 \rangle$ der Funktionen zu $f_3(x) = 3$; $f_4(x) = 1 - 2x$ und $f_5(x) = 3 + 5x - x^2$ ist ebenfalls die Menge aller Funktionen f, die durch einen Term der Form $f(x) = a_0 + a_1 x + a_2 x^2$ erfasst werden (Aufgabe 3b).

3. Unser Ziel ist es, nachzuweisen, dass das Erzeugnis endlich vieler Vektoren eines Vektorraumes V ebenfalls einen Vektorraum bildet. In der Regel wird es sich dabei nicht um den vollständigen Vektorraum V, sondern um eine Teilmenge von V, um einen sogenannten **„Untervektorraum von V"** handeln. Wir definieren:

D 14.4 Eine nicht leere Teilmenge U eines Vektorraums V heißt ein „Untervektorraum von V" genau dann, wenn U mit den für V erklärten Verknüpfungen der Addition und der S-Multiplikation wiederum einen Vektorraum bildet.

Beispiele:

1) Die Menge aller Vektoren $\vec{a}=\begin{pmatrix}0\\a\end{pmatrix}$ mit $a\in\mathbb{R}$ bildet einen Untervektorraum zum Vektorraum V_2 (Aufgabe 6).

2) Die Menge aller Vektoren $\vec{a}=\begin{pmatrix}a_1\\a_2\\0\end{pmatrix}$ mit $a_1, a_2\in\mathbb{R}$ bilden einen Untervektorraum zum Vektorraum V_3 (Aufgabe 7a).

4. Damit eine Teilmenge U eines Vektorraumes V ein Untervektorraum von V ist, muss zunächst einmal gelten, dass mit zwei Elementen $\vec{a}$, $\vec{b}\in U$ auch die Summe $\vec{a}+\vec{b}$ zu U gehört und dass mit jedem Element $\vec{a}\in U$ für jede reelle Zahl r auch $r\vec{a}$ zu U gehört. Man spricht bei diesen Eigenschaften einer Menge U von der **„Abgeschlossenheit"** bezüglich der Vektoraddition und bezüglich der S-Multiplikation.
Bemerkenswert ist nun, dass es bei der Frage, ob ein Untervektorraum vorliegt, genügt zu überprüfen, ob U bezüglich der Vektoraddition und S-Multiplikation abgeschlossen ist. Sind diese beiden Bedingungen erfüllt, so gelten in U auch alle anderen Vektorraumeigenschaften, weil sie im gegebenen Vektorraum V gelten.
Wir halten diesen Sachverhalt im folgenden Satz, dem **„Untervektorraumkriterium"** fest:

S 14.1 Eine nicht leere Teilmenge U eines Vektorraums V ist schon dann ein Untervektorraum von V, wenn
1) für alle $\vec{a}$, $\vec{b}\in U$ auch gilt: $\vec{a}+\vec{b}\in U$ und
2) für alle $\vec{a}\in U$ und alle $r\in\mathbb{R}$ auch gilt: $r\vec{a}\in U$.

Beweis: Sind die Abgeschlossenheitsbedingungen 1) und 2) erfüllt, so gelten die Gesetze K, A, S_1, S_2, S_3 und S_4, weil sie in V gelten, selbstverständlich auch in U. Es ist aber nicht von vornherein gesagt, dass das neutrale Element der Vektoraddition und mit jedem Element $\vec{a}\in U$ auch das inverse Element $-\vec{a}$ zu U gehört. Es ist also zu zeigen, dass in U auch die Gesetze N und I gelten.

Zu N: Für einen beliebigen Vektor $\vec{a}\in U$ gilt nach 2) wegen $0\vec{a}=\vec{0}$ auch $\vec{0}\in U$; also gehört auch der Nullvektor zu U.

Zu I: Für jeden Vektor $\vec{a}\in U$ gilt nach 2) wegen $(-1)\vec{a}=-\vec{a}$ auch $-\vec{a}\in U$; also gehört mit jedem Vektor $\vec{a}$ auch der Gegenvektor $-\vec{a}$ zu U.
Daher ist U ebenfalls ein Vektorraum über $\mathbb{R}$, q.e.d.

5. Nun können wir zeigen:

S 14.2 Für beliebige Vektoren $\vec{a}_1$, $\vec{a}_2$, ..., $\vec{a}_n$ eines Vektorraums V ist das Erzeugnis $E=\langle\vec{a}_1, \vec{a}_2, ..., \vec{a}_n\rangle$ ein Untervektorraum von V.

Beweis: Wir zeigen, dass die Bedingungen von Satz S 14.1 erfüllt sind.

Zu 1): Es sei $\vec{a}$, $\vec{b}\in E$, also $\vec{a}=r_1\vec{a}_1+\ldots+r_n\vec{a}_n$ und $b=s_1\vec{a}_1+\ldots+s_n\vec{a}_n$; daraus folgt:

$$\vec{a}+\vec{b}=(r_1+s_1)\vec{a}_1+\ldots+(r_n+s_n)\vec{a}_n, \text{ also } \vec{a}+\vec{b}\in E.$$

Zu 2): Es sei $\vec{a}\in E$, also $\vec{a}=r_1\vec{a}_1+\ldots+r_n\vec{a}_n$; daraus folgt für jede Zahl $r\in\mathbb{R}$:

$$r\vec{a}=(r r_1)\vec{a}_1+\ldots+(r r_n)\vec{a}_n, \text{ also auch } r\vec{a}\in E, \text{ q.e.d.}$$

Übungen und Aufgaben

1. Bestimme das Erzeugnis der angegebenen Vektoren!

a) $\begin{pmatrix}1\\2\end{pmatrix}; \begin{pmatrix}-1\\1\end{pmatrix}$ **b)** $\begin{pmatrix}1{,}5\\4{,}5\end{pmatrix}; \begin{pmatrix}1{,}7\\5{,}1\end{pmatrix}; \begin{pmatrix}1{,}9\\5{,}7\end{pmatrix}$ **c)** $\begin{pmatrix}0\\0\end{pmatrix}; \begin{pmatrix}-3\\5\end{pmatrix}; \begin{pmatrix}5\\-3\end{pmatrix}; \begin{pmatrix}3\\5\end{pmatrix}$

d) $\begin{pmatrix}1\\0\\3\end{pmatrix}; \begin{pmatrix}3\\0\\1\end{pmatrix}$ **e)** $\begin{pmatrix}1\\2\\3\end{pmatrix}; \begin{pmatrix}2\\3\\1\end{pmatrix}; \begin{pmatrix}3\\1\\2\end{pmatrix}$ **f)** $\begin{pmatrix}-1\\0\\1\end{pmatrix}; \begin{pmatrix}0\\-1\\0\end{pmatrix}; \begin{pmatrix}1\\0\\-1\end{pmatrix}; \begin{pmatrix}0\\1\\0\end{pmatrix}$

g) $\begin{pmatrix}8\\4\\2\\1\end{pmatrix}; \begin{pmatrix}32\\8\\2\\0{,}5\end{pmatrix}$ **h)** $\begin{pmatrix}1\\1\\1\\0\end{pmatrix}; \begin{pmatrix}1\\1\\0\\1\end{pmatrix}; \begin{pmatrix}1\\1\\1\\1\end{pmatrix}$ **i)** $\begin{pmatrix}1\\4\\0\\0\end{pmatrix}; \begin{pmatrix}1\\8\\0\\0\end{pmatrix}; \begin{pmatrix}1\\4\\9\\16\end{pmatrix}; \begin{pmatrix}1\\8\\27\\64\end{pmatrix}$

2. a) Zeige, dass das Erzeugnis von zwei linear abhängigen Vektoren $\vec{a}_1$ und $\vec{a}_2$ die Menge aller mit $\vec{a}_1$ kollinearen Vektoren ist!
b) Formuliere und begründe eine entsprechende Aussage für drei linear abhängige Vektoren $\vec{a}_1$, $\vec{a}_2$ und $\vec{a}_3$!

3. a) Zeige: Das Erzeugnis $\langle f_0, f_1, f_2\rangle$ der Funktionen zu $f_0(x)=1$; $f_1(x)=x$ und $f_2(x)=x^2$ ist die Menge P_2 aller ganzrationalen Funktionen, deren Grad kleiner oder gleich 2 ist!
b) Zeige, dass das Erzeugnis $\langle f_3, f_4, f_5\rangle$ der Funktionen zu $f_3(x)=3$; $f_4(x)=1-2x$ und $f_5(x)=3+5x-x^2$ ebenfalls P_2 ist!

4. Bestimme das Erzeugnis der Funktionen zu den angegebenen Termen!
a) $f_1(x)=1$; $f_2(x)=x^2$; $f_3(x)=x^3$
b) $f_1(x)=x$; $f_2(x)=1-x$; $f_3(x)=1+x^2$
c) $f_1(x)=1$; $f_2(x)=x^2$; $f_3(x)=x^4$
d) $f_1(x)=x$; $f_2(x)=x+x^3$; $f_3(x)=x+x^3+x^5$

5. a) Zeige: Gilt $\langle\vec{a},\vec{b},\vec{c}\rangle=\langle\vec{a},\vec{b}\rangle$, so sind die Vektoren $\vec{a}$, $\vec{b}$ und $\vec{c}$ voneinander linear abhängig.
b) Untersuche, welche Folgerung über $\vec{a}$, $\vec{b}$ und $\vec{c}$ aus $\langle\vec{a},\vec{b},\vec{c}\rangle=\langle\vec{d},\vec{e}\rangle$ gezogen werden kann! Begründe deine Aussage ausführlich!

6. Zeige, dass die Menge aller Vektoren $\vec{a}=\begin{pmatrix}0\\a\end{pmatrix}$ mit $a\in\mathbb{R}$ einen Untervektorraum des Vektorraumes V_2 bildet!

7. a) Zeige, dass die Menge A aller Vektoren $\vec{a}=\begin{pmatrix}a_1\\a_2\\0\end{pmatrix}$ mit $a_1, a_2\in\mathbb{R}$ einen Untervektorraum des Vektorraumes V_3 bildet!
b) Zeige, dass auch die Menge B aller Vektoren $\vec{b}=\begin{pmatrix}0\\b_1\\b_2\end{pmatrix}$ mit $b_1, b_2\in\mathbb{R}$ einen Untervektorraum von V_3 bildet!
c) Untersuche, ob die Menge $A\cup B$ einen Untervektorraum von V_3 bildet!
d) Untersuche, ob die Menge $A\cap B$ einen Untervektorraum von V_3 bildet!
e) Interpretiere deine Ergebnisse aus a), b), c) und d) geometrisch!

8. Untersuche, ob die Menge U einen Untervektorraum des V_3 bildet! Gib gegebenenfalls eine geometrische Interpretation dieses Sachverhaltes!

a) $U=\left\{\begin{pmatrix}x_1\\x_2\\x_3\end{pmatrix} \middle| x_1=1\right\}$ **b)** $U=\left\{\begin{pmatrix}x_1\\x_2\\x_3\end{pmatrix} \middle| x_1=x_2\right\}$ **c)** $U=\left\{\begin{pmatrix}x_1\\x_2\\x_3\end{pmatrix} \middle| x_1-x_2+x_3=0\right\}$

d) $U=\left\{\begin{pmatrix}x_1\\x_2\\x_3\end{pmatrix} \middle| 5x_1-7x_3+35=0\right\}$ **e)** $U=\left\{\begin{pmatrix}x_1\\x_2\\x_3\end{pmatrix} \middle| 2x_1-5x_2=0 \vee 7x_2+x_3=0\right\}$

f) $U=\left\{\begin{pmatrix}x_1\\x_2\\x_3\end{pmatrix} \middle| x_1\cdot x_2\cdot x_3=0\right\}$ **g)** $U=\left\{\begin{pmatrix}x_1\\x_2\\x_3\end{pmatrix} \middle| 2x_1-5x_2=0 \wedge 7x_2+x_3=0\right\}$

9. Es sei $\vec{a}$ ein Vektor des V_3.

a) Zeige, dass die Menge $U=\{\vec{x}\in V_3 \mid |\vec{x}-\vec{a}|=|\vec{x}+\vec{a}|\}$ einen Untervektorraum des V_3 bildet!

b) Begründe die Aussage von a) geometrisch!

10. a) U sei ein Untervektorraum des Vektorraumes V_2 und es gelte $\emptyset \neq U \neq V_2$. Zeige, dass U geometrisch als Ursprungsgerade gedeutet werden kann!

b) Formuliere und beweise einen entsprechenden Satz für die Untervektorräume des Vektorraumes V_3!

11. a) Zeige, dass die Menge aller auf $\mathbb{R}$ stetigen Funktionen einen Untervektorraum des Vektorraumes F aller auf $\mathbb{R}$ definierten Funktionen bildet!

b) Gib zwei weitere Untervektorräume von F an!

12. Gib jeweils zwei Untervektorräume an zum Vektorraum

a) P_n aller ganzrationalen Funktionen vom Gerade kleiner oder gleich n;

b) P aller ganzrationalen Funktionen;

c) K aller konvergenten Folgen;

d) B aller beschränkten Folgen;

e) M aller 2×2-Matrizen!

III. Basis und Dimension eines Vektorraums

1. Die Definition D 14.3 besagt, dass man jeden Vektor $\vec{b}$, der zum Erzeugnis $\langle \vec{a}_1, \vec{a}_2, \ldots, \vec{a}_k\rangle$ von k Vektoren $\vec{a}_1, \vec{a}_2, \ldots, \vec{a}_k$ gehört, aus diesen Vektoren linear erzeugen kann. Wir definieren:

D 14.5 Eine Menge $\{\vec{a}_1, \vec{a}_2, \ldots, \vec{a}_k\}$ heißt ein „Erzeugendensystem eines Vektorraums V" genau dann, wenn gilt:

$$\langle \vec{a}_1, \vec{a}_2, \ldots, \vec{a}_k\rangle = V,$$

wenn also jeder Vektor $\vec{b}\in V$ aus den Vektoren $\vec{a}_1, \vec{a}_2, \ldots, \vec{a}_k$ erzeugbar ist.

Beachte, dass es nicht zu jedem Vektorraum V ein solches **endliches** Erzeugendensystem gibt! Zum Beispiel besitzt der Vektorraum aller Polynome kein **endliches** Erzeugendensystem (Aufgabe 9).

Beispiele:

1) Jeder ebene Vektor ($\vec{b} \in V_2$) lässt sich aus den Vektoren $\vec{a}_1 = \begin{pmatrix}1\\0\end{pmatrix}$ und $\vec{a}_2 = \begin{pmatrix}1\\1\end{pmatrix}$ linear erzeugen. Ist nämlich $\vec{b} = \begin{pmatrix}b_1\\b_2\end{pmatrix}$ ein solcher Vektor, so ergibt sich aus $\vec{b} = r_1 \begin{pmatrix}1\\0\end{pmatrix} + r_2 \begin{pmatrix}1\\1\end{pmatrix}$, also $b_1 = r_1 + r_2 \wedge b_2 = r_2$ unmittelbar: $r_2 = b_2$ und $r_1 = b_1 - b_2$.

Probe: $(b_1 - b_2)\begin{pmatrix}1\\0\end{pmatrix} + b_2 \begin{pmatrix}1\\1\end{pmatrix} = \begin{pmatrix}b_1 - b_2 + b_2\\b_2\end{pmatrix} = \begin{pmatrix}b_1\\b_2\end{pmatrix} = \vec{b}$.

Also ist die Menge $\{\vec{a}_1, \vec{a}_2\}$ ein Erzeugendensystem des Vektorraums V_2.

2) Jeder ebene Vektor ($\vec{b} \in V_2$) lässt sich auch aus den drei Vektoren $\vec{a}_1 = \begin{pmatrix}1\\1\end{pmatrix}$; $\vec{a}_2 = \begin{pmatrix}1\\-1\end{pmatrix}$ und $\vec{a}_3 = \begin{pmatrix}0\\1\end{pmatrix}$ linear erzeugen. Ist $\vec{b} = \begin{pmatrix}b_1\\b_2\end{pmatrix}$, so gilt z.B.

$$\frac{b_1}{2}\begin{pmatrix}1\\1\end{pmatrix} + \frac{b_1}{2}\begin{pmatrix}1\\-1\end{pmatrix} + b_2\begin{pmatrix}0\\1\end{pmatrix} = \begin{pmatrix}\frac{b_1}{2} + \frac{b_1}{2}\\ \frac{b_1}{2} - \frac{b_1}{2} + b_2\end{pmatrix} = \begin{pmatrix}b_1\\b_2\end{pmatrix} = \vec{b}.$$

Also ist auch $\{\vec{a}_1, \vec{a}_2, \vec{a}_3\}$ ein Erzeugendensystem des Vektorraums V_2. Allerdings ist die Darstellung eines Vektors $\vec{b} \in V_2$ in diesem Fall nicht eindeutig.
Eine andere Möglichkeit ist z.B.

$$2b_1\begin{pmatrix}1\\1\end{pmatrix} + (-b_1)\begin{pmatrix}1\\-1\end{pmatrix} + (b_2 - 3b_1)\begin{pmatrix}0\\1\end{pmatrix} = \begin{pmatrix}2b_1 - b_1\\2b_1 + b_1 + b_2 - 3b_1\end{pmatrix} = \begin{pmatrix}b_1\\b_2\end{pmatrix} = \vec{b}.$$

Der Grund hierfür ist, dass die Vektoren $\vec{a}_1$, $\vec{a}_2$ und $\vec{a}_3$ linear abhängig sind.

3) Jeder räumliche Vektor ($\vec{b} \in V_3$) lässt sich aus den Vektoren $\vec{a}_1 = \begin{pmatrix}1\\1\\1\end{pmatrix}$; $\vec{a}_2 = \begin{pmatrix}0\\1\\1\end{pmatrix}$ und $\vec{a}_3 = \begin{pmatrix}0\\0\\1\end{pmatrix}$ linear erzeugen. Der Nachweis hierfür soll in Aufgabe 1a) erbracht werden. Also ist $\{\vec{a}_1, \vec{a}_2, \vec{a}_3\}$ ein Erzeugendensystem des Vektorraums V_3.

2. Wie das zweite Beispiel zeigt, kann es sein, dass die Vektoren eines Erzeugendensystems eines Vektorraums V linear abhängig sind. Da sich in einem solchen Fall wenigstens einer der Vektoren aus den anderen linear erzeugen lässt, kann man das Erzeugendensystem um diesen Vektor reduzieren, ohne dass die Eigenschaft, ein Erzeugendensystem zu sein, dabei verloren geht.
Es gilt der Satz:

S 14.3 Lässt man aus einem Erzeugendensystem $\{\vec{a}_1, \vec{a}_2, \ldots, \vec{a}_k\}$ eines Vektorraumes V einen Vektor weg, der sich aus den übrigen erzeugen lässt, so bildet die Menge der restlichen Vektoren ebenfalls ein Erzeugendensystem von V.

Beweis: Es sei z.B. der Vektor $\vec{a}_k$ aus den Vektoren $\vec{a}_1, \vec{a}_2, \ldots, \vec{a}_{k-1}$ erzeugbar:

$$\vec{a}_k = r_1\vec{a}_1 + r_2\vec{a}_2 + \ldots + r_{k-1}\vec{a}_{k-1}.$$

Ist $\vec{b}$ ein beliebiger Vektor aus V, gilt also

$$\vec{b} = s_1\vec{a}_1 + s_2\vec{a}_2 + \ldots + s_{k-1}\vec{a}_{k-1} + s_k\vec{a}_k,$$

so ergibt sich durch Einsetzen der Darstellung für $\vec{a}_k$:

$$\begin{aligned}\vec{b} &= s_1\vec{a}_1 + s_2\vec{a}_2 + \ldots + s_{k-1}\vec{a}_{k-1} + s_k(r_1\vec{a}_1 + \ldots + r_{k-1}\vec{a}_{k-1})\\ &= (s_1 + s_k r_1)\vec{a}_1 + (s_2 + s_k r_2)\vec{a}_2 + \ldots + (s_{k-1} + s_k r_{k-1})\vec{a}_{k-1},\end{aligned}$$

d.h., $\vec{b}$ ist auch aus $\vec{a}_1, \vec{a}_2, \ldots, \vec{a}_{k-1}$ erzeugbar.
Entsprechend kann man mit jedem anderen Vektor $\vec{a}_i$ verfahren, der aus den restlichen erzeugbar ist, q.e.d.

3. Wenn ein Vektorraum V ein endliches Erzeugendensystem besitzt, so lässt sich dieses auf die geschilderte Weise so weit reduzieren, dass die Vektoren des verbleibenden Erzeugendensystems linear unabhängig sind. Wir sehen dabei allerdings von dem (trivialen) Sonderfall des Vektorraums ab, der nur aus dem Nullvektor besteht, dem sogenannten „Nullraum" $\{\vec{0}\}$. Wir definieren:

D 14.6 **Ein aus linear unabhängigen Vektoren $\vec{a}_1, \vec{a}_2, \ldots, \vec{a}_n$ bestehendes Erzeugendensystem eines Vektorraums V heißt eine „Basis von V".**

Bemerkung: Aus dieser Definition folgt **nicht,** dass jeder Vektorraum V eine solche **endliche Basis** besitzt. Ein Gegenbeispiel ist der Vektorraum der Polynome (Aufgabe 9).

Beispiele:

1) Die Vektoren $\vec{a}_1 = \begin{pmatrix}1\\0\end{pmatrix}$ und $\vec{a}_2 = \begin{pmatrix}0\\1\end{pmatrix}$ bilden eine Basis des Vektorraums V_2; denn sie sind linear unabhängig und $\{\vec{a}_1; \vec{a}_2\}$ ist ein Erzeugendensystem von V_2.

2) Auch die Vektoren $\vec{a}_1 = \begin{pmatrix}1\\1\end{pmatrix}$ und $\vec{a}_2 = \begin{pmatrix}1\\-2\end{pmatrix}$ bilden eine Basis des Vektorraums V_2 (Aufgabe 2a).

3) Die Vektoren $\vec{a}_1 = \begin{pmatrix}1\\1\\0\end{pmatrix}$; $\vec{a}_2 = \begin{pmatrix}1\\0\\1\end{pmatrix}$ und $\vec{a}_3 = \begin{pmatrix}0\\1\\1\end{pmatrix}$ bilden eine Basis des Vektorraums V_3 (Aufgabe 1b).

4. Nach den vorstehenden Überlegungen ist klar, dass eine Basis keine „überflüssigen" Vektoren mehr enthält.
Es gilt der Satz

S 14.4 **Wenn aus einer Basis eines Vektorraumes V ein Vektor weggelassen wird, so bilden die restlichen Vektoren kein Erzeugendensystem von V.**

Der Beweis soll in Aufgabe 10a geführt werden.

5. Aus Definition D 14.6 folgt nun unmittelbar die Gültigkeit des Satzes

S 14.5 **Ist $\{\vec{a}_1, \vec{a}_2, \ldots, \vec{a}_n\}$ eine Basis eines Vektorraums V, so ist jeder Vektor $\vec{b} \in V$ aus den Basisvektoren nur auf eine Weise erzeugbar: $\vec{b} = r_1\vec{a}_1 + r_2\vec{a}_2 + \ldots + r_n\vec{a}_n$.**

Der Beweis soll in Aufgabe 10c geführt werden.

Falls V nicht der Nullraum ist, gilt auch die Umkehrung von Satz S 14.5:

S 14.6 **Falls V nicht der Nullraum $\{\vec{0}\}$ ist und jeder Vektor $\vec{b} \in V$ aus den Vektoren $\vec{a}_1$, $\vec{a}_2, \ldots, \vec{a}_n$ auf genau eine Weise erzeugbar ist, stellt $\{\vec{a}_1, \vec{a}_2, \ldots, \vec{a}_n\}$ eine Basis des Vektorraums V dar.**

Beweis: Dass $\{\vec{a}_1, \vec{a}_2, \ldots, \vec{a}_n\}$ ein Erzeugendensystem von V ist, ergibt sich unmittelbar aus der Voraussetzung, dass jeder Vektor $\vec{b} \in V$ aus den Vektoren $\vec{a}_1, \vec{a}_2, \ldots, \vec{a}_n$ erzeugt werden kann. Es bleibt nur zu zeigen, dass die Vektoren $\vec{a}_1, \vec{a}_2, \ldots, \vec{a}_n$ linear unabhängig sind.
Wir nehmen an, dies sei nicht der Fall. Dann müsste es einen Vektor $\vec{a}_i$ $(i = 1, 2, \ldots, n)$ geben, z.B. den Vektor $\vec{a}_n$, der aus den übrigen erzeugbar ist:

$$\vec{a}_n = c_1\vec{a}_1 + c_2\vec{a}_2 + \ldots + c_{n-1}\vec{a}_{n-1}.$$

Da außerdem gilt:

$$\vec{a}_n = 0\vec{a}_1 + 0\vec{a}_2 + \ldots + 0\vec{a}_{n-1} + \vec{a}_n,$$

wäre der Vektor $\vec{a}_n$ im Widerspruch zur Voraussetzung auf mehrfache Weise aus $\vec{a}_1, \vec{a}_2, \ldots, \vec{a}_n$ erzeugbar, q.e.d.

Beachte, dass der Vektor $\vec{a}_n$ ein Vektor aus V ist, dass also auch von ihm vorausgesetzt ist, dass er aus den Vektoren $\vec{a}_1, \vec{a}_2, \ldots, \vec{a}_n$ auf genau eine Weise erzeugbar ist!

5. In §4 haben wir begründet, dass der Raum R_2 von zwei, der Raum R_3 von drei linear unabhängigen Vektoren aufgespannt wird. Jede Basis des Raumes R_2 hat also zwei, jede Basis des R_3 drei Vektoren.
Man kann daher Folgendes vermuten: Wenn ein Vektorraum V zwei endliche Basen B_1 und B_2 besitzt, dann enthalten beide Basen gleich viele Vektoren. Es ist unser Ziel, diesen wichtigen Satz zu beweisen.
Wir überlegen dazu zunächst, wie man aus einer Basis B_1 eines Vektorraums eine andere Basis B_2 konstruieren kann.
Wir können z.B. in der Basis $\{\vec{a}_1, \vec{a}_2\}$ des V_2, die aus den Vektoren $\vec{a}_1 = \begin{pmatrix}1\\0\end{pmatrix}$ und $\vec{a}_2 = \begin{pmatrix}0\\1\end{pmatrix}$ besteht, den Vektor $\vec{a}_2$ durch jeden Vektor $\vec{b}$ ersetzen, zu dessen Erzeugung der Vektor $\vec{a}_2$ benötigt wird, also z.B. durch den Vektor

$$\vec{b} = \vec{a}_1 + 2\vec{a}_2 = \begin{pmatrix}1\\0\end{pmatrix} + 2\begin{pmatrix}0\\1\end{pmatrix} = \begin{pmatrix}1\\2\end{pmatrix}.$$

Es ist leicht zu zeigen, dass dann auch $\{\vec{a}_1, \vec{b}\}$ eine Basis des R_2 ist, dass also jeder Vektor $\vec{c} \in V_2$ aus $\vec{a}_1$ und $\vec{b}$ erzeugbar ist: $\vec{c} = r_1\vec{a}_1 + r_2\vec{b}$.

Zum **Beispiel** gilt für den Vektor $\vec{c}=\begin{pmatrix}3\\2\end{pmatrix}$ (Bild 14.1):

$$\vec{c}=2\vec{a}_1+\vec{b}=2\begin{pmatrix}1\\0\end{pmatrix}+\begin{pmatrix}1\\2\end{pmatrix}=\begin{pmatrix}2+1\\0+2\end{pmatrix}=\begin{pmatrix}3\\2\end{pmatrix}.$$

Dagegen wäre $\{\vec{a}_1, \vec{b}_1\}$ mit

$$\vec{b}_1=2\vec{a}_1+0\vec{a}_2=\begin{pmatrix}2\\0\end{pmatrix}$$

keine Basis des Vektorraums V_2. Begründe dies (Aufgabe 11a)!

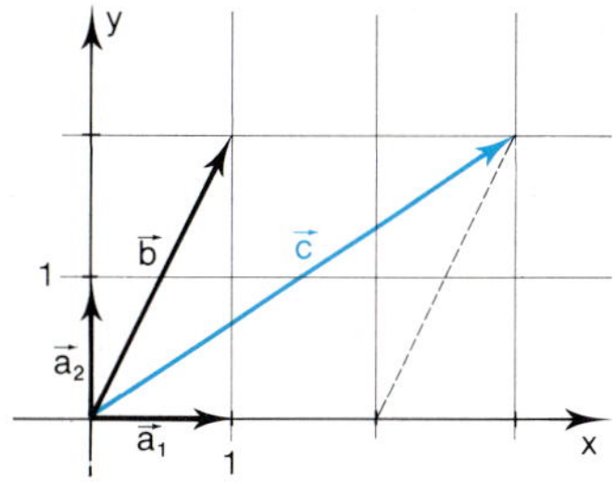

Bild 14.1

Allgemein gilt der wichtige **„Austauschsatz von Steinitz“:**

S 14.7 **Ist $\{\vec{a}_1, \vec{a}_2, \ldots, \vec{a}_n\}$ eine Basis eines Vektorraums V und gilt für einen Vektor $\vec{b}\in V$: $\vec{b}=r_1\vec{a}_1+\ldots+r_k\vec{a}_k+\ldots+r_n\vec{a}_n$ mit $r_k\neq 0$,**
so ist auch $\{\vec{a}_1, \ldots, \vec{a}_{k-1}, \vec{b}, \vec{a}_{k+1}, \ldots, \vec{a}_n\}$ eine Basis von V.

Wir führen den **Beweis** für den Fall, dass $k=1$ und somit $r_1\neq 0$ ist. Alle anderen Fälle sind entsprechend zu behandeln. Man kann alle anderen Fälle auch auf den hier behandelten durch Umbenennung der Basisvektoren zurückführen.

Wir haben zu zeigen, dass die neuen Vektoren

1) linear unabhängig sind und

2) ein Erzeugendensystem von V bilden, dass also jeder Vektor $\vec{c}\in V$ aus ihnen erzeugt werden kann.

Zu 1): Es sei $s_1\vec{b}+s_2\vec{a}_2+\ldots+s_n\vec{a}_n=\vec{0}$; wir haben zu zeigen, dass dann $s_1=s_2=\ldots=s_n=0$ ist. Nun gilt:

$$s_1(r_1\vec{a}_1+\ldots+r_n\vec{a}_n)+s_2\vec{a}_2+\ldots+s_n\vec{a}_n=\vec{0}$$
$$\Rightarrow (s_1r_1)\vec{a}_1+(s_1r_2+s_2)\vec{a}_2+\ldots+(s_1r_n+s_n)\vec{a}_n=\vec{0}.$$

Weil die Vektoren $\vec{a}_1, \vec{a}_2, \ldots, \vec{a}_n$ linear unabhängig sind, muss gelten:

$$s_1r_1=0 \wedge s_1r_2+s_2=0 \wedge \ldots \wedge s_1r_n+s_n=0.$$

Nach Voraussetzung ist ferner $r_1\neq 0$; somit ergibt sich: $s_1=s_2=\ldots=s_n=0$,

d.h., $\vec{b}, \vec{a}_2, \ldots, \vec{a}_n$ sind linear unabhängig.

Zu 2): Wegen $r_1\neq 0$ gilt:

$$\vec{b}=r_1\vec{a}_1+r_2\vec{a}_2+\ldots+r_n\vec{a}_n \;\Rightarrow\; \vec{a}_1=\frac{1}{r_1}(\vec{b}-r_2\vec{a}_2-\ldots-r_n\vec{a}_n).$$

Es sei nun $\vec{c}$ ein beliebiger Vektor aus V, also: $\vec{c}=t_1\vec{a}_1+t_2\vec{a}_2+\ldots+t_n\vec{a}_n$.

Durch Einsetzen ergibt sich:

$$\vec{c}=\frac{t_1}{r_1}(\vec{b}-r_2\vec{a}_2-\ldots-r_n\vec{a}_n)+t_2\vec{a}_2+\ldots+t_n\vec{a}_n$$
$$=\frac{t_1}{r_1}\vec{b}+\left(t_2-\frac{t_1}{r_1}r_2\right)\vec{a}_2+\ldots+\left(t_n-\frac{t_1}{r_1}r_n\right)\vec{a}_n,$$

d.h., $\vec{c}$ ist aus $\vec{b}, \vec{a}_2, \ldots, \vec{a}_n$ erzeugbar, q.e.d.

6. Nunmehr können wir beweisen:

S 14.8 Ist $A=\{\vec{a}_1, \vec{a}_2, \ldots, \vec{a}_n\}$ eine Basis eines Vektorraums V und besteht eine Menge $B=\{\vec{b}_1, \vec{b}_2, \ldots, \vec{b}_m\}$ aus linear unabhängigen Vektoren von V, so ist $m \leqq n$.

Beweis: Wir nehmen – entgegen der Behauptung – an, es sei $m>n$. Wir wollen einen Widerspruch dadurch konstruieren, dass wir die Vektoren von A nach Satz S 14.7 der Reihe nach durch die Vektoren von B ersetzen. Es ergibt sich dann, dass die Vektoren von B – entgegen der Voraussetzung – nicht linear unabhängig sein können.

1) Für den Vektor $\vec{b}_1$ gilt: $\vec{b}_1 = r_1\vec{a}_1 + r_2\vec{a}_2 + \ldots + r_n\vec{a}_n$.
Dabei ist wenigstens eine der Zahlen $r_1, r_2, \ldots, r_n$ von 0 verschieden, weil sonst $\vec{b}_1 = \vec{0}$ und die Vektoren von B nicht linear unabhängig wären. Es sei $r_1 \neq 0$. (Alle anderen Fälle können entsprechend behandelt oder durch Umbenennung der Vektoren auf diesen Fall zurückgeführt werden.) Dann ist nach Satz S 14.7 auch $\{\vec{b}_1, \vec{a}_2, \ldots, \vec{a}_n\}$ eine Basis von V.

2) Für den Vektor $\vec{b}_2$ gilt dann: $\vec{b}_2 = s_1\vec{b}_1 + s_2\vec{a}_2 + \ldots + s_n\vec{a}_n$. Wäre $s_2 = s_3 = \ldots = s_n = 0$, so wäre $\vec{b}_2 = s_1\vec{b}_1$; die Vektoren von B wären dann nicht linear unabhängig. Ist z.B. $s_2 \neq 0$, dann ist nach Satz S 14.7 auch $\{\vec{b}_1, \vec{b}_2, \vec{a}_3, \ldots, \vec{a}_n\}$ eine Basis von V.
(Alle anderen Fälle, z.B. $s_3 \neq 0$, sind entsprechend zu behandeln oder durch Umbenennung der Vektoren auf den behandelten Fall zurückzuführen.)
Durch Fortsetzung dieses Verfahrens können wir Schritt für Schritt jeweils einen weiteren Vektor von A durch einen solchen aus B ersetzen. Im vorletzten Schritt ergibt sich, dass z.B. auch $\{\vec{b}_1, \vec{b}_2, \ldots, \vec{b}_{n-1}, \vec{a}_n\}$ eine Basis von V ist. Dann gilt für den Vektor $\vec{b}_n$:

$$\vec{b}_n = u_1\vec{b}_1 + \ldots + u_{n-1}\vec{b}_{n-1} + u_n\vec{a}_n.$$

Wäre $u_n = 0$, so könnte $\vec{b}_n$ aus $\vec{b}_1, \vec{b}_2, \ldots, \vec{b}_{n-1}$ erzeugt werden; die Vektoren von B wären also nicht linear unabhängig; also ist $u_n \neq 0$ und nach Satz 14.7 auch $\{\vec{b}_1, \vec{b}_2, \ldots, \vec{b}_n\}$ eine Basis von V.
Dann ist wegen $m>n$ der Vektor $\vec{b}_m$ aus $\vec{b}_1, \vec{b}_2, \ldots, \vec{b}_n$ erzeugbar:

$$\vec{b}_m = v_1\vec{b}_1 + v_2\vec{b}_2 + \ldots + v_n\vec{b}_n;$$

die Vektoren von B wären also nicht linear unabhängig. Damit ist der Widerspruch konstruiert, q.e.d.

7. Aus Satz S 14.8 ergibt sich nun unmittelbar die Gültigkeit des Satzes

S 14.9 Sind $A=\{\vec{a}_1, \vec{a}_2, \ldots, \vec{a}_n\}$ und $B=\{\vec{b}_1, \vec{b}_2, \ldots, \vec{b}_m\}$ zwei Basen eines Vektorraums V, so ist $n=m$.

Beweis: Da jede Basis aus linear unabhängigen Vektoren besteht, muss nach Satz S 14.8 sowohl $m \leq n$ als auch $n \geq m$ sein; also ist $n=m$, q.e.d.
Aufgrund von Satz S 14.9 definieren wir:

D 14.7 Besitzt ein Vektorraum V eine endliche Basis, so heißt die allen Basen von V gemeinsame Anzahl n von Vektoren die „Dimension von V", in Zeichen „dim V".

Beispiele:

1) Eine Basis des Vektorraums V_2 ist $\left\{\begin{pmatrix}1\\0\end{pmatrix}; \begin{pmatrix}0\\1\end{pmatrix}\right\}$; daher gilt: $\dim V_2 = 2$.

2) Eine Basis des Vektorraums V_3 ist $\left\{\begin{pmatrix}1\\0\\0\end{pmatrix}; \begin{pmatrix}0\\1\\0\end{pmatrix}; \begin{pmatrix}0\\0\\1\end{pmatrix}\right\}$; daher gilt: $\dim V_3 = 3$.

3) Entsprechend gilt für den Vektorraum V_n: $\dim V_n = n$.

Bemerkung: Mit Hilfe des Begriffs der Dimension kann man den Inhalt von Satz S 14.8 auch folgendermaßen erfassen:

S 14.10 Hat ein Vektorraum V die Dimension n, so kann man ihm höchstens n linear unabhängige Vektoren entnehmen.

8. In §4 haben wir gezeigt, dass zwei **beliebige** linear unabhängige Vektoren den Raum R_2, drei **beliebige** linear unabhängige Vektoren den Raum R_3 aufspannen. Man kann daher vermuten, dass jede Menge $\{\vec{a}_1, \vec{a}_2, \ldots, \vec{a}_n\}$, die aus n linear unabhängigen Vektoren eines n-dimensionalen Vektorraums V besteht, eine Basis dieses Vektorraums darstellt. In der Tat gilt der Satz

S 14.11 Sind n Vektoren $\vec{a}_1, \vec{a}_2, \ldots, \vec{a}_n$ eines n-dimensionalen Vektorraums V linear unabhängig, so ist $B = \{\vec{a}_1, \vec{a}_2, \ldots, \vec{a}_n\}$ eine Basis von V.

Beweis: Wir nehmen an, $\{\vec{a}_1, \vec{a}_2, \ldots, \vec{a}_n\}$ sei keine Basis von V. Dann müsste es einen Vektor $\vec{b} \in V$ geben, der **nicht** aus $\vec{a}_1, \vec{a}_2, \ldots, \vec{a}_n$ erzeugbar wäre. Dann aber wären die $n+1$ Vektoren

$$\vec{a}_1, \vec{a}_2, \ldots, \vec{a}_n, \vec{b} \in V$$

ebenfalls linear unabhängig. Dem Vektorraum V könnte man also mehr als n linear unabhängige Vektoren entnehmen, was nach Satz S 14.10 nicht möglich ist, q.e.d.

Übungen und Aufgaben

1. Zeige, dass die angegebenen Vektoren ein Erzeugendensystem des Vektorraums V_3 bilden!

a) $\begin{pmatrix}1\\1\\1\end{pmatrix}; \begin{pmatrix}0\\1\\1\end{pmatrix}; \begin{pmatrix}0\\0\\1\end{pmatrix}$ **b)** $\begin{pmatrix}1\\1\\0\end{pmatrix}; \begin{pmatrix}1\\0\\1\end{pmatrix}; \begin{pmatrix}0\\1\\1\end{pmatrix}$ **c)** $\begin{pmatrix}1\\2\\3\end{pmatrix}; \begin{pmatrix}3\\1\\2\end{pmatrix}; \begin{pmatrix}2\\3\\1\end{pmatrix}; \begin{pmatrix}3\\2\\1\end{pmatrix}$

2. Zeige, dass die angegebenen Vektoren eine Basis des V_2 bilden!

a) $\begin{pmatrix}1\\1\end{pmatrix}; \begin{pmatrix}1\\-2\end{pmatrix}$ **b)** $\begin{pmatrix}1\\2\end{pmatrix}; \begin{pmatrix}2\\3\end{pmatrix}$ **c)** $\begin{pmatrix}-1\\2\end{pmatrix}; \begin{pmatrix}2\\-1\end{pmatrix}$ **d)** $\begin{pmatrix}-1\\-3\end{pmatrix}; \begin{pmatrix}-2\\-4\end{pmatrix}$

3. Ergänze die angegebenen Vektoren zu einer Basis des V_3!

a) $\begin{pmatrix}1\\1\\1\end{pmatrix}; \begin{pmatrix}1\\1\\0\end{pmatrix}$ **b)** $\begin{pmatrix}-1\\1\\0\end{pmatrix}; \begin{pmatrix}1\\2\\0\end{pmatrix}$ **c)** $\begin{pmatrix}1\\0\\3\end{pmatrix}; \begin{pmatrix}3\\0\\1\end{pmatrix}$ **d)** $\begin{pmatrix}5\\4\\5\end{pmatrix}; \begin{pmatrix}4\\5\\4\end{pmatrix}$

4. Zeige, dass die angegebenen Vektoren ein Erzeugendensystem des V_3 bilden! Streiche dann Vektoren so weg, dass die restlichen eine Basis des V_3 bilden. Wie viele Möglichkeiten zu streichen gibt es?

a) $\begin{pmatrix}1\\2\\3\end{pmatrix}; \begin{pmatrix}1\\4\\9\end{pmatrix}; \begin{pmatrix}1\\8\\27\end{pmatrix}; \begin{pmatrix}1\\16\\81\end{pmatrix}$ **b)** $\begin{pmatrix}1\\2\\3\end{pmatrix}; \begin{pmatrix}1\\3\\6\end{pmatrix}; \begin{pmatrix}1\\4\\8\end{pmatrix}; \begin{pmatrix}1\\5\\10\end{pmatrix}$

c) $\begin{pmatrix}-1\\0\\1\end{pmatrix}; \begin{pmatrix}0\\1\\2\end{pmatrix}; \begin{pmatrix}1\\2\\3\end{pmatrix}; \begin{pmatrix}2\\3\\4\end{pmatrix}; \begin{pmatrix}3\\4\\6\end{pmatrix}$ **d)** $\begin{pmatrix}1\\1\\1\end{pmatrix}; \begin{pmatrix}1\\1\\0\end{pmatrix}; \begin{pmatrix}1\\0\\1\end{pmatrix}; \begin{pmatrix}0\\1\\1\end{pmatrix}; \begin{pmatrix}0\\0\\1\end{pmatrix}; \begin{pmatrix}0\\0\\0\end{pmatrix}$

5. Bestimme eine Basis des Vektorraums M aller 2×2-Matrizen (vgl. Aufgabe 4 auf Seite 270!)!

6. Zeige, dass U ein Untervektorraum des V_4 ist, und ermittle eine Basis von U!

a) $U=\left\{\begin{pmatrix}x_1\\x_2\\x_3\\x_4\end{pmatrix} \middle| x_1=0\right\}$ **b)** $U=\left\{\begin{pmatrix}x_1\\x_2\\x_3\\x_4\end{pmatrix} \middle| x_1=2x_2\right\}$ **c)** $U=\left\{\begin{pmatrix}x_1\\x_2\\x_3\\x_4\end{pmatrix} \middle| 2x_1-x_3+2x_4=0\right\}$

d) $U=\left\{\begin{pmatrix}x_1\\x_2\\x_3\\x_4\end{pmatrix} \middle| x_1+x_2=x_3+x_4\right\}$ **e)** $U=\left\{\begin{pmatrix}x_1\\x_2\\x_3\\x_4\end{pmatrix} \middle| x_1=-x_2 \wedge x_3=-x_4\right\}$

7. a) Zeige: Sind f_0 eine konstante, f_1 eine lineare und f_2 eine quadratische Funktion, so bilden f_0, f_1 und f_2 eine Basis des Vektorraums P_2 aller ganzrationalen Funktionen vom Grade kleiner oder gleich 2, falls f_0 nicht die Nullfunktion ist.

b) Untersuche, ob jede Basis des P_2 eine konstante, eine lineare und eine quadratische Funktion enthält!

8. Bestimme eine Basis des Vektorraums P_n aller ganzrationalen Funktionen vom Grade kleiner oder gleich n!

9. Zeige mit einem Widerspruchsbeweis, dass der Vektorraum P aller ganzrationaler Funktionen keine endliche Basis besitzt!

10. a) Beweise Satz S 14.4!

b) Formuliere und beweise einen entsprechenden Satz für den Fall, dass zu einer Basis eines Vektorraums V ein Vektor hinzugenommen wird!

c) Beweise Satz S 14.5!

11. a) Die Vektoren $\vec{a}_1 = \begin{pmatrix}1\\0\end{pmatrix}$ und $\vec{a}_2 = \begin{pmatrix}0\\1\end{pmatrix}$ bilden eine Basis des V_2. Zeige: Ist $\vec{b} \in V_2$ ein Vektor mit $\vec{b} = r_1\vec{a}_1 + r_2\vec{a}_2$ (mit $r_1 \in \mathbb{R}$ und $r_2 \in R^{+0}$), so bilden auch die Vektoren $\vec{a}_1$ und $\vec{b}_1$ eine Basis von V_2. Begründe, dass dies für $r_2 = 0$ nicht gilt!

b) Die Vektoren $\vec{a}_1 = \begin{pmatrix}1\\0\\0\end{pmatrix}$, $\vec{a}_2 = \begin{pmatrix}1\\0\\1\end{pmatrix}$ und $\vec{a}_3 = \begin{pmatrix}0\\1\\1\end{pmatrix}$ bilden eine Basis des V_3. Zeige: Ist $\vec{b} \in V_3$ ein Vektor mit $\vec{b} = r_1\vec{a}_1 + r_2\vec{a}_2 + r_3\vec{a}_3$ (mit r_1, $r_3 \in \mathbb{R}$ und $r_2 \in R^{+0}$), so bilden auch die Vektoren $\vec{a}_1$, $\vec{b}$, $\vec{a}_3$ eine Basis des V_3.

12. Die Vektoren $\begin{pmatrix}1\\0\\0\\0\end{pmatrix}, \begin{pmatrix}0\\1\\0\\0\end{pmatrix}, \begin{pmatrix}0\\0\\1\\0\end{pmatrix}, \begin{pmatrix}0\\0\\0\\1\end{pmatrix}$ bilden eine Basis des V_4. Ermittle mit Hilfe des Satzes S 14.7 drei weitere Basen des V_4!

13. Zeige mit Hilfe des Satzes S 14.7, dass die folgenden Vektoren eine Basis des V_4 bilden!

a) $\begin{pmatrix}1\\0\\0\\0\end{pmatrix}; \begin{pmatrix}1\\1\\0\\0\end{pmatrix}; \begin{pmatrix}1\\1\\1\\0\end{pmatrix}; \begin{pmatrix}1\\1\\1\\1\end{pmatrix}$ **b)** $\begin{pmatrix}1\\1\\0\\0\end{pmatrix}; \begin{pmatrix}0\\1\\1\\0\end{pmatrix}; \begin{pmatrix}0\\0\\1\\1\end{pmatrix}; \begin{pmatrix}1\\0\\0\\2\end{pmatrix}$ **c)** $\begin{pmatrix}1\\2\\3\\4\end{pmatrix}; \begin{pmatrix}1\\3\\4\\5\end{pmatrix}; \begin{pmatrix}1\\3\\5\\6\end{pmatrix}; \begin{pmatrix}1\\3\\5\\7\end{pmatrix}$

14. Bestimme die Dimension der folgenden Untervektorräume des V_5!

a) $\left\langle \begin{pmatrix}-1\\1\\-1\\1\\-1\end{pmatrix}; \begin{pmatrix}1\\0\\1\\0\\1\end{pmatrix}; \begin{pmatrix}0\\-1\\0\\-1\\0\end{pmatrix} \right\rangle$ **b)** $\left\langle \begin{pmatrix}1\\2\\3\\4\\5\end{pmatrix}; \begin{pmatrix}2\\3\\4\\5\\6\end{pmatrix}; \begin{pmatrix}3\\4\\5\\6\\7\end{pmatrix}; \begin{pmatrix}4\\5\\6\\7\\8\end{pmatrix} \right\rangle$

c) $\left\langle \begin{pmatrix}1\\1\\1\\1\\1\end{pmatrix}; \begin{pmatrix}1\\2\\3\\4\\5\end{pmatrix}; \begin{pmatrix}1\\4\\9\\16\\25\end{pmatrix}; \begin{pmatrix}1\\8\\27\\64\\125\end{pmatrix} \right\rangle$ **d)** $\left\{ \begin{pmatrix}x_1\\x_2\\x_3\\x_4\\x_5\end{pmatrix} \middle| \; x_1 + x_2 + x_3 + x_4 + x_5 = 0 \right\}$

15. Zeige, dass der Vektorraum N aller Nullfolgen (vgl. Aufgabe 6c Seite 270!) keine endliche Basis besitzt!

IV. Zu den Umformungen des Gaußverfahrens

1. In den Paragraphen 6, 7 und 13 haben wir das Gaußverfahren zur Bestimmung der Lösungen eines linearen Gleichungssystems besprochen und bei zahlreichen Beispielen angewendet. In diesem Zusammenhang ist insbesondere die Frage offen geblieben, ob die beim Gaußverfahren durchzuführenden Zeilenumformungen den Rang der betreffenden Matrizen unverändert lassen. Mit Hilfe der Begriffe und der Sätze, die wir in den vorhergehenden Abschnitten dargestellt haben, können wir diese Frage jetzt beantworten.

2. In Definition D 13.1 haben wir den Zeilenrang einer Matrix M definiert als die Maximalzahl der linear unabhängigen Zeilenvektoren der Matrix M (Seite 250). Zu einer Matrix von m Zeilen und n Spalten

$$M = \begin{pmatrix} a_{11} & a_{12} & \cdots & a_{1n} \\ a_{21} & a_{22} & \cdots & a_{2n} \\ \vdots & \vdots & \ddots & \vdots \\ a_{m1} & a_{m2} & \cdots & a_{mn} \end{pmatrix}$$

gehören die Zeilenvektoren $\vec{g}_i = (a_{i1}, a_{i2}, \ldots, a_{in})$ (für $i = 1, 2, \ldots, m$).

Da jeder dieser Vektoren n Koordinaten besitzt, ist er ein Element des Vektorraums V_n; es gilt $\vec{g}_i \in V_n$ (für $i = 1, 2, \ldots, m$).
Das Erzeugnis $\langle \vec{g}_1, \vec{g}_2, \ldots, \vec{g}_m \rangle$ dieser Vektoren ist nach Satz S 14.2 ein Vektorraum, und zwar ein Untervektorraum des n-dimensionalen Vektorraums V_n.
Daher besitzt der von den Vektoren $\vec{g}_1, \vec{g}_2, \ldots, \vec{g}_m$ aufgespannte Vektorraum auf jeden Fall eine endliche Basis, also auch eine (endliche) Dimension. Gilt nun

$$\dim \langle \vec{g}_1, \vec{g}_2, \ldots, \vec{g}_m \rangle = r \qquad (\text{mit } r \leq n;\ r \leq m),$$

so bedeutet dies nach Satz S 14.9, dass **jede** Basis von $\langle \vec{g}_1, \vec{g}_2, \ldots, \vec{g}_m \rangle$ genau r linear unabhängige Vektoren enthält und dass nach Satz S 14.10 diese Zahl r die Maximalzahl linear unabhängiger Zeilenvektoren der Matrix angibt. Demnach stellt die Zahl r nach Definition D 13.1 den **Zeilenrang** der Matrix M dar: $rg_z M = r$. Es gilt der Satz:

S 14.12 Besteht eine Matrix M aus den Zeilenvektoren $\vec{g}_1, \vec{g}_2, \ldots, \vec{g}_m$, so gilt

$$\mathbf{rg_Z M = \dim \langle \vec{g}_1, \vec{g}_2, \ldots, \vec{g}_m \rangle.}$$

Beachte: Mit den vorstehenden Überlegungen ist sichergestellt, dass es bei der Bestimmung des Zeilenrangs einer Matrix M nicht darauf ankommt, **welche** Zeilenvektoren aus der Matrix M ausgewählt werden, sofern diese Vektoren nur linear unabhängig sind. Mit anderen Worten: **Jede** Teilmenge der Menge $\{\vec{g}_1, \vec{g}_2, \ldots, \vec{g}_m\}$, die aus linear unabhängigen Vektoren besteht und die bei Hinzunahme **jedes** weiteren Zeilenvektors zu einer Menge abhängiger Vektoren führt, enthält die **gleiche** Anzahl von Vektoren, nämlich so viele, wie die Dimension von $\langle \vec{g}_1, \vec{g}_2, \ldots, \vec{g}_m \rangle$ angibt.

3. Wir können nun beweisen, dass die Umformungen des Gaußverfahrens den Zeilenrang einer Matrix nicht ändern.
Wir formulieren diese Umformungen für die Zeilenvektoren der betreffenden Matrix (vergleiche Seite 103!):

[1] **Vertauschen zweier Zeilenvektoren;**

[2] **Multiplikation eines Zeilenvektors mit einer von Null verschiedenen Zahl;**

[3] **Ersetzen eines Zeilenvektors durch die Summe aus diesem Vektor und einem anderen Zeilenvektor.**

Zu [1]: Es ist unmittelbar einsichtig, dass der Austausch zweier Zeilenvektoren die Dimension von $\langle \vec{g}_1, \vec{g}_2, \ldots, \vec{g}_m \rangle$, also den Zeilenrang der Matrix nicht ändert.

Zu [2]: Wir ersetzen einen Vektor $\vec{g}_k$ durch den Vektor $\vec{g}_k{}' = c\vec{g}_k$ (mit $c \neq 0$ und $k = 1, 2, \ldots, m$). Zu zeigen ist, dass für die Erzeugnisse

$$E = \langle \vec{g}_1, \ldots, \vec{g}_k, \ldots, \vec{g}_m \rangle \quad \text{und} \quad E' = \langle \vec{g}_1, \ldots, \vec{g}_k{}', \ldots, \vec{g}_m \rangle \quad \text{gilt: } E = E'.$$

Es sei $\vec{a} \in E'$, also $\vec{a} = r_1 \vec{g}_1 + \ldots + r_k \vec{g}_k{}' + \ldots + r_m \vec{g}_m$; dann gilt:

$$\vec{a} = r_1 \vec{g}_1 + \ldots + r_k(c\vec{g}_k) + \ldots + r_m \vec{g}_m = r_1 \vec{g}_1 + \ldots + (c r_k)\vec{g}_k + \ldots + r_m \vec{g}_m.$$

Somit gilt auch $\vec{a} \in E'$, also $E' \subseteq E$.

Wegen $c \neq 0$ gilt $\vec{g}_k = \frac{1}{c}\vec{g}_k{}'$; daher kann man auf die gleiche Weise auch zeigen, dass aus $\vec{b} \in E$ folgt $b \in E'$, also $E \subseteq E'$.

Aus $E' \subseteq E$ und $E \subseteq E'$ ergibt sich aber $E = E'$, q.e.d.

Zu [3]: Wir ersetzen z.B. den Vektor $\vec{g}_1$ durch den Vektor $\vec{g}_1{}' = \vec{g}_1 + \vec{g}_k$ (mit $k = 2, 3, \ldots, m$). Zu zeigen ist wiederum, dass für die Erzeugnisse

$$E = \langle \vec{g}_1, \vec{g}_2, \ldots, \vec{g}_m \rangle \text{ und } E' = \langle \vec{g}_1{}', \vec{g}_2, \ldots, \vec{g}_m \rangle \quad \text{gilt:} \quad E = E'.$$

1) Es sei $\vec{a} \in E'$, also $\vec{a} = r_1 \vec{g}_1{}' + r_2 \vec{g}_2 + \ldots + r_m \vec{g}_m$; dann gilt:

$$\begin{aligned}\vec{a} &= r_1(\vec{g}_1 + \vec{g}_k) + r_2 \vec{g}_2 + \ldots + r_k \vec{g}_k + \ldots + r_m \vec{g}_m \\ &= r_1 \vec{g}_1 + r_2 \vec{g}_2 + \ldots + (r_1 + r_k)\vec{g}_k + \ldots + r_m \vec{g}_m.\end{aligned}$$

Somit gilt auch $\vec{a} \in E$, also $E' \subseteq E$.

2) Ferner gilt: $\vec{g}_1{}' = \vec{g}_1 + \vec{g}_k \;\Rightarrow\; \vec{g}_1 = \vec{g}_1{}' - \vec{g}_k$.

Es sei $\vec{b} \in E$, also $\vec{b} = s_1 \vec{g}_1 + \ldots + s_k \vec{g}_k + \ldots + s_m \vec{g}_m$; dann gilt:

$$\begin{aligned}\vec{b} &= s_1(\vec{g}_1{}' - \vec{g}_k) + \ldots + s_k \vec{g}_k + \ldots + s_m \vec{g}_m \\ &= s_1 \vec{g}_1{}' + \ldots + (s_k - s_1)\vec{g}_k + \ldots + s_m \vec{g}_m.\end{aligned}$$

Somit gilt auch $\vec{b} \in E'$, also $E \subseteq E'$.

Aus $E' \subseteq E$ und $E \subseteq E'$ ergibt sich auch in diesem Fall $E = E'$.

Genau entsprechend kann man schließen, wenn ein anderer Zeilenvektor von M, etwa der Vektor $\vec{g}_i$, durch eine Linearkombination der Form

$$\vec{g}_i{}' = \vec{g}_i + \vec{g}_k \qquad (i, k = 1, 2, \ldots, m \text{ mit } i \neq k)$$

ersetzt wird.

Bemerkung: Man kann jeden anderen Fall auch durch Umbenennung der Zeilenvektoren auf den hier behandelten zurückführen.
Somit gilt bei beiden Umformungsarten:

$$E = E', \text{ also auch } \dim E = \dim E'$$

und somit $\quad rg_z M = rg_z M'$, q.e.d.

Damit haben wir bewiesen:

S 14.13 Die beim Gaußverfahren durchzuführenden Zeilenumformungen lassen den Zeilenrang einer Matrix M unverändert.

Beachte, dass wir beim Beweis von Satz S 14.13 keinen Gebrauch gemacht haben von Sätzen, die wir in §13 bereits unter Verwendung dieses Satzes hergeleitet haben!

Bemerkung: Bei der Durchführung des Gaußverfahrens werden die Umformungsarten [2] und [3] meistens zu **einer** Umformung zusammengefasst nach der Gleichung

$$\vec{g}_i{}' = a\vec{g}_i + b\vec{g}_k \qquad (\text{mit } a, b \in \mathbb{R},\ a \neq 0;\ i, k = 1, 2, \ldots, m \text{ und } i \neq k).$$

Ist $b = 0$, so handelt es sich um die Multiplikation der i-ten Zeile mit dem Faktor $a \neq 0$, also um eine Umformung der Art [2].
Ist $a = b = 1$, so handelt es sich um die Addition zweier Zeilen, also um eine Umformung der Art [3].
Man kann die beiden Teile des Beweises zusammenfassen, wenn man diese Gleichung benutzt (Aufgabe 3).

Übungen und Aufgaben

1. **a)** Zeige, dass ein lineares Gleichungssystem genau dann lösbar ist, wenn der Spaltenrang der zugehörigen Matrix gleich dem Spaltenrang der zugehörigen erweiterten Matrix ist!

Anleitung: Vergleiche die Dimensionen der Erzeugnisse der Spaltenvektoren dieser beiden Matrizen!

b) Zeige, dass ein lösbares lineares Gleichungssystem mit n Variablen genau dann eindeutig lösbar ist, wenn der Spaltenrang der zugehörigen Matrix gleich n ist!

Anleitung: Wende den Satz S 14.5 an!

2. Zeige, ohne die Sätze aus §13 zu benutzen, dass sich der Spaltenrang einer Matrix bei den angegebenen Umformungen nicht ändert!

a) Vertauschen zweier Zeilenvektoren

b) Multiplizieren eines Zeilenvektors mit einer von Null verschiedenen Zahl

c) Ersetzen eines Zeilenvektors durch die Summe aus diesem Vektor und einem anderen Zeilenvektor

Anleitung: Vergleiche jeweils die Dimension der Erzeugnisse der Spaltenvektoren der ursprünglichen und der umgeformten Matrix!

3. Führe den Beweis von Satz S 14.13 mit Hilfe der Umformungsgleichung $\vec{g}_i' = a\vec{g}_i + b\vec{g}_k$ (für $a, b \in \mathbb{R}$, $a \neq 0$; $i, k = 1, 2, \ldots, m$ und $i \neq k$)!

§ 15 Matrizen

I. Die Addition und die S-Multiplikation von Matrizen

1. Bisher haben wir Matrizen als rechteckige Zahlenschemata aufgefasst, mit denen wir z. B. lineare Gleichungssysteme erfassen können und mit denen das Gaußverfahren in übersichtlicher Weise durchgeführt werden kann.
Eine Vielzahl weiterer Anwendungsmöglichkeiten eröffnet sich, wenn man darüber hinaus für Matrizen **Verknüpfungen** definiert, so dass man mit Matrizen auch rechnen kann. In diesem Buch werden wir außer der Anwendung auf Gleichungssysteme vor allem die Verwendung von Matrizen zur Beschreibung von geometrischen Abbildungen und von Kegelschnitten besprechen.

2. Da man Vektoren als einspaltige Matrizen auffassen kann, liegt es nahe, die Verknüpfungen der **Addition** und der **S-Multiplikation** von Vektoren auf Matrizen zu übertragen.
Sind A und B zwei Matrizen gleicher Form, so wird man sie elementweise addieren.

Beispiel: $$\begin{pmatrix} 2 & 1 & -3 \\ 4 & -1 & 0 \end{pmatrix} + \begin{pmatrix} 1 & 3 & 5 \\ -3 & 7 & -2 \end{pmatrix} = \begin{pmatrix} 2+1 & 1+3 & -3+5 \\ 4+(-3) & (-1)+7 & 0+(-2) \end{pmatrix} = \begin{pmatrix} 3 & 4 & 2 \\ 1 & 6 & -2 \end{pmatrix}$$

Wir definieren:

D 15.1 **Zwei (m, n)-Matrizen $A=(a_{ik})$ und $B=(b_{ik})$ werden elementweise addiert. $C=A+B$ mit $C=(c_{ik})$ bedeutet also: $c_{ik}=a_{ik}+b_{ik}$ (für $i=1, 2, \ldots, m$; $k=1, 2, \ldots, n$).**

Es ist leicht zu zeigen, dass für die Addition von Matrizen das **Kommutativgesetz,** das **Assoziativgesetz,** das **Neutralitätsgesetz** und das **Inversitätsgesetz** gelten (Aufgabe 5). **Neutrales Element** ist die Nullmatrix $N=(n_{ik})$ mit $n_{ik}=0$, die **additiv-inverse Matrix** zu einer Matrix $A=(a_{ik})$ ist die Matrix $(-a_{ik})$; diese bezeichnet man mit „$-A$". Es gilt also der Satz:

S 15.1 **Die (m, n)-Matrizen bilden bezüglich der Matrizenaddition eine kommutative Gruppe.**

3. Analog zur S-Multiplikation für Vektoren definieren wir für Matrizen:

D 15.2 **Eine Matrix $A=(a_{ik})$ wird mit einer Zahl $r \in \mathbb{R}$ multipliziert, indem jedes Element von A mit r multipliziert wird.**
$B=rA$ mit $B=(b_{ik})$ bedeutet also: $b_{ik}=r\,a_{ik}$ (für $i=1, 2, \ldots, m$; $k=1, 2, \ldots, n$).

Beispiel: $$3\begin{pmatrix} -2 & 3 & 4 \\ 5 & -1 & 0 \end{pmatrix} = \begin{pmatrix} 3\cdot(-2) & 3\cdot 3 & 3\cdot 4 \\ 3\cdot 5 & 3\cdot(-1) & 3\cdot 0 \end{pmatrix} = \begin{pmatrix} -6 & 9 & 12 \\ 15 & -3 & 0 \end{pmatrix}$$

Für diese S-Multiplikation gelten die gleichen Gesetze wie für die S-Multiplikation von Vektoren.

S 15.2 1) **Für alle $r, s \in \mathbb{R}$ und für jede Matrix A gilt:**
$r(sA) = (rs)A$ („Assoziativgesetz").
2) **Für alle $r, s \in \mathbb{R}$ und für jede Matrix A gilt:**
$(r+s)A = rA + sA$ (1. Distributivgesetz).
3) **Für alle $r \in \mathbb{R}$ und für alle (m, n)-Matrizen A und B gilt:**
$r(A+B) = rA + rB$ (2. Distributivgesetz).
4) **Für jede Matrix A gilt: $1 \cdot A = A$.**

Die Beweise sollen in Aufgabe 6 geführt werden. Die Sätze S 15.1 und S 15.2 bedeuten zusammen genommen, dass die Menge aller (m, n)-Matrizen mit der Matrizenaddition und der S-Multiplikation einen **Vektorraum** über dem Körper der reellen Zahlen bildet.

Übungen und Aufgaben

Vorbemerkung: In den Aufgaben 1 – 3 ist jeweils mit den Matrizen $M_1, M_2, M_3, \ldots, M_9$ zu rechnen.

$$M_1 = \begin{pmatrix} 1 & 2 \\ 3 & 4 \end{pmatrix};\quad M_2 = \begin{pmatrix} 0 & 1 \\ 2 & 3 \end{pmatrix};\quad M_3 = \begin{pmatrix} -1 & -2 \\ 2 & 1 \end{pmatrix};\quad M_4 = \begin{pmatrix} 0 & -5 \\ 5 & 0 \end{pmatrix};\quad M_5 = \begin{pmatrix} -5 & 10 \\ -20 & 30 \end{pmatrix};$$

$$M_6 = \begin{pmatrix} 1 & 2 & 4 \\ 3 & -1 & 0 \end{pmatrix};\quad M_7 = \begin{pmatrix} 0 & 3 & -7 \\ 9 & 1 & -1 \end{pmatrix};\quad M_8 = \begin{pmatrix} 0 & 1 & -1 \\ -1 & 0 & 1 \end{pmatrix};\quad M_9 = \begin{pmatrix} 0{,}5 & 2 & -2 \\ 1{,}5 & 3 & 2{,}5 \end{pmatrix}$$

1. Berechne mit den oben angegebenen Matrizen!
a) $M_1 + M_2$ **b)** $M_2 + M_3$ **c)** $M_3 + M_4$ **d)** $M_4 + M_5$ **e)** $M_5 + M_1$
f) $M_6 + M_7$ **g)** $M_6 + M_8$ **h)** $M_7 + M_8$ **i)** $M_8 + M_9$ **j)** $M_9 + M_6$

2. Berechne mit den oben angegebenen Matrizen!
a) $M_1 + (M_2 + M_3)$ und $(M_1 + M_2) + M_3$ **b)** $M_6 + (M_7 + M_8)$ und $(M_6 + M_7) + M_8$

3. Berechne mit den oben angegebenen Matrizen!
a) $3M_1$ **b)** $-5M_2$ **c)** $M_3 - M_4$ **d)** $2M_2 + 3M_1$ **e)** $5M_3 - M_4 + 2M_5$
f) $5M_6$ **g)** $-10M_8$ **h)** $M_6 - M_8$ **i)** $2M_9 + 3M_8$ **j)** $M_6 - M_7 + 4M_8$

4. Zeige, dass die Matrix $-A = (-a_{ik})$ die additiv-inverse Matrix zu der Matrix $A = (a_{ik})$ ist!

5. Beweise Satz S 15.1!

6. Beweise **a)** Satz S 15.2 1); **b)** Satz S 15.2 2); **c)** Satz S 15.2 3); **d)** Satz S 15.2 4)!

7. Eine (3, 3)-Matrix heißt magisch, wenn alle drei Zeilensummen, alle drei Spaltensummen und die beiden Diagonalsummen übereinstimmen.

Bild 15.1

Beispiel: $M=\begin{pmatrix}4 & 9 & 2\\ 3 & 5 & 7\\ 8 & 1 & 6\end{pmatrix}$ (Zeilensummen: 15, 15, 15; Spaltensummen: 15, 15, 15; Diagonalsummen: 15, 15)

a) Zeige, dass die Matrizen P und Q magisch sind!

$$P=\begin{pmatrix}-1 & 6 & -2\\ 0 & 1 & 2\\ 4 & -4 & 3\end{pmatrix};\quad Q=\begin{pmatrix}5 & 30 & -5\\ 0 & 10 & 20\\ 25 & -10 & 15\end{pmatrix}$$

b) Zeige, dass die Matrizen A, B und C magisch sind!

$$A=\begin{pmatrix}1 & 1 & 1\\ 1 & 1 & 1\\ 1 & 1 & 1\end{pmatrix};\quad B=\begin{pmatrix}-1 & 1 & 0\\ 1 & 0 & -1\\ 0 & -1 & 1\end{pmatrix};\quad C=\begin{pmatrix}0 & 1 & -1\\ -1 & 0 & 1\\ 1 & -1 & 0\end{pmatrix}$$

c) Zeige, dass jede „Linearkombination“ $D=\mu_1 A+\mu_2 B+\mu_3 C$ der Matrizen A, B und C mit reellen Zahlen μ_1, μ_2 und μ_3 eine magische Matrix ist!

d) Bestimme Zahlen μ_1, μ_2 und μ_3 so, dass für die Matrix M(P; Q) gilt: $M=\mu_1 A+\mu_2 B+\mu_3 C$!

e) Zum Überlegen: Jede magische (3, 3)-Matrix lässt sich als Linearkombination der Matrizen A, B und C schreiben!

II. Die Multiplikation einer Matrix mit einem Vektor

1. Unser Ziel ist es, in sinnvoller Weise ein Produkt zwischen zwei Matrizen A und B zu definieren. Dazu beschäftigen wir uns zunächst mit dem Sonderfall, dass B eine **ein**spaltige Matrix, also ein Spaltenvektor ist. Wir greifen zu diesem Zweck auf ein lineares Gleichungssystem von m Gleichungen mit n Variablen zurück:

$$\begin{cases} a_{11}x_1+a_{12}x_2+\ldots+a_{1n}x_n=r_1\\ a_{21}x_1+a_{22}x_2+\ldots+a_{2n}x_n=r_2\\ \cdot\quad\cdot\quad\cdot\quad\cdot\quad\cdot\quad\cdot\quad\cdot\quad\cdot\\ a_{m1}x_1+a_{m2}x_2+\ldots+a_{mn}x_n=r_m\end{cases}$$

Durch ein solches Gleichungssystem wird nämlich die Matrix

$$A=\begin{pmatrix}a_{11} & a_{12} & \ldots & a_{1n}\\ a_{21} & a_{22} & \ldots & a_{2n}\\ \vdots & \vdots & \ddots & \vdots\\ a_{m1} & a_{m2} & \ldots & a_{mn}\end{pmatrix} \text{ mit dem Vektor } \vec{x}=\begin{pmatrix}x_1\\ x_2\\ \vdots\\ x_n\end{pmatrix} \text{ zu einem Vektor } \vec{r}=\begin{pmatrix}r_1\\ r_2\\ \vdots\\ r_m\end{pmatrix}$$

verknüpft. Wir fassen diese Verknüpfung als eine Multiplikation zwischen der Matrix A und dem Vektor $\vec{x}$ auf; das Verknüpfungsergebnis ist dann der Vektor $\vec{r}$.

Wir schreiben also:

$$A\vec{x}=\vec{r} \quad \text{oder} \quad \begin{pmatrix} a_{11} & a_{12} & \dots & a_{1n} \\ a_{21} & a_{22} & \dots & a_{2n} \\ \vdots & \vdots & \ddots & \vdots \\ a_{m1} & a_{m2} & \dots & a_{mn} \end{pmatrix} \begin{pmatrix} x_1 \\ x_2 \\ \vdots \\ x_n \end{pmatrix} = \begin{pmatrix} r_1 \\ r_2 \\ \vdots \\ r_m \end{pmatrix}.$$

Dabei gilt z. B. für die zweite Koordinate von $\vec{r}$: $r_2 = a_{21}x_1 + a_{22}x_2 + \dots + a_{2n}x_n$,

allgemein für die i-te Koordinate von $\vec{r}$:

$$r_i = a_{i1}x_1 + a_{i2}x_2 + \dots + a_{in}x_n \quad (i = 1, 2, \dots, m).$$

Die Koordinate r_i ist also das Skalarprodukt zwischen dem i-ten Zeilenvektor von A und dem Vektor $\vec{x}$. Diese Produkte können natürlich nur gebildet werden, wenn die Anzahl der Spalten von A mit der Anzahl der Koordinaten von $\vec{x}$ übereinstimmt.

Beispiel: $A = \begin{pmatrix} 2 & -1 & 4 \\ 3 & 0 & 2 \\ -4 & 1 & 5 \\ 2 & 6 & -3 \end{pmatrix}, \quad \vec{x} = \begin{pmatrix} -2 \\ 1 \\ 0 \end{pmatrix}$

$$A\vec{x} = \begin{pmatrix} 2 & -1 & 4 \\ 3 & 0 & 2 \\ -4 & 1 & 5 \\ 2 & 6 & -3 \end{pmatrix} \begin{pmatrix} -2 \\ 1 \\ 0 \end{pmatrix} = \begin{pmatrix} 2\cdot(-2)+(-1)\cdot 1+4\cdot 0 \\ 3\cdot(-2)+0\cdot 1+2\cdot 0 \\ (-4)\cdot(-2)+1\cdot 1+5\cdot 0 \\ 2\cdot(-2)+6\cdot 1+(-3)\cdot 0 \end{pmatrix} = \begin{pmatrix} -5 \\ -6 \\ 9 \\ 2 \end{pmatrix}$$

Wir können also definieren:

D 15.3 Ist $A = (a_{ik})$ eine (m, n)-Matrix und $\vec{x}$ ein Spaltenvektor mit n Koordinaten $x_1, x_2, \dots, x_n$, so versteht man unter $A\vec{x}$ den Spaltenvektor mit den m Koordinaten

$$r_i = a_{i1}x_1 + a_{i2}x_2 + \dots + a_{in}x_n \quad (\text{für } i = 1, 2, \dots, m).$$

2. Für die Multiplikation zwischen einer Matrix und einem Vektor gelten nahe liegende Gesetze. Wir setzen beim folgenden Satz voraus, dass die Form der vorkommenden Matrizen und Vektoren so gewählt ist, dass die auftretenden Produkte gebildet werden können.

S 15.3 1) $c(A\vec{x}) = (cA)\vec{x} = A(c\vec{x})$ **(für jede Zahl $c \in \mathbb{R}$).**
2) $(A+B)\vec{x} = A\vec{x} + B\vec{x}$. 3) $A(\vec{x}+\vec{y}) = A\vec{x} + A\vec{y}$.

Beweis: Jeweils gilt für $i = 1, 2, \dots, m$:

Zu 1): $c(a_{i1}x_1 + a_{i2}x_2 + \dots + a_{in}x_n) = (ca_{i1})x_1 + (ca_{i2})x_2 + \dots + (ca_{in})x_n$
$= a_{i1}(cx_1) + a_{i2}(cx_2) + \dots + a_{in}(cx_n)$.

Zu 2): $(a_{i1}+b_{i1})x_1 + (a_{i2}+b_{i2})x_2 + \dots + (a_{in}+b_{in})x_n$
$= a_{i1}x_1 + b_{i1}x_1 + a_{i2}x_2 + b_{i2}x_2 + \dots + a_{in}x_n + b_{in}x_n$
$= (a_{i1}x_1 + a_{i2}x_2 + \dots + a_{in}x_n) + (b_{i1}x_1 + b_{i2}x_2 + \dots + b_{in}x_n)$.

Zu 3): $a_{i1}(x_1+y_1) + a_{i2}(x_2+y_2) + \dots + a_{in}(x_n+y_n)$
$= a_{i1}x_1 + a_{i1}y_1 + a_{i2}x_2 + a_{i2}y_2 + \dots + a_{in}x_n + a_{in}y_n$
$= (a_{i1}x_1 + a_{i2}x_2 + \dots + a_{in}x_n) + (a_{i1}y_1 + a_{i2}y_2 + \dots + a_{in}y_n)$.

Übungen und Aufgaben

1. Berechne!

a) $\begin{pmatrix}1 & 2\\3 & -1\end{pmatrix}\begin{pmatrix}1\\2\end{pmatrix}$ **b)** $\begin{pmatrix}12 & -16\\0 & 8\end{pmatrix}\begin{pmatrix}0{,}5\\0{,}25\end{pmatrix}$ **c)** $\begin{pmatrix}7 & -7\\3 & 2\end{pmatrix}\begin{pmatrix}0\\5\end{pmatrix}$ **d)** $\begin{pmatrix}10 & -4\\15 & -6\end{pmatrix}\begin{pmatrix}-2\\5\end{pmatrix}$

e) $\begin{pmatrix}9 & 0\\2 & 1\end{pmatrix}\begin{pmatrix}1\\-1\end{pmatrix}$ **f)** $\begin{pmatrix}0 & -1\\1 & 0\end{pmatrix}\begin{pmatrix}1\\-1\end{pmatrix}$ **g)** $\begin{pmatrix}0{,}2 & 0{,}5\\-0{,}5 & 1\end{pmatrix}\begin{pmatrix}10\\-10\end{pmatrix}$ **h)** $\begin{pmatrix}\sqrt{2} & -\sqrt{3}\\-\sqrt{2} & \sqrt{3}\end{pmatrix}\begin{pmatrix}\sqrt{2}\\\sqrt{3}\end{pmatrix}$

2. Berechne mit $A=\begin{pmatrix}2 & -1\\0 & 3\end{pmatrix}$!

a) $A\begin{pmatrix}1\\0\end{pmatrix}$ **b)** $A\begin{pmatrix}0\\1\end{pmatrix}$ **c)** $A\begin{pmatrix}1\\-1\end{pmatrix}$ **d)** $A\begin{pmatrix}-1\\1\end{pmatrix}$ **e)** $A\begin{pmatrix}0{,}5\\1\end{pmatrix}$ **f)** $A\begin{pmatrix}1{,}5\\-1{,}5\end{pmatrix}$

3. Berechne!

a) $\begin{pmatrix}1 & 2 & 3\\4 & 5 & 6\\7 & 8 & 9\end{pmatrix}\begin{pmatrix}1\\-2\\1\end{pmatrix}$ **b)** $\begin{pmatrix}2 & 5 & 6\\3 & -4 & 1\\-1 & 0 & 7\end{pmatrix}\begin{pmatrix}2\\-3\\1\end{pmatrix}$ **c)** $\begin{pmatrix}7 & 4 & -3\\3 & 2 & -5\\-1 & 8 & -6\end{pmatrix}\begin{pmatrix}2\\3\\5\end{pmatrix}$

d) $\begin{pmatrix}0 & 5 & -3\\8 & -2 & 4\\7 & 1 & 10\end{pmatrix}\begin{pmatrix}2\\8\\0\end{pmatrix}$ **e)** $\begin{pmatrix}-1 & 1 & 0\\0 & -1 & 1\\-1 & 0 & 1\end{pmatrix}\begin{pmatrix}1\\2\\3\end{pmatrix}$ **f)** $\begin{pmatrix}1 & 1 & 0\\0 & 1 & 1\\0 & 0 & 1\end{pmatrix}\begin{pmatrix}5000\\-4000\\3000\end{pmatrix}$

4. Berechne!

a) $\begin{pmatrix}1 & 2 & 3 & 4\\6 & 7 & 8 & 9\end{pmatrix}\begin{pmatrix}-1\\0\\1\\2\end{pmatrix}$ **b)** $\begin{pmatrix}4 & 3 & -4 & 2\\0 & -5 & 4 & -3\end{pmatrix}\begin{pmatrix}1\\0\\3\\4\end{pmatrix}$ **c)** $\begin{pmatrix}1 & -5\\-2 & 4\\3 & -1\\-5 & 1\end{pmatrix}\begin{pmatrix}1\\2\end{pmatrix}$

5. Berechne mit $A=\begin{pmatrix}1 & 0\\0 & -1\\2 & -2\\0 & 3\end{pmatrix}$!

a) $A\begin{pmatrix}1\\0\end{pmatrix}$ **b)** $A\begin{pmatrix}0\\1\end{pmatrix}$ **c)** $A\begin{pmatrix}1\\-1\end{pmatrix}$ **d)** $A\begin{pmatrix}0\\2\end{pmatrix}$ **e)** $A\begin{pmatrix}-2\\0\end{pmatrix}$ **f)** $A\begin{pmatrix}3\\-2\end{pmatrix}$

6. Bestimme zu der Matrix A alle Vektoren $\vec{x}$, die die Gleichung $A\vec{x}=\vec{0}$ erfüllen!

a) $A=\begin{pmatrix}10 & -5\\-6 & 3\end{pmatrix}$ **b)** $A=\begin{pmatrix}3 & 4\\-5 & 2\end{pmatrix}$ **c)** $A=\begin{pmatrix}4 & -6\\-6 & 9\end{pmatrix}$ **d)** $A=\begin{pmatrix}0 & 3\\-6 & 1\end{pmatrix}$

7. Bestimme eine Matrix A mit $A\neq N$ und $A\vec{x}=\vec{0}$!

a) $\vec{x}=\begin{pmatrix}2\\3\end{pmatrix}$ **b)** $\vec{x}=\begin{pmatrix}1\\-1\end{pmatrix}$ **c)** $\vec{x}=\begin{pmatrix}-2\\0\end{pmatrix}$ **d)** $\vec{x}=\begin{pmatrix}0{,}2\\0{,}3\end{pmatrix}$

8. Begründe die einzelnen Beweisschritte im Beweis von Satz S 15.3!

9. In einem Land mit drei Parteien A (50%), B (30%) und C (20%) wird für die nächste Wahl folgende Wählerverschiebung vorausgesagt:

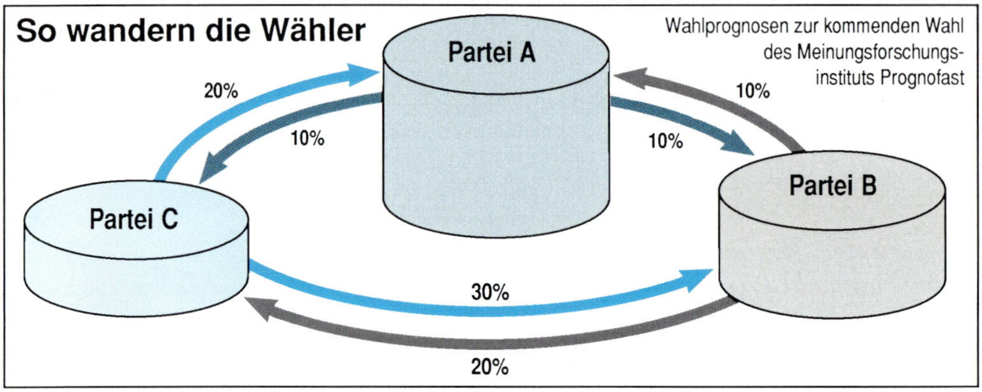

Bild 15.2

Nach der Voraussage von „Prognofast" werden also z. B. von den jetzigen Wählern der Partei B bei der kommenden Wahl 10% die Partei A und 20% die Partei C wählen. Hieraus folgt, dass 70% der jetzigen Wähler der Partei B auch beim nächsten Mal wieder die Partei B wählen.

a) Begründe, dass der vorhergesagte Ausgang der nächsten Wahl durch Multiplikation der „Übergangsmatrix" M mit dem Vektor $\vec{x}$ ermittelt werden kann mit

$$M = \begin{pmatrix} 0{,}8 & 0{,}1 & 0{,}2 \\ 0{,}1 & 0{,}7 & 0{,}3 \\ 0{,}1 & 0{,}2 & 0{,}5 \end{pmatrix} \quad \text{und} \quad \vec{x} = \begin{pmatrix} 0{,}5 \\ 0{,}3 \\ 0{,}2 \end{pmatrix}!$$

b) Berechne den vorhergesagten Wahlausgang!

c) Angenommen, auch für die beiden folgenden Wahlen würde jeweils die gleiche Wählerverschiebung vorhergesagt. Welche Wahlergebnisse wären dann zu erwarten?

10. Bearbeite Aufgabe 9 für die angegebene Wählerverschiebung!

a)

von \ an	A	B	C
A	70%	30%	0%
B	20%	70%	10%
C	10%	10%	80%

b)

von \ an	A	B	C
A	60%	30%	10%
B	20%	50%	30%
C	10%	20%	70%

c)

von \ an	A	B	C
A	90%	0%	10%
B	10%	80%	10%
C	10%	30%	60%

11. Bei der Beobachtung einer Käferpopulation wurde für die Anzahl der Eier E′, der Larven L′ und der Käfer K′ folgender Zusammenhang mit den entsprechenden Zahlen E, L und K des Vorjahres festgestellt:

$$E' = 6K; \quad L' = \tfrac{1}{2}E; \quad K' = \tfrac{1}{3}L.$$

a) Was besagen diese Gleichungen?

b) Angenommen, im Vorjahr gab es 600 Eier, 900 Larven und 1200 Käfer. Ermittle eine Matrix M, mit der sich der Bestand nach einem Jahr berechnen lässt durch die Multiplikation: $M\begin{pmatrix}600\\900\\1200\end{pmatrix}$.

c) Berechne mit der Matrix M, welcher Bestand nach 2, 3, 4 und 5 Jahren zu erwarten ist!

d) Bearbeite c) für den Fall, dass für die Käferpopulation im ersten Jahr gilt:
$E=600$, $L=1200$ und $K=0$ ($E=3000$, $L=1500$, $K=500$)!

e) Welche Entwicklung ist für eine Käferpopulation mit $E=2400$, $L=2400$ und $K=2400$ langfristig zu erwarten, wenn gilt:

$$E'=5K; \quad L'=\tfrac{1}{2}E; \quad K'=\tfrac{1}{3}L?$$

III. Durch Matrizen festgelegte Abbildungen

1. Wie wir gesehen haben, kann man ein lineares Gleichungssystem A in der Form

$$A\vec{x}=\vec{r}$$

schreiben. Dabei sind in jedem konkreten Fall die Koeffizientenmatrix A und der Vektor $\vec{r}$ gegeben; gesucht sind die Lösungsvektoren $\vec{x}$.
Man kann die vorstehende Gleichung aber noch in anderer Weise interpretieren. Wir denken uns die Matrix A und einen Ortsvektor $\vec{x}$ (und damit den zugehörigen Punkt P) gegeben. Dann wird durch die Matrix A diesem Ortsvektor $\vec{x}$ in eindeutiger Weise der Ortsvektor $\vec{r}=A\vec{x}$ **zugeordnet**:

$$\vec{x}\mapsto A\vec{x}.$$

Es liegt also eine Funktion, eine **Abbildung** f vor mit

$$f(\vec{x})=A\vec{x}.$$

2. Um die Zuordnung zwischen $\vec{x}$ und $A\vec{x}$ noch deutlicher zum Ausdruck zu bringen, schreibt man bei dieser Auffassung der Gleichung $A\vec{x}=\vec{r}$ statt „$\vec{r}$" meist „$\vec{x}'$", also

$$A\vec{x}=\vec{x}' \quad \text{oder} \quad \vec{x}'=A\vec{x}.$$

Auf diese Weise wird also dem durch den Ortsvektor $\vec{x}$ festgelegten Punkt P in eindeutiger Weise der durch den Ortsvektor $\vec{x}'$ festgelegte Punkt P′ zugeordnet.
Grundsätzlich kann auch bei dieser Interpretation die Matrix A eine beliebige (m, n)-Matrix sein; der Ortsvektor $\vec{x}$ muss dann n Koordinaten haben; der Ortsvektor $\vec{x}'$ hat m Koordinaten. Wir beschränken uns in diesem Buch jedoch in der Regel auf den Fall $n=m=2$.

3. Wir behandeln zunächst zwei einfache **Beispiele:**

1) $A=\begin{pmatrix}-1 & 0\\ 0 & 1\end{pmatrix}$; $\vec{x}=\begin{pmatrix}x\\ y\end{pmatrix}$; $\vec{x}'=\begin{pmatrix}x'\\ y'\end{pmatrix}$.

Es gilt: $\vec{x}'=A\vec{x}=\begin{pmatrix}-1 & 0\\ 0 & 1\end{pmatrix}\begin{pmatrix}x\\ y\end{pmatrix}=\begin{pmatrix}-x+0\\ 0+y\end{pmatrix}=\begin{pmatrix}-x\\ y\end{pmatrix}$, also $x'=-x \wedge y'=y$.

In Bild 15.3 ist die Abbildung eines Punktes P(x|y) auf den Punkt P′(x′|y′) dargestellt. Man erkennt unmittelbar, dass es sich um die **Spiegelung** an der y-Achse handelt.

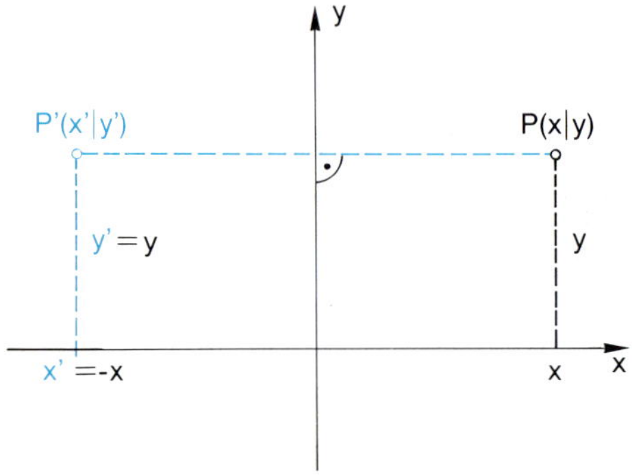

Bild 15.3

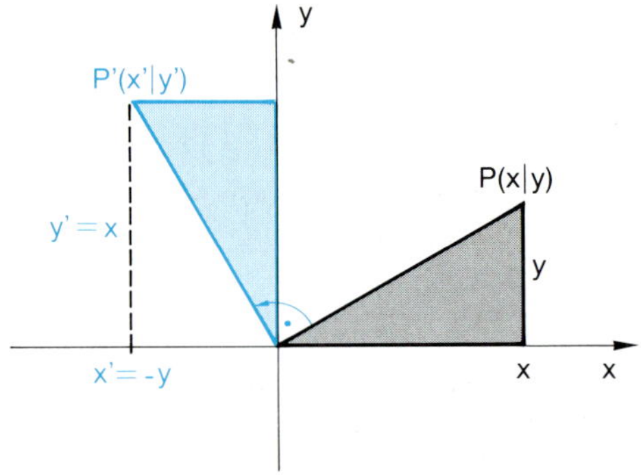

Bild 15.4

2) $B=\begin{pmatrix}0 & -1\\ 1 & 0\end{pmatrix}$.

Es gilt: $\vec{x}'=B\vec{x}=\begin{pmatrix}0 & -1\\ 1 & 0\end{pmatrix}\begin{pmatrix}x\\ y\end{pmatrix}=\begin{pmatrix}0-y\\ x+0\end{pmatrix}=\begin{pmatrix}-y\\ x\end{pmatrix}$, also $x'=-y \wedge y'=x$.

In Bild 15.4 ist die Abbildung eines Punktes P(x|y) auf den Punkt P′(x′|y′) dargestellt. An der Kongruenz der beiden schraffierten Dreiecke erkennt man, dass es sich um die **Drehung** mit dem Drehmaß 90° um den Nullpunkt handelt.
Mit solchen Abbildungen werden wir uns in § 16 ausführlich beschäftigen.

Übungen und Aufgaben

1. Welche Abbildung der Ebene ist durch die Gleichung $f(\vec{x})=A\vec{x}$ bestimmt, wenn A die angegebene Matrix ist?

a) $A=\begin{pmatrix}1 & 0\\ 0 & -1\end{pmatrix}$ **b)** $A=\begin{pmatrix}0 & 1\\ 1 & 0\end{pmatrix}$ **c)** $A=\begin{pmatrix}0 & 1\\ -1 & 0\end{pmatrix}$

d) $A=\begin{pmatrix}2 & 0\\ 0 & 2\end{pmatrix}$ **e)** $A=\begin{pmatrix}0 & 2\\ 2 & 0\end{pmatrix}$ **f)** $A=\begin{pmatrix}1 & 0\\ 0 & 0\end{pmatrix}$

2. Ermittle die Matrix A der angegebenen Abbildung der Ebene!

a) Punktspiegelung am Ursprung

b) Drehung mit dem Drehmaß 270° um den Ursprung

c) Projektion auf die y-Achse

d) Zentrische Streckung mit dem Ursprung als Zentrum und dem Streckfaktor 3 (0,5; −2)

3. Untersuche, durch welche Matrizen Abbildungen des Raumes beschrieben werden können! Gib drei einfache Beispiele an!

IV. Die Verkettung von Abbildungen Die Multiplikation von Matrizen

1. Schon im Unterricht der Sekundarstufe I haben wir geometrische Abbildungen hintereinander ausgeführt, miteinander „verkettet“. So ergibt z. B. die Verkettung zweier Verschiebungen wiederum eine Verschiebung (vgl. Seite 21) und die Verkettung zweier Drehungen um denselben Punkt wieder eine Drehung um diesen Punkt. Auch Abbildungen, die durch Matrizen festgelegt sind, kann man miteinander verketten.

Als <u>**Beispiel**</u> behandeln wir die Verkettung der beiden Abbildungen des vorigen Abschnittes (Seite 294); und zwar führen wir zuerst die Drehung zur Matrix $B = \begin{pmatrix} 0 & -1 \\ 1 & 0 \end{pmatrix}$, dann die Spiegelung zur Matrix $A = \begin{pmatrix} -1 & 0 \\ 0 & 1 \end{pmatrix}$ aus.

Die erste Abbildung bildet den Punkt $P(x|y)$ auf den Punkt $P'(x'|y')$ ab gemäß

$$x' = -y \wedge y' = x;$$

die zweite Abbildung bildet den Punkt $P'(x'|y')$ auf den Punkt $P''(x''|y'')$ ab gemäß

$$x'' = -x' \wedge y'' = y'.$$

Durch Einsetzen können wir leicht die Gleichungen bestimmen, durch die dem Punkt P unmittelbar der Punkt P″ zugeordnet wird:

$$x'' = -x' = y \wedge y'' = y' = x,$$

also $x'' = y \wedge y'' = x$ (Bild 15.5).

Die Gesamtabbildung ist also durch die Matrix $C = \begin{pmatrix} 0 & 1 \\ 1 & 0 \end{pmatrix}$ festgelegt; es gilt $\vec{x}'' = C\vec{x}$.

Es handelt sich um die Spiegelung an der Geraden zu y = x, an der 45°-Achse.

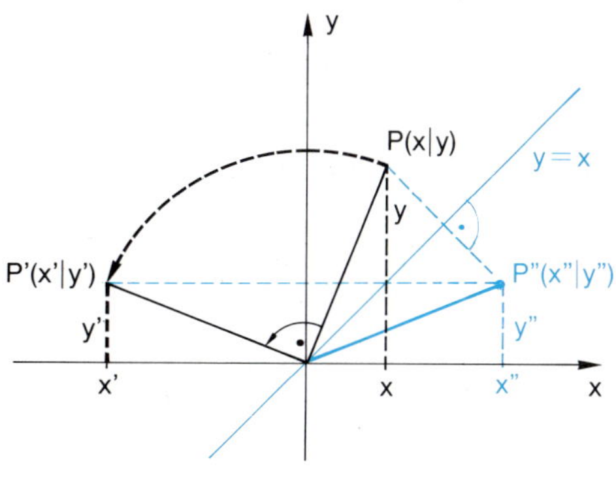

Bild 15.5

2. Wenn man allgemein die Verkettung (Hintereinanderschaltung) zweier Abbildungen f und g durch die zugehörigen Funktionsterme ausdrückt, so ergibt sich aus

$$\vec{x}' = f(\vec{x}) \quad \text{und} \quad \vec{x}'' = g(\vec{x}')$$

durch Einsetzen

$$\vec{x}'' = g[f(\vec{x})] = h(\vec{x}).$$

Man erkennt, dass die Funktion f, die **zuerst** angewendet wird, im Zeichen „$g[f(\vec{x})]$" an **zweiter** Stelle auftritt. Daher bezeichnet man die Funktion h, die durch die Verkettung der beiden Funktionen f und g (in dieser Reihenfolge) entsteht, mit

„$g \circ f$", gelesen „g **nach** f".

Es gilt also:

$$h(\vec{x}) = (g \circ f)(\vec{x}) = g[f(\vec{x})].$$

3. Das gleiche Problem hinsichtlich der Reihenfolge tritt auch bei der Verkettung von Abbildungen auf, die durch Matrizen erfasst werden. Daher ist es zweckmäßig – wie wir es schon beim Beispiel unter 1. getan haben –, die Matrix der ersten Abbildung mit B, die der zweiten Abbildung mit A zu bezeichnen. Dann gilt nämlich:

$$\vec{x}' = B\vec{x} \quad \text{und} \quad \vec{x}'' = A\vec{x}',$$

und durch Einsetzen erhält man:

$$\vec{x}'' = A(B\vec{x}) = C\vec{x}.$$

Die Matrix C der Gesamtabbildung wollen wir nun als das **Produkt** der beiden Matrizen A und B auffassen:

$$C = AB;$$

dann gilt: $\vec{x}'' = A(B\vec{x}) = (AB)\vec{x}$.

4. Wir berechnen nun allgemein die Elemente der Matrix C für den Fall, dass A und B jeweils (2,2)-Matrizen sind.

Mit $B = \begin{pmatrix} b_{11} & b_{12} \\ b_{21} & b_{22} \end{pmatrix}$ und $A = \begin{pmatrix} a_{11} & a_{12} \\ a_{21} & a_{22} \end{pmatrix}$ lauten die Abbildungsgleichungen:

$$\begin{cases} x' = b_{11}x + b_{12}y \\ y' = b_{21}x + b_{22}y \end{cases} \quad \text{und} \quad \begin{cases} x'' = a_{11}x' + a_{12}y' \\ y'' = a_{21}x' + a_{22}y' \end{cases}.$$

Durch Einsetzen erhält man:

$$\begin{aligned} x'' &= a_{11}(b_{11}x + b_{12}y) + a_{12}(b_{21}x + b_{22}y) \\ &= \underbrace{(a_{11}b_{11} + a_{12}b_{21})}_{c_{11}} \cdot x + \underbrace{(a_{11}b_{12} + a_{12}b_{22})}_{c_{12}} \cdot y \\ y'' &= a_{21}(b_{11}x + b_{12}y) + a_{22}(b_{21}x + b_{22}y) \\ &= \underbrace{(a_{21}b_{11} + a_{22}b_{21})}_{c_{21}} \cdot x + \underbrace{(a_{21}b_{12} + a_{22}b_{22})}_{c_{22}} \cdot y. \end{aligned}$$

Die Gesamtabbildung ist daher gegeben durch die Matrix

$$C=\begin{pmatrix} c_{11} & c_{12} \\ c_{21} & c_{22} \end{pmatrix}=\begin{pmatrix} a_{11}b_{11}+a_{12}b_{21} & a_{11}b_{12}+a_{12}b_{22} \\ a_{21}b_{11}+a_{22}b_{21} & a_{21}b_{12}+a_{22}b_{22} \end{pmatrix}.$$

Die Zahl c_{11} ist also das Skalarprodukt zwischen dem ersten Zeilenvektor von A und dem ersten Spaltenvektor von B; denn mit

$$\vec{a}=(a_{11};a_{12}) \quad \text{und} \quad \vec{b}=\begin{pmatrix} b_{11} \\ b_{21} \end{pmatrix} \quad \text{erhält man:}$$

$$\vec{a}\cdot\vec{b}=(a_{11};a_{12})\cdot\begin{pmatrix} b_{11} \\ b_{21} \end{pmatrix}=a_{11}b_{11}+a_{12}b_{21}=c_{11}.$$

Entsprechend ist z.B. die Zahl c_{21} das Skalarprodukt zwischen dem zweiten Zeilenvektor von A und dem ersten Spaltenvektor von B:

$$(a_{21};a_{22})\cdot\begin{pmatrix} b_{11} \\ b_{21} \end{pmatrix}=a_{21}b_{11}+a_{22}b_{21}=c_{21}.$$

5. Das Ergebnis der vorstehenden Überlegungen können wir auf beliebige Matrizen A und B übertragen unter der Voraussetzung, dass sich die Skalarprodukte zwischen den Zeilenvektoren von A und den Spaltenvektoren von B bilden lassen, dass diese Vektoren also gleich viele Koordinaten haben. Dies ist der Fall, wenn die Anzahl der Spalten von A mit der Anzahl der Zeilen von B übereinstimmt.

Wir definieren:

D 15.4 Für eine (m, n)-Matrix $A=(a_{ik})$, eine (n, p)-Matrix $B=(b_{ik})$ und eine (m, p)-Matrix $C=(c_{ik})$ gilt

$$C=AB$$

genau dann, wenn für alle c_{ik} gilt:

$$c_{ik}=a_{i1}b_{1k}+a_{i2}b_{2k}+\ldots+a_{in}b_{nk}.$$

Jedes Element c_{ik} von C ist also das Skalarprodukt aus dem i-ten Zeilenvektor von A und dem k-ten Spaltenvektor von B (Bild 15.6).

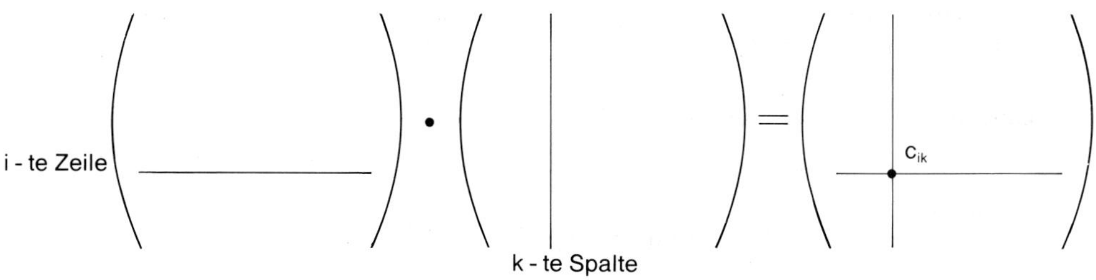

Bild 15.6

Beispiele: 1) $\begin{pmatrix} 2 & 1 & -3 \\ -1 & 2 & -2 \\ 3 & -1 & 1 \\ 4 & 3 & -1 \end{pmatrix} \begin{pmatrix} -1 & 4 \\ 3 & -1 \\ -3 & 2 \end{pmatrix} = \begin{pmatrix} 10 & 1 \\ 13 & -10 \\ -9 & 15 \\ 8 & 11 \end{pmatrix}$

2) $\begin{pmatrix} -1 & 3 & 5 & -4 \\ 2 & -2 & 0 & 3 \\ 4 & 2 & -1 & 5 \end{pmatrix} \begin{pmatrix} 2 & 1 & -1 \\ -3 & -1 & 2 \\ -1 & 2 & -3 \\ -2 & 3 & 1 \end{pmatrix} = \begin{pmatrix} -8 & -6 & -12 \\ 4 & 13 & -3 \\ -7 & 15 & 8 \end{pmatrix}$

Bemerkung: Durch Nachrechnen lässt sich zeigen, dass sich bei der Verkettung zweier Abbildungen mit den Matrizen B und A stets eine Abbildung ergibt, die durch die Matrix $C = AB$ festgelegt ist, falls die Anzahl der Spalten von A mit der Anzahl der Zeilen von B übereinstimmt. Unter dieser Bedingung ergibt sich also aus

$\vec{x}' = B\vec{x}$ und $\vec{x}'' = A\vec{x}'$, dass $\vec{x}'' = A(B\vec{x}) = (AB)\,\vec{x}$ ist.

Übungen und Aufgaben

1. Die Abbildungen f_1, f_2 und f_3 sind festgelegt durch die Matrizen

$$A_1 = \begin{pmatrix} -1 & 0 \\ 0 & 1 \end{pmatrix}, \quad A_2 = \begin{pmatrix} 0 & -1 \\ 1 & 0 \end{pmatrix} \quad \text{und} \quad A_3 = \begin{pmatrix} 0 & 2 \\ 2 & 0 \end{pmatrix}.$$

a) Um welche Abbildungen handelt es sich?

b) Welche Abbildung ergibt sich, wenn man f_1 (f_2; f_3) zweimal nacheinander ausführt? Ermittle die zugehörige Abbildungsmatrix!

c) Berechne $A_1 A_2$, $A_2 A_1$, $A_1 A_3$, $A_3 A_1$, $A_2 A_3$ und $A_3 A_2$!

d) Welche Abbildungen gehören zu den Produktmatrizen aus c)?

2. Rechne mit den angegebenen Matrizen!

$$A = \begin{pmatrix} 1 & 2 \\ 3 & 4 \end{pmatrix}; \quad B = \begin{pmatrix} 3 & 4 \\ 0 & 2 \end{pmatrix}; \quad C = \begin{pmatrix} 1 & 0 \\ 1 & 1 \end{pmatrix}; \quad D = \begin{pmatrix} 2 & 5 \\ -7 & 3 \end{pmatrix}; \quad E = \begin{pmatrix} 0 & 0 \\ 1 & -8 \end{pmatrix}; \quad F = \begin{pmatrix} -6 & 2 \\ -18 & 6 \end{pmatrix}$$

a) AB, BA, AC, CA, BC, CB **b)** DE, ED, DF, FD, EF, FE

c) AD, DA, AE, EA, AF, FA **d)** BD, DB, BE, EB, BF, FB

e) CD, DC, CE, EC, CF, FC **f)** AA, BB, CC, DD, EE, FF

3. Rechne mit den angegebenen Matrizen!

$$A = \begin{pmatrix} 0 & 1 & 2 \\ -1 & 0 & 3 \\ -2 & -3 & 0 \end{pmatrix}; \quad B = \begin{pmatrix} 1 & 2 & 3 \\ 0 & 1 & 2 \\ 0 & 0 & 1 \end{pmatrix}; \quad C = \begin{pmatrix} 1 & -2 & 1 \\ -2 & 1 & 0 \\ 1 & 0 & 0 \end{pmatrix}$$

a) AA, AB, AC **b)** BA, BB, BC **c)** CA, CB, CC

4. Berechne mit den folgenden Matrizen alle möglichen Produkte $A_i A_j$ mit $i, j \in \{1; 2; 3; 4; 5\}$!

a) $A_1 = \begin{pmatrix} 1 & -2 & 3 & -5 \\ 0 & 4 & -6 & 7 \end{pmatrix}$; $A_2 = \begin{pmatrix} 1 & 0 \\ 1 & 2 \\ 1 & -2 \\ 0 & 1 \end{pmatrix}$; $A_3 = \begin{pmatrix} 1 \\ 2 \\ 3 \\ 4 \end{pmatrix}$; $A_4 = \begin{pmatrix} 2 & -1 \\ 0 & 5 \end{pmatrix}$; $A_5 = (1 \;\; -1 \;\; 0 \;\; 2)$

b) $A_1 = \begin{pmatrix} 0 & -1 & 0 \\ 0 & 0 & 1 \\ 1 & 0 & 0 \end{pmatrix}$; $A_2 = \begin{pmatrix} -5 & 7 & 3 & -1 \\ 2 & 5 & 0 & 9 \\ 0 & -3 & 8 & 1 \end{pmatrix}$; $A_3 = \begin{pmatrix} 0 \\ 0 \\ 1 \end{pmatrix}$; $A_4 = (-1 \;\; 2 \;\; -1)$; $A_5 = \begin{pmatrix} 1 & 2 & 4 \\ 2 & 4 & 1 \\ 0 & 4 & 2 \\ 4 & 2 & 1 \end{pmatrix}$

5. Berechne $A^2 = AA$, $A^3 = A^2 A$, $A^4 = A^3 A$ und $A^5 = A^4 A$!
Zeige, dass auch gilt: $A^3 = AA^2$, $A^4 = AA^3$ und $A^5 = AA^4$!

a) $A = \begin{pmatrix} 1 & 0 & 0 & 0 & 0 \\ 0 & 2 & 0 & 0 & 0 \\ 0 & 0 & 3 & 0 & 0 \\ 0 & 0 & 0 & 4 & 0 \\ 0 & 0 & 0 & 0 & 5 \end{pmatrix}$ **b)** $A = \begin{pmatrix} 0 & 1 & 1 & 1 & 1 \\ 0 & 0 & 1 & 1 & 1 \\ 0 & 0 & 0 & 1 & 1 \\ 0 & 0 & 0 & 0 & 1 \\ 0 & 0 & 0 & 0 & 0 \end{pmatrix}$ **c)** $A = \begin{pmatrix} 1 & 1 & 1 & 1 & 1 \\ 0 & 1 & 1 & 1 & 1 \\ 0 & 0 & 1 & 1 & 1 \\ 0 & 0 & 0 & 1 & 1 \\ 0 & 0 & 0 & 0 & 1 \end{pmatrix}$

6. Berechne $A^2 = AA$, $A^3 = A^2 A$, $A^4 = A^3 A$ und A^n $(n \in \mathbb{N})$!
Zeige, dass auch gilt: $A^3 = AA^2$ und $A^4 = AA^3$!

a) $A = \begin{pmatrix} a & 0 \\ 0 & b \end{pmatrix}$ **b)** $A = \begin{pmatrix} 0 & a \\ a & 0 \end{pmatrix}$ **c)** $A = \begin{pmatrix} a & 1 \\ 0 & a \end{pmatrix}$ **d)** $A = \begin{pmatrix} a & 0 \\ 1 & a \end{pmatrix}$ **e)** $A = \begin{pmatrix} a & 1 \\ 0 & 1 \end{pmatrix}$ **f)** $A = \begin{pmatrix} a & 0 \\ a & b \end{pmatrix}$

V. Gesetze für die Matrizenmultiplikation

1. Wir wollen in diesem Abschnitt untersuchen, welche Gesetze für die Matrizenmultiplikation gelten. Dabei können wir zur Veranschaulichung Abbildungen heranziehen.
Wir fragen zunächst, ob für die Matrizenmultiplikation das **Kommutativgesetz** gilt. Unmittelbar ist klar, dass die beiden Matrizen AB und BA nur existieren können, wenn es sich bei A und bei B um „quadratische" Matrizen handelt, wenn also für beide Matrizen gilt: $m = n$.
Als **Beispiel** greifen wir auf die beiden Abbildungen von Seite 294 mit den Matrizen

$A = \begin{pmatrix} -1 & 0 \\ 0 & 1 \end{pmatrix}$ (Spiegelung an der y-Achse) und

$B = \begin{pmatrix} 0 & -1 \\ 1 & 0 \end{pmatrix}$ (Drehung um 90°)

zurück. Auf Seite 295 haben wir bereits erörtert, dass

$$AB = \begin{pmatrix} 0 & 1 \\ 1 & 0 \end{pmatrix} = C_1$$

ist und dass sich eine Spiegelung an der Geraden zu $y = x$ ergibt, wenn man zuerst die Drehung, dann die Spiegelung durchführt.

In Bild 15.7 ist zuerst die Spiegelung, dann die Drehung durchgeführt; es ergibt sich eine andere Gesamtabbildung, nämlich eine Spiegelung an der Geraden zu $y = -x$. Dies können wir auch rechnerisch bestätigen:

$$BA = \begin{pmatrix} 0 & -1 \\ 1 & 0 \end{pmatrix} \begin{pmatrix} -1 & 0 \\ 0 & 1 \end{pmatrix} = \begin{pmatrix} 0 & -1 \\ -1 & 0 \end{pmatrix} = C_2.$$

Die Abbildungsgleichungen lauten:

$$x'' = -y \quad \text{und} \quad y'' = -x;$$

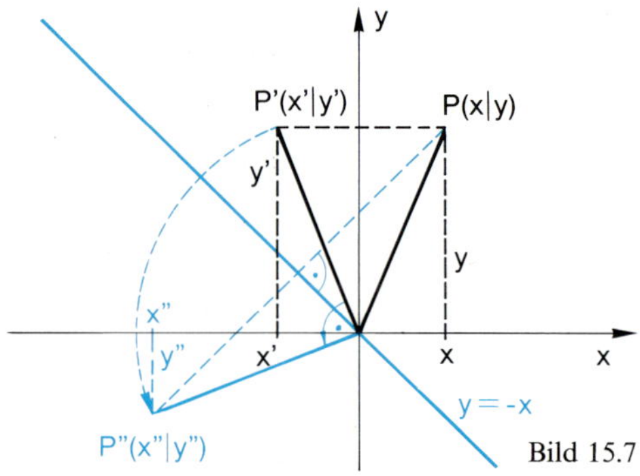

Bild 15.7

es handelt sich tatsächlich um die besagte Spiegelung. Es ist $C_1 \neq C_2$, also $AB \neq BA$; das Kommutativgesetz gilt für die Matrizenmultiplikation also nicht.

2. Als Zweites untersuchen wir, ob für die Matrizenmultiplikation das **Assoziativgesetz** gilt, ob also stets

$$(AB)C = A(BC)$$

ist. Unmittelbar klar ist, dass die Form der Matrizen A, B und C so gewählt werden muss, dass die Produkte $(AB)C$ und $A(BC)$ existieren. Es muss also

A eine $(m|n)$-Matrix, B eine $(n|p)$-Matrix und C eine $(p|q)$-Matrix sein (mit $m, n, p, q \in \mathbb{N}$).

Wir können den Sachverhalt mit Hilfe der Abbildungen f, g und h deuten, die durch die Matrizen A, B und C festgelegt sind. Dann gehört zur Matrix $(AB)C$ die Abbildung $(f \circ g) \circ h$ und zur Matrix $A(BC)$ die Abbildung $f \circ (g \circ h)$.
Nun gilt für die Verkettung von Abbildungen allgemein

$$(f \circ g) \circ h = f \circ (g \circ h).$$

Dies wird durch die Darstellung in Bild 15.8 unmittelbar deutlich. Demnach gilt auch für die zu f, g und h gehörenden Matrizen stets

$$(AB)C = A(BC).$$

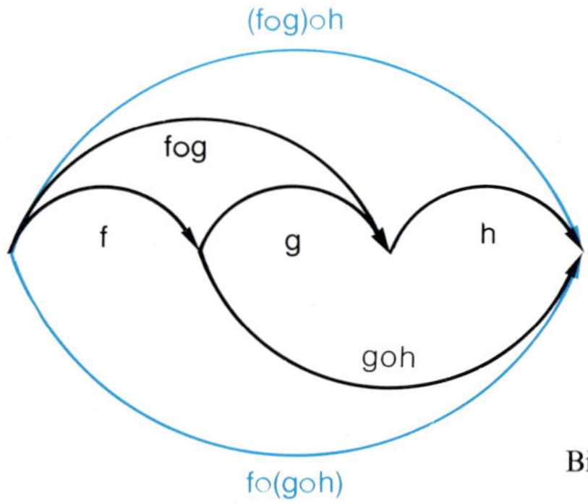

Bild 15.8

Wir halten dies fest im Satz

S15.4 Ist A eine (m, n)-Matrix, B eine (n, p)-Matrix und C eine (p, q)-Matrix (mit $m, n, p, q \in \mathbb{N}$), so gilt:

$$\mathbf{(AB)C = A(BC).}$$

Bemerkung: Der vorstehende Satz kann selbstverständlich auch rechnerisch mit Hilfe von Definition D 15.4 bewiesen werden. Dies erfordert aber einen erheblichen Schreibaufwand.

Beispiel: $A=\begin{pmatrix}1 & 3 & -2\\ 2 & -1 & 0\end{pmatrix}$; $B=\begin{pmatrix}0 & -1\\ -1 & 0\\ -2 & -3\end{pmatrix}$; $C=\begin{pmatrix}-4 & 3 & 0 & -3\\ 1 & -2 & 1 & 1\end{pmatrix}$

$$(AB)C=\left(\begin{pmatrix}1 & 3 & -2\\ 2 & -1 & 0\end{pmatrix}\begin{pmatrix}0 & -1\\ -1 & 0\\ -2 & -3\end{pmatrix}\right)\begin{pmatrix}-4 & 3 & 0 & -3\\ 1 & -2 & 1 & 1\end{pmatrix}$$

$$=\begin{pmatrix}1 & 5\\ 1 & -2\end{pmatrix}\begin{pmatrix}-4 & 3 & 0 & -3\\ 1 & -2 & 1 & 1\end{pmatrix}=\begin{pmatrix}1 & -7 & 5 & 2\\ -6 & 7 & -2 & -5\end{pmatrix}$$

$$A(BC)=\begin{pmatrix}1 & 3 & -2\\ 2 & -1 & 0\end{pmatrix}\left(\begin{pmatrix}0 & -1\\ -1 & 0\\ -2 & -3\end{pmatrix}\begin{pmatrix}-4 & 3 & 0 & -3\\ 1 & -2 & 1 & 1\end{pmatrix}\right)$$

$$=\begin{pmatrix}1 & 3 & -2\\ 2 & -1 & 0\end{pmatrix}\begin{pmatrix}-1 & 2 & -1 & -1\\ 4 & -3 & 0 & 3\\ 5 & 0 & -3 & 3\end{pmatrix}=\begin{pmatrix}1 & -7 & 5 & 2\\ -6 & 7 & -2 & -5\end{pmatrix}$$

3. Des Weiteren können wir fragen, ob es zur Matrizenmultiplikation ein neutrales Element gibt, eine Matrix E also, so dass für eine beliebige Matrix A gilt:

$$AE=EA=A.$$

Es ist sofort klar, dass diese Bedingung nur erfüllt sein kann, wenn sowohl A wie E (n, n)-Matrizen, also quadratische Matrizen sind. Wir untersuchen zunächst den Fall $n=2$ und bezeichnen die zu bestimmende **„Einheitsmatrix“** mit E_2.

Es sei $A=\begin{pmatrix}a & b\\ c & d\end{pmatrix}$ und $E_2=\begin{pmatrix}e_1 & e_2\\ e_3 & e_4\end{pmatrix}$. Dann müsste für beliebige Zahlen a, b, c und d gelten:

$$AE_2=\begin{pmatrix}a & b\\ c & d\end{pmatrix}\begin{pmatrix}e_1 & e_2\\ e_3 & e_4\end{pmatrix}=\begin{pmatrix}ae_1+be_3 & ae_2+be_4\\ ce_1+de_3 & ce_2+de_4\end{pmatrix}=\begin{pmatrix}a & b\\ c & d\end{pmatrix}.$$

Aus $ae_1+be_3=a$ folgt $e_1=1$ und $e_3=0$; aus $ae_2+be_4=b$ folgt $e_2=0$ und $e_4=1$. Begründe dies (Aufgabe 10)!
Die beiden anderen Bedingungen sind dann ebenfalls erfüllt:

$$ce_1+de_3=c\cdot 1+d\cdot 0=c \quad \text{und} \quad ce_2+de_4=c\cdot 0+d\cdot 1=d.$$

Es muss also gelten: $E_2=\begin{pmatrix}1 & 0\\ 0 & 1\end{pmatrix}$. Diese zweireihige Einheitsmatrix ist auch linksneutral; denn für beliebige Zahlen a, b, c und d gilt auch:

$$E_2A=\begin{pmatrix}1 & 0\\ 0 & 1\end{pmatrix}\begin{pmatrix}a & b\\ c & d\end{pmatrix}=\begin{pmatrix}a & b\\ c & d\end{pmatrix}=A.$$

Entsprechend ergibt sich für jede Zahl $n\in\mathbb{N}$, dass die n-reihige **„Einheitsmatrix“**

$$E=\begin{pmatrix}1 & 0 & \dots & 0\\ 0 & 1 & \dots & 0\\ \vdots & \vdots & \ddots & \vdots\\ 0 & 0 & \dots & 1\end{pmatrix}$$

neutrales Element in der Menge der (n, n)-Matrizen bezüglich der Matrizenmultiplikation ist.

Es gilt der Satz:

S15.5 Für jede (n, n)-Matrix A und die n-reihige Einheitsmatrix E gilt: AE = EA = A.

4. Des Weiteren ist noch zu untersuchen, ob bzw. unter welchen Bedingungen es zu einer Matrix A eine **„inverse Matrix“ A^{-1}** gibt, also eine Matrix, die der Bedingung

$$AA^{-1} = A^{-1}A = E$$

genügt. Wir werden diese Frage ausführlich im VI. Abschnitt behandeln.

5. Schließlich gelten die beiden **Distributivgesetze**

$$A(B+C) = AB + AC \quad \text{und} \quad (A+B)C = AC + BC.$$

Dabei ist natürlich zu beachten, dass die Form der Matrizen so gewählt sein muss, dass die fraglichen Produkte gebildet werden können.
Da für Matrizen (im Gegensatz zum Skalarprodukt) das Kommutativgesetz nicht gilt, kann das zweite Gesetz nicht unmittelbar auf das erste zurückgeführt werden; es ist vielmehr unabhängig vom ersten zu beweisen.

S15.6 Ist A eine (m, n)-Matrix und sind B und C beide (n, p)-Matrizen, dann gilt:

$$\mathbf{A(B+C) = AB + AC.}$$

Beweis: Es sei $A = (a_{ij})$ mit $i = 1, 2, \dots, m$; $j = 1, 2, \dots, n$; $B = (b_{jk})$, $C = (c_{jk})$ mit $j = 1, 2, \dots, n$; $k = 1, 2, \dots, p$. Dann gilt für die Elemente der Matrix $D = A(B+C)$:

$$\begin{aligned} d_{ik} &= a_{i1}(b_{1k} + c_{1k}) + a_{i2}(b_{2k} + c_{2k}) + \dots + a_{in}(b_{nk} + c_{nk}) \\ &= a_{i1}b_{1k} + a_{i1}c_{1k} + a_{i2}b_{2k} + a_{i2}c_{2k} + \dots + a_{in}b_{nk} + a_{in}c_{nk} \\ &= \underbrace{(a_{i1}b_{1k} + a_{i2}b_{2k} + \dots + a_{in}b_{nk})}_{\text{zu AB}} + \underbrace{(a_{i1}c_{1k} + a_{i2}c_{2k} + \dots + a_{in}c_{nk})}_{\text{zu AC}}. \end{aligned}$$

Also gilt: $A(B+C) = AB + AC$; q.e.d.

Entsprechend gilt auch der Satz:

S15.7 Sind A und B (m, n)-Matrizen und ist C eine (n, p)-Matrix so gilt:

$$\mathbf{(A+B)C = AC + BC.}$$

Der Beweis soll in Aufgabe 8a geführt werden.

6. Schon in §13 haben wir den Begriff der **„transponierten Matrix A^T zu einer Matrix A“** eingeführt. Darunter versteht man die Matrix, die aus A durch Vertauschen aller Zeilen mit den entsprechenden Spalten hervorgeht.
Ist also $A = (a_{ik})$ eine (m, n)-Matrix, so ist $A^T = (a^T_{ik})$ eine (n, m)-Matrix und für alle Elemente gilt: $a^T_{ik} = a_{ki}$.

Beispiel: $A=\begin{pmatrix}-1 & 2 & 3\\ 4 & -1 & 5\end{pmatrix}$; $A^T=\begin{pmatrix}-1 & 4\\ 2 & -1\\ 3 & 5\end{pmatrix}$

Wir fragen, wie die zu einer Produktmatrix AB transponierte Matrix $(AB)^T$ mit den Matrizen A^T und B^T zusammenhängt.

Beispiel: $A=\begin{pmatrix}1 & 2\\ -2 & 0\\ 1 & 3\end{pmatrix}$; $B=\begin{pmatrix}-1 & 3 & 0 & 3\\ 1 & -1 & 2 & -2\end{pmatrix}$

Es gilt: $AB=\begin{pmatrix}1 & 2\\ -2 & 0\\ 1 & 3\end{pmatrix}\begin{pmatrix}-1 & 3 & 0 & 3\\ 1 & -1 & 2 & -2\end{pmatrix}=\begin{pmatrix}1 & 1 & 4 & -1\\ 2 & -6 & 0 & -6\\ 2 & 0 & 6 & -3\end{pmatrix}$.

Man kann vermuten, dass man die Matrix

$$(AB)^T=\begin{pmatrix}1 & 2 & 2\\ 1 & -6 & 0\\ 4 & 0 & 6\\ -1 & -6 & -3\end{pmatrix}$$

irgendwie aus den Matrizen $A^T=\begin{pmatrix}1 & -2 & 1\\ 2 & 0 & 3\end{pmatrix}$ und $B^T=\begin{pmatrix}-1 & 1\\ 3 & -1\\ 0 & 2\\ 3 & -2\end{pmatrix}$ berechnen kann.

Schon wegen der Form der Matrizen kommt das Produkt $A^T B^T$ nicht in Betracht, wohl aber das Produkt $B^T A^T$. In der Tat erhält man:

$$B^T A^T=\begin{pmatrix}-1 & 1\\ 3 & -1\\ 0 & 2\\ 3 & -2\end{pmatrix}\begin{pmatrix}1 & -2 & 1\\ 2 & 0 & 3\end{pmatrix}=\begin{pmatrix}1 & 2 & 2\\ 1 & -6 & 0\\ 4 & 0 & 6\\ -1 & -6 & -3\end{pmatrix}=(AB)^T.$$

Es gilt der Satz:

S 15.8 Für die transponierte Matrix einer Matrix AB gilt: $(AB)^T=B^T A^T$.

Beweis: Es sei $A=(a_{ij})$ mit $i=1, 2, \dots, m$; $j=1, 2, \dots, n$; $B=(b_{jk})$ mit $j=1, 2, \dots, n$; $k=1, 2, \dots, p$. Dann gilt für die Elemente von $C=AB$:

$$c_{ik}=a_{i1}b_{1k}+a_{i2}b_{2k}+\dots+a_{in}b_{nk} \quad (\text{für } i=1, 2, \dots, m;\ k=1, 2, \dots, p).$$

Ferner ist $B^T=(b^T_{ij})=(b_{ji})$ (mit $i=1, 2, \dots, p$; $j=1, 2, \dots, n$) und $A^T=(a^T_{jk})=(a_{kj})$ (mit $j=1, 2, \dots, n$; $k=1, 2, \dots, m$). Die Matrix $D=B^T A^T$ hat dann die Elemente

$$d_{ik}=b^T_{i1}a^T_{1k}+b^T_{i2}a^T_{2k}+\dots+b^T_{in}a^T_{nk}=a_{k1}b_{1i}+a_{k2}b_{2i}+\dots+a_{kn}b_{ni}=c_{ki}=c^T_{ik}.$$

Also gilt: $D=B^T A^T=C^T=(AB)^T$; q.e.d.

7. Abschließend stellen wir uns noch die Frage, welches Gesetz für den Fall gilt, dass zwei Matrizen vor Anwendung der Matrizenmultiplikation mit je einer Zahl multipliziert werden. Da die Matrizenmultiplikation mit Hilfe des Skalarproduktes der Zeilen- bzw. Spaltenvektoren der beiden Matrizen definiert ist, liegt die Vermutung nahe, dass analog zu Satz S8.8 (Seite 138) der folgende Satz gilt:

S15.9 Für alle $r, s \in \mathbb{R}$ und für alle Matrizen A und B (passender Form) gilt:

$$(rA)(sB) = (rs)(AB).$$

Der – sehr einfache – Beweis soll in Aufgabe 8b geführt werden.

Übungen und Aufgaben

1. Zeige, dass die Matrizen E, A, B, C, $-E$, $-A$, $-B$ und $-C$ eine multiplikative Gruppe bilden! Benutze beim Aufstellen der Gruppentafel Satz S15.9! Die Gültigkeit des Assoziativgesetzes ist durch Satz S15.4 gesichert.

$$E = \begin{pmatrix} 1 & 0 \\ 0 & 1 \end{pmatrix}; \quad A = \begin{pmatrix} 0 & 1 \\ 1 & 0 \end{pmatrix}; \quad B = \begin{pmatrix} -1 & 0 \\ 0 & 1 \end{pmatrix}; \quad C = \begin{pmatrix} 0 & -1 \\ 1 & 0 \end{pmatrix}$$

2. a) Welche Abbildungen sind durch die Matrizen E, A, B und C aus Aufgabe 1 festgelegt?
b) Welche Abbildungen sind durch die Matrizen $-E$, $-A$, $-B$ und $-C$ aus Aufgabe 1 festgelegt?

3. Bestimme alle (2, 2)-Matrizen, für die gilt: **a)** $AA = N$ **b)** $AA = E$ **c)** $AA = -E$.

4. Deute die Gleichungen aus Aufgabe 3 anhand von Abbildungen!

5. Berechne mit den Matrizen A, B, C und D die folgenden Terme!

$$A = \begin{pmatrix} 1 & 2 & 2 \\ 0 & 3 & 5 \\ 2 & 0 & 7 \end{pmatrix}; \quad B = \begin{pmatrix} -2 & 4 & 0 \\ 5 & -10 & 3 \\ -3 & 6 & 1 \end{pmatrix}; \quad C = \begin{pmatrix} 1 & 0 & 1 \\ 0 & 1 & 0 \\ -1 & 0 & 1 \end{pmatrix}; \quad D = \begin{pmatrix} 1 & 2 & 3 \\ 0 & -1 & 4 \\ 0 & 0 & 1 \end{pmatrix}$$

a) (AB)C und A(BC) **b)** (BC)D und B(CD) **c)** B(AC) und (BA)C
d) (AB)D und A(BD) **e)** AB und BA **f)** AC und CA **g)** BC und CB

6. Für welche Matrizen gilt $A = A^T$?

7. A und B seien zwei Matrizen, bei denen nur die Elemente a_{ii} von Null verschieden sind, C und D seien zwei Matrizen, bei denen nur die Elemente a_{ik} mit $i \leq k$ von Null verschieden sind, und F und G seien zwei Matrizen, bei denen nur die Elemente a_{ik} mit $i \geq k$ von Null verschieden sind. Welche Aussagen kann man über die folgenden Produktmatrizen machen?
a) AB **b)** CD **c)** FG **d)** AC **e)** CA **f)** AF **g)** FA **h)** CF **i)** FC

8. a) Beweise Satz S 15.7! **b)** Beweise Satz S 15.9!

9. a) Zeige mit vollständiger Induktion, dass für alle natürlichen Zahlen n gilt: $AA^n = A^nA$!
b) Zeige mit vollständiger Induktion (nach n), dass für alle natürlichen Zahlen n und m gilt: $A^nA^m = A^mA^n$!
Anleitung: Benutze das Assoziativgesetz der Matrizenmultiplikation Satz (S 15.4)!

10. a) Begründe: Gilt für beliebige Zahlen a und b: $ae_1 + be_3 = a$, so ist $e_1 = 1$ und $e_3 = 0$!
b) Begründe: Gilt für beliebige Zahlen a und b: $ae_2 + be_4 = b$, so ist $e_2 = 0$ und $e_4 = 1$!
Anleitung: Setze für a und b geeignete Zahlen ein! (Vgl. Seite 301!)

VI. Die inverse Matrix A^{-1} zu einer Matrix A

1. Im II. Abschnitt dieses Paragraphen haben wir gezeigt, dass man ein lineares Gleichungssystem in der Form $A\vec{x} = \vec{r}$ schreiben kann.
Diese Gleichung entspricht in der Form einer einfachen Zahlengleichung, nämlich

$$a \cdot x = r.$$

Jede solche Gleichung ist eindeutig lösbar, wenn $a \neq 0$ ist; denn dann existiert der Kehrwert, also die multiplikativ inverse Zahl $a^{-1} = \frac{1}{a}$, und es gilt:

$$\begin{aligned} a \cdot x = r &\Leftrightarrow a^{-1}(ax) = a^{-1} \cdot r \Leftrightarrow (a^{-1} \cdot a)\,x = a^{-1} \cdot r \\ &\Leftrightarrow 1 \cdot x = a^{-1} \cdot r \Leftrightarrow x = a^{-1} \cdot r. \end{aligned}$$

Der Gedanke liegt nahe, mit der Gleichung

$$A\vec{x} = \vec{r}$$

in analoger Weise zu verfahren. Wenn es zur Matrix A eine „inverse Matrix" A^{-1} gibt, also eine Matrix A^{-1} mit $A^{-1}A = E$, dann kann man folgendermaßen rechnen:

$$\begin{aligned} A\vec{x} = \vec{r} &\Leftrightarrow A^{-1}(A\vec{x}) = A^{-1}\vec{r} \Leftrightarrow (A^{-1}A)\,\vec{x} = A^{-1}\vec{r} \\ &\Leftrightarrow E\vec{x} = A^{-1}\vec{r} \Leftrightarrow \vec{x} = A^{-1}\vec{r}. \end{aligned}$$

2. Wir werden unten noch zeigen, dass in den Fällen, in denen es zu einer Matrix A eine inverse Matrix A^{-1} gibt, sowohl $A^{-1}A = E$ als auch $AA^{-1} = E$ gilt. Daraus ergibt sich bereits, dass die Matrix A eine „quadratische" Matrix, also eine (n, n)-Matrix sein muss. Außerdem kann es zu einer Matrix A nur dann eine inverse Matrix A^{-1} geben, wenn jedes Gleichungssystem der Form $A\vec{x} = \vec{r}$ eindeutig lösbar ist; es muss also $\text{rg}A = n$ sein; die Matrix muss aus linear unabhängigen Zeilen- bzw. Spaltenvektoren bestehen; sie muss „regulär" sein.

Wir definieren:

D 15.5 Eine (n, n)-Matrix A heißt „regulär" genau dann, wenn $\text{rg}A = n$ ist. Ist $\text{rg}A < n$, so heißt die Matrix „nicht-regulär" oder „singulär".

3. An zwei **Beispielen** wollen wir zunächst die inverse Matrix A^{-1} zu einer Matrix A bestimmen. Wir legen dazu die Gleichung $AA^{-1}=E$ zugrunde.

1. Beispiel: $A=\begin{pmatrix} 3 & -1 \\ -5 & 2 \end{pmatrix}$

Wir suchen eine Matrix $X=\begin{pmatrix} x_1 & y_1 \\ x_2 & y_2 \end{pmatrix}$, die der Bedingung $A\begin{pmatrix} x_1 & y_1 \\ x_2 & y_2 \end{pmatrix}=\begin{pmatrix} 1 & 0 \\ 0 & 1 \end{pmatrix}$ genügt. Diese Gleichung kann als Zusammenfassung der beiden linearen Gleichungssysteme

$$A\vec{x}=\begin{pmatrix} 1 \\ 0 \end{pmatrix} \quad \text{und} \quad A\vec{y}=\begin{pmatrix} 0 \\ 1 \end{pmatrix} \quad \text{mit } \vec{x}=\begin{pmatrix} x_1 \\ x_2 \end{pmatrix}; \quad \vec{y}=\begin{pmatrix} y_1 \\ y_2 \end{pmatrix}$$

aufgefasst werden. Da die beiden Systeme dieselbe Koeffizientenmatrix A haben, können wir sie nach dem Gaußverfahren in **einem** Rechengang lösen. Wir führen das erweiterte Gaußverfahren vollständig durch, formen also die Matrix A in die zweireihige Einheitsmatrix E um:

$$\left(\begin{array}{cc|cc} 3 & -1 & 1 & 0 \\ -5 & 2 & 0 & 1 \end{array}\right) \begin{array}{l} \downarrow \cdot 5 \\ \cdot 3 \end{array} \rightarrow \left(\begin{array}{cc|cc} 3 & -1 & 1 & 0 \\ 0 & 1 & 5 & 3 \end{array}\right) \begin{array}{l} \uparrow \cdot 1 \\ \cdot 1 \end{array} \rightarrow \left(\begin{array}{cc|cc} 3 & 0 & 6 & 3 \\ 0 & 1 & 5 & 3 \end{array}\right) \begin{array}{l} |:3 \\ \end{array} \rightarrow \left(\begin{array}{cc|cc} 1 & 0 & 2 & 1 \\ 0 & 1 & 5 & 3 \end{array}\right).$$

Es gilt also $X=A^{-1}=\begin{pmatrix} 2 & 1 \\ 5 & 3 \end{pmatrix}$.

Zur Probe berechnen wir AA^{-1} und $A^{-1}A$:

$$AA^{-1}=\begin{pmatrix} 3 & -1 \\ -5 & 2 \end{pmatrix}\begin{pmatrix} 2 & 1 \\ 5 & 3 \end{pmatrix}=\begin{pmatrix} 1 & 0 \\ 0 & 1 \end{pmatrix} \quad \text{und} \quad A^{-1}A=\begin{pmatrix} 2 & 1 \\ 5 & 3 \end{pmatrix}\begin{pmatrix} 3 & -1 \\ -5 & 2 \end{pmatrix}=\begin{pmatrix} 1 & 0 \\ 0 & 1 \end{pmatrix}.$$

Bemerkung: Da die Matrix A^{-1} existiert, können wir mit ihrer Hilfe jetzt auch jedes Gleichungssystem der Form $A\vec{x}=\vec{r}$ lösen, z. B. das Gleichungssystem $A\vec{x}=\begin{pmatrix} -1 \\ 3 \end{pmatrix}$.

Es gilt:

$$\vec{x}=A^{-1}\begin{pmatrix} -1 \\ 3 \end{pmatrix}=\begin{pmatrix} 2 & 1 \\ 5 & 3 \end{pmatrix}\begin{pmatrix} -1 \\ 3 \end{pmatrix}=\begin{pmatrix} 1 \\ 4 \end{pmatrix}.$$

Führe die Probe durch!

2. Beispiel: $A=\begin{pmatrix} -2 & 1 & -3 \\ 0 & -1 & 2 \\ 3 & 1 & -1 \end{pmatrix}$

Wir berechnen wiederum die Lösungen der drei Gleichungssysteme

$$A\vec{x}=\begin{pmatrix} 1 \\ 0 \\ 0 \end{pmatrix}; \quad A\vec{y}=\begin{pmatrix} 0 \\ 1 \\ 0 \end{pmatrix} \quad \text{und} \quad A\vec{z}=\begin{pmatrix} 0 \\ 0 \\ 1 \end{pmatrix}$$

nach dem erweiterten Gaußverfahren in einem Rechengang:

$$\left(\begin{array}{ccc|ccc} -2 & 1 & -3 & 1 & 0 & 0 \\ 0 & -1 & 2 & 0 & 1 & 0 \\ 3 & 1 & -1 & 0 & 0 & 1 \end{array}\right) \begin{array}{l} \cdot 3 \\ \Big\downarrow \\ \cdot 2 \end{array} \rightarrow \left(\begin{array}{ccc|ccc} -2 & 1 & -3 & 1 & 0 & 0 \\ 0 & -1 & 2 & 0 & 1 & 0 \\ 0 & 5 & -11 & 3 & 0 & 2 \end{array}\right) \begin{array}{l} \\ \cdot 5 \\ \downarrow \cdot 1 \end{array} \rightarrow$$

$$\left(\begin{array}{rrr|rrr} -2 & 1 & -3 & 1 & 0 & 0 \\ 0 & -1 & 2 & 0 & 1 & 0 \\ 0 & 0 & -1 & 3 & 5 & 2 \end{array}\right) \begin{array}{l} \uparrow \cdot 1 \\ \cdot 1 \\ \end{array} \rightarrow \left(\begin{array}{rrr|rrr} -2 & 0 & -1 & 1 & 1 & 0 \\ 0 & -1 & 2 & 0 & 1 & 0 \\ 0 & 0 & -1 & 3 & 5 & 2 \end{array}\right) \begin{array}{l} \uparrow \cdot (-1) \\ \\ \cdot 1 \end{array} \rightarrow$$

$$\left(\begin{array}{rrr|rrr} 2 & 0 & 0 & 2 & 4 & 2 \\ 0 & -1 & 2 & 0 & 1 & 0 \\ 0 & 0 & -1 & 3 & 5 & 2 \end{array}\right) \begin{array}{l} :2 \\ \uparrow \cdot 1 \\ \cdot 2 \end{array} \rightarrow \left(\begin{array}{rrr|rrr} 1 & 0 & 0 & 1 & 2 & 1 \\ 0 & -1 & 0 & 6 & 11 & 4 \\ 0 & 0 & -1 & 3 & 5 & 2 \end{array}\right) \begin{array}{l} \\ \cdot (-1) \\ \cdot (-1) \end{array} \rightarrow \left(\begin{array}{rrr|rrr} 1 & 0 & 0 & 1 & 2 & 1 \\ 0 & 1 & 0 & -6 & -11 & -4 \\ 0 & 0 & 1 & -3 & -5 & -2 \end{array}\right).$$

Die zu A inverse Matrix ist also: $A^{-1} = \begin{pmatrix} 1 & 2 & 1 \\ -6 & -11 & -4 \\ -3 & -5 & -2 \end{pmatrix}$.

Bemerkung: Mit Hilfe von A^{-1} kann man auch hier jedes Gleichungssystem der Form $A\vec{x} = \vec{r}$ lösen, z. B. für $\vec{r} = \begin{pmatrix} -2 \\ -1 \\ 5 \end{pmatrix}$:

$$\vec{x} = A^{-1}\vec{r} = \begin{pmatrix} 1 & 2 & 1 \\ -6 & -11 & -4 \\ -3 & -5 & -2 \end{pmatrix} \begin{pmatrix} -2 \\ -1 \\ 5 \end{pmatrix} = \begin{pmatrix} 1 \\ 3 \\ 1 \end{pmatrix}.$$

Führe die Probe durch!

4. Die an den Beispielen durchgeführten Überlegungen wollen wir nun auf beliebige n-reihige Matrizen übertragen. Die Bedingung $AX = E$ fassen wir auf als die Zusammenfassung der n Gleichungssysteme

$$A\vec{x}_1 = \begin{pmatrix} 1 \\ 0 \\ \vdots \\ 0 \end{pmatrix}, \quad A\vec{x}_2 = \begin{pmatrix} 0 \\ 1 \\ \vdots \\ 0 \end{pmatrix}, \ldots, \quad A\vec{x}_n = \begin{pmatrix} 0 \\ 0 \\ \vdots \\ 1 \end{pmatrix}.$$

Jedes dieser Gleichungssysteme ist nach Satz S 13.2 (Seite 254) genau dann eindeutig lösbar, wenn $\operatorname{rg} A = n$, die Matrix A also regulär ist. Diese Gleichungssysteme können – wie wir es bei den Beispielen durchgeführt haben – simultan nach dem Gaußverfahren gelöst werden. Die dabei durchzuführende Rechnung kann man folgendermaßen kennzeichnen:

$$\begin{array}{c|l} A & E \\ \downarrow & \downarrow \\ E & X = A^{-1}. \end{array}$$

Durch das Gaußverfahren wird also die gegebene Matrix A in die Einheitsmatrix E und zugleich die Einheitsmatrix E in die gesuchte inverse Matrix $X = A^{-1}$ umgeformt. Es gilt also: $AA^{-1} = E$.

Nun lassen sich die Umformungen des Gaußverfahrens aber eindeutig umkehren, es gilt also auch:

$$\begin{array}{c|l} A^{-1} & E \\ \downarrow & \downarrow \\ E & A. \end{array}$$

Dies aber bedeutet, dass die Matrix A die Bedingung $A^{-1}Y=E$ erfüllt, dass also auch gilt: $A^{-1}A=E$.
Wir fassen die Ergebnisse zusammen im Satz:

S15.10 Zu jeder regulären (n, n)-Matrix A gibt es genau eine inverse Matrix A^{-1} mit

$$AA^{-1}=A^{-1}A=E.$$

5. Für zweireihige Matrizen, also für Matrizen der Form $A=\begin{pmatrix} a & b \\ c & d \end{pmatrix}$ wollen wir die vorstehenden Überlegungen konkretisieren. Wir setzen dabei voraus, dass $a \neq 0$ ist. Ist nämlich $a=0$, aber $c \neq 0$, so vertauscht man die beiden Zeilen der Matrix und erreicht dadurch wieder, dass $a \neq 0$ ist.

$$\left(\begin{array}{cc|cc} a & b & 1 & 0 \\ c & d & 0 & 1 \end{array}\right) \begin{array}{l} \cdot(-c) \\ \cdot a \end{array} \rightarrow \left(\begin{array}{cc|cc} a & b & 1 & 0 \\ 0 & ad-bc & -c & a \end{array}\right) \ |:(ad-bc)$$

Um an dieser Stelle durch den Term $ad-bc$ dividieren zu können, müssen wir voraussetzen, dass $ad-bc \neq 0$ ist. Man bezeichnet diesen Term als die zur Matrix A gehörende „zweireihige **Determinante**“ und schreibt:

$$|A|=\begin{vmatrix} a & b \\ c & d \end{vmatrix}=ad-bc, \text{ gelesen „Determinante von A“.}$$

Wir dividieren also die zweite Zeile durch $|A|=ad-bc$ und erhalten:

$$\left(\begin{array}{cc|cc} a & b & 1 & 0 \\ 0 & 1 & -\frac{c}{|A|} & \frac{a}{|A|} \end{array}\right) \begin{array}{l} \cdot 1 \\ \cdot(-b) \end{array} \rightarrow \left(\begin{array}{cc|cc} a & 0 & 1+\frac{bc}{|A|} & -\frac{ab}{|A|} \\ 0 & 1 & -\frac{c}{|A|} & \frac{a}{|A|} \end{array}\right) |:a \rightarrow \left(\begin{array}{cc|cc} 1 & 0 & \frac{1}{a}\left(1+\frac{bc}{|A|}\right) & -\frac{b}{|A|} \\ 0 & 1 & -\frac{c}{|A|} & \frac{a}{|A|} \end{array}\right).$$

Nebenrechnung: $\frac{1}{a}\left(1+\frac{bc}{|A|}\right)=\frac{1}{a}\left(\frac{ad-bc+bc}{|A|}\right)=\frac{d}{|A|}$

Damit ergibt sich:

$$\left(\begin{array}{cc|cc} 1 & 0 & \frac{d}{|A|} & -\frac{b}{|A|} \\ 0 & 1 & -\frac{c}{|A|} & \frac{a}{|A|} \end{array}\right).$$

Es gilt also: $A^{-1}=\frac{1}{|A|}\begin{pmatrix} d & -b \\ -c & a \end{pmatrix}$ mit $|A|=\begin{vmatrix} a & b \\ c & d \end{vmatrix}=ad-bc \neq 0.$

Beispiel: $A=\begin{pmatrix} -3 & 2 \\ 4 & -1 \end{pmatrix}$; $|A|=\begin{vmatrix} -3 & 2 \\ 4 & -1 \end{vmatrix}=3-8=-5$

Also ist $A^{-1}=-\frac{1}{5}\begin{pmatrix} -1 & -2 \\ -4 & -3 \end{pmatrix}=\frac{1}{5}\begin{pmatrix} 1 & 2 \\ 4 & 3 \end{pmatrix}.$

Probe: $AA^{-1}=\begin{pmatrix}-3 & 2\\ 4 & -1\end{pmatrix}\frac{1}{5}\begin{pmatrix}1 & 2\\ 4 & 3\end{pmatrix}=\frac{1}{5}\begin{pmatrix}5 & 0\\ 0 & 5\end{pmatrix}=\begin{pmatrix}1 & 0\\ 0 & 1\end{pmatrix}$ und

$$A^{-1}A=\frac{1}{5}\begin{pmatrix}1 & 2\\ 4 & 3\end{pmatrix}\begin{pmatrix}-3 & 2\\ 4 & -1\end{pmatrix}=\frac{1}{5}\begin{pmatrix}5 & 0\\ 0 & 5\end{pmatrix}=\begin{pmatrix}1 & 0\\ 0 & 1\end{pmatrix}.$$

Man kann selbstverständlich auch das allgemeine Ergebnis durch eine Probe bestätigen (Aufgabe 4).

6. Durch Anwendung des Gaußverfahrens haben wir die inverse Matrix A^{-1} zu einer zweireihigen Matrix $A=\begin{pmatrix}a & b\\ c & d\end{pmatrix}$ eindeutig bestimmt unter der Voraussetzung, dass für die zugehörige Determinante gilt:

$$|A|=\begin{vmatrix}a & b\\ c & d\end{vmatrix}=ad-bc\neq 0.$$

Diese Bedingung ist nicht erfüllt, wenn sowohl $a=0$ als auch $c=0$ ist. Die zu Beginn unserer Überlegungen benutzte Voraussetzung, dass $a\neq 0$ **oder** $c\neq 0$ ist, wird von der Bedingung $|A|\neq 0$ also miterfasst.

Wir können daher sagen:

S 15.11 Eine zweireihige Matrix $A=\begin{pmatrix}a & b\\ c & d\end{pmatrix}$ besitzt eine inverse Matrix A^{-1} genau dann, wenn für die zugehörige Determinante gilt: $|A|=ad-bc\neq 0$. In diesem Fall ist

$$A^{-1}=\frac{1}{|A|}\begin{pmatrix}d & -b\\ -c & a\end{pmatrix}.$$

7. In den folgenden Paragraphen benötigen wir gelegentlich die Determinante einer Produktmatrix AB. Für den Fall, dass es sich um (2, 2)-Matrizen handelt, lässt sich leicht nachweisen, dass stets gilt: $|AB|=|A|\,|B|$.

S 15.12 Für zweireihige Matrizen A und B gilt: $|AB|=|A|\,|B|$.

Beweis: Es sei $A=\begin{pmatrix}a & b\\ c & d\end{pmatrix}$ und $B=\begin{pmatrix}\alpha & \beta\\ \gamma & \delta\end{pmatrix}$; dann gilt: $AB=\begin{pmatrix}a\alpha+b\gamma & a\beta+b\delta\\ c\alpha+d\gamma & c\beta+d\delta\end{pmatrix}$

und somit

$$\begin{aligned}|AB|&=(a\alpha+b\gamma)(c\beta+d\delta)-(a\beta+b\delta)(c\alpha+d\gamma)\\ &=ac\alpha\beta+ad\alpha\delta+bc\beta\gamma+bd\gamma\delta-ac\alpha\beta-ad\beta\gamma-bc\alpha\delta-bd\gamma\delta\\ &=ad(\alpha\delta-\beta\gamma)-bc(\alpha\delta-\beta\gamma)=(ad-bc)(\alpha\delta-\beta\gamma)\\ &=\begin{vmatrix}a & b\\ c & d\end{vmatrix}\cdot\begin{vmatrix}\alpha & \beta\\ \gamma & \delta\end{vmatrix}=|A|\,|B|,\ \text{q.e.d.}\end{aligned}$$

Beispiel: $A=\begin{pmatrix}-3 & 1\\ 5 & -7\end{pmatrix}$ mit $|A|=16$; $B=\begin{pmatrix}4 & -2\\ 6 & 5\end{pmatrix}$ mit $|B|=32$; $|A|\,|B|=512$

$$AB=\begin{pmatrix}-3 & 1\\ 5 & -7\end{pmatrix}\begin{pmatrix}4 & -2\\ 6 & 5\end{pmatrix}=\begin{pmatrix}-6 & 11\\ -22 & -45\end{pmatrix};\ |AB|=6\cdot 45+11\cdot 22=270+242=512$$

$$BA=\begin{pmatrix}4 & -2\\ 6 & 5\end{pmatrix}\begin{pmatrix}-3 & 1\\ 5 & -7\end{pmatrix}=\begin{pmatrix}-22 & 18\\ 7 & -29\end{pmatrix};\ |BA|=22\cdot 29-7\cdot 18=638-126=512$$

8. Die Aussage von Satz S 15.12 gilt – wie wir hier ohne Beweis mitteilen – nicht nur für zweireihige Matrizen, sondern allgemein. Daher folgt aus $|AB|\neq 0$ stets auch $|A|\neq 0$ und $|B|\neq 0$. Wenn man dies beachtet, lässt sich leicht beweisen (Aufgabe 7a):

S 15.13 $\mathbf{AB=E \Rightarrow A=B^{-1}}$ **und** $\mathbf{B=A^{-1}}$.

Mit Hilfe dieses Satzes lassen sich dann zwei weitere wichtige Sätze zu inversen Matrizen herleiten (Aufgabe 7b, c):

S 15.14 Sind zwei Matrizen A und B regulär, so gilt: $\mathbf{(AB)^{-1}=B^{-1}A^{-1}}$.

S 15.15 Ist eine Matrix A regulär, so gilt: $\mathbf{(A^{-1})^{-1}=A}$.

Übungen und Aufgaben

1. Bestimme nach dem Gaußverfahren die inverse Matrix!

a) $\begin{pmatrix}3 & 2\\ 4 & 3\end{pmatrix}$ **b)** $\begin{pmatrix}1 & -3\\ -2 & 5\end{pmatrix}$ **c)** $\begin{pmatrix}3 & 2\\ 13 & 9\end{pmatrix}$ **d)** $\begin{pmatrix}-1 & 5\\ 2 & -9\end{pmatrix}$ **e)** $\begin{pmatrix}2 & 1\\ 8 & 5\end{pmatrix}$ **f)** $\begin{pmatrix}3 & -5\\ -4 & 7\end{pmatrix}$

g) $\begin{pmatrix}2 & 5\\ 3 & 9\end{pmatrix}$ **h)** $\begin{pmatrix}4 & 3\\ 8 & 5\end{pmatrix}$ **i)** $\begin{pmatrix}-2 & 1\\ \frac{3}{2} & -\frac{1}{2}\end{pmatrix}$ **j)** $\begin{pmatrix}-\frac{1}{4} & -1\\ -\frac{3}{4} & 2\end{pmatrix}$ **k)** $\begin{pmatrix}\frac{3}{5} & \frac{7}{5}\\ \frac{2}{5} & \frac{3}{5}\end{pmatrix}$ **l)** $\begin{pmatrix}-\frac{1}{28} & \frac{5}{28}\\ \frac{3}{14} & -\frac{1}{14}\end{pmatrix}$

2. Bestimme nach dem Gaußverfahren die inverse Matrix!

a) $\begin{pmatrix}0 & 1 & -1\\ 2 & 5 & 4\\ 1 & 2 & 3\end{pmatrix}$ **b)** $\begin{pmatrix}6 & -2 & -3\\ -2 & 1 & 3\\ 5 & -1 & 2\end{pmatrix}$ **c)** $\begin{pmatrix}-1 & 5 & -1\\ 2 & -5 & 1\\ -3 & 4 & -1\end{pmatrix}$ **d)** $\begin{pmatrix}2 & 1 & -1\\ 7 & 3 & -2\\ 4 & 2 & -1\end{pmatrix}$

e) $\begin{pmatrix}5 & 1 & 1\\ 1 & 3 & -2\\ 2 & 1 & 0\end{pmatrix}$ **f)** $\begin{pmatrix}4 & -2 & 1\\ 7 & -1 & 2\\ 4 & -4 & 1\end{pmatrix}$ **g)** $\begin{pmatrix}1 & 0 & -1\\ -6 & -3 & 8\\ 4 & 2 & -5\end{pmatrix}$ **h)** $\begin{pmatrix}1 & 1 & -1\\ 1 & -1 & 1\\ 1 & -1 & -1\end{pmatrix}$

3. Bestimme nach dem Gaußverfahren die inverse Matrix!

a) $\begin{pmatrix} 1 & 6 & 1 & -2 \\ 2 & 1 & 3 & 0 \\ 0 & 2 & -1 & 1 \\ 3 & -2 & 5 & 1 \end{pmatrix}$ **b)** $\begin{pmatrix} 4 & 2 & -5 & -1 \\ 3 & 2 & -3 & -1 \\ 1 & 0 & -1 & 0 \\ -3 & -1 & 4 & 1 \end{pmatrix}$ **c)** $\begin{pmatrix} 1 & 0 & 0 & 0 \\ 1 & 1 & 0 & 0 \\ 1 & 1 & 1 & 0 \\ 1 & 1 & 1 & 1 \end{pmatrix}$

d) $\begin{pmatrix} 1 & 2 & 2 & -1 \\ 2 & 3 & 4 & -3 \\ 4 & 6 & 9 & -5 \\ -1 & -1 & -2 & 1 \end{pmatrix}$ **e)** $\begin{pmatrix} 1 & 1 & 1 & 1 \\ 1 & 2 & 2 & 2 \\ 1 & 2 & 3 & 3 \\ 1 & 2 & 3 & 4 \end{pmatrix}$ **f)** $\begin{pmatrix} 4 & 7 & 9 & 10 \\ 7 & 13 & 17 & 19 \\ 9 & 17 & 23 & 26 \\ 10 & 19 & 26 & 30 \end{pmatrix}$

4. Bestätige das im Lehrtext auf Seite 308 unter 5. gewonnene Ergebnis für A^{-1} durch Berechnung von AA^{-1} und $A^{-1}A$!

5. A und B sind zwei reguläre (2, 2)-Matrizen, C und D sind zwei singuläre (2, 2)-Matrizen. Welche Aussagen kann man über die folgenden Matrizen machen?

a) AB **b)** AC **c)** CB **d)** CD

6. Untersuche, ob für reguläre (2, 2)-Matrizen A gilt: $(A^T)^{-1} = (A^{-1})^T$!

7. a) Beweise Satz S 15.13!

Anleitung: Verknüpfe $AB = E$ mit B^{-1} und mit A^{-1}!

b) Beweise Satz S 15.14!

Anleitung: Berechne $(AB)(B^{-1}A^{-1})$ und wende Satz S 15.13 an!

c) Beweise Satz S 15.15!

8. Benutze Satz S 15.11, um zu entscheiden, ob die angegebene Matrix invertierbar ist! Berechne gegebenenfalls die inverse Matrix!

a) $\begin{pmatrix} 1 & 4 \\ 3 & 11 \end{pmatrix}$ **b)** $\begin{pmatrix} -10 & 2 \\ 15 & -3 \end{pmatrix}$ **c)** $\begin{pmatrix} 5 & -2 \\ -8 & 3 \end{pmatrix}$ **d)** $\begin{pmatrix} 0{,}2 & -0{,}4 \\ -1{,}5 & 3 \end{pmatrix}$

e) $\begin{pmatrix} \frac{1}{2} & \frac{1}{3} \\ \frac{1}{6} & -\frac{1}{9} \end{pmatrix}$ **f)** $\begin{pmatrix} \frac{4}{3} & \frac{5}{4} \\ \frac{2}{5} & \frac{3}{4} \end{pmatrix}$ **g)** $\begin{pmatrix} 2 & \sqrt{2} \\ 3 & -\sqrt{3} \end{pmatrix}$ **h)** $\begin{pmatrix} 2 & \sqrt{6} \\ \sqrt{2} & \sqrt{3} \end{pmatrix}$

9. Ermittle alle (2, 2)-Matrizen X, die die Gleichung erfüllen!

a) $\begin{pmatrix} 1 & 3 \\ -1 & -2 \end{pmatrix} X = \begin{pmatrix} 7 & 0 \\ 1 & -5 \end{pmatrix}$ **b)** $\begin{pmatrix} 4 & 7 \\ 5 & 9 \end{pmatrix} X = \begin{pmatrix} 1 & 2 \\ 2 & 1 \end{pmatrix}$ **c)** $\begin{pmatrix} 1 & -2 \\ -1 & -2 \end{pmatrix} X = \begin{pmatrix} -2 & 1 \\ 1 & 3 \end{pmatrix}$

d) $\begin{pmatrix} 1 & -1 \\ -1 & 1 \end{pmatrix} X = \begin{pmatrix} 1 & 1 \\ -1 & -1 \end{pmatrix}$ **e)** $\begin{pmatrix} 1 & 2 \\ 3 & 4 \end{pmatrix} X = \begin{pmatrix} 0 & 0 \\ 0 & 0 \end{pmatrix}$ **f)** $\begin{pmatrix} -6 & 10 \\ 9 & -15 \end{pmatrix} X = \begin{pmatrix} 1 & 2 \\ 2 & 1 \end{pmatrix}$

10. A sei eine reguläre (2, 2)-Matrix, die nur ganze Zahlen enthält. Unter welcher Bedingung enthält auch die inverse Matrix A^{-1} nur ganze Zahlen?

11. Man kann mit Hilfe einer Matrix Nachrichten verschlüsseln. Zunächst ordnet man dazu jedem Buchstaben des Alphabets seine Nummer zu:

A	B	C	D	E	F	G	H	I	J	K	L	M	N	O	P	Q	R	S	T	U	V	W	X	Y	Z
1	2	3	4	5	6	7	8	9	10	11	12	13	14	15	16	17	18	19	20	21	22	23	24	25	26

und benutzt die Zahl Null für Leerzeichen. Aus der Nachricht

V O R S I C H T   G E H E I M

wird so die Zahlenfolge

22 15 18 19 9 3 8 20 0 7 5 8 5 9 13,

die man jetzt als dreizeilige Matrix schreibt und mit einer „Kodiermatrix" multipliziert:

$$\begin{pmatrix} 2 & -2 & -1 \\ 1 & 1 & -2 \\ 1 & 0 & -1 \end{pmatrix} \begin{pmatrix} 22 & 15 & 18 & 19 & 9 \\ 3 & 8 & 20 & 0 & 7 \\ 5 & 8 & 5 & 9 & 13 \end{pmatrix} = \begin{pmatrix} 33 & 6 & -9 & 29 & -9 \\ 15 & 7 & 28 & 1 & -10 \\ 17 & 7 & 13 & 10 & -4 \end{pmatrix}.$$

a) Wie kann man eine so verschlüsselte Nachricht wieder entschlüsseln?
b) Welche Bedingungen muss die Kodiermatrix erfüllen?
c) Entschlüssle die folgenden Nachrichten!

−13	−20	−10	−4	−33	13	−16
−20	10	26	−29	14	−1	8
−8	3	12	−11	0	5	0

−22	−18	26	−3	−29	−39
−11	−39	25	−1	−36	−24
−8	−19	19	−1	−20	−17

30	−20	−17	−51	−5	14	−11	−60
25	−38	28	8	−10	11	23	−20
20	−19	10	−6	−5	9	11	−20

12.

Bild 15.9

Eva hat die erste Nachricht von Bild 15.9 entschlüsselt. Sie bedeutet:
NACH UNS DIE ZUKUNFT.

a) Kannst du die benutzte Kodiermatrix ermitteln?
b) Kannst du die beiden anderen Nachrichten aus Bild 15.9 entschlüsseln?

§ 16 Affine Abbildungen

I. Lineare Abbildungen

1. Die Abbildungen, die wir in § 15, III betrachtet haben, sind durch Gleichungen der Form

$$\vec{x}' = f(\vec{x}) = A\vec{x}$$

mit einer Matrix A festgelegt.
Ist ein Vektor $\vec{x}$ als Linearkombination zweier Vektoren $\vec{a}$ und $\vec{b}$ darstellbar, gibt es also zwei Zahlen r und s mit

$$\vec{x} = r\vec{a} + s\vec{b},$$

dann gilt für den zugehörigen Bildvektor

$$\begin{aligned} f(\vec{x}) &= f(r\vec{a} + s\vec{b}) = A(r\vec{a} + s\vec{b}) \\ &= A(r\vec{a}) + A(s\vec{b}) \quad \text{(nach Satz S15.3, 3)} \\ &= r(A\vec{a}) + s(A\vec{b}) \quad \text{(nach Satz S15.3, 1)} \\ &= r f(\vec{a}) + s f(\vec{b}), \end{aligned}$$

insgesamt also

$$\mathbf{f(r\vec{a} + s\vec{b}) = r f(\vec{a}) + s f(\vec{b})}.$$

Durch die Abbildung f wird also jede Linearkombination von Vektoren ($\vec{a}$ und $\vec{b}$) auf die Linearkombination der zugehörigen Bildvektoren $f(\vec{a})$ und $f(\vec{b})$ mit denselben Faktoren (r und s) abgebildet. Eine Abbildung mit dieser Eigenschaft nennt man eine **„lineare Abbildung"**.
Aus dieser Bedingung ergibt sich

1) für $r = s = 1$: $f(\vec{a} + \vec{b}) = f(\vec{a}) + f(\vec{b})$ und **2)** für $s = 0$: $f(r\vec{a}) = r f(\vec{a})$.

Umgekehrt folgt aus den Bedingungen 1) und 2) wieder:

$$\begin{aligned} f(r\vec{a} + s\vec{b}) &= f(r\vec{a}) + f(s\vec{b}) \quad \text{(nach 1)} \\ &= r f(\vec{a}) + s f(\vec{b}) \quad \text{(nach 2)}. \end{aligned}$$

Daher können wir die Bedingungen 1) und 2) zur Definition linearer Abbildungen heranziehen:

D 16.1 Eine Abbildung f eines Vektorraums V heißt eine „lineare Abbildung" genau dann, wenn für alle $\vec{a}, \vec{b} \in V$ und für alle $r \in \mathbb{R}$ gilt:
1) $f(\vec{a} + \vec{b}) = f(\vec{a}) + f(\vec{b})$ und 2) $f(r\vec{a}) = r f(\vec{a})$.

2. In diesem Buch beschränken wir uns auf lineare Abbildungen eines endlichen Vektorraums V_n „in sich"; dies bedeutet, dass $W(f) \subseteq V_n$ sein soll. Dann ist nicht nur jede Abbildung f mit $f(\vec{x}) = A\vec{x}$ eine lineare Abbildung; vielmehr lässt sich umgekehrt auch jede lineare Abbildung des V_n in sich durch eine Matrix A darstellen.

Es gilt der Satz:

S16.1 Ist f eine lineare Abbildung des Vektorraums V_n in sich, dann gibt es eine Matrix A mit

$$\mathbf{f(\vec{x}) = A\vec{x}.}$$

Wir führen den **Beweis** für den Fall, dass es sich um eine Abbildung des Vektorraums V_2 in sich handelt. Wir betrachten die Bilder der Vektoren $\vec{e}_1 = \begin{pmatrix}1\\0\end{pmatrix}$ und $\vec{e}_2 = \begin{pmatrix}0\\1\end{pmatrix}$; es sei $f(\vec{e}_1) = \begin{pmatrix}a\\c\end{pmatrix}$ und $f(\vec{e}_2) = \begin{pmatrix}b\\d\end{pmatrix}$. Ein beliebiger Vektor $\vec{x} \in V_2$ ist darstellbar in der Form

$$\vec{x} = \begin{pmatrix}x\\y\end{pmatrix} = x\begin{pmatrix}1\\0\end{pmatrix} + y\begin{pmatrix}0\\1\end{pmatrix} = x\vec{e}_1 + y\vec{e}_2.$$

Da f linear ist, gilt

$$f(\vec{x}) = f(x\vec{e}_1 + y\vec{e}_2) = xf(\vec{e}_1) + yf(\vec{e}_2) = x\begin{pmatrix}a\\c\end{pmatrix} + y\begin{pmatrix}b\\d\end{pmatrix} = \begin{pmatrix}ax+by\\cx+dy\end{pmatrix} = \begin{pmatrix}a & b\\c & d\end{pmatrix}\begin{pmatrix}x\\y\end{pmatrix} = A\vec{x}$$

mit $A = \begin{pmatrix}a & b\\c & d\end{pmatrix}$. Die Abbildung wird also erfasst durch die Matrix A; deren Spaltenvektoren sind die Bilder der Basisvektoren $\vec{e}_1$ und $\vec{e}_2$. Man erkennt, dass die Abbildung durch die Bildvektoren der Basisvektoren $\vec{e}_1$ und $\vec{e}_2$ bereits vollständig festgelegt ist.

3. Die Gleichung $f(\vec{x}) = xf(\vec{e}_1) + yf(\vec{e}_2)$ besagt, dass die Menge $\{f(\vec{e}_1), f(\vec{e}_2)\}$ ein Erzeugendensystem der Menge aller Bilder, also von W(f) ist. Dabei gibt es drei Möglichkeiten:

1) Sind $f(\vec{e}_1)$ und $f(\vec{e}_2)$ linear unabhängig, dann bilden sie sogar eine Basis des Vektorraums V_2; es gilt $W(f) = V_2$; man sagt: f bildet den Vektorraum V_2 „auf sich" ab. Die Matrix A ist dann regulär.

2) Sind $f(\vec{e}_1)$ und $f(\vec{e}_2)$ linear abhängig, aber nicht beide der Nullvektor, dann ist die Wertemenge W(f) ein eindimensionaler Untervektorraum von V_2.

3) Gilt $f(\vec{e}_1) = f(\vec{e}_2) = \vec{0}$, dann ist $W(f) = \{\vec{0}\}$. Von diesem Sonderfall sehen wir in der Regel ab.

4. Im Fall 1) ist die Abbildung f umkehrbar; es existiert die Umkehrabbildung $\overset{-1}{f}$. Um die Darstellung dieser Umkehrabbildung zu gewinnen, haben wir die Gleichung $\vec{x}' = A\vec{x}$ nach $\vec{x}$ aufzulösen. Da in diesem Fall die inverse Matrix A^{-1} wegen $|A| \neq 0$ existiert, gilt $\vec{x} = A^{-1}\vec{x}'$ mit $A^{-1} = \frac{1}{|A|}\begin{pmatrix}d & -b\\-c & a\end{pmatrix}$. Die Umkehrabbildung ist also ebenfalls eine lineare Abbildung des Vektorraums V_2 auf sich. Es gilt der Satz:

S16.2 Ist die Matrix A einer linearen Abbildung f regulär, so ist f umkehrbar. Für die Umkehrabbildung $\overset{-1}{f}$ gilt: $\overset{-1}{f}(\vec{x}) = A^{-1}\vec{x}$.

Übungen und Aufgaben

1. Untersuche, ob die Abbildung f, die jeden Vektor $\vec{x}=\begin{pmatrix}x\\y\end{pmatrix}$ wie angegeben abbildet, linear ist!

a) $f(\vec{x})=-\vec{x}$ **b)** $f(\vec{x})=0{,}5\vec{x}$ **c)** $f(\vec{x})=\begin{pmatrix}x+1\\y\end{pmatrix}$ **d)** $f(\vec{x})=\begin{pmatrix}y\\x\end{pmatrix}$

e) $f(\vec{x})=\begin{pmatrix}x\\0\end{pmatrix}$ **f)** $f(\vec{x})=\begin{pmatrix}x^2\\y\end{pmatrix}$ **g)** $f(\vec{x})=\begin{pmatrix}2x\\3y\end{pmatrix}$ **h)** $f(\vec{x})=\begin{pmatrix}2+x\\3+y\end{pmatrix}$

i) $f(\vec{x})=\begin{pmatrix}x-y\\x+y\end{pmatrix}$ **j)** $f(\vec{x})=\begin{pmatrix}xy\\y\end{pmatrix}$ **k)** $f(\vec{x})=\begin{pmatrix}5x+7y\\-x+3y\end{pmatrix}$ **l)** $f(\vec{x})=\begin{pmatrix}\sqrt{y^2}\\7x\end{pmatrix}$

2. a) Ermittle zu den linearen Abbildungen aus Aufgabe 1 die zugehörigen Matrizen!
b) Welche der linearen Abbildungen aus Aufgabe 1 sind umkehrbar? Bestimme jeweils die Matrix der Umkehrabbildung!

3. f und g sind zwei lineare Abbildungen eines Vektorraums in sich. Welche Aussagen kann man über die folgende Abbildung machen?
a) $f+g$ **b)** $f-g$ **c)** $f\circ g$ **d)** $f\circ f$

4. Zeige, dass die Abbildung f, die jeden Vektor $\vec{x}=\begin{pmatrix}x\\y\end{pmatrix}$ abbildet auf den Vektor

$$f(\vec{x})=\begin{pmatrix}\sqrt[3]{x^3+y^3}\\y\end{pmatrix},$$

die Bedingung 2) aus Definition D 16.1 erfüllt, nicht aber die Bedingung 1)!

II. Affine Abbildungen

1. Die im vorigen Abschnitt betrachteten linearen Abbildungen haben eine einfache gemeinsame Eigenschaft: Sie bilden den Nullvektor, also auch den Nullpunkt, auf sich selbst ab; es gilt nämlich:

$$f(\vec{0})=A\vec{0}=\begin{pmatrix}a & b\\c & d\end{pmatrix}\begin{pmatrix}0\\0\end{pmatrix}=\begin{pmatrix}0\\0\end{pmatrix}=\vec{0};$$

man sagt: Der Nullpunkt ist ein **„Fixpunkt“** jeder linearen Abbildung. Nun kennen wir aus dem Unterricht der Sekundarstufe I aber einfache Abbildungen, die diese Eigenschaft nicht haben, nämlich die **Verschiebungen** oder **Translationen**; dabei sehen wir vom Sonderfall der Nullverschiebung, also der identischen Abbildung, ab.

Eine Verschiebung mit dem Verschiebungsvektor $\vec{v}$ wird erfasst durch die Gleichung

$$\vec{x}' = \vec{x} + \vec{v} \quad \text{(Bild 16.1)}.$$

Durch Verkettung einer linearen Abbildung zu $\vec{x}' = A\vec{x}$ mit einer Verschiebung zu $\vec{x}'' = \vec{x}' + \vec{v}$ ergibt sich die Gesamtabbildung f zu

$$\vec{x}'' = f(\vec{x}) = A\vec{x} + \vec{v}.$$

Jede solche Abbildung nennt man eine **„affine[1]) Abbildung“**.

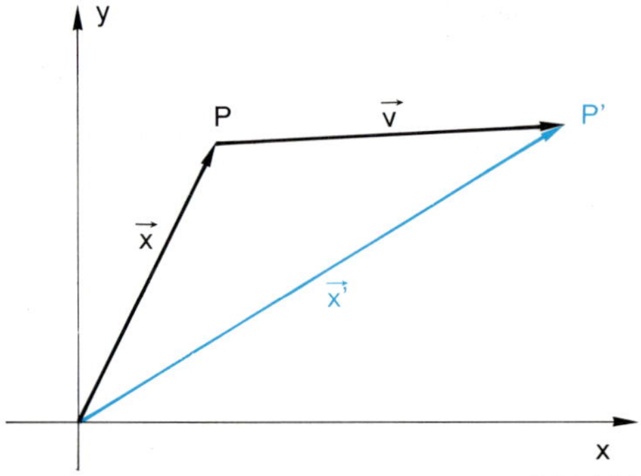

Bild 16.1

Wir definieren:

D 16.2 Eine Abbildung f eines Vektorraums V_n in sich heißt eine „affine Abbildung“ genau dann, wenn mit einer (n, n)-Matrix A und einem Vektor $\vec{v}$ gilt:

$$\vec{x}' = f(\vec{x}) = A\vec{x} + \vec{v}.$$

In diesem Buch beschränken wir uns auf affine Abbildungen des Vektorraums V_2; die Matrix A ist dann eine (2, 2)-Matrix.

2. Eine affine Abbildung ist also stets darstellbar als Verkettung einer linearen Abbildung L mit einer Verschiebung (Translation) T: $f = T \circ L$. Wir nennen L die „zur affinen Abbildung f gehörende lineare Abbildung“ und T die „zur affinen Abbildung gehörenden Verschiebung (Translation)“. Ist der Verschiebungsvektor der Nullvektor ($\vec{v} = \vec{0}$), dann ist die Translation die identische Abbildung; für die affine Abbildung gilt dann:

$$f(\vec{x}) = A\vec{x} + \vec{0} = A\vec{x} = L(\vec{x}).$$

Dies bedeutet, dass die linearen Abbildungen spezielle affine Abbildungen sind, nämlich die, bei denen der Verschiebungsvektor der Nullvektor, die Verschiebung also die identische Abbildung ist.

3. Um eine vorläufige Vorstellung von affinen Abbildungen der Ebene zu erhalten, betrachten wir zunächst zwei Beispiele.

1. Beispiel: $A = \begin{pmatrix} 3 & -1 \\ 2 & 1 \end{pmatrix}$, $\vec{v} = \begin{pmatrix} 1 \\ -1 \end{pmatrix}$, $\vec{x} = \begin{pmatrix} x \\ y \end{pmatrix}$, $\vec{x}' = \begin{pmatrix} x' \\ y' \end{pmatrix}$.

Die Koordinatendarstellung der Abbildung lautet:

$$x' = 3x - y + 1 \wedge y' = 2x + y - 1.$$

---

[1]) affinis (lat.): verschwägert, verwandt.

Wir bilden einige Punkte ab:

$$P(1|0) \to P'(4|1);\ Q(0|1) \to Q'(0|0);\ R(-1|0) \to R'(-2|-3);\ S(0|-1) \to S'(2|-2).$$

Man kann vermuten, dass das Quadrat PQRS auf das Parallelogramm P'Q'R'S' abgebildet wird (Bild 16.2). Diese Vermutung kann man untermauern, indem man nachweist, dass die zu den Quadratseiten gehörenden Geraden auf die zu den entsprechenden Parallelogrammseiten gehörenden Geraden abgebildet werden. Wir werden unten zeigen, dass dieser Sachverhalt allgemein für Geraden gilt.

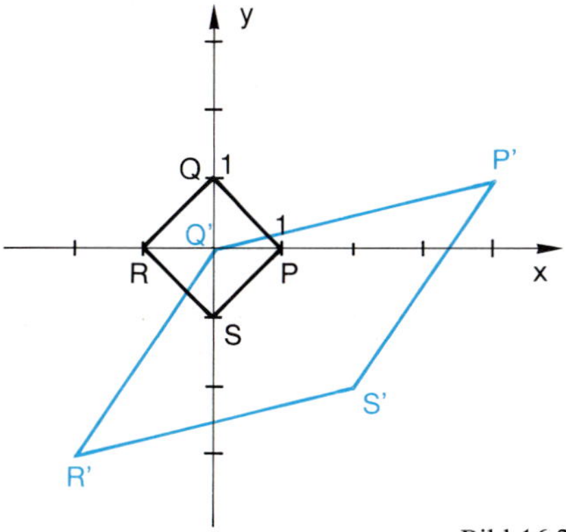

Bild 16.2

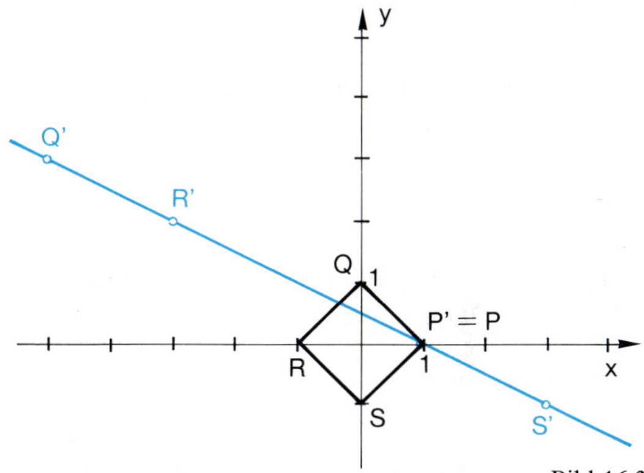

Bild 16.3

<u>**2. Beispiel:**</u> $A=\begin{pmatrix} 2 & -4 \\ -1 & 2 \end{pmatrix}$, $\vec{v}=\begin{pmatrix} -1 \\ 1 \end{pmatrix}$

Die Koordinatendarstellung lautet:

$$x' = 2x - 4y - 1 \wedge y' = -x + 2y + 1.$$

Wir bilden wiederum einige Punkte ab:

$$P(1|0) \to P'(1|0);\ Q(0|1) \to Q'(-5|3);\ R(-1|0) \to R'(-3|2);\ S(0|-1) \to S'(3|-1).$$

Im Gegensatz zum 1. Beispiel bilden hier die Bildpunkte kein Parallelogramm, sondern liegen alle auf einer Geraden (Bild 16.3). Tatsächlich liegen sogar alle Bildpunkte auf dieser Geraden, denn aus den Abbildungsgleichungen folgt:

$$x' + 1 = 2x - 4y \wedge y' - 1 = -x + 2y.$$

Es gilt also:

$$y' - 1 = -\tfrac{1}{2}(x' + 1) \Leftrightarrow y' = -\tfrac{x'}{2} + \tfrac{1}{2}.$$

In diesem Beispiel wird die Ebene E also auf die Gerade g zu $y' = -\frac{x'}{2} + \frac{1}{2}$ abgebildet. Der Grund für diese Tatsache liegt darin, dass die Zeilenvektoren (und auch die Spaltenvektoren) der Matrix A linear abhängig sind; es gilt $\mathrm{rg}A = 1$; A ist eine singuläre Matrix.

Bemerkung: Ist A die Nullmatrix $\begin{pmatrix} 0 & 0 \\ 0 & 0 \end{pmatrix}$, so wird die Ebene sogar auf einen einzigen Punkt, den Punkt zu $\vec{x} = \vec{v}$, abgebildet.
Fälle mit singulären Matrizen werden wir im Folgenden meist ausschließen.

Wir definieren:

D 16.3 Eine affine Abbildung f zu $f(\vec{x}) = A\vec{x} + \vec{v}$ heißt eine „Affinität" genau dann, wenn die Matrix A regulär ist.

4. In den bisherigen Beispielen sind affine Abbildungen durch eine Matrix $A = \begin{pmatrix} a & b \\ c & d \end{pmatrix}$ und durch einen Verschiebungsvektor $\vec{v} = \begin{pmatrix} e \\ f \end{pmatrix}$ vorgegeben worden.

Solche Abbildungen können aber auch dadurch festgelegt werden, dass zu einigen Punkten die zugehörigen Bildpunkte angegeben werden. Die Koordinaten dieser Punkte $P(x|y)$ und $P'(x'|y')$ müssen dann den Gleichungen

$$x' = ax + by + e \wedge y' = cx + dy + f$$

genügen, d.h., die Zahlen a, b, c, d, e und f sind so zu bestimmen, dass diese Gleichungen erfüllt sind. Da es sich um zwei Gleichungen mit 6 Variablen handelt, kann eine eindeutige Lösung nur vorliegen, wenn wenigstens drei Punkte P_1, P_2, P_3 und ihre Bildpunkte P_1', P_2', P_3' gegeben sind; denn dann erhält man 6 Gleichungen mit 6 Variablen. Da bei jeder affinen Abbildung Geraden auf Geraden abgebildet werden, sind die sich ergebenden Gleichungen nur dann voneinander unabhängig, wenn die Punkte P_1, P_2 und P_3 nicht auf einer Geraden liegen, wenn sie nicht kollinear sind.

Es gilt der Satz:

S 16.3 Durch drei nicht kollineare Punkte P_1, P_2 und P_3 und ihre Bildpunkte P_1', P_2' und P_3' ist eine affine Abbildung eindeutig bestimmt.

<u>**Beispiel:**</u> $P_1(1|0) \to P_1'(0|1)$, $P_2(0|1) \to P_2'(3|-2)$, $P_3(-1|3) \to P_3'(8|-5)$

Aus dem Ansatz $x' = ax + by + e \wedge y' = cx + dy + f$ ergeben sich durch Einsetzen der Punktkoordinaten die beiden Gleichungssysteme.

$$\left\{\begin{array}{l} a \qquad\quad + e = 0 \\ \qquad b + e = 3 \\ -a + 3b + e = 8 \end{array}\right. \quad \text{und} \quad \left\{\begin{array}{l} c \qquad\quad + f = 1 \\ \qquad d + f = -2 \\ -c + 3d + f = -5 \end{array}\right.$$

Die beiden Systeme haben dieselbe Koeffizientenmatrix; wir können sie also simultan lösen:

$$\left(\begin{array}{ccc|c|c} 1 & 0 & 1 & 0 & 1 \\ 0 & 1 & 1 & 3 & -2 \\ -1 & 3 & 1 & 8 & -5 \end{array}\right) \begin{array}{l} \cdot 1 \\ \downarrow \\ \cdot 1 \end{array} \to \left(\begin{array}{ccc|c|c} 1 & 0 & 1 & 0 & 1 \\ 0 & 1 & 1 & 3 & -2 \\ 0 & 3 & 2 & 8 & -4 \end{array}\right) \begin{array}{l} \\ \cdot(-3) \\ \downarrow \cdot 1 \end{array} \to \left(\begin{array}{ccc|c|c} 1 & 0 & 1 & 0 & 1 \\ 0 & 1 & 1 & 3 & -2 \\ 0 & 0 & -1 & -1 & 2 \end{array}\right).$$

Daraus ergeben sich die folgenden Werte für die Koeffizienten:

$$e = 1;\ b = 2;\ a = -1 \quad \text{und} \quad f = -2;\ d = 0;\ c = 3.$$

Die gesuchte affine Abbildung ist also festgelegt durch die Matrix $A = \begin{pmatrix} -1 & 2 \\ 3 & 0 \end{pmatrix}$ und den Vektor $\vec{v} = \begin{pmatrix} 1 \\ -2 \end{pmatrix}$.

Übungen und Aufgaben

1. Bestimme die Bildvektoren der Vektoren $\vec{a}$, $\vec{b}$, $\vec{c}$ und $\vec{d}$ unter der Abbildung f!

a) $\vec{a}=\begin{pmatrix}0\\0\end{pmatrix}$; $\vec{b}=\begin{pmatrix}1\\0\end{pmatrix}$; $\vec{c}=\begin{pmatrix}0\\1\end{pmatrix}$; $\vec{d}=\begin{pmatrix}-1\\1\end{pmatrix}$; $f(\vec{x})=\begin{pmatrix}1 & 2\\3 & 4\end{pmatrix}\vec{x}+\begin{pmatrix}2\\-3\end{pmatrix}$

b) $\vec{a}=\begin{pmatrix}-1\\2\end{pmatrix}$; $\vec{b}=\begin{pmatrix}-3\\2\end{pmatrix}$; $\vec{c}=\begin{pmatrix}-3\\4\end{pmatrix}$; $\vec{d}=\begin{pmatrix}-2\\2\end{pmatrix}$; $f(\vec{x})=\begin{pmatrix}1 & -1\\2 & 0\end{pmatrix}\vec{x}+\begin{pmatrix}-1\\3\end{pmatrix}$

c) $\vec{a}=\begin{pmatrix}5\\-1\end{pmatrix}$; $\vec{b}=\begin{pmatrix}-1\\5\end{pmatrix}$; $\vec{c}=\begin{pmatrix}1\\-5\end{pmatrix}$; $\vec{d}=\begin{pmatrix}-5\\1\end{pmatrix}$; $f(\vec{x})=\begin{pmatrix}0 & -1\\3 & -2\end{pmatrix}\vec{x}+\begin{pmatrix}7\\-3\end{pmatrix}$

d) $\vec{a}=\begin{pmatrix}7\\-9\end{pmatrix}$; $\vec{b}=\begin{pmatrix}10\\2\end{pmatrix}$; $\vec{c}=\begin{pmatrix}-3\\8\end{pmatrix}$; $\vec{d}=\begin{pmatrix}7\\-4\end{pmatrix}$; $f(\vec{x})=\begin{pmatrix}2 & -3\\-5 & 7\end{pmatrix}\vec{x}+\begin{pmatrix}10\\-8\end{pmatrix}$

2. Bestimme $f(\vec{a})$, $f(f(\vec{a}))$ und $f(f(f(\vec{a})))$!

a) $f(\vec{x})=\begin{pmatrix}0 & -1\\1 & 0\end{pmatrix}\vec{x}+\begin{pmatrix}-1\\1\end{pmatrix}$; $\vec{a}=\begin{pmatrix}1\\-1\end{pmatrix}$ **b)** $f(\vec{x})=\begin{pmatrix}0 & 1\\-1 & 0\end{pmatrix}\vec{x}+\begin{pmatrix}2\\0\end{pmatrix}$; $\vec{a}=\begin{pmatrix}-1\\1\end{pmatrix}$

c) $f(\vec{x})=\begin{pmatrix}-1 & 0\\0 & -1\end{pmatrix}\vec{x}+\begin{pmatrix}1\\2\end{pmatrix}$; $\vec{a}=\begin{pmatrix}2\\-3\end{pmatrix}$ **d)** $f(\vec{x})=\begin{pmatrix}1 & 0\\0 & -1\end{pmatrix}\vec{x}+\begin{pmatrix}-2\\3\end{pmatrix}$; $\vec{a}=\begin{pmatrix}1\\0\end{pmatrix}$

3. f ist die affine Abbildung zu $f(\vec{x})=\begin{pmatrix}3 & -2\\2 & -1\end{pmatrix}\vec{x}+\begin{pmatrix}-3\\1\end{pmatrix}$. Bestimme die Urbilder der angegebenen Vektoren!

a) $\vec{a}=\begin{pmatrix}0\\0\end{pmatrix}$ **b)** $\vec{a}=\begin{pmatrix}1\\0\end{pmatrix}$ **c)** $\vec{a}=\begin{pmatrix}0\\1\end{pmatrix}$ **d)** $\vec{a}=\begin{pmatrix}1\\1\end{pmatrix}$ **e)** $\vec{a}=\begin{pmatrix}-1\\1\end{pmatrix}$

f) $\vec{a}=\begin{pmatrix}1\\-1\end{pmatrix}$ **g)** $\vec{a}=\begin{pmatrix}-1\\-1\end{pmatrix}$ **h)** $\vec{a}=\begin{pmatrix}2\\3\end{pmatrix}$ **i)** $\vec{a}=\begin{pmatrix}-3\\1\end{pmatrix}$ **j)** $\vec{a}=\begin{pmatrix}1\\-3\end{pmatrix}$

4. Untersuche, ob die Abbildung f umkehrbar ist, und bestimme gegebenenfalls $\overset{-1}{f}$!

a) $f(\vec{x})=\begin{pmatrix}1 & -2\\-3 & 5\end{pmatrix}\vec{x}+\begin{pmatrix}0\\3\end{pmatrix}$ **b)** $f(\vec{x})=\begin{pmatrix}4 & -2\\-2 & 1\end{pmatrix}\vec{x}+\begin{pmatrix}4\\-1\end{pmatrix}$

c) $f(\vec{x})=\begin{pmatrix}-3 & 11\\-2 & 7\end{pmatrix}\vec{x}+\begin{pmatrix}2\\-1\end{pmatrix}$ **d)** $f(\vec{x})=\begin{pmatrix}7 & -2\\0 & 0\end{pmatrix}\vec{x}+\begin{pmatrix}1\\1\end{pmatrix}$

5. Untersuche, ob es zu jeder Affinität f mit $f(\vec{x})=A\vec{x}+\vec{v}$ eine Umkehrabbildung $\overset{-1}{f}$ gibt und ob $\overset{-1}{f}$ gegebenenfalls wieder eine Affinität ist!

6. Bestimme eine affine Abbildung f, die die Punkte P, Q und R wie angegeben abbildet!

a) $P(2|3) \to P'(2|3)$; $Q(-5|2) \to Q'(1|-4)$; $R(1|-4) \to R'(-5|2)$

b) $P(4|-1) \to P'(1|2)$; $Q(1|2) \to Q'(-2|-1)$; $R(-2|-1) \to R'(1|-4)$

c) $P(0|0) \to P'(-2|3)$; $Q(1|0) \to Q'(-1|5)$; $R(0|1) \to R'(-3|6)$

d) $P(1|2) \to P'(3|-6)$; $Q(-1|3) \to Q'(-1|6)$; $R(-1|-1) \to R'(-1|2)$

e) $P(-2|-3) \to P'(12|-4)$; $Q(1|-1) \to Q'(11|-4)$; $R(4|1) \to R'(10|4)$

f) $P(4|2) \to P'(4|2)$; $Q(-2|1) \to Q'(-8|7)$; $R(3|-2) \to R'(2|-1)$

7. Gegeben sind die Punkte P(2|4), Q(−2|4), R(−4|0), S(−2|−4), T(2|−4), U(4|0) und V(0|0)! Untersuche, ob es eine affine Abbildung gibt, die die Punkte wie angegeben abbildet! Ist f gegebenenfalls eindeutig bestimmt?

a) P′=Q; U′=R; S′=T **b)** R′=Q; S′=V; T′=U **c)** S′=R; P′=U; V′=V
d) R′=S; S′=V; T′=U **e)** Q′=P; V′=R; T′=U **f)** U′=U; Q′=T; T′=Q
g) V′=Q; S′=V; T′=R **h)** Q′=P; V′=P; S′=U **i)** P′=P; Q′=Q; R′=R

8. Gegeben sind drei Punkte A, B und C und drei Bildpunkte A′, B′ und C′.
a) Unter welchen Bedingungen existiert eine affine Abbildung f, die A, B und C auf A′, B′ und C′ abbildet? Begründung!
b) Unter welchen Bedingungen ist diese Abbildung eindeutig festgelegt? Begründung!
c) Unter welchen Bedingungen ist f eine Affinität? Begründung!

9. a) Zeige, dass die Bildvektoren $\vec{x}'$ einer affinen Abbildung f zu

$$f(\vec{x})=\begin{pmatrix} a & b \\ c & d \end{pmatrix}\vec{x}+\begin{pmatrix} e \\ f \end{pmatrix}$$

auch auf die folgende Weise bestimmt werden können! Zunächst wird dem Vektor $\vec{x}=\begin{pmatrix} x \\ y \end{pmatrix}$ die weitere Komponente 1 angefügt: $\begin{pmatrix} x \\ y \\ 1 \end{pmatrix}$. Dann wird dieser Vektor multipliziert mit der Matrix $\begin{pmatrix} a & b & e \\ c & d & f \\ 0 & 0 & 1 \end{pmatrix}$.

Von dem Ergebnisvektor der Multiplikation wird die dritte Komponente – die wieder 1 ist – weggestrichen und es ergibt sich der Bildvektor $\vec{x}'$.
b) Bearbeite die Aufgabe 1a) und b) (c) und d)) mit diesem Verfahren!
c) Welche Vor- und Nachteile hat dieses Verfahren?

III. Eigenschaften affiner Abbildungen

1. Beim 1. Beispiel auf Seite 316f. sind wir auf die Vermutung gestoßen, dass durch reguläre affine Abbildungen, also durch Affinitäten, jede Gerade g auf eine Gerade g′ abgebildet wird. Dies wollen wir nun beweisen. Die Gerade g sei gegeben durch die Parametergleichung

$$\vec{x}=\vec{x}_0+t\vec{a}.$$

Wir setzen dies in die Abbildungsgleichung $\vec{x}'=A\vec{x}+\vec{v}$ ein und erhalten:

$$\begin{aligned}\vec{x}' &= A(\vec{x}_0+t\vec{a})+\vec{v}=A\vec{x}_0+A(t\vec{a})+\vec{v}\\ &= \underbrace{A\vec{x}_0+\vec{v}}+t\underbrace{A\vec{a}}\\ &= \quad \vec{y}_0 \quad + \; t\vec{b}.\end{aligned}$$

Begründe die einzelnen Umformungsschritte! Es ergibt sich also wieder die Gleichung einer Geraden, falls $\vec{b} \neq \vec{0}$ ist. $\vec{b} = \vec{0}$ würde bedeuten, dass $\vec{a} = \vec{0}$ oder $A = N$ (also die Nullmatrix) wäre; beide Möglichkeiten sind aber ausgeschlossen.

Beispiel:

Eine Gleichung für die Gerade zur Quadratseite PQ im 1. Beispiel von Seite 316f. ist:

$$\vec{x} = \begin{pmatrix} 0 \\ 1 \end{pmatrix} + t \begin{pmatrix} 1 \\ -1 \end{pmatrix} \quad \text{mit } \vec{x}_0 = \begin{pmatrix} 0 \\ 1 \end{pmatrix} \text{ und } \vec{a} = \begin{pmatrix} 1 \\ -1 \end{pmatrix}.$$

Es gilt: $\vec{y}_0 = A\vec{x}_0 + \vec{v} = \begin{pmatrix} 3 & -1 \\ 2 & 1 \end{pmatrix} \begin{pmatrix} 0 \\ 1 \end{pmatrix} + \begin{pmatrix} 1 \\ -1 \end{pmatrix} = \begin{pmatrix} -1 \\ 1 \end{pmatrix} + \begin{pmatrix} 1 \\ -1 \end{pmatrix} = \begin{pmatrix} 0 \\ 0 \end{pmatrix}$

und $\vec{b} = A\vec{a} = \begin{pmatrix} 3 & -1 \\ 2 & 1 \end{pmatrix} \begin{pmatrix} 1 \\ -1 \end{pmatrix} = \begin{pmatrix} 4 \\ 1 \end{pmatrix}$.

Das Bild der Geraden g ist also gegeben durch:

$$\vec{x}' = \begin{pmatrix} 0 \\ 0 \end{pmatrix} + t \begin{pmatrix} 4 \\ 1 \end{pmatrix} = t \begin{pmatrix} 4 \\ 1 \end{pmatrix}.$$

Dies ist die Gleichung einer Geraden, weil $\begin{pmatrix} 4 \\ 1 \end{pmatrix} \neq \vec{0}$ ist. Darüber hinaus erkennt man sofort, dass es sich tatsächlich um die Gerade zur Parallelogrammseite P′ Q′ handelt.

2. Die oben durchgeführte Rechnung zeigt zunächst, dass durch eine Affinität jede Gerade g auf eine Gerade g′ abgebildet wird. Sie zeigt aber noch mehr: Wenn zwei Geraden g_1 und g_2 parallel sind, also durch denselben Richtungsvektor $\vec{a}$ dargestellt werden, dann haben auch die beiden Bildgeraden g'_1 und g'_2 denselben Richtungsvektor $\vec{b} = A\vec{a}$, sind also ebenfalls zueinander parallel.

Ferner zeigt die Rechnung, dass die einander zugeordneten Punkte auf beiden Geraden durch dieselben Parameterwerte t erfasst werden. Zwar sind die „Längenmaßstäbe" auf den beiden Geraden in der Regel verschieden (auf g wird in der „Einheit" $|\vec{a}|$, auf g′ in der „Einheit" $|\vec{b}|$ gemessen); doch haben zwei Strecken auf g dasselbe Längenverhältnis wie die Bildstrecken auf g′. Sind z.B. A, B und C drei Punkte auf g und A′, B′ und C′ die zugehörigen Bildpunkte auf g′ (Bild 16.4), so gilt für die Längen der Strecken:

$$|A'B'| : |B'C'| = |AB| : |BC|$$
(Aufgabe 3).

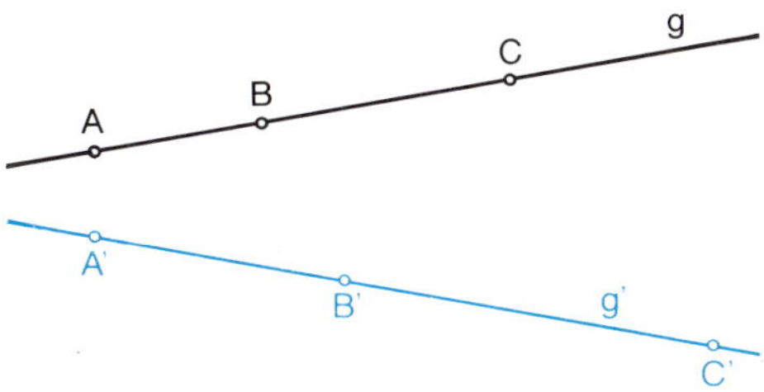

Bild 16.4

Man sagt: Der Punkt B′ teilt die Strecke A′C′ im gleichen Verhältnis wie der Punkt B die Strecke AC; oder kürzer: Das Teilverhältnis bleibt bei der Abbildung erhalten, es ist eine **„Invariante"** einer Affinität.

Es gilt also der Satz:

S16.4 Für jede Affinität gilt:
1) **Das Bild jeder Geraden g ist eine Gerade g′ („Geradentreue“).**
2) **Parallele Geraden werden auf parallele Geraden abgebildet („Parallelentreue“).**
3) **Das Teilverhältnis von drei Punkten einer Geraden ist invariant („Teilverhältnistreue“).**

3. Aus Satz S16.4 ergibt sich unmittelbar, dass jedes Parallelogramm P bei einer Affinität auf ein Parallelogramm P′ abgebildet wird. Das Beispiel von Seite 316f. zeigt bereits, dass der Flächeninhalt eines Parallelogramms in der Regel keine Invariante einer Affinität ist.
Schon auf Seite 187 hat sich ergeben, dass die Flächenmaßzahl eines von zwei Vektoren $\vec{a}$ und $\vec{b}$ aufgespannten Parallelogramms durch den Betrag des Vektorproduktes $\vec{a} \times \vec{b}$ erfasst wird:

$$A(P) = |\vec{a} \times \vec{b}|.$$

Sind $\vec{a} = \begin{pmatrix} a_1 \\ a_2 \end{pmatrix}$ und $\vec{b} = \begin{pmatrix} b_1 \\ b_2 \end{pmatrix}$ ebene Vektoren, so muss man sie, um das Vektorprodukt bilden zu können, durch Hinzufügen der Zahl 0 als dritte Koordinate zu räumlichen Vektoren ergänzen. Dann gilt:

$$\vec{a} \times \vec{b} = \begin{pmatrix} a_1 \\ a_2 \\ 0 \end{pmatrix} \times \begin{pmatrix} b_1 \\ b_2 \\ 0 \end{pmatrix} = \begin{pmatrix} 0 \\ 0 \\ a_1 b_2 - a_2 b_1 \end{pmatrix}.$$

Die dritte Koordinate dieses Vektorproduktes lässt sich als Determinante der Matrix $M = (\vec{a}; \vec{b}) = \begin{pmatrix} a_1 & b_1 \\ a_2 & b_2 \end{pmatrix}$ schreiben: $|M| = |\vec{a}; \vec{b}| = \begin{vmatrix} a_1 & b_1 \\ a_2 & b_2 \end{vmatrix} = a_1 b_2 - a_2 b_1$.

Sind $\vec{a}$ und $\vec{b}$ linear unabhängig, so kann der Wert dieser Determinante positiv oder negativ sein. Anschaulich bedeutet dies:

Ist $|M| > 0$, dann ist das Parallelogramm **positiv orientiert** (Bild 16.5),
ist $|M| < 0$, dann ist das Parallelogramm **negativ orientiert** (Bild 16.6).

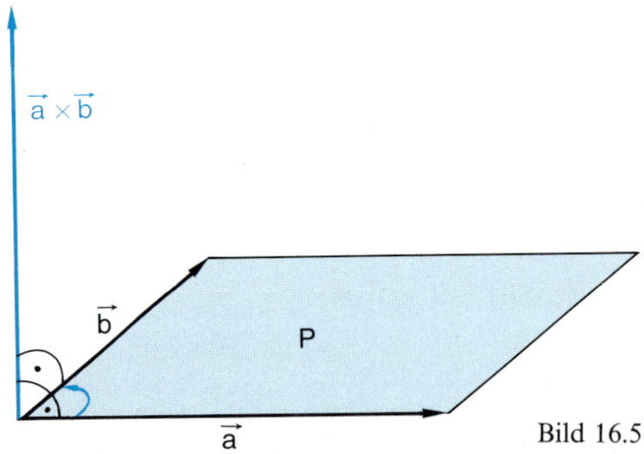

Bild 16.5

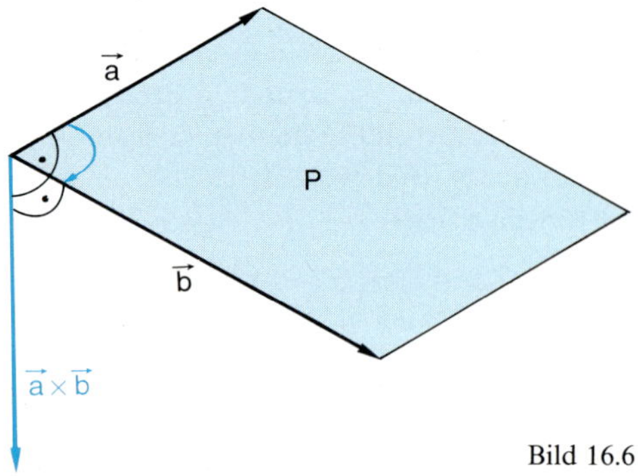

Bild 16.6

Daher kann man die Determinante $\begin{vmatrix} a_1 & b_1 \\ a_2 & b_2 \end{vmatrix}$ als den **„orientierten Flächeninhalt“** des von den Vektoren $\vec{a}$ und $\vec{b}$ (in dieser Reihenfolge!) aufgespannten Parallelogramms auffassen.

4. Wir haben zu überlegen, wie sich eine Affinität auf den Flächeninhalt eines Parallelogramms P auswirkt. Das Parallelogramm sei festgelegt durch drei nicht kollineare Punkte P_1, P_2 und P_3 mit den Ortsvektoren $\vec{x}_1, \vec{x}_2, \vec{x}_3$ (Bild 16.7).

Dann gilt für die Seitenvektoren des Parallelogramms:

$$\vec{a} = \vec{x}_2 - \vec{x}_1 \quad \text{und} \quad \vec{b} = \vec{x}_3 - \vec{x}_1.$$

Die Affinität f sei gegeben durch

$$\vec{x}' = f(\vec{x}) = A\vec{x} + \vec{v} \quad \text{mit } A = \begin{pmatrix} a & b \\ c & d \end{pmatrix}.$$

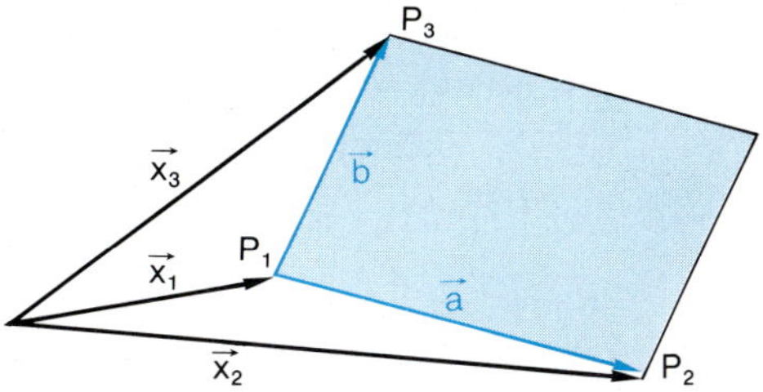

Bild 16.7

Dann gilt für die Seitenvektoren des Bildparallelogramms P′:

$$\vec{a}' = \vec{x}_2' - \vec{x}_1' = (A\vec{x}_2 + \vec{v}) - (A\vec{x}_1 + \vec{v}) = A(\vec{x}_2 - \vec{x}_1) = A\vec{a} = \begin{pmatrix} a & b \\ c & d \end{pmatrix}\begin{pmatrix} a_1 \\ a_2 \end{pmatrix} = \begin{pmatrix} aa_1 + ba_2 \\ ca_1 + da_2 \end{pmatrix} \quad \text{und}$$

$$\vec{b}' = \vec{x}_3' - \vec{x}_1' = (A\vec{x}_3 + \vec{v}) - (A\vec{x}_3 + \vec{v}) = A(\vec{x}_3 - \vec{x}_1) = A\vec{b} = \begin{pmatrix} a & b \\ c & d \end{pmatrix}\begin{pmatrix} b_1 \\ b_2 \end{pmatrix} = \begin{pmatrix} ab_1 + bb_2 \\ cb_1 + db_2 \end{pmatrix}.$$

Der orientierte Flächeninhalt des Bildparallelogramms P′ wird somit erfasst durch die Determinante.

$$A(P') = |\vec{a}; \vec{b}| = \begin{vmatrix} aa_1 + ba_2 & ab_1 + bb_2 \\ ca_1 + da_2 & cb_1 + db_2 \end{vmatrix} = \left| \begin{pmatrix} a & b \\ c & d \end{pmatrix} \cdot \begin{pmatrix} a_1 & b_1 \\ a_2 & b_2 \end{pmatrix} \right|.$$

Nach Satz S 15.12 ergibt sich daraus:

$$A(P') = \begin{vmatrix} a & b \\ c & d \end{vmatrix} \cdot \begin{vmatrix} a_1 & b_1 \\ a_2 & b_2 \end{vmatrix} = \begin{vmatrix} a & b \\ c & d \end{vmatrix} \cdot A(P).$$

Man erkennt:

ist $|A| = \begin{vmatrix} a & b \\ c & d \end{vmatrix} > 0$, so sind P und P′ gleich orientiert;

ist $|A| = \begin{vmatrix} a & b \\ c & d \end{vmatrix} < 0$, so sind P und P′ entgegengesetzt orientiert.

Wir halten die Ergebnisse fest im Satz:

S 16.5 1) Eine Affinität f mit der Matrix A ist eine

gleichsinnige	**gegensinnige**
Abbildung genau dann, wenn gilt:	
$|A| = \begin{vmatrix} a & b \\ c & d \end{vmatrix} > 0.$	$|A| = \begin{vmatrix} a & b \\ c & d \end{vmatrix} < 0.$

2) Für den orientierten Flächeninhalt eines Parallelogramms P und des Bildparallelogramms P′ gilt:

$$A(P') = \begin{vmatrix} a & b \\ c & d \end{vmatrix} \cdot A(P).$$

Übungen und Aufgaben

1. Zeichne die Figur PQRS und die Bildfigur P′Q′R′S′ unter der Abbildung f!

a) P(1|1); Q(1|−1); R(−1|1); S(−1|−1); $f(\vec{x})=\begin{pmatrix}1 & 0\\ 0 & 2\end{pmatrix}\vec{x}+\begin{pmatrix}1\\ -1\end{pmatrix}$

b) P(1|0); Q(0|1); R(−1|0); S(0|−1); $f(\vec{x})=\begin{pmatrix}1 & -2\\ 0 & 1\end{pmatrix}\vec{x}+\begin{pmatrix}0\\ 1\end{pmatrix}$

c) P(0|2); Q(4|2); R(2|−1); S(−2|−1); $f(\vec{x})=\begin{pmatrix}2 & 0\\ 0 & -2\end{pmatrix}\vec{x}+\begin{pmatrix}-2\\ 2\end{pmatrix}$

d) P(0|2); Q(3|0); R(0|−2); S(−3|0); $f(\vec{x})=\begin{pmatrix}1 & 2\\ 3 & 4\end{pmatrix}\vec{x}+\begin{pmatrix}-1\\ 1\end{pmatrix}$

e) P(0|3); Q(4|2); R(2|−1); S(−2|0); $f(\vec{x})=\begin{pmatrix}2 & -1\\ -2 & 1\end{pmatrix}\vec{x}+\begin{pmatrix}0\\ 1\end{pmatrix}$

2. Untersuche, ob durch Affinitäten orthogonale Geraden auf orthogonale Geraden abgebildet werden!

3. Beweise: Ist f eine Affinität, die die Punkte A, B und C einer Geraden auf die Punkte A′, B′ und C′ abbildet, dann gilt: $|A'B'|:|B'C'|=|AB|:|BC|$!

4. Gilt die Aussage aus Aufgabe 3 auch für den Fall, dass die Punkte A, B und C nicht auf einer Geraden liegen?

5. Ermittle den Flächeninhalt der Figur PQRS und den Flächeninhalt der Bildfigur P′Q′R′S′ unter der Abbildung f zu $f(\vec{x})=\begin{pmatrix}-3 & 5\\ 2 & -4\end{pmatrix}\vec{x}+\begin{pmatrix}-1\\ 1\end{pmatrix}$!

a) P(0|0); Q(1|0); R(1|1); S(0|1)
b) P(1|0); Q(0|1); R(−1|0); S(0|−1)
c) P(3|2); Q(−1|2); R(−3|−1); S(−1|−1)
d) P(2|3); Q(−3|2); R(−2|−2); S(3|−1)

6. Untersuche die Abbildungen aus Aufgabe 1 a)−e) auf Gleichsinnigkeit!

7. Die Affinitäten f und g seien gleichsinnig, die Affinitäten h und k gegensinnig. Welche Aussagen kann man über die folgenden Abbildungen machen?

a) $f\circ g$ **b)** $f\circ f$ **c)** $f\circ h$ **d)** $h\circ f$ **e)** $h\circ k$ **f)** $k\circ k$ **g)** $\overset{-1}{f}$ **h)** $\overset{-1}{h}$

IV. Fixelemente affiner Abbildungen Eigenwerte; Eigenvektoren

1. Schon die bisher behandelten Beispiele affiner Abbildungen zeigen, dass man die geometrischen Eigenschaften einer affinen Abbildung f meistens nicht auf den ersten Blick übersehen kann. Daher ist es zweckmäßig, nach charakteristischen Merkmalen affiner Abbildungen Ausschau zu halten.
Charakteristisch sind für geometrische Abbildungen insbesondere die sogenannten „Fixelemente"; das sind Punktmengen, die durch die Abbildung auf sich selbst abgebildet werden, insbesondere Fixpunkte, Fixpunktgeraden und Fixgeraden. Fixpunktgeraden sind die Geraden, bei denen jeder Punkt ein Fixpunkt ist. Fixgeraden brauchen nur als Ganzes, aber nicht punktweise auf sich selbst abgebildet zu werden.

2. Die Bedingung für einen Fixpunkt mit dem Ortsvektor $\vec{x}_0$ lautet:

$$A\vec{x}_0 + \vec{v} = \vec{x}_0.$$

Mit Hilfe der Einheitsmatrix E können wir diese Gleichung umformen zu

$$A\vec{x}_0 - E\vec{x}_0 = -\vec{v}, \qquad \text{also } (A-E)\,\vec{x}_0 = -\vec{v}.$$

Dies ist ein lineares Gleichungssystem von zwei Gleichungen mit zwei Variablen. Wenn wir den trivialen Sonderfall der identischen Abbildungen ausschließen, gibt es die beiden folgenden Möglichkeiten:

1) Ist $|A-E| \neq 0$, so hat das System genau eine Lösung; es gibt genau einen Fixpunkt.

Beispiel: $A = \begin{pmatrix} 2 & -1 \\ 3 & 1 \end{pmatrix}, \quad \vec{v} = \begin{pmatrix} -1 \\ 3 \end{pmatrix}$

Es ist $A - E = \begin{pmatrix} 1 & -1 \\ 3 & 0 \end{pmatrix}$, also $|A-E| = 3 \neq 0$; das Gleichungssystem lautet:

$$x_0 - y_0 = 1 \wedge 3x_0 = -3.$$

Daraus ergibt sich: $x_0 = -1 \wedge y_0 = -2$. Der Punkt $P_0(-1|-2)$ ist also der einzige Fixpunkt der betreffenden affinen Abbildung (der Affinität).

2) Ist $|A-E| = 0$, so sind je nach dem Rang der erweiterten Matrix des Gleichungssystems zwei Fälle zu unterscheiden.

1. Beispiel: $A = \begin{pmatrix} -1 & 1 \\ 4 & -1 \end{pmatrix}; \quad \vec{v} = \begin{pmatrix} 1 \\ -2 \end{pmatrix}$

Es ist $A - E = \begin{pmatrix} -2 & 1 \\ 4 & -2 \end{pmatrix}$ und $|A-E| = 4-4 = 0$. Wir formen die erweiterte Matrix des Gleichungssystems nach dem Gaußverfahren um:

$$\left(\begin{array}{cc|c} -2 & 1 & -1 \\ 4 & -2 & 2 \end{array}\right) \begin{array}{c} \cdot 2 \\ \cdot 1 \end{array} \rightarrow \left(\begin{array}{cc|c} -2 & 1 & -1 \\ 0 & 0 & 0 \end{array}\right).$$

Für jede Lösung gilt also $y_0 = 2x_0 - 1$, d.h., alle Punkte der Geraden zu $y = 2x - 1$ sind Fixpunkte, die Gerade ist eine Fixpunktgerade. Diese Gerade kann natürlich auch durch eine Parametergleichung erfasst werden, z.B. durch $\vec{x} = \begin{pmatrix} 0 \\ -1 \end{pmatrix} + t\begin{pmatrix} 1 \\ 2 \end{pmatrix}$. Bestätige dies!

2. Beispiel: $A = \begin{pmatrix} -1 & 1 \\ 4 & -1 \end{pmatrix}$; $\vec{v} = \begin{pmatrix} 1 \\ 2 \end{pmatrix}$

In diesem Fall ergibt die Umformung der erweiterten Matrix des Gleichungssystems:

$$\left(\begin{array}{cc|c} -2 & 1 & -1 \\ 4 & -2 & -2 \end{array}\right) \begin{array}{l} \cdot 2 \\ \downarrow \cdot 1 \end{array} \rightarrow \left(\begin{array}{cc|c} -2 & 1 & -1 \\ 0 & 0 & -4 \end{array}\right).$$

Das Gleichungssystem ist also unerfüllbar; die Abbildung hat keinen Fixpunkt.

3. Das im Vorstehenden behandelte 1. Beispiel zeigt bereits, dass die Untersuchung einer affinen Abbildung auf **Fixpunktgeraden** im Prinzip genau so verläuft wie die Untersuchung auf Fixpunkte. Wenn die Gleichung $(A - E)\,\vec{x} = -\vec{v}$ unendlich viele Lösungen hat, dann stellt die Lösungsmenge eine Fixpunktgerade dar, natürlich unter der Voraussetzung, dass $A \neq E$, die Abbildung also nicht die Identität ist.

4. Wir untersuchen nun, welche Bedingung erfüllt sein muss, damit eine Gerade g Fixgerade einer Affinität ist. Wie wir gezeigt haben, wird jede Gerade g mit $\vec{x} = \vec{x}_0 + t\vec{a}$ durch eine Affinität f abgebildet auf die Gerade g′ mit

$$\vec{x}' = \underbrace{(A\vec{x}_0 + \vec{v})}_{f(\vec{x}_0)} + \underbrace{tA\vec{a}}_{t\vec{b}} = \vec{x}'_0 + t\vec{b}.$$

Damit g′ dieselbe Gerade ist wie g, müssen zwei Bedingungen erfüllt sein:

1) Der Punkt P′ zu $\vec{x}'_0 = A\vec{x}_0 + \vec{v} = f(\vec{x}_0)$ muss auf der Geraden g liegen, es muss also eine Zahl μ geben mit $\vec{x}'_0 = f(\vec{x}_0) = \vec{x}_0 + \mu\vec{a}$, also

$$f(\vec{x}_0) - \vec{x}_0 = \mu\vec{a}.$$

2) Der Richtungsvektor $\vec{b}$ muss ein Vielfaches des Richtungsvektors $\vec{a}$ sein; es muss also eine Zahl λ (mit $\lambda \neq 0$) geben, so dass gilt:

$$\vec{b} = A\vec{a} = \lambda\vec{a}, \quad \text{also } (A - \lambda E)\,\vec{a} = \vec{0}.$$

Wenn es eine Zahl λ und einen Vektor $\vec{a}$ gibt, die dieser Bedingung genügen, so nennt man sie **„Eigenwert"** und **„Eigenvektor"** der Matrix A und der zu f gehörenden linearen Abbildung L.

Wir definieren:

D 16.4 Gilt bei einer linearen Abbildung L für eine Zahl λ und für einen Vektor $\vec{x}$ (mit $\vec{x} \neq \vec{0}$):

$$L(\vec{x}) = A\vec{x} = \lambda\vec{x},$$

so heißen die Zahl λ ein „Eigenwert" und der Vektor $\vec{x}$ ein „zu λ gehörender Eigenvektor" der Abbildung L (bzw. der zugehörigen Matrix A).

5. Mit der Berechnung von Eigenwerten und Eigenvektoren werden wir uns unten im Einzelnen beschäftigen. Zunächst stellen wir noch fest, dass die beiden oben angeführten Bedingungen 1) und 2) nicht nur notwendig, sondern auch hinreichend dafür sind, dass die Gerade zu $\vec{x}=\vec{x}_0+t\vec{a}$ eine Fixgerade der Affinität f ist. Denn für das Bild dieser Geraden gilt:

$$\begin{aligned} f(\vec{x}) &= (A\vec{x}_0+\vec{v})+tA\vec{a}=f(\vec{x}_0)+t\lambda\vec{a}=\vec{x}_0+\mu\vec{a}+t\lambda\vec{a} \\ &= \vec{x}_0+(\mu+t\lambda)\,\vec{a}=\vec{x}_0+s\vec{a}. \end{aligned}$$

Es gilt also der Satz:

S16.6 **Eine Affinität f hat die Gerade zu $\vec{x}=\vec{x}_0+t\vec{a}$ genau dann als Fixgerade, wenn $\vec{a}$ ein Eigenvektor der Matrix A ist und wenn es einen Ortsvektor $\vec{x}_0$ und eine Zahl $\mu\in\mathbb{R}$ gibt mit $f(\vec{x}_0)=\vec{x}_0+\mu\vec{a}$.**

Gehört $\vec{x}_0$ sogar zu einem Fixpunkt von f, gilt also $f(\vec{x}_0)=\vec{x}_0$, dann ist die zugehörige Bedingung von Satz S16.6 mit $\mu=0$ trivialerweise erfüllt. Für diesen Sonderfall ergibt sich aus Satz S16.6 also unmittelbar die Gültigkeit des Satzes:

S16.7 **Ist f eine Affinität und gehört $\vec{x}_0$ zu einem Fixpunkt von f, dann ist die Gerade zu $\vec{x}=\vec{x}_0+t\vec{a}$ genau dann eine Fixgerade von f, wenn $\vec{a}$ ein Eigenvektor der Matrix A ist.**

6. Wir kommen nun auf die Frage zurück, wie man **Eigenwerte** und **Eigenvektoren** einer linearen Abbildung L bzw. der zugehörigen Matrix A bestimmen kann.
Zu diesem Zweck formen wir die Gleichung $A\vec{x}=\lambda\vec{x}$ (vergleiche Definition D16.4, Seite 326) folgendermaßen um:

$$A\vec{x}=\lambda\vec{x} \Leftrightarrow A\vec{x}-\lambda E\vec{x}=\vec{0} \Leftrightarrow (A-\lambda E)\,\vec{x}=\vec{0}.$$

Dies ist ein homogenes Gleichungssystem, das nur dann eine nicht triviale Lösung ($\vec{x}\neq\vec{0}$) haben kann, wenn $rg(A-\lambda E)<2$ ist, wenn also gilt: $|A-\lambda E|=0$. Diese Gleichung nennt man die **„charakteristische Gleichung"** von L bzw. von A. Ist A eine (2, 2)-Matrix, so handelt es sich um eine quadratische Gleichung, die zwei Lösungen, eine Lösung oder gar keine Lösung haben kann.

Es gilt der Satz:

S16.8 **Die Eigenwerte einer linearen Abbildung L (bzw. der zugehörigen Matrix A) sind die Lösungen der charakteristischen Gleichung $|A-\lambda E|=0$.**

<u>**1. Beispiel:**</u> $A=\begin{pmatrix}2 & 1\\ 3 & 4\end{pmatrix}$; es ist $|A-\lambda E|=\begin{vmatrix}2-\lambda & 1\\ 3 & 4-\lambda\end{vmatrix}=0$

$$\begin{aligned} &\Leftrightarrow (2-\lambda)(4-\lambda)-3=0 \Leftrightarrow \lambda^2-6\lambda+5=0 \\ &\Leftrightarrow (\lambda-1)(\lambda-5)=0 \quad \Leftrightarrow \lambda=1 \vee \lambda=5 \end{aligned}$$

Die Matrix A hat also die beiden Eigenwerte $\lambda_1=1$ und $\lambda_2=5$.
Wir bestimmen die zugehörigen Eigenvektoren $\vec{x}_1$ und $\vec{x}_2$ und bezeichnen deren Koordinaten jeweils mit x und y.

1) $\lambda_1=1$: $\left\{\begin{array}{r} (2-1)\,x+y=0 \\ \wedge\ 3x+(4-1)\,y=0 \end{array}\right\} \Rightarrow x=c \wedge y=-c.$

Alle Eigenvektoren zu λ_1 haben also die Form: $\vec{x}_1=c\begin{pmatrix}1\\-1\end{pmatrix}$ (mit $c\in\mathbb{R}$).

Bemerkung: Die Tatsache, dass die Matrix A zum Eigenwert 1 die Eigenvektoren $\vec{x}_1=c\begin{pmatrix}1\\-1\end{pmatrix}$ hat, bedeutet für die zugehörige affine Abbildung f mit $f(\vec{x})=A\vec{x}$, dass alle Punkte zu $\vec{x}=t\begin{pmatrix}1\\-1\end{pmatrix}$ **Fixpunkte** dieser Abbildung sind; denn $(A-E)\vec{x}=\vec{0}$ ist äquivalent zu $A\vec{x}=\vec{x}$. Die Gerade zu $\vec{x}=t\begin{pmatrix}1\\-1\end{pmatrix}$ ist also eine **Fixpunktgerade** dieser affinen (und zugleich linearen) Abbildung f.

2) $\lambda_2=5$: $\left\{\begin{array}{r} (2-5)\,x+y=0 \\ \wedge\ 3x+(4-5)\,y=0 \end{array}\right\} \Rightarrow x=c \wedge y=3c$

Alle Eigenvektoren zu λ_2 haben also die Form $\vec{x}_2=c\begin{pmatrix}1\\3\end{pmatrix}$ (mit $c\in\mathbb{R}$). Die Gerade zu $\vec{x}=t\begin{pmatrix}1\\3\end{pmatrix}$ ist also eine **Fixgerade** der zugehörigen linearen Abbildung. Man erkennt an diesem Beispiel, dass die Eigenvektoren zu einem Eigenwert λ nicht eindeutig bestimmt sind; vielmehr ist mit jedem Eigenvektor $\vec{x}$ auch jedes Vielfache von $\vec{x}$, also jeder Vektor der Form $c\vec{x}$ ein Eigenvektor zum gleichen Eigenwert. Dies können wir leicht allgemein zeigen; es gilt nämlich:

$$f(c\vec{x})=c\,f(\vec{x})=c(\lambda\vec{x})=\lambda(c\vec{x});$$

also ist mit $\vec{x}$ auch $c\vec{x}$ ein Eigenvektor von L zum Eigenwert λ.

2. Beispiel: $A=\begin{pmatrix}2 & 1\\-1 & 4\end{pmatrix}$; es ist $|A-\lambda E|=\begin{vmatrix}2-\lambda & 1\\-1 & 4-\lambda\end{vmatrix}=0$

$$\Leftrightarrow (2-\lambda)(4-\lambda)+1=0 \Leftrightarrow \lambda^2-6\lambda+9=0$$
$$\Leftrightarrow (\lambda-3)^2=0 \Leftrightarrow \lambda=3.$$

Diese Matrix A besitzt nur den Eigenwert $\lambda=3$. Wir bestimmen die zugehörigen Eigenvektoren:

$$\left\{\begin{array}{r} (2-3)\,x+y=0 \\ \wedge\ -x+(4-3)\,y=0 \end{array}\right\} \Rightarrow x=y=c.$$

Die Eigenvektoren haben also die Form $\vec{x}=c\begin{pmatrix}1\\1\end{pmatrix}$ (mit $c\in\mathbb{R}$). Die Gerade zu $\vec{x}=t\begin{pmatrix}1\\1\end{pmatrix}$ ist eine **Fixgerade** der zugehörigen linearen Abbildung.

3. Beispiel: $A=\begin{pmatrix}2 & 1\\-3 & 4\end{pmatrix}$; es ist $|A-\lambda E|=\begin{vmatrix}2-\lambda & 1\\-3 & 4-\lambda\end{vmatrix}=0$

$$\Leftrightarrow (2-\lambda)(4-\lambda)+3=0 \Leftrightarrow \lambda^2-6\lambda+11=0.$$

Für die Diskriminate dieser quadratischen Gleichung gilt:

$$\Delta=\left(\frac{p}{2}\right)^2-q=\left(\frac{-6}{2}\right)^2-11=9-11=-2<0.$$

Die Gleichung hat also keine Lösung; die lineare Abbildung L und die Matrix A haben also keinen Eigenwert und somit auch keine Eigenvektoren.

7. Wie man Fixgeraden einer Affinität mit Hilfe der Bedingung von Satz S16.6 bestimmen kann, zeigen wir an einigen Beispielen in §17. Hier wollen wir ein anderes Verfahren erläutern.

Beispiel: $\vec{x}' = f(\vec{x}) = \begin{pmatrix} 2 & 1 \\ 1 & 2 \end{pmatrix} \vec{x} + \begin{pmatrix} 1 \\ 1 \end{pmatrix}$.

Eigenwerte und Eigenvektoren sind: $\lambda_1 = 1$; $\lambda_2 = 3$; $\vec{x}_1 = c\begin{pmatrix} 1 \\ -1 \end{pmatrix}$; $\vec{x}_2 = c\begin{pmatrix} 1 \\ 1 \end{pmatrix}$. Eine Fixgerade in Richtung von $\vec{x}_1$ hat den Normalenvektor $\vec{n}_1 = \begin{pmatrix} 1 \\ 1 \end{pmatrix}$ und somit eine Gleichung der Form $x + y = c$. Um zu entscheiden, für welche Werte von c eine Fixgerade vorliegt, bilden wir einen Punkt dieser Geraden ab, z.B. den Punkt $P_0(c|0)$. Wir erhalten: $x'_0 = 2c + 1$; $y'_0 = c + 1$. Wenn die Gleichung eine Fixgerade beschreibt, muss auch P'_0 auf der Geraden liegen, also die Gleichung $x + y = c$ erfüllen:

$$(2c+1) + (c+1) = c \;\Rightarrow\; 2c = -2 \;\Rightarrow\; c = -1.$$

Also ist die Gerade zu $x + y = -1$ eine Fixgerade der Abbildung.

Entsprechend verfahren wir mit $\vec{x}_2 = c\begin{pmatrix} 1 \\ 1 \end{pmatrix}$; $\vec{n}_2 = \begin{pmatrix} 1 \\ -1 \end{pmatrix}$.

Mögliche Fixgeraden: $x - y = c$; $P_0(c|0)$; $P'_0(2c+1|c+1)$:

$$(2c+1) - (c+1) = c \;\Rightarrow\; c = c.$$

Diese Gleichung ist allgemein gültig, dies bedeutet, dass jede Gerade der Schar zu $x - y = c$ Fixgerade der Abbildung ist.

Hinweis: Ergibt sich eine in c unerfüllbare Gleichung, so gibt es keine Fixgerade in Richtung des betreffenden Eigenvektors.

Übungen und Aufgaben

1. Bestimme die Fixpunkte der Abbildung f zu $f(\vec{x}) = A\vec{x} + \vec{v}$!

a) $A = \begin{pmatrix} 1 & 2 \\ 2 & -1 \end{pmatrix}$; $\vec{v} = \begin{pmatrix} -4 \\ 6 \end{pmatrix}$ **b)** $A = \begin{pmatrix} -1 & 4 \\ 3 & -5 \end{pmatrix}$; $\vec{v} = \begin{pmatrix} 6 \\ -9 \end{pmatrix}$ **c)** $A = \begin{pmatrix} -4 & 2 \\ 30 & -11 \end{pmatrix}$; $\vec{v} = \begin{pmatrix} 1 \\ -1 \end{pmatrix}$

d) $A = \begin{pmatrix} 0 & 3 \\ -2 & 6 \end{pmatrix}$; $\vec{v} = \begin{pmatrix} 5 \\ -5 \end{pmatrix}$ **e)** $A = \begin{pmatrix} 9 & -4 \\ 6 & -2 \end{pmatrix}$; $\vec{v} = \begin{pmatrix} 6 \\ -2 \end{pmatrix}$ **f)** $A = \begin{pmatrix} 1 & -2 \\ 0 & 6 \end{pmatrix}$; $\vec{v} = \begin{pmatrix} 4 \\ -10 \end{pmatrix}$

g) $A = \begin{pmatrix} -2 & 2 \\ 9 & -5 \end{pmatrix}$; $\vec{v} = \begin{pmatrix} -1 \\ 3 \end{pmatrix}$ **h)** $A = \begin{pmatrix} 2 & 5 \\ -3 & 1 \end{pmatrix}$; $\vec{v} = \begin{pmatrix} 4 \\ 3 \end{pmatrix}$ **i)** $A = \begin{pmatrix} 5 & -15 \\ -2 & 4 \end{pmatrix}$; $\vec{v} = \begin{pmatrix} 3 \\ -10 \end{pmatrix}$

j) $A = \begin{pmatrix} 4 & 1 \\ 25 & 4 \end{pmatrix}$; $\vec{v} = \begin{pmatrix} 0 \\ 3 \end{pmatrix}$ **k)** $A = \begin{pmatrix} 2 & -3 \\ -5 & 7 \end{pmatrix}$; $\vec{v} = \begin{pmatrix} 2 \\ -1 \end{pmatrix}$ **l)** $A = \begin{pmatrix} 9 & -6 \\ -3 & 2 \end{pmatrix}$; $\vec{v} = \begin{pmatrix} -2 \\ 1 \end{pmatrix}$

2. Untersuche, ob die Gerade g Fixgerade der affinen Abbildung f ist!

a) $\vec{x}=\begin{pmatrix}-2\\5\end{pmatrix}+t\begin{pmatrix}-1\\4\end{pmatrix}$; $f(\vec{x})=\begin{pmatrix}2&1\\4&-1\end{pmatrix}\vec{x}+\begin{pmatrix}0\\6\end{pmatrix}$ **b)** $\vec{x}=\begin{pmatrix}5\\-2\end{pmatrix}+t\begin{pmatrix}3\\8\end{pmatrix}$; $f(\vec{x})=\begin{pmatrix}2&-3\\5&9\end{pmatrix}\vec{x}+\begin{pmatrix}1\\-3\end{pmatrix}$

c) $\vec{x}=\begin{pmatrix}3\\-5\end{pmatrix}+t\begin{pmatrix}9\\4\end{pmatrix}$; $f(\vec{x})=\begin{pmatrix}7&9\\4&2\end{pmatrix}\vec{x}+\begin{pmatrix}9\\-15\end{pmatrix}$ **d)** $\vec{x}=\begin{pmatrix}1\\-1\end{pmatrix}+t\begin{pmatrix}-2\\1\end{pmatrix}$; $f(\vec{x})=\begin{pmatrix}5&-2\\3&1\end{pmatrix}\vec{x}+\begin{pmatrix}2\\-7\end{pmatrix}$

e) $\vec{x}=\begin{pmatrix}1\\-2\end{pmatrix}+t\begin{pmatrix}3\\-2\end{pmatrix}$; $f(\vec{x})=\begin{pmatrix}-2&3\\4&2\end{pmatrix}\vec{x}+\begin{pmatrix}14\\-4\end{pmatrix}$ **f)** $\vec{x}=\begin{pmatrix}0\\2\end{pmatrix}+t\begin{pmatrix}3\\-1\end{pmatrix}$; $f(\vec{x})=\begin{pmatrix}2&1\\-1&3\end{pmatrix}\vec{x}+\begin{pmatrix}4\\-8\end{pmatrix}$

g) $\vec{x}=\begin{pmatrix}3\\-1\end{pmatrix}+t\begin{pmatrix}2\\1\end{pmatrix}$; $f(\vec{x})=\begin{pmatrix}3&4\\4&-3\end{pmatrix}\vec{x}+\begin{pmatrix}10\\-10\end{pmatrix}$ **h)** $\vec{x}=\begin{pmatrix}1\\0\end{pmatrix}+t\begin{pmatrix}2\\1\end{pmatrix}$; $f(\vec{x})=\begin{pmatrix}0&2\\3&-5\end{pmatrix}\vec{x}+\begin{pmatrix}1\\-3\end{pmatrix}$

3. Bestimme die charakteristische Gleichung, die Eigenwerte und die Eigenvektoren der Matrix!

a) $\begin{pmatrix}3&1\\2&4\end{pmatrix}$ **b)** $\begin{pmatrix}4&1\\-1&2\end{pmatrix}$ **c)** $\begin{pmatrix}3&5\\-2&3\end{pmatrix}$ **d)** $\begin{pmatrix}1&-2\\-8&-5\end{pmatrix}$ **e)** $\begin{pmatrix}5&-1\\1&3\end{pmatrix}$ **f)** $\begin{pmatrix}1&0\\3&5\end{pmatrix}$

g) $\begin{pmatrix}5&-9\\4&-7\end{pmatrix}$ **h)** $\begin{pmatrix}3&3\\-3&3\end{pmatrix}$ **i)** $\begin{pmatrix}-2&1\\0&3\end{pmatrix}$ **j)** $\begin{pmatrix}3&2\\-3&4\end{pmatrix}$ **k)** $\begin{pmatrix}3&3\\3&3\end{pmatrix}$ **l)** $\begin{pmatrix}-1&0\\3&-5\end{pmatrix}$

m) $\begin{pmatrix}-2&5\\-3&1\end{pmatrix}$ **n)** $\begin{pmatrix}2&-2\\-2&2\end{pmatrix}$ **o)** $\begin{pmatrix}3&8\\-2&-5\end{pmatrix}$ **p)** $\begin{pmatrix}2&-3\\-3&10\end{pmatrix}$ **q)** $\begin{pmatrix}3&2\\-4&-3\end{pmatrix}$ **r)** $\begin{pmatrix}3&3\\-3&9\end{pmatrix}$

4. Bestimme die Fixgeraden der affinen Abbildungen der 2. Aufgabe mit Hilfe des auf Seite 329 unter **7.** dargestellten Verfahrens!

5. Welche Bedingungen müssen die Formvariablen a, b, c und d erfüllen, damit die Matrix $M=\begin{pmatrix}a&b\\c&d\end{pmatrix}$

a) genau zwei Eigenwerte hat; **b)** genau einen Eigenwert hat;
c) keinen Eigenwert hat; **d)** zwei Eigenwerte λ_1 und λ_2 mit $\lambda_1=-\lambda_2$ hat?

6. Zeige, dass die lineare Abbildung zu $f(\vec{x})=A\vec{x}$ genau dann umkehrbar ist, wenn 0 kein Eigenwert von A ist!

7. Untersuche den Zusammenhang zwischen den Eigenwerten und den Eigenvektoren einer umkehrbaren linearen Abbildung f und ihrer Umkehrabbildung $\overset{-1}{f}$!

8. Eine Punktmenge F heißt genau dann Fixmenge einer affinen Abbildung f, wenn für alle $P\in F$ gilt: $P'\in F$. Zeige, dass M Fixmenge der affinen Abbildung f ist!

a) $f(\vec{x})=\begin{pmatrix}-3&0\\0&9\end{pmatrix}\vec{x}$; $M=\{P(x|y)\,|\,y=x^2\}$ **b)** $f(\vec{x})=\begin{pmatrix}4&0\\0&2\end{pmatrix}\vec{x}$; $M=\{P(x|y)\,|\,y=\sqrt{x}\}$

c) $f(\vec{x})=\begin{pmatrix}1&0\\-6&1\end{pmatrix}\vec{x}+\begin{pmatrix}-1\\3\end{pmatrix}$; $M=\{P(x|y)\,|\,y=3x^2\}$

d) $f(\vec{x})=\begin{pmatrix}1&0\\4&1\end{pmatrix}\vec{x}+\begin{pmatrix}2\\-6\end{pmatrix}$; $M=\{P(x|y)\,|\,y=x^2-5x\}$

§17 Spezielle Affinitäten

I. Isometrien

1. Unter den affinen Abbildungen sind – wie wir an Beispielen schon in § 15 gesehen haben – als Sonderfälle auch die Kongruenzabbildungen enthalten. Diese Abbildungen sind dadurch gekennzeichnet, dass Strecken auf gleich lange Strecken und Winkel auf gleich große Winkel abgebildet werden, dass sie **„längentreu“** und **„winkelmaßtreu“** sind. Außer den gestreckten Winkeln kann man jeden Winkel als einen Dreieckswinkel (Bild 17.1) oder als Ergänzungswinkel eines Dreieckswinkels zu einem Vollwinkel auffassen (Bild 17.2).

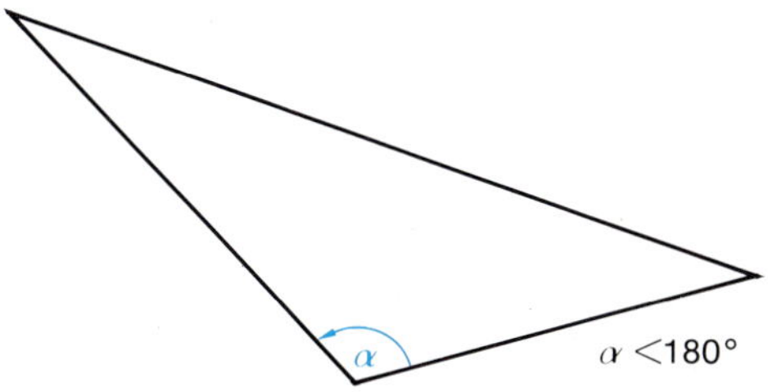

Bild 17.1

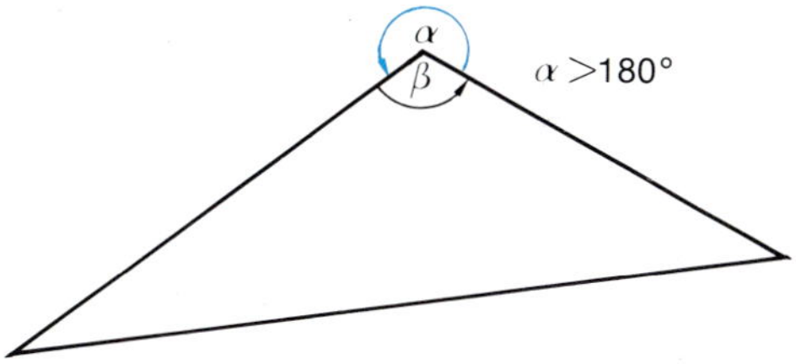

Bild 17.2

Daher ergibt sich aus dem Kongruenzsatz SSS unmittelbar, dass längentreue affine Abbildungen stets auch winkelmaßtreu sind. Begründe, dass dieser Sachverhalt auch für gestreckte Winkel zutrifft (Aufgabe 1)!
Wir können also definieren:

D 17.1 Unter einer „Kongruenzabbildung“ versteht man eine längentreue Affinität.

Bemerkung: Dass längentreue Affinitäten auch winkelmaßtreu sind, kann man selbstverständlich auch rechnerisch nachweisen (Aufgabe 2).

2. Unser Ziel ist es herauszuarbeiten, wie Kongruenzabbildungen analytisch dargestellt werden können. Nun ist die Länge einer Strecke, also der Abstand der beiden Endpunkte P_1 und P_2, gegeben durch die Länge des Vektors $\vec{x}=\vec{x}_2-\vec{x}_1$ (Bild 17.3). Eine affine Abbildung mit $f(\vec{x})=A\vec{x}+\vec{v}$ ist also längentreu, wenn für beliebige Vektoren $\vec{x}_1, \vec{x}_2 \in V$ gilt:

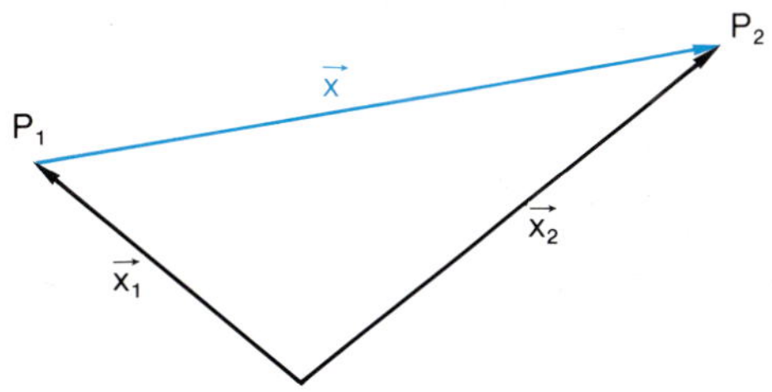

Bild 17.3

$$|\vec{x}'_2-\vec{x}'_1|=|A\vec{x}_2+\vec{v}-A\vec{x}_1-\vec{v}|=|A(\vec{x}_2-\vec{x}_1)|=|\vec{x}_2-\vec{x}_1|,$$

mit $\vec{x}=\vec{x}_2-\vec{x}_1$ also: $|A\vec{x}|=|\vec{x}|$.

Dies bedeutet, dass eine affine Abbildung genau dann längentreu ist, wenn dies auch für die zugehörige lineare Abbildung L zu $L(\vec{x}) = A\vec{x}$ gilt. Jede solche Abbildung nennt man **„isometrisch“**[1]). Wir definieren:

D 17.2 Unter einer „Isometrie“ versteht man eine längentreue lineare Abbildung L.

Nach den vorstehenden Überlegungen sind Isometrien dadurch gekennzeichnet, dass für jeden Vektor $\vec{x} \in V$ gilt: $|L(\vec{x})| = |A\vec{x}| = |\vec{x}|$.

3. Wir wollen nun untersuchen, welche Form die Matrix A einer Isometrie des Vektorraums V_2 hat. Zu diesem Zweck berechnen wir die Bilder der drei Einheitsvektoren

$$\vec{e}_1 = \begin{pmatrix}1\\0\end{pmatrix}, \quad \vec{e}_2 = \begin{pmatrix}0\\1\end{pmatrix} \quad \text{und} \quad \vec{e}_3 = \tfrac{1}{2}\sqrt{2}\begin{pmatrix}1\\1\end{pmatrix}.$$

Bei einer Isometrie müssen auch die zugehörigen Bildvektoren die Länge 1 haben.
Nun gilt:

$$L(\vec{e}_1) = A\vec{e}_1 = \begin{pmatrix}a & b\\c & d\end{pmatrix}\begin{pmatrix}1\\0\end{pmatrix} = \begin{pmatrix}a\\c\end{pmatrix}; \quad L(\vec{e}_2) = A\vec{e}_2 = \begin{pmatrix}a & b\\c & d\end{pmatrix}\begin{pmatrix}0\\1\end{pmatrix} = \begin{pmatrix}b\\d\end{pmatrix} \quad \text{und}$$

$$L(\vec{e}_3) = A\vec{e}_3 = \begin{pmatrix}a & b\\c & d\end{pmatrix}\tfrac{1}{2}\sqrt{2}\begin{pmatrix}1\\1\end{pmatrix} = \tfrac{1}{2}\sqrt{2}\begin{pmatrix}a+b\\c+d\end{pmatrix}.$$

Daraus ergibt sich:

$a^2 + c^2 = 1$ (1) und $b^2 + d^2 = 1$ (2) und schließlich

$$\tfrac{1}{2}[(a+b)^2 + (c+d)^2] = \tfrac{1}{2}[a^2 + 2ab + b^2 + c^2 + 2cd + d^2] = \tfrac{1}{2}[(a^2 + c^2) + (b^2 + d^2) + 2(ab + cd)]$$
$$= \tfrac{1}{2}[1 + 1 + 2(ab + cd)] = 1 + (ab + cd) = 1,$$

also $ab + cd = 0$ (3).

Aus dieser Beziehung folgt: $ab = -cd$, also $a^2 b^2 = c^2 d^2$, nach (1) und (2) also

$$a^2(1 - d^2) = (1 - a^2)d^2 \Leftrightarrow a^2 - a^2 d^2 = d^2 - a^2 d^2 \Leftrightarrow a^2 = d^2 \Leftrightarrow d = a \vee d = -a.$$

Damit ergibt sich aus (1) und (2): $d^2 + c^2 = d^2 + b^2$, also $c^2 = b^2 \Leftrightarrow c = b \vee c = -b$. Wegen (3) muss schließlich gelten:

$$d = a \Rightarrow c = -b \quad \text{und} \quad d = -a \Rightarrow c = b.$$

Damit erhält man für die Matrix A einer Isometrie die beiden folgenden Möglichkeiten:

$$A = \begin{pmatrix}a & b\\-b & a\end{pmatrix} \quad \text{oder} \quad A = \begin{pmatrix}a & b\\b & -a\end{pmatrix},$$

jeweils mit der Bedingung $a^2 + b^2 = 1$.

Da in beiden Fällen die Zeilen- und auch die Spaltenvektoren der Matrix Einheitsvektoren, also „normiert“ sind und aufeinander senkrecht stehen, also „orthogonal“ sind, nennt man jede solche Matrix **„orthonormiert“**.

---

[1]) ἴσος (gr., gleich); τὸ μέτρον (gr., das Maß)

4. Wir haben nun noch zu zeigen, dass in beiden Fällen tatsächlich jeder Vektor $\vec{x}$ auf einen gleich langen Vektor $L(\vec{x})$ abgebildet wird. Es sei $\vec{x}=\begin{pmatrix}x\\y\end{pmatrix}$.

Zum 1. Fall: $L(\vec{x})=\begin{pmatrix}a & b\\-b & a\end{pmatrix}\begin{pmatrix}x\\y\end{pmatrix}=\begin{pmatrix}ax+by\\-bx+ay\end{pmatrix}$;

$$\begin{aligned}|L(\vec{x})|^2&=(ax+by)^2+(-bx+ay)^2=a^2x^2+2abxy+b^2y^2+b^2x^2-2abxy+a^2y^2\\&=(a^2+b^2)x^2+(b^2+a^2)y^2=x^2+y^2=|\vec{x}|^2,\quad \text{q.e.d.}\end{aligned}$$

Zum 2. Fall: $L(\vec{x})=\begin{pmatrix}a & b\\b & -a\end{pmatrix}\begin{pmatrix}x\\y\end{pmatrix}=\begin{pmatrix}ax+by\\bx-ay\end{pmatrix}$;

$$\begin{aligned}|L(\vec{x})|^2&=(ax+by)^2+(bx-ay)^2=a^2x^2+2abxy+b^2y^2+b^2x^2-2abxy+a^2y^2\\&=(a^2+b^2)x^2+(b^2+a^2)y^2=x^2+y^2=|\vec{x}|^2,\quad \text{q.e.d.}\end{aligned}$$

In beiden Fällen wird also jeder Vektor $\vec{x}$ auf einen gleich langen Vektor $L(\vec{x})$ angebildet; dies gilt auch für jeden Vektor der Form $\vec{x}=\vec{x}_2-\vec{x}_1$ (Bild 17.3); dies bedeutet, dass auch jede Strecke P_1P_2 auf eine gleich lange Strecke abgebildet wird, die Abbildung also eine Isometrie ist.

Es gilt also der Satz:

S 17.1 Zu jeder Isometrie des Vektorraums V_2 gehört eine Matrix A der Form

$$\begin{pmatrix}a & b\\-b & a\end{pmatrix} \text{ oder } \begin{pmatrix}a & b\\b & -a\end{pmatrix}, \text{ jeweils mit } a^2+b^2=1.$$

Bemerkungen:

1) Im ersten Fall gilt $|A|=a^2+b^2=1>0$; die Abbildung ist nach Satz S 16.5 also eine **gleichsinnige Kongruenzabbildung**.

Im zweiten Fall gilt $|A|=-a^2-b^2=-1<0$; die Abbildung ist nach Satz S 16.5 also eine **gegensinnige Kongruenzabbildung**.

2) Mit Hilfe der Matrizen kann ebenfalls rechnerisch nachgewiesen werden, dass jede Isometrie auch winkelmaßtreu ist (Aufgabe 3).

Übungen und Aufgaben

1. Begründe, dass durch eine längentreue affine Abbildung gestreckte Winkel stets auf gestreckte Winkel abgebildet werden!

2. a) Zeige, dass jede Isometrie L auch winkelmaßgetreu ist!

Anleitung: Zeige, dass für alle Vektoren $\vec{a}$, $\vec{b}$ gilt:

1) $\vec{a}\cdot\vec{b}=\frac{1}{2}(|\vec{a}+\vec{b}|^2-|\vec{a}|^2-|\vec{b}|^2)$ **2)** $|L(\vec{a})+L(\vec{b})|^2=|\vec{a}+\vec{b}|^2$

3) $L(\vec{a})\cdot L(\vec{b})=\vec{a}\cdot\vec{b}$ **4)** $\dfrac{L(\vec{a})\cdot L(\vec{b})}{|L(\vec{a})|\,|L(\vec{b})|}=\dfrac{\vec{a}\cdot b}{|\vec{a}|\,|\vec{b}|}$.

Folgere aus **4)**, dass für die Größen α eines Winkels und α' des zugehörigen Bildwinkels gilt: $\cos\alpha'=\cos\alpha$; leite daraus die Behauptung her!

b) Begründe mit Hilfe von a), dass auch jede längentreue Affinität f winkelmaßtreu ist!

3. Beweise, dass jede Isometrie L (und damit auch jede längentreue Affinität f) auch winkelmaßtreu ist, indem du Satz S 17.1 anwendest!

4. Gibt es Isometrien, die den Punkt P auf den Punkt P′ abbilden?

a) P(1|1); P′(−1|1) **b)** P(−2|1); P′(1|2) **c)** P(3|4); P′(−4|1) **d)** P(−2|3); P′(2|−3)
e) P(3|1); P′(3|1) **f)** P(2|2); P′(2|−2) **g)** P(1|1); P′(1|1) **h)** P(0|0); P′(0|0)

5. Durch welche Matrizen ist eine Isometrie bestimmt?

a) $\begin{pmatrix} \cos\alpha & \sin\alpha \\ -\sin\alpha & \cos\alpha \end{pmatrix}$ **b)** $\begin{pmatrix} \cos\alpha & \cos\alpha \\ \sin\alpha & -\sin\alpha \end{pmatrix}$ **c)** $\begin{pmatrix} \cos\alpha & \sin\alpha \\ \sin\alpha & \cos\alpha \end{pmatrix}$ **d)** $\begin{pmatrix} \sin\alpha & -\cos\alpha \\ \cos\alpha & \sin\alpha \end{pmatrix}$

e) $\begin{pmatrix} \sin\alpha & \cos\alpha \\ \cos\alpha & -\sin\alpha \end{pmatrix}$ **f)** $\begin{pmatrix} \sin\alpha & \sin\alpha \\ \sin\alpha & -\sin\alpha \end{pmatrix}$ **g)** $\begin{pmatrix} \sin\alpha & \cos\alpha \\ -\cos\alpha & \sin\alpha \end{pmatrix}$ **h)** $\begin{pmatrix} \cos\alpha & -\sin\alpha \\ \sin\alpha & \cos\alpha \end{pmatrix}$

II. Drehungen und Spiegelungen

1. Wir betrachten zunächst diejenigen Isometrien, die durch eine Matrix der Form $A=\begin{pmatrix} a & -b \\ b & a \end{pmatrix}$ mit $a^2+b^2=1$ festgelegt sind. Die Abbildungsgleichung lautet:

$$\vec{x}'=L(\vec{x})=\begin{pmatrix} a & -b \\ b & a \end{pmatrix}\vec{x}.$$

Wie bei jeder linearen Abbildung ist natürlich auch bei einer Isometrie der **Nullpunkt** ein **Fixpunkt**.

Wir untersuchen die Abbildung auf **Eigenwerte** und **Eigenvektoren**:

$$|A-\lambda E|=\begin{vmatrix} a-\lambda & -b \\ b & a-\lambda \end{vmatrix}=(a-\lambda)^2+b^2=a^2-2a\lambda+\lambda^2+b^2=\lambda^2-2a\lambda+1=0.$$

Die Diskriminate dieser Gleichung ist: $\Delta=a^2-1$. Aus $a^2+b^2=1$ folgt, dass für a gilt: $a^2\leq 1$. Für $a^2<1$ ist $\Delta<0$; die Gleichung hat also keine Lösung. Nur für $a^2=1$, also $b=0$ gibt es je einen Eigenwert, nämlich für $a=1$ die Zahl $\lambda=1$, für $a=-1$ die Zahl $\lambda=-1$. Die Matrix hat dann die Form $A=\begin{pmatrix} 1 & 0 \\ 0 & 1 \end{pmatrix}$ oder die Form $A=\begin{pmatrix} -1 & 0 \\ 0 & -1 \end{pmatrix}$. Im ersten Fall handelt es sich um die identische Abbildung der Ebene auf sich. Im zweiten Fall lauten die Abbildungsgleichungen:

$$x'=-x \wedge y'=-y \quad \text{(Bild 17.4)}.$$

Es handelt sich um die Punktspiegelung (Halbdrehung) am Nullpunkt. Alle Vektoren von V_2 sind Eigenvektoren; dies bedeutet, dass alle Geraden durch den Nullpunkt Fixgeraden sind.

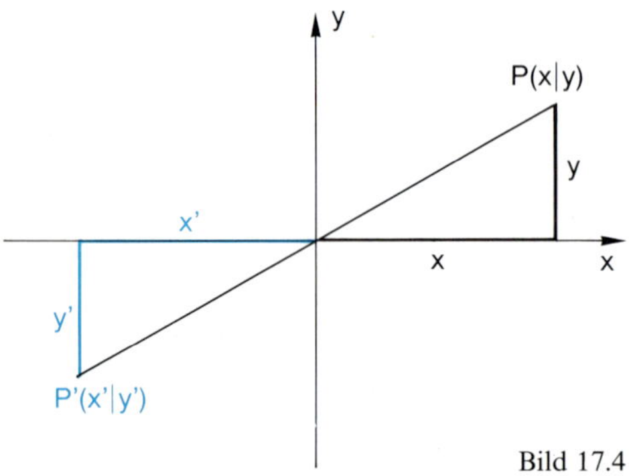

Bild 17.4

2. In den Fällen mit $a^2<1$ existiert kein Eigenwert, also auch kein Eigenvektor; daher gibt es in diesen Fällen keine Fixgeraden. Da der Nullpunkt der einzige Fixpunkt der Abbildung ist, kann man vermuten, dass es sich jeweils um eine Drehung um den Nullpunkt handelt.

Wir behaupten also:

S 17.2 Eine Isometrie L zu $L(\vec{x})=\begin{pmatrix} a & -b \\ b & a \end{pmatrix}\vec{x}$ (mit $a^2+b^2=1$) ist eine Drehung um den Nullpunkt. Für das Drehmaß φ (mit $0\le\varphi<2\pi$) gilt $\cos\varphi=a$ und $\sin\varphi=b$.

Beachte: Auch die Isometrien mit $a^2=1$ sind Drehungen, nämlich mit $\varphi=0°$ oder mit $\varphi=180°$! Sie werden durch diesen Satz ebenfalls erfasst.

Beweis: Für die Größe α (Bild 17.5) des Winkels zwischen einem Ortsvektor $\vec{x}=\begin{pmatrix} x \\ y \end{pmatrix}$ und seinem Bildvektor $\vec{x}'=\begin{pmatrix} x' \\ y' \end{pmatrix}$ gilt:

$$\cos\alpha=\frac{\vec{x}\cdot\vec{x}'}{|\vec{x}|\,|\vec{x}'|} \quad \text{mit } 0\le\alpha\le\pi.$$

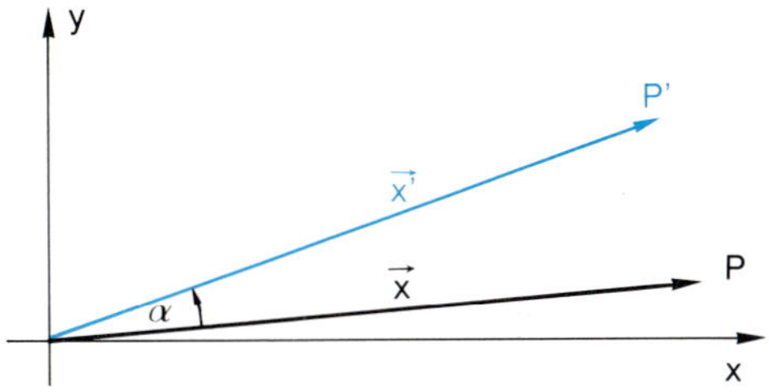

Bild 17.5

Wegen der Längentreue gilt $|\vec{x}'|=|\vec{x}|$, also $|\vec{x}|\cdot|\vec{x}'|=|\vec{x}|^2=x^2+y^2$. Ferner gilt wegen $\vec{x}'=A\vec{x}$:

$$\vec{x}\cdot\vec{x}'=x(ax-by)+y(bx+ay)=ax^2-bxy+bxy+ay^2=a(x^2+y^2).$$

Somit ergibt sich: $\cos\alpha=\dfrac{a(x^2+y^2)}{x^2+y^2}=a.$

Wegen $a^2+b^2=1$ gilt dann $b=\sin\alpha$ (falls $b>0$ ist) oder $b=-\sin\alpha$ (falls $b<0$ ist). Für die Matrix A gibt es also zwei Möglichkeiten:

$$A=\begin{pmatrix} \cos\alpha & -\sin\alpha \\ \sin\alpha & \cos\alpha \end{pmatrix} \qquad \text{oder} \qquad A=\begin{pmatrix} \cos\alpha & \sin\alpha \\ -\sin\alpha & \cos\alpha \end{pmatrix}.$$

Für das Bild des Basisvektors $\vec{e}_1$ gilt dann:

$$L(\vec{e}_1)=\begin{pmatrix} \cos\alpha \\ \sin\alpha \end{pmatrix} \text{ (Bild 17.6).} \qquad \Big| \qquad L(\vec{e}_1)=\begin{pmatrix} \cos\alpha \\ -\sin\alpha \end{pmatrix} \text{ (Bild 17.7).}$$

Es handelt sich also um eine Drehung mit dem Drehmaß α im

positiven Drehsinn. | negativen Drehsinn.

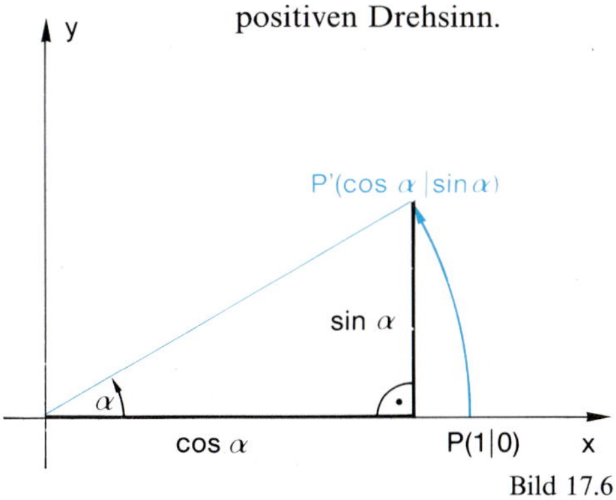

Bild 17.6

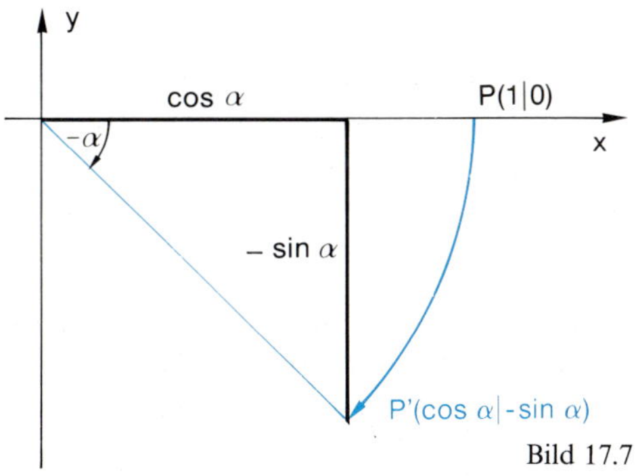

Bild 17.7

Man kann die beiden Fälle zusammenfassen, wenn man setzt:

$\varphi=\alpha$, falls $b>0$ ist,
$\varphi=2\pi-\alpha$, falls $b<0$ ist.

Dann gilt in beiden Fällen: $A=\begin{pmatrix}\cos\varphi & -\sin\varphi\\ \sin\varphi & \cos\varphi\end{pmatrix}$ und es handelt sich jeweils um eine Drehung im positiven Drehsinn (Antiuhrzeigersinn) mit dem Drehmaß φ. Dies gilt auch für die Grenzfälle mit $\varphi=0$ bzw. $\varphi=\pi$, die wir schon unter 1. behandelt haben, q.e.d.

3. Wir untersuchen nun Isometrien mit $A=\begin{pmatrix}a & b\\ b & -a\end{pmatrix}$ und $a^2+b^2=1$. Die Abbildungsgleichung lautet

$$\vec{x}'=L(\vec{x})=\begin{pmatrix}a & b\\ b & -a\end{pmatrix}\vec{x}.$$

Auch hier ist wie bei jeder linearen Abbildung der Nullpunkt stets ein Fixpunkt der Abbildung. Für Eigenwerte muss gelten:

$$|A-\lambda E|=\begin{vmatrix}a-\lambda & b\\ b & -a-\lambda\end{vmatrix}=(\lambda-a)(\lambda+a)-b^2=\lambda^2-a^2-b^2=\lambda^2-1=0 \Leftrightarrow \lambda=1 \vee \lambda=-1.$$

4. Wir berechnen die **Eigenvektoren zu $\lambda_1=1$**:

$$(a-1)\,x+b\,y=0 \wedge b\,x-(a+1)\,y=0.$$

Zeige, dass die beiden Gleichungen wegen $a^2+b^2=1$ voneinander abhängig sind (Aufgabe 11a). Setzt man z.B. $y=1-a$, so ergibt sich $x=b$. Eigenvektoren zu $\lambda_1=1$ sind also alle Vektoren $\vec{x}_1=c\begin{pmatrix}b\\ 1-a\end{pmatrix}$ (mit $c\in\mathbb{R}$). Daraus ergibt sich (wegen des speziellen Eigenwertes 1), dass die Gerade zu $\vec{x}=t\begin{pmatrix}b\\ 1-a\end{pmatrix}$ nicht nur Fixgerade, sondern sogar **Fixpunktgerade** der betreffenden Abbildung ist; denn für diese Ortsvektoren $\vec{x}$ gilt:

$$(A-E)\,\vec{x}=\vec{0}, \quad \text{also } A\vec{x}=\vec{x}.$$

Wir können also vermuten, dass es sich jeweils um die **Spiegelung** an der Geraden zu $\vec{x}=t\begin{pmatrix}b\\ 1-a\end{pmatrix}$, also zu $(a-1)\,x+b\,y=0$ handelt.

Bemerkung: Im Fall $a=1$, $b=0$ handelt es sich um eine Spiegelung an der x-Achse ($y=0$); dieser Fall wird von der zweiten Gleichung $(a+1)\,y=b\,x$ erfasst; die Eigenvektoren können in diesem Fall in der Form $\vec{x}_1=c\begin{pmatrix}a+1\\ b\end{pmatrix}$ angegeben werden (Aufgabe 11a). Diesen Sonderfall lassen wir im folgenden Satz unberücksichtigt.

S17.3 Eine Isometrie L zu $L(\vec{x})=\begin{pmatrix}a & b\\ b & -a\end{pmatrix}\vec{x}$ (mit $a^2+b^2=1$ und $a\neq 1$) ist eine Spiegelung an der Achse zu $(a-1)\,x+b\,y=0$.

Beweis: Charakteristisch für eine Achsenspiegelung ist es, dass die Verbindungsgerade zwischen einem Punkt P_0 und dem Bildpunkt P'_0 auf der Achse senkrecht steht und dass die Strecke $P_0 P'_0$ von der Achse halbiert wird (Bild 17.8).

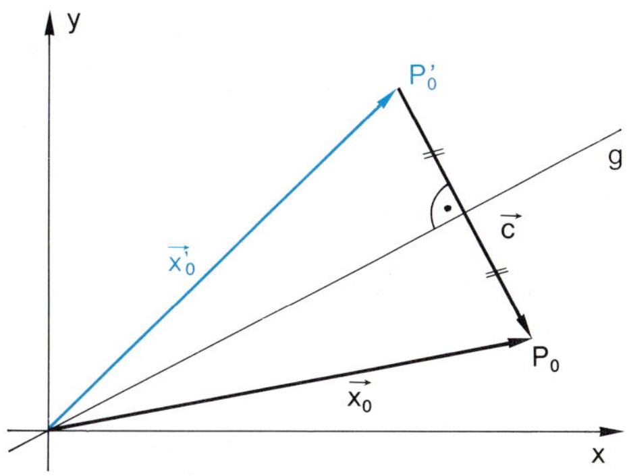

Bild 17.8

a) Es sei $\vec{x}_0=\begin{pmatrix}x_0\\y_0\end{pmatrix}$; dann gilt:

$$\vec{x}'_0=\begin{pmatrix}x'_0\\y'_0\end{pmatrix}=\begin{pmatrix}a\,x_0+b\,y_0\\b\,x_0-a\,y_0\end{pmatrix}.$$

Für den Vektor $\vec{c}$ zum Pfeil $\overrightarrow{P_0 P'_0}$ gilt dann:

$$\vec{c}=\vec{x}'_0-\vec{x}_0=\begin{pmatrix}a\,x_0+b\,y_0-x_0\\b\,x_0-a\,y_0-y_0\end{pmatrix}=\begin{pmatrix}(a-1)\,x_0+b\,y_0\\b\,x_0-(a+1)\,y_0\end{pmatrix}.$$

Wir haben zu zeigen, dass dieser Vektor auf dem Richtungsvektor der Achse, also auf dem Vektor $\vec{a}=\begin{pmatrix}b\\1-a\end{pmatrix}$ senkrecht steht.

$$\vec{c}\cdot\vec{a}=\begin{pmatrix}(a-1)x_0+b\,y_0\\b\,x_0-(a+1)y_0\end{pmatrix}\begin{pmatrix}b\\1-a\end{pmatrix}=b(a-1)x_0+b^2y_0+b(1-a)x_0-(1-a)(1+a)y_0$$
$$=b(a-1)x_0+b^2y_0+b(1-a)x_0-(1-a^2)y_0=(b^2-1+a^2)y_0=0 \quad (\text{da } a^2+b^2=1)$$

Die Vektoren $\vec{c}$ und $\vec{a}$ stehen also aufeinander senkrecht.

b) Zum Mittelpunkt der Strecke $P_0 P'_0$ führt der Ortsvektor

$$\vec{y}_0=\vec{x}_0+\tfrac{1}{2}(\vec{x}'_0-\vec{x}_0)=\tfrac{1}{2}(\vec{x}_0+\vec{x}'_0)=\tfrac{1}{2}\begin{pmatrix}x_0+a\,x_0+b\,x_0\\y_0+b\,x_0-a\,y_0\end{pmatrix}=\tfrac{1}{2}\begin{pmatrix}(1+a)\,x_0+b\,y_0\\b\,x_0+(1-a)\,y_0\end{pmatrix}.$$

Wir haben zu zeigen, dass der zugehörige Punkt auf der Achse zu $\vec{x}=t\begin{pmatrix}b\\1-a\end{pmatrix}$ bzw. zu $(a-1)\,x+b\,y=0$ liegt. Wir zeigen durch Einsetzen, dass die Koordinaten von $\vec{y}_0$ die Achsengleichung erfüllen:

$$(a-1)\,x+b\,y=(a-1)\cdot\tfrac{1}{2}[(1+a)\,x_0+b\,y_0]+b\cdot\tfrac{1}{2}[b\,x_0+(1-a)\,y_0]$$
$$=\tfrac{1}{2}[(a^2-1)\,x_0+(a-1)\,b\,y_0+b^2\,x_0+b(1-a)\,y_0]$$
$$=\tfrac{1}{2}(a^2-1+b^2)\cdot x_0=0 \quad (\text{wegen } a^2+b^2=1).$$

Damit ist gezeigt, dass eine Spiegelung an der Geraden zu $(a-1)\,x+b\,y=0$ vorliegt, q.e.d.

5. Wir haben aber noch die **Eigenvektoren zum zweiten Eigenwert $\lambda_2=-1$** zu bestimmen:

$$(a+1)\,x+b\,y=0 \wedge b\,x+(1-a)\,y=0.$$

Mit Hilfe der Bedingung $a^2+b^2=1$ ergibt sich, dass die beiden Gleichungen voneinander abhängig sind (Aufgabe 11b). Setzt man z.B. $x=a-1$, so ergibt sich aus der zweiten Gleichung $y=b$. Eigenvektoren zu $\lambda_2=-1$ sind also die Vektoren $\vec{x}_2=c\begin{pmatrix}a-1\\b\end{pmatrix}$ (mit $c\in\mathbb{R}$).

Bemerkung: Auch hier muss der Sonderfall $a=1$, $b=0$ ausgeschlossen werden. Dieser Fall wird von der ersten Gleichung $[(a+1)x=-by]$ und von der sich daraus ergebenden Form $\vec{x}_2=c\begin{pmatrix}-b\\a+1\end{pmatrix}$ für die Eigenvektoren erfasst (Aufgabe 11b).

Jede Gerade, die durch einen Fixpunkt – also durch einen Punkt der Spiegelungsachse mit $\vec{x}=t\begin{pmatrix}b\\a-1\end{pmatrix}$ – geht und den Richtungsvektor $\begin{pmatrix}a-1\\b\end{pmatrix}$ hat, ist nach Satz S16.7 eine Fixgerade der Abbildung. Offensichtlich handelt es sich um die Geraden, die auf der Spiegelungsachse senkrecht stehen. Tatsächlich gilt für die beiden Richtungsvektoren:

$$\vec{x}_1\cdot\vec{x}_2=\begin{pmatrix}b\\1-a\end{pmatrix}\begin{pmatrix}a-1\\b\end{pmatrix}=b(a-1)+(1-a)b=0.$$

Zu jeder Zahl $c\in\mathbb{R}$ gibt es einen Fixpunkt P_c mit $\vec{x}_c=c\begin{pmatrix}b\\1-a\end{pmatrix}$; die Fixgerade durch diesen Punkt hat dann die Parametergleichung:

$$\vec{x}=\vec{x}_c+s\begin{pmatrix}a-1\\b\end{pmatrix}=c\begin{pmatrix}b\\1-a\end{pmatrix}+s\begin{pmatrix}a-1\\b\end{pmatrix}.$$

Alle diese Geraden haben denselben Richtungsvektor $\begin{pmatrix}a-1\\b\end{pmatrix}$, sind also untereinander parallel und stehen – wie wir gezeigt haben – auf der Spiegelungsachse senkrecht.

Übungen und Aufgaben

Vorbemerkung: In den folgenden Aufgaben ist unter einer Drehung stets eine Drehung um den Ursprung des Koordinatensystems zu verstehen und unter einer Spiegelung stets eine Spiegelung an einer Ursprungsgeraden.

1. Entscheide, ob durch die Matrix A eine Spiegelung oder eine Drehung festgelegt ist! Bestimme die Spiegelungsachse beziehungsweise das Drehmaß φ!

a) $A=\frac{1}{5}\begin{pmatrix}-3&4\\4&3\end{pmatrix}$ **b)** $A=\frac{1}{25}\begin{pmatrix}24&7\\-7&24\end{pmatrix}$ **c)** $A=\frac{1}{13}\begin{pmatrix}5&12\\12&-5\end{pmatrix}$

d) $A=\frac{1}{2}\sqrt{2}\begin{pmatrix}-1&-1\\-1&1\end{pmatrix}$ **e)** $A=\frac{1}{2}\begin{pmatrix}\sqrt{3}&1\\-1&\sqrt{3}\end{pmatrix}$ **f)** $A=\frac{1}{5}\sqrt{5}\begin{pmatrix}-2&-1\\1&-2\end{pmatrix}$

2. Bestimme eine längentreue affine Abbildung f, die den Punkt $P(3|1)$ auf den Punkt $P'(-3|-1)$ abbildet und für die gilt:
a) f ist eine Drehung; **b)** f ist eine Spiegelung;
c) f ist weder eine Drehung noch eine Spiegelung!

3. Bestimme die Matrix der Drehung mit dem Drehmaß φ und die Bildpunkte von P_1, P_2 und P_3!

a) $\varphi = 30°$; $P_1(1|0)$; $P_2(\sqrt{3}|1)$; $P_3(\sqrt{3}|-\sqrt{3})$

b) $\varphi = 45°$; $P_1(1|-1)$; $P_2(\sqrt{2}|0)$; $P_3(\sqrt{2}|\sqrt{2})$

c) $\varphi = 90°$; $P_1(1|0)$; $P_2(3|-4)$; $P_3(-1|5)$

d) $\varphi = 135°$; $P_1(0|1)$; $P_2(-\frac{1}{2}\sqrt{2}|-\frac{1}{2}\sqrt{2})$; $P_3(-1|\sqrt{2})$

e) $\varphi = 150°$; $P_1(\sqrt{3}|0)$; $P_2(\sqrt{3}-1|\sqrt{3}+1)$; $P_3(1|-1)$

f) $\varphi = 180°$; $P_1(2|0)$; $P_2(5|-3)$; $P_3(2|\sqrt{2})$

g) $\varphi = 210°$; $P_1(0|0)$; $P_2(-2|2)$; $P_3(\sqrt{3}|-1)$

h) $\varphi = 300°$; $P_1(1|-\sqrt{3})$; $P_2(4|2)$; $P_3(\sqrt{3}+1|\sqrt{3}-1)$

4. Bestimme die Matrix der Spiegelung an der Geraden g und die Bildpunkte von P_1, P_2 und P_3!

a) g: $-0{,}2x + 0{,}6y = 0$; $P_1(1|-1)$; $P_2(3|1)$; $P_3(2|-1)$

b) g: $-1{,}28x - 0{,}96y = 0$; $P_1(7|24)$; $P_2(-7|-24)$; $P_3(3|-4)$

c) g: $-\frac{18}{13}x - \frac{12}{13}y = 0$; $P_1(2|3)$; $P_2(0|13)$; $P_3(12|5)$

d) g: $-\frac{9}{17}x + \frac{15}{17}y = 0$; $P_1(5|3)$; $P_2(-17)|0)$; $P_3(-10|-6)$

5. Eine Isometrie f ist gegeben durch $f(\vec{x}) = A\vec{x}$. Bestimme die Matrix der Umkehrabbildung $\overset{-1}{f}$! Von welcher Art ist $\overset{-1}{f}$?

a) $A = \begin{pmatrix} a & b \\ b & -a \end{pmatrix}$ **b)** $A = \begin{pmatrix} a & b \\ -b & a \end{pmatrix}$ (jeweils mit $a^2 + b^2 = 1$)

6. a) S_1 und S_2 seien Spiegelungen. Bestimme die Matrix der Abbildung $S_2 \circ S_1$! Um was für eine Abbildung handelt es sich?

b) Bearbeite Teil a) für drei Spiegelungen S_1, S_2 und S_3!

7. a) D_1 und D_2 seien Drehungen. Bestimme die Matrix der Abbildung $D_1 \circ D_2$. Um was für eine Abbildung handelt es sich?

b) Bearbeite Teil a) für drei Drehungen D_1, D_2 und D_3!

8. Zeige: Jede Drehung D lässt sich als Verkettung von zwei Spiegelungen S_1 und S_2 darstellen: $D = S_1 \circ S_2$! Sind S_1 und S_2 eindeutig festgelegt?

9. a) Bestimme für zwei Drehungen D_1 und D_2 die Abbildungen $D_1 \circ D_2$ und $D_2 \circ D_1$!

b) Bestimme für zwei Spiegelungen S_1 und S_2 die Abbildungen $S_1 \circ S_2$ und $S_2 \circ S_1$!

c) Vergleiche deine Ergebnisse von a) und b)! Was fällt auf und wie ist das Ergebnis zu erklären?

10. Zeige, dass jeder Kreis $K = \{P(x|y) | x^2 + y^2 = r^2\}$ Fixmenge jeder Drehung D ist, d.h., mit $P \in K$ gilt $P' \in K$! Gilt diese Aussage auch für andere Isometrien?

11. a) Zeige, dass die Gleichungen $(a-1)x+by=0$ und $-bx+(a+1)y=0$ wegen $a^2+b^2=1$ voneinander abhängig sind und die Eigenvektoren daher auch in der Form $\vec{x}_1=c\begin{pmatrix}a+1\\b\end{pmatrix}$ (mit $c\in\mathbb{R}$) angegeben werden können!

b) Zeige das Gleiche für die Gleichungen $(a+1)x+by=0$ und $bx+(1-a)y=0$ und die Vektoren $\vec{x}_2=c\begin{pmatrix}a-1\\b\end{pmatrix}$ (mit $c\in\mathbb{R}$)!

12. Zeige: Ist $\vec{x}=\begin{pmatrix}x\\y\end{pmatrix}$ ein Eigenvektor zum Eigenwert λ der Matrix $A=\begin{pmatrix}a & b\\c & d\end{pmatrix}$, dann sind die beiden Gleichungen $(a-\lambda)x+by=0$ und $cx+(d-\lambda)y=0$ voneinander abhängig!

III. Weitere Kongruenzabbildungen

1. In diesem Abschnitt untersuchen wir Kongruenzabbildungen, die keine Isometrien, also keine linearen Abbildungen sind, die also durch eine Gleichung der Form

$$f(\vec{x})=A\vec{x}+\vec{v} \quad \text{mit } \vec{v}\neq\vec{0}$$

dargestellt werden.
Schon zu Beginn des I. Abschnitts haben wir festgestellt, dass eine solche Abbildung genau dann eine Kongruenzabbildung ist, wenn die zugehörige lineare Abbildung L mit $L(\vec{x})=A\vec{x}$ eine Isometrie ist. Bezüglich dieser Isometrie haben wir dann wieder die beiden Fälle

$$A=\begin{pmatrix}a & -b\\b & a\end{pmatrix} \quad \text{und} \quad A=\begin{pmatrix}a & b\\b & -a\end{pmatrix} \quad \text{mit } a^2+b^2=1$$

zu unterscheiden.

2. Wir befassen uns zunächst mit dem Fall $A=\begin{pmatrix}a & -b\\b & a\end{pmatrix}$. Auf Seite 334 haben wir gezeigt, dass diese Matrizen nur in den Fällen $a=1$, $b=0$ und $a=-1$, $b=0$ Eigenwerte haben. Diese Sonderfälle sollen in Aufgabe 1 behandelt werden.
Wir untersuchen die fraglichen Abbildungen auf Fixpunkte. Die zugehörige Bedingung lautet:

$$A\vec{x}+\vec{v}=\vec{x} \Leftrightarrow (A-E)\vec{x}=-\vec{v}.$$

Falls die Matrix $(A-E)^{-1}$ existiert, ergibt sich daraus:

$$\vec{x}=(A-E)^{-1}(-\vec{v}).$$

Es gilt: $A-E=\begin{pmatrix}a-1 & -b\\b & a-1\end{pmatrix}$ und $|A-E|=(a-1)^2+b^2=a^2+b^2+1-2a=2-2a=2(1-a)$.

Falls $a \neq 1$ ist, gilt also $|A-E| \neq 0$. Dies bedeutet: Wenn die Abbildung nicht die identische Abbildung ist, hat die Abbildung genau einen Fixpunkt F; dieser ist gegeben durch $\vec{x}_F = (A-E)^{-1}(-\vec{v})$.
Es ist also zu vermuten, dass es sich (für $a \neq 1$) um eine Drehung um diesen Punkt F handelt.

Wir behandeln ein

Beispiel: $A = \begin{pmatrix} 0{,}28 & -0{,}96 \\ 0{,}96 & 0{,}28 \end{pmatrix}$; $\vec{v} = \begin{pmatrix} 6 \\ 0 \end{pmatrix}$.

Als Fixpunkt ergibt sich: F(3|4) (Aufgabe 2). Um zu bestätigen, dass es sich um eine Drehung um diesen Punkt handelt, liegt es nahe, das Koordinatensystem so zu verschieben, dass der Fixpunkt F zum Nullpunkt des neuen Koordinatensystems wird (Bild 17.9). Bezeichnen wir die neuen Koordinaten mit einem Stern (*), so gilt für die Ortsvektoren:

$$\vec{x}^* = \vec{x} - \begin{pmatrix} 3 \\ 4 \end{pmatrix}, \quad \text{also} \quad \vec{x} = \vec{x}^* + \begin{pmatrix} 3 \\ 4 \end{pmatrix}.$$

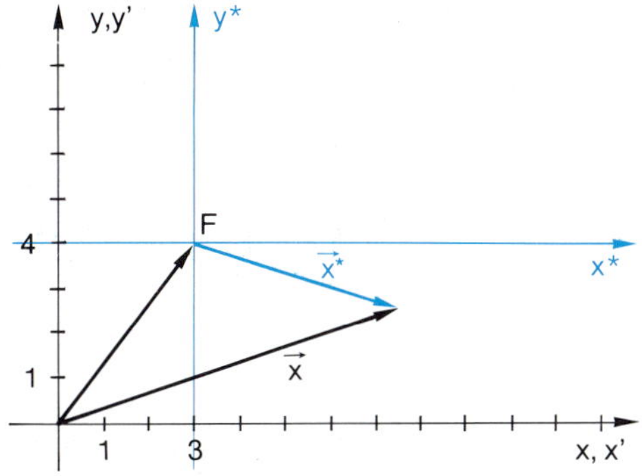

Bild 17.9

Diese **„Koordinatentransformation"** haben wir sowohl bei $\vec{x}$ wie bei $\vec{x}'$ durchzuführen; am Ende haben dann alle Koordinaten einen Stern, den wir dann zur Vereinfachung der Schreibweise wieder weglassen. Zum gleichen Ergebnis kommen wir, wenn wir von vornherein in den Abbildungsgleichungen

$$\vec{x} \text{ durch } \vec{x} + \begin{pmatrix} 3 \\ 4 \end{pmatrix} \quad \text{und} \quad \vec{x}' \text{ durch } \vec{x}' + \begin{pmatrix} 3 \\ 4 \end{pmatrix}$$

ersetzen. Auf diese Weise erhalten wir:

$$\begin{aligned} x' + 3 &= 0{,}28(x+3) - 0{,}96(y+4) + 6 \\ &= 0{,}28x - 0{,}96y + 3 \cdot 0{,}28 - 4 \cdot 0{,}96 + 6 \\ &= 0{,}28x - 0{,}96y + 3 \end{aligned}$$

und
$$\begin{aligned} y' + 4 &= 0{,}96(x+3) + 0{,}28(y+4) \\ &= 0{,}96x + 0{,}28y + 3 \cdot 0{,}96 + 4 \cdot 0{,}28 \\ &= 0{,}96x + 0{,}28y + 4, \end{aligned}$$

insgesamt also $x' = 0{,}28x - 0{,}96y$ und $y' = 0{,}96x + 0{,}28y$, also $\vec{x}' = A\vec{x}$.

Bei dieser Darstellung handelt es sich also in der Tat um eine Drehung um den (neuen) Nullpunkt, also um den Fixpunkt F. Für das Drehmaß gilt $\cos\varphi = 0{,}28$, also $\varphi \approx 73{,}7°$. Allgemein gilt der Satz:

S17.4 Eine Affinität f zu $f(\vec{x}) = A\vec{x} + \vec{v}$ mit $A = \begin{pmatrix} a & -b \\ b & a \end{pmatrix}$ (mit $a^2 + b^2 = 1$ und $b \neq 0$) ist eine Drehung um den Punkt F zu $\vec{x}_F = (A-E)^{-1}(-\vec{v})$. Für das Drehmaß φ (mit $0 < \varphi < 2\pi$ und $\varphi \neq \pi$) gilt $\cos\varphi = a$ und $\sin\varphi = b$.

3. Wie beim vorstehenden Beispiel kann man stets vorgehen, wenn die Affinität einen Fixpunkt besitzt. Es gilt der Satz:

S17.5 Besitzt die Affinität f zu $\vec{x}'=f(\vec{x})=A\vec{x}+\vec{v}$ einen Fixpunkt F, so wird sie durch die Koordinatentransformation $\vec{x}^*=\vec{x}-\vec{x}_F$ in die lineare Abbildung L zu $L(\vec{x}^*)=A\vec{x}^*$ überführt.

Beweis: Um den „Stern" zu vermeiden, ersetzen wir – wie beim Beispiel – $\vec{x}$ durch $\vec{x}+\vec{x}_F$ und $\vec{x}'$ durch $\vec{x}'+\vec{x}_F$. Wegen $\vec{x}'_F=A\vec{x}_F+\vec{v}=\vec{x}_F$ erhalten wir auf diese Weise:

$$\vec{x}'+\vec{x}_F=A(\vec{x}+\vec{x}_F)+\vec{v}=A\vec{x}+\underbrace{A\vec{x}_F+\vec{v}}_{\vec{x}_F} \quad \text{also} \quad \vec{x}'=A\vec{x}, \quad \text{q.e.d.}$$

Beachte, dass bei einer **Koordinatentransformation** alle Punkte der Ebene in zwei verschiedenen Koordinatensystemen, bei einer **Abbildung** (der Ebene) Punkte und Bildpunkte dagegen im **gleichen** Koordinatensystem dargestellt werden!

4. Wir wenden uns nun dem Fall $A=\begin{pmatrix} a & b \\ b & -a \end{pmatrix}$ (mit $a^2+b^2=1$) zu. Die Abbildungsgleichung lautet:

$$\vec{x}'=f(\vec{x})=A\vec{x}+\vec{v} \quad \text{mit} \quad \vec{v}=\begin{pmatrix} c \\ d \end{pmatrix}\neq\vec{0}.$$

Schon auf Seite 336 haben wir festgestellt, dass die Matrix A die Eigenwerte $\lambda_1=1$ und $\lambda_2=-1$ hat.

Zu λ_1 gehören die Eigenvektoren $\vec{x}_1=k\begin{pmatrix} b \\ 1-a \end{pmatrix}$, zu λ_2 gehören die Eigenvektoren $\vec{x}_2=k\begin{pmatrix} a-1 \\ b \end{pmatrix}$ (mit $k\in\mathbb{R}$).

Wir untersuchen die Abbildung auf Fixpunkte:

$$(a-1)x+by=-c \wedge bx-(a+1)y=-d.$$

Wie bereits oben erwähnt schließen wir dabei die Sonderfälle $a=\pm1$, $b=0$ aus.

Da die Zahl 1 Eigenwert ist, gilt $D=\begin{vmatrix} a-1 & b \\ b & -a-1 \end{vmatrix}=0$; das Gleichungssystem kann also nur dann eine Lösung haben, wenn die beiden Gleichungen dieselbe Gerade darstellen, wenn die entsprechenden Koeffizienten der beiden Gleichungen also das gleiche Verhältnis bilden. Vergleicht man die y-Koeffizienten mit den Absolutgliedern, so muss also gelten:

$$\frac{c}{d}=\frac{b}{-(a+1)} \quad (\text{falls } d\neq0 \text{ ist}) \quad \text{oder} \quad \frac{d}{c}=\frac{-(a+1)}{b} \quad (\text{falls } c\neq0 \text{ ist}),$$

allgemein also: $bd=-(a+1)c$.

Bemerkung: Vergleicht man die x-Koeffizienten mit den Absolutgliedern, so erhält man die (wegen $a^2+b^2=1$) dazu gleichwertige Bedingung $d(a-1)=bc$ (Aufgabe 3).

Die Gerade zu $(a-1)x+by+c=0$ ist dann eine Fixpunktgerade der Abbildung. Es ist zu vermuten, dass es sich um eine Spiegelung an dieser Geraden handelt. Dies wollen wir beweisen. Mit einem beliebigen Fixpunkt F führen wir die Verschiebung gemäß $\vec{x}^*=\vec{x}-\vec{x}_F$ durch; dann geht die Affinität nach Satz S17.5 in die lineare Abbildung L zu $L(\vec{x}^*)=A\vec{x}^*$ über.
Nach Satz S17.3 handelt es sich also tatsächlich um die **Spiegelung** an der Fixpunktgeraden, die im neuen Koordinatensystem gegeben ist durch die Gleichung $(a-1)x+by=0$.

5. Es bleibt jetzt noch der Fall zu untersuchen, dass die Bedingung $bd = -(a+1)c$ **nicht** erfüllt ist; dann ist das Gleichungssystem

$$(a-1)x + by = -c \wedge bx - (a+1)y = -d$$

unerfüllbar, es gibt keinen Fixpunkt. Aus diesem Grunde untersuchen wir die Abbildung auf **Fixgeraden** und wenden dabei den Satz S 16.6 an.

Beispiel: $A = \begin{pmatrix} 0{,}6 & 0{,}8 \\ 0{,}8 & -0{,}6 \end{pmatrix}$ und $\vec{v} = \begin{pmatrix} 1 \\ 2 \end{pmatrix}$

Es gilt $bd = 0{,}8 \cdot 2 = 1{,}6$ und $-(1+a)c = -1{,}6 \cdot 1 = -1{,}6$, also $bd \neq -(1+a)c$; die Abbildung hat also keinen Fixpunkt.
Die Matrix A hat den Eigenwert $\lambda_1 = 1$ mit dem Eigenvektor $\vec{x}_1 = \begin{pmatrix} 2 \\ 1 \end{pmatrix}$ und den Eigenwert $\lambda_2 = -1$ mit dem Eigenvektor $\vec{x}_2 = \begin{pmatrix} -1 \\ 2 \end{pmatrix}$.

1) Für den Eigenwert $\lambda_1 = 1$ ergibt sich aus der Bedingung $f(\vec{x}_0) - \vec{x}_0 = \mu \vec{x}_1$ von Satz S 16.6 (Seite 327):

$$-0{,}4\,x_0 + 0{,}8\,y_0 = -1 + 2\mu \wedge 0{,}8\,x_0 - 1{,}6\,y_0 = -2 + \mu.$$

Dieses Gleichungssystem kann nur erfüllbar sein, wenn für die rechten Seiten der Gleichung gilt:

$$(-2+\mu) = -2(-1+2\mu) \Leftrightarrow -2+\mu = 2-4\mu \Leftrightarrow \mu = \tfrac{4}{5} = 0{,}8.$$

Dann gilt: $-0{,}4\,x_0 + 0{,}8\,y_0 = -1 + 1{,}6 = 0{,}6$.
Eine Fixgerade der Abbildung ist also gegeben durch $-0{,}4x + 0{,}8y = 0{,}6$ bzw. durch $2x - 4y = -3$. Ein Punkt dieser Geraden ist z. B. $P_0(0{,}5\,|\,1)$. Demnach lautet eine Parametergleichung für die Fixgerade:

$$\vec{x} = \begin{pmatrix} 0{,}5 \\ 1 \end{pmatrix} + t \begin{pmatrix} 2 \\ 1 \end{pmatrix}.$$

Führe die Probe durch, indem du auf $\vec{x}$ die Abbildungsgleichung anwendest (Aufgabe 4).

Bemerkung: Allgemein hat die Gleichung dieser Fixgeraden die Form $(a-1)x + by = p$; dabei ist die Zahl p – wie bei obigem Beispiel – aus der Bedingung von Satz S 16.6 zu bestimmen.

2) Für den Eigenwert $\lambda_2 = -1$ ergibt sich aus der Bedingung $f(\vec{x}_0) - \vec{x}_0 = \mu \vec{x}_2$ von Satz S 16.6 (Seite 327):

$$-0{,}4\,x_0 + 0{,}8\,y_0 = -1 - \mu \wedge 0{,}8\,x_0 - 1{,}6\,y_0 = -2 + 2\mu.$$

Die Lösbarkeitsbedingung lautet in diesem Fall:

$$-2 + 2\mu = -2(-1-\mu)$$
$$\Leftrightarrow -2 + 2\mu = 2 + 2\mu.$$

Diese Gleichung ist unerfüllbar; zum Eigenwert λ_2 gehört also keine Fixgerade. Die Abbildung stellt eine sogenannte **„Gleitspiegelung"** oder **„Schubspiegelung"** an der Geraden g zu $\vec{x} = \begin{pmatrix} 0{,}5 \\ 1 \end{pmatrix} + t \begin{pmatrix} 2 \\ 1 \end{pmatrix}$ dar (Bild 17.10).

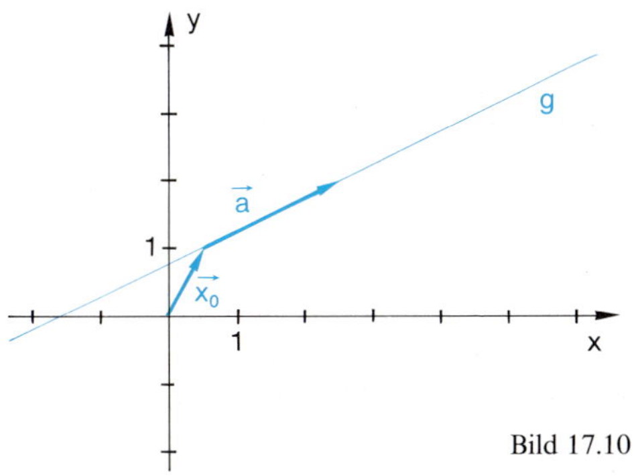

Bild 17.10

Ein Punkt P wird an der Achse gespiegelt und dann in Richtung der Achse verschoben (oder umgekehrt). Um den Verschiebungsvektor $\vec{w}$ zu ermitteln, bestimmen wir das Bild des Punktes $P_0(0{,}5|1)$:

$$\vec{x}_0' = f(\vec{x}_0) = A\vec{x} + \vec{v} = \begin{pmatrix} 0{,}6 & 0{,}8 \\ 0{,}8 & -0{,}6 \end{pmatrix}\begin{pmatrix} 0{,}5 \\ 1 \end{pmatrix} + \begin{pmatrix} 1 \\ 2 \end{pmatrix} = \begin{pmatrix} 0{,}3+0{,}8+1 \\ 0{,}4-0{,}6+2 \end{pmatrix} = \begin{pmatrix} 2{,}1 \\ 1{,}8 \end{pmatrix}.$$

Es gilt also: $\vec{w} = \vec{x}_0' - \vec{x}_0 = \begin{pmatrix} 2{,}1 \\ 1{,}8 \end{pmatrix} - \begin{pmatrix} 0{,}5 \\ 1 \end{pmatrix} = \begin{pmatrix} 1{,}6 \\ 0{,}8 \end{pmatrix}.$

Wir bestätigen das Gesagte an einigen

Beispielen:

1) Der Punkt $P(1|0)$ wird durch die Spiegelung auf den Punkt $P^*(0|2)$ und dieser durch die Verschiebung auf den Bildpunkt $P'(1{,}6|2{,}8)$ abgebildet (Bild 17.11).

2) Entsprechend gilt:

$Q(-2|1) \rightarrow Q^*(-1|-1) \rightarrow Q'(0{,}6|-0{,}2)$

und

$R(\frac{1}{2}|\frac{7}{2}) \rightarrow R^*(\frac{5}{2}|-\frac{1}{2}) \rightarrow R'(4{,}1|0{,}3)$

(Bild 17.11).

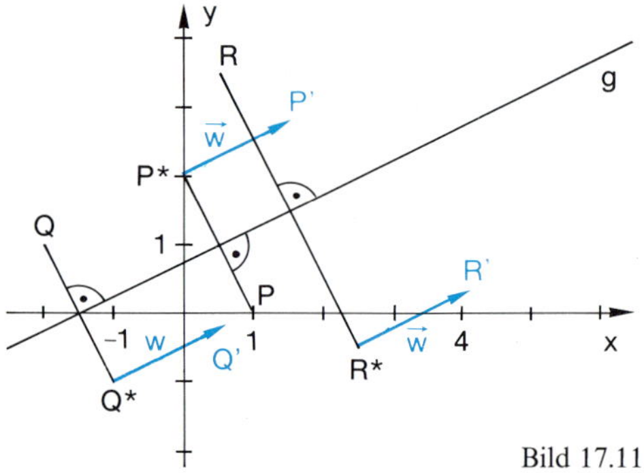

Bild 17.11

Bestätige dies durch Anwendung der Abbildungsgleichungen!

Wir fassen zusammen:

S 17.6 **Eine Affinität f zu $f(\vec{x}) = \begin{pmatrix} a & b \\ b & -a \end{pmatrix}\vec{x} + \begin{pmatrix} c \\ d \end{pmatrix}$ (mit $a^2+b^2=1$ und $b \neq 0$) ist**

eine Spiegelung an der Achse zu	eine Schubspiegelung an einer Achse parallel zur Geraden zu
$(a-1)x+by+c=0$, falls	
$(a+1)c+bd=0$ ist.	$(a+1)c+bd \neq 0$ ist.

Übungen und Aufgaben

1. Untersuche die Abbildung f mit $f(\vec{x}) = A\vec{x} + \vec{v}$ mit $\vec{v} \neq \vec{0}$ auf Fixpunkte und Fixgeraden! Um was für eine Abbildung handelt es sich?

a) $A = \begin{pmatrix} 1 & 0 \\ 0 & 1 \end{pmatrix}$ **b)** $A = \begin{pmatrix} -1 & 0 \\ 0 & -1 \end{pmatrix}$ **c)** $A = \begin{pmatrix} 1 & 0 \\ 0 & -1 \end{pmatrix}$

d) $A = \begin{pmatrix} -1 & 0 \\ 0 & 1 \end{pmatrix}$ **e)** $A = \begin{pmatrix} 0 & 1 \\ 1 & 0 \end{pmatrix}$ **f)** $A = \begin{pmatrix} 0 & -1 \\ -1 & 0 \end{pmatrix}$

2. Zeige, dass der Punkt F(3|4) Fixpunkt der Abbildung f zu $f(\vec{x})=\begin{pmatrix}0{,}28 & -0{,}96\\ 0{,}96 & 0{,}28\end{pmatrix}\vec{x}+\begin{pmatrix}6\\0\end{pmatrix}$ ist!

3. a) Zeige, dass die Bedingungen $bd=-(a+1)c$ und $d(a-1)=bc$ wegen $a^2+b^2=1$ zueinander äquivalent sind, falls $a\neq 1$ und $b\neq 0$ ist!

b) Zeige, dass die Gerade zu $(a-1)x+by+c=0$ unter der Bedingung von a) eine Fixpunktgerade der unter 4 (Seite 342) betrachteten affinen Abbildung ist!

4. a) Zeige, dass die Gerade g zu $\vec{x}=\begin{pmatrix}0{,}5\\1\end{pmatrix}+t\begin{pmatrix}2\\1\end{pmatrix}$ Fixgerade der Abbildung f ist!

$$f(\vec{x})=\begin{pmatrix}0{,}6 & 0{,}8\\ 0{,}8 & -0{,}6\end{pmatrix}\vec{x}+\begin{pmatrix}1\\2\end{pmatrix}$$

b) Bestimme die Bildpunkte der Punkte P(1|0), Q(−2|1), R(0,5|1,4) und S(−3|−2)!

c) Bestimme die Urbilder der Punkte T′(1|0), U′(0|1), V′(0|0) und W′(2|3).

5. Ermittle die Abbildungsgleichung einer Drehung um den Punkt P mit dem Drehmaß φ!

a) $P(-1|1);\ \varphi=45°$ **b)** $P(1|\sqrt{3});\ \varphi=30°$ **c)** $P(3|-2);\ \varphi=90°$
d) $P(-2\sqrt{3}|0);\ \varphi=60°$ **e)** $P(12|-2);\ \varphi=120°$ **f)** $P(-3|10);\ \varphi=180°$
g) $P(7|-5);\ \varphi=270°$ **h)** $P(\sqrt{2}|-\sqrt{2});\ \varphi=315°$ **i)** $P(-\sqrt{3}|\sqrt{3});\ \varphi=330°$

6. Bestimme die Abbildungsgleichung einer Spiegelung an der Geraden g!

a) g: $-2x+4y+5=0$ **b)** g: $-3x+4y-50=0$ **c)** g: $4x-5y-41=0$
d) g: $4x-y+34=0$ **e)** g: $-5x+y+26=0$ **f)** g: $5x+6y+122=0$
g) g: $4x+7y-65=0$ **h)** g: $-x+13y+17=0$ **i)** g: $4x+3y+25=0$

Beispiel: g sei die Gerade zu $2x-4y-5=0$.

Zunächst ist diese Gleichung durch Multiplikation mit einer Zahl s auf die Form $(a-1)x+by+c=0$ (mit $a^2+b^2=1$) zu bringen (vgl. Seite 342): $2sx-4sy-5s=0$. Durch Koeffizientenvergleich ergibt sich:

$$2s=a-1 \wedge -4s=b \wedge -5s=c, \quad \text{also } b=-2(a-1)=2(1-a).$$

Wegen $a^2+b^2=1$ ergibt sich daraus:

$$b^2=1-a^2=4(1-a)^2 \Rightarrow (1-a)(1+a)=4(1-a)^2 \text{ und daraus wegen } a\neq 1:$$
$$1+a=4-4a \Rightarrow 5a=3 \Rightarrow a=\tfrac{3}{5}, \quad \text{also } b=\tfrac{4}{5}, \quad s=\tfrac{1}{2}(a-1)=-\tfrac{1}{5} \text{ und } c=-5s=1.$$

Um die zweite Koordinate des Verschiebungsvektors $\vec{v}$ zu bestimmen, ist die Gleichung von g noch durch Multiplikation mit einer Zahl t auf die Form $bx-(a+1)y+d=0$ zu bringen (vgl. Seite 342): $2tx-4ty-5t=0$. Durch Koeffizientenvergleich ergibt sich:

$$2t=b \wedge d=-5t, \quad \text{wegen } b=\tfrac{4}{5} \text{ also } t=\tfrac{2}{5} \text{ und } d=-5\cdot\tfrac{2}{5}=-2.$$

Die Spiegelung an der Geraden g ist also gegeben durch:

$$f(\vec{x})=\tfrac{1}{5}\begin{pmatrix}3 & 4\\ 4 & -3\end{pmatrix}\vec{x}+\begin{pmatrix}1\\-2\end{pmatrix}.$$

7. Beweise: Die Abbildung f zu $f(\vec{x})=\begin{pmatrix} a & b \\ b & -a \end{pmatrix}\vec{x}+\begin{pmatrix} c \\ d \end{pmatrix}$ mit $a^2+b^2=1$ ist genau dann eine Spiegelung an der Geraden g zu $px+qy+r=0$ $(p, q \neq 0)$, wenn gilt:

$$a=\frac{q^2-p^2}{p^2+q^2};\quad b=-\frac{2pq}{p^2+q^2};\quad c=\frac{-2pr}{p^2+q^2};\quad d=\frac{-2qr}{p^2+q^2}!$$

8. Untersuche die Abbildung f zu $f(\vec{x})=A\vec{x}+\vec{v}$ auf Fixpunkte und Fixgeraden! Um was für eine Abbildung handelt es sich? Bestimme bei Drehungen das Zentrum und das Drehmaß, bei Spiegelungen die Spiegelachse, bei Schubspiegelungen die Spiegelachse und den Verschiebungsvektor! Überprüfe dein Ergebnis jeweils durch eine Koordinatentransformation!

a) $f(\vec{x})=\frac{1}{13}\begin{pmatrix} 5 & 12 \\ -12 & 5 \end{pmatrix}\vec{x}+\begin{pmatrix} -4 \\ 12 \end{pmatrix}$

b) $f(\vec{x})=\frac{1}{13}\begin{pmatrix} -5 & 12 \\ 12 & 5 \end{pmatrix}\vec{x}+\begin{pmatrix} -4 \\ 1 \end{pmatrix}$

c) $f(\vec{x})=\frac{1}{13}\begin{pmatrix} 5 & 12 \\ 12 & -5 \end{pmatrix}\vec{x}+\begin{pmatrix} -4 \\ 1 \end{pmatrix}$

d) $f(\vec{x})=\frac{1}{13}\begin{pmatrix} -5 & 12 \\ -12 & -5 \end{pmatrix}\vec{x}+\begin{pmatrix} 12 \\ -6 \end{pmatrix}$

e) $f(\vec{x})=\frac{1}{17}\begin{pmatrix} -8 & 15 \\ 15 & 8 \end{pmatrix}\vec{x}+\begin{pmatrix} 5 \\ -3 \end{pmatrix}$

f) $f(\vec{x})=\frac{1}{17}\begin{pmatrix} -8 & 15 \\ -15 & -8 \end{pmatrix}\vec{x}+\begin{pmatrix} 5 \\ -3 \end{pmatrix}$

g) $f(\vec{x})=\frac{1}{17}\begin{pmatrix} 8 & 15 \\ 15 & -8 \end{pmatrix}\vec{x}+\begin{pmatrix} -3 \\ 5 \end{pmatrix}$

h) $f(\vec{x})=\frac{1}{17}\begin{pmatrix} 8 & -15 \\ 15 & 8 \end{pmatrix}\vec{x}+\begin{pmatrix} 3 \\ -5 \end{pmatrix}$

i) $f(\vec{x})=\frac{1}{29}\begin{pmatrix} -20 & 21 \\ -21 & -20 \end{pmatrix}\vec{x}+\begin{pmatrix} 0 \\ 14 \end{pmatrix}$

j) $f(\vec{x})=\frac{1}{29}\begin{pmatrix} -20 & -21 \\ -21 & 20 \end{pmatrix}\vec{x}+\begin{pmatrix} 0 \\ 14 \end{pmatrix}$

k) $f(\vec{x})=\frac{1}{29}\begin{pmatrix} 20 & -21 \\ -21 & -20 \end{pmatrix}\vec{x}+\begin{pmatrix} 3 \\ 7 \end{pmatrix}$

l) $f(\vec{x})=\frac{1}{29}\begin{pmatrix} 20 & 21 \\ -21 & 20 \end{pmatrix}\vec{x}+\begin{pmatrix} 6 \\ 0 \end{pmatrix}$

9. Untersuche die Abbildungen f_1, f_2 und $f_1 \circ f_2$ auf ihre Eigenschaften! Um was für Abbildungen handelt es sich?

a) $f_1(\vec{x})=\frac{1}{5}\begin{pmatrix} 3 & -4 \\ 4 & 3 \end{pmatrix}\vec{x}+\begin{pmatrix} -1 \\ 1 \end{pmatrix}$; $f_2(\vec{x})=\frac{1}{25}\begin{pmatrix} -7 & 24 \\ -24 & -7 \end{pmatrix}\vec{x}+\begin{pmatrix} 0 \\ 2 \end{pmatrix}$

b) $f_1(\vec{x})=\frac{1}{5}\begin{pmatrix} -4 & 3 \\ 3 & 4 \end{pmatrix}\vec{x}+\begin{pmatrix} 3 \\ -1 \end{pmatrix}$; $f_2(\vec{x})=\frac{1}{13}\begin{pmatrix} 12 & 5 \\ 5 & -12 \end{pmatrix}\vec{x}+\begin{pmatrix} -2 \\ 10 \end{pmatrix}$

c) $f_1(\vec{x})=\frac{1}{25}\begin{pmatrix} 24 & -7 \\ 7 & 24 \end{pmatrix}\vec{x}+\begin{pmatrix} -1 \\ 2 \end{pmatrix}$; $f_2(\vec{x})=\frac{1}{5}\begin{pmatrix} 3 & -4 \\ -4 & -3 \end{pmatrix}\vec{x}+\begin{pmatrix} \frac{1}{5} \\ -\frac{2}{5} \end{pmatrix}$

d) $f_1(\vec{x})=\frac{1}{17}\begin{pmatrix} -15 & 8 \\ 8 & 15 \end{pmatrix}\vec{x}+\begin{pmatrix} 2 \\ 0 \end{pmatrix}$; $f_2(\vec{x})=\frac{1}{29}\begin{pmatrix} 20 & 21 \\ 21 & -20 \end{pmatrix}\vec{x}+\begin{pmatrix} 3 \\ 1 \end{pmatrix}$

10. Ermittle die Gleichung der Umkehrabbildung $\overset{-1}{f}$! Um was für Abbildungen handelt es sich bei f und $\overset{-1}{f}$?

a) $f(\vec{x})=\frac{1}{2}\sqrt{2}\begin{pmatrix}1 & -1\\ 1 & 1\end{pmatrix}\vec{x}+\begin{pmatrix}1\\ 3\end{pmatrix}$ **b)** $f(\vec{x})=\frac{1}{5}\sqrt{5}\begin{pmatrix}1 & 2\\ 2 & -1\end{pmatrix}\vec{x}+\begin{pmatrix}-2\\ 1-\sqrt{5}\end{pmatrix}$

c) $f(\vec{x})=\frac{1}{10}\sqrt{10}\begin{pmatrix}-1 & -3\\ -3 & 1\end{pmatrix}\vec{x}+\begin{pmatrix}-1\\ 1\end{pmatrix}$ **d)** $f(\vec{x})=\frac{1}{13}\sqrt{13}\begin{pmatrix}-2 & -3\\ 3 & -2\end{pmatrix}\vec{x}+\begin{pmatrix}2\\ -1\end{pmatrix}$

11. D_1 und D_2 sind zwei Drehungen, S_1 und S_2 zwei Schubspiegelungen. Bestimme die Gleichungen der folgenden Abbildungen! Um was für Abbildungen handelt es sich? Welche Sonderfälle können auftreten?
a) $D_1 \circ D_2$ **b)** $S_1 \circ S_2$ **c)** $S_1 \circ D_1$ **d)** $D_1 \circ S_1$

12. Bestimme die Umkehrabbildung $\overset{-1}{f}$ einer Drehung (Spiegelung; Schubspiegelung)! Um was für eine Abbildung handelt es sich?

13. Bestimme alle Kongruenzabbildungen, die die Punkte P und Q auf die Punkte P′ und Q′ abbilden!
a) P(1|1); Q(3|−1); P′(3|3); Q′(5|1) **b)** P(3|1); Q(−1|−2); P′(−4|3); Q′(0|6)
c) P(1|−2); Q(−3|1); P′(1|−2); Q′(−2|2) **d)** P(−1|2); Q(−7|−4); P′(−7|−4); Q′(−1|2)
e) P(3|3); Q(−2|2); P′(3|3); Q′(−2|2) **f)** P(2|2); Q(−1|1); P′(3|−1); Q′(2|2)
g) P(1|2); Q(−2|1); P′(1|−1); Q′(−1|3) **h)** P(2|4); Q(−4|−4); P′(0|−7); Q′(−6|−2)

IV. Ähnlichkeitsabbildungen

1. Aus dem Unterricht in der Sekundarstufe I ist uns bekannt, dass bei **Ähnlichkeitsabbildungen** jeder Winkel auf einen gleich großen Winkel abgebildet und jede Strecke mit demselben Faktor k ($k>0$) gestreckt (oder gestaucht) wird. Auch hier genügt es, eine der beiden Eigenschaften zur Definition zu benutzen.

D 17.3 Wird bei einer Affinität jede Strecke der Länge s auf eine Strecke der Länge $s'=ks$ (mit $k>0$) abgebildet, so heißt die Abbildung eine „Ähnlichkeitsabbildung mit dem Faktor k“.

2. Die Länge einer Strecke mit den Endpunkten P_1 und P_2 ist gegeben durch die Länge des Vektors $\vec{x}=\vec{x}_2-\vec{x}_1$. Für eine Ähnlichkeitsabbildung f mit $f(\vec{x})=A\vec{x}+\vec{v}$ muss demnach gelten:

$$|\vec{x}'_2-\vec{x}'_1|=|A\vec{x}_2+\vec{v}-A\vec{x}_1-\vec{v}|=|A(\vec{x}_2-\vec{x}_1)|=k|\vec{x}_2-\vec{x}_1|,$$

mit $\vec{x}=\vec{x}_2-\vec{x}_1$ also: $|A\vec{x}|=k|\vec{x}|$.

Aus dieser Bedingung ergibt sich die Gültigkeit des Satzes:

S 17.7 Eine Affinität ist eine Ähnlichkeitsabbildung mit dem Faktor k genau dann, wenn die Matrix A die Form $\begin{pmatrix} a & b \\ -b & a \end{pmatrix}$ oder $\begin{pmatrix} a & b \\ b & -a \end{pmatrix}$ hat, jeweils mit $k=\sqrt{a^2+b^2}$.

Der Beweis ist analog zum Beweis von Satz S 17.1 zu führen (Aufgabe 1 a).
Mit Hilfe der Matrizen von Satz S 17.7 lässt sich zeigen, dass jede Ähnlichkeitsabbildung auch winkelmaßtreu ist (Aufgabe 2).

Ferner erkennt man, dass Kongruenzabbildungen und Ähnlichkeitsabbildungen eng miteinander verwandt sind. Aus den Sätzen S 17.1 und S 17.7 ergibt sich unmittelbar die Gültigkeit des Satzes:

S 17.8 Eine Affinität f zu $f(\vec{x})=A\vec{x}+\vec{v}$ ist eine Ähnlichkeitsabbildung mit dem Faktor k genau dann, wenn die lineare Abbildung L zu $L(\vec{x})=\left(\frac{1}{k}A\right)\vec{x}$ eine Isometrie ist.

Begründe dies (Aufgabe 1 b)!

3. Wir betrachten zunächst Ähnlichkeitsabbildungen zu einer Matrix der Form $A=\begin{pmatrix} a & -b \\ b & a \end{pmatrix}$ mit $a^2+b^2=k^2$, für die $\vec{v}=\vec{0}$ ist, die also linear sind.

Eigenwerte: $|A-\lambda E|=\begin{vmatrix} a-\lambda & -b \\ b & a-\lambda \end{vmatrix}=(a-\lambda)^2+b^2=a^2-2a\lambda+\lambda^2+b^2=\lambda^2-2a\lambda+k^2=0.$

Die Diskriminante dieser Gleichung ist: $\Delta=a^2-k^2$, wegen $a^2=k^2-b^2$ also $\Delta=-b^2$. Für $b\neq 0$ ist $\Delta<0$; dies bedeutet, dass es nur für $b=0$ Eigenwerte gibt, nämlich für $b=0$, $a=k$ den Eigenwert $\lambda=k$, für $b=0$, $a=-k$ den Eigenwert $\lambda=-k$ (Aufgabe 3).

1. Fall: $A=\begin{pmatrix} k & 0 \\ 0 & k \end{pmatrix}$; es handelt sich um eine zentrische Streckung mit dem Faktor k und dem Nullpunkt als Zentrum (Aufgabe 4a).

2. Fall: $A=\begin{pmatrix} -k & 0 \\ 0 & -k \end{pmatrix}$; es handelt sich ebenfalls um eine zentrische Streckung mit dem Nullpunkt als Zentrum, hier mit dem Faktor $-k$. Diese Abbildung kann auch aufgefasst werden als Verkettung einer Halbdrehung und einer zentrischen Streckung mit dem Faktor $|k|$, als eine **„Drehstreckung“** (Aufgabe 4b).

4. Analog zu Satz S 17.2 ergibt sich für Ähnlichkeitsabbildungen die Gültigkeit des Satzes:

S 17.9 Eine lineare Abbildung L zu $L(\vec{x})=\begin{pmatrix} a & -b \\ b & a \end{pmatrix}\vec{x}$ ist eine Drehstreckung um den Nullpunkt mit dem Faktor $k=\sqrt{a^2+b^2}$. Für das Drehmaß φ (mit $0\leq\varphi<2\pi$) gilt $\cos\varphi=\frac{a}{k}$ und $\sin\varphi=\frac{b}{k}$.

Der Beweis soll in Aufgabe 5a geführt werden.

Beispiel: $A=\begin{pmatrix}1 & -2\\ 2 & 1\end{pmatrix}$,

es gilt $k=\sqrt{1^2+2^2}=\sqrt{5}\approx 2{,}24$.

Das Drehmaß ergibt sich aus $\cos\varphi=\frac{1}{\sqrt{5}}$ zu $\varphi\approx 63{,}4°$ (Bild 17.12).

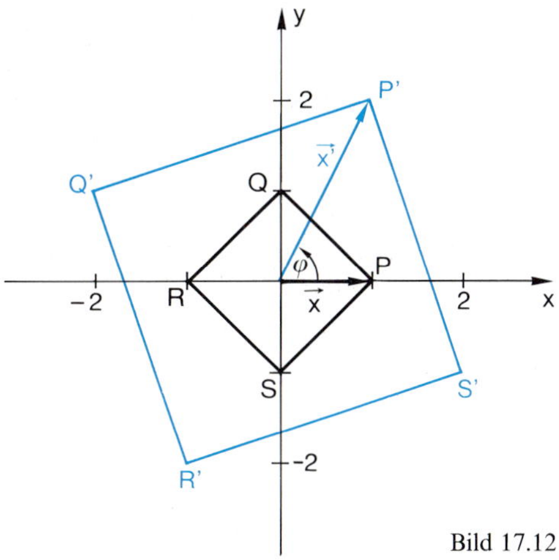

Bild 17.12

5. Analog zu Satz S 17.3 ergibt sich für Ähnlichkeitsabbildungen die Gültigkeit des Satzes:

S 17.10 Eine lineare Abbildung L zu $L(\vec{x})=\begin{pmatrix}a & b\\ b & -a\end{pmatrix}\vec{x}$ (mit $b\neq 0$, falls $a>0$ ist) ist eine Spiegelstreckung mit dem Faktor $k=\sqrt{a^2+b^2}$ und der Geraden zu $(a-k)x+by=0$ als Spiegelungsachse. Falls $b=0$ und $a>0$ ist, handelt es sich um eine Spiegelstreckung an der x-Achse.

Der Beweis soll in Aufgabe 5b geführt werden.
Ist $k\neq 1$, so ist der Nullpunkt der einzige Fixpunkt der Abbildung. Als Eigenwerte ergeben sich $\lambda_1=k$; $\lambda_2=-k$. Eigenvektoren sind: $\vec{x}_1=c\begin{pmatrix}b\\ k-a\end{pmatrix}$ und $\vec{x}_2=c\begin{pmatrix}-b\\ k+a\end{pmatrix}$ (mit $c\in\mathbb{R}$). Die Eigenvektoren sind zueinander orthogonal; denn es gilt:

$$\begin{pmatrix}b\\ k-a\end{pmatrix}\begin{pmatrix}-b\\ k+a\end{pmatrix}=-b^2+k^2-a^2=k^2-k^2=0.$$

Da der Nullpunkt der einzige Fixpunkt der Abbildung ist, sind alle Fixgeraden nach Satz S 16.5 gegeben durch

$$\vec{x}=t\begin{pmatrix}b\\ k-a\end{pmatrix} \quad\text{und}\quad \vec{x}=s\begin{pmatrix}-b\\ k+a\end{pmatrix}.$$

Die Fixgeraden stehen aufeinander senkrecht.

Beispiel: $A=\begin{pmatrix}1{,}2 & 1{,}6\\ 1{,}6 & -1{,}2\end{pmatrix}$;

es ist $k=\sqrt{1{,}44+2{,}56}=\sqrt{4}=2$.

Eigenwerte sind $\lambda_1=2$ und $\lambda_2=-2$.
Die zugehörigen Eigenvektoren lauten (mit $c\in\mathbb{R}$):

$$\vec{x}_1=c\begin{pmatrix}2\\ 1\end{pmatrix} \quad\text{und}\quad \vec{x}_2=c\begin{pmatrix}-1\\ 2\end{pmatrix}.$$

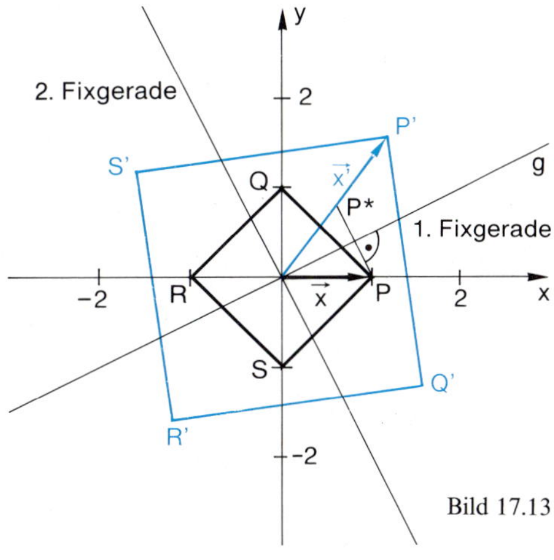

Bild 17.13

Die Fixgeraden der Abbildung sind gegeben durch

$$\vec{x}=t\begin{pmatrix}2\\1\end{pmatrix} \text{ und } \vec{x}=s\begin{pmatrix}-1\\2\end{pmatrix} \qquad \text{(Aufgabe 8).}$$

Dabei ist die erste Fixgerade die Spiegelungsachse g.
In Bild 17.13 erkennt man, dass z.B. der Punkt P(1|0) durch die Spiegelung an g auf den Punkt P*(0,6|0,8) und dieser durch die Streckung (aus dem Nullpunkt) mit dem Faktor 2 auf den Punkt P′(1,2|1,6) abgebildet wird.

6. Wir betrachten nun Ähnlichkeitsabbildungen zu

$$f(\vec{x})=A\vec{x}+\vec{v} \quad \text{mit } A=\begin{pmatrix}a & -b\\ b & a\end{pmatrix} \text{ und } \vec{v}\neq\vec{0}.$$

Wie wir auf Seite 334 gezeigt haben, hat die Matrix A keine Eigenwerte, also auch keine Eigenvektoren, falls $b\neq 0$ ist. Dagegen hat jede solche Abbildung genau einen Fixpunkt F, der sich aus der Bedingung

$$\vec{x}_F=(A-E)^{-1}(-\vec{v})$$

ergibt (Aufgabe 7a).
Es handelt sich jeweils um eine **„Drehstreckung"** um diesen Fixpunkt mit dem Faktor $k=\sqrt{a^2+b^2}$. Analog zu Satz S 17.4 gilt der Satz:

S 17.11 Eine Affinität f zu $f(\vec{x})=A\vec{x}+\vec{v}$ mit $A=\begin{pmatrix}a & -b\\ b & a\end{pmatrix}$ $(b\neq 0)$ ist eine Drehstreckung um den Fixpunkt F zu $\vec{x}_F=(A-E)^{-1}(-\vec{v})$ und dem Faktor $k=\sqrt{a^2+b^2}$. Für das Drehmaß φ (mit $0<\varphi<2\pi$ und $\varphi\neq\pi$) gilt: $\cos\varphi=\frac{a}{k}$ und $\sin\varphi=\frac{b}{k}$.

Der Beweis von Satz S 17.11 soll in Aufgabe 7b geführt werden.

<u>**Beispiel:**</u> $A=\begin{pmatrix}1 & -2\\ 2 & 1\end{pmatrix}$; $\vec{v}=\begin{pmatrix}2\\-6\end{pmatrix}$

Als Fixpunkt ergibt sich F(3|1), der Streckfaktor ist $k=\sqrt{5}$, für das Drehmaß gilt: $\varphi\approx 63{,}4°$ (Bild 17.14). Dass es sich um eine Drehstreckung um den Fixpunkt handelt, kann man dadurch bestätigen, dass man durch eine Koordinatentransformation den Nullpunkt in den Fixpunkt verschiebt, also den Vektor $\vec{x}$ durch $\vec{x}+\vec{x}_F$ und den Vektor $\vec{x}'$ durch $\vec{x}'+\vec{x}_F$ ersetzt (Aufgabe 9).

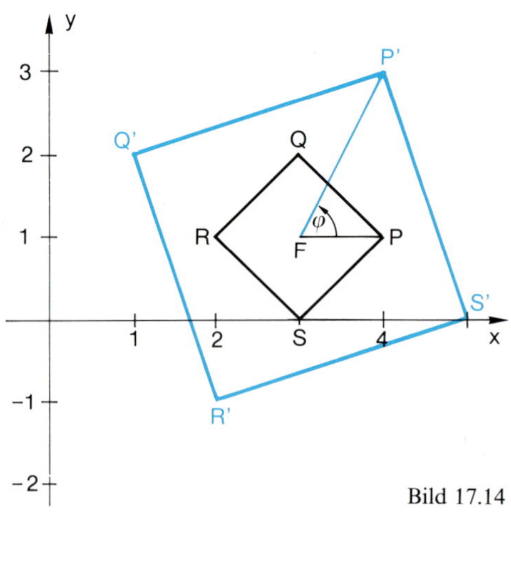

Bild 17.14

7. Zum Schluss behandeln wir noch die Ähnlichkeitsabbildungen zu

$$f(\vec{x}) = A\vec{x} + \vec{v} \quad \text{mit } A = \begin{pmatrix} a & b \\ b & -a \end{pmatrix} \text{ und } \vec{v} \neq \vec{0}.$$

Man kann zunächst zeigen, dass jede solche Abbildung genau einen Fixpunkt besitzt, wenn $a^2 + b^2 \neq 1$ ist, wenn es sich also **nicht** um eine Kongruenzabbildung handelt (Aufgabe 10a). Insofern ergibt sich hier keine Analogie zu Satz S 17.5. Es gilt vielmehr der Satz:

S 17.12 **Eine Affinität f zu $f(\vec{x}) = A\vec{x} + \vec{v}$ mit $A = \begin{pmatrix} a & b \\ b & -a \end{pmatrix}$, die keine Kongruenzabbildung, für die also $a^2 + b^2 = k^2 \neq 1$ ist, besitzt genau einen Fixpunkt F zu $\vec{x}_F = (A - E)^{-1}(-\vec{v})$. Sie besitzt zwei Fixgeraden zu $\vec{x} = \vec{x}_F + t\begin{pmatrix} b \\ k-a \end{pmatrix}$ und $\vec{x} = \vec{x}_F + s\begin{pmatrix} -b \\ k+a \end{pmatrix}$. Die Abbildung ist eine Spiegelstreckung mit dem Faktor $k = \sqrt{a^2 + b^2}$ und der ersten Fixgeraden als Achse.**

Der Beweis soll in Aufgabe 10b erbracht werden.

<u>**Beispiel:**</u> $A = \begin{pmatrix} 1{,}2 & 1{,}6 \\ 1{,}6 & -1{,}2 \end{pmatrix}$; $\vec{v} = \begin{pmatrix} 2 \\ 1 \end{pmatrix}$.

Als Fixpunkt ergibt sich: $F(-2|-1)$ (Aufgabe 11a).

Die Eigenwerte sind $\lambda_1 = 2$ und $\lambda_2 = -2$, die Eigenvektoren sind $\vec{x}_1 = c\begin{pmatrix} 2 \\ 1 \end{pmatrix}$ und $\vec{x}_2 = c\begin{pmatrix} -1 \\ 2 \end{pmatrix}$.

Die Fixgeraden sind gegeben durch

$$\vec{x} = \begin{pmatrix} -2 \\ -1 \end{pmatrix} + t\begin{pmatrix} 2 \\ 1 \end{pmatrix} \quad \text{und}$$

$$\vec{x} = \begin{pmatrix} -2 \\ -1 \end{pmatrix} + s\begin{pmatrix} -1 \\ 2 \end{pmatrix}.$$

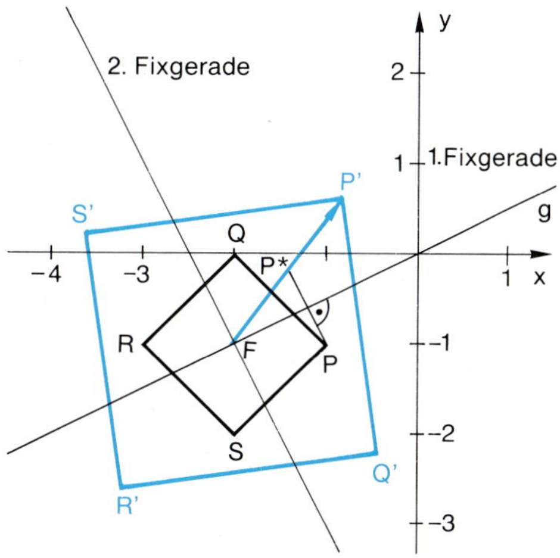

Bild 17.15

Dies kann man durch Einsetzen in die Abbildungsgleichung leicht bestätigen (Aufgabe 11a). Es handelt sich um eine **Spiegelstreckung** mit dem Faktor $k = 2$ an der Fixgeraden zum positiven Eigenwert 2. Man kann dies dadurch bestätigen, dass man den Koordinatenursprung in den Fixpunkt F verschiebt, also $\vec{x}$ durch $\vec{x} + \vec{x}_F$ und $\vec{x}'$ durch $\vec{x}' + \vec{x}_F$ ersetzt (Aufgabe 11b).

Übungen und Aufgaben

1. a) Beweise Satz S 17.7! **b)** Beweise Satz S 17.8!

2. Zeige mit Hilfe von Satz S 17.7, dass jede Ähnlichkeitsabbildung auch winkelmaßtreu ist.

3. Zeige, dass eine Matrix der Form $A=\begin{pmatrix} a & -b \\ b & a \end{pmatrix}$ nur für $b=0$ einen Eigenwert λ hat, und zwar $\lambda=a$!

4. a) Zeige, dass die Abbildung f eine zentrische Streckung mit dem Faktor k und dem Nullpunkt als Zentrum ist!

$$f(\vec{x})=\begin{pmatrix} k & 0 \\ 0 & k \end{pmatrix}\vec{x}$$

b) Zeige, dass die Abbildung f als Verkettung einer Halbdrehung und einer zentrischen Streckung mit dem Faktor $|k|$ aufgefasst werden kann!

$$f(\vec{x})=\begin{pmatrix} -k & 0 \\ 0 & -k \end{pmatrix}\vec{x}$$

5. a) Beweise Satz S 17.9! **b)** Beweise Satz S 17.10!

6. a) Beweise, dass jede Abbildung f mit

$$f(\vec{x})=\begin{pmatrix} a & -b \\ b & a \end{pmatrix}\vec{x}$$

als Verkettung einer zentrischen Streckung und einer Drehung um den Nullpunkt aufgefasst werden kann!

b) Formuliere und beweise einen entsprechenden Satz für jede Abbildung der Form

$$f(\vec{x})=\begin{pmatrix} a & b \\ b & -a \end{pmatrix}\vec{x}!$$

7. a) Zeige, dass jede Ähnlichkeitsabbildung f der Form

$$f(\vec{x})=\begin{pmatrix} a & -b \\ b & a \end{pmatrix}\vec{x}+\vec{v} \quad \text{mit } \vec{v}\neq\vec{0}$$

genau einen Fixpunkt F hat, der sich ergibt aus der Bedingung: $\vec{x}_F=(A-E)^{-1}(-\vec{v})$!

b) Beweise Satz S 17.11!

8. Bestätige durch Einsetzen in die Abbildungsgleichung $\vec{x}'=\begin{pmatrix} 1{,}2 & 1{,}6 \\ 1{,}6 & -1{,}2 \end{pmatrix}\vec{x}$, dass die Geraden zu $\vec{x}=t\begin{pmatrix} 2 \\ 1 \end{pmatrix}$ und zu $\vec{x}=s\begin{pmatrix} -1 \\ 2 \end{pmatrix}$ Fixgeraden der Abbildung sind!

9. Zeige mit Hilfe einer geeigneten Koordinatentransformation, dass die Abbildung f eine Drehstreckung mit dem Zentrum F(3|1) und dem Streckfaktor $k=\sqrt{5}$ ist!

$$f(\vec{x})=\begin{pmatrix}1 & -2\\ 2 & 1\end{pmatrix}\vec{x}+\begin{pmatrix}2\\ -6\end{pmatrix}$$

10. **a)** Beweise, dass jede Ähnlichkeitsabbildung f zu

$$f(\vec{x})=\begin{pmatrix}a & b\\ b & -a\end{pmatrix}\vec{x}+\vec{v} \quad \text{mit } \vec{v}\neq\vec{0}$$

für $a^2+b^2\neq 1$ genau einen Fixpunkt besitzt!

b) Beweise Satz S 17.12!

11. **a)** Zeige, dass die Abbildung f zu

$$f(\vec{x})=\begin{pmatrix}1{,}2 & 1{,}6\\ 1{,}6 & -1{,}2\end{pmatrix}\vec{x}+\begin{pmatrix}2\\ 1\end{pmatrix}$$

den Fixpunkt F(−2|−1) hat und ihre Fixgeraden gegeben sind durch:

$$\vec{x}=\begin{pmatrix}-2\\ -1\end{pmatrix}+t\begin{pmatrix}2\\ 1\end{pmatrix} \quad \text{und} \quad \vec{x}=\begin{pmatrix}-2\\ -1\end{pmatrix}+s\begin{pmatrix}-1\\ 2\end{pmatrix}!$$

b) Zeige durch eine geeignete Koordinatentransformation, dass f eine Spiegelstreckung mit dem Faktor $k=2$ ist!

12. Verkette zwei Ähnlichkeitsabbildungen f und g! Welche Eigenschaften hat $f\circ g$? Welche Fälle können auftreten?

13. Untersuche, welche Abbildung durch die Matrix A gegeben ist! Bestimme die kennzeichnenden Größen!

a) $A=\begin{pmatrix}1{,}5 & -2\\ 2 & 1{,}5\end{pmatrix}$ **b)** $A=\begin{pmatrix}1{,}2 & 0{,}5\\ 0{,}5 & -1{,}2\end{pmatrix}$ **c)** $A=\begin{pmatrix}3 & 1{,}25\\ 1{,}25 & -3\end{pmatrix}$ **d)** $A=\begin{pmatrix}0{,}5 & -1{,}2\\ 1{,}2 & 0{,}5\end{pmatrix}$

e) $A=\begin{pmatrix}2{,}4 & -1\\ 1 & 2{,}4\end{pmatrix}$ **f)** $A=\begin{pmatrix}2 & 1{,}5\\ 1{,}5 & -2\end{pmatrix}$ **g)** $A=\begin{pmatrix}1 & 2{,}4\\ 2{,}4 & -1\end{pmatrix}$ **h)** $A=\begin{pmatrix}1{,}25 & -3\\ 3 & 1{,}25\end{pmatrix}$

14. Untersuche die Abbildung zu $\vec{x}'=A\vec{x}+\vec{v}$! Bestimme die kennzeichnenden Größen!

a) $A=\begin{pmatrix}1{,}5 & -2\\ 2 & 1{,}5\end{pmatrix}$; $\vec{v}=\begin{pmatrix}5\\ 3\end{pmatrix}$ **b)** $A=\begin{pmatrix}2 & 1{,}5\\ 1{,}5 & -2\end{pmatrix}$; $\vec{v}=\begin{pmatrix}-4\\ 4{,}5\end{pmatrix}$

V. Normaldarstellungen von Affinitäten

1. In der folgenden Tabelle sind die behandelten Kongruenz- und Ähnlichkeitsabbildungen zusammengestellt. Man erkennt, dass man diese Abbildungen durch die Anzahl ihrer Fixpunkte, durch ihre Eigenwerte, durch die Anzahl ihrer linear unabhängigen Eigenvektoren, durch ihre Fixgeraden und schließlich durch das Vorzeichen von $|A|$ unterscheiden kann.

Name	Fixpunkte	Eigenwerte	Anzahl der unabhängigen Eigenvektoren	Fixgeraden	$\|A\|$	Darstellung
Drehung	ein Fixpunkt	–	–	–	$\|A\|=1$	$\begin{pmatrix} a & -b \\ b & a \end{pmatrix}$ mit $a^2+b^2=1$ und $b \neq 0$
Drehstreckung	ein Fixpunkt	–	–	–	$\|A\|=k^2$	$\begin{pmatrix} a & -b \\ b & a \end{pmatrix}$ mit $a^2+b^2=k^2$ und $b \neq 0$
Punktspiegelung	ein Fixpunkt	-1	2	Geradenschar durch Fixpunkt	$\|A\|=1$	$\begin{pmatrix} -1 & 0 \\ 0 & -1 \end{pmatrix}$
Zentrische Streckung	ein Fixpunkt	$k \neq 1$	2	Geradenschar durch Fixpunkt	$\|A\|=k^2$	$\begin{pmatrix} k & 0 \\ 0 & k \end{pmatrix}$ $(k \neq 0)$
Spiegelstreckung	ein Fixpunkt	$k;\ -k$ $(k \neq 1)$	2	g_1, g_2 durch Fixpunkt	$\|A\|=k^2$	$\begin{pmatrix} a & b \\ b & -a \end{pmatrix}$ mit $k=\sqrt{a^2+b^2}$
Achsenspiegelung	Fixpunktgerade	$1;\ -1$	2	Parallelenschar senkrecht zur Fixpunktgeraden	$\|A\|=-1$	$\begin{pmatrix} a & b \\ b & -a \end{pmatrix}$ mit $a^2+b^2=1$
Schubspiegelung	kein Fixpunkt	$1;\ -1$	2	eine Fixgerade g	$\|A\|=-1$	$\begin{pmatrix} a & b \\ b & -a \end{pmatrix}$ mit $a^2+b^2=1$ und $\vec{v} \neq \vec{0}$
Verschiebung	kein Fixpunkt	1	2	Parallelenschar zu $\vec{v}$	$\|A\|=1$	$\begin{pmatrix} 1 & 0 \\ 0 & 1 \end{pmatrix}$; $\vec{v} \neq \vec{0}$

2. Die vorstehende Übersicht legt die Frage nahe, ob man die bisher noch nicht untersuchten Affinitäten, die also keine Ähnlichkeitsabbildungen (also erst recht keine Kongruenzabbildungen) sind, in ähnlicher Weise nach diesen Gesichtspunkten unterscheiden kann.

Wir behandeln ein

Beispiel: $\vec{x}' = A\vec{x}$ mit $A = \begin{pmatrix} 3{,}4 & 1{,}2 \\ 1{,}2 & 4{,}1 \end{pmatrix}$.

Fixpunkte: $(A-E)\vec{x} = \vec{0}$; $|A-E| = \begin{vmatrix} 2{,}4 & 1{,}2 \\ 1{,}2 & 3{,}1 \end{vmatrix} = 2{,}4 \cdot 3{,}1 - 1{,}2^2 = 6 \neq 0.$

Das Gleichungssystem hat nur eine Lösung, d.h., der Nullpunkt ist der einzige Fixpunkt.

Eigenwerte: $|A-\lambda E| = \begin{vmatrix} 3{,}4-\lambda & 1{,}2 \\ 1{,}2 & 4{,}1-\lambda \end{vmatrix} = (3{,}4-\lambda)(4{,}1-\lambda) - 1{,}2^2 = \lambda^2 - 7{,}5\lambda + 12{,}5 = 0.$

Die Diskriminante ist: $\Delta = \left(\frac{7{,}5}{2}\right)^2 - 12{,}5 = 14{,}0625 - 12{,}5 = 1{,}5625$ mit $\sqrt{\Delta} = 1{,}25.$

Eigenwerte sind also $\lambda_1 = 3{,}75 + 1{,}25 = 5$ und $\lambda_2 = 3{,}75 - 1{,}25 = 2{,}5.$

Eigenvektoren:

1) Zu $\lambda_1 = 5$: $-1{,}6x + 1{,}2y = 0$; $\vec{x}_1 = c \cdot \begin{pmatrix} 3 \\ 4 \end{pmatrix}$; **2)** zu $\lambda_2 = 2{,}5$: $0{,}9x + 1{,}2y = 0$; $\vec{x}_2 = c \cdot \begin{pmatrix} -4 \\ 3 \end{pmatrix}$;

Fixgeraden: $\vec{x} = t \cdot \begin{pmatrix} 3 \\ 4 \end{pmatrix}$ und $\vec{x} = s \cdot \begin{pmatrix} -4 \\ 3 \end{pmatrix}$ (Bild 17.16).

Über die Art der Affinität können wir noch keine endgültige Aussage machen.

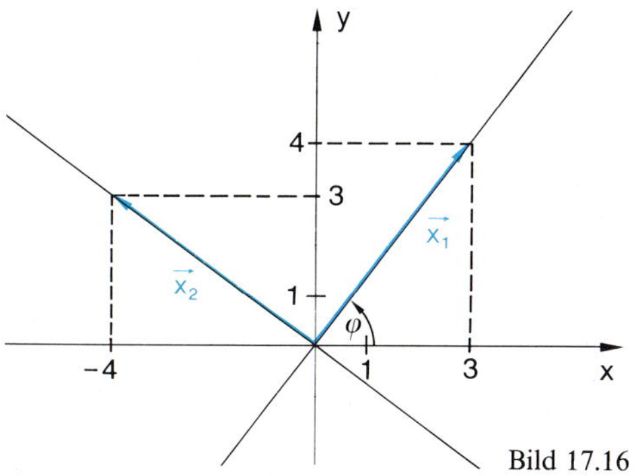

Bild 17.16

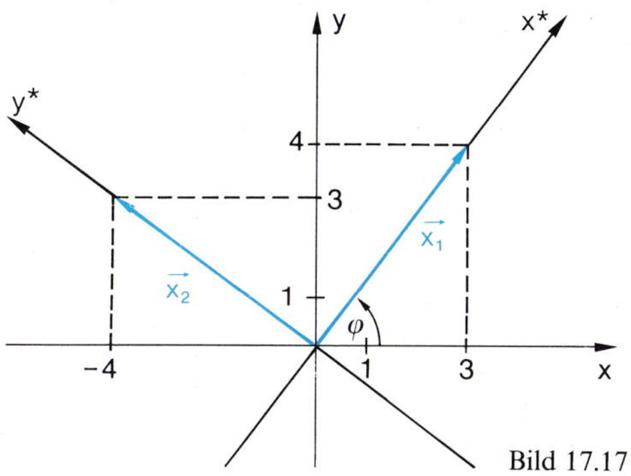

Bild 17.17

3. Um genaueren Aufschluss über die Abbildung zu erhalten, liegt es nahe, auch hier eine Koordinatentransformation durchzuführen, und zwar eine Drehung um den Nullpunkt derart, dass die neuen Koordinatenachsen mit den Fixgeraden der Abbildung übereinstimmen, also in Richtung der beiden Eigenvektoren liegen. Eine solche Drehung mit dem Drehmaß φ wird erfasst durch die Gleichung

$$\vec{x} = D\vec{x}^* \quad \text{mit } D = \begin{pmatrix} \cos\varphi & -\sin\varphi \\ \sin\varphi & \cos\varphi \end{pmatrix} \quad \text{(Bild 17.17).}$$

Bestätige dies dadurch, dass du z.B. mit Hilfe der Transformationsgleichung die Koordinaten x und y für die Punkte $P^*(1|0)$ und $Q^*(0|1)$ berechnest!
Bei unserem Beispiel ergibt sich das Drehmaß φ aus den Koordinaten des Eigenvektors $\vec{x}_1$.

Mit $\vec{x}_1 = \begin{pmatrix} 3 \\ 4 \end{pmatrix}$ muss wegen $|\vec{x}_1| = \sqrt{9+16} = 5$ gelten:

$$\cos\varphi = \tfrac{3}{5} \quad \text{und} \quad \sin\varphi = \tfrac{4}{5}, \quad \text{also} \quad \varphi \approx 53{,}1° \quad \text{(Bild 17.17).}$$

Die Drehmatrix lautet also:

$$D = \tfrac{1}{5}\begin{pmatrix} 3 & -4 \\ 4 & 3 \end{pmatrix} = \begin{pmatrix} 0{,}6 & -0{,}8 \\ 0{,}8 & 0{,}6 \end{pmatrix}.$$

Diese Matrix enthält als Spaltenvektoren die Eigenvektoren $\vec{x}_1$ und $\vec{x}_2$ für den Sonderfall $c=\frac{1}{5}$, also die Eigenvektoren, die gleichzeitig Einheitsvektoren sind.

4. In der Abbildungsgleichung $\vec{x}'=A\vec{x}$ ist also zu setzen:

$$\vec{x}=D\vec{x}^* \quad \text{und} \quad \vec{x}'=D(\vec{x}^*)'.$$

Nach Durchführung dieser Rechnung sind alle Koordinaten durch einen Stern gekennzeichnet; diesen lassen wir am Ende zur Vereinfachung der Schreibweise wieder weg. Zum gleichen Ergebnis kommen wir, wenn wir sofort

$$\vec{x} \text{ durch } D\vec{x} \quad \text{und} \quad \vec{x}' \text{ durch } D\vec{x}'$$

ersetzen. Aus $\vec{x}'=A\vec{x}$ ergibt sich auf diese Weise

$$D\vec{x}'=A(D\vec{x}).$$

Durch Verknüpfung mit der zu D inversen Matrix D^{-1} erhält man:

$$\begin{aligned} & D^{-1}(D\vec{x}')=D^{-1}(AD)\vec{x} \Rightarrow (D^{-1}D)\vec{x}'=(D^{-1}AD)\vec{x} \\ \Rightarrow \quad & E\vec{x}' \quad =(D^{-1}AD)\vec{x} \Rightarrow \vec{x}'=\underbrace{(D^{-1}AD)}_{B}\vec{x}. \end{aligned}$$

Nach Durchführung der Koordinatentransformation lautet die Matrix der affinen Abbildung also:

$$B=D^{-1}AD.$$

5. Für unser **Beispiel** haben wir die Drehmatrix D oben bereits ermittelt: $D=\begin{pmatrix} 0{,}6 & -0{,}8 \\ 0{,}8 & 0{,}6 \end{pmatrix}$. Wegen $|D|=1$ gilt nach Satz S15.11: $D^{-1}=\begin{pmatrix} 0{,}6 & 0{,}8 \\ -0{,}8 & 0{,}6 \end{pmatrix}$. Daraus ergibt sich:

$$\begin{aligned} B=D^{-1}AD &= \begin{pmatrix} 0{,}6 & 0{,}8 \\ -0{,}8 & 0{,}6 \end{pmatrix}\begin{pmatrix} 3{,}4 & 1{,}2 \\ 1{,}2 & 4{,}1 \end{pmatrix}\begin{pmatrix} 0{,}6 & -0{,}8 \\ 0{,}8 & 0{,}6 \end{pmatrix} \\ &= \begin{pmatrix} 3 & 4 \\ -2 & 1{,}5 \end{pmatrix}\begin{pmatrix} 0{,}6 & -0{,}8 \\ 0{,}8 & 0{,}6 \end{pmatrix}=\begin{pmatrix} 5 & 0 \\ 0 & 2{,}5 \end{pmatrix}. \end{aligned}$$

Man erkennt sofort, dass die transformierte Matrix B in der Hauptdiagonalen die beiden Eigenwerte 5 und 2,5 und außerhalb der Hauptdiagonalen nur die Zahl 0 enthält. Im neuen Koordinatensystem lauten demnach die Abbildungsgleichungen

$$x'=5x \quad \text{und} \quad y'=2{,}5y.$$

Man spricht bei dieser Darstellung mit Hilfe der Matrix $B=\begin{pmatrix} 5 & 0 \\ 0 & 2{,}5 \end{pmatrix}$, der man die Eigenwerte unmittelbar entnehmen kann, von einer **„Normaldarstellung“** der Abbildung.

Allgemein hat die Matrix der Normaldarstellung einer Affinität mit zwei verschiedenen Eigenwerten p und q die Form $\begin{pmatrix} p & 0 \\ 0 & q \end{pmatrix}$ (mit $p, q \neq 0$).

Bei unserem Beispiel handelt es sich also um eine Affinität, bei der in der x-Richtung (der Richtung des ersten Eigenvektors) mit dem Faktor $\lambda_1 = 5$ und in der y-Richtung (der Richtung des zweiten Eigenvektors) mit dem Faktor $\lambda_2 = 2{,}5$ gestreckt wird. In Bild 17.18 ist dies (im neuen Koordinatensystem) durch die Abbildung eines Quadrates PQRS auf ein Parallelogramm P′Q′R′S′ verdeutlicht. Nach dem berühmten Schweizer Mathematiker (Physiker und Astronom) Leonhard Euler (1707 – 1783) nennt man eine solche Abbildung eine **„Euler-Affinität“**.

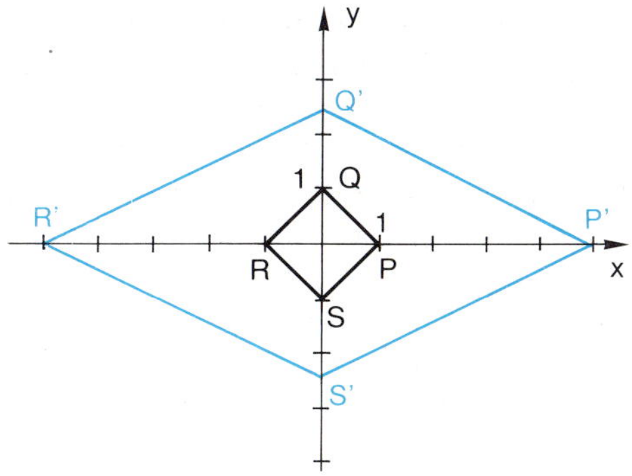

Bild 17.18

6. Durch die Koordinatentransformation haben sich die Eigenwerte der Abbildung nicht geändert. Ferner ist klar, dass durch die Drehung des Koordinatensystems auch die Fixelemente der Abbildung unverändert bleiben.
Daher hätten wir schon aufgrund der Daten, die uns **vor** der Koordinatentransformation bekannt waren, sagen können, um welche Art von Affinität es sich handelt. Denn jede **Euler-Affinität** ist dadurch gekennzeichnet, dass sie **genau einen Fixpunkt**, **zwei** untereinander und von 1 und -1 verschiedene **Eigenwerte**, daher **zwei** (linear unabhängige) **Eigenvektoren** und somit **zwei** verschiedene **Fixgeraden** besitzt.

7. Beim vorstehend behandelten Beispiel haben die ursprüngliche Matrix A und die transformierte Matrix $B = D^{-1}AD$ **dieselben Eigenwerte** ($\lambda_1 = 5$ und $\lambda_2 = 2{,}5$). Dieser Sachverhalt gilt allgemein, wenn man eine Koordinatentransformation gemäß $\vec{x} = T\vec{x}^*$ mit einer beliebigen regulären Matrix T durchführt. Wie unter 4. ergibt sich nämlich (mit T statt D):

$$\vec{x}' = (T^{-1}AT)\vec{x} = B\vec{x}.$$

Ist nun λ ein Eigenwert der Matrix $B = T^{-1}AT$, dann gilt nach Definition D16.4:

$$B\vec{x} = \lambda\vec{x}, \quad \text{also} \quad (T^{-1}AT)\vec{x} = \lambda\vec{x}.$$

Wir multiplizieren diese Gleichung von links mit T und erhalten unter Anwendung des Assoziativgesetzes:

$$(TT^{-1})(AT)\vec{x} = T(\lambda\vec{x}) \Rightarrow (AT)\vec{x} = T(\lambda\vec{x}) \Rightarrow A(T\vec{x}) = \lambda(T\vec{x}).$$

Dies bedeutet, dass die Zahl λ auch Eigenwert der Matrix A und der Vektor $\vec{y} = T\vec{x}$ ein zugehöriger Eigenvektor ist. Da sich die durchgeführten Umformungen auch umkehren lassen (Aufgabe 2), ist jeder Eigenwert von A auch Eigenwert von B. Damit haben wir gezeigt:

S17.13 Bei einer Koordinatentransformation gemäß $\vec{x} = T\vec{x}^*$ mit einer regulären Matrix T geht die Matrix A einer linearen Abbildung in die Matrix $B = T^{-1}AT$ über. A und B haben dieselben Eigenwerte.

Ein anderer Beweis dieses Satzes ist Gegenstand der Aufgabe 3.

8. Beim oben behandelten Beispiel enthält die Transformationsmatrix als Spaltenvektoren die **beiden** (normierten) **Eigenvektoren** von A.
Wenn die Matrix A nur **einen** (linear unabhängigen) Eigenvektor $\vec{x}$ besitzt, so kann man ebenfalls eine **Normaldarstellung** erhalten. Man hat dann als Transformationsmatrix eine Matrix T zu wählen, bei der in der ersten Spalte der Eigenvektor $\vec{x}$, in der zweiten Spalte ein beliebiger Vektor $\vec{y}$ steht, der von $\vec{x}$ linear unabhängig ist.

Beispiel: $A=\begin{pmatrix}7 & -2\\ 8 & -1\end{pmatrix}$

Der einzige Eigenwert ist $\lambda=3$; der zugehörige Eigenvektor: $\vec{x}=c\begin{pmatrix}1\\2\end{pmatrix}$. Da der Vektor $\vec{y}=\begin{pmatrix}1\\1\end{pmatrix}$ vom Vektor $\vec{x}$ linear unabhängig ist, benutzen wir als Transformationsmatrix $T=\begin{pmatrix}1 & 1\\ 2 & 1\end{pmatrix}$ mit $T^{-1}=\begin{pmatrix}-1 & 1\\ 2 & -1\end{pmatrix}$. Damit erhalten wir für die Normaldarstellung:

$$B=T^{-1}AT=\begin{pmatrix}-1 & 1\\ 2 & -1\end{pmatrix}\begin{pmatrix}7 & -2\\ 8 & -1\end{pmatrix}\begin{pmatrix}1 & 1\\ 2 & 1\end{pmatrix}=\begin{pmatrix}1 & 1\\ 6 & -3\end{pmatrix}\begin{pmatrix}1 & 1\\ 2 & 1\end{pmatrix}=\begin{pmatrix}3 & 2\\ 0 & 3\end{pmatrix}.$$

Würden wir stattdessen z. B. $T_1=\begin{pmatrix}1 & 0\\ 2 & 1\end{pmatrix}$ mit $T_1^{-1}=\begin{pmatrix}1 & 0\\ -2 & 1\end{pmatrix}$ wählen, so erhielten wir:

$$B_1=T_1^{-1}AT_1=\begin{pmatrix}1 & 0\\ -2 & 1\end{pmatrix}\begin{pmatrix}7 & -2\\ 8 & -1\end{pmatrix}\begin{pmatrix}1 & 0\\ 2 & 1\end{pmatrix}=\begin{pmatrix}7 & -2\\ -6 & 3\end{pmatrix}\begin{pmatrix}1 & 0\\ 2 & 1\end{pmatrix}=\begin{pmatrix}3 & -2\\ 0 & 3\end{pmatrix}.$$

Sowohl die Matrix B wie die Matrix B_1 enthalten in der Hauptdiagonalen zweimal den Eigenwert 3 und als Element b_{21} die Zahl 0.
Allgemein hat die Matrix einer Normaldarstellung einer Affinität mit genau einem Eigenwert p also die Form $\begin{pmatrix}p & r\\ 0 & p\end{pmatrix}$ (mit $p \neq 0$).

9. Die Matrizen T und T_1 des vorstehenden Beispiels sind – wie man sofort erkennt – keine Drehmatrizen. Dies hat zur Folge, dass durch die Koordinatentransformation ein Kartesisches Koordinatensystem nicht in ein kartesisches, sondern in ein schiefwinkliges, ein **„affines Koordinatensystem"** überführt wird. Es gilt nämlich z. B. wegen $\vec{x}=T\vec{x}^*$ und $\vec{x}^*=T^{-1}\vec{x}$ mit $T=\begin{pmatrix}1 & 1\\ 2 & 1\end{pmatrix}$ und $T^{-1}=\begin{pmatrix}-1 & 1\\ 2 & -1\end{pmatrix}$:

$$x^*=-x+y \quad \text{und} \quad y^*=2x-y.$$

Für die Achsen des neuen Koordinatensystems gilt demnach:

$$x^*=0, \quad \text{also } y=x \quad \text{und} \quad y^*=0, \quad \text{also } y=2x \quad \text{(Bild 17.19).}$$

Die Einheitspunkte auf den neuen Achsen sind – bezogen auf das alte Koordinatensystem – die Punkte $P(1|2)$ und $Q(1|1)$ (Aufgabe 10).

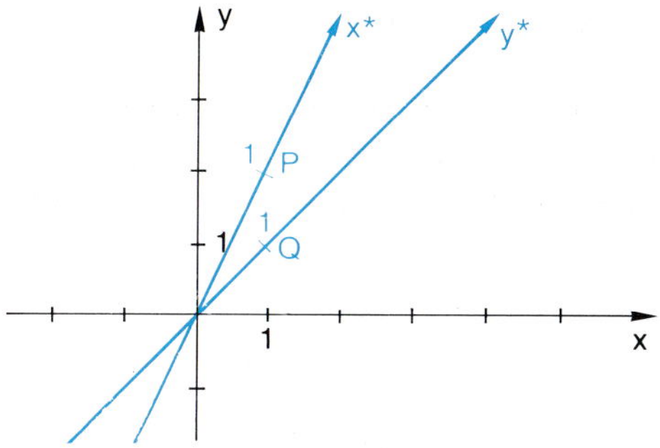

Bild 17.19

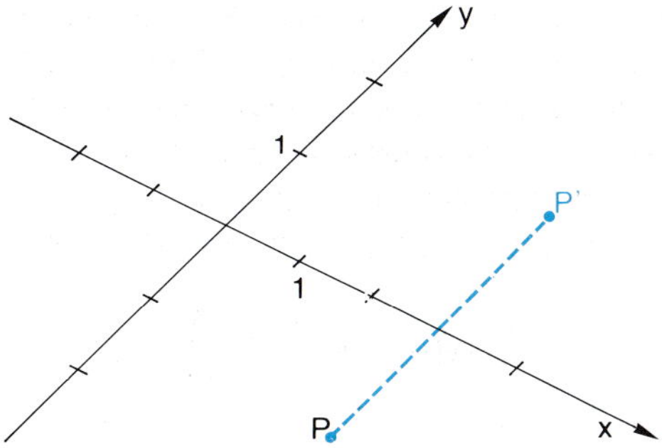

Bild 17.20

Wenn z.B. eine Spiegelung auf ein solches affines Koordinatensystem bezogen wird, so liegt der Bildpunkt P′ eines Punktes P nicht auf einer Senkrechten zur Spiegelungsachse, sondern auf einer **Parallelen** zur anderen Koordinatenachse (Bild 17.20); es handelt sich um eine **„affine Spiegelung"**. Entsprechend ist auch eine „Drehung" in einem affinen Koordinatensystem keine Drehung im üblichen Sinne, sondern eine **„affine Drehung"** (Aufgabe 11).

10. Es bleibt nun noch der Fall zu behandeln, dass eine Affinität **keinen Eigenwert** besitzt. Dieser Fall liegt vor, wenn die Diskriminante Δ der charakteristischen Gleichung
$\begin{vmatrix} a-\lambda & b \\ c & d-\lambda \end{vmatrix} = \lambda^2-(a+d)\,\lambda+(a\,d-b\,c)=0$ negativ ist:

$$\Delta=\left(\frac{a+d}{2}\right)^2-(a\,d-b\,c)=\tfrac{1}{4}(a^2+2\,a\,d+d^2-4\,a\,d+4\,b\,c)=\tfrac{1}{4}[(a-d)^2+4\,b\,c]<0.$$

In diesem Fall erhält man eine Normaldarstellung der Form $B=\begin{pmatrix} p & -q \\ q & p \end{pmatrix}$ (mit $q\neq 0$), also die Matrix einer Drehung oder einer Drehstreckung, mit Hilfe der Transformationsmatrix

$$T=\begin{pmatrix} 1 & \dfrac{a-d}{2s} \\ 0 & \dfrac{c}{s} \end{pmatrix} \quad \text{mit } s=\sqrt{-\Delta}.$$

Begründe, dass die Matrix T stets regulär ist!

Beispiel: $A=\begin{pmatrix} 8 & 1 \\ -5 & 6 \end{pmatrix}$; $\Delta=\tfrac{1}{4}(4-20)=-4$; $s=\sqrt{-\Delta}=2$

Somit ist $T=\begin{pmatrix} 1 & 0{,}5 \\ 0 & -2{,}5 \end{pmatrix}$; $T^{-1}=\begin{pmatrix} 1 & 0{,}2 \\ 0 & -0{,}4 \end{pmatrix}$ und

$$B=\begin{pmatrix} 1 & 0{,}2 \\ 0 & -0{,}4 \end{pmatrix}\begin{pmatrix} 8 & 1 \\ -5 & 6 \end{pmatrix}\begin{pmatrix} 1 & 0{,}5 \\ 0 & -2{,}5 \end{pmatrix}=\begin{pmatrix} 7 & 2{,}2 \\ 2 & -2{,}4 \end{pmatrix}\begin{pmatrix} 1 & 0{,}5 \\ 0 & -2{,}5 \end{pmatrix}=\begin{pmatrix} 7 & -2 \\ 2 & 7 \end{pmatrix}.$$

11. Zusammenfassend können wir sagen:

S17.14 Hat die Matrix A einer Affinität f zwei Eigenwerte p und q, | genau einen Eigenwert p, | keinen Eigenwert, so lässt sie sich mit Hilfe einer regulären Transformationsmatrix T auf eine Normaldarstellung folgender Form bringen:

$\begin{pmatrix} p & 0 \\ 0 & q \end{pmatrix}$ **(mit $p \neq q$; $p, q \neq 0$).** | $\begin{pmatrix} p & r \\ 0 & p \end{pmatrix}$ **(mit $p \neq 0$).** | $\begin{pmatrix} p & -q \\ q & p \end{pmatrix}$ **(mit $q \neq 0$).**

Auf einen allgemeinen Beweis für diesen Satz wollen wir hier verzichten.
Im **ersten Fall** liegt für $p, q \neq 1$ eine **Euler-Affinität** vor; es bleibt noch der Unterfall zu untersuchen, dass z.B. $p=1$, aber $q \neq 1$ ist.
Im **zweiten Fall** liegt für $p \neq 1$, $r=0$ eine **zentrische Streckung** oder eine **Punktspiegelung** vor. Es bleiben noch die Unterfälle mit $r \neq 0$ zu untersuchen.
Im **dritten Fall** liegt eine **Drehung** oder eine **Drehstreckung** vor.
Die fehlenden Unterfälle werden im folgenden Abschnitt behandelt.

Übungen und Aufgaben

1. Ermittle die Eigenwerte der Matrizen A und $B=T^{-1}AT$!

a) $A=\begin{pmatrix} 5 & 1 \\ 2 & 4 \end{pmatrix}$; $T=\begin{pmatrix} 3 & 4 \\ 5 & 7 \end{pmatrix}$ **b)** $A=\begin{pmatrix} 6 & 1 \\ -1 & 4 \end{pmatrix}$; $T=\begin{pmatrix} 2 & 3 \\ -3 & -5 \end{pmatrix}$

c) $A=\begin{pmatrix} 2 & 8 \\ -2 & 12 \end{pmatrix}$; $T=\begin{pmatrix} 1 & 0 \\ -3 & -1 \end{pmatrix}$ **d)** $A=\begin{pmatrix} 10 & -2 \\ 3 & 7 \end{pmatrix}$; $T=\begin{pmatrix} 1 & 0 \\ -3 & -1 \end{pmatrix}$

e) $A=\begin{pmatrix} \sqrt{5} & 4 \\ 5 & -\sqrt{5} \end{pmatrix}$; $T=\begin{pmatrix} 1 & -1 \\ 3 & -2 \end{pmatrix}$ **f)** $A=\begin{pmatrix} 1 & -2 \\ 2 & -3 \end{pmatrix}$; $T=\begin{pmatrix} 1 & -2 \\ 2 & -3 \end{pmatrix}$

2. Zeige, dass die zum Beweis von Satz S17.13 durchgeführten Umformungen (siehe S. 357!) sich auch umkehren lassen!

3. Zeige, dass für die Matrizen A und $B=T^{-1}AT$ bei einer regulären Matrix T stets gilt: $|B-\lambda E|=|A-\lambda E|$, dass also A und B dieselben Eigenwerte haben! Benutze dabei in deinem Beweis Satz S15.12!

4. Ermittle eine Normaldarstellung der angegebenen Matrix (mit zwei Eigenwerten)!

a) $\begin{pmatrix} 9 & -2 \\ 12 & -1 \end{pmatrix}$ **b)** $\begin{pmatrix} -16 & 6 \\ -45 & 17 \end{pmatrix}$ **c)** $\begin{pmatrix} 60 & -84 \\ 42 & -59 \end{pmatrix}$ **d)** $\begin{pmatrix} 4 & -2 \\ -4 & -3 \end{pmatrix}$ **e)** $\begin{pmatrix} 11 & 30 \\ -5 & -14 \end{pmatrix}$

f) $\begin{pmatrix} -18 & 10 \\ -30 & 17 \end{pmatrix}$ **g)** $\begin{pmatrix} -7 & -12 \\ 0 & 1 \end{pmatrix}$ **h)** $\begin{pmatrix} -1 & -3 \\ 1{,}5 & 3{,}5 \end{pmatrix}$ **i)** $\begin{pmatrix} 11 & 44 \\ -3 & -12 \end{pmatrix}$ **j)** $\begin{pmatrix} 5 & 0 \\ 15 & 7 \end{pmatrix}$

5. A, B und T sind Matrizen mit $B=T^{-1}AT$. Leite die folgenden Beziehungen her!
a) $B^2=T^{-1}A^2T$ **b)** $B^3=T^{-1}A^3T$ **c)** $B^4=T^{-1}A^4T$ **d)** $B^5=T^{-1}A^5T$ **e)** $B^{-1}=T^{-1}A^{-1}T$

6. Berechne A^5, indem du zunächst eine Normaldarstellung von A ermittelst und dann die Beziehung aus Aufgabe 5d) anwendest!

a) $A=\begin{pmatrix} 8 & 6 \\ -6 & -5 \end{pmatrix}$ **b)** $A=\begin{pmatrix} -2 & 9 \\ 1 & -2 \end{pmatrix}$ **c)** $A=\begin{pmatrix} 10 & 3 \\ 12 & -6 \end{pmatrix}$ **d)** $A=\begin{pmatrix} -5 & \sqrt{2} \\ 2\sqrt{2} & -2 \end{pmatrix}$

7. Ermittle eine Normaldarstellung der angegebenen Matrix (mit einem Eigenwert)!

a) $\begin{pmatrix} 7 & -3 \\ 3 & 1 \end{pmatrix}$ **b)** $\begin{pmatrix} 3 & -2 \\ 2 & -1 \end{pmatrix}$ **c)** $\begin{pmatrix} -5 & 1 \\ -1 & -7 \end{pmatrix}$ **d)** $\begin{pmatrix} 7 & 8 \\ -2 & -1 \end{pmatrix}$ **e)** $\begin{pmatrix} \sqrt{3} & -1 \\ 3 & -\sqrt{3} \end{pmatrix}$ **f)** $\begin{pmatrix} 0{,}5 & 0{,}25 \\ -0{,}04 & 0{,}3 \end{pmatrix}$

8. Bestimme eine Matrix A, die die angegebenen Eigenwerte und die angegebenen Eigenvektoren hat!

a) $\lambda_1=1;\ \lambda_2=-3;\ \vec{x}_1=c\begin{pmatrix} 2 \\ 3 \end{pmatrix};\ \vec{x}_2=c\begin{pmatrix} 1 \\ 2 \end{pmatrix}$ **b)** $\lambda_1=2;\ \lambda_2=-1;\ \vec{x}_1=c\begin{pmatrix} 1 \\ -1 \end{pmatrix};\ \vec{x}_2=c\begin{pmatrix} -2 \\ 3 \end{pmatrix}$

c) $\lambda_1=2;\ \lambda_2=-3;\ \vec{x}_1=c\begin{pmatrix} -1 \\ 1 \end{pmatrix};\ \vec{x}_2=c\begin{pmatrix} 0 \\ 1 \end{pmatrix}$ **d)** $\lambda_1=-1;\ \lambda_2=-2;\ \vec{x}_1=c\begin{pmatrix} 3 \\ -2 \end{pmatrix};\ \vec{x}_2=c\begin{pmatrix} -5 \\ 3 \end{pmatrix}$

e) $\lambda=1;\ \vec{x}=c\begin{pmatrix} 1 \\ 7 \end{pmatrix}$ **f)** $\lambda=1;\ \vec{x}_1=c\begin{pmatrix} 1 \\ 7 \end{pmatrix};\ \vec{x}_2=c\begin{pmatrix} 7 \\ 1 \end{pmatrix}$

g) $\lambda=-1;\ \vec{x}=c\begin{pmatrix} 3 \\ 1 \end{pmatrix}$ **h)** $\lambda=-2;\ \vec{x}_1=c\begin{pmatrix} 3 \\ 1 \end{pmatrix};\ \vec{x}_2=c\begin{pmatrix} -1 \\ 2 \end{pmatrix}$

i) $\lambda=5;\ \vec{x}=c\begin{pmatrix} -2 \\ 5 \end{pmatrix}$ **j)** $\lambda=5;\ \vec{x}_1=c\begin{pmatrix} -2 \\ 5 \end{pmatrix};\ \vec{x}_2=c\begin{pmatrix} 1 \\ 2 \end{pmatrix}$

9. Bestimme drei Matrizen A, B und C, die keinen Eigenwert besitzen!

10. Zeige, dass bei einer Koordinatentransformation mit der Matrix $T=\begin{pmatrix} 1 & 1 \\ 2 & 1 \end{pmatrix}$ die Einheitspunkte auf den neuen Koordinatenachsen – bezogen auf das alte Koordinatensystem – die Punkte $P(1|2)$ und $Q(1|1)$ sind!

11. Zeichne ein Koordinatensystem, bei dem die positiven Achsen einen Winkel vom Maß 60° (70°) einschließen. Untersuche, welche geometrischen Eigenschaften die affine Drehung f mit $f(\vec{x})=\begin{pmatrix} 0{,}6 & -0{,}8 \\ 0{,}8 & 0{,}6 \end{pmatrix}\vec{x}$ hat!

12. Bearbeite Aufgabe 11 für die affine Spiegelung f mit $f(\vec{x})=\begin{pmatrix} 0{,}6 & 0{,}8 \\ 0{,}8 & -0{,}6 \end{pmatrix}\vec{x}$!

13. Bestimme eine Normaldarstellung der angegebenen Matrix (ohne Eigenwerte)!

a) $\begin{pmatrix} -1 & -1 \\ 2 & 1 \end{pmatrix}$ **b)** $\begin{pmatrix} 0 & 1 \\ -5 & -4 \end{pmatrix}$ **c)** $\begin{pmatrix} 7 & 4 \\ -9 & 7 \end{pmatrix}$ **d)** $\begin{pmatrix} 7 & -8 \\ 5 & 3 \end{pmatrix}$ **e)** $\begin{pmatrix} 1 & -5 \\ 5 & 9 \end{pmatrix}$

f) $\begin{pmatrix} -3 & 1 \\ -25 & 5 \end{pmatrix}$ **g)** $\begin{pmatrix} 10 & 3 \\ -6 & 4 \end{pmatrix}$ **h)** $\begin{pmatrix} 7 & -4 \\ 2 & 3 \end{pmatrix}$ **i)** $\begin{pmatrix} 2 & -1 \\ 3 & 1 \end{pmatrix}$ **j)** $\begin{pmatrix} \sqrt{3} & 1 \\ -3 & \sqrt{3} \end{pmatrix}$

14. Ermittle eine Normaldarstellung der angegebenen Matrix!

a) $\begin{pmatrix} 5 & 0 \\ 28 & -2 \end{pmatrix}$ **b)** $\begin{pmatrix} -3 & -3 \\ 2 & -1 \end{pmatrix}$ **c)** $\begin{pmatrix} 0 & 1 \\ -4 & 4 \end{pmatrix}$ **d)** $\begin{pmatrix} 51 & 16 \\ -168 & -53 \end{pmatrix}$ **e)** $\begin{pmatrix} 55 & 39 \\ -75 & -53 \end{pmatrix}$

f) $\begin{pmatrix} 175 & 140 \\ -210 & -168 \end{pmatrix}$ **g)** $\begin{pmatrix} 10{,}5 & 25 \\ -4 & -9{,}5 \end{pmatrix}$ **h)** $\begin{pmatrix} -3{,}5 & -3 \\ 6 & 5 \end{pmatrix}$ **i)** $\begin{pmatrix} 14{,}5 & 12{,}2 \\ -17 & -14{,}3 \end{pmatrix}$ **j)** $\begin{pmatrix} \sqrt{2} & 0 \\ \sqrt{3} & \sqrt{2} \end{pmatrix}$

15. Untersuche die Abbildung f zu $f(\vec{x}) = A\vec{x}$ auf Fixpunkte, Eigenwerte und Eigenvektoren und Fixgeraden! Um was für eine Abbildung handelt es sich?

a) $A = \begin{pmatrix} 3 & 5 \\ 0 & -2 \end{pmatrix}$ **b)** $A = \begin{pmatrix} 27 & 48 \\ -16 & -29 \end{pmatrix}$ **c)** $A = \begin{pmatrix} -0{,}1 & 0{,}2 \\ -0{,}3 & 0{,}4 \end{pmatrix}$ **d)** $A = \begin{pmatrix} 23 & 6 \\ -84 & -22 \end{pmatrix}$

VI. Weitere Affinitäten

1. Im Folgenden untersuchen wir zu den noch nicht behandelten Fällen zunächst je ein Beispiel für eine **lineare Abbildung**, setzen also zunächst $\vec{v} = \vec{0}$ voraus. Wir gehen dabei jeweils von einer **Normaldarstellung** der betreffenden Abbildung aus und legen auch weiterhin ein Kartesisches Koordinatensystem zugrunde.

2. Wir betrachten zunächst eine lineare Abbildung mit zwei Eigenwerten, von denen einer die Zahl 1 ist.

Beispiel: $A = \begin{pmatrix} 1 & 0 \\ 0 & 2 \end{pmatrix}; \quad \vec{v} = \vec{0}$

Fixpunkte: $x = x \wedge 2y = y \Rightarrow y = 0$; die x-Achse ist also **Fixpunktgerade**.
Eigenwerte: $|A - \lambda E| = (1-\lambda)(2-\lambda) = 0 \Leftrightarrow \lambda = 1 \vee \lambda = 2$.
Eigenvektoren:

1) Zu $\lambda_1 = 1$: $0x + y = 0 \Rightarrow y = 0$; $x = c$; $\vec{x}_1 = c\begin{pmatrix} 1 \\ 0 \end{pmatrix}$.

2) Zu $\lambda_2 = 2$: $-x + 0y = 0 \Rightarrow x = 0$; $y = c$; $\vec{x}_2 = c\begin{pmatrix} 0 \\ 1 \end{pmatrix}$.

Da jeder Punkt der x-Achse ein Fixpunkt der Abbildung ist, also jeder Punkt P_0 mit $\vec{x}_0 = \begin{pmatrix} x_0 \\ 0 \end{pmatrix}$, sind die Fixgeraden zu $\lambda_2 = 2$ nach Satz S 16.5 gegeben durch:

$$\vec{x} = \begin{pmatrix} x_0 \\ 0 \end{pmatrix} + s\begin{pmatrix} 0 \\ 1 \end{pmatrix} \quad (\text{mit } x_0 \in \mathbb{R});$$

es handelt sich um die Parallelen zur y-Achse. Bild 17.21 zeigt einige Paare zugeordneter Punkte. Man nennt die Abbildung eine **„Parallelstreckung"**, hier parallel zur y-Achse.

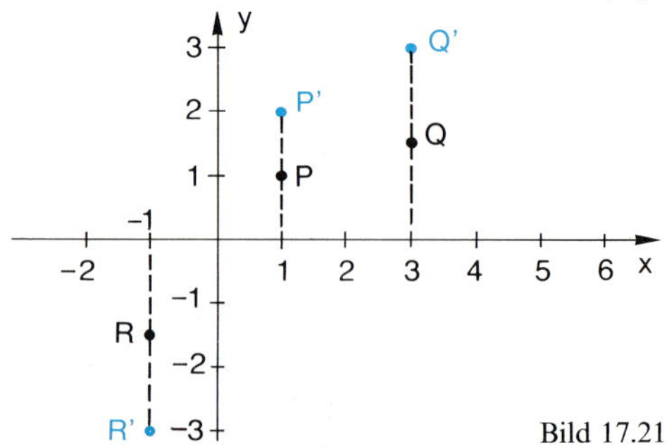

Bild 17.21

Parallelstreckungen sind also durch die folgenden Eigenschaften gekennzeichnet: Sie besitzen eine **Fixpunktgerade**, den **Eigenwert 1** und einen zweiten **Eigenwert $q \neq 1$**, zwei (linear unabhängige) **Eigenvektoren** und eine **Schar paralleler Fixgeraden**, die die Fixpunktgerade schneiden. Die Normaldarstellung der Matrix hat die Form: $A=\begin{pmatrix}1 & 0\\ 0 & q\end{pmatrix}$ mit $q \notin \{0; 1\}$.

3. Als Nächstes untersuchen wir eine lineare Abbildung, die nur den Eigenwert 1 hat.

Beispiel: $A=\begin{pmatrix}1 & 2\\ 0 & 1\end{pmatrix}$ und $\vec{v}=\vec{0}$

Fixpunkte: $x+2y=x \wedge y=y \Rightarrow y=0$; die x-Achse ist eine **Fixpunktgerade** der Abbildung.

Eigenwerte: $|A-\lambda E|=\begin{vmatrix}1-\lambda & 2\\ 0 & 1-\lambda\end{vmatrix}=(1-\lambda)^2=0 \Leftrightarrow \lambda=1.$

Eigenvektoren: $0x+2y=0 \Rightarrow y=0;\ x=c;\ \vec{x}=c\begin{pmatrix}1\\0\end{pmatrix}$ $(c \in \mathbb{R})$;

die zugehörige Fixgerade ist die x-Achse, die wir bereits als Fixpunktgerade erkannt haben. Es gibt aber weitere **Fixgeraden**. Wegen $y'=y$ folgt aus $y=c$ nämlich unmittelbar $y'=c$; d.h., die Parallelen zur x-Achse (der Fixpunktgeraden) sind ebenfalls Fixgeraden der Abbildung.

Bild 17.22 zeigt als Beispiel, dass das Quadrat PQRS auf das Parallelogramm P′Q′R′S′ abgebildet wird. Man nennt die Abbildung eine **„Scherung"**, in diesem Falle parallel zur x-Achse.

Scherungen sind also durch die folgenden Eigenschaften gekennzeichnet: Sie besitzen eine **Fixpunktgerade** (die „Scherungsachse"), den **Eigenwert 1** mit genau einem (linear unabhängigen) **Eigenvektor**; jede Parallele zur Achse ist **Fixgerade**. Die Normaldarstellung der Matrix hat die Form $A=\begin{pmatrix}1 & r\\ 0 & 1\end{pmatrix}$ (mit $r \neq 0$).

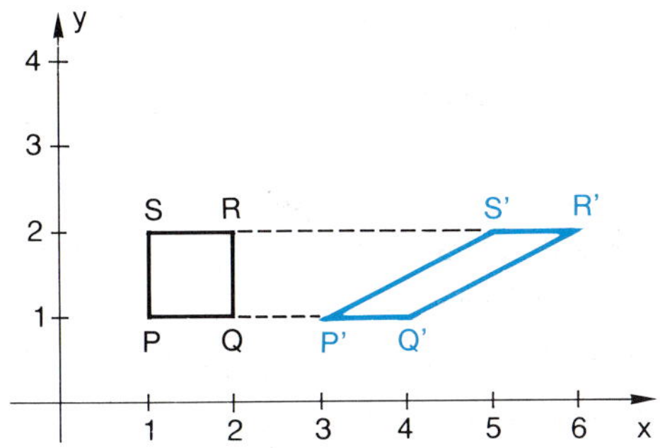

Bild 17.22

4. Schließlich bleibt noch ein Beispiel für eine lineare Abbildung zu untersuchen, die als einzigen Eigenwert eine von 1 verschiedene Zahl besitzt. Man kann vermuten, dass es sich um eine **„Scherstreckung"** handelt.

Beispiel: $A=\begin{pmatrix}2 & -1\\ 0 & 2\end{pmatrix}$ und $\vec{v}=\vec{0}$

Fixpunkte: $2x-y=x \wedge 2y=y \Rightarrow x=y=0$. Der Nullpunkt ist der einzige Fixpunkt.

Eigenwerte: $|A-\lambda E|=\begin{vmatrix}2-\lambda & -1\\ 0 & 2-\lambda\end{vmatrix}=(2-\lambda)^2=0 \Leftrightarrow \lambda=2.$

Eigenvektoren: $0x - y = 0 \Rightarrow y = 0 \wedge x = c;\ \vec{x} = c\begin{pmatrix}1\\0\end{pmatrix}$ $(c \in \mathbb{R})$.

Fixgerade: $\vec{x} = t\begin{pmatrix}1\\0\end{pmatrix}$ oder $y = 0$; es handelt sich um die x-Achse.

Das Bild 17.23 zeigt wiederum das Quadrat PQRS und das Bild P′Q′R′S′.
Scherstreckungen sind also durch die folgenden Eigenschaften gekennzeichnet: Sie besitzen **genau einen Fixpunkt, genau einen Eigenwert** p (mit $p \neq 1$) mit genau **einem** (linear unabhängigen) **Eigenvektor** und **eine** zugehörige **Fixgerade**. Die Normaldarstellung der Matrix hat die Form:

$$A = \begin{pmatrix} p & r \\ 0 & p \end{pmatrix} \quad \text{mit } p \notin \{0; 1\},\ r \neq 0.$$

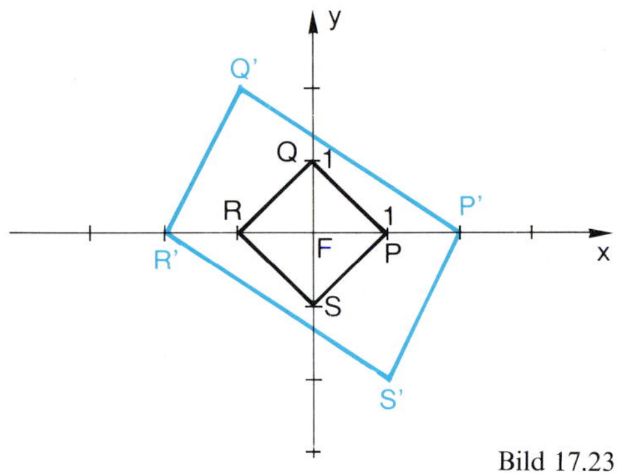

Bild 17.23

5. Als Letztes sind nun noch Affinitäten mit $\vec{v} \neq \vec{0}$ zu untersuchen. Es erhebt sich die Frage, ob und in welchen Fällen die Verkettung einer linearen Abbildung mit einer Verschiebung zu einer neuen Abbildungsart führen kann. In § 17, III haben wir gesehen, dass sich auf diese Weise aus einer Drehung stets wieder eine Drehung ergibt (Seite 341), dass sich aus einer Spiegelung durch Verkettung mit einer Verschiebung aber entweder wieder eine Spiegelung oder eine neue Abbildungsart, nämlich eine Schubspiegelung, ergeben kann (Seite 342ff.). Der Grund für diesen Unterschied liegt darin, dass eine Affinität f zu $f(\vec{x}) = A\vec{x} + \vec{v}$ bei einer Drehmatrix A stets einen Fixpunkt besitzt, bei einer Spiegelungsmatrix A dagegen möglicherweise nicht.
Hat eine Affinität (wenigstens) einen Fixpunkt F, so kann man sie nach Satz S 17.5 (Seite 342) durch eine Koordinatentransformation gemäß $\vec{x} = \vec{x}^* + \vec{x}_F$ in eine lineare Abbildung L mit $L(\vec{x}^*) = A\vec{x}^*$ überführen. Diese Abbildungen haben wir vollständig behandelt.
Es bleiben also nur noch diejenigen Affinitäten mit $f(\vec{x}) = A\vec{x} + \vec{v}$ und $\vec{v} \neq \vec{0}$ zu untersuchen, die **keinen Fixpunkt** haben, für die das (inhomogene) Gleichungssystem

$$A\vec{x} + \vec{v} = \vec{x}, \quad \text{also } (A - E)\,\vec{x} = -\vec{v}$$

also **unerfüllbar** ist.
Eine notwendige Bedingung dafür ist, dass $rg(A - E) = 1$, die Matrix $A - E$ also singulär ist.
Die zugehörige lineare Abbildung L mit $L(\vec{x}) = A\vec{x}$ hat in diesen Fällen außer dem Nullpunkt weitere Fixpunkte, sogar eine Fixpunktgerade; denn das (homogene) Gleichungssystem

$$A\vec{x} = \vec{x}, \quad \text{also } (A - E)\,\vec{x} = \vec{0}$$

hat dann — wegen $rg(A - E) = 1$ — unendlich viele Lösungen (Aufgabe 2b).
Lineare Abbildungen mit Fixpunktgeraden sind aber — wie wir gesehen haben — die Achsenspiegelungen, die Parallelstreckungen und die Scherungen. Da Achsenspiegelungen als Sonderfälle von Parallelstreckungen (mit den Eigenwerten 1 und -1) aufgefasst werden können, brauchen wir nur noch zu untersuchen, in welchen Fällen die Verkettung einer **Parallelstreckung** bzw. einer **Scherung** mit einer **Verschiebung** zu einer **Affinität ohne Fixpunkt** führt.

6. Wir behandeln zunächst die Verkettung einer **Parallelstreckung** mit einer Verschiebung.

<u>**Beispiel:**</u> $A=\begin{pmatrix}1 & 0\\ 0 & 2\end{pmatrix}$; $\vec{v}=\begin{pmatrix}a\\ b\end{pmatrix}$.

Wir untersuchen, unter welcher Bedingung für den Vektor $\vec{v}$ die Abbildung **keinen** Fixpunkt hat:

$$x+a=x \wedge 2y=y+b.$$

Die erste Gleichung ist unerfüllbar, wenn $a \neq 0$ ist. Wir wählen z. B. $\vec{v}=\begin{pmatrix}2\\ -1\end{pmatrix}$.

Eigenwerte: $\lambda_1=1$; $\lambda_2=2$.

Eigenvektoren: **1)** Zu $\lambda_1=1$: $0x+y=0 \Rightarrow y=0$; $x=c$; $\vec{x}_1=c\begin{pmatrix}1\\ 0\end{pmatrix}$.

2) Zu $\lambda_2=2$: $-x+0y=0 \Rightarrow x=0$; $y=c$; $\vec{x}_2=c\begin{pmatrix}0\\ 1\end{pmatrix}$.

Bemerkung: Hätten wir $a=0$ gewählt, so wäre der Verschiebungsvektor $\vec{v}$ parallel zum Eigenvektor $\vec{x}_2$; in diesen Fällen liegt eine Parallelstreckung vor (Aufgabe 3a).

Fixgeraden: Nach Satz S 16.6 ist die Gerade g zu $\vec{x}=\vec{x}_0+t\vec{a}$ genau dann eine Fixgerade, wenn $\vec{a}$ ein Eigenvektor von A ist und wenn es eine Zahl μ gibt mit $f(\vec{x}_0)-\vec{x}_0=\mu\vec{a}$, für $\vec{a}=\vec{x}_1$ also mit

1) $$\left.\begin{aligned} x_0+2-x_0&=\mu\\ \wedge\ 2y_0-1-y_0&=0\end{aligned}\right\} \Rightarrow \mu=2 \quad \text{und} \quad y_0=1.$$

Eine Fixgerade der Abbildung ist also für eine beliebige Zahl $x_0 \in \mathbb{R}$ gegeben durch:

$$\vec{x}=\begin{pmatrix}x_0\\ 1\end{pmatrix}+t\begin{pmatrix}1\\ 0\end{pmatrix}.$$

Begründe, dass es sich nicht um eine Schar, sondern um eine einzelne Gerade handelt (Aufgabe 4)! Für $\vec{a}=\vec{x}_2$ lautet die Bedingung $f(\vec{x}_0)-\vec{x}_0=\mu\vec{a}$:

2) $$\left.\begin{aligned} x_0+2-x_0&=0\\ \wedge\ 2y_0-1-y_0&=\mu\end{aligned}\right\}$$ Die erste Gleichung ist unerfüllbar. Die Abbildung hat also keine weiteren Fixgeraden.

Bild 17.24 zeigt die Abbildung des Quadrats PQRS. Man nennt die Abbildung eine **Schubparallelstreckung**. Jede solche Abbildung ist durch die folgenden Eigenschaften gekennzeichnet: Sie besitzt **keinen Fixpunkt**, hat den **Eigenwert 1** und einen weiteren **Eigenwert q** (mit $q \notin \{0; 1\}$) und dazu zwei (linear unabhängige) **Eigenvektoren**; sie besitzt **eine Fixgerade**. Die Normaldarstellung ist gegeben durch eine Matrix der Form $A=\begin{pmatrix}1 & 0\\ 0 & q\end{pmatrix}$ (mit $q \notin \{0; 1\}$) und einen Vektor $\vec{v}=\begin{pmatrix}a\\ b\end{pmatrix}$ mit $a \neq 0$.

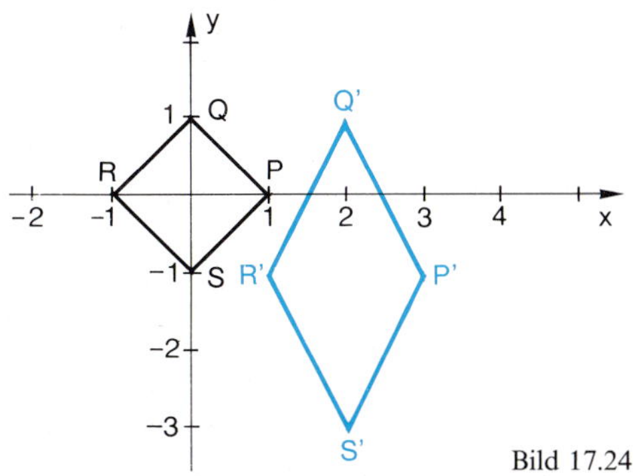

Bild 17.24

7. Entsprechend verfahren wir mit einer **Scherung.** Wir untersuchen auch beim

Beispiel: $A=\begin{pmatrix}1 & 2\\ 0 & 1\end{pmatrix}$; $\vec{v}=\begin{pmatrix}a\\ b\end{pmatrix}$

zunächst, unter welcher Bedingung für den Vektor $\vec{v}$ die Abbildung **keinen Fixpunkt** hat:

$$x+2y+a=x \wedge y+b=y.$$

Die zweite Gleichung ist unerfüllbar, wenn $b \neq 0$ ist. Wir wählen z. B. $\vec{v}=\begin{pmatrix}1\\ -1\end{pmatrix}$.

Eigenwerte: $|A-\lambda E|=(1-\lambda)^2=0 \Leftrightarrow \lambda=1$.

Eigenvektor: $0x+2y=0 \Rightarrow y=0; \vec{x}=c\begin{pmatrix}1\\ 0\end{pmatrix}$.

Bemerkung: Wäre $b=0$, so wäre der Verschiebungsvektor $\vec{v}$ parallel zum Eigenvektor $\vec{x}$; in diesem Fall liegt eine Scherung vor.
Fixgeraden: Nach Satz S 16.6 lautet die Bedingung für Fixgeraden: $f(\vec{x}_0)-\vec{x}_0=\mu\vec{a}$:

$$x_0+2y_0+1-x_0=\mu \wedge y_0-1-y_0=0.$$

Die zweite Gleichung ist unerfüllbar; es gibt also **keine Fixgerade**.
Bild 17.25 zeigt das Bild des Quadrats PQRS. Man nennt eine solche Abbildung eine **„Schubscherung"**.
Schubscherungen sind also dadurch gekennzeichnet, dass sie **keinen Fixpunkt**, den **Eigenwert 1** mit genau einem (linear unabhängigen) **Eigenvektor** und **keine Fixgerade** haben. Die Normaldarstellung ist gegeben durch eine Matrix der Form $A=\begin{pmatrix}1 & r\\ 0 & 1\end{pmatrix}$ (mit $r \notin \{0; 1\}$) und einen Vektor $\vec{v}=\begin{pmatrix}a\\ b\end{pmatrix}$ mit $b \neq 0$.

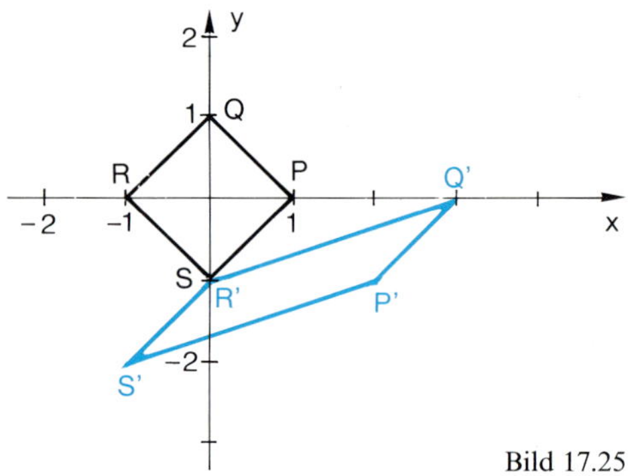

Bild 17.25

8. Wir geben nun eine Übersicht über alle Affinitäten der Ebene (Tabelle S. 367). Die Aufstellung ist zunächst nach der Anzahl der Fixpunkte, sodann nach den Eigenwerten geordnet. Einige Fälle sind aus der Tabelle von Seite 354 übernommen; andere Fälle dieser Tabelle sind hier als Sonderfälle enthalten. Auf die Aufnahme der identischen Abbildung haben wir verzichtet.

Bemerkungen (zur Tabelle S. 367):

Zu 1): Zu den Parallelstreckungen gehören für $q=-1$ auch die affinen Achsenspiegelungen.
Zu 3): Zu den Euler-Affinitäten gehören für $q=-p$ auch die affinen Spiegelstreckungen.
Zu 4): Zu den zentrischen Streckungen gehören für $p=-1$ auch die Punktspiegelungen.
Zu 6): Zu den affinen Drehstreckungen gehören für $|A|=1$ auch die affinen Drehungen.
Zu 7): Zu den Schubparallelstreckungen gehören für $q=-1$ auch die affinen Schubspiegelungen.

	Fixpunkte	Anzahl der Eigenwerte	Eigenwerte	Anzahl der unabhängigen Eigenvektoren	Fixgeraden	Normaldarstellung	Name
1)	Fixpunktgerade	2	1; q	2	Parallelenschar (nicht parallel zur Fixpunktgeraden)	$\begin{pmatrix}1 & 0\\0 & q\end{pmatrix}$	Parallelstreckung
2)	Fixpunktgerade	1	1	1	Parallelenschar zur Fixpunktgeraden	$\begin{pmatrix}1 & r\\0 & 1\end{pmatrix}$	Scherung
3)	ein Fixpunkt	2	$p \neq q$	2	g_1, g_2 durch Fixpunkt	$\begin{pmatrix}p & 0\\0 & q\end{pmatrix}$	Euler-Affinität
4)	ein Fixpunkt	1	p	2	Geradenschar durch Fixpunkt	$\begin{pmatrix}p & 0\\0 & p\end{pmatrix}$	zentrische Streckung
5)	ein Fixpunkt	1	p	1	eine Gerade durch Fixpunkt	$\begin{pmatrix}p & r\\0 & p\end{pmatrix}$	Scherstreckung
6)	ein Fixpunkt	0	–	–	–	$\begin{pmatrix}p & -q\\q & p\end{pmatrix}$	affine Drehstreckung
7)	kein Fixpunkt	2	1; q	2	g parallel zum Eigenvektor zu 1	$\begin{pmatrix}1 & 0\\0 & q\end{pmatrix}$; $\vec{v}=\begin{pmatrix}a\\b\end{pmatrix}$; $a \neq 0$	Schubparallelstreckung
8)	kein Fixpunkt	1	1	2	Parallelenschar zu $\vec{v}$	$\begin{pmatrix}1 & 0\\0 & 1\end{pmatrix}$; $\vec{v} \neq \vec{0}$	Verschiebung
9)	kein Fixpunkt	1	1	1	–	$\begin{pmatrix}1 & r\\0 & 1\end{pmatrix}$; $\vec{v}=\begin{pmatrix}a\\b\end{pmatrix}$; $b \neq 0$	Schubscherung

Bedingungen für die Variablen: $p, q \notin \{0; 1\}$; $r \neq 0$.

9. Anhand der vorstehenden Tabelle kann man in jedem Fall ohne Transformation auf eine Normaldarstellung entscheiden, von welcher Art eine gegebene Affinität ist. Wir behandeln abschließend zwei Beispiele.

1. Beispiel: $A=\begin{pmatrix}2 & 1\\4 & -1\end{pmatrix}$; $\vec{v}=\begin{pmatrix}-4\\2\end{pmatrix}$

Fixpunkte: $\begin{cases}2x+y-4=x\\ \wedge\ 4x-y+2=y\end{cases} \Rightarrow \begin{cases}x+y\ =4\\ \wedge\ 4x-2y=-2\end{cases} \Rightarrow x=1 \wedge y=3.$

Einziger Fixpunkt der Abbildung ist der Punkt $F(1|3)$.

Übungen und Aufgaben

1. Untersuche die Abbildung f zu $f(\vec{x})=A\vec{x}$ mit der angegebenen Matrix A auf Fixpunkte, Eigenwerte, Eigenvektoren und Fixgeraden! Welche Abbildungsart liegt vor?

a) $\begin{pmatrix}1 & 0\\-9 & -8\end{pmatrix}$ **b)** $\begin{pmatrix}1 & 0\\1 & 1\end{pmatrix}$ **c)** $\begin{pmatrix}2 & 3\\0 & -1\end{pmatrix}$ **d)** $\begin{pmatrix}-5 & 4\\-9 & 7\end{pmatrix}$ **e)** $\begin{pmatrix}0 & 1\\-4 & 4\end{pmatrix}$ **f)** $\begin{pmatrix}-5 & 10\\-5 & 9\end{pmatrix}$

g) $\begin{pmatrix}-8 & -6\\9 & 7\end{pmatrix}$ **h)** $\begin{pmatrix}0 & -4\\-4 & 0\end{pmatrix}$ **i)** $\begin{pmatrix}1 & -1\\4 & 5\end{pmatrix}$ **j)** $\begin{pmatrix}34 & -25\\50 & -36\end{pmatrix}$ **k)** $\begin{pmatrix}0 & 5\\-5 & 10\end{pmatrix}$ **l)** $\begin{pmatrix}7 & -2\\18 & -5\end{pmatrix}$

m) $\begin{pmatrix}7 & -2\\12 & -3\end{pmatrix}$ **n)** $\begin{pmatrix}2 & 2\\-0{,}5 & 0\end{pmatrix}$ **o)** $\begin{pmatrix}-0{,}1 & 0{,}2\\-0{,}3 & 0{,}4\end{pmatrix}$ **p)** $\begin{pmatrix}1{,}4 & -1{,}6\\3{,}6 & -3{,}4\end{pmatrix}$ **q)** $\begin{pmatrix}4{,}6 & -1{,}6\\10{,}4 & -3{,}4\end{pmatrix}$ **r)** $\begin{pmatrix}1{,}6 & -1{,}8\\0{,}2 & 0{,}4\end{pmatrix}$

2. a) Beweise: Ist f zu $f(\vec{x})=A\vec{x}+\vec{v}$ eine Affinität, für die die Matrix $A-E$ regulär ist, dann ist der Punkt zu $\vec{x}_0=(A-E)^{-1}(-\vec{v})$ ein Fixpunkt, d.h., es gilt $f(\vec{x}_0)=\vec{x}_0$.
b) Beweise: Ist die Matrix $A-E$ singulär, dann hat das Gleichungssystem $(A-E)\vec{x}=\vec{0}$ unendlich viele Lösungen, d.h., die Abbildung zu $f(\vec{x})=A\vec{x}$ hat unendlich viele Fixpunkte!

3. Zeige, dass die Abbildung f für $b \neq 0$ eine Parallelstreckung ist!

a) $f(\vec{x})=\begin{pmatrix}1 & 0\\0 & 2\end{pmatrix}\vec{x}+\begin{pmatrix}0\\b\end{pmatrix}$ **b)** $f(\vec{x})=\begin{pmatrix}1 & 0\\0 & q\end{pmatrix}\vec{x}+\begin{pmatrix}0\\b\end{pmatrix}$ $(q \notin \{0;1\})$

4. Begründe, dass die angegebene Gleichung für alle $x_0 \in \mathbb{R}$ die gleiche Gerade beschreibt!

$$\vec{x}=\begin{pmatrix}x_0\\1\end{pmatrix}+t\begin{pmatrix}1\\0\end{pmatrix}$$

5. Zeige, dass die Abbildung f für $a \neq 0$ eine Scherung ist!

a) $f(\vec{x})=\begin{pmatrix}1 & 2\\0 & 1\end{pmatrix}\vec{x}+\begin{pmatrix}a\\0\end{pmatrix}$ **b)** $f(\vec{x})=\begin{pmatrix}1 & r\\0 & 1\end{pmatrix}\vec{x}+\begin{pmatrix}a\\0\end{pmatrix}$ $(r \neq 0)$

6. Untersuche die Abbildung f zu $f(\vec{x})=A\vec{x}+\vec{v}$ auf Fixpunkte, Eigenwerte, Eigenvektoren und Fixgeraden! Welche Abbildungsart liegt vor?

a) $A=\begin{pmatrix}1 & -6\\0 & 7\end{pmatrix}$; $\vec{v}=\begin{pmatrix}1\\-2\end{pmatrix}$ **b)** $A=\begin{pmatrix}-2 & 0\\0 & -2\end{pmatrix}$; $\vec{v}=\begin{pmatrix}-6\\3\end{pmatrix}$ **c)** $A=\begin{pmatrix}1 & 0\\0 & 1\end{pmatrix}$; $\vec{v}=\begin{pmatrix}-1\\3\end{pmatrix}$

d) $A=\begin{pmatrix}-17 & -12\\27 & 19\end{pmatrix}$; $\vec{v}=\begin{pmatrix}0\\2\end{pmatrix}$ **e)** $A=\begin{pmatrix}-5 & -3\\18 & 10\end{pmatrix}$; $\vec{v}=\begin{pmatrix}0\\-1\end{pmatrix}$ **f)** $A=\begin{pmatrix}8 & -5\\10 & -7\end{pmatrix}$; $\vec{v}=\begin{pmatrix}6\\-6\end{pmatrix}$

g) $A=\begin{pmatrix}5 & -4\\6 & -5\end{pmatrix}$; $\vec{v}=\begin{pmatrix}2\\-3\end{pmatrix}$ **h)** $A=\begin{pmatrix}2 & 1\\1 & 2\end{pmatrix}$; $\vec{v}=\begin{pmatrix}1\\1\end{pmatrix}$ **i)** $A=\begin{pmatrix}1{,}3 & -0{,}1\\0{,}9 & 0{,}7\end{pmatrix}$; $\vec{v}=\begin{pmatrix}0\\-1\end{pmatrix}$

j) $A=\begin{pmatrix}0 & 1\\-4 & 4\end{pmatrix}$; $\vec{v}=\begin{pmatrix}0{,}5\\1\end{pmatrix}$ **k)** $A=\begin{pmatrix}1 & 0\\0 & 1\end{pmatrix}$; $\vec{v}=\begin{pmatrix}3\\-5\end{pmatrix}$ **l)** $A=\begin{pmatrix}4{,}6 & -1{,}6\\10{,}4 & -3{,}4\end{pmatrix}$; $\vec{v}=\begin{pmatrix}-2\\0\end{pmatrix}$

m) $A=\begin{pmatrix}-0{,}25 & -1{,}25\\ 1{,}25 & 2{,}25\end{pmatrix};\ \vec{v}=\begin{pmatrix}0{,}5\\ 0\end{pmatrix}$ **n)** $A=\begin{pmatrix}-3{,}5 & -3\\ 6 & 5\end{pmatrix};\ \vec{v}=\begin{pmatrix}0\\ -0{,}5\end{pmatrix}$

o) $A=\begin{pmatrix}-1{,}6 & 1{,}2\\ 1{,}2 & 1{,}6\end{pmatrix};\ \vec{v}=\begin{pmatrix}-1\\ 2\end{pmatrix}$ **p)** $A=\begin{pmatrix}-17 & -12\\ 27 & 19\end{pmatrix};\ \vec{v}=\begin{pmatrix}3\\ 0{,}5\end{pmatrix}$

q) $A=\begin{pmatrix}1{,}5 & -0{,}5\\ 0{,}5 & 2{,}5\end{pmatrix};\ \vec{v}=\begin{pmatrix}0{,}5\\ -0{,}5\end{pmatrix}$ **r)** $A=\begin{pmatrix}14{,}5 & 12{,}2\\ -17 & -14{,}3\end{pmatrix};\ \vec{v}=\begin{pmatrix}0{,}5\\ 0\end{pmatrix}$

7. **a)** Untersuche, bei welchen Abbildungen aus der Tabelle auf Seite 367 ein Parallelogramm stets auf ein Parallelogramm mit gleicher Flächenmaßzahl abgebildet wird!
b) Untersuche, welche der Abbildungen aus der Tabelle auf Seite 367 gleichsinnig und welche gegensinnig sind!

8. Bilde zu den angegebenen Abbildungen aus der Tabelle auf Seite 367 jeweils die Umkehrabbildung und untersuche, welche Abbildungsart vorliegt!
a) Abbildung 1) – 3) **b)** Abbildung 4) – 6) **c)** Abbildung 7) – 9)

9. Verkette jeweils eine Abbildung aus der Tabelle auf Seite 367 mit einer Abbildung der gleichen Art. Welche Abbildungsart liegt bei der Verkettung vor?

10. Ermittle eine Normaldarstellung der Matrix $A=\begin{pmatrix}a & b\\ b & -a\end{pmatrix}$!

VII. Übergreifende Aufgaben

1. Die affine Abbildung f_k hat die Gleichung $f_k(\vec{x})=\begin{pmatrix}7 & 8\\ k & 9\end{pmatrix}\vec{x}+\begin{pmatrix}5\\ 6\end{pmatrix}$ mit $k\in\mathbb{R}$.
a) Welche Abbildungsarten liegen bei f_1 und bei f_{-1} vor?
b) Bestimme den Fixpunkt von f_k!
c) Für welchen Wert von k hat f_k keinen Fixpunkt? Welche Abbildungsart liegt dann vor? Zeige, dass diese Abbildung genau eine Fixgerade hat, und bestimme ihre Gleichung!

2. **a)** Für welche reellen Zahlen k hat die lineare Abbildung f_k mit der Matrix $M=\begin{pmatrix}1 & -3\\ 3 & k\end{pmatrix}$ keine Eigenwerte, einen Eigenwert, zwei Eigenwerte?
b) Bestimme die Eigenvektoren der Abbildung f_{11}!
c) Bestimme eine Normaldarstellung der Abbildung f_{11}! Welche Abbildungsart liegt vor?
d) Untersuche die Abbildung $g_k=f_k\circ f_k$ für $k=1$ und $k=-1$ auf ihre Eigenschaften!

3. f ist die lineare Abbildung zur Matrix $A=\begin{pmatrix} 2 & \sqrt{3} \\ -\sqrt{3} & -1 \end{pmatrix}$.

a) Berechne die Matrizen zu $f^2=f\circ f$, $f^3=f\circ f^2$, $f^4=f\circ f^3$, $f^5=f\circ f^4$, $f^6=f\circ f^5$ usw.! Was fällt auf?

b) Bestimme ohne weitere Rechnung die Matrizen zu f^{-1}, $(f^2)^{-1}$, $(f^3)^{-1}$, $(f^4)^{-1}$, $(f^5)^{-1}$, $(f^6)^{-1}$ usw.!

c) Ermittle eine Normaldarstellung von A mit Hilfe der Transformationsmatrix $T=\begin{pmatrix} 1 & \sqrt{3} \\ 0 & -2 \end{pmatrix}$!

d) Welche Abbildungsarten liegen bei f, bei f^2 und bei f^3 vor?

e) Gibt es eine Abbildung g mit folgenden Eigenschaften:
1) g^8 ist die identische Abbildung,
2) die Abbildung g^n ist für $n=1, 2, 3, \ldots, 7$ nicht die identische Abbildung?

4. Gegeben ist die affine Abbildung f_k zu $f_k(\vec{x})=\begin{pmatrix} k & 1 \\ -1 & 0 \end{pmatrix}\vec{x}+\begin{pmatrix} 2 \\ 0 \end{pmatrix}$.

a) Für welche reellen Zahlen k hat die Abbildung f_k **keinen** Eigenwert? Welche Abbildungsart liegt dann vor?

b) Für welche reellen Zahlen k hat die Abbildung f_k genau einen Eigenwert? Bestimme für diese Fälle eine Normaldarstellung der Abbildungsmatrix! Welche Abbildungsart liegt vor?

c) Berechne $(f_k)^{-1}$!

d) Ermittle $(f_0)^{-1}$ und $(f_0)^3=(f_0\circ f_0)\circ f_0$! Was fällt auf? Begründe das Ergebnis!

5. Gegeben sind die Abbildungen f_r zu $f_r(\vec{x})=\begin{pmatrix} r & 2 \\ -1 & 3 \end{pmatrix}\vec{x}+\begin{pmatrix} -1 \\ 1 \end{pmatrix}$ und g_s zu $g_s(\vec{x})=\begin{pmatrix} 2 & -3 \\ 1 & -2 \end{pmatrix}\vec{x}+\begin{pmatrix} s \\ 2 \end{pmatrix}$.

a) Für welche **ganzen** Zahlen r ist die Abbildung f_r eine affine Drehstreckung?

b) Verschiebe das Koordinatensystem so, dass die affine Abbildung f_6 in eine lineare Abbildung L_6 übergeht!

c) Bestimme die Eigenwerte, die Eigenvektoren und eine Normaldarstellung von L_6! Welche Abbildungsart liegt vor?

d) Für welche reellen Zahlen r und s ist die Abbildung $f_r\circ g_s$ linear?

e) Ermittle die Gleichung der Abbildung $g_4\circ f_0$! Welche Abbildungsart liegt vor?

6. a) Zeige: Die Punkte $F(3|-5)$ und $G(-4|9)$ sind Fixpunkte der Abbildung f zu $f(\vec{x})=\begin{pmatrix} 5 & 2 \\ -8 & -3 \end{pmatrix}\vec{x}+\begin{pmatrix} -2 \\ 4 \end{pmatrix}$!

b) Bestimme alle Fixpunkte von f!

c) Welche Abbildungsart liegt vor?

d) Zeige allgemein: Hat eine affine Abbildung f zwei Fixpunkte F und G, dann ist die Gerade g durch F und G Fixpunktgerade von f!

e) Kann eine affine Abbildung drei nicht kollineare Fixpunkte haben? Begründung!

7. **a)** Ermittle die Gleichung einer affinen Abbildung f, die den Punkt $A(-3|2)$ auf den Punkt $B(1|1)$, den Punkt B auf den Punkt A abbildet und die den Punkt $F(-4|2)$ als Fixpunkt hat!

b) Zeige, dass der Mittelpunkt M der Strecke AB Fixpunkt von f ist!

c) Zeige, dass die Gerade g durch die Punkte A und B Fixgerade von f ist!

d) Zeige, dass die Gerade h durch die Punkte F und M Fixpunktgerade von f ist!

e) Ermittle die Eigenwerte und Eigenvektoren von f!

f) Welche Abbildungsart liegt vor?

g) Zeige allgemein: Ist f eine affine Abbildung, die einen Punkt A auf einen Punkt B und B auf A abbildet, dann ist der Mittelpunkt M der Strecke AB ein Fixpunkt von f.

h) Zeige allgemein, dass die Gerade g durch die Punkte A und B Fixgerade von f ist!

i) Zeige allgemein, dass die Gerade h durch die Punkte F und M Fixpunktgerade von f ist!

j) Sind $\vec{a}$, $\vec{b}$, $\vec{f}$ und $\vec{m}$ die Ortsvektoren zu A, B, F und M, dann hat die Abbildung f die Eigenvektoren $\vec{x}_1=\vec{b}-\vec{a}$ und $\vec{x}_2=\vec{m}-\vec{f}$! Bestimme die zugehörigen Eigenwerte!

k) Welche Abbildungsart liegt vor?

8. **a)** Bestimme den Schwerpunkt S des Dreiecks aus den Punkten $A(0|0)$, $B(1|3)$ und $C(-4|2)$!

Beachte: Der Schwerpunkt eines Dreiecks ist der Schnittpunkt der Seitenhalbierenden.

b) Welche affine Abbildung f bildet den Punkt A auf den Punkt B, den Punkt B auf den Punkt C und den Punkt C auf den Punkt A ab?

c) Ist f längentreu? Bildet f jedes Parallelogramm P auf ein Parallelogramm P′ mit gleicher Flächenmaßzahl ab?

d) Zeige, dass der Schwerpunkt S des Dreiecks ABC ein Fixpunkt der Abbildung f ist!

e) Zeige allgemein, dass für den Ortsvektor $\vec{s}$ des Schwerpunktes S eines Dreiecks aus den Punkten A, B und C mit den Ortsvektoren $\vec{a}$, $\vec{b}$ und $\vec{c}$ gilt: $\vec{s}=\frac{1}{3}(\vec{a}+\vec{b}+\vec{c})$!

f) Zeige allgemein, dass der Schwerpunkt S eines Dreiecks ABC Fixpunkt der affinen Abbildung f ist, die A auf B, B auf C und C auf A abbildet!

9. g sei eine Ursprungsgerade. Die Abbildung p_g, die jedem Punkt X der Ebene den Fußpunkt X′ des Lotes von X auf g zuordnet, heißt Projektion auf g.

a) Ermittle die Gleichung der Projektion p_g auf die Gerade g zu $y=2x$!

b) Ist die Abbildung p_g umkehrbar?

c) Ist die Abbildung p_g linear?

d) Zeige allgemein: Hat die Gerade g den Richtungsvektor $\vec{a}=\begin{pmatrix}u\\v\end{pmatrix}$, dann gilt:

$$p_g(\vec{x})=\frac{1}{u^2+v^2}\begin{pmatrix}u^2 & vu\\ uv & v^2\end{pmatrix}\vec{x}!$$

e) Begründe geometrisch, dass für jeden Vektor $\vec{x}$ und jede Spiegelung s_g an einer Ursprungsgeraden g gilt: $\vec{x}+s_g(\vec{x})=2\,p_g(\vec{x})$!

f) Benutze d) und e), um zu zeigen, dass zu jeder Spiegelung s_g an einer Ursprungsgeraden g eine Matrix M der Form

$$M=\begin{pmatrix}a & b\\ b & -a\end{pmatrix} \quad \text{mit } a^2+b^2=1 \text{ gehört!}$$

10. Die Affinität f_k hat die Fixpunktgerade g zu $\vec{x}=t\begin{pmatrix}1\\-2\end{pmatrix}$ und bildet den Punkt P(1|−1) auf den Punkt P′(1−k|2k−1) ab.

a) Welche Abbildungsgleichung hat f_k?

b) Bestimme die Fixgeraden von f_k!

c) Welcher Abbildungstyp liegt für $k \neq 0$ vor?

d) Bestimme eine Normaldarstellung von f_k!

e) Zeige, dass $f_k \circ f_i = f_{k+i}$ gilt! Untersuche, ob die Abbildungen f_k eine Gruppe bilden!

f) h sei die Punktspiegelung mit dem Zentrum Z(−1|4). Welche Abbildungsgleichung hat h?

g) Welche Gleichung hat die Abbildung $h \circ f_1$? Welcher Abbildungstyp liegt vor?

11. M sei die Menge der linearen Abbildungen L mit einer Gleichung der Form

$L(\vec{x})=\begin{pmatrix}a & 0\\b & 1\end{pmatrix}\vec{x}$ mit $a \neq 0$.

a) Welche Fixpunkte hat L?

b) Bestimme die Eigenwerte und die Eigenvektoren von L!

c) Bestimme die Fixgeraden von L!

d) Ermittle eine Normaldarstellung von L! Welche Abbildungsarten können vorliegen?

e) Für welche Abbildungen L gilt: Ist der Punkt P kein Fixpunkt, dann liegt auf der Geraden g durch P und P′ genau ein Fixpunkt F?

f) In welchen Fällen liegt F zwischen P und P′? In welchem Verhältnis teilt F dann die Strecke PP′?

g) Zeige, dass die Menge M bezüglich der Verkettung von Abbildungen eine Gruppe ist!

§ 18 Quadratische Gleichungen in zwei Variablen Kegelschnitte

I. Ellipsen und Hyperbeln

1. Wenn man einen Doppelkegel mit einer Ebene zum Schnitt bringt, so kann die Schnittfigur verschiedene Formen haben. In Bild 18.1 sind sieben mögliche Fälle von **„Kegelschnitten“** dargestellt.

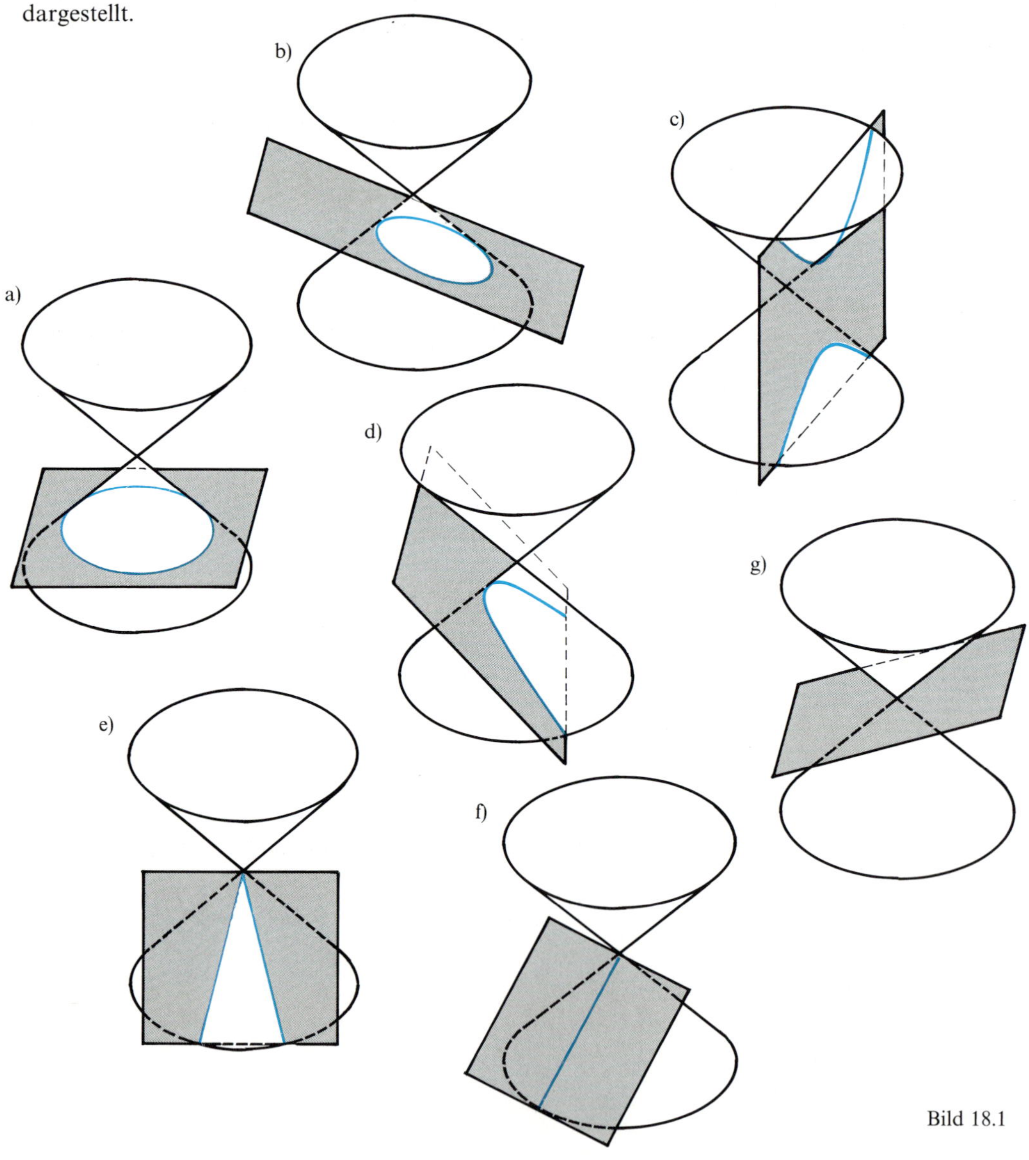

Bild 18.1

Sonderfälle ergeben sich, wenn die Ebene durch die Spitze des Kegels geht: Im Fall von Bild e) entstehen zwei Geraden, im Fall von Bild f) entsteht eine Gerade; im Fall von Bild g) wird nur die Spitze getroffen. Diese Sonderfälle lassen wir vorläufig außer Betracht; sie werden im III. Abschnitt ebenfalls als Sonderfälle auftreten.

2. Mit **Kreisen** (Bild 18.1a) haben wir uns in §12 schon ausführlich beschäftigt. Im Fall von Bild 18.1d liegt ebenfalls ein Sonderfall vor: Wenn die Ebene parallel zu einer Mantellinie des Kegels verläuft (ohne diese zu enthalten), entsteht eine **Parabel**. Mit Parabeln haben wir uns schon im 9. Schuljahr beschäftigt. Wir haben gesehen, dass Parabeln, deren Symmetrieachsen parallel zur y-Achse verlaufen, durch Gleichungen der Form

$$y = a x^2 + b x + c$$

erfasst werden. Ist eine Parallele zur x-Achse die Symmetrieachse, so hat die Parabel eine Gleichung der Form

$$x = a y^2 + b y + c.$$

Weitere Fälle werden ebenfalls im III. Abschnitt behandelt.

3. Im Folgenden wollen wir uns zunächst mit **Ellipsen** (Bild 18.1b) und mit **Hyperbeln** (Bild 18.1c) beschäftigen. Man kann die Gleichungen dieser Kurven unmittelbar aus ihrer Erzeugung als Kegelschnitte herleiten. Da diese Herleitung aber langwierig ist, wählen wir im Folgenden einen Zugang, der an den Stoff der beiden letzten Paragraphen anschließt.

4. Wir unterwerfen den in einem Kartesischen Koordinatensystem durch die Gleichung

$$x^2 + y^2 = a^2$$

dargestellten Kreis einer zur y-Achse parallelen Streckung, einer **„Orthogonal-Affinität“**:

$$\vec{x}' = A\vec{x} \quad \text{mit } A = \begin{pmatrix} 1 & 0 \\ 0 & k \end{pmatrix} \text{ und } k > 0.$$

Die Abbildungsgleichungen lauten also:

$$x' = x \wedge y' = k y.$$

Demnach gilt: $x^2 = x'^2$ und $y^2 = \left(\frac{y'}{k}\right)^2$. Das Bild des Kreises hat also die Gleichung

$$x'^2 + \left(\frac{y'}{k}\right)^2 = a^2 \Leftrightarrow \left(\frac{x'}{a}\right)^2 + \left(\frac{y'}{k a}\right)^2 = 1 \quad \text{(Bild 18.2).}$$

Setzen wir noch $k a = b$, so erhalten wir:

$$\left(\frac{x'}{a}\right)^2 + \left(\frac{y'}{b}\right)^2 = 1.$$

Es ergibt sich eine **Ellipse**.

In Bild 18.2a ist ein Fall mit $k>1$, in Bild 18.2b ein Fall mit $k<1$ dargestellt.

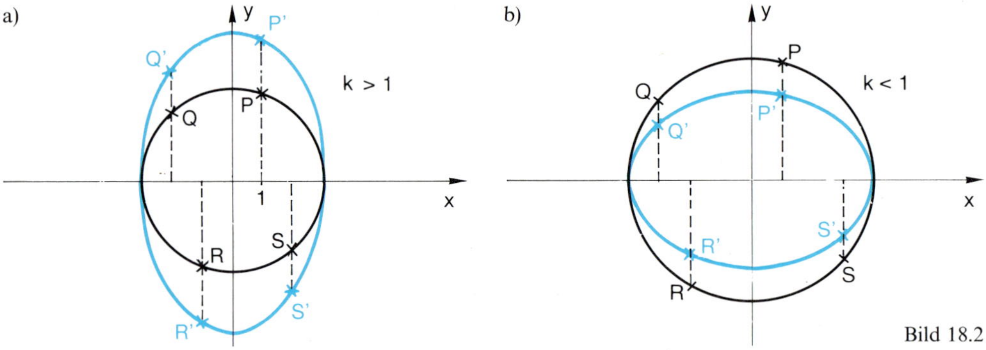

Bild 18.2

Wenn man einen Kreis zu $x^2+y^2=b^2$ mit einem geeigneten Faktor $k>0$ in Richtung der x-Achse streckt, kann man zur gleichen Ellipse kommen; es ist dann $bk=a$ zu setzen, und es gilt $k=\frac{a}{b}$ (Aufgabe 1).

Zur Vereinfachung der Schreibweise lassen wir im Folgenden die Striche bei den Variablen x und y weg. Dann können wir sagen:

S18.1 Die Ellipse zu $\left(\frac{x}{a}\right)^2+\left(\frac{y}{b}\right)^2=1$ ist ein orthogonal-affines Bild des Kreises zu $x^2+y^2=r^2$ mit $r=a$ oder $r=b$.

Man nennt a und b die Längen der beiden **„Hauptachsen"** der Ellipse und unterscheidet zwischen der „kleinen" und der „großen" Hauptachse.

5. Durch Auflösung der Ellipsengleichung $\left(\frac{x}{a}\right)^2+\left(\frac{y}{b}\right)^2=1$ nach y^2 erhält man:

$$y^2=\frac{b^2}{a^2}(a^2-x^2)$$

$$\Leftrightarrow \; y=\frac{b}{a}\sqrt{a^2-x^2} \vee y=-\frac{b}{a}\sqrt{a^2-x^2}.$$

Die beiden Funktionen f_1 und f_2 zu

$f_1(x)=\frac{b}{a}\sqrt{a^2-x^2}$ und $f_2(x)=-\frac{b}{a}\sqrt{a^2-x^2}$

kann man mit Hilfe der aus der Analysis bekannten Verfahren diskutieren (Aufgabe 3a). Die Ellipse setzt sich dann aus den Graphen der beiden Funktionen f_1 und f_2 zusammen (Bild 18.3).

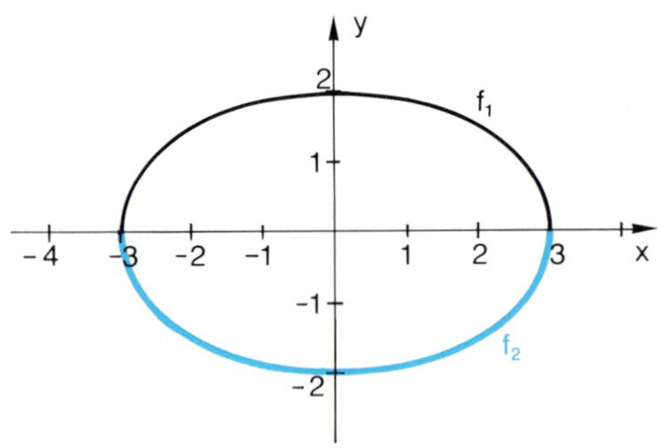

Bild 18.3

6. Aus dem Unterricht in der 9. Klasse sind uns **Hyperbeln** bekannt, die durch Gleichungen der Form

$$x \cdot y = c \quad (\text{mit } c \neq 0)$$

dargestellt werden (Bild 18.4).

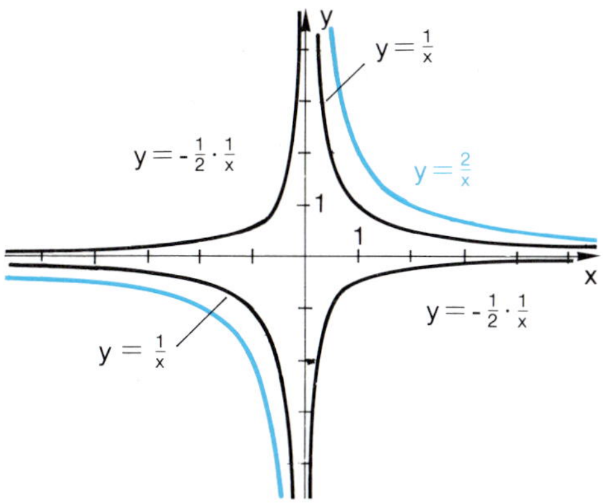

Bild 18.4

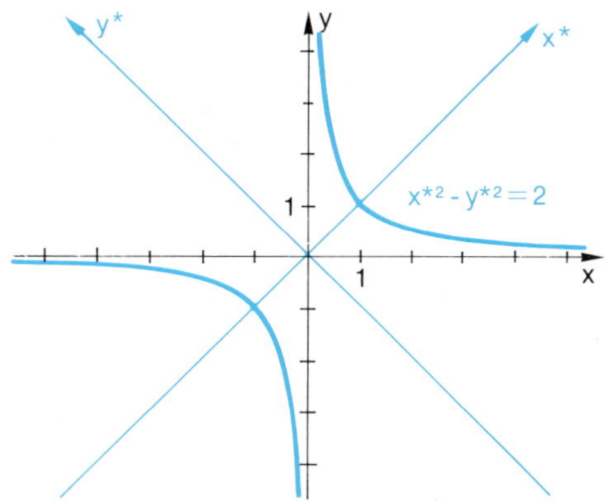

Bild 18.5

Wir führen nun eine Drehtransformation mit dem Drehmaß $\varphi = 45°$ durch, d.h., wir wählen die Winkelhalbierenden des I. und des II. Quadranten als neue Koordinatenachsen. Es gilt $\sin 45° = \cos 45° = \frac{1}{2}\sqrt{2}$; daher lauten die Transformationsgleichungen

$$x = \tfrac{1}{2}\sqrt{2}(x^* - y^*) \quad \text{und} \quad y = \tfrac{1}{2}\sqrt{2}(x^* + y^*).$$

Damit erhält man aus $x \cdot y = c$ (mit $c > 0$):

$$x \cdot y = \tfrac{1}{2}(x^{*2} - y^{*2}) = c, \quad \text{also} \quad x^{*2} - y^{*2} = 2c;$$

wegen $c > 0$ können wir statt $2c$ auch a^2 schreiben:

$$x^{*2} - y^{*2} = a^2.$$

Dies ist die Gleichung einer **„gleichseitigen Hyperbel“** (Bild 18.5). Die x^*- und die y^*-Achse sind Symmetrieachsen der Hyperbel. Die Asymptoten haben im neuen Koordinatensystem die Gleichungen $y^* = x^*$ bzw. $y^* = -x^*$ (Aufgabe 4).

7. Die Gleichung $x^{*2} - y^{*2} = a^2$ entspricht der Gleichung $x^2 + y^2 = a^2$ des Kreises, von der wir unter 4. bei der Herleitung der Ellipsengleichung ausgegangen sind. Wir lassen im Folgenden den Stern weg und schreiben die Gleichung in der Form

$$x^2 - y^2 = a^2.$$

Auf diese Gleichung können wir nun wieder eine orthogonale Affinität anwenden:

$$\vec{x}' = A\vec{x} \quad \text{mit } A = \begin{pmatrix} 1 & 0 \\ 0 & k \end{pmatrix}, \quad \text{also } x' = x \text{ und } y' = ky.$$

Wir erhalten damit aus $x^2-y^2=a^2$:

$$x'^2-\left(\frac{y'}{k}\right)^2=a^2, \quad \text{also} \quad \left(\frac{x'}{a}\right)^2-\left(\frac{y'}{k\,a}\right)^2=1 \quad \text{und mit } b=k\,a:$$

$$\left(\frac{x'}{a}\right)^2-\left(\frac{y'}{b}\right)^2=1; \text{ für den Streckfaktor gilt: } k=\frac{b}{a}.$$

Diese Gleichung stellt wiederum eine Hyperbel dar (Bild 18.6). Es ist einleuchtend, dass bei dieser Abbildung die Asymptoten der gleichseitigen Hyperbel wieder in Asymptoten der Bildhyperbel übergehen. Daraus ergeben sich die Gleichungen für die Asymptoten der Bildhyperbel zu

$$y'=\frac{b}{a}x' \quad \text{und} \quad y'=-\frac{b}{a}x'.$$

Wir lassen nun den Strich bei den Koordinaten wieder weg; dann können wir sagen:

S 18.2 Die Hyperbel zu $\left(\frac{x}{a}\right)^2-\left(\frac{y}{b}\right)^2=1$ ist ein orthogonal-affines Bild der gleichseitigen Hyperbel zu $x^2-y^2=a^2$.

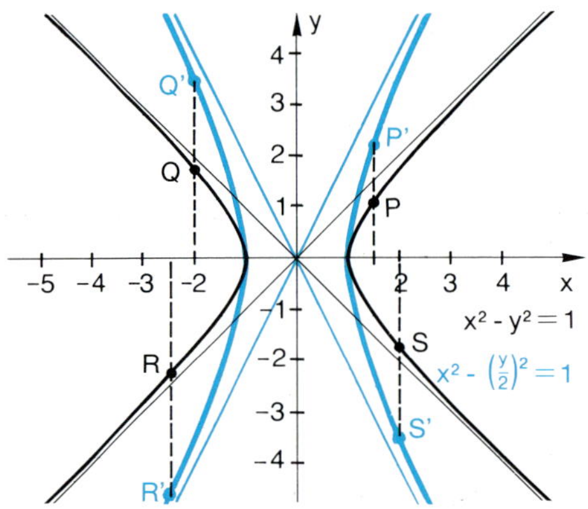

Bild 18.6

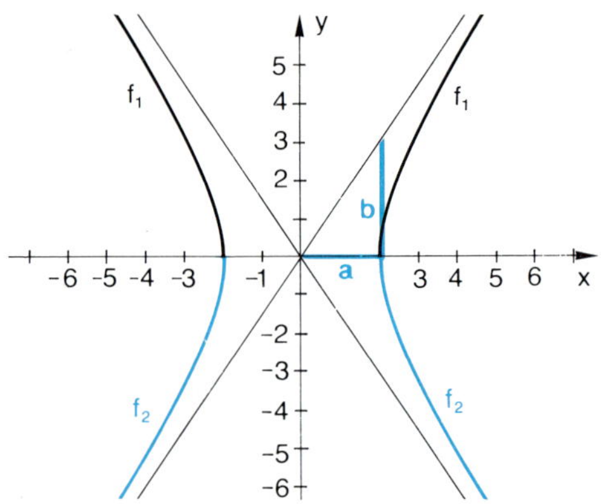

Bild 18.7

8. Durch Auflösung der Hyperbelgleichung $\left(\frac{x}{a}\right)^2-\left(\frac{y}{b}\right)^2=1$ nach y^2 erhält man:

$$y^2=\frac{b^2}{a^2}(x^2-a^2) \Leftrightarrow y=\frac{b}{a}\sqrt{x^2-a^2} \vee y=-\frac{b}{a}\sqrt{x^2-a^2}.$$

Die beiden Funktionen f_1 und f_2 zu $f_1(x)=\frac{b}{a}\sqrt{x^2-a^2}$ bzw. $f_2(x)=-\frac{b}{a}\sqrt{x^2-a^2}$ kann man mit Hilfe der aus der Analysis bekannten Verfahren diskutieren (Aufgabe 3b). Die Hyperbel setzt sich dann aus den Graphen dieser beiden Funktionen zusammen (Bild 18.7). Dass die

Gerade g zu $g(x)=\frac{b}{a}x$ Asymptote zum Funktionsgraphen von f_1 für $x\to\infty$ ist, kann man auf die folgende Weise zeigen:

$$\begin{aligned}
f_1(x)-g(x) &= \frac{b}{a}\sqrt{x^2-a^2}-\frac{b}{a}x \\
&= \frac{b}{a}[\sqrt{x^2-a^2}-x]=\frac{b}{a}\,\frac{(\sqrt{x^2-a^2}-x)(\sqrt{x^2-a^2}+x)}{\sqrt{x^2-a^2}+x} \\
&= \frac{b}{a}\,\frac{x^2-a^2-x^2}{\sqrt{x^2-a^2}+x}=\frac{-ab}{\sqrt{x^2-a^2}+x}.
\end{aligned}$$

Daraus ergibt sich:

$$\lim_{x\to\infty}[f_1(x)-g(x)]=\lim_{x\to\infty}\frac{-ab}{\sqrt{x^2-a^2}+x}=0, \quad \text{q.e.d.}$$

Entsprechend ist der Nachweis für die drei anderen Asymptotenäste zu führen (Aufgabe 5).

Übungen und Aufgaben

1. Beweise! Streckt man einen Kreis zu $x^2+y^2=b^2$ mit einem geeigneten Faktor $k>0$ in Richtung der x-Achse, so erhält man die Ellipse zu $\left(\frac{x}{a}\right)^2+\left(\frac{y}{b}\right)^2=1$.

2. Unterwirf die Kurve zu der angegebenen Gleichung einer Orthogonal-Affinität $\vec{x}'=A\vec{x}$ mit **1)** $A=\begin{pmatrix}1 & 0\\ 0 & k\end{pmatrix}$; **2)** $A=\begin{pmatrix}k & 0\\ 0 & 1\end{pmatrix}$ und $k>0$. Welche Bildkurve entsteht?

a) $y=ax^2+bx+c$ **b)** $x=ay^2+by+c$ **c)** $x^2+(yk)^2=a^2$

d) $(xk)^2-y^2=a^2$ **e)** $\left(\frac{x}{a}\right)^2+\left(\frac{y}{b}\right)^2=1$ **f)** $\left(\frac{x}{a}\right)^2-\left(\frac{y}{b}\right)^2=1$

3. Diskutiere die Funktionen f_1 und f_2 mit Hilfe der aus der Analysis bekannten Verfahren und zeichne ihre Graphen für $a=3$ und $b=2$!

a) $f_1(x)=\frac{b}{a}\sqrt{a^2-x^2}$; $f_2(x)=-\frac{b}{a}\sqrt{a^2-x^2}$ **b)** $f_1(x)=\frac{b}{a}\sqrt{x^2-a^2}$; $f_2(x)=-\frac{b}{a}\sqrt{x^2-a^2}$

4. Bestätige, dass die Drehung, die die Hyperbel $x\cdot y=c$ auf die Hyperbel $x^{*2}-y^{*2}=a^2$ abbildet (vgl. Seite 377), die Asymptoten auf die Geraden zu $y^*=x^*$ und zu $y^*=-x^*$ abbildet!

Eigenwerte: $|A-\lambda E| = \begin{vmatrix} 2-\lambda & 1 \\ 4 & -1-\lambda \end{vmatrix} = (2-\lambda)(-1-\lambda)-4 = \lambda^2-\lambda-6=0.$

$$\Delta = (\tfrac{1}{2})^2+6=\tfrac{25}{4},\ \lambda_1=\tfrac{1}{2}+\tfrac{5}{2}=3;\ \lambda_2=\tfrac{1}{2}-\tfrac{5}{2}=-2.$$

Eigenvektoren:

1) Zu $\lambda_1=3$: $-x+y=0 \Rightarrow x=y=c;\ \vec{x}_1=c\begin{pmatrix}1\\1\end{pmatrix}$.

2) Zu $\lambda_2=-2$: $4x+y=0 \Rightarrow x=c;\ y=-4c;\ \vec{x}_2=c\begin{pmatrix}1\\-4\end{pmatrix}$.

Fixgeraden: $\vec{x}=t\begin{pmatrix}1\\1\end{pmatrix};\ \vec{x}=s\begin{pmatrix}1\\-4\end{pmatrix}$.

Es handelt sich um eine **Euler-Affinität**.

2. Beispiel: $A=\begin{pmatrix}1{,}36 & -0{,}48\\ -0{,}48 & 1{,}64\end{pmatrix};\ \vec{v}=\begin{pmatrix}7\\-1\end{pmatrix}$

Fixpunkte: $\begin{cases} 1{,}36x-0{,}48y+7=x \\ \wedge\ -0{,}48x+1{,}64y-1=y \end{cases} \Rightarrow \begin{cases} 0{,}36x-0{,}48y=-7 \\ \wedge\ -0{,}48x+0{,}64y=1 \end{cases}$

$\begin{vmatrix} 0{,}36 & -0{,}48 \\ -0{,}48 & 0{,}64 \end{vmatrix} = 0{,}36\cdot 0{,}64-0{,}48^2=0{,}2304-0{,}2304=0.$ Es gibt **keinen Fixpunkt**.

Eigenwerte: $|A-\lambda E| = \begin{vmatrix} 1{,}36-\lambda & -0{,}48 \\ -0{,}48 & 1{,}64-\lambda \end{vmatrix} = (1{,}36-\lambda)(1{,}64-\lambda)-0{,}48^2$

$$=\lambda^2-3\lambda+1{,}36\cdot 1{,}64-0{,}48^2=\lambda^2-3\lambda+2{,}2304-0{,}2304$$
$$=\lambda^2-3\lambda+2=(\lambda-1)(\lambda-2)=0 \Leftrightarrow \lambda=1 \vee \lambda=2.$$

Eigenvektoren:

1) Zu $\lambda_1=1$: $0{,}36x-0{,}48y=0;\ x=4c;\ y=3c;\ \vec{x}_1=c\begin{pmatrix}4\\3\end{pmatrix}$.

2) Zu $\lambda_2=2$: $-0{,}64x-0{,}48y=0;\ x=3c;\ y=-4c;\ \vec{x}_2=c\begin{pmatrix}3\\-4\end{pmatrix}$.

Fixgeraden: Bedingung: $f(\vec{x})-\vec{x}=\mu\vec{a}$.

1) Zu $\lambda_1=1$: $0{,}36x-0{,}48y=-7+4\mu \wedge -0{,}48x+0{,}64y=1+3\mu$.
Bedingung für die Lösbarkeit des Gleichungssystems:

$$-3(1+3\mu)=4(-7+4\mu) \Leftrightarrow -3-9\mu=-28+16\mu \Leftrightarrow 25=25\mu \Leftrightarrow \mu=1.$$

Fixgerade: $0{,}36x-0{,}48y=-3 \Leftrightarrow 3x-4y=-25.$

2) Zu $\lambda_2=2$: $0{,}36x-0{,}48y=-7+3\mu \wedge -0{,}48x+0{,}64y=1-4\mu$.
Bedingung für Lösbarkeit des Gleichungssystems:

$$-3(1-4\mu)=4(-7+3\mu) \Leftrightarrow -3+12\mu=-28+12\mu,$$

diese Bedingung ist unerfüllbar.

Es handelt sich um eine **Schubparallelstreckung**.

5. Ermittle die Gleichungen der Asymptoten an die Hyperbel zu $\left(\frac{x}{a}\right)^2 - \left(\frac{y}{b}\right)^2 = 1$ und weise nach, dass es sich tatsächlich um Asymptoten handelt! (Vgl. S. 379!)

6. Bild 18.8 zeigt die sogenannte Gärtnerkonstruktion einer Ellipse.
Die Summe der Abstände jedes Ellipsenpunktes P von den beiden Brennpunkten F_1 und F_2 ist konstant: $r_1 + r_2 = 2a$. Der Abstand der beiden Brennpunkte sei $2e$ (Bild 18.9).
Bestätige, dass auf diese Weise tatsächlich eine Ellipse mit den Halbachsen a und b entsteht!
Anleitung:
a) Zeige zunächst, dass $b^2 = a^2 - e^2$ ist!
b) Drücke $r_1{}^2$ und $r_2{}^2$ durch die Koordinaten eines Kurvenpunktes $P(x|y)$ und durch e aus und berechne $r_1{}^2 - r_2{}^2$!
c) Drücke mit Hilfe der Gleichung $r_1 + r_2 = 2a$ und des Ergebnisses von b) r_1 durch a, e und x aus!
d) Setze das Ergebnis von c) in die unter b) gewonnene Beziehung für $r_1{}^2$ ein und leite daraus mit Hilfe der Beziehung $b^2 = a^2 - e^2$ die Ellipsengleichung her!

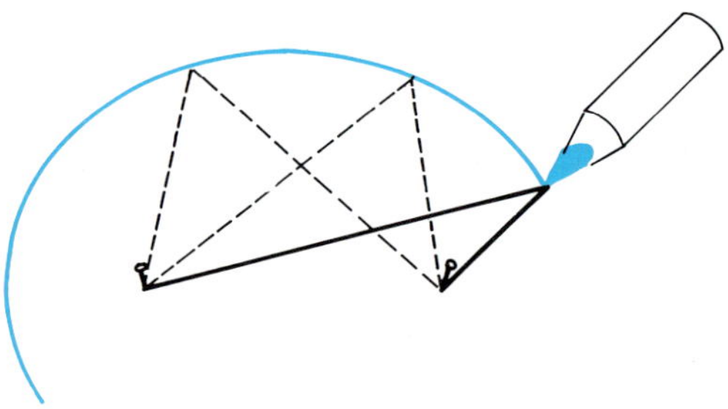

Bild 18.8

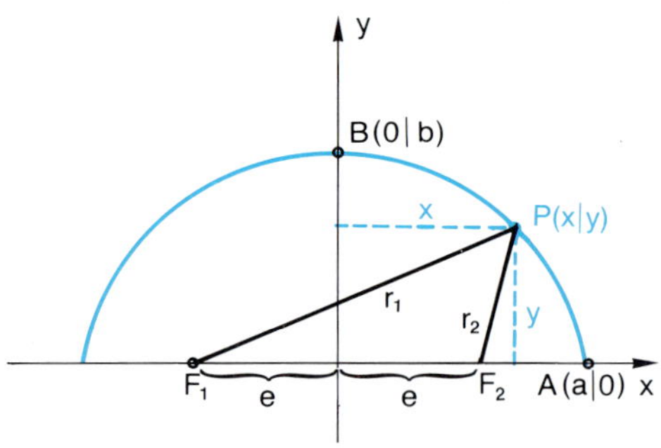

Bild 18.9

II. Hauptachsentransformation bei quadratischen Formen

1. Wenn man die Gleichung einer Ellipse $\frac{x^2}{a^2}+\frac{y^2}{b^2}=1$ einer Drehtransformation gemäß

$$x=\cos\varphi\cdot x'-\sin\varphi\cdot y' \wedge y=\sin\varphi\cdot x'+\cos\varphi\cdot y'$$

unterwirft, dann treten beim Berechnen von x^2 und von y^2 **„gemischte Glieder"**, also Glieder mit dem Produkt $x'\cdot y'$ auf. Die Gleichung hat dann die Form:

$$a_1 x'^2+b_1 x' y'+c_1 y'^2=1.$$

Führt man anschließend noch eine Verschiebung durch gemäß

$$x'=x''+u \wedge y'=y''+v,$$

so ergeben sich überdies **lineare** Glieder in x'' und y''; die Gleichung erhält die Form

$$a_2 x''^2+b_2 x''^2+c_2 y''^2+d_2 x''+e_2 y''+f_2=0.$$

Eine Gleichung dieser Form ergibt sich auch, wenn man entsprechende Transformationen bei einer Hyperbel oder bei einer Parabel durchführt.

2. Ist nun umgekehrt eine quadratische Gleichung in zwei Variablen x und y, also eine Gleichung der Form

$$ax^2+bxy+cy^2+dx+ey+f=0$$

gegeben, so stellt sich die Aufgabe zu untersuchen, welche Kurve durch die Gleichung festgelegt wird, ob es sich um eine Ellipse, eine Hyperbel, eine Parabel oder um eine andere Kurve handelt. Es ist zu vermuten, dass sich in der Regel ein Kegelschnitt ergibt. Dabei muss man allerdings die in Bild 18.1 (Seite 374) aufgeführten Sonderfälle berücksichtigen. Dass die Lösungsmenge einer solchen Gleichung allerdings auch leer sein kann, zeigt bereits das einfache

Beispiel: $x^2+y^2=-1.$

3. Wir beschäftigen uns zunächst mit dem Fall, dass die Gleichung von der Form

$$ax^2+2bxy+cy^2+d=0$$

ist, dass also außer den quadratischen Gliedern und dem Absolutglied **nur** noch das „gemischte Glied" $2bxy$ auftritt. Man nennt einen Ausdruck der Form

$$Q(x|y)=ax^2+2bxy+cy^2$$

eine **„quadratische Form"**.
Wir bezeichnen den Koeffizienten des gemischten Gliedes mit „2b" statt mit „b", weil wir die quadratische Form dann folgendermaßen schreiben können:

$$Q(x|y)=ax^2+bxy+byx+cy^2.$$

Diese Schreibweise legt die Erfassung der quadratischen Form durch die Matrix $A=\begin{pmatrix} a & b \\ b & c \end{pmatrix}$ nahe. Und zwar lässt sich $Q(x|y)$ schreiben als Skalarprodukt der beiden Vektoren $A\vec{x}$ und $\vec{x}$; denn es gilt:

$$A\vec{x}\cdot\vec{x}=\begin{pmatrix} a & b \\ b & c \end{pmatrix}\begin{pmatrix} x \\ y \end{pmatrix}\cdot\begin{pmatrix} x \\ y \end{pmatrix}=\begin{pmatrix} ax+by \\ bx+cy \end{pmatrix}\cdot\begin{pmatrix} x \\ y \end{pmatrix}=ax^2+byx+bxy+cy^2=Q(x|y).$$

Die Matrix A ist hierbei eine **„symmetrische Matrix"**; dies bedeutet, dass sie durch Vertauschen ihrer Zeilen mit ihren entsprechenden Spalten in sich selbst übergeht, dass sie also mit ihrer transponierten Matrix A^T übereinstimmt: $A^T=A$.

4. Oben haben wir gesehen, dass bei Anwendung einer Drehtransformation auf eine Ellipsengleichung der Form $\left(\frac{x}{a}\right)^2+\left(\frac{y}{b}\right)^2=1$ eine Gleichung entsteht, die außer den quadratischen Gliedern auch ein „gemischtes Glied" mit dem Faktor $x'y'$ enthält. Daher können wir erwarten, dass wir umgekehrt aus einem quadratischen Term der Form

$$Q(x|y)=ax^2+2bxy+cy^2$$

das gemischte Glied durch Anwendung einer geeigneten Drehung zum Verschwinden bringen können. Es liegt hier eine ähnliche Situation vor wie in § 17, V, wo wir durch eine passende Koordinatentransformation eine lineare Abbildung durch eine möglichst einfache Matrix dargestellt haben.

Wir führen also auch hier eine Koordinatentransformation f mit Hilfe einer regulären Matrix T durch; unten wird sich herausstellen, dass es sich dabei um eine Drehung des Koordinatensystems handelt. Wir setzen:

$$\vec{x}=T\vec{x}', \quad \text{also } \vec{x}'=T^{-1}\vec{x}=f(\vec{x}).$$

Dieser Abbildung f haben wir auch den Vektor $A\vec{x}$ zu unterwerfen:

$$f(A\vec{x})=T^{-1}(A\vec{x}).$$

Dabei geht die quadratische Form $Q=A\vec{x}\cdot\vec{x}$ über in die quadratische Form

$$Q'=f(A\vec{x})\cdot f(\vec{x})=T^{-1}(A\vec{x})\cdot T^{-1}\vec{x}=T^{-1}(AT\vec{x}')\cdot T^{-1}T\vec{x}'=(T^{-1}AT)\vec{x}'\cdot\vec{x}'.$$

Die quadratische Form hat im neuen Koordinatensystem also die Gestalt

$$Q'(x'|y')=B\vec{x}'\cdot\vec{x}' \quad \text{mit } B=T^{-1}AT.$$

5. Nach Satz S 17.14 (Seite 360) lässt sich nun stets erreichen, dass die Matrix $B=T^{-1}AT$ Diagonalform hat, wenn die Matrix A zwei verschiedene Eigenwerte λ_1, λ_2 mit zwei linear unabhängigen Eigenvektoren $\vec{x}_1$, $\vec{x}_2$ besitzt. Bei symmetrischen Matrizen ist dies immer der Fall; die Eigenvektoren sind sogar zueinander orthogonal.

Es gilt der Satz:

S18.3 Jede symmetrische Matrix $A=\begin{pmatrix} a & b \\ b & c \end{pmatrix}$ (mit $b\neq 0$) hat zwei verschiedene Eigenwerte λ_1, λ_2. Die zugehörigen Eigenvektoren $\vec{x}_1$, $\vec{x}_2$ sind linear unabhängig und sogar zueinander orthogonal.

Beweis: $\begin{vmatrix} a-\lambda & b \\ b & c-\lambda \end{vmatrix} = (a-\lambda)(c-\lambda)-b^2=\lambda^2-(a+c)\lambda+(ac-b^2)=0.$

Die Diskriminante dieser quadratischen Gleichung lautet:

$$\Delta=\left(\frac{a+c}{2}\right)^2-ac+b^2=\frac{a^2}{4}+\frac{2ac}{4}+\frac{c^2}{4}-\frac{4ac}{4}+b^2=\left(\frac{a-c}{2}\right)^2+b^2.$$

Wegen $b\neq 0$ gilt stets $\Delta>0$; die Matrix hat also die beiden voneinander verschiedenen Eigenwerte

$$\lambda_1=\frac{a+c}{2}+\sqrt{\Delta} \quad \text{und} \quad \lambda_2=\frac{a+c}{2}-\sqrt{\Delta}.$$

Die zugehörigen Eigenvektoren sind darstellbar in der Form

$$\vec{x}_1=k\begin{pmatrix} b \\ p \end{pmatrix} \quad \text{und} \quad \vec{x}_2=k\begin{pmatrix} -p \\ b \end{pmatrix} \quad \text{mit } p=\frac{c-a}{2}+\sqrt{\Delta} \text{ und } k\in\mathbb{R} \quad \text{(Aufgabe 4).}$$

Diese Eigenvektoren sind offensichtlich linear unabhängig und sogar zueinander orthogonal, q.e.d.

6. Wie in §17, V wählen wir nun als Transformationsmatrix die Matrix $T=(\vec{x}_1, \vec{x}_2)$. Wenn wir die Eigenvektoren auf die Länge 1 normieren, dann ist T eine orthonormierte Matrix der Form $\begin{pmatrix} r & -s \\ s & r \end{pmatrix}$ (mit $r^2+s^2=1$), also eine Drehmatrix D. Für jede Drehmatrix D gilt $D^{-1}=D^T$ (Aufgabe 5); daher können wir die Matrix B der neuen quadratischen Form Q′ auch in der Form $B=D^T AD$ schreiben.
Die Matrix D^T enthält die Vektoren $\vec{x}_1$, $\vec{x}_2$ als **Zeilen**vektoren; wir müssten diese streng genommen mit „$\vec{x}_i^T$“ bezeichnen, schreiben der Einfachheit halber aber $D^T=\begin{pmatrix} \vec{x}_1 \\ \vec{x}_2 \end{pmatrix}$. Dann gilt:

$$\begin{aligned} B=D^T AD&=\begin{pmatrix} \vec{x}_1 \\ \vec{x}_2 \end{pmatrix} A(\vec{x}_1, \vec{x}_2)=\begin{pmatrix} \vec{x}_1 \\ \vec{x}_2 \end{pmatrix}(A\vec{x}_1, A\vec{x}_2)=\begin{pmatrix} \vec{x}_1 \\ \vec{x}_2 \end{pmatrix}(\lambda_1\vec{x}_1, \lambda_2\vec{x}_2) \\ &=\begin{pmatrix} \lambda_1\vec{x}_1\cdot\vec{x}_1 & \lambda_1\vec{x}_1\cdot\vec{x}_2 \\ \lambda_2\vec{x}_2\cdot\vec{x}_1 & \lambda_2\vec{x}_2\cdot\vec{x}_2 \end{pmatrix}=\begin{pmatrix} \lambda_1\cdot 1 & \lambda_1\cdot 0 \\ \lambda_2\cdot 0 & \lambda_1\cdot 1 \end{pmatrix}=\begin{pmatrix} \lambda_1 & 0 \\ 0 & \lambda_2 \end{pmatrix}. \end{aligned}$$

Die quadratische Form Q geht durch die Transformation also über in

$$Q'(x'|y')=B\vec{x}'\cdot\vec{x}'=\lambda_1 x'^2+\lambda_2 y'^2.$$

Es gilt also der Satz:

S18.4 **Jede quadratische Form $Q(x|y)=ax^2+2bxy+cy^2=A\vec{x}\cdot\vec{x}$ mit $A=\begin{pmatrix} a & b \\ b & c \end{pmatrix}$ und $b \neq 0$ lässt sich durch die Transformation zu $\vec{x}=D\vec{x}'$ mit der Drehmatrix $D=(\vec{x}_1, \vec{x}_2)$ auf ihre „Hauptachsen“ transformieren. Dabei sind die Spaltenvektoren von D die auf die Länge 1 normierten Eigenvektoren von A. Für die transformierte Matrix $B=D^TAD$ gilt $B=\begin{pmatrix} \lambda_1 & 0 \\ 0 & \lambda_2 \end{pmatrix}$ mit den Eigenwerten λ_1, λ_2 von A. Die quadratische Form geht dabei über in**

$$Q'(x'|y')=\lambda_1 x'^2+\lambda_2 y'^2.$$

7. Wir behandeln zwei Beispiele.

1. Beispiel: $Q(x|y)=6x^2-8xy+6y^2=10$ mit $A=\begin{pmatrix} 6 & -4 \\ -4 & 6 \end{pmatrix}$

Eigenwerte: $\begin{vmatrix} 6-\lambda & -4 \\ -4 & 6-\lambda \end{vmatrix}=(6-\lambda)^2-16=0 \Leftrightarrow \lambda=2 \vee \lambda=10$

Eigenvektoren: $\vec{x}_1=k\begin{pmatrix} 1 \\ 1 \end{pmatrix}$ und $\vec{x}_2=k\begin{pmatrix} 1 \\ -1 \end{pmatrix}$. Normierung: $k^2+k^2=1 \Rightarrow k=\pm\frac{1}{2}\sqrt{2}$

Für $k=\frac{1}{2}\sqrt{2}$ lautet die Transformationsmatrix: $T=\frac{1}{2}\sqrt{2}\begin{pmatrix} 1 & -1 \\ 1 & 1 \end{pmatrix}$; es handelt sich um eine Drehmatrix D.

Aus $\cos\varphi=\sin\varphi=\frac{1}{2}\sqrt{2}$ ergibt sich als Drehmaß: $\varphi=45°$ oder $\varphi=315°$. Die Gleichung des Kegelschnitts lautet im neuen Koordinatensystem also:

$$2x'^2+10y'^2=10 \Leftrightarrow \left(\frac{x'}{\sqrt{5}}\right)^2+y'^2=1.$$

Es handelt sich um eine Ellipse mit den Hauptachsenlängen $a=\sqrt{5}$ und $b=1$ (Bild 18.10).

Bemerkung: Hätten wir die Reihenfolge der Eigenwerte vertauscht ($\lambda_1=10$; $\lambda_2=2$) oder $k=-\frac{1}{2}\sqrt{2}$ gewählt, so hätten sich eine Drehung um $-45°$ (bzw. 315°) und die Gleichung $10x'^2+2y'^2=10$ ergeben.

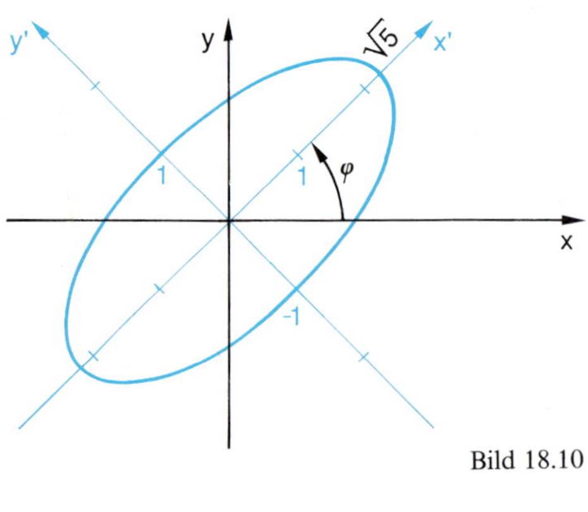

Bild 18.10

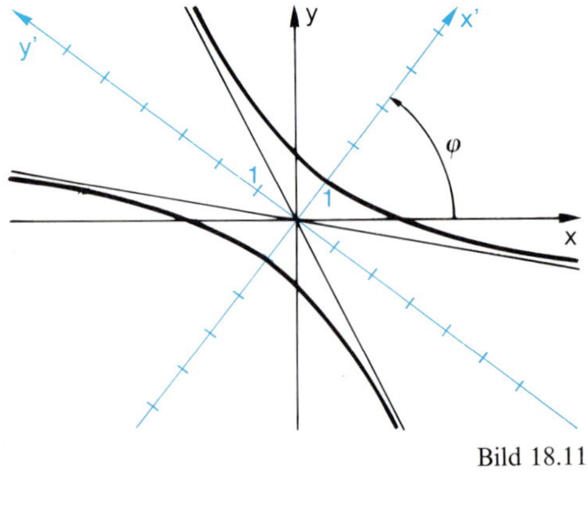

Bild 18.11

<u>**2. Beispiel:**</u> $Q(x|y) = 4x^2 + 24xy + 11y^2 = 20$ mit $A = \begin{pmatrix} 4 & 12 \\ 12 & 11 \end{pmatrix}$

Eigenwerte: $\begin{vmatrix} 4-\lambda & 12 \\ 12 & 11-\lambda \end{vmatrix} = (4-\lambda)(11-\lambda) - 144 = 0 \Leftrightarrow \lambda = 20 \vee \lambda = -5$

Eigenvektoren: $\vec{x}_1 = k\begin{pmatrix} 3 \\ 4 \end{pmatrix}$ und $\vec{x}_2 = k\begin{pmatrix} -4 \\ 3 \end{pmatrix}$. Normierung: $9k^2 + 16k^2 = 1 \Rightarrow k = \pm\frac{1}{5}$

Für $k = \frac{1}{5}$ lautet die Drehmatrix: $D = \frac{1}{5}\begin{pmatrix} 3 & -4 \\ 4 & 3 \end{pmatrix}$. Es ist $\cos\varphi = \frac{3}{5}$ und $\sin\varphi = \frac{4}{5}$, also $\varphi \approx 53{,}1°$.

Die Gleichung lautet in der transformierten Form:

$$20x'^2 - 5y'^2 = 20 \Leftrightarrow x'^2 - \left(\frac{y'}{2}\right)^2 = 1;$$

es handelt sich um eine Hyperbel (Bild 18.11).

Übungen und Aufgaben

1. Welche Gleichung entspricht der angegebenen Gleichung in einem Koordinatensystem, das um einen Winkel vom Maß α gedreht wurde?

a) $y = 3x^2;\ \alpha = 90°$ **b)** $y = 3x^2;\ \alpha = 60°$ **c)** $3x^2 + y^2 = 1;\ \alpha = 45°$
d) $3x^2 + y^2 = 1;\ \alpha = 135°$ **e)** $3x^2 - y^2 = 1;\ \alpha = 30°$ **f)** $3x^2 - y^2 = 1;\ \alpha = 90°$
g) $x^2 + 2xy + y^2 = 1;\ \alpha = 45°$ **h)** $5x^2 + 2xy + 5y^2 = 2;\ \alpha = 135°$ **i)** $5x^2 + 2xy + 5y^2 = 2;\ \alpha = 330°$

2. Welche Gleichung entspricht der angegebenen Gleichung in einem Koordinatensystem, das gegenüber dem vorliegenden gedreht **und** verschoben wurde?

a) $y = ax + b$ **b)** $y = ax^2$ **c)** $x = ay^2$ **d)** $x^2 + y^2 = 1$ **e)** $ax^2 + by^2 = 1$ **f)** $ax^2 - by^2 = 1$

3. Normiere den angegebenen Vektor auf die Länge 1!

a) $\begin{pmatrix} 1 \\ 1 \end{pmatrix}$ **b)** $\begin{pmatrix} 1 \\ 2 \end{pmatrix}$ **c)** $\begin{pmatrix} -2 \\ 3 \end{pmatrix}$ **d)** $\begin{pmatrix} 4 \\ -2 \end{pmatrix}$ **e)** $\begin{pmatrix} -2 \\ 4 \end{pmatrix}$ **f)** $\begin{pmatrix} 12 \\ 5 \end{pmatrix}$ **g)** $\begin{pmatrix} 0{,}3 \\ 0{,}4 \end{pmatrix}$ **h)** $\begin{pmatrix} 0{,}5 \\ -0{,}5 \end{pmatrix}$ **i)** $\begin{pmatrix} \sqrt{2} \\ \sqrt{3} \end{pmatrix}$ **j)** $\begin{pmatrix} -\sqrt{3} \\ -1 \end{pmatrix}$

4. Zeige, dass die Matrix $A = \begin{pmatrix} a & b \\ b & c \end{pmatrix}$ die auf der Seite 383 angegebenen Eigenwerte und Eigenvektoren hat!

5. Zeige, dass für jede Drehmatrix D gilt $D^{-1} = D^T$!

6. Transformiere die quadratische Form auf ihre Hauptachsen!

a) $2x^2 + 12xy + 7y^2$ **b)** $x^2 + 14xy + y^2$ **c)** $2x^2 - 4xy - y^2$ **d)** $9x^2 - 4xy + 6y^2$
e) $14x^2 + 36xy - y^2$ **f)** $13x^2 + 12xy + 22y^2$ **g)** $22x^2 + 12xy + 13y^2$ **h)** $41x^2 - 24xy + 34y^2$

7. Welcher Kegelschnitt wird durch die Gleichung beschrieben?

a) $10x^2+4xy+10y^2=4$ **b)** $x^2+10xy+y^2=-2$ **c)** $x^2-6xy+9y^2=6$
d) $7x^2-12xy-2y^2=10$ **e)** $16x^2-4xy+19y^2=5$ **f)** $4x^2+16xy+16y^2=-1$
g) $19x^2+6xy+11y^2=15$ **h)** $13x^2-42xy-43y^2=10$ **i)** $6xy=3$

8. Skizziere den Kegelschnitt zu der angegebenen Gleichung! Bestimme dazu die Längen a und b seiner Hauptachsen, das Drehwinkelmaß und gegebenenfalls die Asymptoten!

a) $5x^2-26xy+5y^2=72$ **b)** $13x^2+24xy+13y^2=25$ **c)** $4x^2-10xy+4y^2=-9$
d) $17x^2-16xy+17y^2=225$ **e)** $3x^2-10xy+3y^2=-32$ **f)** $57x^2+14\sqrt{3}xy+43y^2=576$
g) $2x^2-4\sqrt{3}xy-2y^2=36$ **h)** $31x^2-10\sqrt{3}xy+21y^2=144$ **i)** $47x^2+34\sqrt{3}xy+13y^2=-64$

III. Transformation der allgemeinen Gleichung 2. Grades mit zwei Variablen

1. Im vorigen Abschnitt haben wir Gleichungen der Form

$$ax^2+2bxy+cy^2=d$$

behandelt. Wir wenden uns jetzt dem allgemeinen Fall einer quadratischen Gleichung mit zwei Variablen zu, in der zusätzlich noch lineare Glieder in x und in y auftreten können:

$$F(x|y)=ax^2+2bxy+cy^2+2dx+2ey+f=0.$$

(Auch hier sollen die Faktoren 2 bei den linearen Gliedern die nachfolgenden Rechnungen vereinfachen.)
In den meisten Fällen dieser Art ist es zweckmäßig, zunächst die linearen Glieder durch eine Verschiebung zu beseitigen, also eine geeignete Transformation mit

		Koeffizienten
	$x=x'+u$	$\cdot 2d$
und	$y=y'+v$	$\cdot 2e$

durchzuführen. Dann gilt:

		Koeffizienten
	$x^2=x'^2+2ux'+u^2,$	$\cdot a$
	$2xy=2x'y'+2vx'+2uy'+2uv$	$\cdot b$
und	$y^2=y'^2+2vy'+v^2$	$\cdot c$

Man erkennt sofort, dass bei dieser Transformation die Koeffizienten der quadratischen Glieder und der Koeffizient des gemischten Gliedes erhalten bleiben:

$$F(x'|y')=ax'^2+2bx'y'+cy'^2+2d'x'+2e'x'+f'=0.$$

Wir berechnen die neuen Koeffizienten d′ und e′ der linearen Glieder und das neue Absolutglied f′:

$$d' = au + bv + d,$$
$$e' = bu + cv + e,$$
$$f' = au^2 + 2buv + cv^2 + 2du + 2ev + f = F(u|v).$$

Es soll gelten: $d' = e' = 0$; für u und v erhält man also das lineare Gleichungssystem:

$$au + bv = -d \wedge bu + cv = -e$$

mit der Koeffizientenmatrix $A = \begin{pmatrix} a & b \\ b & c \end{pmatrix}$.

2. Je nachdem, ob $|A| = 0$ oder $|A| \neq 0$ ist, sind verschiedene Fälle zu unterscheiden. Wir behandeln drei wesentliche Fälle in den nachfolgenden Beispielen.

1. Beispiel: $F(x|y) = 3x^2 + 2xy + 3y^2 + 6x + 2y + 1 = 0$

Es ist also $a = 3$, $b = 1$, $c = 3$, $d = 3$, $e = 1$ und $f = 1$.

Damit lautet das Gleichungssystem für den Verschiebungsvektor $\vec{v} = \begin{pmatrix} u \\ v \end{pmatrix}$:

$$3u + v = -3 \wedge u + 3v = -1.$$

Es ist $\begin{vmatrix} 3 & 1 \\ 1 & 3 \end{vmatrix} = 9 - 1 = 8 \neq 0$; das System ist eindeutig lösbar, es ergibt sich $v = 0$ und $u = -1$; der gesuchte Verschiebungsvektor ist also $\vec{v} = \begin{pmatrix} -1 \\ 0 \end{pmatrix}$. Für das neue Absolutglied f′ gilt:

$$\begin{aligned} f' = F(u|v) &= au^2 + buv + cv^2 + 2du + 2ev + f \\ &= 3 \cdot 1 + 0 + 0 + 6 \cdot (-1) + 0 + 1 \\ &= 3 - 6 + 1 = -2. \end{aligned}$$

Die transformierte Gleichung lautet also:

$$3x'^2 + 2x'y' + 3y'^2 - 2 = 0 \quad \text{mit } A = \begin{pmatrix} 3 & 1 \\ 1 & 3 \end{pmatrix}.$$

Wir schließen die Drehtransformation an.

Eigenwerte: $\begin{vmatrix} 3-\lambda & 1 \\ 1 & 3-\lambda \end{vmatrix} = (3-\lambda)^2 - 1 = 0 \Leftrightarrow \lambda = 2 \vee \lambda = 4$

Eigenvektoren: 1) Zu $\lambda_1 = 2$: $\vec{x}_1 = c\begin{pmatrix} 1 \\ -1 \end{pmatrix}$; $2c^2 = 1$: $c = \frac{1}{2}\sqrt{2}$; $\vec{x}_1 = \frac{1}{2}\sqrt{2}\begin{pmatrix} 1 \\ -1 \end{pmatrix}$

2) Zu $\lambda_2 = 4$: $\vec{x}_2 = c\begin{pmatrix} 1 \\ 1 \end{pmatrix}$; $2c^2 = 1$: $c = \frac{1}{2}\sqrt{2}$; $\vec{x}_2 = \frac{1}{2}\sqrt{2}\begin{pmatrix} 1 \\ 1 \end{pmatrix}$

Die Drehmatrix lautet: $D = \frac{1}{2}\sqrt{2}\begin{pmatrix} 1 & 1 \\ -1 & 1 \end{pmatrix}$.

Aus $\cos\varphi = \frac{1}{2}\sqrt{2}$ und $\sin\varphi = -\frac{1}{2}\sqrt{2}$ ergibt sich $\varphi = -45°$ oder $\varphi = 315°$.

Damit erhalten wir als Hauptachsenform:

$$2x''^2+4y''^2=2 \Leftrightarrow x''^2+2y''^2=1$$

$$\Leftrightarrow x''^2+\left(\frac{y''}{\frac{1}{2}\sqrt{2}}\right)^2=1.$$

Es handelt sich um eine Ellipse mit den Hauptachsenlängen $a=1$ und $b=\frac{1}{2}\sqrt{2}\approx 0{,}71$. Bild 18.12 zeigt diese Ellipse.

Bemerkung: Bei Vertauschung der Reihenfolge der beiden Eigenwerte hätte sich eine Drehung um 45° und die Gleichung $2x''^2+y''^2=1$ ergeben.

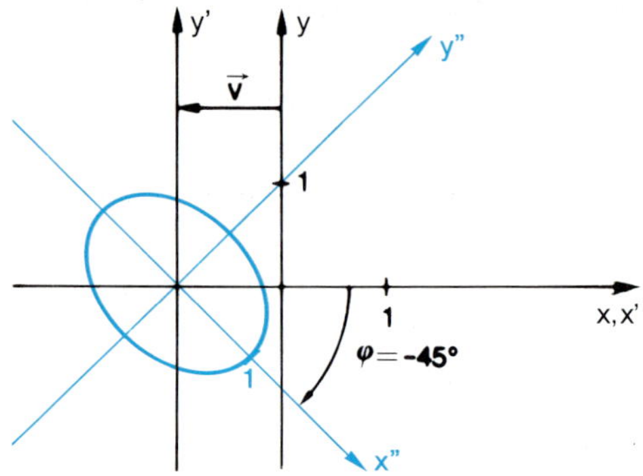

Bild 18.12

<u>**2. Beispiel:**</u> $F(x|y)=x^2-2xy+y^2-\sqrt{2}x-\sqrt{2}y+1=0$

Es ist also $a=1$, $b=-1$, $c=1$, $d=e=-\frac{1}{2}\sqrt{2}$ und $f=1$.
Das Gleichungssystem für den Verschiebungsvektor lautet:

$$\left.\begin{aligned} u-v&=-\sqrt{2}\\ \wedge\ -u+v&=-\sqrt{2}\end{aligned}\right\}\quad \text{mit } A=\begin{pmatrix}1&-1\\-1&1\end{pmatrix} \text{ und } |A|=\begin{vmatrix}1&-1\\-1&1\end{vmatrix}=0.$$

Das System ist unerfüllbar. Dies bedeutet, dass die gesuchte Kurve keinen Mittelpunkt hat. Es ist daher zu vermuten, dass es sich um eine Parabel handelt. Wir ermitteln die Drehmatrix zu $A=\begin{pmatrix}1&-1\\-1&1\end{pmatrix}$.

Eigenwerte: $\begin{vmatrix}1-\lambda&-1\\-1&1-\lambda\end{vmatrix}=(1-\lambda)^2-1=0 \Leftrightarrow \lambda=0 \vee \lambda=2$

Auch die Tatsache, dass $\lambda_1=0$ ist, deutet auf eine Parabel hin; denn sie bedeutet, dass das Glied mit x'^2 den Koeffizienten 0 erhält.

Eigenvektoren: 1) Zu $\lambda_1=0$: $\vec{x}_1=c\begin{pmatrix}1\\1\end{pmatrix}$; $2c^2=1$: $c=\frac{1}{2}\sqrt{2}$; $\vec{x}_1=\frac{1}{2}\sqrt{2}\begin{pmatrix}1\\1\end{pmatrix}$

2) Zu $\lambda_2=2$: $\vec{x}_2=c\begin{pmatrix}-1\\1\end{pmatrix}$; $2c^2=1$: $c=\frac{1}{2}\sqrt{2}$; $\vec{x}_2=\frac{1}{2}\sqrt{2}\begin{pmatrix}-1\\1\end{pmatrix}$

Also ist $D=\frac{1}{2}\sqrt{2}\begin{pmatrix}1&-1\\1&1\end{pmatrix}$; $\cos\varphi=\sin\varphi=\frac{1}{2}\sqrt{2}$; $\varphi=45°$.

Die Transformationsgleichungen lauten:

$$x=\tfrac{1}{2}\sqrt{2}(x'-y') \quad\text{und}\quad y=\tfrac{1}{2}\sqrt{2}(x'+y').$$

Wegen $\lambda_1=0$, $\lambda_2=2$ sind die Koeffizienten der quadratischen Glieder bekannt. Wir haben aber die Koeffizienten der linearen Glieder zu berechnen:

$$F'(x'|y') = 0x'^2 + 2y'^2 - \sqrt{2}\,\tfrac{1}{2}\sqrt{2}\,(x'-y') - \sqrt{2}\,\tfrac{1}{2}\sqrt{2}\,(x'+y') + 1 = 0$$
$$\Leftrightarrow\ 2y'^2 - x' + y' - x' - y' + 1 = 0$$
$$\Leftrightarrow\ 2y'^2 - 2x' + 1 = 0$$
$$\Leftrightarrow\ y'^2 = x' - \tfrac{1}{2}.$$

Es handelt sich also tatsächlich um eine Parabel (Bild 18.13).

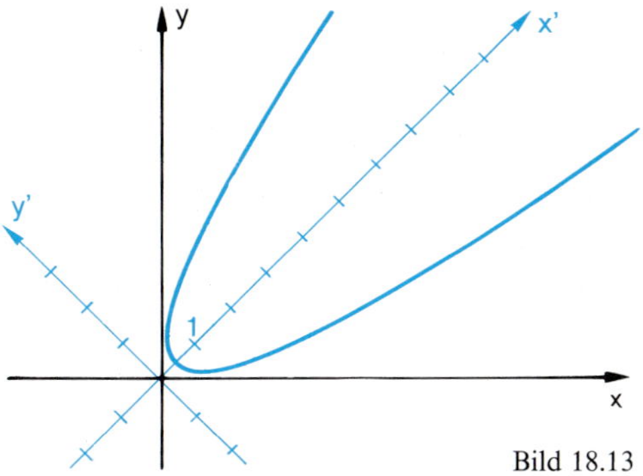

Bild 18.13

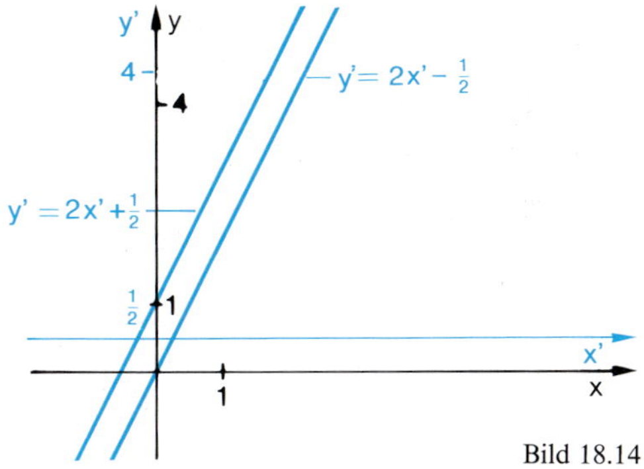

Bild 18.14

3. Beispiel: $F(x|y) = 4x^2 - 4xy + y^2 + 2x - y = 0$

Es ist $a = 4$; $b = -2$; $c = d = 1$; $e = -\frac{1}{2}$ und $f = 0$.

Die Gleichungen zur Bestimmung des Verschiebungsvektors $\vec{v} = \begin{pmatrix} u \\ v \end{pmatrix}$ lauten:

$$4u - 2v = -1 \wedge -2u + v = \tfrac{1}{2}.$$

Es gilt $|A| = \begin{vmatrix} 4 & -2 \\ -2 & 1 \end{vmatrix} = 4 - 4 = 0.$

Das Gleichungssystem ist also nicht eindeutig lösbar. Wir untersuchen, ob es überhaupt lösbar ist: $\left(\begin{array}{cc|c} 4 & -2 & -1 \\ -2 & 1 & \frac{1}{2} \end{array}\right) \begin{array}{l} \cdot 1 \\ \cdot 2 \end{array}\downarrow \;\rightarrow\; \left(\begin{array}{cc|c} 4 & -1 & -1 \\ 0 & 0 & 0 \end{array}\right).$

Da sich eine Nullzeile ergibt, gilt $\operatorname{rg} B = \operatorname{rg} A = 1$; das Gleichungssystem ist also lösbar, wenn auch nicht eindeutig. Dies bedeutet, dass die betreffende Kurve keinen eindeutig bestimmten Mittelpunkt hat, es ist zu vermuten, dass es sich weder um eine Ellipse noch um eine Hyperbel, noch um eine Parabel handelt.

Wählt man z. B. $u = 0$, so ergibt sich $v = \frac{1}{2}$; der zugehörige Verschiebungsvektor ist also $\vec{v} = \begin{pmatrix} 0 \\ \frac{1}{2} \end{pmatrix}$. Dann gilt für das neue Absolutglied:

$$f' = F(u|v) = F(0|\tfrac{1}{2}) = \tfrac{1}{4} - \tfrac{1}{2} = -\tfrac{1}{4}.$$

Somit lautet die transformierte Gleichung:

$$F'(x'|y') = 4x'^2 - 4x'y' + y'^2 - \tfrac{1}{4} = 0.$$

Nun gilt nach der binomischen Formel: $4x'^2 - 4x'y' + y'^2 = (2x' - y')^2$. Wir erhalten also:

$$(2x'-y')^2 = \tfrac{1}{4} \Leftrightarrow 2x' - y' = \tfrac{1}{2} \vee 2x' - y' = -\tfrac{1}{2} \Leftrightarrow y' = 2x' - \tfrac{1}{2} \vee y' = 2x' + \tfrac{1}{2}.$$

Durch diese Gleichungen wird ein Paar paralleler **Geraden** dargestellt (Bild 18.14). Dieser Fall ergibt sich als „Kegelschnitt“, wenn der Kegel zum Grenzfall eines Zylinders ausartet.

Übungen und Aufgaben

1. Überführe die angegebene Gleichung durch eine geeignete Verschiebung $x = x' + u$, $y = y' + v$ in eine Gleichung der Form $a x^2 + 2 b x y + c y^2 + f = 0$!

a) $x^2 + 2xy + 2y^2 - 6x + 10y + 10 = 0$ **b)** $3x^2 + 4xy + y^2 + 4x - 6y + 55 = 0$
c) $5x^2 + 6xy + 2y^2 - 2x - 2y + 14 = 0$ **d)** $-3x^2 - 2xy + 5y^2 - 6x - 2y - 4 = 0$
e) $x^2 - 5xy - 3y^2 + 7x + y - 5 = 0$ **f)** $4x^2 + 3xy - y^2 - 10x - 10y + 1 = 0$

2. Untersuche, welchen Kegelschnitt die Gleichung beschreibt!

a) $7x^2 + 2xy + 7y^2 - 40x + 8y - 36 = 0$ **b)** $7x^2 - 12xy - 2y^2 - 38x + 4y + 22 = 0$
c) $5x^2 + 2xy + 5y^2 - 4x + 28y + 44 = 0$ **d)** $x^2 + 4xy + 4y^2 + 2x + 9y = 0$
e) $x^2 + 4xy + 4y^2 + 2x + 4y + 1 = 0$ **f)** $37x^2 - 18xy + 13y^2 - 56x - 8y + 27 = 0$
g) $-7x^2 - 48xy + 7y^2 + 17x - 31y + 11 = 0$ **h)** $9x^2 - 6xy + y^2 - 18x - 6y + 8 = 0$
i) $14x^2 - 4xy + 11y^2 + 68x - 74y + 175 = 0$ **j)** $2x^2 + 3xy - 2y^2 + 6x + 17y - 8 = 0$
k) $3x^2 - 6xy + 3y^2 - 10x + 14y + 4 = 0$ **l)** $4x^2 - 12xy + 9y^2 + 24x - 36y + 36 = 0$
m) $17x^2 + 12xy + 22y^2 + 46x + 56y + 51 = 0$ **n)** $x^2 - 6xy + 9y^2 - 14x + 42y + 24 = 0$
o) $47x^2 - 18xy + 23y^2 + 18x - 46y + 24 = 0$ **p)** $34x^2 - 24xy + 41y^2 + 92x - 106y + 98 = 0$
q) $-33x^2 + 96xy + 7y^2 + 66x - 96y + 42 = 0$ **r)** $18x^2 + 12xy + 2y^2 + 25x + 5y + 12 = 0$

3. Zeichne die Parabel zu der angegebenen Gleichung! Bestimme dazu zunächst ihre Symmetrieachse und ihren Scheitelpunkt!

a) $x^2 + 2xy + y^2 - x + 3y + 3 = 0$ **b)** $4x^2 - 12xy + 9y^2 - 67x + 42y + 235 = 0$
c) $2x^2 + 8xy + 8y^2 + 14x + 23y + 14 = 0$ **d)** $2x^2 - 4\sqrt{3}xy + 6y^2 - 13\sqrt{3}x + 35y + 51 = 0$

4. Zeichne die Ellipse zu der angegebenen Gleichung! Ermittle dazu zunächst die Länge und die Lage ihrer Hauptachsen!

a) $13x^2 - 10xy + 13y^2 + 36x - 36y - 36 = 0$
b) $19x^2 + 30\sqrt{3}xy + 49y^2 + (60\sqrt{3} - 38)x + (196 - 30\sqrt{3})y + 151 - 60\sqrt{3} = 0$
c) $17x^2 + 12xy + 8y^2 + 78x + 4y + 109 = 0$
d) $306x^2 + 384xy + 194y^2 - 114x + 2y - 421 = 0$

5. Zeichne die Hyperbel zu der angegebenen Gleichung! Ermittle dazu zunächst ihr Symmetriezentrum und die Gleichungen ihrer Asymptoten!

a) $3x^2 - 10xy + 3y^2 - 26x + 22y + 27 = 0$
b) $-3x^2 - 26\sqrt{3}xy + 23y^2 + 52\sqrt{3}x - 92y - 52 = 0$
c) $35x^2 + 30xy - 5y^2 - 200x - 200y - 1 = 0$
d) $-527x^2 + 672xy + 527y^2 + 382x - 1726y + 47 = 0$

6. Untersuche, welchen Kegelschnitt die Gleichung $F(x|y) = 0$ beschreibt!

a) $F(x|y) = x^2 + 2kxy + 4y^2 - 2x + 4y - 14$ $k = 0$; $k = 2$; $k = 3$
b) $F(x|y) = kx^2 - 12xy + 9y^2 - 4x + 6y - 8$ $k = 0$; $k = 4$; $k = 25$
c) $F(x|y) = 2x^2 - 2xy + ky^2 - 6x - 15$ $k = 0$; $k = 0{,}5$; $k = 1$
d) $F(x|y) = 3x^2 - 2xy + 3y^2 + 10x - 14y + k$ $k = 18$; $k = 19$; $k = 20$
e) $F(x|y) = 20xy + 15y^2 - 40x - 40y + k$ $k = 19$; $k = 20$; $k = 21$
f) $F(x|y) = 3x^2 - 5xy - 2y^2 + 7y - k$ $k = 2$; $k = 3$; $k = 4$
g) $F(x|y) = 4x^2 - 20xy + 25y^2 + 4x - 10y + k$ $k = 0$; $k = 1$; $k = 2$

IV. Übergreifende Aufgaben

1. Gegeben ist der Kegelschnitt K zu $5x^2+4xy+8y^2-80x+40y+464=0$.

a) Bilde K durch eine Drehung d auf einen Kegelschnitt K′ ab, dessen Hauptachsen parallel zu den Koordinatenachsen liegen! Welche Art von Kegelschnitt liegt vor?

b) Wie groß ist der Drehwinkel von d?

c) Zeichne das Bild K′ und das Urbild K (1 LE = 1 cm)!

d) Bilde den Kegelschnitt K durch eine Scherung s zu $s(\vec{x})=\begin{pmatrix}1 & c\\ 0 & 1\end{pmatrix}\vec{x}$ auf einen Kegelschnitt K″ ab, dessen Hauptachsen parallel zu den Koordinatenachsen liegen! Wie ist c zu wählen?

e) Zeichne auch K″!

2. Eine lineare Abbildung f hat den Fixpunkt F(1|−3) und bildet den Punkt P(3|4,5) auf den Punkt P′(7,5|0) ab.

a) Bestimme die Abbildungsgleichung von f!

b) Zeige, dass die Ursprungsgerade g_1 durch F eine Fixpunktgerade von f ist!

c) Zeige, dass alle Parallelen zur Geraden g_2 durch die Punkte P und P′ Fixgeraden sind!

d) Ermittle eine Normaldarstellung der Abbildung f! Welche Abbildungsart liegt vor?

e) Durch die Abbildung f wird ein Kegelschnitt K auf den Kreis K′ zu $(\vec{x}')^2=20$ abgebildet. Welche Gleichung hat K? Welche Art von Kegelschnitt liegt bei K vor?

f) K′ wird durch die zur Geraden g_1 orthogonale Ursprungsgerade g_3 in zwei Punkten C′ und D′ geschnitten. Bestimme C und D! Bestätige, dass C und D auf K liegen!

3. Durch die Gleichung $(r^2-4)x^2+r^2y^2=r^2(r^2-4)$ (mit $r>0$) ist eine Schar S von Kegelschnitten gegeben.

a) Zeige, dass die Hyperbel H zu $x^2-y^2=2$ zur Schar S gehört!

b) Gibt es unter den Kegelschnitten der Schar S einen Kreis?

c) Welche Arten von Kegelschnitten enthält die Schar S? Unterscheide verschiedene Fälle für r!

d) Bestimme alle Schnittpunkte der Hyperbel H mit einem Kegelschnitt der Schar S!

e) Durch welche lineare Abbildung lässt sich eine Ellipse der Schar S auf einen Kreis mit dem Radius r abbilden?

f) Zeige, dass sich der Kegelschnitt K zu $189x^2+96xy+161y^2=1125$ durch eine Drehung auf einen Kegelschnitt K′ der Schar S abbilden lässt!

g) Wie groß ist der Drehwinkel?

4. Gegeben sind die affine Abbildung f zu $f(\vec{x})=\frac{1}{5}\begin{pmatrix}-1 & -2\\ 18 & 11\end{pmatrix}\vec{x}+\begin{pmatrix}0\\1\end{pmatrix}$ und der Kegelschnitt K zu $18x^2+12xy+2y^2+4x-2y+1=0$.

a) Welcher Abbildungstyp liegt bei f vor? (Untersuche f insbesondere auf Fixpunkte und Fixgeraden!)

b) Zeige, dass K durch die Abbildung f auf sich selbst abgebildet wird!

c) Um welche Art Kegelschnitt handelt es sich?

d) Ermittle eine Normaldarstellung von f durch eine geeignete Koordinatentransformation!

e) Wie lautet die Gleichung von K im neuen Koordinatensystem?

5. Die affine Abbildung f ist gegeben durch $f(\vec{x})=\begin{pmatrix}1 & 0\\ 2 & 1\end{pmatrix}\vec{x}+\begin{pmatrix}1\\ 0\end{pmatrix}$.

a) Auf welchen Punkt P′ wird der Ursprung P(0|0) durch f abgebildet? Auf welchen Punkt P″ wird P′ abgebildet, auf welchen Punkt P‴ wird P″ abgebildet?
b) Auf welcher Kurve K liegen die Punkte P, P′, P″, P‴, P⁗, P′′′′′ usw.?
c) Zeige, dass die Kurve K eine Fixkurve der Abbildung f ist, dass also jeder Punkt $Q\in K$ durch f wieder auf einen Punkt $Q'\in K$ abgebildet wird!
d) Bestimme wenigstens eine weitere Fixkurve von f!

6. Gegeben ist der Kreis K zu $x^2+y^2=25$ und die Orthogonal-Affinität f mit $f(\vec{x})=\begin{pmatrix}1 & 0\\ 0 & 3\end{pmatrix}\vec{x}$.
a) Welche Gleichung hat die Tangente t an den Kreis K im Punkt $P_0(3|4)$?
b) Ermittle das Bild K′ des Kreises K, das Bild t′ der Tangente t und den Bildpunkt P'_0!
c) Bestätige, dass t′ die Gleichung $\frac{x'x'_0}{a^2}+\frac{y'y'_0}{b^2}=1$ hat!
d) Warum ist es sinnvoll, t′ als Tangente an K′ im Punkte P'_0 zu bezeichnen?
e) Zeige, dass t′ auch im Sinne der Differentialrechnung Tangente an K′ in P'_0 ist!
f) Zeige allgemein: Die Tangente t im Punkt $P(x_0|y_0)$ an die Ellipse zu $\frac{x^2}{a^2}+\frac{y^2}{b^2}=1$ hat die Gleichung $\frac{x\,x_0}{a^2}+\frac{y\,y_0}{b^2}=1$. Führe den Beweis, indem du eine geeignete Orthogonalaffinität auf einen Kreis, auf eine Tangente und auf den zugehörigen Berührpunkt anwendest!
g) Zeige allgemein mit Hilfe einer geeigneten Verschiebung:
Die Tangente t im Punkt $P(x_0|y_0)$ an die Ellipse zu

$\frac{(x-u)^2}{a^2}+\frac{(y-v)^2}{b^2}=1$ hat die Gleichung $\frac{(x-u)(x_0-u)}{a^2}+\frac{(y-v)(y_0-v)}{b^2}=1$!

7. Gegeben ist die Hyperbel H zu $y=\frac{2}{x}$.

a) Bestimme mit Hilfe der Differentialrechnung die Gleichung der Tangente t an die Hyperbel im Punkte $P_0(1|2)$!
b) Ermittle eine Drehung d, durch die H auf die Hyperbel H′ zu $x'^2-y'^2=4$ abgebildet wird!
c) Bestimme eine Orthogonalaffinität f, durch die H′ auf die Hyperbel H* zu
$\left(\frac{x^*}{2}\right)^2-\left(\frac{y^*}{3}\right)^2=1$ abgebildet wird!
d) Berechne die Matrix G der Abbildung $g=f\circ d$!
e) Auf welchen Punkt P_0^* wird P_0 durch g abgebildet?
f) Auf welche Gerade t* wird die Tangente t (an H) durch g abgebildet?
g) Bestätige, dass t* die Gleichung $\frac{x^*x_0^*}{2^2}+\frac{y^*y_0^*}{3^2}=1$ hat!
h) Warum ist es sinnvoll, t* als Tangente an H* im Punkt P_0^* zu bezeichnen?
i) Zeige, dass t* auch im Sinne der Differentialrechnung Tangente an H* in P_0^* ist!

j) Begründe allgemein, dass die Tangente t im Punkt $P_0(x_0|y_0)$ an die Hyperbel zu $\left(\frac{x}{a}\right)^2-\left(\frac{y}{b}\right)^2=1$ die Gleichung $\frac{x x_0}{a^2}-\frac{y y_0}{b^2}=1$ hat!

k) Zeige mit Hilfe einer Verschiebung, dass die Tangente im Punkt $P_0(x_0|y_0)$ an die Hyperbel zu $\left(\frac{x-u}{a}\right)^2-\left(\frac{y-v}{b}\right)^2=1$ die Gleichung $\frac{(x-u)(x_0-u)}{a^2}-\frac{(y-v)(y_0-v)}{b^2}=1$ hat!

8. a) Ermittle mit Hilfe der Differentialrechnung die Gleichungen der Tangenten an die Parabel zu $y^2=2x$ in den Punkten zu $x_0=2$!

b) Zeige allgemein, dass die Tangente t im Punkt $P_0(x_0|y_0)$ an die Parabel zu $y^2=2px$ die Gleichung $y y_0=p(x+x_0)$ hat!

c) Begründe ferner, dass die Tangente t im Punkt $P_0(x_0|y_0)$ an die Parabel zu $(y-v)^2=2p(x-u)$ die Gleichung $(y-v)(y_0-v)=p(x+x_0-2u)$ hat!

9. Gegeben ist eine Schar S von Kegelschnitten durch die Gleichung $kx^2+4y^2-8x-36=0$.

a) Klassifiziere die Kegelschnitte in Abhängigkeit von k!

b) Für welche Zahl k liegt ein Kreis K vor?

c) Durch welche affinen Abbildungen können die Ellipsen der Schar S auf den Kreis K abgebildet werden?

d) Zeichne die Kegelschnitte für $k=0$; $k=1$ und $k=-1$! (LE = 1 cm)

e) Zeige, dass alle Kegelschnitte der Schar S zwei Punkte P_1 und P_2 gemeinsam haben!

f) Ermittle zu jedem Kegelschnitt der Schar S die Tangenten in P_1 und P_2! Benutze dabei die Gleichungen aus den Aufgaben 6g), 7k), 8c)!

10. Gegeben ist die Ellipse E zu $\left(\frac{x}{3}\right)^2+\left(\frac{y}{2}\right)^2=1$ und die lineare Abbildung f_1 zu
$f_1(\vec{x})=\begin{pmatrix} \frac{\sqrt{3}}{2} & -\frac{3}{4} \\ \frac{1}{3} & \frac{\sqrt{3}}{2} \end{pmatrix}\vec{x}$.

a) Welche Abbildungsart liegt bei f_1 vor?

b) Zeige, dass die Ellipse durch f_1 auf sich selbst abgebildet wird!

c) Bilde die Ellipse E durch eine Orthogonalaffinität f_2 parallel zur y-Achse auf einen Kreis K mit dem Ursprung als Mittelpunkt ab!

d) Wende auf den Kreis K eine Drehung d um den Ursprung mit dem Drehmaß $\alpha=45°$ an! Welche Eigenschaft hat das Bild K'?

e) Bilde K' durch eine geeignete Orthogonalaffinität f_3 wieder auf die Ellipse E ab!

f) Ermittle die Matrix der Abbildung f_4 zu $f_4=f_3\circ(d\circ f_2)$!

g) Bestimme das Bild E* der Ellipse E unter der Abbildung f_4! Begründe dein Resultat!

h) Zeige allgemein: Die Abbildung f mit $f(\vec{x})=\begin{pmatrix} \cos\alpha & -\frac{a}{b}\sin\alpha \\ \frac{b}{a}\sin\alpha & \cos\alpha \end{pmatrix}\vec{x}$ bildet die Ellipse E zu $\left(\frac{x}{a}\right)^2+\left(\frac{y}{b}\right)^2=1$ auf sich ab! Begründe diesen Sachverhalt!

i) Wie ist das Ergebnis von b) zu erklären?

11. Gegeben ist die Hyperbel H zu $\left(\frac{x}{5}\right)^2-\left(\frac{y}{3}\right)^2=1$ und die lineare Abbildung f mit

$$f(\vec{x})=\begin{pmatrix} 2 & -\frac{5\sqrt{3}}{3} \\ \frac{3\sqrt{3}}{5} & -2 \end{pmatrix}\vec{x}.$$

a) Welche Abbildungsart liegt bei f vor? (Die Transformation der Abbildungsmatrix braucht nicht durchgeführt zu werden.)

b) Ist f gleichsinnig? Bildet f eine Fläche jeweils auf eine Fläche mit gleicher Flächenmaßzahl ab?

c) Zeige, dass die Hyperbel H durch f auf sich selbst abgebildet wird!

d) Zeige allgemein: Liegt der Punkt $P(x_0|y_0)$ auf der Hyperbel H zu $\left(\frac{x}{a}\right)^2-\left(\frac{y}{b}\right)^2=1$, dann bildet die lineare Abbildung f mit $f(\vec{x})=\begin{pmatrix} \frac{1}{a}x_0 & -\frac{a}{b^2}y_0 \\ \frac{1}{a}y_0 & -\frac{1}{a}x_0 \end{pmatrix}\vec{x}$ die Hyperbel H auf sich ab!

12. Gegeben ist eine Schar S von Kegelschnitten durch die Gleichung $y^2=\frac{8}{3}x+kx^2$.

a) Welche Art von Kegelschnitt liegt vor für $k=0$; $k=-\frac{4}{9}$ und $k=\frac{4}{9}$?

b) Zeichne diese drei Kegelschnitte! (LE = 1 cm)

c) Was zeichnet die Lage der Kegelschnitte der Schar S aus?

d) Enthält die Schar einen Kreis?

e) Zeige allgemein für reelle Zahlen p und k mit $p>0$, $k>0$:

die Gleichung $y^2=2px-\frac{p}{k}x^2$ beschreibt stets eine Ellipse,

die Gleichung $y^2=2px$ beschreibt stets eine Parabel,

die Gleichung $y^2=2px+\frac{p}{k}x^2$ beschreibt stets eine Hyperbel.

f) Welche Beziehung besteht zwischen den Maßzahlen a und b der Kegelschnitthalbachsen und den Parametern p und k?

g) Formuliere und begründe die Umkehrungen der Aussagen unter e)!

13. K ist ein Kegelschnitt zu einer Gleichung der Form $x^2+bxy+cy^2+dx+ey+f=0$.

a) Bestimme eine Gleichung für K, wenn auf K die folgenden Punkte liegen: $P_1(0|-1)$, $P_2(3|0)$, $P_3(1|0)$, $P_4(8|-1)$ und $P_5(-1|8)$! Welche Art von Kegelschnitt liegt vor?

b) Bestimme eine Gleichung für K, wenn auf K die Punkte P_1, P_2, P_3, P_4 und der Punkt $P_6(1|-2)$ liegen! Welche Art von Kegelschnitt liegt vor?

c) Verfahre entsprechend mit den Punkten $Q_1(0|0)$; $Q_2(1|1)$; $Q_3(-1|1)$; $Q_4(-1|-1)$; $Q_5(1|-1)$!

d) Untersuche, ob durch die Angabe von fünf Punkten stets ein Kegelschnitt eindeutig festgelegt ist! Begründe den Sachverhalt oder gib ein Gegenbeispiel an!
Hinweis: Beachte die Sonderfälle von Bild 18.1!

14. P ist das Parallelogramm mit den Eckpunkten $A(0|0)$, $B(8|2)$, $C(6|4)$ und $D(x|y)$ mit $x<0$.

a) Ermittle die Koordinaten von D!

b) Bilde das Parallelogramm durch eine geeignete Orthogonal-Affinität f auf ein Rechteck R ab, und zwar so, dass jeweils ein Punkt und sein Bildpunkt auf verschiedenen Seiten der x-Achse liegen!

c) Welche Koordinaten haben die Eckpunkte des Rechtecks R?

d) Zeige, dass es eine Ellipse E gibt, auf der die Eckpunkte des Parallelogramms P liegen! Bestimme ihre Gleichung!

e) Fertige eine Zeichnung an!

15. Eine Ellipse E_1 zu $\left(\frac{x}{a}\right)^2+\left(\frac{y}{b}\right)^2=1$ hat die Gerade g zu $x+2y=8$ als Tangente. Das Verhältnis der Halbachsen der Ellipse ist $a:b=2:1$.

a) Bestimme die Gleichung der Ellipse und die Koordinaten des Berührpunktes!

b) Zeichne die Ellipse E_1 und die Gerade g!

c) Zeige, dass alle Ellipsen der Schar S mit einer Gleichung der Form $(16-k)x^2+4ky^2=4k(16-k)$ die Gerade g als Tangente haben!

d) Begründe, dass die Beziehung von Satz S 16.5,2) (Seite 323) nicht nur für den Flächeninhalt von Parallelogrammen, sondern auch für den Flächeninhalt von Vielecken und sogar von krummlinig begrenzten ebenen Figuren gilt!

e) Ermittle durch Anwendung einer geeigneten Orthogonal-Affinität mit Hilfe des Sachverhaltes von d) die Formel für den Flächeninhalt einer Ellipse mit den Halbachsenlängen a und b aus der Formel für den Flächeninhalt eines Kreises!

f) Welche Ellipse der Schar besitzt die größte Fläche?

g) Welche Ellipse E_2 der Schar wird durch die affine Abbildung f zu $f(\vec{x})=\begin{pmatrix}0{,}5 & 0\\ 0 & 1\end{pmatrix}\vec{x}-\begin{pmatrix}3\\0\end{pmatrix}$ auf einen Kreis K abgebildet?

Register